2019
水利水电地基与基础工程新技术

赵存厚　肖恩尚　主编
中国水利学会地基与基础工程专业委员会　编

中国水利水电出版社
www.waterpub.com.cn
·北京·

内 容 提 要

本书是中国水利学会地基与基础工程专业委员会第15次全国学术会议论文集，主要包括2018年、2019年我国水利水电行业地基与基础工程方面的技术成果，共辑录论文107篇，有理论研究与探讨，混凝土防渗墙工程，灌浆工程，高喷灌浆工程，岩土锚固工程，振冲工程，桩基工程，设备改进与研制，新材料研究与试验，监测与检测以及其他方面的技术论文或工程案例总结。

本书内容丰富，资料翔实珍贵，实用性强，可供水利水电行业及其他建筑领域的工程技术人员和院校师生参考使用。

图书在版编目（CIP）数据

2019水利水电地基与基础工程新技术 / 赵存厚，肖恩尚主编 ； 中国水利学会地基与基础工程专业委员会编. -- 北京 : 中国水利水电出版社，2019.10
ISBN 978-7-5170-8050-3

Ⅰ. ①2… Ⅱ. ①赵… ②肖… ③中… Ⅲ. ①水利水电工程－地基－学术会议－文集②水利工程－基础(工程)－学术会议－文集 Ⅳ. ①TV223-53

中国版本图书馆CIP数据核字(2019)第211846号

书　名	**2019水利水电地基与基础工程新技术** 2019 SHUILI SHUIDIAN DIJI YU JICHU GONGCHENG XINJISHU
作　者	赵存厚　肖恩尚　主编 中国水利学会地基与基础工程专业委员会　编
出版发行	中国水利水电出版社 （北京市海淀区玉渊潭南路1号D座　100038） 网址：www.waterpub.com.cn E-mail：sales@waterpub.com.cn 电话：（010）68367658（营销中心）
经　售	北京科水图书销售中心（零售） 电话：（010）88383994、63202643、68545874 全国各地新华书店和相关出版物销售网点
排　版	中国水利水电出版社微机排版中心
印　刷	北京印匠彩色印刷有限公司
规　格	184mm×260mm　16开本　39.25印张　931千字
版　次	2019年10月第1版　2019年10月第1次印刷
印　数	0001—1500册
定　价	**180.00**元

《2019水利水电地基与基础工程新技术》
编　委　会

主要赞助单位

中国水电基础局有限公司

中国三峡建设管理有限公司

中国水利水电第七工程局有限公司

中国水利水电第八工程局有限公司

中国葛洲坝集团市政工程有限公司

中国水利水电科学研究院

长江水利委员会长江科学院

山东省水利科学研究院

北京振冲工程股份有限公司

湖南宏禹工程集团有限公司

河海大学江苏河海工程技术公司

水利部建设管理与质量安全中心

为灌浆施工自动化、智能化叫好

（代　序）

科技突飞猛进，5G时代到来。

无人飞机摧毁恐袭据点，无人驾驶汽车在闹市行驶，无人油轮在海上航行，AlphaGo战胜围棋世界冠军……新鲜事层出不穷，眼花缭乱！

灌浆，可能还有许多岩土工程，却还在黑暗中摸索。

长江三峡集团有志于灌浆事业的领导和技术专家力图改变面貌，组织了灌浆自动化、智能化科技攻关。他们在乌东德水电站、白鹤滩水电站灌浆施工中取得了初步成果。还有一些单位也在奋起直追，在其他项目上进行开发和试验。本次会议和论文集汇集了他们的有关成果，可喜可贺可敬。

在20世纪80年代，日本就实现了灌浆施工自动化的规模应用。90年代，中国水电基础局科研所与天津大学自动化系联合进行灌浆自动化研究，取得了阶段成果。近几年来随着人工智能技术走入商业应用，灌浆施工智能化提上日程并取得一定进展，成果显著但是任重道远。

数字大坝的创始人钟登华院士在一次内部研讨会上说，灌浆工程的智能控制甚至比登月还难，因为登月工程的轨迹是可以准确计算的，而灌浆浆液的渗流路径却至今没有准确算法。此话不假。所以有人企图使灌浆作业精确化，从而予以控制之。但是这符合灌浆施工的规律吗？可以说在很大程度上，灌浆施工是一项模糊技术，试图将其精确化可能是徒劳的或不利的。

本文无法对灌浆施工智能化的问题展开讨论，但鉴于智能控制是一个大趋势，需要解决的问题还很多，兹提出一些不成熟的原则性建议供同行们参考。

一、可否在适当时机举行一次智能灌浆专题学术研讨会，包括对灌浆机理、灌浆控制、灌浆工艺、计算机程序设计等进行研讨交流，取长补短、集思广益，改变各家分散研究、重复研究，甚至闭门造车、误入歧途的状况。

二、灌浆施工智能化是灌浆技术与计算机技术的高度融合，需要业主、设计、施工、计算机技术开发商全面参与密切合作。其中设计和施工的参与十分重要。

三、现行灌浆技术规范是对人工操作制定的技术要求。智能灌浆不能简单地将现行灌浆技术规范程序化，自动化灌浆也不宜这样做。

四、应该把解放生产力、提高工程质量和施工效率作为灌浆自动化或智能化的目标，不应将先进设施片面地降低为防止施工人员违规操作的工具。

五、应当重视和研究自动化、智能化灌浆的成本、效率和效益问题。

我相信，经过同仁们的不懈努力，几年工夫一定可以迎来灌浆技术自动化、智能化的突破。

祝本届学术研讨会成功！

夏可风

2019 年 7 月 15 日

于天津

前 言

本书为中国水利学会地基与基础工程专业委员会第 15 次全国学术会议论文集，主要包括广大会员 2018—2019 年间的技术成果，共辑录 107 篇科技论文。

自 2017 年 9 月在长沙举办第 14 次全国水利水电地基与基础工程学术交流会以后，中国水利学会地基与基础工程专业委员会决定召开 2019 水利水电地基与基础工程学术会议。这一动议得到了全国水利水电行业和其他行业一些单位的有关技术人员的热烈响应和积极支持，许多技术人员踊跃来稿。至发稿时止，收到各类技术论文、工程总结共计 125 篇，经组织专家审校，选用 107 篇编辑成《2019 水利水电地基与基础工程新技术》论文集。

当前国民经济的发展正在进行重大的结构调整，基础工程施工行业如何面对和适应这一挑战，这是摆在我们每一位工程管理和技术人员面前的严肃课题。本论文集充分反映了在新的形势下许多单位正在进行的一些有意义的探索和实践，以及广大青年技术人员热爱专业、钻研技术的巨大热情。综观来稿有以下几个特点：

(1) 技术创新较多，学术水平较高，顺应国家科技发展大势。有多篇论文反映了我国水利水电地基与基础工程在大数据、物联网、智能化等方面的最新成果。如《高坝建基岩体智能灌浆加固技术的应用》《一种基于物联网技术的水泥浆智能配制和分配系统研究》《数字化灌浆信息技术在大型抽水蓄能电站中的应用》《智能灌浆控制系统研究应用》等。

(2) 新材料新工艺方面有许多创新。如《菌液浓度对微生物灌浆加固砂土效果的影响机理》《高聚物复合堵水浆材在岩溶地区深孔帷幕灌浆中的应用》《海水膨润土泥浆配合比试验及应用》《无机改性聚氨酯注浆材料的研究进展》《聚氨酯-环氧复合灌浆在溪洛渡水电站灌浆平洞渗漏处理工程中的应用》等。

(3) 水利水电地基与基础工程技术进入其他建筑领域。各个行业之间的技术交流早已存在，一些大型、复杂和高难度工程采用水工技术解决难题越来越多，如《某煤矿主斜井截渗方案的选择与优化设计》《高纬度严寒地区深厚覆盖层桥梁桩基施工》《海上底部出料振冲碎石桩在大型填海项目中的应用》等。

(4) 开展了学术争鸣。不同的学术和技术观点展开讨论有助于明辨真理，弄清是非。有鉴如此，书中收入了对我国现行技术标准进行讨论和对基础工程理论机理商榷的文章。如《对国内灌浆工程施工的几点思考》《关于塑性混凝土抗压强度与弹性模量的讨论》《岩体倾斜裂隙水泥-水玻璃双液注浆扩散机理研究》《小型水库除险加固软土地基技术的探讨》等。

为便于阅读，本书按施工技术分类：理论研究与探讨、混凝土防渗墙工程、灌浆工程、高喷灌浆工程、岩土锚固工程、振冲工程、桩基工程、设备改进与研制、新材料研究与试验、监测与检测等。

本论文集的文稿内容充实、资料丰富、技术先进，值得学习和借鉴，但也有个别文章内容稍显肤浅。有些工程项目由多篇文章从不同角度阐述，致使这些文章中部分文字有不同程度的重复，编者在审改时删除了其中的一部分；但为照顾各篇论文的相对独立性，仍旧保留了部分内容。由于编辑出版时间仓促，部分论文的文字来不及准确推敲，错漏在所难免，请作者与读者予以谅解。

编　者

2019年8月

目　录

灌 浆 工 程

高喷灌浆工程

岩土锚固工程

振冲工程

桩基工程

设备改进与研制

新材料研究与试验

监测与检测

其 他

理论研究与探讨

新疆博乐五一水库防渗墙工程

中国水电基础局有限公司科研设计院
简　介

中国水电基础局有限公司科研设计院（前称为中国水电基础局有限公司科研所）是中国水电基础局有限公司的下属公司之一，最早成立于1982年12月，业务涉及水利、电力、工业民用建筑、铁路、交通、矿山等多个领域，具有岩土工程设计甲级资质、水利设计专业乙级资质、工程勘察乙级资质、电力设计专业乙级资质、水利部混凝土工程甲级和岩土工程甲级检测资质，可承担岩土工程勘测、设计、施工、监测、检测等任务。特别是在基础灌浆、防渗墙（地连墙）、钻孔灌注桩、高压喷射、振冲和锚杆的设计施工方面拥有独到的优势。

我院注重科技研发与创新，多年来取得科研成果50余项，其中获得国家和省部级科学技术进步奖29项，拥有国家专利12项，这些科研成果已广泛应用于龙羊峡、新安江、天生桥二级、丰满、水口、小浪底、三峡、小湾、溪洛渡、锦屏等大型水电站工程施工中，其中在西藏旁多水利枢纽大坝防渗墙接头管拔管施工中，起拔深度突破158m，刷新了拔管施工新的世界纪录。我院自主研发制造了灌浆自动记录仪、压力传感器、密度传感器、自动化混凝土搅拌站、自动化集中制浆站、全自动滑模机、全自动拔管机等产品，我院研制的硅溶胶灌浆材料渗透性、耐久性优良，安全环保，在一批重点工程中得到应用。在市场上广受好评。

我们将秉承“自强不息，勇于超越”的企业精神，发挥自身优势，努力搞好科技研发，拓宽经营领域，扩大市场份额，与各界朋友携手共赢，创造更加辉煌灿烂的明天。

对国内灌浆工程施工的几点思考

姜命强

（中国水利水电第八工程局有限公司）

【摘　要】 在水利水电工程中，灌浆工程作为地基处理和防渗的主要手段，对水工建筑物的安全和稳定有着非常关键的作用。长期以来，国内灌浆施工技术、工艺和设备虽有了很大的进步，但总体来说，灌浆施工仍处于劳动密集型阶段，机械化、自动化程度不高，施工现场往往给人脏乱差的印象。究其原因，与对队伍的管理不规范、低价承揽工程密不可分。灌浆技术进步和管理提升的出路在于提升设备的机械化和自动化，做到工艺精细化、过程标准化、管理信息化和灌浆参数的科学化。为此，需要加强行业监管，规范施工队伍，推进创新，提升信息化水平，打造中国灌浆的升级版。

【关键词】 灌浆施工　现状　对策　灌浆升级　管理提升

我国知名灌浆专家夏可风先生在《打造中国灌浆的升级版》一文中，提出了“中国灌浆升级版”的概念，并给出了中国灌浆升级版的含义、实现的条件和建议等。夏先生的观点和主张使人耳目一新，也引人深思。在现实工程实践中，为什么灌浆工程给人的印象总不是“高大上”？为什么再低的单价也有人敢接单？这些也是笔者经常思考的问题。本文拟就国内灌浆施工的现状及如何对策谈谈笔者的观点，权当一家之言。

1　我国灌浆施工的现状

我国水利水电工程灌浆工程经过20世纪70年代在石灰岩地区的乌江渡水电站成功实施高压灌浆，并发明了以“孔口封闭灌浆法”高压灌浆为代表的配套工艺和设备。几十年以来，随着小湾水电站、长江三峡水利枢纽、黄河小浪底水利枢纽、锦屏一级水电站、溪洛渡水电站等一大批超级工程建成，灌浆施工技术在灌浆材料、设备、工艺也获得了很大的发展。但总体来说，我国的灌浆施工技术目前尚未有突破性的发展，甚至还存在诸多乱象。主要表现在以下几个方面。

1.1　施工准入门槛低、施工队伍鱼龙混杂

在过去计划经济年代，没有所谓的社会资源，水利水电施工包括灌浆工程施工都是由企业自身队伍（职工）组织实施，随着市场经济的来临，各企业在所谓“减员增效”思想的影响下，纷纷引进社会力量进行施工。在这种形势下，社会上各类施工力量越来越多，其中不乏施工力量雄厚、负责任的队伍，但也存在很多只顾及短期利益、不顾施工质量的队伍。灌浆工程由于受需要劳动力多且设备价值不高的影响，社会队伍整体素质不高，施

工能力不强，加上受社会上一些潜规则的影响，灌浆施工过程难以管控，部分工程灌浆施工质量、现场安全和文明施工等方面都差强人意。

对选择施工队伍方面，有些单位看重的不是队伍的能力和信誉，而主要看对方的报价，一方面可能受项目投资限制，或中标单价本来就低；另一方面也是尽可能降低工程造价或多获取利润。在这种模式的影响下，低价承揽工程成了很多建设单位和总承包单位的不二选择。这也给灌浆施工质量留下了隐患。

1.2　工艺和方法创新不足

在覆盖层钻孔方面。20 世纪 90 年代在二滩水电站围堰防渗施工中第一次将偏心跟管钻孔工艺引入水电工程施工中，并迅速得到推广。近年来有国内厂家还研究或引进了水力冲击跟管钻进、同心跟管钻进等新一代的快速或适应复杂覆盖层地层的钻进设备和工艺。基岩钻孔方面，钻粒钻进发展为合金钻进、金刚石钻进和风动冲击钻进。在钻孔工艺上，目前对于风动冲击钻进中粉尘的控制方法、基岩深孔钻进的工效问题等还需要深入研究和提高。

灌浆施工方面。灌浆工程的施工工艺与地质条件相关，当前国内的灌浆工艺和参数的确定主要依靠类似工程经验和前期的灌浆试验，一旦确定，就很难再调整。自从 20 世纪 70 年代在乌江渡水电站自创孔口封闭灌浆法并获得了极大的成功后，几十年来，孔口封闭灌浆法就成了放之四海而皆准的法宝，各个大中型水利水电工程几乎无一例外地采用了这种灌浆方法（也有个别例外）。在这方面，几乎没有什么创新可言。

1.3　机械化和自动化程度低，劳动强度大

钻孔设备方面。几十年来，我国有的钻孔灌浆机械有了长足的进步，钻机由手把式发展为液压式，风动冲击式发展为风动和液压冲击回转式。目前，国内的灌浆工程施工中，在平地露天施工的工作面，钻孔设备大多实现了履带化自动行走，但在洞室中，钻孔设备还停留在需要依靠人工移动的阶段。采用的回转钻机自动化程度较低。

灌浆设备方面。灌浆泵的工作压力由 4～5MPa 提高到 8～10MPa，以及可满足旋喷灌浆需要的 60MPa；水泥浆液的搅拌逐步推广了高速搅拌和自动化集中制浆。但长期以来，受我国劳动力人口多、价格便宜的影响，灌浆工程在设备和材料搬运、制浆、钻孔及灌浆过程操作方面都依靠大量的人力资源。近几年来，由于国内劳动力的减少、劳动力人工工资急剧增加，迫使相关的施工、设备单位开发了一些减少劳动力和劳动强度的设备或成套设施。如履带式钻机、集中灌浆站、卧式储灰罐等的出现，对减少劳动力、降低劳动强度是有益的。但总体来说，灌浆工程的自动化程度低，劳动强度大的局面并没有改变，虽然目前国内也出现了自动灌浆系统、自动制浆系统的研究并投入了现场试验，但要真正实现灌浆施工的自动化可能仍需时日。

施工现场记录方面。钻孔记录仍依靠现场记录员的肉眼观察，记录质量的好坏严重依赖记录人员的经验和责任心，灌浆记录中虽然有了记录仪的自动记录，但多数工程仍要求同时进行人工记录。

制浆方面。目前国内工程采用集中制浆站或者移动式制浆系统，集中制浆站自动化程度一般较高，移动式制浆系统一般采用临时搭建或者采用制浆台车，自动化程度较低，主要是机械化制浆。

1.4 新技术、新设备难以推广

20 世纪 90 年代，笔者有幸参加了二滩水电站的大坝灌浆工程施工。当时由于该灌浆工程是水电八局基础公司与意大利的专业基础公司（TREVI 公司）联营，坝基主要为玄武岩和正长岩，帷幕灌浆采用了自下而上、孔内阻塞的纯压式灌浆工艺，工艺简单、高效，防渗效果非常好。尤其是灌浆栓塞为气压式，通过一根小气管与气瓶连接充气，气瓶通过设置在现场的打气泵加气，灌浆管为一种能耐压 10MPa 的高聚合物胶管。灌浆塞和灌浆管开始时均为从欧洲进口，但由于价格十分昂贵，后来水电八局基础公司通过与国内生产厂家联合攻关，全部实现了国产化，大大降低了成本。同时，该工程施工进口了一些专业设备，如 Atlas262 取芯钻机、法国 VOP 灌浆记录仪、自动化集中制浆站等。Atlas262 履带式取芯钻机非常轻巧，噪音小，取芯效果好，铝合金材质钻杆，非常轻，起下钻杆都是自动装卸的，工人劳动强度低、工效非常高；厢式的自动化集中制浆站结构非常紧凑，故障率低；灌浆自动记录仪也只有一张 A4 纸那么大的面积。

二滩水电站帷幕灌浆的实践证明，对于地质条件较好的地层，实行自下而上、孔内阻塞的纯压式灌浆工艺是有效的，但可惜这种工艺在二滩水电站之后就很少使用了，甚至有些工程对于浅孔固结灌浆也要求用循环式灌浆。

设备方面，国外的先进设备价格昂贵，但近年来，国内很多厂家也研制了诸如履带式钻机、钻喷一体机等较为先进的钻灌设备。但由于国内灌浆工程施工队伍多而杂，甚至有些是临时拼凑起来的，根本不可能购置一些先进的设备，他们往往几个人管理一个项目，对施工质量、安全抱侥幸心理，人员、设备投入少，管理成本低。而正规的专业施工单位在某些工程中由于管理程序规范，投入多，管理成本偏高，反而显得没有竞争优势，这就造成了一些新设备和工艺难以推广，也阻碍了灌浆技术的进步。

2 对灌浆施工未来的展望

笔者认为，全面实现我国灌浆技术的进步和管理水平的提升，需要达到以下几方面的目标。

2.1 钻孔灌浆设备的机械化和自动化

2.1.1 钻孔灌浆设备机械化

随着社会的进步、人们生活水平的提高和对施工作业环境的要求越来越高，灌浆施工急需要改善作业环境、减少人工、降低劳动强度。因此，必须推进机械设备的省力、自动化，露天平地或缓坡地带钻孔施工机械应实现自动行走，所有钻孔机械应逐步实现自动拧杆，以降低工人劳动强度。

灌浆设备方面。目前水泥浆液的搅拌基本全面推广了高速搅拌和集中制浆，提高了制浆站的自动化程度。今后的灌浆机械除应能满足灌浆压力的要求外，还应研究机身轻便、结构简单，易于拆卸、搬迁，压力更稳定的设备。

2.1.2 钻孔记录自动化

钻孔工序在灌浆工程中是首先进行的工序，钻孔过程中所获得的信息是指导后序灌浆的重要资料和依据；钻孔工序所消耗的工时在灌浆工程中占有很大的比重。因此国内外一直都致力于钻孔机具和钻孔方法的持续改进，努力提高钻孔施工效率。近 20 年来，欧美国家将计算机技术和信息技术引入钻孔设备中，开发了钻孔自动记录系统，并已经投入了实用。法国和意大利工程师设计和研制的钻孔参数记录仪，是将各种传感器安装到钻孔机械上，计算机对传感器传回的信号进行处理运算，然后输出各种技术数据，包括：回转速度、钻进压力、扭矩、钻进速率，循环液漏失情况等。有的系统还可对获得的技术数据与已有的勘探和灌浆资料进行比较，加工处理得出地层的岩性、风化程度、裂隙发育状况和渗漏程度等，甚至对应当采取的灌浆措施、灌浆参数提出建议，从而可以大大提高灌浆施工的预见性、科学性。

我国的灌浆施工中尚未见使用这样的技术，在实现灌浆技术进步和信息化管理的过程中，有必要实现钻孔记录的自动化。

2.1.3 制浆自动化

水泥浆的拌制与输送是水泥灌浆工程的重要组成部分。制浆自动化主要指灌浆浆液搅拌和输送自动控制、计量与记录，是灌浆自动化的重要组成部分。目前除国外（如日本）有些工程的制浆工厂实现了较高程度的自动化以外，半自动化或机械化的集中制浆站使用也较普遍。

相对于钻孔灌浆工序，制浆工序较为单一，工作位置较为固定，实现自动化或半自动化的难度相对较小。我国自 20 世纪 90 年代引进国外高速制浆技术和自动化制浆控制技术，通过吸收改进，目前基本能够实现制浆自动化设备国产化。相对于国外制浆系统，国产设备具有成本低、适应性强等优点。根据自动制浆站自动化程度情况，可分为半自动制浆站和全自动制浆站，目前国内使用最多的就是一种灌浆材料的半自动集中制浆站，自动化程度还有待进一步提高。全自动制浆站的还有待进一步普及，这其实并非技术上的问题，在于传统习惯和现场管理的问题。

2.1.4 灌浆智能化

目前国内有大型水电工程处于“大坝智能灌浆”的试验阶段，一旦成功，将对我国的灌浆施工产生深远的影响。但不管怎样，在“阿尔法狗”已经横空出世的今天，灌浆自动化、智能化也应该成为灌浆技术发展和管理提升的重要方向。

2.2 工艺精细化

灌浆工艺的精细化，首先是追求工艺的简单和过程的真实，其次是要求灌浆施工过程的动态设计，即根据灌浆施工中揭示的新的地质和其他情况，对灌浆参数作出动态调整。现阶段普遍的做法是通过现场灌浆试验来确定灌浆工艺。由于灌浆是地下工程，对地质情况异常敏感，灌浆试验的地层的代表性无疑存在一定的局限，灌浆过程中通过对已有灌浆大数据的分析，根据不同的地质条件对灌浆压力、浆液水灰比、灌浆结束标准的调整是必要的。

2.3 过程标准化

灌浆施工工艺的动态设计，并不意味着灌浆施工的过程是可以随意调整的，相反，它要求建立一整套标准的过程控制流程，对不同的工艺采用不同的标准流程。灌浆过程的标准化有利于操作人员按照标准流程进行操作，有利于操作人员在最短的时间内掌握操作技能，尤其在当前熟练工成了一种稀缺资源的情况下，更有利于保证施工质量。

2.4 管理信息化

目前，国内针对灌浆工程的监测方式通常都是采用灌浆自动记录仪针对单作业点灌浆过程中流量、压力、水灰比等灌浆参数的过程记录，还不能自动监控与调节整个灌浆过程，充其量还只是实现了灌浆参数的自动记录。多数情况下，业主及监理工程师还无法实时掌握和控制所有作业点的质量与进度。为提升施工管理，保证工程质量及提高工作效率，就迫切要求提高灌浆施工的自动化与智能化，实现灌浆作业的远程监控。

灌浆是一个系统单元，包括造孔→裂缝冲洗→压水→制浆→灌浆→抬动观测→灌浆结束→资料整理出图。随着计算机技术的进步和网络的发展，以及物联网技术的异军突起，灌浆监测手段也越来越广泛地受到业主的关注。随着网络技术在我国的飞速发展，理想的灌浆监测手段应当通过网络让业主、监理不用在施工现场，都可以察看到现场的灌浆信息、灌浆数据及成果图表，这样可以最大化地监控灌浆工程质量、施工进度，实现对工程现场情况的直观监视现场人员的统一指挥、协调管理，及时、准确地传递消息和指令，以提高灌浆工程在施工期间的质量及施工管理水平。为此，实现灌浆施工网络化、无纸化办公管理，灌浆作业自动化控制及调节、灌浆资料自动整理将是发展趋势，也是信息化管理的必然要求。

钻孔和灌浆过程的自动记录也是管理信息化的一部分。从国内灌浆工程的信息化应用来看，目前计算机信息技术在灌浆施工中的应用，主要包括施工项目管理软件、工程设计软件（尤其是当前出现的多种 BIM 应用软件）、灌浆自动记录仪的应用等，这些工具与管理软件由于其通用性与普适性，应用较为广泛，应用效果良好，促进了灌浆工程的管理规范化、设计标准化与施工的精细化。但由于灌浆工程施工的复杂性与隐蔽性，工程目标常需在施工过程中确定，对其实施过程控制的难度很大，要实现灌浆工程全方位、全生命周期的信息化管理，还有很长的路要走。

2.5 灌浆参数科学化

长期以来，灌浆工程的设计和施工都是严重依赖已有工程经验，灌浆更多地被称为一门“技术”。近年来，中国水利水电科学研究院的符平、杨晓东等人对裂隙岩体水泥灌浆的数值模拟进行了一系列研究，提出了岩体裂隙中水泥浆液扩散计算方法、灌浆效果评价及数值模拟。如能将这种计算方法和数值模拟结合钻孔自动化记录应用于灌浆工程设计及过程参数控制，并不断提高应用水平，将大大提高灌浆参数设计的科学性。

同时，随着 BIM 技术的发展和在灌浆工程中的应用，通过已有灌浆工程的成果，结合在灌浆工程开始前对地层裂隙、强度、浆液性能等条件的大数据分析，对灌浆工程进行可视化模拟，也有利于选择科学合理的灌浆参数。

3 对策

3.1 加强行业监管，规范施工队伍

要改变部分“关键少数人”轻视灌浆工程的观念。夏可风先生在《打造中国灌浆的升级版》一文中写道“笔者就听到有些人说，灌浆很简单，设备不大，技术不复杂，谁都能干，无论给多少价都能挣钱。这是一种不懂得灌浆的十分错误的看法。在这样的人的主持

下，灌浆必定失败无疑。有的人吃了亏获得了教训，可惜还不断地有人在花钱买教训。”有些人对灌浆施工抱侥幸心理，尤其是在地质条件相对较好的工程中。他们认为，灌浆马虎一点一般出不了什么问题，因而对选择队伍上，随意性较大。但殊不知，十次侥幸中，只要有一次出问题，对企业造成的影响就是很大的，甚至是致命的。

只有那种轻视灌浆的观念改变了、侥幸的心理消失了，才有可能采取措施，加强行业监管，以合理的单价规范市场，规范灌浆施工队伍的准入门槛，让那些懂灌浆工程技术和管理、有先进的施工设备、有责任心、拥有丰富灌浆经验的操作人员的队伍来承担施工。

3.2 推进工艺和技术创新

《水工建筑物水泥灌浆施工技术规范》（SL 62、DL/T 5148）自20世纪90年代以来已多次改版，从工艺上作出了不少有利于现场操作、简化流程、便于现场动态调整的修改，为推进灌浆施工的工艺创新和简化提供了依据。现阶段，需要针对不同的灌浆要求并结合不同的地质条件，大胆地对纯压式灌浆、自下而上灌浆等各种工艺进行测试，综合大数据分析，在科学基础上规范出各种灌浆工艺的适用条件。

3.3 推进灌浆施工设备的机械化和自动化研究及应用

推进灌浆施工设备的机械化不仅是解决国内劳动力日趋紧张的现实需要，也是改变灌浆施工脏乱差、提升现场文明施工管理水平的要求。目前，国产设备已基本能满足施工机械化的要求，但是要走入施工现场，还需要改变目前低价揽工程、谁都能揽工程的现状。只有行业规范了，才能实现现场的规范和施工的规范。

灌浆施工自动化、智能化是实现灌浆工程信息化、提升灌浆工程管理水平的需要。灌浆施工过程的数据通过仪器自动采集、传输，避免人工干预，确保数据的真实性和及时性，也便于灌浆过程的动态调整。目前行业内应结合我国国情，加快对灌浆自动化、智能化的研究和试验。

3.4 提升灌浆信息化水平

在溪洛渡、白鹤滩等水电站工程建设中，通过灌浆自动记录仪采集的灌浆、抬动数据、灌浆现场的视频监控等信息，通过物联网技术直接上传至大坝施工管理信息系统，在互联网上可查询灌浆实时信息；根据国外开发的钻孔自动记录系统，能够对回转速度、钻进压力、扭矩、钻进速率，循环液漏失情况等钻孔参数进行记录并输出。这些都是实现灌浆信息化的一条有效途径。

在目前已建立的灌浆工程物联网技术基础上，将灌浆工程BIM与物联网集成应用，基于BIM技术构建起灌浆施工信息管理平台，通过物联网技术，将制浆、钻灌设备、自动记录仪、建筑物安全监控等与BIM模型相连接，可实现灌浆施工、建筑物安全监控的信息智能动态管理，提高施工管理效率，满足工程现场数据和信息的实时采集、高效分析、及时发布和随时获取。

4 结语

（1）在我国经历了众多的超大型水利水电工程施工之后，业内众多的有识之士也越来越意识到灌浆施工队伍的重要性，并对此作出了一些约束。如某大型水电站工程在施工招标阶段即规定，灌浆与制浆“禁止专业分包和劳务分包”，从合同上保证了灌浆施工队伍的专业性，其意义在于：对于招标工程来说，能确保施工方是有能力的，施工人员是有经验的，有利于保证灌浆施工质量；从行业范围看，则有利于促进灌浆施工专业队伍能力的提升和灌浆行业的健康发展。

（2）低价承揽工程是阻碍先进设备应用，是现场管理无序的源头，是灌浆技术发展和管理提升的拦路虎，必须坚决打掉。

（3）在以溪洛渡水电站为代表的大型工程建设中，在大坝灌浆工程的建设管理、设计、施工中，都非常关注施工的规范化，注重现场文明施工和环境保护，注重对新技术新工艺的应用，并通过现场严格、标准化管理和信息化技术，使灌浆工程现场施工形象焕然一新。同时通过严格的标准化管控和施工成果的及时共享，实现快速决策和干预管理，使大坝灌浆施工管理控制更有力，施工质量始终处于受控状态，开创了灌浆施工的新管理模式。

参考文献

[1] 夏可风．打造中国灌浆的升级版［C］//2015水利水电地基与基础工程．北京：中国水利水电出版社，2015.

[2] 符平，杨晓东．裂隙岩体水泥灌浆效果评价及数值模拟研究［C］//水利水电地基基础工程技术创新与发展（2011）．北京：中国水利水电出版社，2011.

[3] 张景秀．坝基防渗与灌浆技术（第二版）［M］．北京：中国水利水电出版社，2002.

关于塑性混凝土抗压强度与弹性模量的讨论

王碧峰

（中国水电基础有限公司）

【摘　要】本文旨在通过对塑性混凝土的抗压强度及弹性模量进行分析，剖析国内外对塑性混凝土抗压强度和弹性模量的理解和试验方法的不同之处。同时揭示国内防渗墙施工规范条文说明中对塑性混凝土抗压强度及弹性模量取值范围存在不合理之处，并给出笔者的建议。

【关键词】塑性混凝土　抗压强度　弹性模量　初始切线模量

1　概述

与普通混凝土相比，塑性混凝土具有强度低、初始切线（弹性）模量低和极限应变大的特性。作为防渗墙墙体材料，能很好地适应地基的变形、不开裂，可有效改善墙体在地基下面的受力状态。由此，塑性混凝土防渗墙被广泛应用于水利水电领域的临时和永久工程中。

对于塑性混凝土的力学特性，几十年来，国内外学者做了大量的试验研究工作。国外以 1985 年第 15 届国际大坝会议 51 号公报出版的《Filling materials for watertight cut off walls》（以下简称为“国际大坝会议 51 号公报”）最具代表性，深刻地影响了后来的西方咨询工程师对塑性混凝土的认识。它的作者是 G. Y. Fenous 等来自西方地基处理公司及筑坝材料委员会的专家学者。国内则是以 20 世纪 90 年代初期清华大学水利水电工程系的研究成果最为突出，出版过专业书籍和大量论文，该研究曾受到国家自然科学基金资助，也是“八五”国家科技攻关项目之一。

对塑性混凝土力学性能而言，抗压强度和弹性模量是其中两个最重要的指标，本文试图对这两个指标做进一步的分析和讨论。

2　国内外对塑性混凝土抗压强度和弹性模量的规定

2.1　国外的规定

2.1.1　抗压强度

关于抗压强度，国际大坝会议 51 号公报建议，虽然为了获得足够的变形能力，塑性混凝土的抗压强度应尽可能低，甚至最大不要超过几个 bar，但考虑到墙体材料要承受上部构筑物的重量，还要抵抗深层土压力以及抗溶蚀的需要，塑性混凝土又必须具有足够的强度。此外，防渗墙墙体一般较薄，所承受的水力坡降较高，而且国外有试验表明，抗溶蚀能力与抗压强度直接相关。所以该公报建议塑性混凝土的抗压强度 $R_{28}<1.5$MPa。

2.1.2 弹性模量

国际大坝会议 51 号公报认为，为确保墙体适应土体变形而不开裂，最理想的墙体材料，应具有与周围地基土类似的变形特征。但如果周围是均质土体，或者土体的杨氏模量随深度变化很小的情况下，墙体材料的模量比周围土体大 4～5 倍是合适的。

2.2 国内的规定

2.2.1 抗压强度

《水电水利工程混凝土防渗墙施工规范》(DL/T 5199—2004) 条文说明中建议：塑性混凝土的 28d 抗压强度为 1.0～5.0MPa。这个抗压强度是指与普通混凝土一样的立方体抗压强度，试样规格为 150mm×150mm×150mm。试验方法见《水工塑性混凝土试验规程》(DL/T 5303—2013)。

2.2.2 弹性模量

《水电水利工程混凝土防渗墙施工规范》(DL/T 5199—2004) 条文说明中建议，塑性混凝土的弹性模量为地基弹性模量的 1～5 倍，一般不大于 2000MPa。

从上述国内外对塑性混凝土的抗压强度和弹性模量的规定可以看出，对这两个特性指标的涵义及试验方法并没有表述得特别清楚，常常让人误解。那么究竟什么样的抗压强度和弹性模量对塑性混凝土才是最重要的呢?

3 塑性混凝土抗压强度和弹性模量的内在涵义

3.1 抗压强度

如前所述，国内将塑性混凝土视为普通混凝土，以立方体抗压强度作为塑性混凝土的抗压强度（国内也有采用无侧限抗压强度，特别是为了比较三轴条件下试样破坏时的轴向应力与无侧限抗压强度的倍数关系时，无侧限及三轴试验用试验都采用圆模，直径×高度=150mm×300mm)。

国际大坝会议 51 号公报中虽然文字上没有说明 $R_{28}<1.5$MPa 是什么试样条件下的抗压强度，但西方国家习惯于用圆模，试样尺寸一般是直径×高度=101mm×200mm，采用无侧限压缩仪测量，抗压强度采用无侧限抗压强度来表示。

由于防渗墙墙体在地基下面实际受力状况都是有四围压力的，清华大学水利水电工程系的研究表明，塑性混凝土在三轴条件下的强度与破坏特征和无侧限条件下相比有极其显著的不同，四围压力的存在将显著地提高塑性混凝土破坏时的轴向应力。如对某试样进行三轴试验时，当 $\sigma_3=1.2$MPa 时，试样破坏时的轴向应力为无侧限抗压强度的 7.96 倍。也就是说，三轴条件下破坏时的轴向应力才是塑性混凝土承受上部构筑物的重量+抵抗深层土压力（墙体所受的压应力）以及具备抗溶蚀能力所需的抗压强度，并非前面所述的立方体抗压强度或无侧限抗压强度。但业内很多人士一听说塑性混凝土立方体抗压强度或者无侧限抗压强度很低就不敢用于永久工程，担心墙体会被压裂，其实这只是感性认识，事实并非如此。

基于上述讨论，可以看出，真正有参考意义的抗压强度是在模仿地基四围压力（三轴）条件下，塑性混凝土破坏时的轴向应力。采用有限元计算墙体所受的压应力后，并将之与上述轴向应力进行对比，才知道塑性混凝土墙体是否会被压裂。

所以，从确定墙体是否会被压裂这个角度来讲，其实立方体抗压强度或无侧限抗压强度意义并不大，但为什么还要做塑性混凝土的立方体抗压强度或无侧限抗压强度试验呢？笔者以为，最主要的原因可能是由于国内三轴仪的使用并不普及，与土工试验所需的低压三轴仪不同，塑性混凝土三轴试验一般需要轴向荷载至少 6t 以上（甚至更大）的高压三轴仪，且成本较高。除高校或研究机构具备这个条件外，一般的检测机构、施工单位或现场试验室不具备这个条件。所以，就用简单易行的立方体抗压强度或无侧限抗压强度试验结果代替三轴试验结果来表示塑性混凝土的抗压强度。当然如果通过大量的试验，建立起立方体抗压强度/无侧限抗压强度与不同围压条件下三轴试验的轴向破坏应力之间的关系，这个方法也不失为一个有效的方法。但对塑性混凝土而言，由于配合比不同、原材料质量差异等诸多因素，要建立起比较可靠的关系还不是一件很容易的事情。

3.2 弹性模量

先看国外情况，国际大坝会议 51 号公报上建议："如果周围是均质土体，或者土体的杨氏模量随深度变化很小的情况下，墙体材料的模量比周围土体大 4～5 倍是合适的"（In the case of a homogeneous soil, or when the variations of Young's modulus with depth ar slight, a material having a modulus 4 to 5 times greater than the soil is suitable）。这里面有两个问题：一是墙体材料（塑性混凝土）的模量，没有说明具体是什么模量，但根据行文的逻辑关系推断，应该也是指杨氏模量；二是土体用杨氏模量来表示是否合适？是作者无意失误还是有意为之，我们均不得而知。

杨氏模量（Young's modulus），又称拉伸模量（tensile modulus），是弹性模量（elastic modulus or modulus of elasticity）中最常见的一种。根据胡克定律，在物体的弹性限度内，轴向应力与应变成正比，比值被称为材料的杨氏模量，它是表征材料性质的一个物理量。杨氏模量的大小标志了材料的刚性。杨氏模量越大，越不容易发生形变。由杨氏模量的定义可以看出，其实杨氏模量主要适用于满足胡克定律条件下弹性体的应力应变关系。土体本身很复杂，但一般被认为是弹塑性体，并非完全弹性体，所以用杨氏模量来表示土体性能似乎不是很妥当。

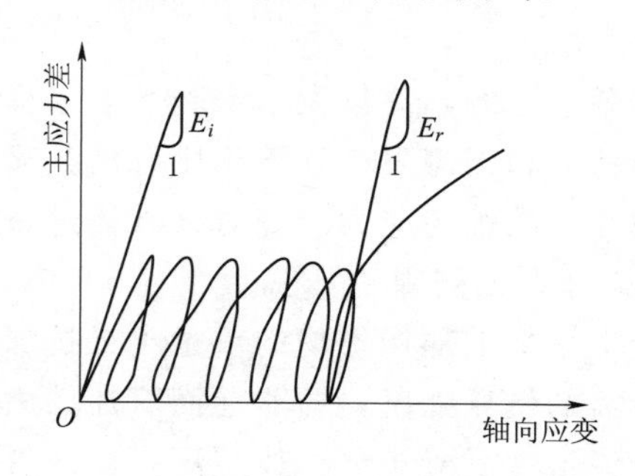

图 1　土体弹性模量测试过程图

但根据《土工试验规程》（SL 237—1999）第 029 章——弹性模量试验（适用于饱和黏质土和砂质土），可以采用三轴仪进行重复压缩试验，得到应力应变曲线上的初始切线模量 E_i 或者再加荷模量 E_r 作为土体的弹性模量（图 1）。

根据图 1 可知，初始切线模量 E_i 或者再加荷模量 E_r 也可以近似看作是土体处于完全弹性阶段时的应力与应变之比，从这个意义说，土体的弹性模量也可以称为杨氏模量。

但需要说明的是，虽然上述方法理论上可以比较准确地测量土体的弹性模量，但操作起来难度较大，实践中很少用这种方式测量土体的弹性模量。对塑性混凝土而言，由于不同围压下的轴向破坏应力远高于土体，一般适用于土体的低压三轴仪并不能适用于塑性混凝土。所以塑性混凝土的初始切线模量更不可能采用这种方法来测量，一般还是根据三轴压缩试验取得的应力应变关系曲线求得的初始切线模量作为塑性混凝土的弹性模量。

国际大坝会议51号公报中虽然没有明确塑性混凝土和土体杨氏模量（弹性模量）的测量方法，但国外一般都是采用三轴仪，按照相应试验规程进行测量。

再看看国内情况，如前所述，《水电水利工程混凝土防渗墙施工规范》（DL/T 5199—2004）条文说明中建议，塑性混凝土的弹性模量为地基弹性模量的1～5倍，一般不大于2000MPa。

至于如何测量塑性混凝土和地基（土体）的弹性模量，该条文说明中并没有明确。实际上，测量塑性混凝土弹性模量，2013年以前是按照《水工混凝土试验规程》（DL/T 5150—2001）中规定的试验方法；2013年以后是按照《水工塑性混凝土试验规程》（DL/T 5303—2013）中规定的试验方法，这两本试验规程对于测量塑性混凝土弹性模量的基本原理，都是将塑性混凝土视为普通混凝土，按照普通混凝土弹性模量测试的方法进行检测（试样尺寸规格为150mm×150mm×300mm棱柱体或者直径×高度＝150mm×300mm圆柱体），但与前者相比，后者有以下三点改进：

（1）测量标距由半标改为全标。

（2）预压荷载由破坏荷载的40%改为破坏荷载的20%且不超过0.5MPa。

（3）计算方法不同，认为经过分析塑性混凝土整个变形过程，近似弹性变形阶段在破坏应力的20%～40%范围，因此，采用破坏应力的20%与40%两点应力应变值计算塑性混凝土弹性模量值。

与《水工混凝土试验规程》（DL/T 5150—2001）相比，采用《水工塑性混凝土试验规程》（DL/T 5303—2013）测量塑性混凝土的弹性模量似乎更为合理。

实际上，根据弹性模量的定义，应该是弹性体在弹性变形阶段应力与应变的比值，弹塑性体受力后一般是经过短时间的弹性变性后，立即进入不可恢复的塑性变形阶段，经过3次预压后，采用破坏应力的20%与40%两点应力应变值来计算塑性混凝土的弹性模量（即便我们认为这个阶段是近似弹性变形阶段），其物理意义究竟何在？能代表塑性混凝土在地基中四围受力状态时的弹性模量吗？

4 如何测量塑性混凝土的抗压强度和塑性模量

4.1 抗压强度

如前所述，塑性混凝土的抗压强度的意义和测量方法已经表述清楚，在此不再赘述。

但在此仍想强调的是，大量试验结果表明，塑性混凝土在无侧限条件下虽然峰值应变较普通混凝土高数倍，但仍属于脆性破坏；但在三轴条件下，塑性混凝土在较小的四围压力下即与无侧限条件下试样破坏型式有明显不同，三轴条件下试样破坏属典型的塑性剪切破坏，破坏时试样中间鼓起，试样上有明显的倾斜带状剪切面。根据上述特点，采用莫尔-库仑强度理论的指标黏聚力 C 和内摩擦角 φ 来描述塑性混凝土的强度特征是合适的。此外，清华大学的计算表明，当 $\sigma_3=1.0\sim2.0$MPa时，采用莫尔-库仑强度理论计算墙体内某单元受压破坏时的最大主应力比第一强度理论（适用于普通混凝土）得出的最大破坏主应力大几倍至十余倍。在很多情况下，采用第一强度理论计算塑性混凝土不能满足强度要求，而当使用莫尔-库仑强度理论时，强度却还有很大的安全系数。所以，虽然塑性混凝土是介于普通混凝土和土之间的一种材料，但其三轴条件下的力学性能更接近于土。

对于塑性混凝土而言，可以采用立方体抗压强度，也可以采用无侧限抗压强度来表示其抗压强度，但由于其力学性能更接近于土，所以笔者还是推荐采用无侧限抗压强度，与国外习惯保持一致，毕竟立方体抗压强度更适合于普通混凝土。此外，无侧限抗压强度与三轴试验都采用圆模取样，试样尺寸一般用直径×高度＝101mm×200mm，也便于比较不同围压条件下三轴试验的轴向破坏应力与无侧限抗压强度之间的关系。

4.2 弹性模量

塑性混凝土究竟应该取什么条件下的弹性模量以及采用什么样的方法测量比较合适呢？笔者认为，塑性混凝土和土体类似，都属于弹塑性体，既然国内外都提到要跟地基（土体）弹性模量进行对比，理所当然要跟地基（土体）弹性模量的测量方法一致，这样才有比较的意义，也就是说最好也用三轴试验的方法进行测量。

在确定采取什么条件下的弹性模量之前，首先要了解测量塑性混凝土的弹性模量究竟是做什么用的？笔者认为主要是用于有限元计算墙体在地基中的受力情况。国内外常用的有限元计算程序（邓肯-张非线性弹性 $E-B$ 本构模型）中共需要 7 个参数，都是通过三轴压缩试验求得，它们分别是 C、φ、K、n、K_b、m、R_f。在计算 K、n 时，需要用到初始切线模量 E_i，而 E_i 就是在三轴压缩实验过程中通过将应力应变曲线近似双曲线关系的基础上求得的。详见《土工试验规程》（SL 237—1999）三轴压缩试验附 b《$E-B$ 模型参数的资料整理》。

由此可见，与墙体在地基中的最终受力状态有关系的重要参数是塑性混凝土在有围压时的初始切线模量 E_i。而并非按照《水工塑性混凝土试验规程》（DL/T 5303—2013）中所规定的测试方法计算出来的弹性模量。

所以，对于严格意义上的弹性模量，笔者建议按照三轴条件下的初始切线模量（根据三轴压缩试验的应力应变关系求得）作为塑性混凝土的弹性模量，以便于与周围地基土体的（弹性模量）初始切线模量进行比较。但考虑到成本及便于操作，实际生产中，采用何种弹性模量进行质量控制，则需要研究他们与初始切线模量之间的对应关系。

5 规范条文说明中的不合理之处

《水电水利工程混凝土防渗墙施工规范》（DL/T 5199—2004）条文说明中建议，塑性混凝土的弹性模量为地基弹性模量的 1～5 倍，一般不大于 2000MPa。笔者认为存在可商榷之处。

根据顾晓鲁等主编，中国建筑工业出版社 2003 年出版的《地基与基础》第三版第 151 页，土的弹性模量见表 1。这是按图 1 所述方法测量的结果。

按照表 1 中的数据，塑性混凝土的弹性模量［按照《水工塑性混凝土试验规程》（DL/T 5303—2013）测量］最大也不应该超过 160×5＝800MPa；但条文说明中又说一般不大于 2000MPa。所以规范表述似乎不是很严谨。

表 1　　土的弹性模量 E 值

土的种类	E 值/MPa	土的种类	E 值/MPa
砾石、碎石、卵石	40～56	硬塑的亚黏土和轻亚黏土	32～40
粗砂	40～48	可塑的亚黏土和轻亚黏土	8～15
中砂	32～46	坚硬的黏土	80～160
干的细砂	24～32	硬塑的黏土	40～56
饱和的细砂	8～10	可塑的黏土	8～16

28d 抗压强度 $R_{28}=1.0\sim5.0$MPa（立方体抗压强度），与国外 $R_{28}<1.5$MPa（无侧限抗压强度）相比，不仅强度最大值很大，范围也宽了很多。当然也可以认为，因为抗压强度范围宽，而且最大能达到 5.0MPa，这样弹性模量自然就要高很多，似乎也能解释得过去。但前面已经说明，不管是立方体抗压强度还是无侧限抗压强度，其意义仅仅只是象征性的，真正的抗压强度是在四围压力下塑性混凝土的轴向破坏应力。在不同围压下这个数值是立方体抗压强度或无侧限抗压强度的数倍甚至十数倍。所以，我们真的需要这么高的抗压强度吗？同时，工程实践中按照《水工塑性混凝土试验规程》（DL/T 5303—2013）测量的弹性模量仍然偏大，经常超过 2000MPa，给工程施工及竣工验收带来一定的困扰，常常导致数据失真。

所以，笔者认为应该由设计人员根据经验使用假定的 7 个参数（一般通过三轴压缩试验取得），采用有限元计算墙体各部位所承受的压应力（拉应力），在保证墙体安全的基础上提出塑性混凝土无侧限抗压强度和初始切线模量的建议值。施工单位根据这个建议值进行配合比试验，再用三轴试验验证不同围压下塑性混凝土的轴向破坏应力，是否满足有限元计算结果。

至于塑性混凝土初始切线模量到底是地基土的 1～5 倍，还是 4～5 倍更合适（也有人认为最好不要超过 20～30 倍），这可能要靠埋在墙体内的应力应变计的观测结果及大量的工程实例来慢慢证明。当然如果能从理论上证明就更好，因为笔者还不知道他们提出这个倍数关系的依据是什么？

6　国内外塑性混凝土防渗墙的现状

上面讨论了塑性混凝土抗压强度和弹性模量的意义及测量方法，并指出相关规范中存在不合理之处，但目前国内外塑性混凝土防渗墙的应用现状到底如何？他们是如何控制塑性混凝土的抗压强度和弹性模量呢？

6.1　国内塑性混凝土防渗墙应用现状

一般情况下，主体工程仍然倾向于使用刚性混凝土防渗墙，当计算有拉应力的情况下，采用配筋的方式解决。塑性混凝土防渗墙主要用于临时围堰防渗，主要原因就是担心塑性混凝土抗压强度太低而不能承受足够的压应力，墙体最终可能会被压裂；其次也担心塑性混凝土的抗渗性、抗冲刷性以及耐久性不能满足要求。

对塑性混凝土的抗压强度和弹性模量就是按照本文前面所述的方式进行控制。但弹性模量往往大于 2000MPa。

6.2 国外塑性混凝土防渗墙应用现状

最近十几年来，笔者曾直接或间接参与过苏丹、文莱、毛里求斯的 4 个大坝项目的塑性混凝土防渗墙的试验及施工，这 4 道塑性混凝土防渗墙都是作为坝基永久防渗墙。咨询公司分别来自德国拉美尔（LAHMEYER）、美国美华（MWH）、法国柯因-贝利叶（Coyne et Bellier）等世界知名设计咨询公司。投标阶段及施工阶段塑性混凝土抗压强度和弹性模量按照表 2 进行控制。

表 2　国外工程塑性混凝土防渗墙抗压强度和弹性模量指标

工程项目	无侧限抗压强度/MPa		弹性模量/MPa	
	投标阶段	施工阶段	投标阶段	施工阶段
苏丹某电站 1	$R_{28}\geqslant1.0$	平均 $R_{28}\geqslant0.7$ 最小 0.6	初始切线模量 $E_i\leqslant500$	平均 $E_{50}\leqslant200$， （$200\leqslant E_{50}\leqslant300$ 的数量占整个试验数量小于 25%）
苏丹某电站 2	—	抗压强度 $R_{28}\geqslant0.7$ 特征抗压强度 $R_{28}\geqslant0.6$	—	割线弹性模量 $E_{50}\leqslant200$； 特征割线弹性模量 $E_{50}\leqslant300$； （围压 200kPa）
文莱某水坝	$R_{28}\leqslant0.4$	$0.8\leqslant R_{28}\leqslant1.2$ （尽可能取高值以提高抗溶蚀能力及耐久性）	无要求	但取样试验按照 $E_{50}\leqslant220$ 控制
毛里求斯某水坝	—	$1.0\leqslant R_{28}\leqslant1.5$	—	$100\leqslant E_{30\sim70}\leqslant150$

注　E_{50}表示轴向应力为破坏应力的 50%时，应力与应变之比；$E_{30\sim70}$表示轴向应力分别为破坏应力的 30%和 70%两个点连线之间的斜率。

从表 2 可以看出：

（1）国外咨询公司设计的塑性混凝土无侧限抗压强度普遍较低，一般在 0.6～1.5MPa 之间；明显低于国内。

（2）除投标时苏丹某电站 1 招标文件技术规范中提及初始切线模量外，其他项目均没有提及。工程施工中，他们也没有直接将塑性混凝土的初始切线模量作为控制指标，而是取三轴压缩试验过程中的某个应力点或应力区间的割线模量作为塑性混凝土弹性模量的控制指标（一般取 $E_{50}\leqslant300$MPa）。究竟他们为什么这么取，我们不得而知。但不管如何，至少是在三轴条件下进行的试验，比国内按照类似普通混凝土弹性模量的测试方法应该更科学一些。而且这么做也有一定可取之处，主要是试验操作简便，无需画应力应变曲线计算初始切线模量，计算机可以按要求每隔几分钟自动生成数据，计算速度快，特别适合大规模取样或者现场试验室。

7 结论

（1）塑性混凝土是介于普通混凝土和土之间的一种柔性材料。国内外很多试验结果表明，塑性混凝土三轴条件下的力学性能与土更为接近，其不同围压三轴试验的轴向破坏应力是无侧限抗压强度的数倍甚至十数倍，抵抗墙体所承受的压应力是三轴条件下的轴向破坏应力，而非无侧限抗压强度。但考虑到一般单位不具备高压三轴试验的条件，所以笔者建议塑性混凝土抗压强度采用无侧限抗压强度，且尽可能取1～5MPa之间的偏小值。

（2）墙体有限元计算中（邓肯-张非线性弹性 $E-B$ 本构模型）的系数 K、n 值，来自根据三轴压缩试验应力应变关系曲线计算求得的塑性混凝土的初始切线模量。所以真正应该控制的弹性模量应该是三轴条件下塑性混凝土的初始切线模量，而非应力应变曲线上其他任何应力点或应力区间的弹性模量。但实际生产中，为方便控制，国内外往往都倾向于采用文中所述的简便方法计算的弹性模量作为塑性混凝土的弹性模量，至于是否合适？笔者认为应该需要做更多的研究工作，这一点应该值得注意。

（3）国内防渗墙规范条文说明中对塑性混凝土抗压强度和弹性模量的定义和取值范围，笔者认为有值得商榷之处，不仅仅只是不太严谨，特别是弹性模量，实际生产中往往还不能满足要求。笔者建议在具备高压三轴试验的条件下，尽量采用三轴条件下的弹性模量取代目前按照《水工塑性混凝土试验规程》（DL/T 5303—2013）计算的弹性模量。其弹性模量可按 E_{50} 或 $E_{30\sim70}\leqslant$200～300MPa控制。

菌液浓度对微生物灌浆加固砂土效果的影响机理

李　娜[1,2]　王丽娟[1,2]　李　凯[1,2]　符　平[1,2]　赵卫全[1,2]

（1. 中国水利水电科学研究院　2. 北京中水科工程总公司）

【摘　要】通过小尺度微生物灌浆试验研究了不同菌液浓度对砂土灌浆效果的影响，通过环境电镜扫描（ESEM）分析砂土颗粒的结晶体的形态变化，并建立了砂土地层的细观模型，对微生物浆液在砂土地层中的扩散运动过程进行了数值模拟，分析了菌液浓度对微生物灌浆加固砂土效果的影响机理。研究表明，随着菌液浓度的增加，菌液的活性有明显的提高，微生物结晶体呈多级生长，砂柱的抗压强度有所提高，菌体分泌的胶质有机物也会提高砂柱的抗渗透能力。但菌液浓度过高则对改善砂土的指标有限，同时会造成菌液扩散距离降低，影响整体的灌浆效果，可根据工程防渗加固的不同要求选择合适的菌液浓度。实验得到的砂柱最大抗压强度为22.5MPa，最小渗透系数为 2.12×10^{-5} cm/s。

【关键词】砂土地基　防渗加固　微生物灌浆　细观模型　扩散机理

1　引言

粉细砂层是各种地下工程中较为常见的缺陷之一，其在水头压力作用下可能产生渗漏。粉细砂由于其粒径极小，孔隙率极低，且结构松散，在荷载作用下容易失稳，对砂土地基进行防渗加固是很多地下工程中面临的技术难题之一。当前大多数砂土地基防渗加固处理技术是利用大型机械将人造或人工合成化学材料（如水泥、环氧树脂、硅酸钠、聚氨酯等）注入粉细砂层孔隙中达到防渗加固效果，而大部分化学浆液都是有毒的，其所带来的环境隐患很大。Mitchell & Santamarina 在 2005 年第一次明确讨论了生物过程在岩土工程中作用，利用微生物的矿化作用诱导方解石沉积，通过微生物的生物化学反应过程可以改变土体的工程性质。DeJong 等通过一系列不排水固结三轴试验发现，利用巴氏芽孢菌种加固松散的砂土体，可以明显改善砂土的极限承载力和剪切强度。Okwadha、Van Paassen、Al－Thawadi 等人通过胶凝砂柱实验研究了不同菌种和不同环境温度对微生物矿化作用的影响。程晓辉、杨钻等通过动三轴实验研究了微生物灌浆加固液化砂土的性能及其动力反应特性。李凯等研究了加固粉细砂的微生物不同培养条件的影响。成亮等研究了不同浓度细菌液、细菌体及其分泌物对碳酸钙晶体形成的影响，主要侧重于对晶体生长机理的研究。

通过微生物灌浆加固砂土地基的过程是一个复杂的生化反应过程，菌液的浓度是影响灌浆效果的重要因素。菌液的浓度影响菌液的活性和浆液性质，对矿化产物的形貌和析出量产生影响，对微生物灌浆的扩散过程也会产生影响。目前关于菌液浓度对于砂土灌浆效果和扩散过程的影响研究较少。本文通过一维小砂柱灌浆试验研究了不同菌液浓度对灌浆效果的影响，通过环境电镜扫描（ESEM）分析砂土颗粒表面结晶体的形态变化，并建立了砂土地层的细观模型，对微生物浆液在砂土地层中的扩散运动过程进行了数值模拟，分析了菌液浓度对微生物灌浆加固砂土效果的影响机理。

2 微生物的生化反应机理

微生物诱导形成碳酸钙沉积的过程包括不同的生物化学反应过程，比如硫酸盐还原、尿素水解、反硝化作用、脂肪酸发酵等，其中尿素水解的反应过程容易控制，机理明确，生成碳酸钙沉淀的产量最高。微生物新陈代谢过程产生的尿素酶能水解尿素 $CO(NH_2)_2$，生成碳酸氢根离子 HCO_3^- 和氨根离子 NH_4^+，随着生成 NH_4^+ 的浓度增加，溶液的 pH 值会不断升高，微生物细胞膜表面的有机质带负电荷，当溶液中有 Ca^{2+} 存在时，它会不断吸附带正电荷的 Ca^{2+}，碳酸根离子同钙离子沉积出 $CaCO_3$ 沉淀，随着碳酸钙浓度的增加，晶核不断生长，发生矿化作用，最终通过碳酸钙沉积达到地基防渗加固的目的。其反应方程式见式（1）、式（2），其反应过程如图 1 所示。

$$CO(NH_2)_2 + 3H_2O \xrightarrow{\text{产脲酶菌}} 2NH_4^+ + HCO_3^- + OH^- \tag{1}$$

$$Ca^{2+} - cell + 2HCO_3^- + 2OH^- \xrightarrow{\text{成核作用}} cell - CaCO_3 + 2H_2O \tag{2}$$

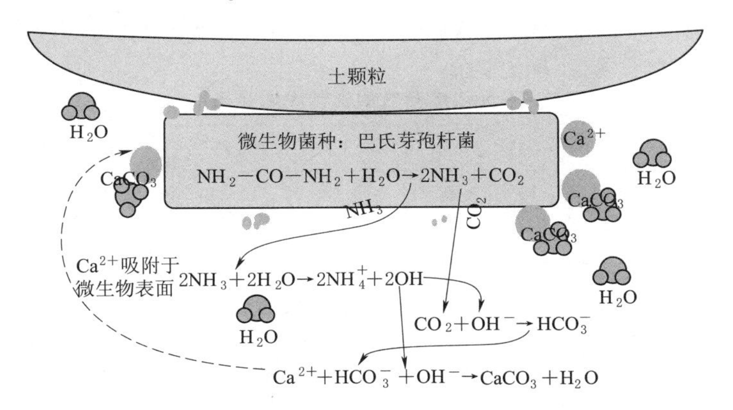

图 1 微生物诱导碳酸钙沉积过程（DeJong et al.，2010）

3 砂土介质的微生物灌浆效果研究

采用小尺度试管试样（长 10cm，直径 3cm）进行灌浆试验，利用在小试管装填细砂模拟扩散通道，灌浆后得到不同的试管试样，养护一定龄期后分别测试其干密度、抗压强度、渗透系数等参数，分析不同菌液浓度对砂土地基防渗加固效果的影响。

粉细砂土是指粒径小于 0.25mm 的颗粒及大于 0.075mm 的颗粒超过全部质量的 50% 的砂土，实验时采用 60 目和 80 目的筛网控制细砂粒径，采用天然干密度为 $1.43g/cm^3$ 的细砂，砂柱的孔隙率为 0.83，实测渗透系数为 $1.1 \times 10^{-2}cm/s$。

微生物菌种采用编号为 ATCC 11859 的巴氏芽孢杆菌，采用的培养液含有 0.13mol 的

Tris 缓冲液、10g 硫酸铵及 20g 酵母提取物，实验过程的培养温度为 35℃，营养液 pH 值为 8.2，接种比例为 10%，对微生物进行振荡培养，在培养至 24h 时，采用蠕动泵进行微生物浆液灌注。灌注方式为先灌注 20mL 微生物菌液，然后灌注 30mL 尿素、硝酸钙及氯化钙的混合钙源，灌注速率为 0.5mL/min，每隔 24h 灌注一次，灌注 1 周后对砂柱进行烘干养护。

将培养 24h 后的菌液采用高速冷冻离心机浓缩为需要的浓度，离心条件为 6000r/min，0～4℃，离心 8min。菌液浓度（OD_{600}）分别离心至 0.5、1、2、3、4、5、10、15、20，测定不同浓度菌液的密度、黏度、活性等基本参数（见表 1）。

表 1　　　　不同浓度菌液的基本参数

菌液浓度/OD_{600}	0.5	1	2	3	5	10	15	20
密度/(g/cm³)	1.004	1.006	1.008	1.012	1.016	1.02	1.021	1.081
黏度/(mPa·s)	1.15	1.22	1.41	1.53	1.63	2.25	2.84	3.42
活性/[ms/(cm·min)]	1.02	1.16	1.46	2.15	2.85	4.51	6.54	7.55

可见，微生物菌液属于典型的牛顿流体，菌液的密度和黏度随着浓度增加略有提高，但是变化范围不大，可灌性都很好。随着浓度的增加，菌液的活性有明显的提高。

固定钙离子浓度为 1，尿素浓度为 2，采用不同浓度菌液对砂柱进行灌注，每个浓度均制作 5 组对照组砂柱进行灌注，典型灌注效果见表 2，强度和渗透系数的变化规律如图 2 所示。

表 2　　　　不同浓度菌液的典型灌注效果

菌液浓度/OD_{600}	0.5	1	2	3	5	10	15	20
强度/MPa	12.3	15.15	17.28	18.83	22.06	21.64	21.2	19.2
渗透系数/(cm/s)	9.41×10^{-4}	8.39×10^{-4}	2.26×10^{-4}	2.24×10^{-4}	1.78×10^{-4}	1.23×10^{-4}	2.12×10^{-5}	2.15×10^{-5}

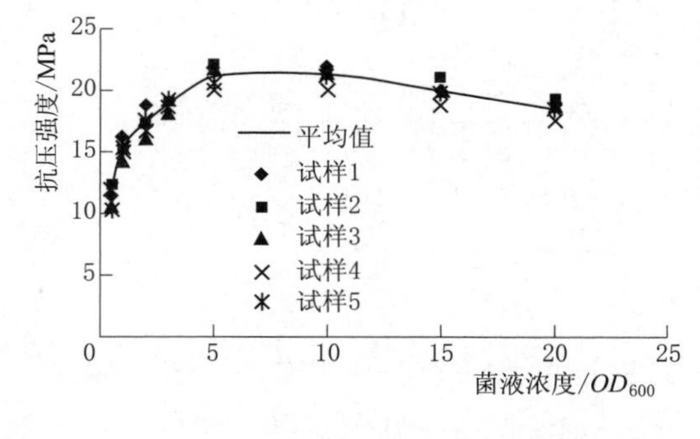

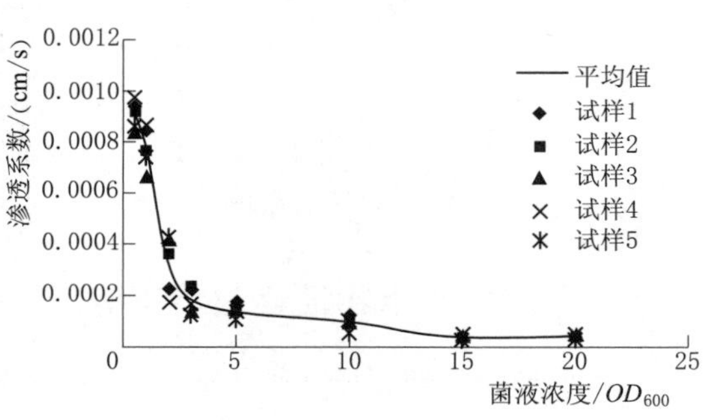

图 2　不同浓度菌液灌注试样的抗压强度及渗透系数变化曲线

可见，砂柱抗压强度随着菌液浓度的增加逐渐提高，到达峰值后随菌液浓度的增加略有下降。菌液浓度在 0.5～20 时，砂柱抗压强度最大值为 22.06MPa；砂柱的渗透系数随着菌液浓度的增加逐渐变小，到达一定浓度后就趋于平缓。菌液浓度在 0.5～20 时，砂柱渗透系数最小值为 2.12×10^{-5}cm/s。

对菌液浓度2、3、5、15灌注的砂柱进行了扫描电镜分析，由图3～图6可以看出，菌液浓度2和3灌注形成的结晶体尺寸较小，最大为3μm左右，菌液浓度5和15灌注形成的结晶体尺寸稍大，最大为10μm左右。浓度2的砂样结晶体包裹不完全，脱落较多，

（a）放大3000倍

（b）放大10000倍

图3　菌液浓度2灌注的砂样SEM照片

（a）放大3000倍

（b）放大10000倍

图4　菌液浓度3灌注的砂样SEM照片

（a）放大3000倍

（b）放大10000倍

图5　菌液浓度5灌注的砂样SEM照片

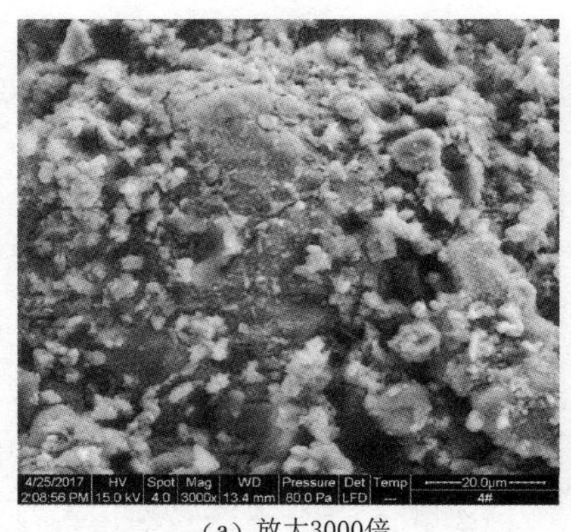

(a) 放大3000倍

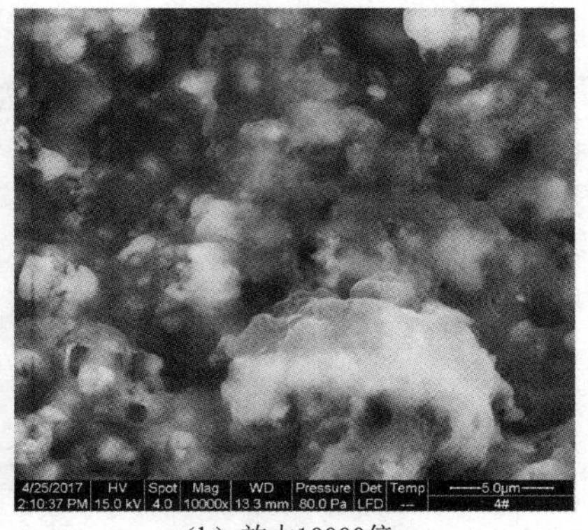

(b) 放大10000倍

图 6　菌液浓度 15 灌注的砂样 SEM 照片

晶体形状不规则。浓度 3 的砂样结晶体分布均匀，有明显的圆形菌核孔洞。浓度 5 的砂样结晶体生长较好，以球状结晶体聚集产生了多级生长。浓度 15 的砂样被结晶体包裹较好，存在大量菌体分泌的胶质有机物。由图 7 的能谱分析可以看出，砂样表面结晶体的主要成分是碳酸钙。

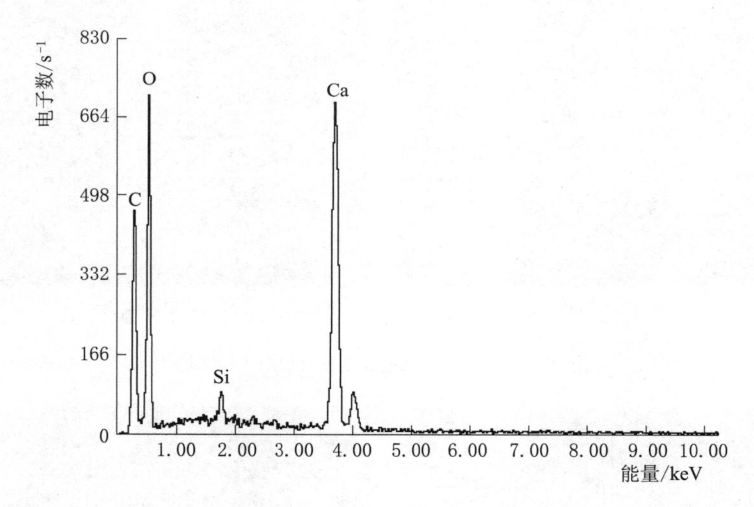

图 7　微生物结晶体能谱分析图

综合以上分析可知，随着菌液浓度的增加，菌液的活性有明显的提高，菌液浓度在中间值时，结晶体生长的较充分，加固效果最好。菌液浓度增加时，菌体分泌的大量胶质有机物会大大提高砂柱的抗渗透能力，但是浓度过高时对继续提高砂柱的抗渗透能力有限。

4　砂土地基中的微生物灌浆过程细观模拟

4.1　细观模拟理论

PFC 基于不连续介质力学分析方法，用颗粒集合模拟土体，流体假设在颗粒接触处的平行缝隙中流动，用相切于两个颗粒的“管道”模拟，这个通道间隙的大小与颗粒间互相接触的法向位移成比例，特别是当材料的初始状态为相互连接时，这个通道间隙只有在连接破坏或颗粒移位时发生变化。为了实现流固耦合，模拟微生物灌浆过程，定义了流动方程与压力方程。

（1）流动方程。在进行微生物灌浆模拟时，菌液由流体域进入到管道中，管道可以等效为圆柱形管子，则菌液在管道内的流量可以由下式来计算：

$$q = ka^3 \frac{P_2 - P_1}{L} \tag{3}$$

式中：k 为管道的水力传导系数；$P_2 - P_1$ 为两个相邻流体域间的压力差；L 为管道的长度；a 为管道的孔径。

（2）压力方程。每个域从周围管道获得的流量为$\sum q$，在一个计算时间步长内，流体的压力增量可以通过下式来计算：

$$\Delta P = \frac{K_f}{V_d}(\sum q \Delta t - \Delta V_d) \tag{4}$$

式中：K_f 为菌液体积模量；V_d 为该流体域的表观体积；Δt 为计算的时间步长；式中的右半部分表示该流体域中体积的力学变化。

4.2　砂土地基微生物灌浆细观模拟

（1）砂土地层模型建立。模型是由代表砂土颗粒和墙的圆球组成的，模型的宽×高＝1m×1m。生成的模型如图 8 所示，边界四周的深色颗粒代表不透水边界。图 9 中小圆点代表域，连接小圆点的线段为流体流动的通道，大圆球表示岩土颗粒，连接圆颗粒的线段表示颗粒间的接触连接。

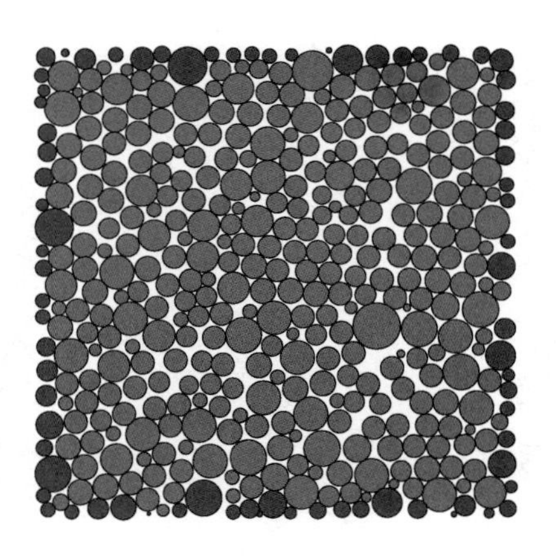

图 8　砂土地层数值模型

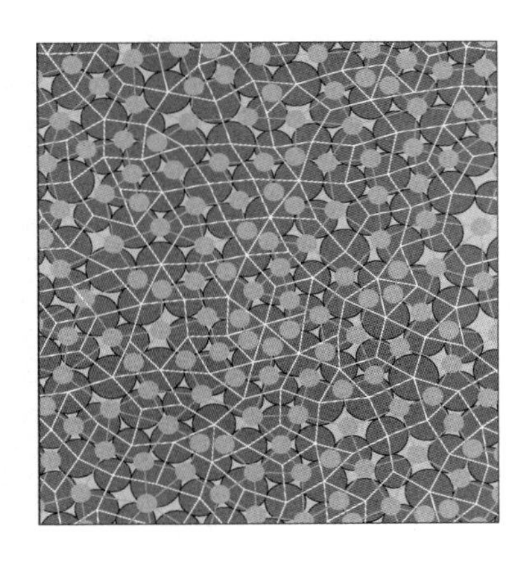

图 9　灌浆模型中的流体域和管道

（2）颗粒细观参数选取。颗粒的细观参数对粉砂岩土层的宏观响应有直接的影响，但由于目前还没有成熟的理论能够把岩土介质的细观参数和宏观物理参数直接联系起来，因此在细观参数的选取上利用“试凑法”，拟定细观参数进行数值三轴试验，直至所得的试样的三轴试验指标与室内试验所得的三轴试验指标相近，最后确定最适合的细观参数。模型颗粒的细观参数见表 3。

表 3　模型颗粒的细观参数

R_{max} /mm	R_{min} /mm	摩擦系数	颗粒法向接触刚度 k_n/(N/m)	颗粒刚度比	颗粒法向黏结强度 /Pa	颗粒切向黏结强度 /Pa
0.25	0.075	0.1	1×10^8	1	1×10^4	1×10^4

（3）微生物生化过程模拟。微生物灌注方式为先灌注微生物菌液，然后灌注尿素、硝酸钙及氯化钙的混合钙源，考虑到混合钙液的黏度与水黏度量级相同，因此，灌浆的扩散半径主要取决于微生物菌液的扩散半径及其与混合钙液的生化反应过程诱导生成碳酸钙沉积而胶结砂土颗粒的效果。

室内试验模拟小尺度的砂柱微生物灌浆。按照上文描述的灌注方式，每隔 24h 灌注一次，灌注一周，多次测量砂柱的渗透系数，得到砂柱的渗透系数在灌注过程中的变化函数，把函数写进 PFC 计算程序中，模拟微生物诱导碳酸钙沉积对土体的影响过程，计算相应的扩散半径。

对不同离心浓度的菌液和混合钙液进行小尺度砂柱灌浆试验，测出渗透系数在灌注过程中随时间变化的函数。因在细观模拟中是以计算步数来代替实际的物理时间，因此在保证渗透系数变化规律不变的基础上，换算得到了渗透系数随着计算步数的变化规律（见图 10）。

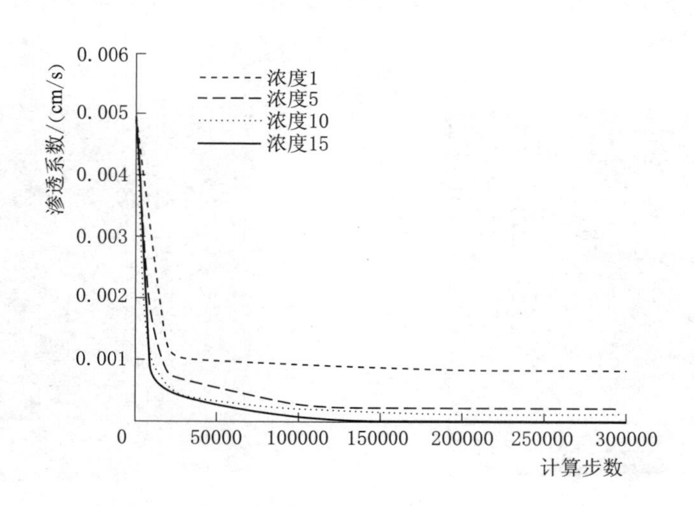

图 10　典型浓度菌液灌注砂柱的渗透系数变化过程

（4）细观模拟结果分析。采用 PFC 模拟微生物灌浆过程，灌浆压力为 10kPa，图 11 为不同浓度菌液的扩散过程模拟结果图。圆点代表流体域浆液的压力，其点大小与浆液压力成正比。圆圈是 PFC 中特有的测量数据工具——测量圆，总共 3 个圆，半径分别为 0.3m、0.6m 和 1m。可见，随着菌液浓度的增加，其扩散半径相对变小，这与高浓度菌体分泌的胶质有机物较多，形成沉淀和结晶的过程较快，阻止了扩散过程有关。

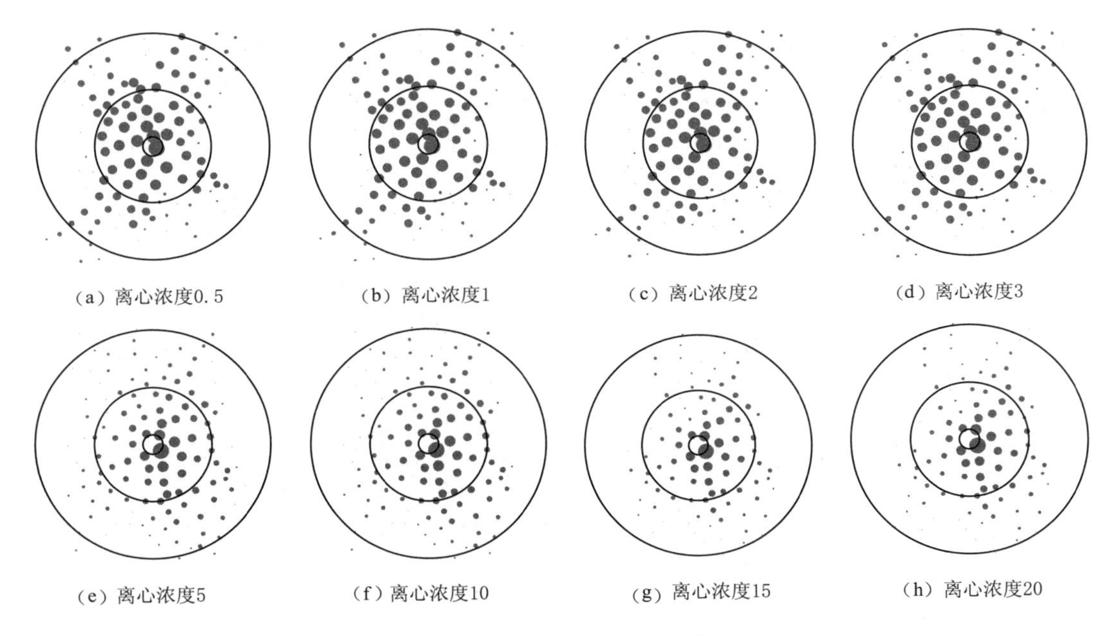

图 11　不同浓度菌液的扩散过程模拟结果

5　结论

基于微生物成因的砂土地基防渗加固技术具有绿色环保、无污染、扰动小、效果明显和低耗能等优势。通过小尺度微生物灌浆试验研究了不同菌液浓度对灌浆效果的影响，通过环境电镜扫描（ESEM）分析砂土颗粒表面结晶体的形态变化，并建立了砂土地层的细观模型，对微生物浆液在砂土地层中的扩散运动过程进行了数值模拟及分析，可以得出以下结论：

（1）微生物浆液属于典型的牛顿流体，其黏度变化与水差别不大，具有较好的流变性、可灌性。

（2）随着菌液浓度的增加，菌液的活性有明显的提高，菌液浓度为 5～15 时，结晶体生长的较最充分，加固效果较好，同时菌体分泌的胶质有机物会大大提高砂柱的抗渗透能力。砂柱抗压强度随着菌液浓度的增加逐渐提高，到达峰值后随菌液浓度的增加略有下降。砂柱的渗透系数随着菌液浓度的增加逐渐变小，到达一定浓度后就趋于平缓。菌液浓度在 5～15 时，微生物结晶体包裹较好，防渗加固的综合效果较优，砂柱抗压强度最大值为 22.06MPa，砂柱渗透系数最小值为 2.12×10^{-5}cm/s。

（3）采用颗粒流理论模型可有效地模拟注浆过程中微生物浆液与土体的耦合作用。菌液的浓度会影响菌液的流体特性及菌液与土体的黏结变化过程，从而影响灌浆的扩散距离和灌浆加固的效果，可根据工程防渗加固的不同要求选择合适的菌液浓度。

参考文献

[1] Mitchell J K, Santamarina J C. Biological considerations in geotechnical engineering [J]. Journal of Geotechnical and Geoenvironmental Engineering, 2005, 131 (10): 1222-1233.

[2] DeJong JT，Fritzges MB，Nüsslein K. Microbially induced cementation to control sand response to undrained shear [J]. Journal of Geotechnical and Geoenvironmental Engineering，2006，132 (11)：1381 - 1392.

[3] Okwadha G D O，Li Jin. Optimum conditions for microbial carbonate precipitation [J]. Chemesphere. 2010，8 (1)：1143 - 1148.

[4] Van Paassen LA，Daza CM，Staal M，et al. Potential soil reinforcement by biological denitrification [J]. Ecological Engineering，2010，36 (2)：168 - 175.

[5] Salwa Al - Thawadi，Ralf Cord - Ruwisch，Mohamed Bououdina. Consolidation of Sand Particles by Nanoparticles of Calcite after Concentrating Ureolytic Bacteria In Situ [J]. International Journal of Green Nanotechnology，2012，4 (1)：28 - 36.

[6] Cacchio P，Ercole C，Cappuccio G，et al. Calcium carbonate precipitation on by bacterial strains isolated from a limestone cave and from a loamy soil [J]. Geomicrobia，2003，20 (2)：85 - 98.

[7] 程晓辉，麻强，杨钻，等．微生物灌浆加固液化砂土地基的动力反应研究 [J]. 岩土工程学报，2013，35 (8)：1486 - 1495.

[8] 李凯，王丽娟，李娜，等．基于微生物成因的加固砂粒技术研究 [J]. 水利与建筑工程学报，2017，15 (6)：148 - 152.

[9] 成亮，钱春香，王瑞兴，等．碳酸岩矿化菌诱导碳酸钙晶体形成机理研究 [J]. 化学学报，2007，65 (19)：2133 - 2138.

[10] Muynck W D，Belie N D，Verstraete W. Microbial carbonate precipitation in construction materials ：A review [J]. Ecological Engineering，2010，36 (2)：118 - 136.

[11] Muynck W D，Verbeken K，Belie N D. Influence of urea and calcium dosage on the effectiveness of bacterially induced carbonate precipitation on limestone [J]. Ecological Engineering，2010，36 (2)：99 - 111.

[12] Van Paassen L A，Ghose R，van der Linden T J M，van der Star W R L，van Loosdrecht M C M. Quantifying biomediated ground improvement by ureolysis：large - scale biogrout experiment [J]. Geotechnical and Geoenvironmental Engineering，2010，136 (12)：1721 - 1728.

[13] Jimenez - Lopez C，Rodriguez - Navarro C，Carrillo - Rosua F J，Rodriguez - Gallego M，Gonzalez - Munoz M T. Consolidation of degraded ornamental porous limestone stone by calcium carbonate precipitation induced by the microbiota inhabiting the stone [J]. Chemophere，2007，68 (10)：1929 - 1936.

[14] Ghosh P，Mandal S，Chattopadhyay B D. Use of microorganism to improve the strength of cement mortar [J]. Cement and Concrete Research，2005，35 (10)：1980 - 1983.

[15] DeJong J T，Mortensen B M，Martinez B C. Bio - mediated soil improvement [J]. Ecological Engineering，2010，36 (2)：197 - 210.

[16] Itasca Consulting Group. PFC2d theory and back - ground [M]. Minnesota，Minneapolis：Itasca Consulting Group，2004.

高水头下环氧浆液渗透扩散机理流固耦合数值模拟研究

景　锋[1,2,3]　韩　炜[1,3]　赵　青[2]　李　珍[1,2,3]　邱本胜[2]

（1. 长江科学院　2. 武汉长江科创科技发展有限公司　3. 国家大坝安全工程技术研究中心）

【摘　要】 高水头、高地应力等复杂环境下地质缺陷化学注浆浆液渗透扩散，除受应力场和渗流场耦合作用外，还受浆液时变特性影响，目前进行高水头下考虑浆液黏度时变性的流固耦合研究尚不系统。本文基于工程案例，首先通过室内浆液黏度时变特性试验，建立了典型环氧树脂浆液黏度时变过程曲线；基于流固耦合理论和浆液黏度时变特性，建立了考虑浆液黏度时变性的流固耦合数值分析模型，研究了高水头、灌浆压力与浆液黏度时变性等多因素对浆液渗透扩散的协同作用机制，并提出了相应的控制性灌浆措施和方法。本研究成果可为类似高水头下深部地质缺陷化学注浆防渗补强理论研究和工程实践提供参考。

【关键词】 高水头　化学注浆　黏度时变性　流固耦合分析　渗透扩散

1　引言

深部地质缺陷化学注浆是在一定埋深、地下水和地应力环境下，双液驱动的浆液渗流、扩散与固化过程，其注浆渗透扩散机理已成为工程界研究的焦点和难点，现多从注浆试验、理论推导或数值模拟等方面进行研究。杨志全等研究了多孔介质双液驱动浆液柱状扩散渗透理论，邓弘扬、魏涛、张连震等研究了考虑浆液黏度时变性的渗透扩散理论，王晓玲、刘长欣等研究了灌浆流固耦合数值模拟参数的敏感性，雷进生等对均质土体流固耦合作用下注浆扩散范围进行了分析。但目前关于高水头下考虑浆液黏度时变性流固耦合渗透扩散方面的研究仍尚不够系统，如浆液渗透系数评估与测定、浆液与水分界面判别方法与标准、浆液胶凝固化全过程模拟等。

本文基于工程案例，首先通过室内浆液黏度时变特性试验，建立了CW环氧树脂浆液黏度时变过程曲线；基于流固耦合理论，通过引入浆液黏度时变曲线，建立了考虑浆液黏度时变性的流固耦合数值分析方法，研究了高水头、灌浆压力与浆液黏度时变性等多因素对浆液扩散的协同作用机制，并提出了相应的控制性灌浆措施和方法。工程实践结果表明，高水头下考虑浆液黏度时变性的浆液扩散规律与实际相符，控制性灌浆措施和方法正确，灌浆效果好，可为类似高水头下地质缺陷化学注浆防渗加固理论研究和工程实践提供参考。

2　典型改性环氧浆液黏度时变特性

环氧树脂、丙烯酸盐、聚氨酯等多种化学浆液在不同性质的地质缺陷处理中得到了大量应用，其中改性环氧类灌浆材料具有现场配制简单、可灌性好、固化时间可控、力学强度高、黏结性好、低毒环保等特点，并且同时可满足防渗与加固补强的要求，在水利水电等工程中得到了大量应用。

浆液黏度变化直接关系到浆液的渗透扩散，一定压力下浆液渗透扩散速度与黏度呈反比关系。化学浆液的黏度时变性直接关系到化学注浆的效果，其渗透扩散必须考虑其因素。本文选用长江科学院自主研发的CW510系列化学灌浆材料进行浆液黏度时变性试验，该浆材是由新型环氧树脂、活性稀释剂、表面活性剂等所组成的双组分灌浆材料。根据试验测试成果，CW511环氧浆液黏度随时间变化曲线及拟合曲线见图1。

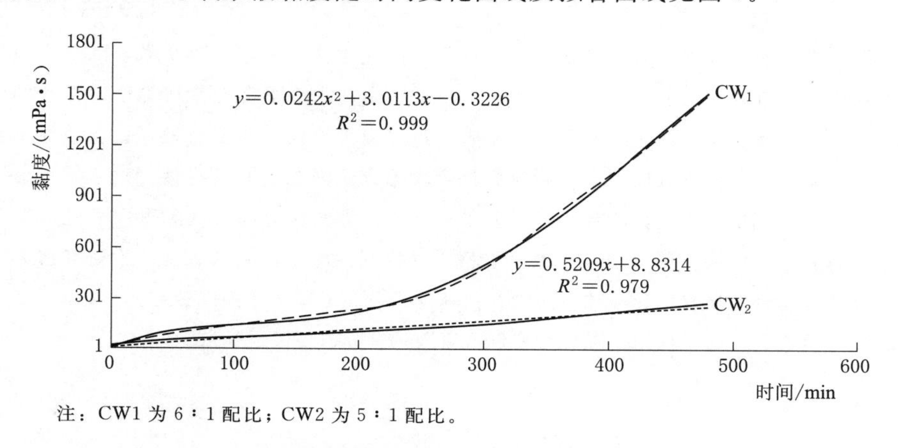

注：CW1为6：1配比；CW2为5：1配比。

图1　CW511环氧浆液黏度随时间变化曲线及拟合曲线

3　化学注浆流固耦合分析理论与方法

3.1　考虑化学浆液黏度时效性的流固耦合模型分析理论

浆液的注入过程本质上是浆液作为流体在基岩固体骨架间孔隙内的渗流过程，其力学过程可采用流固耦合理论描述。对于固体骨架，满足用位移表示的弹性情况下的平衡方程：

$$G\nabla^2 u_i-(\lambda+G)\frac{\partial \varepsilon_v}{\partial x_i}-\frac{\partial p}{\partial x_i}+f_{xi}=0\quad i=1,2,3 \tag{1}$$

式中：λ、G为拉梅常数；u_i为i向的位移；ε_v为体积变形，且有$\varepsilon_v=-\left(\frac{\partial u_i}{\partial x_i}+\frac{\partial u_j}{\partial x_j}+\frac{\partial u_k}{\partial x_k}\right)$；$\frac{\partial p}{\partial x_i}$为渗透力在$i$向的分量；$f_{xi}$为$i$向的体积力分量。

对于孔隙中流动的浆液，应满足渗流的连续性方程：

$$\nabla\left(\frac{1}{\gamma_w}K\nabla p\right)=\frac{\partial}{\partial t}\left(\frac{\partial u_i}{\partial x_i}+\frac{\partial u_j}{\partial x_j}+\frac{\partial u_k}{\partial x_k}\right) \tag{2}$$

式中：K为基岩的渗透系数；其他变量含义同前。

考虑到浆液在流动过程中，黏度逐渐增大，渗透系数 K 为时间的函数。浆液在不同地质体中的渗透系数不易测定，通常借鉴渗流力学理论，渗透系数 K 与基岩的渗透率 κ 和浆液的动力黏度 μ 之间的函数关系为

$$K=\frac{\kappa\gamma}{\mu} \tag{3}$$

式中：γ 为浆液的重度。

由于渗透率 κ 仅与基岩的孔隙结构有关，而与流过的流体性质无关，在注浆过程中可近似视为常数，则有

$$\kappa=\frac{K\mu_0}{\gamma}=\frac{K(t)\mu(t)}{\gamma} \tag{4}$$

由式（4）可得浆液流动过程中，t 时刻的渗透系数 $K(t)$ 与初始渗透系数 K_0、浆液在 t 时刻的黏度 $\mu(t)$、浆液的初始黏度 μ_0 之间的关系为

$$K(t)=\frac{\mu(t)}{\mu_0}K_0 \tag{5}$$

$\mu(t)$ 可由试验测得。联系式（1）、式（2）、式（5）可得浆液流动过程的流固耦合方程。

化学注浆以浆驱水，浆液与水分界面判定方法与标准是确定浆液扩散范围的一个关键。通常浆液扩散范围确定有压力梯度、孔隙比改变和骨架体积应变率等几种方法，考虑到本研究为坝基基岩注浆，坝基内初始孔隙压力较大且处于饱水状态，很难通过压力梯度确定浆液和水的分界面。同时，初步计算表明，对于处于初始饱水状态下的坝基，注浆过程中压力很快就能稳定，但压力稳定后，浆液在压力梯度作用下依然在基岩孔隙内扩散，因此，不能简单用压力梯度拐点判断浆液和水分界面。此外试算也表明，由于基岩弹性模量较大且注浆前已处于一定应力状态，注浆压力产生的体积应变约为 10^{-5} 数量级，孔隙率相对变化约处于 1/1000 数量级，其也不足以作为判断浆液扩散范围的依据。

本文中根据浆液渗流速度计算浆液在某一方向渗流速度的变化来计算浆液在不同时刻的扩散范围。由渗流力学理论，浆液在压力梯度下沿某一方向 r 的渗流速度为

$$v=\frac{1}{\gamma}K\ \frac{\partial p}{\partial r} \tag{6}$$

式中：r 为从注浆孔中心出发的某一方向的矢径；$\frac{\partial p}{\partial r}$ 为该方向的压力梯度。显然，式（6）中 K 为时间 t 的函数，$\frac{\partial p}{\partial r}$ 为空间位置 r 的函数，则渗流速度 v 同时为时间 t 和空间位置 r 的函数，也即

$$v=v(t,r)=\frac{1}{\gamma}K(t)\ \frac{\partial p(r)}{\partial r} \tag{7}$$

则 t 时刻，浆液相对注浆孔壁的位移 S 采用迭代进行计算。

不同时间段内，浆液的黏度采用图 1 中浆液黏度时变特性曲线对应时段的黏度平均值。

3.2 数值模拟分析

（1）概化模型。本文分析模型以金沙江某大型水电站坝基层间层内错动带防渗补强为背景，研究高水头下错动带或微节理裂隙密集区注浆，建立了包括倾角为10°和厚度为30cm错动带，模型范围为6m×6m×6m的数值分析模型（见图2）。模型x轴取上游指向下游，y轴沿大坝轴线方向，z轴竖直向上。

图2 错动带化学浆液渗流地质概化分析模型图

（2）边界条件。模型应变边界取为：四周及底部采用法向约束，上表面施加上覆压力；模型渗流边界取为：下游施加50m固定水头边界，上游根据不同工况分别施加100m、200m和250m水头边界，注浆孔处施加压力边界，其余边界为不透水边界，基岩和错动带的力学参数见表1。

表1 坝基岩体物理力学参数

地层	弹性模量/GPa	泊松比	密度/(kg/m³)	初始渗透系数/(m/s)
基岩	20	0.2	2400	8×10^{-8}
错动带	1.7	0.32	2300	1×10^{-7}

（3）浆液黏度时变性。根据浆液黏度测试成果，两种浆液黏度随时间变化采用第2节拟合曲线。

3.3 研究方案

根据不同浆液类型、不同作用水头、不同注浆压力和注浆时间设计了30多种研究方案，来研究化学浆液在地质缺陷中的渗透扩散规律，并用来指导灌浆工艺。

4 高水头下浆液流固耦合渗透扩散数值模拟结果与分析

根据上下游水头差，可将数值分析结果分为上下游无水头差、水头差为50m、100m和200m等不同工况，本文仅给出部分数值模拟成果。

4.1 无水头差下浆液扩散规律

静水头下分析了注浆压力为1MPa、2MPa、3MPa和4MPa下不同时间浆液扩散范围和规律。图3为注浆压力稳定后错动带内压力分布云图，可见注浆压力为2MPa和4MPa时，错动带内的压力分布规律相同，二者仅存在数值上的差别。沿着上下游方向的等值线较密，梯度稍大于坝轴线方向。

不同压力下浆液扩散范围随时间变化如图4所示，不同注浆压力下浆液扩散范围总体呈圆形状扩散，注浆压力越大浆液扩散范围越大；受模型侧面约束和错动带略倾向下游影响，在较高压注浆情况下，下游侧扩散范围稍大于坝体轴向；在相同注浆压力下，随着注浆时间延长，浆液扩散范围呈持续增多趋势，但扩散速度随时间变化迅速降低。

该工况下若采用2MPa低压化学浆液，扩散半径总体达到1m时，约需持续灌注25h。

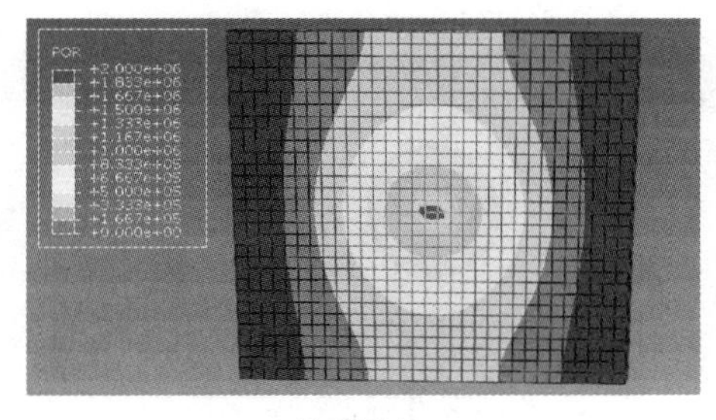

(a) 注浆压力2MPa

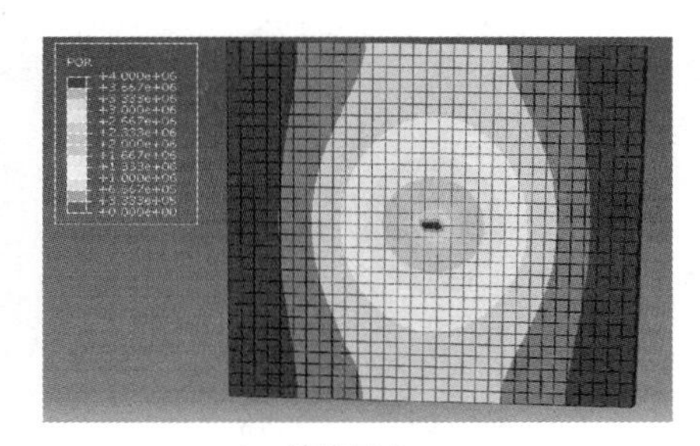

(b) 注浆压力4MPa

图 3　错动带内的压力分布云图

若采用 4MPa 压力灌浆，持续灌注 25h 扩散半径总体达 1.5m 左右。

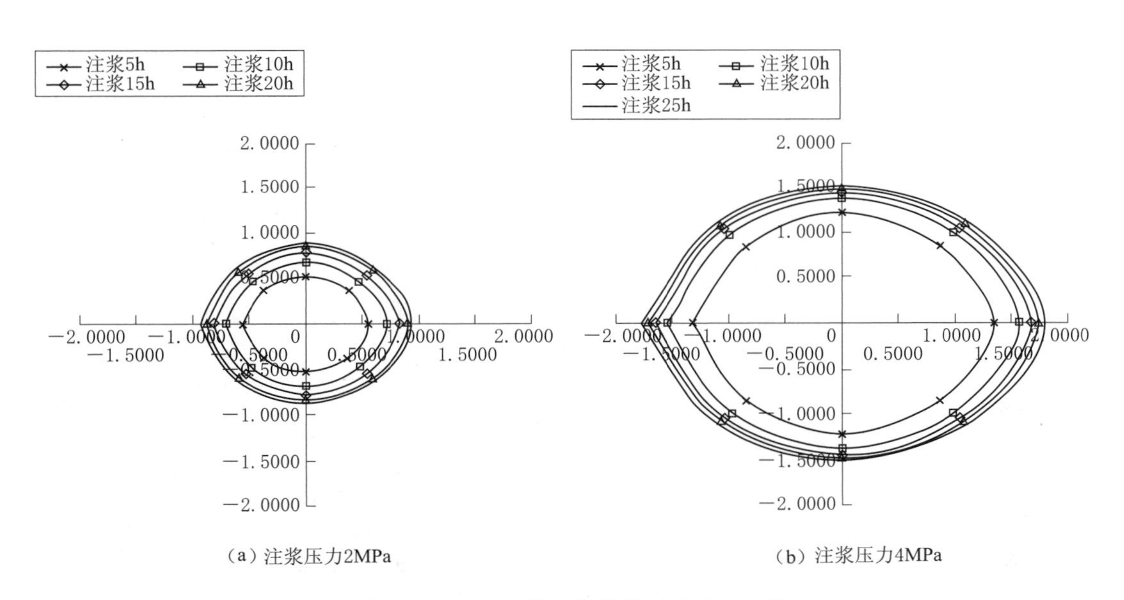

(a) 注浆压力2MPa

(b) 注浆压力4MPa

图 4　不同压力下浆液扩散范围随时间变化

4.2　高水头作用下浆液扩散规律

上游侧 200m 高水头作用注浆压力分别为 2MPa、3MPa 和 4MPa 工况下，不同压力浆液扩散规律如图 5 所示。上游侧 200m 高水头，灌浆孔内孔隙压力为 1.25MPa 作用下，不同灌浆压力浆液扩散规律表明：受上游高水头作用，不同注浆压力下浆液扩散范围总体椭圆形，下游侧扩散范围最远，上游侧扩散范围最小，而侧向即坝体轴向扩散范围处于两者中间；浆液扩散范围受注浆压力作用明显，压力越大浆液扩散范围越大；在相同注浆压力下，随着注浆时间延长，浆液扩散范围持续增大，但注浆时间越长扩散速度迅速降低。

对于上下游作用 150m 水头差及注浆孔部位孔隙水压力为 1.25MPa 工况下，孔隙水压力对低压灌浆影响大，低压浆液很难注入。

该工况下 4MPa 持续灌注 25h，坝体轴向扩散半径约 1.2m，上游侧仅 0.4m 左右，而下游侧扩散半径超过 2.5m，浆液扩散形态受地下水性状影响明显。

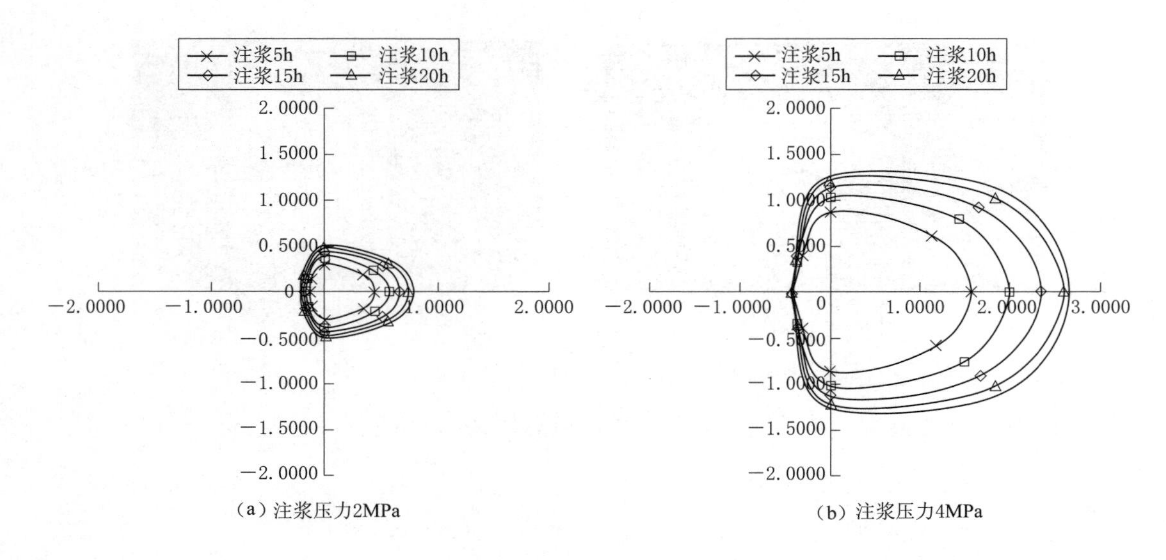

图 5 不同压力浆液扩散规律

5 结论

(1) 地下水性态对深部地质缺陷化学注浆渗透扩散影响大，注浆范围上下游水头差由无到有、由小到大时，浆液扩散形状也由圆形、近圆形，最后变成近椭圆形，受地下水渗流作用下游侧浆液扩散范围增大趋势明显。

(2) 灌浆压力对浆液渗透扩散影响大，当灌浆压力低于孔隙水压力或压力很低时，浆液很难注入，而压力越大浆液扩散范围越大，但浆液扩散速度随时间增加而快速降低。各种工况结果均表明，灌浆压力对浆液扩散范围影响大，注浆时应在不破坏岩土层前提下，可尽快升压利用高压进行灌注以提高工效。

(3) 受扩散范围增大与浆液黏度增大等影响，高压化学注浆超过 5h 后浆液的渗透扩散速度明显降低，实际注浆过程中当注浆超过 4h 而升压缓慢或不升压情况下，应更换凝固时间更短的浆液。

(4) 本文案例层间层内错动带在高水头下平均灌浆压力 3MPa 注浆，受水流影响浆液下游侧扩散范围最大，灌浆时间应不少于 25h 坝轴向扩散半径才能达到 1.1m 左右。

(5) 研究成果应用于工程，岩体灌浆后岩体平均透水率为 0.07Lu，最大透水率为 0.53Lu，且浆液单耗小于 30kg/m，处理效果良好。

参考文献

[1] 杨志全，侯克鹏，郭婷婷．黏度时变性宾汉体浆液的柱—半球形渗透注浆机制研究［J］．岩土力学，2011，(31) 9：2697－2073.

[2] 邓弘扬，魏涛，汪在芹．基于 CW 环氧浆液流变性的注浆扩散理论研究［J］．长江科学院院报，2016，(33) 5：121－124.

［3］ 王晓玲，刘长欣，李瑞金，等．大坝基岩单裂隙灌浆流固耦合模拟研究［J］．天津大学学报，2017，50（10）：1037－1046．
［4］ 雷进生，刘非，彭刚，等．考虑参数动态变化和相互关联的浆液扩散范围研究［J］．长江科学院院报，2016，33（02）：57－61．
［5］ 汪在芹，魏涛，李珍，等．CW系环氧树脂化学灌浆材料的研究与应用［J］．长江科学院院报，2011，28（10）：167－170．

小型水库除险加固软土地基技术的探讨

宋美芝[1]　韩世亮[1]　傅　会[2]　贺芳丁[3]

（1. 安丘市水利局　2. 山东水土保持学会　3. 山东省水利科学研究院）

【摘　要】 地基处理在水利工程的施工中属于基础性建设工程，它的质量直接关系到整个工程的稳定性。对于软土地基来说，因为土质较松软，含水量比较大。经常会出现地基难以承受水利工程整体的压力、渗漏，从而造成倒塌等情况，这对水利工程的安全性带来很大的威胁。在水利工程的施工过程中要充分考虑软土地基的合理处理。

【关键词】 软土地基　除险加固　处理方法　工程实例

水利工程项目的建设质量直接影响着其可以使用的年限和正常运行的效率，从而影响着工程整体所带来的社会效益和经济效益。水利工程施工中最基础也是最主要的环节就是地基，可以说地基对整个工程起着决定性的作用。不利的地基会对在其上修筑的水利工程产生结构、渗漏等方面的影响，一旦地基发生问题，势必会造成水利工程结构体不同程度的损坏。地基处理在水利工程的施工中属于基础性建设工程，它的质量直接关系到整个工程的稳定性。对于软土地基来说，因为土质较松软，含水量比较大，经常会出现由于承载力不够而导致建筑物倒塌等情况，对水利工程的安全带来很大的威胁，在水利工程的施工过程中要充分考虑软土地基的合理处理。笔者在多年的小型水库除险加固工程建设中，面对经常遇到的软土地基，在充分了解相应区域地质与水文情况下，施工过程中要因地制宜，结合项目需求与工程特点，科学制定建设方案，对工程的成败将起到决定性的作用。

1　软土地基的特性

1.1　孔隙比和天然含水量大

我国软土的天然孔隙比一般 $e=1\sim2$ 之间，淤泥和淤泥质土的天然含水量 $w=50\%\sim70\%$，一般大于液限，高的可达 200%。

1.2　压缩性高

我国淤泥和淤泥质土的压缩系数一般大于 0.5MPa^{-1}，建造在这种软土上的建筑物将发生较大的沉降，尤其是沉降的不均性，会造成建筑物的开裂和损坏。

1.3　透水性弱

软土含水量大，可是透水性却很小，渗透系数 $K\leqslant1\text{mm/d}$，排水固结效果差。

1.4　抗剪强度低

软土通常呈软塑—流塑状态，在外部荷载作用下，抗剪强度极低。根据部分资料统计，我国软土无侧限抗剪强度一般小于 30kN/cm^2（0.3kg/cm^2）；不排水剪时，其内摩擦角 φ 几乎等于零；抗剪强度仅取决于黏聚力 C，$C<30$kN/m^2；固结快剪时，φ 一般为 5°～15°。

1.5 灵敏度高

软黏土上尤其是海洋沉积的软黏土，在结构未破坏时具有一定的抗剪强度，但一经扰动，抗剪强度将显著降低。软黏土受到振动后强度降低的特性可用灵敏度（在含水量不变的条件下，原状土与重塑土无侧限抗压强度之比）来表示，软黏土的灵敏度一般在 3～4，也有更高的情况。因此，在高灵敏度的软土地基上筑堤时应尽量避免对地基土的扰动。

另外，冲填土是水力冲填形成的产物。含砂量较高的冲填土，固结情况和力学性质较好，含黏粒较多的冲填土往往强度较低，压缩性较高，具有欠固结性。杂填土大多由建筑垃圾、生活垃圾和工业废料堆填而成，结构上不具规律性。以生活垃圾为主的杂填上，腐殖质含量较高，强度较低，压缩性较大。以工业残渣为主的杂填上，可能含有水化物，遇水后容易发生膨胀和崩解，使填土强度降低。

2 软土地基常用的地基处理方法及工程实例

2.1 换填土法

换填土法常常被运用于水利工程软基处理中。该技术的工作原理如下：借助机械设备全部挖出那些不符合地基要求的软土土质，回填符合要求的土质（常见如碎石、粗砂、鹅卵石等）作为垫层，再填入灰土、素土、砂垫层等等，然后夯实上述土质，以提高水利工程地基的稳定性和牢固性，增加软土地基的透水能力和承载能力。换填土处理技术适用于水利工程中某一段或者某一点的软土地基处理，不适用于大范围的软土地基处理，在水利工程地基处理中主要发挥辅助作用。

刘家院庄水库除险加固工程中坝后坡培土加厚时坝基发现有长 10m、宽 4m、深 2m 的软土层，采用碾压处理方案，因含水率高，出现了“橡皮土”，最终采取了换填土法处理。将软土地基全部挖除，用合格的壤土进行了分层台阶式回填，每层回填厚度为 50cm，分层用 20t 振动碾压实，现场测定压实度达到 0.96，满足大坝的压实标准。土龙沟水库除险加固工程中发现在坝基处有软弱夹层，形成了渗漏通道，长约 30m、宽 4m、深 2m，经综合分析，也采取了换填土法。将软弱夹层全部挖除，选用合格的黏土回填，自行式凸块振动碾分层压实，与大坝原坝坡成台阶式（30cm 高）搭接。检测人员现场取样并检测，均满足压实要求。既保证了工期，也节约了投资，并且稳固和防渗效果都非常好。

虽然换填土处理技术适用于水利工程中某一段或者某一点的软土地基，不适用于大范围的软土地基中，但也要根据实际情况具体分析。汶河拦河闸工程，50 年一遇过闸流量 1957m^3/s，100 年一遇过闸流量 4450m^3/s，工程规模为大（2）型。汶河拦河闸为闸坝结合结构，闸坝轴线全长 538.8m。闸坝基础地层依次为中砂、1m 深的淤泥夹层和岩石。当时提出了多种解决方案，考虑到闸室对地基承载力及不均匀沉陷等要求较高，且整个工程投资较大，对工程的标准要求很高，最后选择进行换基处理，清基到岩石，再以 50 号浆砌石砌筑到闸底板底，以确保整个工程的安全稳定性。虽然增加了投资，但保证了工程的整体性和安全稳定性。在 2018 年“温比亚”台风造成的超标准洪水下，汶河拦河闸上游的三里庄拦河坝、王家楼拦河坝、卧龙闸均出现了不同程度的水毁，下游的王封拦河坝、庵顶拦河坝直接被冲毁，汶河拦河闸安然无恙，闸基的换基处理起到了决定性的作用。

2.2 堤身自重挤淤法

堤身自重挤淤法就是通过逐步加高的堤身自重将处于流塑状态的淤泥或淤泥质土向外挤出，同时使淤泥或淤泥质土中的孔隙水压力充分消散和有效应力增加，从而提高地基抗剪强度的方法。在挤淤过程中为了防止产生不均匀沉陷，应放缓堤坡，减慢堤身填筑速度，分期加高。这种处理方法优点是节约投资，缺点是施工期长。此法适合于地基呈流塑态的淤泥或淤泥质土。

南石家营水库除险加固工程设计的一项内容是坝前坡 M10 水泥砂浆砌方块石护坡基础，水库排水后，发现护坡基础坐落在深度约 2.0m 的淤泥上。因工期紧，等待控水变硬后挖出不现实，现状挖除因含水率高流动性大，开挖也很困难。考虑到护坡及基础对地基的承载力要求较低，决定不予挖出，采取沿现有硬坡逐层填土碾压逐步把淤泥挤出的措施，既保证了工程进度，满足了工程要求，又节省了投资。该工程 2014 年 11 月完工，到现在历经 4 年考验，运行情况良好。

2.3 抛石挤淤法

抛石挤淤法就是把一定量和粒径的块石抛到需进行处理的淤泥或淤泥质土中，将原基础处的淤泥或淤泥质土挤走，从而达到加固地基的目的。这种方法施工技术简单，投资较省，常用于处理流塑态的淤泥或淤泥质土地基。

一些软土区域很难使用常见的处理技术进行施工，当淤泥厚度小于 4m、软土区域没有硬壳、呈现流动状态，排水较为困难时，采用抛石挤淤的办法处理是比较经济合理的方法。首先，首先采用一些不易风化和侵蚀的石料（尺寸一般不宜小于 30cm），沿着软土区域的中线逐步向前抛，并遵循“慢、紧、满”的原则。然后再向淤泥两侧逐步扩展，达到把淤泥挤向两侧的目的。当软土区域底部有较大的横坡时，抛石注意从一侧高的地方开始，逐步向两侧扩展，并且，在低处要多抛一些，使得低的一侧能够形成一个约两米宽度的平台顶面。在抛石高出原有软土地基表层之后，改用较小的片石进行填筑，并使用重型碾压设备进行反复碾压，使得填石密实，然后铺上反滤层，填土后进行下一工序的施工。

杨家河水库除险加固工程坝前护坡时也遇到了和上面南石家营水库的同样问题，但淤泥深度达到了 4m，施工企业采取堤身自重挤淤法处理，却出现了滑坡，后经研究采取了抛乱石挤压的方法，工程顺利实施。

2.4 旋喷法

旋喷法是利用旋喷机具造成旋喷桩以提高地基的承载能力，也可以作联锁桩施工或定向喷射成连续墙用于地基防渗。旋喷桩是将带有特殊喷嘴的注浆管置于土层预定深度后提升，喷嘴同时以一定速度旋转，高压喷射水泥固化浆液与土体混合并凝固硬化而成桩。所成桩与被加固土体相比，强度大、压缩性小。适用于冲填土、软黏土和粉细砂地基的加固。对有机质成分较高的地基土加固效果较差，宜慎重对待。而对于塘泥土、泥炭土等有机成分极高的土层应禁用。

汶河拦河闸修建时，两侧为中砂，深度达 6m，为了防止绕渗，采用了旋喷法形成连续墙从而达到加固防渗的目的。布孔沿两侧各布置 1 排，间距 1.5m，孔深插入岩石。目前该处不见有不均匀沉降和渗漏现象，表明处理效果明显。

3 结语

水利工程的建设中经常会遇到所在区域存在软土地基的情况，对这种软土地基的科学有效地处理，对后期水利工程的施工顺利进行起着决定性的作用。软土地基的处理除以上介绍的方法外，还有很多方法，如：压砂井法、排水固结法、振动水冲法、土工合成材料加筋加固法等，需要结合实际情况进行综合考量，在重点关注地基处理的效果的同时，提高施工效率，降低施工成本。

黄土力学性质及其地基处理技术

秦鹏飞

（郑州工业应用技术学院建筑工程学院）

【摘　要】 黄土在我国的西北、华北地区有广阔的分布。黄土具有高压缩性、强湿陷性和高灵敏性等不良工程特性，必须进行地基处理和特殊整治才能满足工程建设的需要。本文分析了黄土的土质特点及工程力学性状，阐释了黄土地基处理工程中常用的强夯法、灰土挤密桩法和化学加固法等方法及研究现状，期望着对黄土地基处理技术的创新发展有所帮助，为黄土工程建设发挥更大的作用。

【关键词】 黄土　力学性质　强夯　灰土挤密桩　化学加固　地基处理

黄土在我国西北、华北等地区分布非常广泛，总面积约 64 万 km^2，占国土面积的 6.3%。黄土是典型的特殊土，一般具有高压缩性、强湿陷性和高灵敏性等不良工程特性，必须进行地基处理和特殊整治才能满足工程建设的需要。作为国家“一带一路”和“西部大开发”战略建设实施的重要基地，有效改善黄土地基的工程力学特性，全面提升黄土地基的工程建设适应能力是我国中西部地区亟待解决的重要问题。积极开展黄土微观结构特征及力学性能和黄土地基处理技术的相关研究，具有强烈的时代背景和工程需要。本文分析了黄土的土质特点、工程力学性状及地基处理方法，期望着对黄土地基处理技术的创新发展有所帮助，为工程建设发挥更大的作用。

1　黄土力学特性

黄土是第四纪时期干旱气候环境条件下形成的颗粒沉积物，其组分非常复杂。黄土的颗粒成分中 80%以上为粉粒，富含碳酸钙，一般具有多孔隙、弱胶结和欠压密等基本结构特征。黄土的骨架颗粒形态、连接形式和排列方式等微观结构特征至关重要，直接决定着黄土的力学性状和工程表现。微观结构试验表明，天然黄土的颗粒分布非常杂乱，微粒间以点接触为主，部分颗粒间存在团状和絮状胶结物质。黄土内部架空孔隙发育，自身结构性较差，架空孔隙发育是造成黄土高压缩性、强湿陷性和高灵敏性等不良工程特性的主要原因。黄土遇水结构迅速发生破坏，强度明显降低直至溃散为零，并引发显著的附加下沉等湿陷性力学反应。

我国中西部地区广泛分布的 Q_3 黄土、浅层黄土状土等均具有不良的力学特性，自重湿陷性和非自重湿陷性非常显著。黄土在交通或振动等动荷载作用下，会产生液化和震陷等不利现象，并将可能进一步引发相关工程病害或地质灾害。黄土地基必须进行特殊处治以消除其湿陷性，否则会给工程建设带来巨大的危害。

2　黄土地基处理技术

随着工程建设规模的不断扩大和向中西部地区的纵深推入，黄土地基及其处治技术得到了越来越广泛的重视和关注。强夯法、灰土挤密桩法和化学加固法等传统地基处理技术在黄土工程建设中得到了成功应用，并在工程实践中获得了创新性的发展，形成了独具特色的黄土地基处理技术。

2.1　强夯法

强夯法是一种动力固结的物理加固方法，它的基本原理是利用重锤从高空自由下落时产生的冲击能，强力夯压黄土地基以减小土的孔隙比，从而提高黄土的强度和黄土地基的承载力。强夯法经济高效且节能环保，目前已在黄土地基处理工程中取得良好的效果。

贺为民依据修正的 Menard 公式 $H=\alpha\sqrt{wh/10}$（H 为强夯影响深度，wh 为夯击能，α 为修正系数），采用 8000kN·m 的夯击能对关中某湿陷性黄土地基进行了强夯处理。强夯处理后检测发现地基从上至下可分为强加密带（3～6m）、加密带（7～10m）和影响带（10m 以上）3 种土层。强加密带土层原有结构完全破坏，架空孔隙消失，土粒重新排列形成更为致密的薄层状结构，承载力提高幅度达 1.5～2 倍，土的湿陷性完全消除。加密带土层的原有结构也遭到严重破坏，土粒排布紧凑密实孔隙比减小，地基承载力有明显改善，湿陷性基本消除。而影响带的处理效果较差，黄土仍保留有原始结构和湿陷性；局部区域由于含水量高强夯处理效果不明显，采用石灰砂桩进行了补强处理，形成石灰桩复合地基；探井取样计算显示，10m 深度处黄土湿陷系数小于 0.015，强夯处理达到预期效果。

詹金林对陇东某湿陷性比较严重的黄土地基进行强夯处理，强夯能级分别为 3000kN·m、8000kN·m、12000kN·m、15000kN·m。检测发现强夯处理后地基承载力有明显提高，地基承载力特征值达 250kPa；强夯能级越大则有效加固深度越深，研究表明 3000kN·m、8000kN·m、12000kN·m、15000kN·m 能级强夯处理所对应的有效加固深度分别为 5.0m、9.0m、12.0m 和 15～16.0m，其中 15000kN·m 能级强夯已经突破规范限制，是目前国内湿陷性黄土处理中的最高能级，加固效果非常明显。

李保华通过强夯试验发现，夯击功是湿陷性黄土地基处理中的关键参数，夯击功越大则夯击处理得到的土的干密度越大，压实效果越好；试验还发现夯点间距、夯击次数和强夯能级等因素均会影响夯击功的大小，在一定的夯点间距下，夯击功与夯击次数、强夯能级正相关；试验同时表明 10000kN·m 以上的超高能级强夯处理低含水率（$<10\%$）的湿陷性黄土是切实可行的办法。

2.2　灰土挤密桩法

灰土挤密桩法是利用钢套管在黄土地基中沉管成孔，然后在孔内分层填入素土（或灰土、粉煤灰加石灰）后夯实而成灰土桩的地基加固方法。桩孔夯填灰料后会产生侧向膨胀，能对桩周土体进行原位深层加密，挤密加固原理符合圆柱形孔扩张理论（图 1）。桩孔外围土体受挤压约束出现塑性区，塑性区内土体孔隙率减小，黄土地基的密实度和强度增大，湿陷性消除。

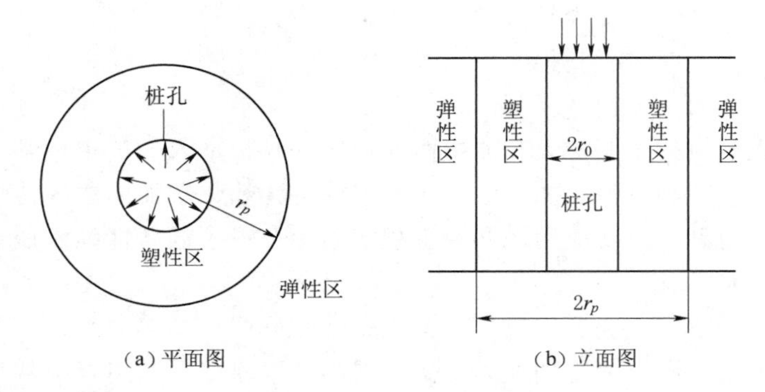

(a) 平面图　　(b) 立面图

图 1　灰土挤密桩加固图

刘志伟对兰州某拟建电厂工程强湿陷性黄土地基开展现场试验研究，结果发现采用钻孔挤密桩（DDC 工法）加固后复合地基的承载力特征值可达 300kPa，加固效果非常明显。浸水后重新测试发现复合地基承载力有所降低（265～290kPa），并产生一定的湿陷沉降（<10mm），但基本满足工程需要；探井取样并做室内土工试验，发现黄土的湿陷系数 δ_s 和自重湿陷系数 δ_{zs} 均小于 0.015，黄土的湿陷性得到有效控制；同时指出为保证灰土挤密桩的施工质量，应严格控制灰土填料的配比及夯填料量和夯击次数，遇缩径或雨水等特殊情况需增加夯击次数。

陈培指出桩孔深度和桩孔间距是灰土挤密桩设计的关键参数。桩孔深度应根据建筑结构高度、湿陷性黄土的厚度和类型、钻孔机械设备及设计计算要求等条件确定；桩孔间距应保证桩间土挤密均匀，参照《湿陷性黄土地区建筑规范》（GB 50025）桩孔宜布置为正三角形，桩孔间距计算公式为

$$s = 0.95d\sqrt{\frac{\overline{\eta}_c \rho_{d\max}}{\overline{\eta}_c \rho_{d\max} - \overline{\rho}_d}} \tag{1}$$

式中：s 为桩孔间距，取两孔中心点连线的距离，m；d 为设计桩孔直径，m；$\overline{\eta}_c$ 为挤密处理后桩间土的平均挤密系数，根据工程要求一般取 $0.90<\overline{\eta}_c<0.93$；$\rho_{d\max}$ 为设计要求的桩间土最大干密度，t/m^3；$\overline{\rho}_d$ 为处理前桩间土的平均干密度，t/m^3。

米海珍通过设计现场试验，考虑了桩间距、桩孔深度及桩孔填料等不同因素对甘肃天水某湿陷性黄土地基处理效果的影响。结果表明桩间距对湿陷性黄土处理效果影响非常显著，桩间距控制在 2.5 倍桩径内可保证基本消除整个场地黄土的湿陷性；当桩间距控制在 1.75d 时，可保证桩间土密实度增加 30%，地基承载力提高 1 倍；试验还发现灰土挤密桩的挤密作用只向径向辐射扩散，而桩孔深度以下土层未受有效挤密；试坑浸水试验显示黄土浸水后产生局部湿陷，湿陷量由外荷引起；孔内夯填灰土其强度明显高于素土，在地基主要持力层内应夯填灰土，下卧层可夯填素土。

2.3　化学加固法

化学加固法是利用机械设备钻孔并采取加压措施使化学浆材灌注或渗透到黄土中进行地基加固的技术。常用的化学浆材有水泥、水玻璃、SH 固化剂及粉煤灰、石灰等。化学加固法具有施工周期短、加固强度高及经济高效等特点，在湿陷性黄土治理工程中应用也

很广泛。

吴文飞通过室内试验分析了水泥稳定黄土的强度特性及微量固化剂掺入对黄土的改性效果。试验发现水泥的掺入能显著提高黄土的无侧限抗压强度，水泥掺量7%时黄土可达到峰值强度2.13MPa，但之后强度增长趋于稳定；$CaCl_2$和磷酸盐等微量固化剂的掺入也可提高水泥稳定黄土的强度，同时还能有效改善黄土的水稳定性，微量固化剂改良黄土的原理主要有离子交换、吸附、絮凝及膨胀填充等物理化学作用；试验还发现微量固化剂对黄土类型和组分具有一定的选择性和适应性，为充分发挥固化剂的固化效果，对不同类别的黄土需专门配置针对性的固化剂。

金鑫采用水玻璃自渗方式对同一地点取样的原状马兰黄土（Q^{3eol}）和重塑黄土进行注浆加固。试验发现原状黄土的架空孔隙有利于浆液的自渗流动，经自渗加固后原状黄土强度远高于重塑土，原状黄土加固后强度约为天然黄土强度的10倍；硅酸凝胶产物增加了黄土颗粒的胶结力，使土体产生足够的强度并保持良好的水稳定性；浸水后黄土中的易溶盐颗粒溶解，化学反应减速致使加固体强度有所下降，但仍可达天然黄土的6倍以上。

王银梅采用兰州大学研制开发的SH高分子固化材料对某黄土地基进行了加固试验研究。试验表明SH固化土强度较高，6%掺量可使黄土强度达5MPa，处理效果满足工程需要；扫描电镜和X射线能谱分析（SEM-EDS）发现，SH高分子材料通过高分子链与黄土颗粒相互搭接、缠绕并联结，至化学反应完成后二者形成一个错综缠绕、结合牢固的空间网状结构，黄土强度提升力学性能明显改善；研究还发现SH亲水性和耐水性均较强，且无毒无害，经SH固化后黄土表面可种植草皮等植物，具有生态环境效益。

2.4 联合法

湿陷性黄土微观结构复杂，浸水湿陷后对工程结构造成的破坏性巨大。为有效消除其湿陷性，工程中往往采取两种或两种以上的方法联合处理，以充分发挥各种处理方法自身的优势。如CFG桩联合强夯法，灰土挤密桩联合冲击碾压法及换填垫层联合柱锤冲扩桩法等。

3 结语

随着工程建设规模的不断扩大和向中西部地区的纵深推入，黄土地基及其处治技术得到了越来越广泛的重视和关注。强夯法、灰土挤密桩法和化学加固法等传统地基处理技术在黄土工程建设中得到了成功应用，并在工程实践中获得了创新性的发展，形成了独具特色的黄土地基处理技术。本文分析了黄土的土质特点、工程力学性状及强夯法、灰土挤密桩法和化学加固法等地基处理方法，期望着对黄土地基处理技术的创新发展有所帮助，为工程建设发挥更大的作用。

关于塑性混凝土的抗压强度和弹性模量计算条件的探讨

王碧峰

（中国水电基础局有限公司）

【摘　要】 鉴于国内外在选取塑性混凝土有限元计算模型上的差异，导致了在弹性模量的选择上也不完全一致。所以，国内外文献资料及项目案例上对塑性混凝土力学性能的描述和质量控制指标也有些许差异。本文试图通过对造成差异的原因进行分析，从而找到其根本原因，并给出笔者的建议。此外，为方便施工时质量控制，节约时间，降低成本，笔者倡议应进行系统科研试验，建立无侧限抗压强度/割线模量 E_{50} 与三轴条件下的抗压强度/割线模量 E_{50} 之间的关系。

【关键词】 塑性混凝土　抗压强度　弹性模量　初始切线模量（E_i）　割线模量 E_{50}

鉴于国内外对塑性混凝土的认识差异，以及国内防渗墙规范对塑性混凝土抗压强度和弹性模量的规定在实际生产中难以实现（主要是指弹性模量）等原因，前不久笔者曾写过《关于塑性混凝土抗压强度和弹性模量的讨论》一文，文中有不少设问并没有得到解答。2019 年 4 月，笔者前往迪拜与美国 JACOBS 咨询公司的主设人员就沙特某船坞项目坞墙底部永久塑性混凝土项目的性能参数进行讨论。在讨论过程中，笔者有感于西方咨询公司工作严谨的同时，也对他们在初步设计中根据北美的经验将该塑性混凝土防渗墙的无侧限抗压强度（UCS）确定为 3.5MPa，无侧限弹性模量 E_{50}（即 50%强度点的割线模量）为 150 倍的 UCS 颇感诧异（并非最终设计数据）。这也说明国内外对塑性混凝土性能的认知差异确实很大，虽然不能说完全不可能，但对国内同行来说，这样的性能参数显然有点超出已有经验和认知。当然在交流过程中，对于塑性混凝土在有限元计算等方面，笔者也获益匪浅。同时对塑性混凝土的理论与计算有了一些新的理解和认识，有些涉及第一篇论文中提出的问题，所以笔者觉得有必要作进一步澄清，并借此机会与同行分享。

1　关于塑性混凝土防渗墙的理论计算

笔者在第一篇论文中曾经提到，目前国内计算塑性混凝土防渗墙受力的模型主要是邓肯-张非线性弹性 $E-B$ 本构模型，其中两个重要的参数 K，n 需要通过初始切线模量（E_i）来计算求得。所以只要采用邓肯-张非线性弹性 $E-B$ 本构模型来建模，必须要通过三轴压缩试验中的应力应变曲线计算初始切线模量（E_i），但初始弹性模量本身测量难度大，对试验控制的要求很高，不同试验人员测量出来的初始切线模量差异可能比较大。

目前国际岩土工程界广泛使用荷兰公司开发的 Plaxis 2D 有限元程序来分析防渗墙的受力，这个软件内设多个本构模型，包括线弹性模型、莫尔-库仑模型、土体硬化模型(hardening soil model)、小应变土体硬化模型、软土蠕变模型、软土模型、修正剑桥模型、霍克-布朗模型、节理岩体模型、NGI - ADP 模型、Sekiguchi - Ohta 模型、用户自定义本构模型等。

对于土体，一般使用 Plaxis 2D 中的土体硬化模型。这个土体硬化模型属于非线性弹性模型，是邓肯-张模型的加强和改进版。Plaxis 在早期版有邓肯-张模型，但后来被土体硬化模型替换。邓肯-张模型的功能用土体硬化模型基本上都能模拟，但土体硬化模型增加了一些新功能。

对于塑性混凝土防渗墙，究竟应该采用什么本构模型来模拟，目前国际上没有一个明确和广泛使用的塑性混凝土设计规范和指南，主要取决于设计人员的经验和实践。

有人认为考虑到塑性混凝土三轴试验的应力应变关系曲线，在达到 50%甚至 70%极限强度前是一个比较弹性的反应，在做岩土设计中，受力范围往往需控制在极限强度的一半来取得一定的安全系数。因此，在这个受力范围内，采用线弹性模型来简化模拟防渗墙受力是相对合理的。尤其是考虑到还没有具体的针对某工程塑性混凝土的实验数据的情况下，不选择采用需要多参数输入的非线性弹性模型（邓肯-张或土体硬化模型），而使用少参数输入的简单模型（线弹性模型），更为合适。

也有人认为，塑性混凝土与土体一样，都可以用莫尔-库仑定律来描述，都属于弹塑性体，与普通混凝土相比，塑性混凝土三轴试验中的应力应变关系曲线更接近于土体，所以还是应该采用非线性弹性的邓肯-张本构模型或者土体硬化模型来模拟。可以说是众说纷纭，莫衷一是，但似乎都有道理。

笔者认为：选择何种模型进行受力计算确实很重要，也比较复杂。考虑到塑性混凝土的应力应变关系曲线在达到 50%甚至 70%极限强度前只是近似直线，而且其直线度因不同试验离散性较大，认为这个过程等同于弹性变形过程似乎还是有些牵强，所以如果采用线弹性模型来模拟防渗墙在地基中的受力与实际情况可能差异还是比较大的，故笔者还是倾向于采用非线性弹性模型（即邓肯-张模型或土体硬化模型）来模拟更合适一些。

2 关于塑性混凝土弹性模量到底是选用初始切线模量（E_i）还是选用割线模量 E_{50}

笔者在第一篇论文中提到过如果采用邓肯-张模型计算防渗墙受力，必须要计算初始切线模量（E_i），国内包括清华大学在内的几乎所有科研机构，在塑性混凝土理论研究和计算时都采用的是初始切线模量，相关文献书籍以及论文也都是如此，几乎没有见过塑性混凝土弹性模量采用割线模量 E_{50}。但该论文中提到的其他 4 个国外项目案例中，国外咨询公司普遍采用割线模量 E_{50} 作为施工阶段控制指标，这究竟是为什么呢？初始切线模量（E_i）与割线模量 E_{50} 之间到底是什么关系？

最主要原因还是由于选择的模拟计算模型不一样导致的结果。如前所述，对塑性混凝土国内习惯采用邓肯-张模型，邓肯-张模型就是必须要计算初始切线模量（E_i）；而目前国际岩土工程界普遍采用的 Plaxis 2D 中其他的本构模型，如线弹性模型，莫尔-库仑模型，特别是应用于塑性混凝土防渗墙受力分析的邓肯-张模型改进加强版——土体硬化模型，建模时都是采用割线模量 E_{50}。E_{50}在这些模型中使用非常广泛，主要原因可能有两点：一是因为 E_{50}是一个受力范围内的平均线性模量，而在我们做岩土设计中，受力范围往往需控制在岩土极限强度的一半作为安全系数；二是相对于初始切线模量（E_i）而言，E_{50}更容易在实验室测量，测量的准确度也更高。在三轴试验过程中，计算机可以按要求每隔几分钟自动采集数据，取一定围压下轴向应力为 50%极限强度的应力应变数据，即可准确计算出 E_{50}。计算简单而且速度快，特别适合大规模取样或者现场实验室。

此外，三轴条件下塑性混凝土的初始弹性模量（E_i）原则上比 E_{50}高，但是区别不大，或者说区别比一般砂土要小。这是可以理解的，因为塑性混凝土的弹性，即没达到最终强度之前，应力和应变关系曲线的直线度，虽然比普通混凝土弱，但比砂土要高。塑性混凝土典型应力-应变关系如图 1 所示。图 1 中初始切线模量（E_i）接近于 E_{50}。

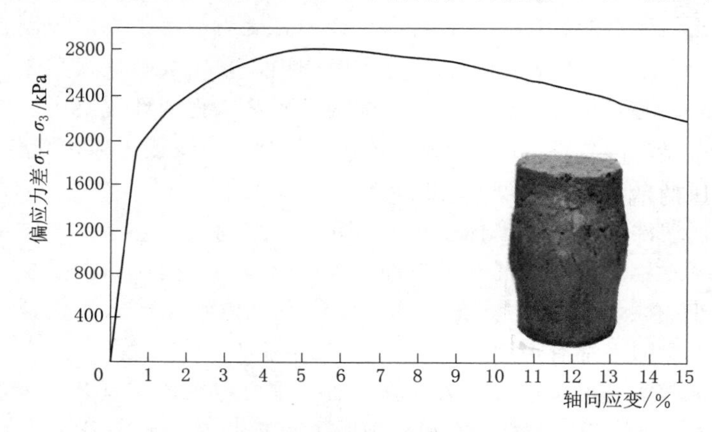

图 1　塑性混凝土典型应力-应变关系曲线

初始切线模量（E_i）和割线模量 E_{50}也可以通过试验建立一定关系。有国外学者曾经做过试验，对于一定配比的塑性混凝土，大致 $E_{50}=0.9E_i$。那么，在设计计算过程中，可以要求 $E_{50}\leqslant 300$MPa（通过数值计算），也可以要求 $E_i\leqslant 300/0.9=333$MPa。

3　关于围压对塑性混凝土抗压强度和弹性模量的影响

3.1　围压对塑性混凝土抗压强度的影响

围压对塑性混凝土抗压强度的影响可以使用以下 Mohr 理论计算：

$$\sigma_1=\sigma_3\tan^2\left(45+\frac{\varphi}{2}\right)+UCS$$

式中：σ_3 为水平围压；UCS 为无侧限抗压强度；φ 为塑性混凝土内摩擦角；σ_1 为塑性混凝土抗压强度（在 σ_3 水平围压下）。

根据上面的公式，可以看出，对于给定配合比的塑性混凝土，其内摩擦角不变。当围压较小时，对塑性混凝土的抗压强度影响不是很大，但对高土石坝而言，随着围压的增加对抗压强度影响就非常大。

例如：当UCS＝1.2MPa，假设塑性混凝土内摩擦角30°，当水平围压为150kPa时，抗压强度约增加到σ_1＝0.15×3＋1.20＝1.65MPa。但当水平围压为2.0MPa时（对于高度大于200m的土石坝，坝基底部防渗墙深度60m时简单估算很容易达到这个围压，而且蓄水前围压也要远大于蓄水后，如果做有限元分析，那么更准确的围压可以通过电脑软件中计算出），抗压强度σ_1＝2×3＋1.20＝7.20MPa，增加的幅度就非常明显了。如果塑性混凝土的内摩擦角再大一些（实际上一般塑性混凝土的内摩擦角25.6°～39.7°，与配合比及材料特性相关），增加的幅度更加明显。国内清华大学做过的试验表明，塑性混凝土的抗压强度随围压σ_3的增加几乎呈直线增大，最大能达到十几倍以上。国外大量的试验也表明，塑性混凝土的抗压强度也随围压的增加而增大。如美国陆军工程兵团于1991年出版的《土坝塑性混凝土研究》中也显示，塑性混凝土的抗压强度随围压的增加而增加（图2）。

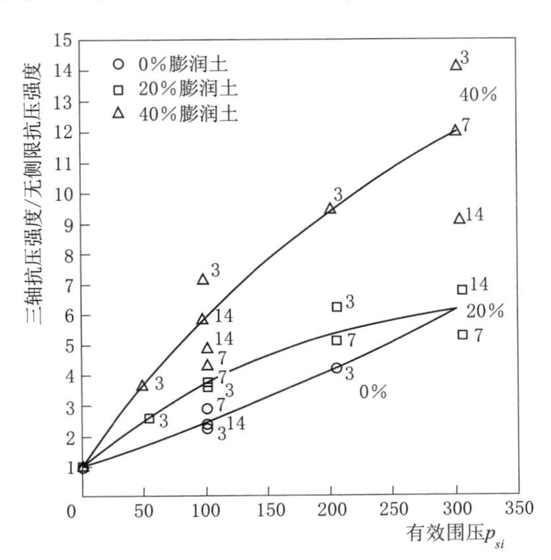

图2　三轴抗压强度与有效围压关系图

笔者在第一篇论文中也反复提及塑性混凝土的抗压强度是指在四围压力下的轴向破坏应力，而非无侧限抗压强度，其实说的就是这个意思。

所以，塑性混凝土的抗压强度不能按照第一强度理论，而应按照莫尔-库仑强度理论来设计，原因就在于此。

3.2　围压对塑性混凝土弹性模量的影响

对于普通土料，其初始模量随着四围压力σ_3的增加而明显增大。根据Janbu理论，可以采用如下指数函数描述两者之间的关系：

$$E_i = KP_a\left(\frac{\sigma_3}{P_a}\right)^n$$

式中：K、n为试验常数，由一组常规三轴试验确定；P_a为大气压力。

清华大学、中国水电基础局有限公司等单位20世纪90年代进行的塑性混凝土科研成果表明，四围压力σ_3对塑性混凝土的弹性模量（初始切线模量）的影响比较小（增加的幅度很小甚至减小）。详见王清友等编著的《塑性混凝土防渗墙》，高钟璞编著的《大坝基础防渗墙》以及丛霭森编著的《地下连续墙设计与施工》。

正是基于这一点认识，所以国内《水工塑性混凝土试验规程》（DL/T 5303—2013）中关于对塑性混凝土弹性模量测试方法的规定就是将无侧限条件下的弹性模量$E_{20\sim40}$作为塑性混凝土的弹性模量。

但笔者在文莱某水坝项目塑性混凝土的三轴试验结果却表明，随着四围压力的增加，塑性混凝土的弹性模量（初始切线模量或E_{50}）都是有所增大，只是相对于抗压强度而言，增加的幅度比较小而已，与土料的弹性模量随围压呈指数关系增长更是大相径庭。这从塑性混凝土的应力-应变关系曲线及试验数据上可以清楚地看出来（表1）。

美国陆军工程兵团1991年出版的《土坝塑性混凝土研究》中有大量的工程案例，也几乎无一例外显示，塑性混凝土的三轴弹模（初始切线模量）随围压的增加而增加（图3）。

表1　　文莱某水坝项目三轴弹模（初始切线弹模）与围压关系对应表

编号	σ_3/MPa	破坏偏应力$(\sigma_1-\sigma_3)_f$/MPa	初始切线模量E_i/MPa	破坏应变ε_{af}/%
w-12	0	0.603	60.9	1.13
	0.2	1.160	78.3	4.05
	0.4	1.819	83.1	6.45
	0.6	2.291	92.4	9.60
w-15	0	0.723	67.0	1.13
	0.2	1.334	78.4	3.95
	0.4	1.981	88.1	5.25
	0.6	2.422	94.5	7.65
w-16	0	1.00	83.0	1.65
	0.2	1.49	90.6	3.20
	0.4	2.02	99.8	5.25
	0.6	2.62	97.5	7.65
w-16-p	0	0.734	77.6	0.95
	0.2	1.520	88.7	3.33
	0.4	2.180	93.6	5.00
	0.6	2.738	112.2	7.45

注　此结果由长江科学院工程质量检测中心提供。

从图3可以看出，当有效围压为0时，三轴弹模等于无侧限弹模，随着围压的增大，三轴弹模与无侧限弹模的比值逐渐增大，呈近似线性关系。对于给定配合比的塑性混凝土，无侧限弹模基本不变，故可以得出三轴弹模逐渐增大的结论，但增加的幅度与抗压强度相比，要缓和很多。

随着四围压力的增加，无论弹性模量没有明显改变，还是有所增大（增加的幅度比较小），总之，塑性混凝土弹性模量随围压的变化与土料差别很大（远远小于土料），这是国内外公认的事实。

塑性混凝土的这一力学特性极为重要，这种特性与一般土料的弹性模量（初始切线模量）随四围压力增加而明显加大的性质是完全不同的。它对塑性混凝土在土石坝尤其是中高土石坝基础防渗墙中应用的合理性提供了一个新的重要依据。当防渗墙周围的土体由于坝身填土的加高四围压力的加大其弹性模量（初始切线模量）增加时，塑性混凝土防渗墙的弹性模量（初始切线模量或割线模量E_{50}）却增大得并不明显，这必将使作用在防渗墙上的荷载向周围土体转移，从而降低了墙体的应力；同时，由于四围压力的作用，使塑性混凝土的强度和极限应变显著提高，这些均将改善塑性混凝土防渗墙的工作条件，增加其安全性。

例如小浪底坝基防渗墙墙后的砂砾石，在 $\sigma_3=0$ 时，其弹性模量 $E_i=96$MPa，而当 $\sigma_3=0.3$ MPa 时，$E_i=207$MPa，提高了 1.16 倍，当 $\sigma_3=0.6$MPa 时，$E_i=336.5$MPa，提高了 2.25 倍。在较高的围压（σ_3）下，防渗墙周围的土体的弹性模量（初始切线模量）有了很大的增加。而塑性混凝土的弹性模量（初始切线模量或割线模量 E_{50}）变化不大甚至减小，这就相当于塑性混凝土防渗墙相对变“软”，明显改善了塑性混凝土防渗墙的应力状态。

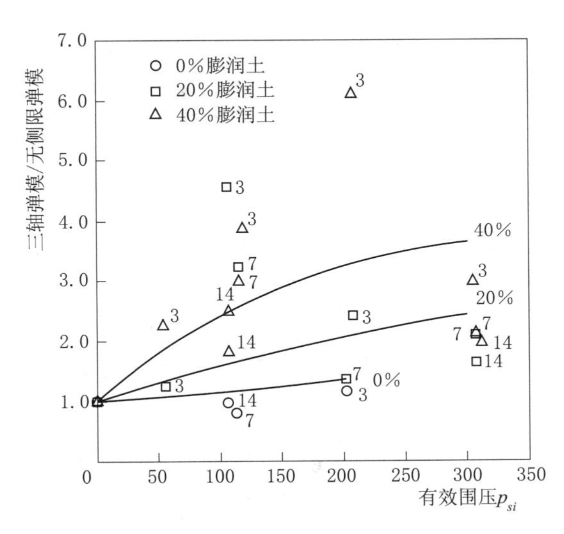

图 3　三轴弹模与有效围压关系图

4　无侧限抗压强度/弹性模量（E_{50}或 E_i）与三轴试验条件下的抗压强度/弹性模量（E_{50}或 E_i）的关系

笔者在第一篇论文中曾经提出，防渗墙在地基下面的实际受力状态是三轴受力状态，采用有限元建模计算时，选用的弹性模量（E_{50}或者 E_i）都是三轴状态下的数据，用于判断墙体是否会被压裂的依据也应该是采用墙体所受压应力（计算值）与三轴条件下的抗压强度进行对比。但国内《水电水利工程混凝土防渗墙施工规范》（DL/T 5199—2004）条文说明中建议塑性混凝土的抗压强度是立方体抗压强度，弹性模量则是经过三次预压后，采用破坏应力的 20%与 40%两点直线的斜率值作为控制指标；在其他 4 个国外项目的案例中，西方咨询公司对塑性混凝土的抗压强度采用的是无侧限抗压强度，弹性模量则采用的是三轴条件下的割线模量 E_{50}（只有一个项目标明了围压 200kPa）。这究竟是为什么呢？

通常，塑性混凝土设计和施工需要做不同围压下的三轴试验，但是对于此类试验，要取得较好的数据，对于实验室及试验人员的要求比较高。而且三轴试验时间长，成本高，无论是国内还是国外，都希望少做三轴试验。所以，三轴试验的数量一般有限，需要做更多数量的无侧限抗压试验来检测现场施工的塑性混凝土的性能是否达到标准。这就需要根据无侧限抗压试验和三轴压缩试验数据之间建立起对应的关系。

1991 年美国陆军工程兵团曾经出版过《土坝塑性混凝土研究》，通过大量的对比试验，建立了一定配合比的塑性混凝土的这种对应关系（图 2 和图 3），以便于设计人员比较容易根据计算确定一定围压下（三轴条件下）的抗压强度及弹性模量后，再根据这种对应关系选择无侧限条件下的抗压强度和弹性模量作为施工时的控制指标，确实值得借鉴。但有点遗憾的是，国内目前还没有见到类似的资料或报告。笔者建议我国也应该进行类似科研工作，找到这种对应关系，为塑性混凝土设计及施工质量控制提供更简便易行的依据。

5 结论

(1) 鉴于塑性混凝土三轴条件下的应力应变关系更类似土体，在采用有限元计算防渗墙受力时，采用非线性弹性模型（邓肯-张模型或目前国际上广泛使用的土体硬化模型）更为合理。

(2) 到底选用初始切线模量（E_i）还是割线模量 E_{50}，主要取决于有限元计算所选用在计算模型，邓肯-张模型选用初始切线模量（E_i），而土体硬化模型则采用割线模量 E_{50}。对于塑性混凝土而言，它们之间差别并不是很大，也可以通过试验建立线性关系。

(3) 围压对于塑性混凝土的抗压强度及弹性模量均有影响。其中围压对抗压强度的影响非常大，可以按照莫尔-库仑强度理论进行计算。但围压对弹性模量的影响相对较小，特别是相对于围压对土体弹性模量的影响而言。塑性混凝土的这一工程力学特性对于高土石坝基础防渗墙的受力极为有利。

(4) 三轴条件下的抗压强度及弹性模量更接近于防渗墙在地基下面的真实受力状况，但三轴试验费时费力，成本高，不利于施工时塑性混凝土的质量控制。无侧限抗压强度及割线模量 E_{50}［或《水工塑性混凝土试验规程》(DL/T 5303—2013) 提出的 $E_{20\sim40}$］则简单易行，但如何通过试验找到无侧限条件下的抗压强度及弹性模量与三轴条件下的抗压强度及弹性模量之间的对应关系，并通过图形或曲线展示出来，便于施工阶段的质量控制，则需要大量的试验进行验证。

岩体倾斜裂隙水泥-水玻璃双液注浆扩散机理研究

裴启涛[1]　景　锋[2,3]

（1. 武汉市政工程设计研究院有限责任公司　2. 长江科学院
3. 武汉长江科创科技发展有限公司）

【摘　要】针对岩体倾斜裂隙水泥-水玻璃双液注浆，将浆液作为具有黏度时变性的宾汉流体。首先基于流体力学及粗糙裂隙等效水力开度方法，同时考虑浆液自重，建立了恒速注浆下反映浆液黏度时空变化的浆液扩散理论模型。推导了扩散区内浆液的黏度及压力时空分布方程，确定了注浆压力与时间及扩散距离关系。借助于室内试验和有限元方法，分析了恒速率注浆时裂隙不同产状下的浆液扩散规律，并通过数值模拟与理论对比验证了理论模型的有效性。

【关键词】倾斜裂隙　水泥水玻璃　双液浆液　黏度时变性　扩散理论

1　引言

水泥-水玻璃双液注浆作为复杂条件下软弱围岩防渗加固的有效手段，在地下工程中得到了大量应用。注浆过程中浆液的扩散半径、注浆压力与注浆速率等参数与工程设计、施工密切相关，但注浆理论发展相对缓慢。注浆理论依据本构方程不同，可分为牛顿流体、宾汉流体、幂律流体等；依据浆液运动方程可分为渗透注浆、压密注浆、劈裂注浆、动水注浆等。此外，阮文军基于试验和理论推导，构建了基于浆液黏度时变性的裂隙岩体注浆扩散模型；刘健等基于毛细管渗透理论推导了考虑浆液黏度时变性的浆液扩散公式，及注浆作用在管片上的压力理论解；李术才等测定了水泥-水玻璃浆液的表观黏度时变函数，推导了单一平板裂隙注浆压力空间分布方程；张庆松等综合考虑了浆液黏度时变性和空间分布不均匀性，建立了恒定注浆速率下考虑浆液黏度时空变化的水平裂隙注浆扩散理论模型；张军贤基于平板裂缝推导出幂律型流体劈裂注浆最大扩散半径公式；慕欣等、陈喜坤等基于剪切试验和三轴压缩试验，分别研究了砂细度模数及不同围压对壁后注浆浆液强度的影响。现注浆理论多未考虑岩体倾斜裂隙浆液自重的影响。

本文选取水泥-水玻璃浆液，采用流体力学及粗糙裂隙等效水力开度确定方法，并考虑浆液自重，建立恒定注浆速率下反映浆液黏度时空变化的倾斜裂隙注浆扩散模型，确定了注浆压力与时间及浆液扩散距离的关系，并用数值方法对理论解的合理性进行了论证。

2　岩体倾斜裂隙注浆理论

2.1　粗糙裂隙的等效水力开度

裂隙岩体中浆液扩散本质就是研究浆液在裂隙中的扩散。为研究方便，本文仅考虑单裂隙注浆。引入“等效水力开度”来代替立方定律中的裂隙开度。对于粗糙裂隙，参照立方定律，存在如下关系：

$$q=-\frac{b^3}{12\mu}\nabla(p+\gamma h) \tag{1}$$

式中：b 为等效水力开度，可通过钻孔水力编录和压水试验等方法确定；μ 为流体黏度；p 为流体压强；γ 为流体重度；h 为测压点与基准面的垂直距离。

2.2　柱坐标下的倾斜裂隙注浆模型

双液在两平直、光滑平板裂缝作径向辐射流动，令裂缝等效水力开度为 b，倾角为 α，r 为浆液流动方向，r 轴坐标原点位于孔轴线上，z 为裂隙开度方向，z 轴原点取缝隙中心，θ 为 r 轴方位角，裂隙最大倾斜方向为 θ 轴原点。建立柱坐标系（r，θ，z）下浆液在倾斜裂隙内的扩散示意图（图 1）。

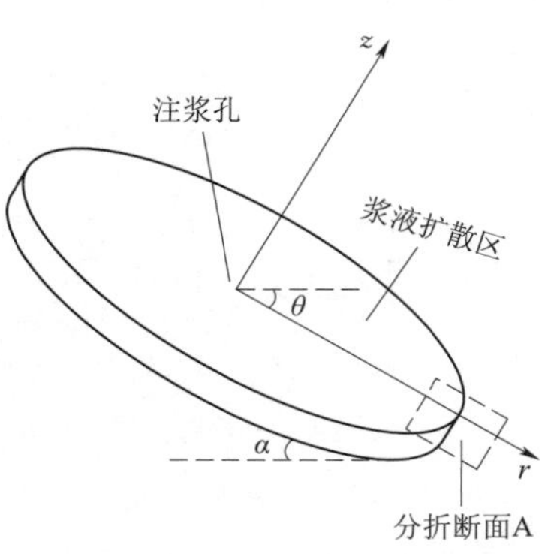

图 1　倾斜裂隙浆液扩散示意图

3　倾斜裂隙水泥-水玻璃双液注浆扩散理论

3.1　基本假设

为了推导浆液在岩体倾斜裂隙内的注浆扩散模型，基本假设为：①浆液、水均为不可压缩的均质、各向同性流体；②浆液为具有黏度时变性的宾汉流体，注浆过程中浆液配比和流型不变，且浆液流态为层流；③裂隙壁面无滑移边界条件成立；④浆液扩散方式为完全驱替扩散，不考虑浆水相界面处水对浆液的稀释；⑤ 浆液只在裂隙中扩散。

3.2　浆液本构方程

考虑到速凝类浆液具有黏度时变性，采用宾汉流体方程来描述浆液的本构方程：

$$\tau=\tau_0+\mu_p(t)\cdot\left(-\frac{\mathrm{d}u}{\mathrm{d}z}\right) \tag{2}$$

式中：τ 为浆液的剪切应力；τ_0 为浆液的屈服剪切力；$\mu_p(t)$ 为浆液黏度时间函数；$-\mathrm{d}u/\mathrm{d}z$ 为浆液剪切速率；u 为浆液流动速度；z 为空间距离。

3.3　浆液连续性方程

对于不可压缩黏性流体，运动连续性方程为

$$\frac{\partial u_r}{\partial r}+\frac{1}{r}\frac{\partial u_\theta}{\partial \theta}+\frac{\partial u_z}{\partial z}+\frac{u_r}{r}=0 \tag{3}$$

浆液沿 r 轴运动，在 z 轴方向流速为 0，则有：$u_z=0$，$u_\theta=0$，可得

$$\frac{\partial u_r}{\partial r}=-\frac{u_r}{r} \tag{4}$$

3.4 浆液扩散运动方程

通过注浆孔取一垂直于裂隙的平面进行研究，以裂隙中心为对称轴，取浆液微元体进行受力分析，浆液流动受力示意图如图 2 所示。图中，裂隙上下表面内为浆液，静水压力作用在浆液液面上。

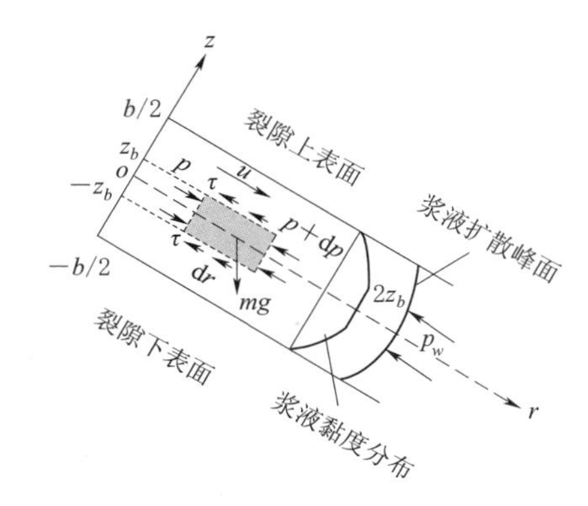

图 2　浆液流动受力示意图

通过对流场中任一流体微元六面体进行受力分析，采用牛顿运动定律，可以得到惯性系黏性流体运动的动量方程，在柱坐标系中沿 r 轴的方程如下：

$$\rho\left(\frac{\mathrm{d}u_r}{\mathrm{d}t}-\frac{u_\theta^2}{r}\right)=\rho F_r+\frac{1}{r}\left[\frac{\partial(rp_{rr})}{\partial r}+\frac{\partial p_{r\theta}}{\partial\theta}+\frac{\partial(rp_{zr})}{\partial z}\right]-\frac{p_{\theta\theta}}{r} \tag{5}$$

式中：ρ 为流体密度；u_r、u_θ 分别为沿 r 轴和 θ 轴的流速分量；F_r 为单位质量流体在 r 方向的重力分量。

根据式（1），可以确定应力与流速间的关系：

$$\left.\begin{aligned}
p_{rr}&=-(p-\tau_0)+2\mu_p(t)\frac{\partial u}{\partial r}\\
p_{\theta\theta}&=-(p-\tau_0)+2\mu_p(t)\left(\frac{1}{r}\frac{\partial u_\theta}{\partial\theta}+\frac{u}{r}\right)=-(p-\tau_0)-2\mu_p(t)\frac{\partial u}{\partial r}\\
p_{zz}&=-(p-\tau_0)+2\mu_p(t)\frac{\partial u_z}{\partial z}=-(p-\tau_0)\\
p_{\theta r}&=\mu_p(t)\left(\frac{1}{r}\frac{\partial u_r}{\partial\theta}+\frac{\partial u_\theta}{\partial r}-\frac{u_\theta}{r}\right)+\tau_0=\frac{\mu_p(t)}{r}\frac{\partial u_r}{\partial\theta}+\tau_0\\
p_{zr}&=\mu_p(t)\left(\frac{\partial u_z}{\partial r}+\frac{\partial u_r}{\partial z}\right)+\tau_0=\mu_p(t)\frac{\partial u_r}{\partial z}+\tau_0
\end{aligned}\right\} \tag{6}$$

式中：p 为平均法向压应力。

将式（3）、式（5）代入式（4），忽略高阶小量，同时将 p_{zr} 记为 τ，u_r 记为 u，可得

$$\frac{\mathrm{d}\tau}{\mathrm{d}z}=\frac{\mathrm{d}p}{\mathrm{d}r}-\rho g\sin\alpha\cdot\cos\theta \tag{7}$$

通过对单元体受力平衡微分方程进行分析，可得截面剪切应力和截面速度分布方程，如下

$$\tau=\begin{cases}0 & (-z_b<z<z_b)\\ \tau_0 & (z=\pm z_b)\\ \dfrac{\tau_0 b}{2z_b} & \left(z=\pm\dfrac{b}{2}\right)\\ \dfrac{z}{z_b}\tau_0 & \left(z_b\leqslant|z|\leqslant\dfrac{b}{2}\right)\end{cases} \tag{8}$$

由于宾汉流体流动存在流核，流核高度在浆液流动中随压力梯度变化。对于水泥-水玻璃浆液，流体阻力大，一定压力下扩散范围比水泥浆小，不能忽略流核高度，流核高度

计为 $2z_b$ 。

令 $p^* = p - \rho g r \sin\alpha \cdot \cos\theta$，代入式（7），积分得，$\tau = \dfrac{\mathrm{d}p^*}{\mathrm{d}r}z$，将其代入式（2）得

$$\frac{\mathrm{d}u}{\mathrm{d}z} = \frac{z_b - z}{\mu_p} \cdot \frac{\mathrm{d}p^*}{\mathrm{d}r} \tag{9}$$

对上述积分可得

$$u = \begin{cases} -\dfrac{1}{2\mu_p}\dfrac{\mathrm{d}p^*}{\mathrm{d}r}\left(\dfrac{b}{2} - z_b\right)^2 & (-z_b < z < z_b) \\ -\dfrac{1}{2\mu_p}\dfrac{\mathrm{d}p^*}{\mathrm{d}r}\left[\left(\dfrac{b}{2}\right)^2 - z^2 - 2z_b\left(\dfrac{b}{2} - z\right)\right] & \left(z_b \leqslant |z| \leqslant \dfrac{b}{2}\right) \end{cases} \tag{10}$$

则，浆液在裂隙中的平均速度 $\bar{u}$ 为

$$\bar{u} = \frac{1}{b}\int_{-\frac{b}{2}}^{\frac{b}{2}} u\,\mathrm{d}z = -\frac{b^2}{12\mu_p}\left(\frac{\mathrm{d}p^*}{\mathrm{d}r} - \frac{3\tau_0}{b} + \frac{4\tau_0{}^3}{b^3}\left(\frac{\mathrm{d}p^*}{\mathrm{d}r}\right)^{-2}\right] \tag{11}$$

忽略二阶项，可得

$$\bar{u} = -\frac{b^2}{12\mu_p}\left(\frac{\mathrm{d}p^*}{\mathrm{d}r} - \frac{3\tau_0}{b}\right) \tag{12}$$

3.5 扩散区内浆液压力时空分布

假设浆液黏度增长有界，当浆液运动速度 $\bar{u}=0$ 时，浆液停止流动，式（11）变为

$$\left(\frac{\mathrm{d}p^*}{\mathrm{d}r} + \frac{\tau_0}{b}\right)\left(\frac{\mathrm{d}p^*}{\mathrm{d}r} - 2\frac{\tau_0}{b}\right)^2 = 0 \tag{13}$$

由于压力梯度 $\mathrm{d}p/\mathrm{d}r$ 沿着 r 轴递减，有

$$\frac{\mathrm{d}p^*}{\mathrm{d}r} = -\frac{\tau_0}{b} \tag{14}$$

将 $p^* = p - \rho g r \sin\alpha \cdot \cos\theta$ 代入式（14），并从半径 r_0 积分至 $r_{\max}$ 可得

$$r_{\max} - r_0 = \frac{(p_0 - p_w)b}{\tau_0 - \rho g b \sin\alpha \cdot \cos\theta} = \frac{\varepsilon_p}{1 - e \cdot \cos\theta} \tag{15}$$

$$e = \frac{\rho g b \sin\alpha}{\tau_0}，\ \varepsilon_p = \frac{(p_0 - p_w)b}{\tau_0}$$

由式（15）可知，浆液扩散轨迹为椭圆形，在不考虑浆液黏度影响下，其离心率 e 主要取决于浆液密度、屈服剪切力、裂隙面倾角和等效水力开度。

已有研究表明：单裂隙的等效水力开度小于其平均开度，当忽略其他微裂隙时，其量值一般为 0.1mm 级。此外，单液水泥浆屈服剪应力 τ_0 一般为几帕，而水泥-水玻璃浆液的屈服剪应力大得多，椭圆离心率 e 一般小于 0.1，接近为圆形。因此，对于黏度随时间增长较快、扩散范围不大的速凝类浆液，为便于分析，认为静水压力条件下浆液扩散轨迹的几何形态近似为圆形。

在浆液流动过程中，依据质量守恒定律，可得

$$\bar{u} = \frac{q}{2\pi r b} = -\frac{b^2}{12\mu_p}\left(\frac{\mathrm{d}p^*}{\mathrm{d}r} - \frac{3\tau_0}{b}\right) \tag{16}$$

$$\frac{\mathrm{d}p^*}{\mathrm{d}r} = -\frac{6\mu_p q}{\pi r b^3} + \frac{3\tau_0}{b} \tag{17}$$

对于 t 时刻，扩散距离 r_t 时

$$r_t=\sqrt{\frac{qt}{2\pi b}} \tag{18}$$

$$\frac{\mathrm{d}p}{\mathrm{d}r}=-\frac{6\mu_p q}{\pi r b^3}+\frac{3\tau_0}{b}+\rho g\sin\alpha\cdot\cos\theta \tag{19}$$

将浆液从 r 处到 t 时刻位置进行积分，可得

$$p(r,\ t)=\frac{6q}{\pi b^3}\int_r^{\sqrt{\frac{qt}{2\pi b}}}\frac{\mu_p}{r}\mathrm{d}r-\left(\frac{3\tau_0}{b}+\rho g\sin\alpha\cdot\cos\theta\right)\left(\sqrt{\frac{qt}{2\pi b}}-r\right)+P_w \tag{20}$$

根据速凝类浆液的黏度-时间，采用简化的黏度-时间函数进行拟合，即

$$\mu(t)=At^B \tag{21}$$

式中：A、B 为常数。

将式（21）代入式（20），注浆压力时空分布为注浆压力-时间-空间分布关系，即 $p-r-t$ 关系：

$$p(r,\ t)=\frac{3qA}{\pi Bb^3}\left[t^B-\left(\frac{2\pi br^2}{q}\right)^B\right]-\left(\frac{3\tau_0}{b}+\rho g\sin\alpha\cdot\cos\theta\right)\left(\sqrt{\frac{qt}{2\pi b}}-r\right)+P_w \tag{22}$$

注浆压力-时间分布关系，即 $p-t$ 关系：

$$p(t)=\frac{3qA}{\pi Bb^3}\left[t^B-\left(\frac{2\pi br_0^2}{q}\right)^B\right]-\left(\frac{3\tau_0}{b}+\rho g\sin\alpha\cdot\cos\theta\right)\left(\sqrt{\frac{qt}{2\pi b}}-r_0\right)+P_w \tag{23}$$

注浆压力-空间分布关系，即 $p-r$ 关系：

$$p(r)=\frac{3qA}{\pi Bb^3}\left(\frac{2\pi b}{q}\right)^B\left[r^{2B}-r_0^{2B}\right]-\left(\frac{3\tau_0}{b}+\rho g\sin\alpha\cdot\cos\theta\right)(r-r_0)+P_w \tag{24}$$

可见，裂隙倾角取 0 时，式（22）～式（24），表明其注浆扩散模型具一般性，可求解任意产状裂隙的注浆分布特征。研究还表明，浆液性质、裂隙产状及参数、注浆参数及地下水共同决定了浆液的扩散，注浆压力主要取决于浆液黏度、屈服切应力、裂隙产状和静水压力。

4 算例验证

为验证理论可靠性，构建了三维有限元模型，模拟浆液在裂隙内扩散中压力的时空间变化。

4.1 模型构建

三维模型几何尺寸为 2m×2m×0.005m，注浆孔位于模型几何中心。模型左、右边界为定压力边界，此边界为静水压力，进入裂隙的浆液与水均从该边界流出。模型上、下边界及两侧边界均为无流动边界，满足无滑移边界条件。初始时刻模型内充满水，浆液以恒定速率由注浆孔进入裂隙。有限元模型的网格划分及边界条件如图 3 所示。

根据试验结果，在反应时间 0～70s、反应温度 20℃条件下，当水泥浆水灰比 C∶W＝1∶1、水泥-水玻璃体积比 C∶S＝1∶1 时，C－S 浆液的表观黏度-时间关系见式（25），裂隙注浆参数见表 1。

$$\mu(t)=0.003182\times t^{2.23}+0.04 \tag{25}$$

表 1　　裂隙注浆计算参数

等效水力开度 b/mm	注浆孔半径 r_0/m	注浆速率 q/(L/min)	注浆时间 t/s	静水压力 P_w/kPa
5	0.02	15	60	0.2

将式（18）、式（25）联立求解，浆液黏度空间分布函数见式（26），浆液黏度空间分布特征如图 4 所示。

$$\mu(r, t)=0.003182\times\left[\frac{2\pi b(x^2+y^2)}{q}\right]^{2.23}+0.04 \tag{26}$$

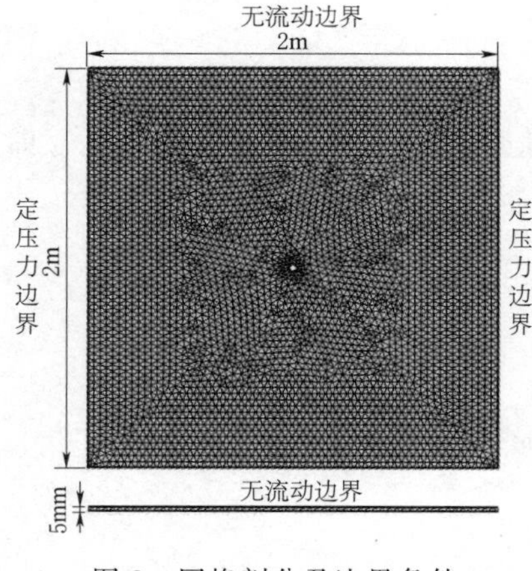

图 3　网格剖分及边界条件

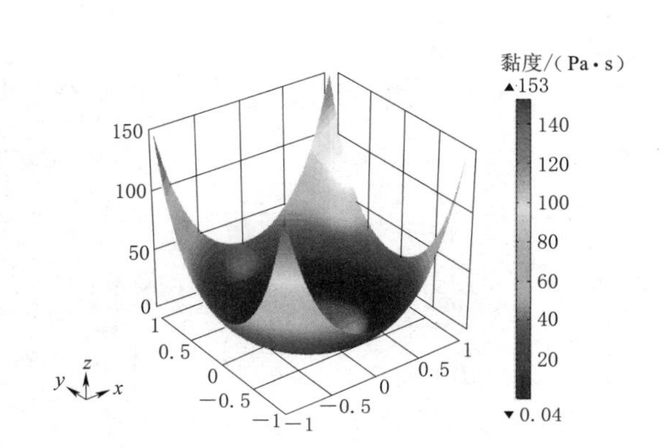

图 4　浆液黏度空间分布特征

浆水混合区流体平均黏度取决于浆液和水的黏度，及二者体积比，浆液平均黏度计算如下：

$$\left.\begin{aligned}\frac{1}{\mu}&=s_g\frac{1}{\mu_g}+s_w\frac{1}{\mu_w}\\ s_g+s_w&=1\end{aligned}\right\} \tag{27}$$

式中：s_g、s_w 分别为浆液和水的体积分数；μ_g、μ_w 及 μ 分别对应浆液、水和浆水混合后的黏度。

4.2　控制方程

（1）运动方程。流体运动方程采用 Navier - Stokes 方程，在三维条件下流体运动与受力的本构关系如下：

$$\rho\frac{\partial u}{\partial t}+\rho(u\nabla)u=\nabla\{-pI+\mu(t)[\nabla u+(\nabla u)^T]\}+F \tag{28}$$

式中：ρ 为流体密度；p 为流体压力；t 为时间；u 为流体速度矢量；$\mu(t)$ 为流体黏度函数；F 为单位体积力；I 为三阶单位矩阵；∇为哈密顿算子。

（2）连续性方程。将浆液与水的密度视为常数。取裂隙空间内的特征单元体分析，由质量守恒定律得浆液和水各自流入和流出单元体的质量差应分别等于单元体内浆液和水的质量变化，得连续性方程：

$$\left.\begin{aligned}-\nabla(s_g \cdot u)=\frac{\partial(s_g)}{\partial t}\\-\nabla(s_w \cdot u)=\frac{\partial(s_w)}{\partial t}\end{aligned}\right\}\tag{29}$$

4.3 计算结果对比分析

本节取裂隙倾角 $\alpha=0°$、30°，裂隙方位角 $\theta=0°$、180°，综合采用理论和数值模拟方法，对比分析水平裂隙和倾斜裂隙下的注浆压力-时间分布特征。

4.3.1 注浆压力-时间分布规律

不同裂隙面倾角和方位角下的注浆压力随时间变化关系曲线对比情况如图 5 所示，对图进行分析可知：

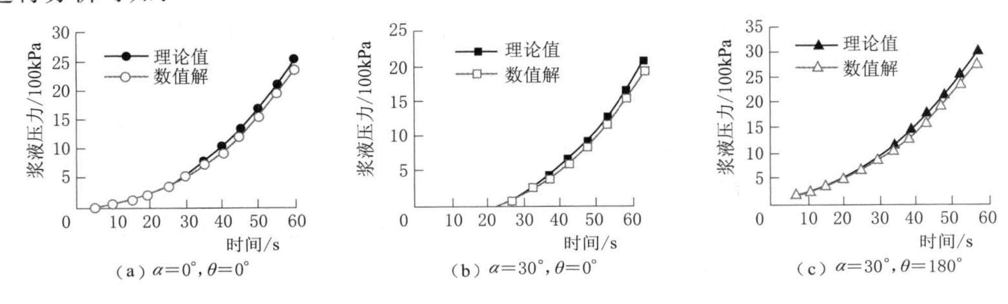

图 5　注浆压力随时间变化关系曲线

(1) 理论计算与数值模拟的注浆压力-时间变化规律基本一致，误差在 8%以内，表明本文推导的理论能较好描述浆液沿任意倾斜裂隙的扩散过程。但同一时刻下注浆压力理论计算值略大，这是由于理论分析和数值模拟差别所致。理论分析中不考虑浆水界面水对浆液的稀释作用，而数值模拟中考虑了水的稀释作用，浆水混合区的流体黏度要低于浆液黏度，从而导致数值模拟中浆液扩散的黏滞阻力要低于理论值。

(2) 注浆压力随时间变化呈现指数型增长规律，即随着注浆时间的持续，注浆压力逐渐增大，在注浆初期的注浆压力增长速率较小，而在注浆后期的注浆压力增长速率明显加快。

(3) 浆液扩散方位角和裂隙倾角均会对注浆压力随时间分布产生显著影响。当浆液运动方向与裂隙面倾斜方向一致 [图 5 (b)] 时，即浆液扩散方位角 $\theta=0°$，随着裂隙倾角的增大，相同时间内注浆压力较小。这是由于裂隙面倾斜时，浆液具有向下自重分量，其与注浆压力一起克服浆液阻力，促使浆液向下运动，在恒速率注浆下，裂隙倾角越大，注浆压力越小；当浆液运动方向与裂隙面倾斜方向相反 [图 5 (c)] 时，随着裂隙倾角增大，注浆压力越大，增大的注浆压力用于克服浆液自重和黏滞阻力双重作用。

4.3.2 浆液压力-空间分布规律

分别取注浆时间 $t=35$s、55s 进行分析，不同裂隙面倾角和方位角下的浆液压力的空间分布曲线对比情况如图 6 所示。对比分析理论计算和数值模拟结果可知：

(1) 理论与数值模拟的浆液压力-空间衰减变化一致，但距离注浆孔相同位置处，不同时刻下浆液压力数值模拟结果小，这主要由于数值模拟中考虑了水对浆液的稀释作用，浆水混合区黏滞阻力低。理论和数值模拟结果最大误差均在 10%以内，表明本文所得的理论值与数值模拟结果吻合。

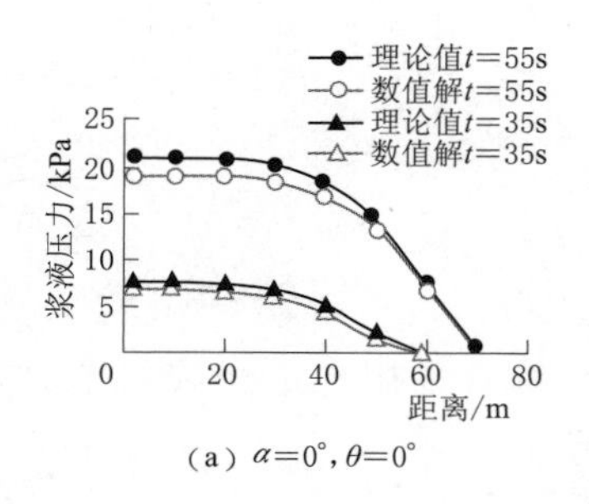

(a) $\alpha=0°, \theta=0°$

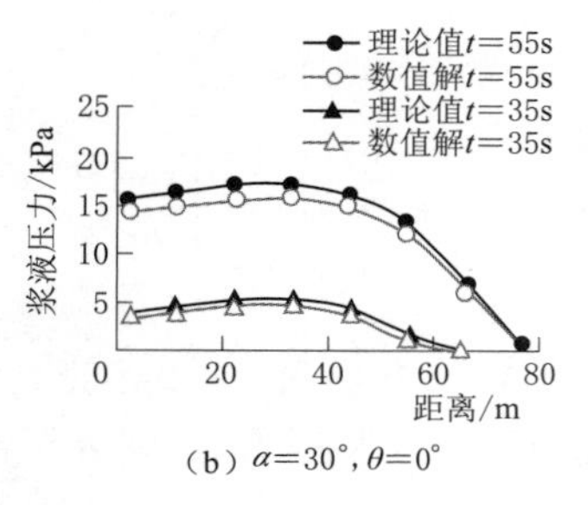

(b) $\alpha=30°, \theta=0°$

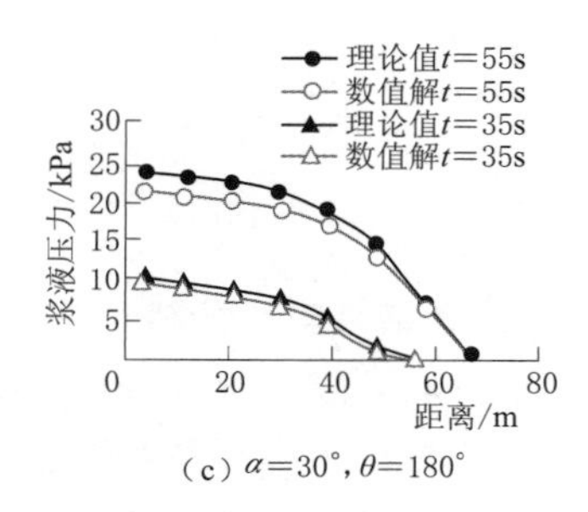

(c) $\alpha=30°, \theta=180°$

图 6 浆液压力的空间分布曲线

(2) 浆液压力由注浆孔向四周衰减，离注浆孔越远压力衰减速率越大。注浆初期，浆液黏度较低，浆液压力衰减平缓；注浆后期，浆液扩散锋面附近的浆液黏度远高于注浆孔附近，导致浆液扩散锋面处的压力梯度远大于注浆孔附近。因此，浆液压力衰减较快，呈现明显的非线性特征。

(3) 浆液扩散方位角和裂隙倾角对浆液压力分布影响大。当浆液运动方向与裂隙倾向一致时，浆液压力随注浆孔距增大呈先大后小，随着倾角增大，距注浆孔中心相同距离的压力较小，这主要由于裂隙倾斜时，浆液具有向下自重分量，促使浆液向下运动，恒速注浆下，裂隙倾角越大浆液自重分量越大；当浆液运动方向与裂隙面倾方相反时，浆液压力由注浆孔向四周衰减，随着裂隙倾角增大，距注浆孔中心相同距离的压力相应越大，这主要由于裂隙面倾斜时，浆液具有向下的自重分量，增大的浆液压力用于克服浆液自重和黏滞阻力。注浆后期，由于浆液扩散锋面处浆液黏度高，导致浆液扩散锋面处的压力梯度远大，浆液自重作用影响较小。

综上所述，本文构建的理论公式和数值分析模型较好地描述了水泥-水玻璃浆液沿倾斜裂隙的注浆扩散机理。在实际注浆中，可依据上述理论成果，合理估算注浆工程设计参数(注浆终压、注浆速率与扩散半径等)，减少注浆参数确定的盲目性，以进一步提高注浆效率。

5 结论

(1) 基于流体力学理论及黏度时变性宾汉流体本构方程，并引入粗糙裂隙等效水力开度的确定方法，建立了恒定注浆速率条件下考虑浆液黏度时空变化的倾斜裂隙注浆扩散理论模型，并推导了浆液扩散区内的黏度及压力时空分布方程。

(2) 与水平平板裂隙构建的注浆扩散模型相比，本文构建的模型不受裂隙面产状的影响，可求解任意产状裂隙的浆液扩散分布，以往模型只是本模型一个特例。此外，引入的粗糙裂隙等效水力开度确定方法，进一步拓宽了该模型应用范围。

(3) 通过理论和数值模拟对比，注浆压力-时间增长曲线、浆液压力-空间衰减曲线吻合好，表明本文推导的理论能较好地描述浆液沿任意倾斜裂隙的扩散。该成果可为类似注浆工程提供参考。

关于水利工程施工中防渗技术的应用分析

倪海盟　马辉文　朱虹光

（中国水电基础局有限公司）

【摘　要】水利工程建设是我国社会和经济发展的基础，水利工程施工中的防渗透技术，对整个工程的建设质量起着至关重要的作用，伴随我国水利工程的不断发展与壮大，施工过程中更应该重视渗水问题。本文将对防渗水技术在水利工程施工中的应用作一简析，期望可以为相关人员提供参考。

【关键词】水利工程　施工　防渗透技术　应用

1　防渗透技术在水利工程施工中的重要性

在实际的建设施工中，渗漏问题一直存在，提高防渗透技术，可以有效地防止水利工程的渗水问题。因为水利工程的建设施工科学性和多样性，所以其工程相对较为复杂，需要相关人员在开展建设施工之前，对工程的实际地质情况及各类影响施工质量的因素进行综合分析。其中包含施工组织设计、技术方案、施工作业环境、施工投入设备等，目前具有专业从事水利施工资格的企业还需要不断提高施工人员的专业知识水平，使其认识到水利工程建设的重要意义。通过科学的管理方法及检查手段，对水利工程在建设施工过程中的防渗透技术进行监督，以保证防渗透技术能够发挥自身作用，为水利工程的施工质量提供保障。

2　水利工程发生渗漏现象的成因

2.1　施工技术导致的渗漏问题

水利工程的施工涉及诸多方面的内容，各施工技术不尽相同，之间存在较大差异，一旦某个模块或者单元部位的施工未达到标准，会引起大面积渗水现象。为防止施工管理工作不到位而引发的施工质量问题，施工人员需要严格把控各环节的施工质量。当汛期来临之后，水利工程的运转量将加大，此时如果出现渗透问题，将会对水利工程造成严重的影响。

2.2　外界因素引发的渗漏问题

水利工程的建设施工多数在水底或水上进行，所以其施工难度比较大，遇到比较恶劣的天气，其施工难度将更高，比如降雨、降温等。这些原因对施工进度会产生一定的影响，如果控制不当，还会存在施工质量安全隐患，发生渗水现象。水利工程的施工环境也会对其质量产生影响，比如工程排水与周围环境有着直接关系，处理不当也会产生渗水问题。

2.3 工程交接工作不到位引起的渗漏问题

在具体的施工过程中，部门施工单位会严格按照相关施工规范进行操作施工，部分单位则凭借多年施工经验来进行操作施工。这样两者之间的施工质量会存在较大的差异，导致在工程施工交接工作中，因施工质量不同而引发的安全隐患，会对水利工程的整体施工进度及质量产生一定的影响，较严重的情况下会发生渗水问题，对工程在使用过程中的安全运行产生较大的影响。

2.4 工程未及时清理引发的渗漏问题

为保证水利工程建设施工质量，需要施工单位为其创造一个良好的施工环境，以保证施工作业的顺利完成，这就要求相关人员对施工各环节中的周边环境进行及时的清理，当工程竣工之后，还需要进行一次彻底的清理。但在实际的施工过程中，许多施工单位在此项工作的开展中经常出现拖延现象，致使清理工作不能及时完成，对防渗透施工产生一定的安全隐患。

2.5 地层渗水问题

水利工程建设完工后，在长期的运行时间内，地基或土坝下游渗流逸出处部位在高水位的渗透力作用下，局部土体中的颗粒群可能出现起动流失的现象，此状态下的地层渗水率会有所增加；对于岩性土层来说由于土中含有较多的片状、针状矿物（如云母，绿泥石等）和附有亲水胶体矿物颗粒，一定程度上增加了岩土的吸水膨胀性，降低了土粒重量，在水流冲力下，细小土颗粒呈悬浮流动，也会造成渗水现象。

3 水利工程施工中防渗技术的应用分析

3.1 防渗墙施工技术应用

水利工程在建设施工过程中，需要根据工程实况及相关要求，对防渗透技术进行合理的应用，为工程的施工质量提供保障。防渗墙施工可以有效地处理水利工程施工中的渗水问题，利用钻孔、挖（铣）槽机械，在松散透水地基或坝（堰）体中以泥浆固壁，挖掘槽型孔或连锁桩柱孔，在泥浆下浇筑混凝土。采用该项防渗技术对混凝土防渗墙进行浇筑施工时，在使用相关设备制作混凝土的时候，需要确保其操作合理性和规范性，从而提高防渗墙的塑性或者刚性。此外，在对施工场地的土壤进行整平施工时，可以充分利用射水法技术将设备的使用功能加以提升，以保证施工场地的平整性及孔壁的光滑度。

3.2 帷幕灌浆施工技术应用

钻孔灌浆是通过浆液凝固强化的作用，实现施工对象的性能效果防渗，所以此技术对浆液属性有要求，常用的有胶凝性浆液和流动性浆液两种。在对浆液进行配比的时候，相关技术人员需要对其进行严格的试验和设计，以保证浆液性能的完整性。在水利工程的建设施工中，该项灌浆方式主要应用于岩层裂缝中或松散覆盖层中，通过按压的方式进行施工，比较常见的为自上而下分段灌浆法、自下而上分段灌浆法、综合灌浆法、孔口封闭式灌浆法、套阀管灌浆法等。

3.3　高压喷射防渗技术应用

为有效地解决水利工程防渗漏问题，需要对防渗原理进行探究，浆体和原土层共同作用下会引发渗水问题。因此施工过程中，对两者进行有效的紧密结合，将成为预防渗水现象发生的主要途径。还可以通过高压喷射的方式，进行防渗水施工，此方法是建立在对原土层和浆体进行结合过程中，在灌浆位置上进行高压喷射，当浆液自高压体喷射出来时，可以和浆液保持相对较高的紧密结合状态，同时原土层也会在高压的作用影响之下，其结构会产生变化，其与浆液的融合速度将加快。此环节的浆液需要进行高压搅拌，当浆液凝固后才会形成高强度的防渗墙，与其他方法相比，高压喷射法的防渗效果更好，对水利工程的整体施工极为重要。

3.4　垂直铺塑防渗技术应用

此施工技术需要借助专业设备对水利工程坝体或堤防坝基的开凿施工，在槽内进行防渗处理，通过铺设防渗塑膜并将其回填的方式完成坝体防渗施工。在实际应用过程中，施工人员应该充分了解其功能性，选择回填性能可靠的材料，从而完成堤防防渗复合墙的防渗帷幕施工，以促进堤防防渗体的性能优化，将裂缝的存在概率降至最低，其连续性特征，可以提高提防防渗施工的技术水平，为我国水利工程中的堤防防渗建设施工提供更多技术可能性。

4　结语

水利工程的建设施工，需要根据工程施工实况，选择适用于工程的防渗透技术，最大限度地发挥出防渗透技术在水利工程中的作用。针对工程施工项目存在的问题，进行原因分析，采取有效的防范措施，以保证水利工程的防渗透施工质量，降低水利工程发生渗漏的概率，推动我国水利工程的长效稳定发展。

兰陵县陈桥拦河闸闸墩裂缝成因浅析

李　勇　张维杰　周春蕾

（山东省水利科学研究院）

【摘　要】 兰陵县陈桥拦河闸闸墩浇筑完成后，在例行检查过程中发现2号中墩存在裂缝。本文分析了该裂缝的分布和成因，并针对该问题向管理单位提出合理化建议。

【关键词】 闸墩　裂缝　成因

1　工程概况

陈桥拦河闸位于兰陵县向城镇S234省道上游50m处，西泇河中泓桩号15+000处，控制流域面积585.70km²，20年一遇设计洪峰流量为1776m³/s，50年一遇校核洪峰流量为2036m³/s，系中运河水系一级支流西泇河上的一座大（2）型水闸。陈桥拦河闸于1965年4月建成，1971年4月改建成拦河闸，为会宝岭灌区的重点工程。该拦河闸建于20世纪60年代中期，已运行40多年，工程退化、老化、失修，病险比较严重，由于受资金所限，一直没有进行大的维修，闸基渗漏严重，特别是两侧冲砂闸闸基漏水严重，上下游两侧护坡全部被淘空。2.5m×6m钢翻板闸门4扇，在1993年洪水中被冲撞变形，冲砂闸无启闭机房，启闭机锈蚀启闭不灵，急需更换。该闸是防洪、灌溉的重要枢纽工程，开设陈桥东西干渠，担负着近10万亩灌溉的输水任务，并且还要向下游调节5万亩的灌溉用水，是会宝岭水库灌区的重点工程。陈桥拦河闸每年汛期有些闸门无法正常打开，闸下溢流坝坝型为砌石砂芯坝，其底部存在诸多渗漏通道，工程存在严重安全问题。为充分发挥水闸的灌溉、生态环境等效益，以及下游河道行洪安全，兰陵县水利局决定实施该闸除险加固工程。

根据山东省临沂市水利勘测设计院编制的施工图设计说明，陈桥拦河闸除险加固工程闸基础为灰岩，闸室总宽10m，顺水流向长15m，闸室底板高程39.50m，闸室底板厚1.2m，中墩厚1.2m。底板采用C30F150W4混凝土，闸墩采用C30F150W4混凝土，水泥用量310kg/m³，最大水灰比0.5，混凝土中掺加引气减水剂DM160外加剂，掺量为水泥用量的3%，闸墩保护层厚度50mm。

2　闸墩裂缝现状

经现场查阅施工单位山东省水利工程局有限公司施工记录和监理单位山东省临沂市水利工程建设监理中心的监理记录，闸墩出现裂缝处的闸底板于2018年5月10日开始浇筑，当日全部浇筑完成；出现裂缝的闸墩于2018年5月26日开始浇筑，5月27日全部浇筑完成。9月28日检查时，发现左起第2号中墩存在裂缝。裂缝位置距离中墩下游（南侧）4.5m。图1为中墩裂缝分布图。

图1　中墩裂缝分布图

2018年10月3日现场检测发现，中墩竖向裂缝分布具有一定的规律性，裂缝底部距离闸底板16cm，缝宽0.01～0.08mm，裂缝深度2.43～11.30mm，裂缝长约2.0m，中墩双侧对称分布。从缝宽、缝长和裂缝深度看，闸墩存在的裂缝只是结构物的表面裂缝，由于该工程坐落在基岩上，基本没有沉降，同时闸墩在竖向主要是受压，且上下游方向还未承受外部荷载。根据裂缝特征，基本判断闸墩混凝土裂缝为温度裂缝。

3　避免裂缝产生的工程措施

为了避免大体积混凝土裂缝的产生，可以采取下列工程措施：

（1）合理选择原材料，优化混凝土配合比。在混凝土配合比中合理掺用矿物掺合料（粉煤灰、磨细矿渣粉等）替代部分水泥，尽可能降低水泥用量和水化热；采用水化热较低的矿渣硅酸盐水泥，降低混凝土凝结过程中产生水化热；采用级配良好的碎石，严格控制针状、片状含量，含泥量符合《水工混凝土施工规范》（SL 677—2014）要求；采用优质中砂，细度模数、含泥量符合《水工混凝土施工规范》（SL 677—2014）要求；在混凝土中掺用高效减水剂，延长混凝土初凝时间，满足混凝土设计强度，延缓水泥水化热峰值出现的时间；禁止使用温度超标的水泥，以确保混凝土的施工性能和质量；严格按配合比设计值控制混凝土坍落度；混凝土生产过程中严格控制各种原材料的称量误差。

（2）降低混凝土的入模温度。夏季或高温天气施工时采取以下措施：搅拌混凝土时加冰屑或冷水以降低温度；用凉水冲洗骨料，降低骨料温度；避开高温天气，在室外温度较低时浇筑混凝土，浇筑温度不宜过高；混凝土运输时采取措施避开太阳直射，确保混凝土最高入模温度不超标。

（3）浇筑过程中的控制。分层分段浇筑，减少浇筑层的厚度，增加散热面，从而降低施工期间的温度应力，以减少产生裂缝的可能性，控制混凝土的浇筑速率，严格控制混凝土的振捣频次和范围。

（4）做好混凝土养护工作。应在混凝土浇筑完毕后在规定时间内进行覆盖保温并进行保湿养护。大体积混凝土浇筑完成后，采用塑料布或保湿土工布覆盖进行保湿保温。保湿养护必须覆盖严密，并保持内部有凝结水。

4 裂缝成因浅析

兰陵县陈桥拦河闸混凝土结构闸墩和闸底板结构物实体尺寸，符合《大体积混凝土施工规范》（GB 50496—2009）规定的尺寸，裂缝是水工混凝土结构中常见的缺陷之一。混凝土在浇筑过程中，由于混凝土内部水化热积聚在构件内部不易散发出去，引起混凝土的温升，内部体积膨胀，当受到外部介质温度的影响制约，以及基础和相邻混凝土块的约束时，往往会在不同部位产生较大的温度应力而产生裂缝。为预防混凝土裂缝的产生，从目前施工经验来看，大体积混凝土主要采用蓄热保温和预埋冷却管通水冷却的温控措施。

该工程产生温度裂缝的主要原因有以下几个方面：

（1）由于混凝土结构耐久性的要求，根据《水工混凝土结构设计规范》（SL 191—2008）要求，C25 混凝土水泥用量不得少于 310kg/m^3，同时设计水泥强度等级较高，而施工过程中采取的措施针对性不强，由此产生了较大的水化热。

（2）陈桥拦河闸闸墩浇筑时间主要集中在高温季节，混凝土浇筑温度高，混凝土内部没有进行适当的循环冷却。

（3）水闸结构复杂，岩基对闸墩的收缩变形影响较大。

5 裂缝处理建议

根据《水工混凝土结构设计规范》（SL 191—2008）的规定，陈桥拦河闸所处环境类别为二类，钢筋混凝土结构最大裂缝宽度限值为 0.3mm，结构构件的混凝土保护层厚度大于 50mm 时，表面裂缝宽度限值可增加 0.05mm。左起第 2 号中墩出现的裂缝宽度小于规范允许值。

因此左起第 2 号中墩出现的裂缝目前不影响结构物安全，不需要对裂缝进行处理。建议加强监测，确保陈桥拦河闸安全运行。

参考文献

[1] 温鹏，孔凡光．混凝土桥梁裂缝的形成机理及控制措施研究［J］．价值工程，2018，37（33）：86－88.

[2] 龙昌斌．大体积混凝土裂缝缺陷处理技术［J］．技术与市场，2018（10）：118，120.

[3] 侯颖雪．浅析桥梁混凝土材料裂缝的种类和产生的原因［J］．农家参谋，2018（19）：221，262.

某煤矿主斜井截渗方案的选择与优化设计

安凯军[1]　李　勇[1]　杨大伟[1]　刘　涛[2]

（1. 山东省水利科学研究院　2. 山东水利工程总公司）

【摘　要】本文详细介绍了某煤矿主斜井所在场区的工程水文地质情况，针对地层中含有结构松散、富水性强的流砂、透镜体等特殊地质条件，通过技术论证提出治理方案，并进一步优化。本文提出的截渗工程的设计思路及方案，可为类似工程的设计提供参考。

【关键词】流砂　截渗　降水　地下连续墙

1　工程概况

某煤矿是隶属于陕西榆林能源集团有限公司的一个现代化矿井，规划生产能力 1000 万 t/a。矿井拟采用斜井开拓方案，布置有 4 个井筒：主斜井、副斜井、进风立井及回风立井，其中主斜井井筒长 1685m，井筒倾角 13°，井筒断面呈城门洞形，净宽 5.8m，净高 3.9m，断面净面积 20.1m^2。主斜井井筒施工需穿越一段流砂层，由于流砂层对应力变化非常敏感，在井筒开挖掘进过程中时常发生片帮、井底冒砂和井壁掏空等问题，严重时会造成井筒偏斜、地面沉陷等后果，因而井筒在流砂层掘进中必须采取截渗等工程措施，确保井筒掘进施工安全。

2　场区工程及水文地质条件

2.1　工程地质条件

根据地质报告，矿井井筒区地表被现代风积沙和第四系萨拉乌苏组所覆盖。主斜井自上而下依次穿越第四系全新统风积沙、第四系上更新统萨拉乌苏组、第四系中更新统离石组（黄土）、新近系上新统保德组（红土）、侏罗系中统安定组、直罗组、延安组地层（图 1），其中穿越风积沙地层长度约 27m，穿越萨拉乌苏组地层长度约 74m，穿越黄土地层长度约 62m。穿越红土地层长度约 24m，然后进入基岩段，岩性主要为中粒砂岩、粉砂岩，次为细粒砂岩，局部夹泥岩薄层，顶部穿越长度约 60m 风化岩，进入正常基岩段。

2.2　水文地质条件

根据地下水的赋存条件、水力特征及含水层的纵向分布结构，将井筒区内含水层由上至下划分为 5 层，各层情况如下（①～⑤为含水层分层）：

①第四系上更新统萨拉乌苏组及全新统风积砂孔隙潜水含水层（$Q_3s+Q_4^{eol}$）。主要为灰褐色中细粒砂、灰白色、灰黄色细砂及粉细砂。含水层厚度 8.23～17.79m，平均厚度

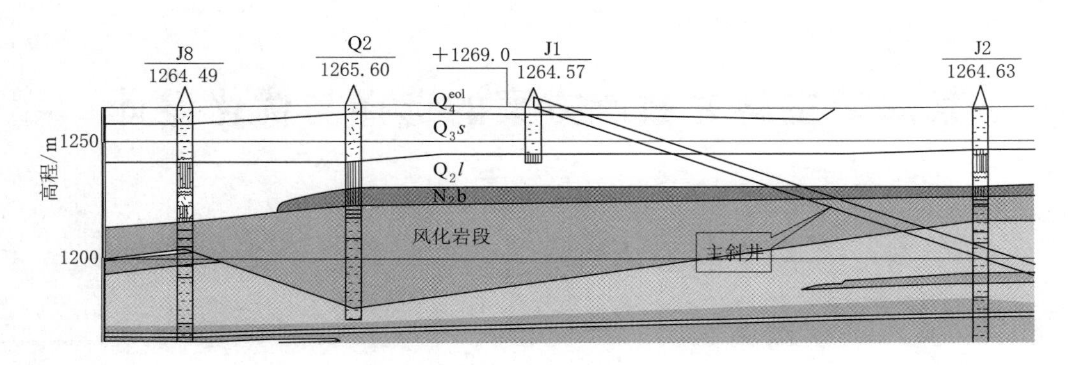

图 1　地质剖面图

为 11.29m，渗透系数 K=3.1～8.9m/d。

②第四系中更新统离石黄土及第四系上新统保德组弱含水层（Q_2l+N_2b）。厚度 3.80～26.30m，平均厚度 11.10m，渗透系数 K=0.58m/d。

③侏罗系中统安定组孔隙裂隙承压含水层（J_2a）。厚度为 39.40～66.43m，平均厚度 57.23m，渗透系数 K=0.09～0.32m/d。

④侏罗系中统直罗组孔隙裂隙承压含水层（J_2z）。厚度为 76.60～126.52m，平均厚度 112.14m，渗透系数 K=0.01～0.14m/d，平均值为 0.08m/d。

⑤侏罗系中统延安组第五段孔隙裂隙承压含水层（J_2y^5）。厚度为 21.20～44.40m，平均厚度 32.80m，渗透系数 K=0.002～0.05m/d，平均值为 0.004m/d。

从各含水层抽水结果可见，第四系松散砂层透水性强，富水性弱—中等；土层富水性弱，但上部黄土层局部含沙量较大，并伴有砂层透镜体，储水条件较好；安定组顶部多以泥岩、粉砂岩为主，但大部风化，孔隙裂隙较发育，储水条件较好，中部和底部为紫红色、褐红色巨厚层中、粗粒长石砂岩，富水性弱，局部富水性接近中等；直罗组砂岩与泥岩、粉砂岩互层，厚度大，以原生节理、层理为主要裂隙，富水性弱。安定组与直罗组承压水头较高，泥岩、粉砂岩抗风化能力弱。延安组段含水层水量微弱。主斜井井筒涌水量预测见表 1。

表 1　　主斜井井筒涌水量预测一览表

参数岩段	B/m	H/m	M/m	K/(m/d)	S/m	R/m	Q/(m^3/h)
砂层	81.09	17.80	17.80	3.11849	17.80	265.24	12.59
黄土层	61.74	37.22	17.74	0.58041	37.22	283.56	5.30
安定组	349.38	149.72	65.82	0.17865	149.72	632.82	63.19
直罗组	232.89	226.81	35.95	0.08934	226.81	677.94	19.20
延安组第五段	128.24	275.65	32.80	0.00371	275.65	167.86	2.01

3　主斜井截渗方案的选择与优化

3.1　截渗方案选择与优化

目前井筒穿越流砂层的施工方法分普通法和特殊法两大类，普通法施工有板桩法、降水法等；特殊法施工包括冻结法、沉井法和帷幕法等。冻结法是井筒不稳定表层土施工的常用做法，但存在需要大功率电源、夏季冻土墙易化、工程投资大等缺点，拟选用“帷幕＋降水”的方案，考虑黄土层局部含沙量较大，并伴有砂层透镜体，帷幕底部需嵌入风化砂岩 0.5～1.0m，帷幕深度较大。常用的截渗技术有水泥搅拌桩、高压喷射灌浆以及地下连续墙技术等。水泥搅拌桩适用于适宜在粉土、壤土等地层，高压喷射灌浆技术在 20m 深度以内应用效果较为理想，因此本工程截渗采用地下连续墙方案。

由于井筒为倾角为 13°，若采用落地式帷幕，即将井筒入岩前水平投影范围内周边的地下连续墙底部均嵌入风化砂岩，虽然能彻底阻断风化砂、黄土层与周边的水力联系，但截渗工程量较大，投资高。因此，提出在帷幕中间增加隔墙的截渗方案，即在主斜井进入黄土层处增加一道横向隔墙形成“日”字形的平面布置型式，井筒穿越浅部流砂段的地连墙采用悬挂式，地连墙底部嵌入黄土层 3.0m，井筒穿越深部黄土层段的防渗墙采用封闭式，防渗墙底部嵌入粉砂岩 0.5～1.0m（图 2、图 3）。主斜井从井筒入土至井筒全断面进入土层的施工段明挖施工，基坑支护采用“连续墙＋钢管内支撑”方案，该段地下连续墙需兼作基坑支护结构使用，墙体为钢筋混凝土结构。为加快在流砂中的施工速度，将井筒掘进方向的松散砂采用高喷旋喷桩进行固化。通过截渗方案进一步的优化，连续墙截渗帷幕面积比上一方案减少了 20%，工程总造价节省约 12%。

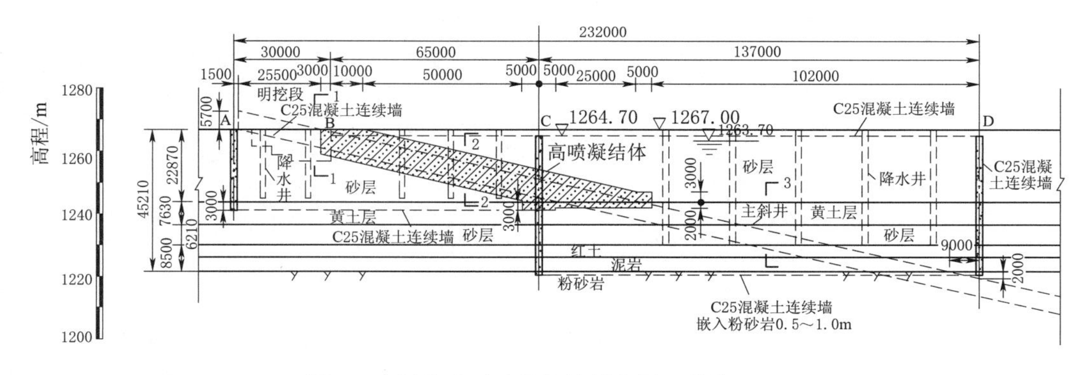

图 2　主斜井地下连续墙帷幕布置（单位：m）

3.2　地下连续墙设计

（1）截渗墙体厚度。根据达西公式，地下连续墙墙体厚度 B 可按其破坏的水力坡降计算，即

$$B=H/J_{允}$$

式中：B 为防渗墙厚度，m；H 为防渗墙承受的最大水头，m；$J_{允}$ 为允许的最大水力坡降，混凝土取 80。

经计算，$B=0.42$m，地下连续墙采用液压抓斗施工，考虑施工设备性能，连续墙厚度取 0.6m。

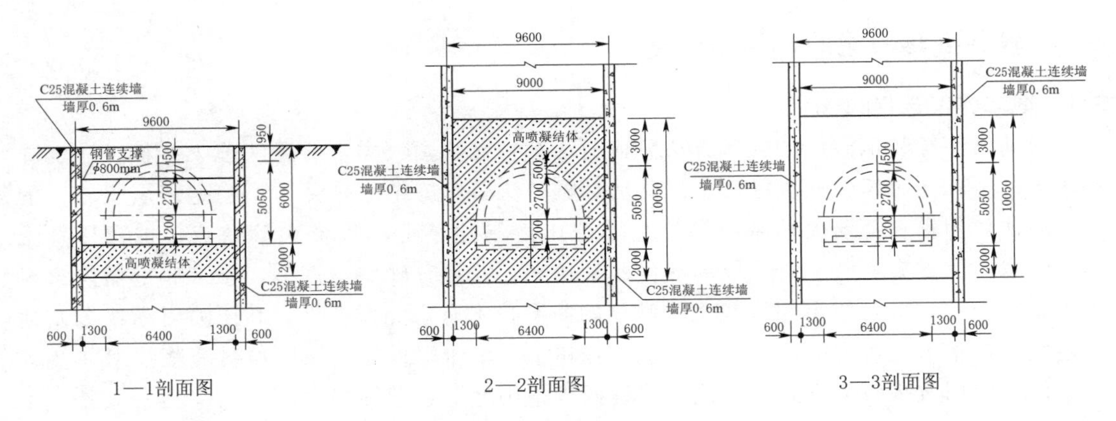

图 3　井筒横断面图（单位：mm）

（2）墙体材料及要求。混凝土墙体材料：混凝土等级为 C30，采用不低于 32.5 级的普通硅酸盐水泥，每方混凝土不少于 350kg/m^3，$W/C<0.65$；混凝土墙体渗透系数：$K<i\times10^{-7}$cm/s($i=1\sim5$)。

3.3　高压旋喷桩设计

（1）旋喷桩固化范围。旋喷桩固化范围为截渗墙框格内沿主斜井掘进方向周边的松散砂层，主斜井的顶部轮廓线以上 3.0m，底部轮廓线以下 2.0m。

（2）旋喷桩设计。土体固化拟采用旋喷桩套接型式，梅花形布孔孔距暂定为 1.5m，排距 1.4m，采用三管法施工，旋喷桩桩径 1.5～1.7m，凝结体 $R_{28}=1.5\sim5$MPa。高压喷射灌浆施工参数如下：

1）高压水：排量 $Q=70\sim80$L/min，工作压力 $P=36\sim40$MPa；

2）水泥浆：排量 $Q=80\sim120$L/min，密度 $\gamma=1.50\sim1.70$g/cm^3；

3）压缩气：流量 $Q=0.8\sim1.2$m^3/min，压力 $P=0.6\sim0.8$MPa；

4）提升速度：6～8cm/min；

5）转速：6～8r/min。

4　地下水控制

地下水位要求降至开挖井筒底板以下 1.0m，降深随井筒掘进长度的增大而逐渐增加，根据《建筑基坑支护技术规程》(JGJ 120—2012)，结合现场具体情况，采用井管井点降水方案。基坑降水总涌水量按潜水完整井公式计算：

$$Q=\pi K\frac{(2H-s_d)s_d}{\ln(1+R/r_0)}\qquad q=1.1\frac{Q}{n}$$

式中：Q 为基坑降水总涌水量，m^3/d；K 为渗透系数，m/d；H 为潜水含水层厚度，m；s_d 为基坑地下水位的设计降深，m；R 为降水影响半径，m；r_0 为基坑等效半径，m；可按 $r_0=\sqrt{A/\pi}$ 计算，A 为基坑面积，m^2；q 为单井设计流量，m^3/d；n 为降水井数量。

经计算，基坑涌水量约为 $Q=1227.6$m^3/d，共布设 10 眼降水井，井距 10～15m，井深 22～45m，布置在主斜井轴线上。

5 结语

本文设计主斜井截渗及降水方案，在仔细分析主斜井所在场区的工程水文地质情况后，进一步优化工程设计，通过采用连续墙截渗、高压旋喷桩固结配合降水等综合处理措施解决了井筒在流砂、透镜体等特殊地质条件施工的难题，加快了井筒施工速度，节省了大量的人力、物力，降低了工程造价，设计过程遵循了按照“安全可靠、技术可行、经济合理”原则，可为类似工程的设计提供参考和借鉴。

新时代下山东水利工程质量监管模式的探讨

张奎俊[1]　张维杰[2]

（1. 山东省水利工程建设质量与安全中心　2. 山东省水利科学研究院）

【摘　要】 利用科学的理论，梳理我国现有法律、法规和行业规范文件，结合水利工程建设模式，研究现行水利工程质量监管的程序，探讨新形势下山东水利工程建设质量监管模式，提出水利工程质量监管的对策及措施。

【关键词】 水利工程　监管模式

在长期的水利工程建设中，我国水利工程建设逐渐形成了项目法人负责、社会监理控制、施工单位保证、政府和社会监督相结合的监督管理体制。但在新时代下，财政部、水利部、住建部等相继出台了各项利好政策，社会资本井喷式融入水利市场，各种形式的PPP项目出现，传统的建管模式被代建制、项目总承包等方式代替，现行工程质量监管模式由于自身存在无法克服的弊端，如监管与建管责任不清，建管分离，行政质量监督形同虚设等问题严重影响了工程建设。

为了确保工程质量与安全，保证人民财产不受损失，维护集体与国家的利益，政府部门必须避免质量监管制度的缺陷，对现行工程质量监督体系进行调整，开创新的监管模式势在必行。

1　山东水利工程建设监管模式存在的问题

1.1　监管制度不完善

（1）法规不健全、不完善，执法不力，质量监督处罚可操作性不强。代表政府管理部门的工程质量监督、稽察及飞检等大多都是保姆式的质量监督检查，没有与代表政府权威的行政执法等制度结合起来，没有体现政府部门的执法监督的职能。

（2）质量监督机构人员由主管部门或事业单位抽调，大多为兼职，人员不固定，专业知识水平有限，监督起来力不从心。

（3）工程质量监督无费用来源，监督工作难以深入到位。

（4）质量监督机构无工程质量检测手段，工程质量监督缺乏权威性。

1.2　监管运作方式存在不足

（1）质量监督管理模式存在缺陷。在项目实施过程中，水利工程项目法人一般由地方水行政主管部门组建，项目法人与质量安全监督机构签订《水利工程质量与安全监督书》即构成双方的合同协议关系，是雇佣与被雇佣关系，不能体现政府对工程质量强制性监督的要求。代表水行政主管部门的质量监督机构无法对水行政主管部门组建的项目法人进行有效监督，同时人员存在相互兼职现象。其结果必然会存在监督不实、不严，走过场的现象。

（2）第三方质量检测部门定位模糊。根据水利部颁布《水利工程质量监督管理规定》、山东省水利厅印发的《山东省水利工程建设管理办法》及《山东省水利工程建设项目质量检测管理办法》的有关规定：第三方检测机构是为工程质量监督机构服务的。但在实际工程操作中，由项目法人委托第三方检测机构对工程质量进行全过程检测，费用由项目法人支付，第三方检测机构真正的服务对象是项目法人。第三方检测机构工作不能体现代表工程质量监督机构对工程质量的监督职能，不能按照水利部颁布的《水利工程质量监督管理规定》的有关工作进行工作。

（3）监理单位定位模糊。监理制度的初衷，监理单位应是一个独立于业主和承包商的公正、合格的第三方机构。在工程建设监理中，监理单位根据与业主签订的委托合同行使对工程建设的监督权利与义务，这就确立了监理是受业主委托的法律地位，按照委托人的意见管控工程建设。同时，监理从业主方获取报酬，也使其无法坚持中立立场，无法保证解决争议的公正性和公平性。这也就决定了监理不可能作为独立的第三方对工程进行公平、公正的监理，不能充分发挥工程质量监督作用。

（4）质量监督机构监管困难。水利工程是民生工程，投资大多为国家融资，业主代表要确保政府目标的实现，其他参建各方必然会从中寻求利益，配合业主实现工程目标。工程建设中，利益重心向业主方偏移，导致了业主方在项目建设中的绝对强势和其他各方的弱势局面，致使监理单位的监督作用、检测单位实体检测权威数据大打折扣。山东水利工程建设项目多，各建设团体有资格的人才少、水平低，施工机械效率低，检测工具不先进、精度不高，这样不可避免地存在无证上岗、人员兼职、数据作假等其他违规现象。

2 山东水利工程质量监管模式探讨

2.1 监管模式的搭建

根据相关法律法规的规定，依据《水利工程建设项目管理规定》和《水利工程质量监督管理规定》，通过汲取现行水利工程监管模式的弊端，结合国内外先进的监管经验，参照住建部《关于促进工程监理行业转型升级创新发展的意见》（建市〔2017〕145号）（以下称“意见”），按照“政府监督、项目法人负责、社会监理、企业保证”的监管要求，从工程建设基本程序入手，搭建山东水利工程质量与安全监管模式，如图1所示。

2.2 监管模式的对策措施

2.2.1 政府监督层

（1）水行政主管部门的督察（飞检、考核）遵从“山东水利工程督察管理办法”“山东水利工程考核办法”等文件搭建。督察（飞检、考核）组受主管部门的授权对水利工程建设项目进行整体督察（飞检、考核）。其他政府机关及行业主管部门依法对工程建设的监督遵从相关法律及其他行业的管理规定，受地方政府及行业主管部门的监管，如政府审计、城乡供水一体化受城建部门的监管等。

（2）工程质量监督实行备案。在工程建设之初，项目法人向工程质量监督机构进行工

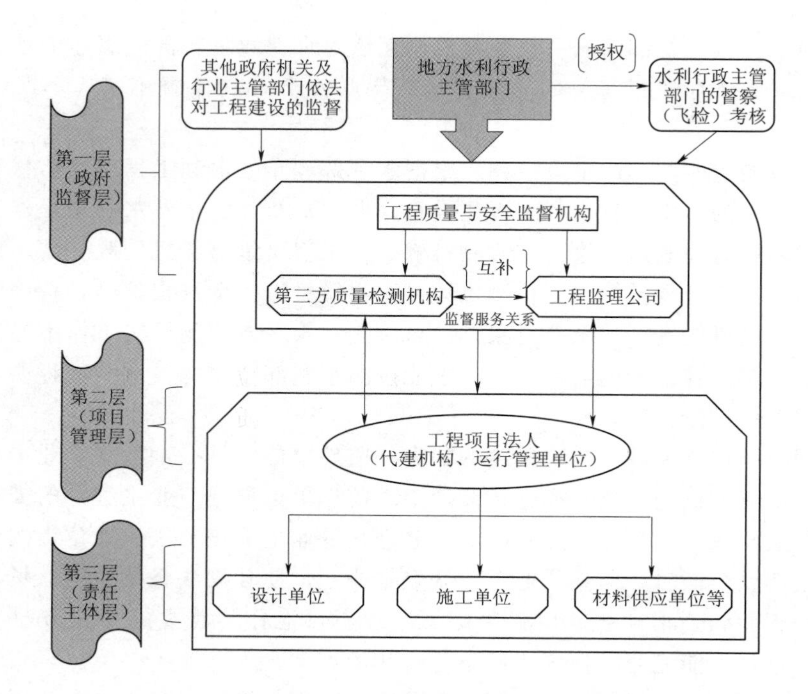

图1　山东水利工程质量行政监管体系构建图

程建设备案。工程质量监督机构下达工程质量监督书。

（3）遵照水利部颁布的《水利工程质量监督管理规定》，由质量监督机构依法选取第三方检测单位，签订检测合同，奠定第三方检测单位为质量监督机构服务的法律地位，确保检测数据的检测的权威性、公平性，真正为质量监督机构的实体监督提供依据，能更好地把好工程质量最后的关口。

（4）监督机构商项目法人依法选取监理单位，开创监理服务主体多元化，充分发挥监理单位的监督作用。

上述单位的检测费用、监理费用，如工程项目含有国有资金，项目法人应通过质量监督机构予以支付。如工程项目为个人或私人团体筹建，最好采用政府购买服务的方式聘请检测机构及监理单位进行项目工程质量监督。

2.2.2　项目管理层

（1）运行管理单位参与项目法人的组建，对工程建设进行管理，消除工程建管分离的弊端。项目法人根据自身条件，遵照《招投标法》和依照水利部《关于印发水利工程建设项目代建制管理指导意见的通知》（水建管〔2015〕91号）要求，选择确定代建机构。项目法人（代建机构）按照水利工程建设基本程序进行建设管理，避免代建机构与监理机构责任不清，任务不明的问题。

（2）项目法人参与见证质量监督机构依法选定第三方检测单位和监理单位。监理单位对工程建设全过程监督，检测单位对实体工程检测同时受到项目法人的监管。采用此模式，对落实工程质量监督制度更加有利。

2.2.3　责任主体层

设计、施工、材料供应商等企业严格落实企业主体责任，对工程质量与安全负相应的直接责任。

3 新监管模式的优缺点

此种模式基本沿用了现今工程质量监管模式，经对其运作方式的调整，存在以下优点：

（1）基本消除现行水利工程监管体制的缺陷，第三方检测、监理单位定位更加准确。两单位与质量监督签订服务合同，更加确立了两单位是公平、独立的地位，还原了第三方检测、监理制度建立的初衷。

（2）能更好地发挥监理单位的工程监督作用和检测单位实体检测权威性，消除了项目法人的强势地位。质量监督机构对第三方检测与监理服务质量的效果进行直接监管，项目法人对两单位服务的质量水平可以快速地反馈给质量监督机构，倒逼两单位尽快提升服务水平，严格履行合同约定，可以不同程度解决人员不到岗、责任心不强、检测水平低和服务质量差等问题。

（3）缓解了代表政府的部门监管压力，使监督机构能够实现以行为监督为主、实体监督为辅的监管模式，适应工程建设的发展需要。解决了质量监督机构人员少，无检测手段，水平低的问题，第三方检测机构和监理单位能够真正做到服务政府。

（4）监督机构要求各单位从工程建设基本程序入手，明确各单位的监管责任，理顺项目法人、监理单位及施工单位等相互监督的关系，顺应了水利市场发展的需要。层层落实监督责任，使监管权更加集中，避免了监督不实、不严、走过场的现象，提高了服务水平，保证了工程质量。

（5）节省了政府开支。国家投资建设的项目，在工程设计预算阶段就计列了工程检测和监理费用，质量监督机构代表主管部门根据第三方的服务情况进行支配，审计部门进行审计，切断了项目法人权力寻租的问题，保证了资金安全，确保了工程质量与安全，节省了政府购买服务的资金。

（6）对现行工程质量监督体系的结构进行调整，对现行监管体系中不合理的监督关系进行纠正，很大程度上切断了单位之间的权力寻租现象。梳理了单位职责，理顺了单位职责关系，落实了“放管服”改革要求，使体系结构性更加合理，使工程监管体系更加完善。

（7）在运作管理中，质量监督机构选择检测单位和监理单位完全遵守了相关的法律法规，恪守了相关的规范政策，在法理与经济理论上，此种监管模式是完全可行的。

4 结论

本课题利用科学的理论，梳理我国现有法律、法规和行业规范文件，结合国内外工程监管模式的经验，避免传统水利工程监管的弊端，全面研究现行工程监管的模式和程序，提出构建山东水利工程质量监管新模式及新时代下山东水利市场工程建设的监管对策及措施，对于重塑水利工程监管格局具有重要意义，并对今后山东水利工程监管模式的调整具有参考价值。

注浆技术若干新进展及其阐释

秦鹏飞

（郑州工业应用技术学院建筑工程学院）

【摘　要】 注浆技术近些年来在工程建设中获得了巨大的发展进步，取得了明显的社会和经济效益。通过查阅大量相关文献，对注浆新理论（渗滤效应）、注浆新材料（高聚物注浆材料、微生物菌液）和注浆新计算技术（PFC 数值模拟）等进行系统阐释。指出考虑渗滤效应的注浆新理论，为工程设计提供了更加准确的参考依据。而新材料和新技术的涌现则为注浆技术的发展提供了重大突破。注浆技术领域所取得的宝贵研究成果，必将推动灌浆事业的蓬勃发展。

【关键词】 渗滤效应　高聚物注浆材料　微生物菌液　数值计算

注浆技术在土木、矿山、交通等工程领域有广泛的应用，包括建筑物的地基加固和沉降的防止、地铁及隧道的注浆加固、公路铁路的路基及机场机坪和飞机跑道的注浆加固及脱空塌陷等病害处理、边坡支护和基坑开挖过程中锚固区的注浆加固、后注浆法中灌注桩承载力的提高、矿山巷道防水止水加固以及混凝土构造物中裂隙和文物古迹裂隙的补强加固等。近些年来注浆新理论（渗滤效应）、注浆新材料（高聚物注浆材料、微生物菌液）和注浆新计算技术（PFC 数值模拟）均取得了重大突破和发展，本文尝试对最新成果进行系统阐释和述评。

1　渗滤效应

水泥浆液是典型的颗粒型浆液，水泥颗粒和水溶液构成两相流体的悬浊液。当水泥颗粒在多孔介质等不良地质体的孔隙通道中流动扩散时，水泥颗粒受吸附力等外界因素的干扰和影响，逐渐与水溶液分离沉析。水泥颗粒被砂土骨架“滤出”而堵塞孔隙，致使浆液流速减缓。水泥颗粒在孔隙通道中的淤积量随时间迁延而逐渐增多，最终把空隙通道堵塞致使浆液扩散终止而形成闭浆，这种现象称为注浆过程中的“渗滤效应”。“渗滤效应”模型如图 1（a）所示。

李术才应用自主研发的注浆设备开展了恒压注浆试验，发现砂土介质孔隙率、渗透系数及水泥浆渗流速度等参数均比未考虑“渗滤效应”的理论值明显降低；随后通过调试不同注浆参数分析了不同级配砂料的注浆变化规律，得到了水泥浆扩散距离与注浆压力及水泥颗粒质量分数间的函数关系式。试验结果表明，渗滤效应显著地改变了浆液的扩散进程，水泥颗粒质量分数越大则水泥颗粒沉积越多，并最终将孔隙通道淤塞。

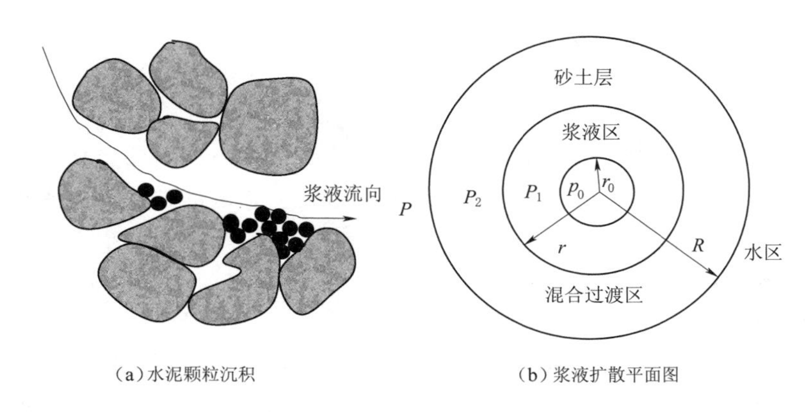

图1　渗滤效应图示

冯啸将水泥浆液扩散范围分为浆液区、混合过渡区和水区3部分，通过建立方程分析了水泥浆锋面的运移扩散规律，如图1（b）所示。理论分析表明受“渗滤效应”影响，水泥浆在砂土层中的流动分为渗透扩散和滞留淤堵两个阶段。渗透扩散阶段，反映浆液流速变化的参数锋面压力 p 及平均单位压力降 $\Delta P'$ 逐渐减小，反映浆液流动稳定性的参数压力降 p' 逐渐增大；而滞留淤堵阶段锋面压力 p、平均单位压力降 $\Delta P'$ 逐渐增大，压力降 p' 则逐渐减小。同时还研究了砂土介质渗透系数的变化规律及其与浆液锋面流速间的关系，发现砂土介质的渗透系数沿程增加，而浆液锋面速度急剧减小。随后通过设计室内试验对理论结果进行了验证，发现最大误差在±20%左右。研究结论具有较高的工程实用价值，可指导类似砂层的注浆设计。

李术才基于溶质运移方程等基本守恒方程建立了水泥浆液的扩散计算模型，并考虑“渗滤效应”的影响对浆液扩散规律进行了分析计算。计算结果显示，浆液扩散过程中多孔介质的孔隙率、浆液浓度和浆液压力等参数与未考虑渗滤效应的达西定律相比有显著差异，表明渗滤效应显著改变了浆液的扩散形态和扩散过程。根据其计算模型，所得到的各参数变化规律如下：①孔隙率由于水泥颗粒的淤堵而逐渐减小，且沿流线方向呈指数衰减趋势；②注浆孔附近浆液浓度最大，存在较明显的浓度梯度，且随水泥颗粒的淤堵不断增加；浆液浓度在扩散路径上沿程衰减，使得浆液由冥律型流体逐渐转变为牛顿型流体；③随浆液浓度的衰减及流型的变化，浆液压力也呈现沿程衰减趋势。注浆口附近压力较大，压力梯度明显，而距离注浆口0.5m以上的扩散路径上压力衰减量远高于达西定律的计算对应值。

郑卓通过分析指出“渗滤效应”对浆液运移扩散规律及注浆加固效果存在显著影响。研究表明根据恒压注浆计算，浆液扩散半径与注浆压力等参数间存在一定对应关系。浆液扩散半径范围内的土体能得到浆液的有效填充，土体的密实度、干容重等明显增加，土体的物理力学性能得到明显改善。可是渗滤效应改变了多孔介质的孔隙率，降低了介质的渗透性，导致浆液在扩散方向上浓度不断减小。水泥颗粒在扩散路径上不断沉积，最终将孔隙通道淤塞形成闭浆，大大缩小了注浆扩散的范围，降低了注浆改善的效果。他还通过参数扫描和函数拟合得到了一组关系式，发现在较低注浆压力条件下（100～300kPa），注浆压力与注浆有效加固范围近似呈线性关系。注浆压力增大至0.8～1.0MPa时，这种直线关系愈加清晰。

2 注浆新材料

注浆新材料是注浆技术发展的重要环节，每一次新的注浆材料的出现，都会带动注浆技术获得突破性的重大进展。目前高聚物注浆材料和微生物菌液被认为是注浆新材料的代表，获得了日益广泛的关注。

2.1 高聚物注浆材料

高聚物注浆材料的主要成分是有机高分子化合物，如多异氰酸醇、聚醚多元醇和聚酯多元醇等。高聚物材料的制备通常在实验室条件下获得，通过一定比例原材料搅拌混合即可。高聚物注浆技术的基本原理是，根据工程需要向溶洞、空穴或裂隙发育等不良地质体内注射高聚物原材料，这些高分子材料具备良好的化学活性从而迅速发生化学反应。化学反应发生后材料体积膨胀至原体积的2～3倍，并生成高强度高韧性的泡沫状或圆球状弹塑性高分子固体，从而达到快速填充溶洞空穴、防渗堵漏或补强加固的目的。

黏土或粉土堤基工程现场测试表明，高聚物注浆材料在3MPa及以上高注浆压力态势下呈劈裂扩散型式，浆液凝固后呈“多十字”交叉片状结构，多排孔多排距循环注浆作业可形成自下而上坚固的连续体；而砂砾土孔隙率大，利于高聚物注浆材料和浆液扩散，高聚物材料先是填充粗粒土土体中的空隙，或填充建筑物基础与土体间的接触缝隙，继而在注浆压力持续作用下不断挤压挤密土体和建筑物，最终形成球状坚实耐用、强度较高的防渗体。与传统混凝土防渗加固技术相比，高聚物注浆材料加固技术具有结构致密、协调变形性能好等优点。我国工程建设中目前广泛存在着防渗和加固的课题，如堤坝渗漏、病险库治理、地铁隧道及矿井止水防渗等，可以预见高聚物注浆材料广阔的市场需求和光明的发展前景。

2.2 微生物菌液

球式芽孢杆菌、反硝化细菌等微生物在新陈代谢过程中，可以在其自身表面析出具有胶凝作用的碳酸钙晶体，从而将周围土颗粒牢牢固结，砂土胶结为砂柱如图2所示。科研人员通过施予适当营养成分培育这些具有自胶结功能的细菌菌液，以达到实验室研究和工程需要目的的这一技术被称为微生物灌浆（MICP）技术。微生物灌浆技术的出现是地基

图2 砂土胶结为砂柱

处理领域的一个重大突破，是目前岩土工程领域极富前瞻性的崭新课题和挑战，可以预见微生物灌浆技术将具有重大的工程实用价值和广阔的应用前景。

微生物灌浆技术可以用于防渗和加固等多种工程领域，经过微生物灌浆加固处理后，土体的无侧限抗压强度和抗剪强度等各项物理力学指标显著改善，地基承载力大幅度提高。Dejong 等在实验室条件下对 14cm 高砂柱进行微生物灌浆，并在适宜温度和湿度环境中养护 28h 后进行力学性能测试，发现固砂体的抗剪强度显著提高，约为饱和松砂的 3.6 倍；砂样剪切波速达 540m/s，抗液化能力也显著提升。Chou 等通过系列室内试验研究发现，砂土试样的力学性能的改善状况与菌液注入量呈明显线性相关关系。菌液注入量越多且养护条件越适宜，则砂土力学性能的改善越显著。程晓辉验证了 MICP 灌浆加固技术作为一种新型的地基处理方式，能够有效提高液化砂土地基的抗液化性能，且与传统灌浆技术加固效果相比，微生物灌浆技术具有更独到的优势。如施工扰动小、灌浆压力低、施工周期较短等。

3 PFC 数值模拟

基于细观力学理论的数值仿真试验技术，可以从细观角度研究灌浆过程中土颗粒的位移、变形运动及与浆液的耦合作用过程，为注浆机理研究开辟了一条新的途径。近些年来随着高性能计算机技术的发展，数值仿真试验技术在注浆等岩土工程领域中得到了越来越广泛的应用。通过编制程序对灌浆过程中浆液的扩散形态、扩散范围及灌浆作用后坝体或地基土应力状态的模拟计算，还可以有效评价灌浆效果，对于指导灌浆施工具有重要的参考价值。

袁敬强采用基于离散单元法的二维颗粒流程序 PFC2D，对结构软弱承载力低的地层进行了灌浆过程的细观模拟研究，并分析了不同渗透性质、不同注浆压力、不同注浆时间及不同颗粒黏结强度等参数对注浆效果的影响，注浆数值计算图示如图 3 所示。最后结合工程实例进行了数值计算，在现场取得了很好的效果。

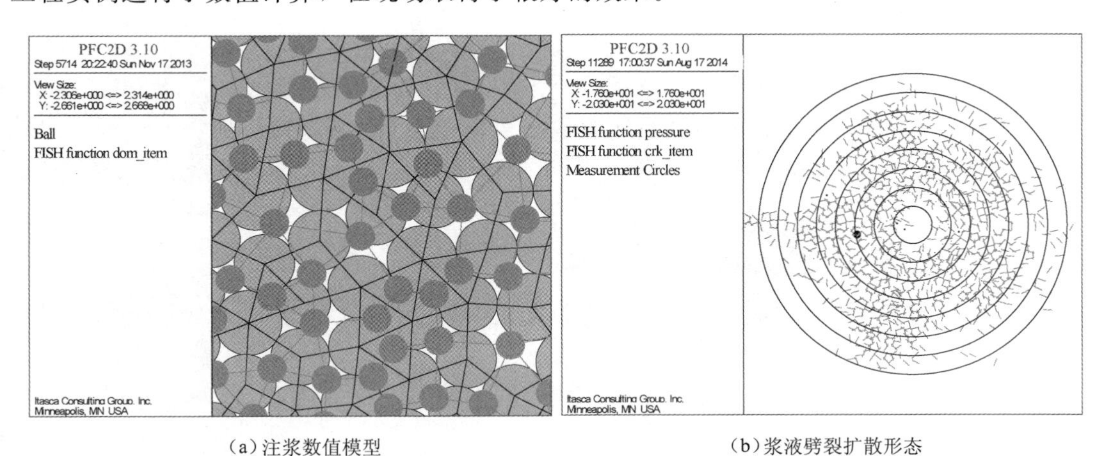

(a)注浆数值模型　　(b)浆液劈裂扩散形态

图 3　注浆数值计算图示

吴顺川模拟了单孔条件下不同注浆压力对灌浆效果的影响，发现随注浆压力的提高在钻孔附近土体出现显著的压密效应，而在钻孔外围出现拉应力并不断扩大范围，直至产生劈裂注浆效应；随后又模拟了多灌浆孔存在的情况下浆液扩散及劈裂效应产生的规律，发现当灌浆压力控制在适宜值时，各灌浆孔之间能够互相贯通、交叉形成网状浆脉，土性改善达到最为理想的效果。

孙锋利用 PFC2D 计算软件内置的 FISH 语言和 FISHTANK 函数库建立浆液的流动方程和压力方程，针对致密土体的劈裂注浆过程进行了细观模拟研究，并同时分析了颗粒的细观参数对劈裂注浆效果的影响。计算结果表明注浆压力较低时土体内不会产生劈裂现象，劈裂注浆需要足够大的压力。劈裂灌浆中注浆压力的确定应以浆脉网络的形成为宜，过高压力易引起地层结构的破坏。而土体颗粒的细观参数如粒径比、摩擦系数及黏结强度等对劈裂灌浆效果有一定影响。随后通过注浆现场试验对这些结论进行了检验，证明了颗粒流计算程序的可信性和可靠性。

4 结语

注浆技术近些年来在工程建设中获得了巨大的发展进步，取得了明显的社会和经济效益。通过查阅大量相关文献，对注浆新理论（渗滤效应）、注浆新材料（高聚物注浆材料、微生物菌液）和注浆新计算技术（PFC 数值模拟）等进行系统阐释。指出考虑渗滤效应的注浆新理论为工程设计提供了更加准确的参考依据，而新材料和新技术的涌现为注浆技术的发展提供了重大突破。注浆技术领域所取得的宝贵研究成果，必将推动灌浆事业的蓬勃发展。

混凝土防渗墙工程

中国三峡建设管理有限公司
简　介

中国三峡建设管理有限公司（简称中国三峡建设）是全球最大的水电开发企业和中国最大的清洁能源集团——中国长江三峡集团公司（简称中国三峡集团）的二级子企业，为国有独资公司，注册资本金20亿元，是一家为全球客户提供大中型水电工程、抽水蓄能电站、水利工程和公共基础设施等项目全产业链服务的工程投资、建设、管理和咨询公司。

2015年7月，中国三峡集团紧跟国有企业改革步伐，为进一步强化核心竞争能力，传承发展以三峡工程为代表的大型水电建设管理经验，实施企业“国际化”战略，系统整合水电开发建设板块的专业技术力量，正式组建成立中国三峡建设，作为中国三峡集团大型水电工程开发建设的实施主体，全面承接中国三峡集团国内、国际水电工程开发建设业务，已开发建设了三峡、溪洛渡和向家坝水电站，在建有白鹤滩、乌东德水电站和巴基斯坦国卡洛特、科罗拉水电站，另外还广泛参与抽水蓄能电站、风电、光伏电站、公共基础设施等工程项目开发建设，业务范围涉及水利、电力、新能源、交通、市政、设备制造和安装、输变电工程等，工程咨询和监理业务遍布国内外。

中国三峡建设在多年业务发展中已经具备了项目投资开发整合能力、大型水电工程建设管理能力、水电技术与科技创新能力和水电标准引领能力。获得国际行业协会科技成果奖3项，国家级科技成果奖12项，省部级科技成果奖60项，主编或参编国家、行业标准18项。

“铣接法”地连墙单槽两幅钢筋笼定位措施

王　辉

（中国水电基础局有限公司）

【摘　要】虎门二桥 S2 标西锚碇地连墙采用“铣接法”连接，Ⅰ期槽段设计两幅钢筋笼，如何确保两幅笼体在下沉过程中不发生交叉剐蹭以及有效保证两幅笼体至端孔的间距，对后续施工作业尤其是Ⅱ期槽能否顺利铣接成槽至关重要。在以往工程经验措施的基础上，结合工程实际对钢筋笼定位措施进行了改进和优化，取得了较好的效果。

【关键词】地下连续墙　“铣接法”　钢筋笼定位

1　工程概况

虎门二桥起点广州市南沙区，终点东莞市沙田镇，全线均为桥梁工程，总长度 12.9km。本工程 S2 标西锚碇采用地下连续墙作为基坑开挖的支护结构，地下连续墙采用外径为 82.0m，壁厚为 1.5m 的圆形结构，混凝土采用 C35 水下混凝土。分Ⅰ期、Ⅱ期两种槽段施工，Ⅰ期槽长 7.07m；Ⅱ期槽长 2.80m，设计最大槽深 47.0m，采用“铣接法”墙段连接。地下连续墙槽段平面布置如图 1 所示。

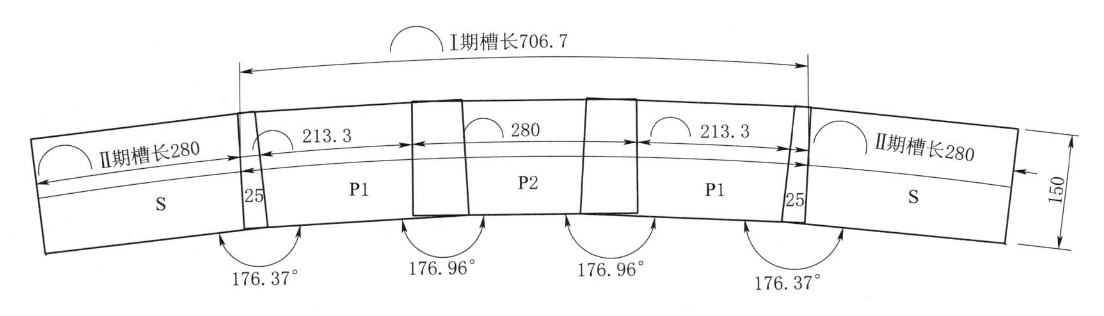

图 1　地下连续墙槽段平面布置图（单位：cm）

“铣接法”墙段连接即在两个Ⅰ期槽中间进行Ⅱ期槽成槽施工时，用液压铣槽机直接铣掉Ⅰ期槽端头的部分素混凝土形成锯齿形搭接。Ⅰ期、Ⅱ期槽段在地连墙轴线处搭接长度为 25cm。

2　水文地质条件

西锚碇区域覆盖层主要有第四系全新统海陆交互相淤泥、淤泥质土、砂土和第四系更新统粉质黏土、砂土、圆砾土组成，厚度约 24.20～28.50m；基底由白垩系白鹤洞组（K16）泥岩组成，存在风化不均匀、风化夹层现象；稳定连续中—微风化岩理埋深约 32.10～52.00m，起伏大，高差 19.9m。中风化泥岩饱和单轴抗压强度在 3.1～3.8MPa，微风化泥岩饱和单轴抗压强度在 8.7～24.1MPa，属软岩—较软岩。各岩土层参数值见表 1。

表 1　　各岩土层参数值

土体参数 土层名称	容量 γ /(kN/m³)	浮容重 /(kN/m³)	承载力 /kPa	摩擦力标准值 /kPa	内摩擦角 /(°)	黏聚力 C /kPa
淤泥	15.4	5.4	50	20	3	5
淤泥质土	16.5	6.5	60	25	5	8
粉砂	19	9.0	80	20	18	0
中砂	19.5	9.5	300	40	25	0
粗砂	18.8	8.8	400	70	28	0
强风化泥岩	19.99	9.99	450	100	20	50
中风化泥岩	20.5	10.5	650	180	30	450

地下水由第四系空隙承压水和基岩裂隙承压水组成，以第四系空隙水为主。淤泥（淤泥质土）、粉质黏土、残积土、全风化岩可视为相对弱透水层及相对隔水层；砂砾层为主要储水层，连通性较好，透水性好；地下水由于水力梯度小，水平排泄缓慢，水位一般埋深较浅。下伏基岩强—中风化岩层风化裂隙发育，裂隙开裂不大，有地下水活动痕迹，其赋存及运动条件较差，透水性较弱，基岩裂隙受岩性、埋深等因素的控制，裂隙发育具有不均匀性，因而其水量发布不均。

3　地下连续墙主要施工工艺

本工程地下连续墙主要施工工艺如下：

（1）Ⅰ期槽采用液压抓斗配合液压铣槽机“抓铣法”成槽。Ⅱ期槽采用液压铣槽机“纯铣法”成槽。

（2）采用膨润土泥浆护壁。

（3）ZJ1500 型泥浆搅拌机制浆，ZX－500 、ZX－200 型泥浆净化系统处理废浆，循环使用。

（4）液压铣“泵吸法”清孔换浆。

（5）墙段连接采用“铣接法”。

（6）Ⅰ期槽钢筋笼分两幅加工制作，单幅分别整体吊装；Ⅱ期槽钢筋笼整体吊装。

（7）采用直升导管法浇筑混凝土。

4　对Ⅰ期槽钢筋笼进行设计优化

本工程Ⅰ期槽钢筋笼设计为两幅笼体，单幅笼体轴线部位长度为 2.925m，两幅笼体下设轴线处间距为 28cm，两幅笼体轴线处距槽孔端 40cm。原设计Ⅰ期槽段钢筋笼平面布置如图 2 所示。

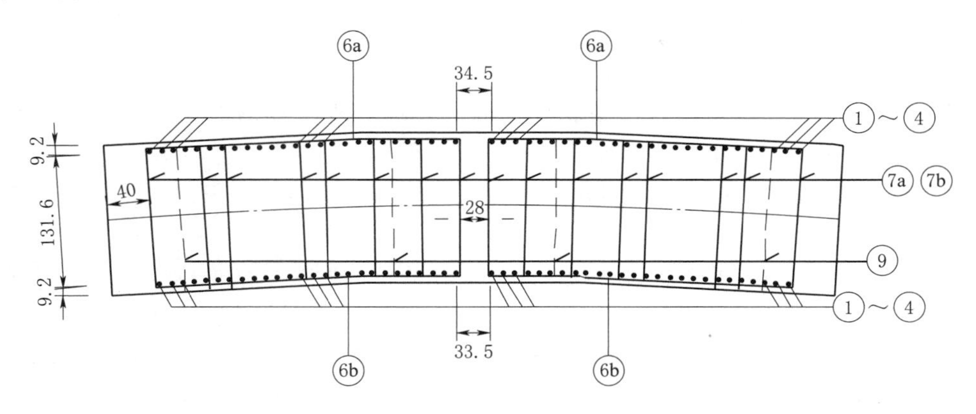

图 2　原设计Ⅰ期槽段钢筋笼平面布置图（单位：cm）

针对原设计Ⅰ期槽段钢筋笼结构，考虑两个笼体中间需要预留浇筑导管的位置，对钢筋笼结构进行了设计调整，调整原则是中间导管附近竖向钢筋结构进行凹形设计，增加了 7c、7d 钢筋，这样钢筋布置不与导管位置冲突，设计变更后Ⅰ期槽段钢筋笼平面布置如图 3 所示。

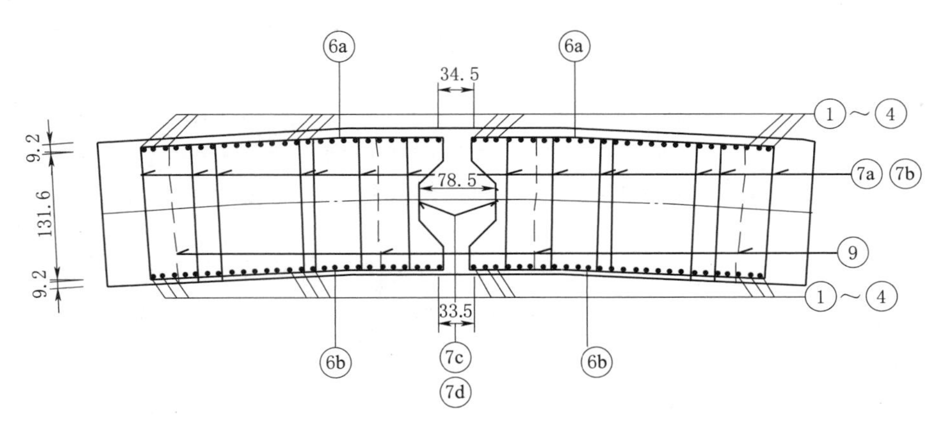

图 3　设计变更后Ⅰ期槽段钢筋笼平面布置图（单位：cm）

由图 1、图 2 可以看出，Ⅰ期、Ⅱ期槽孔轴线处设计搭接长度为 25cm，Ⅰ期槽段轴线处素混凝土厚度仅为 15cm。Ⅰ期槽段钢筋笼下设过程中如何准确定位，如何确保两幅笼体在下设过程中不发生交叉剐蹭情况以及保证两幅笼体至端孔的距离，对Ⅱ期槽段铣接成槽至关重要，这也是本工程技术控制的重难点之一。

5　钢筋笼定位技术措施研究

5.1　类似工程经验

按照以往类似工程的经验，布设Ⅰ期槽段两幅钢筋笼下设定位装置措施。

（1）钢筋笼保护层厚度，在钢筋笼两侧焊接凸型钢片作为保护层定位块，单片钢筋笼每侧设 2 列，每列纵向间距为 4m。

（2）Ⅰ期槽段钢筋笼两端素混凝土位置设置，在钢筋笼两端设置两列 ϕ200mm PVC 管作为导向管（加上固定装置总间距为 38cm），每根 PVC 管长 50cm，沿钢筋笼竖向每隔 4m 设置一排。

（3）下设时孔口的测量定位。在孔口导墙上测量放线布置钢筋笼下设位置控制基准线，在下设过程中指挥吊车按照基准线进行缓慢下设。

（4）钢筋笼加工精度控制。钢筋笼厚度、长度、垂直度等加工偏差严格按照规范标准执行。

为了验证Ⅰ期槽段钢筋笼下设定位情况，先期施工的两个Ⅰ期槽段中间的Ⅱ期槽段满足开槽条件后，就开始Ⅱ期槽段的铣接施工。铣槽过程中根据铣出的钻渣成分可以发现掺有 PVC 管碎片。但是在铣至 30m 深度，发现钻渣内含有铣断的钢筋，说明液压铣槽机铣轮已铣削到Ⅰ期槽段钢筋笼。通过超声波检测图分析，造成这种情况主要原因是Ⅰ期槽段钢筋笼下设和混凝土浇筑过程中钢筋笼下部向二期槽段方向出现偏斜，部分定位装置没有达到预期效果。考虑到 PVC 管强度较低，可能存在下设或浇筑过程中因刮蹭槽壁、混凝土挤压等发生破损而导致定位失效。

5.2 定位措施的改进

对原定位装置进行改进，一是 PVC 管直径更改为 40cm，每根 PVC 管长 50cm，管内浇筑与地下连续墙同等级混凝土，预留绑扎孔，在Ⅰ期槽段钢筋笼两端设置一列预制混凝土 PVC 管作为导向管；二是为防止Ⅰ期槽段两幅钢筋笼下设时出现交叉刮蹭现象和中间间距缩小的情况，在Ⅰ期槽段单幅钢筋笼中间侧焊接定位导向措施筋，用凸型支架焊接于桁架筋上，支架高度 20cm，采用 20mm HRB400 钢筋加工而成，间距 3m 布设，外侧采用 ϕ12mm HPB235 钢筋沿单幅钢筋笼中间两边侧通长布置。钢筋笼定位措施布置平面如图 4 所示。

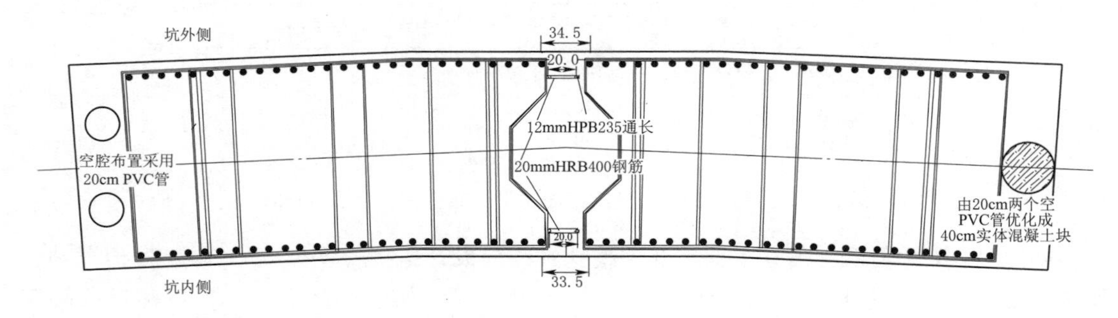

图 4 钢筋笼定位措施平面布置图（单位：cm）

通过后续两个槽孔的施工情况分析，调整后的定位控制措施可以满足施工质量需求。但是因预制混凝土 PVC 管重量较大，依靠人工安装困难，加固强度要求高，而且随着 PVC 管直径变大，会有部分 PVC 管残留在一期槽段混凝土内，可能对墙体完整性造成一定影响。考虑到以上两点不足，对定位装置尺寸和型式进行进一步优化。

用 PVC 管（直径 40cm）作为模具制作混凝土定位块，厚度为 10cm，浇筑完成后将 PVC 模拆除，形成厚度为 10cm 的圆柱状混凝土定位块，预留安装孔。定位装置的重量就大大减小，单人即可完成制作安装，也不会留下质量隐患。安装时，根据Ⅰ期槽段端孔偏斜情况对安装位置尺寸进行调整设置，安装时采用上下侧间隔布置方式，优化后的定位装置平面布置如图5所示。

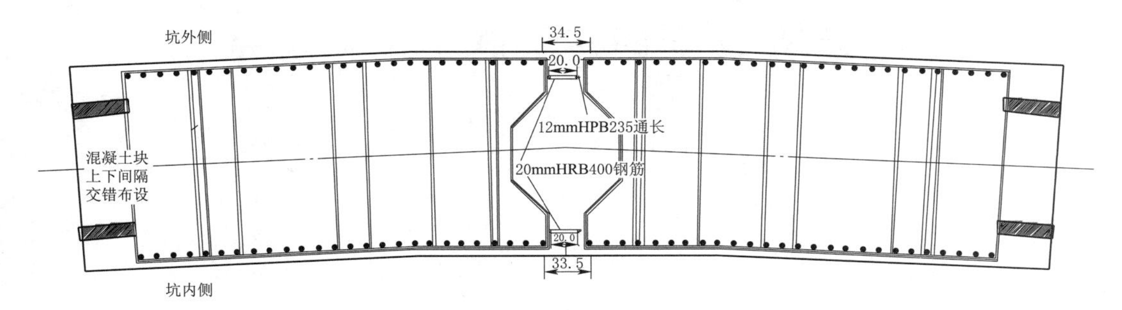

图5　优化后的定位装置平面布置图（单位：cm）

通过实际施工情况分析，定位块主要布置在钢筋笼下部8～10m范围内，间距3～4m布置一块，钢筋笼中上部8～10m布置一块即可。Ⅱ期槽孔未再出现铣削到Ⅰ期槽钢筋笼的情况，有效保证了地连墙的顺利施工。

6　结语

采用改进优化后的钢筋笼定位装置，极大地降低了液压铣槽机因铣削钢筋造成的故障率，节约施工成本，保证了进度和质量，经济效益显著，是项目顺利完成的重要保障之一。

近年来随着地连墙成槽技术的不断改进和提高，国内铣槽机数量不断增加，“铣接法”墙段连接凭借其自身优势得到越来越多的应用。本工程对“铣接法”单槽两幅钢筋笼定位技术措施进行了深入研究并成功实施，对今后超深、超厚地下连续墙的施工有一定的借鉴和指导作用。

地连墙H型钢接头施工技术研究

郑 鑫 惠高飞

（中国水电基础局有限公司）

【摘 要】以郑东基坑施工项目为依托，通过对比分析选择了适用本工程的地连墙接头施工工艺，通过改进措施解决了混凝土绕流的难题，有效保证成槽垂直度的同时，大大地提高了成槽效率。

【关键词】地连墙 H型钢接头 施工技术 对比研究

1 概述

地下连续墙接头作为墙体薄弱环节，施工质量直接影响整个地连墙防渗漏效果，进而影响整个基坑的安全，因此必须妥善处理好地连墙接头施工。

随着地连墙施工技术的发展，墙体接头型式也呈现多样化。地连墙H型钢接头技术作为一种隔板式刚性接头，具有受力好等优点，得到越来越广泛的应用。

郑州综合交通枢纽东部核心区地下空间综合利用工程，基坑围护结构采用80cm厚"两墙合一"的地连墙，地连墙间接头采用H型钢接头。地连墙标准墙幅宽度为6.0m，墙深32.15～41m，墙体材料为C40P8混凝土，钢筋笼通长设置，基坑开挖深度约14.40～17.40m。为确保工程质量，需做好墙体接头的施工工艺研究与质量控制。

2 H型钢接头特点与施工存在的问题

2.1 H型钢接头特点

H型钢接头是刚性接头，它能有效地传递基坑外的水压力、土压力和竖向荷载，整体性好，地连墙作为"两墙合一"（集防渗和承重为一体）时，不论在受力方面还是在防水方面都有较大优势。H型钢接头相对于其他接头具有如下优点：

（1）施工工艺简单，施工速度快，现场和钢筋笼一起焊接加工。

（2）整体性好，结构强度与刚度好。

（3）防渗路径长，有较长的翼板，防渗效果好。

2.2 H型钢接头施工存在的问题

H型钢接头在受力和防水方面具有很好的效果，但H型钢接头的处理存在一定的难度，如果处理不好，就会造成H型钢接头混凝土的绕流，不仅影响下一个槽段的施工，还造成很大的质量隐患。H型钢接头施工存在的问题主要就是浇筑后绕流的混凝土。

造成混凝土绕流，主要有以下两个方面原因：

(1) 钢筋笼内外侧均有保护层，钢筋笼下设后，因为保护层的缘故造成钢筋笼与槽孔间存在一定的间隙，从而形成混凝土绕流的通道。另外，由于槽孔垂直度的问题造成钢筋笼下设时发生偏斜，钢筋笼紧贴某一侧，进而造成另一侧钢筋笼与槽孔间的间隙更大。

(2) 粉质黏土、砂层等软弱地层，成槽过程中自稳能力差，局部易坍塌，塌孔后形成混凝土绕流通道。

接头绕流的混凝土造成的影响主要有：

(1) 混凝土绕流至未浇筑槽段凝固成块，成槽机无法抓取，只能钻机冲击，效率低。

(2) 混凝土若绕流至工字钢腹板内，会形成一斜坡，处理难度较大，钻机冲击易偏斜，反复修孔。

(3) 处理绕流的混凝土只能使用钻机冲击，反复冲击会扰动地层造成槽壁局部塌孔，而后再浇筑混凝土造成混凝土的浪费。

3 H型钢接头施工技术对比分析

3.1 接头箱填充

接头箱是在钢筋笼下设完毕后，沿工字钢板外侧下设，每节接头箱长5～10m，接头箱之间采用锁销连接，接头箱起拔采用YBJ-1200型液压拔管机。接头箱下设示意图如图1所示，接头箱现场施工示意图如图2所示。

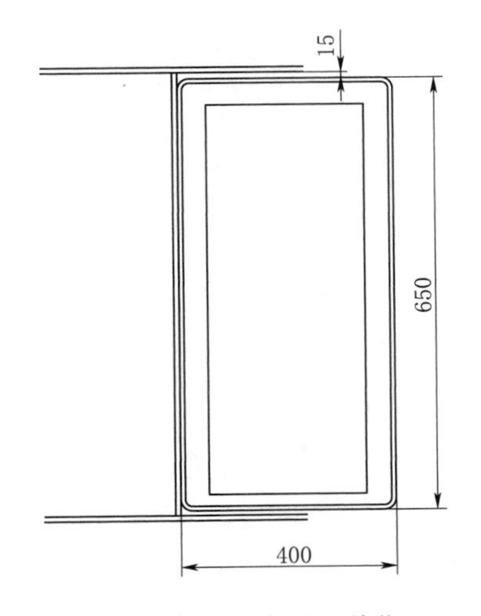

图1 接头箱下设示意图（单位：mm）

图2 接头箱现场施工示意图

3.1.1 施工方法

(1) 将带有工字钢的一期槽钢筋笼成功下设到槽孔中。

(2) 将准备好的接头箱依次下设到工字钢的二期槽侧。

(3) 一期槽浇筑混凝土。

(4) 混凝土浇筑完毕3～5h（具体应根据现场试验确定），开始活动拔管机，活动范围5～10cm，以后每15～20min活动一次。混凝土初凝后正常起拔。

（5）正常起拔过程中，根据已浇筑混凝土的龄期做到勤拔少拔、轻轻顶拔和回落，每次顶拔 100mm 左右，最后根据槽顶混凝土状态全部拔出。一般应在混凝土浇筑完毕 8h 内全部拔出。

3.1.2 技术特点

（1）接头箱可重复利用，节省了材料成本。

（2）绕流的混凝土不容易进入工字钢两翼之间，便于二期槽接头孔的施工。

3.2 袋装黏土填充

待钢筋笼下设完成后，在工字钢两侧均匀的回填袋装黏土并每回填一定深度进行捣实，并用测绳随时监测两侧砂袋的回填深度，保证两侧回填深度基本一致。

该方法虽然材料成本低，防绕流效果也很好，但是装黏土袋和回填黏土袋耗费大量的工时；其回填速度直接制约着一期槽混凝土的浇筑速度，对于一期槽混凝土的浇筑质量有不良的影响；大量的编织袋杂物回填到接头孔中，当二期槽清孔、泥浆循环时极易造成堵管，给二期槽施工带来了困难。

3.3 “接头钢塞＋袋装土”组合方式填充

该种组合方式主要是接头钢塞插入 H 型钢内，外侧凸出约和墙厚一样，钢塞外侧与孔壁间的间隙利用袋装黏土充填密实，“接头钢塞＋袋装土”组合方式示意图如图 3 所示。

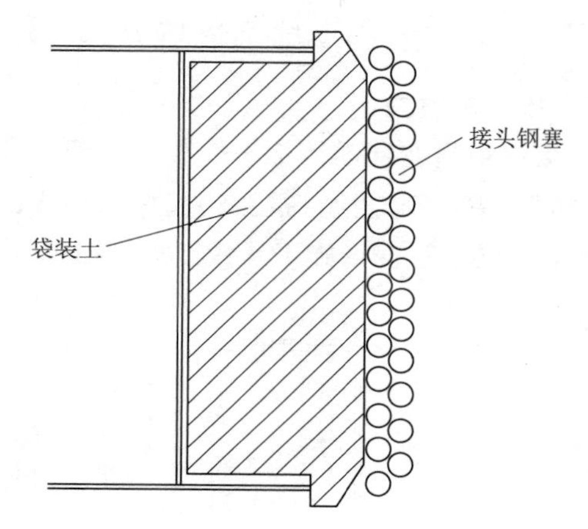

图 3 “接头钢塞＋袋装土”组合方式示意图

“接头钢塞＋袋装土”组合方式不需要拔管架，利用吊车吊放和起拔，施工简单、方便，防绕流效果好。但是该种组合方式的使用受到槽段深度的限制，通常适用于 15m 以内的孔深。孔深大于 15m 的槽段不建议使用，因为可能会造成接头箱起拔的困难。

3.4 “泡沫板＋袋装土”组合方式填充

在工字钢凹槽内绑扎泡沫板。绑扎泡沫板主要是填充工字钢空腔部分，防止混凝土进入工字钢内，2m 一块，分块安装。为了抵抗泡沫板下设过程中的浮力、防止其下设过程中上浮，每块泡沫板间用一木板相隔，木板搁置在焊接在两翼板上的角钢上。同时为了加固泡沫板使其成为一整体，在泡沫板外侧用竹竿绑扎固定。“泡沫板＋袋装土”组合方式布置示意图如图 4 所示。

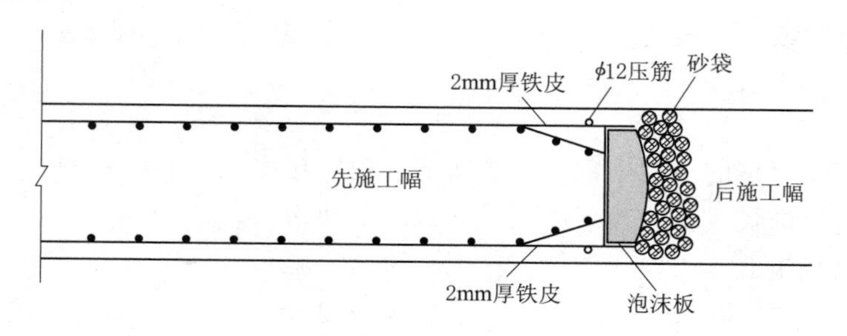

图 4 “泡沫板＋袋装土”组合方式布置示意图

通过实践，该方法一定程度上减少了混凝土的绕流，并且直接在加工平台上安装，节约大量的时间。但是，由于泡沫板下设后受到泥浆的压力会压缩变形，尤其是在两个泡沫板间会形成较大的空隙造成混凝土绕流；并且残积的混凝土块会夹杂泡沫，若未处理彻底，会严重影响接头施工质量。

4 H型钢接头施工技术改进与施工成果

4.1 技术改进

该项目最大孔深为41m。经过对比分析，最终选定采用接头箱填充H型钢，并在该工程中得到了成功应用。为了进一步完善H型钢接头施工技术，提高接头箱的防绕流效果，经过实践，同时采取如下措施得到了更好的防绕流效果。

（1）将原H型钢底端接长300mm，以阻挡混凝土从槽底流向相邻槽幅。同时，考虑到粉砂层硬度较大，为确保H型钢能够顺利插入，将H型钢下端割成尖状，H型钢底部插入示意图如图5所示。

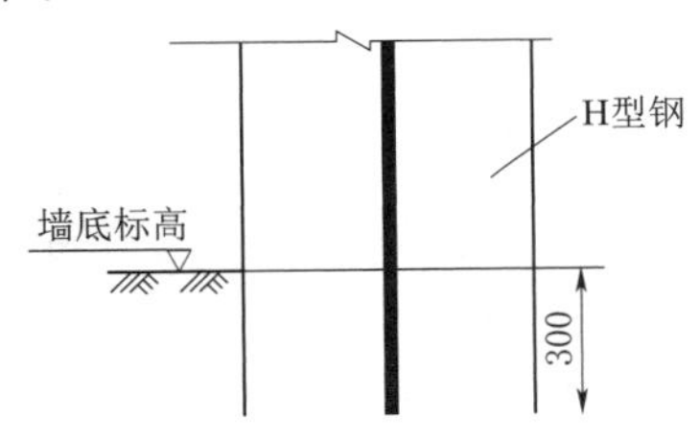

图5　H型钢底部插入示意图

（2）在工字钢两侧翼板外焊接止浆铁皮。钢筋笼加工时预先沿翼板焊接0.2mm厚的镀锌铁皮，通长布置，宽度1m，用ϕ12mm钢筋压实固定铁皮，与钢筋笼面平行。浇筑混凝土时，铁皮在混凝土流动的作用下移向两侧从而起到阻止混凝土绕流的路径。同时在钢筋笼底部用铁皮顺着工字钢将钢筋笼包裹起来，防止混凝土从工字钢底部绕流。

（3）及时抓取下幅槽段。待已浇筑槽段的混凝土达到初凝，即刻组织成槽机对接头H型钢侧未浇筑槽段成槽施工，即便有少许混凝土绕流，因其强度还未上来，很容易抓取。

4.2 施工成果

通过对比分析，本项目采用接头箱填充H型钢接头施工工艺，顺利完成了施工任务。接头箱填充H型钢接头施工工艺在本项目得到了成功应用，不仅保证了接头施工质量，还便于二期槽段施工，加快了施工进度。

5 结语

地下连续墙H型钢接头技术作为一种隔板式刚性接头，具有受力好等优点，得到越来越广泛的应用。针对H型钢接头施工难度大等问题，经过对比分析选择了最佳的接头施工工艺，并通过改进防绕流措施，解决了混凝土绕流的难题，保证成槽垂直度的同时，大大提高了成槽效率。

“循环钻进、两钻一抓”成槽法在乌东德大坝围堰防渗墙的应用

石海松[1]　黄灿新[2]　曹中升[3]　周志远[1]

（1. 中国葛洲坝集团基础工程有限公司　2. 中国三峡建设管理有限公司
3. 中国葛洲坝集团三峡建设工程有限公司）

【摘　要】 通过对乌东德水电站围堰防渗墙成槽施工方法的不断探索和研究，总结出了一套适合深厚覆盖层防渗墙单元槽段成槽施工工法“循环钻进、两钻一抓”，即单元槽段每个循环的成槽深度在10m以内，槽内主、副孔孔深相差也在孔深控制在5m，相对较小，不容易发生卡钻、埋钻、卡斗、埋斗及槽孔漏浆、坍塌等孔内事故，即便孔内发生以上事故，处理起来相对容易。减少了孔内事故发生的概率，降低了孔内事故处理的难度。不仅节约成本，同时也加快了防渗墙成槽施工进度。目前这一工法已在乌东德大坝围堰防渗墙中得到成功应用，值得推广。

【关键词】 成槽法　围堰　防渗墙　应用

1　引言

随着我国水电建设事业的快速发展，水电开发逐步转向西部高山峡谷地带，且多为高坝，对坝基地质条件要求更高。由于地质构造运动的原因，许多大坝坝址位于深厚覆盖层上。地质条件越来越复杂，建坝条件也越来越差。在深厚覆盖层中进行水电开发，基础防渗至关重要。如何解决深厚覆盖层防渗是当今水电开发的关键技术问题之一，也是电站能否正常运行的关键所在。

目前，国内防渗墙的成槽深度已达到100m级，使用的冲击钻机机型由原来的CZ-20型发展到ZZ-9型、CZ-6A型，钻具质量由原来的1000kg左右发展到5000kg左右，抓斗也发展到了重型钢丝绳抓斗。一般的单元槽段成槽施工方法为“钻劈法”和“两钻一抓法”。采用“钻劈法”施工，一般情况下，主孔终孔后方可劈打副孔；采用“两钻一抓法”施工，一般情况下，主孔终孔后方可抓挖副孔。

由于单元槽段的槽孔太深，冲击钻机的钻头太重，采用传统的“钻劈法”和“两钻一抓法”施工，存在以下不足之处：①成槽施工过程中槽孔内容易出现卡钻、埋钻、卡斗、埋斗事故，施工时由于主孔和副孔孔深相差悬殊，处理难度极大，有时会处理失败；②槽孔容易发生漏浆事故，如果处理不及时，容易发生大面积坍塌等事故，处理槽孔漏浆、坍塌不仅增加了槽孔重新造孔的工程量，而且增大了工程成本，同时还会延误工期；③槽孔

太深，小墙太窄，在单元槽段内容易形成波浪形小墙，直接影响防渗墙的工程质量。

2 工程概况

乌东德水电站是金沙江下游河段四个水电梯级——乌东德、白鹤滩、溪洛渡、向家坝中的最上游梯级，工程为Ⅰ等大（1）型工程，开发任务以发电为主，兼顾防洪，电站装机容量10200MW，多年平均发电量389.3亿kW·h。大坝上、下游围堰均采用复合土工膜＋塑性混凝土防渗墙＋墙下帷幕灌浆的防渗方案。

由于围堰防渗墙单元槽段成槽施工是在局部含有大的孤石、块石且结构较松散、下游防渗墙局部分布有金坪子古滑坡碳质淤泥层的深厚覆盖层中进行的，经过比选，该工程成槽机械设备为冲击钻机和钢丝绳抓斗，即成槽施工方法采用“循环钻进、两钻一抓法”。

3 工法特点

（1）采用“循环钻进、两钻一抓法”进行防渗墙单元成槽施工时，将深厚覆盖层从上自下划分为若干的循环进行施工，施工工艺简单，工效高，加快了防渗墙单元槽段成槽施工进度。

（2）单元槽段每个循环的成槽深度在10m以内，槽内主、副孔孔深相差也在孔深控制在5m，相对较小，不容易发生卡钻、埋钻、卡斗、埋斗及槽孔漏浆、坍塌等孔内事故，即便孔内发生以上事故，处理起来相对容易。减少了孔内事故发生的概率，降低了孔内事故处理的难度。不仅节约成本，同时也加快了防渗墙成槽施工进度。

（3）由于各循环内主孔由冲击钻成孔、副孔采用抓斗抓挖，施工完毕之后才进入下一循环施工，避免了槽内波浪形小墙的出现，确保了防渗墙的成槽施工质量。

4 适用范围

适用采用冲击钻机配合抓斗进行单元槽段成槽施工的防渗墙工程，特别适用于局部含有块石、孤石且结构较松散的深厚覆盖层中防渗墙单元槽段成槽施工。

5 工艺原理

防渗墙“循环钻进、两钻一抓”成槽施工方法是将单元槽段内的深厚覆盖层自上而下划分为若干个循环，分段成槽施工。每个循环施工以槽深10m为宜。单元槽段内各循环成槽施工时，同样划分为主孔、副孔，在泥浆固壁的条件下，采用冲击钻机施工主孔。抓斗抓挖副孔。主、副孔深度错开5m。一个循环施工完毕后，再进行下一个循环施工，直至终孔。采用此法完成防渗墙单元槽段成槽施工任务。

6 施工工艺流程及操作要点

6.1 施工工艺流程

防渗墙单元槽段“循环钻进、两钻一抓法”成槽施工工艺流程如下：

施工准备工作→单元槽段施工循环划分→第一循环内冲击钻主孔钻进→第一循环主孔内回填黏土（深1m）→第一循环内副孔抓挖→单元槽段下一循环主孔、副孔施工→至终孔。

6.2 操作要点

6.2.1 施工准备工作

防渗墙施工的准备工作包括导墙施工、钻机平台铺设、水电系统形成，泥浆制备、钻机、抓斗就位等。

6.2.2 单元槽段内循环划分

根据单元槽段的槽孔深度，自上而下将深厚覆盖层划分为若干个循环，每个循环深度以槽深10m为宜。单元槽段施工循环划分如图1所示。

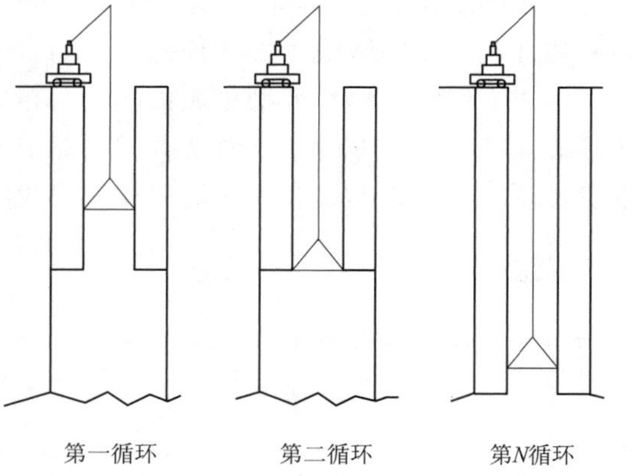

第一循环　第二循环　第N循环

图1 单元槽段施工循环划分图

6.2.3 第一循环内主孔施工

单元槽段施工时，同样划分为主孔和副孔进行。先施工主孔，后抓挖副孔。采用冲击钻机钻凿法施工主孔，孔深以10m为宜。当单元槽段各主孔均钻进至孔深15m时，主孔停止施工。

6.2.4 第一循环内主孔内回填黏土

为了便于清孔和下一循环主孔钻进，向主孔内回填黏土，深约1m。单元槽段主孔回填黏土。

6.2.5 第一循环内副孔施工

采用抓斗抓挖副孔，当单元槽段各副孔施工至孔深10m时，停止副孔作业，使单元槽段内主孔和副孔深度错开5m，便于下一循环主孔施工。

6.2.6 下一循环单元槽段主孔、副孔施工

第一循环内主孔、副孔施工完毕后，进行入下一循环施工，采用上述方法施工单元槽段内的主孔、副孔，再进入下一循环施工，直至终孔。如抓挖过程中遇大的块石抓斗无法施工时，冲击钻辅助破碎后继续抓挖。采用此法完成防渗墙单元槽段成槽施工任务。

6.2.7 单元槽段内卡钻、埋钻、卡斗及埋斗事故处理

由于每个循环的成槽深在10m以内，槽内主孔、副孔高差也只有5m，相差较小，相当于进行槽深只有10m的防渗墙施工，不容易发生卡钻和埋钻等孔内事故。当槽孔内发生卡钻、埋钻事故时，只需将卡钻、埋钻钻孔两边的主孔、副孔及小墙加深，超过卡钻、埋钻孔深，钻头就可以处理上来，处理相对容易；而抓斗卡斗、埋斗事故只需很短时间就可将两边主孔清理到斗体下部，再辅以一定的侧向力即可处理上来。

6.2.8 单元槽段漏浆、坍塌处理

不管是在施工主孔还是副孔过程中，如果槽孔发生漏浆，采取向孔内回填堵漏材料堵漏时，只需向正在施工的孔及两侧的孔回填堵漏材料，同时向槽内充填泥浆，就可以堵死渗漏通道，回填的堵漏材料相对较少，重复钻进的工程量较小。

6.2.9 单元槽段内小墙施工

每一循环内的主、副孔及小墙施工完毕后才进行下一循环施工，由于副孔长度与抓斗

的开度相适应，可以一抓即可将副孔连同小墙全部抓取，使得槽段孔壁平整，可以有效防止波浪形小墙出现。

7　工程应用实例

7.1　工程概况

乌东德水电站上游围堰防渗墙轴线全长为247.41m，桩号S0＋2.01～S0＋249.42，防渗墙左右两侧与岸坡混凝土齿墙相接，上游防渗墙墙顶高程832.5m，设计深度为4.08～95.77m，实际施工深度为8.90～97.74m。下游围堰防渗墙轴线全长为138.40m，桩号X0－001.60～X0＋136.80，防渗墙左右两侧与岸坡混凝土齿墙相接，设计深度为3.0～91.00m，实际深度为3.0～93.45m。

防渗墙墙体材料为塑性混凝土，墙体材料性能指标见表1。

表1　　　　墙体材料性能指标

抗压强度 R_{28} /MPa	初始切线模量/MPa	渗透系数 K/(cm/s)	允许渗透比降 J	坍落度	凝结时间/h
4～5	700～1500	$<1\times10^{-7}$	>100	初始20～24cm，保持15cm以上的时间不小于1.5h	初凝≥6，终凝≤24

7.2　工程地质

上游围堰堰基河床覆盖层按物质组成可分Ⅰ、Ⅱ、Ⅲ三大层，如图2所示；下游围堰堰基河床覆盖层按物质组成可分①、②、③三大层，如图3所示。

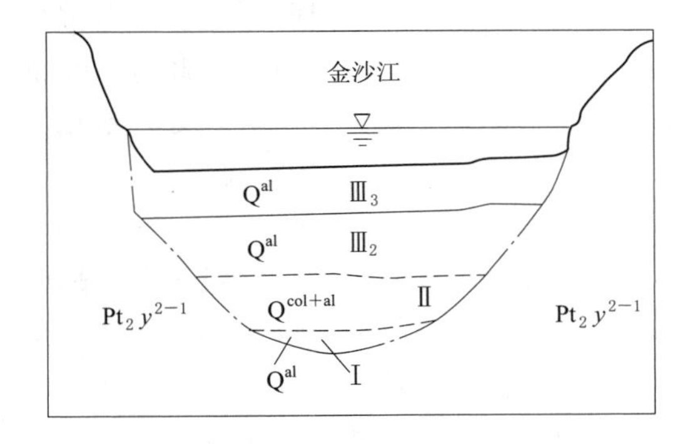

图2　上游围堰堰基河床覆盖层按物质组成示意图

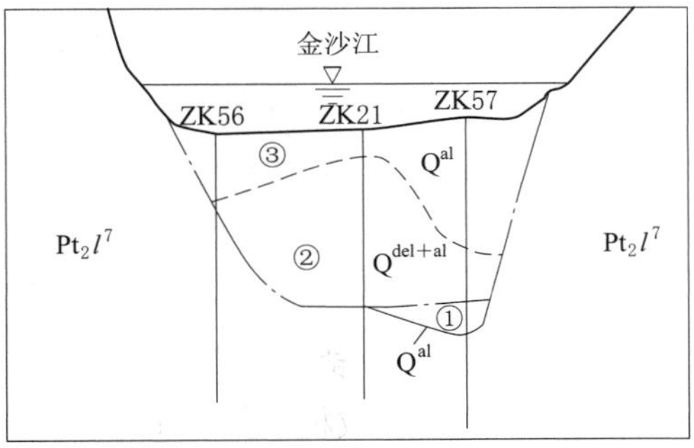

图3　下游围堰堰基河床覆盖层按物质组成示意图

上游围堰部位河床覆盖层Ⅰ层主要为河流冲积堆积的卵、砾石夹碎块石。Ⅱ层为崩塌与河流冲积混合堆积，崩塌块石、碎石夹少量含细粒土砾（砂）透镜体。Ⅲ层主要为现代河流冲积形成的砂砾石夹卵石及少量碎块石，物质成分较混杂，为灰岩、大理岩、砂岩、白云岩及辉绿岩等。堰基河床覆盖层下伏基岩为灰白色极薄—薄层大理岩化白云岩，偶见中厚层灰岩、白云岩。

下游围堰部位河床覆盖层：①层主要为河流冲积堆积形成的杂色卵砾石夹碎块石；②层为金坪子滑坡与河流冲积混合堆积，以滑坡堆积为主，为含细粒土砾夹碎块石；③层为现代河流冲积形成的砂砾石夹卵石及少量碎块石，物质成分混杂，为灰岩、大理岩、砂岩、白云岩及辉绿岩等。堰基河床覆盖层下伏基岩及边坡为落雪组第六段灰色厚层夹中厚层灰岩及含石英灰岩。

7.3 防渗墙成槽施工

7.3.1 槽段划分

根据本工程的地质条件、墙下帷幕灌浆预埋管孔距 1.5m、混凝土拌和楼生产能力及施工设备的特点，借鉴于乌东德左岸进出口围堰防渗墙和向家坝围堰防渗墙施工的经验，孔深小于 60m 且缓坡段的Ⅰ期、Ⅱ期槽长一般划分为 7.2m，最长槽段 8.0m，三主二副，副孔宽 1.8～2.60m；孔深大于 60m 且陡坡段的Ⅰ期槽长划分为 4.2m，二主一副，Ⅱ期槽槽长划分为 7.2m，三主二副，副孔宽均为 1.8m，槽段之间相互套接。上游围堰防渗墙从左向右划分为 50 个单元槽，槽段编号为 SF1～SF50，下游围堰防渗墙从左向右划分为 29 个单元槽，槽段编号为 XF1～XF29。典型槽段划分示意如图 4 所示。

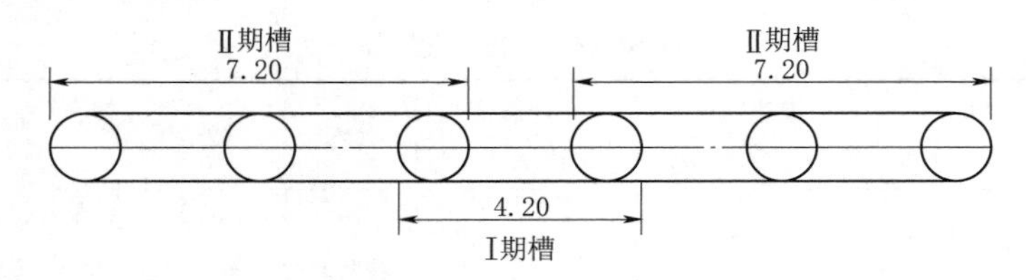

图 4　典型槽段划分示意图（单位：m）

7.3.2 成槽施工

乌东德大坝上下游围堰防渗墙施工前，经过对旁多、猴子岩、石门等类似工程成槽工艺进行研究，选定了“循环钻进、两钻一抓法”进行成槽施工。施工过程中也发生过漏浆及卡钻事故，如 XF9 号槽的 2 号副孔施工时，在孔深 49m 处发生卡钻事故，此时单元槽段两侧的 1 号主孔和 3 号主孔均施工至孔深 55m，与 2 号副孔孔深相差不大，处理卡钻相对比较容易，仅 4 天时间就将钻头处理上来。

如 SF17 号槽为Ⅱ期槽，平均孔深 80m，采用“钻劈法”冲击钻施工日功效为 3m/(天・台)，则完成该槽段则需历时 60 天。采用“循环钻进、两钻一抓法”副孔抓斗抓挖深度按 50m 计，完成该槽段仅需 38 天。乌东德水电站大坝围堰防渗墙成槽施工抓斗抓挖量累计 3318m^2，根据乌东德防渗墙冲击钻施工工效 90m^2/(台・月)，提前工期 42 天。

采用“循环钻进、两钻一抓”法进行防渗墙成槽施工，减少了槽孔发生漏浆、坍塌以及卡钻、埋钻等事故的概率，降低了孔内事故处理难度，加快了防渗墙成槽施工进度，确保了工程质量。

7.3.3 施工效果

上游围堰防渗墙于 2014 年 11 月 25 日开钻，2015 年 6—10 月度汛，2016 年 1 月 30 日全部完工，成墙面积 15267.45m^2；平均月施工强度 1696m^2；下游围堰防渗墙于 2015 年 1 月 4 日开钻，2015 年 6—10 月度汛，2016 年 1 月 22 日全部完工，成墙面积 9238.67m^2。平均月施工强度 1231m^2。

防渗墙施工完毕后，对上下游围堰防渗墙进行了全面质量检查。检查包括墙体取芯、注水试验、单孔声波、墙体对穿声波测试、孔内电视以及后期基坑抽水等。检查结果表明防渗墙质量满足设计要求。

8 结语

（1）采用“循环钻进、两钻一抓”法进行乌东德水电站大坝围堰防渗墙成槽施工，加快了防渗墙成槽施工进度，即提前工期 42 天，节约人工费用约 160 万元，设备台时费用节约约 100 万元，造孔成本节约约 50 万元。

（2）“循环钻进、两钻一抓法”成槽施工方法，可减少防渗墙成槽施工过程中漏浆、坍塌以及卡钻、埋钻、卡斗、埋斗等事故发生的概率，降低了孔内事故处理难度。

（3）乌东德大坝围堰防渗墙工程施工取得成功，为混凝土防渗墙在深厚覆盖层处理上的应用积累了宝贵经验，可对类似工程起到参考和借鉴作用，并为推广超深防渗墙技术起到积极的作用。

HS875HD钢丝绳抓斗在超深防渗墙成槽中的应用

金益刚

（中国水电基础局有限公司）

【摘　要】 钢丝绳抓斗作为一种高效率成槽机具在混凝土防渗墙施工中逐渐被应用与推广。结合西藏旁多水电站防渗墙工程，浅谈HS875HD钢丝绳抓斗的工作原理、维护保养、施工工艺及孔内事故的处理。

【关键词】 HS875HD钢丝绳抓斗　施工工艺　保养　孔内事故处理

1　引言

多年来，防渗墙施工工艺一直是基础处理的主流发展技术之一。但是由于地层复杂，成槽机具主要为施工工效较低的冲击钻，建造工期比较长，因此成本比较高。近年来，随着科技的飞速发展，钢丝绳抓斗作为一种高效率成槽机具在混凝土防渗墙施工中逐渐被应用与推广。该技术适用范围广泛，在各类覆盖层（如黏土、砂土、砂卵砾石地层）均能适用。

西藏旁多水电站大坝防渗墙工程，施工过程中面临着诸多技术难题。一是地层复杂，为漂石层、卵砾石层、砂层、孤石层、泥层互层结构，变层快，孤石大，且覆盖层深厚；二是造孔深度比较深，最大终孔深度达141m。

在本工程中HS875HD抓斗主要任务是深槽孔的造孔成槽。随着孔深的增加，浆液密度和压力增大，直接影响斗体滑轮的密封。悬浮物增多，闭斗绳在开合斗体时容易在绳和轮毂中夹石头，影响闭斗绳的使用寿命，同时削弱了斗体的冲击力，所以，对HS875HD抓斗深槽造孔是个严峻的考验。

下面就HS875HD抓斗深孔成槽的各个施工环节，从设备保养、施工准备、抓斗成槽孔内事故处理等方面做详细的阐述。

2　设备的保养维护

工欲善其事，必先利其器。不管是液压抓斗还是钢丝绳抓斗机具的保养维护要始终如一，既能提高生产效率，又能防患于未然。首先，严格执行保养手册，做好主机的保养，并做好记录，定期和不定期地对全车进行仔细检查，排除隐患。其次，每班在启动车之前必须做到检查“三油一水”，定期检查各个滤芯，并目视检查机体内部有无异常。第三，勤检查钢丝绳以及与斗体的连接。尤其在旁多工程，由于槽孔过深，卷扬上缠绕200多m

钢丝绳，层数多，相互磨损严重，更有可能乱层、轧花，应根据实际情况和经验予以及时更换。第四，检查钢丝绳与斗体连接锁绳器销轴的磨损状况。第五，及时维护加固斗体，确保斗体的强度和尺寸。

3 施工准备

良好的开端等于成功的一半。开抓前的准备工作相当重要，影响整个施工的进度、质量和安全，所以必须做好准备工作，主要包括以下几个方面：

（1）场地平整，坚实，松软的地基要铺垫钢板，并回转主机观察，确保地基平整坚实，在施工初期要密切注意地基平整度的变化，随时铺垫。

（2）清除抓斗工作半径范围内的障碍物，并做出明显的标识。

（3）积极与技术人员、机组施工人员做好交接，如实了解该槽孔地层、孔形、孔深等具体情况，并依据各种地层的特点和孔深制定施工方案，以及孔斜孔故的预防、处理等措施。

（4）对于新开的槽孔，按照常规的工艺抓取；对于副孔、深孔小墙，由于抓斗斗体外形尺寸相对钻头更宽一些，孔形不好，容易卡斗，所以必须扫孔。扫孔时全开斗慢慢下放，下不去或不畅处通过开闭斗或快速冲击进行清除，到槽孔底部后，提起斗子翻转180°再扫一次，扫孔要少放绳、勤闭斗，切忌快放猛冲。

（5）保持良好的泥浆性能和泥浆输送能力。抓斗造孔的方式决定了对泥浆性能和供应强度的要求比较高，泥浆应具有良好的物理性能，包括流变性能、稳定性能和抗水泥污染的能力。应根据施工条件、成槽工艺、经济技术指标等因素，通过试验确定合适的泥浆配合比，制备优质的泥浆通过管道送至槽孔中，并满足供应能力。

4 抓孔成槽

4.1 地层特点

旁多水电站大坝坝址区出露地层主要为白垩系上统林子宗火山岩组的熔结凝灰岩、闪长玢岩及燕山晚期花岗岩，第四系由洪积物、坡积物、冲积物及冰水堆积物等松散堆积层构成。

河床部位覆盖层厚约10～75m，上部为冲积卵石混合土、下部为冰水积卵石混合土。基岩为花岗岩、熔结凝灰岩等，花岗岩与熔结凝灰岩呈熔融接触，中等风化带厚度约为10～20m。地下水埋深0～3m。冲积卵石混合土的渗透系数$K=1.06\times10^{-1}\sim5.31\times10^{-1}$cm/s；冰水积卵石混合土的渗透系数$K=5.2\times10^{-4}\sim2.47\times10^{-2}$cm/s。本试验段覆盖层厚度约150m，为二元结构，即上层（冲积层）为强透水层，下层（冰水堆积层）为中等透水层。

4.2 抓孔成槽

正常抓取时，操作手需高度集中注意力，根据地层的密实度、粒径的大小，采用不同的组合（冲击高度、冲击次数、闭合速度、闭合次数）来确定该地层的最高效率的抓取方式。通过观察斗体肩部坠落的泥块石块以及黏附在斗体上的物体，来了解地层情况。

对于粒径比较小的砂卵石层的抓取：提起斗体2m左右待稳定后，用自由落体冲击1～2次，放松主绳快速闭斗，反复抓取3次左右，提斗出槽倒渣，翻转斗体180°进行下一个回次的抓取。根据出渣的粒径多少以及进尺的快慢，不断地调整冲击高度和斗体闭合次数来取得最高效的抓取速度。

对于粒径比较大的漂石层的抓取：按常规方法抓取，应该稍微提高冲击高度，放慢闭合速度，多闭合几次，并分析钢丝绳传上来的震动再做调整。

对于砂卵石中孤石的抓取：应适当提高冲击高度，增加冲击次数，使孤石破碎或松动，在抓取时如有斗瓣或斗齿抱住孤石却无法完全闭合上提的情况时，应使1号和2号卷扬绳同时上提，如此时孤石还不松动，再同时放松1号、2号卷扬绳，再上提或开斗后上提1号卷扬绳10～20cm，再闭合斗瓣，改变斗瓣或斗齿在孤石上的抓取位置，使斗体上提时改变孤石作用力的方向。经过反复冲击，抓取上提后，如果孤石松动，可使用正常方法抓取。在孤石抓取过程中应正确判断孤石的位置和粒径大小。在冲击过程中注意尽量使用冲击中齿冲击，避免主切刃板斗齿冲击孤石造成斗齿折断。冲击力度适当，避免斗体损坏。

对于孤石层或风化基岩中的抓取造孔：在孤石层造孔，无论是主孔、副孔还是小墙，必须十分谨慎。必须加大重锤的直径尺寸，采用分序逐步加密重凿，重凿完成后，下斗吊抓捞取。重凿和抓取反复进行直至穿过孤石层或达到终孔深度。需要注意的是每个重凿点的距离控制在10～15cm，目的是找平所有的小墙，保证斗体的通过性，以防卡斗事故。

5 孔内事故的预防和处理

5.1 预防措施

（1）经常检查和维护，确保主机状态良好，维护钢丝绳、斗体及钢丝绳与斗体的连接，及时检修加固斗体，从设备机具方面杜绝事故发生。

（2）在抓取过程中，由于槽孔比较深，斗体的上提和下放速度要平稳，太快会使斗体左右漂移，每抓2～3斗，将斗体翻转180°再抓。

（3）每一次出槽入槽都要对钢丝绳、钢丝绳与斗体连接、斗体滑轮组以及斗体上的附着物进行目视检查，若有异样，立即停车检查。

（4）对于主机、钢丝绳的异常震动和响声都要分析。

（5）观察控制泥浆面，防止因供浆不及时、渗浆、漏浆引起槽孔坍塌掉块。

（6）左右两抓应该平着往下抓，高差不能太大，否则容易掉块卡斗。

5.2 卡斗的处理

一旦出现卡斗及断绳，要清楚斗体所在深度、偏斜和闭合程度。若卡在孔底，一般是由于冲击和抓取造成，或抱住孤石，斗体处于半闭合状态，处理的方法是，拉紧主绳（主绳锁在中心滑块上）放松副绳（闭斗绳），下放冲击钻头或重锤轻砸斗体肩部位置，使斗体框架和中心滑块产生相对移动，框架下行，中心滑块上行，斗蚌自然会松开。卡在孔底要及时处理，因为深孔底部浆液混合物密度和压力非常大，而且沉淀的速度很快，沉淀后会很密实，容易造成埋斗事故。

若是在上提和下放时卡住，且抓斗摆放的孔位没有移动，一般是由探头石松动或掉块所致，有的落在斗肩，有的在斗蚌上，通过反复开闭斗，上提下放研磨使其掉落，或慢慢放到孔底做短行程冲击。当然，卡死了还得用钻头或重锤轻砸。

无论卡在孔底还是中间部位，若一时无法活动，切忌猛拉乱砸，弄断绳子。绳子断了，就只有下捞钩。这就需要操作手对斗体的结构相当了解，如斗体及各部分的相对尺寸、斗体全开全闭时中心滑块的位置、全闭时闭斗绳的拉出长度等。处理时是钩住框架，还是钩住中心滑块，下捞钩做到心中有数。大多数时候，捞钩钩住以后，还需要冲击钻机配合处理。

在施工中，不可预知的突发事故复杂多样，操作手的精心和经验往往能化险为夷。

6 特殊情况的处理

(1) 导墙严重变形或导墙底部坍塌，影响成槽施工时，可采取以下方法处理：①改善导墙地基条件或槽内固壁泥浆性能；②在变形破坏部位补贴一段导墙或重新修筑导墙；③回填槽孔，处理塌坑或采取其他安全技术措施。

(2) 地层严重漏浆，应迅速向槽孔补浆并填入堵漏材料必要时回填槽孔。

(3) 墙段连接未达到设计要求时，可选下列方法处理：①在接缝迎水面采用高压喷射灌浆或水泥灌浆处理；②在接头处骑缝钻凿一个桩孔，钻孔直径根据接头孔的孔斜和设计墙厚选择，成孔后再浇筑混凝土。

(4) 防渗墙墙体发生断墙或混凝土严重混浆时，可选择下列处理方法：①凿出已浇筑的混凝土，重新浇筑；②在需要处理的墙段迎水侧补贴一段新墙；③在需要处理的墙段迎水面进行水泥灌浆或高压喷射灌浆处理。

7 结语

HS875HD 钢丝绳抓斗在旁多水电站防渗墙工程深孔成槽施工中充分发挥其优越性能，通过精准的工艺控制，创造了抓斗造孔最深的世界纪录（186m），圆满完成了该工程混凝土防渗墙施工任务。

灌浆工程

四川沙湾水电站防渗墙施工现场

中国水利水电第七工程局
成都水电建设工程有限公司
简　介

中国水利水电第七工程局成都水电建设工程有限公司（简称公司）成立于2005年1月，由原中国水利水电第七工程局成都水电建设工程公司（1994年成立）和基础工程分局合并改制组建而成。公司为中国水利水电第七工程局有限公司控股子公司，注册资本3.0亿元，资产总额近20亿元，总部位于四川省成都市温江区。

公司参建了三峡、溪洛渡、向家坝、亭子口、二滩、锦屏、官地、桐子林、观音岩、龙开口、湖南宝泉、柘溪、紫坪铺、福堂、硗碛、宝兴、沙湾、安谷、斜卡、瀑布沟、长河坝、猴子岩、黄金坪、毛尔盖、西藏羊湖、直孔、广西龙滩、天生桥、长洲、重庆彭水、江口、小南海、云南小湾、糯扎渡、甘肃乌金峡及苏丹麦洛维、罗赛雷斯、马来西亚巴贡、胡鲁、巴基斯坦高摩赞等水电站，京沪高速铁路、南广铁路、蒙华铁路、南水北调京石段9标、穿黄工程、郑州引黄灌溉龙湖调蓄、成都地铁4号线、武汉地铁21号线、锦屏公路、贵毕公路等工程。

长期以来，公司坚持创新驱动发展战略，稳步推进技术研发工作，积累了一大批以“复杂地质条件基础处理”为特色的核心技术成果：《锦屏二级超深埋特大引水隧洞发电工程关键技术》获2017年度国家科学技术进步二等奖，《龙滩水电站细微裂隙岩体和断层灌浆处理关键技术研究》《软弱低渗透地层补强加固水泥化学复合灌浆处理技术研究》等数十个科研项目获得省部级奖项，《复杂地质边坡大孔径深孔锚索钻孔施工工法》等多项工法被评为国家级、省级工法，获得了数十项国家发明和实用新型专利。

改革扬大旗，发展振雄风。在新的历史起点上，公司正以更加坚定的勇气继续改革创新，加快转型升级步伐，在科学、可持续发展的道路上，策马扬鞭，奋发前进！

堆石坝过渡层防渗帷幕渗透试验及参数统计研究

李　强[1,2]　罗　荣[1]　景　锋[1,2]

（1. 长江水利委员会长江科学院　2. 武汉长江科创科技发展有限公司）

【摘　要】 在堆石坝过渡层中形成的防渗帷幕采用清水钻进钻设检查孔时，钻进过程易发生孔壁掉块、坍塌，孔壁完整性较差，影响渗透参数试验的准确性。采用泥浆循环钻进，可有效保证孔壁完整性，但孔壁泥膜也对渗透参数试验有较明显的影响。通过注水试验和压水试验的对比分析，泥浆循环钻进后采用清水洗孔的方法对帷幕注水试验渗透系数的影响较小，注水试验渗透系数与清水循环钻进成孔的渗透系数呈较好的线性关系；通过对过渡层防渗帷幕注水试验、坝基压水试验成果进行统计分析，过渡层防渗帷幕渗透系数服从对数正态分布，防渗灌浆处理的坝基透水率和渗透系数亦服从对数正态分布。

【关键词】 堆石坝过渡层　防渗帷幕　渗透系数　透水率　注水试验　压水试验

1　引言

渗流对工程岩土体及构筑物的影响是非常显著的，渗透系数是表征坝体及岩土地层水力特征的重要指标。在大坝工程的勘察设计施工、质量检测评价、渗流控制分析中，渗透系数是含水介质最为重要的水文地质参数，是表征介质渗透性强弱的定量指标，是渗流计算的最基本和关键参数。

钻孔注水试验、压水试验是水利水电工程地质勘察及水工建（构）筑物灌浆工程中常用的一种评估含水介质透水性的方法。钻孔注水试验通过钻孔向试段注水，以确定岩土层或水工建（构）筑物渗透系数的原位试验方法；钻孔压水试验是用栓塞将钻孔隔离出一定长度的孔段，并向该孔段压水，根据压力与流量的关系确定岩土体渗透特性的一种原位渗透试验。

试验段一般清水循环钻进，对于堆石坝过渡层防渗帷幕，膏浆黏结强度较低，钻进中易发生孔壁掉块、坍塌，注水试验、压水试验成果均受钻孔质量影响产生一定偏差，影响试验成果准确性。如孔壁完整性差会造成试验孔径增大，与渗流参数计算孔径不符，压水栓塞密封性差，导致试验渗流量比实际渗流量大等。因此在帷幕灌浆检查孔钻进困难或成孔质量较差时，在分析论证泥浆护壁钻进对注水试验成果的影响程度后可采用泥浆护壁等措施实施钻进。大坝及防渗帷幕渗透系数的影响因素十分复杂，如大坝及防渗帷幕的材料组成、结构状态、密实程度、颗粒级配、胶结程度、温度等都会影响大坝的渗透系数，不同的应力状态亦可能导致大坝渗透系数存在差异，渗透系数具有典型的空间变异性，诸多学者对含水地质体渗透系数的分布特征进行了研究，不同的学者针对不同的地质条件研究获得的渗透系数服从的分布形式主要包括对数正态分布、正态分布、对数指数分布等，但对含水层渗透系数究竟服从哪一类分布形式仍尚无定论。

为评价某堆石坝防渗帷幕的渗透特性，开展注水和压水试验。该大坝为沥青混凝土心墙堆石坝，心墙上、下游两侧各设置两层含少量细砂的花岗岩碎石料过渡层，坝体填料为花岗岩堆石石渣料，表层为干砌石护坡。因大坝蓄水后渗漏严重，在原心墙上游侧坝体坝基内布置灌浆孔进行坝体坝基的防渗灌浆处理，坝体灌浆材料主要为膏状浆液和混合稳定浆液，坝基灌浆材料为水泥浆液。大坝防渗灌浆处理后渗漏量明显降低。针对在过渡层防渗帷幕中采用清水循环钻进，试验孔孔段完整性差的性状，开展泥浆循环成孔对比试验研究；同时基于防渗帷幕和坝基的现场渗透试验成果，开展渗透参数的统计分布研究，为大坝渗流分析和防渗质量评价的参数选择提供依据。

2 试验孔段性状对渗透参数的影响

根据《水利水电工程注水试验规程》(SL 345—2007)，钻孔常水头注水试验的渗透系数根据试验段注入流量、试验水头等参数按下述方法进行计算：

(1) 当试段位于地下水水位以下时，采用式 (1) 计算渗透系数：

$$K=\frac{16.67Q}{AH} \tag{1}$$

式中：K 为渗透系数，cm/s；Q 为注入流量，L/min；H 为试验水头，等于试验水位与地下水位之差，cm；A 为形状系数，cm。

形状系数 A 分下列 4 种情况取值：①钻孔套管下至试验孔底，孔底进水，$A=5.5r$；②钻孔套管下至试验孔底，孔底进水，试验土层顶板为不透水层，$A=4r$；③试验孔内不下套管或部分下套管，试验段裸露或下花管，孔壁和孔底进水，且 $L/r>8$，$A=2\pi L/\ln(mL/r)$，式中 $m=\sqrt{K_h/K_v}$，K_h、K_v分别为试验土层的水平、垂直渗透系数；④试验孔内不下套管或部分下套管，试验段裸露或下花管，孔壁和孔底进水，试验土层为顶部不透水层，且 $L/r>8$，$A=2\pi L/\ln(2L/r)$；式中 L 为试段长度 (cm)，r 为钻孔内半径 (cm)。

(2) 当试段位于地下水位以上，且 $50<H/r<200$、$H\leqslant L$，采用式 (2) 计算地层渗透系数：

$$K=\frac{7.05Q}{LH}\lg\frac{2L}{r} \tag{2}$$

式中：r 为钻孔内半径，cm；L 为试段长度，cm；H 为试验水头，cm。

根据渗透系数计算公式，大坝防渗帷幕现场注水试验的渗透参数成果与试验流量、试验水头、钻孔半径、试段长度等因素相关，因此渗透参数试验成果的准确性主要取决于试验段的孔径分布。

现场试验一般应采用清水循环钻进，对于堆石坝过渡层，其物质组成为含有少量细砂的花岗岩碎石料，最大粒径 80mm，小于 5mm 颗粒含量大于 20%，孔隙率小于 20%。浆液通过碎石料间的孔隙和空隙扩散，可有效提高坝体抗渗性能，但浆液黏结强度不高，清水循环钻进时，钻机扰动易使过渡层碎石料间填充的浆液固化物破坏剥离，碎块石也易掉块坍塌，孔内形成坛子口扩壁现象。孔壁坍塌造成的坛子口使得试验段内的实际渗流半径扩大，与计算不符；同时孔壁不完整还会造成试验栓塞密封性较差，造成试验流量增大；试验中孔内防渗膏状浆液的微细颗粒物不断堆积沉淀，会造成试验段长度减小。这些因素会直接影响堆石坝过渡层防渗帷幕的渗透试验精度。此外，孔壁不完整的松散碎块石料极易造成钻孔施工中的卡孔事故，影响注水试验工作效率。

泥浆循环钻进是在试验段钻孔过程中利用泥浆循环液代替清水实施钻进成孔，泥浆在水中溶胀后会形成黏性网状结构，提高碎石料间的黏结力，泥浆薄膜钻进时增强了试验段的孔壁完整性和稳定性，图1为采用清水与泥浆循环钻进的孔壁彩电录像展示图，图1（a）、图1（b）为利用清水循环钻进的成孔孔壁，钻孔孔壁粗糙、破碎，掉块明显；图1（c）为利用泥浆循环钻进的成孔孔壁，钻孔孔壁较为平整、光滑，孔壁完整性明显好于采用清水钻进的成孔孔壁。

（a）清水钻进1

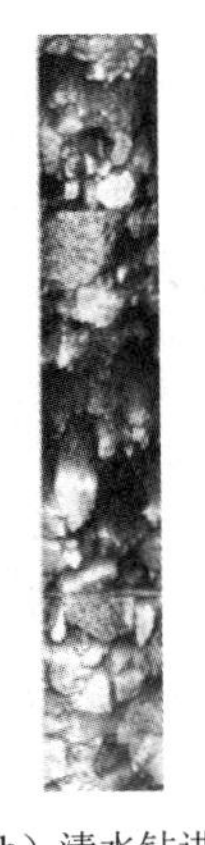

（b）清水钻进2

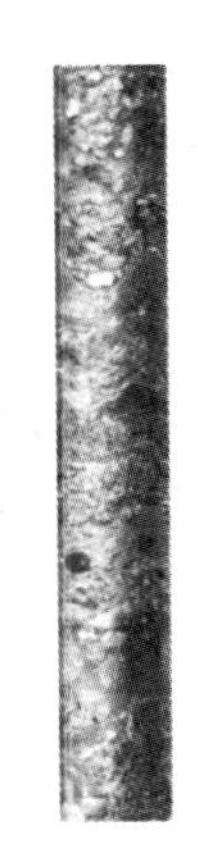

（c）泥浆钻进

图1　清水与泥浆循环钻进的孔壁彩色录像展示图

现场试验中发现利用泥浆循环钻进孔的栓塞止水成功率高，同时在泥浆循环钻进中，泥浆池内浆液无明显损耗漏失，表明泥浆在钻进中未渗入过渡层。但泥浆材料在孔壁附着形成的薄膜对试验段孔壁透水性检测结果造成了一定影响。

3　不同循环液对渗透参数的影响分析

为分析泥浆循环钻进对过渡层防渗帷幕渗透参数的影响，分别对同一试验段进行了清水和泥浆钻机下的注水和压水试验的对比试验。泥浆循环钻进泥浆无明显损耗，该成孔工艺对渗透系数影响主要为试验段表面的网状泥浆薄膜。首先清水循环钻进一个试验段开展注水（或压水）试验，然后对该段无压注入泥浆充分循环30min，再利用清水循环对孔内泥浆液进行置换，同时对孔壁进行清洗，在相同试验条件下进行二次注水（或压水）试验。

清水循环对泥浆液的置换洗孔完成程度根据孔口返水判断。清水循环至孔口返水为清水后，利用钻杆从下至上低速旋转扫孔，将附着于孔壁的泥浆及胶膜清洗干净，当孔口返出清水无杂质，即认为孔壁清洗完成。也可通过钻孔电视观察试验段孔壁泥浆薄膜附着和清洗情况。

此次共开展了10段注水试验和10段压水试验。渗透系数根据试验地下水位条件按式（1）、式（2）计算，透水率按式（3）计算：

$$q=\frac{Q}{LP} \tag{3}$$

式中：q 为试验透水率，Lu；Q 为压入流量，L/min；L 为试验长度，m；P 为试段压力，MPa。

清水循环与泥浆循环渗透系数、透水率对比成果分别如图 2 和图 3 所示。

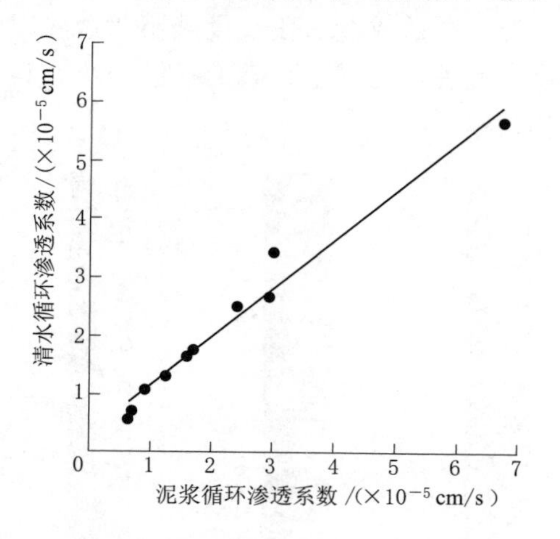

图 2　清水循环与泥浆循环渗透系数对比成果图

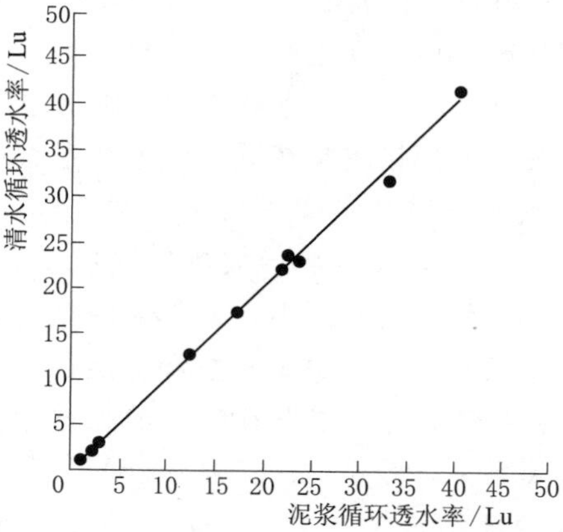

清水循环透水率/Lu

泥浆循环透水率/Lu

图 3　清水循环与泥浆循环透水率对比成果图

根据注水试验对比，泥浆循环后渗透系数较初次降低的试验段为 7 段，降低 1.2%～14.9%，降低主因是泥浆在孔壁形成的网状胶结薄膜；泥浆循环后渗透系数增大段为 3 段，增大 10.2%～20.0%，增大可能是在泥浆液洗孔和清水置换洗孔过程中，孔壁周边部分薄弱的防渗胶结物被循环液冲洗带出，导致渗流通道扩大。因此，采用泥浆循环对注水试验渗透系数略有影响，但影响较小，10 组对比试验中有 5 组渗透系数的偏差率小于 5%，4 组偏差率在 10%左右，仅 1 组偏差率为 20%。根据对比试验，同孔段清水循环渗透系数 K_1 与泥浆循环 K_2 有显著线性相关性，见式（4）、式（5）。

$$K_1 = 0.8252 \times K_2 + 3.073 \times 10^{-6} \tag{4}$$

$$R^2 = 0.9731 \tag{5}$$

式中：K_1 为清水循环注水试验渗透系数，cm/s；K_2 为泥浆循环注水试验渗透系数，cm/s；R 为相关系数。

根据清水循环与泥浆循环压水试验对比，10 组压水试验透水率的偏差率均小于 10%，其中 8 组偏差率小于 5%。两者具有较显著线性相关性，通过线性拟合，关系见式（6）和式（7）。

$$q_1 = 0.995 \times q_2 + 0.158 \tag{6}$$

$$R^2 = 0.997 \tag{7}$$

式中：q_1 为清水循环注水试验渗透系数，cm/s；q_2 为泥浆循环注水试验渗透系数，cm/s；R 为相关系数。

因此，泥浆循环液对压水试验透水率影响小。压水试验因其试验压力可使得孔壁裂隙张开，经清水循环置换清洗后的孔壁，即使仍附着有局部未清洗干净的泥浆黏膜，结果影响小。

因此，采用泥浆循环可显著提高现场试验效率，同时该方法对注水试验渗透系数的影响较小，可通过对比试验拟合的经验公式进行渗透系数的计算；该方法对压水试验透水率几乎没有影响。因此对于本堆石坝过渡层防渗帷幕采用泥浆循环钻孔不影响渗透参数，采用泥浆循环液实施钻进一个试验段后，再利用清水进行置换，洗孔满足要求后开展渗透试验，泥浆循环钻进渗透试验流程如图 4 所示。

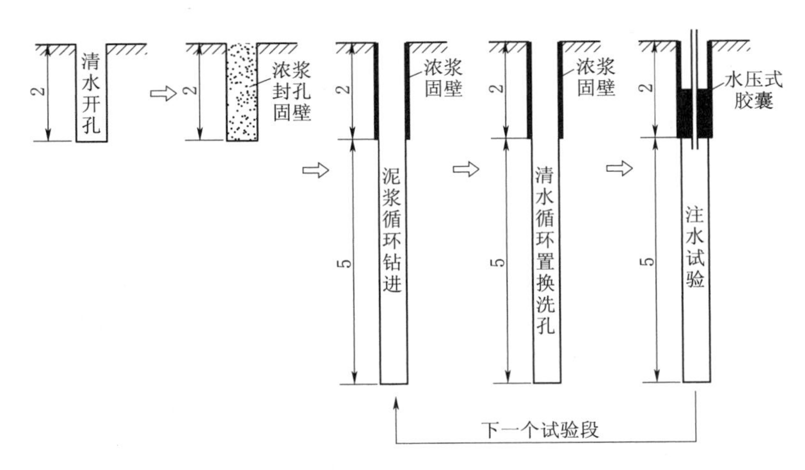

图 4　泥浆循环钻进渗透试验流程图（单位：m）

4　防渗帷幕渗透参数统计分布

过渡层防渗帷幕渗透试验均采用泥浆循环钻孔注水试验。研究试验段全部位于地下水位以下，试验孔内不下套管，试验段裸露，不考虑渗透系数的各向异性，即假设防渗帷幕水平、垂直渗透系数相等。根据式（1）及式（4），按下式计算渗透系数：

$$K = 0.8252 \times \frac{16.67Q}{2\pi LH} \times \ln\frac{L}{r} + 3.073 \times 10^{-6} \tag{8}$$

式中：K 为坝体渗透系数，cm/s；Q 为注入流量，L/min；H 为试验水头，cm；L 为试验长度，cm；r 为钻孔半径，cm。

本防渗帷幕注水试验共完成 440 段，渗透系数最大值 1.04×10^{-4}cm/s，最小值 4.91×10^{-7}cm/s，均值 1.90×10^{-5}cm/s，最大值为最小值 200 余倍。过渡层防渗帷幕渗透系数统计频数直方图如图 5 所示。

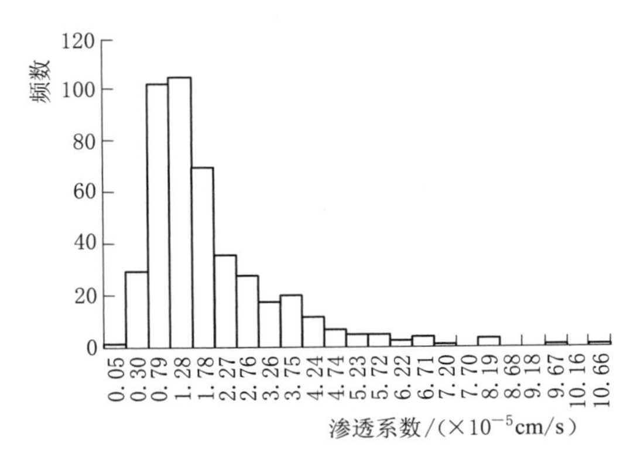

图 5　过渡层防渗帷幕渗透系数统计频数直方图

过渡层防渗帷幕渗透系数在几个数量级范围内，频数直方图不对称，峰值左侧频数降低较快，右侧频数降低缓慢，因渗透系数为大于 0 的实数，判断防渗帷幕渗透系数服从对数正态分布。通过 Kolmogorov - Smirnov 法检验其显著性，渗透系数的对数 $\ln K$ 为服从 $N(\mu, \sigma^2)$ 的正态分布。

根据统计学原理，服从参数（μ，σ^2）的对数正态分布的变量 K 的概率密度函数为

$$f(K)=\frac{1}{\sqrt{2\pi}\sigma K}e^{-\frac{(\ln K-\mu)^2}{2\sigma^2}},K>0 \tag{9}$$

根据试验样本数据，利用最大似然估计计算分布参数：

$$\mu=\frac{1}{n}\sum_{i=1}^{n}\ln K_i \tag{10}$$

$$\sigma^2=\frac{1}{n}\sum_{i=1}^{n}(\ln K_i-\frac{1}{n}\sum_{i=1}^{n}\ln K_i)^2 \tag{11}$$

式中：n 为试验段数。

计算得 $\mu=-11.12$，$\sigma^2=0.51$。

代入式（9）可计算过渡层防渗帷幕渗透系数概率密度，如图 6 所示。

根据式（10）和式（11），利用坝基压水试验透水率成果，计算得坝基透水率 q 的对数正态分布参数 $\mu=-0.57$，$\sigma^2=0.51$，坝基透水率统计频数直方图如图 7 所示；坝基透水率的概率密度分布如图 8 所示。

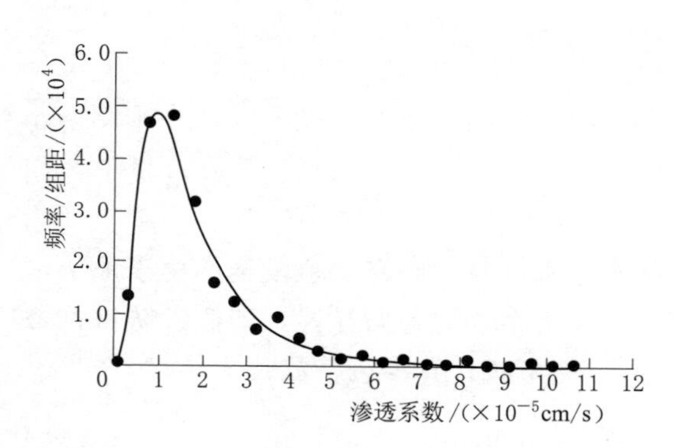

图 6　过渡层防渗帷幕渗透系数概率密度分布图

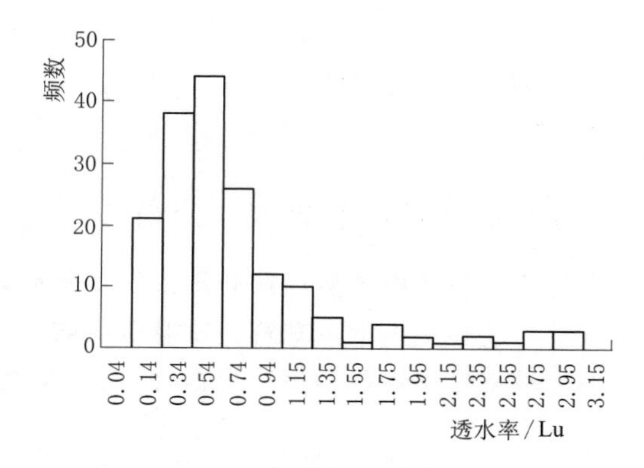

图 7　坝基透水率统计频数直方图

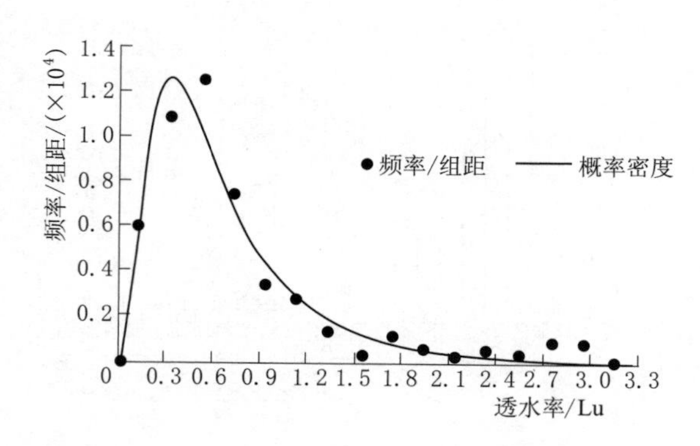

图 8　坝基透水率概率密度分布图

根据 SL 31—2003，当试段位于地下水位以下，透水性较小（$q<10$Lu）时，按下式计算渗透系数：

$$K=\frac{16.67Q}{2\pi LH}\times\ln\frac{L}{r} \tag{12}$$

式中：K 为坝基渗透系数，cm/s；Q 为压入流量，L/min；H 为试验水头，cm；L 为试验长度，cm；r 为钻孔半径，cm。

通过计算，坝基渗透系数最大值 3.64×10^{-5}cm/s，最小值 1.40×10^{-6}cm/s，均值 9.09×10^{-6}cm/s。统计频数直方图如图 9 所示，坝基渗透系数 K 服从对数正态分布，分布参数为 $\mu=-11.87$，$\sigma^2=0.51$，坝基渗透系数的概率密度分布如图 10 所示。

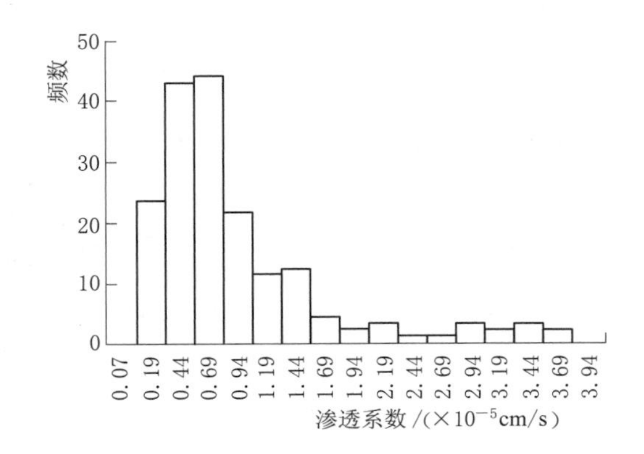

图9 坝基渗透系数统计频数直方图

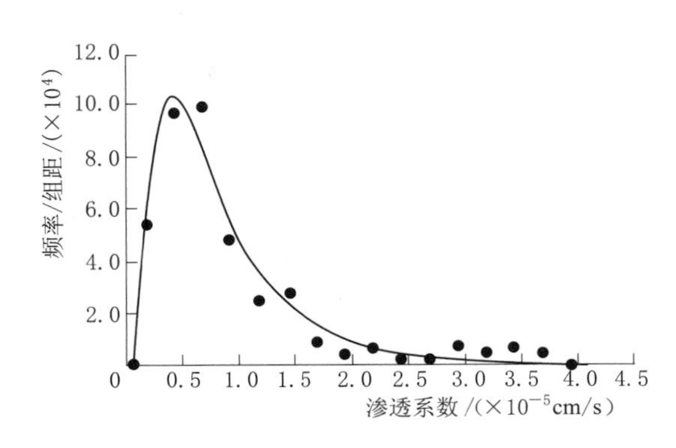

图10 坝基渗透系数概率密度分布图

5 结论

通过对某经帷幕灌浆处理的堆石坝开展渗透试验影响因素分析，进行钻孔注水试验和压水试验的对比研究，提出能准确反映防渗帷幕渗透参数的试验方法，并对过渡层防渗帷幕和坝基的渗透参数进行统计分布研究，得出以下结论：

（1）堆石坝过渡层防渗帷幕具有较好的防渗性能，但因其黏结强度不高，在采用清水循环钻进成试验孔时易发生孔壁掉块、坍塌，试验段孔径大于计算孔径，栓塞止水效果较差，影响试验的准确性，同时试验效率较低。

（2）堆石坝过渡层防渗帷幕采用泥浆循环钻进，孔壁较完整，可提高注水、压水试验效率。通过清水循环置换洗孔，减小了泥浆对注水试验渗透系数影响，该试验方法获得的渗透系数与清水循环钻进试验孔试验成果具有较好的线性相关关系；对压水试验透水率成果基本没有影响。该方法可在类似堆石坝过渡层防渗帷幕中推广应用，但应针对特定工程分析对试验成果的影响规律。

（3）通过对过渡层防渗帷幕注水试验和坝基压水试验成果进行统计分析，过渡层防渗帷幕的渗透系数服从对数正态分布，坝基的透水率和渗透系数亦服从对数正态分布。在进行大坝渗流计算和分析评价时应充分考虑渗透参数的不均匀性和分布特征，选择合理渗透参数。

参考文献

[1] 黄勇，周志芳，傅胜，等．基于高压压水试验的岩体透水率变化研究［J］．工程地质学报，2013，21（6）：828-834.

[2] 袁东，张奇华．基于压水试验的均质含水层渗透系数计算方法［J］．长江科学院院报，2014，31（8）：77-81.

[3] 姜顺龙，邱晓亮．土石坝防渗心墙料渗透系数测试方法对比研究［J］．人民长江，2015，46（8）：87-91.

[4] 池俊梦，张幸幸，张茵琪，等．土石坝心墙应力变化对渗透系数的影响研究［J］．人民长江，2017，48（19）：97-101.

[5] 介飞龙，李升．河床垂向渗透系数空间变异性的三维分析 [J]．人民黄河，2018，40 (4)：53-58.
[6] 王超，束龙仓，鲁程鹏．渗透系数空间变异性对低渗透地层中地下水溶质运移的影响 [J]．河海大学学报（自然科学版），2014，42 (2)：137-142.
[7] 陈彦，吴吉春．含水层渗透系数空间变异性对地下水数值模拟的影响 [J]．水科学进展，2005，16 (4)：482-487.
[8] 梁婕，曾光明，郭生练，等．渗透系数的非均质性对地下水溶质运移的影响 [J]．水利学报，2008，39 (8)：900-906.
[9] 施小清，吴吉春，袁永生．渗透系数空间变异性研究 [J]．水科学进展，2005，16 (2)：210-215.

水车田水库大坝下游坡脚漏水应急处理

向新志　姜命强

（中国水利水电第八工程局有限公司基础公司）

【摘　要】水车田水库在下闸蓄水之后，经过8年多的运行，岩溶层间裂隙在高水头压力下，形成渗漏通道。通过查阅相关设计施工资料，分析可能发生渗漏的原因，以边勘探边施工的方法，秉承查找渗漏通道可能性由大到小的原则，最后通过潜水与水下摄像查找出主要渗漏通道，采取渗漏通道封堵与贴坡混凝土、层间裂隙帷幕灌浆的方法进行了处理，效果良好。

【关键词】岩溶地区　水库漏水　应急处理

1　引言

水车田水库位于贞丰县城西部的龙场镇境内，距贞丰县城20km，建库河流属珠江流域北盘江二级支流者塘河上游挽澜河段，地理位置为东经105°31′48″，北纬25°26′36″。水库坝址以上集雨面积为100km^2，正常蓄水位1082.5m，相应库容为925.7万m^3，为中型水利工程。大坝为双曲拱坝，上下游坝壳为水泥砂浆砌C15混凝土预制块，上游设C20混凝土防渗心墙，C15混凝土砌石填筑坝心，两坝端为2m厚的垫层混凝土，大坝坝顶平面轴线长192.74m，坝顶高程1088.3m，最大坝高66.7m，坝顶宽度为3m，坝底宽度为16m。水库于2007年底完成大坝建设，2009年开始蓄水。

2017年4月19日，大坝下游右岸坡脚河床约55m处涌水，高程约1031.00m，从层面岩腔中流出，以管道形式出流，管道可见长度约2m，比降大，流速较大，浮漂测流可达2m/s，初步测量渗漏量为0.25～0.37m^3/s。几天后，渗漏出口涌出颜色变浑浊并携带有大量泥沙、后逐渐变澄清、同时涌水流量增大。

为了避免渗漏加剧，确保大坝安全，政府紧急下达了放水指令，采用冲砂孔与取水口迅速放水至死水位1049.00m位置。汛期通过采用冲沙闸与取水口放水，坝基稳定，渗漏流量没有明显扩大的趋势，经引流测量渗漏流量为0.5～0.6m^3/s。

2　工程地质情况

2.1　大坝右岸地质概况

坝址河谷狭窄，为基本对称的V形河谷，河床高程1024.00～1028.00m。右岸坝肩以下为河谷地陡坡形，地形坡度为50°～60°，坝顶之上为陡崖。

坝址基岩裸露，出露的地层岩性为三叠系中统杨柳井组（T_2y）中厚层白云岩夹泥岩白云岩。

坝址在5km范围内无活动断层通过，岩层为单斜构造。岩层产状为190°～215°∠35°～38°，岩层倾右岸，为纵向河谷。结合现场调查及前期资料，岩体中主要发育有以下4组裂隙：①N50°～70°W/SW、NE/30°～50°；②N14°～17°E；③N25°W/SW、NE/24°；④N37°～57°E，陡倾。与本次渗漏关系最密切的为第④组裂隙，该组裂隙为横向陡倾裂隙，强风化带多被溶蚀扩大，充填泥质、碎屑。

坝址白云岩岩溶弱发育，主要顺层面溶蚀形成小型岩腔和沿裂隙溶蚀扩大成溶槽。地下水类型为溶隙水、裂隙水。

2.2 大坝右岸软弱结构面

大坝右拱部位的软弱夹层发育，岩性为薄层、薄片状泥质白云岩、钙质泥岩。右岸3号平洞揭露有6条软弱夹层，厚0.3～3.1cm。右拱抗力岩体部位1050m至河床，地表也有5条以上的软弱夹层，地表厚0～15cm，呈透镜状分布，有尖灭现象，延伸长度一般为3～8m，呈灰白、灰黄、紫红色，局部已分化呈黄色黏土。属原生软弱夹层，夹层风化后，地表受水力的掏蚀凹进，多形成岩腔。

3 岩溶地区水库渗漏可能性分析

坝址河谷为基本对称的V形纵向谷，河床高程1024.00～1028.00m。坝址基岩裸露，岩性为三叠系中统杨柳井组（T_2y）中厚层白云岩夹泥质白云岩，岩层倾向右岸。岩溶弱发育，主要顺层面溶蚀成小型岩腔、沿裂隙溶蚀扩大成溶槽。

坝址在5km范围内无活动断层通过，主要发育4组裂隙；其中横向陡倾裂隙强风化带多被溶蚀扩大并有泥质、碎屑充填。根据相关资料，分析本次渗漏发生原因：

（1）右岸为逆向坡，地形坡度50°～60°。右拱部位岩性为薄层、薄片状泥质白云岩、钙质泥岩，裂隙发育，为右坝肩主要溶蚀裂隙渗漏层位。右坝肩坝基开挖揭露高程1022.00～1027.00m多达10条裂隙；高程1038.00～1060.00m发育一条与层面垂直的裂隙并溶蚀扩大，有稳定地下水流出。裂隙处灌浆时均出现吸水不吸浆现象，施工时采取加密孔距及超细水泥进行处理。分析认为，存在细颗粒逐渐被裂隙水带走形成空腔，在长期高水头运行下形成渗漏通道的可能性。

（2）原河床帷幕灌浆38～45号孔在底板出现有厚度不一的砂层，灌浆时出现吸水不吸浆现象，施工时采取加密孔距及超细水泥进行处理。分析认为，存在库水位升高后渗漏逐渐带走砂层细颗粒，形成渗漏通道的可能性。

（3）存在库水绕过坝体及原设计防渗帷幕范围，沿层间裂隙带向下游渗漏的可能性。

4 水库渗漏初步应急处理

（1）总体思路。经查阅相关资料，初步推测可能的渗漏通道在原坝肩开挖时高程1022.00～1027.00m裂隙密集带及右岸河床帷幕灌浆38～45号孔时在不同孔段出现砂层，针对该地质缺陷，采用边施工边勘察的方式进行。由于坝上不具备施工条件，需从坝后搭设施工排架，作为人行、设备运输通道与钻探灌浆施工平台，并设立安全防护网保证安全。

（2）具体处理措施。利用补强帷幕灌浆孔作为勘探孔，对地质缺陷部位上下孔段进行单点法压水，如钻孔时孔内有明显异常需做孔内摄像，并根据压水试验结果，对压水吕荣值较大的孔段做连通试验，根据钻孔芯样、压水吕荣值及孔内摄像等资料确定该部位的地质及岩溶发育情况，查明渗漏通道。

勘探孔布置范围初步确定在原帷幕灌浆 38～60 号之间，对应大坝桩号为 0＋82～0＋145，从坝后排架向上游钻孔至防渗帷幕轴线上可能存在缺陷的部位，开孔孔位距大坝下游轴线 1m，孔深以穿过原帷幕灌浆软弱带并与原帷幕轴线相交高程以下 3m。

（3）结论与推断。通过钻孔勘探，右岸坝肩高程 1022.00～1027.00m 多孔遇层间裂隙及黄泥充填物等地质缺陷，右岸河床底部有局部孔内有砂层并伴随有涌水，利用帷幕灌浆对该部位的地质缺陷进行了处理；但通过连通试验表明，右岸坝肩高程 1022.00～1027.00m 不存在与渗漏点连通的通道，河床底部砂层等防渗帷幕薄弱的部位也未与渗漏点连通。

通过进一步分析推断，山体深处中厚层白云岩层间破碎带直接绕渗，其层间岩层产状为 190°～215°∠35°～38°，倾向山体内部，原右岸帷幕灌浆廊道深入山体约 220m，高水头下水流从上游层间裂隙深入山体在原帷幕未覆盖的范围内绕渗后从坝后集中渗漏。

5 最终处理方案

5.1 勘探

在前期施工勘探的基础上，并经过一个汛期的施工观测，渗漏出水点的水流量与库水位密切相关，汛期涨水时出水点能收集到库区内的树枝、生活垃圾等物，因此初步判断，在库区内存在集中渗水通道。

为确保施工安全，在枯水期库水位下降并稳定后，利用专业潜水员在库区右岸边坡及河床底部进行水下搜索，在搜索到水下异常情况后，进行水下摄像。通过水下摄像成果及观测到异常的部位，做连通试验。连通试验采用泵压入含荧光粉的水，记录压入开始时间与坝后渗漏点观测到荧光粉的时间。

经过潜水勘探与水下摄像，在右岸山体靠大坝上游 17.5m、高程 1042.00m 处找到主渗漏通道，渗漏部位软弱夹层发育，岩性为薄层、薄片状泥质白云岩、钙质泥岩，岩层产状为 190°～215°∠35°～38°，且周边岩层裂隙渗漏明显。经过连通试验，从上游渗漏进口至下游渗漏出口的时间为 39min，说明渗漏通道较长，与推测的渗漏通道是“上游层间裂隙深入山体在原帷幕未覆盖的范围内绕渗后从坝后集中渗漏”基本一致。

5.2 处理措施

（1）主渗漏通道封堵设计。通过专业潜水查明渗漏主通道位置后，为尽快进行封堵，原计划利用专业潜水员在水下对主渗漏通道进口进行临时封堵，在通道进口边坡上方搭设施工排架钻大口径孔回填砂浆、膏浆等加水玻璃速凝剂来进行封堵，该方案在实施过程中，由于渗漏进口周边地质条件极差，且经长期在库水的浸泡下，水下作业时边封堵边垮塌现象非常严重，同时边坡上封堵施工过程中，回填料在高速水流的带动下，很难在渗漏通道内形成有效封堵体，为了水下作业人员的安全及渗漏通道的有效封堵，采取降低库水位后先对渗漏进水口内部与周边的浮渣、淤泥等进行清理，用端头模版封闭后采用 C20 混凝土对内部空腔进行回填封堵处理，同时对裂隙渗水的边坡做一层50cm厚的贴坡混凝土，贴坡混凝土采用单层钢筋，并用锚杆与山体内部岩石锚固，渗漏通道内部采用0.5：1的水泥浆进行封堵。

渗漏通道封堵利用堵头混凝土预埋管来进行，为确保通道封堵密实，需保证浆液的流动性，主要采用水泥浆液进行，为防止预埋管堵塞及保证灌注效果，灌浆连续进行，直至下游渗漏出水点漏浓浆或者其他管路串浆、冒浆后待凝，待凝前冲洗灌浆管路，确保下次灌浆顺利进行。

（2）帷幕灌浆封堵设计。为保证主渗漏通道及周边裂隙的有效封堵，在坝前渗漏点边坡上方做一道临时帷幕，封闭层间裂隙渗水，并兼做边坡加固作用。共沿库区右岸边坡布置1排灌浆孔，如遇掉钻、失水、大空腔的孔段可采取双液、砂浆或膏浆灌注，并视情况在周边加密布孔，确保达到防渗效果。

1）临时帷幕施工分两序进行。先施工Ⅰ序孔，再施工Ⅱ序孔。

2）由于边坡岩石破碎无法卡塞，第一段采用浓浆回填，回填满后镶铸孔口管，第2段及以下各段采用“自上而下、小口径钻进、孔口封闭，孔内循环”灌浆法。

3）灌浆压力：原帷幕设计坝肩高程1035.00m以上灌浆压力1.0～1.4MPa，经综合考虑，临时帷幕灌浆设计压力为第一段1.0MPa，其他以下各段压力为1.5MPa。

5.3 处理结果

通过库区内潜水与水下摄像勘探等多种手段，最终确定了渗漏主通道的位置，在降低库水位后采取渗漏通道封堵与贴坡混凝土结合临时帷幕的方式进行封堵，水库库区恢复到施工前水位后，帷幕灌浆检查结果满足防渗要求，通过大坝下游右岸坡脚渗漏点未发现渗漏。

帷幕灌浆检查情况见表1，坝后渗漏点处理前后渗漏量对比见表2，大坝下游右岸坡脚渗漏处理前后对比如图1所示。

表1　　帷幕灌浆检查情况表

孔号	孔深/m	压水/段	最大透水率/Lu	最小透水率/Lu	平均透水率/Lu	合格标准/Lu
JC-1	22	5	2.77	1.98	2.42	≤3

表2　　坝后渗漏点处理前后渗漏量对比表

项目	处　理　前		处　理　后	
库水位高程/m	1049.2	1040.2	1040.2	1049.3
坝后渗漏量/(m^3/h)	2000	300	0	0

6 结论

岩溶地区水库渗漏以工程地质的原因居多，但不同项目因所处的地质条件不尽相同。岩溶系统的发育极其没有规律，并没有一套固定的方法，因此通道查找极其困难。本项目在分析枢纽区右岸山体地质条件的基础上，查阅相关原设计、施工资料，分析了渗漏发生的可能性，工程项目实施过程中秉承“查找渗漏通道可能性由大到小”的原则，采用右岸

图 1　大坝下游右岸坡脚渗漏处理前后对比图

坝肩与河床底部帷幕补强与勘探、坝后山体内钻孔勘探与渗漏点导流封堵、坝前潜水与水下摄像勘探等多种手段，最终确定了渗漏主通道的位置，在降低库水位后采取渗漏通道封堵与贴坡混凝土结合帷幕灌浆的方式进行封堵，通过渗漏出口流量观测以及封堵帷幕灌浆检查结果，表明封堵是有效的。

深厚覆盖层下多层岩溶发育地层快速防渗技术

张黎波　李傲雷

（中国水利水电第八工程局有限公司基础公司）

【摘　要】围堰防渗施工一般工期短，施工强度高，不断提高改进围堰防渗技术对确保工程进度和质量起着至关重要的作用。大藤峡水利枢纽纵向土石围堰下游段建在左岸漫滩深厚覆盖层地基上，围堰上部为透水性较强的覆盖层，下部基岩岩溶发育，溶洞连通性强，防渗难度较大，防汛工期紧张。本文主要介绍了一种适合该复杂岩溶地层的新型快速防渗工艺，在复杂岩溶地层实现了快速钻孔及灌浆施工，可供类似工程借鉴。

【关键词】深厚覆盖层　多层岩溶　快速防渗

1　工程概况

大藤峡水利枢纽工程位于珠江流域西江水系的黔江河段末端，坝址在广西桂平市，是一座以防洪、航运、发电、补水压咸、灌溉等综合利用的流域关键性工程。水库正常蓄水位 61.00m，汛限水位 47.60m，死水位 47.60m，总库容 34.79 亿 m^3，总装机容量 1600MW，工程规模为Ⅰ等大（1）型工程。

大藤峡水利枢纽一期围堰纵向子围堰为土石围堰，子堰轴线长度约为 1246.69m，子堰断面采用梯形结构，围堰顶宽 10.0m，子堰高程 31.40～33.70m，迎水面边坡坡比为 1∶2.5，背水侧边坡坡比为 1∶2.5。围堰上游段及中间段为人工填筑的碎石黏土层，下部基岩为多为含泥细砂岩、泥质粉砂岩和泥岩，采用高喷防渗。围堰下游段建于左岸漫滩深厚覆盖层地基上，上部多为由黏土、含砾黏土、黏土质砂、卵石混合土和混合土卵石组成冲积物层，下部基岩为郁江阶岩性为灰—灰黑色泥质粉砂岩、灰岩及白云岩，岩溶发育普遍、溶蚀强烈，采用灌浆防渗，为整个围堰防渗的重点关键部位。

纵向子围堰防渗施工期间，由于多次受超标洪水影响，工期滞后近 1 个月。为确保防汛目标，施工单位通过灌浆方案优化，采用新型快速防渗灌浆工艺，为整个纵向围堰的开挖、浇筑节约了宝贵工期，为 2016 年顺利完成度汛目标奠定了坚实基础。

2　围堰地质条件

2.1　地层岩性

一期纵向围堰土石围堰下游段位于河床岩滩、左岸漫滩及Ⅰ级阶地，堰顶高程 32.80～33.70m，开挖高程为 9.00m～22.00m。该段围堰长约 293m，原始地面高程

20.00m～35.00m，漫滩覆盖层为黏土，厚0～2.5m。Ⅰ级阶地覆盖层主要为冲洪积物(Q_3^{pal})，由黏土、含砾黏土、黏土质砂、卵石混合土和混合土卵石组成，厚度一般8～15m。其中卵石混合土和混合土卵石厚度一般3～6m，呈透镜状分布，分布高程22.00～28.00m。

下部基岩为为第D_1y^{1-3}层和第D_1y^2层的灰岩、白云岩，表层强烈溶蚀风化带岩层厚一般为8～20m，岩溶发育普遍、溶蚀强烈，岩溶形态以溶沟、溶洞为主，呈多层层间分布，溶洞以小型溶蚀孔洞为主，洞径多为0.2～2.0m，溶洞多为无充填型或半充填黏土、砾石，溶洞连通性强，存在与江水贯穿的通道。

2.2 岩溶分布及发育

根据设计地质勘察成果，前期地质勘查在一期纵向围堰土石围堰下游段布置了3个勘察孔，共钻遇溶洞28个，具体溶洞发育分布及线岩溶率详见表1。从高程上分析，高程5.00～20.00m岩溶发育普遍、溶蚀强烈，岩溶形态以溶沟、溶洞为主，多为无充填或半充填黏土、砾石，溶洞之间连通性好；高程－3.00～5.00m岩溶较发育，溶蚀较强烈，岩溶形态以溶洞为主，无充填或半充填黏土、砾石，溶洞之间连通性相对较差；高程－15.00～－3.00m岩溶主要发育在靠近江边处，岩溶形态以溶洞为主，无充填或半充填黏土、砾石。

枯水期坝址区黔江水位高程24.00m，纵向围堰基坑开挖底高程为9.00m，厂房开挖底高程为－17.00m，基岩面高程一般20.00～25.00m。表层强烈溶蚀风化带厚度一般8～12m溶洞发育的密度大，多无充填物，少量充填砾石、角砾和黏土，连通性好，为产生基坑涌水的必要条件。因此，纵向土石围堰下游段是整个纵向围堰防渗漏的重点，防渗难度极大。

表1　溶洞发育分布及线岩溶率

序号	钻孔编号	线岩溶率/%				充填情况
		高程/m				
		＞20	20～10	10～0	0～－10	
1	ZKw01	54	54	5	14	孔深5.90～44.50m发育溶洞15个，洞径多为0.5～1.0m，最大洞径2m，无充填
2	ZKw02	10	0	0	56	孔深18.00～18.20m发育溶洞3个，洞径多为0.3～0.5m，无充填；47.00～52.62m为溶洞，充填黏土、砾石；53.57～53.97m为溶洞，未见充填
3	ZKw03	10	33	6	0	孔深19.11～37.98m发育溶洞10个，洞径多0.2～0.8m无充填

3 工程特点及施工难点

由于深厚覆盖层下岩溶地区地质条件的复杂性和特殊性，其防渗灌浆有以下特点及难点：

(1) 地质复杂、地层结构多变、钻孔复杂、成孔困难。地层覆盖层中孤石、漂石含量高，直径大，基岩内溶蚀发育，钻孔过程中极易出现塌孔、掉钻、埋钻等异常情况，孔内事故较多，成孔困难，多次造孔、扫孔成本较大，因此选择合适的钻孔成孔工艺，是本工程施工进度及施工成本控制的重点。

（2）在溶蚀发育地层，灌注材料种类多及灌注量大，因此，灌浆材料及灌浆设备的选择，对围堰防渗的施工质量及施工进度影响较大。

（3）鉴于岩溶地基处理的复杂性，施工过程中的多变性，施工过程中做好相关资料的收集工作，根据不同溶洞的类型，洞径，发育程度、深度，分析确定其施工工艺及可灌性，从而合理选择合适的胶凝材料。施工过程中对工艺进行动态控制，成为防渗最为关键的要素。

（4）施工工期短、强度大，月施工强度近5000m/月，传统的灌浆方法无法满足施工进度要求。

（5）岩溶地层防渗突发性高，事故风险大，纵向围堰工程是整个左岸的重点防汛工程，若基坑揭露暗河或岩溶管道水，可形成突然涌水，涌水量大，常常造成基坑淹没，影响施工，延误工期，造成严重经济损失。

（6）受外部施工影响较大，气候恶劣，阴雨天较多，施工场地狭小，施工干扰较大，多次超标过堰洪水，造成多次设备进退场，施工工期严重滞后。

4 防渗设计与布置

黔江主坝纵向土石围堰下游堰段基础位于灰岩区内，为保证纵向围堰及左岸泄水闸基坑开挖安全，并尽量减少纵向混凝土围堰基础渗漏对工程工期的影响，对纵向土石围堰下部灰岩基础增加帷幕灌浆防渗处理措施，截断渗漏通道。该段防渗轴线全长293.0m，防渗帷幕底线高程为5.00～10.00m不等，防渗灌浆布置为单排孔，孔间距2.0m，灌浆压力0.5～2MPa，防渗处理范围上限至黏土层分界线，防渗标准为透水率不大于10.0Lu。防渗处理方式采取灌、填结合的处理方案，沿防渗处理轴线进行一次性钻孔，自下而上进行防渗处理。

5 快速防渗施工

5.1 工艺流程

覆盖层下多层溶洞发育地层快速防渗技术，包括覆盖层冲击钻机根管钻孔、基岩及溶洞地层冲击钻机全断面钻孔、基岩及溶洞地层冲击钻机扫孔、基岩及溶洞地层自下而上导管灌浆、覆盖层套管灌浆五种钻孔、灌浆工艺。

5.2 钻孔

（1）覆盖层冲击钻机根管钻孔：场地平整后，校正冲击钻机，在黏土及强风化覆盖层利用冲击钻机偏心钻具钻进，套管跟进护壁，钻至深入基岩1m结束，孔径不小于ϕ150mm。

（2）基岩及溶洞地层冲击钻机全断面钻孔：钻至覆盖层底部后起钻，更换钻具，基岩及溶洞地层利用冲击钻具进行全断面钻进，达到设计孔深要求结束，孔径不小于ϕ130mm。

（3）基岩及溶洞地层冲击钻机扫孔：起钻，更换钻杆及钻头，利用冲击钻机下灌浆导管，导管下端安装空心合金钻头，向下钻进扫孔，同时冲洗孔内岩屑及坍塌充填物，直到设计孔深，扫孔后孔深误差不大于 20cm，导管管壁厚度不宜小于 3mm，孔径不小于 ϕ110mm。

5.3 灌浆

5.3.1 灌浆材料

帷幕灌浆材料采用水泥浆、水泥砂浆。水泥采用普通硅酸盐水泥（P·O42.5）水泥，不得使用矿渣硅酸盐水泥或火山灰质硅酸盐水泥。水泥浆液浓度由稀到浓，水灰比可采用 1∶1、0.5∶1 两个比级，开灌水灰比采用 1∶1，水泥砂浆标号 M15 水泥砂浆，稠度宜控制 100～120mm。无充填溶洞采用 C15 细石混凝土进行回填封堵，细石粒径宜小于 10mm，坍落度宜控制 240～260mm。

5.3.2 基岩灌浆

对于岩溶发育的岩层，采用导管进行回填灌浆，利用扫孔钻具及空心合金钻头作为回填灌浆导管，通过泵压砂浆或混凝土对基岩内发育的溶蚀通道及溶洞进行回填灌浆处理，对基岩内溶洞、渗漏通道进行有效充填密实，从而达到截断渗漏通道的效果。若该段次不存在空洞溶洞或渗漏通道，则直接灌注水泥砂浆，直至达到设计结束标准。

回填灌浆材料为水泥砂浆、细石混凝土，具体工艺步骤如下：

下导管扫孔→全孔冲洗→上拔导管→第一段灌浆→测孔、间歇→第二段灌浆→测孔、间歇→第三、四段测孔、灌浆——直至接触段套管灌浆。

（1）回填灌浆：将扫孔至孔底的导管上拔 50cm，通过导管向孔内回填灌浆，根据钻孔资料分析，对存在空洞溶洞或渗漏通道的段次，直接回填细石混凝土，灌浆压力不宜小于 1MPa，待混凝土灌注持续减少至一定流量后，变换灌注水泥砂浆进行灌注，待砂浆灌注持续减少，直至低于 10L/min 时，继续灌注不宜小于 10min。本段灌浆完成后，首先测量导管内孔深，并在间歇 10min 后再次测量，若孔深差大于 1m，继续灌注砂浆，直至孔深差小于 1m，即可结束本段灌浆。

（2）拔管：拔管前，测量灌浆导管内孔深，确定导管深入混凝土或砂浆内深度，拔管长度必须短于导管深入混凝土或砂浆内深度，确保导管出口位于混凝土或砂浆内，每拔管一根，测量一次管内孔深。

（3）灌浆段注入量大，灌注混凝土或砂浆难以结束时，可选用下列措施处理：①低压、限流、限量、间歇灌注；②混凝土或砂浆内掺速凝剂；③灌注混合浆液或速凝膏状浆液。

5.3.3 覆盖层灌浆

覆盖层防渗利用覆盖层钻进时跟进的护壁套管进行灌浆处理。通过对渗透性较大的覆盖层进行挤密或充填灌浆，使其胶结密实，从而形成一道有效的防渗幕体。其具体工艺步骤如下：

起拔套管→安装灌浆塞→接触段灌浆→再起拔套管及灌浆管→安装灌浆塞→灌浆→重复上述工序，灌注至孔口→封孔。

（1）基岩内导管回填灌浆结束后，起拔套管至接触段段顶，再起拔灌浆导管至接触段段底以上，安装灌浆塞对接触段进行灌浆。

（2）接触段灌浆完成后再分别上提套管和灌浆管，自下而上地逐段灌浆，由于拔管后容易塌孔，每个灌浆段长不能太长，视地层的稳定情况而定。

（3）灌浆材料为水泥浆、水泥砂浆，水泥浆液浓度由稀到浓，水灰比可采用1∶1、0.5∶1两个比级，开灌水灰比采用1∶1，浆液变换按下列要求进行：

1）当灌浆压力不变，注入率持续减少时，或注入率不变，压力持续升高时，不得改变浆液水灰比。

2）当某一比级浆液注入量达到300L以上时，或灌注时间已达30min，而灌浆压力和注入率均无改变或改变不明显时，应改浓一级，最终以水泥砂浆结束。

3）当注入率大于30L/min时，可根据具体情况越级变浓。

（4）灌浆结束标准。当达到灌浆压力标准，并且注入率持续减小，继续灌注5～10min即可结束灌浆。

（5）整孔灌注完成之后，采用导管注浆法封孔，封孔后孔口段干缩部分，先用高压风吹净孔口浮浆和污水等，再用水泥砂浆填塞密实。回填封孔必须保证孔内回填料本身填密压实，回填料与孔壁紧密结合，不留孔穴、不漏水。

5.4 灌浆成果统计分析

纵向土石围堰岩溶灌浆处理耗灰量统计详见表2。

表2 岩溶灌浆处理耗灰量统计表

孔序	覆盖层/m	基岩/m	孔深/m	水泥/kg	M15砂浆/L	C15混凝土/L	水泥单耗/(kg/m)	砂浆单耗/(m^3/m)	混凝土单耗/(m^3/m)
Ⅰ	927.5	1278.4	2205.9	45298.7	239.1	1660.8	35.4	0.19	1.30
Ⅱ	1746.3	2816.6	4562.9	197510.4	241.7	548.6	70.1	0.09	0.19
合计	2673.8	4095.0	6768.8	242809.1	480.8	2209.4	59.3	0.12	0.54

从水泥砂浆及细石混凝土单耗分析，Ⅰ序、Ⅱ序孔之间，单位注入量随着灌浆孔序的加密呈现出的递减幅度较明显，符合一般灌浆规律，表明通过Ⅰ序孔的回填封堵，渗漏通道及岩溶孔洞得到了较好的回填。

从水泥浆单耗分析，Ⅰ序、Ⅱ序孔之间，单位注入量随着灌浆孔序的加密呈现出加倍递增趋势。通过分析，单位注入量递增的主要原因受灌浆工艺及灌浆材料的影响。本灌浆工艺仅对渗透性较大的覆盖层进行水泥浆灌浆处理，覆盖层套管灌浆的灌浆材料为水泥浆、水泥砂浆，水泥浆液仅采用1∶1、0.5∶1两个比级，开灌水灰比采用1∶1。覆盖层渗透性较大，Ⅰ序孔开灌注入率一般均大于30L/min，受浆液变换原则影响，Ⅰ序孔一般直接越级到水泥砂浆灌注，因此，水泥浆液的单位注入量偏小。而通过Ⅰ序孔的有效灌注，Ⅱ序孔的覆盖层灌浆基本采用水泥浆液灌注，因此Ⅱ序孔的水泥浆液单位注入量高于Ⅰ序孔。

6 效果检查与评定

该工程经过防渗处理后，进行了钻孔取芯和压水试验检查。质量检查以检查孔单点法压水试验成果为主，结合对施工记录、成果资料和检验测试资料的分析，综合评定帷幕灌浆质量，设计灌浆压水试验检查合格标准：透水率不大于 10Lu。全段共布置了 12 个检查孔，压水试验 31 段，最大透水率 9.17Lu，最小透水率 0.5Lu，均满足防渗标准要求。

后期纵向围堰基础开挖过程中，揭露的岩溶发育，整个开挖基坑却无明显渗水。该防渗技术较好地完成了溶洞及渗漏通道的封堵，有效地保证了基坑的开挖安全，为整个纵向围堰的开挖、浇筑节约了宝贵工期，为工程顺利度汛目标打下了坚实基础。

7 结语

（1）本工艺针对地表覆盖层和基岩的不同地层条件，分别采用跟管钻进和全断面冲击钻进两种钻进工艺相结合，覆盖层跟管钻进利用套管跟进护住孔壁，防止塌孔，基岩全断面钻进，施工功效快，钻至设计孔深后，利用灌浆导管下安装空心钻头，扫孔、冲洗至孔底，达到快速成孔目的，同时减少灌浆工序。

（2）本工艺利用小型混凝土搅拌机及混凝土灌浆泵现场人工拌制回填溶洞常用水泥砂浆及细石混凝土，可避免回填材料的远距离运输。这样可保证灌浆的连续性，减少材料的损耗，提高施工质量，并且又能缩短施工时间、节省施工成本、提高施工效率。

（3）根据以往溶洞处理施工经验，岩溶处理往往受到多次钻孔、扫孔及多次灌浆的制约而无法快速施工，该工艺施工过程中与传统岩溶处理相比，采取快速成孔，快速灌浆的原则，大大提高岩溶处理进度和效率，据统计，月平均灌浆进尺可达到 800～1000m，平均可以提高近 100%的工效，降低孔内事故率 25%，该工艺大大节约了施工工期，节省了工程投资，施工质量得到了有效的保证，很好地解决了岩溶地层地基的渗流通道的防渗问题，确保了防渗效果和围堰、库区运行稳定，为基坑的安全开挖浇筑提供了保障，创造了良好的社会和经济效益。

（4）该工艺适用于地表覆盖层深厚，下部基岩溶沟、溶槽、落水洞、地下暗河等岩溶现象及断层破碎带较为发育的灰岩地区的土石围堰、土石坝等临时性防渗工程。其他工程领域此类地基处理可参考采用，具有一定的推广价值。

混凝土重力坝横缝渗漏骑缝孔灌浆阻渗技术研究与应用

夏　杰[1]　景　锋[2,3]　邱本胜[2]　李发权[2]

（1. 南水北调中线水源有限责任公司　2. 长江科学院
3. 国家大坝安全工程技术研究中心）

【摘　要】混凝土重力坝横缝沥青老化失效、铜止水破损、不均匀沉降过大等导致的横缝渗漏是混凝土坝经常遇到的病害之一。本文基于汉江某混凝土重力坝横缝渗漏成因分析与处理工程案例，提出了横缝骑缝钻孔化学灌浆形成柔性止水的方案。实践结果表明，骑缝灌浆止水效果明显，可为类似工程提供参考。

【关键词】混凝土重力坝　骑缝钻孔　灌浆　柔性止水

1　引言

混凝土重力坝横缝止水多采用沥青井、铜止水等方式。但随着沥青老化、水工建筑物不均匀沉降及周期循环温度应力作用等，横缝止水系统出现不同程度渗漏的现象较多。

本文基于汉江某混凝土重力坝横缝渗漏成因分析与处理工程案例，通过横缝止水周边钻孔取芯、压水、孔内 CT 以及沥青井注水等试验确定了渗漏部位和性质，结合大坝结构和渗漏检测成果提出了横缝骑缝钻孔化学灌浆形成柔性止水系统的解决方案。工程实践结果表明，横缝骑缝钻孔灌浆柔性止水效果明显。

2　工程概况

汉江某水利枢纽工程位于汉江上游，分两期开发。初期工程建成于 1973 年，正常蓄水位 157.00m，相应总库容 174.5 亿 m^3，河床为宽缝重力坝，最大坝高 97m；根据国民经济发展需要，2005 年 9 月 26 日，对大坝进行加高处理，加高后水库的正常蓄水位为 170m，最大坝高 111.6m，水库库容增加了 116 亿 m^3，达到 290 亿 m^3。

24/25 坝段横缝为溢流坝段与厂方坝段结合部，随着沥青井内沥青老化以及温度应力作用，原沥青井加竖向铜止水的止水系统不能满足大坝的正常运行要求。当库水位达到 160.72m 时，24/25 坝段横缝下游坝面出现较大的渗漏。随着库水位下降，渗流量逐渐减少。当库水位降至 159.00m 以下时，渗漏基本停止。前期检查通过在铜止水周边布置检查孔进行物探检查与沥青井扫孔注水试验，弄清导致横缝漏水的主要原因是止水系统老化。

3 处理方案

为修复横缝止水系统，在原有两道铜止水以及沥青井止水的基础上，采用沥青井扫孔以及骑缝孔钻孔回填聚氨酯形成止水系统的技术方案。即对沥青井扫孔至高程147.00m，同时距离第一道止水上游35cm和70cm以及两道铜止水中间分别布置骑缝孔，上游两孔钻孔至高程145.00m，下游两孔钻孔至高程147.00m。上游第一个骑缝孔以及第二个骑缝孔底部2.0m灌浆作为止浆塞，第二个骑缝孔高程147.00m以上以及铜止水间骑缝孔灌浆作为止渗塞，连同沥青井回填灌浆形成止水系统，以达到封闭横缝漏水的目的。

由于防汛需要，处理分两阶段进行：第一阶段对沥青井进行无压注浆回填临时封闭止水，同时在沥青井下游2.0m处，自坝顶钻骑缝排水孔至131.0m排水廊道，起到上堵下排作用；第二阶段低温季节，裂缝张开较大时进行骑缝孔钻孔灌注弹性聚氨酯形成止水系统。

3.1 孔位布置以及钻孔

24/25坝段横缝漏水处理骑缝孔孔位考虑原有止水系统综合布置，孔径168mm，孔斜控制3‰，孔位偏差±10mm。24/25坝段横缝漏水骑缝孔孔位布置如图1所示。

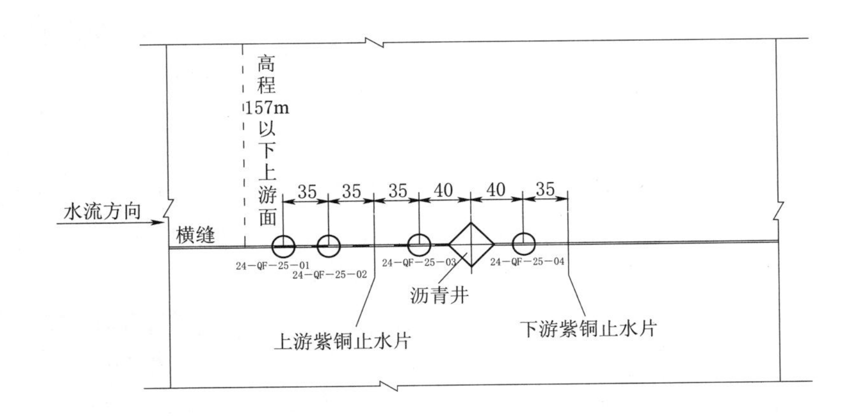

图1 24/25坝段横缝漏水骑缝孔孔位布置图（单位：cm）

为保证骑缝孔钻孔骑缝率，利用XY-4型钻机，采用大孔径骑缝孔（孔径168mm）以保证钻孔骑缝率。通过坝体倒垂线与层间廊道横缝间的距离定位裂缝的走向，以便开钻前预留偏移量。同时根据钻孔取芯芯样骑缝情况以及孔内录像预判裂缝走向，提前采取措施以保证骑缝率。钻孔成果表明：钻孔骑缝率达到95%。

3.2 化学灌浆材料

化学灌浆材料选用长江科学院研发的CW530系聚氨酯类灌浆材料。此系列材料为单组分，具有可灌性好，遇水反应后形成的固结体可适应横缝变形。CW530系聚氨酯类灌浆材料性能指标见表1。

表 1　　**CW530 系聚氨酯类灌浆材料性能指标**

序号	项　目	性能指标
1	浆液黏度/(mPa・s)	≤400
2	浆液密度/(g/cm³)	1.05±0.05
3	凝结时间/s	0～400（可调）
4	抗压强度/MPa	≥20
5	拉伸强度/MPa	≥1.8
6	拉断伸长率/%	≥80

3.3　灌浆工艺

为保证止水系统灌浆效果，合理安排骑缝孔灌浆工序，先灌注上游止浆塞形成封闭，再灌注止渗塞。灌浆采用自下而上分段卡塞纯压式灌浆，段长 4.0m，灌浆压力 0.4～0.5MPa。灌浆采用低压慢灌，当在规定最大压力下注入率不大于 0.02kg/min 时，继续灌注 30min 结束该段灌浆（当出现绕塞时，继续灌注 60s 结束该段灌浆）。为防止灌浆材料沿横缝绕浆埋塞，骑缝灌浆创造性的采用塞顶安装摄像头实时录像观察孔内绕浆情况，以便及时采取相应的处置措施。

根据不同施工条件，合理调配材料配比。为保证止水系统灌注密实，与上游库水位相通的止浆塞水下部位采用遇水反应迅速的配比，浆液遇水后迅速凝固，以免浆液外漏至水库。而水上部位采用上游面嵌缝形成密闭环境，材料选用遇水慢反应配比以达到延长灌浆时间，从而扩大浆液的渗径。当止浆塞形成后，隔断了止浆塞孔与库水位之间的联系，利用深井泵尽量降低止渗塞骑缝孔水位，选用遇水慢反应配比分段灌注。

4　灌浆止水效果分析

沥青井 9 月汛期进行聚氨酯回填封闭后，24/25 坝段横缝下游坝面渗水停止（图 2）。131.0m 廊道排水孔测量渗水量为 5.5mL/min，随着气温降低，排水孔的渗水量开始变大，至 2018 年 2 月 28 日，渗水量达到最大至 146mL/min。

图 2　24/25 坝段横缝沥青井回填前后渗水情况

沥青井封堵后，横缝漏水与库水位关联性不大。随着冬季来临，气温降低，横缝漏水逐渐增大，横缝渗水以及库水位变化情况如图 3 所示。131 廊道渗漏监测表明：仅对沥青井进行回填封闭灌浆对横缝漏水所起止水作用有限。主要由于沥青井灌浆为无压回填灌浆，止水系统不密实，加之横缝随温度降低逐渐张大所致。

第二阶段骑缝孔钻孔灌浆灌后理论计算与实际灌浆量对比发现，横缝止水系统充填率达到 90%。考虑到部分聚氨酯与孔内残留水反应体积膨胀影响，横缝止水系统充填率几乎达到 100%。采用骑缝钻孔聚氨酯化学灌浆形成止水系统方案可行，灌浆效果显著。

随着止水系统逐渐形成，横缝渗水量显著减小。骑缝钻孔聚氨酯灌浆形成止水系统对混凝土重力坝横缝漏水有较好的封堵作用（图 4）。

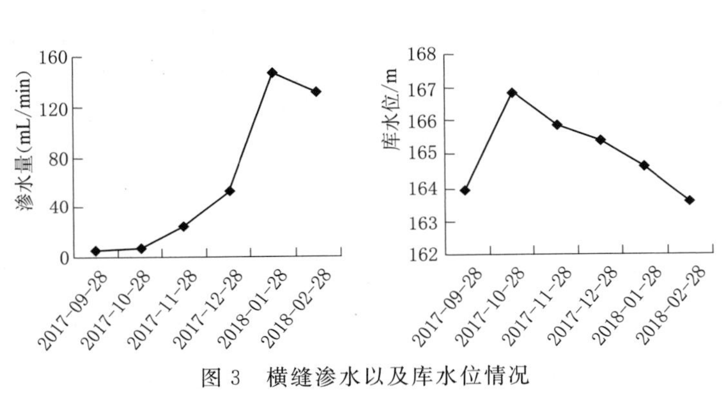

图 3　横缝渗水以及库水位情况

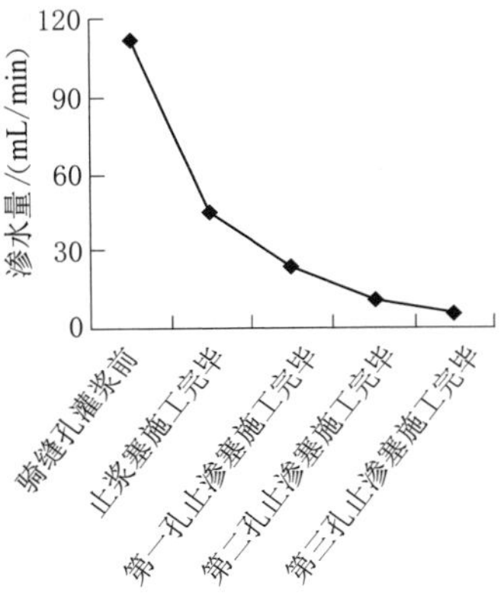

图 4　横缝漏水随止水系统工况变化情况

5　结论

（1）大坝横缝骑缝高精度垂直大孔径钻孔是保证横缝堵水的关键之一。

（2）横缝大坝骑缝钻孔柔性聚氨酯化学灌浆形成止水系统方案可行，灌浆效果显著，对混凝土重力坝横缝漏水有较好的防水堵漏作用。

高聚物复合堵水浆材在岩溶地区深孔帷幕灌浆中的应用

范 峥[1] 钟久安[1] 何非凡[1] 臧 鹏[1] 张 迪[2]

（1. 四川共拓岩土科技股份有限公司 2. 北京振冲工程股份有限公司）

【摘 要】 本文以云南省某水电站右岸抗力体涌水处理工程为背景，详细介绍了深孔帷幕灌浆遇到大流量、高压、高流速涌水的特殊情况后引进高聚物复合堵水浆材（C－GT 堵水浆材）进行处理的技术特点及施工过程，为岩溶地区工程涌水处理提供了新的材料选择及处理方式，可对类似工程提供借鉴。

【关键词】 岩溶地区 帷幕灌浆 高聚物复合 堵水浆材 施工工艺

1 工程概况

云南省宣威市某水电站位于北盘江支流革香河上，水电站大坝为碾压混凝土双曲拱坝，最大坝高 167.5m。大坝下游左右岸抗力体各布置在高程 1390.00m、1340.00m、1315.00m 三层排水洞。

坝址区出露下石灰岩关组中厚层至块状灰岩，局部夹薄层泥质灰岩，与下伏中上泥盆宰格群中厚层白云岩呈平行不整合接触，并局部覆盖有第四系松散堆积物。整体为一套碳酸盐岩沉积地层，并具有向斜构造特性，向斜核部位于大坝右坝肩位置。穿过大坝坝肩的断层构造主要有 F_1、F_{12}及 F_8 等，均不同程度形成导水构造。水库蓄水过程中，层间夹泥及断层内的泥质充填物在水压力作用下被不断冲蚀掏空，从而在右岸高程 1315.00m 排水洞内形成涌水点，并伴随渗漏通道冲蚀作用，水量持续增大。

当蓄水水位达到 1325.00m 时，右岸 1315.00m 排水洞开始出水并形成 9 个涌水点。水位上升至 1385.00m 时，涌水量最大达到 6～7m^3/s。随即停止蓄水并打开中孔下泄，施工期水位稳定在 1380.00m。

本次高程 1340.00m 深孔帷幕灌浆施工目的即为截断涌水通道，并减小右岸高程 1315.00m 排水洞涌水量，以满足大坝下游抗力体稳定的要求。

本工程大致施工顺序为：补充岩溶勘查→1315.00～1340.00m 边坡及薄弱位置灌浆加固→1315.00m 排水洞涌水流量降低达到可控排放→1340.00m 灌浆廊道内进行充填灌浆→1315.00m 排水洞可控孔灌浆封堵→1340.00m 灌浆廊道内进行补强帷幕灌浆。

本文重点介绍高程 1340.00m 灌浆廊道内进行补强帷幕灌浆过程中遇到的大涌水量孔段处理方法和应用的新材料。

2 特殊情况及处理措施

本工程帷幕灌浆施工均按照相关规范和施工方案实施。在施工过程中除常规问题以外，存在的特殊情况主要包括以下两个方面：

（1）渗漏通道复杂，串、漏浆部位分布范围广。根据前面介绍的本工作区岩溶发育的特点，导水的渗漏通道发育复杂且分布范围广。具体表现在：灌浆前渗涌水点较多，灌浆过程中串、漏浆部位分布范围广。除右岸抗力体高程1315.00m、1340.00m排水洞各涌水点外，排水洞外与河道相邻的右岸边坡（包括高程1340.00m边坡马道及高程1315.00m边坡与混凝土浇筑的接缝）、大坝下游用于消能的水垫塘底部、右岸二道坝下游近边坡的河道位置及左岸二道坝下游出露的溶洞位置均有明显反映，普通水泥浆灌注过程中，各部位串、漏浆现象明显，最远距离灌浆帷幕约230m。

处理措施：在使用普通水泥浆灌注过程中发现以上串、漏浆情况时，及时针对各部位进行控制处理。包括：

1）对右岸抗力体高程1315.00m、1340.00m排水洞内各涌水点安装闸阀进行闭浆处理。

2）对左岸二道坝下游出露的溶洞回填沙袋、嵌缝充填并埋设引排管，在引排管上安装控水装置进行闭浆处理。

3）右岸边坡渗漏部位因防备边坡抬动，则采用了安置模袋及嵌缝的方式，进行漏浆部位的反滤处理，尽可能将水泥浆留在渗漏通道内，仅水流通过。

4）水垫塘因常年积水，且在上游拥有季节性补给水源，另施工期大坝中孔下泄流量全部进入水垫塘中，故无法详细勘察其渗漏部位并进行处理，仅能在灌浆施工工艺上进行改进和控制。

（2）涌水部位集中，涌水深度深、压力较大，涌水量较大、具有较大流速。本次帷幕钻孔施工过程中，主要出水点分布在3个区域，涌水深度约80～110m，测得水压约0.21～0.25MPa，最高涌水水柱高度约2～3m。帷幕钻孔涌水情况统计详见表1。

表1 **帷幕钻孔涌水情况统计表**

序号	孔号	涌水深度/m	涌水压力/MPa	水头（出孔口）高度/m	备　注
1	YGKT-19	79	0.20	2.00	检4附近
2	WMBQ-1	84.5	0.20	0.50	检4附近
3	WMBQ-2	91	0.25	0.70	检4附近
4	YGKT-23	84	0.25	2.20	F_{12}断层影响区
5	YGKT-24	99	0.25	1.50	F_{12}断层影响区
6	YGKT-26	98	0.30	2.50	F_{12}断层影响区
7	YGKT-27	100	0.20	1.00	F_{12}断层影响区
8	YGKT-28	99	0.25	1.50	F_{12}断层影响区

续表

序号	孔号	涌水深度/m	涌水压力/MPa	水头（出孔口）高度/m	备　注
9	RWM-Ⅲ-8	110	0.20	0.50	F_{12}断层影响区
10	RWM-Ⅲ-9	96	0.20	0.60	F_{12}断层影响区
11	WMBQ-7	82	0.25	1.00	f_{39}断层影响区

处理措施：按照帷幕施工要求，首先采用普通水泥浆材料灌注。灌注过程中采用以下工艺进行处理：

1）采用低压、浓浆、限流、限量、间歇等措施。间歇复灌多次仍未能结束后，在浆液中掺入水玻璃及氯化钙进行灌注、添加麻丝或使用水泥砂浆灌注。

但施工过程中运用上述手段未能达到理想效果，原因在于添加剂掺入量较小而深部流速较大时，无法控制其漏量；添加剂掺入量较大时，若下射浆管灌注，则容易堵塞射浆管，无法有效灌注渗漏通道。若全孔灌注，则在孔内水压作用下，势必在上部孔道局部堵塞形成临时水泥塞，浆液不能顺利到达深部涌水位置。以上情况均体现为扫孔后揭露孔内涌水情况未能改善。

2）回填大颗粒骨料并伴随水泥浆充填，可投入小石、卵砾石及其他填充物或运用一级配或二级配混凝土等材料先充填渗漏通道，填满后再灌注水泥砂浆，待凝一定时间后，在此部位进行二次钻孔，灌注纯水泥浆使其密实。

该项措施对钻灌设备要求较高，而施工环境的狭小制约了大型设备的选用。首先，投入骨料或浇筑混凝土，需对原帷幕进行扩孔处理，因涌水深度较深，则扩孔需采用大型钻机。施工环境仅为3m×3m的灌浆平洞，设备进场及施工都有一定难度。同时因涌水部位较集中，无法多台钻机同时施工，在工期上将严重滞后；其次，若不进行扩孔，在水压作用下，人工投入骨料将无法实现，利用泵机施工，同样存在设备进场困难的问题，且在小孔径钻孔内灌入骨料，容易造成骨料架桥，很难达到理想效果。综上所述，现场施工环境下，该项措施未能有效实行。

3）在常规材料并改进施工工艺不能有效解决问题的情况下，引进新型材料及灌浆工艺显得十分必要。本工程引进了四川共拓岩土科技股份公司研发的C-GT1堵水浆材，并最终取得了成效。

3　C-GT1堵水浆材应用

3.1　材料概况

C-GT1堵水浆材由GT堵水浆材拌和料与水泥拌和后制得。

GT堵水浆材拌和料为新型动水高分子材料复合制备而成，主要组分有高聚物、活性剂、固化剂。其中高聚物的疏水性能提高整体材料的抗冲释性，活性剂减小整个界面的张力促使材料成为均一相，固化剂根据工况灵活调节凝固时间。

GT堵水浆材拌和料按照0.5∶1的质量比与水泥进行拌和制成C-GT1堵水浆材。该C-GT1堵水浆材性能指标见表2。

表 2　　C－GT1 堵水浆材性能指标表

项　　目	指　　标
外观	棕黑色
密度/(g/cm^3，20℃)	1.8～2.0
黏度/(mPa·s，20℃)	2000～4500
体积膨胀率/%	<5
初凝时间/min	5～30
终凝时间/min	30～60
抗压强度/MPa	≥5

3.2　施工流程

根据实验室提供的配合比，每个工程在使用前均应进行现场小样试验，以便确定具体的现场使用配合比。施工流程如下：

（1）现场高速制浆机的规格分别为 400L 及 600L，按照小样试验得到的浆液配比确定水泥的使用量，并校核机具，准备制浆。

（2）按照配比量取 GT 堵水浆材拌和料 A 组分、GT 堵水浆材拌和料 B 组分、水泥依次加入高速制浆机搅拌均匀，搅拌 2min 制成 C－GT1 堵水浆材。

（3）灌浆采用孔内纯压式灌浆法，下射浆管至异常孔深，并提升约 0.5m，实行一次性灌注。

（4）结合设备特性及设计帷幕灌浆压力，C－GT1 堵水浆材灌浆压力约为 3.5～4.0MPa。

（5）C－GT1 堵水浆材灌注过程中原则上不变浆，按照结束标准注浆结束后采用纯水泥浆液进行复灌或封孔。

（6）采用 C－GT1 堵水浆材注浆时灌注压力一旦持续升高，达到灌浆压力后即可结束，避免管路堵塞，然后采用 0.5∶1 纯水泥浆液进行复灌。

3.3　施工成果

C－GT1 堵水浆材首先于检 4 附近涌水量最大的 YGKT－19 号孔进行试灌，成功封堵后运用于 F_{12} 断层附近区域分布灌注 YGKT－23～29 号孔和 WMBQⅡ－8、Ⅱ－9、Ⅲ－8 及Ⅲ－9 号孔，最后灌注 f_{39} 断层附近区域的 WMBQ－7 号孔，完成了帷幕中深孔涌水的处理。其中，在 F_{12} 断层影响区域灌注过程中，原主要涌水点（渗漏点）数量逐步减少，下游涌水量显著降低。

（1）右岸抗力体 1315 排水洞原 9 个涌水点减小至 3 个。

（2）右岸抗力体 1340 排水洞原 9 个涌水点减少至 0 个。

（3）右岸 1315 边坡混凝土接缝约 40m 长渗涌水带减小至无水。

（4）大坝右岸灌浆廊道设计帷幕原涌水孔不再涌水。

（5）右岸抗力体 1315 排水洞涌水量由最大 $2m^3/s$ 减小至约 15～30L/s。

4　结语

本次运用 C－GT1 堵水浆材对深孔涌水的帷幕孔进行灌注后，效果显著。对施工帷幕涌水部位的上下游位置进行钻孔复查及水泥浆灌注补强，均检查合格。

随着深孔帷幕涌水问题的解决，后续帷幕施工顺利，右岸抗力体 1315 排水洞涌水量继续减小。2018 年 7 月，该水电站再次开始抬水，至 2017 年 8 月，水库水位达 1420.00m 高程，满足发电要求，帷幕质量无异常。

本次 C-GT1 堵水浆材在大涌水深孔帷幕施工中的运用十分成功，可为类似工程提供借鉴。

古崩塌体中超大隧洞支护关键技术

朱贵平　曾庆贺　李国亚

（中国水利水电第八工程局有限公司）

【摘　要】针对超大隧洞穿过古崩塌体地层的管棚法开挖施工，本文依托夹岩水库库尾伏流工程小天桥泄洪隧洞古崩塌体地质条件，对该地层开挖及支护关键施工技术进行研究和创新，总结出一套针对古崩塌体地层的先进施工工艺及处理方法，为类似工程施工提供借鉴。

【关键词】古崩塌体　超大隧洞　管棚　跟管施工　控制性充填灌浆

1　概述

夹岩水库库尾伏流工程小天桥泄洪隧洞由2条隧洞组成，共计长约1km，其中小天桥1号泄洪隧洞洞身长649m（变更调整前602.5m），2号泄洪隧洞洞身长430.5m（变更调整前460.0m）。隧洞断面均采用城门洞型断面，设计开挖最大断面尺寸为14m×18.3m，衬砌后断面尺寸为12m×16.5m，顶拱中心角120°。

小天桥1号泄洪隧洞0＋403.0～0＋413.5段掌子面均为松散块状堆积体大块石，其间充填碎石黏土。因其形成年代久远，有一定的重力固结及溶钙物胶结，仅可短期自稳。根据设计意见，从0＋403桩号开始采用Ⅴ类双层工字钢开挖支护形式掘进至0＋413.5时，洞顶出现垮塌，垮塌后空腔内均为大（巨）块石，可见大块石架空，局部见钙化物胶结现象。1号泄洪隧洞0＋413.5桩号洞顶“大块石”架空如图1所示。

图1　1号泄洪隧洞0＋413.5桩号洞顶“大块石”架空

小天桥2号泄洪隧洞0＋356掌子面同样为松散块石堆积体，其间充填碎石黏土，按照设计意见，0＋348～0＋352采用Ⅳ类偏差的方式进行支护，0＋352～0＋356段围岩鉴定为Ⅴ类，0＋356掌子面2016年11月洞顶出现局部垮塌，垮塌后空腔内均为大（巨）块石，可见大块石架空现象。局部见钙化物胶结现象。按照设计推测隧洞已进入河槽崩塌堆积体范围。

2　不良地质条件段管棚施工技术参数

自 2016 年 9 月至 2017 年 2 月期间，由于洞内大块石架空现象严重，管棚钻孔成孔非常困难，采用各种施工方式处理后，原计划采用的 15.0m 为一个循环段的管棚施工，成功钻进的仅有 7 根（采用 ϕ150 套管先跟管成孔后顶入 ϕ108 钢花管），钻孔成功率只有 8%；管棚钢花管直接跟管仅跟进 3 根，跟管成功率仅有 1%。通过总结前一段时间的施工经验，采取先用钻杆成孔后再采用 ϕ108 钢花管跟管钻进的施工方法，在跟进 7～9m 后易出现管靴断裂。

鉴于上述情况，根据现场实际，调整后的管棚施工技术参数如下：

（1）管棚长度由原定的 15.0m 调整为 9.0m 为一个循环段实施。

（2）采用 ϕ108×6mm 注浆大管棚＋钢支撑联合喷锚网强支护型式。

（3）同时为便于洞内管棚架设钻机，安设钢管，管棚工作室尺寸扩挖至设计开挖线以外 1.0m，工作室长度为 4.0m。

（4）钢管规格：高频淬火无缝钢管 ϕ108，壁厚 6mm，长度 9m，节长 1.5m、3m。

（5）管距：环向间距 40cm。

（6）倾角：管棚仰角 5°；方向：沿洞轴线方向向山体内偏转 5°。

（7）管棚连接：采用丝扣连接。

（8）钢管施工误差：纵向同一横断面内的钢管接头数量不大于 50%，相邻钢管的接头至少需错开 1m。

3　管棚施工方法及程序

3.1　施工准备

（1）采用孤石解炮的方式，将 1 号洞 0＋413.5 桩号、2 号洞 0＋356 桩号垮塌的大块石进行分解，然后通过反铲挖掘机装渣，20t 自卸汽车运至指定的小天桥弃渣场，运距 2.3km。

（2）小天桥 1 号泄洪隧洞采用挖掘机配合人工将已损坏的双层钢拱架拆除，挖掘机吊装，20t 自卸汽车将损坏的钢拱架运至废料堆放场地，运距 1km。

（3）从指定弃渣场选取粒径小于 40cm 的石渣或将垮塌后的可利用石渣，运至 1 号洞 0＋413.5 桩号、2 号洞 0＋356 桩号压实，形成石渣平台，作为管棚施工设备的操作平台。待该段管棚施工完成后采用反铲挖掘机或侧卸装载机装渣，20t 自卸汽车运至小天桥弃渣场。

（4）1 号洞 0＋411.0～0＋414.6 段施工扩大断面的 Ⅰ20 钢拱架支撑，采用卡特 320 挖掘机配合人工进行钢拱架的架设。施工前，先采用混凝土喷射机喷射 15cm 厚混凝土，封闭掌子面，避免其与空气接触时间长，再次出现掉块、垮塌等安全隐患。

（5）对 1 号洞 0＋403.0～0＋413.5 段拱顶存在的空腔，采取回填 C20 混凝土 1.5m 厚再吹填 1～2m 砂层缓冲处理，确保洞室管棚施工时的安全。

（6）在开挖轮廓线处施工钢拱架套拱，在浇筑套拱混凝土前，按设计仰角和外切角安设孔口管起导线、固定作用。孔口管采用 ϕ150 热轧无缝钢管。孔口管由 ϕ25 定位钢筋固定在拱架上。

3.2 管棚施工

3.2.1 施工工艺流程

管棚跟管钻进施工工艺流程图如图 2 所示。

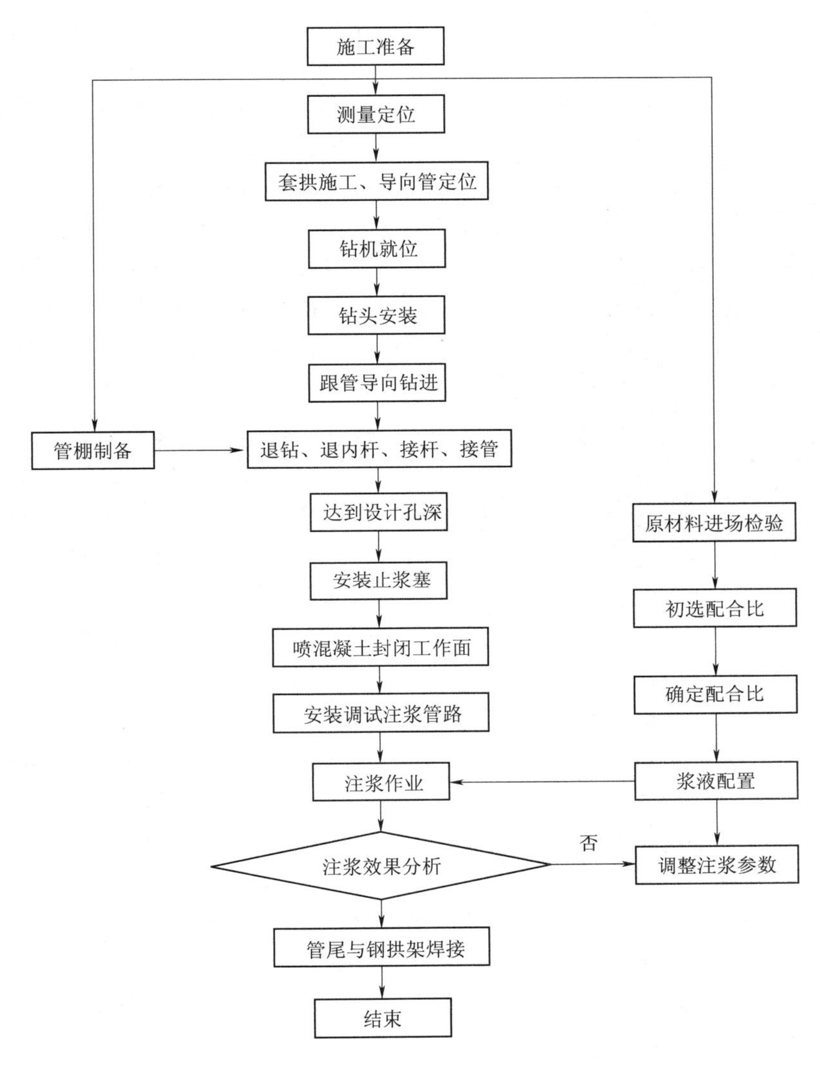

图 2 管棚跟管钻进施工工艺流程图

3.2.2 管棚施工工序操作要点

（1）开挖管棚工作室。

1）工作室确定。对于不良地质条件段，由于围岩自稳性差，需加强支护，采用单层工字钢，较设计断面顶拱扩大 1m，挂网、喷射 20cm 厚混凝土支护。因此需开挖顶拱扩大 1m 的工作室。

2）工作室尺寸。为便于架设钻机，安设钢管，管棚工作室尺寸扩挖至设计开挖线以外 1m，工作室长度 4m。

（2）钻孔施工。

1）钻机就位。钻机就位处的基础应进行夯实，确保在钻进过程中，钻机不发生倾斜或滑动。钻机的底板应用水平尺或水准仪将其调平。钻臂的仰角与设计仰角相同。钻机采用JK580履带式液压钻机。

2）钻进：①施钻时，钻机大臂必须紧贴掌子面，以防止过大颤动，提高施钻精度；②钻机开孔时钻速宜低，钻深最少100cm后转入正常钻速；③由于不良地质段的长度不确定，因此，在施钻过程中要做好钻孔记录；④本管棚为洞内施工，局部孔管棚仰角可能受操作空间影响，需根据实际情况再进行微调整，调整范围5°左右。

图3　1号泄洪隧洞上层0+416.5桩号管棚施工图

3.2.3　管棚跟管施工

考虑该处地质围岩条件，管棚顶管施工成孔非常困难，且成孔轴线极易出现偏转，造成顶管施工过程中，花管不能顶进孔底，采用管棚跟管施工（图3）。

（1）跟管工艺：钻头推进时套管直接跟进，管棚一次成型，达到本节钢管的最大行程，退钻、接杆、接管后，继续跟管钻进直至达到孔深。

（2）管件制作：管棚采用ϕ108的无缝钢管，钢管采用3m、1.5m管节逐段接长，连接接头采用厚壁箍，上满丝扣，丝扣长度为15cm；为保证受力均匀性，钢管接头应纵向错开，偶数第一节用1.5m，奇数第一节用3m，以后各节均用3m。管棚入土长度为9m。

（3）接长管件应满足管棚受力的要求，相邻管的接头应前后错开，避免接头在同一个断面受力。

（4）封闭钢管尾部先用麻布条封堵管棚钻孔空隙，然后用环形楔环顶紧，最后用电焊将楔形环焊接在管棚上。

（5）跟钻钻进施工过程中，如出现钻孔深度较深，受大块石之间孔隙影响，钻孔向下倾斜，跟管操作不了时，可及时采取先灌注水泥砂浆固结，达到一定强度后，再次跟管钻进，保证钻孔角度及深度。

3.2.4　钢筋束加工安装

钢筋束采用4根纵向ϕ16钢筋制作，长度7.5m，与环向ϕ6.5钢筋焊接，环向钢筋间距50cm。钢筋笼半径36.5mm。制作完成后，在钢筋束首尾端各采用ϕ6.5钢筋焊接一个“十”字与钢筋笼点焊，防止钢筋束直接与无缝钢筋接触，保证注浆管路不堵塞及注浆效果良好。

（1）钢筋加工。

1）钢筋加工前应清除油污、浮皮、铁锈。除锈可采用机械除锈、喷砂方法除锈和采取人工用钢丝刷或砂轮除锈等方法进行。

2）钢筋应平直、无局部弯折，对弯曲的钢筋应调直后使用。调直可采用冷拉或调直机调直，冷拉法多用于箍筋的调直，采用冷拉法调直时应匀速慢拉，Ⅰ级钢筋冷拉率不得大于2%，Ⅱ级钢筋冷拉率不得大于1%。主筋端部弯折无法调直，采用无齿锯切割。

3）钢筋加工前，技术人员应根据设计图纸要求对每根桩钢筋进行配料，下达配料单。加工人员在下料前认真核对钢筋规格、级别及加工数量，无误后按配料单下料。下料时，应采用无齿锯或钢筋切断机进行切割，严禁使用电、气焊切割。在钢筋切断前，先在钢筋上用石笔按配料单标注下料长度将切断位置做明显标记，将标记对准刀切断。

4）按规范要求钢筋接头位置应错开，以保证接头区段内的钢筋接头数量不大于50%，同一根钢筋上接头应尽量减少。

（2）钢筋连接。钢筋连接可以采用机械连接、电弧焊接或闪光对焊，本工程钢筋束采用电弧焊接。

钢筋焊接时，质检员对焊接的钢筋随机抽样，确保焊接过程监控到位，焊接接头应检测，由监理工程师见证抽样送检。

（3）钢筋束加工及安装。钢筋束骨架在本工程钢筋加工厂整体制作加工成型。钢筋束主筋接头要错开，在每一截面上接头数量不得超过50%，按设计要求的钢筋位置布置好箍筋，箍筋间距50cm。箍筋与主筋连接采用焊接。

成型后的钢筋束自检合格后报监理工程师验收，验收合格后挂牌置于专用场地，采用下垫上盖存放，妥善保护。

下放钢筋束时，采用平板车或20t自卸汽车运至施工现场，在工作面利用挖掘机吊放安装。

3.2.5 注浆试验

注浆采取“控制性充填灌浆方式”，即单孔分3次间歇性灌浆，第1次注入纯水泥浆（水灰比0.5∶1，灰量以300kg控制），间歇20～30min后，进行第2次纯水泥浆（水灰比0.5∶1，灰量以300kg控制）注入，间歇20～30min后，进行第3次注浆，采用M30高流态水泥砂浆（灰量以300kg控制）且必须保证ϕ108钢花管内砂浆灌满。根据小天桥1号泄洪隧洞0＋413.5～0＋421段管棚注浆效果显示，下阶段管棚支护仍采取“控制性充填灌浆的方式”，管棚注浆（浓浆）量可稍微提高，以150～200kg/m注灰量控制，其他参数不做调整。

3.2.6 注浆

（1）安装好有孔钢花管、放入钢筋笼后即对孔内注浆，浆液由ZJ－400高速制浆机拌制。

（2）采用注浆机将浆液注入管棚钢花管内，注浆应满足要求，若注浆量超限，未达到设计要求，应调整浆液浓度继续注浆，确保钻孔周围岩体与钢管周围空隙充填饱满。管棚注浆顺序原则上遵循着“先两侧后中间”“跳孔注浆”“由稀到浓”的原则。注浆施工由两端管棚钢管开始注浆，跳孔进行注浆施工，向隧道拱顶钢管方向推进，开始时注浆的浆液浓度稍低，逐渐加浓至设计浓度。有利于注浆的浆液向拱顶方向扩散，促进浆液的致密程度，有利于达到防渗要求。奇数孔注浆完成后进行偶数孔管棚施工，重复奇数孔注浆程序。

（3）注浆控制要点：

1）为了保证管棚注浆施工作业顺利进行和保证管棚施工质量和安全，注浆前应做好止水止浆墙的施工：为防止注浆薄弱地段地下水涌出作业面及注浆时跑浆，注浆地段的起始处掌子面应喷射15cm厚混凝土。

2）注浆孔位要准确，定位偏差应小于5cm，孔底偏差不大于孔深的1%～2%。

3）拌浆时严禁纸屑等杂物混入浆液，拌好的浆液要过滤，未经过滤的浆液严禁进入泵体，以防堵塞。注浆过程中，要时刻注意泵口及孔口的压力变化情况，发现问题及时处理。双液注浆时，要经常测定混合之后浆液的凝结时间，防止由于泵及管路故障，造成浆液比例改变而发生事故。注浆过程中，如发现孔口及工作面漏浆，要采取封堵，缩短凝胶时间及采用间歇注浆方式。做好钻孔、注浆记录，为分析注浆效果提供依据。注浆结束后，要彻底的清洗泵体和管路，以保证下次注浆安全顺利进行。

4）注浆施工过程中如发现掌子面漏浆，应及时用麻布进行封堵。

5）注浆结束：完成一个循环段长的管棚注浆施工后，在管棚支护的保护下，按步骤进行下一个循环段开挖。

4 结语

隧洞通过软弱破碎岩体、流塑状黏土、岩溶充填流泥、流沙等不良地质地段，由于围岩自稳能力极差，开挖时容易坍塌，甚至突水涌泥，给施工带来极大的困难，使工程耗资大，施工时间长，往往成为控制工程安全、质量及工期目标的关键。

夹岩水库库尾伏流工程小天桥1号泄洪隧洞0+403.0～0+413.5段掌子面均为松散块状堆积体大块石，其间充填碎石黏土，因其形成年代久远，有一定的重力固结及溶钙物胶结，仅可短期自稳。从0+403桩号开始根据设计意见采用Ⅴ类双层工字钢开挖支护形式掘进至0+413.5时，洞顶出现垮塌，垮塌后空腔内均为大（巨）块石，可见大块石架空，局部见钙化物胶结现象。在严重困难、施工受阻的情况下，经分析对比，决定采用ϕ108×6mm注浆大管棚+钢支撑联合喷锚网强支护形式施工，并组织科技攻关，使隧洞古崩塌体地层综合整治取得成功。此项技术在夹岩水库库尾伏流工程古崩塌体地层施工中的开发应用，保证了古崩塌体地层的开挖安全、质量及进度目标，是隧洞岩溶综合整治技术的重要组成部分。为后续类似工程提供参考借鉴。

沉箱围堰升浆基床试验研究与应用

黄　俊

（中国水电基础局有限公司）

【摘　要】借鉴以往类似施工经验，结合本项目水深超厚升浆基床的特点，对施工工序和方法进行了一定的优化。通过建立模型并进行模拟试验，验证了砂浆配合比、设备选型的合理性、施工方法的可行性。根据试验结果确定了典型施工方案。通过沉箱升浆基床典型施工的组织实施，确定了升浆基床的施工组织、方法和工效。本项目的顺利完成，可为类似工程的设计和施工提供借鉴。

【关键词】沉箱围堰　升浆基床　施工技术

1　工程概述

海南某项目围堰总体由堵口沉箱围堰、北侧顺岸围堰、南侧顺岸围堰、北侧水域土石围堰，南侧水域土石围堰和陆域止水帷幕组成。堵口段沉箱分两种，共 19 个，其中 A 型 16 个，位于前沿直线段及南侧；B 型 3 个，位于北侧。沉箱下为抛石基床，抛石基床的块石规格为 8～20cm 碎石，基床外侧护面块石规格为 100～200kg 块石，内侧为开山石（小于 500kg）。

抛石基床采用升浆基床处理，沉箱内升浆孔位置、孔径及升浆防漏措施由施工单位自行考虑。砂浆具体技术要求：砂浆流动度为（18±2）s；砂浆膨胀率 0.5%～1%；砂浆与基床的结合混凝土抗压强度不小于 12MPa。施工时确保基床完全充满。

2　升浆基床陆上模拟试验

2.1　试验内容

针对沉箱围堰下 8～20cm 升浆基床施工工艺实施，主要进行了砂浆配合比试验和陆上模拟试验。

2.2　砂浆配合比试验

（1）砂浆配合比试验。通过水泥砂浆配合比设计试验确定的砂浆配合比，砂浆各项技术参数如下：①砂浆流动度为（18±2）s；②砂浆膨胀率 0.5%～1%；③初凝时间为12～14h，终凝时间小于 23.5h；④砂浆 28d 抗压强度为 20MPa。

（2）制浆材料的要求。水泥为普通硅酸盐水泥，强度等级 42.5，制浆所用砂为细砂，粒径不大于 2.5mm，细度模数为 1.6～2.2；为改善砂浆性能，浆液中掺入缓凝减水剂

（聚羧酸）和膨胀剂，掺量均为1%。

2.3 骨料孔隙率试验

经现场试验测定，80～200mm升浆骨料孔隙率为45.6%。

2.4 陆上模拟试验施工

2.4.1 施工工艺流程

陆上试验模型建立包括试坑开挖、防渗薄膜铺设、骨料抛填、土工布包裹、边坡压重、盖板铺设、抽蓄水等。在预制钢筋混凝土盖板内预埋孔口管，孔距4m，排距2m，梅花型布置。基床升浆施工工艺流程如图1所示。

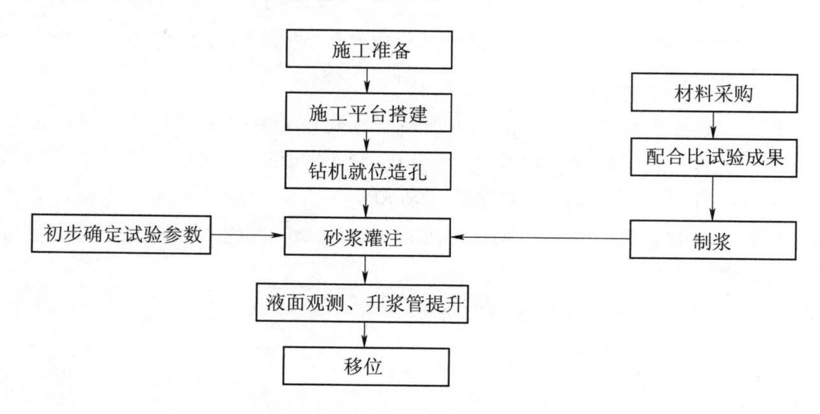

图1 升浆施工工艺流程图

2.4.2 主要施工设备选型

本次基床升浆试验施工选用设备有：3kW自制卷扬机，300kg重锤，钻杆（兼做升浆管），混凝土罐车，砂浆搅拌槽，SUB8.0型砂浆泵以及配套管路。

2.4.3 造孔工艺

本试验采用锤击法造孔。

施工平台就位后，按预埋孔口管位置将钻机就位，利用卷扬机提拉吊锤锤击带有冲尖的ϕ60mm钻杆，将其锤击至设计终孔深度。终孔后，利用ϕ60mm钻杆作为升浆管。冲尖与升浆管之间采用脱落式连接。

2.4.4 升浆孔冲洗

终孔后，灌注砂浆之前采用清水冲洗钻孔5～10min，防止碎石粒以及石屑进入注浆管堵塞管道造成废孔，同时润湿管路和检查管路是否畅通。

2.4.5 砂浆制备和输送

砂浆集中拌制，由混凝土罐车运至砂浆搅拌槽内进行二次搅拌，以供升浆施工使用，灌浆泵直接灌注砂浆。

2.4.6 升浆孔注浆

（1）施工顺序。升浆试验从第一排向第五排逐排依次灌注，每排孔同时压浆，当升浆孔口返浆后，第一排压浆孔结束压浆，所有压浆设备转移至第二排孔进行压浆施工，依次逐排推进。

（2）砂浆灌注施工：①灌注砂浆前将升浆管提升10～20cm；②基床升浆结束标准：

升浆孔孔口返浆，即可结束升浆，转下一孔位继续注浆，并及时进行补浆；③随着浆液在骨料中的上升与扩散，进浆流速逐渐减小，灌注压力达到 0.5～1.0MPa，此时提升升浆管，每次提升高度不超过 0.5m。

2.5 试验情况说明

2.5.1 出现的问题及原因分析

对升浆基床试验 1 区的混凝土盖板揭开检查，发现顶部 20～45cm 厚度局部未见砂浆填充，但下部砂浆填充饱满。经过分析可能存在以下两个原因：

（1）土工布两侧压重石压重不够，导致在灌注砂浆过程中发生护坡塌滑，经开挖检查分析，顶部未见砂浆充填区域周边砂浆渗漏严重。

（2）砂浆到达盖板底面后，升浆管拔出过早，采用孔口无压方式补浆，砂浆在顶部扩散不充分。

2.5.2 补充试验

鉴于出现的上述情况，重新组织补充试验，并针对以上问题采取以下解决措施：

（1）抛石体两侧土工布包裹严实，特别是顶部和盖板接触位置，使砂浆在灌注过程中不易产生渗漏。

（2）抛石体外侧压重石适当加厚，使得两侧有足够的压重，防止塌滑现象发生。

（3）严格控制拔管过程，每次提升高度不大于 0.5m，砂浆返出孔口后，暂不拔出升浆管，采用孔口有压方式补浆，孔口砂浆面无明显沉降，结束砂浆灌注，起拔升浆管。

对升浆基床补充试验完成部位的混凝土盖板揭开检查，抛石体表面砂浆填充饱满，砂浆和抛石结合形成平整的混凝土面，顶面抛石体砂浆充填饱满；两侧边坡包裹严实，未出现砂浆渗漏，但侧面边坡有抬动现象，护面块石压重对升浆施工质量至关重要。

2.6 升浆试验结论及建议

（1）砂浆的性能满足施工要求。侧面开挖检查，效果良好，砂浆完全充填升浆基床抛石体空隙；对搅拌站出口及经二次搅拌后的砂浆流动度进行检测，抽查 18 次，结果为 16～20s，满足设计及施工要求；施工过程中共取 6 组砂浆试件，养护 28d 后做抗压强度试验，检测值满足设计及施工要求；试验区试验完成后，对升浆体进行养护，质量检查采用钻孔取芯，共送检 3 组混凝土芯样，28d 抗压强度检测值均大于 12MPa，满足设计要求。因此，砂浆配合比及各项性能均满足设计和施工要求。

（2）施工方法可行。排除局部漏浆部位，升浆基床砂浆充填情况良好。试验期间采用的锤击钻孔、砂浆泵泵送砂浆灌注、升浆管及输浆管路输送砂浆、逐排灌注砂浆的施工方式、升浆孔距和排距等均是可行的，施工质量能满足施工要求。

（3）建议。根据试验区施工过程控制和质量检测结果，说明砂浆配合比合理，能满足施工要求，试验采取的施工方法可行，建议将护坡压重、土工布铺设作为关键工序进行控制。

3 项目实施情况

本项目采用土工布对升浆基床进行隔断和边坡包裹，共 17 个沉箱升浆单元，每个升浆单元理论砂浆灌注量为 648～2304m^3，共计完成升浆基床 25418m^3。

4 施工技术优化及创新

（1）本项目升浆孔位全部设计在沉箱隔墙和边墙内，沉箱预制过程中预埋安装，减少了沉箱深度范围内的钻孔和加固措施费用，节约了沉箱预制混凝土用量，提高升浆孔施工程序。

（2）升浆基床的块石规格为8～20cm碎石，常规工艺成孔受预埋管孔径限制，难度大、成本高，且钻具、钻杆难以兼顾砂浆灌注功能。通过自主创新，自制3kW卷扬机提拉300kg重锤锤击带有脱落式冲尖的ϕ60mm钻杆成孔，终孔后利用ϕ60mm钻杆作为升浆管，很好地解决了造孔和升浆管下设问题，同时提高了功效、节约了成本。

（3）前期进行了管路输送砂浆试验，因气温高，输送距离远，容易造成堵管，砂浆输送强度和质量难以保证。最终选择混凝土罐车运送砂浆至储浆槽，避免了高温、远距离条件下泵送砂浆造成堵管、砂浆质量不可控的风险，保证了砂浆供应强度和质量。

（4）考虑到砂浆灌注强度大，经过市场考察，选用目前排量最大的专用砂浆泵（型号SUB8.0，生产能力$8m^3/h$）作为砂浆灌注设备，在数量上与砂浆搅拌、运输能力合理匹配，在一定程度上缩短砂浆灌注时间，加快了施工进度。

（5）自制砂浆储浆槽（$4m^3$）能同时提供多个接口供砂浆泵接用，实现了砂浆输送、供应和灌注的过度连接、供浆和砂浆泵控制的集中管理，节约了人力和设备投入；储浆槽上安装1台XY-2型钻机作为搅拌设备，解决了砂浆储存过程中初凝、离析等问题，保证了砂浆储存质量。

（6）因砂浆泵高压输浆管路内径为40mm，专门加工外接头钻杆（内径38mm）作为钻具和升浆管，利用弯头连接输浆管和升浆管，使注浆管路系统通畅，大大降低了堵管的风险，实现了砂浆灌注管路系统的合理匹配。

（7）为了保证升浆基床止水效果，优化升浆顺序，以平行防渗轴线为排，逐排进行灌注砂浆施工，并优先灌注帷幕灌浆轴线上的一排升浆孔。

5 结语

升浆基床在水运工程中运用较为广泛，也可在其他行业的类似大体积抛石体地层的加固或防渗处理工程中加以推广应用。本工程在施工工艺方面积累的成功经验可供类似工程借鉴。

高坝建基岩体智能灌浆加固技术的应用

黄灿新　黄　伟　杨　宁

（中国三峡建设管理有限公司）

【摘　要】 水泥灌浆智能控制技术是成功解决乌东德水电站高拱坝建基岩体加固质量的技术。乌东德拱坝建基岩体主要为 Pt_2l^{3-1} 厚层及中厚层灰岩、厚层大理岩局部夹少量薄层及互层状灰岩和 Pt_2l^{3-2} 厚层白云岩、中厚层夹互层灰岩、中厚层石英岩；岩层产状近横河向展布，陡倾下游偏右岸；裂隙总体不发育，局部缓倾角相对较发育，爆破卸荷裂隙一般宽 1～2mm，卸荷深度 0.6～1.0m；岩体质量总体Ⅱ级，少量$Ⅲ_1$、$Ⅲ_2$及$Ⅳ_1$级，整体微新，局部沿结构面具溶蚀风化。针对建基岩体的加固处理，基于“全面感知、真实分析、实时控制”的智能闭环控制理论，全面应用智能灌浆单元机，实现了灌浆工艺的智能化控制，保证了水泥灌浆工程的施工质量，保证了水泥灌浆成果的真实性和可靠性。基础岩体采用水泥灌浆智能控制技术推广和应用价值巨大。

【关键词】 岩体　智能灌浆　加固

1　概述

乌东德水电站是金沙江下游河段四个水电梯级——乌东德、白鹤滩、溪洛渡、向家坝中的最上游梯级。乌东德大坝为混凝土双曲大坝，设计坝顶高程 988.00m，最低建基面高程 718.00m，最大坝高 270m，大坝建基面开挖高程范围为 988.00～718.00m，共分 15 个坝段。建基面与大坝上下游边坡合计完成土石方开挖约 303 万 m^3，平均开挖强度 15.95 万 m^3/月。拱坝坝肩槽开挖具有以下特点：槽体上窄下宽，体型自上而下发散呈“扇形”分布；建基面既是斜坡面，又是扭面，呈缓—陡—缓地形，预裂孔既不在同一平面内，又不互相平行；拱肩槽建基面一坡到底，中间不设马道。

2　建基面精细爆破开挖

乌东德水电大坝建基面开挖爆破是精细爆破技术在水利水电工程中的又一次全面实践。采用定量化精细爆破设计方法，以及高精度雷管爆破振动精确控制技术、大面积预裂爆破技术等，实现炸药能量的有效利用，达到爆破效果及爆破有害效应的有效控制。采用对钻机和样架进行改造、增加限位板、加装扶正器、改进施工量角器精度等措施，形成了拱肩槽开挖精细爆破施工的专项设备，实现了精确单孔定位、控制钻进速度、多次校钻的个性化爆破装药施工，形成了拱肩槽开挖的精细爆破施工工艺。采用高压水喷雾降尘等措施，有效地降低了钻孔、爆破及出渣运输对环境和施工作业人员的有害影响，提出了坝肩槽大规模开挖的降尘环保施工成套技术。另外，建立了以爆破振动安全控制标准来控制爆破对边坡岩体的直接破坏影响，以岩体声波、钻孔电视、平整度和超欠挖等指标相结合评价开挖质量，以爆破振动、多点位移、渗压、锚杆应力、锚索测力等监测系统实时监控开挖过程安全的拱肩槽开挖综合评价体系。

3 建基岩体质量

3.1 左岸高程 988.00～720.00m 坝基（1～5 号坝段）

根据坝基岩体质量分级标准，左岸建基面岩体质量以Ⅱ级为主，面积共约 12868m²，占 92.1%；少量为$Ⅲ_1$级岩体，面积约 1084m²，占 7.8%，主要分布于高程 765.00～740.00m 下游拱端，另外，高程 885.00～720.00m 等坡段见窄条状$Ⅲ_1$级岩体；偶见$Ⅲ_2$级岩体，面积约 15m²，占 0.1%，主要在高程 987.65～930.00m 沿 ZTf1 结构面分布，主要为微新状、钙质胶结的角砾岩及碎裂岩等，裂隙较发育，呈碎裂结构，岩体完整性差，但胶结好。

3.2 右岸高程 988.00～718.00m 坝基（10～15 号坝段）

根据坝基岩体质量分级标准，岩体质量以Ⅱ级为主，岩体面积约 12669m²，占 89.7%；少量为$Ⅲ_1$级岩体，面积约 1435m²，占 10.2%；偶见$Ⅲ_2$级岩体，面积约 14.8m²，占 0.1%；主要分为两类：一类是高程 987.65～955.00m 沿 Tb35 分布为厚约 10cm 的薄层状泥质白云岩，多呈微风化状，少部分呈弱风化状，半坚硬，部分锤击声较哑，破碎后似针片状，钻孔声波纵波波速平均值一般 4.8km/s；另一类是钙质胶结的碎裂岩，裂隙较发育，呈碎裂结构，胶结紧密，整体呈微风化状。

另外，在高程 955.00～937.00m 沿 Tb35 线状分布有极薄层泥质白云岩，总体呈弱—微风化状，局部呈强风化状，多锤击声哑，破碎后呈针片状。

3.3 河床坝基（6～9 号坝段）

根据坝基岩体质量分级标准，岩体质量以Ⅱ级为主，面积共约 3084m²，占 91.2%；少量为$Ⅲ_1$级岩体，面积约 297m²，占 8.8%，主要分布于 7 号、8 号坝段高程 720.00m 至高程 718.00m 的 1∶1.5 坡面上及上游坝踵附近，另外见一窄条状薄层岩体。

3.4 建基岩体声波检测

河床建基面Ⅱ级岩体声波值主要分布在 5200～6200m/s，平均值大于 5200m/s，其中声波值小于 4700m/s 约占 3.4%；$Ⅲ_1$级岩体声波值主要分布在 4600～5800m/s，平均值大于 4900m/s，其中声波值小于 4400m/s 约占 1.8%。

两岸建基面Ⅱ级岩体声波值主要分布在 5000～6200m/s，平均值大于 5200m/s，其中声波值小于 4700m/s 约占 3.5%；$Ⅲ_1$级岩体声波值主要分布在 4800～6000m/s，平均值大于 4900m/s，其中声波值小于 4400m/s 约占 7.4%；局部低值主要受结构面溶蚀影响。

4 坝基岩体总体加固方案

大坝坝基加固范围为全坝基及坝基轮廓上游外扩 5m、下游外扩 10m，采用水泥浆液固结灌浆方式进行加固处理。固结灌浆加固孔排距一般按 2.5m×2.5m～3m×3m，表层加密为 2.5m×1.25m 或 3m×1.5m，局部溶蚀结构面发育及岩体质量较差部位浅孔加密 2.5m×1.25m。河床坝段坝基范围固结灌浆采用深孔无盖重固结灌浆（结合浅层加密）＋表层引管灌浆方式加固。6～9 号坝段无盖重固结灌浆全部完成且引管系统埋设检查合格后，方可进行 6～9 号坝段混凝土浇筑。岸坡坝段坝基固结灌浆一般采用无盖重固结灌浆（表层加密）方式加固，加固顺序同河床坝段坝基无盖重固结灌浆加强固结灌浆部位（分Ⅳ序孔，灌浆孔等深）采用无盖重固结灌浆方式。拱坝坝后贴脚部位采用有混凝土盖重固结灌浆方式。

5　水泥灌浆智能控制技术

水泥灌浆在经历了人工灌浆手工记录、人工灌浆记录仪监测等阶段的基础上，目前正处于人工灌浆数字化管理阶段。前三个阶段已基本实现，其成就主要体现在灌浆成果的管理。虽然采用灌浆自动记录仪并通过网络对灌浆过程参数如压力、流量、密度及抬动等结果进行监测、记录与实施传输，但灌浆过程的灌浆压力、单位注入率和浆液密度的过程控制和调节依然由人工手动调节控制，灌浆工艺过程控制还有一些关键技术亟待解决，如配浆、变浆精度低响应慢，压力、流量控制响应慢、易超压，升压、变浆等过程缺少时程控制，灌浆数据传输及灌浆成果易受干扰，灌浆特殊情况判定和处理依赖个人经验，灌浆数据的全面性不足。为消除人工灌浆质量控制风险，降低灌浆人力资源成本，通过技术创新，将灌浆技术与现代通信技术、智能化技术紧密结合，构建“互联网＋物联网＋灌浆工程”，实现智能灌浆。

5.1　水泥灌浆智能控制模型

《水工建筑物水泥灌浆施工技术规范》（DL/T 5148—2017）明确人工控制在不超过最大压力和最大流量条件下可采用分级升压或一次升压。灌浆强度值 GIN（Grouting Intensity Number）法按 P（灌浆压力）×V（累计注入浆量）为恒定值控制，升压时程和压力与流量过程控制关系尚无统一标准。水电工程基础处理水泥灌浆智能控制模型 iGCM 的核心概念是把作用于一个灌浆段上的实时灌浆能量，即实时的灌浆压力 P_t 与单位注入率 Q_t 的乘积（单位：MPa·L/s，简称为 iGC 值），作为灌浆过程的智能控制指标。

通过现场试验或类比工程经验确定 iGC 值上下限和最大允许注入率 Q_{max} 及设计压力 P_d 值，如此就构成了智能灌浆模型（图 1）。Ⅰ区为快速升压区，开始就应尽快升压至 P_tQ_t 控制范围，避免小注入率长时间低压灌浆；Ⅱ区为稳定灌浆区，压力升至 P_tQ_t 上限后开始稳压，至 P_tQ_t 下降到 P_tQ_t 下限再次升压，在 P_tQ_t 控制范围内达到灌浆结束条件；Ⅲ区为灌浆风险区，该区易发生岩体抬动造成结构破坏，或超灌浆液造成浪费。

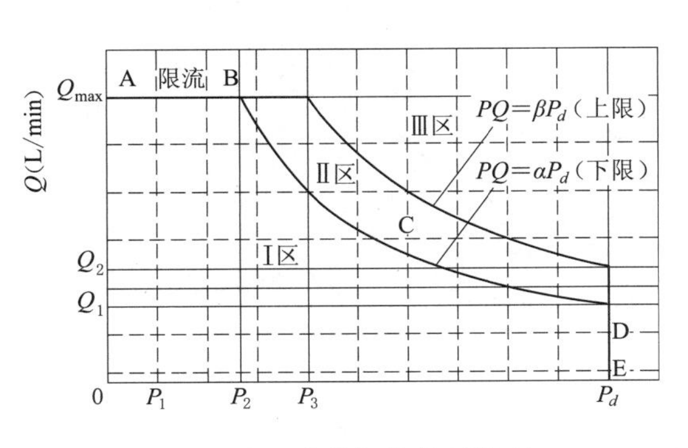

图 1　水泥灌浆智能控制模型

iGCM 是对中国水泥灌浆技术和经验的系统总结与提升，是对灌浆工艺全过程各参数的定量实时控制，为水泥灌浆智能控制的实现奠定了理论基础。

5.2 正常灌浆与特殊情况灌浆一体化常态化控制

大坝建基面工程地质条件复杂，加固处理对象存在明显的差异性，局部变化现象突显。水泥灌浆加固处理时，因地质条件导致的灌浆异常情况如串冒浆液、岩体抬动等的出现是经常的。智能灌浆须统筹正常灌浆过程和异常情况处理，并把它作为一个完整的控制策略和过程来实现。

正常灌浆过程中，实时监测灌浆压力、灌浆流量、浆液密度、地层抬动、浆液温度及灌浆历时等6参数，并执行灌浆工艺过程控制策略，当前述5项监测参数超出阈值就出现了特殊情况，智能灌浆系统能实时判别灌浆状况，自动确定特殊情况种类，并根据相应阈值及优先级，按对应的特殊情况及其策略、算法进行智能化处理。优先级处理顺序为涌水、抬动、劈裂、注入率陡降、失水回浓和注入量异常大的情况。

5.3 水泥灌浆智能控制系统——智能灌浆单元机

智能灌浆单元机核心为灌浆工艺智能控制系统，通过现场网络系统，与各个灌浆单元机进行交互，每台灌浆单元机由一台自动配浆系统、灌浆压力自动控制系统、数据处理中心及灌浆工艺智能控制系统等组成，实质上是集成式的智能灌浆系统成套设备，集成感知、分析和控制等各功能于一体，融硬件和软件为一体，是水泥灌浆智能控制成果的集中体现。智能灌浆单元机有集成式和分体式，分别如图2、图3所示。自动配浆系统根据灌浆情况自动配浆，配制所需比级水泥浆液或实施无级配浆；灌浆压力系统主要对灌浆过程实现自动控制，按照灌浆工艺控制要求，对灌浆压力、注入流量等进行无级调节，并保证流量适宜、灌浆压力稳定；数据处理中心将灌浆过程各工艺参数实时屏显，并传输录入灌浆工艺智能控制系统进行存储和分析。灌浆工艺智能控制系统是系统智能操控与数据分析的核心，不仅对自动制浆站和配浆机实施自动控制，还通过一般灌浆原理或设计技术要求对灌浆过程全参数进行智能控制，并对灌浆过程中的异常情况实施动态处理。

图2 智能灌浆单元机1.1版集成式

图3 智能灌浆单元机2.0版分体式

灌浆单元机由控制柜（配浆变浆控制、压力控制）、传感器柜（压力计、流量计、高压阀门）、数据处理中心（工艺控制系统、灌浆数据记录、通信传输系统）、一体式配浆桶（压差式密度计、温度计、进浆阀及进水阀）等四部分独立组成，各部分实现了模块化、轻量化和小型化，能够进行集中布置和分散布置，以适应不同灌浆场景，如坝面、廊道等的需求。数据处理中心具有良好的便携性，提高了灌浆成果的安全性。单元机设“干、湿”两个分区，湿区（执行区）主要包括灌浆泵、搅拌槽、配浆罐、高压阀门、灌浆管路、传感器等；干区（控制区）主要包括数据中心、压力控制系统、智能配浆系统控制器等。灌浆单元机可灵活组装和拆卸，构成一体式和分体式，提高设备搬迁效率并改善文明施工。一体式灌浆机适用于空间较大、承载力较高的部位；分体式将配浆罐独立布置，其余集中布置，适合空间较小、承载力较低的部位，从而适应多场景应用需求。

6 加固效果及评价

6.1 固结灌浆成果分析

固结灌浆加固后和压水成果见表1。

表1 固结灌浆加固后和压水成果统计表

次序	孔数	灌浆长度/m	总注入量/kg	单位注入量/(kg/m)	单位注入量（kg/m）区间段数/频率/%						平均透水率/Lu
					段数	≤20	20～50	50～100	100～250	>250	
Ⅰ	1319	3915.7	325442.34	83.11	1368	1054	36	29	79	170	15.58
						77.05	2.63	2.12	5.77	12.43	
Ⅱ	1318	3852.8	137656.7	35.73	1362	1193	19	12	62	76	5.01
						87.59	1.40	0.88	4.55	5.58	
Ⅲ	2032	27238.6	474458.33	17.42	6355	5840	102	87	149	177	1.20
						91.90	1.61	1.37	2.34	2.79	
Ⅳ	2031	27019.5	195000.3	7.22	6299	6027	66	56	69	81	0.30
						95.68	1.05	0.89	1.10	1.29	
合计	6700	62026.6	1132557.67	18.26	15384	14114	223	184	359	504	1.95
						91.74	1.45	1.20	2.33	3.28	

6.2 灌后压水试验检查

固结灌浆加固后岩体透水性检查成果见表2。

表2 固结灌浆加固后岩体透水性检查成果统计表

检查孔数	压水试验段数	压水透水率/Lu			压水透水率（Lu）区间段数/频率						设计标准/Lu	合格段数	合格率/%
					≤3		3～4.5		>4.5				
		最大值	最小值	平均值	段数	占比/%	段数	占比/%	段数	占比/%			
210	617	4.22	0	0.54	614	99.5	3	0.5	0	0	$q \leqslant 3$	617	100

6.3 物探测试检查

6.3.1 孔内电视图像

3号坝段9个检查孔孔内电视图像见6处水泥结石充填；4号坝段9个孔内电视图像见8处水泥结石充填；5号坝段灌后4个检查孔整体较完整，局部裂隙发育，见6处水泥结石充填；6号坝段灌后9个孔内电视图像见10处水泥结石充填；7号坝段灌后5个检查孔见10处水泥结石充填；8号坝段灌后8个检查孔见6处水泥结石充填；9号坝段灌后5

个孔内电视图像见3处水泥结石充填；10号坝段灌后3个孔内电视图像见3处水泥结石充填；11号坝段灌后6个孔内电视图像见6处水泥结石充填；12号坝段灌后9个检查孔孔内电视图像见6处水泥结石充填。

6.3.2 固结灌浆加固前后声波测试

坝基固结灌浆灌前、灌后声波特征值见表3。

表3 坝基固结灌浆灌前、灌后声波特征值统计表

测试方法	孔深/m	灌前波速 V_p/(m/s)				灌后波速 V_p/(m/s)				平均值提高率/%
		最小值	最大值	平均值	低速值占比/%	最小值	最大值	平均值	低速值占比/%	
单孔测试	0～3	1923	6250	4916	25.76	3175	6250	5390	3.19	9.64
	3～13	2083	6250	5613	6.45	3448	6270	5801	1.01	3.35
跨孔测试	0～3	2582	6066	4682	24.05	3723	6115	5063	2.08	8.14
	3～13	3299	6250	5341	3.45	3863	6250	5484	0.37	2.68

注 1. 建基岩体单孔声波0～3m段低速值为小于4500m/s测点，3～13m段低速值为小于4700m/s测点；
2. 建基岩体跨孔声波0～3m段低速值为小于4300m/s测点，3～13m段低速值为小于4500m/s测点。

6.4 坝基加固处理效果评价

对拱坝建基岩体，采用水泥灌浆智能控制系统进行加固处理，从加固处理前后相应试验、测试成果看，压水试验透水率由灌前的平均值1.95Lu降低至灌后的0.54Lu，深度0～3m的单孔声波测试平均波速由灌前的4915m/s提高至5390m/s，提高率达9.64%，低波速区占比由25.76%降低至3.19%；深度3～13m的单孔声波测试平均波速由灌前的5613m/s提高至5801m/s，提高率达3.35%，低波速区占比由6.45%降低至1.01%；跨孔声波测试成果相近；以上试验和检测成果均表明，采用智能灌浆系统进行拱坝建基岩体的加固，全部满足设计要求，大大提高了岩体的完整性、均匀性和防渗性能。

7 结语

水泥固结灌浆是拱坝建基岩体加固的重要措施。水泥灌浆智能控制系统在乌东德建基岩体加固工程中全面应用，验证了水泥灌浆智能控制方法的科学性和稳定性，验证了智能灌浆单元机工作的有效性和可靠性，保证了灌浆加固质量和灌浆成果的真实性、可靠性。

水泥灌浆智能控制技术是灌浆技术与物联网技术的深度融合，是灌浆行业的重要创新，响应了国家工业化和智能化发展的大趋势，践行了新时代以人为本、质量强国和绿色发展的要求，是对水泥灌浆质量、投资、职业健康等采取的有效、可靠的解决办法。水泥灌浆智能控制系统不仅适用于水利水电工程领域，也适用于基础设施建设领域的灌浆工程，推广和应用价值巨大。

拱坝坝基无盖重固结灌浆施工技术

黄灿新　黄　伟

（中国三峡建设管理有限公司）

【摘　要】乌东德水电站拱坝坝高270m，全坝坝基采用无盖重固结灌浆，通过采用“表封闭、浅加密、深升压、少引管”的混凝土高坝全坝无仓面固结灌浆方法，有效解决了300m级高拱坝固结灌浆占压仓面、与混凝土浇筑相互干扰大的问题；对两岸高陡坝肩边坡上的缓倾角裂隙发育区基岩，采用抗抬砂浆锚杆、降低灌浆压力和在线监测变形等措施，有效避免灌浆造成岩体抬动破坏；浅表层波速提高显著，岩体裂隙得到了有效充填，取得了良好的加固效果。

【关键词】表面裂隙封闭　无盖重　固结灌浆

1　工程简介

乌东德水电站拱坝坝顶高程988.00m，建基面高程718.00m，共划分15个坝段其中1～5号、10～15号坝段为岸坡坝段，6～9号坝段为河床坝段。河床坝段宽度111.3m，上下游方向最长47.6m。大坝坝基布置固结灌浆，灌浆范围为全坝基及坝基轮廓上游外扩5m、下游外扩10m。

河床坝段采用裸岩封闭无盖重固结灌浆，设计孔深采用全孔13m＋浅表层3m加密＋浅孔引管灌浆（入岩1m），基岩3～13m孔排距为2.5m×2.5m，基岩0～3m孔排距为2.5m×1.25m，7号、8号坝段，6号、9号坝段高程723.00m以下一般为铅直孔（上游坝踵部位部分为斜向上游斜孔），6号、9号坝段与5号、10号坝段相邻区域布置渐变斜孔。岸坡坝段（1～5号坝段、10～15号坝段）采用无盖重灌浆（表层加密）方式施工，施工顺序同河床坝段坝基无盖重固结灌浆。

2　施工难点及对策

坝基无盖重固结灌浆施工的特点和难点为：①大坝为拱坝，河谷狭窄，宽高比为0.9～1.1，岸坡十分陡峻，开挖坡比1∶0.21～1∶1.1，高度为270m，高边坡排架作业安全风险和有序排污难度大；②坝基裸岩宽大陡倾裂隙和局存缓倾发育爆破裂隙，无盖重灌浆过程中大面漏浆及串通现象将十分突出，灌浆压力不能提高，浅表层灌浆效率和灌浆质量难以保证。

主要采用以下对策：①“浅加密、深升压”，即调整施工顺序，先施工3m浅孔灌浆，后施工13m深孔，对表层3m基岩进行加固，形成灌浆岩体盖重，提高3m以下岩体灌浆压力；②“表封闭”，即灌浆前，对建基面出露裂隙进行裂隙封闭，基本解决建基面浅层灌浆时的冒浆，提高浅层灌浆效果；③河床坝基局部缓倾角裂隙区域设置抗抬砂浆锚杆，保证缓倾角裂隙发育区基岩固结灌浆质量，避免灌浆施工发生岩体抬动破坏；④“少引管”，即对浅表层采用引管补灌技术，有效提高建基接触面浅表层岩体质量。

3 施工技术

3.1 裂隙封闭

（1）建基面清理完成后，对建基面出露的裂隙，特别是张性爆破裂隙和结构裂隙、溶缝溶隙，沿其表面走向采用专用工具批刮特制材料（环氧胶泥或快硬水泥封堵料），待快速凝固后在裂隙表口处形成具有薄片型高黏结强度的坚硬致密封闭体。裂隙封闭材料施工流程为：建基面清理→裂隙素描→裂隙清理→批刮封闭材料。

（2）采用高压水枪对建基面进行冲洗，清除裂隙浅部充填的岩粉等杂物。裂隙宽度较大时，可采用人工挖、凿等措施对裂隙充填物进行清除并冲洗，裂隙清理深度一般不小于其宽度的5倍。

（3）批刮环氧胶泥裂隙封闭材料时，按以下要求控制：①保持裂隙及基岩面干燥；②采用灰刀沿裂隙用力批刮，裂隙较大时自内向外分层批刮，保证裂隙内的空隙填充密实，或采用快硬水泥砂浆材料先行填充内层；③裂隙表面批刮平整，裂隙两侧批刮宽度各不小于3cm（批刮宽度需兼顾两侧微裂隙），厚度不小于10mm。

（4）批刮快硬水泥裂隙封闭材料时，按以下要求控制：①保持裂隙及基岩面湿润，必要时采用毛刷蘸水涂刷，使裂隙及基岩面充分湿润，在冲洗时间达1h以上后可结束冲洗；②批刮封闭材料时，采用灰刀沿裂隙用力批刮，裂隙较大时自内向外分层批刮，保证裂隙内的空隙填充密实；③裂隙表面批刮平整，裂隙两侧批刮宽度各不小于4cm，厚度不小于3cm。

（5）灌浆前对灌浆段次进行预压水，有外漏时先对外露处进行裂隙封闭，待封闭牢固后进行灌浆施工；若外漏处不能有效封闭，对灌浆段灌注浓浆，待裂隙处返浓浆时待凝2h，在灌浆孔旁边30cm处重新开孔、进行灌浆施工。

3.2 缓倾角地层防抬动技术

根据现场开挖揭露的河床建基面地质条件，河床坝基局部缓倾角裂隙相对发育，局部开挖揭露岩体为$Ⅲ_1$类岩体，存在多条陡倾角、缓倾角裂隙，为保证缓倾角裂隙发育区基岩固结灌浆质量，避免灌浆施工发生岩体抬动破坏，固结灌浆采取以下处理措施：

（1）抗抬砂浆锚杆。

1）固结灌浆施工前，在河床建基面布置抗抬砂浆锚杆。抗抬砂浆锚杆采用ϕ28mm、L=6m带垫板锚杆，间排距为2.5m×2.5m，与灌浆孔错开布置，锚杆外端部车丝长度为7cm。

2）在锚杆水泥砂浆终凝后，安装钢垫板、垫圈及螺母，并采用扭矩扳手扭紧螺母，给锚杆施加约5kN的张拉力；钢垫板采用Q235钢材，尺寸为200mm×200mm×10mm（长×宽×高），中间开孔ϕ35mm；螺母与垫圈采用符合国家规范的标准件；钢筋套丝及垫圈要与选用的螺母配套，且选用的螺母可提供的紧固力必须大于设计张拉力的 2 倍。

3）考虑到河床建基面开挖岩面不平整而导致垫板与锚杆轴线不垂直，需处理成光滑的平面。采用自制木盒放置于孔口，在钢垫板下用速凝水泥砂浆对孔口部位进行找平至自制木盒顶部，自制木盒内侧尺寸为 200mm×200mm×50mm（长×宽×高）。

（2）降低灌浆压力：

1）$Ⅲ_1$类岩体部位Ⅰ、Ⅱ、Ⅲ、Ⅳ序孔第一段灌浆压力分别调整为 0.3MPa、0.4MPa、0.6MPa、0.7MPa。该部位灌前压水、灌后压水检查压力采用 80%的灌浆压力。

2）发生岩面抬动时应立即降低压力，将压力减少至相应灌浆压力的 70%，注入率控制在 10L/min 以内。若第二次升压再次出现抬动且注入率在 10L/min 以内时，降低至相应压力的 70%继续灌注 30min 可结束灌浆；若注入率大于 10L/min 待凝 12h 扫孔复灌。

3.3 表层引管补灌施工工艺

为避免混凝土仓钻孔有盖重补充固结灌浆产生的抬动风险和间歇期过长引起的混凝土开裂风险，将河床坝段钻孔有盖重固结灌浆方案调整为引管固结灌浆为主的补灌方案。

（1）引管固结灌浆需施灌坝段及相邻坝段坝体混凝土盖重不小于 30m，并且相邻横缝底层接缝灌浆灌区已具备通水条件后实施。引管固结灌浆施工前，须对底层接缝灌浆系统和各坝段每组灌浆管路进行联合通水检查，检查合格后形成检查记录签字移交方，可启动施工。

（2）单个坝段引管灌浆组灌浆顺序一般按“从低高程向高高程、先灌奇数列、再灌偶数列，先灌廊道、再灌贴脚”的原则进行施工；同一坝段同一时间段灌注的引管固结灌浆孔一般不多于两组，且距离不小于 10m。

（3）每一组灌浆孔灌浆过程中，其四周相邻组灌浆孔均应进行通水循环，其所在坝段底层接缝灌浆系统应进行通水循环，通水压力为 0.3MPa。

（4）进、回浆管口均安装压力表及时观察控制压力。灌浆压力按照回浆管压力控制。

（5）引管固结灌浆结束后，采用 1∶0.5 的浓浆置换孔内稀浆，当回浆管排出稀浆后，关闭回浆管球阀进行闭浆，闭浆时间不小于 24h，最后孔口用砂浆抹平。

（6）为避免检查孔钻孔施工打坏坝体混凝土底层后期冷却通水管和接缝灌浆系统，因此建议待坝体混凝土底层接缝灌浆施工完成 1 个月，冷却水管不再发挥作用后，再在坝体廊道及坝后贴脚位置适时布置检查孔，进行检查孔施工。

（7）特殊情况处理：

1）灌浆前发现灌浆管路堵塞时，采取压力水冲洗或风水联合冲洗等方法对堵塞管路进行正、反方向反复浸泡冲洗。

2）灌浆过程中进浆管堵塞，打开所有管口放浆，然后暂改用回浆管进浆，灌浆过程适当提高进浆压力，疏通进浆管。若无效，可以在回浆管控制进浆压力，直至结束。

3）灌浆因故中断时，立即用清水冲洗管路，直至管路畅通为止。恢复灌浆前，再进行一次压水检查，若发现管路不通畅，应采取补救措施。

4）灌浆过程中，接缝灌浆系统出现串浆现象时，引管灌浆立即停灌待凝处理管路，并加大接缝灌浆系统通水流量直至回水澄清。

5）引管灌浆相互串孔时，若单孔串漏量小于 1L/min，对被串孔采用间歇方式通水循环，防止被串孔管路被堵，通水间隔时间按15min控制，待灌浆孔灌浆结束且待凝后，再对串漏孔进行灌注；若单孔串漏量不小于1L/min，待被串孔口返水出现水泥浆液浑水或通水时带有水泥浆浑水时，则将该组孔进浆管并接，先进行孔管容置换，待回浆口浆液密度达到或接近进浆密度时，将回浆管口并接，与灌浆孔进行并灌。

4 分析与比较

与国内同类坝基固结灌浆工程比较，乌东德水电站拱坝坝基无盖重固结灌浆施工技术具有以下特点：

（1）裂隙封闭工艺技术。为提高建基面浅层灌浆质量，在建基面清理完成后、对建基面可能漏浆裂隙（重点是张开裂隙、溶蚀裂隙和充填软弱、破碎物质的裂隙）进行封闭，裂隙封闭材料主要采用专用水泥基环氧胶泥和快硬水泥。

（2）缓倾角地层防抬动技术。根据现场开挖揭露的河床建基面地质条件，河床坝基局部缓倾角裂隙相对发育，局部开挖揭露岩体为$Ⅲ_1$类岩体，存在多条陡倾角、缓倾角裂隙，为保证缓倾角裂隙发育区基岩固结灌浆质量，避免灌浆施工发生岩体抬动破坏，设置了抗抬砂浆锚杆。

（3）表层引管补灌施工工艺。为有效提高建基面表层固结灌浆效果，避免混凝土仓钻孔有盖重补充固结灌浆产生的抬动风险和间歇期过长引起的混凝土开裂风险，在施灌坝段及相邻坝段坝体混凝土盖重不小于30m，并且相邻横缝底层接缝灌浆灌区已具备通水条件后对表层进行引管补灌。

5 结语

乌东德水电站拱坝全坝基采用无盖重固结灌浆施工技术，不仅加快了混凝土工程的施工进度，完全避免了与混凝土交叉作业的影响，保证了混凝土冷却系统的完整性，而且固结灌浆质量一次达到要求，浅表层波速提高显著，岩体裂隙得到了有效充填，取得了良好的加固效果。

超深围堰防渗墙下基岩破碎带防渗补强施工技术

黄灿新[1]　刘传炜[2]

（1. 中国三峡建设管理有限公司　2. 中国葛洲坝集团有限公司乌东德施工局）

【摘　要】 乌东德水电站大坝上游围堰下伏基岩为因民组第二段（Pt_2y^{2-1}）薄—极薄层大理岩化白云岩，裂隙总体上不发育，局部存在破碎带。汛期防渗墙与基岩渗压计显示，防渗墙桩号0+123.6～0+138.6破碎带部位的基岩地下水位与河道水位存在相关性。为确保上游围堰高水头运行安全性，汛后对该处墙下基岩破碎带采用高精度多重套管钻孔和超细水泥进行灌浆补强处理，取得良好效果。

【关键词】 超深围堰　基岩破碎带　多重套管　超细水泥

1　基本情况

1.1　地质条件

乌东德水电站大坝上游围堰河床覆盖层下伏基岩为因民组第二段（Pt_2y^{2-1}）薄—极薄层大理岩化白云岩，属微岩溶化岩组；岩层近横河向多陡倾下游，走向与围堰轴线呈小角度相交；岩石多为灰白色，多呈微风化状；断层裂隙总体上不发育，局部因揉皱等作用而破碎。

2015年3月下旬，上游围堰防渗墙SF26－1先导孔在孔深92.2～101.8m（高程740.30～730.70m）处、SF26－3先导孔在孔深94.2～104.2m（高程738.30～728.30m）处岩芯采取率为0。地质初步判断该部位可能因岩体破碎而难以取芯。2孔声波测试成果表明，未取得芯样部位声波值明显偏低，为岩体破碎带。为顺层局部破碎区，其走向约为323°、倾角约62°；平面上分布在防渗墙SF25－1～SF28－1孔之间，起止桩号0＋123.6～0＋138.6，长度15m，垂直方向分布在基岩顶面以下15m，高程约740.00～726.00m附近，顺水流方向上分布厚度约6m。

针对破碎区特点，现场将防渗墙嵌岩深度1m调整为3m，其下进行基岩帷幕灌浆，该部位灌浆后压水试验检查，透水率皆在1Lu以下，平均值为0.84Lu。

1.2　渗压监测情况

上游围堰防渗墙布置了3个渗流监测断面，其中2－2监测断面桩号0＋129，埋设3支渗压计，P03渗压计埋设于基覆分界线上，高程742.00m，P04、P07渗压计埋设729.9m，前者距防渗墙下边墙2.5m，入岩5.5m，后者位于防渗墙轴线上，距墙底5.0m。监测成果表明，P04、P07渗压计水位高于上部的P03渗压计水位近40m，且与上游水位有一定的同步相关性，较上游水位低 0.72～7.0m，P03 渗压计监测水位与大坝基坑水位相关性较大，较上游水位低 26.57～42.12m。分析 P04、P07 测点水头与河水位相关的原因复杂，可能与某条延伸长度不大、总体上透水性较差的结构面有关，SF26 号槽段顺层破碎区附近没有集中渗漏的通道，堰体和下伏堰基河床覆盖层存在可能出现渗透变形的风险。

2 补强设计

设计洪水标准为 5%流量 26600m³/s，相应水位 871m，上游围堰挡水水头 153m。为确保围堰高水头运行时基岩破碎带及防渗墙体的安全性，降低堰基渗透失稳风险，对该基岩破碎带进行防渗补强处理，在防渗墙体上游侧布置 2 排共 16 个补强灌浆孔，排距 1m，孔距 1m。

为防止钻孔孔斜偏差过大破坏防渗墙和复合土工膜，上游排距防渗墙上游边界 3.0m，下游排距离防渗墙上游边 2m；灌浆段顶高程：1～5 号为高程 740.00m、6～16 号为高程 741.00m，灌浆底高程为破碎区底板高程以下 5.0m，若灌浆孔未经过破碎区，灌浆底高程初步定为高程 721.50m。

3 主要施工技术

3.1 难点及对策

主要难点：①上游围堰破碎带帷幕补强灌浆施工平台高程为 838.00m，灌浆段顶高程为 740.00m，上部 98m 为覆盖层和围堰填筑区，钻孔成孔难度大；②Ⅱ序孔距离防渗墙 2m，最大孔深 110m，既不能破坏复合土工膜和防渗墙体，还要形成有效的补强帷幕，须采取高精度钻孔工艺。

关键对策：①钻孔采用 XY-2 型地质钻机回转钻进，覆盖层及填筑区采用跟管法钻孔，多次变径钻孔、下设多重套管；②组建专业钻孔队伍，采取高精度钻孔工艺，严格控制钻孔孔斜。

3.2 钻孔工艺

3.2.1 钻孔方法

钻孔按照Ⅰ、Ⅱ序进行，灌浆段孔径不小于 56mm。覆盖层中钻孔。首先采用 ϕ150mm 复合片钻头（下同）进行钻进，优质泥浆护壁，当形成孔口后下入 ϕ146mm 套管，套管底部带有金刚石薄壁跟管钻头（下同）；改用 ϕ130mm 钻头进行钻进，ϕ146mm 套管进行扩孔跟管钻进；当 ϕ146mm 套管扩孔跟管钻进钻至孔深 50m 处改为 ϕ127mm 套管跟管钻进，而后改用 ϕ110mm 钻头钻进；ϕ127mm 套管进行扩孔跟管钻进钻至 60m 处改为 ϕ91mm 钻头钻进，ϕ108mm 套管跟管；ϕ108mm 套管扩孔跟管至 80m 后，ϕ91mm 钻头泥浆护壁顶漏钻进，钻至基岩，镶铸 ϕ89mm 无缝钢管为孔口管；变径为 ϕ75mm 钻进至灌浆段顶高程后，镶铸 ϕ73mm 隔离管。

3.2.2 孔斜控制

先调整好钻机方向和顶角，保证钻机摆放平稳后方可开钻。孔深小于 100m 允许偏差小于 1%，孔深 100～130m 允许偏差小于 1.5%，每钻进 5～10m 应进行一次钻孔测斜，钻孔过程中严格控制钻孔孔斜，在孔深 50m、70m、90m 时，绘制钻孔孔斜投影图。根据孔斜检测成果研究钻孔纠偏措施，及时进行纠偏控制。

施工中采取了严格的孔斜控制措施，如校验钻机的立轴，拧紧机头螺栓；采用合适的钻压和钻速，随着孔深的增大适时减压钻进；先采用小一级配钻进取芯成孔，再用大一级跟管钻进方法下入套管隔离，覆盖层内 5～10m 间采用高精度的测斜仪测斜进行一次钻孔测斜，及时掌握钻孔垂直及倾斜方向，若发现钻孔偏斜采用钻机平移法及孔内下入偏斜器吊中纠偏处理方法。墙下帷幕第 10 单元破碎区范围补强灌浆钻孔孔斜成果见表 1。

表 1　　墙下帷幕第 10 单元破碎区范围补强灌浆钻孔孔斜成果表

灌浆孔编号	Ⅰ-1	Ⅱ-2	Ⅰ-3	Ⅱ-4	Ⅰ-5	Ⅱ-6	Ⅰ-7	Ⅱ-8
桩号	0+123.6	0+124.6	0+125.6	0+126.6	0+127.6	0+128.6	0+129.6	0+130.6
钻孔孔深/m	116.50	113.10	114.20	115.80	120.00	119.37	120.50	119.76
基覆界面孔深/m	98.04	97.53	97.00	96.20	97.47	95.85	95.73	95.65
基覆界面孔斜/m	0.72	0.97	0.30	0.48	0.38	0.29	0.65	0.39
钻孔孔底孔斜/m	0.98	1.04	0.73	0.67	0.97	0.41	0.83	0.93
灌浆孔编号	Ⅰ-9	Ⅱ-10	Ⅰ-11	Ⅱ-12	Ⅰ-13	Ⅱ-14	Ⅰ-15	Ⅱ-16
桩号	0+131.6	0+132.6	0+133.6	0+134.6	0+135.6	0+136.6	0+137.6	0+138.6
钻孔孔深/m	120.00	119.61	120.00	118.74	120.20	120.10	120.80	120.00
基覆界面孔深/m	95.65	97.00	95.66	95.65	95.66	94.00	95.73	96.00
基覆界面孔斜/m	0.56	0.59	0.56	0.65	0.17	0.67	0.51	0.46
钻孔孔底孔斜/m	0.82	0.75	0.63	0.71	0.45	0.78	0.72	0.72

3.2.3　孔口管埋设

孔口管采用 ϕ89mm 无缝钢管，至少需深入基覆分界线 50cm，采用内外丝扣连接，为控制覆盖层中镶铸孔口管用水泥量，在钢管底口以上 2m 卡塞往管底注入 300L 普通浓水泥浆即可。

3.2.4　隔离管埋设

孔口管埋设待凝 24h 后采用 ϕ75mm 钻头进行扫孔并钻入基岩 1.5m，冲洗、简易压水试验后，孔内卡塞在 ϕ89mm 孔口管底部进行低压、普通水泥浆液灌注至正常结束。待凝 24h 后扫孔进行压水检查（压水压力 1.5MPa）确认检查合格后（压水透水率小于 3Lu），下设基覆接触段隔离管（管径 ϕ73mm），隔离管长度 2m，并在 ϕ89mm 孔口管中套接 0.5m，注浆 300L 锚固待凝 24h 后钻灌下一段。

3.3　灌浆工艺

3.3.1　灌浆材料

补强灌浆埋管、普通水泥灌浆段（每个孔第 1 段）水泥灌注及封孔采用 P.H SR42.5 水泥，超细水泥灌浆段（第 2 段及以下）采用超细水泥。超细水泥的主要质量指标为：$D_{50}=3\sim6\mu m$，$D_{max}=12\mu m$。

3.3.2　灌浆方法

采用自上而下分段灌浆法施工。施工流程为：固机开孔→覆盖层钻进至入基岩→埋设孔口管→待凝后钻进至起灌高程顶部→普通水泥灌注→压水合格后埋设隔离管→待凝后钻进第一段→孔壁冲洗、裂隙冲洗、压水试验、第一段灌浆→钻进第二段→孔壁冲洗、裂隙冲洗、压水实验→第二段灌浆→直至终孔→全孔封孔。

3.3.3 段长及压力

补强灌浆孔段长分别为：第1段2m，第2段3m，其下各段5m，最大不超过5m；各段压力分别为：1.2MPa，1.3MPa，1.4MPa，1.5MPa、2MPa和2.2MPa。

对单位注灰量小于20kg/m的孔段，第1段至第3段可将灌浆压力适当提高0.3MPa，第4段以后可适当提高0.5MPa。

3.3.4 灌浆水灰比

采用3、2、1、0.8和0.5五个比级，开灌水灰比为3。

3.3.5 浆液变换

(1) 使用多级水灰比浆液时应由稀到浓逐级变换。当灌浆压力保持不变，注入率持续减少时，或当注入率保持不变而灌浆压力持续升高时，不得改变水灰比。

(2) 当某一比级浆液的注入量已达300L以上，或灌浆时间已达30min，而灌浆压力和注入率均无明显改变时，应该换浓一级水灰比浆液灌注。

(3) 当注入率大于30L/min时，根据施工具体情况，可越级变浓。

(4) 灌浆前、浆液变换时、灌浆结束时均应测量浆液密度及黏度，灌浆过程中亦每隔15～30min测量一次浆液密度和黏度。

3.3.6 灌浆结束标准

单孔灌浆各灌浆段的结束条件为：当灌浆段在设计压力下，注入率不大于1L/min，继续灌注60min，即可结束灌浆。

3.3.7 特殊情况及处理

灌浆过程中，有部分孔段吸浆量较大（表2），按照浆液变化原则改变浆比，并采用低压、限流及变换为普通水泥灌注等方法持续灌注。

表2　部分较大注入量孔段补强灌浆施工情况统计

孔号	段次	灌浆段长/m			水灰比		注入量/kg	单位注入量/(kg/m)
		自	至	段长	开始	终止		
SWB-Ⅰ-1	5	113.5	116.5	3.0	3:1	2:1	356	118.67
SWB-Ⅰ-3	2	103.5	106.5	3.0	3:1	1:1	365.6	121.87
	3	106.5	111.5	5	3:1	2:1	662.6	132.52
SWB-Ⅰ-7	3	105.5	110.5	5	3:1	1:1	528.5	105.7
	4	110.5	115.5	5	3:1	1:1	423.3	115.32
	4-1	110.5	115.5	5	3:1	2:1	153.3	
SWB-Ⅰ-11	3	105.5	110.5	5	3:1	0.8:1	980.7	196.14
SWB-Ⅰ-13	1	100.5	102.5	2	3:1	0.8:1	297.3	148.65
	2	102.5	105.5	3	3:1	2:1	1360.5	453.5
SWB-Ⅱ-4	1	101.5	103.5	2	3:1	0.6:1	1618.7	809.35
SWB-Ⅱ-6	2	102.5	105.5	3	3:1	0.6:1	1259.8	419.93

3.4 施工问题及解决措施

因覆盖层厚、灌浆孔深度大，基岩灌浆施工不可避免遇到灌浆塞阻塞和起拔难度困难、超细水泥快速凝固等问题，对灌浆塞采用增加辅助起拔钢丝绳、进回浆管全部采用无缝钢管、射浆管采用PVC塑料管等措施解决。

4 灌浆成果资料分析

各序孔超细水泥灌浆单位注入量灌浆成果见表3。

表3 各序孔超细水泥灌浆单位注入量灌浆成果

孔序	孔数	基岩灌浆/m	水泥注入量/kg	单位注入量/(kg/m)	灌浆段数	单位注灰量 (kg/m)（区间段数/频率)/%				
						≤10	10～50	50～100	100～1000	>1000
Ⅰ	8	143.9	7597	52.79	38	12	14	4	8	0
						31.6	36.8	10.5	21	0
Ⅱ	8	143.5	4220.05	29.41	37	21	13	1	2	0
						56.8	35.1	2.7	5.4	0
合计	16	287.4	11817.05	41.12	75	33	27	5	10	0
						44	36	6.7	13.3	0

从表3中可看出，Ⅰ序孔超细水泥灌注平均单位注入量为52.79kg/m；Ⅱ序孔平均单位注入量为29.41kg/m，Ⅱ序孔相对于Ⅰ序孔平均单位注入量递减44.3%。

Ⅰ、Ⅱ序孔各有8、2段单位注入量大于100kg/m，分别占各自段数的21.6%、5.3%，有20%的孔段单位注入率超过50kg/m，说明超细水泥浆液在破碎带部位具有良好的可灌性。

因灌后检查孔施工难度大，经分析后序孔灌前压水试验和单位注入率等数据，对比防渗墙基岩帷幕灌浆成果，采用超细水泥灌浆后可取得良好效果。同时，基岩内两支渗压计监测数据突降，较河水位低过30m，亦表明破碎带渗漏破坏风险已基本解除。

5 结语

乌东德水电站大坝上游超深围堰防渗墙下基岩破碎带存在高水位运行的渗透破坏风险，通过多重套管跟管钻进技术成功解决了深厚覆盖层钻孔难题，并采取严格的防斜纠偏措施确保钻孔孔斜以及灌浆成幕的可靠性；采用超细水泥浆液进行补强灌浆，可灌性好，注入量达到预期目标，防渗灌浆有效成幕，提高了上游围堰高水头运行条件下破碎带的安全性。此套技术可在深厚覆盖层和透水性强、可灌性差的岩层中借鉴使用。

一种基于物联网技术的水泥浆智能配制和分配系统研究

黄灿新[1]　陈　离[2]

（1. 中国三峡建设管理有限公司　2. 浙江杭钻机械制造股份有限公司）

【摘　要】 通过引入物联网、自动控制系统等新技术，对水电工程传统的水泥灌浆用浆液配置和输送分配进行技术创新，通过多型号传感器、物料感知设备、计量设备进行精确浆液配制和“以需定产”的分配，减少了浆液的配制损耗、输送损耗，在乌东德水电站水泥灌浆工程中应用取得了较大的经济效益，为水电建设工程现代化物料管理和分配提供了有意义的尝试和开拓。

【关键词】 水电工程　水泥灌浆　制浆　中转分配　监管　物联网

1　引言

在传统的水电基础施工制浆中，多采用袋装水泥人工配制等方式，通过常用的400L、800L等制浆机进行浆液配置，在配置过程中往往以水泥袋为单位进行配置，即在制浆机中加入一定量的水，然后在根据制浆密度投入一袋或多袋水泥，由于制浆过程中水、灰的质量比不够准确，大多为经验操作，所以配置的浆液密度（水灰比）偏差较大，且加之为工人开袋投料的方式，现场的粉尘、废水、废浆都较多，既对环境造成伤害，又加大操作工职业病危害风险。

在传统的水电施工中，对于隐蔽工程的监管一直是个难题，特别是对隐蔽工程的物料真实消耗量的统计和核销没有一个行之有效的解决办法。以水泥为例，通常对进出库的水泥运输车辆进行地磅过磅和派单签收，至于物料的最终消耗一般都以手工台账方式进行，存在数据记录不准确、容易污染和遗失等风险，在分阶段及竣工物料核销存在证据链不充分、不完整等情况，对建设单位、监理单位、施工单位都存在一定程度的影响和不便。

正是由于传统方式的不足和缺陷，我们在工程施工中，特别在对于物料的真实有效核销、高精度配浆、按需定产方式的定量浆液配送等需求的推动下，笔者在乌东德水电站工程进行了一种基于物联网技术的智能浆液配制和分配系统研究和工程应用。

2　工程概况

本系统服务于乌东德水电站工程。乌东德水电站是金沙江下游河段规划建设的四个水电梯级——乌东德、白鹤滩、溪洛渡、向家坝的最上游一级。坝址所处河段的右岸隶属云南省昆明市禄劝县乌东德镇，左岸隶属四川省会东县。电站上距攀枝花市213.9km，下距白鹤滩水电站182.5km，与昆明、成都的直线距离分别为125km和470km，乌东德水电站初选正常蓄水位975m，回水长度206.65km，水域面积127.1km^2，总库容74.05亿m^3（其中调节库容26.15亿m^3，防洪库容24.4亿m^3）；电站装机容量8700MW（12×725MW）；为Ⅰ等工程，由高约265m的混凝土拱坝、泄洪消能建筑物、引水发电系统等建筑物组成。电站保证出力3213MW，多年平均发电量387.1亿kW·h；水库可淹没四个特大碍航滩险，形成200km长的深水航道，为发展库区航运创造良好条件；和下游梯级一起，配合三峡水库对长江中下游起防洪作用。以2008年一季度价格水平计算，枢纽工程静态总投资419.62亿元，输电工程静态总投资256.65亿元。工程总静态投资676.27亿元。建设征地区总人口39294人。乌东德水电站主要工程量见表1。

表1　　乌东德水电站主要工程量

序号	施工明细	单位	数值
1	土石方开挖	万m^3	3152
2	石方洞挖	万m^3	1207
3	土石方填筑	万m^3	483
4	混凝土	万m^3	937
5	钢筋	万t	41
6	喷混凝土	万m^3	53
7	锚杆（锚桩）	万m	184
8	锚索	万束	3.5
9	帷幕灌浆	万m	66
10	固结灌浆	万m	241
11	金属结构	万t	8

3　系统的研发与实施

3.1　需求分析

本系统的研发初衷是为了解决水电施工中灌浆所需浆液的配制、输送应用和配浆所消耗的水泥物料监管两大难题，其主要需求为以下3个方面：

（1）对配浆所需的水泥物料的质量监管，可以精确到每一次制浆过程的水泥物料消耗。分别测量和统计总入库量、制浆消耗量、实际灌浆注入量、剩余存量、弃浆损耗量，对制浆、分配、灌浆、弃浆全流程的水泥物料监控。

（2）智能化配浆，根据不同工作面、孔位的需求进行高精度浆液配置。

（3）通过APP远程控制方式进行浆液需求申请，系统自动将浆液输送到目标需求点。

3.2　方案设计与实施

3.2.1　制浆站的设计与实施

由于本工程的灌浆施工量较大，其中帷幕灌浆约66万m，固结灌浆约241万m，灌浆所需的水泥量也较大，工程采用散装水泥车直接运输方式，对灌浆所需的制浆用水泥采用立式水泥仓存储。单站设置2台立式水泥仓，单仓容积85m^3（约120t），并在立柱上设置专用型称重传感器，传感器数量及量程按照为 4×50t 布置。

系统物料输送采用气动破拱卸料结合螺旋输送机方式进行，有效避免了水泥结拱搭桥，下料均匀平稳，输送出力不小于 60t/h，气力破拱装置工作压力不小于 0.45MPa，风量不小于 270L/min。

系统制浆采用高速涡流剪切式制浆机组。通过涡流剪切泵进行高速制浆，单次制浆能力为 $2m^3$（水灰比为 0.5∶1），单次制浆时长不大于 2min。

高速制浆机组配制有专用数字型应变式称重传感器组合，并对设备运行过程中的偏载、离心力影响、振动影响进行滤波、算法补偿，制浆机组称重传感器主要技术参数见表 2。

表 2　　制浆机组称重传感器主要技术参数

序　号	性能指标	单　位	数　值
1	量程	kg	1000
2	精度等级		C3
3	灵敏度	mV/V	2.0±0.02
4	线性误差	F.S	±0.03%
5	滞后误差	F.S	±0.03%
6	蠕变（30min）	F.S	±0.02%
7	工作温度范围	℃	−30～+70
8	防护等级		IP67

制浆机组分别布置在左、右岸高程 988.00m 平台，采用集中制浆，输浆管道顺边坡自上而下敷设，采用钢管和耐压胶管相结合方式，由于距离坝基落差达到 270m，为了避免大落差对管道和下方设备的冲击，布管方式为“Z”字形布置，通过管道平滑弯道过渡进行消力及降速。

图 1　制浆站系统外观布置

在输浆管道顶端设置有气闸室，通过单向阀进行导气控制，使得管道内浆液流速均匀，浆液残留量较小，可以有效通过虹吸效应将浆液输送到坝底工作面，节省能源。

由于落差较大，水泥浆液水灰比较大（通常标准浆水灰比为 0.5∶1，对应密度约为 $1.83g/cm^3$），本设备中采用螺杆泵进行浆液输送。该型设备虽为容积泵，但对浆液内颗粒物、黏度不敏感，能较长时间输送高黏度浆液。

制浆站系统外观布置图如图 1 所示。

制浆站工作流程如图 2 所示。

3.2.2　中转分配系统的设计与实施

在灌浆施工中，对于灌浆所用的浆液有严格的要求，除了严格规范的水泥强度等级和理化分析外，还对浆液的密度、温度、搅拌时长以及浆液的存储时长都有严格要求，所以在很多时候，由于配制的浆液存储时间过长而导致弃浆的现象时有发生，为了更好地减少物料浪费，在中转系统中，制定了“以需定产”“以需定送”的指导方针，其实施指导原则为：任意工作面对浆液的需求信息（包含制浆量、输送量、浆液密度、所需站点编号）都通过移动端APP进行需求发送，当制浆站收到APP的浆液需求信息后自动完成相应配比的浆液配制，并在中转系统中通过泵和阀的组合将浆液输送到目标工作面的目标需求点，由于数据是双向传递的，这些数据不仅用于指导制浆和送浆，同时该数据也被记录下来用于统计和管理相应工作面的浆液需求量和消耗量。

通过上面的实施指导原则，我们在系统设计中，结合了水泥浆的理化特性和工程的实际情况，采用高黏度耐磨输送泵、耐磨自动阀门、管道、流量计量设备、自动控制设备，浆液分配主要技术路线如图3所示。

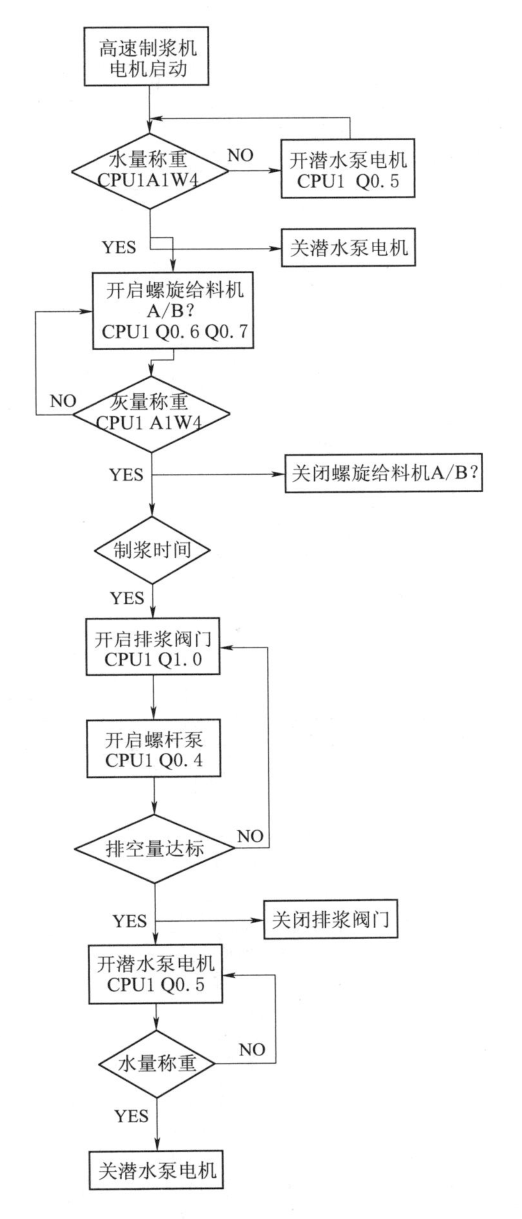

图2　制浆站工作流程图（局部）

在实际使用中，其控制部分硬件部署为西门子S7－200型PLC、组态上位机、移动端平板、4G－DTU。软件实现过程为：移动端APP通过4G网络与组态通讯进行通信，将所需的浆液水灰比信息、浆液需求量信息及需求站点编号信息写入到组态软件，组态软件再通过MODBUS－RTU协议将这些信息写入到PLC对应的寄存器。写入信息后，PLC自动完成当前存量浆液的检查，如果存量满足需求量，则直接控制分配系统将浆液输送到所需求的站点，如果当前浆液存量小于需求数，则制浆系统自动启动配制相应水灰比的浆液，在配制时还会通过水泥仓的称重系统自动判定水泥仓存量是否满足制浆要求，并自动切换至存量满足要求的水泥仓，并自动将水泥存量低的水泥仓编号和实施存量推送到物料管理人员的手机和APP端，由此实现物料管理和调度信息管理，并极大地延缓了由于物料输送不及时造成停工，并在制浆和送浆环节按需定产、按需定送，减少了浆液在工作面的弃浆量和损耗量。

系统经过调试后，在现场进行了准确性试验，送浆过程需求量与实际输送量试验数据参见表3。

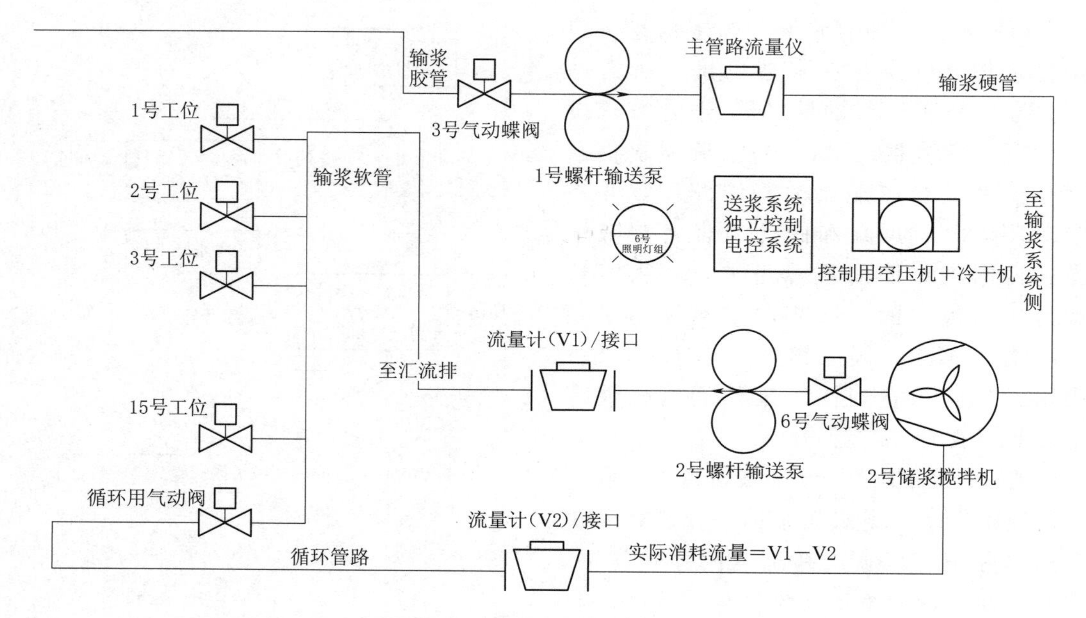

图3　浆液分配主要技术路线图

表3　送浆过程需求量与实际输送量试验数据表

次数	实际需求量/L	实际输送量/L	偏差/%
1	100	103.6	+3.60
2	100	104.7	+4.70
3	100	104.6	+4.60
4	300	302.9	+0.96
5	300	304.6	+1.53
6	300	303.7	+1.23
7	500	506.9	+1.38
8	500	508.3	+1.66
9	500	507.7	+1.54

注　1. 测试在循环送浆条件下测试。

2. 测试用流量计精度等级为C2等级，DN50型电磁流量计。

从表3的测量数据中可以得出结论：系统有较好的测量精度和控制精度，特别是输送量到达设定量时阀门的起闭逻辑和提前量设置合理，在较少需求量时精度控制在5%以内，较大需求量内能够控制在1.7%以内，精度会随着需求量的增大而持续提高，其原因是受到阀门的起闭时长影响，阀门一旦开启角度后，系统对较小流量的测量响应程度还不够，这个也与电磁流量计本身的特性有关，由于水泥浆介质的关系不能使用响应更为灵敏的涡轮流量计。

3.2.3 系统的扩展性设计与实施

本系统在设计之初，就设计为无缝接入 iDAM2.0 智能大坝建造系统，系统产生的物料消耗数据、产量数据、各个需求点的需求量和输送量数据都进行本地存储和通过 4G 网络实时上传至数据服务器，其数据上传借口方式 API 方式。结合本地存储需求和上位机系统的实际硬件配置情况，本地数据库为 Microsoft Access 2013，并设置有完善的账号管理和权限。保证了本地数据的安全，同时在本地还设置有数据冗余备份和 UPS 不间断电源，在后续的调试中，各个系统产生的数据收发正常，无掉帧和校验失败，达到设计指标。

3.2.4 系统的人机界面

本系统中分为三个软件人机界面，分别为：上位计算机操控软件人机界面、远程 APP 控制界面、报表生成查询系统人机界面，三个界面都采用图形化界面设置，对使用者的专业要求低，只需要经过简单的培训就可以上手操作，其软件界面分别如图 4～图 7 所示。

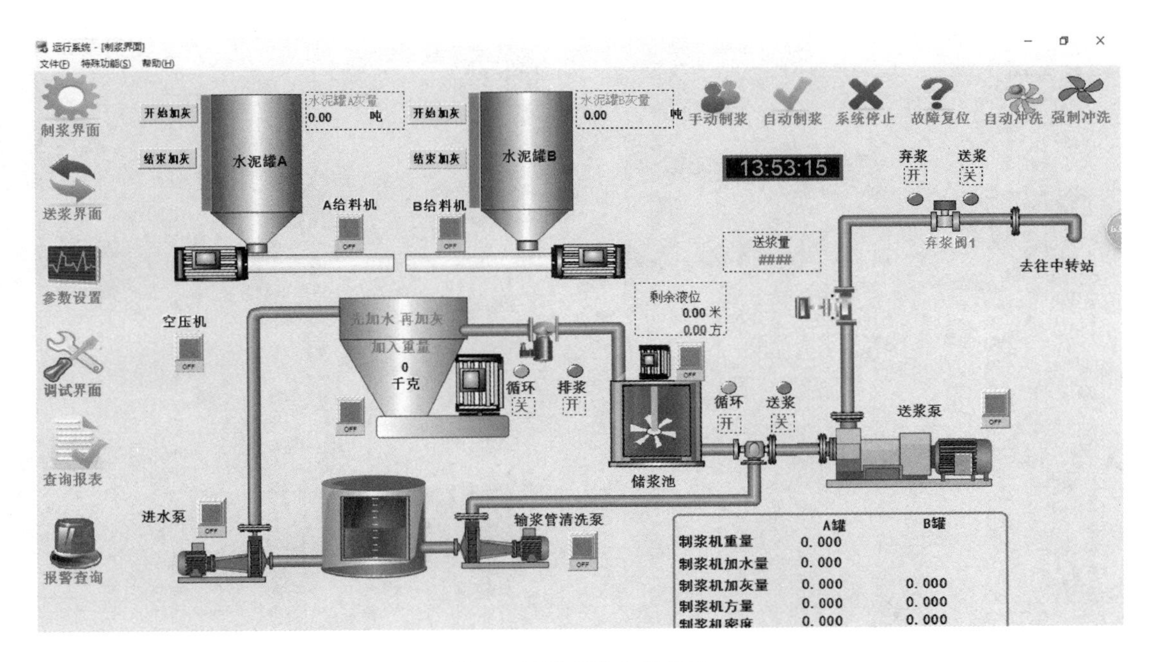

图 4 制浆系统人机界面

3.2.5 报表生成软件设计

由于本系统的报表为特殊定制格式的报表，不能通过常用的报表软件自动生成，需要进行特殊开发。报表软件通过 Visual C＋＋进行程序编制，其报表系统构架如图 8 所示。

系统网络拓扑如图 9 所示。

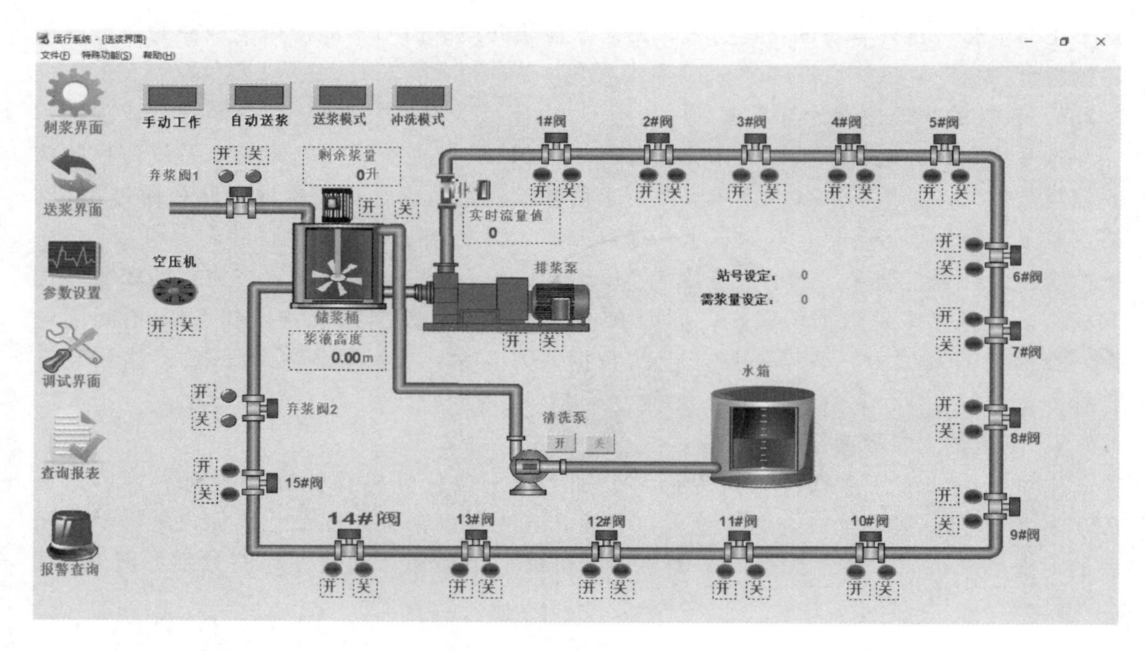

图 5　送浆中转系统人机界面

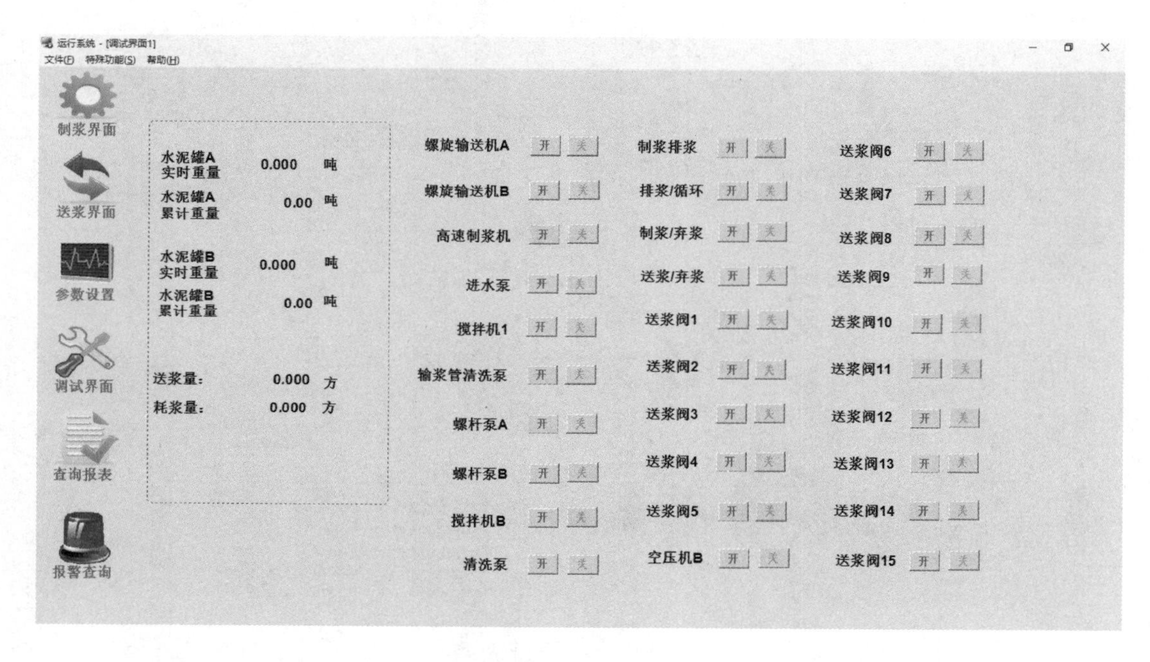

图 6　调试界面

4　应用效果及评价

智能集中制送浆系统用于乌东德工程固结灌浆、帷幕灌浆、接缝接触灌浆和回填灌浆工程。整个制浆过程全部由系统自动控制，无需人为干预，制浆精度高，配置所需各级配

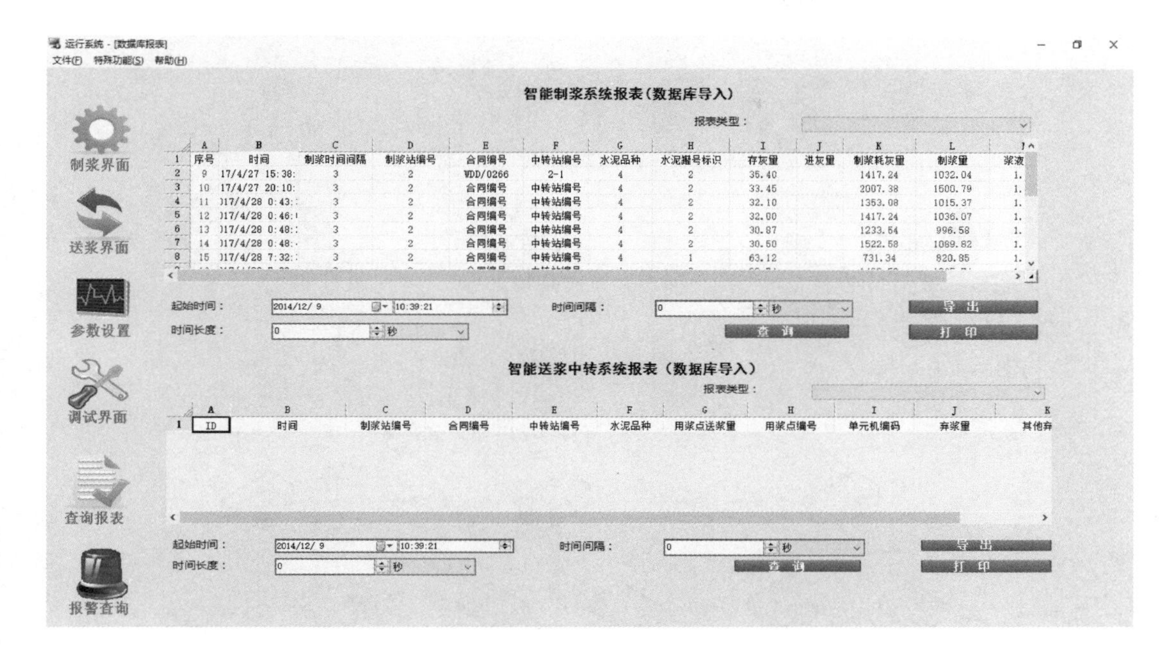

图 7　报表界面

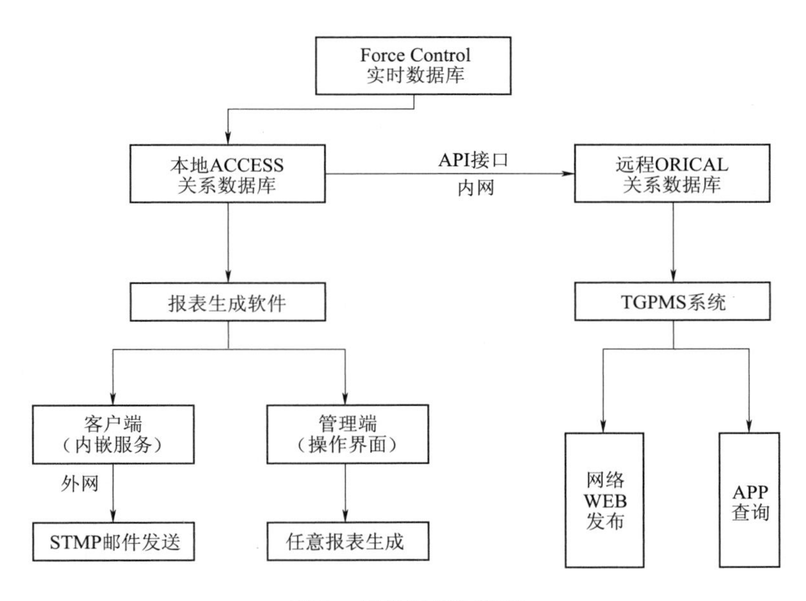

图 8　报表系统构架图

的水泥浆液，密度误差在 3%以内；制送浆损耗率极低，主要由于泄露和管路结存损耗，平均损耗率为 2%；拌制 $1m^3$ 的 0.5∶1 浓浆，从加水、上料、搅拌、存放至储浆桶只需要 3min，在大规模灌浆的情况下，智能集中制送浆系统的制浆能力可达 $12m^3/h$，输送流量亦达到 $12m^3/h$。

智能制送浆系统应用后，制浆站文明施工形象大幅改善，制浆效率显著提高，制送浆损耗率显著降低，人员投入大大减少，成本降低显著，经济效益良好。

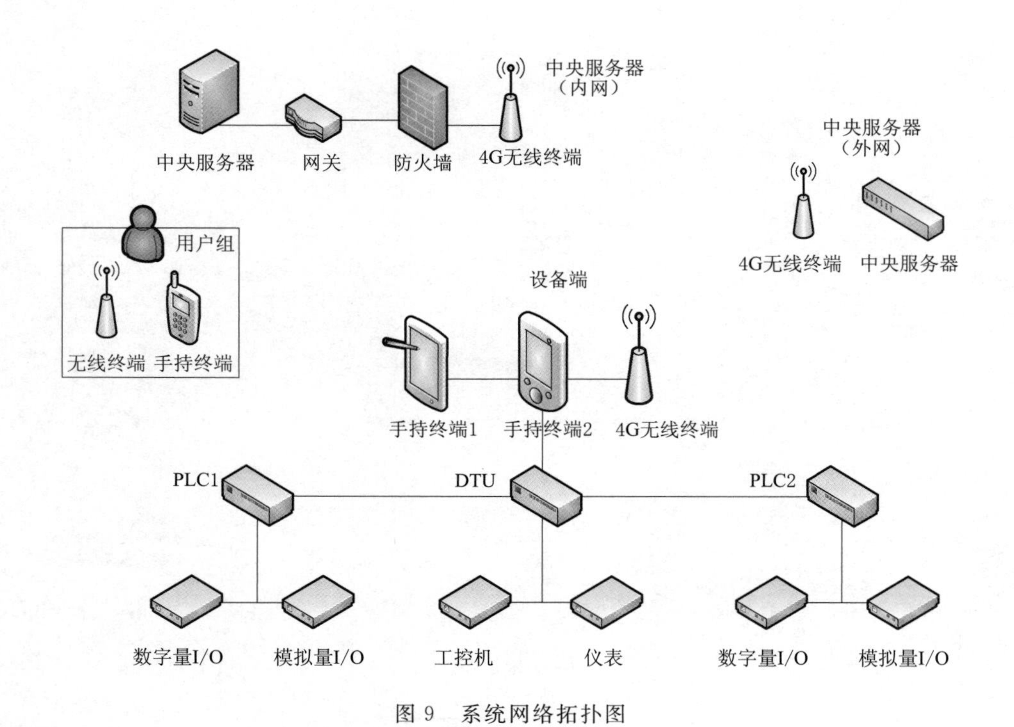
中央服务器
（内网）
中央服务器
网关
防火墙
4G无线终端
中央服务器
（外网）
4G无线终端
中央服务器
用户组
无线终端
手持终端
设备端
手持终端1
手持终端2
4G无线终端
PLC1
DTU
PLC2
数字量I/O
模拟量I/O
工控机
仪表
数字量I/O
模拟量I/O

图 9　系统网络拓扑图

岩石盖重固结灌浆新工艺研究

袁　水

（中国水利水电第八工程局有限公司基础公司）

【摘　要】 采用岩石盖重固结灌浆结合安装锚筋桩工艺，对白鹤滩水电站柱状节理玄武岩进行了处理，取得了满意的效果。

【关键词】 柱状节理玄武岩　岩石盖重　固结灌浆　白鹤滩水电站

1　概述

1.1　工程概况

白鹤滩水电站位于金沙江下游四川省宁南县和云南省巧家县境内，水库总库容206.27亿m^3。电站装机容量16000MW，是仅次于三峡的全国第二大水电站。

根据设计文件，白鹤滩水电站大坝全坝基及坝基轮廓以外5.00～10.00m进行固结灌浆，孔排距一般为3.00m×3.00m、2.00m×2.00m，入岩孔深一般为15.00～30.00m，结构面发育部位及帷幕线周边范围局部适当加密加深。大坝坝基固结灌浆主要采用岩石盖重灌浆、无盖重灌浆、混凝土盖重钻孔灌浆及混凝土盖重引管灌浆等方式及其组合方式。

本文主要介绍白鹤滩水电站右岸坝基高程590.00m以下岩石盖重固结灌浆施工情况及灌浆效果。

1.2　右坝基高程590.00m以下地质特点

白鹤滩水电站右岸坝基高程590.00m以下为70°临江陡壁，主要出露$P_2\beta_3^3$层柱状节理玄武岩，柱状节理是玄武岩特有的构造，它往往将玄武岩切割成六棱柱状或其他形状不规则的棱柱状。白鹤滩水电站坝址区玄武岩部分岩层中不仅发育柱状节理，而且在柱状节理切割的柱体内发育不规则的纵向（平行柱体）与横向（垂直柱体）微裂隙，岩体中还发育较多的缓倾角结构面，柱状节理及微裂隙切割后岩体中岩块的直径一般为10cm左右，从传统工程地质和岩体质量分类角度看，属于完整性较差岩体，柱状节理玄武岩的变形性能能否满足高拱坝坝基变形要求，是白鹤滩水电站工程地质问题之一。柱状节理玄武岩表层松弛是白鹤滩水电站工程地质问题之二。

1.3　岩石盖重固结灌浆的特点

岩石盖重固结灌浆主要施工程序为：

（1）先对0～5m保护层采用低压封闭灌浆，再对坝基孔段进行岩石盖重分序分段灌浆。

（2）固结灌浆完成后在灌浆孔封孔时埋设锚筋桩（3ϕ32，L=9m/12m），埋入建基面5～10cm以下。

（3）对灌后检查不合格部位进行加密补灌，待灌浆质量检查合格后进行保护层开挖。

（4）保护层开挖后再对坝基浅层进行全面质量检查，检查深度范围0～5m。

（5）对浅层质量检查不合格部位进行钻孔，孔深为建基面以下6m，埋设灌浆管，引管至坝体下游，选择合适时机进行引管灌浆。

白鹤滩坝基柱状节理玄武岩特性决定了固结灌浆方式采取岩石盖重固结灌浆工艺，开挖预留5m岩石保护层进行固结灌浆，灌浆后下设锚筋桩锚固，保护层开挖后进行浅层引管灌浆可以解决柱状节理玄武岩变形及表层松弛问题。

2　岩石盖重固结灌浆施工工艺

2.1　钻孔

物探测试孔、灌后质量检查孔孔径为ϕ76mm；抬动变形观测孔孔径为ϕ91mm，固结灌浆孔因为需要下设锚筋桩，孔径为ϕ110mm，若需要引管灌浆，采用钢管，主管管径ϕ38mm，辅管ϕ25mm，壁厚不小于1.5mm。灌前测试孔及检查孔采用地质钻机钻孔，抬动孔及灌浆孔采用潜孔钻机钻孔。

2.2　孔内冲洗

（1）钻孔冲洗。所有钻孔均要求进行钻孔冲洗。冲洗方法一般采用自孔底向孔外大水量敞开冲洗、风水轮换冲洗或风水联合冲洗等方法进行。

钻孔冲洗结束条件：冲洗后孔底残留物厚度不得大于20cm。需进行孔内录像（钻孔全景成像）的钻孔需达到孔内水清净。

（2）裂隙冲洗。各段灌浆前采用压力水对灌浆段进行裂隙冲洗；采用自下而上分段时，采用全孔一段冲洗。

采用压力水冲洗时水压力一般采用80%的灌浆压力，若80%的灌浆压力超过1MPa时，则采用1MPa。

2.3　压水试验

（1）灌前测试孔、灌后质量检查孔均进行“单点法”压水试验。其他灌浆孔进行“简易压水”试验。

（2）“单点法”压水试验采用自上而下分段钻孔、分段压水、分段灌浆（检查孔除外）的方法进行。分段长度同灌浆段长度。

2.4　固结灌浆方法

（1）固结灌浆采用循环式灌浆法。

（2）按分排分序加密的原则进行，灌浆一般分三个次序，按Ⅰ、Ⅱ、Ⅲ次序依次施工。如灌浆部位存在临空面，则先进行周边灌浆封闭。

（3）Ⅰ、Ⅱ序孔采用自上而下分段灌浆法、Ⅲ序孔采用综合灌浆法。

（4）引管有盖重固结灌浆施工原则：

1）引管有盖重灌浆指在坝体混凝土浇筑之前，采用保护层盖重灌浆，对补强不合格的部位以及浅层不合格部位引管至坝后贴脚部位；对于坡度陡于50°的坝基，对坝基全面布设深6m的固结兼接触灌浆孔，孔位与原灌浆孔位间隔布置，并引管至坝体下游扩大基础或贴角。

2）灌浆引管采用“三孔一引”，采用循环灌浆管路，引管至下游坝后贴角，当上部坝体混凝土浇筑高度大于30.00m，兼做接触灌浆的引管在当坝体混凝土温度冷却至接缝灌浆温度后，开始进行灌注，相应坝段通水平压，以防浆液串入坝体横缝中。

3）引管灌浆完成后，可在贴角平台、交通廊道和基础廊道等处进行检查孔施工检查。根据检查情况，对不合格的区域，按监理人指示可在上述部位，在相应部位的接缝灌浆和冷却水管灌浆完成后进行补灌。

2.5 灌浆分段

（1）一般固结灌浆孔基岩段长小于6m时，采用不分段、全孔一次灌注，基岩段长大于6m时分段灌浆，段长为5m。

（2）引管灌浆采用全孔一段灌浆。

2.6 阻塞和射浆管位置

（1）岩石盖重灌浆时，保护层灌浆阻塞在保护层顶面以下0.3～0.5m，建基面以下第一段灌浆阻塞在建基面以上0.3～0.5m。

（2）采用自下而上分段灌浆时，灌浆塞阻塞在灌浆段段顶，采用自上而下分段灌浆时，灌浆塞阻塞在已灌段段底以上0.5m，以防漏灌。

（3）采用以上任一灌浆方法时，如采用循环式灌浆，射浆管距孔（段）底距离不大于0.5m。

2.7 灌浆压力

（1）基础固结灌浆压力。固结灌浆采取分级加压的方式使灌浆压力逐步达到设计值，以确保灌浆质量和混凝土、岩面不发生有害抬动为原则，灌浆过程中严格控制注入率和压力的关系，保护层灌浆压力为0.5MPa，建基面以下第一段灌浆压力为0.8～1.0MPa，最大灌浆压力为3.0MPa，引管灌浆压力为3.0MPa。基岩段累计抬动变形值不允许超过200μm，混凝土累计抬动变形值不允许超过100μm。

（2）串通孔（组）灌浆或多孔并联灌浆时，分别控制灌浆压力，同时加强抬动监测，防止混凝土发生抬动破坏。灌浆严禁超压，防止产生抬动变形，若发现抬动变形达到设计规定值，即停止施工，及时报告监理人，并按监理人指令进行处理。

（3）循环式灌浆压力以安装在回浆管路上的灌浆压力表的中值控制，资料分析整理时须换算成全压力。

2.8 灌浆浆液及浆液变换

（1）岩石盖重固结灌浆Ⅰ、Ⅱ序孔段采用普硅水泥浆液灌注，Ⅲ序及以上孔段采用湿磨细水泥浆液。

灌浆过程中，根据地质情况及注入量等细化适用范围。普通水泥浆液的水灰比采用2、1、0.8、0.5四级。湿磨细水泥浆液的水灰比为3、2、1、0.5四级，采用最稀水灰比开灌。

（2）灌浆浆液由稀到浓逐级变换，其变换按《水工建筑物水泥灌浆施工技术规范》（DL/T 5148）的相关规定执行。

2.9 灌浆结束标准

（1）在规定压力下，当注入率不大于1L/min，继续灌注30min，灌浆即可结束。

（2）当长期达不到结束条件时，应报请监理人共同研究处理措施。

2.10 质量检查和验收

（1）固结灌浆质量检查在岩体分类评价基础上以声波测量岩体波速为主，并结合钻孔压水试验、灌浆前后物探成果、有关灌浆施工资料以及钻孔取芯资料等综合评定。

（2）所有检查孔按要求取芯，取芯孔需绘制钻孔柱状图，检查结束后进行灌浆和封孔。

（3）声波测试暂定按照每个坝段或单元进行评价，声波测试在相应部位灌浆结束14天后进行，其孔位的布置、测试方法、检查合格标准均按监理人的指示或相关设计文件执行。检查标准以单孔声波测试和跨孔声波测试结合。

（4）固结灌浆采用压水试验检查时，在该部位灌浆结束7天后进行。其质量合格标准为：灌后质量检查孔85%以上压水试验段的透水率不大于3Lu，其余试段的透水率不大于设计规定值的1.5倍，且不集中方为合格。

2.11 固结灌浆验收程序

（1）岩石盖重固结灌浆分三次验收：第一次为岩石盖重固结灌浆质量验收，第二次为保护层开挖后以浅层固结灌浆质量检查为主的验收，第三次为对不合格部位进行补强灌浆的验收（若存在不合格部位）。

（2）固结灌浆完工后，将施工原始记录、质量检查检测资料和施工报告报监理人，申请验收，对验收中提出的问题，按监理人指示处理直至验收合格。

3 岩石盖重固结灌浆施工效果

3.1 灌浆注入量及单位耗灰量

白鹤滩右岸坝基25号坝段岩石盖重固结灌浆于2016年8月1日开始灌浆施工，2016年10月9日灌浆施工完成（灌浆成果见表1）。

表1　右岸坝基25号坝段岩石盖重固结灌浆成果表

孔序	孔数	灌浆进尺/m	水泥注入量/kg	单位注入量/(kg/m)	平均透水率/Lu	备注
Ⅰ	56	140.9	13799.2	97.94	—	保护层
Ⅱ	97	270.1	4204.9	15.57	—	
Ⅲ	40	127	70.2	0.55	—	
合计	193	538	18074.3	33.6	—	
Ⅰ	59	1475	122658.5	83.16	23.24	基岩
Ⅱ	101	2525	79721.8	31.57	9.05	
Ⅲ	43	1075	13890.54	12.92	3.84	
合计	203	5075	216270.84	42.61	11.41	

25号坝段岩石盖重固结灌浆施工时，保护层施工工艺为钻孔—钻孔冲洗—灌浆，没有进行压水，根据表1可以看出，随着灌浆孔序增加，灌前透水率和单位注灰量逐渐递

减，符合灌浆一般规律，说明灌浆参数合理。

3.2 灌后检查孔压水

25号坝段灌浆后，布置10个检查孔，分别进行单点法压水试验，压水50段，49段小于3Lu，1段大于3Lu小于4.5Lu，满足设计要求。

3.3 灌后物探监测

在灌后10检查孔进行孔内全景成像及声波测试，灌前声速均值4980m/s，灌后声速均值为5233m/s，灌后声速提高率为5.1%，灌后变模均值为9.9GPa，其中有9个孔声速达到评价标准；有1个孔声速不符合规定标准，在该区域进行加密灌浆处理，加密处理后声速及压水均满足设计要求。25号坝段灌后声速分布如图1所示。

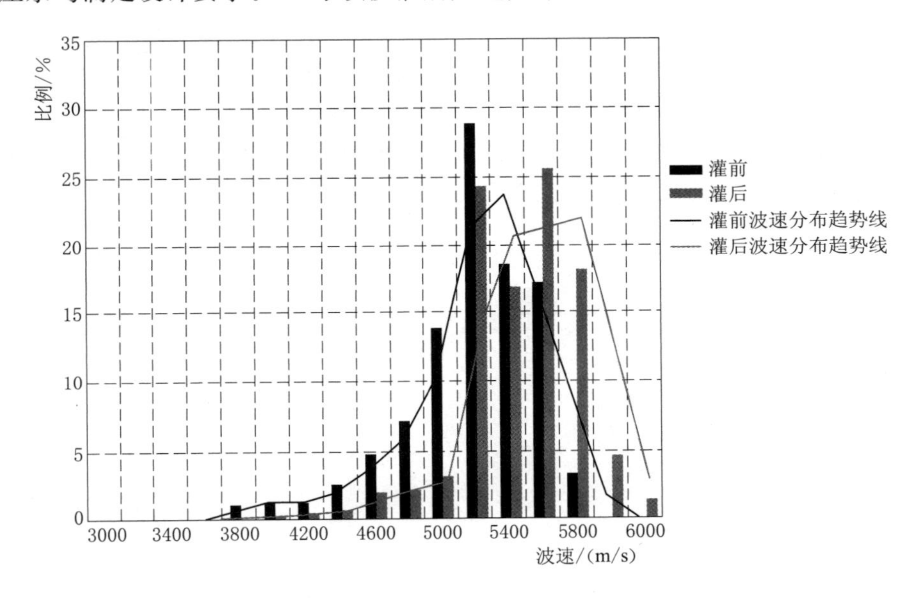

图1 25号坝段灌后声速分布图

3.4 保护层开挖后检查情况

岩石盖重保护层开挖后，进行了浅层检查孔施工，分别进行了压水试验及声波检测，压水12段，均小于3Lu，满足设计要求，爆破后浅层声波值有降低，降低率不大，爆破松弛范围为0.2～2.2m，平均1.09m，采取混凝土盖重引管灌浆进行处理。

4 岩石盖重固结灌浆优点

4.1 解决了柱状节理玄武岩变形影响

岩石盖重固结灌浆通过预留5m保护层进行灌浆、灌浆后下设锚筋桩，解决了柱状节理玄武岩变形影响，保护层开挖后，通过引管灌浆解决了柱状节理玄武岩表层松弛影响，灌浆工艺适用于柱状节理玄武岩地质特性，经过固结灌浆施工及灌后检查，灌浆效果满足设计要求，是成功的新型固结灌浆工艺。

4.2 施工连续

岩石盖重固结灌浆在保护层顶面开挖后施工，具备大面积施工资源组织，在混凝土浇筑之前施工完成，实现施工资源一次到位，固结灌浆、加密灌浆（根据需要）、检查孔一次施工完成，岩石保护层开挖后仅需要少量资源进行浅层检查。对比混凝土盖重固结灌浆的资源多次进退场，避免了施工资源浪费，施工效率高效。

4.3 灌浆效果优越

岩石盖重固结灌浆施工程序为：先对保护层进行灌浆封闭，再对建基面以下岩体进行分段灌浆，建基面以下各段灌浆压力合适，灌浆串冒情况少，灌浆效果优越。对比混凝土盖重固结灌浆，避免了钻孔破坏预埋监测仪器及冷却水管、灌浆抬动影响混凝土质量等不利影响，具有很好的推广意义。

5 结语

（1）采用岩石盖重固结灌浆新工艺，对白鹤滩水电站右岸大坝高程 590.00m 以下柱状节理玄武岩进行了处理，取得了满意的效果。

（2）岩石盖重固结灌浆新工艺综合了混凝土盖重固结灌浆及无盖重固结灌浆的优势施工效率高，灌浆效果好，具有很好的推广意义。

单薄分水岭山体复杂地层渗漏处理

易　明[1]　易　艳[1]　杜建伟[2]

（1. 中国葛洲坝集团基础工程有限公司　2. 河南省河川工程监理有限公司）

【摘　要】 为解决盘石头水库右岸鸡冠山单薄山体绕坝渗漏问题，根据地质地形条件，通过生产性试验确定了施工顺序、施工方法及适当堵漏方法，确保了质量和进度要求。

【关键词】 盘石头水库　单薄分水岭　防渗帷幕　灌浆试验

1　工程概况

盘石头水库位于鹤壁市西南约15km的卫河支流淇河中游盘石头村附近，是一座以防洪、供水为主，兼顾灌溉、发电、养殖等综合利用的大（2）型水利枢纽工程，总库容为6.08亿m^3，主要建筑物包括混凝土面板堆石坝、左岸非常溢洪道、右岸两条泄洪洞，输水洞及电站。工程于1999年底开工兴建，2007年6月底下闸蓄水。工程蓄水近9年时间里，尽管采取了降低水库水位运行措施，但右岸鸡冠山单薄山体仍存在明显的绕坝渗漏问题，严重威胁右岸两条泄洪洞的结构安全。

根据工程地质和水文地质条件，通过布置防渗帷幕减少鸡冠山渗水，防止其对坝基、库岸和泄洪洞产生不利影响。防渗帷幕采用封闭式，帷幕底线伸入基岩相对隔水层，以截断渗流通道。帷幕设计为前后两排，排距1.5m，孔距1.5m，断层带及渗水严重地段加强灌浆，帷幕加密至三排。起点桩号0＋000，位于水库右坝头，和现状岸幕相接，终点1＋026，位于F7断层以南60m。

2　工程地质

鸡冠山单薄分水岭区出露地层为寒武系中、下统地层，上第三系地层及第四系冲积、冲洪积、坡崩积层，山体范围内共统计19条断层。本标段主要发育的断层有F_{157}、F_{150}、F_{151}、F_{158}、FX_1、FX_2、F_7等，除F_{158}为逆断层外，其余均为正断层，以近平行的组合形态排列，走向一般为N30°～40°E，倾向NW或SE，倾角50°～90°，个别近东西向。破碎带宽度最宽20m（F_7），其余多为0.3～2m。破碎带内页岩破碎未胶结、灰岩角砾岩部分为钙质胶结，且多有溶蚀现象。一般断层影响带内节理、裂隙较发育，风化较严重。

3 生产性帷幕灌浆试验

3.1 布孔型式

非断层带帷幕灌浆试验共布置两个试验区（一区、二区）；断层带帷幕灌浆试验布置一个试验区（三区）。灌浆孔均按梅花形布置，孔、排间距均为1.5m。试验一区、二区孔位布置如图1所示，试验三区孔位布置如图2所示。

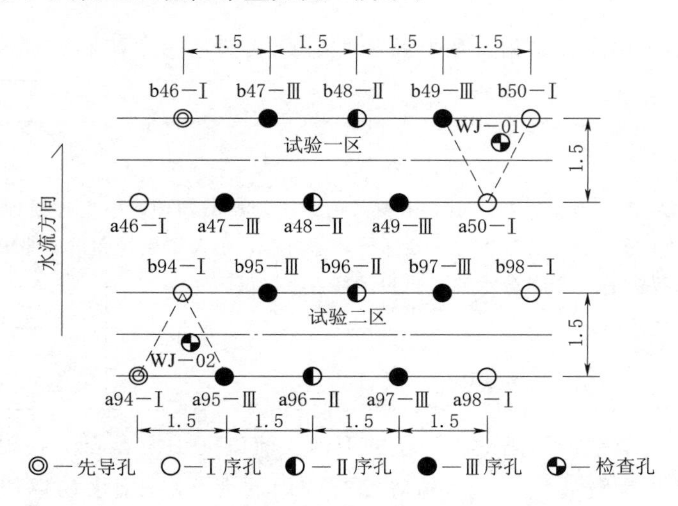

图1 试验一区、二区孔位布置图（单位：m）

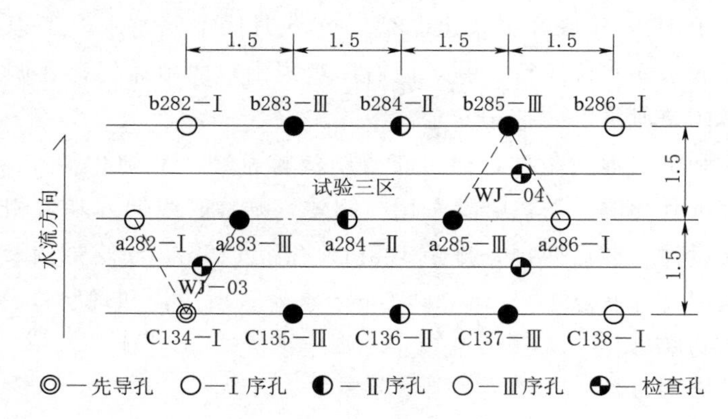

图2 试验三区孔位布置图（单位：m）

3.2 施工程序

（1）一区施工总体程序按照：孔口段钻孔→孔口管镶铸→先导孔→下游排Ⅰ、Ⅱ、Ⅲ序→上游排Ⅰ、Ⅱ、Ⅲ序→灌后检查孔。

（2）二区、三区施工总体程序按照：孔口段钻孔→孔口管镶铸→先导孔→上游排Ⅰ、Ⅱ、Ⅲ序→下游排Ⅰ、Ⅱ、Ⅲ序→或中间排Ⅰ、Ⅱ、Ⅲ序→灌后检查孔。

3.3 灌浆方式及方法

生产性试验采用孔口封闭法、孔内循环式灌浆，Ⅲ序孔结合地质条件采用一次成孔，自下而上分段灌浆的综合灌浆的施工方法。

3.3.1 水灰比

浆液采用P·O42.5普通硅酸盐水泥，由集中制浆站配制水灰比为0.5∶1浓浆泵送至各机组，各机组根据施工需求，配制水灰比为5∶1、3∶1、2∶1、1∶1、0.7∶1、0.5∶1浆液进行施工。

3.3.2 灌浆压力

根据设计技术要求，各段次灌浆施工及压水压力按照表1中各段次压力进行升压。

表1　　灌浆压力参数

段　次	1	2	3	4	5	6	7	8及以下
基岩孔深/m	0～5	5～10	10～15	15～20	20～25	25～30	30～35	35以下
段长/m	5	5	5	5	5	5	5	5
Ⅰ序孔/MPa	0.3	0.6	1.0	1.5	2	2.5	3	3
Ⅱ序孔/MPa	0.5	0.8	1.2	1.7	2	2.5	3	3
Ⅲ序孔/MPa	0.6	0.8	1.2	1.8	2.5	3	3	3
先导孔压水压力/MPa	0.4	0.56	0.88	1	1	1	1	1
检查孔压水压力/MPa	0.48	0.64	0.96	1	1	1	1	1

4 灌浆特殊情况及处理

施工过程中出现压水无压无回孔段较为频繁，灌浆吃浆量大，难以灌注结束现象。特别是孔深35～40m范围内多孔出现压水无压无回的现象，上下游共10个孔，8个孔出现无压无回，待凝复灌现象。断层带（试验三区）单位注灰量大于1000kg共9个灌浆孔29个段次，均进行过复灌，其中，最多复灌8次后达到灌浆结束，最大单耗为C138第8段9278.85kg/m。

（1）在处理大漏量孔段时，缩短灌浆段长，使用浓浆，降低灌浆压力，限流，间歇进行处理，注灰量接近5t时开始待凝处理，待凝时间一般为8～12h，然后进行扫孔复灌处理。

（2）部分灌浆孔段进行常规处理难以结束灌浆，采取在灌注水泥浆液时添加水玻璃，加沙，加木屑等处理措施进行处理，有良好的灌浆施工效果。

5 试验成果分析

5.1 灌前压水

5.1.1 试验一区

试验一区布置在非断层带，共10个孔，采取先下游排，后上游排施工。灌前共压水144段次，随着灌浆加密，透水率呈递减趋势。

5.1.2 试验二区

试验二区布置在非断层带，共10个孔，采用先灌上游排，后灌注下游排施工，灌前共压水160段次。随着灌浆加密，透水率呈递减趋势。

5.1.3 试验三区

试验三区灌前共压水 348 段。其中灌前压水Ⅰ序孔无压无回 19 段，占比重 13.6%；Ⅱ序孔无压无回 5 段，占比重 7.2%，Ⅲ序孔无压无回 3 段，占比 2.2%，灌前无压无回孔段占比较大，说明地质情况较差。

5.2 单位耗灰量分析

5.2.1 试验一区灌浆成果分析

试验一区共完成基岩灌浆 795.74m，平均单位注入量 231.1kg/m，随着灌浆加密，各次序孔平均单位注灰量递减明显。

(1) 随灌浆加密，单位注灰量按序递减率分别为 60.2%、76.4%，递减规律明显，符合规律，至末序孔平均单位注入量小于 20kg/m，说明灌浆效果明显。

(2) 单位注灰量随孔序区间分布特征明显，其中Ⅰ、Ⅱ序孔单位注灰量区间主要集中在 100～1000kg/m，Ⅲ序孔主要集中在 10～50kg/m，其中大于 100kg/m 的孔段为 60 段，频率为 39.0%；大于 1000kg/m 为 8 段，频率为 5.2%。整体地质情况较差，局部位置漏量较大，存在较大的渗漏通道。

5.2.2 试验二区灌浆成果分析

试验二区共完成基岩灌浆 860.4m，平均单位注入量 166.89kg/m，随着灌浆加密，总体上各次序孔平均单位注灰量呈递减趋势。

(1) 随灌浆分序加密，单位注灰量按序递减率分别为 34.2%、61.8%，单位注灰量按序递减规律明显，符合水泥灌浆规律。

(2) 在单位注灰量大于 100kg/m 区间内，Ⅰ序孔频率为 61.4%，至末序孔频率减少至 5.9%，结合灌前压水成果，说明灌浆效果明显。

5.2.3 试验三区灌浆成果分析

试验三区共完成基岩灌浆 1764.63m，平均单位注入量 322.21kg/m，随着灌浆加密，各次序孔平均单位注灰量递减明显。

(1) 单位平均注灰量达到 322.21kg/m，先灌排Ⅰ序孔平均单位注灰量为 1171.78kg/m，总体Ⅰ序孔平均单位注灰量为 554.87kg/m，灌浆施工整体耗灰量较大，反应试验地段的构造裂隙、岩溶较发育。

(2) 随灌浆加密，单位注灰量按序递减率分别为 56.96%、45.49%，递减规律明显，符合规律，至中间排Ⅲ序孔平均单位注入量小为 42.05kg/m，说明灌浆效果明显。

(3) 在单位注灰量大于 100kg/m 区间内，Ⅰ序孔频率为 53.6%，至Ⅲ序孔频率减少至 25.2%；在单位注灰量小于 50kg/m 区间内，Ⅰ序孔频率为 34.3%，至Ⅲ序孔频率增加至 55.4%；结合灌前压水成果，说明灌浆效果明显。

5.3 灌后检查孔取芯

灌浆检查孔共计布置 39 个检查孔（其中三个帷幕灌浆试验区布置 4 个检查孔），检查孔芯样中裂隙中水泥石充填密实。

5.4 漏水情况

根据第三方安全监测单位对泄洪洞内渗漏观测数据，灌浆处理前后渗水量从 165L/s 降至 28L/s，效果显著。

6 结语

（1）通过灌浆试验，解决了盘石头水库右岸鸡冠山单薄山体渗漏问题，渗水量从165L/s降至28L/s，保证了工程长期、安全、稳定运行，经济社会效果显著。

（2）通过生产试验确定了“先灌上游排，再灌下游排”施工方案，单孔灌浆时根据实际情况灵活运用了孔内循环、孔口封闭法与Ⅲ序孔自下而上孔内循环相结合的灌浆方法，保证了灌浆效果，大幅提高了工效，节约了工程成本，为类似工程提供了借鉴。

古河槽超深砂砾石层帷幕灌浆试验研究

童　耀　赵德贺　焦家训　邬美富

（中国葛洲坝集团基础工程有限公司）

【摘　要】 某水利枢纽工程左岸古河槽内沉积的砂砾石层厚度超过 300m，蓄水位以下中更新统 Q_2 冲积砂砾石覆盖层厚度超过 200m，该层存在渗漏问题。为解决近坝区渗透稳定、减少渗漏量等问题，需对其进行防渗处理。通过两期现场灌浆试验，对超深砂砾石层各种钻孔方式、灌浆方法进行分析对比，提出并应用了绳索钻具泥浆护壁钻进工艺及填料护壁孔口封闭灌浆法。试验表明此种钻孔工艺及灌浆方法操作简便、成孔质量高、灌浆效果好、工效高、节约成本，适用于超深覆盖层灌浆工程，可在后续灌浆工程中推广应用。

【关键词】 超深砂砾石层　帷幕灌浆　填料护壁孔口封闭灌浆法　试验研究

1　工程概况

某水利枢纽工程为国家重点水利工程，拦河坝最大坝高 128.8m，库容 1.27 亿 m^3，是国内高寒、高地震烈度地区在建的最高沥青心墙坝。在左岸古河槽内沉积的砂砾石层厚度超过 300m，泥质半胶结，主要为中等透水地层。下部地层架空结构占该地层 15%，为强透水地层。库区正常蓄水位高程为 2300.00m，古河道宽 2.6km，蓄水位以下中更新统 Q_2 冲积砂砾石覆盖层厚度超过 200m，该层存在渗漏和绕渗问题。为了减少地层渗漏量、延长渗径，防止左岸下游厂房高边坡产生渗透破坏，设计采用了“帷幕灌浆＋坝后排水”的综合防渗处理措施：在左岸坝顶高程沿坝轴线方向布设 575m 长灌浆平洞，对古 0＋000～古 0＋570 段砂砾石地层采用布设 2 排帷幕灌浆孔进行防渗处理，孔距为 3m，排距为 2m，梅花形布置，孔深按入岩以下 5m 控制，灌浆幕体的透水率 $q \leqslant 3\text{Lu}$，最大帷幕灌浆深度超过 200m，帷幕灌浆施工参数经现场灌浆试验后确定；在左岸坝后排水洞内布设上置式排水系统，以进一步降低古河槽绕渗产生的渗透压力。

在砂砾石层中进行帷幕灌浆施工难度很大，特别是在 200m 级超深砂砾石层中进行帷幕灌浆，国内尚属首例，国外设计与施工经验也很少。有很多问题，例如灌浆压力、灌浆方法、灌浆浆材、钻灌工艺、孔斜控制等均需要研究解决。为此，在主体帷幕灌浆施工前分两期进行了现场灌浆试验。本文概括地介绍现场帷幕灌浆试验的情况。

2　现场灌浆试验目的

一期灌浆试验主要进行单孔扩散试验、相邻孔之间的搭接试验、钻孔和灌浆工艺试验等，探求深厚砂卵砾石地层、强透水地层合适的灌浆材料、钻灌设备与施工工艺，初步验证设计灌浆参数的合理性。

二期灌浆试验主要进行比选钻孔方式、灌浆方法和灌浆材料，验证灌浆设计参数、灌浆效果，以及施工设备和机具的适用性、工效，推荐适宜的施工方法、施工程序、灌浆压力、灌浆材料、浆液配比等技术参数，指导后续帷幕灌浆施工。

3 现场灌浆试验设计

3.1 灌浆试验方案构思

（1）一期灌浆试验。在左岸古河槽灌浆平洞轴线正上方地面位置布设2个灌浆试验区，每个试验区布置3个试验孔，分别采用孔口封闭灌浆法、套阀管灌浆法进行灌浆试验，每个灌浆试验孔均穿过正下方的灌浆平洞。在灌浆试验完成后，当下方的灌浆平洞开挖至此段时，采用机械辅助人工开挖方式分段、分高程进行砂卵砾石层灌后部分挖除无黏结砂砾石料，测量、记录浆液扩散半径、充填密实度、相邻孔搭接以及孔斜偏距等情况，达到直观地观测、比较孔口封闭灌浆与套阀管灌浆两种灌浆方法的灌浆效果的目的。

（2）二期灌浆试验。在左岸古河槽灌浆平洞内布设二期灌浆试验区，按照灌浆工程施工详图设计分二排布置10个帷幕灌浆试验孔，分别采用孔口封闭灌浆法、套阀管灌浆法、填料护壁孔口封闭灌浆法进行现场灌浆试验，每个灌浆试验孔均深入基岩5m。在灌浆试验完成后，采用钻孔压水（注水）试验的方法，检查、比较孔口封闭灌浆、套阀管灌浆、填料护壁孔口封闭灌浆法等三种灌浆方法的灌浆效果，验证灌浆工程施工详图设计能否满足设计防渗标准。

3.2 试验区位置选择

综合考虑灌浆试验区地质条件与主帷幕地层地质类比代表性强、帷幕孔深度超过180m、具备较早的试验施工条件、对主体工程施工进度影响较小等试验场区选定基本原则，将一期灌浆试验区选择在左岸灌浆平洞桩号古0+496～古0+516.2段正上方地面位置；二期灌浆试验区选择在左岸灌浆平洞内主帷幕线的延长段（桩号古0+570～古0+590段）上。

3.3 试验区地质情况

试验区地面上部出露的岩性为第四系上更新统砂卵砾石，厚34～38m，结构密实，为中等透水地层；下部为深厚层中更新统的冲积砂砾石层，泥质半胶结，此段层厚20～254m，天然密度为$2.14g/cm^3$，渗透系数为$3.73\times10^{-3}cm/s$，为中等透水地层。架空结构占该地层15%，渗透系数为$1\times10^{-2}cm/s$，为强透水地层。下部为基岩，岩性为下元古界蚀变辉绿岩、片岩，灰绿色，厚层状。试验区地质条件与主帷幕地层地质类比代表性强。

3.4 一期试验设计方案

3.4.1 灌浆试验内容

一期灌浆试验主要进行超深砂卵砾石地层钻孔方法和灌浆方式与方法研究、灌浆材料及浆液配比研究、钻灌施工中孔内事故预防及孔内事故处理技术研究、钻灌工效分析等内容。

（1）钻孔工艺试验。本工程灌浆位于砂卵砾石地层，具有不均匀性的特点，且最大深度大于180m，造孔技术难度大。通过现场钻孔试验，确定适合本工程地层的钻孔设备类型、钻孔工艺方法，以及工效等相关技术参数。

（2）灌浆工艺试验。

1）采用水泥浆液、水泥膨润土稳定浆液分别进行孔口封闭灌浆法和套阀管灌浆法的灌浆试验。

2）孔口封闭灌浆法灌浆时，采用快捷灌浆装置进行灌浆工艺试验。

3）采用“一钻成孔＋全孔灌注填料＋待凝后分段扫孔、孔口封闭灌浆”“上部灌浆段、下部灌浆段分别采用不同类型灌浆管”的方式，对研发的一种深厚覆盖层的快捷灌浆方法进行灌浆工艺试验。

3.4.2 灌浆孔布置

一期灌浆试验区分为试验Ⅰ区、试验Ⅱ区，如图1所示，试验Ⅰ区布设3个灌浆孔，孔距分别为2.0m、2.5m，孔深设计：G－Ⅰ－1、G－Ⅰ－3均为75m，G－Ⅱ－2为180m（各孔上部50m均为非灌浆孔段）。

试验Ⅱ区布设4个灌浆孔，孔距分别为2.0m、2.5m、3.0m，孔深设计：G－Ⅰ－4、G－Ⅰ－6、G－Ⅱ－7均为75m，G－Ⅱ－5为180m（各孔上部50m均为非灌浆孔段）。其中，G－Ⅱ－7为后续增补试验孔。

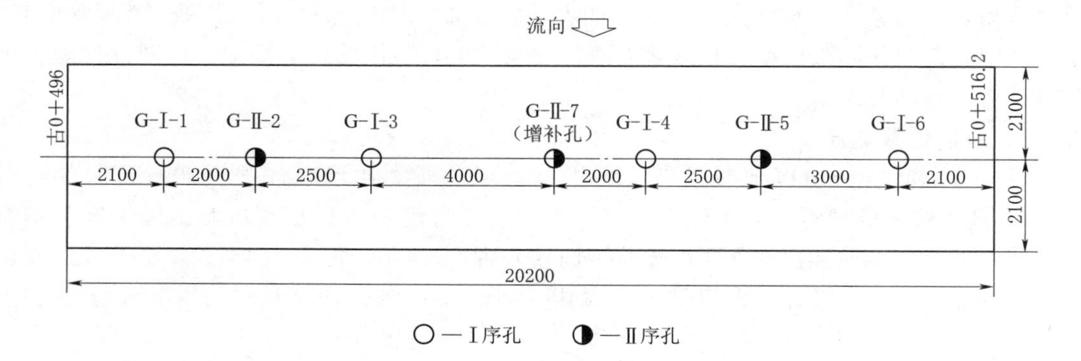

图1 一期灌浆试验区孔位布置图（单位：mm）

3.4.3 主要技术要求

（1）钻孔。钻孔应严格控制孔深20m以内的孔斜率，孔底的偏差不应大于表1的规定。发现钻孔偏斜值超过设计要求时，应及时纠正。钻孔孔底允许偏差见表1。

表1 钻孔孔底允许偏差 单位：m

孔深	20	30	40	50	80	100	150	200
允许偏差	0.25	0.50	0.80	1.00	1.50	2.00	2.50	3.00

（2）套阀管制作。套阀管管体采用ϕ89mm×4mm焊缝管、台钻钻出浆孔制成，出浆孔直径10.5mm，环间距34cm，每环布置4个出浆孔。每环出浆孔的外围采用弹性良好的宽8cm、厚3mm的橡皮箍圈套紧，并在橡皮箍圈的两端焊接一环8号铁丝，防止橡皮

箍圈在套阀管下设过程中发生位移。

（3）孔段长划分。

1）孔口封闭灌浆法：第一段1m，第二段2m，第三段3m，以下各段灌段长度3～5m。当地层稳定性差时，段长取较小值。

2）套阀管灌浆法：灌浆试验以一环孔作为一个灌浆段。在确保能有效开环的情况下，可将2～3环孔作为一个灌浆段。

（4）压力控制。孔口封闭灌浆法灌浆压力试验参数见表2；套阀管灌浆法灌浆压力试验参数见表3。

表2　孔口封闭灌浆法灌浆压力试验参数表　单位：MPa

段次	1		2		3		4		5及以下	
段长/m	1		2		3		5		5	
灌浆压力	起始压力	目标压力	起始压力	目标压力	起始压力	目标压力	起始压力	目标压力	起始压力	目标压力
G-Ⅰ-1	0.3	0.5	0.5	0.8	0.8	1.0	1.3	1.5	1.5	2.0
G-Ⅰ-3	0.4	0.6	0.8	1.0	1.0	1.5	1.5	2.0	2.0	3.0
G-Ⅱ-2	0.6	1.0	1.0	1.5	1.5	2.0	2.0	2.5	2.5	3.0

表3　套阀管灌浆法灌浆压力试验参数表　单位：MPa

灌浆段位置	1m以内		1～3m		3～6m		6～11m		11m以下	
灌浆压力	起始压力	目标压力	起始压力	目标压力	起始压力	目标压力	起始压力	目标压力	起始压力	目标压力
G-Ⅰ-4	0.3	2.0	0.5	2.0	0.8	2.0	1.3	2.0	1.5	2.0
G-Ⅰ-6	0.4	2.5	0.8	2.5	1.0	2.5	1.5	2.5	2.0	2.5
G-Ⅱ-5 G-Ⅱ-7	0.6	3.0	1.0	3.0	1.5	3.0	2.0	3.0	2.5	3.0

（5）灌浆方法。一期灌浆试验Ⅰ区采用孔口封闭灌浆法施工；一期灌浆试验Ⅱ区采用套阀管灌浆法、综合灌浆法及填料护壁孔口封闭灌浆法。

（6）灌浆浆材、浆液配比及变换。采用水泥浆液、水泥膨润土浆液进行灌浆试验。水泥采用袋装P·O42.5普通硅酸盐水泥及袋装钠基、钙基膨润土。

1）浆液配比。①水泥浆液：采用3∶1开灌，分为3∶1、2∶1、1∶1、0.7∶1、0.5∶1五级水灰比。其中，试验孔G-Ⅰ-1采用水泥浆液进行灌浆试验。②水泥膨润土浆液：采用1∶0.2、1∶0.5、1∶1（水泥∶膨润土）三级灰土比进行试验，采用水固比3∶1开灌，分为3∶1、2∶1、1∶1、0.7∶1（水∶固相材料）四级水固比。其中，试验孔G-Ⅱ-2、G-Ⅰ-4、G-Ⅱ-7采用1∶0.2灰土比进行试验；试验孔G-Ⅰ-3、G-Ⅱ-5采用1∶0.5灰土比进行试验；试验孔G-Ⅰ-6采用1∶1灰土比进行试验。

2）浆液变换原则。执行《水工建筑物水泥灌浆施工技术规范》（SL 62—2014）中10.2.18条的规定。

（7）结束标准。

1）孔口封闭灌浆法（含填料护壁孔口封闭灌浆法）。在规定的灌浆压力下，注入率不大于 2L/min 后继续灌注 30min，可结束灌浆。

2）套阀管灌浆法。达到下列标准之一，可结束灌浆段灌浆：①在最大灌浆压力下，注入率不大于 2L/min，并已持续灌注 20min；②单位注入量达到设计规定最大值，Ⅰ序孔单位注入量不大于 3t/m；Ⅱ序孔单位注入量不大于 5t/m。

（8）灌浆效果检查。一期灌浆质量及效果检测不布置检查孔，结合灌浆平洞砂卵砾石洞段开挖进行，根据洞挖砂卵砾石层揭露出的情况，测量帷幕灌浆单孔扩散范围及观测相邻孔搭接情况。

3.4.4 灌浆试验工艺

（1）试验Ⅰ区。

1）钻孔：采用跟管钻机跟进 146mm 套管钻孔至 50m，埋设 89mm 孔口管后改用地质钻机配 73mm 金刚石钻头采用泥浆护壁钻进。

2）灌浆：采用孔口封闭、自上而下分段灌浆法施工，灌浆试验采用不提钻带钻具灌浆工艺。此外，采用聚乙烯软管作为灌浆管进行灌浆试验。其中，试验孔 G－Ⅰ－1 采用不提钻带钻具灌浆工艺进行施工；试验孔 G－Ⅰ－3 采用聚乙烯软管作为灌浆管进行施工；试验孔 G－Ⅱ－2 采用常规灌浆工艺进行施工。

（2）试验Ⅱ区。

1）工艺流程。①套阀管灌浆法：孔位放样→固定校正钻机→跟管护壁钻孔（跟踪测斜）至终孔、清孔→终孔验收→灌注填料→套阀管验收后下至孔底→起拔套管、补灌注填料交替进行直至孔口→待凝→逐段开环、逐段灌浆→……终孔验收→封孔。②综合灌浆法：孔位放样→固定校正钻机→跟管护壁钻孔（跟踪测斜）至 100m、清孔→钻孔验收→灌注填料→套阀管验收后下至孔底→起拔套管、孔内补充填料交替进行直至孔口→待凝→逐段开环、逐段灌浆至最后一段→地质钻机泥浆护壁续钻至终孔→灌注填料→待凝并在套阀管管口上焊接法兰盘→逐段扫孔、阻塞、灌浆至终孔……终孔验收→封孔。其中，试验孔 G－Ⅱ－5 采用此灌浆法。③填料护壁孔口封闭灌浆法：孔位放样→固定校正钻机→地质钻机泥浆护壁钻孔（跟踪测斜）至终孔、清孔→钻孔验收→灌注填料→待凝并埋设孔口管→逐段扫孔、灌浆至终孔……终孔验收→封孔。其中，试验孔 G－Ⅱ－7 采用此灌浆法。

2）钻孔：采用 KR806－3D 型跟管钻机跟进 146mm 套管钻孔，当跟管钻孔深度不能达到设计要求时，则改用地质钻机采用泥浆护壁续钻，并一径到底。其中，试验孔 G－Ⅱ－5 深孔段、G－Ⅱ－7 采用地质钻机泥浆护壁钻孔施工。

3）灌注填料：试验孔 G－Ⅰ－4 灌注填料采用“先下设套阀管后灌注填料”的方式进行施工，试验孔 G－Ⅱ－5、G－Ⅰ－6 灌注填料采用“先灌注填料后下设套阀管”的方式进行施工。试验孔 G－Ⅰ－4 填料配比为 1∶2∶5，试验孔 G－Ⅱ－5、G－Ⅰ－6、G－Ⅱ－7 填料配比为 1∶2.2∶4.5。

4）开环：采用“自下而上分段、液压式灌浆塞阻塞”的方式进行套阀管开环试验。

5）灌浆：采用套阀管灌浆法、综合灌浆法及填料护壁孔口封闭灌浆法施工。其中，试验孔 G－Ⅰ－4、G－Ⅰ－6 以及 G－Ⅱ－5（孔深≤104m 灌浆孔段）采用“自下而上分段、纯压式”灌浆方式进行灌注；试验孔 G－Ⅱ－7、G－Ⅱ－5（孔深＞104m 灌浆孔段）采用孔口封闭、自上而下分段灌浆法进行灌浆施工。

3.5 二期试验设计方案

3.5.1 灌浆试验内容

主要进行钻孔方式、灌浆方法和浆液配比试验，验证灌浆工程施工详图设计、灌浆效果，以及施工设备和机具的适用性、工效，并确定适宜的检查孔钻进方式及检查方法。

(1) 钻孔工艺试验。试验区位于左岸古河槽灌浆平洞远岸段，砂卵砾石层深厚，平均钻孔深度近200m，造孔施工技术难度极大。通过进行绳索钻具取芯钻孔工艺及贯通式潜孔锤反循环钻孔工艺的现场试验，确定适合本工程地层的钻孔工艺方法、钻孔设备类型，以及工效等相关技术参数。

(2) 灌浆工艺试验：

1) 采用灰土比为1∶0.2、1∶0.5的水泥膨润土稳定浆液进行孔口封闭灌浆法、套阀管灌浆法的灌浆工艺试验。

2) 采用“一钻成孔＋全孔灌注填料＋待凝后分段扫孔、孔口封闭灌浆”的方式，对“填料护壁孔口封闭灌浆法”进行灌浆工艺试验。

3.5.2 灌浆孔布置

二期灌浆试验区按灌浆工程施工详图设计灌浆结构布置2排孔（图2），布置于古0＋572.5～古0＋586段，孔距3.0m，排距2.0m，分别采用填料护壁孔口封闭灌浆法、综合灌浆法施工，布置试验孔10个，抬动观测孔1个、灌后效果检查孔2个。

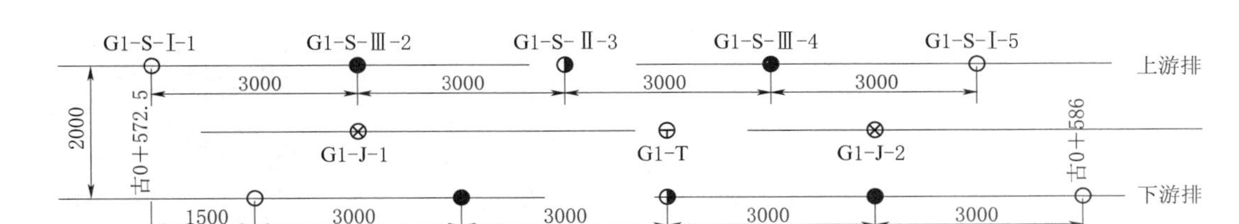

图2 二期灌浆试验区孔位布置图（单位：mm）

3.5.3 主要施工方法

(1) 钻孔。根据一期灌浆试验情况，二期灌浆试验采用XY－42型地质钻机配绳索钻具泥浆护壁钻进法、贯通式潜孔锤反循环泥浆护壁钻进法，在超深砂砾石地层中进行帷幕灌浆钻孔试验。

(2) 灌浆方法。根据一期灌浆试验情况，二期灌浆试验拟采用孔口封闭灌浆法、填料护壁孔口封闭灌浆法及套阀管灌浆法，在超深砂砾石地层中进行帷幕灌浆试验。

(3) 先导孔施工。二期灌浆试验先导孔钻孔采用泥浆护壁、绳索取芯工艺。

1) 灌前压水试验。采用单点法自上而下分段进行灌前压水试验。压水试验段的隔离止水采用对试验段上部孔段进行灌浆护壁的方法。

2) 灌浆及灌后压水试验。灌浆采用孔口封闭灌浆法施工，各段灌前进行压水试验后，应接着进行灌浆施工。灌浆结束后扫孔至原孔深，应进行灌后压水试验，之后再进行下一段的钻孔、压水及灌浆施工。

3.5.4 主要技术要求

（1）灌浆分段。孔口封闭灌浆法（含填料护壁孔口封闭灌浆法）：第1段至第5段灌浆段长分别为2m、2m、2m、1m、2m，第6段及以下各段段长2.0～5.0m，详见表4，遇严重失水（浆）孔段适当缩短灌浆段长。

套阀管灌浆法：沿套阀管轴向每隔40cm设一环出浆孔，每环3个孔。每次灌注环数采用二环孔进行试验。

（2）灌浆压力。孔口封闭灌浆法（含填料护壁孔口封闭灌浆法）灌浆压力试验参数见表4；套阀管灌浆法灌浆压力试验参数见表5。

表4　孔口封闭灌浆法灌浆压力试验参数表　单位：MPa

参数	段次	1		2		3		4		5		6～8		9及以下
	段长/m	2		2		2		1		2		2～5		5
	灌浆压力	起始压力	目标压力	起始压力	目标压力	起始压力	目标压力	起始压力	目标压力	起始压力	目标压力	起始压力	目标压力	压力
下游排	Ⅰ序孔	0.3	0.4	0.4	0.5	0.5	1.0	1.0	1.5	1.5	2.0	2.0	2.5	3.0
	Ⅱ序孔	0.5	0.6	0.6	0.8	0.8	1.3	1.3	1.8	1.8	2.5	2.5	3.0	3.5
	Ⅲ序孔	0.6	0.8	0.8	1.0	1.0	1.5	1.5	2.0	2.0	2.5	2.5	3.0	3.5～4.0
上游排	Ⅰ序孔	0.5	0.6	0.6	0.8	0.8	1.3	1.3	1.8	1.8	2.5	2.5	3.0	3.0
	Ⅱ序孔	0.6	0.8	0.8	1.0	1.0	1.5	1.5	2.0	2.0	2.5	2.5	3.0	3.5
	Ⅲ序孔	0.7	0.8	0.8	1.0	1.0	1.5	1.5	2.0	2.0	2.5	2.5	3.0	3.5～4.0

表5　套阀管灌浆法灌浆压力试验参数表　单位：MPa

参数	灌浆段位置/m	2以内		2～3		3～5		5～10		10以下	
	灌浆压力	起始压力	目标压力	起始压力	目标压力	起始压力	目标压力	起始压力	目标压力	起始压力	目标压力
下游排	Ⅰ序孔	0.3	0.5	0.5	1.0	1.0	1.5	1.5	2.0	2.0	2.5
	Ⅱ序孔	0.5	0.8	0.8	1.3	1.3	1.8	1.8	2.5	2.5	3.0
	Ⅲ序孔	0.6	1.0	1.0	1.5	1.5	2.0	2.0	2.5	2.5	3.0
上游排	Ⅰ序孔	0.5	0.8	0.8	1.3	1.3	1.8	1.8	2.5	2.5	3.0
	Ⅱ序孔	0.6	1.0	1.0	1.5	1.5	2.0	2.0	2.5	2.5	3.0
	Ⅲ序孔	0.8	1.0	1.0	1.5	1.5	2.0	2.0	2.5	2.5	3.0

（3）浆液水灰比、水固比（质量比）。采用灰土比为1∶0.2、1∶0.5（水泥∶膨润土）的水泥膨润土浆液进行对比试验，浆液水固比分为5∶1、3∶1、2∶1、1∶1、0.7∶1（水∶固相材料）五级，以5∶1水固比浆液开灌。

G1－X－Ⅰ－1、G1－X－Ⅲ－2、G1－S－Ⅰ－1、G1－S－Ⅲ－2、G1－S－Ⅱ－3等试验孔采用灰土比为1∶0.2的水泥膨润土浆液进行试验，其余孔均采用灰土比为1∶0.5的水泥膨润土浆液。

（4）填料配比。采用配比为1：2：5（水泥：膨润土：水）的填料。

（5）变浆及结束标准。标准同一期灌浆试验要求。

（6）灌浆试验效果检查。在二排灌浆孔中间布置2个检查孔（图2）进行灌后效果检查施工，先后采用清水循环钻进方式、泥浆护壁钻进方式钻孔，并进行压水（注水）试验。

4 主要试验成果分析

4.1 一期灌浆试验

4.1.1 灌浆试验资料对比分析

在50～75m的同一灌浆深度，套阀管灌浆法、孔口封闭灌浆法、填料护壁孔口封闭灌浆法的单位注入量分别为155kg/m、308kg/m、496.7kg/m，填料护壁孔口封闭灌浆法较套阀管灌浆法的单位注入量高220%，表明在该地层相同地质条件下，采用填料护壁孔口封闭灌浆法较套阀管灌浆法的灌注效果更好。

4.1.2 钻孔孔斜偏距统计分析

在位于一期灌浆试验区正下方的灌浆平洞开挖过程中1～7号试验孔均已开挖出露，采用潜孔锤跟管钻机、地质钻机两种钻孔方式孔底孔斜偏差均在设计允许偏差范围内，且潜孔锤跟管钻机较地质钻机钻孔孔斜控制好。

4.1.3 工效统计分析

在三种灌浆方法中，以在采用潜孔锤跟管钻机钻孔情况下的填料护壁孔口封闭灌浆法的钻灌工效最高，达到10.6m/(机·天)；采用地质钻机钻孔情况下的填料护壁孔口封闭灌浆法的钻灌工效较高，达到8.4m/(机·天)；采用地质钻机钻孔情况下的孔口封闭灌浆法的钻灌工效较高，达到8.13m/(机·天)；套阀管灌浆法的钻灌工效最低，为7.6m/(机·天)。

4.1.4 灌后开挖资料统计分析

利用试验区下方灌浆平洞开挖的时机，采用机械开挖辅助人工的方式，对位于灌浆平洞开挖范围内的1～7号试验孔59～67m灌浆段地层，按照先小桩号侧、再上下游侧、最后大桩号侧的顺序，分4个剖面分别进行了灌后开挖、观察、标识、测量、记录及摄像工作，对能观测到的浆液扩散范围用红油漆进行标识。

（1）灌浆扩散统计分析。通过对1～7号试验孔开挖剖面进行观测、记录浆液扩散情况，整理形成各孔浆液扩散统计表（见表6），并根据浆液扩散统计表将试验孔的浆液扩散情况绘制成图，2号试验孔浆液扩散剖面如图3所示；1～7号试验孔浆液扩散纵剖面如图4所示。

表6　　2号试验孔浆液扩散统计表

序号	高程/m	厚度/m	扩散长度/m			
			上游	下游	左侧	右侧
1	2304.96	0.14	0.65	0.41	0.80	1.86
2	2305.53	0.26	2.05	3.35	1.61	1.98

续表

序号	高程/m	厚度/m	扩散长度/m			
			上游	下游	左侧	右侧
3	2306.05	0.32	2.27	3.06	1.72	2.16
4	2306.99	0.08	1.08	2.47	1.00	0.98
5	2307.64	0.13	0.46	0.46	0.85	0.70
6	2308.94	0.10	0.73	1.62	0.58	1.05
7	2309.48	0.24	1.90	2.24	0.64	1.35
8	2310.35	0.15	0.93	0.16	0.88	0.92
9	2311.47	0.16	0.63	1.57	0.89	1.39
10	2312.25	0.24	1.27	0.94	1.71	2.25

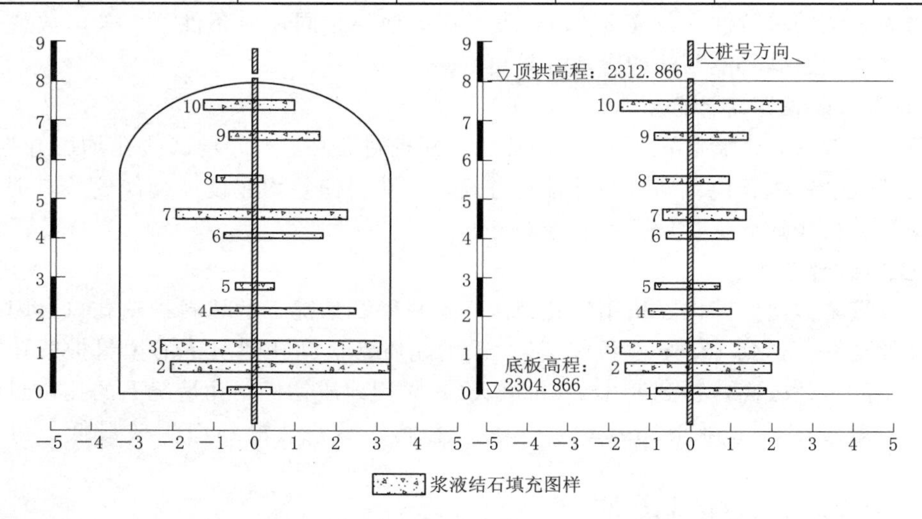

图 3　2 号试验孔浆液扩散剖面示意图

由浆液扩散统计图表结合灌浆试验成果分析可见：

1）各试验孔开挖剖面浆液扩散均呈现出明显的分层性，即浆液主要在孔隙率大的地层沿层向（水平方向）扩散，表明受灌地层具有成层性的特点。

2）试验孔在不同高程地层中的浆液扩散范围呈现出较大的差异性，即在孔隙率大的地层浆液扩散半径明显大于孔隙率小的地层，表明受灌地层具有不均匀性的特点。

3）试验孔在同一高程地层中浆液在各个方向上的扩散距离大小不一，即相同高程地层中在不同的方向上可灌性呈现出一定的差异，表明受灌地层具有各向异性的特点。

4）试验孔在 59～67m 灌段内，大部分地层中浆液未能形成有效扩散而使相邻试验孔形成搭接，仅在孔隙率大的局部地层中浆液形成有效扩散（距离大于 2m），在相邻灌浆试验孔间局部出现搭接情况。

5）在 59～67m 灌段内，采用孔口封闭灌浆法的试验孔段较套阀管灌浆法试验孔段的浆液扩散范围大，且对细小孔隙地层的压密作用更显著。

（2）浆液结石充填情况统计分析。利用灌浆平洞开挖，对一期灌浆试验 1～7 号试验

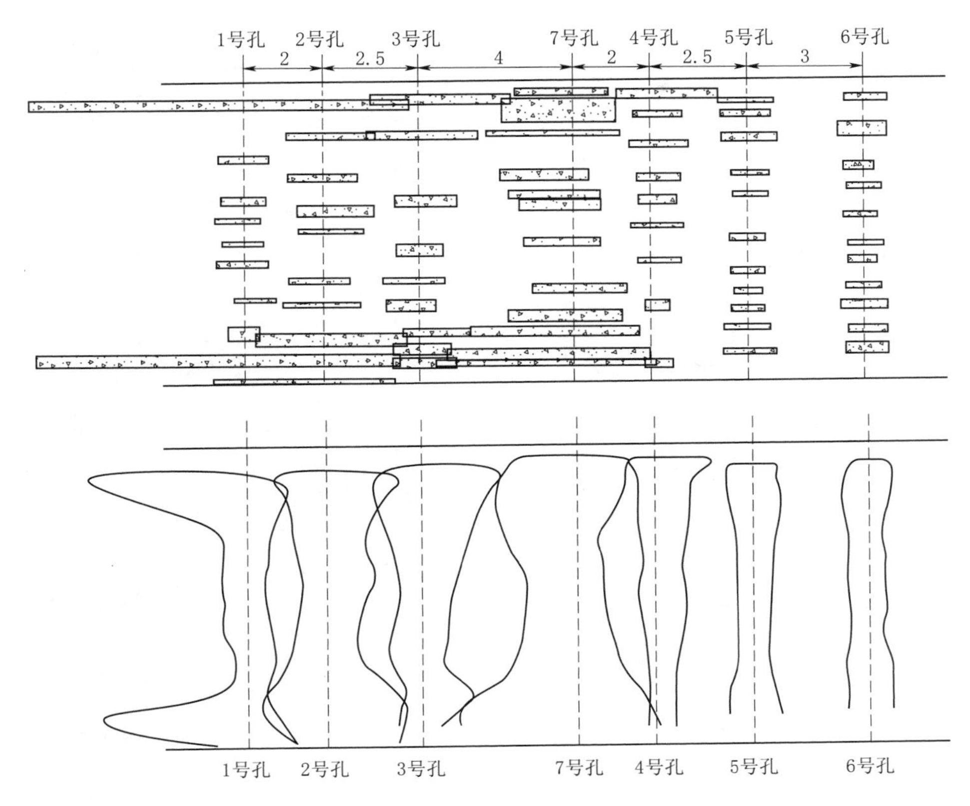

图 4　1～7 号试验孔浆液扩散纵剖面示意图（单位：m）

孔 59～67m 灌段范围内的浆液结石充填情况进行观测记录，并整理统计成表，结合灌浆成果分析可见：①浆液结石主要沿水平方向充填；②孔隙率大的地层浆液结石充填较密实、胶结较好，充填范围较大；③在本工程左岸古河槽砂卵砾石地层中，采用孔口封闭灌浆法灌浆较套阀管灌浆法浆液结石充填范围大、胶结好；④在粗砂层中，采用水泥膨润土浆液灌浆比水泥浆液充填密实、胶结好，见图 5（水泥膨润土浆液灌浆）与图 6（水泥浆

图 5　套阀管填料压裂出浆充填粗砂层

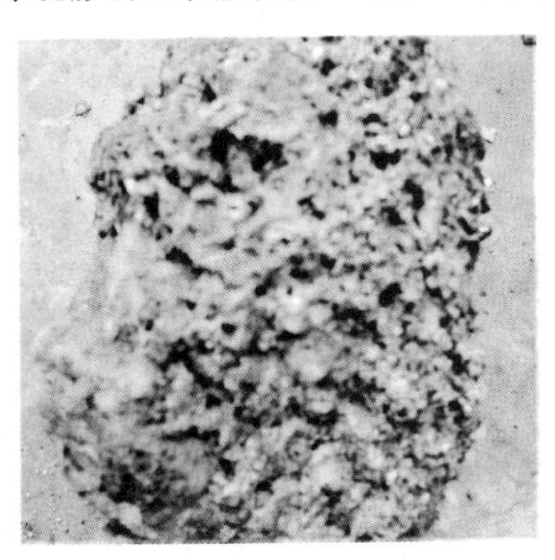

图 6　水泥浆液充填粗砂层

液灌浆）对比；⑤不同孔隙率的砂砾石层中浆液扩散充填呈现较大差异，在细砂含量高的地层中水泥膨润土浆液无明显的充填（图7、图8），但在浆液被压入过程中，对地层产生一定的挤压作用，使浆液无法进入的细小孔隙受到压缩或挤密，使地层密实性得到提高；⑥在本工程左岸古河槽砂砾石层灌浆试验中，采用填料护壁孔口封闭灌浆法施工的试验孔段的结石充填相对较均匀、密实，且与砂卵石胶结较好，浆液结石充填半径较大；⑦灌浆压力大的孔段浆液结石充填相对较密实，与砂砾石胶结较好，浆液结石充填半径较大。

图7　套阀管填料压裂出浆充填砂砾石层

图8　细砂含量高的地层无明显浆液充填

4.2　二期灌浆试验

4.2.1　钻孔情况统计分析

二期灌浆试验共布置试验孔10个，2个灌后检查孔，采用金刚石钻头泥浆护壁钻进及贯通式潜孔锤反循环泥浆护壁钻进，最大钻灌深度203.6m。所有试验孔钻孔终孔后均进行了孔斜测量，钻孔孔底偏差均小于3m，在设计允许偏差范围内，满足设计要求。

4.2.2　单位注入量统计分析

试验区G1-X-Ⅰ-1（先导孔）、G1-S-Ⅲ-2、G1-S-Ⅱ-3、G1-S-Ⅲ-4等试验孔采用孔口封闭灌浆法；G1-S-Ⅰ-1、G1-X-Ⅲ-2、G1-X-Ⅲ-4、G1-S-Ⅰ-5（124.5m以上灌段）等试验孔采用填料护壁孔口封闭灌浆法施工；G1-X-Ⅱ-3、G1-X-Ⅰ-5等试验孔采用综合灌浆法施工，即80m以上孔深的灌浆段采用套阀管灌浆法施工，80m以下孔深的灌浆段采用填料护壁孔口封闭灌浆法施工。

在0.9～80m灌段，采用孔口封闭灌浆法、套阀管灌浆法、填料护壁孔口封闭灌浆法施工的平均单位注入量分别为265.51kg/m、186.17kg/m、324.99kg/m。

在80m至孔底灌段，采用孔口封闭灌浆法、填料护壁孔口封闭灌浆法施工的平均单位注入量分别为431.70kg/m、445.22kg/m。

在0.9～80m灌段的平均单位注入量为273.65kg/m，在80m至孔底灌段的平均单位注入量为438.64kg/m。分析认为：

（1）在同等灌浆深度条件下进行帷幕灌浆试验，采用套阀管灌浆法的平均单位注入量最小，采用填料护壁孔口封闭灌浆法的平均单位注入量最大。表明在泥质半胶结砂卵砾石地层的帷幕灌浆中，采用填料护壁孔口封闭灌浆法、孔口封闭灌浆法较套阀管灌浆法的灌注效果要好。

（2）在0.9～80m灌段、80m至孔底灌段，填料护壁孔口封闭灌浆法平均单位注入量较孔口封闭灌浆法分别增大22.40%、3.13%，表明填料护壁孔口封闭灌浆法适用于泥质半胶结砂砾石地层帷幕灌浆。

（3）80m至孔底灌段的平均单位注入量较0.9～80m灌段增大60.29%，表明深孔灌段地层的可灌性大于浅孔灌段地层。

4.2.3 浆液失水回浓情况统计分析

灌浆过程中部分灌段出现了浆液失水回浓情况，按孔序进行统计，浆液失水回浓情况见表7。由表7可见，帷幕灌浆试验中Ⅲ序孔浆液回浓频次明显增高。分析认为：

（1）在泥质半胶结砂砾石地层进行帷幕灌浆时，经过先序孔的钻孔、灌浆施工，浆液中的部分水量被压入受灌地层中，使得受灌地层的自稳性变差，泥质半胶结砂砾石层部分出现崩解，使后序孔的部分孔段在灌浆施工时出现浆液失水回浓的频率增高。

（2）在泥质半胶结砂砾石地层中，灌浆压力的提升对浆液失水回浓频率的增高形成了一定的影响。

表7　　浆液失水回浓情况统计表

孔序	灌浆段数/段	灌浆压力/MPa	回浓段数/段	回浓频次/%
Ⅰ序孔	253	2.5～3.0	35	13.83
Ⅱ序孔	166	3.5	19	11.45
Ⅲ序孔	169	3.5～4.0	53	31.36
总计	588		107	18.20

4.2.4 特殊灌浆孔段统计分析

在二期帷幕灌浆试验过程中，均未出现抬动变形情况，但有17个灌浆试验孔段在压力提升到一定值时，出现注入流量增大、灌浆压力减小的情况。其中，采用孔口封闭灌浆法7段，采用填料护壁孔口封闭灌浆法10段；Ⅰ序孔4段，Ⅱ序孔1段，Ⅲ序孔12段；各孔段多在2.0～3.0MPa出现此况，频次多为1～2次，最多次数为5次；各灌段深度大部分位于80m以下，单位注入量多数在400～700kg/m之间，纯灌时间多数在4～6h。

分析认为：

（1）部分试验孔段在灌浆过程中升压到一定值时，对受灌地层局部产生了击穿现象。

（2）Ⅲ序孔出现击穿现象占70.59%，表明经过先序孔的钻孔、灌浆施工，浆液中的部分水量被压入受灌地层中，使得受灌地层的自稳性变差，泥质半胶结砂砾石层部分出现崩解，后序孔灌浆施工时受灌地层局部被击穿的频率增大。

（3）深孔灌段地层的可灌性大于浅孔灌段地层。

4.2.5 灌前、灌后压水检查统计分析

二期帷幕灌浆试验效果检查以检查孔压水试验成果为主，结合钻孔取芯、灌前压水试验、施工记录、施工成果资料进行综合评定。二期帷幕灌浆试验先导孔、灌后检查孔压水试验成果详见表8。

表 8　　二期帷幕灌浆试验先导孔、灌后检查孔压水试验成果统计表

类别	孔号	钻孔深度/m	透水率/Lu			透水率频率分布（区间段数/频率）/%						
			最大值	最小值	平均值	总段数/段	<3	3～5	5～10	10～50	50～100	>100
检查孔	G1-J-1	193.9	128.58	0.69	17.24	42	5/11.90	0/0	7/16.67	29/69.05	0/0	1/2.38
	G1-J-2	198.3	65.35	0.45	13.12	43	6/13.95	4/9.30	8/18.60	23/53.49	2/4.65	0/0
小计		392.2	128.58	0.45	15.18	85	11/12.94	4/4.71	15/17.65	52/61.18	2/2.35	1/1.18
先导孔	G1-X-I-1	203.6	233.5	0.54	20.02	42	2/4.76	6/14.29	10/23.81	21/50	1/2.38	2/4.76

注　透水率最小值均位于基岩段。

由表 8 可见：灌前先导孔的平均透水率为 20.02Lu，灌后检查孔的平均透水率为 15.18Lu，表明经过帷幕灌浆后地层的渗透性能得到了一定改善。

4.2.6　钻灌工效统计分析

二期帷幕灌浆试验分别采用了孔口封闭灌浆法、套阀管灌浆法、填料护壁孔口封闭灌浆法进行钻灌施工，平均钻灌工效分别为 10.4m/(机·天)、6.6m/(机·天)、14.2m/(机·天)。表明采用填料护壁孔口封闭灌浆法能有效地提高钻灌工效，且相对于孔口封闭灌浆法，对成孔质量及孔壁保护均极为有利。此外，随着帷幕灌浆孔依序进行钻灌施工，钻灌工效整体呈现逐序提高的趋势，表明经前序孔钻灌施工，使相邻后序孔周围地层的密实性得到了一定的增强。

5　主要结论

5.1　地层的渗透性、可灌性

经现场取样颗分试验、灌后开挖揭露及现场钻孔、灌浆试验资料表明，本工程左岸古河槽深厚砂砾石地层具有典型的成层性、不均匀性和各向异性等特点，以中等透水地层为主，局部为强透水层，具有较强的渗透性。砂砾石地层的层厚多在 25～50cm，地层的空隙尺寸具有较大的范围，各层的空隙尺寸具有较大的差异，在灌注同种浆材的情况下，各层的可灌性亦存在较大的差别。但总体上呈现深孔灌段地层的可灌性大于浅孔灌段地层。

此外，经地下水浸润、干扰后的泥质半胶结砂砾石地层的可灌性有发生变化的趋势。

5.2　灌浆效果

（1）一期灌浆试验效果。灌后开挖观测资料表明，在孔隙率大的地层中，浆液扩散范围较大、充填较密实，与砂砾石胶结较好，但在孔隙率小、含砂量高的地层中，浆液扩散半径有限，相邻孔间未能形成有效搭接，灌注效果较差。

（2）二期灌浆试验效果。灌后压水试验资料表明，超深砂砾石地层经帷幕灌浆后，通过对 2 个灌后检查孔 85 段的压水试验检查，平均透水率为 15.18Lu。其中，透水率共有 11 段达到 3Lu 的设计防渗标准，其余孔段（87.06%）均未达到设计防渗标准。但较受灌地层灌前渗透系数 3.73×10^{-3}cm/s（中等透水地层）、1.0×10^{-2}cm/s（强透水地层）有较明显地减小，表明该地层经帷幕灌浆处理后，地层的防渗性能得到了较大幅度的提升，帷幕灌浆试验取得了一定的成效。

5.3 施工详图设计验证

现场灌浆试验资料表明，在本工程左岸古河槽深厚砂砾石地层试验区的防渗帷幕灌浆试验中，采用布设2排帷幕灌浆孔、孔距3m、排距2m的施工详图设计方案不能满足3Lu的设计防渗标准。

5.4 钻孔方法及设备

在本工程左岸古河槽防渗处理现场灌浆试验中，先后选用XY-42型地质钻机、KR806-3D型跟管钻机、贯通式潜孔锤反循环钻机等钻孔设备，分别采用“泥浆护壁金刚石钻进、潜孔锤跟管钻进、潜孔锤反循环泥浆护壁钻进”等钻孔方法进行超深砂砾石层钻孔试验，均取得了一定的成效，可用于本项目帷幕灌浆钻孔施工。从钻孔成果资料统计分析，所采用的钻进技术参数是基本合理的，但在施工工效、施工成本、地层适应性等方面存在一定的差异。具体情况如下：

(1) 泥浆护壁金刚石钻进法。在一期试验、二期试验中，分别配置常规钻具、绳索钻具进行现场钻孔试验。试验表明：

1) 一期试验采用XY-42型地质钻机配置常规钻具钻进，在钻孔过程中易发生卡钻、埋钻等孔内事故，且钻孔工效低（最高0.66m/h)、孔斜控制较困难，施工成本较高，最大钻孔深度144m，基本达到了钻孔试验的期望目标。

2) 二期试验采用XY-42型地质钻机配置绳索钻具进行泥浆护壁金刚石钻进，在钻孔过程中控制好护壁泥浆性能指标以及钻机转速、钻进压力、冲洗液流量等钻孔要素的基础上，可有效地避免发生卡钻、埋钻等孔内事故，地层适应性强，最大钻孔深度达203.6m，钻孔工效较高（最高可达1.54m/h)，成孔质量较高，施工成本适中，达到了钻孔试验的期望目标，是适合用于超深砂砾石地层的帷幕灌浆钻孔施工的。

(2) 潜孔锤跟管钻进法。一期试验采用KR806-3D型跟管钻机进行跟管钻进，钻孔工效高（最高可达10m/h)，成孔质量高，施工成本较适中，但钻孔深度有限（最大深度100m)。同时，在灌浆平洞内钻孔施工存在噪声及粉尘污染、设备尺寸改造等问题有待解决。因此，潜孔锤跟管钻进法不适合用于在灌浆平洞内的超深砂砾石地层的帷幕灌浆钻孔施工。

(3) 潜孔锤反循环泥浆护壁钻进法。二期试验采用贯通式潜孔锤反循环泥浆护壁钻进，钻孔工效较高（最高可达2.26m/h)，成孔质量较高，地层适应性较强，钻孔深度达188m，施工成本较高，基本达到了钻孔试验期望目标。同时，在灌浆平洞内钻孔施工的噪音及粉尘污染、设备尺寸改造等问题基本得到解决。因此，潜孔锤反循环泥浆护壁钻进法较适合用于超深砂砾石地层的帷幕灌浆钻孔施工。

综上所述，采用XY-42型地质钻机配绳索钻具泥浆护壁钻进法、贯通式潜孔锤反循环泥浆护壁钻进法，在超深砂砾石地层进行帷幕灌浆钻孔施工是适宜的。

5.5 灌浆方法

分两期先后在洞外、洞内对“孔口封闭灌浆法、套阀管灌浆法、综合灌浆法、填料护壁孔口封闭灌浆法”等灌浆方法进行现场灌浆试验，均取得了一定的成效。从灌浆成果资料及部分灌后开挖资料统计分析，所采用的灌浆试验参数（除灌浆结构布置外）是基本合理的，但在灌浆效果、地层适应性、施工工效、施工成本等方面存在一定的差异。具体情况如下：

（1）孔口封闭灌浆法。施工工艺简单，在采用XY－42型地质钻机配绳索钻具进行泥浆护壁金刚石钻进时，较好地解决了在钻孔、灌浆过程中易发生卡钻、埋钻及铸管等孔内事故的难题，灌浆效果较好，地层适应性强，钻灌工效较高，施工成本较适中，达到了灌浆试验的期望目标，孔口封闭灌浆法在超深泥质半胶结砂砾石地层帷幕钻灌施工中取得了良好的应用效果。

（2）套阀管灌浆法。施工成本可控，施工工艺较复杂，钻灌深度有限，对于泥质半胶结砂砾石地层，灌浆效果及地层适应性较差，钻灌工效较低，套阀管灌浆法在超深泥质半胶结砂砾石地层中的帷幕钻灌施工效果不显著。

（3）综合灌浆法。上部地层采用套阀管灌浆法，施工成本可控，但施工工艺较复杂，灌浆效果及地层适应性较差，钻灌工效较低；下部地层采用孔口封闭灌浆法，施工工艺简单，灌浆效果较好，地层适应性强，钻灌工效较高，施工成本较适中，在采取措施有效降低卡钻、铸管等孔内事故风险后，基本达到了灌浆试验的期望目标，综合灌浆法在超深泥质半胶结砂砾石地层中的帷幕钻灌施工效果不显著。

（4）填料护壁孔口封闭灌浆法。该灌浆方法施工工艺简单、便捷，灌浆效果较好，地层适应性强，成孔质量、钻灌工效高，施工成本适中，且在深孔灌段采取可行的措施后，能有效降低铸管事故风险，并提高孔内事故处理效率，较好地达到了灌浆试验的期望目标，填料护壁孔口封闭灌浆法在超深泥质半胶结砂砾石地层帷幕钻灌施工中取得了良好的应用效果。

综上所述，采用孔口封闭灌浆法、填料护壁孔口封闭灌浆法，在超深泥质半胶结砂砾石地层中进行帷幕灌浆施工是适宜的。

5.6 灌浆方式

灌浆试验表明，在超深泥质半胶结砂砾石地层进行帷幕灌浆，采用循环式灌浆方式较纯压式灌浆方式不易出现凝堵进浆管情况，且有利于提高灌浆效果。

5.7 灌浆浆材、浆液配比及变换

试验资料表明，灌浆浆材适宜采用水泥膨润土浆液，水泥与膨润土灰土比（重量比）采用1∶0.2，浆液采用5∶1、3∶1、2∶1、1∶1、0.7∶1等五级水固比（重量比）以及采用“由稀到浓，再由浓到稀”的浆液变换原则是合理有效的，既保证了灌浆质量，又经济，同时还减少了铸管事故的发生。

5.8 灌浆压力

试验资料表明，灌浆压力的提升对灌浆单位注入量有一定的影响，Ⅰ序孔、Ⅱ序孔、Ⅲ序孔的最大灌浆压力分别按3.0MPa、3.5MPa、3.5～4.0MPa进行控制是较有效的，但Ⅲ序孔的最大灌浆压力略显偏大。

6 结语

（1）采用地质钻机配绳索钻具泥浆护壁钻进法地层适应性强、成孔质量高，可有效地降低深厚覆盖层钻孔施工事故率、施工成本，提高钻孔工效，适合用于超深砂砾石地层的帷幕灌浆钻孔施工。

（2）在泥质半胶结砂砾石地层帷幕灌浆中，采用孔口封闭灌浆法较套阀管灌浆法的灌注效果要好，套阀管灌浆法不适合用于超深泥质半胶结砂砾石地层的帷幕灌浆施工。

（3）填料护壁孔口封闭灌浆法是在有效地结合孔口封闭灌浆法与套阀管灌浆法优点的基础上创新而成，较好地消除了深厚覆盖层现有钻探灌浆施工技术存在的弊端，解决了帷幕灌浆施工孔内事故率高、工效低的技术难题，有效地提高了灌浆效果和施工工效，达到了快速施工、经济高效的目的，可供深厚覆盖层帷幕灌浆工程借鉴和参考使用。

剑科水电站坝基帷幕灌浆试验施工

程　涛　于　丹

（中国水电基础局有限公司）

【摘　要】本文介绍了剑科水电站帷幕灌浆试验施工、质量检测方法与综合试验成果。

【关键词】剑科水电站　灌浆试验　全景图像测试

1　概述

剑科水电站是毛尔盖河“一库三级”梯级开发方案中自上而下的第一梯级电站，装机容量 3×82MW，水库库容 1.328 亿 m^3。拦河大坝为砾石土心墙坝，防渗体系主要由砾石土心墙及防渗帷幕构成，心墙基础置于基岩上，两岸坝肩及河床底部透水基岩采用帷幕灌浆防渗，主帷幕深入 3Lu 渗透线以下 5m。防渗帷幕改良地层主要为变质粉、细砂岩与深灰至灰黑色板岩互层，地质条件较为复杂，为取得帷幕灌浆施工参数，获得更好的防渗效果，需进行帷幕灌浆试验。

2　帷幕灌浆试验方案

在防渗帷幕具有代表性主坝右坝肩适当部位，设置两个试验区（图 1）。选用“孔口封闭、自上而下、孔内循环分段灌浆”工艺进行帷幕灌浆试验。

3　灌浆试验施工

3.1　施工顺序

先施工先导孔，再施工帷幕灌浆孔；先施工下游排再施工上游排；同排分两序施工，先施工Ⅰ序孔，后施工Ⅱ序孔。

3.2　钻孔、冲洗及压水

采用 XY－2 型地质钻机配金刚石钻头钻进，孔径为 75mm；检查孔孔径为 75mm。灌浆孔段灌前均采用压力水对钻孔孔壁和裂隙进行冲洗并进行单点法压水试验。钻孔冲洗以孔口回清水为止，孔内岩屑残留厚度不大于 20cm。压水压力为灌浆压力的 80%并大于 1.0MPa 时每钻灌一段进行一次孔斜和方位角测量，尤其注意上部 20m 范围内的偏斜和方位角的控制，如发现孔斜超过要求时及时纠正。

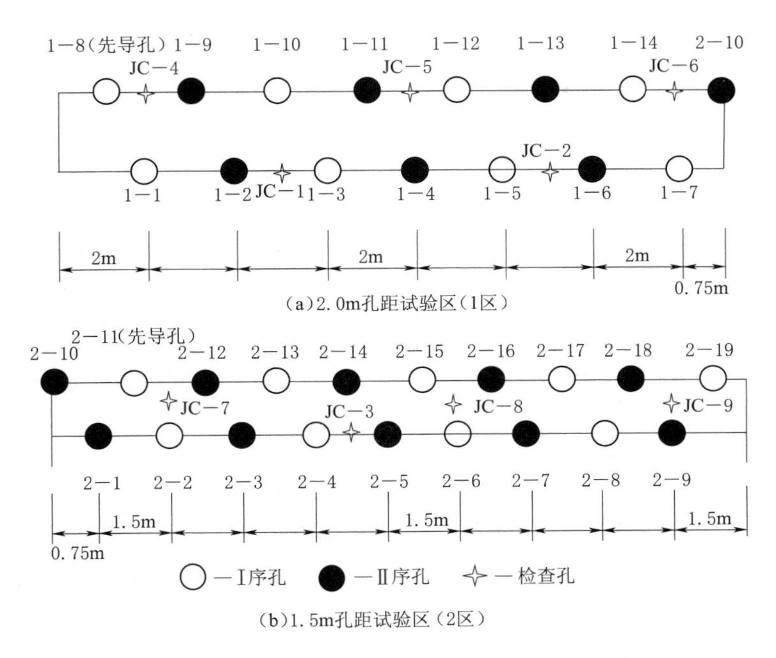

图 1 帷幕灌浆试验孔位布置图

3.3 灌浆施工

3.3.1 施工参数

采用42.5普通硅酸盐浆，水灰比为3∶1、2∶1、1∶1、0.8∶1、0.6∶1（或0.5∶1）五个比级。灌浆段第一段2.0m，第二段3.0m，以下各段段长按5.0m控制，但最长不超过7m。主帷幕灌浆压力按表1、副帷幕灌浆压力值按表2执行。

表 1 主帷幕灌浆压力值表

孔深/m	Ⅰ序孔/MPa		Ⅱ序孔/MPa	
	起始压力	目标压力	起始压力	目标压力
0～2	0.5	0.7	0.6	0.8
2～5	0.7	1.0	0.8	1.2
5～10	1.0	1.2	1.2	1.5
10～15	1.2	1.5	1.5	1.7
15～20	1.5	2.0	2.0	2.0
20～25	2.0	2.0	2.0	2.0
25～90	2.0	2.5	2.0	2.5
>90	2.0	2.5	2.0	2.5

表 2 副帷幕灌浆压力值表

孔深/m	Ⅰ序孔/MPa		Ⅱ序孔/MPa	
	起始压力	目标压力	起始压力	目标压力
0～2	0.3	0.5	0.5	0.7
2～5	0.4	0.7	0.7	1.0

续表

孔深/m	Ⅰ序孔/MPa		Ⅱ序孔/MPa	
	起始压力	目标压力	起始压力	目标压力
5～10	0.5	1.0	1.0	1.2
10～15	0.7	1.0	1.5	1.7
15～20	1.5	1.5	2.0	2.0
20～60	2.0	2.0	2.0	2.5

灌注浆液由稀至浓逐级变换，变换原则和灌浆结束标准执行规范要求；封孔采用“全孔灌浆封孔法”，以 0.5∶1 水泥浆液压力封孔，上部空余部分采用导管注浆法或用干硬性 M25 水泥砂浆人工封填捣实。

3.3.2 关键技术措施

灌浆过程出现串浆，被串孔正在钻进，立即停钻，串浆量不大于 1L/min 时，可在被串孔内通入水流；串浆量较大，尽可能与被串孔同时灌注；当无条件同时灌注时，封堵被串孔，对灌浆孔继续灌注至结束；立即扫开被串孔，洗净后进行灌注。灌浆因故中断，尽可能缩短中断时间，及早恢复灌浆；若中断时间超过 30min，设法冲洗钻孔，如冲洗无效，则应扫孔重灌。有涌水孔段灌浆，先测定涌水压力和涌水量；缩短灌浆段长，加大灌浆压力；浆液越级变浓或加速凝剂，屏浆时间不小于 2h，灌后待凝时间不小于 24h。大耗灰量孔段，采用低压、浓浆、限量、限流、间歇灌浆方法，或浆液中掺加速凝剂，灌注水泥砂浆。

4 灌浆试验成果

4.1 灌浆试验工作量

2016 年 8 月 23 日至 2017 年 5 月 19 日灌浆试验施工，完成灌浆试验孔 33 个，钻孔 2840.0m、灌浆 2823.5m、灌注水泥 1944.32t；5 月 26 日至 6 月 13 日完成检查孔 9 个，钻孔 852.3m、灌浆 847.8m、灌注水泥 7.23t。

4.2 灌浆试验成果

4.2.1 钻孔孔斜控制成果

施工中均对帷幕灌浆孔进行孔斜测量，深孔钻进时，严格控制孔深 20m 以内的偏差。孔底最大允许偏差值不得大于孔深的 2%，孔深 100m 时不大于 2.5m，大于 100m 时满足设计值。试验区实测最大孔斜值为 2.59m，最小值为 0.14m，满足设计值。

4.2.2 统计分析成果

帷幕灌浆试验孔平均单位注灰量汇总成果见表 3。

表 3　试验孔平均单位注灰量汇总表

工程部位	排序	孔序	完成孔数/个	灌浆进尺/m	灌注水泥量/t	单位注入量/(kg/m)
2.0m 孔距试验孔 1 区	上游排	Ⅰ	4	445.5	210.19	471.81
		Ⅱ	3	334.1	63.91	191.29
小计（上游）			7	779.6	274.10	351.59

续表

工程部位	排序	孔序	完成孔数/个	灌浆进尺/m	灌注水泥量/t	单位注入量/(kg/m)
2.0m孔距试验孔1区	下游排	Ⅰ	4	212.7	108.53	510.25
		Ⅱ	3	159.5	67.56	423.57
小计（下游）			7	372.2	176.09	473.11
合计（1区）			14	1151.8	450.19	390.86
1.5m孔距试验孔2区	上游排	Ⅰ	5	582.5	878.30	1507.81
		Ⅱ	5	580.0	243.44	419.72
小计（上游）			10	1162.5	1121.74	964.94
1.5m孔距试验孔2区	下游排	Ⅰ	4	231.8	203.29	877.01
		Ⅱ	5	277.4	169.10	609.59
小计（下游）			9	509.2	372.39	731.32
合计（2区）			19	1671.7	1494.13	893.78
总计			33	2823.5	1944.32	688.62

由表3可以看出：

（1）灌浆试验1区，随着灌浆次序的增加，注入量逐渐递减，上游排比下游排注入量递减25.69%，符合灌浆先后顺序递减规律。

（2）灌浆试验2区，随着灌浆次序的增加，注入量也逐渐递减。但上游排比下游排注入量递增31.94%，不符合灌浆先后顺序递减规律。由试验2区平均单位注入量达893.78kg/m和本试验区地质情况分析，本试验区地层基岩较破碎存在大的裂隙及断层可灌性强。开挖的过程中多次出现垂直向下的空腔也说明1.5m孔距对破碎、大裂隙基岩地层灌注穿透性更强，起到的防渗性更好。

4.2.3 质量检查成果

帷幕灌浆试验区共布置了9个检查孔，试验1区布置5个检查孔JC-1、JC-2、JC-4、JC-5、JC-6，在试验2区布置4个检查孔JC-3、JC-7、JC-8、JC-9，进行钻孔取芯、压水试验和孔内摄像检查，检查情况如下：

（1）钻孔取芯检查成果。从检查孔的取芯情况看，岩芯采取率均达到了90%以上，结合检查孔取芯情况，两个试验区灌浆效果均较好，但试验2区所取芯水泥结石明显多于试验1区，说明试验2区灌浆充填效果更好，在相同灌浆压力情况下，孔距对浆液的扩散有较大的影响。

（2）压水试验检查成果。灌浆试验1区经过灌浆后5个检查孔，共110段，检查孔的压水试验吕荣值26%小于1Lu，74%小于3Lu，均在设计标准3Lu之内。灌浆试验2区经过灌浆后4个检查孔，共70段，检查孔的压水试验吕荣值16%小于1Lu，84%小于3Lu，均在设计标准3Lu之内。压水试验结果证明灌浆处理效果非常明显。

（3）全景图像测试检查。钻孔全景图像测试，共完成9孔，最小孔深53.8m，最大孔深118.7m，累计852.3m。通过试验区检查孔的钻孔全景图像测试，可知试验区孔深60m

以上岩体破碎，岩体风化较严重，裂隙被浆液填充较好，孔深 60m 以下岩体较完整，部分孔段岩体风化较严重，且靠近右坝肩位置孔深 90～100m 部分基岩破碎风化严重，钻孔掉块较多。全景图像测试直观反映出地层特性与灌浆质量情况。

图 2 为帷幕灌浆检查孔 JC-5 钻孔全景图像 0～4m、64～68m 段成果图。

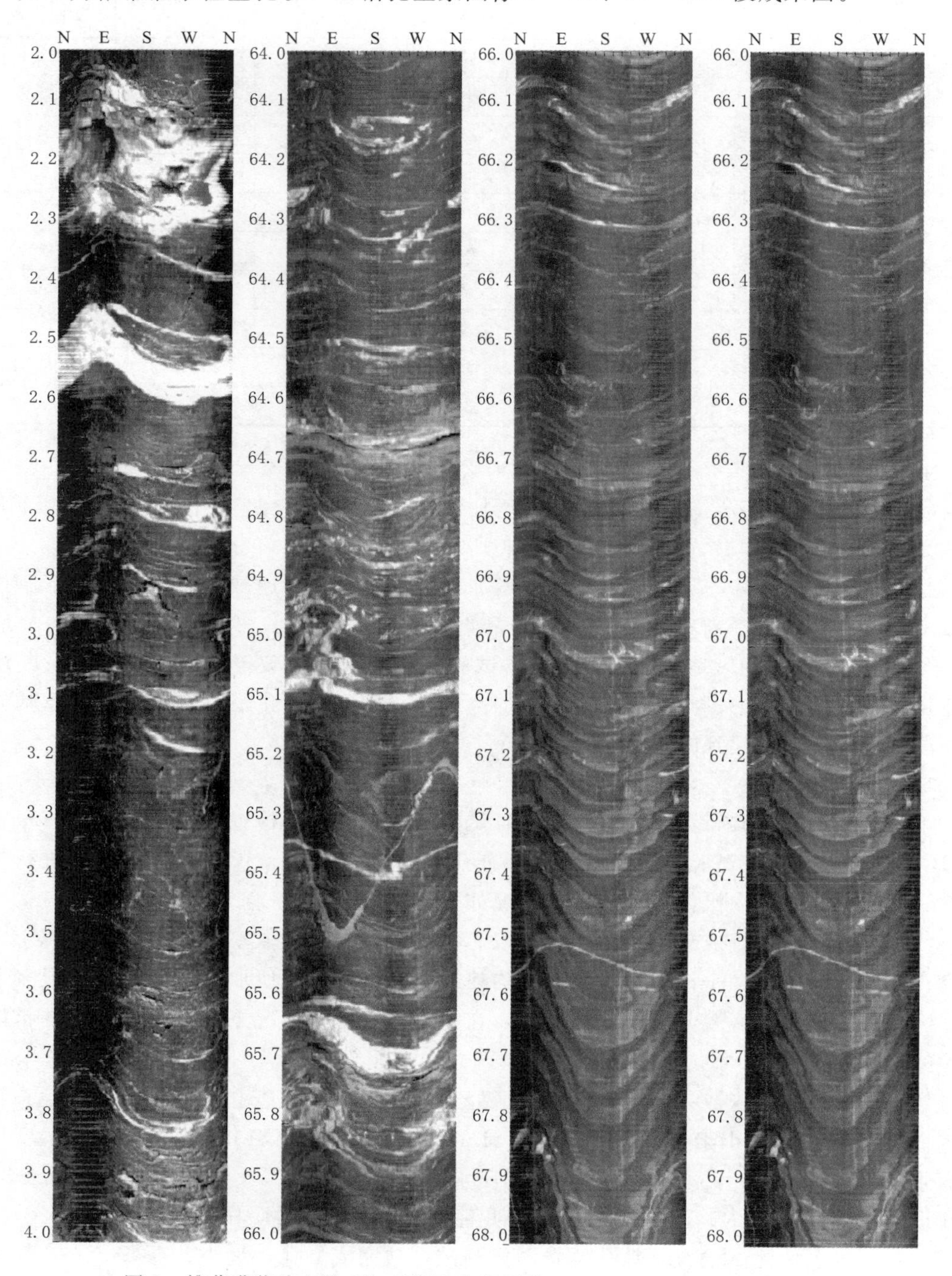

图 2　帷幕灌浆检查孔 JC-5 钻孔全景图像 0～4m、64～68m 段成果图

5 结论

综合钻孔全景图像测试和检查孔取芯及压水试验成果，可以认为两个试验区的灌浆效果均较好，但试验 2 区所取岩芯结石明显多于试验 1 区，说明 1.5m 试验区帷幕灌浆效果更为明显，较大裂隙、破碎基岩、地层空隙得到了有效灌注，水泥浆液充填扩散形成的帷幕能够更好起到防渗效果。

苗尾水电站大坝基础帷幕补强灌浆试验研究

谢　武[1]　彭　艳[1]　吴　杨[1]　陈　杰[1]　李玲丽[2]　胡伯轩[3]
（1. 中国水电基础局有限公司　2. 安徽华森环境科学研究有限公司
3. 河南省工程咨询中心）

【摘　要】 苗尾水电站大坝基础帷幕补强灌浆工程，地质条件复杂、施工难度大、防渗要求高。本文介绍了现场帷幕灌浆试验及成果，并对试验成果进行分析，提出合理化施工建议。
【关键词】 苗尾水电站　高坝高水头大涌水　硅溶胶灌浆材料　帷幕补强灌浆　试验研究

1　工程概况

苗尾水电站位于云南省大理州云龙县苗尾傈僳族乡境内的澜沧江河段上，工程以发电为主，兼顾灌溉供水。水库正常蓄水位 1408.00m，相应库容 6.86 亿 m^3，其中调节库容 1.65 亿 m^3，具有周调节能力。电站总装机容量 1400MW（4×350MW），保证出力 424.2MW，多年平均发电量 65.56 亿 kW·h。苗尾工程为一等大（1）型工程，永久性主要建筑物（挡水、泄洪和引水发电建筑物）为 1 级建筑物，次要建筑物为 3 级建筑物。

砾质土心墙堆石坝坝顶高程 1414.80m，最大坝高 139.8m，坝基防渗采用基础帷幕灌浆。

2　地质条件

苗尾水电站施工区位于湾坝河至丹坞堑沟长约 6.5km 的范围内，澜沧江由北向南流经施工区，在湾坝河和回石山梁处分布两个较大的河湾，其他河段河道较为顺直，平面形态总体呈 S 形展布。苗尾水电站施工区属中高山深切河谷地貌，山脉总体呈北西走向，河谷由不对称的 V 形谷和较宽阔的 U 形谷相间组成，河床高程 1306.00～1283.00m；枯水期水面宽 45～120m，高程 1310.00～1298.00m。

电站施工区位于水井—功果断裂以东的陡立褶皱区，岩层总体产状为 N5°～20°W，NEE 或 SWW∠75°～90°，区内倾倒变形发育地段岩层倾角变缓为 30°～70°。受多期构造运动的影响，区内断层、层内错动带及节理较为发育，结构面的优势方向为 NNE，次为 NE。受区内特有的地形地貌、地层岩性和地质构造特征控制，工程区泥石流、崩塌、倾倒变形等不良物理地质现象较为发育。

3　工程的重难点

苗尾水电站坝基地质情况复杂，变质砂、板岩互层且分布不均，裂隙陡倾角发育。经过前期防渗处理，较大裂隙已普遍被充填，小裂隙及微细裂隙发育，普通水泥灌浆效果不理想。对于本工程施工难度大、施工任务重，施工重难点主要有三个方面：一是如何解决微细裂隙地层的可灌性并保证灌浆效果是重点；二是解决陡倾角裂隙地层及硅溶胶浆材灌注施工工艺问题是关键；三是解决高坝大流量高水头情况下的灌浆施工工艺问题是难点。

4 施工思路

苗尾水电站于2016年11月24日水库开始蓄水，11月28日晚发现大坝排水廊道渗漏，水量较大，渗水量约为230m^3/h。为落实华能澜沧江股份有限公司专题会会议纪要内容，根据初期蓄水后大坝左右岸灌浆平洞渗水情况，对大坝进行系统补强灌浆。

为了有效地实现设计防渗目标，在补强灌浆施工前选取左岸斜坡廊道和右岸高程1368.00m平洞底板帷幕补强孔作为补强灌浆生产试验区。

5 施工工艺及方法

5.1 左岸试验区孔位布置

左岸试验区根据现场实际地质情况，选定在左岸斜坡廊道内，位置为坝0+197.375～坝0+209.375，布置在帷幕灌浆轴线上。采用单排孔，孔距1.5m，左岸补强帷幕灌浆试验区孔位布置如图1所示。

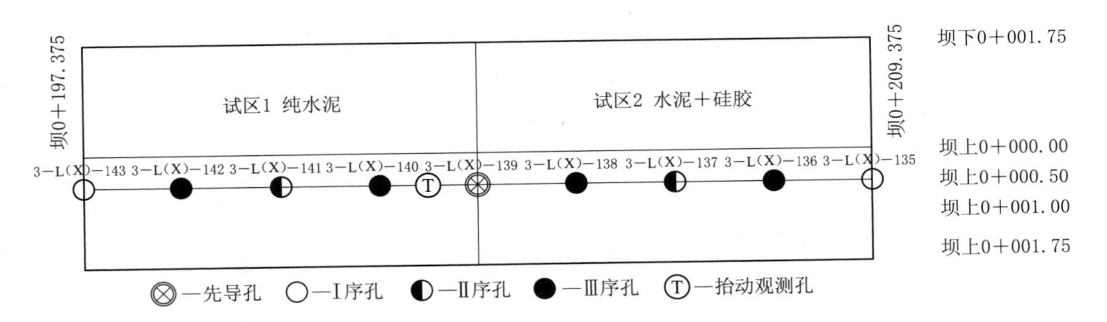

图1 左岸补强帷幕灌浆试验区孔位布置图

5.2 右岸试验区孔位布置

右岸试验区根据现场实际地质情况，选定在右岸1368灌浆平洞，位置为坝0+564.00～坝0+572.00，布置在原有两排帷幕中间，桩号坝上0+000.75。采用单排孔，孔距1.0m，右岸补强帷幕灌浆试验区孔位布置如图2所示。

5.3 施工材料

5.3.1 水泥

补强帷幕灌浆选用业主提供P·O42.5普通硅酸盐水泥，水泥细度要求通过80μm方孔筛的筛余量不大于5%。其他性能指标符合GB 175—2007标准要求。

5.3.2 硅溶胶浆材

灌浆使用硅溶胶浆材为自主研制，硅溶胶材料主要性能见表1。

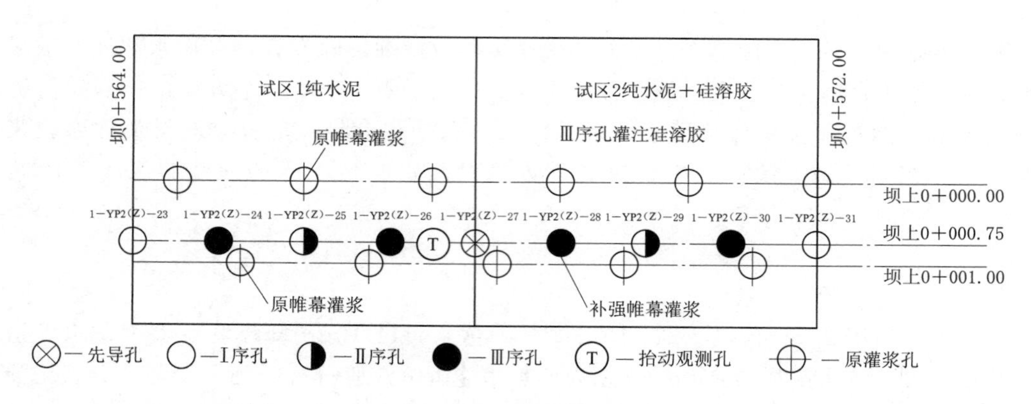

图 2　右岸补强帷幕灌浆试验区孔位布置图

表 1　　硅溶胶材料主要性能表

项　目	条件或要求	技术指标控制
黏度/(mPa·s)	20℃（配浆毕）	1.0～4.5
pH 值	浆液	9～10
密度/(kg/L)	—	1.00～1.20
色泽	浆液	无色均匀透明
气味	浆液	无味
毒性	—	无毒
浆液操作时间/min	—	3～120
充分固化时间/h	—	2～24

本试验选用不同胶凝时间及性能的 M－Ⅰ、M－Ⅱ类型浆液，在制浆站配置成 A、B 液，分别贮存在相应的容器内，运至现场进行灌注。

5.4　灌浆施工

5.4.1　灌浆方法

水泥和硅溶胶灌浆孔采用自上而下分段卡塞灌浆法。

5.4.2　孔口管镶管

水泥灌浆孔孔口管段先行卡塞灌浆，并镶铸孔口管，孔口管埋入基岩深度 2m，待凝时间为 72h。硅溶胶灌注孔孔口管段在硅溶胶灌浆结束后再镶铸孔口管。

5.4.3　段长及压力

各灌浆孔第一段段长为 2m，第二段为 3m，以下孔段段长为 5m，特殊情况下可适当缩短或加长，但不宜大于 8m。水泥灌浆各段次灌浆参数参照表 2，化学灌浆各段次灌浆参数参照表 3。

表 2　　水泥灌浆各段次灌浆参数表

段　次		1	2	3	4	5	6
孔深/m		0～2	2～5	5～10	10～15	15～20	＞20
灌浆压力/MPa	Ⅰ序孔	0.6	0.8	1.0	1.5	1.8	2.0
	Ⅱ序孔	1.0	1.2	1.5	1.8	2.0	2.5
	Ⅲ序孔	1.5	1.8	2.0	2.2	2.5	2.5

表 3　　　　　　　　　　　化学灌浆各段次灌浆参数表

段　次	1	2	3	4	5	6
孔深/m	0～2	2～5	5～10	10～15	15～20	>20
Ⅲ序孔灌浆压力/MPa	1.0	1.0	1.0	1.0	1.0	1.0

5.4.4　浆液比级与灌注水灰比

（1）水泥灌浆采用 5∶1、3∶1、2∶1、1∶1、0.8∶1、0.5∶1 六级水灰比进行灌注。灌浆时浆液比级应由稀变浓，逐级改变，开灌水灰比采用 5∶1。浆液变换原则如下：

1）灌浆时，当灌浆压力保持不变，注入率持续减少时，或注入率不变而压力持续升高时，不得改变水灰比。

2）当某级浆液注入量已达 300L 以上，或灌浆时间已达 30min，而灌浆压力和注入率均无改变或改变不显著时，应改浓一级灌注。

3）当注入率大于 30L/min 时，可根据具体情况越级变浓。

（2）硅溶胶浆液变换原则：

1）开灌采用 M－Ⅰ型浆液，当灌浆压力保持不变，注入率持续减少时，或注入率不变而压力持续升高时，不得改变浆液类型，继续灌注。

2）当灌注 M－Ⅰ型浆液到达 100L/m，灌浆压力和注入率均无改变或改变不显著时，应改为 M－Ⅱ型浆液灌注。

5.4.5　灌注及记录要求

水泥灌浆采用 3SNS 灌浆泵灌注，灌浆过程中灌浆压力和注入率相适应。一般情况下宜采用中等以下注入率灌注。硅溶胶浆液采用记录仪计量，灌浆过程中根据注入率进行均匀升压，注入率宜控制在 10L/min 以下。

5.4.6　灌浆结束标准

水泥灌浆各灌浆段的结束条件为：在该灌浆段规定压力下，当注入率不大于 1L/min 后，继续灌注 30min，可结束灌浆。硅溶胶灌浆的结束标准：在设计压力下注入率不大于 1L/min 后，持续灌注 30min 或达到胶凝时间。

5.4.7　封孔

水泥灌浆孔封孔采用“全孔灌浆封孔法”，对于硅溶胶灌浆孔在终孔段灌浆结束后进行扫孔，按水泥灌浆孔方法封孔。

6　灌浆试验结果及分析

6.1　岩体透水率

为了了解试验区岩体灌浆前透水情况，在水泥灌浆前，对各灌浆段进行压水试验，通过不同次序孔灌浆前透水率的变化情况来分析岩体的渗漏情况。右岸试验区各次序孔灌浆前透水率成果见表 4。右岸试验区水泥灌浆各次序孔透水频率曲线如图 3 所示。

表 4　　　　　　　　　　右岸试验区各次序孔灌浆前透水率成果表

孔序	孔数	平均透水率/Lu	灌前透水率频率（区间段数/频率/%）							
			总段数	≤1	1～3	3～5	5～10	10～50	50～100	>100
Ⅰ	3	7.50	30	9/30.0	6/20.0	4/13.3	6/20.0	2/6.7	2/6.7	1/3.3
Ⅱ	2	4.65	20	3/15.0	6/30.0	4/20.0	6/30.0	1/5.0	0/0	0/0
Ⅲ	4	2.54	40	13/32.5	18/45.0	3/7.5	5/12.5	1/2.5	0/0	0/0
合计	9	4.90	90	25/27.8	30/33.3	11/12.2	17/18.9	4/4.4	2/2.2	1/1.1

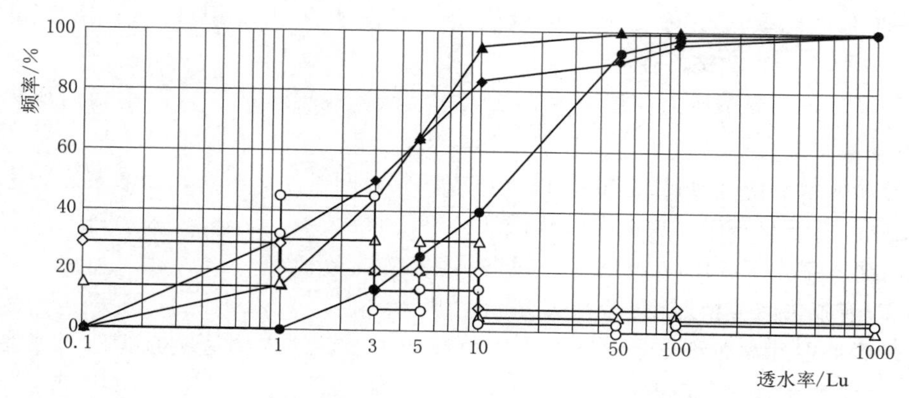

图 3　右岸试验区水泥灌浆各次序孔透水频率曲线图

由表 4 和图 3 可以看出：随着灌浆Ⅰ、Ⅱ、Ⅲ序孔相继施工，右岸试验区透水率分别为 7.5Lu、4.65Lu、2.54Lu，递减规律明显，其中Ⅱ序孔灌前透水率比Ⅰ序孔递减了 38.0%，Ⅲ序孔灌前透水率比Ⅱ序孔递减了 45.4%。左岸试验区各次序孔灌前透水率成果见表 5；左岸试验区水泥灌浆各次序孔透水频率曲线如图 4 所示。

表 5　　　　　　　　　　左岸试验区各次序孔灌前透水率成果表

孔序	孔数	平均透水率/Lu	灌前透水率频率（区间段数/频率/%）							
			总段数	≤1	1～3	3～5	5～10	10～50	50～100	>100
Ⅰ	3	1.84	45	18/40.0	21/46.7	3/6.7	3/6.7	0/0	0/0	0/0
Ⅱ	2	5.37	30	8/26.7	4/13.3	4/13.3	10/33.3	4/13.3	0/0	0/0
Ⅲ	4	2.20	60	19/31.7	25/41.7	10/16.7	6/10.0	0/0	0/0	0/0
合计	9	3.14	90	45/50.0	50/55.6	17/18.9	19/21.1	4/4.4	0/0	0/0

由表 5 和图 4 可以看出：随着灌浆Ⅰ、Ⅱ、Ⅲ序孔相继施工，左岸试验区透水率分别为 1.84Lu、5.37Lu、2.20Lu，递减规律不明显，但Ⅲ序孔较Ⅱ序孔有所下降；其中Ⅱ序孔灌前透水率比Ⅰ序孔递增了 191.8.0%，Ⅲ序孔灌前透水率比Ⅱ序孔递减了 59.0%。

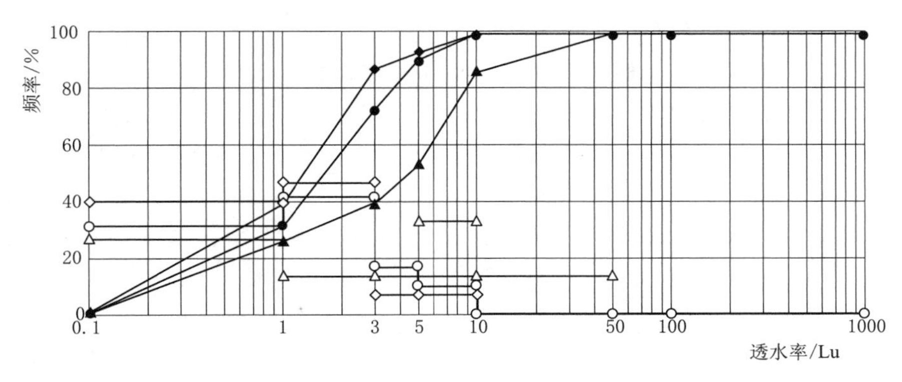

图 4　左岸试验区水泥灌浆各次序孔透水频率曲线图

通过透水率分析，试验区整体透水率偏小，右岸递减规律较明显，左岸递减规律不明显，说明试验区以较为细小的裂隙和微细裂隙为主，大裂隙较少。

6.2　水泥单位注入量

右岸试验区各次序孔水泥单位注入量频率成果见表 6；右岸试验区水泥灌浆各次序孔单位注入量频率曲线如图 5 所示。

表 6　右岸试验区各次序孔水泥单位注入量频率成果汇总表

孔序	孔数	灌浆长度/m	单位注入量/(kg/m)	单位注灰量（kg/m）频率（区间段数/频率/%）					
				总段数	<10	10～50	50～100	100～500	>500
Ⅰ	3	144	57.37	30	10/33.3	9/30.0	6/20.0	5/16.7	0/0
Ⅱ	2	96	52.91	20	6/30.0	7/35.0	4/20.0	3/15.0	0/0
Ⅲ	2	100	41.61	22	9/40.9	9/40.9	1/4.5	3/13.6	0/0
合计	7	340	51.47	72	25/34.7	25/34.7	11/15.3	11/15.3	0/0

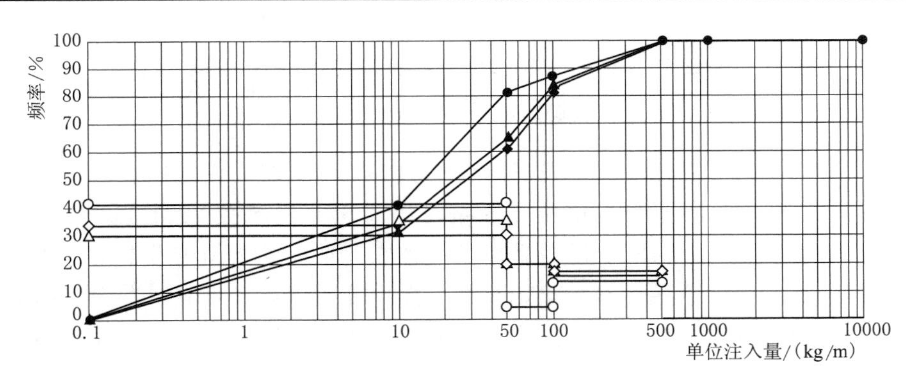

图 5　右岸试验区水泥灌浆各次序孔单位注入量频率曲线图

单位注入量可反映出灌浆过程所采取的工艺技术、灌浆材料、浆液配比是否具有合理性，一般情况下，单位注入量随孔序逐渐递减的规律。根据表 6 和图 5，Ⅲ序孔比Ⅱ序孔递减了 21.36%，Ⅱ序孔比Ⅰ序孔递减了 7.77%。Ⅰ序孔 57.37kg/m 大于Ⅱ序孔 52.91kg/m 大于Ⅲ序孔 41.61kg。随着孔序的增加，水泥单位注入量有逐渐降低的趋势，符合灌浆的递减规律。

左岸各次序孔单位注入量频率成果见表 7；水泥灌浆各次序孔单位注入量频率曲线如图 6 所示。

表 7　　左岸各次序孔单位注入量频率成果汇总表

孔序	孔数	灌浆长度 /m	单位注入量 /(kg/m)	单位注灰量（kg/m）频率（区间段数/频率/%）					
				总段数	＜10	10～50	50～100	100～500	＞500
Ⅰ	3	211.5	26.44	45	15/33.3	25/55.6	2/4.4	3/6.7	0/0
Ⅱ	2	137.8	39.74	30	10/33.3	6/20.0	14/46.7	0/0	0/0
Ⅲ	2	137.8	22.94	32	13/40.6	15/46.9	3/9.4	1/3.1	0/0
合计	7	487.1	29.97	107	38/35.5	46/43.0	19/17.8	4/3.7	0/0

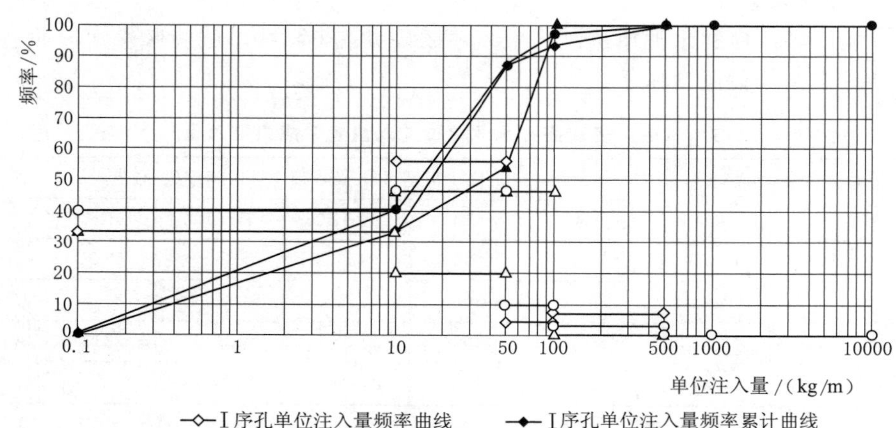

图 6　水泥灌浆各次序孔单位注入量频率曲线图

根据表 7 和图 6 可以看出，Ⅲ序孔比Ⅱ序孔递减了 42.27%，Ⅱ序孔比Ⅰ序孔递增了 50.30%。左岸试验区各序孔平均单位注入量可以看出，Ⅰ序孔 26.44kg/m 小于Ⅱ序孔 39.74kg/m 大于Ⅲ序孔 22.94kg。随着孔序的增加水泥单位注入量变化趋势不明显，不符合灌浆的递减规律。说明水泥灌浆效果不显著。左岸灌浆试区地质条件较好，变质砂、板岩中的裂隙，主要是细微裂隙与较为细小裂隙两种，水泥浆液灌浆可以解决部分细小裂隙问题，水泥浆液可灌性有限。

6.3　硅溶胶单位注入量与透水率

表 8 为右岸Ⅲ序孔水泥硅溶胶灌浆成果表，表 9 为左岸Ⅲ序孔水泥硅溶胶灌浆成果表，表 10 为Ⅲ序孔灌注硅溶胶透水率与单位注入量统计表。

表 8　　右岸Ⅲ序孔水泥硅溶胶灌浆成果表

孔序	孔数	平均透水率/Lu	灌前透水率频率（区间段数/频率/%）							
			总段数	≤1	1～3	3～5	5～10	10～50	50～100	>100
Ⅲ（水泥）	2	2.94	22	5/22.7	11/50.0	2/9.1	3/13.6	1/4.5	0/0	0/0
Ⅲ（硅溶胶）	2	2.05	18	8/44.4	7/38.9	1/5.6	2/11.1	0/0	0/0	0/0
合计	4	2.50	40	13/32.5	18/45.0	3/7.5	5/12.5	1/2.5	0/0	0/0

表 9　　左岸Ⅲ序孔水泥硅溶胶灌浆成果表

孔序	孔数	平均透水率/Lu	灌前透水率频率（区间段数/频率/%）							
			总段数	≤1	1～3	3～5	5～10	10～50	50～100	>100
Ⅲ（水泥）	2	2.50	32	9/28.2	13/40.6	5/15.6	5/15.6	0/0	0/0	0/0
Ⅲ（硅溶胶）	2	1.88	28	10/35.7	12/42.9	5/17.9	1/3.5	0/0	0/0	0/0
合计	4	2.19	60	19/31.7	25/41.7	10/16.7	6/10.0	0/0	0/0	0/0

表 10　　Ⅲ序孔灌注硅溶胶透水率与单位注入量统计表

Ⅲ序孔透水率/Lu	≤1	1～3	3～5	5～10	10～50	50～100	>100
右岸硅溶胶浆液平均注入量/(L/m)	19.80	95.84	174.67	61.78	—	—	—
左岸硅溶胶浆液平均注入量/(L/m)	10.51	39.86	48.18	123.19	—	—	—

从表 8、表 9 和表 10 可以看出，左右岸Ⅲ序孔灌前透水率小于 10Lu 的孔段大于 90.0%，左右岸试验区随着透水率增加，硅溶胶单位注入量逐渐增加，透水率与单位灌注量递增关系明显，硅溶胶浆液很好被灌注。

表 11 为硅溶胶灌前透水率与灌后透水率统计表。

表 11　　硅溶胶灌前透水率与灌后透水率统计表

1-YP2 (Z)-28	段次								
	2	3	4	5	6	7	8	9	10
灌前透水率/Lu	0.89	1.70	2.73	1.74	0.88	7.65	5.49	0.74	2.96
灌后透水率/Lu	0.41		0.44	0.44	0.21		0.02	0.53	
递减率/%	75.88		83.88	74.71	97.25		99.64	82.09	

从表11中1－YP2（Z）－28孔灌前透水率与灌后透水率对比可以看出，灌后压水透水率都小于1Lu，递减率在74.71%～99.64%，证明在此地层条件下，针对张开度小的细裂隙采用硅溶胶灌注效果较好。

7 灌浆的效果检测与评价

7.1 检查孔压水试验

工程质量的评定标准为：经检查孔压水试验检查，坝体混凝土与基岩接触段的透水率的合格率为100%，其余各段的合格率不小于90%，不合格试段的透水率不超过设计规定的150%且不合格试段的分布不集中，灌浆质量可评为合格。设计要求不大于3Lu为合格。

大坝基础帷幕灌浆地层的渗透系数为10^{-5}～10^{-3}cm/s（约为1～150Lu），由检查孔成果可见，右岸水泥灌浆区最大透水率为3.52Lu，坝体混凝土与基岩接触段的透水率的合格率为100%，其他孔均合格，水泥灌浆区合格率为90%。硅溶胶灌浆区最大渗透系数为1.01Lu，其余各段的合格率为100%。两区结果均合格，试验表明硅溶胶灌注区域比水泥灌注区域效果更好。

左岸水泥灌浆区最大透水率为3.78Lu，还有一段3.37Lu为接触段，其他孔均合格。水泥灌浆区合格率为85.7%。硅溶胶灌浆区最大渗透系数为1.42Lu，坝体混凝土与基岩接触段及其下一段的透水率的合格率为100%，其余各段的合格率为100%。水泥灌浆区检查孔不合格，硅溶胶区检查孔合格。

7.2 芯样检查

随着灌浆施工的完成，浆液注入裂隙，检查孔岩芯自上而下整体趋势是越来越完整。水泥灌浆检查孔岩芯部分有水泥浆浸染的痕迹如图7左图所示，能明显看到砂板岩片层多处有明显的新旧水泥结石。硅溶胶灌浆检查孔岩芯很难取出，取出来的岩芯在外部很难看见，因硅溶胶凝胶强度较低，只有经过破坏后岩芯自然断裂节理微细裂隙面才有硅溶胶充填裂隙痕迹（图8左图）。

图7 水泥灌浆孔岩芯图

7.3 灌浆效果评价

从检查孔取芯、岩芯中的结石、检查孔压水试验成果等方面来看，灌浆效果是非常明显的；尽管水泥灌浆区出现了压水试验透水率超过3Lu的孔段，主要是因为砂板岩陡倾角

图 8　硅溶胶灌浆孔岩芯图

裂隙的复杂性所致，浆液扩散的方向和范围受到局限。

总体来说，灌浆试验效果是良好的，为工程类似地层的灌浆和处理提供了宝贵的数据资料和经验。

8　结论与建议

（1）本次灌浆试验区的选址，在左右岸不同山体地质条件下，基本上能够反映出大坝基础整体的地质情况，具有较强的代表性。

（2）通过左右岸试验区水泥灌浆和水泥＋硅溶胶的综合比较，水泥＋硅溶胶的效果更好。水泥灌浆后大部地层仍有较大的透水率，建议采用水泥灌浆处理后或新开孔进行硅溶胶灌注效果更好。孔距 1m 效果更好。

（3）硅溶胶灌浆材料是无毒安全环保的化学灌浆材料。它具有黏度低、可灌入微细裂隙、胶凝时间可控、凝胶渗透系数低、抗挤出能力强等优点，应用于苗尾水电站大坝基础帷幕变质砂、板岩互层且分布不均，裂隙陡倾角发育地层，成功地解决了高坝高水头大涌水地层施工难题，试验取得了满意的效果。

不同制浆设备浆液流动性对比试验

徐军阳[1]　王程江[2]　龚宏伟[3]　刘丽芬[1]　刘伟男[1]

（1. 江苏河海工程技术有限公司　2. 新安江水力发电厂
3. 江西大地岩土工程有限公司）

【摘　要】通过进行不同灌浆材料浆液的流动性对比试验，验证卧式灰罐智能制浆系统的适宜性。

【关键词】双轴逆向搅拌　高速搅拌　磨细水泥　黏度　马氏漏斗

1　测试的目的

为解决灌浆工程中制浆环节的环保要求，研制了全封闭式的卧式灰罐智能制浆系统，上部为全封闭卧式灰罐，下部由供水系统、配料系统、双轴逆向旋转搅拌制浆系统、控制系统、供浆系统组成，水泥浆液拌制采用电子计量，全封闭式制浆作业。较采用散装水泥，节约水泥包装、装卸、拆装等成本，并避免制浆过程的扬尘现象，达到了节能减排功效。

灌浆规范要求，对细水泥灌浆必须采用1200r/min以上高速搅拌机制浆，为检测双轴逆向搅拌机所拌制的浆液是否能满足灌浆要求，因此采用马氏漏斗及NDJ－8S数显黏度计对不同水泥、不同水灰比在低速、高速及双轴逆向搅拌作用下的水泥浆液的进行对比试验。

2　试验的设备、材料

制浆设备：200/250L双层低速制浆机、200L高速制浆机、600L双轴逆向制浆机。

试验仪器：马氏漏斗、NDJ－8S数显黏度计、电子秤。

水泥浆材：海螺牌普通硅酸盐水泥P·O42.5、三宝牌改性灌浆超细水泥、三宝牌磨细水泥。

3　试验方法

采用低速制浆机、高速制浆机和双轴逆向搅拌机配备不同水灰比（3、2、1、0.8、0.6）的普通42.5硅酸盐水泥、磨细水泥、改性超细灌浆水泥浆液。普通硅酸盐水泥采用低速制浆机搅拌3min；高速制浆机拌制普通水泥浆液搅拌时间为60s，改性灌浆水泥与磨细水泥搅拌时间为100s；双轴逆向制浆机搅拌时间按2min、4min、6min和8min。对不同灌浆材料、不同制浆设备及不同的搅拌时间形成的水泥浆液，进行马氏漏斗和 NDJ-8S 数显黏度计进行对比测试。

4 制浆机工作原理

（1）200/250 灰浆搅拌机：通过电动机带动搅拌轴（54r/min）转动，进行水泥浆液拌制，上层搅拌，下层储浆，克服灰浆易产生离析或沉淀的弊病，确保灰浆泵吸料均匀，出料顺利，适用于普通水泥制浆。

（2）200L 高速搅拌机：通过电机使叶轮 1440r/min 高速转动形成涡流制浆，具有制浆速度快，浆液搅拌均匀等特点。适用于普通水泥及超细水泥等灌浆材料制浆。

（3）600L 双轴逆向制浆机：电机带动两根带叶片的搅拌轴逆向 200r/min 转动，使水泥浆液旋转并造成水泥浆液激烈碰撞形成紊流，从而使浆液搅拌均匀。

5 成果分析

5.1 马氏漏斗黏度统计分析

根据马氏漏斗黏度计所测得的不同水泥、不同水灰比及不同制浆设备所形成的浆液进行统计分类汇总，分类成果统计分别见表 1、表 2、表 3。并根据表 1～表 3 绘制出不同水泥浆液对应的马氏黏度与水灰比关系图 1～图 3。

表 1　普通硅酸盐水泥 P·O42.5 马氏漏斗黏度（s）

水灰比	3	2	1	0.8	0.6
低速黏度	26.50	26.55	28.15	30.05	39.05
高速黏度	26.95	27.05	28.10	30.00	34.25
双轴黏度	26.35	26.60	28.60	30.00	36.00

表 2　改性超细灌浆水泥马氏漏斗黏度（s）

水灰比	3	2	1	0.8	0.6
高速黏度	26.90	27.25	30.15	31.50	46.65
双轴黏度	27.25	27.05	30.56	33.64	55.07

表 3　超细灌浆水泥马氏漏斗黏度（s）

水灰比	3	2	1	0.8	0.6
高速黏度	27.26	27.06	28.64	31.50	42.64
双轴黏度	26.80	26.86	29.33	35.47	46.58

从马氏漏斗对不同制浆设备所拌制的浆液黏度测试统计可以形成以下结论：

（1）从表 1 及图 1 中可以看出，普通硅酸盐水泥浆液，当水灰比大于 0.8 时，三种制浆设备所测得的水泥浆液黏度相差不大，水灰比小于 0.8 后，低速制浆机的黏度明显大于逆向双轴制浆机的黏度，而高速制浆机的浆液黏度较低速及逆向双轴制浆机的黏度低。当水灰比为 0.6 时，高速拌制的浆液黏度比低速拌制的浆液黏度小 12.3%，比双轴逆向制浆机的拌制浆液黏度小 4.9%。

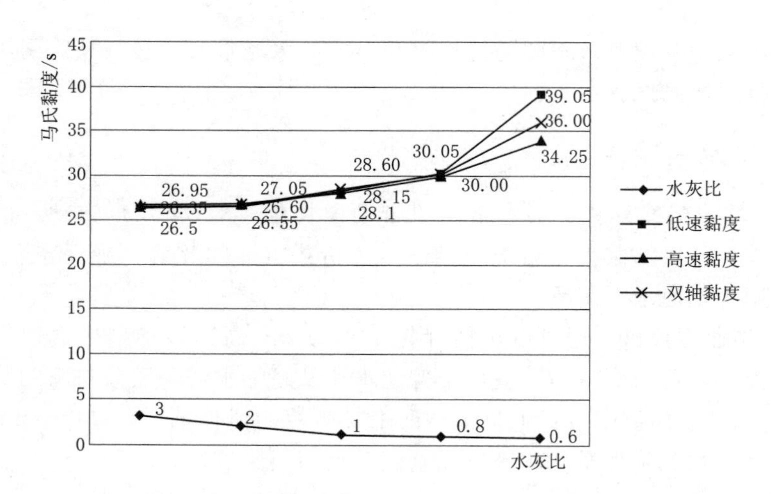

图1 普通硅酸盐水泥水灰比与马氏黏度关系

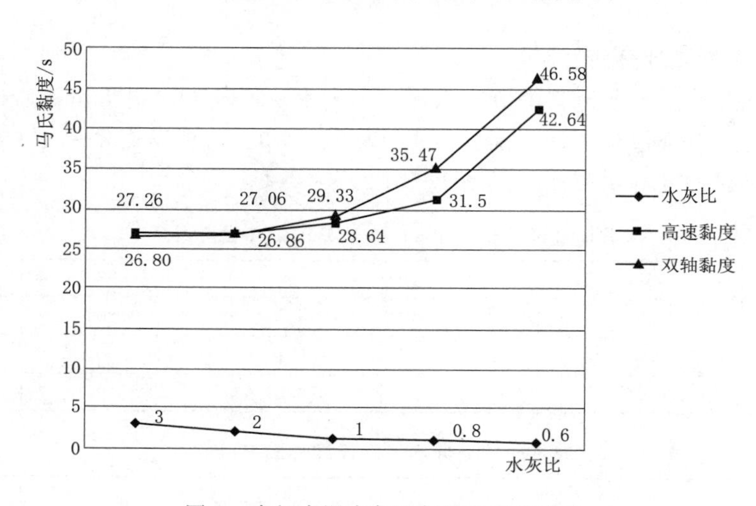

图2 磨细水泥水灰比与马氏黏度关系

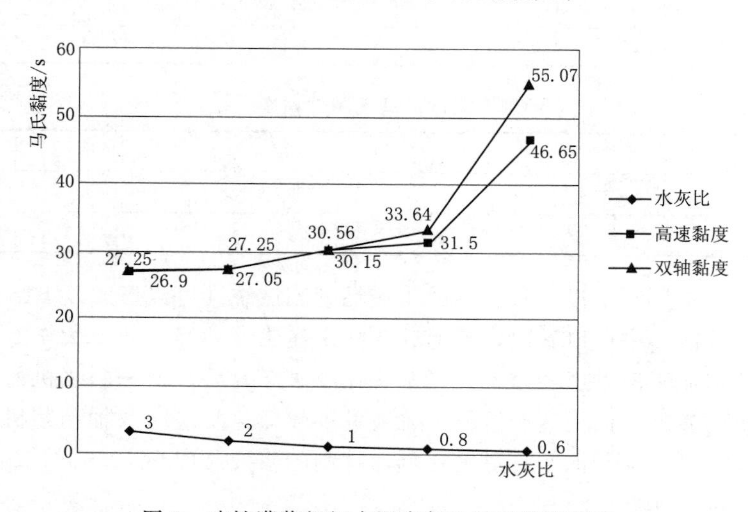

图3 改性灌浆超细水泥水灰比马氏黏度关系

（2）从表2、表3及图2、图3中可以看出，改性超细灌浆水泥和磨细水泥在水灰比大于1时，高速制浆机和双轴逆向旋转制浆机所拌制的水泥浆液黏度基本一致，当水灰比小于1后，采用双轴搅拌机拌制的浆液马氏漏斗黏度比高速搅拌机拌制的浆液黏度大。水灰比为0.6时，双轴逆向旋转制浆机较高速制浆机所形成改性灌浆超细水泥的马氏漏斗黏度增加了18%；磨细水泥的马氏漏斗黏度增加了9.3%。

（3）普通硅酸盐水泥在水灰比小于0.6时，低速搅拌机所制的水泥浆液有明显的大团块，无法搅拌均匀，不具备配制小于水灰比0.8以下的水泥浆液，必须采取高速或双轴逆向搅拌机拌制。

（4）从马氏漏斗滤网上的残余情况发现，随着浆液水灰比的减小，水泥浆包裹末充分搅拌的水泥小悬浮颗粒相应增多，低速搅拌机的滤网残余量最多，其次为双轴逆向搅拌机，高速制浆机最少。

5.2 NDJ－8S数显黏度计

通过NDJ－8S数显黏度计对三种不同灌浆水泥，采用不同制浆设备所形成不同水灰比的水泥浆液，在相同转子及转速下，所测得的黏度进行统计。分别见统计表4、表5、表6。并根据表4～表6绘制出不同水泥黏度与水灰比关系曲线如图4～图6所示。

表4　　普通硅酸盐水泥P·O42.5浆液黏度　　单位mPa·s

水灰比	3	2	1	0.8	0.6
低速黏度	6.0	11.8	61.5	103.0	242.0
高速黏度	8.7	13.5	55.0	102.5	164.5
双轴黏度	6.00	11.50	58.00	87.00	218.50

表5　　改性超细灌浆水泥浆液黏度　　单位：mPa·s

水灰比	3	2	1	0.8	0.6
高速黏度	14.0	28.0	185.0	378.0	1050.0
双轴黏度	10.60	21.90	140.00	344.00	850.00

表6　　磨细灌浆水泥浆液黏度　　单位：mPa·s

水灰比	3	2	1	0.8	0.6
高速黏度	11.2	30.0	140.0	350.0	641.0
双轴黏度	7.60	20.00	130.00	322.00	562.00

从统计表可以分析得出以下几个结论：

（1）根据表4和图4所显示的普通硅酸盐水泥浆液黏度关系，当浆液水灰比大于0.8时，所测浆液黏度值相差不大，水灰比小于0.6后，高速制浆机所测的黏度为164.5mPa·s，是低速制浆机242mPa·s的67.97%，是双轴逆向制浆机218.5mPa·s的75.3%，浆液的黏度越小，则可灌性越好，说明普通水泥采用高速制浆机较双轴逆向制浆机的制浆效果较好，低速制浆机搅拌效果最弱。

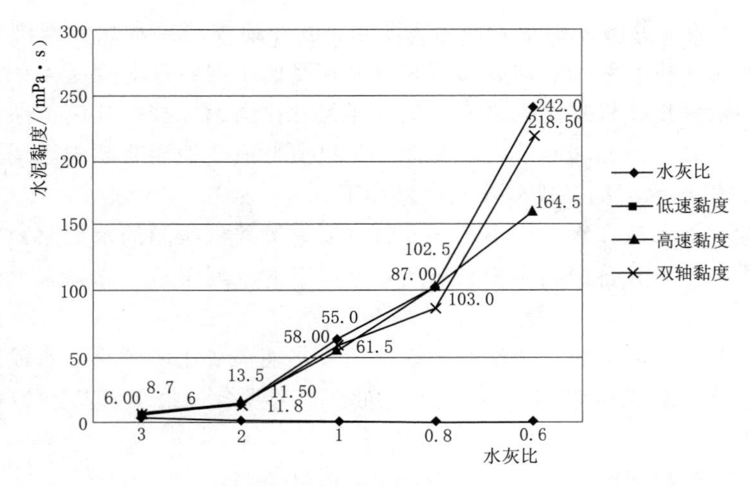

图 4　普通硅酸盐水泥浆液黏度与水灰比关系

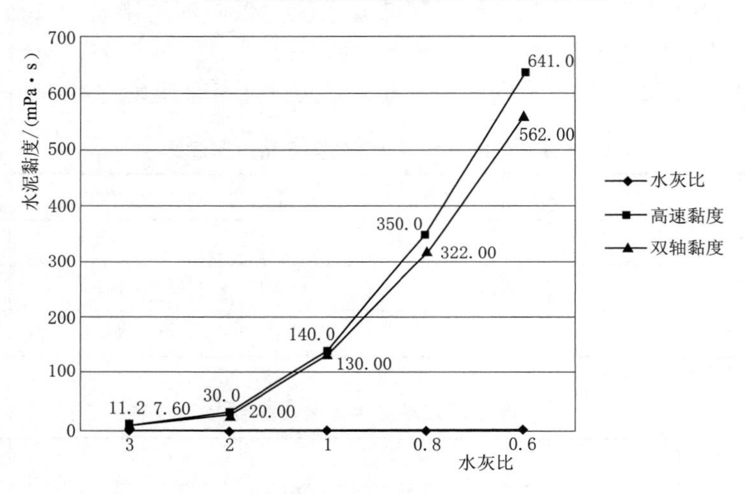

图 5　磨细水泥浆液黏度与水灰比关系

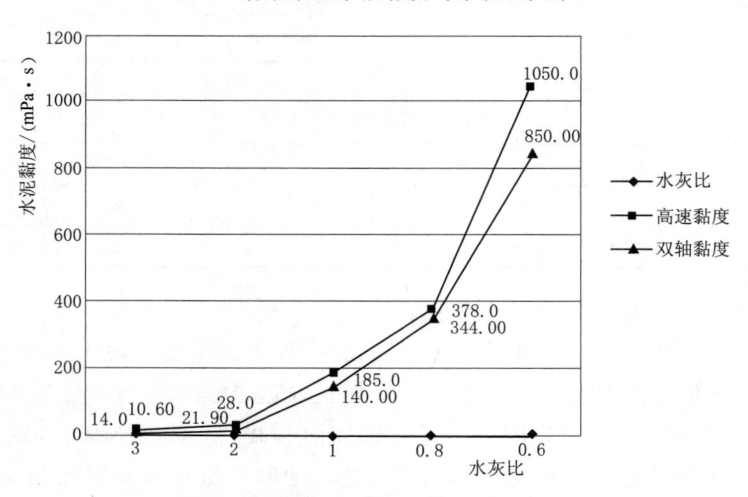

图 6　改性超细灌浆水泥浆液黏度与水灰比关系

（2）针对磨细水泥及改性灌浆水泥而言，当水灰比大于1时，高速制浆机与双轴逆向制浆机所拌制的浆液黏度大致相当，双轴逆向制浆机略优于高速制浆机。当水灰比小于1后，采用双轴逆向制浆机所搅拌的浆液黏度较高速制浆机的黏度低，在水灰比0.6时，磨细水泥黏度降低了12.3%，改性超细灌浆水泥黏度降低了19%，说明磨细水泥及超细水泥采用双轴逆向搅拌机较高速制浆机所拌制的浆液可灌性较好。

5.3 搅拌时间对浆液的影响

磨细水泥采用高速制浆机与双轴逆向旋转搅拌机2min、4min、6min、8min搅拌时间的黏度进行对比，磨细水泥浆液黏度见表7。

表7　　磨细水泥浆液黏度对比

水灰比	高速制浆机			双轴逆向制浆机		
	拌制时间	转子/转速	黏度/(mPa·s)	搅拌时间/min	转子/转速	黏度/(mPa·s)
3	100s	1/60	14.5	2	1/60	8.3
	4min	1/60	11.2	4	1/60	7.6
	6min	1/60	10.0	6	1/60	7.7
	8min	1/60	10.0	8	1/60	7.0
2	100s	1/60	25.8	2	1/60	21.7
	4min	1/60	30.0	4	1/60	20.0
	6min	1/60	30.0	6	1/60	18.0
	8min	1/60	28.0	8	1/60	17.8
1	100s	2/60	158.5	2	2/60	160.0
	4min	2/60	140.0	4	2/60	130.0
	6min	2/60	124.0	6	2/60	124.0
	8min	2/60	124.0	8	2/60	125.0
0.8	100s	2/60	350.9	2	2/60	322.0
	4min	2/60	282.0	4	2/60	349.5
	6min	2/60	275.5	6	2/60	356.5
	8min	2/60	290.0	8	2/60	346.5
0.6	100s	3/60	744.0	2	3/60	800.0
	4min	3/60	641.0	4	3/60	562.0
	6min	3/60	620.0	6	3/60	610.0
	8min	3/60	624.0	8	3/60	588.0

从统计数据发现，不管高速搅拌机还是双轴逆向搅拌机，浆液黏度随着搅拌时间的增加而减小，水灰比越小，黏度变化趋势越明显。搅拌4min的浆液黏度较搅拌2min或100s的黏度值减小10%～25%，搅拌时间超过4min后，随搅拌时间的增加，黏度变化较小，基本趋于稳定。

5.4 浆液悬浮黏粒情况

水灰比大于1的水泥浆液，经制浆机充分搅拌，三种制浆机所形成的浆液黏度基本一致，悬浮的水泥团粒也较少。当水灰比小于0.8后，低速制浆机就不适宜浓浆搅拌，浆液搅拌不均匀，存在大形团块，对灌浆将造成不利影响。

高速制浆机和双轴逆向制浆机所形成浆液黏度大致接近，但在水灰比小于等于0.8后，双轴逆向搅拌机的拌和的悬浮（表面浆液包裹的水泥）水泥颗粒较高速搅拌机的多，分析主要原因为浆液拌制过程中，双轴逆向搅拌机没有采用边搅拌边加水泥拌和，在水灰比较小的情况下，容易在水泥表面形成浆膜，不能使水泥充分水化，形成颗粒。

6 结论、建议

（1）通过本次的浆液对比性试验，可以确定双轴逆向旋转制浆机所拌制的水泥浆液能满足灌浆规范要求。

（2）水灰比大于0.8的普通硅酸盐水泥浆液，可以直接采用低速搅拌制浆机，如需配制小于0.8的水泥浓浆，采用高速制浆机或双轴逆向旋转制浆等制浆设备，可以达到同样的效果。

（3）磨细水泥及改性灌浆超细水泥，采用高速或双轴逆向旋转制浆机搅拌，且拌制时间应控制在3～4min以上，流动性满足规范要求。

（4）双轴逆向旋转制浆机在拌制浆液过程中，采用喷粉加灰方式，可以提高浆液的拌和效果。

德厚水库岩溶地基帷幕灌浆试验施工

关　伟　李云松

（中国水电基础局有限公司）

【摘　要】德厚水库枢纽工程防渗线路长、深度较深，岩溶发育程度较高，是工程的特点及难点所在。根据可研阶段地质勘察，认为咪哩河库区右岸的防渗线路基本可以确定，对于防渗底界及岩溶发育还需作进一步的复核验证。因此在咪哩河库区右岸选择两个试验区进行试验，为设计确定合理的防渗处理边界及帷幕灌浆技术参数提供依据。

【关键词】岩溶　地基　帷幕灌浆　试验

1　工程概述

德厚水库枢纽工程位于文山州文山市盘龙河上游右支源头德厚河上，是一座以城乡生活供水、工业供水、农业灌溉为主的综合利用的大（2）型水利工程。水库枢纽工程由大坝枢纽工程（含库区防渗工程）、提水工程和输水工程组成。大坝及库区防渗采用帷幕灌浆，坝址区帷幕长度2360m，库区帷幕长度5127m。

鉴于本工程防渗线路长、深度较深，岩溶发育程度较高，根据可研阶段地质勘察，认为咪哩河库区右岸的防渗线路基本可以确定，对于防渗底界及岩溶发育还需作进一步的复核验证。因此在咪哩河库区右岸选择两个试验区进行试验，为设计确定合理的防渗处理边界及帷幕灌浆技术参数提供依据。

2　工程地质条件

区域岩体层性复杂，褶皱断层发育，地貌类型多样，区域范围内约60%～70%为碳酸盐岩地区，溶隙、溶管、溶洞、暗河发育，地下水极为丰富。测区地处南盘江流域与红河流域分水岭地带，地下水分水岭将其分为两大水文地质单元，并将整个水库区围成一封闭性较为良好的地下水活动单元。以该分水岭为界，南盘江流域地下水总体流向北、北西、北东；红河流域地下水总体流向南、南西、南东。库区无地形缺口，相对隔水层不完全封闭，且存在底邻谷。

出露地层为三叠系中统个旧组（T_2g）隐晶—细晶白云质，灰岩、白云岩，地层接近个旧组顶部，岩性上以隐晶、微晶灰岩为主（附岩矿鉴定报告），具备发生岩溶渗漏的岩性条件。

地质结构以单斜为主（上部发育多条次级褶皱），岩层总体斜向南、南东、倾角30°～

50°，此段河岸发育 f_9 断裂，基本贯通本段河间地块，断层带导水，水库蓄水后可能发展成集中渗漏通道。

右岸无泉水点发育，拟建防渗线路距离咪哩河河道 0.5～1.4km，据长观孔 ZK2、ZK3、ZK4、ZK15 三年连续观测资料分析，钻孔水位基本低于相应的咪哩河河水，除个别异常外，钻孔水位基本在 1336.00～1370.00m 区间，在盘龙河右岸，相应的位置发育两个较大流量的岩溶泉，流量在 10～30L/s，由此分析本段咪哩河河道属补排型，即左岸补给、右岸排泄，河间地块间不存在地下分水岭，属库岸地下水低槽区，成为库区右岸的主要渗漏区块。

主要受岩性、层厚及地形控制，据钻孔资料统计 T_2g 白云质岩体岩溶率 7%～11%区间，钻孔遇洞率也较低，百米遇洞率小于 2 个，现已发现的最大溶管直径超过 1.0m，且多具黏土及岩屑充填。

3 试验目的

本工程的防渗防渗路线长、深度较深、岩溶发育程度较高是工程的特点及难点所在。可研阶段，为验证设计方案的合理性，提出灌浆深度的经济合理性，需进行防渗试验研究。

（1）结合试验进一步深入复核咪哩河右岸工程区水文地质情况，复核岩溶发育规律，确认溶洞位置及大小，分析渗漏方向、渗漏形式，为设计提供准确的防渗漏处理边界条件。

（2）通过试验获取咪哩河库区右岸帷幕灌浆特征参数：包括孔距、排距、排数、起灌压力、起灌水灰比，终孔压力、耗灰量等。

（3）通过在试验提出溶蚀发育岩溶区的灌浆经验（工艺、设备、灌浆段长度等），为后续其他防渗的设计、施工提供指导、借鉴。

（4）通过在灌浆试验在中建立“德厚水库灌浆数字化系统方案”，对第一期试验段灌浆过程进行实时监控及数据采集，论证后续可能进行的二期、三期试验段采用灌浆数字化系统方案的必要性，及其对保证灌浆质量，实施动态设计具有的重要作用。

（5）通过试验区灌前、灌后压水、声波等不同检测手段的验证，提出合理的岩溶区灌浆质量的检查措施。

通过试验积累岩溶地区帷幕灌浆特殊情况处理的经验，提出具有指导意义的措施及手段，如遇大溶隙、溶洞、特大渗漏通道等的处理。

4 钻孔布置

试验区位于罗世鲊村以南，共设置 2 个试验区。一试区位于 ZK3 附近，里程 MKG1＋735.300～MKG1＋784.800，分段长度 49.5m，帷幕孔按 1 排布置，孔距 1.5m，最大孔深 86.17m；二试区位于 ZK1 附近，里程 MKG2＋280.142～MKG2＋330.142，分段长度 50m，帷幕孔按 1 排布置，孔距 2.0m，最大孔深 104.97m。

一试区布置 2 个先导孔，先导孔孔距 39.5m；二试区布置 2 个先导孔，先导孔孔距 40.0m。先导孔底界按高程 1280m 控制，钻孔深度为 100～130m。为了验证、确定防渗灌浆处理底界，各先导孔均做压水试验、地下水位监测及钻孔电磁波 CT。先导孔终孔孔径不小于 75mm，终孔后稳定水位 48h。

5 现场试验

5.1 施工次序

帷幕灌浆分三个次序施工，灌浆孔非灌段钻孔不受排序顺序施工的限制。

施工准备→测量放样→先导孔→Ⅰ序孔→Ⅱ序孔→Ⅲ序孔→帷幕检查孔。

5.2 钻孔

采用 XY-2 型回转式地质钻机，金刚石钻头钻进，钻孔终孔孔径不小于 75mm。

钻孔施工中由于采用了加长钻具等控制措施，各钻孔偏斜率最大值为 0.26%，符合规范要求。

5.3 灌浆方法

一试区上部覆盖层较浅部位采用自上而下分段卡塞“纯压式”灌浆；二试区采用自上而下分段、孔口封闭循环钻灌法施工。上部非灌段使用套管隔离。

5.4 灌浆材料及配合比

帷幕灌浆采用 P·O42.5 普通硅酸盐水泥，细度为通过 80μm 方孔筛的筛余量不大于 5%。

灌注浆液以纯水泥浆液为主。按水灰比分为 5∶1、3∶1、2∶1、1∶1、0.8∶1、0.5∶1 六个比级，Ⅰ序孔开灌水灰比一般采用 3∶1，其他各序开灌水灰比采用 5∶1。

对于较大型溶蚀空洞、地下暗河或其他注入量较大地层段，采用混凝土、水泥砂浆、纯水泥浆、级配骨料＋砂浆＋水泥浆等充填材料。

5.5 灌浆压力

灌浆过程中采用逐级升压的方式，孔段最大灌浆压力采用 4.0MPa。

5.6 结束条件

在该段最大设计压力下，注入率不大于 1L/min，延续灌注不小于 60min。

5.7 溶隙、溶洞的处理

遇溶隙、溶洞掉钻段应立即停止作业，根据实际情况可采取以下处理措施。

(1) 增加灌浆排数至 2 排或加密孔距。

(2) 灌浆材料可根据实际选用纯水泥浆，水泥砂浆、水泥黏土浆等，也可选择掺入外加剂进行灌浆，外加剂的类型和掺入量根据室内试验结合现场情况试验确定，必要时可钻大口径钻孔灌注高流态细骨料混凝土或采用水泥砂浆掺级配料灌注。

(3) 对于一般裂隙和小洞穴，可按常规非岩溶区类似情况实施帷幕灌浆。

(4) 对规模较大的充填溶洞和夹泥裂隙，可采取不对裂隙和溶洞内冲填物进行冲洗的高压灌浆的方法进行处理，灌浆压力可取 4～6MPa；若充填型溶洞规模较大，也可采用高压旋喷进行处理，其工艺参数根据填充类型、施工设备等通过试验确定。

(5) 对于无填充规模较大的溶洞，应采取钻排气孔和送入孔的方式进行水泥砂浆或 C20 混凝土填塞，再进行帷幕灌浆施工。

本次试验只在一试区Ⅱ-1-XD-2 先导孔 5.9～6.4m、7.1～7.4m 处发现小溶洞，利用浓水泥浆回填封堵，后期在帷幕灌浆施工中该部位灌浆孔Ⅰ序孔上部水泥注入量较大，与小溶洞存在连通的现象。

6 灌浆成果分析

6.1 地层透水率分析

先导孔施工中多数钻孔存在不返水现象，在一试区2号先导孔上部发现小的溶洞，高度在30cm；Ⅰ序孔钻孔时，灌浆段内发生失水的现象较多；Ⅱ序孔施工时，失水现象明显减少；Ⅲ序孔施工时，未发生失水现象。

试区帷幕灌浆前后地层透水率情况统计见表1。从表1可知，检查孔压水透水率均达到设计要求5Lu以下。

表1　灌浆前后地层透水率情况统计表

试区	先导孔	Ⅰ序孔	Ⅱ序孔	Ⅲ序孔	检查孔
一试区	42.34	59.16	8.24	4.77	0.87
二试区	15.65	17.80	3.82	5.02	1.05

两个试验区各选取1个检查孔进行了耐久性压水试验，压水最大压力为2MPa。通过6d长时间连续压水，一试区Ⅱ-1-J-1最终透水率为0.31Lu，二试区Ⅱ-2-J-2最终透水率为0.46Lu，防渗体未发生破坏，说明防渗体厚度及密实性满足设计要求。

6.2 单位注灰量分析

一试区：Ⅰ序孔单位注灰量为966kg/m，Ⅱ序孔为260kg/m，Ⅱ序孔比Ⅰ序孔减小了73.1%；Ⅲ序孔单位注灰量为123kg/m，Ⅲ序孔比Ⅱ序孔减小了52.5%。

二试区：Ⅰ序孔单位注灰量为1049kg/m，Ⅱ序孔为279kg/m，Ⅱ序孔比Ⅰ序孔减小了73.4%；Ⅲ序孔单位注灰量为171kg/m，Ⅲ序孔比Ⅱ序孔减小了38.8%。

综上分析，试区基岩地层单位注灰量随灌浆次序的增加而递减，各序递减量明显，符合基岩地层的一般灌浆规律。

7 结论及建议

（1）本次帷幕灌浆试验共布置了5个灌后检查孔，钻孔取芯部分裂隙内发现水泥结石，胶结紧密。压水试验81段，其透水率为0.13～3.67Lu，均满足不大于5Lu的设计防渗指标。表明库区岩体通过灌浆处理能够形成可靠的防渗幕体。

（2）岩溶地区帷幕灌浆，采用XY-2型地质钻机、金刚石钻头钻进、孔口封闭孔内循环灌浆工艺，可以满足120m级孔深的施工要求。

（3）对于覆盖层较浅的部位，采用加深孔口管的方法可以减少因下部灌浆压力大而造成的浆液上窜及冒浆现象。

（4）帷幕灌浆效果检查以单点法压水试验为主，并辅以钻孔取芯及单位注灰量分析等进行综合评价是可行的。

（5）受浅层岩体条件的影响，上部孔段（4～7段）灌浆时因使用的压力偏高造成浅表岩体二次劈裂，地表多存在串、冒浆现象，建议在上部40～50m孔段灌浆压力宜控制在3MPa以内。

复合灌浆在松散回填层及深厚淤泥地基处理中的应用研究

周建华[1,2] 赵卫全[1,2] 张金接[1,2] 李 娜[1,2] 李 凯[1,2]

（1. 中国水利水电科学研究院 2. 北京中水科工程总公司）

【摘 要】 针对江苏某风电场升压站场内道路地基回填层孔隙大、淤泥层深厚、地下管线复杂、减沉效果要求高的特点和难点，采用“膏浆灌浆＋高压旋喷桩”的复合灌浆进行路基减沉加固处理。根据地质资料和规范公式，对高压旋喷桩复合地基承载力和沉降量进行了计算；对复合灌浆加固施工工艺的“分序加密”膏浆灌浆工艺及“长-短”桩结合、“隔孔跳喷”高压旋喷桩工艺进行了详细介绍；并结合现场材料用量及沉降监测情况，对处理效果进行了分析评价。复合灌浆技术对于松散回填层及深厚淤泥地基减沉加固处理效果显著，可为类似软基的减沉加固处理提供参考。

【关键词】 松散回填层 深厚淤泥 膏浆灌浆 高压旋喷桩 复合灌浆 减沉加固

1 引言

我国淤泥地基分布广泛，特别是东南沿海地区，淤泥层厚度达到了 10m 以上。沿海地区淤泥及淤泥质黏土具有含水率高、渗透性弱、压缩性高、固结速率慢、灵敏度高及强度低等特性，工程地质条件极差。为保证建筑物结构稳定、控制工后沉降，必须对淤泥地基进行处理。目前常用的处理方法主要有排水固结法、爆炸挤淤法、深层搅拌法、高压旋喷法及灌浆法等。高压旋喷具有设备操作方便、材料便宜易得、施工效率高、质量易于控制、加固效果好等特点，越来越多应用于在深厚淤泥基处理工程。灌浆法具有工期可控、成本低廉、地层及变形适应能力强等特点，对于回填土地基的减沉加固处理，具有较好的适用性。

针对江苏某风电场升压站场内道路遇到的严重沉降变形问题，采用高压旋喷桩结合膏浆灌浆的复合灌浆方法对深厚淤泥地基及上部回填层进行处理，道路地基沉降变形得到有效控制，并使地基产生了一定量的抬升，保证了场内路面的正常施工及升压站的正常运行。

2 工程概况

江苏某风电场位于海堤内侧农田中，该工程包括 50 台单机容量 2.0MW 风机和 1 座 110kV 升压站。根据站址区地质勘测成果，场内岩土主要由第四系全新统海相沉积成因的淤泥质黏土、淤泥、粉质黏土等以及地表素填土组成，升压站场内岩土层组成及其物理力学指标见表1。

表1　　升压站场内岩土层组成及其物理力学指标

年代/成因	层号	土层名称	状态/密实度	层厚/m	压缩系数 a_{v1-2}/MPa^{-1}	压缩模量 E_{S1-2}/MPa	侧摩阻力特征值 q_{sik}/kPa	桩端阻力特征值 q_{pk}/kPa	地基承载力推荐值 f_{ak}/kPa
Q_4^S	①	素填土	松散	0.73	—	—	—	—	—
Q_4^m	②	淤泥质黏土	流塑	1.44	0.91	2.6	10	240	60
	③	淤泥	流塑	13.20	1.19	2.3	10	256	50
	④	粉质黏土	可塑	1.23	0.25	7.1	43	1400	150
	⑤	粉砂夹粉土	中密—密实	2.07	0.11	15.1	70	7784	190
	⑥	粉土夹粉砂	密实	4.68	0.10	16.7	—	—	220
	⑦	粉质黏土	可塑—硬塑	2.74	0.19	9.0	—	—	180
	⑧	粉土夹粉质黏土	中密—密实	2.06	0.15	11.5	—	—	180
	⑨	粉土	密实	2.03	0.13	13.0	—	—	210
	⑩	粉质黏土夹粉砂	软塑—可塑	>5.00	0.33	5.9	—	—	130

场区内主要建筑物如生产楼、电控楼、主变和接地等均采用了柱下桩基础、筏板基础等基础型式。站址区北侧围墙外约3m有条东西向、深约2m的小河，为防止淤泥向沟内滑动，对该侧围墙下部施工两排10m长高压旋喷桩，在升压站施工过程中，由于施工荷载持续作用，场区内淤泥向沟内滑动，造成该侧围墙部分垮塌，又在围墙外施工了三排高压旋喷桩，在沟坡面底部施工了一排预制管桩，以此来防止淤泥向沟内滑出，保证围墙稳定。而场内道路则只对路基碎石土回填层（约3m）仅进行了简单碾压，对回填层下深厚淤泥层未进行处理。升压站投入运行半年后，主要建筑物沉降变形不明显，道路却发生了严重沉降变形及不均匀沉降，部分区域沉降超过了30cm，导致路面无法正常完成浇筑工作，严重影响了升压站正常运行，且存在极大的安全隐患，必须对路基进行加固处理。

对站址区地勘资料分析可知，站址区上部分布流塑的淤泥质黏土（层②）和淤泥（层③），其工程性状差，承载力低，压缩性高，先期排水固结不充分，且淤泥层较厚，后期变形较大，是造成路基沉降变形最主要的原因。同时由于防洪因素，站址区场地回填了3m高的碎石土，回填土不均匀性对道路地基沉降变形也有一定的不利影响，在地下动水、雨水冲刷下极易产生不均匀沉降及塌陷，且大面积填土可能会产生一定的次固结沉降。站址区地下水与河水发生了直接水力联系，而河水深浅受潮汐影响，站址区地下水位处于频繁变化中，对道路回填层地基的稳定性和加固处理有较大不利影响。

对于本次加固工程，工程性质较差的深厚淤泥层及松散的碎石土回填层为处理的重点对象。

3　加固方案设计

3.1　处理特点和难点

场区道路地基加固处理工程具有以下特点和难点：

（1）站址区3.0m回填碎石土层具有较大的孔隙率，受地表水位变化影响明显，若采用常规水泥灌注，浆液易被水稀释，充填加固效果不可靠，为保证灌浆效果，同时减少材料用量，需选用抗水流冲释性能好的水泥膏浆施灌。

（2）站址区分布厚度大于15m流塑状的淤泥质黏土及淤泥层，承载力低、压缩性高，后期压缩变形大，为确保加固效果、减少加固后附加沉降，加固桩需穿透淤泥层，进入粉质黏土层（层④），且需保证桩在淤泥中的完整性，处理工程量及难度大。

（3）加固后既希望路面尽可能抬升来抵消后期附加沉降量，又不可危及路面周边楼房、围墙等建筑物安全，灌浆参数确定难度较大，必须开展现场试验确定，并根据周边建筑物变形监测及时进行调整。

（4）场内道路下各种管线埋设错综复杂，且由于地基沉降变形严重，部分管线位置改变甚至产生破坏，增加了加固施工处理难度。

（5）为防止雨季冲刷导致地基沉降进一步加剧，要求在现场雨季前结束施工，工期较为紧张，且加固减沉效果应经得起雨季考验，处理效果要求较高。

3.2　减沉加固处理方案

针对本工程的特点和难点，结合相应加固工程经验，采用“膏浆灌浆＋高压旋喷桩”的复合灌浆法对碎石回填层和深厚淤泥层进行加固处理。淤泥质黏土和淤泥层具有承载力低、压缩性高、排水固结不充分、压缩变形大等特点，选用长短高压旋喷桩相结合的方案进行处理，长桩穿透淤泥层，桩端进入持力层一定深度，起承载和减少沉降作用，短桩桩端位于淤泥层内，与前期高喷桩一起在站址区上部淤泥层外围形成相对封闭体系，阻止或减少淤泥侧向流动，保证地基的稳定性，形成半柔性半刚性的复合地基。针对碎石回填土层孔隙率大、压缩性高、易受水流影响等特点，采用水泥膏浆灌浆填充，形成密实结石层，与高压旋喷桩复合地基组成路基支撑体系，以提高软土地基承载力及减小压缩变形。复合灌浆法综合运用了膏浆浆液可控、利用率高、析水少、充填效果好及高压旋喷施工效率高、质量可控、加固效果明显等特点，具有良好的技术与经济性能。

结合现场地质勘探资料、相应规范及工程经验，确定旋喷桩桩径为0.8m，桩距2.5m，排距2.5m，正方形布桩，面积置换率$m\approx0.1$，长桩孔深19.0m，进入粉质黏土层1.0m，旋喷长度16.5m，即从回填层顶面下19m喷至2.5m。同时在外排长桩中间插入短桩，短桩孔深10m，旋喷长度7.5m，即从回填层顶面下10m喷至2.5m。高喷长、短桩施工完成后，分别在内排悬喷桩中间位置及道路中心线位置各布置一排膏浆灌浆孔，孔距2.5m，排距1.25m，孔深3.0m，高压旋喷桩与膏浆灌浆搭接长度0.5m。为保证回填层充填加固效果，膏浆灌浆分两序加密进行施工。

场内道路加固施工孔位布置如图1所示。

3.3　复合地基承载力

（1）单桩竖向承载力特征值：根据相应规范，高压旋喷桩单桩竖向承载力特征值R_a

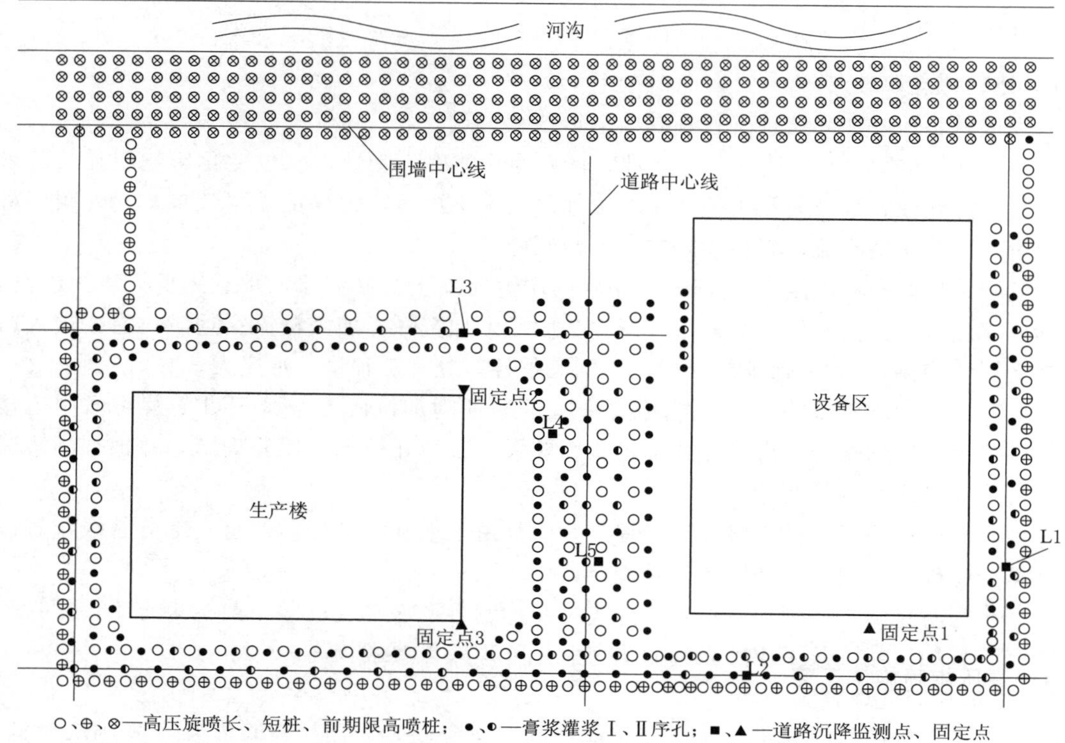

图1　场内道路加固施工孔位布置图

是根据桩周和桩端土提供的抗力以及桩身材料强度，分别按式（1）、式（2）计算，并取两式计算结果的较小值：

$$R_a = \mu_p \sum_{i=1}^{n} q_{sik} l_i + q_p A_p \tag{1}$$

$$R_a = \eta f_{cu} A_p \tag{2}$$

处理后高喷桩与回填结石层搭接0.5m，计算时将0.5m结石层顶面作为桩基顶面，顶面以上回填碎石土作为复合地基上覆荷载，则桩顶以下地层分布为：0.5m泥结石层+15m淤泥层+1m硬土层。按照式（1）计算单桩承载力为560.1kN。根据相关研究成果，高压旋喷桩桩身材料立方体抗压强度f_{cu}可取2MPa，按式（2）计算出单桩承载力为331.3kN，则高压旋喷桩单桩承载力特征值为331.3kN。

（2）复合地基承载力特征值：高压旋喷桩复合地基承载力特征值f_{spk}可按式（3）计算：

$$f_{spk} = m\frac{R_a}{A_p} + \beta(1-m) f_{sk} \tag{3}$$

式中：β为桩间土承载力折减系数；m为桩土置换率，$m \approx 0.1$；f_{sk}为淤泥承载力特征值，按照经验取90kPa。计算出复合地基承载力特征值：$f_{spk}=138.9$kPa，大于设计承载力120kPa，复合地基承载力满足设计要求。

3.4 复合地基沉降量

根据工程经验，膏浆加固后的回填层压缩变形量很小，且桩基进入持力层，下卧层沉降不用校核，只需计算旋喷桩复合土层的平均压缩量 s_1，计算如式（4）、式（5）所示。

$$s_1 = \frac{(p_z + p_{zl})l}{2E_{sp}} \tag{4}$$

$$E_{sp} = mE_p + (1-m)E_s \tag{5}$$

根据相关研究文献，E_p 可取 1300MPa，E_s 按地勘报告推荐值可取 2.5MPa，据式（5）$E_{sp}=132.25\text{MPa}$。计算中膏浆加固后碎石回填层重度取 22kN/m^3，淤泥层浮重度取 7kN/m^3，则桩顶面附加荷载 $p_z=44.0\text{kPa}$，桩底面附加荷载 $p_{zl}=149.0\text{kPa}$。代入式（4），可得地基加固处理后工后沉降值为 10.9mm。路基工后沉降变形满足上部结构对地基变形的适应能力和使用要求。

4 加固施工工艺

根据加固处理方案，本工程采用“膏浆灌浆＋高压旋喷桩”的复合灌浆施工工艺。为减小高喷过程中路基抬动过大的危害，保证加固施工中路面周围既有建筑物的安全，采用隔孔跳喷法进行施工，先喷内排孔，再施工外排孔，然后再做短桩封闭，最后采用分序加密方式进行膏浆灌浆施工。

4.1 高压旋喷施工工艺

（1）钻孔：采用风动钻机开孔，为加快施工效率，经现场试验验证，确定采用直锤钻进结合膨润土泥浆护壁方式钻至地表下 4m，然后将高喷钻杆插入预钻孔中，高喷台车自身带有动力头，边下钻边送入浆液，小浆量、气量快速下沉至设计孔深。

（2）高喷施工：鉴于场内环境及设备运行维护要求，现场高喷桩采用二重管法施工。根据现场试验及工程经验，确定相应高喷施工参数见表 2。

表 2　　高喷施工参数表

高压浆压力 /MPa	高压浆流量 /(L/min)	压缩空气压力 /MPa	压缩空气流量 /(m^3/min)	提升速度 /(cm/min)	喷杆钻速 /(r/min)
26～30	50～60	0.7～0.8	0.8～1.5	15～18	12～15

为保证高压旋喷桩成桩质量，对深厚淤泥层的处理，应按地质剖面图及地下水等资料，针对不同地层土质及不同深度，选用合适的旋喷参数，以获得均匀密实的长固结体。

（3）高喷材料：高压旋喷材料为 P·O42.5 水泥浆液，水灰比 0.8∶1～1∶1。

（4）特殊情况处理：在旋喷过程中，当孔口冒浆量超过注入浆液体积 15％时，则应停止高喷，查明原因后再继续施工；对于存在较多空隙的地层，可采取在浆液中掺加适量速凝剂、提高喷射压力、增大注浆量等措施；当生产楼、围墙等既有建筑物产生裂缝或明显抬动时，应及时调整施工参数和工序，采用减小灌浆压力、隔孔跳喷等措施减小施工扰动；对于沉降变形严重部位和淤泥层深处，为保证成桩质量，在不改变喷射技术参数的条件下，对孔位作重复喷射，可有效增加土体破坏的长度。

4.2 膏浆灌浆施工工艺

（1）钻孔：采用跟套管（管径 108mm）护壁、风动钻进的成孔工艺，风压 0.8MPa。

（2）灌浆工艺：灌浆采用孔口封闭、孔内纯压、自下而上、分段灌注的灌注工艺。

1）灌浆段长：根据工程经验，每段长确定为0.2～0.5m。

2）灌浆浆液：施工中采用抗水稀释能力好、触变性质、自堆积性、凝结时间可调的膏浆进行灌注，膏浆不仅能充分地充填地层中的空隙，且析水时间短、析水少，形成的灌浆结石体强度、密实性和耐久性均较好，在保证灌浆效果的同时，又可防止浆体流失过远，减少浆材的浪费。现场膏浆配比情况见表3。

表3　现场膏浆配比表

编号	水泥/kg	外加剂/kg	黏土/kg	水/L	析水率/%	初凝时间/(h：min)
G1	200	1	4	90	0	2：30
G2	200	2	4	90	0	1：40
G3	200	4	5	90	0	1：10

3）变浆标准：对于各灌浆段，若灌注15min后孔口不返浆或不起压，可变换一次配比；当材料干耗量大于500kg/m时，也可变换一次浆液。

4）灌浆压力：结合类似工程经验及现场试验结果，本工程Ⅰ序孔采用0.1～0.2MPa的灌浆压力，Ⅱ序孔采用0.3～0.4MPa的中等灌浆压力。加强灌浆施工过程路面变形监测，根据现场灌浆情况及时调整注浆压力。

5）结束标准：正常情况下，应以达到规定的灌浆压力为终止灌浆标准，以保证浆液在有效范围内充分扩散，并依靠灌浆压力对地层进行一定程度的压密。

5　加固效果分析及评价

5.1　现场施工情况

经过45d施工，场内道路路基加固处理工作全部完成。共完成高压旋喷长桩206根，短桩63根，合计旋喷3871.5m，共消耗水泥813.02t。现场膏浆灌浆共完成221个孔，路面回填层浅孔211个（孔深3m），19m深加密孔5个，9m深加密孔4个，4.5m深试验孔1个，合计灌注768.5m，共消耗水泥263.7t，SK－P外加剂8.45t，膨润土4.36t。高喷灌浆及膏浆灌浆完成主要工程量分别见表4、表5。

表4　高喷灌浆完成主要工程量

桩类别	桩数/根	桩长/m	水泥/kg	平均干料耗量/(kg/m)
长桩	206	3399	716490	210.9
短桩	63	472.5	96530	204.3

表5　膏浆灌浆完成主要工程量

位置	孔序	孔数/个	灌浆长度/m	水泥/kg	膨润土/kg	外加剂/kg	平均干料耗量/(kg/m)
外排	Ⅰ序孔	59	242.5	130960	4200	2160	566.3
	Ⅱ序孔	53	171	64650	2070	1070	396.4
内排	Ⅰ序孔	56	184	49650	1590	820	282.9
	Ⅱ序孔	53	171	18440	590	300	113.1

根据现场施工情况及表 4、表 5 数据分析可知：

（1）高压旋喷长桩平均干料耗量 210.9kg/m，高压旋喷短桩平均干料耗量 204.3kg/m；高喷至地表下约 5m 处，孔口开始返出泥浆，返浆密度与淤泥较为接近，约为 1.55g/cm^3，基本不固结，说明返浆中水泥浆含量较少，浆液利用率较高。

（2）回填层膏浆灌浆中，外排Ⅰ序孔平均干料耗量 566.3kg/m，Ⅱ序孔平均干耗量为 396.4kg/m，为Ⅰ序孔的 70%，递减率为 30%；内排Ⅰ序孔平均干料耗量为 282.9kg/m，Ⅱ序孔平均耗量为 113.1kg/m，为Ⅰ序孔的 40%，递减率为 60%。每延米平均干料耗量随灌浆孔次序增加具有明显递减趋势，符合分序灌浆一般规律。钻孔过程中进尺速度也有呈随孔序递减的规律，内排Ⅱ序孔在前序灌浆充填、挤密作用下而密实，进尺速度明显减慢，约为外排Ⅰ序孔的 2/5，加固处理效果显著。

5.2 路基沉降监测

为监测施工过程中及完成后道路高程变化情况，场内道路共设置 5 个沉降监测点（L1～L5），全部位于道路中心线附近，施工过程中及完成后沉降监测点相对高程变化曲线如图 2 所示。

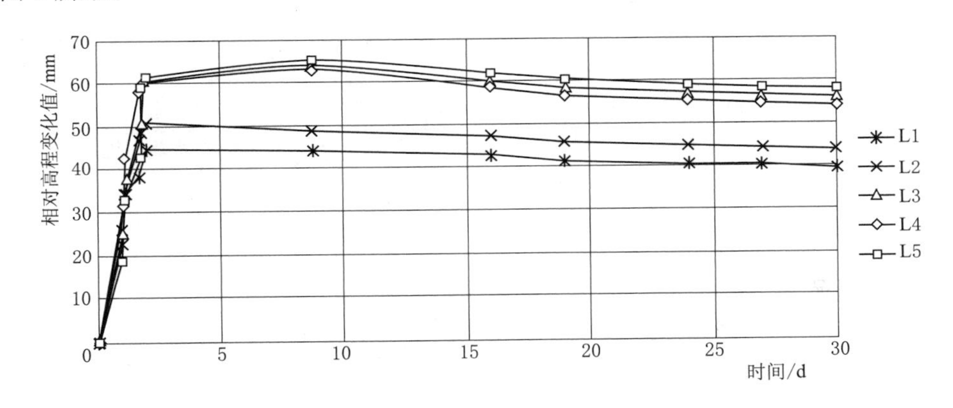

图 2 沉降监测点相对高程变化曲线

根据现场施工情况及图 2 分析可知：

（1）路面在高喷及灌浆作用下均有抬升，高喷抬升作用更加明显，施工孔位距监测点越近，抬升越明显，施工结束时，L5 点抬升最大，为 65.13mm，L1 抬升最小，为 44.76mm。

（2）施工结束后三周内高程曲线基本呈水平变化趋势，各测点工后沉降不明显，工后沉降计算值为 10.9mm，施工中路基抬升作用可将其全部抵消，最终路基抬升大于 34mm，减沉处理效果较为显著。

6 结语

（1）现场施工及沉降监测结果表明，复合灌浆法处理站址区地基效果显著，所采用的材料、施工参数及工艺是合适的。高喷施工对地面抬升作用较大，采用隔孔跳喷方式可有效减小施工对既有建筑物扰动，膏浆灌浆采用分序加密施工，灌浆压力逐级提升，根据Ⅱ序孔情况判断Ⅰ序孔灌浆效果，有针对性改良处理方案，处理效果容易得到保证。

（2）“膏浆灌浆＋高压旋喷桩”的复合灌浆技术对松散碎石土回填层及深厚淤泥层地基减沉加固处理是有效的，既保证了处理效果，又可减少对周围既有建筑物扰动和材料用量，缩减工程成本及工期，可为类似工程减沉加固处理提供参考。

参考文献

[1] 吴朝峰，汪潇．淤泥固化技术在软土地基处理中的应用［J］．电力勘察设计，2018，6（19）：141-145.

[2] 李佳．填海软基处理工程现场监测成果与加固效果分析［J］．南水北调与水利科技，2014，4（12）：128-133.

[3] 祝卫东，张瑛颖，吴蕾．深厚淤泥层上大型综合型海堤地基处理分析［J］．南昌工程学院学报，2013，3（32）：58-63.

[4] 郑刚，龚晓南，谢永利．地基处理技术发展综述［J］．土木工程学报，2012，45（2）：126-137.

[5] 《工程地质手册》编委会．工程地质手册（第四版）［M］．北京：中国建筑工业出版社，2007.

[6] 苏昭剑．高压旋喷桩在深厚软土地基处理中的应用［J］．福州建筑，2017，5（227）：75-79.

[7] 刘文永．注浆材料与施工工艺［M］．北京：中国建材工业出版社，2008.

[8] 李小杰．高压旋喷桩复合地基承载力与沉降计算方法分析［J］．岩土力学，2004，25（9）：1499-1502.

[9] 耿殿魁．旋喷桩复合地基技术在加固软土路基中的应用［J］．铁道勘察，2009，20（3）：43-46.

[10] 符平，杨晓东．时变性水泥浆液在粗糙随机裂隙中的扩散规律研究［J］．铁道建筑技术，2011，9（5）：25-29.

数字化灌浆信息技术在大型抽水蓄能电站中的应用

贯宝良[1,2]　马雨峰[3]　郭　亮[1,2]　詹程远[1,2]　李　斌[3]

（1. 长江科学院　2. 国家大坝安全工程技术研究中心　3. 国家电网公司）

【摘　要】 水泥灌浆是建筑物地基加固和防渗处理的重要手段，因其属隐蔽工程，其施工质量和处理效果难以直观评价，多根据检查孔检测资料和施工过程中的数据来进行评价。灌浆自动记录仪的应用保证了施工过程数据的真实性和完整性，提高了灌浆工程的工作效率和工程质量。但传统的单机版模拟信号传输式记录仪存在信息失真和人为干扰因素。GJY 系列数字式灌浆记录仪和数字化灌浆检测信息系统的开发与应用，在保证灌浆施工质量与效率的同时，提高了大坝施工信息化管理水平。

【关键词】 水泥灌浆　灌浆记录仪　数字化　信息系统　决策系统

1　概要

灌浆自动记录仪是大坝基础灌浆施工必备的工程计量监测专业设备，长江科学院于1992 年在国内率先研制成功，通过 20 多年不断升级完善已形成稳定可靠的系列产品。目前，GJY 系列灌浆自动记录仪是基于工控机硬件平台的监测记录仪器，该仪器性能稳定、可靠，抗干扰能力强，能适应施工现场恶劣工作环境，产品信誉度高，已成功应用于全国各大水利水电工程，创造了良好的经济效益和社会效益。

然而，随着工程质量管理要求的不断提高和科技的进步，传统的灌浆自动记录仪已经难以满足业主的管理需求，主要存在以下两点：

（1）不具备联网功能。传统灌浆自动记录仪不具备联网功能，无法组建监控网络，难以实现对分散作业面的集中统一管理。

（2）采用模拟信号传输。传统灌浆自动记录仪多采用 4～20mA 的电流作为信号传输数据，这种信号传输数据容易受人为因素和外挂设备干扰，有时会造成现场记录的施工过程数据失真，不能完全真实地反映灌浆施工参数情况。

丰宁抽水蓄能电站位于河北省承德市丰宁满族自治县，电站总装机容量 360 万 kW，是目前世界上在建装机容量最大的抽水蓄能电站。长江科学院 2017 年研制的数字化灌浆监控信息系统应用于丰宁电站，首次将现代物联网技术运用到灌浆监测系统上，设计开发出了一套完整的数字化灌浆监测信息系统，系统将数字化灌浆记录仪、无线网络技术和灌浆数据信息系统进行了有机整合，具有现场数据收集，数据实时在线远程传输，大数据融合分析一体化功能，包括数字化采集、无线数据传输、云存储、大数据处理和专业化服务，该系统可使工程管理人员工作效率大大提高，全面掌握各作业点的灌浆情况，及时发现灌浆过程中出现的异常状况，从而提高灌浆工程信息化管理水平，保证施工进度和工程质量。

2 数字化灌浆监测信息系统

数字化灌浆监测信息系统是利用现代通信技术实现远程的监测与诊断行为，具体地说就是将诊断技术与计算机网络技术相结合，一方面在管理层设立状态监测服务器，在关键传感设备上设立状态监测点，将实时采集的数据发布并存入服务器中；另一方面在技术力量较强的科研单位建立相应的故障诊断中心，设立故障诊断服务器，可随时为用户提供网络化技术支持和技术服务，在用户和科研单位之间形成一个跨越地理位置的互联诊断网络。

数字化灌浆检测信息系统采用分层分布式结构设计，属集散控制系统（DCS），整个系统可以分为现场控制级、过程管理级和经营管理级，提供从灌浆记录仪到数据传输和信息化管理一揽子解决方案，数字化灌浆检测信息系统总体结构如图1所示。

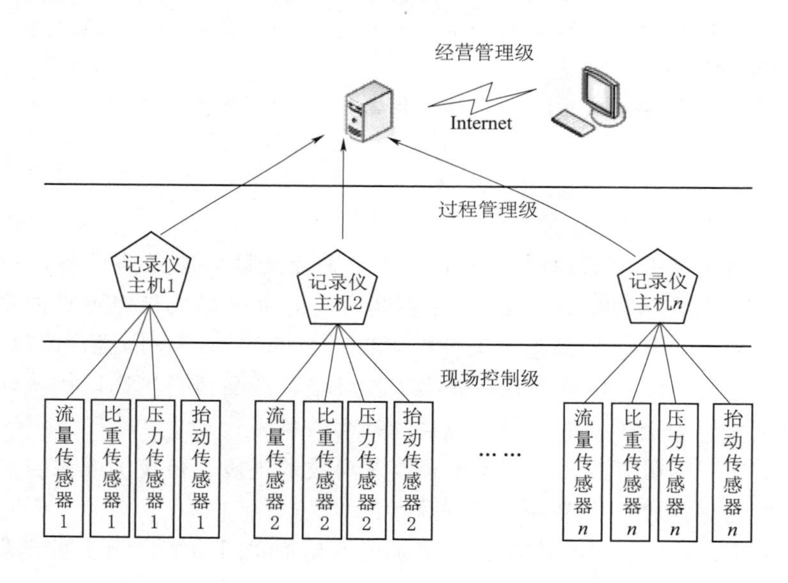

图1 数字化灌浆检测信息系统总体结构图

现场管理级主要是现场的传感器，包括流量计、压力计、比重计、抬动仪，主要作用是检测灌浆施工参数；过程管理级主要是灌浆自动记录仪，主要是对过程参数进行记录；经营管理级主要指的灌浆检测信息系统，它将所有的灌浆资料进行归纳，统计和大数据分析，为工程管理人员提供科学的决策依据。

灌浆工程数据采集系统基于.NET技术，结合ASP.NET、关系数据库技术、图形图像技术、多线程技术以及Direct 3D三维可视化技术，同时考虑到系统的开放性和扩展性，系统采用分层架构的形式，系统总体结构框架如图2所示。

系统集数据采集、数据处理、实时监控于一体，并结合现场无线传感器网络，封装底

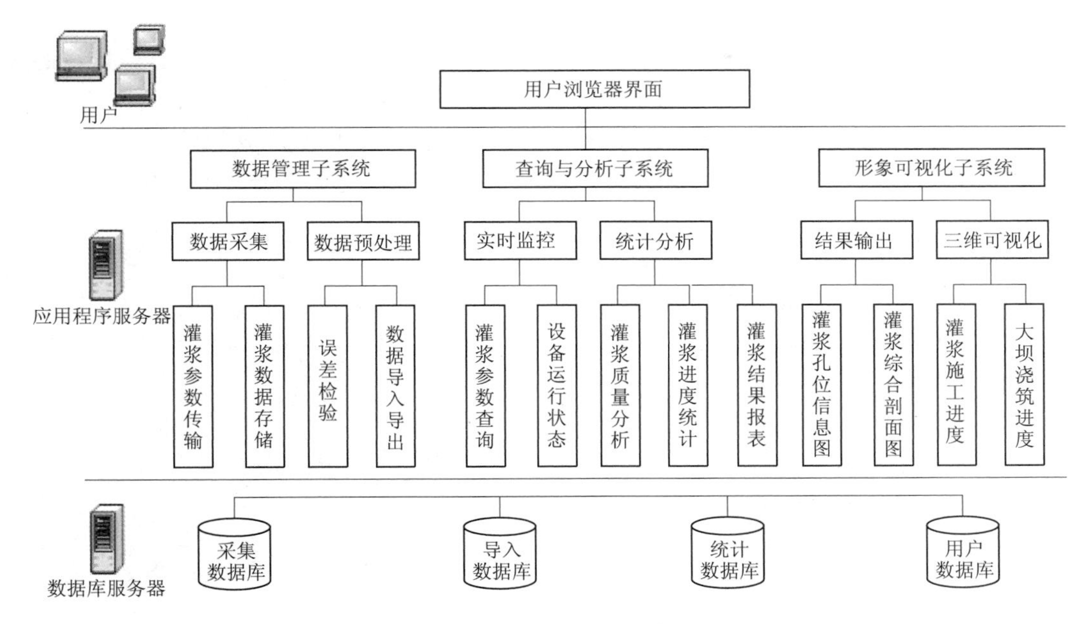

图 2　系统总体结构框架图

层采集数据，将采集的数据第一时间传输至本系统，实现灌浆过程的实时监控；同时数据经过预处理，得到与现场一致的灌浆成果资料（如灌浆施工记录表、灌浆成果一览表）；除此之外，系统在灌浆数据以及设计文件的支持下能实时生成各类统计分析图表、报表以及灌浆信息形象示意图（如灌浆分序统计表、灌浆综合统计表、帷幕灌浆综合剖面图等），形象展示灌浆施工进度及质量。

系统主要功能包括数据采集、数据预处理、实时监控、数据查询、统计分析、异常预警、施工报表、形象展示、运行维护等。系统可对现场各个部位的灌浆施工进行实时数据采集和监控，监测各灌浆参数变化情况，统计生成灌浆结果资料报表，实时生成现场施工进度图、灌浆信息形象展示图、预警异常参数和硬件故障。

3　系统主要特点

3.1　解决人为因素对灌浆数据的干扰

本项目通过数字编码技术，将传感器的模拟信号传输改造成加密的数字信号传输，从源头上杜绝了人为通过模拟器的外挂设备对数据进行干扰或更改的可能。由于在传输过程中对数字信号进行了加密，保障了数据传输的真实性和完整性。该技术解决了传感器数据到资料初级统计端的传输安全问题，打造“阳光工程”。

3.2　采用物联网技术解决“信息孤岛”问题

数字化灌浆监测信息系统是利用现代化通信技术实现异地间的监测与诊断行为，网络化监测系统在结合传统的监视与诊断优点的同时，充分利用物联网技术的优势，将孤立的监视诊断系统有机地联结在一起，实现了诊断资源的共享，为解决信息“孤岛”效应带来了一条可行的途径。

3.3 采用大数据“SPC 算法”进行异常信息预警

在实际的灌浆施工过程中，压力控制是整个灌浆施工过程的重点控制因素，传统的过压报警是以阈值作为报警条件进行控制的。

本系统采用 SPC 控制图识别压力采集的状态，根据样本数据形成的样本点位置以及变化趋势进行分析，判断灌浆压力是否处于受控状态，使得过压报警具有一定的预测性，并更加有效。

3.4 采用“HART 总线”技术实现数字化传输

HART 总线技术是针对智能仪器设计的 HART 通信标准，是世界领先的过程通信技术。HART 总线电气特性示意如图 3 所示。

如图 3 所示，HART 总线上的信号是在 4～20mA 信号的基础上叠加了幅值为±0.5mA 的数字频率信号，由于正负幅值相同，对原模拟信号无任何影响，叠加的频率信号为音频信号（1kHz 级），每个信号都根据用户定义含义。

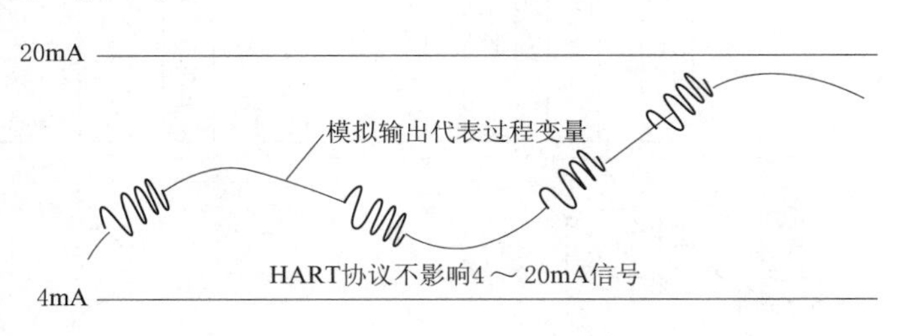

图 3　HART 总线电气特性示意图

4　数字化灌浆检测信息系统应用

4.1 搭建数字化灌浆监控平台

针对丰宁电站的实际情况，采取了自组网多种网络传输技术，既可以使用移动或联通的公网信号，也可以使用内网的 WiFi 模式进行数据传输。对丰宁电站水库大坝固结、帷幕、2 号输水系统隧道等重点部位进行了无线组网和网络传输，实现了网络信号全覆盖。

自组网完成后，无论是否存在公网信号，都使得灌浆作业面的记录仪数据能够直接上传到业主指定的服务器，并且网络能够根据施工情况及时调整，根据网络信号强弱调整制式，实现了所有灌浆作业面的灌浆过程数据实时上传。

4.2 实现对全部作业面灌浆过程实时监控

系统实时监控反映现场所有灌浆部位施工情况，实时动态传输灌浆数据以及报警信息（图 4）。具体的功能包括：可实时浏览数据界面看到最新的数据；可以浏览各记录仪最近各参数曲线图；可以查询各施工点灌浆过程数据情况。

通过实时监控功能，可以查询到各通过施工部位设备号，在线时间，灌浆实时数据，灌浆监测曲线，实现不同工作面同平台展现，大大缩短了现场工程管理链条，提高了工程监管效率。

4.3 灌浆施工历史数据查询

选择部位—孔号—段次—作业方式，或时间段进行查询，灌浆施工历史数据查询界面如图 5 所示。

通过历史数据查询功能，工程管理人员可以了解具体施工记录过程，并和纸质报表进行对照，快速对施工过程中的异常情况进行查询和处理。

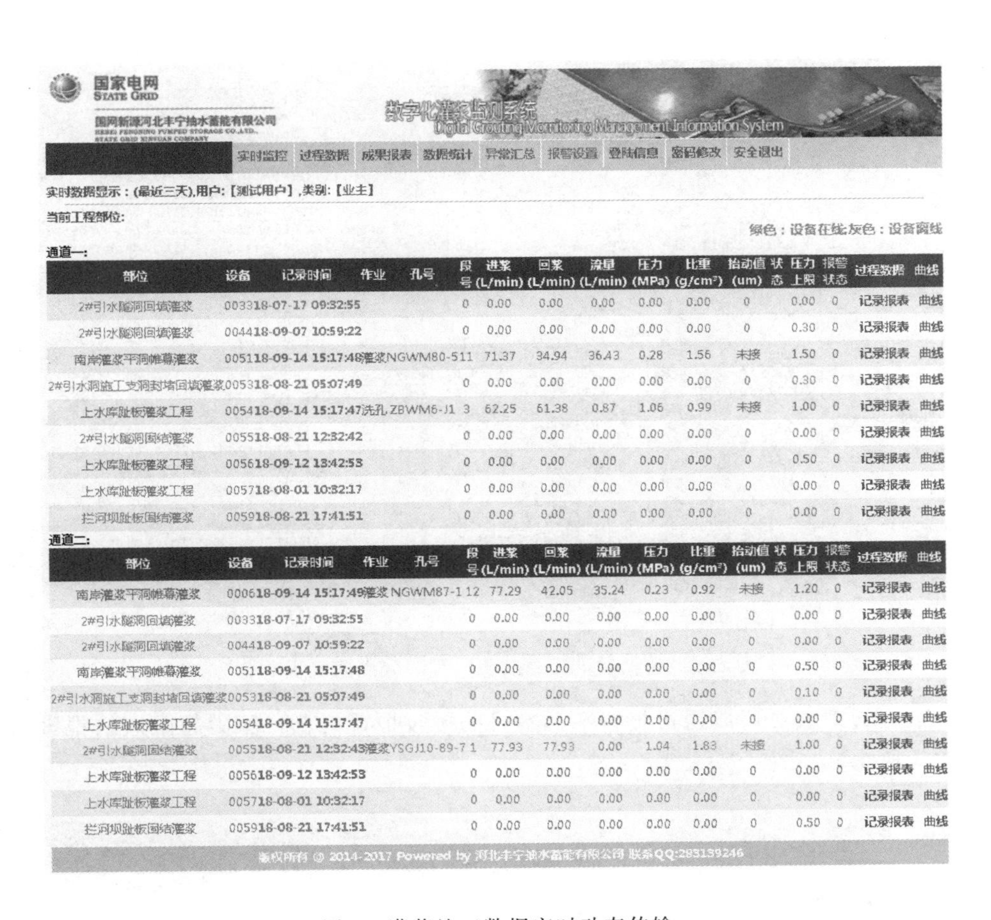

通道一:

部位	设备	记录时间	作业	孔号	段号	进浆(L/min)	回浆(L/min)	流量(L/min)	压力(MPa)	比重(g/cm²)	抬动值(um)	状态	压力上限	报警状态	过程数据	曲线
2#引水隧洞回填灌浆	0033	18-07-17 09:32:55			0	0.00	0.00	0.00	0.00	0.00	0		0.00	0	记录报表	曲线
2#引水隧洞回填灌浆	0044	18-09-07 10:59:22			0	0.00	0.00	0.00	0.00	0.00	0		0.30	0	记录报表	曲线
南岸灌浆平洞帷幕灌浆	0051	18-09-14 15:17:48	灌浆	NGWM80-51	1	71.37	34.94	36.43	0.28	1.56	未接		1.50	0	记录报表	曲线
2#引水洞施工支洞封堵回填灌浆	0053	18-08-21 05:07:49			0	0.00	0.00	0.00	0.00	0.00	0		0.30	0	记录报表	曲线
上水库趾板灌浆工程	0054	18-09-14 15:17:47	洗孔	ZBWM6-J1	3	62.25	61.38	0.87	1.06	0.99	未接		1.00	0	记录报表	曲线
2#引水隧洞固结灌浆	0055	18-08-21 12:32:42			0	0.00	0.00	0.00	0.00	0.00	0		0.00	0	记录报表	曲线
上水库趾板灌浆工程	0056	18-09-12 13:42:53			0	0.00	0.00	0.00	0.00	0.00	0		0.50	0	记录报表	曲线
上水库趾板灌浆工程	0057	18-08-01 10:32:17			0	0.00	0.00	0.00	0.00	0.00	0		0.00	0	记录报表	曲线
拦河坝趾板固结灌浆	0059	18-08-21 17:41:51			0	0.00	0.00	0.00	0.00	0.00	0		0.00	0	记录报表	曲线

通道二:

部位	设备	记录时间	作业	孔号	段号	进浆(L/min)	回浆(L/min)	流量(L/min)	压力(MPa)	比重(g/cm²)	抬动值(um)	状态	压力上限	报警状态	过程数据	曲线
南岸灌浆平洞帷幕灌浆	0006	18-09-14 15:17:49	灌浆	NGWM87-1	12	77.29	42.05	35.24	0.23	0.92	未接		1.20	0	记录报表	曲线
2#引水隧洞回填灌浆	0033	18-07-17 09:32:55			0	0.00	0.00	0.00	0.00	0.00	0		0.00	0	记录报表	曲线
2#引水隧洞回填灌浆	0044	18-09-07 10:59:22			0	0.00	0.00	0.00	0.00	0.00	0		0.00	0	记录报表	曲线
南岸灌浆平洞帷幕灌浆	0051	18-09-14 15:17:48			0	0.00	0.00	0.00	0.00	0.00	0		0.50	0	记录报表	曲线
2#引水洞施工支洞封堵回填灌浆	0053	18-08-21 05:07:49			0	0.00	0.00	0.00	0.00	0.00	0		0.10	0	记录报表	曲线
上水库趾板灌浆工程	0054	18-09-14 15:17:47			0	0.00	0.00	0.00	0.00	0.00	0		0.00	0	记录报表	曲线
2#引水隧洞固结灌浆	0055	18-08-21 12:32:43	灌浆	YSGJ10-89-7	1	77.93	77.93	0.00	1.04	1.83	未接		1.00	0	记录报表	曲线
上水库趾板灌浆工程	0056	18-09-12 13:42:53			0	0.00	0.00	0.00	0.00	0.00	0		0.00	0	记录报表	曲线
上水库趾板灌浆工程	0057	18-08-01 10:32:17			0	0.00	0.00	0.00	0.00	0.00	0		0.00	0	记录报表	曲线
拦河坝趾板固结灌浆	0059	18-08-21 17:41:51			0	0.00	0.00	0.00	0.00	0.00	0		0.50	0	记录报表	曲线

图 4　灌浆施工数据实时动态传输

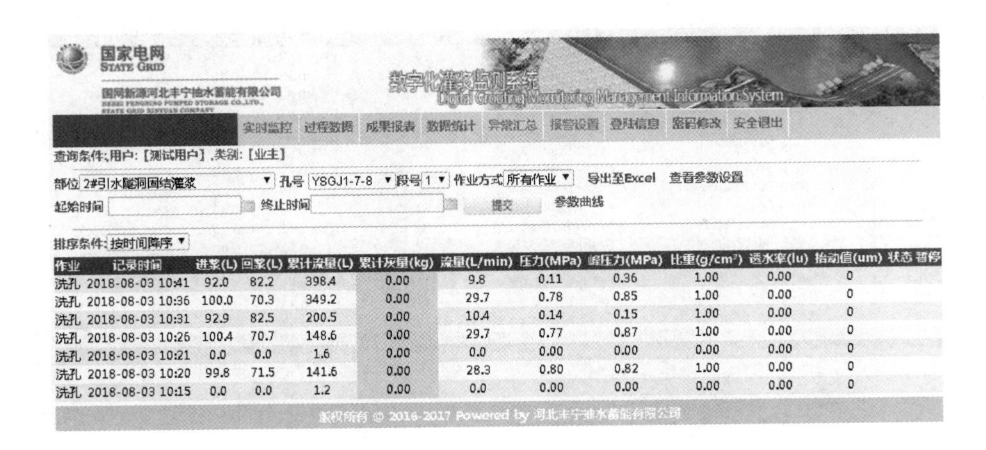

作业	记录时间	进浆(L)	回浆(L)	累计流量(L)	累计灰量(kg)	流量(L/min)	压力(MPa)	峰压力(MPa)	比重(g/cm³)	透水率(lu)	抬动值(um)	状态	暂停
洗孔	2018-08-03 10:41	92.0	82.2	398.4	0.00	9.8	0.11	0.36	1.00	0.00	0		
洗孔	2018-08-03 10:36	100.0	70.3	349.2	0.00	29.7	0.78	0.85	1.00	0.00	0		
洗孔	2018-08-03 10:31	92.9	82.5	200.5	0.00	10.4	0.14	0.15	1.00	0.00	0		
洗孔	2018-08-03 10:26	100.4	70.7	148.6	0.00	29.7	0.77	0.87	1.00	0.00	0		
洗孔	2018-08-03 10:21	0.0	0.0	1.6	0.00	0.0	0.00	0.00	0.00	0.00	0		
洗孔	2018-08-03 10:20	99.8	71.5	141.6	0.00	28.3	0.80	0.82	1.00	0.00	0		
洗孔	2018-08-03 10:15	0.0	0.0	1.2	0.00	0.0	0.00	0.00	0.00	0.00	0		

图 5　灌浆施工历史数据查询界面

4.4　灌浆成果统计报表

(1) 灌浆成果综合统计表。图 6 为拦河坝溢洪固结灌浆工程部分灌浆成果一览。

用户登陆信息表,用户:【测试用户】,类别:【业主】

部位:拦河坝溢洪道固结灌浆工程 单元号:1 数据导出

丰宁抽水蓄能电站

灌浆孔成果一览表

孔号	孔序	段次	灌浆孔段			作业方式	透水率	水泥用量				单位注入量	灌浆压力	灌浆时间		
			自	至	段长			注浆	注灰	废弃	合计			开始 年月日 时分秒	终止 年月日 时分秒	纯灌 分钟
0	1	1	0.00	7.00	7.00	封孔	0.00	35.5	91.8	0.00	91.80	13.11	0.40	2017-05-16 17:06:12	2017-05-16 17:41:12	35
	1	1	0.00	33.00	33.00	封孔	0.00	161.0	196.7	0.00	196.70	5.96	0.40	2017-06-24 02:01:50	2017-06-24 03:03:50	62
	1	1	2.00	7.00	5.00	封孔	0.00	47.5	58.6	0.00	58.60	11.72	0.40	2017-07-06 00:54:45	2017-07-06 01:24:45	30
	1	1	0.50	9.20	8.70	封孔	0.00	31.0	37.8	0.00	37.80	4.34	0.40	2017-07-09 10:06:25	2017-07-09 10:37:25	31
	1	1	0.00	7.00	7.00	封孔	0.00	45.0	55.0	0.00	55.00	7.86	0.40	2017-08-13 17:33:10	2017-08-13 18:08:10	35
LYGJ-01-10-2-II	2	1	2.00	7.00	5.00	灌浆		539.0	328.2	0.00	328.20	65.64	0.70	2017-09-02 12:59:35	2017-09-02 14:02:35	63
	2	0	0.00	7.00	7.00	封孔		44.7	54.6	0.00	54.60	7.80	0.70	2017-09-02 14:26:39	2017-09-02 14:56:39	30
LYGJ-01-10-4-II	2	0	0.00	7.60	7.60	封孔		60.0	73.4	0.00	73.40	9.66	0.70	2017-09-03 10:29:31	2017-09-03 10:59:31	30
LYGJ-01-10-6-II	2	0	2.60	7.60	5.00	灌浆		1033.1	737.0	0.00	737.00	147.40	0.70	2017-09-03 07:57:40	2017-09-03 09:22:40	85
	2	0	0.00	7.60	7.60	封孔		53.1	64.9	0.00	64.90	8.54	0.70	2017-09-03 09:47:27	2017-09-03 10:21:27	34
LYGJ-01-11-3-II	2	1	3.00	8.00	5.00	灌浆		1055.4	729.6	0.00	729.60	145.92	0.70	2017-09-03 11:52:15	2017-09-03 13:11:15	79
	2	0	0.00	8.00	8.00	封孔		48.4	59.3	0.00	59.30	7.41	0.70	2017-09-03 13:21:15	2017-09-03 13:51:15	30
LYGJ-01-11-4-I	1	1	3.00	8.00	5.00	灌浆	49.15	1600.9	1336.0	0.00	1336.00	267.20	0.40	2017-08-29 22:56:18	2017-08-30 00:34:18	98
	1	0	0.00	8.00	8.00	封孔		54.7	66.8	0.00	66.80	8.35	0.40	2017-08-30 00:45:54	2017-08-30 01:15:54	30
LYGJ-01-11-5-II	1	1	3.00	8.00	5.00	灌浆		1021.2	717.8	0.00	717.80	143.56	0.70	2017-09-02 09:05:17	2017-09-02 10:31:17	86
	1	0	0.00	8.00	8.00	封孔		50.4	61.7	0.00	61.70	7.71	0.70	2017-09-02 10:41:06	2017-09-02 11:11:06	30
LYGJ-01-1-3-II	2	1	2.00	7.00	5.00	灌浆		1003.2	698.0	0.00	698.00	139.60	0.70	2017-09-04 11:29:44	2017-09-04 12:48:44	79
	2	0	0.00	7.00	7.00	封孔		46.0	56.4	0.00	56.40	8.06	0.70	2017-09-04 13:03:40	2017-09-04 13:33:40	30
LYGJ-01-1-6-I	1	1	3.00	8.00	5.00	灌浆		1786.0	1499.7	0.00	1499.70	299.94	0.40	2017-08-31 22:50:48	2017-09-01 00:38:48	108
	1	0	0.00	8.00	8.00	封孔		40.8	49.9	0.00	49.90	6.24	0.40	2017-09-01 00:49:21	2017-09-01 01:19:21	30
LYGJ-01-1-7-II	2	1	3.00	8.00	5.00	灌浆		826.8	399.3	0.00	399.30	79.86	0.70	2017-09-04 15:22:34	2017-09-04 16:42:34	80
	2	0	0.00	8.00	8.00	封孔		44.3	54.1	0.00	54.10	6.76	0.70	2017-09-04 16:50:08	2017-09-04 17:20:08	30
LYGJ-01-1-8-I	1	1	3.00	8.00	5.00	灌浆		1666.8	1365.6	0.00	1365.60	273.12	0.40	2017-09-01 02:07:46	2017-09-01 03:49:46	102
	1	0	0.00	8.00	8.00	封孔		54.2	66.2	0.00	66.20	8.28	0.40	2017-09-01 03:56:14	2017-09-01 04:26:14	30

图 6　拦河坝溢洪道固结灌浆工程部分灌浆成果一览

（2）工程管理人员可以通过报警平台实时的接收报警信息，压力超限短信报警后平台数据如图 7 所示。

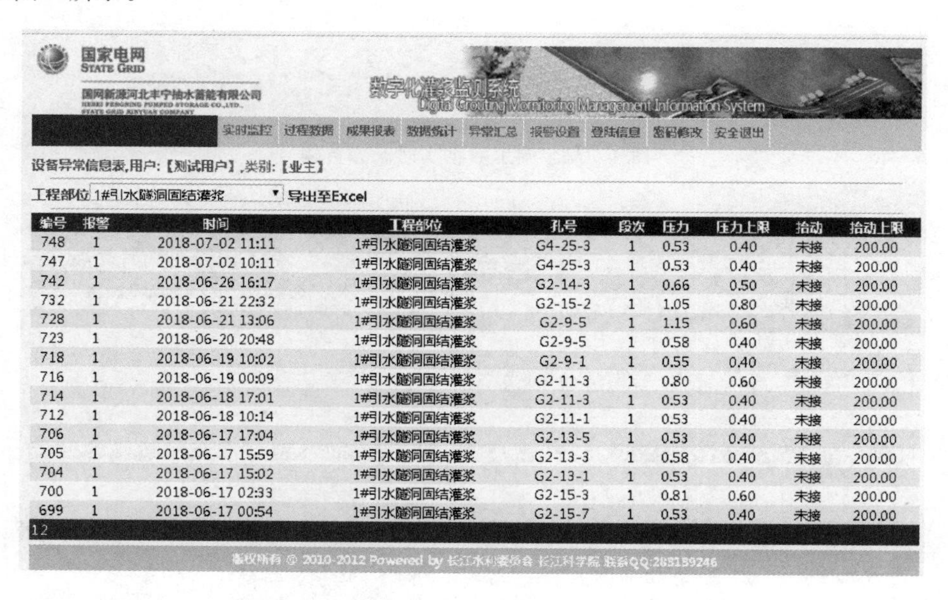

设备异常信息表,用户:【测试用户】,类别:【业主】

工程部位 1#引水隧洞固结灌浆 导出至Excel

编号	报警	时间	工程部位	孔号	段次	压力	压力上限	抬动	抬动上限
748	1	2018-07-02 11:11	1#引水隧洞固结灌浆	G4-25-3	1	0.53	0.40	未接	200.00
747	1	2018-07-02 10:11	1#引水隧洞固结灌浆	G4-25-3	1	0.53	0.40	未接	200.00
742	1	2018-06-26 16:17	1#引水隧洞固结灌浆	G2-14-3	1	0.66	0.50	未接	200.00
732	1	2018-06-21 22:32	1#引水隧洞固结灌浆	G2-15-2	1	1.05	0.80	未接	200.00
728	1	2018-06-21 13:06	1#引水隧洞固结灌浆	G2-9-5	1	1.15	0.60	未接	200.00
723	1	2018-06-20 20:48	1#引水隧洞固结灌浆	G2-9-5	1	0.58	0.40	未接	200.00
718	1	2018-06-19 10:02	1#引水隧洞固结灌浆	G2-9-1	1	0.55	0.40	未接	200.00
716	1	2018-06-19 00:09	1#引水隧洞固结灌浆	G2-11-3	1	0.80	0.60	未接	200.00
714	1	2018-06-18 17:01	1#引水隧洞固结灌浆	G2-11-3	1	0.53	0.40	未接	200.00
712	1	2018-06-18 10:14	1#引水隧洞固结灌浆	G2-11-1	1	0.53	0.40	未接	200.00
706	1	2018-06-17 17:04	1#引水隧洞固结灌浆	G2-13-5	1	0.53	0.40	未接	200.00
705	1	2018-06-17 15:59	1#引水隧洞固结灌浆	G2-13-3	1	0.58	0.40	未接	200.00
704	1	2018-06-17 15:02	1#引水隧洞固结灌浆	G2-13-1	1	0.53	0.40	未接	200.00
700	1	2018-06-17 02:33	1#引水隧洞固结灌浆	G2-15-3	1	0.81	0.60	未接	200.00
699	1	2018-06-17 00:54	1#引水隧洞固结灌浆	G2-15-7	1	0.53	0.40	未接	200.00

12

版权所有 © 2010-2012 Powered by 长江水利委员会 长江科学院 联系QQ:283139246

图 7　压力超限短信报警后平台数据一览

该系统采集灌浆压力作为报警信号，压力超限时即发出报警信息。报警信号来源于现场真实数据，当压力超限时，首先现场的施工作业人员就会收到记录仪发出的声光报警，同时系统服务器会向相关的人员（监理/业主等）推送报警短信，报警内容包括施工部位，报警类型，报警压力值，超限时间，便于各参建方快速联动解决问题。同时，工程管理人员可以通过信息系统数据库备查追踪历史信息。

5 小结

数字化灌浆检测信息系统的建立重点解决了两大问题。

（1）下廊道、洞室等无手机信号覆盖的条件下，考虑灌浆施工地点是频繁移动的，将该部位的多台灌浆记录仪组成无线局域网，灌浆记录仪可以随时加入、脱离局域网，灌浆数据集中传输到露天发送装置，然后发送到远方服务器。业主、监理和质检人员可实时监测各个工程部位的灌浆施工情况，对灌浆数据进行分析和检测，从而减少人为干预因数，实时监测灌浆施工过程，确保灌浆施工质量，增强大坝建设信息系统化管理水平。

表 1 反映了应用灌浆信息系统后灌浆监管效率的对比。

表 1　　应用灌浆信息系统后灌浆监管效率的对比

系统 \ 监管内容	灌浆过程监测率/%	监管强度	远程监测
系统使用前	40	4h/(部位·d)	不可实行
系统使用后	90	2h/(部位·d)	可实行

（2）通过对灌浆记录仪进行数字化改造，加强施工现场管理，消除了外因对设备信号传输的干扰，通过数字化技术和 AES 加密技术，灌浆信息传输的真实性，完整性和即时性得到了保障。

该系统的应用通过自动化手段统计水泥灌入量，客观真实，迅速便捷地反应水泥耗损的实际情况，当水泥耗损明显偏离设计值时，管理人员督促施工方改进施工工艺，或加强现场检测，防止偷工减料。同时，准确的统计数据有助于业主单位控制工程质量、成本和进度，提高工程管理水平。

参考文献

[1] 张慧，贾宝良，罗熠．基于无联网的数字化灌浆监测系统［J］．科学技术创新，2018（10）：63-64.

[2] 姚振和，陶义寿，高明安，王金发，罗熠．灌浆记录仪校验方法研究［J］．长江科学院院报，2013（3）：100-103.

[3] 刘俊松．灌浆自动记录仪管理研究［J］．水利水电技术，2017（48）：147-150.

[4] 罗熠．灌浆记录仪发展状况与趋势［J］．中国水利，2010（21）：60-63.

[5] 夏可风，张志良．J31 智能灌浆记录仪与 J31-D 多路灌浆监测系统［J］．水利水电科技进展，2000（2）：58-60.

[6] 谢斌，隆威．三参数灌浆自动记录仪在水利工程中的应用［J］．山西建筑，2013（33）：219-220.

[7] 黄纪村，罗刚，吴世斌．大型水电工程水泥灌浆质量管理研究［J］．水利水电技术，2017，48（S2）：117-121.

稳定性浆液在宗格鲁固结灌浆试验工程的应用

关　伟　李云松

（中国水电基础局有限公司）

【摘　要】 稳定浆液具有裂隙充填密实、搞化学溶蚀能力强、扩散可控性好、工序简单等优点。在尼日利亚宗格鲁工程固结灌浆试验工程中，针对泥质千枚岩、千枚岩地层，固结灌浆采用了稳定水泥浆液进行灌注，取得了较好的灌浆效果。本文针对稳定浆液的特点、浆液配合比及性能指标、现场施工工艺、灌浆效果进行了详细论述。

【关键词】 稳定性浆液　固结灌浆　施工工艺

1985 年，瑞士学者隆巴迪（G. Lombadi）在第十五届国际大坝会议上作了《内聚力在岩石水泥灌浆中所起的作用》的报告，大力提倡使用稳定性浆液，并阐述使用稳定浆液有六条好处：稳定浆液把空隙完全充满的可能性大，不会因灌好之后多余水分的析出，而留下未被填满的空隙；结石的力学强度高，而且与缝隙两壁的黏附力也较高；浆液结石密实，抗化学溶蚀的能力强；灌浆中抬动岩体的危险性减少；在相当程度上可以分析出岩体灌浆的过程；稳定浆液能达到的距离是有限度的，能够避免不必要的大量的吸浆。

宗格鲁水电站固结灌浆工程按照合同要求采用美国标准，合同技术条款中推荐采用稳定性浆液，因此在大坝固结灌浆开始前，为确定稳定浆液的配合比和性能参数，并验证稳定性浆液施工工艺及设备合理性，开展了固结灌浆生产性试验，根据灌后检查结果，表明稳定性浆液应用于该类地层是可行的。同时本次试验成果也为今后类似地层的基础处理提供了借鉴。

1　工程概述

宗格鲁（Zungeru）水电站位于尼日利亚尼日尔州宗格鲁镇的卡杜纳（Kaduna）河上，电站距首都阿布贾（Abuja）直线距离约为 150km。该电站是一座兼有发电、灌溉、防洪、养殖、航运等多用途的水电工程，电站装机容量为 700MW，最大坝高 90m，工程总库容为 114.19 亿 m^3。电站枢纽由拦河大坝、坝后厂房、变电站等建筑物组成。拦河大坝中间为碾压混凝土重力坝，左、右岸为心墙堆石坝，总长约 2360m。

根据勘探和相关资料，坝址区地层岩性由含大量云母或绢云母矿物的泥质千枚岩、千枚岩组成，河床部位石英，绢云母等矿物呈平行排列组合。坝址区域地下水的水位较低，岩体多呈现微—弱透水，局部位置存在断层带、破碎带、节理密集带等，其透水性相对较大。

按照设计要求，大坝坝基需要进行固结灌浆处理。

2 灌浆材料及配合比

稳定性浆液的主要性能指标包括析水率和黏度指标。一般要求：2h 析水率不超过5%，浆液的马氏漏斗黏度小于 35s，固结灌浆一般还要求其抗压强度 $R_{28}\geqslant 10$MPa。

为了了解国内外类似工程使用稳定浆液的情况，现统计了世界上比较知名的几座大坝的稳定浆液的资料（表 1）。

表 1 国内外水电工程稳定性浆液性能指标

国名	工程名称	水灰比	减水剂/%	膨润土/%	漏斗黏度/s	析水率 2h/%
巴西	伊泰普大坝	1∶1	—	1～2	38～40	5
墨西哥	阿瓜米尔帕坝	0.9∶1	1.6	—	28～32	4
新西兰	克来德大坝	1∶1	—	5	32～34	<2
阿根廷	阿里库拉大坝	1∶1	—	2	32～38	3～5
		0.67∶1	1	—		

从表 1 可知，几个工程所采用的稳定浆液有以下特点：①在添加膨润土时，其水灰比都相对较大，均为 1∶1；②要配制较小水灰比，即 0.6∶1～0.9∶1 时，都用高效减水剂而不用膨润土；③浆液黏度均在 40s 之内，其 2h 析水率均不大于 5%。

2.1 灌浆材料的选择

（1）灌浆水泥采用当地的普通硅酸盐水泥，水泥强度等级为 42.5MPa。采用勃氏透气仪测定水泥的比表面积为 3340cm²/g，水泥颗粒通过 80μm 方孔筛的筛余量为 0.46%。

（2）配置稳定性浆液采用 TG－2 缓凝高效减水剂。减水剂的细度为 0.315mm 筛余不大于 10%，减水率不小于 16%。

2.2 浆液配合比选择

为了配置能够满足施工要求的稳定性浆液，在室内进行了不同水灰比的浆液配比试验，试验内容包括：密度、析水率、黏度、凝结时间、抗压强度。最终选定的稳定性浆液配合比及性能指标见表 2。

表 2 稳定性浆液配合比及性能指标

水灰比 W/C	减水剂掺量 /%	黏度 /s	密度 /(g/cm³)	2h 析水率 /%	凝结时间/(h：min)		抗压强度/MPa	
					初凝	终凝	14d	28d
0.7∶1	1.0	29.8	1.68	4.3	17：30	20：30	29.2	36.7

2.3 浆液制备及检测

（1）制浆材料制备前需进行称量，称量误差应小于 1%。水泥采用重量称量法，高效减水剂以水溶液的形式掺入，采用体积法称量。

（2）灌浆过程中浆液要实时进行检测，检测内容为：密度、黏度、析水、温度。由于稳定性浆液保水稳定性好，可按每 1h 检测一次进行。

3 试区的选择

为了验证稳定浆液配合比对本工程地质条件的适应性，根据建基面基础开挖资料，选择两个试验区进行灌浆生产性试验。在导流底孔坝段选取一个坝段作为A试验区，该试区地质条件相对较好、岩体波速较高；在岸坡坝段选取一个坝段作为B试验区，该试区为一个断层破碎带，岩体较为破碎、岩体波速较低，透水率相对较大。

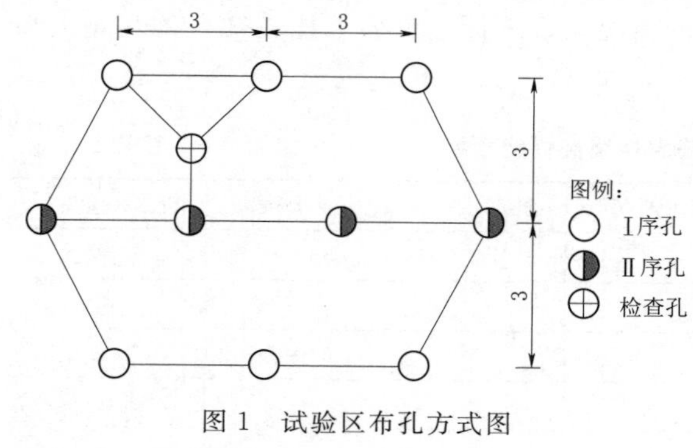

图1 试验区布孔方式图

固结灌浆孔按孔排距均为3m，呈梅花形布置，孔向为铅直向，孔深为深入基岩不小于5m。A试验区共布置200个灌浆孔，其中Ⅰ序孔96个，Ⅱ序孔104个；B试验区共布置139个灌浆孔，其中Ⅰ序孔66个，Ⅱ序孔73个。试验区布孔方式如图1所示。

4 施工工艺及参数

4.1 施工顺序

抬动孔钻孔及安装→Ⅰ序孔钻孔、压水、灌浆及封孔→Ⅱ序孔钻孔、冲洗、灌浆及封孔→检查孔钻孔、压水、灌浆及封孔。

4.2 钻孔

灌浆孔钻孔采用MDL-135D履带式钻机钻孔，检查孔采用XY-2型地质钻机钻孔取芯。

4.3 压水试验

Ⅰ序灌浆孔灌前结合裂隙冲洗进行简易压水试验，压水压力为0.2MPa，压水时为20min。检查孔压水试验采用五点法，压水压力分别为灌浆压力的0.1MPa、0.2MPa、0.3MPa、0.2MPa、0.1MPa。

4.4 灌浆

灌浆方法：固结灌浆采用孔口卡塞、不分段、循环式灌浆。

灌浆压力：固结灌浆Ⅰ序孔采用0.2MPa压力，Ⅱ序孔采用0.4MPa压力。如混凝土厚度超过4m以上，灌浆压力可提高0.1MPa。

灌浆结束条件：在该孔段最大设计压力下，注入率不大于1L/min后，继续灌注30min，可结束本段灌浆。当注浆量达到300L/m或灌浆时间达到90min时，仍未达到结束条件，结束本段灌浆，待凝24h后进行扫孔复灌。

5 灌浆效果分析及评价

5.1 单位注灰量分析

A试验区Ⅰ序孔单位注灰量为13kg/m，Ⅱ序孔的单位注灰量为5.4kg/m，Ⅱ序孔较之Ⅰ序孔递减了58.5%；B试验区Ⅰ序孔单位注灰量为41.9kg/m，Ⅱ序孔的单位注灰量为6.8kg/m，Ⅱ序孔较之Ⅰ序孔递减了83.8%。表明单位注灰量随着灌浆孔序的加密，呈明显减小的趋势，符合基岩灌浆的一般规律。再者B试验区的单位注灰量明显大于A试验区，表明针对断层大破碎带，采用稳定性浆液灌注可以取得较好的灌浆效果。

5.2 岩体透水率分析

两个试验区灌浆前后压水试验成果见表3。

表3 灌浆前后压水试验成果

部位	灌前岩体				灌后岩体			
	段数	最大透水率/Lu	最小透水率/Lu	平均透水率/Lu	段数	最大透水率/Lu	最小透水率/Lu	平均透水率/Lu
A试区	66	43	0	4.7	10	1.5	0	0.7
B试区	96	无回水	0	21.6	7	2	0.4	1.2

由表3可知，通过灌浆处理后，两个试验区岩体透水率均能够满足设计要求，压水透水率均小于3Lu，合格率100%，灌浆效果显著。表明稳定性浆液应用于此类岩体的固结灌浆加固是适宜的。

6 结语

通过本次试验施工，验证了本工程采用的浆液类型及配合比、灌浆工艺及方法是可行的。

采用小水灰比、单一比级的稳定浆液，不仅简化了灌浆工艺，同时也减少了无效的扩散范围，节约了灌浆材料；同时不仅具有良好的浆液稳定性，也有较好的可灌性，通过配合适宜的灌浆方法，能够较好地满足岩体固结及防渗的要求。

采用稳定浆液配合纯压式灌浆工艺具效率高、能耗低、结石强度高的特点，是目前国际上灌浆技术发展的一个趋势。

乌东德水电站大坝围堰防渗墙墙下帷幕灌浆施工技术

石海松　朱　旭　任　鹏　谢文璐

（中国葛洲坝集团基础工程有限公司）

【摘　要】乌东德水电站基坑开挖深，最大深度97m，最大水头达150m，混凝土防渗墙平均深度大于60m，最大深度达97.54m，是世界上承受水头最大、最深的围堰防渗墙。河床围堰堰体采用“复合土工膜＋塑性混凝土防渗墙＋墙下帷幕灌浆”的防渗型式，其中防渗墙墙下灌浆工期紧、任务重、施工难度大是它的主要特点。本文结合该工程的特点，对墙下帷幕灌浆工程相关情况及关键施工技术和难点进行了分析，为类似工程墙下帷幕灌浆施工借鉴相关技术和经验提供了案例。

【关键词】围堰防渗墙　预埋灌浆管　隔管下设　墙下帷幕灌浆　施工技术

1　工程概况

乌东德水电站是金沙江下游四个水电梯级（乌东德、白鹤滩、溪洛渡、向家坝）的最上游梯级，装机1020万kW，位居世界第七，国内第四，采用混凝土双曲拱坝，坝顶高程988.00m，最大坝高270m，是国家能源发展“十二五”规划中重点建设的水电站之一。

乌东德水电站河床围堰堰体采用“复合土工膜＋塑性混凝土防渗墙＋墙下帷幕灌浆”的防渗型式。乌东德水电站基坑开挖深，最大深度97m，超过三峡大坝基坑，是世界上最深的水电站基坑。围堰防渗墙承受最大水头达150m，混凝土防渗墙平均深度大于60m，最大深度达97.54m，是世界上承受水头最大的围堰防渗墙。上游围堰防渗帷幕主要由左岸防渗墙顶延伸帷幕、左右岸堰顶延伸帷幕（平洞）、左右岸岸坡段帷幕及围堰防渗墙下帷幕组成，帷幕灌浆最大孔深126.5m（墙下帷幕）。下游围堰防渗帷幕主要由左右岸堰顶延伸帷幕（平洞）、左右岸岸坡段帷幕及围堰防渗墙下帷幕组成，帷幕灌浆最大孔深118m（墙下帷幕）。

2　工程地质条件

围堰部位河床覆盖层按物质组成可分Ⅰ、Ⅱ、Ⅲ三大层（图1）；下游围堰部位河床覆盖层按物质组成可分①、②、③三大层（图2）。

上游围堰部位河床覆盖层Ⅰ层主要为河流冲堆积的卵、砾石夹碎块石。Ⅱ层为岸坡崩

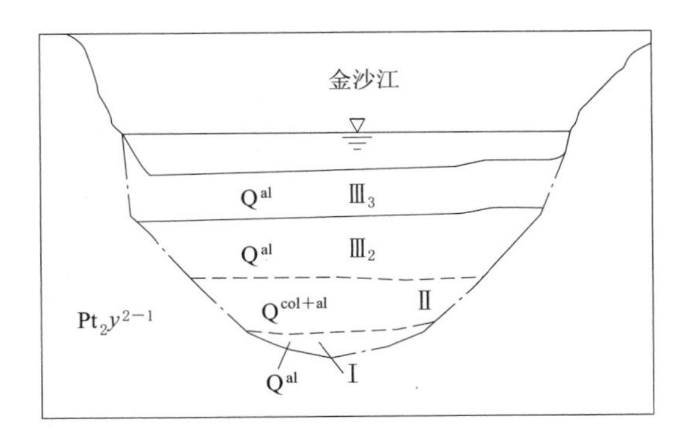

图1　上游围堰堰基河床覆盖层结构示意图

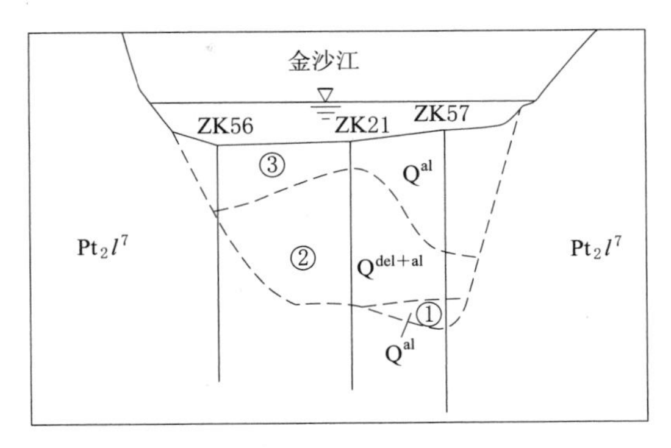

图2　下游围堰堰基河床覆盖层结构示意图

塌与河流冲积混合堆积形成，主要成分为崩塌块石、碎石夹少量含细粒土砾（砂）透镜体。Ⅲ层主要为现代河流冲积形成的砂砾石夹卵石及少量碎块石，物质成分较混杂，为灰岩、大理岩、砂岩、白云岩及辉绿岩等。堰基河床覆盖层下伏基岩为灰白色极薄—薄层大理岩化白云岩，偶见中厚层灰岩、白云岩。

下游围堰部位河床覆盖层：①层主要为河流冲积堆积形成的杂色卵砾石夹碎块石；②层为金坪子滑坡与河流冲积混合堆积，以滑坡堆积为主，为含细粒土砾夹碎块石；③层为现代河流冲积形成的砂砾石夹卵石及少量碎块石，物质成分混杂，为灰岩、大理岩、砂岩、白云岩及辉绿岩等。堰基河床覆盖层下伏基岩及边坡为落雪组第6段灰色厚层夹中厚层灰岩及含石英灰岩。

3　墙下帷幕灌浆工程施工特点与设计布置

3.1　墙下帷幕灌浆工程施工特点

（1）受防渗墙工期的控制，墙下帷幕灌浆需在一个枯水期内完成，因此施工工期紧、任务重、需投入设备多。

（2）墙下帷幕虽然为常规灌浆技术，但由于灌浆深度大，地质条件复杂，且直接受墙体预埋管埋设质量影响，施工难度较大。

（3）防渗墙墙底与基岩接触位置为防渗墙薄弱段，为避免帷幕灌浆时浆液从防渗墙底反复和大量地渗漏至覆盖层中，致使防渗墙底部得不到充分灌浆及后续孔段灌浆可能存在压裂防渗墙的风险，乌东德水电站大坝围堰防渗墙下帷幕灌浆采用“下设隔管”的施工工艺。墙下帷幕接触段隔管下设为新工艺，且第一次在深厚覆盖层围堰防渗墙墙下帷幕灌浆中应用。

3.2　墙下帷幕设计布置

本工程大坝上、下游围堰由左右岸堰顶延伸帷幕（平洞）、左右岸岸坡段帷幕及围堰防渗墙墙下帷幕组成，均设置单排孔。其中防渗墙墙下帷幕孔距为1.5m，墙体部分采用预埋钢套管导向成孔；左右岸平洞及岸坡帷幕灌浆孔距为2.0m，采用在压浆板或平洞底板直接钻孔。墙下帷幕深度10～60m不等，底部要求进入岩体弱透水层内。墙下帷幕的设计透水率标准为$q \leqslant 5$Lu。

4 墙下帷幕灌浆施工

4.1 墙下帷幕灌浆预埋管下设安装

乌东德大坝围堰防渗墙墙厚为1.2m，在墙体内预埋单排直径为108mm的无缝钢管作为墙底帷幕灌浆导向管，防渗墙预埋灌浆管孔距1.5m，并根据设计要求增加墙下帷幕灌浆检查孔预埋管（原则上按每10个预埋灌浆孔布设1个检查孔）。

考虑到墙下帷幕灌浆预埋灌浆管普遍较深，为了消除因管体自身的垂直度及混凝土浇筑时混凝土的冲击力作用对管体定位影响，不能采用“单根钢管埋设法”，而采用各根钢管焊接成一整体桁架的“直接预埋钢管法”。采用ϕ25mm的钢筋制作专门用于支撑、定位预埋管的钢筋骨架，并将预埋钢管焊接固定在钢筋骨架中间。预埋管对口焊接处采用套筒箍焊加固的方式进行连接，并保证预埋管整体垂直度，使其满足帷幕灌浆钻孔施工孔斜的要求。

预埋管制作：在焊接平台上将灌浆钢管焊接在钢筋骨架上。钢筋骨架结构尺寸根据防渗墙槽段长度及管距确定。骨架及预埋管在综合加工场下料，现场拼装焊接成桁架，每节长度12m，其宽度不小于80cm，预埋管上层保持架底部4m、8m的位置分别加设一层单层保持架，钢管连接采用外套内径稍微偏大的钢管进行套接箍焊的形式。

预埋灌浆管的起吊、下设：为防止钢筋骨架弯曲变形，采用起吊架吊装，双吊点法安装，在孔口对孔入槽。钢筋骨架在槽口用型钢电焊法固定，防止混凝土浇筑时上浮。

灌浆管连接采用外接套筒箍焊，底口采用薄铁板焊接，防止浇筑过程中混凝土进入管内。预埋管施工完毕后管口进行封闭防护处理，孔口封闭采用管内填塞编织袋或焊薄铁板的方法，防上异物落入管内，避免增加帷幕钻孔的难度。

4.2 墙下帷幕灌浆隔管下设安装

防渗墙墙底与基岩接触位置为防渗墙薄弱段，为避免帷幕灌浆时浆液从防渗墙底反复和大量地渗漏至覆盖层中，致使防渗墙底部得不到充分灌浆且后续孔段灌浆可能存在压裂防渗墙的风险。乌东德水电站大坝围堰防渗墙下帷幕灌浆采用“下设隔管”的施工工艺。

隔管下设即在墙体预埋管底与基岩接触部位，再下设一套内管，墙下帷幕灌浆孔按分序加密原则进行，一般分Ⅱ序施工，各序孔隔管段亦按分序原则先行灌浆和镶管。帷幕灌浆一般采用“孔口封闭灌浆法”灌注。墙下帷幕灌浆接触段采用阻塞器卡塞在防渗墙底部进行分段灌注，各灌浆段射浆灌距孔底不大于0.5m。Ⅰ序孔第1、2段、Ⅱ序孔第1段（接触段）灌浆正常结束后下设隔管，隔管下设长度4m，下设深度一般入岩2.0m（第2段段底）上部套接防渗墙体底部2m。如扫孔过程中破损预埋管应做好记录，该孔隔管下设长度应加长，隔管顶部高于预埋管损坏深度以上2m。

隔管一般采用直径76mm，壁厚3.5mm的无缝钢管，连接采用平接头、光滑丝扣连接（不得焊接），一般宜将内丝口放在下部，上部接外丝扣管。下设过程采用ϕ60mm水压塞加压膨胀内套管，人工配合地质钻机下放至接触段孔底。隔管在埋设过程中，重点检查隔管管嵌入基岩深度，注浆埋设72h后方可进行下段施工。

4.3 墙下帷幕灌浆施工

4.3.1 钻孔

（1）施工程序。上下游围堰墙下帷幕施工内容包括先导孔、灌浆孔Ⅰ序孔、灌浆孔Ⅱ

序孔、质量检查孔。施工顺序为：先导孔→灌浆孔Ⅰ序孔→灌浆孔Ⅱ序孔→质量检查孔。

（2）钻孔孔径。采用XY-2型地质钻机，采用金刚石钻头、清水钻进工艺，钻孔按自上而下分段钻进，一般帷幕灌浆孔段孔径不小于ϕ56mm，先导孔孔径不小于ϕ76mm，质量检查孔孔径为ϕ76mm。

（3）孔斜控制。开钻前钻机下部采用枕木支平、垫稳机身；采用地锚固定钻机；每班钻杆下入孔内后开钻前，均应采用吊线锤和水平尺校验钻机的立轴和油缸，保证立轴和油缸垂直。轻压慢转，以造孔机具自身重量为主，适当给予钻压，避免钻压过大导致孔内钻杆弯曲而产生偏斜；所有钻孔上部20m钻孔采用测斜仪跟踪测斜，若任意一处测点偏斜超过上表规定值，及时纠偏。

（4）特殊情况处理。钻孔过程中，发生掉钻、坍孔、钻速变化、回水变色、失水、涌水等异常情况应详细记录，钻孔遇有洞穴、塌孔或掉块难以钻进时，在得到监理工程师批准后，先进行灌浆处理，再行钻进。如发现集中漏水或涌水，应查明情况、分析原因，经处理后再行钻进。

4.3.2 冲洗及压水试验

（1）钻孔冲洗及裂隙冲洗。灌浆孔每段必须进行钻孔冲洗，直至回水澄清10min后结束，并测量、记录冲洗后钻孔孔深、钻孔冲洗后孔底沉积厚度不得超过20cm。灌浆孔除第1段在钻孔冲洗后进行裂隙冲洗，其余孔段进行钻孔冲洗和压水试验，不进行裂隙冲洗。

裂隙冲洗压力为灌浆压力的80%，但不超过1MPa和满足抬动要求。

（2）压水试验。帷幕灌浆先导孔及灌后检查孔的压水均采用单点法进行压水试验。帷幕灌浆常规孔各灌段均采用简易压水。帷幕灌浆灌前压水按对应灌浆段次灌浆压力的80%，但不超过1MPa和满足抬动要求。

4.3.3 灌浆

（1）灌浆方法。采用“孔口封闭灌浆法”灌注。墙下帷幕灌浆第1、第2段（接触段）采用阻塞器卡塞在防渗墙底部进行灌注，第1、第2段灌浆正常结束后下设隔管，第3段及以下各灌浆段次采用孔口封闭法灌浆。

（2）灌浆段长。第1段灌浆段长为0.5m，第2段为1.5m（仅对Ⅰ序孔接触段进行了拆分），第3段为3m，第4段及以下各段一般为5m。终孔段根据实际情况可适当延长至8m，但不得大于8m。

（3）灌浆材料。采用新鲜无结块的、细度通过80μm方孔筛筛余量小于5%的、强度等级不低于42.5的普通硅酸盐水泥。

（4）灌浆压力。所有带压作业工序的压力控制，均按回浆管上压力表的中值控制，墙下帷幕灌浆段长及相应的最大灌浆压力参数见表1。

表1 墙下帷幕灌浆段长及相应的最大灌浆压力参数表

段次	孔序	第1段	第2段	第3段	第4段	第5段及以下
段长/m	Ⅰ	0.5	1.5	3	5	5
灌浆压力/MPa		1.0	1.2	1.5	2.0	2.0
段长/m	Ⅱ	2	3	5	5	5
灌浆压力/MPa		1.2	1.5	2.0	2.0	2.0

（5）浆液比级与变换标准。灌浆使用浆液的浓度，应遵循由稀到浓的原则，逐级改变，采用普通浆的水灰比（重量比）3∶1、2∶1、1∶1、0.8∶1、0.5∶1等5个比级，采用3∶1开灌。

（6）结束标准。在设计压力下，该灌浆段注入率小于1.0L/min后，继续灌注60min，可结束该段灌浆。

（7）封孔。灌浆孔、质量检查孔采用全孔灌浆发封孔，灌浆封孔压采用该孔最大灌浆压力，质量检查孔封孔压力采用2MPa。

（8）特殊情况处理。灌浆过程中，发现冒浆、漏浆时，应根据具体情况采用嵌缝、表面封堵、浓浆、低压、限流、限量、短时间间歇、待凝等方法加以处理。当孔段耗灰量达到500kg/m，采用间歇灌注，当孔段耗灰超过800kg/m且无结束迹象时则待凝8h。必要时，经监理人同意可采取浆液中掺加速凝剂或混合浆液等措施进行处理。

5 墙下帷幕灌浆效果分析

5.1 墙下帷幕灌浆成果资料分析

5.1.1 灌前透水值成果成果分析

上、下游围堰墙下帷幕灌浆前透水值成果见表2；上、下游墙下帷幕灌浆前透水率频率曲线如图3、图4所示。

表2 上、下游围堰墙下帷幕灌浆前透水值成果表

单元	孔序	孔数	灌浆长度/m	平均透水率/Lu	总段数	透水率（Lu）区间段数/频率（%）				
						≤1	1～5	5～10	10～100	>100
上游墙下帷幕	Ⅰ小计	86	2709.86	8.22	685	375	154	43	77	36
						54.74	22.48	6.28	11.24	5.26
	Ⅱ小计	86	2635.72	2.57	610	381	137	32	52	8
						62.46	22.46	5.25	8.52	1.31
	小计	172	5345.58	5.44	1295	756	291	75	129	44
						58.38	22.47	5.79	9.96	3.40
下游墙下帷幕	Ⅰ小计	46	1229.62	6.99	327	181	58	19	51	18
						55.35	17.74	5.81	15.60	5.50
	Ⅱ小计	46	1220.93	3.34	282	215	34	8	22	3
						76.24	12.06	2.84	7.80	1.06
	小计	92	2450.55	5.18	609	396	92	27	73	21
						65.02	15.11	4.43	11.99	3.45
合计		264	7796.13	5.35	1904	1152	383	102	202	65

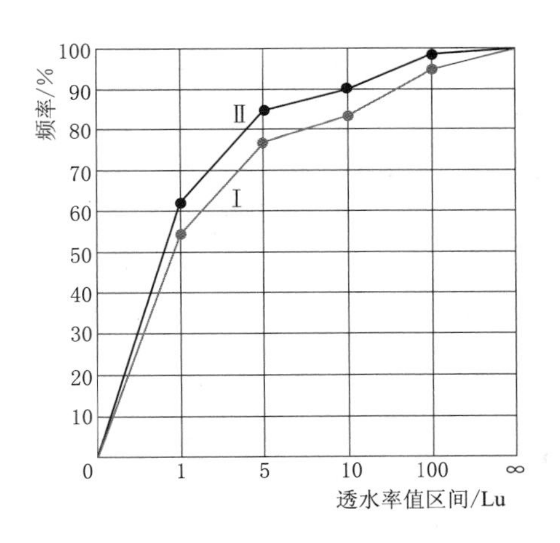

图 3　上游墙下帷幕灌前透水率频率曲线图

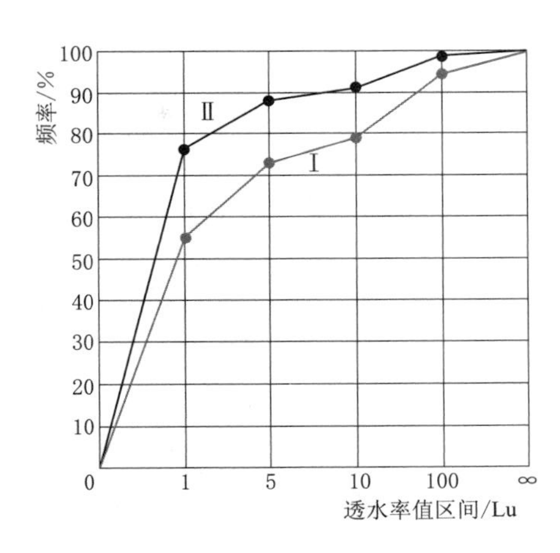

图 4　下游墙下帷幕灌前透水率频率曲线图

由表 2 及图 3、图 4 可以看出：①随着灌浆次序的不断加密，各段数区间累计频率总体呈现出透水率不断见效的变化趋势；②上游墙下帷幕Ⅰ序孔灌前平均透水率为 8.22Lu，Ⅱ序孔灌前平均透水率为 2.57Lu；下游墙下帷幕Ⅰ序孔灌前平均透水率为 6.99Lu，Ⅱ序孔灌前平均透水率为 3.34Lu。后序孔（Ⅱ序孔）透水率较先序孔（Ⅰ序孔）透水率明显减小，符合一般灌浆规律。

透水率较大孔段主要集中在接触段（第 1、2 段），该区域岩石完整性较差。

5.1.2　单位注灰量成果分析

上、下游围堰墙下帷幕灌浆成果综合统计见表 3；上、下游围堰墙下帷幕灌浆单位注灰频率曲线如图 5、图 6 所示。

表 3　　　　上、下游围堰墙下帷幕灌浆成果综合统计表

单元	孔序	孔数	灌浆长度/m	注入量/kg	单位注入量/(kg/m)	总段数	单位注入量（kg/m）区间段数/频率（%）				
							≤10	10～50	50～100	100～1000	>1000
上游围堰	Ⅰ小计	86	2709.86	461445.60	170.28	686	369	94	27	122	74
							53.79	13.70	3.94	17.78	10.79
	Ⅱ小计	86	2635.72	215047.22	81.59	610	365	106	32	86	21
							59.84	17.38	5.25	14.10	3.44
	小计	172	5345.58	676492.82	126.55	1296	734	200	59	208	95
							56.64	15.43	4.55	16.05	7.33
下游围堰	Ⅰ小计	46	1229.62	154065.53	125.30	327	205	23	27	43	29
							62.69	7.03	8.26	13.15	8.87
	Ⅱ小计	46	1220.93	65536.06	53.68	282	224	20	10	20	8
							79.43	7.09	3.55	7.09	2.84
	小计	92	2450.55	219601.59	89.61	609	429	43	37	63	37
							70.44	7.06	6.08	10.34	6.08
合计		264	7796.13	896094.418	114.94	1905	1163	243	96	271	132

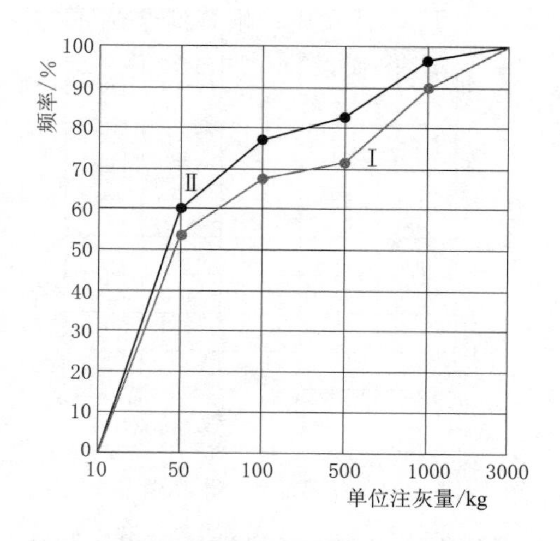

图 5　上游墙下帷幕灌浆单位注灰频率曲线图

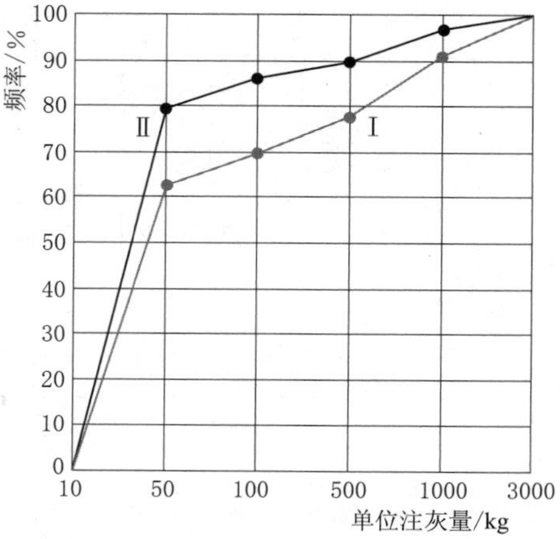

图 6　下游墙下帷幕灌浆单位注灰频率曲线图

由表 3 及图 5、图 6 可以看出：①随着灌浆次序的不断加密，各段数区间累计频率总体呈现出逐序递增的变化趋势；②上游墙下帷幕Ⅰ序孔灌浆平均单位注灰为 170.28kg/m，Ⅱ序孔灌浆平均单位注灰为 81.59kg/m，Ⅱ序孔较Ⅰ序孔灌浆平均单位注灰递减率 52.08%；下游墙下帷幕Ⅰ序孔灌浆平均单位注灰为 125.30kg/m，Ⅱ序孔灌浆平均单位注灰为 53.68kg/m，Ⅱ序孔较Ⅰ序孔灌浆平均单位注灰递减率 57.15%。后序孔（Ⅱ序孔）单位注灰较先序孔（Ⅰ序孔）单位注灰明显减小，符合一般灌浆规律。

单位注灰较大孔段主要集中在接触段（第 1、2 段），该区域岩石完整性较差，灌浆存在多次复灌的情况。

5.2　墙下帷幕灌浆压水试验检查成果分析

上游围堰墙下帷幕共施工了 17 个检查孔，压水 110 段透水率最大值 3.16Lu，最小值 0Lu，平均透水率 0.5Lu，合格率为 100%，满足设计防渗标注透水率不大于 5Lu。

下游游围堰墙下帷幕共施工了 10 个检查孔，压水 65 段透水率最大值 3.47Lu，最小值 0Lu，平均透水率 0.35Lu，合格率为 100%，满足设计防渗标注透水率不大于 5Lu。

墙下帷幕灌浆检查孔压水试验成果汇总见表 4。

表 4　墙下帷幕灌浆检查孔压水试验成果汇总表

工程部位	单元	检查孔数	压水试验段数	透水率（Lu）区间、段数/频率（%）							备注
				≤1		1～3		3～5		设计标准/Lu	
				段数	%	段数	%	段数	%		
上游围堰	9	17	110	91	82.73	18	16.36	1	0.91	≤5	
下游围堰	5	10	65	58	89.23	5	7.69	2	3.08	≤5	
合计	14	27	175	149	85.14	23	13.1	3	1.71	≤5	

5.3　施工效果

上游防渗墙墙下帷幕灌浆于 2015 年 10 月 24 日开始，2016 年 3 月 14 日完成；下游防渗墙墙下帷幕灌浆于2016年1月7日开始，2016年3月17日完成；帷幕灌浆施工完毕后，进行了灌浆质量全面检查，检查包括检查孔取芯、孔内电视以及后期基坑抽水等。检查结果表明墙下帷幕灌浆质量满足设计要求。

6 结语

（1）乌东德水电站大坝围堰采用“塑性混凝土防渗墙＋墙下帷幕灌浆”的防渗型式是科学、合理可取的。

（2）防渗墙槽内预埋灌浆管控制难点是定位和防止浇筑混凝土时混凝土冲击灌浆管，使之位移偏斜，造成埋管失败。墙体内预埋管埋设质量，是墙下帷幕灌浆成功与否的关键，因此预埋管加工、制作、对接、下设、定位等每一道工艺需高度重视和认真对待。

（3）乌东德水电站墙下帷幕灌浆接触段采用“下设隔管”的工艺是可行的，此方法不仅可以节约水泥灌浆材料亦可减少灌浆对防渗墙体造成损伤。具体施工过程隔管加工、下设、固定等工作应精细控制。

（4）乌东德水电站大坝围堰防渗墙墙下帷幕灌浆施工工艺、参数是合理可行的，相关技术可为类似工程提供经验。

岩溶承压强富水带地铁站点施工技术研究

肖承京[1]　娄在明[2]　陈　亮[1]　刘文利[2]　姜永涛[3]　汪在芹[1]

（1. 长江水利委员会长江科学院　2. 中国电建市政建设集团有限公司
3. 中电建武汉建设管理有限公司）

【摘　要】 武汉地铁11号线未来三路站场址为岩溶地质，岩溶富水承压，岩溶水喷出地表形成泉水水源，站点建设既要保证施工安全和站点防水，又要确保不破坏泉水，对设计和施工提出了重大挑战。基于对未来三路站承压水富水带区域岩溶分布规律的详细勘察和分析，开展了场站岩溶处理方案设计和施工技术试验研究，形成了以岩溶处理措施及站点隔水防水方案等为主要内容的岩溶承压富水带站点处理施工方案。该方案在未来三路站站点建设中的成功应用，对类似工程具有借鉴作用。

【关键词】 地铁站点　未来三路站　岩溶　承压强富水带　泉水保护

1　概述

武汉地铁11号线未来三路站位于武汉市东湖新技术开发区高新大道与未来三路交汇处，沿高新大道呈东西向敷设，地面标高在23.00～27.00m，场地地貌单元属剥蚀堆积垄岗区（相当于长江冲积Ⅲ级阶地区）。岩溶发育区位于未来三路站西部DK57＋631.500～DK57＋858.000。场区内岩溶水的水位较高，且岩溶水的水位受地面补给明显，长时间降雨后，岩溶水位明显升高；岩溶水通道发育不均匀，连通性较复杂，水量大。另外，未来三路站场地分布的石炭系黄龙组—二叠系可溶性灰岩，正处于有几百年历史的承压泉（“活灵泉”）的正上方。

岩溶承压水发育，溶蚀现象较为突出，溶洞、溶槽强烈发育，是影响地铁工程施工与运营安全的主要工程地质问题。如果处理不当，可能会导致地基承载力不足、局部地基滑动和塌陷、不均匀沉降等，对以后的工程安全运营造成极大影响，因此选择合适的岩溶处理技术措施不仅对施工安全有着重要意义，同时也对地铁建成后的安全运行意义重大。同时，考虑到对悠久历史的“活灵泉”和周边生态环境的保护开发，岩溶处理方案及措施不能破坏泉水地下通道，造成泉水停喷及严重改变地下水文条件。

基于站点岩溶处理和泉水保护双重目标，参建单位在详细勘察岩溶地质、水文特征、泉水通道的基础上提出了地铁未来三路站点岩溶处理综合方案，通过现场施工实践，证明了方案的科学性与可行性，站点建设顺利完工，站点防水效果良好，泉水得到保护，并拟打造成全国首个泉文化地铁站点。

2 岩溶承压强富水带地铁站点处理设计

2.1 承压强富水带区域岩溶分布规律

为详细查明未来三路站岩溶承压富水带的水文地质条件，对该区域进行了岩溶专项勘察和地下水测量。采用岩溶地质测绘和调查、物探、钻探等综合手段，从岩溶分布、尺寸及填充情况和岩溶承压水富水条带条件、岩溶水通道等方面来查明站点区域岩溶特征及其与泉水的关系，评价其对工程和环境的影响及危害程度。

(1) 溶洞高度及填充情况。利用物探CT等综合探测手段，分析得出岩溶异常点顶板高程分布（图1），判定场地内溶洞顶板高程大多分布在高程－1.00～12.00m段，其余高程段溶洞分布较少，表明场地灰岩中溶洞、溶隙处于武汉浅部岩溶发育带内。

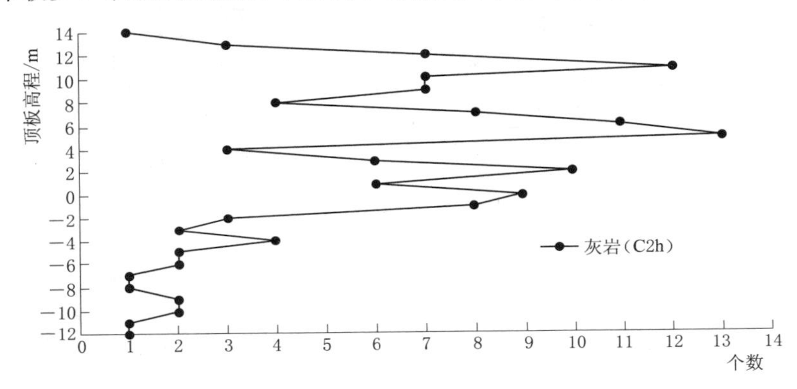

图1 物探CT推测岩溶异常点顶板高程分布图

(2) 岩溶承压水富水条带分布。通过地表水调查、水文地质物探工作、水文钻孔、水质监测对比等方法，推断地下水受灰岩顶板及第四系黏土层覆盖，具承压性质，在未来三路车站大里程受溶蚀凹地沉积的K－E砂岩阻隔，水位略抬升，流速加快，一少部分沿地层分界构造上升至地面形成泉，大部分从砂岩底部的岩溶发育带向东南向排泄，车站岩溶破碎富水带沿岩层分界线南北展布，见图2。

根据岩溶勘查情况和站点结构布局，确定岩溶处理范围长度约260m，宽度约32m。在该区域内实施岩溶注浆处理，并确保区域内泉水通道不被截断。

2.2 岩溶地下水处理原则

针对场区地下水对地铁施工及运行存在的不利影响，从施工安全性和实用性考虑，岩溶处理遵照“外截内排，分区实施”的原则进行。

2.3 岩溶承压水强富水带处理方案

结合上述分析，形成未来三路站岩溶承压强富水带处理技术要点。

(1) 在站点外轮廓线上布置钻孔桩＋咬合旋喷桩形式的围护桩，桩底进行钻孔注浆处理，桩周布置深入岩溶区域的钻孔注浆截水帷幕。

(2) 在基坑四周打设泄水井，减小补给水头，在出现大涌水时降水以降低截水帷幕施工难度。

(3) 在基坑范围和区间岩溶发育区范围内，全断面钻孔注浆，以形成基坑底板水平止

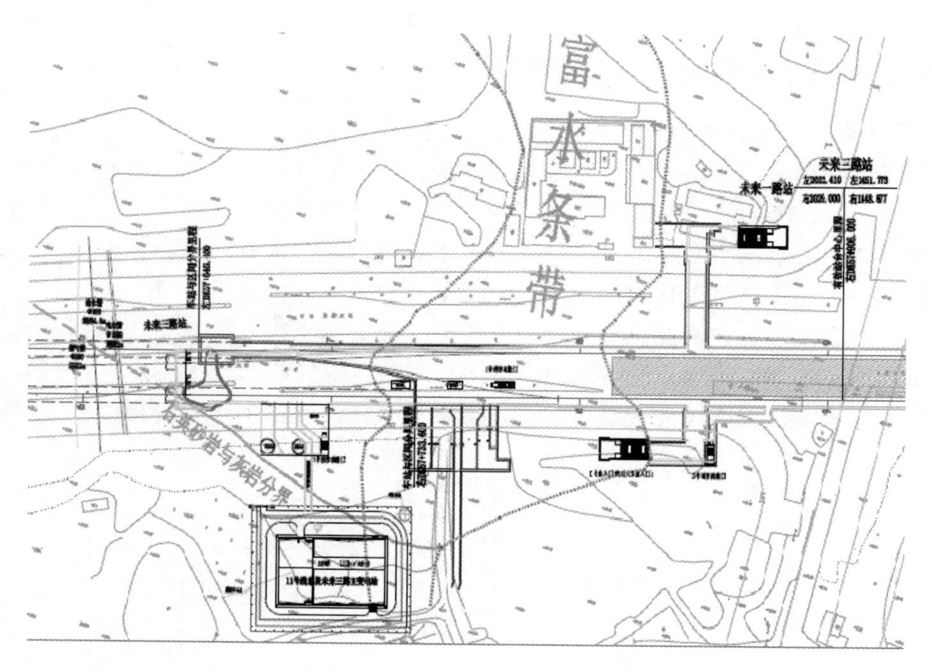

图 2　岩溶承压水富水条带分布图

水帷幕，帷幕深孔根据地勘及地下水文资料确定。

（4）分区分段基坑开挖，中间设置临时隔离措施（旋喷隔离桩），先开挖弱富水带，后开挖强富水带。

车站岩溶处理总体剖面示意如图 3 所示。

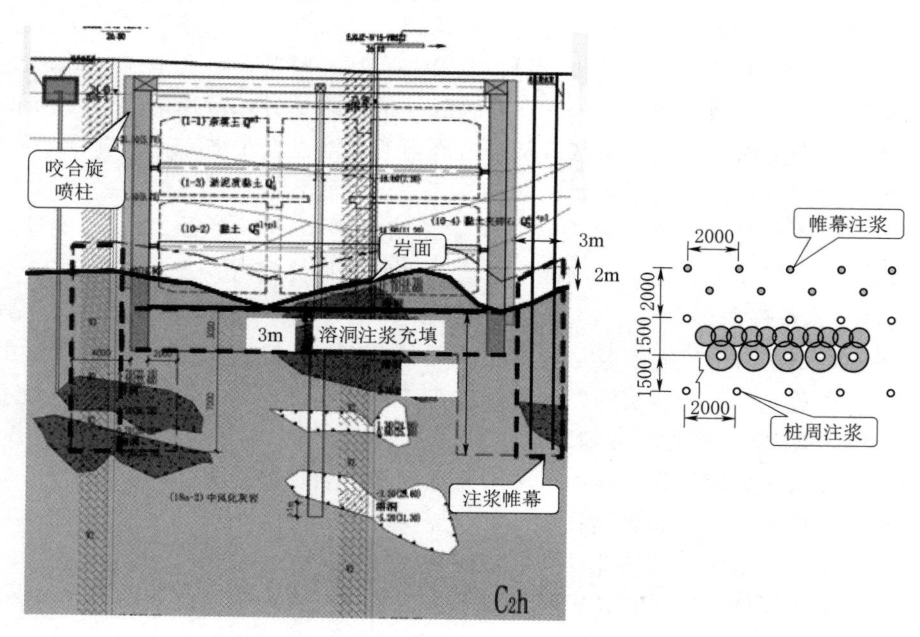

图 3　车站岩溶处理总体剖面示意图（单位：mm）

3　岩溶处理方案及实施效果

3.1　现场试验

3.1.1　试验目的

在大面积施工前，先进行现场岩溶钻孔注浆施工试验，通过试验确定以下参数及施工方法：满足岩溶富水区溶洞处理的参数（包括注浆配比、注浆压力、注浆量、填充材料等）和方法；流动水情况下注浆工艺以及参数；溶洞处理效果或质量的检测方法；钻孔灌注桩在岩溶区成孔的方法以及设备的选型；岩溶富水区止水帷幕的施工工艺和参数。

3.1.2　试验位置

鉴于未来三路站岩溶位于富含承压水区域，为了取得岩溶区岩溶处理以及钻孔桩成桩的各项参数，进一步指导后续西区大面积施工，结合现场管线的布置情况，综合考虑后选定车站西区南侧弱富水带区域的B327、B250桩和强富水区域的B320桩进行桩周岩溶处理和试桩，试验桩位置平面示意图如图4所示。

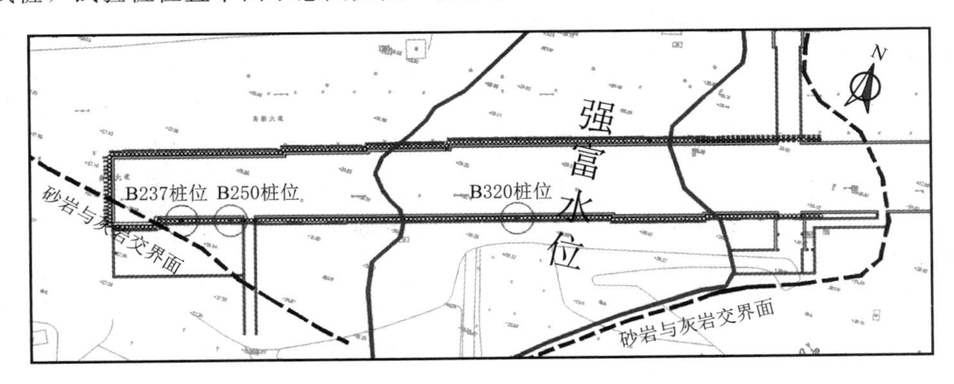

图4　试验桩位置平面示意图

3.1.3　试验施工流程

对溶洞按施工程序进行处理：现场生产性试验→钻孔→填料→注浆（边钻、边灌、边探边界）→注浆质量检查→缺陷补强→注浆质量验收。

钻孔注浆施工工序为：钻孔布置→土层钻孔（下套管）→基岩钻孔→注浆→封孔。

3.1.4　岩溶处理效果

注浆完成后钻孔检查，根据取芯浆液充填情况直观判断，注浆后取芯完整，无掉钻，漏水现象，钻孔回流带出有水泥粉末，图5为注浆完成48h后在原钻孔附近0.5m处检查孔取芯及芯样中注浆效果的情况，黏土夹碎石层注浆效果明显，双液浆痕迹明显可见。

3.2　试验确定的岩溶处理工艺

根据岩溶地质及地下水文勘察结果，结合岩溶空间分布特征和泉水水补给通道特点，确定未来三路站点强富水带岩溶处理范围为水平轮廓外3m，土岩结合面以上2m至隧道底板以下6m。

注浆孔间距3m×3m，梅花形布置，深入岩面以上2m至底板以下6m。灌浆采用自下而上分段灌浆，钻孔一次性成孔到设计深度，提钻清孔，下入注浆导管至孔底或溶洞底板

图 5　检查孔取芯及芯样中注浆效果

下部 1.0m 处，采用水泥砂浆封闭孔口，封闭深度进入原生黏土层 0.5m 以上，待水泥砂浆凝固后，接通注浆管至注浆机，在 0.3～0.5MPa 压力下自下而上进行注浆。灌浆同时应结合岩溶专项勘察报告内溶洞的大小、填充情况进行有针对性的注浆。

（1）对于溶洞高度不大于 1m 的无充填、半充填及充填物强度较低的全充填溶洞，直接采用纯水泥浆或双液浆进行静压式灌浆。

（2）对于溶洞高度 1～3m 的无充填和半充填溶洞，采用间歇式静压灌浆。第一次采用水泥砂浆，第二次可采用水泥砂浆或浓浆，灌浆时间控制在 20min，间歇 6h 再灌下一次，直至终孔。必要时可采用双液浆和化学浆。

（3）对于溶洞高度 3～6m 的无充填和半充填溶洞，可考虑先投碎石（粒径 5～10mm）或砂，后注浆的加固方法。投碎石处理时在原钻孔附近（约 0.6m）补钻 4 个投石孔，投石孔可相互作为出气孔。投石后，注浆加固的方法见全充填处理方法。投石管建议采用钢套管，投石孔大小根据现场情况调整，达到充填目的即可。

（4）对于溶洞高度大于 6m 的特大型无充填溶洞，由设计单位确定具体处理方案。

（5）对于物探（CT）异常区进行钻孔验证，若发现存在溶洞则根据位置及大小采取相应的处理方法，若没有则采用压力注浆的方法对钻孔进行填充加固和封孔。

（6）溶洞充填顺序为先四周后中间。

（7）本站岩溶强发育，富水且联通性好，单纯注水泥浆极可能发生跑浆或被流水稀释冲走，可根据实际情况先采用双液浆或化学浆堵孔，再用水泥浆充填。

（8）若钻孔底遇到溶洞，孔深应加深至溶洞下 1m。

（9）场地下伏基岩为岩溶强发育的石灰岩，施工前应落实既有大量钻孔的封闭情况，防止产生次生灾害。

（10）岩溶注浆及地层加固时应充分考施工对路面交通情况的影响，对溶洞、地层分区分步进行注浆处理，尽量减少对地面交通的影响。

3.3　工程实施效果

每个溶洞加固区根据溶洞发育规模布置 1～3 个检查孔，要求压水试验透水率应不大于 10Lu，合格率应达 85%以上，其余不合格孔段的透水率最大值应不超过 15Lu，且不集中。灌后压水检测显示，检查孔透水率均满足要求。

站点基坑开挖过程中未见涌水现象，开挖过程中多处发现水泥浆结石、双液浆固结体等（图 6），采用地质雷达对基坑底板进行地下溶洞及水流信号探测，发现基坑底板以下 3m 区域内溶洞及水流信号不明显，3m 以下区域有明显的水流信号，说明岩溶处理未完全截断地下水，对保护泉水有利。站点建成后，周边泉水依然喷涌，证实处理施工达到预期效果。

图 6　基坑开挖过程中发现的浆液固结物

4　结语

针对武汉地铁 11 号线未来三路站岩溶承压强富水带站点建设中基坑防水和泉水保护难题，通过详细的地质水文勘察及泉水补给通道调查，以及现场试验研究，制定了站点施工总体结构设计，确定了岩溶处理范围、处理方法及溶洞处理具体措施，形成了未来三路站岩溶承压富水带站点处理施工方案，实现了站点基坑防水和泉水保护双重目标。该方案在未来三路站站点建设的成功应用，对后续类似工程具有重要的借鉴作用。

参考文献

[1]　范士凯．武汉（湖北）地区岩溶地面塌陷［J］．资源环境与工程，2006，20（s1）：608-616.

[2]　罗小杰．试论武汉地区构造演化与岩溶发育史［J］．中国岩溶，2013，32（2）：195-202.

[3]　杨光煦．在岩基中灌注稳定浆液形成防渗帷幕（Ⅱ）［J］．水电与新能源，2002（4）：24-27.

[4]　孙英明．高压富水岩溶地层隧道施工技术［J］．四川建材，2018（4）：133-134.

[5]　唐冬云，陈培帅，黄威．盾构隧道岩溶地层处理及掘进施工控制技术研究［J］．中国水运，2018，v.18（08）：221-222.

岩溶地区防渗帷幕的地质改良处理

赵　杰　陈冠军

（湖南宏禹工程集团有限公司）

【摘　要】帷幕灌浆工程中，由于受地质条件限制，以纯水泥浆作为灌浆材料的常规灌浆并不能适应所有地层，因此各个工程项目必须结合本工程的地质情况，选取不同的施工工艺以及灌浆材料，以最经济、最便捷的方法达到防渗要求。本文主要介绍全充填型岩溶地区帷幕灌浆工程的地质改良处理措施。

【关键词】防渗帷幕　全充填　岩溶　地质改良

1　引言

目前水利水电防渗帷幕工程中，纯水泥浆液作为最常用的灌浆材料，其灌浆工艺以及行业标准已经非常成熟，各工程设计方案基本上都会以纯水泥浆灌浆为主。然而在强岩溶地区，纯水泥浆在灌浆过程中会频繁出现冒浆、吸浆量大、不起压等情况，大大增加了施工成本，降低了生产效率，此时需要采取相应处理措施，尽快实现灌浆目的，保证施工质量以及提高生产效率。本文以文山州德厚水库库区帷幕灌浆工程二标桩号 MKG2＋324.764～MKG2＋416.764 区段为工程案例，对施工过程中出现的地质缺陷情况以及采取的处理措施进行简单的介绍与分析。

2　工程概况

德厚水库枢纽工程位于文山州文山市盘龙河上游德厚河上，距文山市 31km，距昆明 317km，是一座以农业灌溉和工业供水为主的综合利用的水利工程，工程由大坝枢纽工程、防渗工程和输水工程组成，拦河坝为黏土心墙堆石坝，最大坝高 70.9m，水库总库容 1.13 亿 m^3，为大（2）型水利工程。

库区帷幕灌浆区岩层主要为白云质灰岩，岩溶发育，地下水位低于水库正常蓄水位，存在管道—溶隙型严重渗漏。各类岩溶形态较为发育，有溶蚀洼地、溶蚀槽谷、石芽坡地，微地貌形态主要表现为漏斗、落水洞、溶井、溶隙、溶管、溶洞等，但溶隙、溶洞规模较小，相对隔水层总体走向 NEE—SWW，透水层走向与隔水层大体一致。

3　工程地质条件

德厚水库库区二标起点桩号 MKG1＋520.769～MKG2＋699.339，帷幕轴线长度

1178.57m，帷幕灌浆按单排孔布置，孔距2m。其中桩号MKG2＋324.764～MKG2＋416.764区域位于溶蚀槽谷地带，非灌段平均深度仅1.81m，覆盖层平均深度约为8m，岩层主要为白云质灰岩，岩溶发育。进入基岩后溶蚀夹层多且与上部覆盖层连通，溶蚀后充填的泥质物夹层较厚，最大厚度7.0m，且溶蚀夹层走向与帷幕轴线基本垂直。

4 施工背景

桩号MKG2＋324.764～MKG2＋416.764区域灌浆施工前先后进行了两个生产性灌浆试验，B灌浆试验区和E灌浆试验区。B试验区采用纯水泥浆为灌浆材料，自上而下孔口封闭孔内循环分段灌浆的施工工艺，灌浆过程中发现水泥浆沿溶蚀夹层冒浆严重，且冒浆点随孔深及压力增加越来越远。由于溶蚀裂隙分布多、厚度大小不一、充填物软弱，灌浆时在较小压力条件下也极易被劈裂，且扩散范围大、甚至冒浆，多次复灌仍难以达到设计要求。该试验区平均水泥单耗为2148.7kg/m，远远超过了设计单耗，需要复灌的段次占灌浆总段次的56.6%，且单段最大复灌次数达到了21次，耗费时间长，投入人力、物力大，施工一度无法进展下去。B试验区的结果表明，纯水泥浆对覆盖层以及全充填型软弱夹层处理效果很差。

由于该施工段岩溶发育较深，且呈陡倾角发育，无法对其充填物进行置换，只能采取挤密灌浆的形式提高地层结构稳定性，从而提高地层耐压及抗渗性。在总结B试验区经验的前提下进行了E试验区的灌浆试验，该试验区原则上保留B试验区灌浆灌浆工艺不变，只在部分孔序上部覆盖层及出现溶蚀裂隙部位，在灌水泥浆之前采用低坍落度的膏浆进行预灌，段长与水泥浆灌浆段长保持一致，膏浆灌浆压力孔深30m以下控制在3.5MPa以内，孔深30以上控制在2MPa以内。E试验区在灌浆过程中效果相对B试验区有明显的提升，水泥单耗降低到了1034.1kg/m，相对B区降低了51.9%；复灌段次所占百分比为19.8%，降低了36.8%，且单段最大复灌次数仅3次。在灌注完膏浆后扫孔灌纯水泥浆时冒浆、不起压出现的情况显著减小。

5 地质改良施工方案

5.1 地质改良范围

为进一步提高施工效率，保证施工质量，降低施工成本，在施工方案中对E试验区施工工艺做了进一步优化，采用所有孔序上部30m溶隙发育或覆盖层段均用膏浆进行地质改良处理，30m以下当渗透率大于20Lu时进行处理。

5.2 施工流程

单孔施工工艺流程：钻孔定位→固定机具→钻孔、裂隙冲洗、压水（按5m分段压水，完成不大于30m的膏浆灌段）→灌膏浆→待凝72h→扫孔、灌纯水泥浆（按5m分段，自上而下完成已灌膏浆段）→钻孔、裂隙冲洗、压水→灌膏浆→待凝72h→扫孔、灌纯水泥浆→……→至设计孔深封孔→单孔资料整理。

5.3 浆液配置

（1）浆液配合比见表1。

表 1　浆液配合比

配比	泥浆/kg	水泥/kg	砂/kg	扩展度/mm	备注
1	410	150	—	170～180	泥浆比重 1.3g/cm^3
2	410	150	75	80～90	
3	410	150	150	40～50	
4	410	150	300	20～30	

（2）浆液配合比试验检测结果见表 2。

表 2　浆液配合比试验检测结果

配　比	龄期强度/MPa		备　注
	7d	28d	
1	2.26	3.87	泥浆比重 1.3g/cm^3
2	4.37	6.90	
3	2.91	5.10	
4	3.22	6.30	

（3）浆液配制方法有：

1）泥浆配制为集中制浆，在黏土制浆机中加入水和黏土，经复合黏土制浆机高速碾磨搅拌后，过筛进入泥浆池发泡待用，配制成的泥浆比重控制在 1.25～1.35g/cm^3。

图 1　4 号膏浆成品

2）按照浆液配合比将一定量的成品泥浆抽至膏浆制浆机内，加入相应质量的水泥搅拌制成膏浆。

3）必要时在搅拌均匀的膏浆里加入相应质量、过筛的砂，经搅拌均匀形成膏浆。

4 号膏浆成品如图 1 所示。

5.4　浆液变换

（1）膏浆灌注由稀至浓逐级变换，遇到掉钻、失水等特殊情况时根据实际情况越级变浓灌注。

（2）当膏浆灌入量达到 1000L，灌浆压力仍小于 2MPa 时，改用浓一级膏浆灌注，注入率和灌浆压力仍无明显变化的，进一步用改用掺砂量大的配比灌注。

（3）当膏浆灌入量小于 400L，灌浆压力已达到 2MPa 以上时，需降低浆液比级，改用稀一级膏浆灌注。

5.5　膏浆灌注结束条件

（1）孔深小于 30m。当孔口脉动压力为 0，每米灌入量达到 5m^3 时结束该段灌浆；当孔口脉动压力大于 0 而小于 2MPa 时，每米灌入量达到 3m^3 即结束该段灌浆；当每米灌入量小于 3m^3 但孔口脉动压力达到 2MPa 时，结束该段灌浆。

（2）孔深大于 30m。当孔口脉动压力为 0，每米灌入量达到 5m^3 时结束该段灌浆；当孔口脉动压力大于 0 而小于 3.5MPa 时，每米灌入量达到 $3m^3$ 即结束该段灌浆；当每米灌入量小于 $3m^3$ 但孔口脉动压力达到 3.5MPa 时，结束该段灌浆。

5.6 特殊情况处理

（1）孔口冒浆及地面冒浆处理。每次灌浆前，需灌特制的高稠度封口浆液，采取浆液自封形式对孔内进行封堵作用，防止灌浆时浆液从孔口冒出。

如果在孔周边及地面出现冒浆现象。可采取增加浆液稠度、提高浆液凝固速度等措施，或待凝 10～20min，待孔周不再冒浆和不出现新的冒浆点后恢复正常灌浆。

（2）灌浆过程地面抬动处理。灌浆过程中如发生抬动，但孔周围未出现冒浆，采取降低注入率、限量限压等措施。

6 效果评价

通过灌注膏浆对覆盖层及软弱夹层地质改良后，常规灌浆的冒浆、不起压情况从普遍变成个别现象，且水泥浆灌浆起压快，大大缩短了纯水泥浆灌浆时间，这充分说明覆盖层及溶蚀充填物被有效挤密压实，减小了地层应力分布不均现象，提高地层密实度，以至于灌纯水泥浆时不易被劈裂。

从现场施工情况来看，通过高压泵入低扩散性的膏浆，个别部位的溶蚀充填物被置换出来。也充分证明了其挤密效果。高压置换出来的孔内充填物如图 2 所示。

图 2　高压置换出来的孔内充填物

通过用膏浆进行地质改良之后，水泥浆灌浆出现复灌的概率由 51.9%降低到 1.4%，纯水泥浆灌浆单耗从 2148.7kg/m 降低到 560.03kg/m，灌浆质量得到保证，施工效率得到显著提高。

7 结语

通过施工情况可以看出，上部溶蚀裂隙较为发育，且与覆盖层相连，但无失水现象、无空腔型溶洞，由于泥质充填物较多，若采用水泥浆灌注，极易劈裂冒浆，很难起压，复灌多次仍很难达到结束标准。并且充填物为结构性很强的原状土，很难将其全部排开。此类泥质充填物在一定的应力范围内，它的变形几乎是弹性的，只有达到一定的应力水平时，亦即达到其屈服条件时，才会产生塑性变形，因此只有浆液材料具有一定可塑性，且达到一定灌浆压力时，才能对该泥质充填物达到有效挤密作用，而已使用的各类灌浆材料中，膏浆的稠度、摩擦阻力大，且收缩性小，保水性最好，对处理该类泥质充填物具有较好的效果。

一种穿过旧坝坝体与黏土心墙钻坝基灌浆孔的防护技术

代 福 盖广刚

（中国水电基础局有限公司）

【摘 要】 通过清远抽水蓄能电站坝体心墙钻孔与镶管试验，取得了坝基帷幕灌浆钻孔时，坝体与黏土心墙的防护方法，大幅降低了坝基灌浆施工对坝体及黏土心墙的不利影响。

【关键词】 坝基灌浆 黏土心墙防护 钻孔试验 镶管试验

1 概述

水库建成蓄水后，由于上、下游水头差，使水库中水沿坝基岩石的孔隙、裂隙、溶洞、断层等处向下游渗漏。坝基渗漏降低了水库的效益，增大了对坝底的扬压力，还可能引起坝基岩土体潜蚀，导致坝基失稳。广东清远抽水蓄能电站上水库蓄水后，上库主坝坝基渗水量较原设计值偏大，需对主坝心墙混凝土垫层以下浅部基岩进行帷幕灌浆补强加固。为避免坝基灌浆施工对坝体及黏土心墙造成不利影响，拟在副坝进行试验，以获取一种较为安全、可靠的坝体与黏土心墙防护技术。

2 试验内容

坝基帷幕灌浆需通过坝体心墙钻孔、垫层混凝土内卡塞实施，为阻断钻孔用水对黏土心墙影响，需要在垫层混凝土内镶铸套管，达到止水目的。本次试验内容包括：①心墙及垫层混凝土钻孔试验；坝体段钻孔结构：坝面混凝土孔径 ϕ110mm 开孔，钻进孔深 2.0m，下设 ϕ108mm 套管护壁。黏土心墙及垫层混凝土孔径 ϕ91mm，下设 ϕ89mm 套管护壁。②套管镶铸试验及止水效果检查。

副坝黏土心墙钻孔灌浆试验孔位布置见表 1。

表 1 副坝黏土心墙钻孔灌浆试验孔位布置

类别	孔号	桩号	垫层以上深度/m	垫层厚度/m	基岩深度/m	总孔深/m
试验孔	SY01	0+040.00	22.10	1.86	16	39.96
抬动孔	ST01	0+042.00	23.90	0.93	5	29.83
试验孔	SY02	0+050.00	27.79	0.92	16	44.71

续表

类别	孔号	桩号	垫层以上深度/m	垫层厚度/m	基岩深度/m	总孔深/m
抬动孔	ST02	0+052.00	28.82	1.09	5	34.91
试验孔	SY03	0+054.00	29.84	1.26	16	47.10

3 钻孔试验

3.1 干钻法钻孔

3.1.1 钻孔工艺

SY01 试验孔，采用干钻法钻孔，钻孔孔径 ϕ91mm，合金钻头钻进，干烧取芯。钻进中，进尺缓慢，提高钻进效率就得加大钻压，芯样干燥破碎，且从岩心管中取出困难。干钻法钻取黏土芯样如图 1 所示。

图 1 干钻法钻取黏土芯样

3.1.2 试验情况

通过试验，干钻法工效低，若提高钻进效率就得加大钻压，而钻压加大钻孔就会发生偏斜，严重会偏出黏土心墙进入坝体；同时钻进过程中会对钻孔周围的心墙土体存在一定的扰动，且钻头旋转与心墙摩擦产生较高温度，会造成钻孔周围黏土心墙干裂，对心墙产生不利影响。

3.2 湿钻法钻孔

3.2.1 钻孔工艺

黏土心墙钻孔采用合金钻头、膨润土泥浆护壁钻进工艺，以小压力、低转速、小冲洗量参数钻进，减少钻进中钻杆钻具对黏土心墙的扰动；混凝土垫层采用金刚石钻头钻进工艺。

3.2.2 试验情况

各孔黏土层均采用合金钻头、垫层混凝土采用金刚石钻头钻进、泥浆护壁成孔工艺。钻进中，各孔进尺平稳，钻进效率适当，孔斜控制良好，没有偏出黏土心墙情况发生。

其中，SY03 钻孔钻进至 20.0m 后，钻进参数相同进尺较快，并出现孔内渗浆现象，钻进至混凝土面停钻，提出钻具，孔内注满膨润土浆液，经过 12.5h 观测后，浆液面下降 3.9m，渗量 25.35L，达到 2.03L/h。钻穿混凝土垫层孔内注满膨润土浆，经过 13h 观测，浆液面下降 13.5m，渗量为 87.75L，达到 6.75L/h。

ST02钻孔过程中，为探明下部心墙情况，采用泥浆护壁结合岩心管重锤打取芯样的方法，钻取下部心墙土样。芯样均较干燥、密实，但局部存在风化渣料。ST02钻孔心墙土体芯样如图2所示。

SY02钻孔钻进，18.5m以下出现渗浆，采用膨润土浓浆掺加水泥钻进，浆面稳定，下部约4m重锤打取芯样，较干燥、密实。ST01钻孔下部约3m干打取芯，芯样较干燥、密实。

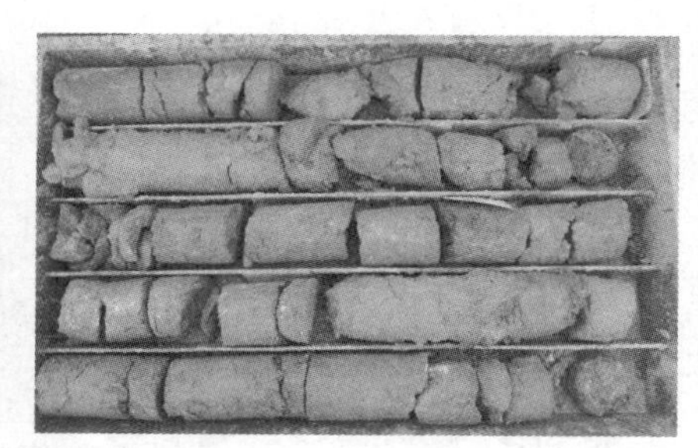

图2　ST02钻孔心墙土体芯样

3.3　钻孔方法选定

综合两种钻孔方法，从钻孔取芯情况来看，干钻法对心墙影响较大，孔斜不易控制，对心墙和坝体保护不利，且工效很低。泥浆护壁钻孔对心墙的扰动小，泥浆具有很好的稳定性，形成的泥皮对心墙有很好的护壁效果。同时钻孔过程中，膨润土泥浆对心墙缺陷部位和与垫层接触面具有填充、密实作用。综合对比，坝体黏土心墙钻孔选用湿钻法。

4　镶管试验

4.1　镶管方法

为取得更为可靠的止水效果，采用了以下三种方法进行镶管试验：

（1）麻丝缠绕镶管法。在套管底部缠绕麻丝，套管下设至底部后，采用轻轻旋转套管将套管拧入垫层混凝土内，麻丝在泥浆和水中膨胀后，可阻塞套管与钻孔环状间隙，起到止水作用。SY01、SY02孔进行了该法试验。

（2）橡胶圈镶管法。套管底部设置O形圈装置，安装O形橡胶圈，在套管下设进入垫层混凝土后，上部施加压力，并在孔口固定套管，使O形橡胶圈膨胀，封闭套管与钻孔环状间隙。SY03孔进行了该法试验。

（3）水泥镶管法。垫层混凝土钻进至预定深度后，取出钻具，将ϕ89mm套管下入至孔底，套管露出地面约10cm，用较稀的膨润土浆置换孔内浓浆；将钻杆下设至孔底，从套管底部注入经计算的一定量的0.5∶1水泥浆，然后向孔内投入软水泥球，使其在孔底自然摊展，再用钻机慢慢转动套管并略微上下提升套管（提升高度不超过垫层内钻孔深度），使下部水泥球化为稠度更高水泥浆，将套管镶筑在混凝土垫层内。完成后，需待凝24～48h。ST01、ST02孔进行了该法试验。

4.2　镶管止水效果

采用上述方法套管镶筑完成后，均进行了套管密闭试验，检查方法采用注水试验，注水压力大于灌浆钻孔施工最大冲洗液压力（水压）。经检查，麻丝缠绕镶管法止水效果不佳；橡胶圈镶管法密封效果良好；水泥镶管法止水良好，亦能满足要求。

4.3 镶管方法选定

橡胶圈具有良好的变形能力，在钻孔过程中钻杆对套管产生扰动时，发生弹性变形，并可恢复到原状态，可保证止水的可靠性。通过试验，确定采用可靠性高和抗扰动能力强的封孔方法，优先采用橡胶圈镶管法，该法操作简单。如垫层混凝土存在局部缺陷，橡胶圈镶管密闭性不良，则采用水泥镶管法。

采用橡胶圈镶管，下部灌浆封孔完成后，可拆除孔口固定装置，拔出套管。采用水泥镶筑护壁套管，垫层混凝土内的单节套管上部设置反丝接头，便于下部封孔后顺利起拔护壁套管。

5 结论与建议

本次副坝黏土心墙钻孔与镶管试验，取得了心墙钻孔、镶筑套管的可靠方法，为坝基帷幕灌浆实施提供了先决条件。经过试验形成结论和建议如下：

（1）钻孔工艺与封孔。黏土心墙钻孔采用膨润土泥浆护壁、合金钻头钻进；垫层混凝土钻进，镶筑套管前采用膨润土泥浆护壁、金刚石钻头钻进，镶筑套管后采用清水冲洗、金刚石钻头钻进。黏土心墙孔段采用水泥黏土浆液封孔。

（2）套管镶铸工艺。橡胶圈镶管法、水泥镶管法均可起到密封作用，优先采用橡胶圈镶管法，垫层混凝土存在缺陷和橡胶圈镶管封闭不量，采用水泥镶管法。

（3）根据副坝心墙试验出现的情况，对垫层以上部位钻孔过程中渗浆，建议采用浓度更大水泥膨润土泥浆钻进，采用的浆液中水泥、膨润土、水的比例为1∶3∶20，即水固比为5∶1，灰土比为1∶3；对垫层混凝土与心墙接触部位渗浆，建议填注灰∶土∶水比例为1∶2∶3或者1∶1∶2的水泥膨润土（或者水泥黏土）浆液；局部存在缺陷的垫层混凝土，采用混凝土上部卡塞（柔性塞）或采用充填式灌注，灌注1∶1～0.6∶1的纯水泥浆液。

黏土心墙墙下补强灌浆工艺试验

胡 斌 刘加朴 季海元 盖广刚

（中国水电基础局有限公司）

【摘 要】某黏土心墙堆石（渣）坝的灌浆帷幕出现防渗薄弱区，渗漏量超过设计值，需要对帷幕进行补强灌浆处理，确保黏土心墙在成孔和灌浆过程中的完好是十分必要的，因此需要进行前期工艺试验，确定黏土心墙内钻孔方式、适宜的灌浆材料和灌浆技术参数等。

【关键词】黏土心墙 灌浆 工艺试验

1 工程概况

某电站上库主坝为黏土心墙堆石（渣）坝，最大坝高52.5m。上库主坝上游区基础基本上开挖至全风化石英砂岩硬塑土，冲沟附近坝基开挖至强风化石英砂岩，下游区基础置于强风化基岩上，黏土心墙基础置于强风化基岩上。大坝防渗系统由黏土心墙、混凝土垫层、断层混凝土塞、基础固结灌浆结合帷幕灌浆的型式组成。黏土心墙以坝顶中心线为中心对称布置，心墙顶部宽度3.0m，上下游坡度均为1∶0.2。黏土心墙与基岩之间设混凝土垫层，厚度为1.0m，宽度5m，每隔15m分结构缝，设止水铜片，缝间填聚乙烯闭孔泡沫板。

上水库蓄水后，发现上库主坝坝基渗水量较原设计值偏大，需进行防渗补强处理。经物探和钻探检测以及多次专家咨询会意见，认为渗水部位主要在心墙混凝土垫层下强风化带和弱风化上带浅层基岩范围。因此，对上库主坝的心墙混凝土垫层以下强风化带和弱风化上带浅层基岩范围采用帷幕灌浆进行补强处理。

补强帷幕灌浆需要穿越黏土心墙，保证心墙的安全可靠，是补强灌浆的前提，因此进行灌浆试验，取得相关施工技术参数是十分必要。

2 工程地质

坝址区地层岩性为寒武系八村群第三亚群石英砂岩、粉砂岩，其产状为N40°～50°E/SE∠50°～60°，产状相对稳定，呈单斜构造，中—厚层状，裂隙发育，岩体较破碎。在前期勘探时，河床钻孔揭露有花岗岩脉。

揭露的岩体自上而下划分为全风化带（Ⅴ）、强风化带（Ⅳ）、弱风化带（Ⅲ）和微风化带（Ⅱ）。

（1）全风化带（Ⅴ）。褐红色，为含砾粉质黏土状，黏性较好，风化不均匀，局部夹强风化岩块，可塑—硬塑，渗透系数 $K=6.52\times10^{-6}\sim3.31\times10^{-3}$ cm/s，平均 7.60×10^{-4} cm/s，属中等—弱透水层。

(2) 强风化带（Ⅳ）。灰白—灰黄色石英砂岩，裂隙发育，裂面多为铁锰质渲染、夹泥，岩质较坚硬，岩芯多呈碎块状、块状，风化不均，局部夹全风化和弱风化岩块。渗透系数 $K=8.46\times10^{-3}\sim1.84\times10^{-5}$ cm/s，平均 1.63×10^{-3} cm/s，属强—中等透水层。

(3) 弱风化带（Ⅲ）。灰—深灰色石英砂岩，岩质坚硬，局部夹强风化层，岩芯呈柱状和碎块状，裂隙较发育，裂面多充填泥质、钙质、绿泥石和石英脉等。根据岩芯完整性，裂隙发育情况，裂面充填及强—全风化夹层情况等分为弱风化上带（Ⅲ2）和弱风化下带（Ⅲ1），分述如下：

弱风化上带（Ⅲ2）：岩芯以碎块状、块状为主，少数短柱状、柱状，局部夹强—全风化岩，裂隙发育，多为张开，充填泥质、钙质、铁锰质渲染。渗透系数 $K=4.11\times10^{-5}\sim3.72\times10^{-3}$ cm/s，平均 4.86×10^{-4} cm/s，属中等透水层。

弱风化下带（Ⅲ1）：岩芯以短柱状、柱状、中长柱状为主，少数块状，裂隙发育一般，多为闭合—微张，裂面充填绿泥石、钙质薄膜，少数铁锰质渲染。透水率为 $q=0.1\sim14$Lu，平均为 1.5Lu，为弱—微透水层。

(4) 微风化带（Ⅱ）：深灰色石英砂岩，岩质坚硬，岩体较完整，岩芯呈柱状和短柱状，裂隙稍发育，且多为闭合裂隙。

3 试验目的及试验参数

3.1 试验目的

试验目的是通过试验性施工找出合适的灌浆参数、施工工艺、灌浆材料，找出在黏土心墙内适宜的钻孔方式，并确保心墙的完整性，为后序大面积施工奠定基础。

3.2 主要试验参数

(1) 轴线布置：补强灌浆工艺试验孔布置于主帷幕线上游 0.5～1.0m。

(2) 灌浆孔布置：采用 1.0m、1.2m、1.5m 三种孔距，采用垂直灌浆孔。

(3) 灌浆压力：0.5～2.0MPa。

(4) 浆液类型：普通水泥浆液、水泥黏土浆液、硅溶胶浆液。

(5) 灌浆方法：自上而下灌浆法。

4 试验分区

4.1 普通水泥浆液试验区

在右坝肩选 K29～K37 孔共 9 个孔，进行普通硅酸盐水泥灌浆参数、工艺试验。上部三段采用孔口封闭孔内循环的灌浆工艺，其下几段采用自上而下段顶卡塞式灌浆工艺。

灌浆压力自上而下各段次分别为 0.5MPa、0.8MPa、1.2MPa、1.5MPa、2.0MPa，第 5 段及以下灌浆压力均为 2.0MPa，灌浆压力均为表压力；水灰比采用 5∶1、3∶1、2∶1、1∶1、0.8∶1、0.5∶1 六级水灰比，开灌水灰比为 5∶1，灌注时浆液由稀至浓逐级变换，后期可根据试验过程情况作相应调整；段长第 1 段长为 2m，第 2 段长为 3m，第 3 段长 3m，以下各段长均为 5m，特殊情况下可适当缩短或加长，但最大段长不得大于 7m。

4.2 水泥膨润土浆液试验区

在 BK02～K05 孔中，各序孔前 4 段均采用水泥膨润土浆液进行灌浆试验，其他各段灌注纯水泥浆液，具体浆液配比根据现场试验确定，灌浆工艺采用自上而下段顶卡塞式。

灌浆压力自上而下各段次分别为 0.3MPa、0.5MPa、0.8MPa、1.2MPa，第 5 段及以下灌浆压力为 1.5MPa，灌浆压力均为表压力；根据有关工程施工实践经验，初步拟定采用的膨润土水泥浆灰土比为 2∶1，水固比为 8∶1、5∶1、3∶1、2∶1；段长同上试验区。

4.3 硅溶胶浆液试验区

（1）K06～K13 孔之间，在Ⅰ序孔灌注普通水泥浆液，在Ⅱ、Ⅲ序孔上部灌注硅溶胶浆液。

（2）Ⅱ序孔如果孔段透水率大于 30Lu，则首先灌注普通水泥浆液，灌浆结束后，冲孔再灌注硅溶胶浆液，按照 200L/m 定量或按结束标准灌注；Ⅱ序孔如果孔段透水率不大于 30Lu，则灌注硅溶胶浆液，定量注浆量为 500L/m。

（3）Ⅲ序孔各段均灌注硅溶胶浆液，定量注浆量为 300L/m。

（4）水泥浆液灌浆压力自上而下各段次分别为 0.3MPa、0.5MPa、0.8MPa、1.2MPa，第 5 段及以下灌浆压力为 1.5MPa，灌浆压力均为表压力。

灌浆施工工艺采用自上而下段顶卡塞式，硅溶胶灌浆压力采用水泥浆液灌浆压力，最大压力不超过 1.0MPa；段长同以上试验区；根据本工程特点，初步拟定采用的浆液为 M 型浆液，初步拟定浆液的可操作时间为 40～60min。

4.4 穿心墙试验区

穿黏土心墙灌浆试验孔布置在副坝二 0＋040.00～0＋054.00 桩号附近，位于原帷幕灌浆轴线上游侧 1.0m，布置两个抬动孔和两个穿心墙的孔。

（1）穿黏土心墙试验施工工艺流程。穿黏土心墙部位灌浆孔试验施工主要工艺流程拟定为：泥浆护壁钻进黏土心墙至垫层顶部→孔内注浆检验基础面是否漏浆→泥浆护壁钻进垫层混凝土（垫层厚度 1.86m，进入垫层 0.8～1.0m，不钻穿）→下设套管进入混凝土垫层→填入水泥球→镶筑套管→待凝 24h→扫孔至套管底部→注水检查套管密闭性→如渗漏再次注入浓水泥浆镶筑→检修套管密闭性良好→清水钻进剩余垫层混凝土。

（2）混凝土垫层钻孔和镶管方法。钻孔进入垫层混凝土厚度以对应部位的实际浇筑混凝土厚度为参考，以不钻穿垫层混凝土为宜。套管主要作用保护黏土心墙，防止下部混凝土和基岩钻进过程中孔内返水进入黏土心墙内。

套管镶筑方法拟试验采用如下三种：①麻丝缠绕镶管；②橡胶圈镶管；③水泥球镶管。

（3）灌浆方法及段长。采用以自上而下分段、段顶卡塞灌浆方法，卡塞位置为灌浆顶部套管以下混凝土垫层内或者段顶基岩内。

灌浆段共计 5 段，混凝土与基岩接触灌浆段长为 0.5m，卡塞在混凝土垫层内，灌浆后待凝 12h，才能进行下一段的钻灌。第 2 段长为 2m，第 3 段长 3m，第 4 段、第 5 段段长均为 5m，特殊情况下可适当缩短或加长，但最大段长不得大于 7m；灌浆压力及水灰比同硅溶胶试验区水泥浆相同。

（4）抬动变形观测。灌浆过程中为防止混凝土盖板抬动，采用抬动观测装置。

5 灌浆数据分析

5.1 抬动观测

在穿心墙试验区中设置 2 个抬动观测孔，抬动观测数据统计见表 1。

表 1 抬动观测数据统计表

序号	抬动孔编号	观测次数	抬动次数	抬动值/μm
1	ST01	12	1/12	10
2	ST02	12	1/12	8

在灌浆过程中进行抬动观测，累计灌注 24 段次，在黏土心墙与混凝土垫层接触段灌注过程中 0.4MPa 压力下发生细微抬动变形，建议在主坝灌浆过程中，将接触段以及第二段灌浆压力分别由原来 0.5MPa、0.8MPa 调整为 0.3MPa、0.5MPa。

5.2 串浆、冒浆孔段统计

灌浆试验中串冒浆现象多发生在上部 1～3 段内，主要原因为上部强风化地层节理裂隙发育，浆液易沿裂隙发生串冒浆。

5.3 压力降低、注入率骤增孔段统计

灌浆过程中，发生多次压力降低、注入率骤然增大的现象，经分析，可能是在灌浆过程中岩体裂隙发生了劈裂现象。灌浆试验过程中，共计 24 次（19 段）发生压力下降、注入率骤升的现象，此时压力在 0.5～2.0MPa，多集中在 1.2～2.0MPa，其中，K30 孔发生了 8 次，在第 5 段中就发生了 4 次；且多发生在 4 段及以下各段，即灌浆压力超过 1.2MPa 以上的孔段。从一定程度上说明，初期设定的底部灌浆压力偏大。

6 试验结论

试验采用的灌浆压力、孔距、灌浆材料水灰比、灌浆工艺、灌浆材料、心墙的保护方法与地层适宜性，通过多组试验进行对比分析。

（1）右坝肩试验段选择最大灌浆压力为 2.0MPa，灌浆过程中多次出现压力降低而流量陡升的现象，表明该部位岩石承载能力低，岩石出现劈裂现象。后期调整为 1.5MPa 后，大大减少了此现象的发生。

（2）通过多组试验的对比，在调整灌浆压力后，为达到既定的防渗效果，孔距由原 1.5m 调整为 1.0m。

（3）基础上半部岩石承载能力低，采用循环灌浆的方式使上半部多次承受底部灌浆压力而劈裂，灌浆工艺调整为自上而下分段卡塞式。

（4）通过不同浆液的对比试验，水泥膨润土浆液性能稳定，不易产生沉淀，价格低廉，适用于卡塞式的灌浆方法，因此选定水泥膨润土浆液做为主坝灌浆材料。

（5）确定采用泥浆护壁钻进穿黏土心墙的造孔方法。

（6）确定套管在混凝土内镶筑方式。通过三种套管镶筑方式的对比，用投入水泥球的方法进行套管底部密封比较牢靠，封孔采用易于控制的水泥黏土浆液封孔的方式。

（7）盖板下接触段灌浆，通过分析灌浆流量、压力与抬动的关系，确定了适合的压力、流量参数。在灌浆流量大时采用浓浆、低压、慢灌的方式，在流量小时尽量采用稀浆灌注。

7　试验成果应用

本次工艺性试验完成后，试验取得的成果在正式施工中进行了应用，施工完成后，从施工效果可以看出：

（1）从量水堰手工测量观测的记录数据来看，随着灌浆的进行，下游量水堰流量呈逐渐降低趋势，在高水位下（水位 611.00m 左右），最大流量仅为 19.1L/s，较处理前高水位的流量 85L/s 降低了 65.9L/s，降低率约为 78%，且此渗漏量包括了蓄水之前主坝渗流量。扣除蓄水前渗流量 14L/s，另外还受降雨影响，实际高水位下的坝基渗漏量可能不超过 6L/s，这个渗漏量是非常小，达到设计要求，处理效果是极其显著的。

（2）2015 年 10 月库水位 611.01m 时，左 3 号孔、右 3 号绕渗观测孔水位分别为 592.88m 和 579.10m；补强灌浆后 2016 年 9 月库水位 611.32m 时，左 3 号孔、右 3 号孔水位分别降为 590.51m 和 573.30m，右 3 号孔水位降低更为明显。补强灌浆后，左、右岸绕渗观测孔水位受库水位变化影响程度明显减弱，也说明补强后绕坝渗漏量有所减少。

（3）坝基及心墙内渗压计测值在补强灌浆实施前后变化不大，下游堆石体内渗压测值略有降低，补强灌浆施工对防渗心墙基本无影响。

智能灌浆控制系统研究应用

贺子英　肖　铧　李思阳

（中国水利水电第七工程局成都水电建设工程有限公司）

【摘　要】智能灌浆控制系统是在现有灌浆系统和灌浆工艺的基础上，综合运用了先进的自动控制、网络通信、软件运算等技术，实现灌浆工艺自动控制、水泥浆液自动配置、压力自动调节、数据自动记录、信息联网自动汇总的灌浆工程全过程自动化与智能化管理。

【关键词】智能　灌浆　控制系统　研究

1　技术背景

灌浆技术已被广泛地应用于水工建筑物的地基加固和防渗工程中，由于灌浆工程是隐蔽工程，其施工质量和灌浆效果难以进行直观的检查，常常要借助于对施工过程中的分析来评定。因此，灌浆工程中常常要求对施工过程参数（流量、压力、水灰比等）进行检测，取得数据进行分析，用以评定灌浆效果。目前，国内外灌浆工程智能化程度绝大部分只停留在采用灌浆自动记录仪进行自动记录灌浆过程参数这一层面上。现行的灌浆记录仪一般都仅仅做到数据采集、显示和记录，来监控灌浆施工，不具备控制灌浆设备的功能，几乎所有的灌浆设备操作均由施工工人进行，所以灌浆施工的自动化程度不高，人为因素在灌浆过程中影响较大。随着科技进步的发展，通信技术及软件运算等技术的广泛应用，利用计算机智能自动监控灌浆、控制设备、传输数据、形成成果，是灌浆技术发展的必然趋势。

2　智能灌浆控制系统技术特点

智能灌浆系统是在现有灌浆系统和灌浆工艺的基础上，综合运用了先进的自动控制、网络通信、信息加密、软件运算等技术，实现工艺自动控制、水泥浆液自动配置、压力自动调节、数据自动记录、信息联网自动汇总的灌浆工程全过程自动化与智能化管理。具有以下技术特点：

（1）全自动化，注浆、配浆、数据记录三大系统全自动化，节省人工。

（2）高度智能化，一键启动灌浆施工，专人值守，保障工程质量。

（3）高度集成化，适用缆机整体吊运或小型货车运输，方便现场设备转移，并可以减少现场管路与电线连接部署，提高工效及现场文明施工。

（4）专家系统，对灌浆过程中可能出现的抬动、劈裂、失水回浓、久灌不结束、大注入量、深孔浓浆铸钻杆进行判断，并根据专家决策处理。

（5）信息与网络化，数据通过无线网络接入中央服务器，远程监控，方便管理。

3 智能灌浆控制系统组成

3.1 智能灌浆控制系统构成

智能灌浆控制系统主要由“智能灌浆单元”和“智能灌浆专家系统”两大部分组成，两者之间利用通信网络形成纽带连接，实现实时传输及动态控制。

（1）智能灌浆单元是智能灌浆系统的主要执行者，负责控制整个灌浆任务，主要包括数据处理中心、智能压力流量联合控制系统、智能配浆系统、集成式智能灌浆平台。

（2）智能灌浆专家系统是智能灌浆控制系统的核心，负责数据处理和灌浆工艺控制。智能灌浆控制系统构成及流程如图1所示。

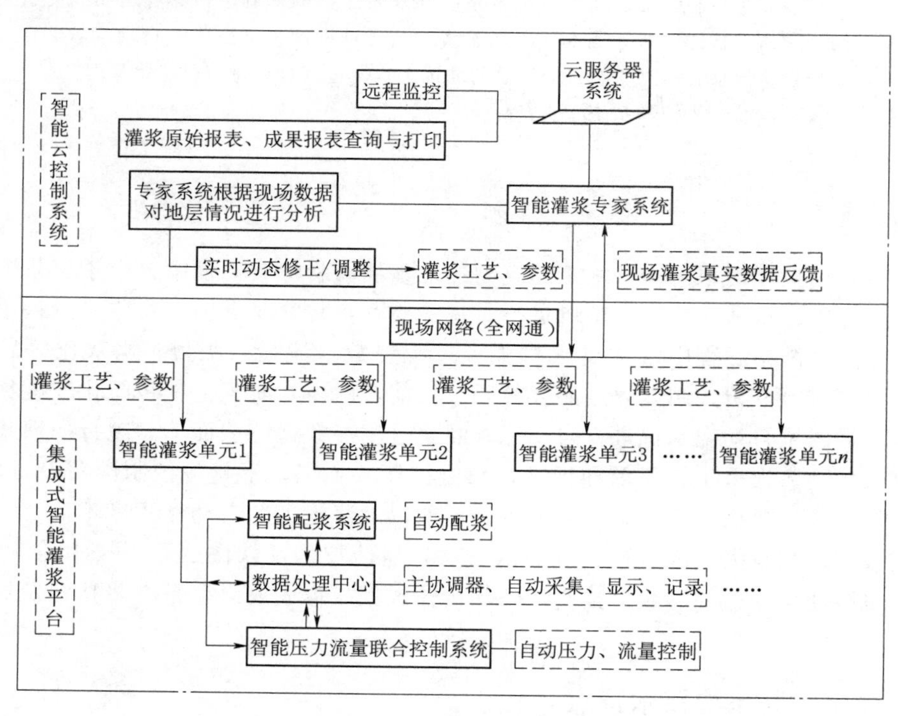

图1 智能灌浆控制系统构成及流程图

3.2 智能灌浆单元

智能灌浆单元是智能灌浆系统的主要执行者及实现者，安装在集成式智能灌浆平台上，主要包括数据中心、智能压力流量联合控制系统、智能配浆系统、集成式智能灌浆平台，实现注浆、配浆、数据记录三大系统全自动化。同时，智能灌浆单元实现高度集成化，方便现场设备转移，并可以减少现场管路与电线连接部署，提高工效及现场文明施工。

3.2.1 数据处理中心

数据处理中心是数据感知的主要环节，主要功能是数据的采集、记录、传输以及与服务器网络通信的控制。其功能主要如下：

（1）现场数据采集、显示及记录。数据处理中心是数据记录处理的平台，具有现场数据显示记录功能。灌浆时能够实时显示1个孔段的灌浆时间、压力、密度、进浆流量、返浆流量、总注浆量、单位注灰量、抬动值等信息；压水时能够实时显示通道的压水时间、压力、段长、流量、透水率、抬动值等信息。

（2）通信协调及远程数据传输。利用现场通信网络（全网通），数据中心可以远程传输数据，会将现场真实灌浆数据、异常情况等上传至智能灌浆专家系统。同时，兼具通信协调器作用，协调云服务器与灌浆压力控制系统、智能配浆系统之间的通信。

数据中心只能保存当前孔段的灌浆或压水数据，灌浆或压水结束，且报表打印完成后，系统自动要求操作人员删除当前孔段的资料，否则不能进行下一孔段的灌浆或压水。删除资料时，系统将以无线网络的方式将当前资料上传云服务器（若无网络，系统将对该文件进行标记，待有网络时再一起上传），同时还会自动将前孔段的灌浆、压水记录报表通过数据导出器加密存储到移动存储设备中。

（3）防伪、防恶意篡改及保密。数据中心信号线完整无接头，具备信号屏蔽功能，并采用加密数字信号传输方式；流量、压力、密度等需要传感器采集的数据只能通过传感器采集，不能在主机上以任何形式直接输入和修改；数据中心采集的原始数据不能够被人为滤除和删改；数据中心所形成的每一条记录均不可被删除和修改；数据中心处理的孔段原始报表，具有打印次数的记录及资料防伪码，资料防伪码与该孔段的基础数据（如孔号、段次、注入量、时间）相关，通过防伪码能有效辨别报表是否为后期伪造；移动存储设备中的灌浆记录不能被数据中心读写，仅用于对灌浆资料的备份，后期通过专项措施能验证导出的数据与灌浆打印记录是否一致。

（4）应急处置。当系统硬件或输入信号发生异常，具有故障自动报警和中止当前错误工作功能；可设定报警阈值（如压力最大或最小值），当实际检测值超出预设范围时给出声音和文字报警信息，并记录发生的时间和量值；具有过程暂停功能，仪器工作可根据指令而暂停，暂停取消后，恢复暂停时刻的全部工作状态，记录暂停起止时间和暂停类型，暂停期间记录仪的各项操作处于锁定状态。

数据处理中心功能结构如图2所示。

3.2.2 智能压力流量联合控制系统

智能压力流量联合控制系统接受数据处理中心主协调器的调度，与云服务器系统联动，利用无线网络自云服务器下载相应的工艺参数，按照云服务器的工艺参数自动设定灌浆压力及返浆流量。根据数控指令，利用计算机、数据线、调压阀门及数控开关等手段代替人工控制压力及流量，控制效果好、精度高、响应速度快，同时也降低了因传统人工操作不当而产生的安全风险。其原理主要为：

（1）数据处理中心根据云服务器下载的工艺参数（设计要求、现行规范）进行目标压力、流量智能设定。

（2）智能压力控制系统接收数据处理中心指令调配，对返浆线路上的电动阀门的开合度进行控制，从而达到压力、流量控制。

（3）数据处理中心根据进浆流量计、压力计及返浆流量计传感的实时数据进行采集及

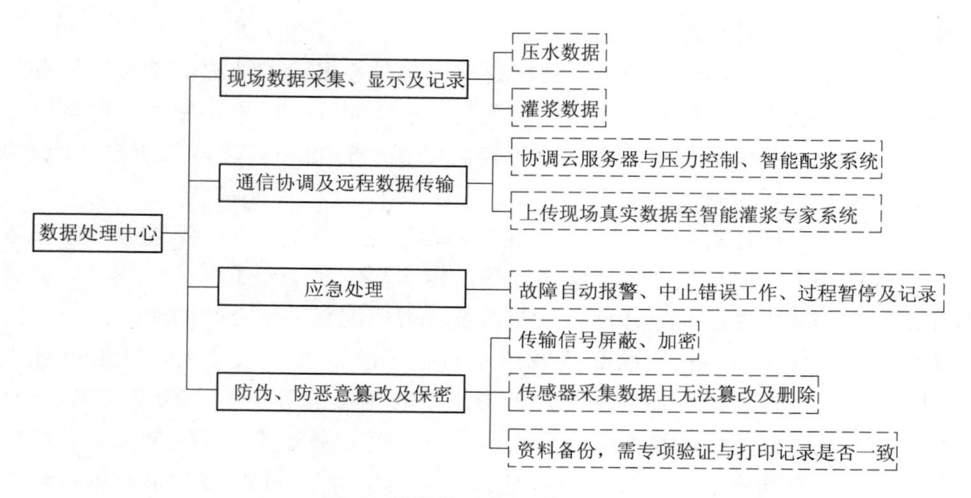

图 2　数据处理中心功能结构图

记录，并通过无线网络反馈至云服务器智能灌浆专家系统，进行分析、决策以便对灌浆工艺参数进行智能动态控制。

智能压力流量联合控制系统工作流程如图 3 所示。

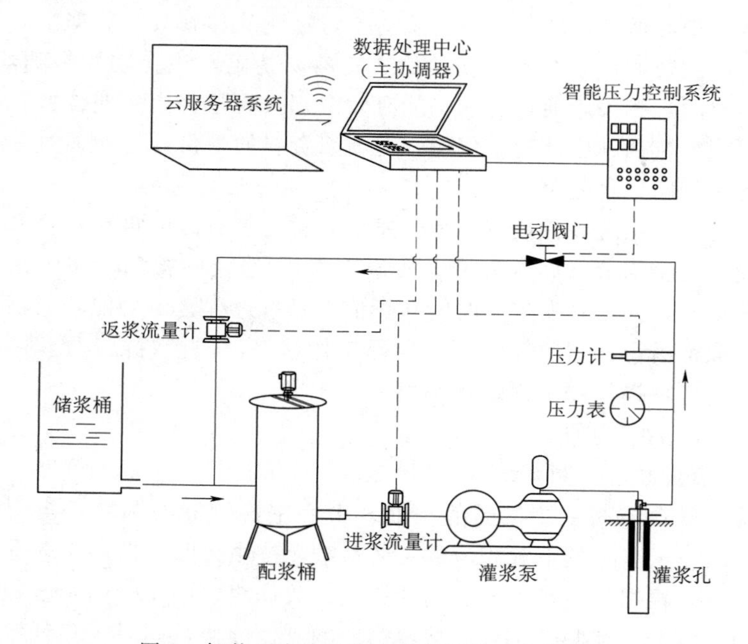

图 3　智能压力流量联合控制系统工作流程图

3.2.3　智能配浆系统

智能配浆系统与以往的传统配浆工艺相比，引入了由灌浆工艺控制自动配浆的理念和技术。实现配浆过程全智能化，无需施工人员在灌浆过程中输入新的配比数据，且具有自动搅拌功能；可实现浆液密度 1.0～2.0g/cm^3 的范围内无级配浆；可以实时调节浆液密度，从而稳定灌入浆液浓度，对于返浆变浓或变稀，具有良好的抑制作用。同时，配浆过程在封闭罐体中完成，大大减少水泥和水的浪费。其工作原理为：

（1）通过现场网络，数据处理中心自云服务器下载灌浆工艺参数，集成式智能灌浆平台的数据处理中心主协调器按照灌浆工艺参数智能控制配置浆液的浆液配比参数。

（2）自动配浆系统接收数据处理中心调配，利用计算机基于浆液目标密度、浆液需求量进行计算，通过配浆控制柜控制水及浆液供应管线上的电动阀门的开合度来进行浆液配置。

（3）数据处理中心系统利用配浆桶内置的密度计、温度计及位移传感器等仪器传感的实时数据，能实时显示目标密度、当前密度、计划浆量、剩余浆量和浆液温度，以便实时控制灌浆质量。

（4）同时利用无线网络，数据处理中心能灌浆数据实时传输至云服务器智能灌浆专家系统，对是否满足变浆条件、是否出现返浆变浓或变稀等情况进行判断并决策，动态对数据处理中心下达控制指令。

现场智能配浆系统布置如图 4 所示。

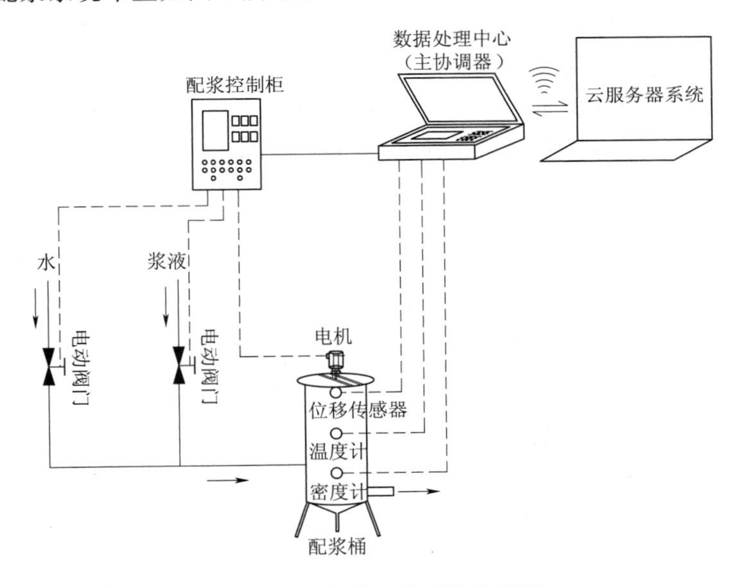

图 4　现场智能配浆系统布置图

3.2.4　集成式智能灌浆平台

集成式智能灌浆平台将所有设备集中安装在一个灌浆平台上，解决了现场灌浆设备分散而凌乱、接线混乱、废液、水泥粉随处抛洒等工作面不清洁的问题；同时当需迁移工作面时，只需通过现场缆机或者货车简单配合即可进行。内设“干、湿”两个分区，干湿分离。

湿区（执行区）：主要包括灌浆泵、搅拌槽、配浆罐、高压阀门、灌浆管路、传感器等；干区（控制区）：主要包括数据中心、压力控制系统、智能配浆系统控制器等。

3.3　智能灌浆专家系统

智能灌浆专家系统是智能灌浆系统的核心，主要有两大功能：数据处理和灌浆工艺控制。数据处理：负责报表处理、实时数据处理、网络及手机端数据管理、用户数据管理；

灌浆工艺控制：负责决策和工艺控制，分析灌浆资料和实时数据，并根据分析的结果设定灌浆参数、进行灌浆控制。

灌浆专家系统根据设定好的灌浆工艺，替代人工操作，自动控制整个灌浆过程的实施。施工管理者可通过计算机联网云服务器，远程监控各灌浆作业面。

(1) 在线监控现场灌浆作业。实时监控现场所有灌浆孔的灌浆情况，在网络保证的情况下，施工管理者可以远程实时查看到每个灌浆作业的流量、压力、密度、抬动值，完全再现了旁站监控的情形。

(2) 灌浆数据实时汇总分析。网络保证的情况下，灌浆数据可以及时汇总到云服务器，并进行灌浆资料整理，生成各种报表（成果表、分序表、综合表）及曲线图，进行分工程部位、单元、排、孔、段的查询，能及时分析和掌握灌浆完成情况。

(3) 设定灌浆工艺。根据具体工程要求结合现行规范设定灌浆工艺，包括起始浆液浓度、最大注浆压力、变浆条件、灌浆结束条件等。

(4) 智能灌浆单元管路自动清洗功能。由于水泥浆液的特性，为避免管路阻塞，灌浆专家系统还具备管路自动清洗功能，灌浆持续一段时间之后，根据灌浆情况，自动执行管路清洗命令，放入清水清洗灌浆管路、灌浆泵、配浆罐等。

(5) 突发情况应急处理。发生抬动，自动进行降压处理；在发生劈裂时进行声音和文字报警；大注入率时自动调整限压、限流、调整水灰比，必要时自动间歇灌浆；遇到深孔浓浆，可能发生注浆管固结的情况，自动报警，必要时自动用大流量置换孔内的高温浓浆。

4 结语

智能灌浆控制系统在灌浆工程现有的自动记录仪灌浆工艺的基础上，加强了对智能自动化程度的研究，真正实现注浆、配浆、数据记录智能自动化，一键启动灌浆施工，实现了对灌浆过程工艺及参数的自动监测和控制。

智能灌浆控制系统的研究应用，及时迅速向灌浆工程管理者提供各种实测的、可靠性高的灌浆过程参数数据，便于参建各方对灌浆情况的全面掌控并快速做出决策，从而保证了灌浆质量。

智能灌浆控制系统的研究应用，消除了人为性因素，从根本上保证了灌浆工程质量，避免了人为质量事故的发生。同时，高度的智能自动化，能很大程度上降低人员劳动强度及人工投入，减少施工成本。

不言而喻，智能灌浆控制系统的研究应用，使灌浆技术在智能化施工领域迈进了一大步，实现“隐蔽工程，阳光作业”，对行业领域带来了良好的社会效益和经济效益，应用前景广阔。

山西省中部引黄工程灰岩泥灰岩地层高压固结灌浆试验简介

李佐良　裴相臣

（中国水电基础局有限公司）

【摘　要】依托山西省中部引黄工程施工01标，开展灰岩和泥灰岩地层高压固结灌浆试验研究，取得了相关试验成果。

【关键词】固结灌浆　成果分析

1　工程概况

山西省中部引黄工程施工01标属于中部引黄工程的取水部分，主要建筑物包括取水口、1号、2号无压引水隧洞、沉砂池及放空洞、地下洞室群、进水池及泄水洞、引水压力管道、出水压力管道、出水池等。

为保证地下泵站厂房的开挖安全，提高地下泵站厂房上部岩体的整体性和均一性，增强厂房顶部岩体的承载能力，需要对地下泵站厂房上部泥岩、泥灰岩地层进行高压固结灌浆处理。厂房顶部四周设置一层环形封闭的灌浆廊道，用于厂房开挖前期的高压固结灌浆。由于厂房上部地质条件复杂且不均一，对高压固结灌浆质量要求高和灌浆工程量大等特点，在大规模高压固结灌浆施工前，应进行现场高压固结灌浆试验，验证高压固结灌浆设计参数及探索最优施工方法，为高压固结灌浆设计优化和顺利施工提供参考依据。

2　工程地质和水文地质

高压固结灌浆试验区选在地质条件为中等偏差地层，根据地下泵站处钻孔取芯揭露情况可知：试验区灌浆对象为灰岩和泥灰岩，岩层透水率为1.6～25Lu，平均值为12Lu，属弱—中等透水。灰岩稳定性较好，泥灰岩性状最差，围岩类别以Ⅲ～Ⅳ类为主。

地下水类型主要有碎屑岩裂隙水、碳酸盐岩类岩溶裂隙水。地下泵站地处天桥泉域排泄区，地下水整体由东向西流动，水力坡度为5‰。

3　高压固结灌浆设计

选择三处有代表性的地段进行高压固结灌浆试验。高压固结灌浆试验采用两排两序和三排两序进行施工，每个试验区在代表性位置设置一个物探孔，进行变模测试、单孔声波测试、钻孔取芯和单点法压水试验。先导孔高压固结灌浆区域先导孔进行单孔声波测试、钻孔取芯和单点法压水试验。灌浆方法分别采用“孔口封闭、孔内循环、自上而下分段灌浆”法和“自上而下、分段卡塞纯压式灌浆”法。灌浆材料采用 P·O42.5 普通硅酸盐水泥，其细度为通过 80μm 方孔筛的筛余量不大于 5%。通过声波测试对比灌前和灌后试验区岩体的波速和动弹性模量，应提高 10%以上。

4 高压固结灌浆试验

4.1 灌浆方法

（1）灌浆段长及灌浆压力。灌浆段长及灌浆压力控制参数见表 1。

表 1 灌浆段长及灌浆压力控制参数表

项目	第一段	第二段	第三段	第四段	第五段及以下
分段长/m	2.0	3.0	5	5	5
灌浆压力/MPa	0.3	1	1.5	2.0	3.0

（2）浆液比级。采用水固比（水∶水泥）为 5∶1、3∶1、2∶1、1∶1、0.7∶1、0.5∶1 六个比级。

4.2 物探检测

声波测试、静弹模测试和孔内电视录像按照《水利水电工程物探规程》执行。

5 灌浆试验成果分析

5.1 透水率分析

各孔段和检查孔平均透水率统计见表 2。

表 2 各孔段和检查孔平均透水率统计表

项目	试区	平均透水率/Lu	透水率（Lu）区间段数/频率（%）					
			总段数	≤1	1～3	3～10	10～100	>100
灌前	试验一区	40.61	14	0	0	1/7	11/78	2/15
	试验二区	42.02	12	0	0	0	9/75	3/25
	试验三区	33.43	49	0	0	3/6	34/69	12/25
	试验区汇总	34.92	75	0	0	4/5	54/72	17/23
检查孔	试验一区	1.68	7	2/29	5/71	0	0	0
	试验二区	2.11	6	0	6/100	0	0	0
	试验三区	1.76	5	2/40	2/40	1/20	0	0
	试验区汇总	1.84	18	4/22	13/72	1/6	0	0

根据透水率统计表可知：

（1）试验区的岩体透水率随灌浆次序的增加，总体上呈逐序递减的趋势，各试区岩体的平均透水率灌后比灌前有较大程度的降低。说明随着灌浆次序的增加，岩体的渗透条件随之逐步改善。

(2) 试验三区灌后检查孔采用自上而下单点法压水，平均透水率 1.76Lu。透水率最大值为孔口段，透水率 4.20Lu。

(3) 试验一区和试验二区检查孔压水为检查孔钻孔成孔、物探测试完成后我部新增施工内容，采用自下而上逐段段长累计增加的方法，最后一段为整孔压水。其中试验一区共压水 7 段，最大 1.68Lu，最小 0.77Lu，整孔段为 1.68Lu；试验二区共压水 6 段，最大 2.11Lu，最小 1.78Lu，整孔段为 2.11Lu。

(4) 鉴于盖板下地层均为较厚浮渣，孔口段成孔冲孔后用肉眼观测可发现大面积空洞，灌浆效果差，故出现试验三区孔口段透水率大于 3Lu。

5.2 注灰量分析

将试验区灌浆资料进行整理分析形成图 1。根据频率曲线和相关数据可知：

(1) 从单位注入量区间频率分布的统计情况看，随灌浆次序的增进，各试区各次序孔的单位注入量大致分布总体上遵循逐序递减的规律。灌浆孔中单位注入量大于 600kg/m 的频率，Ⅰ序孔段数明显多于Ⅱ序孔段。说明随着灌浆次序的增进，岩体逐渐被灌注密实，地层的均一性得到明显改善。

(2) 从单位注入量均值的对比情况看，随灌浆次序的增进，各试区各次序孔的单位注入量呈现明显递减规律。试验一区Ⅱ序孔单位注入量 311.65kg/m 比Ⅰ序孔单位注入量 383.86kg/m 递减了 18.8%，试验二区Ⅱ序孔单位注入量 284.1kg/m 比Ⅰ序孔单位注入量 433.24kg/m 递减了 34.4%，试验三区Ⅱ序孔单位注入量 227.43kg/m 比Ⅰ序孔单位注入量 379.27kg/m 递减了 40.0%。

(3) 说明贯通性较好的裂隙或孔洞，在Ⅰ序孔灌浆完成后，水泥浆液在岩石裂隙中得到充分扩散，并对中等及以上裂隙进行了充分充填，尤其在Ⅱ序孔灌浆完成后更充分充填了一定的水泥且延伸较远。随灌浆次序的增进，对连通性较差，延伸较短的裂隙或孔洞得到进一步灌注，从而使不同岩体结构（面）得到应有的改善，灌浆效果显著。

(4) 三排高压固结灌浆孔比两排高压固结灌浆孔的单位注入量的递减效果更加明显。

灌浆单位注入量频率曲线如图 1 所示。

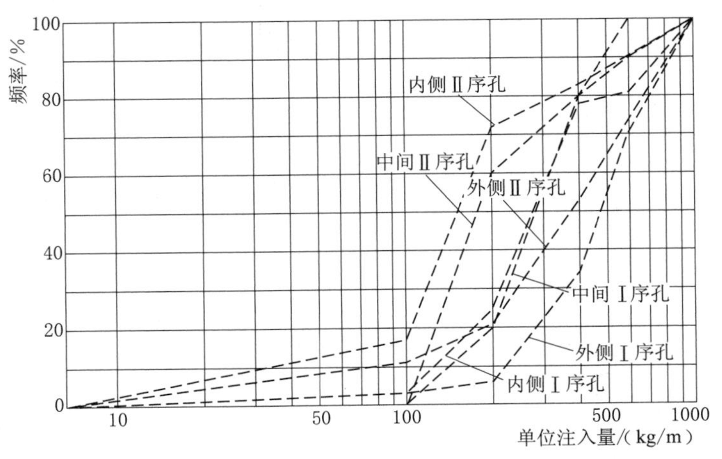

图 1　灌浆单位注入量频率曲线

5.3 物探成果分析

（1）波速测试。物探孔 S1WT1 -波速均值提升率为 30.19%；S2WT1 -波速均值提升率为 38.91%；S3WT1 -波速均值提升率为 27.31%；3 个先导孔 S1GW1 -波速均值提升率为 9.91%；S2GW1 -波速均值提升率为 10.70%；S3GS1 -波速均值提升率为 27.57%。

（2）静弹模测试。物探孔 S1WT1 灌浆前后弹模变化为弹模上升值在 6.93～20.23GPa，弹模提高率在 360%～402%范围内；物探孔 S2WT1 灌浆前后弹模变化为弹模上升值在 7.45～17.13GPa 范围内，弹模提高率在 390%～405%范围内；物探孔 S3WT1 灌浆前后弹模变化为弹模上升值在 3.88～20.84GPa，弹模提高率在 385%～398%范围内。

（3）孔内电视录像。共完成 3 个探测孔的钻孔摄影检测，发现 38 条节理、裂隙，其中 S1GJ1 勘探孔检测到 14 条裂隙，S2GJ1 勘探孔检测到 8 条裂隙，S3GJ1 勘探孔检测到 16 条裂隙。

节理裂隙在各个方向上虽均有出现，其中 NE、SW 方向上分布较多，裂隙产状以缓倾角和中等倾角为主，占到了所有统计节理 70%左右。从节理宽度表来看，宽度大小分布主要在 10～50mm，大部分有填充物质存在。

6 结论

（1）试验通过采用实用的、先进的灌浆工艺和方法、多种测试手段，试验资料可靠。这表明试验区所采用的施工程序、钻灌工艺、方法及钻灌设备均能满足后期工程施工要求。

（2）“孔口封闭、孔内循环、自上而下分段灌浆”法更适合于本工程的大规模灌浆施工。

（3）灌后波速有着不同程度的提升，弹性模量提升幅度较大，灌浆效果较为明显。

（4）孔内摄影结果显示，节理裂隙在各个方向上虽均有出现，从节理宽度表来看，宽度大小分布主要在 10～50mm，大部分有填充物质存在。

高喷灌浆工程

中国葛洲坝集团市政工程有限公司
简 介

中国葛洲坝集团市政工程有限公司（简称公司）是国务院国资委直管特大型能源建设集团、世界500强——中国能源建设集团有限公司旗下的独立法人企业，是中国葛洲坝集团股份有限公司的控股子公司。公司始建于1974年，2019年6月由原“中国葛洲坝集团基础工程有限公司”更名为“中国葛洲坝集团市政工程有限公司”，是一家以市政工程（含城市轨道交通及地下综合管廊）为主营业务，以基础与地下工程、水环境治理工程为辅营业务，国内与国际业务协调发展的综合性、现代化建筑企业。

公司现有市政公用工程施工总承包壹级、房屋建筑工程施工总承包壹级、公路工程施工总承包贰级、水利水电工程施工总承包壹级、地基与基础工程专业承包壹级、地质灾害治理甲级等多项高等级资质，被国家水利部评为市场信用AAA级和水利安全生产标准化一级单位，是湖北省文明单位和“守合同、重信用”企业，中国建设银行、中国工商银行、招商银行均给予AAA级资信评估。

公司是国家水利、交通、能源等重大基础设施建设的重要力量，参与南水北调等大型水利工程、拉萨到林芝等重点铁路工程、内江到遂宁等高速公路工程、武汉地铁27号线等城市轨道交通工程、山东沂蒙等抽水蓄能工程、汉江雅口等电站（枢纽）总承包工程建设，多次荣获中国建筑工程鲁班奖、中国水利工程大禹奖、中国土木工程詹天佑奖等国家级奖励以及省级优质工程奖。

公司是国家高新技术企业，拥有湖北省认定的企业技术中心，设有门类齐全的基础与地下工程研究所拥有众多施工前沿装备，自主购置盾构机、宝峨双轮铣槽机、地连墙抓斗、液压履带式钻机、混凝土布料机等高端装备及各类通用设备。公司依托完善的企业集中采购平台，汇聚全国各地上万家优秀的专业工程分包商、设备材料供应商和服务商，能够最大限度配置优质资源。始终遵循“公平、诚信、共赢”的合作原则，愿与各界同仁共襄盛世，共创辉煌！

高喷灌浆在乌东德水电站围堰混凝土防渗墙缺陷处理中的应用

石海松　任　鹏　许宗波

（中国葛洲坝集团基础工程有限公司）

【摘　要】 结合工程实例，从设备选型、施工工艺、质量控制措施、主要施工参数、异常情况处理及质量验证等介绍高喷灌浆在乌东德水电站围堰混凝土防渗墙缺陷处理中的应用。

【关键词】 高喷灌浆　防渗墙　缺陷处理　乌东德水电站

防渗墙也称地下连续墙，是一种在地面施工，用特制的成槽机械，在泥浆护壁的情况下，通过造孔（挖槽），再回填墙体材料，逐段连接，最终在地下形成具有一定防渗能力的地下连续墙。建造混凝土防渗墙是围堰处理的主要手段，但遇到复杂地层时，易发生各类事故，如钻孔时掉钻、卡钻、塌孔埋钻、浇筑过程断桩等，当出现这些事故造成防渗墙质量缺陷时，就需要进行处理。目前主要的处理措施有在需要处理的墙段上游面进行补贴一段新墙或在墙前增加若干道帷幕进行灌浆、高喷处理。在乌东德下游围堰混凝土防渗墙缺陷处理过程中，运用了高喷灌浆技术进行了处理，获得了较好的效果。

1　概述

乌东德水电站是金沙江下游河段四个水电梯级——乌东德、白鹤滩、溪洛渡、向家坝中的最上游梯级，工程为Ⅰ等大（1）型工程，乌东德水电站的开发任务以发电为主，兼顾防洪，电站装机容量10200MW，多年平均发电量389.3亿kW·h。

乌东德水电站河床围堰堰体采用“复合土工膜＋塑性混凝土防渗墙＋墙下帷幕灌浆”的防渗型式。混凝土防渗墙平均深度大于60m，最大深度达97.54m，是世界上承受水头最大、最深的围堰防渗墙。工程地层结构复杂，坝基覆盖层最大厚度达90m以上。

2　工程地质条件

下游围堰部位河床覆盖层按物质组成可分①、②、③三大层，如图1所示。

①层顺河向在围堰轴线以下部位，一般厚2～4m，主要为河流河流冲积堆积形成的杂色卵砾石夹块石；②层顺河厚度为金坪子滑坡与河床冲积混合堆积，以滑坡堆积物为主，为含细粒土砾夹碎块石；砾石、碎石原岩成分主要有两种：一种是黑色炭质、泥质灰岩，另一种是灰黄色白云岩；③层顺河向厚度为现代河流冲积形成的砂砾石夹卵石及少量碎块石；堰基河床覆盖层下伏基岩为落雪组第六段灰色厚层夹中厚层灰岩及含石英灰岩。

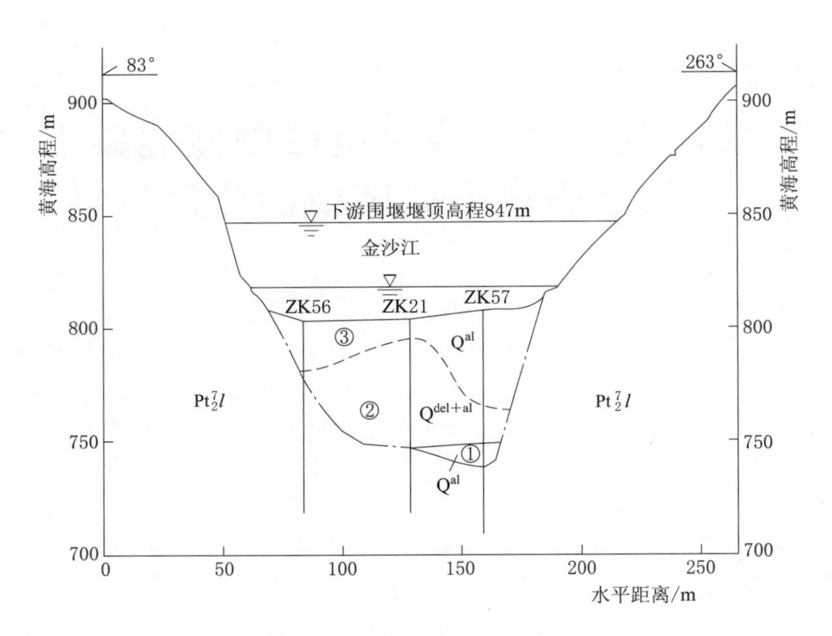

图 1　河床覆盖层按物质组成分层

3　高喷处理应用

3.1　高喷防渗处理背景

乌东德水电站下游围堰防渗墙轴线实际施工全长为 138.40m，从左向右划分为 29 个单元槽，槽段编号为 XF1～XF29，防渗墙左侧与左岸岸坡混凝土齿墙相接，右侧与右岸岸坡齿墙及明浇混凝土墙相接，防渗墙墙顶高程 829.00m，实际深度为 3.0～91.4m。

下游围堰防渗墙 XF20 号槽，桩号 0＋87.00～0＋91.20，槽长 4.2m，槽孔按一主两副布置，为一期槽。根据地质情况及浇筑资料分析，揭示该区域分布炭质淤泥层，在施工过程发生液化现象，导致该槽段混凝土浇筑过程发生大面积串通。

该槽段于 2016 年 3 月 2 日开始墙体取芯检查，XQJ－2 施工至 38.06～41.0m（对应原高程 829.00m 的孔深为 36.06～39.0m）处出现孔底淤积物及混浆层，施工至 41.0～41.1m 处又见混凝土，且钻进过程中有塌孔现象，经常水头注水检查表明，该段基本不透水。

从取芯异常区域深度和浇筑过程进一步分析，墙体出现混渣体主要原因是 42～36m 段浇筑时间过长，总浇筑时间达 35h38min，混凝土向周边扩散导致浇筑导管除导管周围一定范围混凝土因导管上下扰动未凝固外，导管远区埋深上部混凝土因长时间静止出现终凝现象，在周边通道被混凝土充填完成混凝土可以正常上升时，导管远区因混凝土终凝不能向上顶托推动，导致混凝土只能从导管周边向上外翻，使得混凝土对导管远区终凝层上部的孔底沉渣及混浆层出现压盖包裹，从而出现墙体检查孔异常，异常区沿防渗墙轴线长度为 1.8m。

为确保该下游围堰防渗体系质量及安全，经各方商定，在 XF20 号槽内增设 2 个墙体检查孔（XQJ－2、XQJ－2′），作为该墙体取芯及缺陷处理孔，利用两孔对墙体缺陷区域处进行高喷灌浆处理。

3.2 下游 XF20 号槽高喷处理方案

3.2.1 孔位布置

在防渗墙 XF20 号槽中轴线上布置两个高喷孔 XQJ－2、XQJ－2′，高喷孔孔距 0.6m，呈轴对称布置（XF20－2 中心线）。高喷孔位布置示意如图 2 所示。

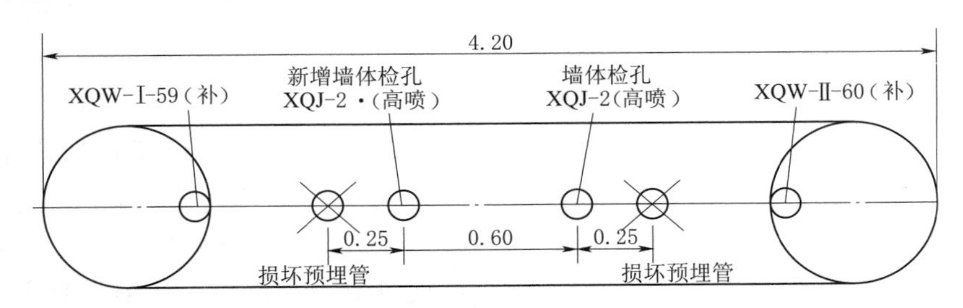

图 2　高喷孔位布置示意图

3.2.2 选用设备

高压旋喷灌浆施工主要设备见表 1。

表 1　　高压旋喷灌浆施工主要设备表

编号	设备名称	规格型号	单位	数量	备　注
1	地质钻机	XY－4	台	1	
2	旋喷钻机	XL50 型	台	1	
3	空压机	$13m^3$	台	1	
4	高速制浆机	NJ－1200	台	1	
5	注浆泵	90E	台	1	

3.2.3 工艺流程

施工程序为钻孔、下置喷射管、喷射提升、成桩成板或成墙等。图 3 为高压喷射灌浆施工流程示意图。

3.2.4 施工参数

高喷施工采用两重管法进行高喷灌浆，喷灌前采用高压射水从喷灌段顶部冲洗至底部，冲洗结束后采用高喷喷至段顶，高压旋喷施工技术参数见表 2。

表 2　　高压旋喷施工技术参数

序　号	项　目	单　位	参　数
1	浆液、水压力	MPa	32～35
2	浆液流量	L/min	70～100
3	气压	MPa	0.6～0.8
4	气量	m^3/min	1.5～2.0
5	进浆密度	g/cm^3	≥1.5

续表

序　号	项　目	单　位	参　数
6	提升速度	cm/min	5～8
7	旋转速度	r/min	8～10
8	高压水冲洗提升速度	cm/min	5
9	高压水冲洗旋转速度	r/min	5

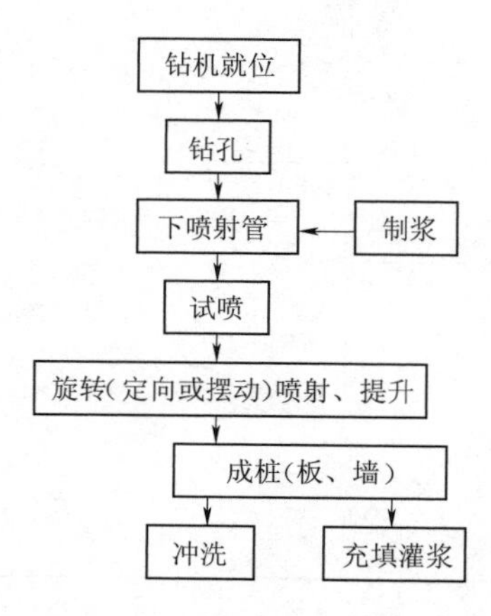

图 3　高压喷射灌浆施工流程图

3.2.5　灌浆施工

（1）钻孔施工。采用 XY－4 型地质钻机钻孔，孔径不小于 ϕ110mm 施工至预喷深度。为确保高压旋喷桩的连续性，防止钻孔偏斜，将钻孔周围场地整平、压实，使钻机钻孔时平稳、牢固；钻机对准孔位后，校准机身水平，垫稳、垫牢、垫平机架，控制孔位偏差不大于 5cm。

（2）下喷射管。下设喷管前，在地面进行试喷，检查机械及管路运行情况；下入喷管对接头部位进行密封处理，用生胶带或麻丝缠绕丝扣，并上紧，防止喷嘴堵塞及压力泄露抬动喷管；将喷管下至孔底，进行开喷前的准备。当喷管未下至孔底，应开泵送水旋转喷管扫孔至设计深度，泵压可采用 0.2～0.3MPa。当喷管扫至设计深度，泵可继续送水，保持通水畅通。

（3）浆液配制：

1）高压旋喷浆液采用强度等级为 42.5 的普通硅酸盐水泥，运至现场的水泥为新鲜无结块。不得随意混用不同厂家和品种的水泥。

2）浆液水灰比为 1∶1～0.8∶1，水泥浆比重为 1.5～1.6g/cm^3。当施工中浆液密度超出上述指标时，立即停止喷注，并调整至上述正常范围后，方可继续喷射。水泥浆液要进行严格的过滤，防止喷嘴在喷射作业时堵塞。

3）水泥浆液拌制如采用高速制浆机搅拌，水泥搅拌时间不应小于 30s；普通搅拌机要求搅拌时间不得少于 3min。储浆桶内已制成待用的浆液采用低速搅拌机搅拌，以防止沉淀；制成水泥浆已超过 4h 而尚未使用的浆液予以废弃。

4）开灌前必须储备 1000L 搅拌好的浆液。

5）浆液存放时间应控制浆体温度在 5～40℃范围内，如超出上述规定按废浆处理。

（4）喷射灌浆。喷射管下放到预喷深度后，送入合乎要求的气、水泥浆，静喷 5min，待注入的浆液冒出地面后冒浆量正常范围为 10%～20%注浆量，比重不小于 1.3，按设计的提升速度、旋转速度，自下而上边喷射、边转动、边提升，直到设计高度，停送气、浆液，提出喷射管。喷射灌浆开始后，必须经常检测高喷气、水泥浆的流量、浆液比重、压力以及旋转速度、提升速度等各项施工技术参数是否符合设计要求，并且随时做好记录。

（5）静压回灌屏浆。为解决旋喷凝结体顶部因浆液析水而出现凹陷现象，喷射结束后，随即在喷射孔内进行静压充填灌浆，直至孔口液面不再下沉为止。喷灌结束后，在孔口阻塞采用 0.5∶1 水泥浆液对该孔进行屏浆，屏浆压力为 0.3MPa。

(6) 清洗。当喷射到预喷高程后，喷射完毕，及时将各管路冲洗干净，不得留有残渣，以防堵塞。将浆液换成清水进行连续冲洗，直到管路出水澄清为止。

(7) 移动机具。喷射结束后，把喷管设备移至下一孔进行施工。

3.2.6 高压旋喷过程控制

(1) 喷管钻（下）至指定深度经检查合格后，拌制水泥浆液，即可供浆开喷。开喷后，尽快达到设计压力，调节好提升、旋转速度，先静喷 5min，待孔口返浆，回浆达到进浆比重后，提升喷管。

(2) 喷浆开始后，技术人员时刻检查记录流量、总量、浆液比重，压力以及旋转、提升速度参数应符合设计要求，并随时做好记录。

(3) 高喷过程中，为防止出现喷嘴堵塞，在卸杆过程中，用清水冲洗泵、管道、喷杆和喷嘴后，转换水泥浆液再正常开喷。

(4) 喷浆过程中，应保证孔内浆液返浆畅通避免造成地层劈裂或地面抬动。

(5) 当喷浆提升至终喷深度后，应停止提升、降低压力，在注浆 5～10min，待孔内浆液不沉降后，提出喷杆送清水清洗泵、管道、喷杆、制浆设备。

(6) 高喷灌浆全孔自下而上连续作业，需中途拆卸钻杆时，搭接段应进行复灌，复灌长度不得小于 0.5m。

3.2.7 高喷灌浆成果分析

下游围堰 XF20 号槽墙体缺陷区域处理于 2016 年 3 月 14 日开始钻孔，于 4 月 19 日完成灌浆，共完成灌浆 13.5m，总注灰 30.5t，总历时 36 天。高压旋喷灌浆成果见表 3。

表 3　　高压旋喷灌浆成果表

序号	孔号	起始深度/m	终止深度/m	段长/m	分喷注入灰量/t	单位注灰量/(kg/m)
1	XQJ－2	44.20	37.50	6.70	10.50	1567.16
		52.00	49.50	2.50	7.50	3000.00
2	XQJ－2′	42.10	37.80	4.30	12.50	2906.98
		52.00	37.50	14.50	12.83	884.80
小计				28.00	43.33	1547.50

从表 3 高压旋喷灌浆成果表可以看出，下游围堰 XF20 号槽墙体缺陷区域处高喷灌浆平均单位注入量为 1547.5kg/m，灌浆过程无异常情况发生。

4　应用效果

(1) 完成 XQJ－2、XQJ－2′缺陷处理孔，高喷灌浆全部达到技术要求，效果明显。先序孔（XQJ－2）相对后续孔（XQJ－2′）造孔时孔内返水量较大，且携带有大量炭质、油质淤泥物，钻进速度快。高喷时后序（XQJ－2′），孔口返浆为水泥与少量炭质结合物，炭质物较先序孔少得多，油质物几乎没有。钻孔、高喷成果表明 XF20 号槽墙体缺陷区域成墙较理想。

（2）围堰闭气后即防渗墙和墙下帷幕施工结束后，进行了基坑抽水检验渗漏量，加上两边山体来水，渗漏量 $300m^3/d$，防渗效果良好，相比于类似项目渗漏量 $3000m^3/h$，大大减少了基坑日常抽水量，间接效益巨大。

5 结论及建议

（1）乌东德水电站下游围堰 XF20 号槽墙体缺陷区高喷灌浆设备选型、高喷相关参数及处理效果均满足要求且效果显著。

（2）高喷灌浆施工是对混凝土防渗墙缺陷处理的一种较为理想的处理方式，具有便捷、高效、效果好等特点。

（3）乌东德水电站下游围堰 XF20 号槽墙体缺陷区高喷灌浆施工工艺可为类似工程提供经验，但对永久防渗要求的防渗墙的缺陷处理要慎重，需经过试验后加以论证实施。

架空动水地层围堰高喷灌浆施工探索

陈怀玉　陈　果

（中国水利水电第七工程局成都水电建设工程有限公司）

【摘　要】 高喷灌浆对粒径过大含量过多的砾卵石以及漂石地层，及块石、架空地层、有动水现象的地层进行防渗施工，仍是一大技术难题。本文以西藏昌都市瓦托水电站上下游围堰高喷灌浆施工探索总结为例进行叙述，以备类似工程借鉴。

【关键词】 架空　动水　高压喷射灌浆

1　概述

瓦托水电站坝址区为高山峡谷地貌，河谷呈 U 形，河谷宽度约为 50m。上游围堰至下游围堰轴线距离 200m，由于导流洞布置受大坝左右地质条件限制，上游围堰填筑后围堰上游面距导流洞进口 3m，下游围堰填筑后围堰下游面距导流洞出口 6m，导流洞进出口与河道呈 20°夹角，导流洞进水口及出水口水流呈旋流冲淘状。

大坝上游围堰采用单戗堤石渣进占合龙，围堰心墙布置戗堤下游侧，下游围堰在上游截流戗堤合龙后在静水中填筑至设计高程，采用高压喷射灌浆的工艺形成的防渗体进行上下游围堰防渗。

根据设计及招投标文件，原计划 10 月开始截留戗堤进占，由于整体工期安排实际截流时间比计划提前一个月，截流时间由非汛期截流变成汛期，截流施工期间成勘院提供实时坝区最大流量为 $343m^3/s$，是原设计流量的 3.4 倍，截流难度加大。上游围堰单戗堤石渣进占合龙完成后正在进行围堰心墙填筑时，上游突降暴雨水位猛涨，使得上下围堰心墙填筑料细料流失严重，围堰心墙局部形成架空，并可见明显的流动水。

2　材料设备选型

2.1　灌浆材料

高喷灌浆浆液采用普通硅酸盐 P·O42.5R 水泥。

2.2　高喷设备

钻孔采用哈迈 HM90A 履带式全液压钻机，供风配置为一台 DL－186 型 $20m^3$ 空压机。高喷灌浆采用 CPY 高喷液压台车，其特点是该机为液压步履式底架，纵向横向移动灵活，对孔就位迅速，一次提升的喷射管长度可以达到 18m，可摆可旋，能适应各种高喷灌浆作业。高喷灌浆供浆采用 3SNS 注浆泵。高喷灌浆泵采用 GNB－100 高压泥浆泵。

3 高喷灌浆设计参数

高压旋喷设计桩径为1.2m，单排孔布置，孔距1.0m，最大钻孔深度10.0m，灌浆底线深入弱风化岩面以下深度1.0m。

高喷灌浆参数：水压35～40MPa，流量70～80L/min，风压0.6～0.8MPa，风量0.8～1.2m^3/min。灌浆压力0.2～1.0MPa，进浆流量控制在60～80L/min，进浆水灰比1∶1～0.6∶1，进浆比重1.5～1.7g/cm^3，返浆比重不小于1.20g/cm^3。喷具提升速度一序孔控制在6～10cm/min，二序孔控制在8～15cm/min，旋喷旋转速度控制在0.8～1转/min。

4 高喷灌浆施工

4.1 钻孔施工

钻头采用ϕ146合金球齿偏心钻头，跟进套管采用ϕ146套管，螺纹连接。钻孔施工分二序进行，每相邻孔之间施工时段间隔不得小于48h。钻机就位后，开孔偏差不大于5cm，孔深偏差不大于10cm，钻孔施工时，采取预防孔斜及各种纠偏措施，确保孔斜误差小于1%，测斜采用重垂式测斜仪。终孔后，先取出全部钻杆、钻具，然后从ϕ146跟进套管中下入薄壁ϕ110的PVC管护壁，然后起拔ϕ146跟进套管。钻孔过程中校测钻具长度及PVC护壁管下置深度，检查是否与孔深相符，并进行复核，确保孔底淤积不大于20cm。由于地层中存在动水及地层架空现象，钻孔时基坑及下游河道可见明显浑浊水流，基坑内有气泡，局部孔段钻孔进尺快且有掉钻现象。

4.2 高喷灌浆施工

高喷灌浆施工时基岩内返浆量以及返浆密度均能满足要求，但当喷杆提升至基覆面以上时返浆密度不能满足要求，灌喷过程中基坑内有明显的浆液串冒，个别孔段有返浆现象。经采取了降低提升速度、静喷、孔口加沙、加浓水灰比、添加水玻璃等措施，但返浆密度仍然不满足要求。为解决此问题，现场采用了上游围堰迎水面抛扔黄土进行大架空区封堵的措施，但由于水流较急，抛扔的黄土瞬间即被导流洞洞口旋流冲淘水带走，不能起到封堵作用。

4.3 地层改善

经分析，由于截流时间的调整，使截流难度增大，截流时戗堤内较小的颗粒被冲刷带走，戗堤内成大块石架空区，围堰心墙填筑区未形成静水区，加之围堰心墙填筑过程中再次受到上游水位上涨后戗堤渗漏流水的冲刷，戗堤局部已形成管涌，致使围堰心墙填筑时心墙部位填筑的泥土、细小颗粒被冲刷带走，围堰心墙部位也形成架空且有动水。为此，现场决定采用围堰心墙部位进行黄土换填的方式改善架空地层。

围堰心墙换填沿高喷轴线上下游各3.0m进行挖出，挖出深度至基岩面约9.0m。换填采用分段自左岸向右岸推进进行。黄土回填前在挖出的沟槽内上下游铺设土工布，以防止动水对黄土冲刷流失。换填过程中由于河水位较高，高喷灌浆施工平台以下3.0m位于河水平面，因此河水位以下不能进行碾压，心墙换填至水平面以上再进行碾压。

换填后进行高喷灌浆时，喷杆提升至基覆面仍然存在返浆密度不满足要求及不返浆现象，现场采用静喷、孔口加沙、加浓水灰比、添加水玻璃等措施，基覆面返浆密始终不能满足要求，当喷杆提升至基覆面以上时返浆密量正常，但再进行孔内回灌时仍然长时间不能返浆至孔口。根据换填及换填前施工现象综合分析，围堰心墙换填后基覆面以上换填效果显著，但由于沟槽开挖至基岩面时反铲斗齿不能将块石全部挖出，在铺设土工布过程中由于动水影响可能存在两侧有块石掉落至槽内，此外受水下施工的局限性和原始河床沟槽起伏的地貌状况影响，土工布敷设不平整且未全部覆盖，从而致使基覆面仍然形成块石架空区。

4.4 堵漏措施

鉴于上述状况现场采用如下堵漏措施：

（1）利用高喷灌浆孔向孔内抛投海带、锯末、黄豆等遇水膨胀物进行堵漏，但效果不佳。

（2）在高喷灌浆孔四周各钻一个砂浆灌注孔，孔深深入基岩，钻孔结束后起拔套管前孔内下设 PVC 花管进行砂浆灌注，灌注结束后待凝 48h 进行对高喷孔扫孔。扫孔过程中基覆面以上钻孔返渣可见明显砂浆凝固状，但钻孔至基覆面时返渣为松散砂颗粒，无水泥凝固物。根据现场情况再次分析原因是由于在低温和动水的环境下，砂浆灌入至孔内后在很短的时间内水泥颗粒即被冲刷带走，不能起到凝固作用。

5 大架空区充填灌浆

要想解决上述问题，其一先要解决架空区的填充封堵，其二需要解决水泥在低温和动水环境下凝固时间长且容易被稀释流失问题。因此需要一种凝固时间短、具有抗冲刷能力、性能稳定的浆液对不良地段先进行充填灌浆后再在轴线部位进行高喷灌浆形成防渗墙体。对此现场根据浆液的性能，通过现场多次试验最终决定采用双液灌浆和膏状稳定浆液相结合的复合灌浆方式，对围堰不良地段进行充填灌浆。膏状稳定浆液主要以抗分散剂、稳定剂、速凝剂、减水剂为主要外加剂按实验比例配合，主要针对围堰迎水面排孔的充填灌注。双液浆液是以速凝剂为主要外加剂通过特殊装置在孔内混合的水泥浆液，主要针对围堰非迎水面排孔的充填灌注。上述复合灌浆施工方法有充填见效快、造价相对较低、施工快速的优势。

充填灌浆布置在高喷轴线上、下游 0.75m 处，灌浆孔孔距 1.0m，孔深入岩 10cm，灌浆孔成梅花形布置。钻孔采用高喷灌浆钻孔设备，钻孔结束后孔内下设 ϕ110 PVC 花管，花管下设后拔出套管。充填灌浆先进行迎水面排施工再进行非迎水面排施工，充填灌浆时河道内有明显水泥浆液流失，但经过对浆液配比的调整，经过一段时间的灌注孔口有回浆，待孔口回浆后对孔口进行堵塞后压力达到 0.3MPa，灌浆即结束。

充填灌浆后高喷灌浆：充填灌浆后进行高喷灌浆时，各孔段返浆密度、返浆量以及其他参数均能满足设计及规范要求。经过充填灌浆对高喷轴线上、下游进行充填堵、截、填充，能有效改善高喷灌浆基覆面地层，充填灌浆效果明显。

6 高喷灌浆质量检查

高喷灌浆结束后上游围堰布置了 4 个检查孔，下游围堰布置了 3 个检查孔，检查孔注水最大渗透系数为 2.3×10^{-4}cm/s，最小渗透系数为 3.6×10^{-6}cm/s，检查孔注水检查成果均满足设计要求。基坑开挖过程中基坑渗漏量小，基坑设计计算渗漏量约为 200m^3/h，高喷灌浆结束后基坑开挖实际抽排量为 80m^3/h。

7 结语

大架空动水围堰高喷灌浆施工，采用上述复合充填灌浆施工，可以有效解决高喷无法成桩的问题，且效果明显，围堰施工质量有保障。本项目此工艺的采用，对后期类似地层的处理提供了成功的案例。

袖阀管注浆工艺在砂卵石地层注浆中的应用

吴刚刚[1] 罗小斌[1] 杨茗钦[1] 刘 坪[2] 黄晓倩[2]

（1. 广西路桥工程集团有限公司 2. 湖南宏禹工程集团有限公司）

【摘 要】 袖阀管注浆工艺已广泛应用于砂砾层渗透注浆。软土层劈裂注浆和深层土体劈裂注浆。本文详细介绍了袖阀管注浆工艺在广西荔浦至玉林高速平南三桥段北岸拱座地连墙基础中砂卵石地层注浆的现场应用情况及施工经验总结。

【关键词】 袖阀管注浆 砂卵石地层 密闭空间

1 前言

袖阀管注浆法为法国 Soletanche 公司首创，故又称为 Soletanche 法。在国内 20 世纪 80 年代末开始广泛用于砂砾层渗透注浆、软土层劈裂注浆和深层土体劈裂注浆。袖阀管注浆法通过孔内封闭泥浆、单向密封阀管、注浆芯管上的上下双向密封装置减小了不同注浆段之间的相互干扰，降低了注浆时冒浆、串浆的可能性。其特殊的注浆孔结构使注浆施工时可根据需要灌注任一注浆段，还可进行同一注浆段的重复施工。

袖阀管一般采用的是钙塑聚丙烯制造的塑料单向阀管，分有孔、无孔两种。在加固范围内设置的是有孔塑料单向阀管，在其有孔部位外部，紧套着根据测定爆破压力为 2MPa 的橡胶套覆盖住注浆孔，这样就可保证浆液的单方向运动。本文主要介绍了采用注浆芯管单向密封装置的袖阀管注浆工艺在平南三桥北岸拱座地连墙基础内砂卵石地层注浆的应用，并总结了相关的施工经验，可供类似工程参考。

2 概述

2.1 项目概况

平南三桥位于平南县西江大桥上游 6km 处，跨越平南县大烟寮村和界首村附近水域，为广西荔浦至玉林高速公路平南北互通连接线上跨浔江的一座特大型桥梁。主桥采用主跨 575m（净跨 548m）中承式钢管混凝土拱桥，引桥采用连续箱梁。南岸基础为扩大基础，持力层为中风化灰岩；北岸拱座基础为地下连续墙基础，持力层为中风化泥灰岩。北岸地连墙施工完毕后，对圈闭范围内的砂卵石层进行袖阀管注浆，一方面增加砂卵石层的密实性，另一方面降低砂卵石的透水性，达到减少沉降和止水的目的。注浆施工平台标高为 27.5m，注浆范围为地连墙内部，深度为卵石层顶 11m 标高至岩面以下 1m。

2.2 地质条件

桥位区地层主要由第四系冲洪积层（Q_4^{al+pl}）、泥盆系中统郁江阶（D_2y）组成。

（1）冲洪积第三层（$Q_4^{al+pl-3}$）：粉质黏土，褐黄、浅黄、褐色，可塑—硬塑，土质均匀，韧性及干强度高，局部相变为黏土，局部地段表层为耕植土，中等压缩性土，层厚2.0～15.1m。

（2）冲洪积第二层（$Q_4^{al+pl-2}$）：粉质黏土，灰褐色，可塑，土质较均匀，韧性及干强度中等，局部地段夹卵石层，中等压缩性，层厚2.0～13.1m。

（3）冲洪积第一层（$Q_4^{al+pl-1}$）：卵石，中密状为主，局部稍密或密实，母岩成分主要为砂岩、石英，粒径2～10cm，含量约占50%～70%，间隙充填圆砾、细砂及粉质黏土，层厚1.0～24.8m。

（4）泥盆系中统郁江阶（D_2y）：北岸主要为碎裂岩化泥晶生物屑灰岩，局部间夹微晶泥晶灰质白云岩；碎裂变余泥晶结构，中厚层状构造，岩体较完整。

区内主要含水层为第四系松散岩类孔隙水和碳酸盐岩岩溶裂隙水。第四系松散岩类孔隙水含水岩组为卵石层，稳定水位28.12～28.74m，具承压性，承压水头约12～20m。

3 注浆施工

3.1 钻孔

钻孔排间距均为2m，孔径130mm，梅花形布置，共647个钻孔；分Ⅲ序，其中Ⅰ序孔160个、Ⅱ序孔163个、Ⅲ序孔324个；采用跳排分序施工，即间隔排先施工Ⅰ序孔、后Ⅱ序孔、再Ⅲ序孔。孔口高程为施工平台高程27.5m，孔底为岩面以下1m。

钻孔主要投入3台MDL－C200型潜孔钻机和1台德国KLM805－2型潜孔钻机，施工时保证孔位偏差小于50mm，钻孔垂直度偏差不超过1%。

3.2 浇筑套壳料

钻孔终孔后，即下入套壳料。套壳料采用水＋水泥＋膨润土配置（1∶0.15∶0.22），黏度80～90Pa·s，7天立方体抗压强度为0.3～0.5MPa。先拌制水泥浆，再加入膨润土搅拌。套壳料通过导管从孔底连续注入，当孔口返出套壳料的密度与压注前密度差不大于0.02g/cm^{3}并确定灌满后结束。

3.3 下袖阀管

浇筑套壳料后，下入内径65mm袖阀管。注浆部位为有孔单向阀管，以上为无孔管，底部封闭，与孔底间距不大于20cm。下管到位后拌制快干快硬材料将管外侧孔口封闭，盖好孔盖，待凝3天后注浆。

3.4 开环注浆

套壳料待凝3天后，开始注浆，注浆遵循钻孔先后顺序进行。

（1）下入ϕ50mm止浆栓塞，连接注浆芯管，下至孔底灌浆深度；连接送浆管路、压力表装置准备注浆。

（2）塞紧栓塞，对管路通水试压，压力1～1.2MPa；如出现压力突降，则表示已开环，开环后持续5～10min开始灌注1∶1水泥浆液。

（3）注浆自下而上分段进行，每次注浆段长1m；达到设计要求的结束标准后，结束该段注浆，上提 1m 注浆管，直至注完该孔全部注浆段。

（4）注浆可结束的标准：

1）注浆孔口压力达到 0.8～1.0MPa，注入率不大于 5L/min，稳压灌注 20min。

2）单段累计注浆量达到 2000L，孔口压力达到 0.8MPa 设计压力。

3）存在岩溶发育段次，注浆压力达 1MPa，注入 10000L 后可待凝 1h 再复灌至结束标准。

4）最后灌段全孔累计注灰达 1t/m，可结束该孔。

（5）异常情况处理。

1）栓塞无法封死，袖阀管内冒浆，则上拔 1m 再试，直至管内不再冒浆，并控制好实际灌浆段长与灌浆量的关系。

2）开环困难，高压仍无法开环时，上移一环进行开环注浆，两段合并灌注。

3）孔周边冒浆，则停灌待凝 3h 左右后，再灌续灌至达到结束标准；袖阀管外孔内冒浆，则说明套壳料层已破坏，应当废孔。

4）注浆因故中止，应尽快恢复灌注；恢复后如注入率如比中止前减小很多，则采用最大灌浆压力压水冲洗，再进行复灌。

4 灌浆效果分析

（1）灌浆施工过程中，及时对灌浆数据进行了统计分析，灌浆成果统计见表 1。

表 1　　灌浆成果统计表

孔序	孔数/个	灌浆深度/m	灌注量/L	单耗/(L/m)
Ⅰ	117	1741	1221259.9	701.5
Ⅱ	129	1991	927313.2	465.8
Ⅲ	83	1327.5	471271.9	355.0

注　表中为中期数据。

从表 1 中数据各次序孔灌浆量及单耗可以看出，随着灌浆次序的递增，单耗呈明显降低趋势，说明灌浆效果良好。

（2）为进一步检验灌浆效果，在已先完成全部Ⅰ、Ⅱ、Ⅲ序孔的区域内施工了 7 个Ⅳ序孔。Ⅳ序孔各段灌浆压力均为 1MPa 以上，高于前三序孔，但灌注量仍偏少，最大仅 403L，且普遍出现冒浆现象。说明在三序孔全部施工完成的情况下，地层已充填密实，采用当前工艺已无法在该地层中再注入浆液。

5 总结

通过在平南三桥北岸拱座地连墙密闭空间内的砂卵石地层中采用袖阀管注浆工艺施工，增加了地连墙基础内砂卵石层的密实性，降低了砂卵石地层的透水性，达到了减少沉降和止水的目的。本文较详细地叙述了本项目袖阀管注浆工艺的应用背景、地质条件、施工流程及工艺参数、操作要点等内容，可供类似工程参考。

江坪河防冲桩板高喷与帷幕灌浆结合施工技术

杨大明　张玉平　李先付　王易安

（中国葛洲坝集团基础工程有限公司）

【摘　要】江坪河水电站河道防护工程位于大坝下游，防冲桩板紧靠河床施工，边坡高陡、覆盖层深厚、河床狭窄且施工区上部有电站重要交通道路，施工过程中须保证边坡稳定、道路畅通、防洪度汛安全。通过对三种方案的比较分析，确定防渗方式为“上部覆盖层高压旋喷灌浆＋下部基岩帷幕灌浆”相结合的施工技术，减少作业平台对河道的占用，解决了复杂松散覆盖层及围岩桩板防冲体施工防渗及坍塌的难题。

【关键词】江坪河水电站　防冲桩板　覆盖层　河高压旋喷　帷幕灌浆

1　工程概况

1.1　消能防冲工程概况

江坪河水电站下游河道消能防冲工程采用“大口径防冲板（桩）＋边坡面板”措施，防护轴线左、右岸各600m。防冲板（桩）有三种型式。Ⅰ型为板桩联合结构，上部板厚2m深度为12～28m，下部桩径2.0m桩长7～23m，布置在冲刷重点防护区；Ⅱ型桩桩径1.5m，桩长12～20m；Ⅲ型防冲板厚1.5m，板深度为7～16m。防冲桩的主要作用是保证边坡整体稳定，防冲板防护表层覆盖层、强风化岩体被冲（淘）刷；防冲桩基础深入冲坑底部1/3桩身长度，防冲板深入弱风化岩体3～5m。板（桩）顶布置混凝土连梁将防冲板桩连接，使防冲设施具有较好的整体性。连梁间隔布置1000kN级预应力锚索，锚索长度30～45m；连梁上接护坡混凝土面板，面板厚1.0m，以防护其上部边坡坡面（图1）。

1.2　工程地质情况

下游河道防护区范围内，河流流向为S73°E～S90°E，枯水期河水位295m左右，河水面宽度为40～70m，水深0.5～3m。防护区两岸地形坡度左岸为40°～50°，右岸为35°～45°。根据物探地震波测试，覆盖层厚度为3～32m。地震波波速1650～2100m/s，可分为2层，下部为堰塞湖沉积相灰黑色黏土夹砂或为砂砾石、块石夹黑色腐殖质砂质黏土，上部为现代河流冲积物或堆积物，由砂砾石、弃渣及漂石组成，下伏基岩为强风化的$\in_1 l^{1-2}$层灰绿色薄层钙质粉砂岩、板岩夹灰岩条带。勘察及左岸公路边坡开挖揭露，左岸为斜交顺向坡，发育断层F_{134}、F_{271}等，边坡强风化及以上岩体内发育一组NE向的顺坡向中倾角节理面；另外发育一组NW向的陡倾角节理面。该2组节理面在弱风化及以下岩体中发育少，连续性差。断层F_{134}、F_{271}等与层面、两组节理面切割形成的块体对边坡稳定不利，

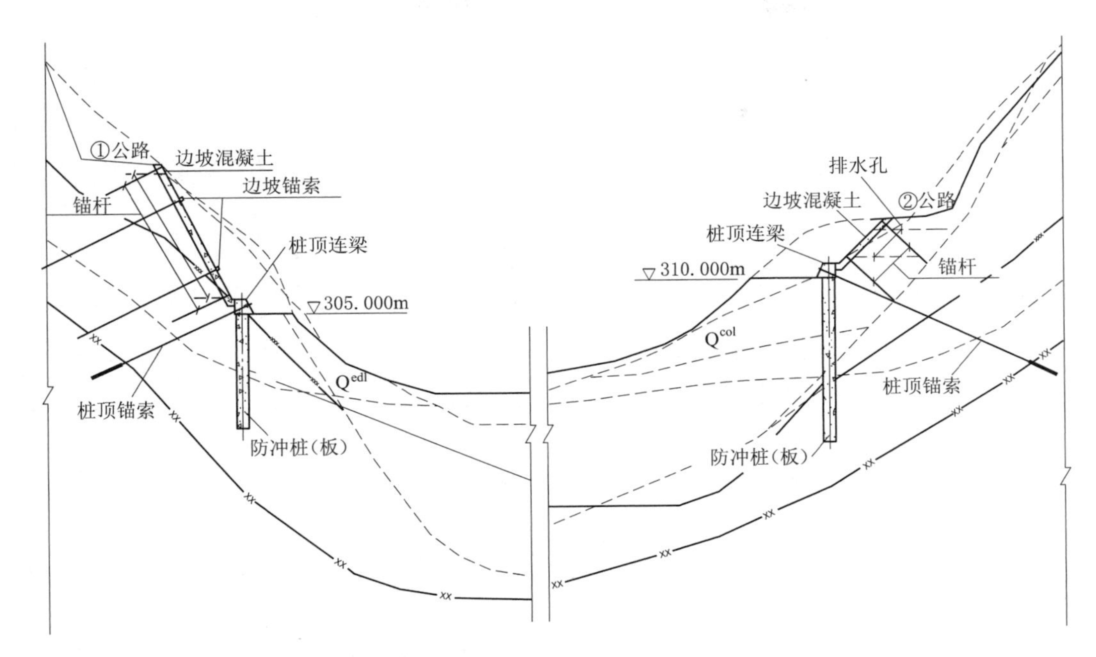

图1 消能防冲结构断面示意图

可能会出现小型楔体崩塌和滑动失稳。

1.3 工程水文情况

溇水流域属副热带季风气候区，雨量充沛，气候温和，四季分明，是长江流域著名的暴雨区之一。本流域年内降雨分配很不均匀，主要集中在4—8月，此间降水量可占全年降水量的70%左右。降雨受山区地形变化的影响，分布不均，一般随地势增高而雨量增加，陡涨陡落，防洪度汛风险高，压力大。

2 防渗方案选择

防冲桩板紧靠河床左右两侧施工，常年枯水位为293～295m，左、右岸人工挖孔桩板深达35m，底部高程左岸为275m，常水位以下施工深达20m；覆盖层深厚，多为块石、砾石等弃渣堆积松散体，结构松散，架空现象明显，易塌方、透水、涌水；下部基岩完整性较差，断层、夹层、破碎带较多，裂隙、节理发育，渗水同样很大。采用抽排方式排水难以满足开挖作业要求，需要进行防渗处理后才能保证挖孔桩板顺利进行，且必须保证边坡稳定、道路畅通安全、防洪度汛安全、作业人员人身安全和施工进度，做好防渗处理是本工程桩板施工能否顺利进行的关键。

现场条件是河道狭窄（40～70m)，边坡高陡，且施工部位上部左岸有电站1号交通要道，右岸有2号交通要道，结构不能内移，向外的施工平台不得影响防洪度汛安全，平台修建宽度极为有限；防渗施工为临时工程，必须尽快完成，以满足主体进度要求。选择防渗方案必须选用其设备适用性满足现场条件要求和工期要求，且工艺适应现场地质条件，达到防渗效果，保证桩板施工顺利进行。通过对防渗墙、固结灌浆、高压旋喷灌浆三种方案的对比分析（表1)，最终确定本工程的防渗处理方式为“上部覆盖层高压旋喷灌浆＋

下部基岩帷幕灌浆”相结合的防渗方式。

表1　覆盖层三种防渗方式选择对比

序号	项目名称	特　点	不　利　因　素
1	固结灌浆	多排（固结施工），形成固结体，且防渗效果较差	松散覆盖层内固结耗浆量大，成本高，工期长
2	防渗墙	60～80cm厚混凝土防渗墙，防渗效果好	但需施工平台较宽（最少15m），占用河道束窄较多，度汛安全风险高，工期长
3	高喷灌浆	防渗效果较好，又能固结周边覆盖层土体，减少塌方和超挖，对工程节约成本和安全有利，工期较短	遇个别孤石或较大块体地层，需加强处理

3　高喷与帷幕灌浆结合施工

3.1　布置方式

结合现场条件，采用“覆盖层内高压旋喷灌浆＋（桩下）基岩帷幕灌浆”组合防渗布置示意（图2）。布置方式为：

靠河侧，在距桩板轴线2.3m、3.05m处覆盖层内布置两排高压旋喷灌浆孔防渗，高压旋喷灌浆孔间距0.8m，排距0.75m，起喷高程305.00m，深入弱风化岩层1m；距桩板轴线外侧3.05m的位置基岩内沿高压旋喷灌浆孔下部布置一排帷幕灌浆孔，帷幕灌浆孔间距1.6m，终孔深度在防冲桩深度上加深1.0m。

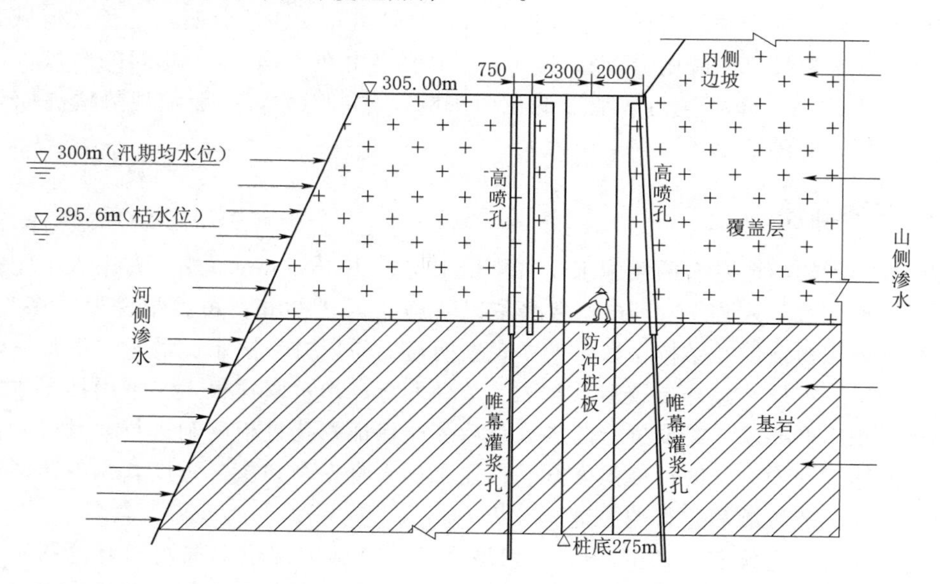

图2　“覆盖层内高压旋喷灌浆＋（桩下）基岩帷幕灌浆”组合防渗布置示意图（单位：mm）

靠山侧，在距桩板轴线2.0m处覆盖层内布置一排高压旋喷灌浆孔防渗，孔间距0.8m，起喷高程右岸为高程310.00m、左岸高程305.00m（利用高喷桩对内侧边坡覆盖层起到一定的固结作用，防止挖桩过程中井壁覆盖层发生坍塌而引起边坡不稳定），深入弱风化岩层1m；基岩内沿高压旋喷灌浆孔下部布置一排帷幕灌浆孔，帷幕灌浆孔间距1.6m，终孔深度在防冲桩深度上加深1.0m，高压旋喷灌浆孔和其下部的帷幕灌浆孔钻孔角度外倾3°左右。

横向设置上，为使防渗结构形成一个封闭体，需在左、右岸桩板防渗部位的上、下游设置“覆盖层内高压旋喷灌浆＋（桩下）基岩帷幕灌浆”，布置方式同靠山侧排布置，起喷高程均305.00m。高压旋喷灌浆和帷幕灌浆均为水泥浆灌注。

3.2 （上部）覆盖层内高压旋喷灌浆施工

覆盖层采用跟管钻机钻孔ϕ150，孔内下ϕ110 PVC套管护壁，然后钻喷机下入高喷管进行高压旋喷施工。分两序进行施工。

根据试验确定高压旋喷灌浆参数为：旋转速度20～30r/min，提升速度5～10cm/min，喷嘴2.0～3.2mm，压缩空气压力0.6～0.8MPa，喷浆压力25～40MPa，高喷浆量70～100L/min，高喷浆液密度1.4～1.5g/cm^3，回浆密度不小于1.3g/cm^3。

钻孔孔位、孔斜、间排距符合设计要求，各种材料满足规范要求。注浆管分段提升的搭接长度不得小于10cm。高喷灌浆过程中，出现压力突降或骤增、孔口回浆密度或回浆量异常等情况时，立即查明产生的原因并及时采取措施排除故障。如发现有浆液喷射不足，影响设计直径时，应进行复喷。

由于高压旋喷灌浆是沿防渗桩板井周边布置了一圈高压旋喷孔，本身已形成了一个围井，高压旋喷灌浆完成后，进行桩板联合井下开挖时一并检查。

3.3 （下部）基岩帷幕灌浆施工

覆盖层下部基岩帷幕灌浆布置为：靠河侧和靠山侧各布置一排帷幕灌浆孔，均位于已施工的高压旋喷灌浆孔基础上，孔距1.6m；其中河侧帷幕孔布置在最外排已施工的高喷孔部位。

内、外侧帷幕灌浆均在首先完成其上部覆盖层内的高压旋喷灌浆，且待其凝固强度达到钻孔不被破坏时（一般7天后，具体要根据同条件试件和天气温度情况调整控制）再进行扫孔施工帷幕灌浆。帷幕孔深超过防冲桩底部1m。分三序施工，采用自上而下分段灌浆法，分段长度不超过8m。覆盖层全段埋设孔口管，内径90mm。

3.3.1 施工工艺

钻机定位→钻孔→钻孔冲洗→高喷桩内阻塞→裂隙冲洗（简易压水防渗）→灌浆→封孔。

3.3.2 钻孔

钻孔采用XY-2地质回转钻机，孔径70mm。采用KXP-Ⅲ型测斜仪分段进行孔斜测量。

3.3.3 钻孔冲洗

灌浆前全孔一次裂隙冲洗。当邻近有正在灌浆的孔或邻近灌浆孔结束不足24h，不得进行裂隙冲洗。灌浆因故中断时间间隔超过24h，在灌浆前重新进行裂隙冲洗。

3.3.4 灌浆压力

帷幕灌浆压力采用0.1～1.0MPa。

3.3.5 灌浆结束标准

（1）在规定的压力下，当注入率不大于0.4L/min时，继续灌注60min，或注入率不大于1.0L/min时，继续灌注90min，灌浆可以结束。

（2）灌浆过程中如果发现回浆失水变浓，应改稀一级新浆灌注，当效果不明显则继续灌注90min可结束。

（3）当长时间达不到结束标准时，应报请监理人共同研究处理措施。

（4）封孔：每孔灌浆结束以后，验收合格的灌浆孔才能进行封孔。采用置换和压力灌浆封孔法。

3.3.6 质量检查

在灌浆施工过程中，做好各道工序的记录、质量控制和检查，以过程控制保证工程质量。

4 防渗效果

经过对防渗部位覆盖层开挖检查，其防渗和固化效果较好，作业井内渗水较小，满足正常施工。高喷体对井壁周围覆盖层松散体固结良好，减少塌方情况和混凝土回填工程量，降低了井挖安全风险。

5 结语

江坪河水电站下游河道防护工程在人工开挖的桩板联合部位周边采用“覆盖层内高压旋喷灌浆+（桩下）基岩帷幕灌浆”相组合防渗的型式，适应了现场多种受限的外部地理环境，解决了深厚覆盖层复杂地层的防渗和开挖坍塌的问题，降低了度汛和生产作业风险，取得了成功，可为类似工程提供借鉴和参考。

压密注浆桩技术在钻孔灌注桩底岩溶缺陷补强加固项目中的应用

刘 坪 孙 朝

（湖南宏禹工程集团有限公司）

【摘 要】 湖南省怀化市某楼高24层，采用钻孔灌注桩基础，施工完成后检测发现部分桩基底部岩溶发育，持力层未满足要求，需要对桩底地基的岩溶缺陷进行补强加固处理。通过现场试验决定采用压密注浆桩技术进行处理，通过对材料配比和工艺的改进，保证了压密注浆桩的材料强度和桩身连续性，成功地对桩底岩溶缺陷进行了补强加固，最终经检测加固后基础达到了设计的承载力要求。

【关键词】 压密注浆桩 钻孔灌注桩基础 地基补强加固 岩溶缺陷

1 工程概况

湖南省怀化市某大楼采用钻孔灌注桩基础，设计共有桩基50根，其中核心筒部位为筏板型基础含桩13根，其余37根均为独立桩基础。桩径1.0～1.8m，主要为1.4m，桩长10～35m，平均21.3m。桩基施工完成后，经抽芯检测发现有42根桩存在桩端未深入持力层或进入灰岩层后持力层未满足连续5m完整岩体的情况。

主要原因为场地内灰岩地层中岩溶十分发育，溶沟、溶槽深度一般在3～10m，最深达20余m，以致桩端实际为岩溶空腔（溶槽）内的薄壳面或充填物，并非能满足承载要求的基岩持力层。因此，须对查明的不满足要求的桩基底部地基进行置换及补强处理，以使桩基础满足建设要求。

2 地质情况

（1）场地内地层主要由第四系全新统杂填土层，第四系坡洪积层，二叠系下统茅口组白云质灰岩等组成：

①杂填土（Q_4m^1）（①为地层编号，下同）：褐黄、褐红、褐灰色，稍湿—湿，松散状态，主要由中风化灰岩岩块及黏性土组成。

②第四系坡、洪、残积含砾粉质黏土（$Q^{dl+pl+el}$）：褐红、褐黄色，湿—很湿、局部稍湿，可塑—硬塑状态，局部基岩面附近呈软塑状，不均匀含砾砂，含量约10%～40%，见角砾及中风化块石。

③二叠系下统茅口组中风化白云质灰岩（P_1m）：褐灰色、灰白色杂褐红色，表层局

部间或不均匀见强风化薄层，主要矿物成分为方解石、白云石及黏土矿物，溶蚀现象发育，浅部较明显，局部岩溶发育位置可见溶蚀半边岩。

（2）场地内地下水主要为上层滞水和岩溶裂隙水。雨季或大气降水后短期内可能有赋存于杂填土①、含砾粉质黏土②等覆盖层中的上层滞水，不具稳定的地下水面，水位和水量一般季节性变幅较大；岩溶裂隙水补给、径流条件主要受岩层地质构造、溶蚀及节理裂隙发育程度的控制和影响，赋水情况复杂，水位标高为202.08～208.45m，变化大，略具承压性。

3 方案设计

3.1 钻孔布置

ϕ1.0m 的桩在桩身距钢筋笼 20cm 布置 2 个孔［图 1（a）］，ϕ1.2～1.8m 的桩在桩身距钢筋笼 30cm 布置 3 个孔［图 1（b）］，孔径均为 ϕ110mm。中心孔编号为桩号—中心孔，其他孔依次编号为桩号-1、桩号-2、桩号-3。

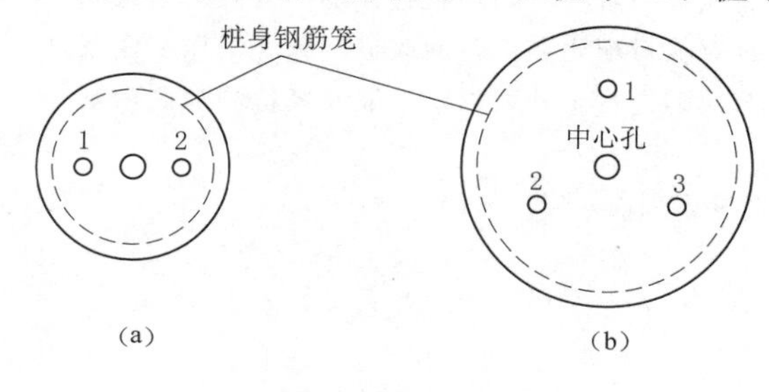

图 1　钻孔布置图

由于部分桩抽芯孔位置并非位于桩中心，且少数桩存在 2 个抽芯孔，实际布孔时应根据桩中抽芯孔位置及个数考虑均衡性原则合理布置。

3.2 施工流程

（1）施工中心孔。

1）如中心孔已进入完整基岩 5m 以上，则对中心孔进行压密注浆桩施工。

2）如中心孔未进入完整基岩 5m，则继续钻进至 5m 完整基岩，再进行压密注浆桩施工；如钻进过程异常困难，则先对上部进行压密注浆处理，再继续扫孔钻进，如此重复直至进入 5m 以上完整基岩。

3）待中心压密桩身混凝土的强度不小于设计强度的 70%后，施工 1 号孔。

（2）施工 1 号孔。1 号孔钻孔取芯检查中心孔压密注浆桩成桩直径及桩身连续性，钻至 5m 完整基岩后终孔。如芯样完整连续，则施工 2 号孔；如芯样不连续，则对不连续部位进行补注，之后再施工 2 号孔。

（3）施工 2 号孔、3 号孔。先施工 2 号孔，钻孔时亦作为压密注浆成桩直径及连续性的检查孔，施工原则及方法同 1 号孔。之后同样施工 3 号孔，至本桩所有孔全部施工完成。

（4）中心孔取芯检查。每桩全部压密注浆孔施工完成后，对中心孔进行取芯检查。

（5）补救措施。桩身各孔多次补注后桩身仍不连续，则采用桩周注浆。

3.3 施工原则

（1）各钻孔最终施工结束时，均应进入完整基岩不小于 5m。

（2）对桩身各钻孔依次进行压密注浆施工，间隔至少 3 天；后续孔均先作为前一孔注浆效果检查孔，再进行压密注浆桩施工。

（3）浆液坍落度控制在 50mm 内，强度不低于 C20；在土层中，单次拔管段长为

10cm；拔管达到的最小孔口压力大于 2.0MPa。

(4) 压密注浆桩施工后检查孔取芯不连续部位，须进行补注。

(5) 原桩底下压密注浆桩的总注浆量，折算成桩径要大于原桩直径 2.0 倍以上，即每米的注浆总量为原桩每米混凝土量的 4 倍以上（见表 1）。

表 1　　各直径桩中心桩压密注浆单耗要求

原桩直径/m	1.0	1.2	1.4	1.6	1.8
累计最小单耗/(m^3/m)	1.77～3.14	2.54～4.52	3.46～6.16	4.52～8.04	5.73～10.18

(6) 压密桩施工遇到岩溶空洞时，先进行充填，再进行压密注浆桩施工。

4　压密注浆桩施工

4.1　注浆材料

注入的桩身混凝土强度要求不小于 C20，具体每料斗材料质量配合比为砂：细石：水泥：外加剂：水＝ 600：300：200：12.5：100（单位：kg），坍落度不大于 50mm。

(1) 砂：采用中粗颗粒河沙，过 10mm 方孔筛后方可使用。

(2) 细石：选用颗粒级配较均匀的细石，粒径不大于 1cm。

(3) 水泥：采用 P·O42.5 的普通硅酸盐水泥。

(4) 膨润土：主要用于钻孔泥浆制备及灌浆管路润滑。

(5) 外加剂：起保持坍落度作用，延长初凝时间。

(6) 水：制浆用水符合混凝土拌合用水规范要求。

4.2　施工工艺

根据钻孔布置，每桩共有 3～4 个压密注浆孔，分序依次施工，先施工中心孔，再依次施工其他孔。其他孔灌浆须在上一孔注浆结束超过 3 天后方可进行。

(1) 钻孔。

1) 钻孔孔位严格按照设计的钻孔布置放样，孔位偏差不得超过 5cm。

2) 桩身混凝土采用地质钻机回转钻进，桩底地层采用履带式液压钻机钻进成孔。履带式液压钻机钻孔可根据现场情况采用安装钻头的注浆管，使钻进成孔及下注浆管同时完成，提高工效。

3) 各钻孔均应钻至至少 5m 完整基岩后方可终孔。

(2) 下注浆管。钻进终孔后取出钻杆，下入内直径不小于 55mm 的注浆管，注浆管壁厚不少于 5mm。下管到位后安放拔管机，连接注浆管路、压力表及设备等。

(3) 制浆。

1) 制浆系统每料斗材料质量配合比为砂：细石：水泥：外加剂：水＝ 600：300：200：12.5：100（单位：kg）。

2) 用装载机将砂和细石装入配料机配料，中粗砂须采用 10mm×10mm 网格过筛后方可使用。水泥、外加剂采用人工在料斗中添加。

3) 在制浆时，采用强制搅拌机先对水泥、砂、细石、外加剂等进行干搅拌均匀，然后加入水搅拌均匀，配制成坍落度 50mm 以内的细石混凝土浆液。每次开灌首桶浆坍落度可增大至50～70mm。

4）每根桩至少保留一组混凝土试块作为灌注材料强度检测用，并做好养护及时送检。

（4）注浆。

1）注浆之前先要检查管路是否畅通，并泵送润管浆液湿润管路。

2）启动注浆泵注浆时，料斗内的注浆材料不少于料斗的一半。

3）正常注浆时，泵送频次控制在6～8次/min，当注浆压力小于1.0MPa时，泵送频次可调高至10～12次/min。

4）提升注浆管时，孔口压力应不小于2MPa。

（5）拔管及结束。

1）各桩最先施工压密注浆桩的中心孔，在允许情况下灌注量可适当增大，可根据处理桩体的直径合理控制。每米灌注量桩径与等效桩径对应值见表2。

2）其他压密注浆孔，在孔底先灌注2.0～3.0m^3，泵送压力上升时可开始上提注浆管，之后每注入1.0～1.5m^3左右提升1.0m，每次提升高度不得大于10cm。

3）提升至桩底位置后，继续拔管注满孔内，此时段长可为1.0m。

表2　　每米灌注量桩径与等效桩径对应值表

灌注量/(m^3/m)	等效桩径/m	灌注量/(m^3/m)	等效桩径/m
1.0	1.12	2.5	1.78
1.5	1.38	3.0	1.96
2.0	1.60		

4.3　异常处理

（1）钻进成孔困难。黏土层中砂及碎石含量过大，钻进成孔困难时，可采用浓泥浆钻进及跟管钻进等措施保证成孔，如仍无法保证成孔，则先进行灌浆处理再扫孔续钻。

（2）取芯困难。黏土层及砂、碎石取芯困难可采用干钻、重锤贯入、加长回次进尺等措施尽量钻取芯样；岩石取芯困难可更换双管钻具钻进，保证岩芯获得率。

（3）灌注量过大仍不起压。若孔底开灌注入量大于6m^3、其他灌浆段注入量大于3m^3后压力仍未有上升趋势，则减缓泵送频次，灌注10～15min后，再恢复正常注入速率。

（4）灌注后桩身不连续。当灌后检查孔取芯混凝土不连续时，对不连续部位进行补注，注入量按压力大于2.0MPa，同时注入量大于0.5～1.0m^3/m控制。若经多次补注后仍存在不连续的情况，则进行桩周注浆或其他措施处理。

（5）夹层型溶洞。即钻孔从上到下连续分布有较薄的会岩层夹较浅的溶洞。此类情况往往越往下钻进难度越大，可先对上层溶洞进行灌浆处理后再继续钻进处理下一层。

（6）较大空腔型溶洞。采用先充填后压密方法，先对空腔内填充较低成本的材料，待充填基本密实后再进行压密注浆桩施工。

5　施工成果分析

采用压密注浆桩技术对钻孔灌注桩底岩溶缺陷地基进行补强加固处理，共完成补强桩

46根，具体工作量主要为：桩身混凝土钻孔2096m、桩身以下钻孔1949m，其中溶洞或欠深处理总深度为1310m，累计灌入细石混凝土2840m^3，桩身补强注浆灌入水泥71t（水泥浆注浆，处理破碎岩）。

（1）钻孔过程分析。中心孔利用原抽芯孔作为灌浆孔，钻孔基本为沉积的泥沙扫孔，钻至完成基岩终孔，灌浆完成后，钻取第二个孔时，能取到前一孔灌入的混凝土芯样，但不能有效连续，依次灌浆后，第三、第四个孔钻孔时取得的灌注混凝土芯样完整性程度越来越高，最后基本完整连续，仅局部偶见少量泥沙和砾石的包裹体。

（2）灌浆过程分析。施工过程中，先对桩身原有的抽芯孔进行灌注混凝土，然后依次对1号、2号、3号孔进行灌浆，中心孔灌浆满足2MPa结束标准时，普遍灌浆量非常大，每米注入量在5～15m^3，第二个灌浆孔灌注量则大幅减少，一般为第一个孔的1/4左右，之后孔灌浆量依次减少，甚至是灌不进。从该施工情况可以得出，后续孔不断对中心孔补强，对不密实、不连续部位进一步压密、置换，以达到预期连续、整体效果。

（3）根据灌入量分析。根据灌浆量统计资料分析，平均钻孔每米灌入混凝土量为2.17m^3，桩径为1m的3个灌浆孔灌入混凝土量为6.51m^3/m，桩径1m以上的4个灌浆孔灌入混凝土量为8.68m^3/m，相对应折算的理论成桩直径分别为2.88m和3.33m，已远大于设计的桩径要求。

（4）混凝土芯样强度测试。施工过程中，每根桩进行现场至少取一组样，送至实验室进行强度测试，根据设计要求桩身混凝土强度15MPa，现场补强灌注混凝土强度测试结果在30MPa左右，灌入桩底混凝土钻孔取芯送至实验室，强度测试也在30MPa左右，远超设计要求。

6 质量检验

施工完成后，针对该补强施工进行质量验收，验收方式为桩身静载试验及钻孔取芯。

（1）静载试验。质监站选取了48号、45号桩进行静载试验，该两根桩设计荷载为7000kN，根据验收规范，静载试验需承受荷载14000kN，且沉降观测值不小于40mm。2018年9月14—27日进行静载试验，根据静载结果48号、45号沉降值为13.5mm、12.71mm，试验结果为合格。

（2）钻孔取芯。根据质监站要求，选取8号、14号、20号桩进行钻孔抽芯检查，从抽取芯样可以看出，桩端以下欠深部位均为灌浆混凝土结石，大体连续，但结石中部分有夹泥和包裹砾石情况，能满足加固桩端持力层要求。

7 结语

目前对于钻孔灌注桩基础缺陷多采用管桩补强的方法，但存在较多的局限因素。通过本项目施工，在此类问题上开创并成功应用了压密注浆桩技术，很好地完成了钻孔灌注桩底地基岩溶缺陷的补强加固，最终效果达到设计要求。

岩土锚固工程

1 2

3 4

1	2
3	4

1　深圳恒大中心基岩止水帷幕施工　2　四川广源何家山风电场

3　白鹤滩电站右岸帷幕廊道施工　4　雅万高铁第一桩

中国水利水电第八工程局有限公司
简　介

中国水利水电第八工程局有限公司组建于1952年，是世界五百强企业——中国电力建设集团公司旗下的骨干企业，拥有国家“三特级”资质（水利水电工程施工总承包、建筑工程施工总承包、市政公用工程施工总承包），是建筑行业内的高新技术企业。

岩基处理领域：先后承建或参与建设了乌江渡、二滩、三峡、溪洛渡等50余个国内大型水利水电站基础处理工程，中国十大电站参建其九。其中，承建的乌江渡水电站是我国第一座建在喀斯特地区的高坝水库，创造了岩溶地区筑坝成功的奇迹。目前承担有世界在建第一大水电站——白鹤滩水电站，国内“天字号”工程——大藤峡水利枢纽等十余个水利水电基础处理工程项目。

软基处理领域：随“一带一路”东风扬帆出海，参建中国“海外高铁第一单”——雅万高铁灌注桩基工程，承建孟加拉首都达卡第一条城市化轻轨多个标段桩基施工，广受海外业主好评。国内软基业务蓬勃发展，与恒大旅游集团签订了战略合作协议，形成了以武汉、深圳两地为中心的多个软基项目集群。2015年承建深圳地铁1号线区间沉降纠偏工程，填补了国内在运营地铁隧道中水平和竖直方向同时成功纠偏的空白。2019年参与了深圳恒大中心总部大楼基坑止水帷幕、武汉黄家湖军运会项目等多个国内重点工程施工。

风电领域：北至神山、南达郴州、西抵鄯善、东到盱眙，踏足风电施工12年来，基础公司先后建设了风机700余座，拥有丰富的山地风电、沿海风电及荒漠风电的施工经验，具有从单一分包到采购-施工总承包多种成熟管理模式。

我们始终秉承“自强不息、勇于超越”的企业精神，怀着“成为最具行业特色的投资建设集团”的美好愿景，遵从“上善若水，顺势勇为”的文化理念，用心建好每一座工程。

闸墩混凝土预应力锚索整体快速施工技术的应用

姚　瞻　王海东

（中国水利水电第八工程局有限公司基础公司）

【摘　要】在云南大华桥水电站大坝工程底孔闸墩预应力锚索施工中，采用高强度挤压套提前将预应力锚索一端进行锚固，加工车间按设计数据整根制作预应力锚索，利用塔机、缆机整根吊装预应力锚索，从而优化了原闸墩预应力锚索的施工工艺，不仅确保了工程施工质量，提高了工作效率，而且该新技术的运用成为了本工程施工的亮点，创造了客观的实际效益和社会口碑，可为同类工程提供借鉴。

【关键词】闸墩　预应力锚索　新技术　应用

1　引言

我国预应力闸墩锚索技术起步较晚，但发展迅速。自20世纪70年代末的长江葛洲坝枢纽工程首次成功采用以来，龙羊峡、鲁布革、五强溪、岩滩、安康、水口、漫湾及二滩等水电站的泄洪建筑物均采用了预应力混凝土闸墩。

然而，闸墩预应力锚索施工工艺复杂，施工工期长，投入人力、物力资源较多，相互协调的部门较多，且施工质量特别是埋管精度很难控制，穿索过程中大部分由人工操作，同时属于高空作业，安全风险较大。本工法通过优化传统闸墩预应力锚索的施工工艺，使其质量更可靠、投入资源更少、安全风险更小，具有显著的经济效益和社会效益。

2　工程概况

大华桥大坝预应力锚索布置在9号底孔坝段（桩号坝0+000.00～坝左0+014.00）。预应力锚索分为主锚索、次锚索及平衡锚索。主锚索共20根，分5层进行布置，每层共4排，每侧2排，布置在高程1425.00～1442.43m之间，永存吨位为3450kN，每根锚索采用七丝公称直径d=15.2mm的高强度低松弛钢绞线24股；次锚索共12根，分4层进行布置，每层3排，布置在高程1436.00～1442.00m，永存吨位为2500kN，每根锚索采用七丝公称直径d=15.2mm的高强度低松弛钢绞线17股；平衡锚索共6根，分3层进行布置，每层2排，布置在主锚索第1、3、5排，每根锚索采用七丝公称直径d=15.2mm的高强度低松弛钢绞线24股。锚索采用后装后张拉方式施工，外锚头采用C35混凝土封堵。具体单个闸墩预应力锚索设计布置如图1所示。

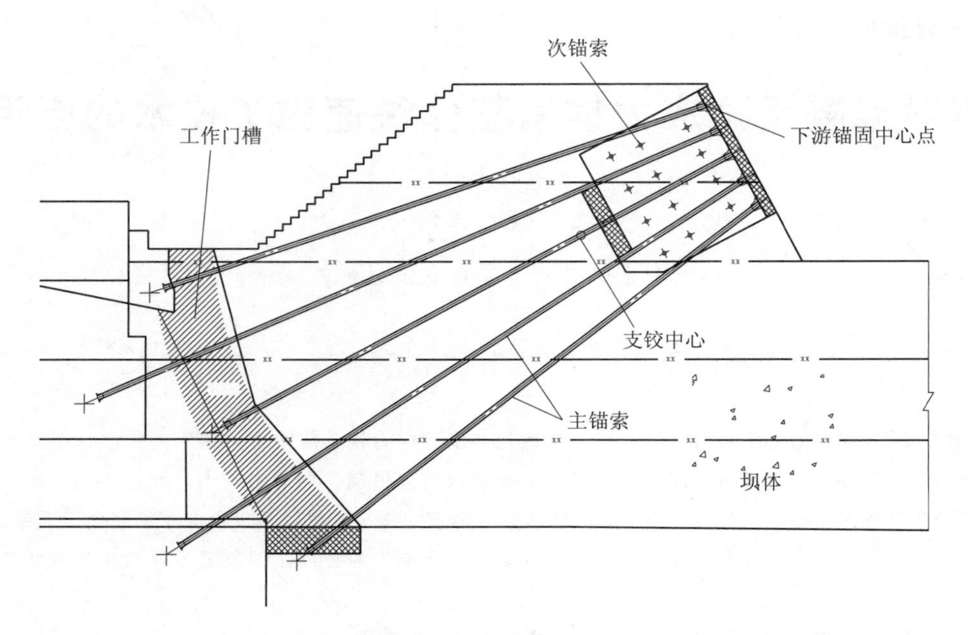

图 1　闸墩预应力锚索设计布置图

3　闸墩预应力锚索的重要性

预应力闸墩结构之所以被广泛运用，主要有以下几个优点：

(1) 预应力锚索在施工过程中，通常不会对混凝土结构造成破坏和扰动等不利影响。

(2) 预应力锚索是从混凝土内部对结构进行加强，它对作用于混凝土结构的外荷载具有较强的针对性。

(3) 采用预应力锚固技术的混凝土结构，结构受力情况简单明确，易于通过模型试验和数值计算进行正确模拟。

(4) 目前，与预应力施工相配套的设备和技术均有较大发展，保证了预应力闸墩混凝土的施工质量和施工进度。

(5) 随着工程规模逐渐增大，泄水建筑物弧形工作闸门传递的水推力不断加大，在闸墩颈部产生过大拉应力，只有使用预应力技术，闸墩结构方能满足工程使用及规范要求。

4　施工重难点分析

(1) 施工干扰大。闸墩预应力锚索施工与闸墩混凝土浇筑施工交叉进行，相互影响较大。特别是预应力锚索的套管预埋需要每层混凝土浇筑结束后，再进入仓面预埋，安装好的套管受混凝土浇筑影响可能发生偏斜。

(2) 质量控制难度大。由于闸墩预应力锚索预埋套管施工时，需多次入仓分节安装，增加测量人员校正的难度，埋管精度难以控制。

(3) 安全风险高。在进行闸墩锚索索体安装的过程中，主要靠人工配合卷扬进行操作，操作场地较狭窄，且属于高临边，安全风险较高。

5 闸墩预应力锚索施工工艺

5.1 施工工艺流程对比

预应力锚索整体安装施工工艺与原施工工艺流程对比如图 2 所示。

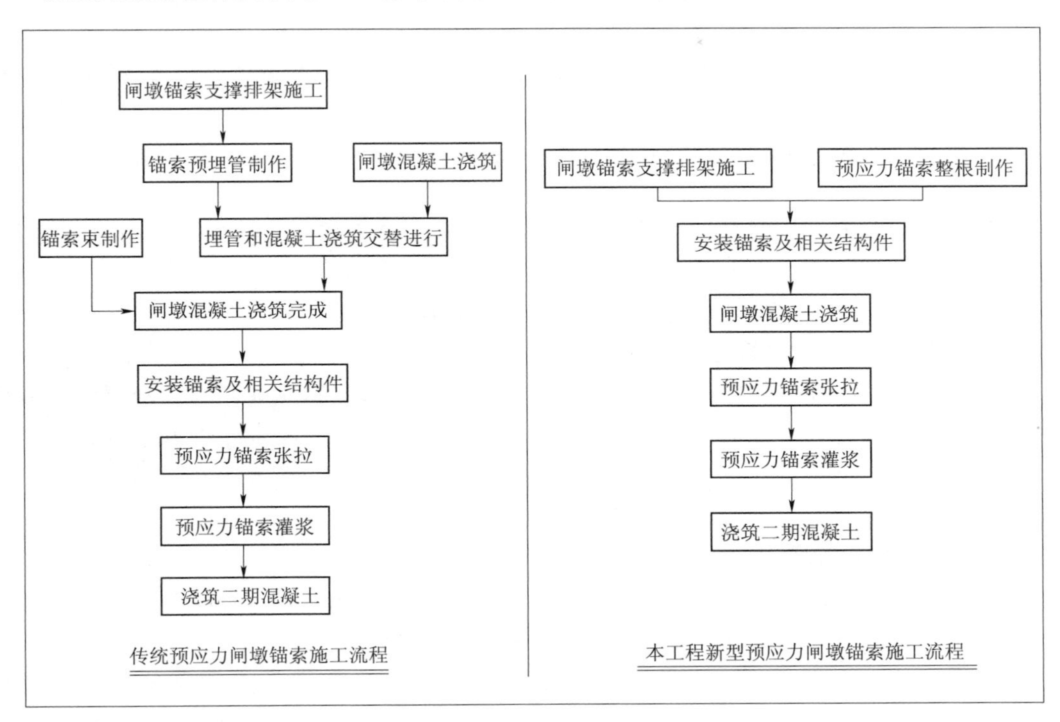

图 2 预应力锚索整体安装施工工艺与原施工工艺流程对比图

对比图 2 可知本工程采用的新型预应力锚索整体安装施工工艺具有如下优势：

（1）预应力锚索整体安装采用高强度挤压套对预应力锚索固定段进行加固，省去了预留张拉孔洞和相应二期混凝土浇筑，保证闸墩混凝土的外观质量，节约了施工成本。

（2）预应力锚索整体安装法采用车间加工，更有利于锚索制作各个环节的质量控制，避免了锚索每层安装时套管安装易发生偏差的质量风险，保证了预应力锚索的安装质量。

（3）在预应力锚索端部采取土工布、黄油等多重防腐方式，防止预应力锚索安装完毕后等待混凝土浇筑期间，钢绞线发生锈蚀，从而影响后期张拉质量。

（4）预应力锚索整体吊装，省去了下索这一施工环节，从而提高了预应力锚索施工的安全性。

5.2 具体操作要点

5.2.1 排架制作

预先加工、安装预应力锚索支撑排架，防止预应力锚索安装时产生偏斜。预应力锚索支撑排架搭设要求：

（1）提前准备相应材料，吊装至预应力锚索施工工作面。

（2）测量人员按图纸放点，布置好立杆和底层横杆的位置。

（3）根据每层预应力锚索的位置，逐层安装小横杆。

5.2.2 预应力锚索整根制作

预应力锚索制作主要考虑因素为：

（1）采购符合设计要求的钢绞线、无缝钢管、锚垫板、锚具、挤压套以及其他所需部件。

（2）选择合适的位置作为预应力锚索整根制作的场地，本工程选择在上坝交通洞内，免去了搭设防雨。

（3）细化各类锚索的生产规格，并对制作的锚索进行挂牌标识，防止加工过程中产生误差。

（4）定期对重要加工器具进行校验，例如挤压套工具工作一定次数后，应更换锚具，防止挤压强度不能达到规定要求，从而在张拉的过程中被拉松或拔出。

（5）做好已经加工好的预应力锚索的保护工作，防锈蚀、防外力破坏。

5.2.3 预应力锚索吊装及固定

待施工现场具备安装条件后，将已完成加工的预应力锚索运至起吊点，通过塔机或者缆机将其吊至安装现场，先人工辅助塔机或者缆机对预应力锚索进行初步定位和暂时加固；然后由测量人员按设计图纸提供的控制点进行校正，同时依靠人工及手动葫芦对其进行微调，最后确定位置无误后，进行多点加固。

5.2.4 闸墩混凝土浇筑

在以往项目闸墩混凝土浇筑过程中对预应力锚索产生的最大影响有以下两点：

（1）混凝土进入到预埋的套管里面，影响后期锚索安装。

（2）混凝土从高处下落导致预埋套管变形，导致预应力锚索不能安装至设计规定位置。

本项目采用预应力锚索整根安装基本可以避免混凝土进入预埋的套管内的风险，由于套管固定位置较多，也降低了浇筑混凝土时将套管砸变形性的风险，但仍然需协调混凝土浇筑人员，尽量避免混凝土直接下落至套管上。

5.2.5 预应力锚索张拉

预应力锚索张拉是闸墩预应力锚索施工过程中最重要的一环，如果该环节出现问题，将直接影响到预应力锚索的受力情况，更严重的结果将导致预应力锚索不能起作用。具体操作通过以下几点进行说明。

（1）张拉前准备：

1）本项目底孔锚索设计超张拉力为4110kN（超载锁定），选择相对应的张拉设备型号为ZB4/500型电动高压油泵驱动千斤顶，采用YCW 250型千斤顶对锚索进行预紧张拉，采YCW650(A)型、YCW350(A)型千斤顶分别对主、次、平衡锚索进行整束张拉。

2）张拉前，对拟投入使用的张拉千斤顶和压力表进行标定并绘制出油表压力与千斤顶张拉力的关系曲线图，以供张拉时操作使用。

3）安装锚具及千斤顶，连接液压系统，仔细检查各系统的运行情况，确保无误后方可开始进行张拉。

4）锚索张拉为高空作业，操作平台的临空面必须设置防护栏杆，确保施工人员的操作安全。

（2）张拉条件。待闸墩和弧门支撑大梁混凝土达到28d龄期及混凝土强度达到30MPa以上后即可对锚索进行张拉。

（3）张拉顺序：

1）先对锚索各根钢绞线进行预紧张拉后再进行整束锚索张拉。

2）先张拉次锚索，后张拉主锚索。

3）先张拉安装有测力计的锚索再张拉其他锚索，锚索张拉时，记录压力传感器的读数、张拉千斤顶的压力表读数以及在不同张拉力下的钢绞线伸长值。

4）同部位张拉顺序：次锚索→主锚索→平衡锚索，同部位锚索张拉顺序应该符合对称、交错张拉原则。

（4）锚索张拉。采取一端固定，一端张拉方式进行张拉，固定端安装与张拉端规格型号相同的锚具，安装张拉端测力计及工作锚具，锚具安装完成后即可进行张拉。

1）预紧张拉。对锚索单根钢绞线进行预紧张拉时，先从中心钢绞线开始张拉，再对称张拉内环上的各根钢绞线，最后对外环上的钢绞线对称张拉。

2）整束锚索张拉。锚索张拉采用超载持荷稳定及超载安装锁定相结合的张拉施工方法。当监测锚索测力计测得的拉力小于设计拉力值时，在确保混凝土不被拉裂破坏的前提条件下再根据实际情况适当增大超张拉系数进行张拉或进行补偿张拉。

锚索整束张拉时分阶段增加荷载，增载不宜过快，增载速率以每分钟不超过设计应力值的1/10为宜。

锚索的张拉力以安装在油泵上的压力表指示的中值为准，在张拉过程中的每级拉力下持荷稳定时，用钢板尺在同一个量测基准点量测一次钢绞线的伸长值，以用于校核张拉力，实际量测的钢绞线的伸长值须与理论计算的伸长值基本相符，当实际量测的伸长值大于理论计算值的10%或小于理论计算值的5%时，应暂停张拉，待查明原因并采取相应措施，予以调整后方可恢复张拉。

5.2.6　预应力锚索灌浆

预应力锚索灌浆的主要目的是利用锚固浆液将锚索管道内的空气排尽，从而防止预应力锚索受氧化锈蚀，具体灌浆操作方式如下：

（1）锚索张拉工作结束并由监理工程师检查确认锚索预应力已达到稳定的设计值后，即可对锚索孔道进行灌浆，注浆前先用水泥砂浆将锚固端及张拉端锚具包裹封堵，以防止水泥浆液从夹片间隙流出孔外。

（2）待水泥砂浆达到一定强度后，再用灌浆泵通过注浆管路从锚固洞内主锚索锚固端锚垫板上预留的灌浆孔将新鲜的0.45：1浓水泥浆泵入孔内，待从张拉端孔口冒出的浆液浓度与进浆浓度相同时即可停止注浆。待凝24h之后，待水泥浆液凝结之后，再从张拉端锚具灌浆口进行补充灌浆，次锚索可在任意端进行灌浆，回填灌浆材料为强度等级42.5MPa的普通硅酸盐水泥。为提高水泥浆液的流动性，可在水泥浆液内根据试验配方掺加减水剂，水泥浆液标号为M40。

（3）灌浆结束标准：

1）灌浆量大于理论吸浆量。

2）回浆量比重不小于进浆量，且稳压 30min，钢管内不再吸浆，即进、排浆量一致。

3）每次灌浆时，浆液拌制好后制作 3 组 70.7mm×70.7mm×70.7mm 立方体试件，标准养护 28d，检测其抗压强度，作为评定水泥浆质量的依据。

6 与传统工艺对比分析

闸墩预应力锚索整体快速施工技术优化了原有预应力闸墩锚索的施工流程，通过该技术解决了如下问题：

（1）实现了预应力锚索车间化生产，提高了预应力制作效率和对制作场地的要求。

（2）预应力锚索一次整根加工完成，避免了制作与运输、安装的相互影响。

（3）实现一次行安装完成，减少了反复进仓埋管的工作量、省去了下索这一高风险施工环节。

（4）采取提前一段预紧，省去了预留张拉操作洞及部分二期混凝土的回填工作。

（5）由于采取一次安装，减少测量人员的校正工作，从而减少误差，更利于埋管质量控制。

闸墩预应力锚索施工工艺改进前后对比见表 1。

表 1　闸墩预应力锚索施工工艺改进前后对比表

项目	锚索制作	套管安装	下索工作	预紧工作
改进前	只进行编索施工	根据混凝土浇筑，分仓埋设套管，一般一次6m，需埋设多次	需等混凝土浇筑到位后，人工下索	需要在预留的操作洞内，将一段的预应力锚具、锚垫板安装好，并待灌浆结束后，进行二期混凝土回填
改进后	制作完整的预应力锚索，其中包括锚索束、整根套管、锚垫板、锚具、挤压套、灌排浆管	整根预应力锚索吊装	无该项工作	无该项工作
对比	可以提前制作，减少与直线工期的影响；车间化生产效率更高，更利于质量控制	减少反复入仓埋管对混凝土浇筑的影响，同时节约了人工	省去了高临边工作面的安全风险，同时节约了工期和成本	优化了施工步骤，节约了工期和成本

通过对比可以看出闸墩预应力锚索整体快速施工技术可以节省大量施工工期及成本，初步预计单根预应力锚索可以节省 11h，本工程约施工预应力锚索 200 根，且单根锚索施工需要 3～4 人、吊装设备 1 台，其中人工按 25 元/h，设备 300 元/h，预计节约成本 88 万元；另外节约二期混凝土按每个闸墩 3 万元，预计节约 21 万元，本工程采取该施工技术共计节约 109 万元。

7 结语

预应力锚索整根制作标准化程度高、质量控制更好、加工效率快，在整根锚索安装过程中，实现一次性校正加固、简化部分施工环节、回避重大安全风险、提高施工效率，达到了节省工程投资，保证坝体结构的稳定和安全运行，应用前景广阔。

两河口水电站压力分散型岩锚索差异张拉计算与分析

陈晓东[1]　钟久安[1]　张　迪[2]

（1. 四川共拓岩土科技股份有限公司　2. 北京振冲工程股份有限公司）

【摘　要】 差异张拉法能够有效提高压力分散型预应力锚索的张拉作业工效，此工艺在两河口水电站泄水建筑物进口边坡中成功应用。为保证张拉至110%设计荷载时钢绞线平衡受力，对差异补偿荷载进行了计算与分析，发现考虑预紧阶段已产生的差异量是受力平衡的关键，并对单根差异补偿和整体张拉阶段进行简要介绍和分析。

【关键词】 两河口水电站　压力分散型锚索　差异补偿荷载　计算与分析

1　工程概况

雅砻江两河口水电站位于四川省甘孜州雅江县境内的雅砻江干流上，在雅江县城上游约25km，为雅砻江中下游梯级电站的控制性水库电站工程，对整个雅砻江梯级电站的开发影响巨大。电站的开发目的主要为发电，同时具有蓄水蓄能、分担长江中下游防洪任务、改善长江航道枯水期航运条件的功能和作用，其经济效益十分显著。电站坝址位于雅砻江干流庆大河河口以下约1.8km河段上，控制流域面积65599km^2。两河口水电站是中国藏区综合规模最大的水电站工程，295m高土石坝为国内最高土石坝。

两河口水电站泄水建筑物进口边坡开挖高度606m，按照“少开挖强支护”的原则进行设计，布置500kN、1000kN、1500kN和2000kN等压力分散型预应力锚索约4400束，以1500kN和2000kN为主，锚索设计深度20～80m。

2　张拉方法选择

压力分散型预应力锚索适用范围广，利用各级承载体将应力均匀分布于锚固段不同深度，有效避免了应力集中，对锚固段地质条件的要求相对低。因各组钢绞线张拉长度不一致，采用整体张拉的方法会导致一部分钢绞线达不到设计张拉力，而另外一部分钢绞线超过设计张拉力，甚至超过钢绞线允许应力。所以目前压力分散型预应力锚索常用的张拉方法是单根分级循环张拉法。但是单根分级循环张拉作业效率低，以2000kN锚索（13根钢绞线）为例，严格按照现行施工规范施工，控制升压、泄压速度，各级持荷2～5min，锁定持荷10min，单根锚索的张拉综合工效约为9.1h/根。单根分级循环张拉对操作人员的技能熟练程度和责任心要求较高，过程中容易因“漏拉”造成质量问题。

差异张拉法能够有效提升作业效率并从程序上避免一部分质量问题，其作业程序为：单根预紧→差异补偿张拉→整体张拉，采用此工艺后 2000kN 锚索（13 根钢绞线）张拉综合工效约为 2.5h/根，综合工效提升 264%，人力资源和设备资源占用率大幅度降低。

差异张拉的核心是差异补偿，差异补偿张拉有采用整体张拉千斤顶进行的“递进型”补偿张拉和采用单根张拉千斤顶进行的单根补偿张拉两种方法。

整体张拉千斤顶“递进型”补偿张拉操作以组为单位，首先补偿最长一组钢绞线伸长值，补偿值为最长一组钢绞线与第二长一组钢绞线之间的最终伸长量差值 ΔL_{1-2}，然后第一组与第二组同时补偿第二长一组钢绞线与第三长一组钢绞线之间的最终伸长量差值 ΔL_{2-3}，依次类推。这种方法要求在张拉油泵和千斤顶工作状态下安装后续组的夹片，因差异补偿值较小，所以安装后续组夹片时对张拉压力的稳定性要求较高以保证张拉精度，同时在千斤顶受力状态下安装夹片存在安全隐患。

单根差异补偿首先计算出各组钢绞线在最终受力状态下的伸长量 ΔL，然后以最短一组钢绞线伸长量为基准，计算较长钢绞线相对于最短钢绞线的伸长值差值 ΔL_1，再计算出预紧阶段较长钢绞线相对于最短钢绞线伸长值的差值 ΔL_2，最终计算出每根钢绞线的差异补偿伸长值 $\Delta L_3=\Delta L_1-\Delta L_2$，用 ΔL_3 分别计算出每根钢绞线的差异补偿张拉油压力。在预紧后进行单根补偿张拉，没有千斤顶受力状态下安装夹片的环节，施工进度和施工安全得到较好保障。

综合施工效益、工艺简洁性、质量控制和施工安全等方面的因素，压力分散型预应力锚索张拉作业可优先选用差异张拉法，且差异补偿应采用单根差异补偿的方式，程序为单根预紧→单根差异补偿张拉→整体张拉。

3 差异张拉计算与分析

3.1 单根差异补偿计算

先进行单根预紧张拉，然后根据差异补偿值进行单根补偿，经单根差异补偿后各组钢绞线受力不同，所以后续整体张拉是一个受力渐趋平衡的阶段。整体张拉阶段计算张拉长度值 L 取所有钢绞线的平均张拉长度，钢绞线截面积 A 为所有钢绞线截面积之和。

以 $P=2000\text{kN}$，$L=50\text{m}$ 压力分散型预应力锚索（13 根钢绞线）为例计算其各阶段各组伸长值，并使用累计伸长值反算钢绞线最终受力（表 1）。

表 1　$P=2000\text{kN}$，$L=50\text{m}$ 压力分散型预应力锚索差异张拉计算

分组与项目	第一组	第二组	第三组	第四组	第五组	第六组
张拉长度 L/m	51	49.5	48	46.5	45	43.5
钢绞线最终伸长值/mm	316.15	306.85	297.55	288.25	278.95	269.65
最终伸长量相较差值/mm	46.50	37.20	27.90	18.60	9.30	0
预紧伸长值/mm	57.48	55.79	54.10	52.41	50.72	49.03

续表

分组与项目	第一组	第二组	第三组	第四组	第五组	第六组
预紧伸长量相较差值/mm	8.45	6.73	5.07	3.38	1.69	0
差异补偿伸长值/mm	38.05	30.43	22.83	15.22	7.61	0
整体张拉伸长值/mm	221.33					
累计伸长值/mm	316.86	307.55	298.26	288.96	279.66	270.36
累计受力/kN	169.61	169.62	169.64	169.65	169.66	169.67
110%设计张拉力/kN	169.23					

注 1. 表中锚索入岩 50m，锚墩与张拉所需长度合计 1m。

2. 锚索设置 6 组承载体，前 5 组均为 2 根钢绞线，最后一组 3 根钢绞线，承载体间距 1.5m。

3. 表中均为单根钢绞线数据。

4. 按照超张拉 10%计算。

从表 1 可以发现，按照这种方法计算出来的累计伸长值和采用单根分级循环张拉计算出的伸长值偏差约 0.71mm，进而导致反算出的受力偏差约 0.41kN，这种偏差是多次运算并四舍五入造成的，偏差率约 0.26%。所以这种方法计算出的差异补偿值和整体张拉值是正确的，累计张拉力和累计伸长值与 110%设计值吻合。

3.2 两种差异补偿方法的对比

部分相关文献在计算差异张拉补偿值的时候没有考虑预紧阶段各组钢绞线已经产生的差异伸长量，这样会导致累计伸长值和累计张拉力与 110%设计值之间有较大偏差。以 $P=2000$kN，$L=30$m、40m、50m、60m 几种压力分散型预应力锚索为例进行计算，计算结果见表 2。

表 2 不考虑预紧阶段产生差异量计算分析表

项目	$L=30$m	$L=40$m	$L=50$m	$L=60$m
差异补偿值/m	0～46.49	0～46.49	0～46.49	0～46.49
单根累计伸长值/mm	143.19～198.14	204.84～259.78	266.62～321.56	328.46～383.41
单根累计应力/kN	166.35～174.49	166.93～172.98	167.32～172.13	167.61～171.59
单根设计应力/kN	169.23	169.23	169.23	169.23
单根受力偏差值/%	−1.70～3.11	−1.36～2.21	−1.13～1.71	−0.96～1.39

注 本表计算条件与表 1 一致。

现将预紧阶段产生的差异量考虑进去，采用单根差异补偿的方法计算张拉完成后锚索受力，见表 3。

表 3　　考虑预紧阶段产生差异量计算分析表

项目	L=30m	L=40m	L=50m	L=60m
差异补偿值/m	0～38.04	0～38.04	0～38.04	0～38.04
单根累计伸长值/mm	146.84～193.33	208.54～255.03	270.3～316.86	332.23～378.72
单根累计应力/kN	170.25～170.58	169.82～169.95	169.61～169.67	169.49～169.53
单根设计应力/kN	169.23	169.23	169.23	169.23
单根受力偏差值/%	0.61～0.80	0.35～0.42	0.22～0.26	0.16～0.18

注　本表计算条件与表 1 一致。

将表 2 和表 3 进行对比，可以看出考虑预紧阶段产生的差异量相比不考虑的情况单根钢绞线受力偏差量明显减小，减小率 71%～86%，钢绞线受力更加均衡。

在锚索现场施工过程中由于软基础、孔道偏斜、锚墩方位偏析、混凝土质量等客观情况，偏差值对锚索整体受力的影响会进一步放大。所以压力分散型预应力锚索差异张拉应用过程中应考虑预紧阶段产生的差异量，减小偏差，利于质量控制。

3.3　整体张拉阶段计算

压力分散型预应力锚索经过差异补偿张拉阶段后的应力趋近于设计张拉力的 25%，甚至超过 25%，所以整体张拉阶段应根据不同类型锚索的计算结果决定是否取消 25%一级，直接从 50%一级开始分级整体张拉。差异补偿张拉后锚索应力与设计值的比值见表 4。

表 4　　差异补偿张拉后锚索应力与设计值的比值

项目	L=30m	L=40m	L=50m	L=60m
差异补偿后应力/kN	602.39	550.01	519.20	498.91
设计张拉力/kN	2000	2000	2000	2000
比值/%	30.12	27.50	25.96	24.95

注　本表计算条件与表 1 一致，为整束锚索受力数据。

4　实际运用

两河口水电站泄水建筑物进口边坡开挖坡面高度 606m，布置压力分散型预应力锚索 4400 余束，高峰期施工强度达到每天 12 束。开工之初先后进行了锚索破坏性试验和工艺性试验，进行了充分的压力分散型预应力锚索差异张拉方法论证与测试，测试结果表明考虑预紧阶段差异量的单根差异张拉能够满足设计应力要求、钢绞线平衡受力、施工效率高，并在主体工程中推广运用。泄水建筑物进口边坡锚索全部采用差异张拉法施工，有效提高了施工效率，施工过程无质量事故发生，施工质量满足验收要求。

5　结论

（1）差异张拉能够满足设计张拉应力要求，具有操作简单、受力平衡、施工效率高等特点，压力分散型预应力锚索可以优先选用此张拉工艺。

（2）单根差异补偿张拉是保证施工质量、降低人员熟练程度要求、消除作业安全隐患的有效方式。

（3）计算差异补偿值时应考虑预紧阶段钢绞线已产生的差异量，是张拉至110%设计荷载时钢绞线受力平衡的关键。

（4）整体张拉可根据差异补偿后锚索应力情况选择从设计应力的50%开始分级整体张拉。

参考文献

[1] 陈礼仪，胥建华．岩土工程施工技术［M］．成都：四川大学出版社，2008.

[2] 郑静，朱本珍．荷载分散型锚索差异补偿荷载的广义确定［J］．北京：铁道工程学报，2008，1（1）：44－47.

[3] 邹宝良．压力分散型锚索差异荷载补偿张拉工艺研究［J］．福建交通科技，2016，2：29－31.

[4] 黄辉，王晋明．压力分散型锚索差异张拉法在两河口水电站工程中的应用［J］．水利水电技术，2015，46（4）：93－95.

振冲工程

导杆式铣槽机

山东省水利科学研究院
简　介

山东省水利科学研究院是以应用研究为主的社会公益型研究机构。是中国水利学会地基与基础工程专业委员会副主任委员单位。全院职工总数206人，其中高级专业技术职称86人（含研究员30人），中级专业技术职称83人，业务涵盖岩土工程、勘察设计、水环境、水保、农田水利、工程检测等领域。自20世纪80年代开始，由我院完成的“土坝坝体劈裂灌浆加固技术”“高压喷射灌浆技术”获国家科技进步二等奖；“坝体地基劈裂灌浆防渗技术”获国家发明三等奖；“软土地基灌浆防渗加固技术研究”“大粒径地层高压喷射灌浆构筑防渗墙技术研究”“垂直铺塑防渗技术研究”获山东省科技进步一等奖。上述科研成果在国内得到了较大范围的推广，对我国水利行业地基与基础领域的技术发展起到了较大的推动作用。

近年来，我院陆续推出“振动射冲防渗墙技术”“防汛抢险车”“导杆式铣槽机防渗墙技术”。其中“振动射冲防渗墙技术”获水利部推广应用，“导杆式铣槽机防渗墙技术”已在山东省内获得较大应用，并作为“基坑防渗与支护一体化工法”的主要装备进行深度开发。我院决心在中国水利学会地基与基础工程专业委员的技术指导下研发出更多的实用技术，为我国的水利事业的发展作出贡献。

干法下出料振冲碎石桩技术碳排放分析及其应用

张　金[1]　曹中兴[2]　姚军平[3]

（1. 中国港湾工程有限责任公司　2. 中交水运规划设计院
3. 北京振冲工程股份有限公司）

【摘　要】干法下出料振冲碎石桩于1970年起源于德国，我国自2005年开始引进该项技术，经过了10年对该工艺及装备的不断改进，目前已在港珠澳大桥等重大工程项目中得到了广泛应用，取得良好的社会效益。本文从设计、施工、质量控制、试验检测等方面进行了论述，并从二氧化碳排放量的角度对干法下出料振冲碎石桩的环保性能进行了分析。

【关键词】干法下出料　振冲碎石桩　钻孔灌注桩　碳排放对比　环保

1　引言

加强节能减排，实现低碳发展，是生态文明建设的重要内容，是促进经济提质增效升级的必由之路。为了响应国家节能减排号召，经过环保因素、性价比等诸多参数的对比分析，国外某10层民用房屋建筑的地基加固采用了干法下出料振冲碎石桩施工工艺，取代了传统的钻孔灌注桩桩基础结构型式。在工程后期评价中，振冲碎石桩更是以其绿色、环保、低碳的优良环保性能获得建设各方的一致好评。

2　地层地质条件

本工程地层条件分为三层，地下水位自地表以下5～6m。

（1）回填土，深度0～1m，N_{30}为5～10击。基本信息汇总见表1。

表1　基本信息汇总表

序号	深度/m	地层描述	SPT锤击数N_{30}
1	0	回填土	5～10
2	1	含砂淤泥质土	10～20
3	4	淤泥质粉砂	4～13
4	10	含砂淤泥质土	>30

（2）淤泥质砂土，厚度为10～15m，SPT锤击数N_{30}为5～20击。

（3）密实的淤泥质砂土或含砂淤泥质土，厚度为15～30m。

3　基础结构型式的选择

本工程的上部建筑为10层框架结构的民用建筑，对复合土体承载力设计值要求为

150kPa。方案选择时，根据建筑物的结构型式及重要性，设计单位在部分区域基础加固采用了钻孔灌注桩基础，部分可能存在液化的区域采用了干法下出料振冲碎石桩作为地基加固方案，其设计目的在于：

（1）提供足够的承载力。

（2）防止潜在的砂土液化。

（3）限制建筑物不均匀沉降。

4　振冲碎石桩设计

根据《建筑地基处理技术规范》（JGJ 79—2012）进行振冲碎石桩的设计。经计算，设计参数如下。

（1）桩径 ϕ500mm。

（2）桩长约 8～12m。

（3）布桩型式为正三角形 2m。

（4）置换率为 5.67%。

（5）桩位允许偏差±150mm。

（6）垂直度偏差不大于 1/20。

（7）碎石骨料粒径为 20～50mm。

（8）施工平台+2.5mPD。

5　施工工艺及方法

本项目采用干法下出料振冲碎石桩施工，干法下出料振冲碎石桩技术是采用顶部的压力仓输料系统、辅助一定压力的压缩空气在振冲器底部出料的一种干法作业的振冲碎石桩施工工艺，是一种新型的振冲法软基加固技术。其主要工作原理如下：

（1）经提升料斗或砂石泵将石料输送至振冲器顶部料仓。

（2）维持一定风压与风量，压迫底部料仓内的石料经导料管输送至振冲器底部。

（3）通过上部料仓系统维持振冲器底部连续、不间断的供料过程。

（4）重复上述循环，形成连续密实、干净的桩体。

干法下出料振冲碎石桩施工流程如图 1 所示。

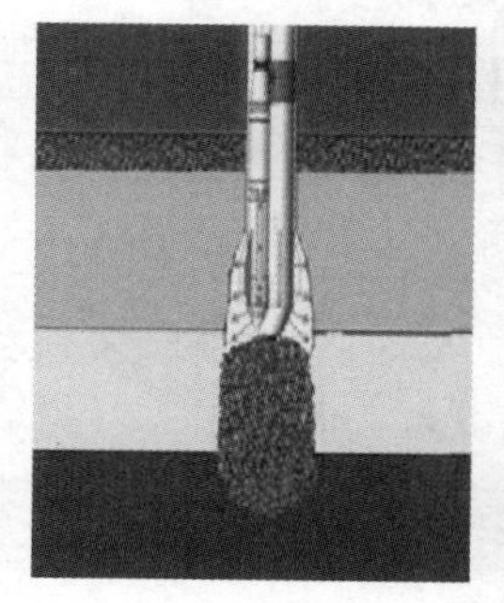

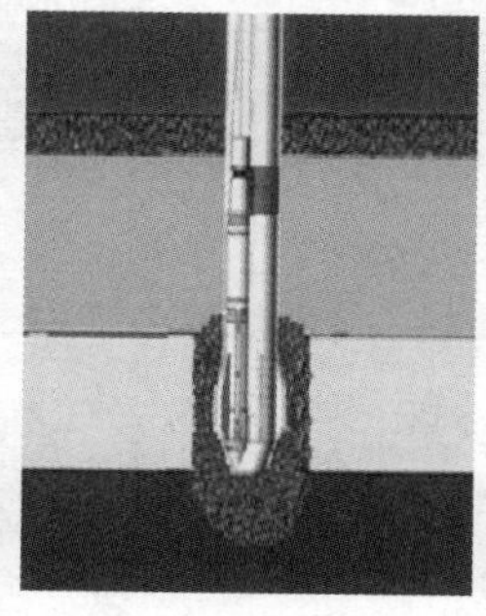

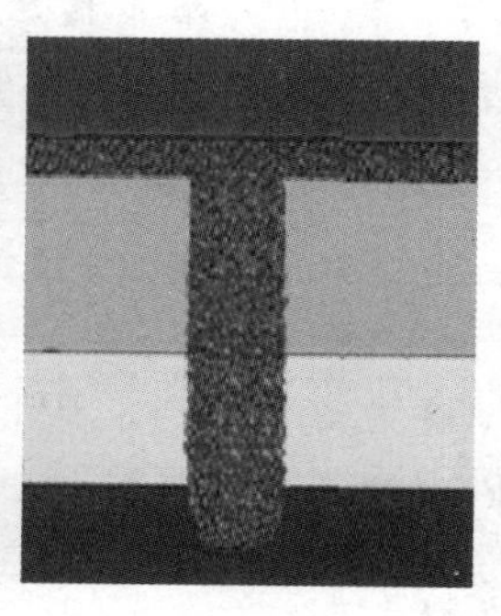

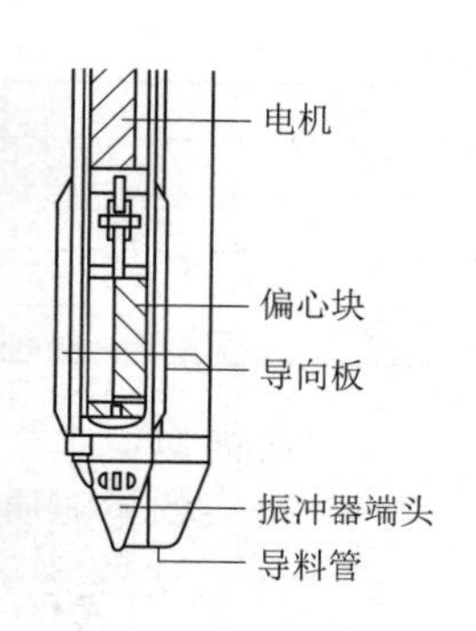

图 1　干法下出料振冲碎石桩施工流程图

本工程的振冲碎石桩工程量为1700根，处理面积5900m²，累计18000延米，投入1台干法下出料振冲设备，施工工期2个月。

6 施工质量检查及控制

采用干法下出料振冲碎石桩施工期间，为了对施工质量进行全过程的监控，施工采用了振冲自动监控及记录系统，对深度、电流值、时间、填料量、垂直度等相关参数进行控制，对上述采集参数绘制时间-深度曲线图、电流-深度曲线图、填料量-深度对应直方图、深度-倾角曲线图。通过全过程的各项施工参数控制，确保了振冲碎石桩的工程施工质量。

施工完成后，通过平板荷载试验对复合土体最大设计荷载下的沉降进行了试验，载荷板1.5m×1.5m时单桩的最大承载力为113t。本工程典型的单桩荷载试验曲线图如图2所示。

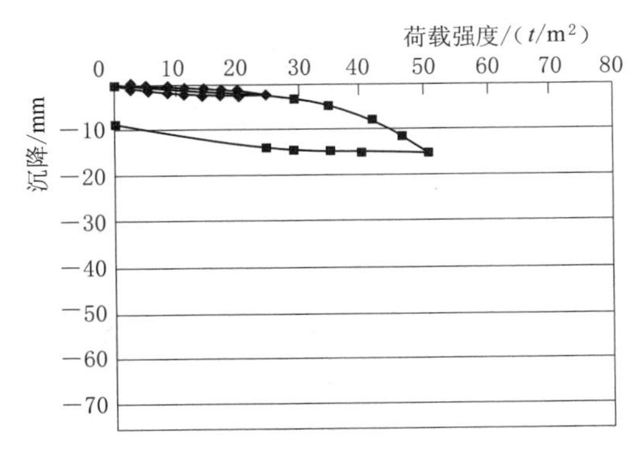

图2 单桩荷载试验曲线图

7 碳排放结果对比

一般来讲，干法下出料振冲碎石桩与钻孔灌桩桩两种工艺相比而言，干法下出料振冲碎石桩施工新技术具有如下优良的环保性能和特征：

（1）碎石桩耗油量相对较少。

（2）可二次开发利用地下空间。当人们在肆意开发地下空间的同时，极少考虑远期对地下空间开发利用的可恢复性（或可再利用），采用碎石桩进行地基加固后，被加固的原位土体可二次开发利用，不会留下任何障碍物或地下设施。振冲技术是在原位土体中挤密或外加天然碎石的复合地基处理方法，无疑对地下空间的二次开发及利用提供了方便与可能性。

（3）天然的原材料。振冲技术所采用的原材料为天然碎石，无需钢筋、水泥、混凝土，成本低、功效小、碳排放低。

（4）节约水资源，减少水资源污染。干法下出料振冲碎石桩技术，采用干法施工，无需用水、化学泥浆。节约水资源，且极少造成水资源污染，基本不需要处理废渣或废水。

（5）有限的土壤污染。对于地表不允许水冲刷的地区，或诸如泥炭土、流态土体在遇水进一步恶化的条件下，采用干法底部出料振冲碎石桩技术，无论从质量上还是环境保护方面都有着巨大的优势。

（6）最大限度利用原状土承载力。由于其工艺本身优良的特点，在干法下出料振冲碎石桩施工过程对原状土的扰动小，更利于发挥原状土的承载力。

通过上述分析可见，从技术角度采用振冲碎石桩方案的优越性是显而易见的。然而，设计单位对各种不同地基加固方案的选择需要对环境影响因素做定量的分析比较才足够从环保的角度推荐采用振冲碎石桩施工方案。国际上通行的办法是对振冲碎石桩和常规的钻孔灌注桩实施全过程所产生的CO_2排放进行比较。在建筑工程各类工序的生产活动中均

会产生 CO_2 排放，如燃烧柴油或采用的水泥、钢筋等均在生产过程中会产生的 CO_2，下面就本项目不同地基加固工艺时的 CO_2 排放进行计算。

7.1 CO_2 排放的对比计算

根据上部结构荷载需求，钻孔灌注桩和振冲碎石桩的设计工程量对比见表2。

表2 钻孔灌注桩和振冲碎石桩的设计工程量对比

序号	项目	钻孔灌注桩	振冲碎石桩
1	桩数	379	1800
2	直径/m	0.5	0.5
3	深度/m	25	10
4	总延米	9475	18000

7.2 计算基础

（1）所有用于生产的主材均应考虑计算 CO_2 排放。

（2）用于生产活动的所有柴油消耗的 CO_2 排放需考虑计算。

（3）干法下出料振冲碎石桩每延米的油耗为2.5L。

（4）钻孔灌注桩的油耗为8L/m，包括钢筋笼制作及安装、混凝土等。

（5）在钻孔灌桩工艺中需要潜水泵及清水泵，而干法下出料振冲碎石桩不需要，忽略不计。

（6）材料运输过程中所产生的 CO_2 排放，两种工艺均忽略不计。

（7）施工过程中，钻孔灌注桩混凝土损耗率为15%，振冲碎石桩中碎石的损耗率为20%。

根据相关国际标准，各种材料 CO_2 排放值估算见表3。两种工艺材料消耗量见表4。

表3 各种材料 CO_2 排放值估算

序号	项目	CO_2 排放值/kg	备注
1	混凝土	0.130	
2	碎石骨料	0.005	
3	钢筋	1.770	
4	柴油/汽油	3.180	

表4 两种工艺材料消耗量

序号	项目	钻孔灌注桩	碎石桩
1	混凝土（含损耗）	5135t	
2	碎石骨料（含损耗）		8482t
3	钢筋	216t	
4	油耗	62914kg	37350kg

注 柴油密度按照0.83kg/L考虑。

7.3 计算结果

在本工程中，当采用两种不同的地基处理方案时，对其生产过程中产生的CO_2排放值作对比计算表明，采用钻孔灌注桩时CO_2排放值为1250t，而采用干法下出料振冲碎石桩时CO_2排放值排放仅仅为160t，比钻孔灌注桩CO_2排放值减少87%。两种工艺CO_2排放值的对比结果见表5。

表5 两种工艺CO_2排放值的对比结果

序号	项　　目	CO_2排放值/kg	
		钻孔灌注桩	振冲碎石桩
1	混凝土（含损耗）	667516	—
2	碎石骨料（含损耗）	—	42412
3	钢筋	382373	
4	油耗	199354	118350
合计		1249t	161t

8 结论及展望

（1）本工程后期检测中，在进行荷载试验时，500kPa荷载板试验沉降量仅为15mm。复合土体承载力完全满足上部结构需要150kPa承载力。

（2）通过碳排放的计算结果看，干法底部出料振冲碎石桩不论是从经济效益、碳排放数还是满足工程需要等方面，均是一种新型的绿色环保施工工艺方法，应大力推广。

填海造陆是海岸带、岛国解决日益严峻的“土地赤字”、扩大生存和发展空间的有效途径。港珠澳大桥、南沙诸多人工岛填海、日本关西机场、羽田机场等均采用干法底部出料振冲碎石桩以及其他工艺提供堤堰基础的，采用格型钢板桩形成海堤“铜墙铁壁”的填海方法，避免了挖泥疏浚、抛石造堰对海洋环境造成的影响。

海上底部出料振冲碎石桩在大型填海项目中的应用

张明生　王　帅

（北京振冲工程股份有限公司）

【摘　要】本文以某大型填海工程为例，详细介绍了大型填海工程地基处理中海上底部出料振冲碎石桩的设计、施工及应用。实践证明，海上底部出料振冲碎石桩工艺作为一种新型施工工艺，为大型填海项目工程提供了一种经济、环保，有效的地基处理方案。

【关键词】底部出料振冲碎石桩　地基处理承载力计算　海上振冲碎石桩施工

1　海上底部出料振冲碎石桩工艺简介

海上底部出料振冲碎石桩工艺是通过施工船及相应起重设备如A架，吊车等起重设备将振冲施工设备吊起后送至海床处，然后启动振冲器，利用振冲器水平振动和高压水的共同作用下在软弱地基中形成一个临时的环形稳定空腔，在达到预定桩长后，再通过振冲下出料系统（由上料斗，集料斗，压力仓，过渡舱，送料管等组成）将碎石直接送至振冲器端部，然后通过振冲器的振动作用分段连续振密后形成大直径的碎石所构成的密实桩体，施工完毕的桩体将会与周边土体形成复合地基。海上底部出料振冲碎石桩主要效果有提高地基承载力、减少地基沉降、提高地层的抗液化能力。

2　工程及地质条件概述

本大型填海项目占地面积为149.69万m^2，主要工程内容可分为回填部分、海堤部分和箱涵部分。其海堤部分地基处理工艺采用海上底部出料振冲碎石桩。地质条件如下：

（1）海相沉积层。非常软至软，浅灰色、灰色，局部略含砂、黏土质淤泥，偶见贝壳，该层厚度约10～22m。

（2）黏土沉积层。坚固—坚硬，浅灰—深灰色，淤泥质黏土，黏土质淤泥，该层顶标高在－20mPD左右，中间夹中砂—粗砂，一般深度在－29mPD。

3　海上底部出料振冲碎石桩施工

设计参数为桩径1m，桩长21～34.5m，桩间距3m，正三角形布桩。

3.1　施工原理

本项目采用双锁压力仓底部出料干法作业的施工工艺，简称干法底部出料工艺，是一种集成的振冲软基加固技术。干法底出料碎石桩施工原理如图1所示。

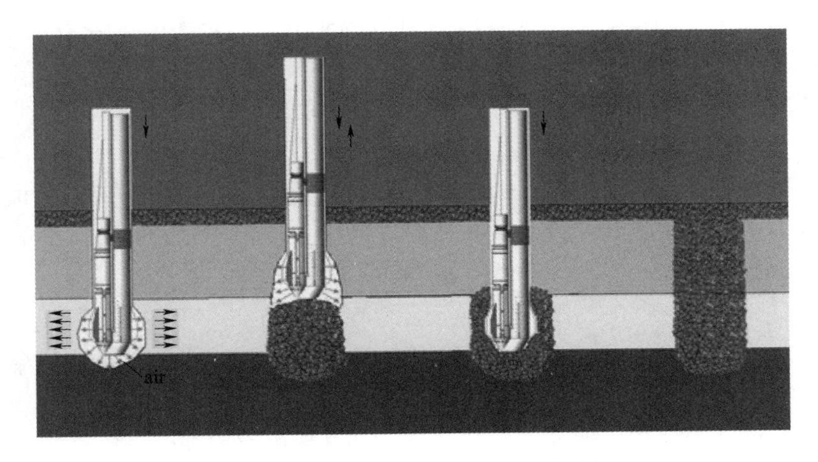

图 1　干法底出料碎石桩施工原理图

（1）经提升料斗将石料输送至振冲器顶部集料斗，然后经转换仓送至压力仓。

（2）通过维持一定风压与风量，压迫压力仓内石料经导料管输送至振冲器底部。

（3）通过上部的双控阀系统，形成转换仓与压力仓的交替减、增压连续供料。

（4）重复上述循环，以实现底部连续出料与形成密实桩体。

3.2　适用范围

振冲碎石桩作为一种地基处理的方法，在振冲器水平振动和高压水/气的共同作用下，使松散碎石土、砂土、粉土、人工填土等土层振密；或在碎石土、砂土、粉土、黏性土、人工填土、淤泥土等土层中成孔，然后填入碎石等粗粒料形成桩，和原地基土组成复合地基。

3.3　工艺特点

（1）适用于常规振冲无法适应的软塑—流塑的淤泥或淤泥质不排水抗剪强度低于20kPa的软土振冲置换。

（2）采用专用桩架＋桅杆作为振冲器的起重设备，可设置下加压装置，且桩架可根据不同区域的桩长配置不同高度。

（3）振冲器处于悬垂状态，碎石桩垂直度易于保证。

（4）每斗碎石可被精确地释放到每个加密深度位置，桩体直径可控。

（5）与湿法相比，干法底出料地面碎石损耗量小。

（6）对原状土扰动小。

（7）更有利于黏性土中差异沉降的减少和加速软土排水固结。

3.4　施工流程

3.4.1　造孔

（1）对位。采用GPS定位仪RTK定位方法，仪器测量精度5～8mm，所有碎石桩平面位置应控制在150mm以内。

（2）振冲器系统悬挂在桩机架系统上，通过桩机架来调整碎石桩底部出料系统的垂直度。

（3）填入碎石，直至充满石料管，约$3m^3$（如料管长度30m）。

（4）开启振冲器及空压机，压力仓控制阀门应处于关闭状态，风压为0.2～0.5MPa，风量$23m^3/min$。

（5）造孔至冲积层时，如需要，则可通过桩架施加外压协助振冲器造孔至设计桩底标高。

（6）振冲器造孔速度不大于1.5～3m/min，深度大时取小值，以保证制桩垂直度。

（7）振冲器造孔直至设计深度。造孔过程应确保垂直度，形成的碎石桩的垂直度偏差不大于1/20。

3.4.2 加密

采用提升料斗的方式上料，并通过振冲器顶部受集料斗、转换料斗过渡至压力仓，形成风压底部干法供料系统。

（1）造孔至设计深度后，振冲器提升0.5～1m（取决于周围的土质条件），匀速提升，提升速度不大于1.5m/min。石料在下料管内风压和振冲器端部的离心力作用下贯入孔内，填充提升振冲器所形成的空腔内。

（2）振冲器再次反插加密，加密长度为300～500mm，形成密实的该段桩体。

（3）在振冲器加密期间，需维持相对稳定的气压在0.2～0.5MPa，保持侧面的稳定性并确保石料通过振头的环形空隙达到要求的深度。

（4）重复上述工作，直至达到碎石桩桩顶高程。

（5）关闭振冲器、空压机，制桩结束。

（6）移位进行下一根桩的施工。

3.5 质量控制

碎石桩施工质量控制主要采用全过程施工关键点控制组成，通过采用振冲自动控制及记录系统，对碎石桩桩位、总填料量及每米填料、倾斜度、桩深、电流、气压、时间监测等进行实时的监测，通过上述监测，对每根碎石桩质量实施全过程的监测及控制。

4 结论

本次填海项目最终完成约100万延米的海上底部出料振冲碎石桩，检测结果优良。证明了海上底部下出料振冲碎石桩应用于不适用常规振冲的软塑—流塑的淤泥或淤泥质不排水抗剪强度低于20kPa的软土地基处理，扩展了振冲碎石桩的土体适用范围。通过在本工程的实践，底部出料振冲碎石桩集成设备（质量控制系统，双锁压力仓系统，自动记录系统等）均已成熟，具备了大规模使用的技术条件。

振冲挤密工艺在珊瑚沙土层中的应用

李国印　陈俊良　张少华

（北京振冲工程股份有限公司）

【摘　要】 振冲挤密处理的砂类土地基多为硬度较高的硅酸盐砂，采用振冲挤密加固处理珊瑚沙土地基的工程实例较少。本文介绍了瓦努阿图维拉港购物中心振冲挤密地基处理施工案例，该建筑场地工程地质条件复杂且处于地震多发地带，地基的土层液化较为严重。施工过程中根据不同物理力学性质的土层采用不同的施工参数、软弱土层填充碎石等措施，使得处理后地基的承载力、抗震液化等技术指标满足设计要求，验证了采用振冲挤密加固处理珊瑚沙土地基的可行性，为振冲挤密处理该类地基提供了宝贵经验。

【关键词】 振冲挤密　珊瑚沙土地基　土层液化　承载力

1　工程概况

瓦努阿图维拉港购物中心位于瓦努阿图维拉港市中心，东侧为公路，南侧为蔬菜市场，西侧为海岸，北侧为零售店和公园。工程场地为填海土地，地势平坦，早前用作停车场。拟建项目为5层的多功能大厦，包括商店、办公室、公寓、酒店和其他配套设施。大厦尺寸为西侧宽56m，东侧宽44m，长77m。

本工程采用振冲挤密工艺对天然地基中的珊瑚沙土进行挤密，完成对天然地基的加固处理。

2　工程地质条件

2.1　地层情况

施工场地地层由回填土层、海相沉积层、珊瑚石灰岩层组成，地层情况见表1。

表1　　地　层　情　况

地质单元	地表深度/m	厚度/m	描　述	标贯值 N	无侧限抗压强度检测/MPa
回填土层	0	1.5～5.8	细砂和粗糙砾石，含卵石和细碎淤泥。密度由松散到中等密度。砂砾和卵石为带角度的珊瑚	6～49	NA
海相沉积层	1.5～5.8	8.4～25.5	含砾石沙子和含砂砾石，带有小块珊瑚石灰岩石块	3～47	NA
珊瑚石灰岩层	9.9～30.0	平均 1.5～5.75	由极为脆弱到脆弱珊瑚石灰岩，中等到坚固的，轻微到中等的	>50	4.3～13.5

2.2 地下水情况

现场地下水深度为地下 2m，深度区间在 1.75～2.35m，随着潮汐波动变化。地下水存在腐蚀性，地下水化学分析见表 2。

表 2　　地下水化学分析

样品来源	pH 值	氯化物/(g/m³)	硫酸盐/(g/m³)
钻孔 BH5	7.9±0.2	792±48	132.4±8.0

2.3 地质灾害情况

瓦努阿图坐落于活跃的地震带，受新赫布里底群岛海沟影响，该海沟分布在瓦努阿图海岛西侧不到 100km 的南北走向俯冲区，地震较为频繁。维拉港最近的一次大地震发生在 2002 年，地震后的详细报告显示海堤出现部分位移，地面在距离海堤 25m 范围内出现裂缝，周边酒店和菜市场也发现了部分损坏。震后调查表明，该地区的地震烈度为 7 度。

3 施工技术要求

（1）业主要求复合地基承载力特征值 $f_{spk} \geqslant 150$kPa。

（2）振冲挤密点布置为正三角形，间距 1.8m。

（3）振冲挤密终孔深度为与珊瑚石灰岩层相接。

（4）振冲挤密点布置范围除建筑物基础区域内布点外，建筑物近海一侧基础区域外布置 4 排保护振冲挤密点、建筑物近陆地一侧基础区域外布置 4 排保护振冲挤密点、靠近公园一侧布置 4 排保护振冲挤密点、靠近蔬菜市场一侧布置 3 排保护振冲挤密点。

4 施工参数

本工程采用 BJ－75 型电动振冲器施工，施工参数如下：

（1）造孔电压 380V。

（2）造孔水压 0.2～0.8MPa，加密水压 0.2～0.6MPa。

（3）加密电流 80～85A。

（4）留振时间 8～12s。

（5）加密段长度 30～50cm。

5 工艺试验

5.1 试验区域

根据工程地质勘查报告可知，拟建施工场地的处理深度为 10～30m，为确定振冲挤密工艺的技术参数以及可行性，试验区域选择在处理深度为 20m 的位置。

5.2 试验情况

（1）在造孔时大部分挤密点在深度 3～5m 振冲器抖动严重，无法完成造孔，为了探明此情况，采用挖掘机对 5m 以上土层进行开挖，开挖时发现 5m 以上土层内出现大量大块石且分布密实。

（2）造孔时在深度 11～12m 处存在硬夹层，造孔时电流较高为 100～120A，通过多次上提下放振冲器穿过该硬层。

（3）振冲器造孔完成后进行加密，加密时在深度0～8m电流较低，无法达到设计的加密电流值，对个别挤密点进行地表碎石土填充，加密电流到达设计值，其余挤密点只能加密到地表以下8m的深度且加密后地面沉陷量较大，低于地下水位。

5.3 试验结论

（1）依据施工场地地质条件及施工情况，确定采用振冲挤密加固处理地基方案可行。

（2）在回填土层内存在大量大石块且分部密实，应将回填层内的大石块挖除，回填平整后再进行振冲施工，保证成孔深度满足设计要求。

（3）在深度11～12m存在硬夹层，应多次上提、下放振冲器，穿过该硬层，保证成孔深度满足设计要求。

（4）由于加密后地面沉陷量较大，低于地下水位，在深度0～8m无法完成加密，为保证工程质量，加密时应在深度0～8m填充碎石。

6 施工流程及方法

6.1 施工流程

振冲挤密施工流程：施工准备→定标放线→振冲器定位→振冲设备检查完好性→下放振冲器至处理顶标高→启动水泵→启动振冲器→振动冲孔→达到设计深度→留振、分段提升（软弱土层填充碎石）→挤密完成。

6.2 施工方法

振冲施工方法示意如图1所示。

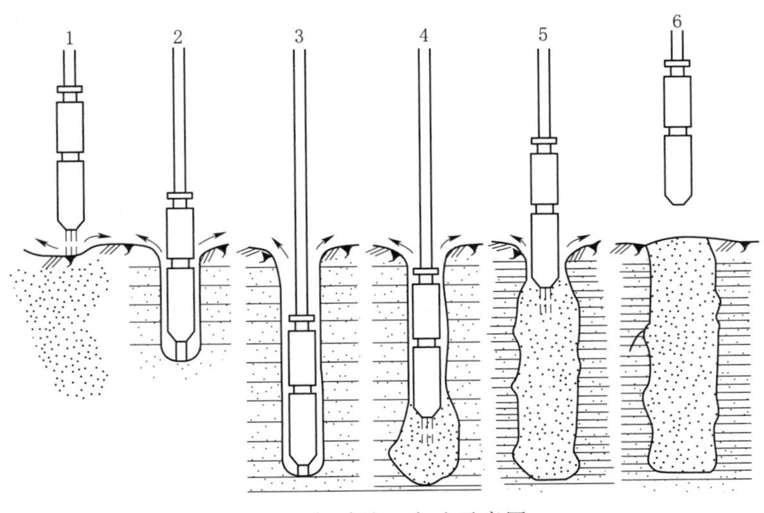

图1 振冲施工方法示意图

1—开机定位；2—造孔；3—孔底留振；4—留振提升；5—孔口复振；6—挤密完成

7 施工时采取的措施

由于工程地质条件复杂，回填层含有大量的大块石，软弱土层和硬夹层分布不均匀，施工难度增大。根据工艺试验施工情况，通过查阅地质勘察报告进行现场调研及施工时现场原位测试，整理出整个施工区域土层分部的图表，明确了软弱土层、硬夹层存在的位置和厚度，不同土层施工时调整了相应的施工参数，并且及时自检对施工质量进行检测，验证施工质量是否满足设计要求。

7.1 回填层内大块石的处理措施

由于施工场地回填土层内存在大量的大块石且分布密实，振冲器无法穿透完成造孔，因此采用挖掘机将大块石挖出、外运后平整场地，进行振冲施工时振冲器在回填土层造孔顺畅，保证了成孔的深度满足设计要求。

7.2 在软弱土层施工时的措施

由于回填层和部分深度海相沉积层的含泥量大、珊瑚沙颗粒细小且含量较高，土层较软弱，围压较小，造孔时较易成孔，在加密时发现加密电流无法达到设计值，在加密时采取以下措施：

（1）在加密时填充碎石。

（2）适当增加加密电流，由原来的80～85A增加到90A。

（3）适当减小加密段长度，由原来的30～50cm减小到20cm。

（4）适当增加留振时间，由原来的8～12s增加到15s。

（5）振冲器提出孔口，追料压到软弱土层，并多次重复上述过程，增加填料量。

（6）若加密时加密电流达到设计要求，而振冲器依然下降明显，不能结束此段的加密，须继续追加填料重复此段加密，直至在达到加密电流的同时，振冲器不再下降，方可完成此段加密，保证密实度。

（7）在加密完成后及时进行自检，自检结果满足设计的质量要求，从而验证了增加加密电流、减小加密段长度、增加留振时间以及增加填料量等措施取得了很好的处理效果。

7.3 在硬夹层施工时的措施

由于硬夹层较为密实，造孔时电流较高，振冲器下降缓慢，孔口返砂明显，出现了抱卡导杆的情况，造成了可以终孔的假象。因而在施工时采取：

（1）造孔时采用“水气联动”的方式进行。

（2）在施工前，告知机组人员施工区域内硬夹层存在的位置及厚度，造孔时加大水压，要求机组人员验证该层是否为最终持力层，通过多次上提、下放振冲器，使振冲器逐渐冲过硬层，从而避免出现达到终孔条件的假象，保证处理深度达到设计要求。

（3）出现抱卡导杆情况时及时停止下放振冲器，让振冲器停留在原深度，加大水压预冲一段时间，然后缓慢下放振冲器，在该地段附近多次上下提拉振冲器清孔，防止卡孔，实现穿透。

（4）在加密时，加密电流较易达到设计值，且自检时施工质量满足设计要求，因而加密电流，加密段长度、留振时间等施工参数不变。

7.4 较深区域施工时的措施

在靠海侧施工时最大深度29.5m，在施工过程中出现缩孔现象，导致抱卡导杆频率增大，因此在施工时采取以下措施：

（1）针对较深区域振冲器导杆长，起吊难度大的特点，采用重型导杆保证造孔的穿透能力和垂直度，采用大吨位吊车以同时满足起吊重量和起吊高度两方面的要求。

（2）施工时采用“水气联动”的方式进行造孔，加大水压和气压，加快造孔速度，减少抱卡导杆的现象发生，保证振冲施工深度达到设计要求。

（3）对吊车操作员、孔口指挥员、技术员等关键岗位人员进行严格的岗前培训，提高技术、操作水平。

（4）在加密完成后及时进行自检，自检结果满足设计的质量要求，从而验证了采用重型导杆和大吨位吊车、“水气联动”等措施保证了施工质量。

8 结论

（1）振冲挤密针对以珊瑚沙土为主且地质条件复杂的地基达到了很好的处理效果，提高了地基的承载力并消除了地震液化。

（2）当珊瑚沙土层中粗颗粒含量较高时，振冲挤密无需进行填充可以自振密；当珊瑚沙土层中细颗粒含量较高时，振冲挤密需要填充碎石进行振密。

（3）在软弱土层进行振冲加密时，可采取增大加密电流、减小加密段长度、增加留振时间等技术措施，保证了施工质量。

（4）在施工时应根据不同的土层地质条件采用不同的施工参数进行施工，保证了施工质量。

（5）本工程为振冲挤密在以珊瑚沙土为主且地质条件复杂地基处理中的应用提供了宝贵的经验。

桩基工程

1 2

3 4

1 三峡升船机齿条螺母柱接缝灌浆　　2 引汉济渭引水隧洞高压灌浆试验

3 万家口子水电站导流洞封堵咨询　　4 南水北调（北京段）南干渠检测

中国水利水电科学研究院
简　介

中国水利水电科学研究院（简称中国水科院）组建于1958年，经过60余年的发展，已成为中国水利水电科学研究和技术开发中心，承担了多项国家重点科研攻关和水利部重大项目的科学研究任务，参与了国内绝大多数大中型水电工程项目的研究任务。目前全院在职职工1400余人（院士6人），拥有4个国家级研究中心、8个部级研究中心，1个国家重点实验室、2个部级重点实验室，是我国从事水利水电科学技术研究规模最大的研究院，具有一流的科研试验条件。

北京中水科工程总公司是中国水科院科研成果转化和应用平台，是北京市首批认定的高新技术企业，主要开展国内外水利水电、交通、能源、铁路、市政、建筑等行业相关领域的技术研发，可承接工程勘测设计、施工、监理、咨询评估、监测检测和项目总承包等业务。公司在安全监测自动化系统集成、水库大坝渗漏检测、复杂地层防渗堵漏、海上风电建设等方面的技术研究处于优势地位。

在灌浆材料上国内首次开发了湿磨超细水泥、稳定浆液、膏状浆液、低热沥青、SK－E改性环氧等；在灌浆理论上，提出了浆液扩散公式（刘嘉材公式）、灌浆地表抬动公式、“注入率-压力”双限控制灌浆理论；在灌浆工艺上，先后研究开发了套阀花管工艺、膏状浆液灌注工艺、后灌浆桩工艺、模袋灌浆工艺、接力灌浆工艺等，并将这些成果应用于三峡、二滩、龙羊峡、向家坝、下坂地、锦屏、南水北调、引汉济渭等近百项大中型工程中。

高含量大粒径砂卵石地层灌注桩施工技术研究

常　亮　李　铅

（中国水电基础局有限公司）

【摘　要】南水北调中线京石段北拒马河南支、南拒马河渠道倒虹吸防护工程，灌注桩施工地层主要为砂卵石地层，卵石含量高、粒径大。在保证倒虹吸建筑物安全的前提下，研究高含量、大粒径砂卵石地层灌注桩护筒镶筑、成孔等施工技术。

【关键词】砂卵石　灌注桩　黏土置换　黏土护壁

1　工程概况

南水北调中线京石段北拒马河南支、南拒马河渠道倒虹吸防护工程由北拒马河南支渠道倒虹吸防护工程、南拒马河渠道倒虹吸防护工程两个单位工程组成，工程跨越两个行政县市。由于倒虹吸主体建筑物上下游河道采砂现象严重，倒虹吸上下游河道在很大范围内河道底高程下降明显，显著改变了倒虹吸的抗冲刷条件。2012 年“7·21”特大洪水过后，倒虹吸管身下游河床下切严重，冲沟已接近倒虹吸管身右侧，35kV 电力杆塔基基础受溯源冲刷影响暴露 3m 多，远大于原初设相应冲刷计算结果。在遇较高标准洪水时，危及南水北调工程的运行安全，需要采取工程防护措施，以保证倒虹吸工程的运行安全。

本防护工程主要内容包括砂卵石开挖、混凝土灌注桩（1200mm）、铅丝石笼防护、冠梁、砂卵石填筑。其中，混凝土灌注桩（1200mm）沿倒虹吸轴线布置在下游侧，距倒虹吸 15m，桩间净间距 50cm，共计 467 根。由于距离倒虹吸太近，为保护倒虹吸安全，设计明确提出不得使用冲击钻造孔，只能使用回转钻进行施工。

2　工程地质条件

建筑物区为山前冲积平原，地形平坦，总体地势西高东低，河床两岸漫滩分布均匀。地层岩性均为第四系（Q）冲洪积物砂卵石层，由老至新呈如下分布：

（1）第四系上更新统下段冲洪积（$al+plQ_1^3$）：以卵石层为主，漂石含量约 25%～40%，最多达 50%以上，最大径达 120cm。

（2）第四系全新统中段冲洪积（$al+plQ_2^4$）：主要为卵石层和砂壤土，其中漂石含量约占 5%～15%，最大粒径达 52cm；局部卵石含量约占 80%～90%。

（3）第四系全新统上段冲积（alQ_3^4）：卵石层为主，一般卵石粒径 2～8cm，含量约占 50%～72%。

3　项目主要特点和重难点

由于施工时不得使用冲击钻，砂卵石地层灌注桩施工成为本工程的重难点。灌注桩设计深度约为17m，施工地层全部为砂卵石地层，且施工所处区域为倒虹吸施工时回填区域，地质松散，透水率极高。生产性试验时，采用传统的泥浆护壁工艺，无法有效护壁，相反砂卵石吸水后细颗粒流失导致大颗粒卵石形成架空结构，塌孔更严重，无法成孔，如何解决成孔问题成为灌注桩施工的重难点。

4　灌注桩施工工艺选择

4.1　主要技术要求

本工程下游倒虹吸管身外侧15m处设透水防冲墙，采用ϕ1200mm钢筋混凝土灌注桩，有效桩长15.65m，混凝土采用C30，透水防冲墙顶部设钢筋混凝土冠梁。灌注桩沿倒虹吸管身方向布置，净间距50cm，穿越南、北拒马河主河道。钻孔垂直度小于0.5%，孔中心位置小于50mm，沉淀厚度不大于100mm。钢筋笼主筋采用ϕ28mm钢筋。

4.2　施工工艺流程

根据工程实际情况，试验采用泥浆护壁无法成孔，经对地层研究、工艺选比并结合周边资源，考虑工程所处区域地下水位深，周边地区黏土储量丰富等因素，制定了“黏土置换、黏土护壁、干成孔”成孔工艺。主要施工步骤可分为测量桩轴线、开挖置换黏土、定桩位、埋设护筒、钻进、黏土回填、钻进、钢筋笼下设、混凝土浇筑等几个步骤，灌注桩施工工艺流程如图1所示。

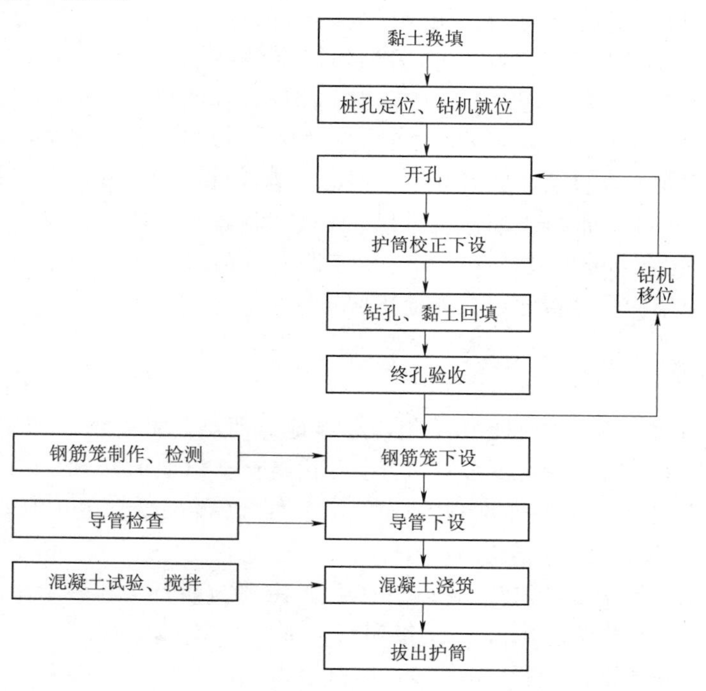

图1　灌注桩施工工艺流程图

4.3 灌注桩施工顺序

由于工程地质条件较为松散，且卵石粒径较大，两相邻桩净间距只有 50cm，旋挖法施工过程中会对周边造成扰动，为避免在施工过程中对已施工完毕的桩产生扰动，影响灌注桩质量，分三序跳桩施工，按照Ⅰ、Ⅱ、Ⅲ序分序进行施工，先施工Ⅰ序，然后再施工Ⅱ序，最后施工Ⅲ序，这样可以有效解决扰动，黏土护壁施工桩位布置如图 2 所示。

4.4 灌注桩施工

4.4.1 施工准备

（1）施工场地准备。测放桩轴线：根据设计图纸测量放样灌注桩轴线，在轴线上做标记，然后以轴线为中心开挖 3m 宽、3m 深凹槽。开挖完毕后，回填黏土分层碾压至设计孔口高程。黏土换填如图 3 所示。

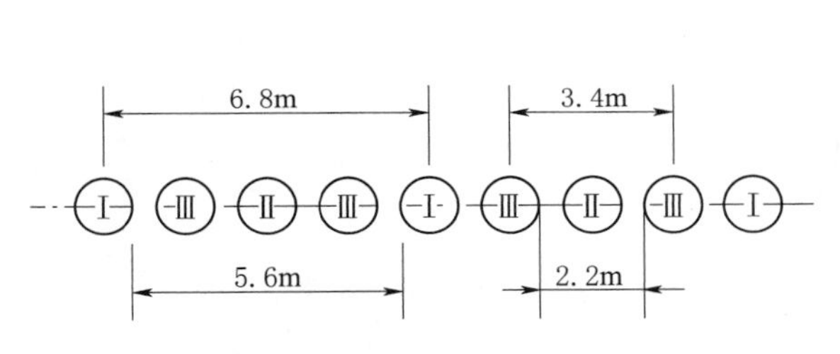

图 2 黏土护壁施工桩位布置图

图 3 黏土换填

（2）埋置护筒。黏土置换完毕后，测放灌注桩桩位，桩位放样偏差不得大于 20mm；以长约 300～500mm 的木桩或铁钎锤入土层作为标记，出露高度一般为 50～80mm。为控制桩位、保护孔口，以稳定孔壁，固定钢筋笼，防止浇筑过程中钢筋笼上浮，造孔前埋设护筒。本工程选用钢护筒，坚固耐用，重复使用次数多，制作简便；用 10mm 厚的钢板制造，护筒高 3.0m，护筒上部焊有吊环，方便起吊护筒。

为了校正护筒及桩孔中心，在挖护筒之前采用“十”字交叉法在护筒以外较稳定的部位设 4 个定位桩，以便在挖埋护筒及钻孔过程随时校正桩位。

4.4.2 钻孔

（1）旋挖钻机选型。施工前项目部组织相关施工人员进行实地踏勘，根据地层情况就旋挖设备选型征求意见，采用大功率、高扭矩、机动灵活、低污染、低噪声、施工效率高的旋挖钻机。

（2）旋挖钻头配型。

1）截齿半合钻头。由于地层中卵石含量高、粒径大，普通钻头进渣口开度较小，遇到较大卵石后，卵石无法进入钻筒内，而是随着钻头在孔内旋转，这样就对周围的孔壁产生扰动，造成塌孔、扩孔。普通钻头进渣口与较大卵石对比如图 4 所示；普通钻头钻孔孔内情况如图 5 所示。

图 4　普通钻头进渣口与较大卵石对比

图 5　普通钻头钻孔孔内情况

为了解决上述问题，调整了钻头进渣口的开度。经过现场试验，进渣较以前有所改善，但是较大粒径的卵石仍无法进入。由于采取黏土护壁，孔内回填全部为黏土，在提钻卸土时，黏土全部粘在钻筒上，里面的钻渣很难甩出，需人工进行处理，极大程度地降低了工效，很难体现先进机械设备的优势。

针对出现的问题，与厂家定制了改进的截齿半合钻头，此钻头结构特征为半合式，切削齿为截齿，进渣口开度大，适用于纯黏土、淤泥质等黏性大、不容易甩土的地层。此外，改进后的钻头在砂卵石地层中的效率也大大提高。改进后的截齿半合钻头如图 6 所示。

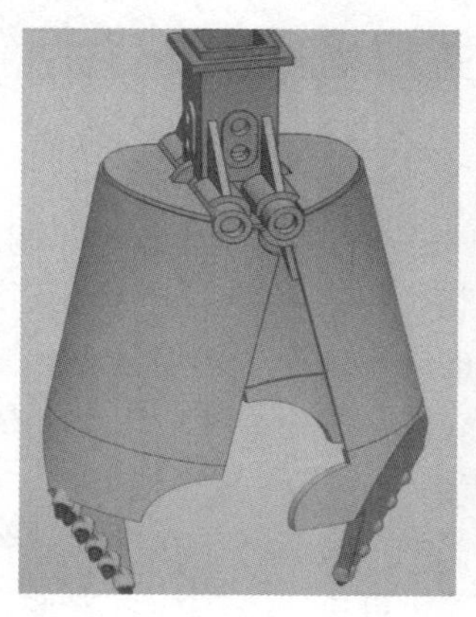

图 6　改进后的截齿半合钻头

此钻头截齿与进齿面成 45°角，进尺速度快，而且进渣口开度较大，地层适应性较强。此钻头的斗体分为两片开合，卸土方便快捷，成功解决了黏土卸土困难的问题。

2）卵石抓取钻头。改进后的截齿半合钻头成功解决了钻孔及出渣遇到的问题，但由于地层变化较大，漂石含量也较高，在施工过程中遇到的漂石最大粒径达到 1.2m（图 7）。此类漂石旋挖钻头无法将其提出孔外，需人工配合机械将其提出孔外。这样既降低了施工功效，还存在较大的安全隐患。

怎么才能将大的卵石、漂石提出孔外是急需解决的问题。针对此问题专门加工了卵石抓取钻头，卵石抓取钻头如图 8 所示。

图 7　孔内较大卵石及漂石

图 8　卵石抓取钻头

此种钻头就是在普通筒钻的基础上进行改造，在中心加装夹片机构。此种钻头适用于卵漂石粒径过大的地层，粒径过大时无法进入截齿捞砂钻头中，或进去之后难以卸出。当下钻后，稍加压力后夹片就张开，在钻进一定进尺后提钻，夹片靠钻头及内部钻渣重力进行加紧，操作简单，效率高。

4.4.3　黏土护壁

根据钻孔情况，如发现塌孔、扩孔严重，进尺较慢，立即向孔内回填黏土，然后再钻进，钻进过程中，通过钻头的挤压，黏土填充了塌孔、扩孔部位，孔壁光滑，大大提高了成孔质量。如此循环往复作业，既保证了成孔，又控制了扩孔，有效减少了混凝土超方，提高成孔率。由于是干孔钻进，孔内没有泥浆，省去了清孔工序，钻孔结束后可以直接下设钢筋笼，由此节省了大量的人力物力，还保证了质量。黏土护壁前、后孔内情况分别如图 9、图 10 所示。

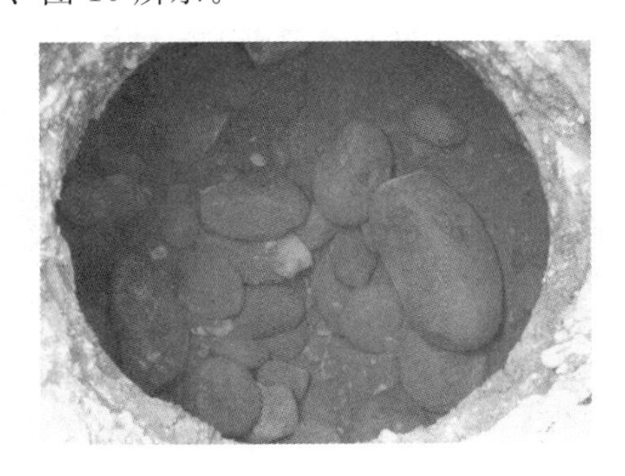

图 9　黏土护壁前钻孔情况

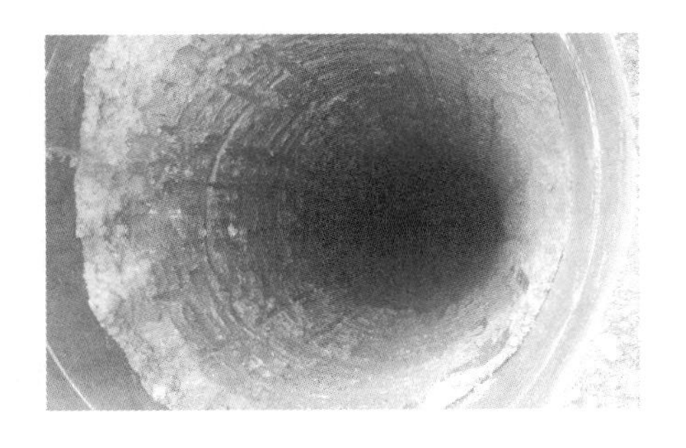

图 10　黏土护壁后孔内情况

4.4.4 清孔

由于采用泥浆护壁塌孔严重，施工都采用了干孔钻进黏土护壁施工工艺，故不存在清孔工序施工。

4.4.5 制作及安装钢筋笼

制作：钢筋笼规格及配筋严格按设计图纸进行，加强箍筋及主筋采用双面焊，且焊缝饱满充分保证了钢筋的有效焊接长度，进场钢筋规格符合要求，并附有厂家的材质证明，现场按批次及见证取样符合规定。

安装：钻孔完毕，经探孔器（长4m，ϕ1.2m）探孔、孔径和竖直度检查符合要求后，即进行安放钢筋笼。钢筋的尺寸、制作、焊接质量按设计图纸和“技术规范”要求进行。用吊车起吊入孔，保证平直起吊。笼子吊离地面后，利用重心偏移原理，通过起吊钢丝绳在吊车钩上的滑动并稍加人力控制，实现平直起吊转化为垂直起吊，以便入孔。加强各起吊点，防止因钢筋笼较重而变形。吊放钢筋笼入孔时，对准孔位轻放慢放入孔。

4.4.6 混凝土灌注

钢筋笼吊放完毕后，孔内虽无泥浆，但严格按水下混凝土灌注的规范要求进行混凝土灌注，混凝土坍落度控制在180～220mm，导管下设及拆卸严格按照水下混凝土灌注进行，灌注过程中严格控制导管埋深，保证导管无拔脱、无钢筋笼上浮现象。

5 灌注桩施工质量情况

按设计要求，对施工完毕的灌注桩进行小应变、钻孔取芯、声波透射等检测，且检测总数不得少于灌注桩总数的40%，本工程共完成ϕ1200mm灌注桩467根，对其抽检189根，其中Ⅰ类桩175根，Ⅱ类桩14根，无Ⅲ类桩，工程质量符合设计及规范要求，工程质量等级为优良。

6 结语

本工程工期紧，任务重，工期仅为65天，采用“黏土置换、黏土护壁、干成孔”施工新工艺后，成孔效果良好，加快了施工进度，混凝土充盈系数由试验时的1.8降低到1.35，有效解决了混凝土超方问题。该施工技术成功应用于南水北调中线京石段北拒马河南支、南拒马河渠道倒虹吸防护工程灌注桩施工中，解决了高含量、大粒径砂卵石地层泥浆护壁效果差、护筒镶筑困难、扩孔及成孔困难等问题，节约了施工成本。也拓宽了旋挖钻机的施工领域。

锤击法预制H型钢桩的施工及其应用

赵雪峰　杨　冲　王斐庆

（北京振冲工程股份有限公司）

【摘　要】本文根据香港某锤击法H型钢桩项目的实际情况，对“英国标准规范”要求下的施工过程进行详细说明，包括设备测试、工序检验、工艺流程和施工程序等内容。

【关键词】锤击法　H型钢桩　英国标准施工

1　引言

H型钢桩是预制桩的一种类型，国内预制桩通常采用预应力混凝土管桩。相对于管桩，H型钢桩具有自身强度高、地层穿透能力强、承载力高等优势，在国外和港澳地区广泛应用于高层建筑等重要设施建设中。

2　项目概况

港澳地区的H型钢桩通常有锤击式和预钻孔式两种，本项目为锤击H型钢桩，且为嵌岩桩，桩上部设置基础以承托箱涵结构，结构物内安装相关设备和仪器。

2.1　工程地质条件

本工程典型的地质条件如下：

（1）回填层。上部5～10m为吹填砂层。

（2）海相沉积层。非常软至软，浅灰色、灰色，局部略含砂，黏土质淤泥，偶见贝壳。该层厚度约10～22m。

（3）黏土冲积层。坚固至坚硬，浅灰—深灰色，淤泥质黏土，黏土质淤泥，该层顶标高一般在－20mPD左右。中间夹中砂至粗砂，一般深度在－29mPD，厚度0.5～2m。

（4）花岗岩层。底部为全风化、强风化花岗岩、中—微风化花岗岩。

2.2　设计要求

主要设计要求如下：

（1）H型钢桩材料要求为305mm×305mm×223kg/m，S450 J0级别。

（2）焊接材料强度须高于桩体S450 J0级强度。

（3）施工方法为锤击法。

（4）单桩承载力要求不小于3660kN。

3 前期工作

3.1 材料测试

（1）材料进场后，应按照规范要求对 H 型钢桩进行外观测试，须满足规范要求的制作容许误差。

（2）取 H 型桩钢板制作成标准件，送至检测机构对材质和抗拉强度参数进行测试，满足规范要求后可用于现场施工。

3.2 焊接试验

焊接工人除须具备政府颁发的焊接牌照外，还需在多方见证下于施工现场进行焊接实操，将焊接试验送至检测机构测试焊接质量，合格后该焊工方可上岗作业。

3.3 液压锤测试

锤击法施工预制桩，通常使用液压锤或柴油锤作为锤打设备，由于柴油锤工作时产生柴油燃烧不充分的环境污染问题，在环保要求较高的地区柴油锤已不允许使用，液压锤的应用越来越广泛。

液压锤的选择，需要考虑地质条件、设计要求等多方面因素，如投入液压锤数量超过一台，通常可选择不同吨位的液压锤对应施工不同深度地 H 型钢桩，可最大限度地提高施工效率并保证施工质量。

用于最终收桩的液压锤需进行如下测试：①锤心重量；②锤垫的回弹系数；③液压锤的效率值。

3.4 编制收锤表

收锤表的编制主要是依据液压锤相关测试数据以及施工经验，运用 Hiley 公式计算不同桩长和临时压缩量下的最后 10 击贯入度，编制针对具体项目的收桩锤表，用于指导现场施工。依据香港屋宇署制定的《Code of Practicefor Foundations 2017》，在编制锤表之前，应遵循以下几点要求：

（1）最后 10 击的贯入度不小于 25mm。

（2）最后 10 击的贯入度不大于 100mm。

（3）当最后 10 击的贯入度在 50～100mm 时，贯入度按 50mm 计。

（4）在编制锤表过程中，当 $(C_p + C_q)/L > 1.15$ 时，相应的贯入度值应予以舍弃。

（5）在无相关检测证明的条件下，检测用打桩锤的锤击效率不应大于 0.7。

（6）如桩端进入基岩，则最后 10 击贯入度为 10mm。

Hiley 公式如下：

$$R = \frac{e_h W_h h}{s + 0.5(C_c + C_p + C_q)} \times \frac{W_h + n^2(W_p + W_r)}{W_h + (W_p + W_r)}$$

式中：R 为单桩极限承载力，kN；W_h 为锤芯重量，kg；W_p 为桩重量，kg；W_r 为桩帽重量，kg；h 为锤落距，m；e_h 为锤击效率；n 为回弹系数；C_c 为锤垫临时压缩量，mm；C_p 为桩临时压缩量，mm；C_q 为土体临时压缩量，mm；s 为单次锤击贯入度，mm。

s 为单次锤击贯入度，最终总贯入度应采用 $S = 10 \times s$ 的锤击数作为最终收锤依据。

为方便编制锤表，对原 Hiley 公式进行字母代换如下：

$$E = W_h h$$

$$N = \frac{W_h + n^2 (W_p + W_r)}{W_h + (W_p + W_r)}$$

$$C = C_c + C_p + C_q$$

故 Hiley 公式可改写为

$$R = \frac{E e_h N}{s + \frac{C}{2}}$$

由上式可算出 s，则最后 10 击总贯入度 $S = 10s$。

4 施工

4.1 工艺流程

锤击法施工 H 型钢桩工艺流程如图 1 所示。

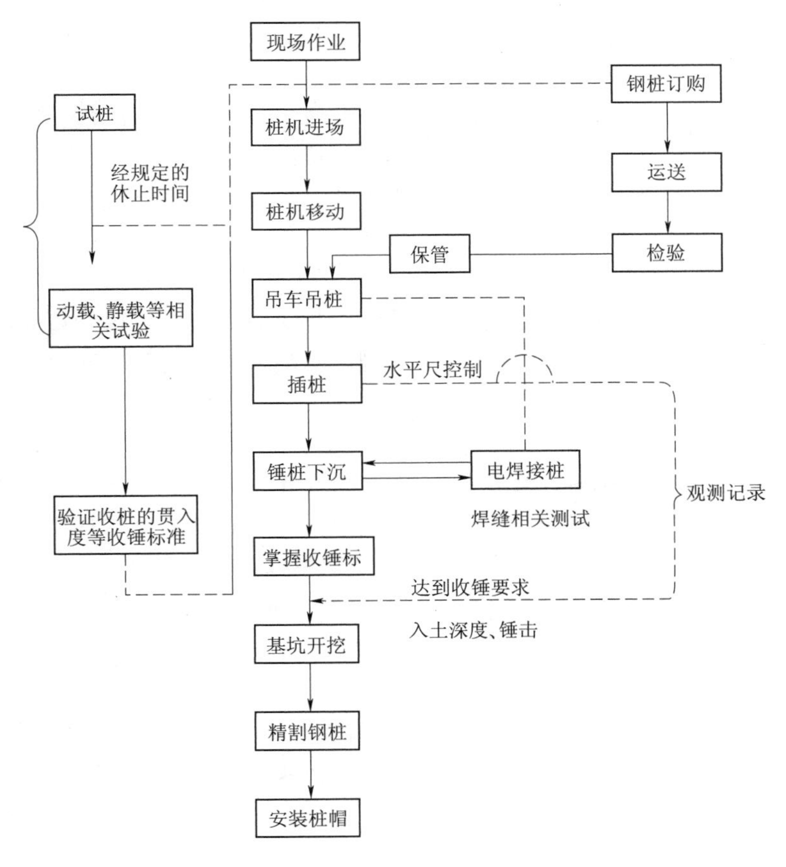

图 1　锤击法施工 H 型钢桩工艺流程图

4.2 施工过程

4.2.1 开底施工（第一节桩施工）

打桩的施工顺序需提前考虑，合理选择施工点位，保证多台设的行走不受阻碍。竖桩时，吊点须固定，桩架走向范围内，不可有坑洞或障碍物。

（1）打桩前，应先将桩锤先滑落至桩帽上，并校准桩锤、桩帽与桩身三者之轴线是否重合。

（2）桩开始锤击时落锤距离应较小，当桩入土一定深度桩身稳定，桩不易偏斜后，再按要求的落距沉桩。

（3）桩身应垂直，液压打桩锤、桩帽应和桩身在同一直线上，使用水平尺测量垂直度偏差不得超过1%；H型钢桩施打过程中，当垂直度超过1%，应找出原因设法纠正；在桩尖进入硬土层后，严禁用移动桩架等强行回扳的方法纠偏。

（4）桩施打过程中，宜重锤低击，应连续施打，每节桩应一次性打到底，间歇时间不宜太长。

4.2.2 H型钢桩接驳

接桩时应先将下段桩打至桩头露出地表约50cm，上段桩对接处切割坡口45°，再将上段桩吊置于下段桩上，使用对桩固定手柄将两节桩对齐，上下桩截面纵轴线必须重合一致，并用水平尺检测其垂直度无误后，依照设计图纸要求，于接头处实施全周长电弧电焊。

焊接设备、焊接材料应符合设计规定。焊接前应清理焊口处的油污、锈屑、涂料等杂质；焊接时，应将四角点焊固定，然后对称同时焊接以减少焊接变形。第一层焊接采用细焊条打底，确保根部焊透；第二层焊方可用粗焊条。焊缝必须每层检查，不应有夹渣、气孔等缺陷，焊缝要求连续饱满。

4.2.3 焊接检验

H型钢桩接头焊接完成后，需按照规范和设计要求对焊缝进行相关测试，测试内容包括目视、超声波检测、磁粉检测，待检测数量和检测结果满足规范和设计要求后，方可进行继续沉桩施工。

4.2.4 收桩施工

参照收锤表，当H型钢桩打设至预定设计深度并达到相应贯入度时，则制桩结束。如桩长和临时压缩量超出锤表范围，需按照贯入度小于10mm标准临时收桩。

按照上述标准临时收桩的成品桩，以及H型钢桩未达到设计预定深度而贯入困难时，须各方见证下采用高应变测试进行验证，测试H型钢桩的承载力和完好率均满足设计要求即可收货。

4.2.5 成品桩桩位复测

H型钢桩完成后须进行桩位复测，如桩位偏差超出设计要求，需请设计人员根据H型钢桩实际位置以及承台结构等进行受力计算，能够满足要求时可收货处理，如不能满足要求，需进行补桩处理。

4.3 桩基检测

锤击H型钢桩的承载力检测通常采用静载试验、PDA(Pile Driving Analyzer）测试及现场锤表验收三种方法结合进行。

采用收锤表进行收桩的成品H型钢桩，需按照设计要求进行一定比例的高应变测试，检验单桩承载力及完好率。另外，项目整体须按照设计要求的比例，对成品H型钢桩进行垂直和水平方向的静载荷试验，测试结果作为项目的验收依据。

5 结论

本项目通过应用锤击法预制 H 型钢桩，能够有效解决如下问题：

（1）满足一定程度的入岩要求，保证单桩承载力，减少后期结构沉降。

（2）施工速度和效率较高，施工周期相对较短，可满足工期要求。

（3）施工场地较整洁，可满足高标准要求下的文明施工和环保要求。

以上为香港某工程锤击法施工 H 型钢桩的施工情况，与国内规范、相关程序要求比较，“英国标准”要求更关注施工前和施工过程中的控制，主要体现在施工工艺合理性、施工装备和施工人员的能力检验，以及过程中各工序之间验证程序，可最大程度上保证施工桩体质量一次性达标，提高施工效率并缩短项目工期。国内建筑企业承担国际工程越来越多，项目管理者的管理思路也需适时调整，以满足国际标准规范下的各项管理要求。

矩形四轴DCM海上工法在某大型填海工程中的应用

刘少华　焦洋洋　苟　钏

（北京振冲工程股份有限公司）

【摘　要】 海上水泥深层搅拌桩（Deep Cement Mixing，DCM）技术最初起源于日韩等发达国家和地区，得到了广泛的应用，该工法对海底淤泥质软土加固取得了良好的效果。本文以我国某大型海上深层水泥搅拌桩工程为工程实例，主要对海上深层搅拌桩的施工机械及船舶、工法流程、工法难点及质量控制、海上作业环保要求及措施等重点方面进行了总结。

【关键词】 海上地基处理　矩形四轴DCM海上工法　作业船舶　DCM处理机　施工控制

1　引言

随着环保及工程质量的要求越来越严格，我国传统的填海工程中疏浚挖泥已经逐渐不能满足要求，越来越多的地基处理工法在吹填填海之前被采用。其中海上深层搅拌桩处理工法（DCM），即将作为固化剂的水泥或水泥类的固化剂添加到海床软土地基中，利用搅拌混合引起的化学反应，形成坚固稳定的人工地基的方法。这种地基工法具有稳固防沉、废弃土壤少、抗震性强、对周边环境影响小的优点。

海上DCM施工法最初起源于日本，在其诞生以来的近40年的时间里，在大量海事、填海工程处理软基加固工程中得到广泛应用。该工法被越来越多地应用于水深大的港口、码头、机场人工岛等大型填海工程。

2　工程概况

本填海造地工程位于香港特别行政区，近300hm^{2}的海床采用DCM技术进行地基加固。通过UCPT勘察资料分析，本区域的海相淤泥沉积厚度约为10～25m，施工前铺垫砂垫层，搅拌后混合土体UCS值要求达到1000～1400kN/m^2。

3　DCM海上施工装备

3.1　DCM作业船舶

DCM海上作业平台采用非自航船舶，由锚泊定位系统、船舶调倾及压载系统、DCM处理机施工系统、水泥浆拌和系统等多个子系统组成。各个子系统都由相应的硬件线路及软件系统通过传感控制器完成相应的操作，所有控制动作均集成在控制室内通过集成控制板面及电脑完成操作。

(1) 泊定位系统。该系统由高精度 GPS、锚绞车通过计算机、PLC、编码器、钢丝绳张力计等实现绞车调节。

(2) 船舶调倾及压载系统水泥搅拌系统。海上 DCM 对垂直度有严格要求，船舶通过安置在不同位置的多个吃水传感器、纵横倾仪等控制调倾水泵的启停，使得无论处于哪个阶段，船舶始终处于施工允许的平稳浮态范围，保证施工桩体的垂直度。

3.2 DCM 海上处理机系统

本工程采用矩形四轴 DCM 无级变速处理机，单次处理面积 4.65m^2，在 30r/min 时最大扭矩达到 5200kg/m，转速可在 30～60r/min 调整。整个 DCM 处理系统由桩架、轴、轴承、搅拌轴、包管器、搅拌导叶、掘进叶片等主要部件组成。每组处理机上有 1 根固定轴，4 根搅拌轴，搅拌轴安装在固定轴的四周，固定轴起到为搅拌轴提供支撑的作用，固定轴外部分布 4 根钢管及每根搅拌轴内部各安装有 1 根钢管通到固定轴和搅拌轴的下端，用于输送水及水泥浆。DCM 海上处理装备如图 1 所示。

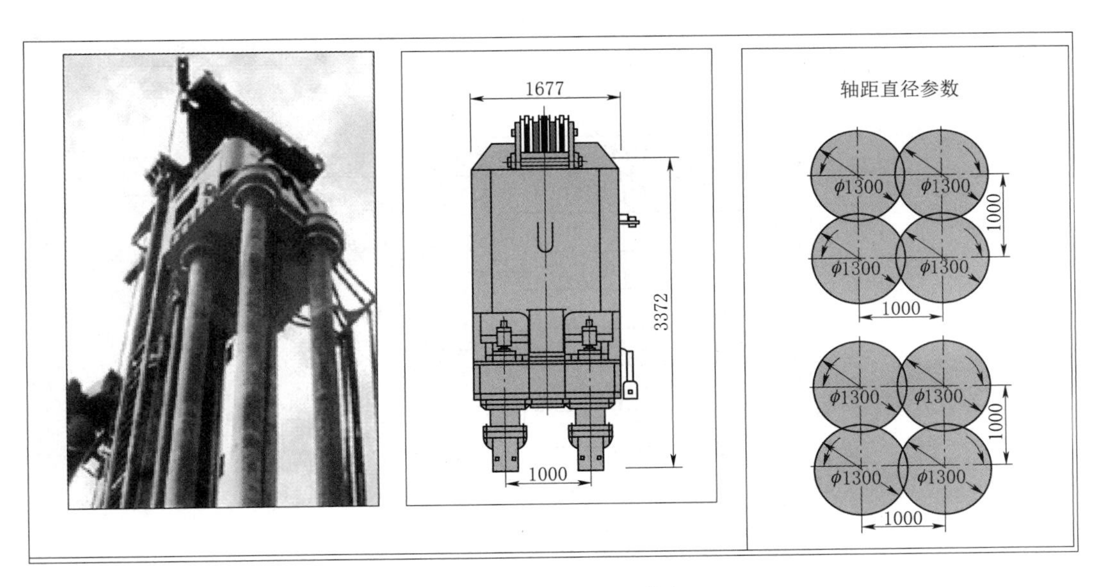

图 1　DCM 海上处理装备

4　DCM 海上施工技术

4.1　DCM 海上工法流程

受香港特别行政区政府各个部门的管控，除了常规的施工准备外，施工生产前需要申请建筑噪声许可证（CNP）、香港船牌和相应的施工地域管辖部门许可等准备工作。通过实验试桩并取芯检测力学性质确定水泥掺量、转速等施工参数。海上 DCM 施工管理系统可对整个施工过程实现的监测与控制，集成于施工船舶控制室内，具有施工参数设置、施工文件管理、平面定位、水泥浆搅拌、施工数据存储、施工报表生成、数据统计分析、无线传输数据等实用功能，提高了生产效率，使得施工过程规范而有序。海上 DCM 施工流程如图 2 所示。

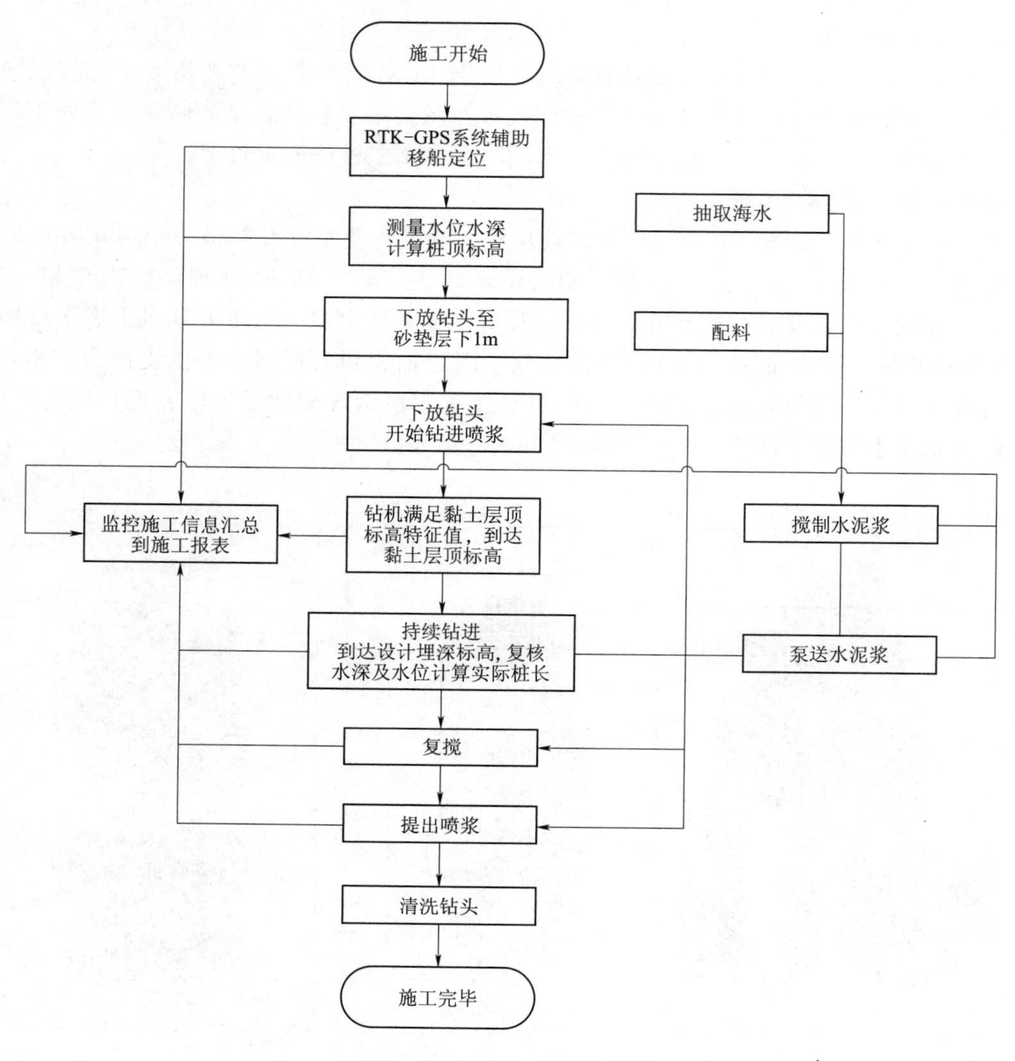

图 2　海上 DCM 施工流程图

4.2　DCM 海上施工控制要点

DCM 海上施工自钻头下放水面开始至钻头提出水面为止，对各个阶段和各种地层采取不同措施保证施工质量，海上施工主要控制要点如下。

（1）水面至海床砂垫层区深度，此阶段未接触海底，不喷浆不旋搅。

（2）到达淤泥层，旋转贯入时喷水用来辅助切割土体，如遇到硬层需要降低转速和贯入速度，增大扭矩，提高喷水压力。

（3）利用处理机电流值作为是否到达持力层的判断标准。进入硬层，旋转贯入速度要减慢，喷水量适当增加。硬层必要时候要进行钻头重复提升下压搅拌土体，此时应控制喷水量。

（4）达到设计底标高，管道内水按照等体积代换水泥浆量，喷浆搅拌时候喷浆按照设计的水泥掺量配置。

（5）喷水泥浆搅拌完毕后钻头提升至海床面上的砂垫层，继续旋转，利用砂与叶片的摩擦力将黏结在钻头上的泥土清理掉。最后将钻头停止转动并停止喷水，提升至水面归零，深层搅拌桩制桩完成。

5 工法难点及主要对策

（1）施工参数要求高。技术规范要求每米搅拌次数不少于450转，且在桩顶及桩底各8m的部位每米搅拌次数不少于900转，此前日韩大型海上DCM工程的设计要求一般不大于600转；喷水泥浆总量不能低于设计的总量，并且要求每米的喷水泥浆量不能低于设计量的90%；本工程全桩长取芯，取芯完整率不能低于桩长的90%，取芯抗压试件（每米抗压试件）合格率不能小于90%。

（2）工程地质条件复杂。此工程存在不利于成桩的海相淤泥厚度大，可能存在硬质夹层的情况。海床及浅层存在废弃的钢丝绳、破轮胎、混凝土块、砖块、断锚等废弃物。需要在经过详细分析判断之后，采用相对应的解决方法，见表1。

表1 解决方法

序号	障碍物类型	解决方法
1	孤石、胶管等杂物	1. 通过多次复搅挤压障碍物至桩位之外，在保证施工质量以及设备安全的前提下继续施工； 2. 在原桩位障碍物旁边引孔； 3. 若上述方式无法处理，则需征得咨询工程师同意的前提下移位施工
2	废旧钢丝绳等	反转钻头降低施工电流，同时尝试缓速提升钻头，切割钢丝绳后对桩位处进行开挖，挖除剩余障碍
3	大混凝土块	1. 浅海可进行海床障碍物清理； 2. 若上述方式无法处理，则需征得咨询工程师同意的前提下移位施工
4	硬质夹层	1. 加大注浆流量； 2. 更换新钻齿； 3. 若上述方式无法处理，则需征得咨询工程师同意的前提下移位施工

（3）施工后海床面隆起现象。在海上DCM施工后，由于水泥土上返造成地表隆起，抬高海床面的高度，针对隆起现象，采取了以下保障措施：

1）设计合理的水灰比（要求范围0.7～1），避免因上返水泥土而引起的桩体质量隐患。

2）可在水泥浆中添加膨润土等外加剂，增加水泥浆的流动性、分散性、和易性。

3）下钻时不喷浆，避免因缺乏上覆层压力的情况下造成水泥土上返。

4）设计合理的注浆压力范围，防止因注浆压力过大突破上覆层压力造成水泥土上返。

5）调整设备结构，比如钻具结构、钻头出浆口位置及构造、输浆管路等，确保水泥浆液的出口速度可以辅助搅拌叶片对土体进行切削搅拌。

6）采用加水装置进行辅助造孔时候，充分考虑计算在各层土体加压的压力范围值，避免加快水泥土的上返以及对周边已施工完毕的桩造成“串孔”影响。

7）在搅拌过程中应注意保持搅拌翼的洁净度及搅拌次数，使水泥浆与原质土充分搅拌均匀。

6 海上环保要求及措施

（1）环保帷幕系统。DCM施工对海底部淤泥层搅动，会产生污水，影响生态环境，破坏水生物。本工程采用三级防污措施来保护生态环境。

Ⅰ级防污屏由三节可伸缩式钢套箱组成，套在处理机外边，上超过海水面下至海底砂垫层面，阻止处理机及钻杆搅动产生的游散淤泥污染海水。

Ⅱ级防污帷幕是在整个施工船舶外架设由浮筒架、土工布及海底配重制作的防污帷幕，施工时将土工布下放至海底砂垫层面，这样整个船体和外围海水隔离，避免船体施工时产生的污染水扩散到帷幕之外。

Ⅲ级防污帷幕为整个施工海域帷幕，原理和组成和Ⅱ级防污帷幕一样，作为整个施工区域的全面保护。

（2）污水回收系统。施工船舶设置污水储存箱，通过回收管清洗钻头及船上其他污水收集，定期送至污水处理厂处理，不得将污水排入海中。

7 结语

随着国家“一带一路”倡议的实施，我国沿海地区进入填海造地工程的高峰期。海上DCM技术虽然在我国发展起步较晚，但其环保、质量可靠的特点使得海上DCM技术应用越来越广泛。目前随着我国技术的引进以及再创新，已经打破日韩的技术垄断，相信该技术的发展，将会成为未来填海工程海底软基处理的首选工法，具有很大的推广价值。

陆地 DCM 设备成桩工效及质量影响因素分析

张晓轩　刘明全

（北京振冲工程股份有限公司）

【摘　要】针对某离岸人工岛的 DCM 施工项目，笔者根据施工前期 CPT 勘察数据、勘察点附近 DCM 取芯桩的施工情况、取芯 UCS 试验结果等资料，综合分析陆地 DCM 设备的施工作业成桩工效和成桩质量，总结归纳施工过程中的各种影响因素，为今后类似项目的设计和施工提供借鉴。

【关键词】DCM　施工工效　施工质量　影响因素

1　概述

中国南方近海区域的某个项目建造一个离岸人工岛，在人工岛填起后，为了加快岛上土体的固结速度，项目咨询设计方计划对岛内部分区域进行被动土加固。在仔细分析人工岛的工程地质条件后，咨询设计方选定 DCM 技术处理岛内土体，以期加快土体固结、形成具有整体性和稳定性的增强体，从而提高土体抗剪强度。

本工程典型的地质条件描述如下：

（1）回填砂层，人工岛土体表层为吹填形成的砂层，厚度为 9～12m。

（2）海相沉积层，回填砂层下面为海相沉积层，强度为非常软—软，浅灰色—灰色，局部略含砂，黏土质淤泥，偶见贝壳。该层厚度为 10～22m。

（3）黏土冲积层，海相沉积层下面为黏土冲积层，强度为坚固至坚硬，浅灰—深灰色，淤泥质黏土，黏土质淤泥。该层顶标高一般在－20mPD，但在－29mPD 左右存在中砂至粗砂的夹层，厚度为 0.5～2m。

笔者所属公司承担本 DCM 项目的全部施工工作，作业设备采用陆地 DCM 桩机，现结合施工前的 CPT 勘察资料、施工后的桩体取芯试验情况，认真分析施工过程中的成桩工效及质量影响因素。

2　DCM 工艺原理简述

DCM 是英文 Deep Cement Mixing 的缩写，意为深层水泥搅拌，是软基处理的一种有效型式，其施工时利用搅拌桩机将水泥浆液喷射入土体并充分搅拌，待水泥浆液与土体成分发生一系列物理化学反应后，达到使软土硬结而提高地基强度的作用。

具体的物理化学反应原理为水泥按一定比例拌和水后，其成分内的 4 种主要矿物：硅酸三钙、硅酸二钙、铝酸三钙和铁铝酸四钙会分别发生水化反应，从而得到水泥浆液。水泥浆液被喷射入土体并经由搅拌，又会生成一系列的化合物，有的水化物自身硬结，形成水泥石骨架；有的水化物则与其周围具有一定活性的黏土颗粒发生作用，形成新的矿物；另外还有一种被称为“水泥杆菌”的化合物，能够以针状结晶的形式在比较短的时间里析出，把软土中大量的自由水以结晶水的形式固定下来。

3 项目施工设备及技术参数

3.1 设备桩架

JB160A 型为国内目前最大规格的机、电、液一体化全液压步履式打桩架。大型 DCM 设备桩架如图 1 所示，大型 DCM 设备施工现场如图 2 所示。

图 1 大型 DCM 设备桩架图

图 2 大型 DCM 设备施工现场

3.2 动力头系统

ZLD220 型为新一代地基加固施工设备，达到了国际先进水平，已广泛应用于高层建筑、地铁车站的深基坑围护，以及江河堤坝的防渗加固和软土地基的改良加固等工程的施工。ZLD220 动力头参数见表 1。

表 1 ZLD220 动力头参数

序号	项　目	单位	参数
1	钻孔直径	mm	ϕ1300
2	钻杆中心距	mm	1200
3	最大钻孔深度	m	51
4	电动机额定功率	kW	220(110×2)
5	滑轮个数	个	6
6	配用浆、气管内径	mm	50.4
7	配用浆、气管接头尺寸	3-R12	
8	操纵方式	电气控制	
9	总重量	约 25.3t	

3.3 后台系统

由自动控制搅拌机与沿途管线连接而成。自动控制搅拌机参数见表2。

表2　　　　自动控制搅拌机参数

序号	水泥搅拌机型号	BZ-20	
1	拌浆能力/(m^3/h)	20	
2	拌浆水灰比	根据设计参数	
3	拌浆机总功率/kW	65	
4	拌浆机总质量/kg	15000	

3.4 主要施工技术参数

(1) 水泥掺量为每立方米土体掺入水泥350kg。

(2) 水灰比为1∶1。

(3) 泵送压力为1.5～2.5MPa。

(4) 成桩截面积为2.62m^2。

(5) 水泥型号为普通硅酸盐水泥42.5。

4 成桩过程及检测后数据分析

在将近两年的施工过程中，收集了大量施工和试验数据，做过很多统计和研究工作，但限于篇幅，本文仅选取三组有代表性的数据进行分析。

4.1 K040-Q11

取芯测试结果汇总见表3；深度-电流记录汇总见表4；施工参数记录汇总见表5。

表3　　　　取芯测试结果汇总表

桩号	地表标高/m	泥面标高/m	成桩日期	钻芯日期	取芯直径	开始深度/m	终止深度/m	开始标高/m	终止标高/m	取芯日期	测试日期	强度/MPa
K040-Q11	5.7	-5.5	2015-4-12	2015-8-10	80mm	12.07	12.24	-6.37	-6.54	2015-8-17	2015-8-18	3.49
						12.79	13.14	-7.09	-7.44			1.75
						14.25	14.76	-8.55	-9.06			2.46

表4　　　　深度-电流记录汇总表

序号	深度/m	贯入电流/A	提升电流/A	空载电流/A	作业情况描述及分析
1	1	105	104	100	提升电流和提升速度有较大关系，随着提升速度的增大，提升电流的增幅明显增大
2	4	103	104	100	
3	7	117	110	100	
4	10	115	110	100	

续表

序号	深度/m	贯入电流/A	提升电流/A	空载电流/A	作业情况描述及分析
5	13	112	111	100	提升电流和提升速度有较大关系，随着提升速度的增大，提升电流的增幅明显增大
6	16	109	110	100	
7	19	107	109	100	
8	20	109	107	100	
9	23	119	113	100	

表 5　　施工参数记录汇总表

项目＼地质情况	回填砂层（松散）	回填砂层（密实）	海相沉积层	黏土冲积层
平均贯入速度/(cm/min)	80	25	48	35
平均提升速度/(cm/min)	150	150	108	60
平均贯入电流/A	105	115	108	119
平均提升电流/A	104	110	109	113
总贯入时间/min	45		20	15
总提升时间/min	5		7	3

施工情况及分析：

（1）地面标高至－5.5mPD为回填砂层（层厚9m）；－5.5～－15.2mPD为海相沉积层（层厚9.7m）；－15.2mPD以下为黏土冲积层（$q_c \geqslant$1MPa），桩底进入黏土冲积层约4m。

（2）钻孔取芯实验室检测结果表明，120d无侧限抗压强度均达到1.75MPa以上，回填砂与淤泥层接处抗压强度甚至已接近3.5MPa，淤泥固结效果明显，达到预期处理目的。

（3）在施工上部2m砂层时，由于该层并未碾压密实（松散状态），所以平均贯入速度可达80cm/min。在施工2m以下的砂层时，该层已经达到中密状态，从CPT记录看，该层q_c值在1.2～9MPa之间，平均贯入速度约25cm/min。因此可认为在使用大两轴中间轴不加气的施工工艺时，在松散的砂层中的贯入速度基本不受影响，在中密—密实状态的砂层中贯入速度受到的影响较大。

（4）由于采用两喷两搅的施工工艺，所以在贯入过程中，当穿透砂层进入淤泥层之后，提升8m左右进行复搅，以避免因上部水泥浆初凝带来提升困难的问题。

（5）在提升钻具过程中，因提升的速度增加，提升电流的增量约为10A。

（6）该桩桩长23.05m，成桩时间共99min，其中贯入时间约80min。砂层贯入时间约45min，淤泥层贯入时间约20min，黏土冲积层贯入时间约15min。总提升时间约15min，除－17.5～－18.5mPD在黏土冲积层提升速度约30cm/min，其余地层均可达100cm/min以上。

4.2　K042 - N19

取芯测试结果汇总见表6；深度-电流记录汇总见表7；施工参数记录汇总见表8。

表 6　　取芯测试结果汇总表

桩号	地表标高/m	泥面标高/m	成桩日期	钻芯日期	取芯直径	开始深度/m	终止深度/m	开始标高/m	终止标高/m	送检日期	测试日期	强度/MPa
K042－N19	5.64	－5.5	2015－3－28	2015－6－18	80mm	12.07	12.69	－6.43	－7.05	2015－7－3	2015－7－3	2.21
						14.16	14.56	－8.52	－8.92			1.3
						17.06	17.56	－11.42	－11.92			4.15

表 7　　深度-电流记录汇总表

序号	深度/m	贯入电流/A	提升电流/A	空载电流/A	作业情况描述及分析
1	1	130	104	100	上部 1m 存在石块障碍，造成贯入电流过高，贯入速度慢
2	4	129	116	100	
3	7	127	117	100	
4	10	130	110	100	
5	13	104	107	100	
6	16	102	104	100	
7	19	107	109	100	
8	20	109	103	100	
9	23	118	109	100	

表 8　　施工参数记录汇总表

项目 \ 地质情况	回填砂层（松散）	回填砂层（密实）	海相沉积层	黏土冲积层
平均贯入速度/（cm/min）	25	28	36.5	28
平均提升速度/（cm/min）	100	66	48.7	44
平均贯入电流/A	135	129	105	117
平均提升电流/A	103	120	105	107
总贯入时间/min	45		27	18
总提升时间/min	10		22	8

施工情况及分析：

（1）基本地质情况，地面标高至－5.5mPD 为回填砂层（层厚 9m）；－5.5～－15.8mPD为海相沉积层（层厚 10.3m）；－15.2mPD 以下为黏土冲积层（q_c 值≥1MPa）；桩底进入黏土冲积层约 3.5m。

（2）钻孔取芯实验室检测结果表明，82d 无侧限抗压强度均达到 1.3MPa 以上，部分海相沉积层取芯抗压强度甚至已达到 4.5MPa，淤泥固结效果明显，达到预期处理目的。

（3）－12.88～－14.3mPD 取芯试样偶见破碎，－14.3～－15.77mPD 取芯试样有破碎且取芯长度不足，分析原因为取芯钻进时技术参数控制不当。

（4）在施工上部1m砂层时，由于该层含有大量石块等地下障碍物，平均贯入速度仅有25cm/min。穿透障碍物之后进入中密砂层，从CPT记录看，该层 q_c 值在0.6～19MPa，平均贯入速度约28cm/min。

（5）由于采用两喷两搅的施工工艺，所以在贯入过程中，当穿透砂层进入淤泥层之后，提升5m左右进行复搅，以避免因上部水泥浆初凝带来提升困难的问题。

（6）在提升钻具过程中，因提升的速度增加，在松散砂层、海相沉积层、黏土冲积层中的提升电流增量约为10A，在中密砂层中的提升电流增量约为20A。

（7）该桩桩长23.18m，成桩时间共130min，其中贯入时间约80min。砂层贯入时间约45min，淤泥层贯入时间约27min，黏土冲积层贯入时间约18min。总提升时间约40min，整体平均提升速度约50cm/min。

（8）因中密的回填砂层以及进入黏土冲积层深度增加，成桩时间随之增加。在提升过程中因上部砂层喷入的水泥浆已达到初凝时间，并且在施工过程中存在大量的地下障碍物，因此提升电流增量较高，动力头时常处于超负荷工作状态。

4.3 K046－G23

取芯测试结果汇总见表9；深度-电流记录汇总见表10；施工参数记录汇总见表11。

表9　　取芯测试结果汇总表

桩号	地表标高/m	泥面标高/m	成桩日期	钻芯日期	取芯直径	开始深度/m	终止深度/m	开始标高/m	终止标高/m	送达日期	测试日期	强度/MPa
K046－G23	5.69	－5.5	2015－4－5	2015－6－9	80mm	10.43	11.07	－4.10	－4.74	2015－6－12	2015－6－18	2.75
						11.89	12.42	－5.56	－6.09			1.64
						13.60	13.77	－7.27	－7.44			0.48

表10　　深度-电流记录汇总表

序号	深度/m	贯入电流/A	提升电流/A	空载电流/A	作业情况描述及分析
1	1	138	124	106	由于回填砂层存在有大量石块等未知障碍物，造成在施工本桩位时提升及贯入电流过高，提升及贯入速度慢
2	4	131	126	106	
3	7	136	127	106	
4	10	111	110	106	
5	13	116	107	106	
6	16	112	114	106	
7	19	115	109	106	
8	20	141	113	106	
9	23	134	119	106	

表 11　　施工参数记录汇总表

项目＼地质情况	回填砂层（松散）	回填砂层（密实）	海相沉积层	黏土冲积层
平均贯入速度/（cm/min）	—	15	16.5	16.5
平均提升速度/（cm/min）	—	50	38.3	33
平均贯入电流/A	—	132	117	136
平均提升电流/A	—	125	109	112
总贯入时间/min	60		70	20
总提升时间/min	18		30	10

施工情况及分析：

（1）基本地质情况，地面标高至－5.5mPD为回填砂层（层厚9m）；－5.5～－17mPD为海相沉积层（层厚10.3m）；－17mPD以下为黏土冲积层（q_c值≥1MPa），－18.5～－19.5mPD存在夹层，q_c值已达5MPa以上，桩底进入黏土冲积层约3.3m。

（2）钻孔取芯实验室检测结果表明，除－7.27～－7.44mPD芯样70d无侧限抗压强度仅有0.48MPa之外，其余部位均达到1.6MPa以上；分析原因此部位海相沉积层含水率过高，影响水泥土固结，且因为在施工过程中遇到大量块石等障碍物，桩体被动扩径导致该部位水泥掺量降低。

（3）－12.88～－14.3mPD取芯试样偶见破碎，－14.3～－15.77mPD取芯试样有破碎且取芯长度不足，分析原因为取芯钻进时技术参数控制不当。

（4）在施工上部1m砂层时，由于该层含有大量石块等地下障碍物，平均贯入速度仅有25cm/min。穿透障碍物之后进入中密砂层，从CPT记录看，该层q_c值在0.6～19MPa，平均贯入速度约28cm/min。

（5）由于采用两喷两搅的施工工艺，所以在贯入过程中，当穿透砂层进入淤泥层之后，提升5m左右进行复搅，以避免因上部水泥浆初凝带来提升困难的问题。

（6）在提升钻具过程中，因提升的速度增加，在松散砂层、海相沉积层、黏土冲积层中的提升电流增量约为10A，在中密砂层中的提升电流增量约20A。

（7）该桩桩长23.18m，成桩时间共130min，其中贯入时间约80min。砂层贯入时间约45min，淤泥层贯入时间约27min，黏土冲积层贯入时间约18min。总提升时间约40min，整体平均提升速度约50cm/min。

（8）因中密的回填砂层以及进入黏土冲积层厚度较深，成桩时间随之增加。在提升过程中因上部砂层喷入的水泥浆已达到初凝时间，并且在施工过程中存在大量的地下障碍物，因此提升电流增量较高，动力头时常处于超负荷工作状态。

5　综合分析及结论

（1）综合大量取芯UCS试验结果可知，回填砂层中的桩体完整性最好，强度最高，更容易满足设计要求，故施工时可适当加快本层中钻头的钻进和提升速度，以提高成桩工效。

(2) 海相沉积层中的桩体，尤其是其中含水率较高的淤泥土层中的桩体，强度相对较低，设计时应适当提高水泥掺量，选取更合理的水灰比，而施工时应适当放慢速度，增加搅拌次数，以提高成桩质量。

(3) 黏土冲积层中的桩体大都水泥含量不及上面各层，且由于土体自身强度和黏度都很大，施工时功效较低，需要重视钻具的结构、操作手的经验和技巧等因素。

(4) 三种土层中回填砂层对钻具的磨损较大，越密实的砂层钻头的钻进和搅拌越困难，施工时需经常检查、更换钻具。

(5) 土层中的石块、回填的各种杂物都可能对施工带来很大障碍，影响钻头的钻进和搅拌，甚至直接造成设备损坏，施工前需充分了解。

锤击 H 型钢桩检测技术在香港地区某工程中的应用

杨　冲　赵雪峰　王斐庆

（北京振冲工程股份有限公司）

【摘　要】 本文根据香港某锤击 H 型钢桩项目，简述汇总了 H 型钢桩施工中焊接测试、施工后 PDA（打桩分析）测试、竣工验收载荷测试等，以供相关人员参考。

【关键词】 H 型钢桩　检测　PDA

1　引言

锤击桩是高层建筑桩基础施工中常用的桩型之一，其中 H 型钢桩是一次轧制成型，与传统预应力管桩相比，其凭借挤土效应更小，割焊与沉桩更便捷、穿透性能更强等优点在香港地区广泛应用。H 型钢桩的不足之处是侧向刚度较弱，打桩时桩身易向刚度较弱的一侧倾斜，甚至产生施工弯曲，影响成桩质量，因此对 H 型钢桩的检测显得尤为重要。

2　项目概况

本项目拟建污水处理厂，上部结构为污水处理设施工作间，施工工艺为锤击 H 型钢桩。设计总桩数 148 支，布置方式为沿 6 支主轴线分布，处理深度约 40m，设计要求承载力为 2073kN。

3　主要测试方法

该项目 H 型钢桩进行了如下三个方面的测试，分别是施工过程中的验焊测试，验收时进行的 PDA 测试，以及竣工验收的载荷测试。

3.1　验焊测试（Welding Test）

焊接作为 H 型钢桩施工中最为重要的一环，直接影响到桩体质量，因此对焊接的测试显得尤为重要。

焊工应在取得政府颁发焊工资格证后，在施工现场由顾问公司见证下，由香港实验室认可计划（HOKLAS）内的实验室委派专人进行焊工考试。考试要求应参照考试前提交至顾问公司的焊接工艺程序（Welding Procedure）进行，成绩合格后才可进入现场施工。

H 型钢桩在现场进行对接前，应在上端桩底部位切割 45°坡口进行焊接，焊接完成由香港实验室认可计划内的实验室委派验焊人员进行验收。验收内容，按照焊接接头比例，进行目视检测、磁粉测试以及超声波测试。

（1）目视检测 VI（Visual Inspection）。目视检测即外观检验，焊接接头的外观检验是一种手续简便而又应用广泛的检验方法，是成品检验的一个重要内容，主要是发现焊缝表面的缺陷和尺寸上的偏差。一般通过肉眼观察，借助标准样板、量规和放大镜等工具进行检验。若焊缝表面出现缺陷，焊缝内部便有存在缺陷的可能。目视检测应对所有焊缝全长的外观检查，该项检查应在磁粉测试以及超声波测试之前进行，检测范围应为所有焊接接头。由于裂缝有延迟出现的危机，对焊接接头进行最终检查之前，通常至少要有 16 小时冷却时间（Hold Times）。若材料的屈服强度小于 500N/mm^2 且厚度较小，这个时间可以缩短；若组合材料厚度大于 50mm 或者屈服强度大于 500N/mm^2，这个时间应增加。一般等候时间的建议值应满足表 1 要求。

表 1　　碳当量与冷却时间关系

碳当量（CEV）②	Σt③<30mm	Σt③≤60mm	Σt③≤90mm	Σt③>90mm
≤0.40	无	8h	16h	40h①
≤0.45	8h	16h	40h①	40h①
≤0.48	16h	40h①	40h①	40h①
>0.48	40h①	40h①	40h①	40h①

① 40h 是焊接工测试程师的建议值。

② 碳当量按下式计算：

$$CEV = C + \frac{Mn}{6} + \frac{Cr + Mo + V}{5} + \frac{Ni + Cu}{15}$$

式中：C、Mn、Cr、Mo、V、Ni、Cu 为钢中该元素含量。

③ Σt 是图 1 所示的组合厚度值。

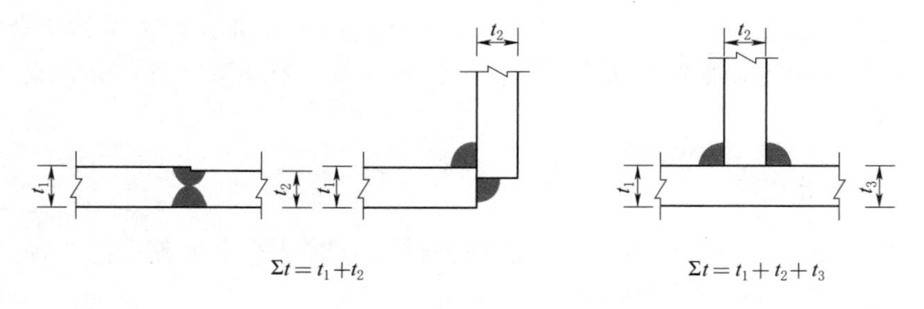

图 1　碳当量组合厚度计算方式

（2）磁粉测试 MPI（Magnetic Particle Inspection）。磁力检验按测量漏磁方法的不同，可分为磁粉测试法、磁感应法和磁性记录法，其中以磁粉测试法应用最广，因此对于焊缝表面的进一步检查，一般采取磁粉测试。磁粉测试工作原理为，铁磁性材料工件被磁化后，由于不连续性的存在，使工件表面和近表面的磁力线发生局部畸变而产生漏磁场，吸附施加在工件表面的磁场，在合适的光照下形成目视可见的磁痕，从而显示出不连续性的位置、大小、形状和严重程度，进而判断是否有施工缺陷。

该项测试应在上述冷却时间结束后进行，对角焊缝检测频率为所有焊接接头数量的 10%（见图 2）。如果磁粉检查不宜观察，亦可采用渗透着色检查。

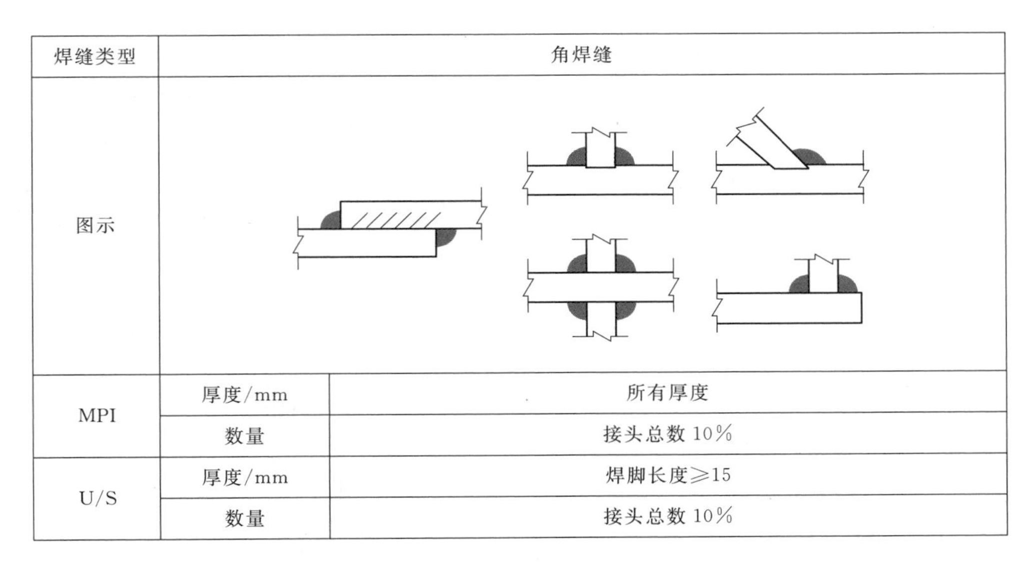

焊缝类型		角焊缝
图示		
MPI	厚度/mm	所有厚度
	数量	接头总数 10%
U/S	厚度/mm	焊脚长度≥15
	数量	接头总数 10%

图 2　角焊缝厚度与数量测试关系

(3) 超声波测试 U/S (Ultrasonic Examination)。超声波在金属及其他均匀介质传播中，由于在不同介质的界面上会产生反射，因此可用于内部缺陷的检验。超声波可以检验任何焊件材料、任何部位的缺陷，并且能较灵敏地发现缺陷位置。

角焊缝所需要超声波测试频率为所有焊接接头数量的 10%，该项测试亦应在上述冷却时间结束后进行。

3.2　PDA (Pile Driving Analysis，打桩分析) 测试

锤击 H 型钢桩在施工自检验收后，应在顾问公司见证下，对照 Hiley 公式（收锤表）的数据内进行验收。对于超出收锤表中数据要求的，应辅以 PDA 测试进行验收。

PDA 测试是利用重锤冲击桩头，使桩土产生一定的相对位移，采用波动理论来进行分析。如 H 型钢桩的长度较长且周围阻力增大，则用 PDA 测试更有利于检测出桩下端的缺陷。PDA 测试能给出桩的极限承载力，打桩应力以及桩锤性等分析资料。PDA 测试可分为普通 CASE 法以及 CAPWAP 法。

(1) CASE 法。CASE 法是一种简化分析方法，在高动能锤的冲击下，利用每一锤实测到的桩顶力和桩顶速度时程曲线，不仅可以分析桩锤的效率、桩身贯入度和完整性，而且还可以预估桩的极限承载力。通过列一些假设条件获得一维波动方程的一个封闭接，建立了土阻力和桩顶波之间的一个简单关系，进而求得基桩极限承载力与桩顶所测得的压力和质点速度值的关系。

(2) CAPWAP 法。CAPWAP 方法相对 CASE 法而言，它在理论上比较严密，数据分析比较可靠。已施工 H 型钢桩，可依据设计要求，按照比例进行 CAPWAP 法进行数据分析。通过对 CASE 现场实测的桩顶波和速度波以及土模型参数，如阻尼系数 J_c 桩周土和桩尖土的弹限等资料，CAPWAP 程序反算出桩顶力或速度随时间变化的曲线（称为计算曲线），使计算曲线和实测曲线拟合，以测得桩的极限承载力。

图 3 为该项目 CAPWAP 测试承载力试验数据。

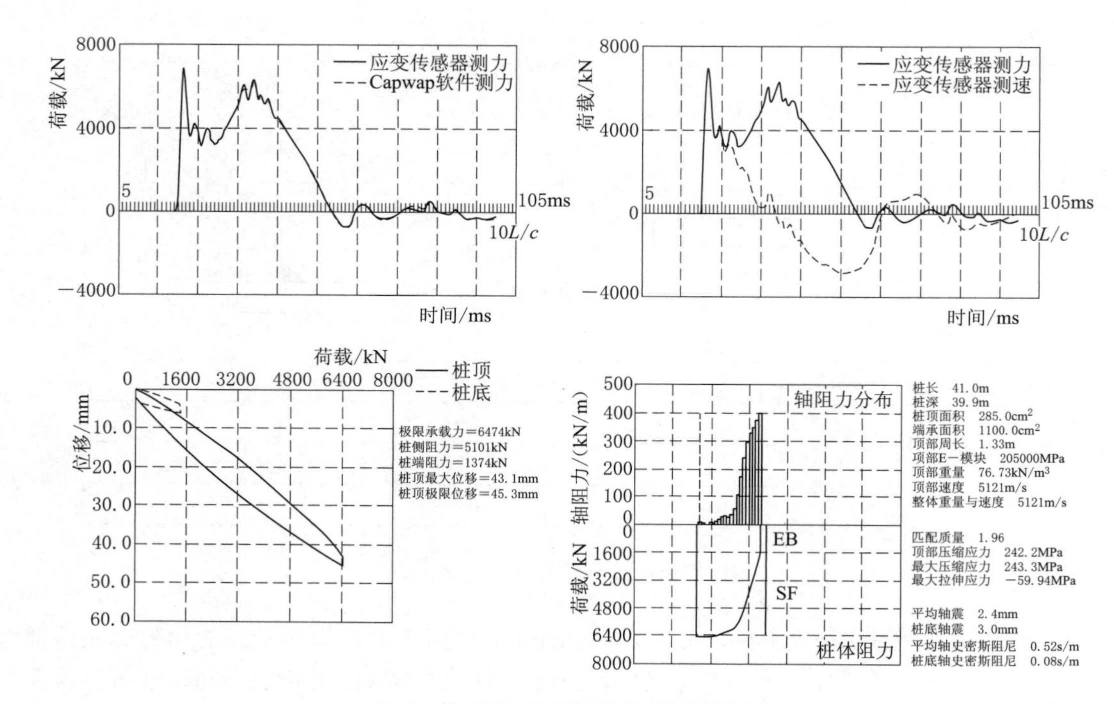

图 3 CAPWAP 测试承载力试验数据

3.3 载荷测试（Loading Test）

桩身承载力的另一种测试方式为载荷试验。载荷测试分为抗压试验（Compression Test）与抗拔试验（Tension Test）。

抗压试验即静载试验，是采用接近于竖向抗压桩的实际工作条件的试验方法，确定单桩竖向（抗压）极限承载力，作为设计依据，或对工程桩的承载力进行抽样检验和评价。

抗拔试验亦是采用接近于竖向抗拔桩的实际工作条件的试验方法，确定单桩竖向（抗拔）极限承载力，不同之处是抗拔试验需要在桩周制作反力装置，使桩体产生向上的位移值，以此作为设计依据，或对工程桩的承载力进行抽样检验和评价。

下面以该项目为例，对载荷试验方法进行概述。该项目抗压承载力设计值为 2073kN，抗拔承载力设计值为 274kN，根据设计要求，极限承载力取值为设计承载力的 1.8 倍，则抗压极限承载力 $P_c=2073\times1.8=3731.4$kN，抗拔极限承载力 $P_s=274\times1.8=493.2$kN。

试验均采用 3 个循环（Cycle1、Cycle2、Cycle3）的加载方式。每一循环加载及卸载均分级进行，每一级加载或卸载值为极限荷载值的 12.5%。

（1）分级加载至极限承载力 25%，沉降稳定后，分级卸荷至 0；

（2）分级加载至极限承载力 50%，沉降稳定后，分级卸荷至 0；

（3）分级加载至极限承载力，沉降稳定后，分级卸荷至 0。

抗压试验循环压缩曲线见图 4；抗拔试验循环拉伸曲线见图 5。

该项目载荷试验设计要求，抗压试验最终沉降不应大于 29.79mm，抗拔试验伸长量不应大于 9.64mm，根据上图数据分析，最终试验结果，抗压试验总沉降量为 18.1mm；实际试验最终伸长量为 2.25mm，均满足设计要求。

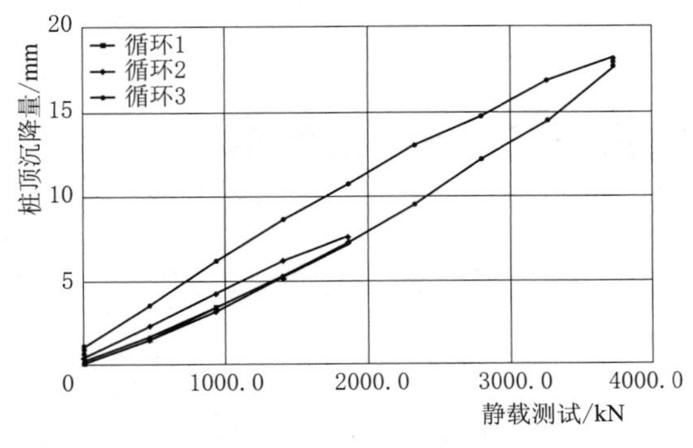

图 4　抗压试验循环压缩曲线

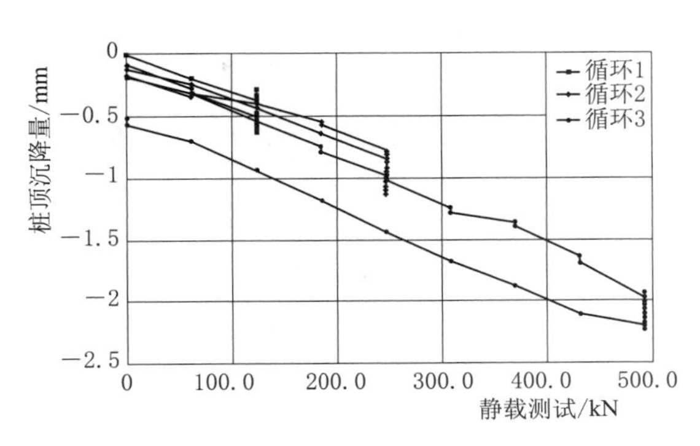

图 5　抗拔试验循环拉伸曲线

4　测试结果

（1）该项目共计完成焊接接头 452 个，其中目视检测 100%，合格率 100%；磁粉测试检测 250 个，合格率 100%；超声波测试检测 250 个，合格率 100%。

（2）完成 PDA 测试 39 个，其中 CASE 法测试 39 个，CAPWAP 法测试 5 个，合格率 100%。

（3）载荷试验测试 3 个，其中抗压试验 2 个，抗拔试验 1 个，合格率 100%。

5　结论

（1）在锤击 H 型钢桩施工过程中，应严格控制焊接程序，对已完成的焊接部位及时有效的按照设计要求进行相应测试，以免焊接工序影响桩身质量。

（2）采用多种测试方法进行综合质量判定，能更加准确的保证施工质量；同时各种检测方法的协同配合，可以积累更多经验，逐步提高单一检测方法在一定检测条件下的准确率及适用性。

香港地区大直径钻孔灌注桩施工技术

黄庆宏　王　帅　苟　钏

（北京振冲工程股份有限公司）

【摘　要】 香港地区以其特定的地质条件、经济基础和环保要求，基础工程施工领域形成了一套自己的工程技术特色。本文以香港某人工岛钻孔灌注桩工程为例，介绍贝诺特工法在香港地区的应用，分别从施工装备、施工工艺及施工方法几个方面阐述，为港澳地区大直径钻孔灌注桩的施工提供参考。

【关键词】 钻孔灌注桩　贝诺特工法　施工装备　施工技术

1　引言

钻孔灌注桩作为一种常用的桩基型式，在各种工程中已应用的非常成熟和广泛。同中国内地相比，香港地区钻孔灌注桩施工形成了一种独特的施工工艺和施工方法。钻孔灌注桩在香港业界称之为“Bored Pile”，通常采用贝诺特工法（Benoto）又称全套管施工法，实质上就是冲抓斗跟管钻进法。

贝诺特钻机在香港工程界俗称为磨桩机（Oscillator），该项技术最初起源于 20 世纪 50 年代的法国，1954 年引进日本，在日本得到了突飞猛进的发展。由于香港的灌注桩工程大多嵌岩深度大，成桩直径大，环保要求严，故贝诺特工法以其噪声低、振动小、入岩效率高、无泥皮、无泥浆污染与排放的特点迅速引进香港，并在交通桥梁、港口码头、地下工程等香港建筑工程中广泛应用。

2　工程概况

本工程是香港某人工岛上桥梁桩基，桩径分别为 2～2.5m，桩长约 50～80m，总工程量约 150 根，桩底嵌入三级岩石（相当于中风化花岗岩），入岩深度为 3～5m。桩身的混凝土强度设计为 G40/20D（相当于 C40），粗骨料要求最大直径不大于 20mm。

本工程典型的地质条件描述如下：

（1）回填砂层，上部 5～10m 为吹填砂层。

（2）海相沉积层，非常软至软，浅灰色、灰色，局部略含砂，黏土质淤泥，偶见贝壳。该层厚度约 10～22m。

（3）黏土冲积层，坚固至坚硬，浅灰—深灰色，淤泥质黏土，黏土质淤泥，该层顶标高一般在－20mPD 左右。中间夹中砂至粗砂，一般深度在－29mPD，厚度 0.5～2m。

（4）花岗岩层，底部为全风化、强风化花岗岩、中风化—微风化花岗岩。

3 施工工艺及原理

灌注桩施工所采用的贝诺特工法，即不采用泥浆护壁，而是采用磨桩机下设全套管施工法，磨入钢套管，然后冲抓斗取土，依次进行至 RCD 反循环钻机硬岩层成孔，气举反循环清孔后，下设波纹管（蛇皮通）、钢筋笼，浇筑混凝土成桩。

冲抓＋RCD（回转反循环钻机）成孔法，其工艺流程为：①测量定位；②磨入或振入钢套管；③抓斗取土；④RCD 钻进至硬岩层（桩端持力层）；⑤成孔。其中③至②反复直至套管底进入完整岩石面。

3.1 RCD 钻机工作原理

首先利用磨桩机产生的压力和扭矩，将钢套管压入开孔，再用冲抓斗抓出土体，并在到达一定深度后往套管内补充水以维持一定的水头。进入岩层以后，使用 RCD 钻机反循环钻进破石，桩孔完成之后的主要工作是下设预制的钢筋笼，导管法进行水下混凝土浇筑。RCD 反循环钻机的工作原理是，利用风机产生的巨大风压（标准风流量可达 19.1～45.3m^3/min）沿钻杆两侧的风管冲向孔底，孔底的冲洗液在风力的“鼓动”下携带钻渣沿钻杆内腔向上流出桩孔进入沉淀池，经沉淀过滤之后的水体冲洗液再流向桩孔，形成反循环。RCD 工作示意图如图 1 所示。

图 1　RCD 工作示意图

3.2 工艺特点

（1）不需要泥浆护壁，避免了泥浆的制备及储运；同时避免了泥皮的产生，大大提高了桩体承载力。

（2）使用全套管跟管钻进，完全杜绝了塌孔风险，确保成孔及成桩质量。

（3）挖孔时可以直观地判别土质和岩石特征，有利于及时判定地质条件的变化。

（4）桩端持力层岩层不会受到扰动、破坏，有利于桩端承载力的提高。

（5）施工中噪声、振动较小，作业面较干净，有利于环保。

4 施工装备的选择

4.1 钻机设备

（1）RCD 反循环钻机。钻机设备采用韩国生产的全套管钻机，配套使用冲抓斗和履带吊车，挖土作业采用 BM2750HB 型钻桩抓斗进行抓土。抓斗长 6.7m，斗容量约 2.5m^3，重量约 18t。进入底部较硬岩层时，采用 RCD 反循环钻机，采用韩国釜玛公司 R－300 型钻机以及德国的 WIRTH 钻机。RCD 钻机如图 2 所示，RC－300 型钻机性能参数见表 1。

表 1　　RC－300 型钻机性能参数

项　　目	性　能　参　数	项　　目	性　能　参　数
最大钻孔直径/mm	3000	钻机重量/t	34
最大给进力/kN	790	转数及扭矩/(r/min)，kN	1 速：0～6.5，232 2 速：0～25，58
最大顶升力/kN	1270	钻杆直径/mm	350

（2）钻头的选择。因入岩段岩石等级为 Grade Ⅲ及以上，岩石单轴抗压强度约在 25～50MPa 或者更大，一般采用滚刀钻头，钻头底面装有球齿截锥滚刀，各类滚刀安装与钻头底平面夹角都不相同，中心刀轴线与水平面夹角为 10°，边刀为 40°，其他滚刀为 20°。为了提高钻具的导正防斜性能，钻头上方通过大法兰盘连接鼓形导正平衡器，在中风化花岗岩中施工工效较高。钻具示意图如图 3 所示。

图 2　RCD 钻机

图 3　钻具示意图

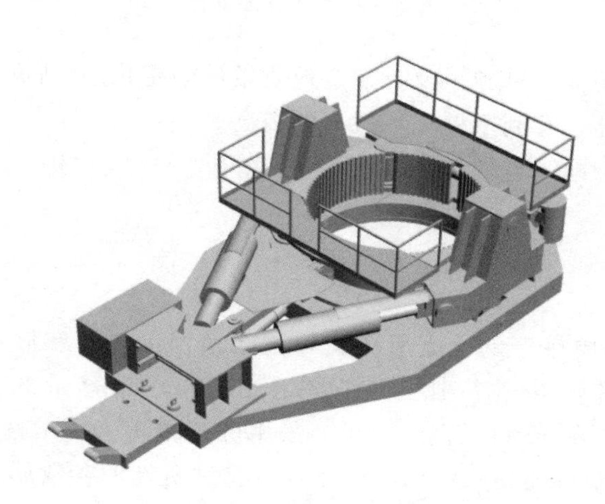

图 4　磨桩机示意图

4.2　磨桩机

磨桩机通过夹钳紧缩与套管环抱产生摩擦力，左右两侧回转油缸反复推动，实现套管转动，并通过加压/举升油缸（磨桩机自重）实现加压或起拔，将套管钻入或起拔。常用的磨桩机有 1500mm、2000mm、2500mm、3000mm 等几种直径，有不同规格桩时，可通过更换磨桩机内的钳口，以便能下设不同直径的套管。磨桩机示意图如图 4 所示。

4.3　冲抓斗

冲抓斗通常由冲抓瓣、冲抓斗体、配重、

定位器等组成。冲抓瓣由高强度耐磨铸铁铸成，靠落差冲击取土。冲抓斗施工如图5所示。

图5　冲抓斗施工

4.4　套管及波纹管（蛇皮通）

由于灌注桩要穿过较厚的松散填土和黏性土，如海相淤泥层，为防止混凝土浇筑完成时，影响混凝土成桩质量，通常采用全套管钻进。甚至在穿越海泥层时，在下设钢筋笼之前须下设一层厚度为2.5mm作为永久钢内衬的波纹管（香港称为“蛇皮通”），下设深度须穿过海泥层，临时套管拔除完之后则波纹管永久留在桩体里面。

套管采用厚度为32mm的无缝钢管加工而成，套管上下螺丝连接处采用无缝钢管加工制作，采用高强度抗剪螺栓连接方式，具有连接速度快的特点。

5　主要施工技术

5.1　成孔

（1）整平场地，测量定位。

（2）放置磨桩机就位对中。

（3）安放套筒的底筒，并将其磨入土层中。

（4）用冲抓斗抓取泥土，并不断地将套管磨入土中，如遇有硬层，可用破碎锤将其破碎。保持泥面高度在套管底部以上1～2m。

图6　RCD成孔施工

（5）接长套管，磨桩机继续磨入，重复上述过程至套管达到预定深度。

（6）安装RCD钻机至套管上方，RCD反循环钻机钻进至三级岩石，达到设计深度，并得到咨询工程师的认可。

（7）采用气举反循环通过RCD钻机导杆进行清孔。

RCD成孔施工如图6所示。

5.2　下设钢筋笼及波纹管

成孔完成后，下设钢筋笼和波纹管，钢筋笼的制作通常是2～3层主筋，并将波纹管固定在钢筋笼的外侧。

5.3　清孔

清孔是钻孔灌注桩施工工艺中至关重要的一环，尤其对嵌岩桩，它直接影响端承力的发挥。RCD成孔灌注桩采用气举反循环清孔工艺，其清孔深度大、清孔速度快、清孔后循环液颜色几乎达到清水的程度，满足设计要求。

（1）气举反循环清孔原理。气举反循环清孔是利用空气压缩机将压缩空气，通过安装在导管内的风管送至桩孔内，空气经风管底部排出和泥浆形成气液混合物。孔底沉渣在喷出气体的冲击作用下悬浮起来，由于管内、外液体的密度差，孔内泥浆、空气、沉渣的三相流沿导管向上运行，形成了流速、流量极大的反循环，携带沉渣从导管内返出，排出导管以外。

(2) 气举反循环施工工艺。清孔时，下设导管至孔底 10mm 处。将风管从导管内下放至导管长度 3/4 处。并将风压管的另一端从中引出与空压机组连接。连接泥浆净化器，并保证孔内水头高度。开动空压机清孔，风量、风压由小到大，风量为 $24m^3/min$，风压为 0.5～1.4MPa。

测量孔内沉渣厚度和泥浆比重，确认达到质量标准后，先关空压机，卸下导管帽，拔出风压管，进行混凝土的浇筑。

5.4 混凝土浇筑

(1) 计算混凝土量初灌量。为避免混凝土初灌后导管内涌水，一定要根据计划的导管初次埋深计算初灌量。根据施工经验，初灌量按下式确定：

$$V_{初} = D^2\pi/4(h_1 + h_2)K + d^2\pi/4h_1$$

$$h_1 = hr_1/r_2$$

式中：$V_{初}$为初灌量，m^3；D 为钻孔直径，m；d 为导管内径，m；h_1 为导管底端距孔底距离；h_2 为导管埋入混凝土深度；h 为孔内泥浆的深度，m；K 为充盈系数；r_1 为泥浆比重；r_2 为混凝土比重。

(2) 混凝土浇筑及其质量控制过程：

1) 混凝土浇筑前，导管内必须放置合乎要求的发泡胶片（虾片）作为隔水塞。

2) 浇筑时，应保证导管底部距孔底 0.3～0.4m，且应保证混凝土的储备量，确保混凝土的初灌量。

3) 拆管前必须测量导管在混凝土内埋深，始终保持导管埋入混凝土深度为 2m 以上，临时套管上拔拆卸必须保证混凝土面在临时套管底部保持 3m 以上。

4) 混凝土浇筑结束后，最终导管起拔应缓缓上提，以防桩头空洞及夹泥。

5) 混凝土浇筑超浇量不小于 1m，浇注的桩顶标高不得偏低，以确保桩顶混凝土强度符合设计要求。

6) 混凝土浇筑应在一次作业中连续进行。

7) 浇筑过程中按规范和设计要求预留混凝土试块。

混凝土浇筑示意图如图 7 所示。

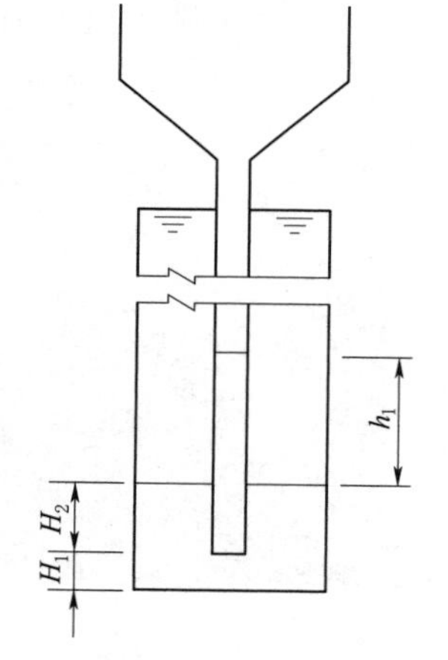

图 7　混凝土浇筑示意图

6 结语

香港地区钻孔灌注桩施工同内地相比，在成孔设备、施工工艺和方法上都差别较大，这和香港地区所特有的地质条件、环境要求等因素相关。中国内地钻孔灌注桩施工现在仍较多采用传统的较为经济的泥浆护壁技术，同步伴随泥皮、沉渣等现象，以及废弃浆液的排放等问题。而贝诺特工法采用全套管技术避免了上述问题的发生，对于提高桩基质量具有重要的意义。该工法具有环保、高效、优质的特点，内地也正在因时因地逐步推广。

深孔钻孔灌注桩施工技术与应用

李　忠

（中国水利水电第八工程局有限公司基础公司）

【摘　要】长江阶地地层为淤泥质黏土、粉砂、细砂、砂砾等软弱地层地质带，本文针对这一带地层的特点，系统阐述了深孔灌注桩在轨道交通桥梁的施工技术，该应用保证了施工质量，达到了安全可靠的经济目的。经检测，效果显著，为类似工程施工提供了可靠的经验。

【关键词】长江阶地　深孔　钻孔灌注桩

1　引言

武汉轨道交通21号线（阳逻线）工程起于江岸区后湖大道站，途经武汉市江岸、黄陂和新洲三个区，两端均预留延伸条件，线路全长33.7km，共设车站15座。其中第二标段，起讫里程为CK19＋603.18～CK34＋295.00，长度14.692km，包括5站5区间、1座综合体、1座停车场及1座主变电所。主要工作内容包括黄浦新城东站至武湖大道站区间的高架段，武湖大道站至军民村站，以及武湖运营控制中心、武湖停车场、停车场出入场线区间和武湖停车场主变电站所有土建施工。

基础处理工程施工内容主要包括桩基试验、钻孔灌注桩、水泥搅拌桩、预应力管桩等施工项目。其中深孔钻孔灌注桩：887根，桩径1.5m，孔深70.0～75.0m，混凝土浇筑113583.1m^3。

2　钻孔灌注桩的结构设计

2.1　钻孔灌注桩的结构型式

根据轨道交通工程高架桥的设计施工经验以及长江阶地的地层情况，考虑到沉降要求较高，高架车站钻孔灌注桩，桩端以15b－2层中风化泥质砂岩作为持力层，单桩竖向承载力特征值4500kN。区间桩基分别采用ϕ1.0m、ϕ1.25m、ϕ1.5m，桩底置于承载力较高的地层内，以1.5m桩基为例，群桩设计，孔深达70.0～75.0m，桥墩跨度平均26.5～30.0m。

2.2　配合比设计

为顺利按时完成施工生产任务，基础公司武汉地铁21号线项目部从工程经济角度出发，反复进行科学论证，认真研究工程技术方案，调整施工工艺，在满足设计要求的情况下，寻求专家的意见，同时根据现场实际情况和设计标准要求，对混凝土配合比进行了近两个月的试验和研究，从材料用量的理论计算与实际值之间的差异关系，改进水下混凝土配合比的设计，延长混凝土凝结时间，改善混凝土的流动性，保证施工质量的前提下，最终采用C35水下混凝土。C35水下混凝土配合比见表1。

表1　C35水下混凝土配合比表

混凝土名称	混凝土设计强度等级	水胶比	坍落度/mm	$1m^3$ 混凝土材料用量/kg						7d抗压强度值/MPa	28d抗压强度值/MPa
				水	水泥	砂/砂率	石子	掺合料	减水剂		
水下混凝土	C35	0.41	180～220	175	350	716/41%	1031	80	7.31	32.7	44.5
备注	砂、碎石以饱和面干状态为基准，减水剂掺量为0.8%										

3　施工程序

深孔钻孔灌注桩基施工主要采用SR-360旋挖钻机，其施工程序如下：

场地整平→钻孔灌注桩施工按照桩孔放样→护筒埋设→钻机就位、钻孔→检孔、清孔→下设钢筋笼、导管→二次清孔→混凝土浇筑→成桩检测。

3.1　施工准备

（1）桩基位于旱地上应清除杂物，换出软土，平整压实，场地位于陡坡时，先用推土机铲除陡坡，平整出桩基工作平台，或者用枕木或型钢等搭设工作平台。

（2）桩基位于浅水中宜用筑岛或围堰法施工，筑岛面积应依据钻孔方法、设备大小等决定。

（3）桩基位于深水或较厚淤泥中，可搭设水上作业平台，水上作业平台应能支撑钻机、护桶加压、钻孔操作及浇筑水下混凝土等施工过程中的所有静、活荷载，并保持坚固稳定，同时应满足各项有关施工作业和施工设备安全进、退场的要求。

3.2　测量放样

根据设计各桩位的坐标，由工程部测量组采用全站仪、水准仪对各个桩位进行定位放线，桩位标志应准确牢固。

3.3　护筒埋设

护筒采用8～12mm钢板制作，单个护筒长2.5m。护筒内径1700mm，大于设计桩径20cm。护筒底口做好防渗漏处理，并将其固定牢固，以防偏移，对于淤泥层较深或江河中护筒埋设，采用加长护筒。

3.4　泥浆制备

采用膨润土制备泥浆，通过实验确定泥浆配比，泥浆比重应符合下列规定：

开孔时泥浆比重应控制在1.2～1.3，在容易塌孔的土层中成孔时，泥浆比重应加大至1.3～1.5，当成孔至黏土层时应注入清水，以原土造浆护壁，泥浆比重应控制在1.1～1.3。

3.5　钻孔

（1）桩孔钻进时随时掌握旋挖钻机加压对地层的影响，观察孔内泥浆面和孔外水位情况，根据岩层结构的变化及时合理地调整泥浆性能指标，尽量减轻冲液对孔壁的影响，同时降低转速和钻压以满足施工质量控制要求，防止塌孔、缩颈等。

（2）在砂层中施工，旋挖工艺成孔困难，一定要控制好泥浆，选择好钻斗型式，才能有效地保持正常施工。应严格按照工艺要求进行施工，避免造成成孔孔径部分偏大，混凝土量局部超灌现象。

（3）清孔。钻孔至设计高程经检查后，立即进行清孔，清孔采用换浆法。

3.6 钢筋笼及导管安装

（1）吊放钢筋笼入孔时应对准孔径，保持垂直，轻放、慢放入孔，入孔后应徐徐下放，不宜左右旋转，严禁摆动碰撞孔壁，有声测管安装的先将生产管安装好。

（2）导管连接采用丝扣连接，导管使用前做试拼装和水密性试验。导管下放前，要检查每根导管是否畅通以及止水密封圈是否完好。

3.7 二次清孔

导管下放到位后混凝土灌注前进行第二次清孔。

清孔方法为通过导管采用大泵量泵入性能指标符合要求的新泥浆30min以上，或者采取高压射风（水），以使混凝土灌注前孔底沉渣厚度符合要求，保证混凝土成桩质量。

清孔后泥浆指标要达到设计要求，泥浆比重不大于1.15～1.2；黏度为16～20s；含砂率为4%。孔底沉渣厚度小于5cm。

3.8 混凝土浇筑

（1）首批混凝土浇筑采用拔球法，灌料斗容量应满足混凝土入孔后导管埋入混凝土中的深度不得小于1m并不宜大于3m。

（2）混凝土浇筑过程中导管埋深宜为2～6m，应连续不间断进行，混凝土运输、浇注及间歇的全部时间不应超过混凝土的初凝时间。

（3）在浇注将近结束时，为确保桩顶质量，在桩顶设计标高以上超灌一定高度。

3.9 质量检查

桩基浇筑完成后，待混凝土浇筑达到28d强度后，开始凿桩头，并进行超声波检测和承载力试验，本工程桩基均为Ⅰ类桩，承载力满足设计要求。

4 施工效果的分析

对于线性工程来说，移民征地、地下管线、施工干扰、临建的布置、地层情况等，会直接影响到整个工程进度的推进，因此必须科学合理地组织管理，从软件方面进行优化设计。对于深孔桩基础来说，每一道施工程序至关重要。

（1）泥浆质量控制对于成孔质量和成桩质量有较大的影响，在成孔阶段，如果泥浆质量差，稠度较小，将无法形成有效的护壁。在砂性地层中则易塌孔，在流塑状黏土层中则易于缩孔，如果泥浆稠度过大，相对密度大，含砂率高，则形成护壁的质量差，厚度大，又将大大降低桩的侧摩阻力，所以，在成孔阶段一定要控制好泥浆稠度和相对密度，保证泥浆质量方可。在成桩阶段，泥浆稠度大，相对密度过大，将使得钢筋与混凝土握裹力降低，也会在混凝土浇筑过程中使混凝土水下灌注阻力增大，降低混凝土的流动半径，使得混凝土骨料大部分堆积在桩芯，钢筋笼外骨料较少，影响桩身质量和桩的侧摩阻力。对于这类问题就必须采取有效的控制措施，才能保证桩基施工质量，一般采用2次清孔，即终孔后第一次清孔，吊放钢筋笼后第2次清孔。清孔时泥浆应不断置换，在保证不塌孔的情况下尽量降低泥浆密度，清孔时泥浆密度宜为1.15～1.2。在吊放钢筋笼和沉放导管后，由于孔内原泥浆中处于悬浮状态的沉渣再次沉到桩底，影响桩基质量，故应在混凝土灌注前利用导管进行第二次清孔。当泥浆相对密度及沉渣厚度均符合要求后应立即进行水下混凝土灌注施工。沉渣厚度测量一般用吊锤法测量，即用测锤反复提放，敲击孔底岩面，判定孔底沉渣是否都除干净，沉渣厚度检测宜在二次清孔停泵后5min左右测量。

(2) 钻孔灌注桩最为关键的是混凝土的浇筑，直接关系到桩身的质量，对于深孔灌注桩而言混凝土的性能指标尤为重要，其粗骨料宜选用卵石或直径小于40mm级配碎石，碎石含泥量小于2%，细集料宜为级配良好的中粗砂，含砂率在40%～45%，并以不大于20%的活性砂粉替代，以提高混凝土的流动性，防止堵管。水泥强度等级不低于42.5R，水灰比宜为0.5～0.6，坍落度180～220mm，首批混凝土大于220mm，大孔径深孔桩灌注混凝土初凝时间不小于8.0h，以确保其具有良好的流动性能，当灌注至距桩顶标高8～10m时，应及时将坍落度调高至120～160mm，以提高桩身上部混凝土的抗压强度。

武汉轨道交通21号线在施工深孔钻孔灌注桩时做了大量充分准备工作，每一道工序都经过严格的控制和分析，使论证过的技术得到了很好的应用，其经济效果显著，施工进度得到了显著的提高。经桩基检测，质量优良，工程安全可靠。

5 结语

对于深孔钻孔灌注桩来说，认真分析机械设备的使用性、适用性及经济性，选择合理的泥浆护壁、混凝土配比等是非常重要的，不仅可以降低施工成本、加快施工进度、满足设计规定的强度、耐久性、承载力和抗变形能力要求，而且对城市周边环境影响较小，经济社会效益显著，可为以后类似桥梁桩基工程建设提供可靠的施工依据。

高纬度严寒地区深厚覆盖层桥梁桩基施工

易　明　易　艳

（中国葛洲坝集团基础工程有限公司）

【摘　要】蒙古国色楞格河大桥是额根河水电站前期配套工程，项目地处北纬 49.2°，冬季漫长、严寒，施工环境恶劣。据此，对酷寒天气下桥梁桩基工程施工技术进行了研究，保证了工程施工的顺利进行，可供类似工程参考。

【关键词】色楞格河大桥　桥梁桩基　冬季施工

1　工程概述

色楞格河大桥位于额根河与色楞格河交汇处，跨越色楞格河。蒙古国额根河水电站是拟建在 Egiin 河（额根河）上的一座产能为 315MW 水电站，以解决蒙古电力匮乏，改善蒙古中部的能源体系，摆脱电力依赖进口的局面。中国葛洲坝集团股份有限公司与蒙古投资局于 2015 年 10 月 21 日签署了蒙古额根河水电站前期配套工程特许权协议，合同工期为 13 个月。额根河水电站前期配套工程中的色楞格河大桥项目地处北纬 49.2°，位于蒙古国布尔干省境内，距首都乌兰巴托市约 500km。根据气象资料显示，近 10 年历史最低气温为－42.6℃，最低气温在每年的 1 月、2 月里出现。白天气温 0℃以上的仅有 7 个月（3 月下旬、4—10 月），冬季漫长、严寒，施工期间最低环境温度达到－32℃。为此，我们对酷寒天气下桥梁桩基工程施工技术难题进行了立项研究，确保了工程施工的顺利进行。

色楞格河大桥位于额根河与色楞格河交汇处，跨越色楞格河。桥梁为装配式预应力混凝土 T 梁桥，大桥全长 321.08m，宽 12m，有 8 跨。设计桩基为摩擦桩，每个桥台、桥墩均设计 4 根桩，桩径为 1.8m，共计 36 根桩。其中桥台设计桩长为 20～21.82m，桥墩设计桩长为 20～29.9m。孔深在 21～32.3m。桩基混凝土共 2347.6m^3，桩基钢筋制安共计 164.6t。

2　工程地质及气候

2.1　工程地质条件

根据设计图纸及地质报告了解，桥梁基础的地质勘探在桩号 71＋520、桩号 71＋880 处进行了钻孔取芯，孔深为 20m。从地质勘探孔揭露该区域的地质构造为砂卵石混合的冲积土和粉砂土层。标准贯入试验检测结果见表 1。

表 1　　标准贯入试验检测结果

序号	土壤	符号	冲击数次	密度指数/%	内摩擦角/(°)	变形模量MPa	设计压力/MPa
1	粉砂土	SM	16	44	33	31	12
2	不规则砾石土混合沙土	s GP	29	63	35	41	22

2.2　气候特征

项目所在地为大陆性气候，冬季漫长严寒，夏季短，在春季和秋季有大风，并有些湿冷。

2.2.1　气温

根据设计提供的布尔干省气象站资料显示该区域比较寒冷，多年平均温度在 1.4～−1.6℃。在过去 10 年气象资料显示，2 月平均气温为−19.8～−23.5℃，最低温度达到−42.6℃；3 月下旬气温才升至 0℃以上；7 月平均气温达到 15.4～20.1℃，最高达到 33.2℃。10 月气温下降至 0℃以下。多年土壤表面平均温度为 3.8℃，与年平均气温近似，在 2 月最低温度为−47.6℃，在 7 月最高温度为 64.5℃。由于季节性冰冻，土壤冻层厚度达到 3.0m。

2.2.2　降水

根据气象站资料显示，平均降水量为 77.0～325.0mm，80%～90%的降水量集中在 5—9 月。

3　施工技术分析

3.1　工程特点

(1) 桥梁部位仅有两个地质勘探孔，且孔深只有 15～20m。

(2) 冬季漫长，且天气酷寒，近 10 年来历史最低气温−42.6℃左右。

(3) 工期紧，一年内有效施工期仅 7 个月。

3.2　技术难点

(1) 工程项目所在地冬季漫长，天气酷寒，且大口径钻孔灌注桩位于深厚砂卵石覆盖层，地勘资料欠缺，桩基成孔工效低、施工困难。

(2) 在酷寒气候条件下进行桥梁桩基施工，需研究并采取多项措施确保机械设备的安全正常运行。

(3) 在酷寒天气条件下浇筑桩基混凝土，对混凝土的拌制、运输及浇筑过程的保温措施要求极高。

4　砂卵石层大孔径钻孔灌注桩分级成孔

色楞格河大桥为装配式预应力混凝土 T 梁桥，每个桥台（编号为 0 号和 8 号）和桥墩（编号为 1～7 号）均设置 4 根直径 1.8m 的钻孔灌注桩（见图 1）。桩基孔口高程在 827.60～829.695m，桥台桩基孔底高程为 805.548m，桥墩桩基孔底高程 797.361m。孔深约 21～

32.3m，设计桩长为20.0～29.9m。

根据色楞格河冰封期及汛期河流水位情况，冬季施工首先以1号桥墩的2号、3号桩进行试验性生产，进一步论证施工方法及工艺的可行性。1号桥墩桩孔孔深32.3m，设计桩长29.9m。

4.1 设备选型

钻孔灌注桩成孔机械常见的有3种类型。第Ⅰ类为冲击式钻机；第Ⅱ类为回转式钻机；第Ⅲ类为旋挖钻机。根据设计桩径及设计地勘资料，结合前期现场踏勘，通过对各类钻机适用的地层情况，色楞格河桥梁的桩基钻孔设备选型为冲击钻机。每台钻机配备两种直径（1450mm，1750mm）和不同类型（平底钻头，空心钻头）的钻具。

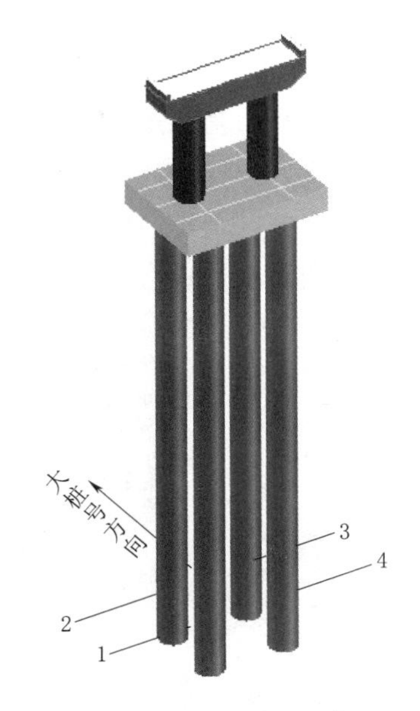

图1 钻孔编号三维示意图

4.2 钻具选型

结合以往工程经验及砂卵石地层钻具选型，1～2号、1～3号桩均采用直径1.75m空心钻头大冲程钻进。经过3天钻进，1～2号和1～3号孔进尺分别为7.5m和9.1m，平均日进尺2.5～3.0m，工效低，且钻头磨损严重。

由于平底钻头对地层挤密效果较空心钻头好，平底钻头在挤密孔壁的同时，使部分钻渣和泥浆一起被挤入孔壁，起到一定的固壁效果，能确保后续扩孔施工过程中的孔壁稳定。经研究，1～2号孔在直径1.75m空心钻头钻进9.1m后，调整钻进方法，采取分级法钻进（两级），1～3号孔钻头不做调整，沿用直径1.75m空心钻头钻进至终孔。1～2号孔调整为先采用重5.4t、直径1.45m平底钻头较大冲程钻进至终孔后，再采用重5.7t、直径1.75m空心钻头进行二次扩孔至终孔。调整钻进方法后工效显著提高，平均日进尺提高为5.5～6.5m。此外，快速扩孔后，也提高了桩的摩擦阻力。

4.3 应用成果

通过浇筑混凝土后测算钻孔充盈系数得知，1～3号孔钻孔充盈系数达到1.38，1～2号孔钻孔充盈系数为1.15。

针对该类地层，大口径钻孔灌注桩宜采用冲击钻分级法钻进（两级）。首先采用平底钻头，大冲程钻进，然后采用桩径大小的空心钻具进行二次扩孔。为确保第一级钻进对地层挤密作用，保证孔壁稳定，要控制第一级成孔钻具直径不小于桩径的75%～80%。如果第一级成孔钻具直径过小，因钻进过程中的挤密范围有限，易造成扩孔孔壁不稳定，导致充盈系数过大，甚至塌孔埋钻事故发生。

通过针对砂砾石地层大口径钻孔灌注桩成孔，选用不同类型和直径的钻具进行分级成孔，大幅提高了工效，有效控制了钻孔充盈系数，降低了施工成本。同时，扩孔施工增加了灌注桩与地层间的摩擦力，提高了桩的承载力。

5 冲击钻天轮锥形自动除冰器

冲击钻机钻孔原理是用卷扬装置通过钢丝绳提升钻头，上下往复冲击，将土石破碎，由泥浆悬浮钻渣，使钻头冲击到孔底新土层，并采用掏渣桶掏渣，同时向孔内补充泥浆。

该项目桥梁桩基于11月20日开始进行试验性生产，施工期间气温在－15～－32℃。冲击钻钻进过程中进行孔内掏渣作业时，掏渣桶钢丝绳会不断地从孔内携带泥浆水经过桅杆上的小天轮。由于天气酷寒，携带的泥浆水经过桅杆上的小天轮后极易结冰，并逐渐结满天轮槽，虽然天轮上有钢丝绳保护器，也会导致钢丝绳从天轮槽内被泥浆水冰块挤出。作业人员经常要爬上8.5m高的桅杆，对钢丝绳脱轮事故及天轮结冰进行处理。在寒冷的气候条件下高空作业，特别是夜晚作业十分危险。

图2 冲击钻天轮锥形自动除冰器

为解决在酷寒气候条件下冲击钻因天轮槽内结冰而发生钢丝绳脱轮事故，根据天轮凹槽形状，研发一种冲击钻天轮锥形自动除冰器，确保安全生产，减少钢丝绳磨耗。

采用45号半轴钢材制作锥形除冰器，将其安装固定于天轮下方的桅杆上，并将除冰器锥尖插入到距离天轮凹槽槽底约1cm的位置，当天轮凹槽内出现结冰时，随着钻机卷扬带动钢丝绳，由钢丝绳带动天轮转动，锥形除冰器即可实现自动除冰。冲击钻天轮锥形自动除冰器如图2所示。

6 酷寒天气环境下的供暖及保温措施

6.1 混凝土拌和系统整体温棚

在酷寒的冬季进行混凝土施工，原材料的加热与保温是非常重要的一项措施，混凝土在拌和前就要求原材料的温度能达到正常拌制混凝土的基本要求。为了确保冬季混凝土的拌制温度，对原材料加热首先选用加热水的方法。当不能满足要求时，再对骨料进行加热。该项目混凝土拌和系统采用以下保温措施：

（1）混凝土拌和系统采用整体式保温棚，包含砂石骨料仓、电子称量系统、螺旋输送机、搅拌机、搅拌车停车间及水泥库。其中，水泥库与拌和系统保温棚结构为一个整体，但不参与采暖。混凝土拌和系统保温棚采用轻钢桁架结构及泡沫夹芯彩钢板进行全封闭。为进一步缩小整个保温棚空间，确保骨料仓具有更好的保温效果，骨料仓设置在地面以下1.0m，并降低混凝土搅拌车进楼车道。拌和系统保温配备9个煤炉供暖，桩基混凝土施工期间，棚内环境温度控制在＋6℃左右。混凝土拌和系统整体式保温棚三维效果如图3所示。

色楞格河桥梁桩基混凝土施工拟定采用加热水的方法进行混凝土搅制，混凝土配合比见表2。根据规范要求，保证水泥不与温度不小于80℃的水直接接触的原则（假设水温为75℃），结合桩基混凝土配合比及各种原料温度和相关参数，混凝土拌和温度按热工计算式（1）进行计算：

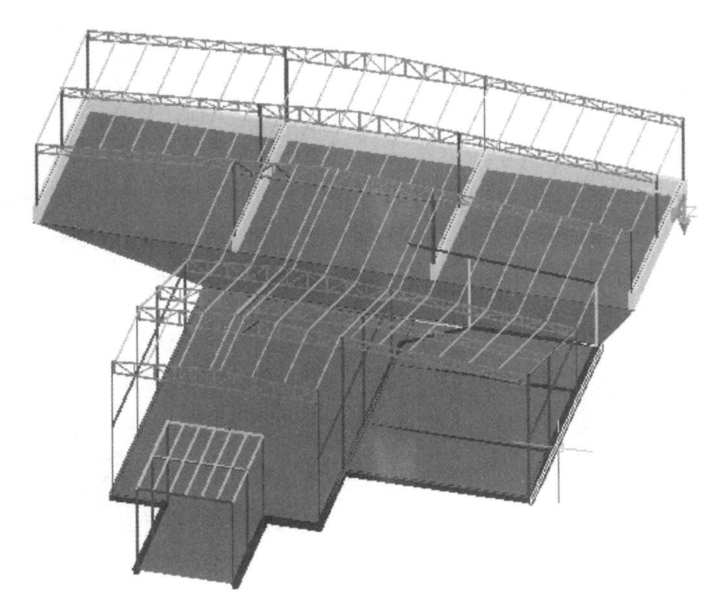

图3　混凝土拌和系统整体式保温棚三维效果图

$$T_0=[0.92(m_{ce}T_{ce}+m_{sa}T_{sa}+m_gT_g)+4.2T_w(m_w-W_{sa}m_{sa}-W_gm_g)+C_1(W_{sa}m_{sa}T_{sa}+W_gm_gT_g)-C_2(W_{sa}m_{sa}+W_gm_g)]\div[4.2m_w+0.9(m_{ce}+m_{sa}+m_g)] \tag{1}$$

公式内各项符号名称及数值详见表2、表3。

表2　　混凝土配合比

配合比	水	水泥	砂	碎石
质量/kg	176	391	780	953
含水量/%	—	—	4.20	0.00

表3　　原材料参数表

名　称	名称符号	数　值
水泥质量/kg	m_{ce}	391
砂质量/kg	m_{sa}	780
碎石质量/kg	m_g	953
水质量/kg	m_w	176
砂含水率/%	W_{sa}	4.20
碎石含水率/%	W_g	0.00
水泥温度/℃	T_{ce}	−4
砂温度/℃	T_{sa}	−4
碎石温度/℃	T_g	−4
水温度/℃	T_w	75
砂石骨料温度小于等于0℃时的取值	C_1	2.1
	C_2	335

通过热工计算，混凝土拌和物的理论温度 T_0 等于10℃，满足规范要求。

(2) 混凝土搅拌用水采用两个10t废弃油罐车罐体改装。在水罐最低处加设5根15kW的电热管加热，并在罐体内安装水温温度传感器，确保水温低于75℃后电热管自动加热。水罐保温措施采取双层保温：采用3cm厚的导热系数和渗透率低、阻燃性能好、抗老化、安装简易的橡塑保温材料紧贴于罐体，再用脚手架钢管和保温棉被搭设保温棚。水温加热所需时间按热工计算公式 (2)、式 (3)、式 (4) 进行计算。

水加热所耗热量 Q：

$$Q = c\rho V(T_2 - T_1)\frac{K_1}{K_2} = 6115200\text{kJ/h} \tag{2}$$

电热管每小时产生的热量：

$$Q_0 = PT = 270000 \tag{3}$$

水罐加热至70℃所耗时：

$$T = Q/Q_0 = 21.7\text{h} \tag{4}$$

上述公式内各项符号名称及数值详见表4。

表4　　参　数　表

名称及单位	符　号	数　量
电热管功率/kW	P	75
水比热容/[kJ/(kg·K)]	c	4.2
水密度/(kg/m³)	ρ	1000
需加热水总量/m³	V	12
加热后材料温度/℃	T_2	75
加热前材料温度/℃	T_1	5
不均衡系数	K_1	1.3
时间利用系数	K_2	0.75
耗热量/(kJ/h)	Q	6115200

混凝土拌和系统的整体式保温棚及拌和用水设施通过热工计算和混凝土生产性试验，均能满足规范要求。设置两个12m³热水罐可满足单根桩基混凝土拌和用水量要求。

6.2　混凝土搅拌车旋转罐体整体保温罩

冬季施工混凝土运输保温措施成为混凝土施工成败关键之一，国内常规的混凝土搅拌车保温罩在这种酷寒条件下，无明显效果，且受项目地理条件限制，混凝土拌和站布置在与孔口相距0.8～1.1km。经过调研、分析比对，橡塑保温材料比常规保温棉被保温效果好，且质轻、安装简易，更加安全可靠。

混凝土搅拌车旋转罐体采用导热系数和渗透率低、阻燃性能好、抗老化、安装简易的3cm厚橡塑保温材料。根据旋转罐体形状裁剪橡塑保温材料，利用玻璃胶紧贴于罐体，橡塑保温材料外再包裹一层塑料薄膜。该混凝土搅拌车旋转罐体保温方式的保温、防风、防水性能达到传统保温罩的5～8倍，轻便耐用，经济合理，满足施工要求。此外，通过对混凝土搅拌车旋转罐体进行全包裹，解决了混凝土搅拌车旋转罐体后半部分裸露在外的问题，降低了运输过程中热损失。同时，提高保温材料的使用效率，便于罐体外部保洁。混凝土拌和物经过搅拌车运输至浇筑时的温度（T_2）通过热工计算公式（5）进行计算：

$$T_2 = T_1 - (\alpha t_1 + 0.032n)(T_1 - T_a)$$

$$T_1 - (\alpha t_1 + 0.032n)(T_1 - T_a) \tag{5}$$

式（5）内各项符号名称及数值详见表5。通过热工计算混凝土拌和物经过搅拌车运输至浇筑时的温度为6.4℃，满足规范要求。

表5　参数表

名称及单位	符　号	数　量
混凝土拌和物自运输到浇筑的时间/h	t_1	0.17
温度损失系数	α	0.25
混凝土拌和物运转次数	n	1.0
混凝土拌和物运输时环境温度/℃	T_a	−30.0

注　经手持红外线测温仪测试混凝土入仓温度为6.7℃，满足规范要求。

6.3　混凝土浇筑导管采暖保温及冲洗

混凝土浇筑导管在酷寒天气下，如果采用冰水冲洗和存放不当，容易对导管密封圈造成损伤，损伤的密封圈会使导管接缝不严密。混凝土浇筑过程中，在水压的作用下，导管接缝处会发生漏水。导管漏水后，不仅会造成接触面混凝土水灰比过大而发生离析，并且水流将带走水泥浆，严重时导致砂石料沉积而堵死导管。为此，通过在200L油桶内安装一根15kW电热管改装成的自制热水器加热冰水后，通过自动高压清洗机和水枪进行混凝土浇筑导管的热水冲洗，并用保温棉被搭建保温棚堆放导管。在保温棚一侧安装碘钨灯进行采暖，导管有密封圈的一端的棚顶安装碘钨灯等措施，解决了这个难题。

7　泥浆回收再利用

不合格黏土无益于成孔的钻进，只会造成槽孔坍塌事故，严重磨损钻具，增加施工成本，影响工期。由于色楞格河大桥周边土壤为砂土，无适宜的黏土料源，其桥梁桩基所用黏土均采用从国内进口优质膨润土制浆进行泥浆护壁。因此，钻孔灌注桩桩基施工的泥浆回收再利用尤为重要。

7.1　泥浆制备

由于气温寒冷，管道内不得存放泥浆，输送泥浆管道需采用保温棉被包裹。泥浆制浆站选择在较高地势，高速制浆机直接将制备的泥浆输送至施工的桩孔内。制浆站供水采用混凝土拌和用水形式，两个10t废弃油罐车罐体改装。在水罐最低处加设5根15kW的电热管加热，并在罐体内安装水温温度传感器，确保水温低于35℃后电热管自动加热。泥浆系统示意如图4所示。

7.2　保温性泥浆存储箱

根据项目所处的地理及气候环境条件，针对桥梁桩基混凝土浇筑过程中泥浆回收储存

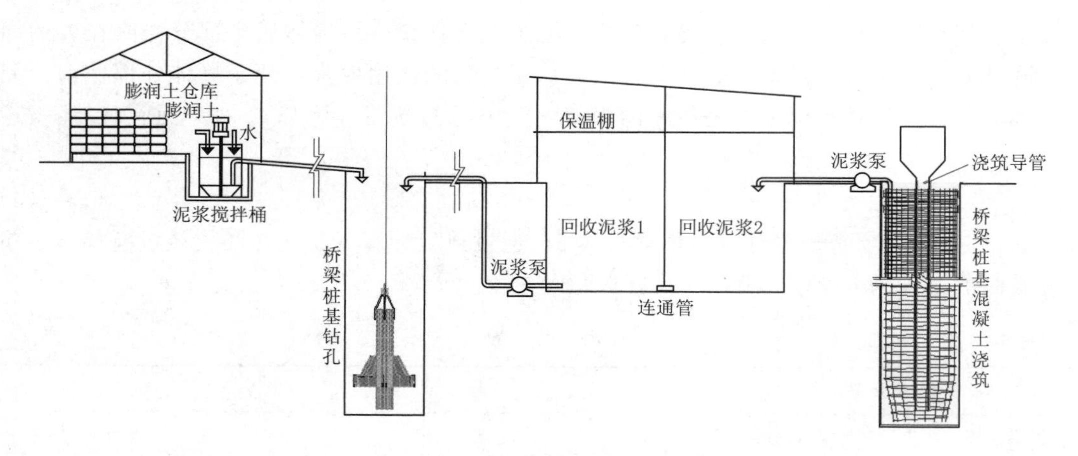

图4　泥浆系统示意图

问题，项目组进行了技术创新，采用埋设于地下的具有保温性能的储浆箱，具体方案如下：

根据桥梁桩基最大单桩泥浆容积量，选用1AA型号的集装箱（长×宽×高=12192mm×2438mm×2591mm）进行改装。首先，采用钢板封闭集装箱箱门及切割箱顶，检查箱体四周是否渗水，并进行补焊。然后采用3cm厚的导热系数和渗透率低、阻燃性能好、抗老化、安装简易的橡塑保温材料紧贴于集装箱4个立面的外侧。根据集装箱尺寸开挖地槽，地槽尺寸能够并排安放两个集装箱，集装箱箱顶高出地面10cm，四周采用干燥的砂土人工抛填，并用脚手架钢管和保温棉被搭设保温棚，同时在箱顶上部采用钢管和保温棉被搭设1.5m高的保温棚，并配置一台15kW的热风机进行供暖，防止护壁泥浆的冻结。

8　结语

额根河水电站前期配套工程色楞格河大桥桥梁桩基施工，通过设备选型及钻具组合，研发一款天轮锥形自动除冰器及保温措施，大幅提高了工效，节约施工成本，确保冬季施工安全，为我国在西北高海拔及东北严寒地区的桥梁桩基施工及类似工程提供了借鉴和参考经验，推动了冬季桥梁桩基施工技术的发展，具有显著的社会效益。

设备改进与研制

1 吉林引松工程TBM贯通　2 港珠澳大桥人工岛水上振冲施工

3 唐山LNG混凝土灌注桩施工　4 港珠澳大桥陆上深层水泥搅拌桩工程

北京振冲工程股份有限公司
简　介

北京振冲工程股份有限公司（简称北京振冲）是国家一级施工企业，是集工程施工及其新技术开发、应用和推广为一体的企业。

北京振冲现拥有水利水电工程施工总承包一级以及地基基础工程、隧道工程、河湖整治工程、建筑装修装饰工程的专业承包一级，并拥有工程勘察甲级资质。公司业务主要涉及水利水电、石油、化工、港口、码头、市政、火电基础工程以及全断面隧道掘进机（TBM）等领域的技术应用及工程承包。

作为国内最早进行振冲技术研究和应用领域的企业之一，主持或参与了多项国家行业技术规范的编制与修订工作。自主研发了45～180kW电动振冲器、大功率液压振冲器、新型干法底部出料振冲集成设备，在国内和港澳地区仅振冲类专利近40项。多年来在水利水电工程水工隧洞TBM工程施工、各类防渗技术、复合地基理论研究、地基处理新技术开发及设备研制等领域均居国内领先地位，在TBM隧洞施工、基础处理、防渗工程和等领域具有较高的知名度和较强的综合实力。

北京振冲先后参建了三峡工程、锦屏水电站工程、大岗山水电站、瀑布沟水电站、南水北调工程、大伙房输水工程、吉林引松供水工程、港珠澳大桥工程等大批国家、省、市重点工程，部分参建项目荣获了詹天佑奖、大禹奖、鲁班奖、国家优质工程金质奖等多项在国内具有重要影响力的奖项；连续多年被国家工商行政管理总局、北京市工商行政管理局评为“重合同，守信誉”单位；被中国质量协会授予“全国用户满意企业”“全国用户满意服务”荣誉称号，并获得2017年获得水利信用AAA等级及水利安全标准化一级单位证书。

XY－2B 型勘察钻机在深海钻探中的应用

焦洋洋　刘少华　王　帅

（北京振冲工程股份有限公司）

【摘　要】 海上勘察因其特定的施工环境通常采用专用的波浪补偿钻机进行，本文以香港某海上勘察项目为例，介绍了一种创新的钻探方法，将常规 XY－2B 型勘察钻机进行了针对性改装，并搭载平板船舶进行海上钻探作业，确保了钻机原有施工性能不变的同时，又具备了一定的波浪补偿能力。通过工程实践，该方法具有良好的经济效益。本文叙述了其改装思路、改装内容及应用效果分析，以供相关海上勘察人员参考。

【关键词】 XY－2B 型勘察钻机　深海钻探勘察波浪补偿　改装

1　引言

目前随着海上勘察项目的日益增多，如何选取合适的勘察设备显得尤为重要。钻机载体一般有海上施工平台或者平面工作趸船两种。因采用海上施工平台的工艺特点基本近似于陆地施工，故本文不对此种方式展开讨论。XY－2B 型勘察钻机直接放置在趸船上进行海上施工的设备组成方式易受风浪、潮汐以及船体摇动等因素的影响，造成采取到的土样质量不高，从而影响测试数据的准确性。而波浪补偿钻机又具有专用性较强、只能应用于海上施工、购置费用高、生产周期长、需要对船体针对性的改装等缺点。并且此种方式应用于香港海域施工时，需要对勘察施工船的整体结构进行检验，耗费时间较长。

为解决上述问题，北京振冲公司将 XY－2B 型陆地勘察钻机进行了针对性的改装，在维持原设备基本结构的基础上，使陆地钻机获取了一定的波浪补偿能力，具备了在深海钻探项目中的适用性。从该设备在香港某大型深海勘察项目的实际应用情况分析，使用该设备采取的土样以及各种原位测试的质量良好，设备运行情况平稳，本次改装取得了良好的效果。改装后的钻机整体效果如图 1

图 1　钻机整体效果图

所示。

2 改装思路

针对海上施工时不确定性因素较多，工况相比陆地较为恶劣，受风浪影响时会有部分动力损失等特点，本次改装选择的是国内较为通用的 XY－2B 型 300m 陆地勘察钻机。该钻机的特点是整机质量较好，柴油机输出功率大，桅杆及机架强度、刚度、稳定性较好。其工作原理是动力由柴油机输出至变速箱，变速箱通过传动轴将动力输出至立轴。

此次改装的重点是在不破坏原钻机结构的前提下，做最小限度的改动以实现陆地勘察钻机的海上波浪补偿效果。

3 改装内容

3.1 波浪补偿能力

实现陆地勘察钻机的海上波浪补偿能力是改装的重点，即在钻机工作过程中如何实现钻杆的自由状态。首先必须改变钻机的动力传递方式；其次是去除其他约束端，实现钻杆在立轴内部的相对自由滑动。针对上述两点，对该钻机进行了相应部位的改装，并且在改装完毕之后，设置专用平台将钻机抬高 750～1200mm，有助于在海上作业时通过短节套管调整外露高度，以消除因风浪及潮汐等因素造成的负面影响。

3.2 设备的钻进能力

由于改装后钻机液压卡盘在正常工作时处于完全松开的状态，在遇到硬质土层时无法正常加压，完全依靠钻具的切削以及钻杆的自重进行钻进，这是影响施工工效的主要因素。针对此种情况，首先在选用钻杆时应选择厚壁钻杆，并且在主钻杆顶部位置增加新的机构，该机构可以根据不同的工程地质条件需要继续增加相应的配重，以提高钻进效率。

3.3 设备的起拔能力

在海上恶劣的施工条件下，由于增多了套管数量及钻杆的重量，海上风浪的影响都会造成起拔力损失，可能出现因钻孔深度过大而造成套管无法顺利起拔的情况，因此 XY－2B 型 300m 勘察钻机的原有的卷扬机起拔能力显得有些偏弱，在选择陆地勘察钻机进行改装时，加大了卷扬的起重能力，另外在钻探中还可以采用反打锤的方式进行套管的起拔作业，避免发生套管钻杆难以起拔的情况。

4 作业环境

本勘察项目位于香港某外海海域，施工区域内平均水深约 17m，最高天文潮位＋2.70mPD，平均高潮水位＋2.05mPD，平均低潮水位＋1.15mPD。海域内秋季盛行东北季候风，秋季平均水流流速约 0.6m/s，最大水流流速约 1.2m/s。浪高约 0.5～1.5m。来自外海的涌浪较大，综合海况较差，该区域内的地层情况主要以海相、海陆交互沉积层为主，区域内松软土层的厚度约为 10m。

综上所述，该施工区域的场地情况及综合海况均不理想，采用常规的无波浪补偿能力的陆地勘察钻机无法满足要求。带有波浪补偿功能的 XY－2B 型勘察钻机为海上勘察施工的可行性以及勘察数据的准确性提供了良好的基础。

5 应用效果分析

5.1 设备性能分析

改造后的 XY－2B 型陆地勘察钻机主要的优点是具备了一定程度的波浪补偿能力，并且具有结构构造简单易操作，设备通用性强等优点，具体设备性能分析如下。

（1）波浪补偿能力。改造后本钻机具备了一定的波浪补偿能力。通过项目生产的实际验证，该设备的极限波浪补偿能力约为 1.2m 左右。在船机锚拉定位之后，波浪的主要影响是造成船体的垂直起伏和横摇，当采用合适的定位方式之后，船体水平方向的相对位移基本可以忽略不计。因此在钻探过程中当受波浪影响造成船体的竖向起伏和横摇时，由于钻具与动力系统处于相对分离的状态，给予了在主钻杆自由行程内的波浪补偿能力，避免了钻具随勘察船的起伏造成钻进过程中对土层的扰动，可以获取较高质量的土体样本。

（2）构造简单易于操作。设备是由国内勘察项目常用的 XY－2B 型勘察钻机的基础上改造而来，在保持设备的主要构造的前提下进行了小规模的针对性改装，对设备基本无损伤。设备的操作系统仍然以原有的操纵杆为主，增加的液压阀门仅在特殊情况下需要进行启闭操作，相比陆地勘察项目不需要再增配施工人员。

（3）设备通用性强。由于此改装属于无损化改装，因此改装后的设备在满足海上勘察项目施工的前提下，也可用于陆地勘察施工项目。设备的通用性较强，避免了海上专用波浪补偿勘察设备的局限性，具有较好的经济性。

5.2 取样效果分析

本工程为香港某海上勘察项目，该项目属于政府工程，对样本采集的质量要求较高，适用英标以及香港《Guide to Site Investigation》。钻孔取芯要求进入 Grade Ⅲ级岩不少于 3m 或进入原有土层不少于 5m，钻孔总深度约 40～50m（不含水深 20m）。

具体要求如下：样本采集由海床面以下 1m 开始。上部软弱土层采用 Piston100 进行高质量土样的采集，当遇到 Piston 无法穿透的硬质土层时改用 Mazier101 采集土样。每个 P100 或者 M101 之后施打 SPT。在进入海砂层后使用 U100 或者 U76 进行土样的采集，每个样本采集之后施打 SPT，每 2m 一个循环。进入岩层后采用 T2－101、T6－131、T6－116 进行取样。样本采集率 CR 不得少于 80%，如小于 80%，则需补取一次样本。

5.3 施工工效分析

从项目生产的 4 个月的统计情况分析，改造后的 XY－2B 型陆地勘察钻机完全可适用于一般的海上工况，月度海况及平均施工工效见表 1。

表 1　月度海况及平均施工工效

序号	时间/月	日均钻孔深度/m	平均水流速度/(m/s)	平均浪高/m	平均风速/(km/h)
1	6	19.42	1.07	1.0	25
2	7	20.53	1.19	1.0	33
3	8	20.96	1.08	1.1	29
4	9	19.13	1.21	1.2	41

由于本钻机具备一定的波浪补偿能力，在船体受到波浪及水流等影响时，整套钻具可以保持相对自由状态，不会给正在采集的土样造成较大扰动，从而保证了施工质量。从采集的样本情况分析，改造后的 XY－2B 型陆地勘察钻机完全可满足深海勘察项目的需求。部分采集的土样采集效果如图 2 所示。

图 2　土样采集效果

6　结语

改造后的 XY－2B 型勘察钻机在香港海上勘察项目顺利实施，验证了该方法的创新性、可行性。通过对采集的土样进行分析，切实满足了本项目的相关设计要求，取得了良好的经济效益和社会效益，为海上勘察设备的选型提供了新的思路。

浅谈沥青心墙摊铺机的改造

杜晓麟　孙仲彬　张裕文　杨振中　杨　雨

（中国水电基础局有限公司）

【摘　要】当前市场上的沥青心墙摊铺机大都是专用设备，受其使用范围的局限对普通沥青摊铺机进行改造，实现其沥青心墙的摊铺功能。改造后不影响原有摊铺机的结构和功能，通过快速拆装可还原其自身结构。改造后的摊铺机应用于西藏结巴水库沥青心墙施工取得良好效果，得到了施工人员的认可，并大大提高了沥青心墙的摊铺效率。

【关键词】普通沥青　摊铺机　沥青心墙摊铺机　改造效率

1　引言

国内外沥青心墙摊铺机的生产厂家很少，且国外产品价格较高，而国内生产厂家其经营模式都是以租赁的方式租给施工单位使用，租金较高。传统的人工摊铺沥青心墙方式速度慢、效率低，大大影响了沥青心墙的摊铺工期和质量。在此背景下，结合工程项目需求，对普通沥青摊铺机进行改造，达到减少设备的采购量和闲置率，从而提高资金的使用效率。

2　普通沥青摊铺机的选用型号

经过全方位考察筛选，最终决定购买维特根（中国）机械有限公司生产的1782/SUPER1880L型摊铺机为原型机进行改制。摊铺机主要尺寸如图1所示。

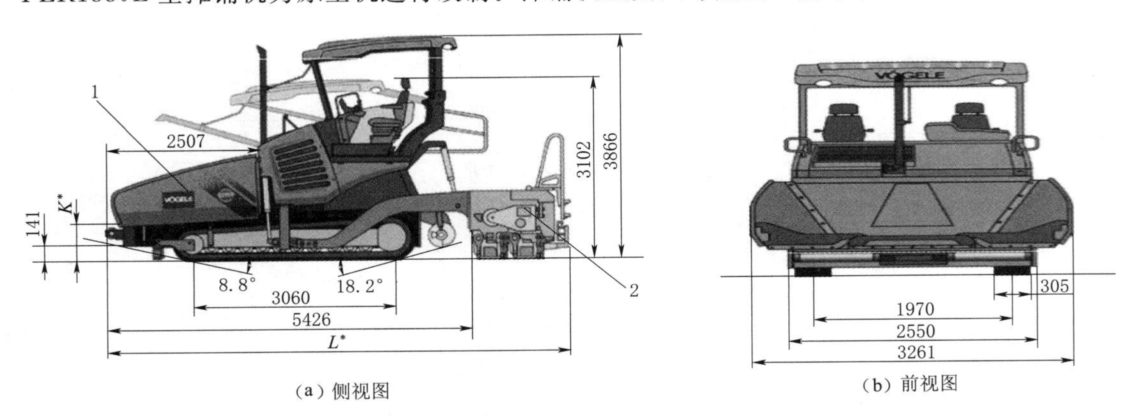

（a）侧视图　（b）前视图

图1　摊铺机主要尺寸图（单位：mm）

最大工作重量为 27590kg；发动机为东风康明斯型号 QSB6.7－C215TIER3；熨平板质量为 2100kg。

3 沥青心墙摊铺机的施工要求

在不改变原有摊铺机的行走方式、沥青料的输送方式、液压系统及电气系统的前提下，根据工程质量和现场施工要求，将摊铺机改造成能同时摊铺沥青料和砂石辅料，且具有初步压实的功能。施工要求参数见表 1。

表 1　　施工要求参数

序号	名　称	参数、型号	备　注
1	沥青心墙宽度/mm	600、800、1000	
2	沥青心墙最大厚度/mm	500	
3	沥青心墙最小厚度/mm	300	
4	沥青心墙厚度与辅料的摊铺高差	平行	可调节
5	沥青心墙两侧辅料最小宽度/mm	1000	总宽 3400
6	沥青料上料装载机型号	徐工 ZL50GL	
7	砂石辅料上料挖掘机型号	小松 PC210－7	
8	砂石辅料料斗最小容量/m^3	6	

4 沥青心墙摊铺机的改造方案

4.1 摊铺机的结构改造说明

首先拆除摊铺机原有的开闭式沥青料斗和熨平板，改造后的摊铺机工作原理示意如图 2 所示。然后将改造后的沥青料斗、连接体、辅料斗、滑槽、影像监控对正系统等安装在摊铺机主机上组成沥青心墙摊铺机。改造后的摊铺机主要结构部件如图 3 所示。其工作原理是：沥青料斗内的沥青料通过摊铺机刮板输料器输送到滑槽内，经过滑槽内熨平板对其初步挤压成型。同时两边辅料经过辅料斗摊铺在滑槽两侧，以达到将沥青心墙固定的作

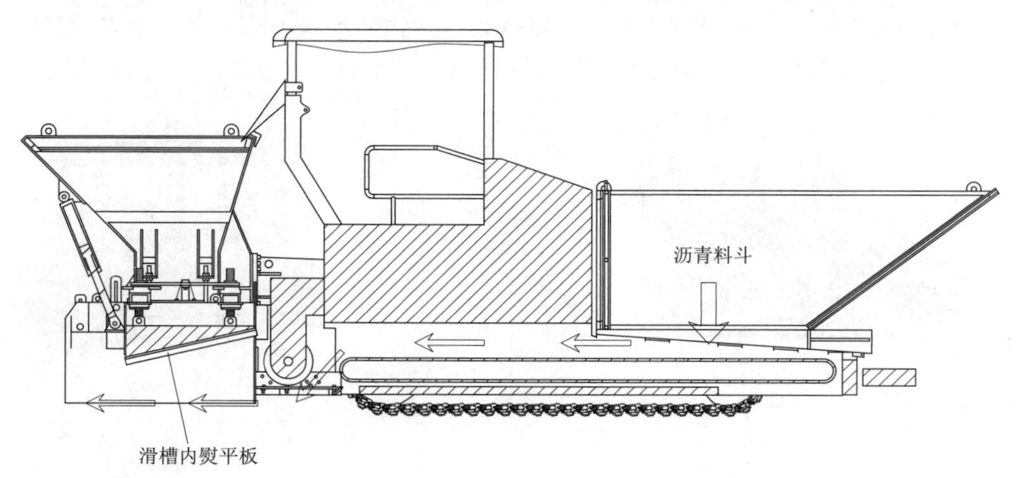

图 2　改造后的摊铺机工作原理示意图

用。当第一层摊铺作业完成后，收缩连接于滑槽和辅料斗之间的液压油缸将滑槽提升至一定高度，整台摊铺机便可以自由行走到第一层开始的位置，开始第二层的摊铺作业。

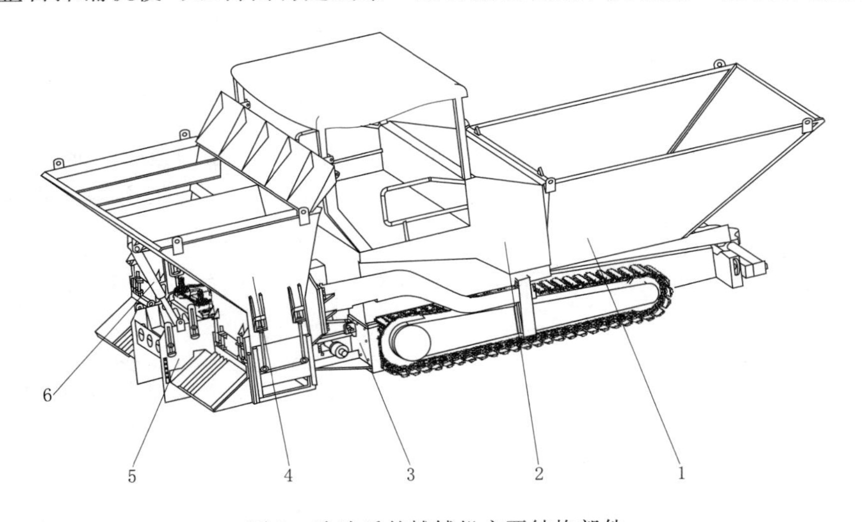

图 3　改造后的摊铺机主要结构部件

1—沥青料斗；2—摊铺机主机；3—连接体；4—辅料斗；5—滑槽；6—液压油缸

4.2　主要结构部件

4.2.1　沥青料斗

原沥青料斗为开合式，一面开放，用在西藏高海拔高寒环境，不具备保温的功能。且原沥青料斗长度为 2400mm，与实际装载沥青料的装载机尺寸不符，实际装载机为 50 型装载机，其料斗长度有 3m，斗容量为 $3m^3$。因此需要重新设计一个符合实际施工要求的沥青料斗，沥青料斗如图 4 所示。

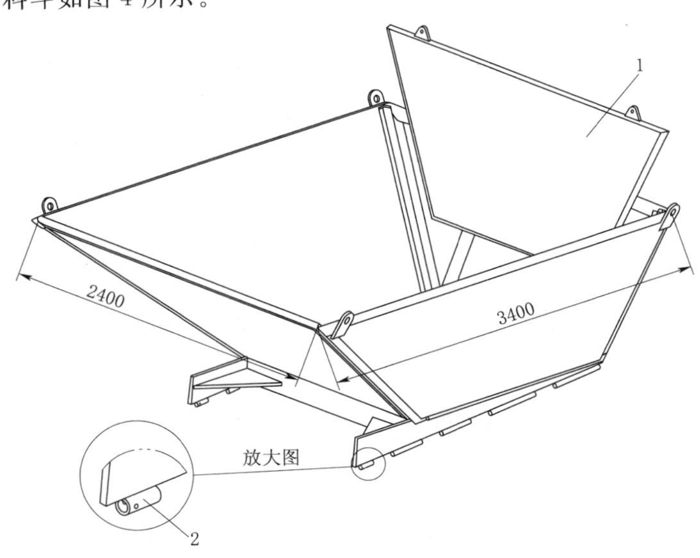

图 4　沥青料斗

1—活动端板；2—轴套

改造后沥青料斗入料口的外形尺寸为长 3400mm 宽 2400mm，完全满足 50 型装载机卸料时的空间要求。料斗容量为 $6m^3$，且全部采用框架夹层式结构设计，中空部分采用聚氨酯泡沫填充以减慢沥青料热量损失。优点是保留了原来料斗与主机的连接方式；活动端板设计为抽插式结构，拆卸方便，有利于主机的维修和保养。

4.2.2 连接体

连接体主要由左右对称的两套连接体组成，是通过螺栓与主机连接且固定，连接体如图 5 所示。连接体用销轴将滑槽工作时所受摩擦阻力传递到主机框架上。可调密封板目的是方便螺旋输送器的拆卸与安装。心墙宽度控制板上有两排间距为 100mm 的螺栓孔，改变螺栓孔的安装顺序就可以控制沥青心墙的初始宽度。

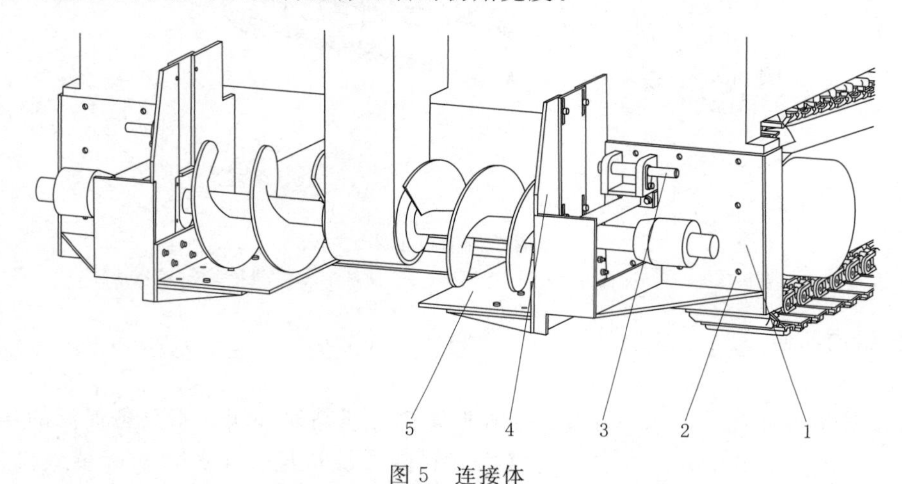

图 5　连接体

1—连接板；2—螺栓孔；3—连接滑槽用销轴；4—可调密封板；5—心墙宽度控制板

4.2.3 辅料斗

辅料总宽控制板通过上下调节可以对辅料摊铺的总宽度进行有效控制。辅料斗如图 6

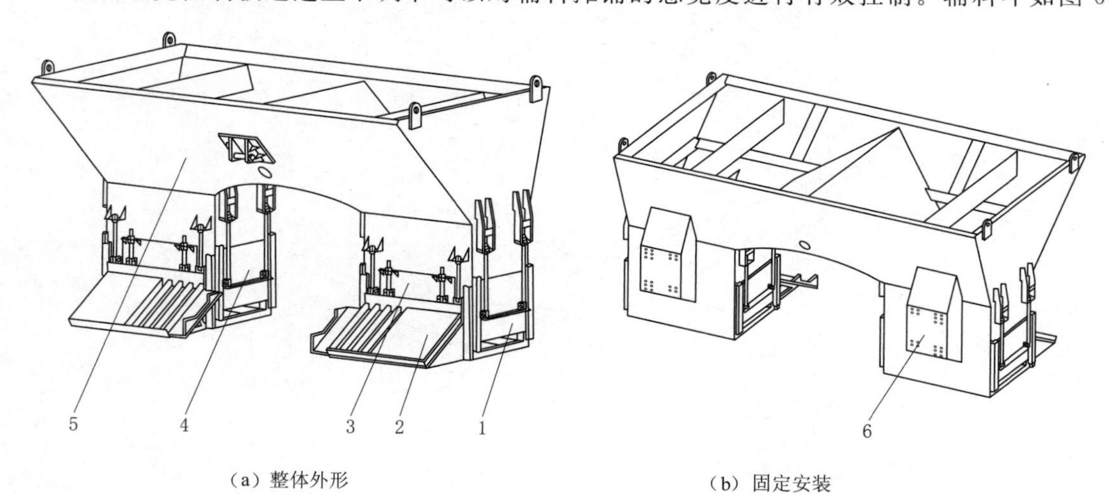

(a) 整体外形　　(b) 固定安装

图 6　辅料斗

1—辅料总宽控制板；2—辅料预压板；3—辅料刮板；4—辅料内宽调节板；5—辅料斗；6—连接法兰

所示。辅料预压板的升降在可以改变辅料的摊铺高度的同时具有对辅料初步压实的功能。辅料刮板控制着辅料摊铺流量的大小。辅料内宽调节板的使用可以起到在沥青心墙宽度改变的情况下摊铺的辅料始终对心墙有挤压和固定的作用。辅料斗通过连接法兰和主机提升臂相连接。辅料斗和主机连接处如图 7 所示。

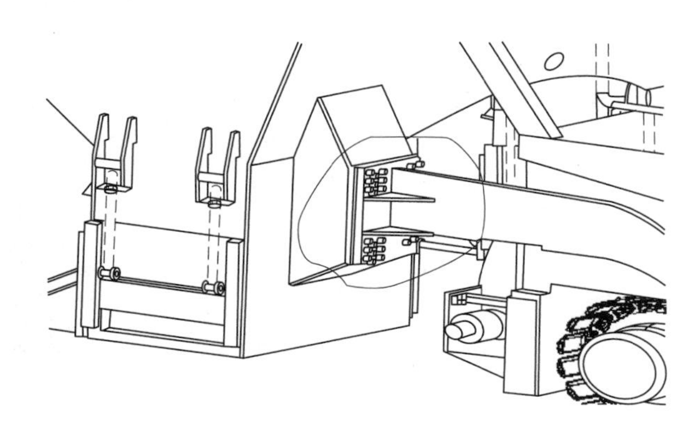

图 7　辅料斗和主机连接处

辅料斗的进料口外形尺寸根据小松 PC210－7 型挖掘机的料斗外形尺寸来确定。

4.2.4　滑槽

心墙摊铺压实机构主要由手轮、链条张紧机构、链条、滑槽连接孔、熨平板五部分组成（图 8、图 9）。通过销轴将滑槽与连接体相连。辅料斗与滑槽之间的液压油缸能够支撑和提升滑槽（图 10），便于调节滑槽高度。四个手轮通过链条串联在一起，旋转任意一个手轮均可同时带动四根丝杠上下移动，从而带动熨平板在滑槽骨架内腔里整体上下移动，达到控制沥青心墙摊铺厚度的目的。熨平板的沥青入料口比出料口高 200mm，在摊铺过程中起到了很好的初步压实作用。

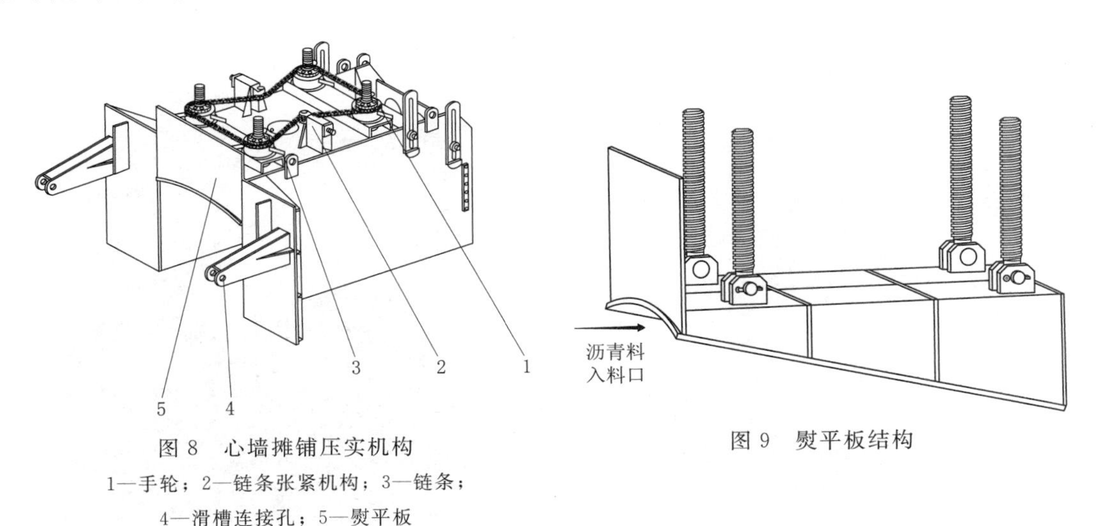

图 8　心墙摊铺压实机构

1—手轮；2—链条张紧机构；3—链条；
4—滑槽连接孔；5—熨平板

图 9　熨平板结构

由于心墙在整个施工当中有 1000mm、800mm、600mm 三种宽度规格，所以共设计了三套心墙摊铺压实机构。

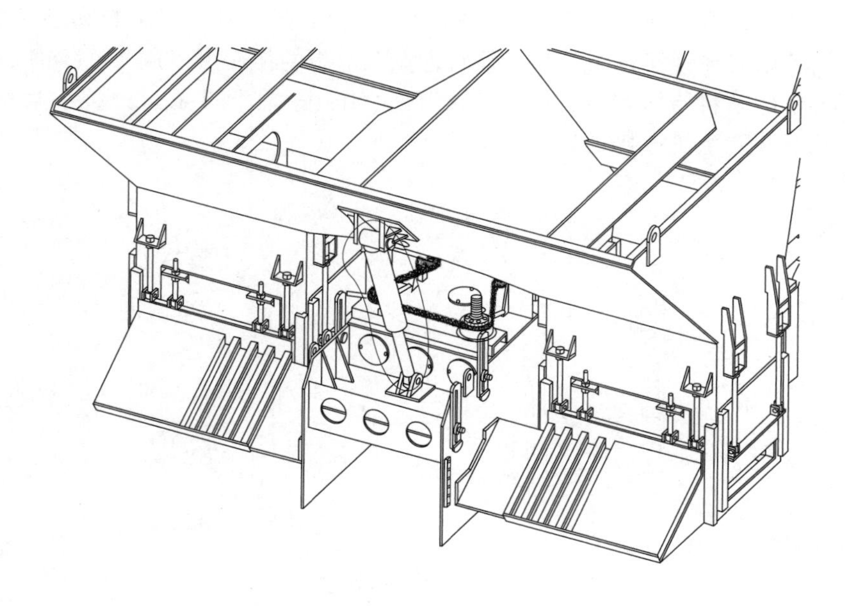

图 10　辅料斗与滑槽之间的液压油缸

4.2.5　影像监控对正系统

显示器如图 11 所示，该显示器为摊铺机的监控系统，安装在摊铺机操作台上，能保证驾驶操作人员在行车时对周围环境进行有效观察，减少了因操作人员视角盲区而带来的安全隐患。

监控指针和显示器监控分别如图 12 和图 13 所示，通过安装于摊铺机前面的摄像头，可以监控指针是否始终与施工标线保持重合，保证机器的行走在设计偏差范围之内，从而确保沥青心墙的施工质量。

图 11　显示器

图 12　监控指针

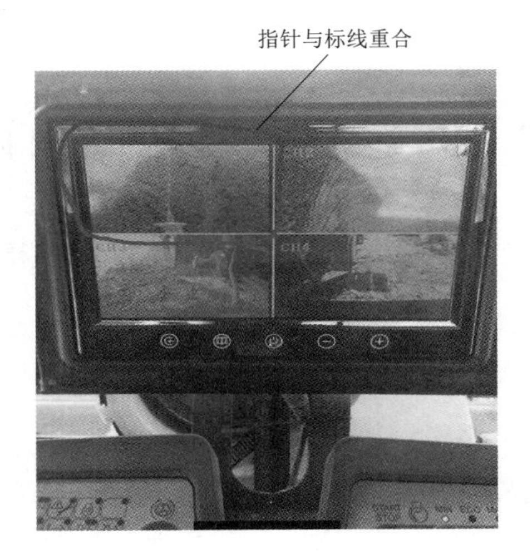

图 13　显示器监控

5　结语

随着近年来国内大坝建设中采用沥青心墙工艺日益增多，而市场上关于沥青心墙的摊铺设备比较缺乏，为了满足施工要求，对普通摊铺机加以改造以实现摊铺沥青心墙的功能。通过介绍摊铺机改造的主要部件，让读者能够快速了解改造后的摊铺机结构功能。由于该改造并没有破坏摊铺机原有的结构和功能，因此不会对摊铺机的原有使用功能造成任何影响。

目前该设备已在西藏结巴项目正式投入使用，使用效果良好，达到了起初设计目的，并大大提高了沥青心墙的摊铺速度和效率。此次改造也填补了沥青心墙摊铺设备的空白，为以后自主研发专用的沥青摊铺设备奠定了基础。

FEC12－00 液压凿岩机的设计分析

杨　雨　孙仲彬　张裕文　杨振中　杜晓麟

（中国水电基础局有限公司）

【摘　要】 针对红石岩水电站廊道帷幕灌浆钻孔施工的特殊要求，设计了 FEC12－00 液压凿岩机，能够进行深孔钻孔作业，并且满足廊道内狭窄空间施工要求。本文主要介绍凿岩机施工参数要求、重心的布置、主要组成部件和液压油缸的选型，重点分析了液压油缸的选型和试验验证计算过程。

【关键词】 凿岩机　施工要求参数　重心　液压油缸　分析计算

目前市场现有的凿岩机无法满足狭小洞内施工，结合红石岩水电站廊道帷幕灌浆工程实际（廊道宽 3m，高 3.5m），设计的 FEC12－00 液压凿岩机，在洞内能够自由行走，进行深孔跟管作业，且桅杆相对于垂直孔能够进行±5°的调整。该凿岩机经过适当改进后可广泛用于各种覆盖层跟管作业施工。

1　施工要求参数及施工范围

根据以往深覆盖层的钻孔经验，结合红石岩水电站廊道帷幕灌浆工程的特殊作业环境要求，确定钻机的主要参数为：钻孔直径 ϕ76～150mm；动力头转速 40/60/120r/min；动力头扭矩 12/8/4kN·m；最大拔管力 75kN；垂直钻孔时设备最大高度 3200mm；垂直钻孔最大宽度 2603mm。

通过三维建模设计，多次优化改进最终满足以上施工参数要求。本钻机各种工位下的参数如图 1～图 4 所示。受廊道高度限制，本钻机只能使用长度 1m 的短钻杆。外形尺寸

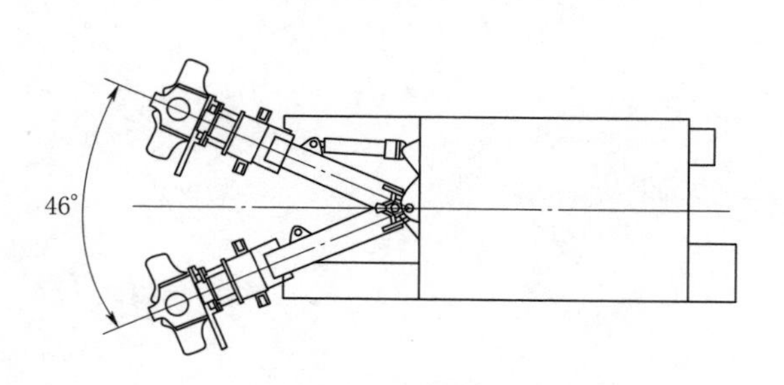

图 1　主臂摆动角度

（最大范围±23°）

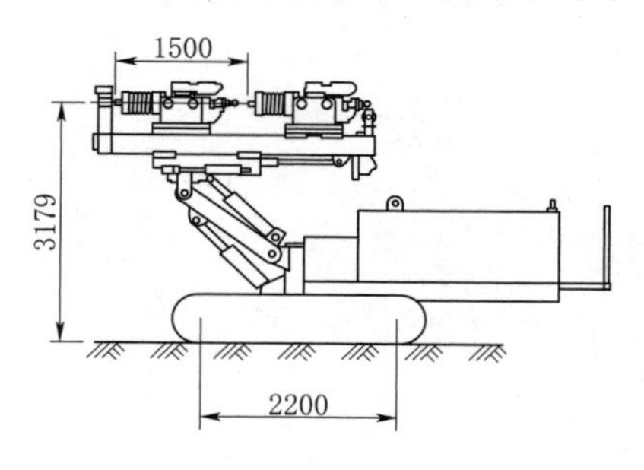

图 2　动力头行程

（最大 1.5m）

为 6121mm×2000mm×2656mm。

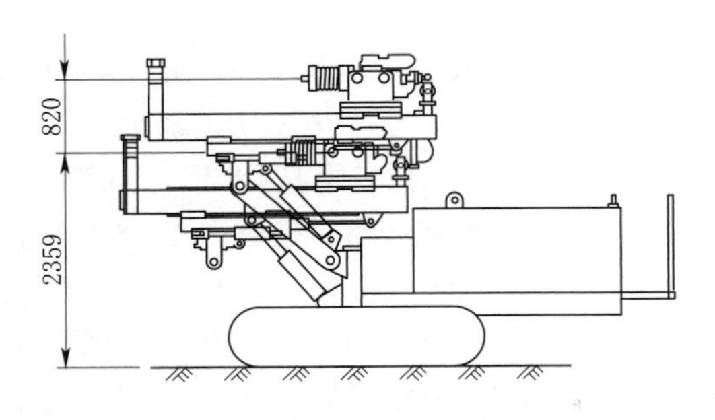

图 3　桅杆水平工作高度范围

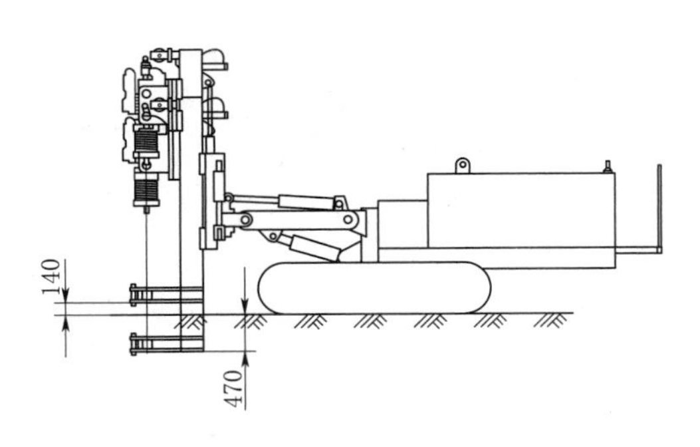

图 4　桅杆移动工作范围

2　凿岩机重心的布置

凿岩机属于移动设备，且施工作业时桅杆处于垂直状态。重心的布置决定了凿岩机是否能够正常行走和施工作业，因此重心的布置非常重要。首先借助三维软件 Solidworks 对凿岩机各零部件建模、装配，初步确定凿岩机重心布置及重量大小。凿岩机行走时有桅杆水平和垂直两种状态（图 5、图 6），故对比分析两种状态下的重心位置变化。

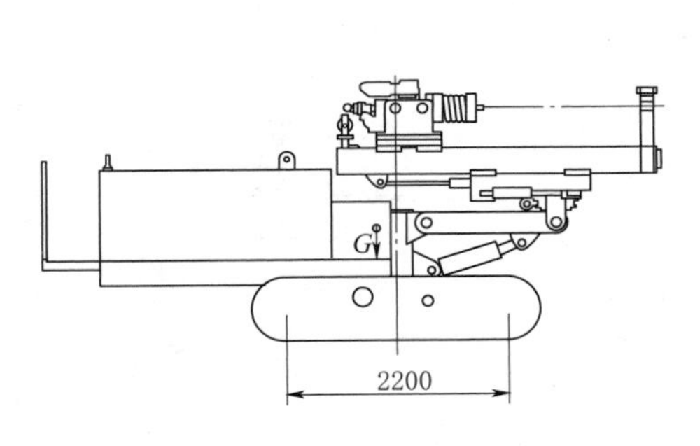

图 5　桅杆水平状态

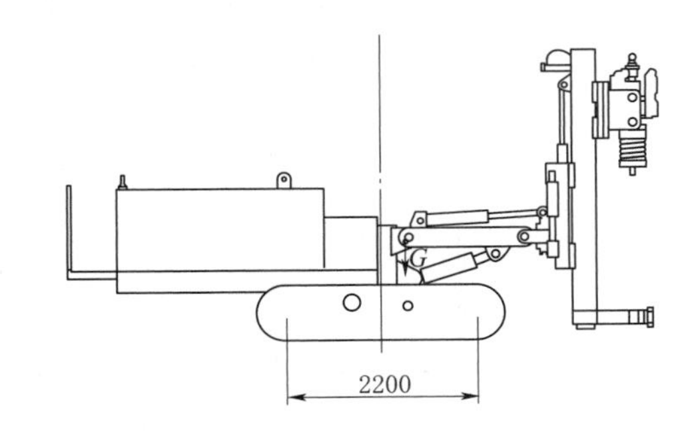

图 6　桅杆垂直状态

设计要求：无论哪种状态，重心应尽量靠近履带中心线，以提高钻机行走中的稳定性。通过图 5 和图 6 对比，我们可以看到在图 5 中，重心在中心线左（后）侧 192mm；在图 6 中，重心在中心线右（前）侧 259mm；左右相差 67mm，符合设计要求。

确定重心后，再根据凿岩机整机重量大小来选择所对应的履带规格。根据履带的接地面积，可以计算出凿岩机对地面的压力大小是 5.6N/cm^2。对比北京建研参数为 4N/cm^2；意大利土力 SM400 参数为 6N/cm^2，所以本机设计的比压大小是合适的。

3　凿岩机主要部件

凿岩机主要由履带、机座、臂架、桅杆、动力头 5 部分组成（图 7）。

4　液压油缸的选型及验证计算

液压油缸的选型计算决定了动力头能否完成凿孔作业。

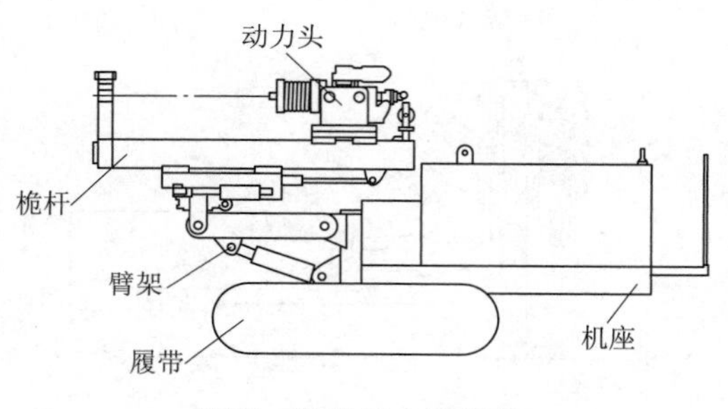

图 7　凿岩机主要部件

4.1　说明

由于凿岩机液压油缸都是常用油缸，受力比较简单。因此油缸的选型计算主要分析油缸的极限受力情况，没有分析油缸的抗扭等参数。选型计算主要从以下几点考虑：①确定每只油缸所承受的是哪些零部件，并准确确定这些部件重量和重心位置，通过建立模型可以快速计算相对应零部件的重量大小和重心位置；②分析油缸伸出和缩回时的受力变化，通过计算和对比找出极限受力位置（此处应考虑某些油缸的伸出、缩回会影响其他油缸的极限受力位置，因此需综合考虑）；③考虑到油路损耗、零部件之间存在旋转转动摩擦力等因素，最终计算重量以模型重量增加5%计算，即以1.05倍的模型重量进行校核验算；④由于所选择的这些油缸运动速度较慢，故不计算油缸在工作时的加速度及对应作用力的大小；⑤关于油缸的设计计算，一般安全系数取1.5～2倍。由于初次对油缸进行选型计算，安全系数采用2倍；⑥终合考虑技术成熟度和经济性，本钻机采用中高压液压系统，液压泵最高压力31MPa，尽量控制液压油缸工作压力在15～22MPa。

下面主要对凿岩机的部分液压油缸做了受力分析，凿岩机液压油缸如图8所示，包括变幅油缸、仰角油缸、辅助给进油缸。该设备油缸额定压力为20MPa。

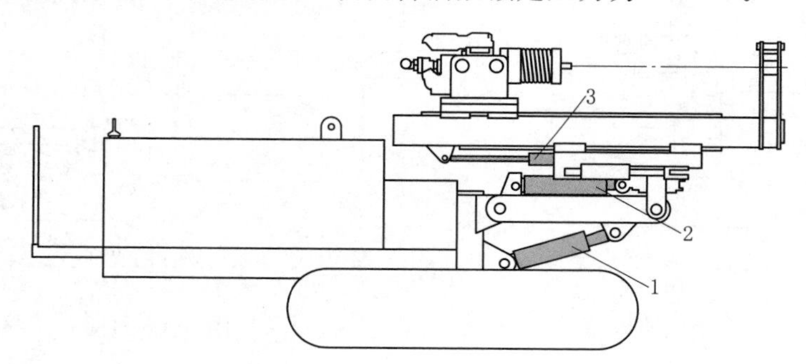

图 8　凿岩机液压油缸

1—变幅油缸；2—仰角油缸；3—辅助给进油缸

4.2　变幅油缸

变幅油缸承受桅杆组件、动力头、桅杆旋转装置和主臂的重力，当变幅油缸所支撑的臂架水平，且桅杆垂直时是最大受力状态。此时变幅油缸（主要是）无杆腔承受臂架和桅杆（包括动力头）的重力，有杆腔受力较小可忽略，所以主要对无杆腔进行推力校核。在缸径确定的情况下，杆径尽可能选偏大的尺寸，油缸有更好的刚度。图9为变幅油缸无杆腔最大推力位置图。

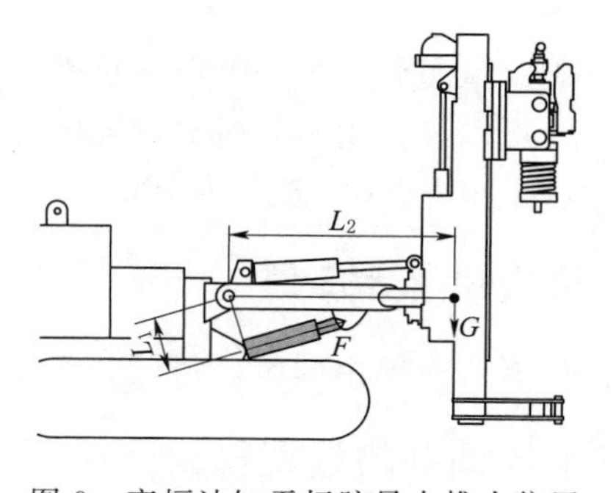

图 9　变幅油缸无杆腔最大推力位置

（1）理论计算。

力矩平衡公式： $$F_0 \times L_1 = G \times L_2 \tag{1}$$

无杆腔推力公式： $$F_{无} = P \times \pi D^2/4 \tag{2}$$

有杆腔拉力公式： $$F_{有} = P \times \pi(D^2 - d^2)/4 \tag{3}$$

式中：G 为油缸所承受的负载，N；L_1 为无杆腔到旋转支点的垂直距离，m；L_2 为有油缸所承受的负载重心到旋转支点的垂直距离，m；$F_{无}$为油缸无杆腔推力，N；$F_{有}$为油缸有杆腔拉力，N。

（备注：$F_{安}=F_0\times2$，2 代表安全系数）。

已知 $G=3.7\times10^4$N(3.7t)，$L_1=463$mm$=0.463$m；$L_2=1807$mm$=1.807$m。

根据式（1）计算理论推力 $F_0=1.44\times10^5$N(14.4t)，选用安全系数 2，计算安全推力 $F_{安}=F_0\times2=28.8$t$=2.88\times10^5$N。

以 20MPa 为标准，计算缸径 D 尺寸：$P=20$MPa$=2\times10^7$Pa，$F_{安}=2.88\times10^5$N；根据式（2）计算 $D=0.135$m，根据油缸型号选型，缸径 $D=0.140$m。

根据式（2），计算油缸实际额定推力 $F_{无}=3.08\times10^5$N。

（2）油缸实际选用尺寸。

公称压力 20MPa，缸径 $D=0.140$m，最大推力 3.08×10^5N(30.8t)，杆径 $d=0.080$m，最大拉力 2.07×10^5N(20.7t)。

（3）现场实际检测。

如图 10 所示，当变幅油缸所支撑的臂架水平，且桅杆垂直时，此时变幅油缸无杆腔推力最大。检测变幅油缸压力 9.5MPa，根据式（2）计算实际推力是 1.46×10^5N(14.6t)，即在实际使用过程中，推力在达到 1.46×10^5N 的情况下，变幅油缸可以正常工作。与理论推力 1.44×10^5N(14.4t) 有 2×10^3N(0.2t) 的误差。（油缸压力检测依据：在油缸有轻微并保持匀速的情况下，所检测的液压油压力较为合适。）

4.3 仰角油缸

如图 10，当桅杆水平时，仰角油缸主要是无杆腔承受桅杆滑架和桅杆（包括动力头）推起的推力，所以主要对无杆腔进行推力校核。

如图 11，当桅杆垂直时，仰角油缸主要是有杆腔承受桅杆滑架和桅杆（包括动力头）拉回的拉力。所以主要对有杆腔进行拉力校核。

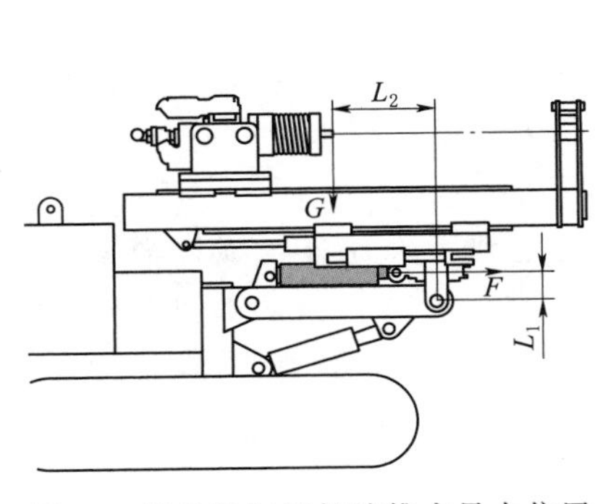

图 10　仰角油缸无杆腔推力最大位置

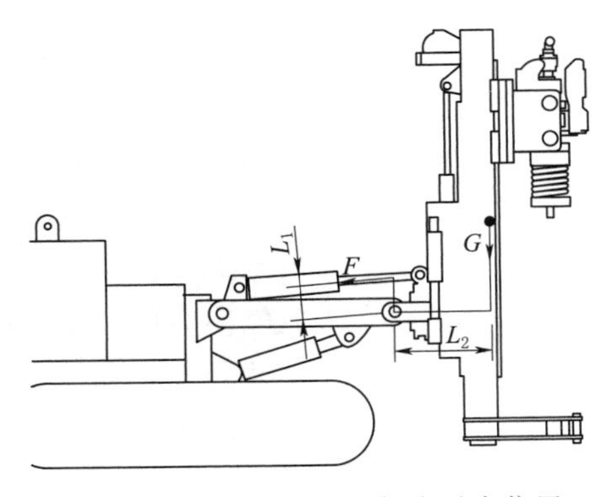

图 11　仰角油缸有杆腔拉力最大位置

（1）当桅杆水平时，对仰角油缸无杆腔进行推力校核。

理论计算：已知 $G=3.1\times10^4$N(3.1t)，$L_1=202$mm$=0.202$m；$L_2=721$mm$=0.721$m。

根据（式1）计算出理论推力 $F_0=1.11\times10^5$N(11.1t)，选用安全系数2，安全推力 $F_{安}=F_0\times2=2.22\times10^5$N。

根据式（2）计算缸径 $D=0.119$m，根据油缸型号选型，缸径 $D=0.125$m。

根据式（2）计算油缸实际额定推力 $F_{无}=2.45\times10^5$N。

（2）当桅杆垂直时，对仰角油缸有杆腔进行拉力校核。

理论计算：已知 $G=3.1\times10^4$N(3.1t)，$L_1=266$mm$=0.266$m；$L_2=755$mm$=0.755$m。

根据式（1）计算出 $F_0=8.8\times10^4$N(8.8t)，选用安全系数2，安全拉力 $F_{无}=F_0\times2=1.76\times10^5$N。

在仰角油缸无杆腔计算中，已知缸径 $D=0.125$m，根据式（3）计算 $d=0.066$m，此处从杆径偏大有利于油缸强度，杆径选用 $d=0.070$m，根据式（3）选用油缸实际额定拉力 $F_{有}=1.68\times10^5$N。

油缸实际选用尺寸：公称压力20MPa，缸径 $D=0.125$m，最大推力 2.45×10^5N(24.5t)，杆径 $d=0.070$m，最大拉力 1.68×10^5N(16.8t)。

现场实际检测：

1）桅杆水平时，仰角油缸无杆腔推力最大，检测油缸压强9MPa，根据式（2）计算实际推力是 1.1×10^5N(11t)，即在实际使用过程中，推力在达到 1.1×10^5N(11t) 的情况下，油缸可以正常工作。与理论推力 1.11×10^5N(11.1t) 有 1×10^3N(0.1t) 的误差。

2）当桅杆垂直时，仰角油缸有杆腔拉力最大，检测油缸压强11MPa，根据式（3）计算实际拉力是 9.26×10^4N(9.26t)，即在实际使用过程中，拉力在达到 9.26×10^4N(9.26t) 的情况下，油缸可以正常工作。与理论拉力$=8.8\times10^4$N 有 4.6×10^3N(0.46t) 的误差。

4.4 辅助给进油缸受力分析

当桅杆垂直时，辅助给进油缸主要是无杆腔承受桅杆（包括动力头）的重力和桅杆与桅杆滑架的摩擦力，所以主要对无杆腔进行推力校核（图12）。

当桅杆达到最大倾斜角度时，辅助给进油缸主要是有杆腔承受桅杆的部分重力和桅杆与桅杆滑架的摩擦力之和，所以主要对有杆腔进行拉力校核（图13）。

（1）当桅杆垂直时，对无杆腔进行校核。

理论计算：已知 $G=2.4\times10^4$N(2.4t)，由于此处要考虑桅杆与桅杆滑架的摩擦力，考虑到加工精度等因素，取摩擦力最大 $f=$桅杆自身重力$=2.4\times10^4$N，因此计算出理论推力时 $F_0=G+f=4.8\times10^4$N(4.8t)。选用安全系数2，安全推力 $F_{安}=F_0\times2=9.6\times10^4$N。根据式（2）计算缸径 $D=0.078$m，根据油缸型号选型，缸径 $D=0.080$m。根据式（2）油缸实际额定推力 $F_{无}=1\times10^5$N。

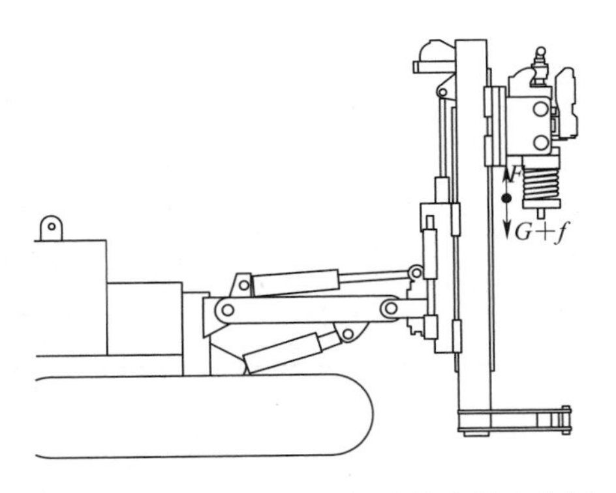

图 12　辅助给进油缸无杆腔推力最大位置

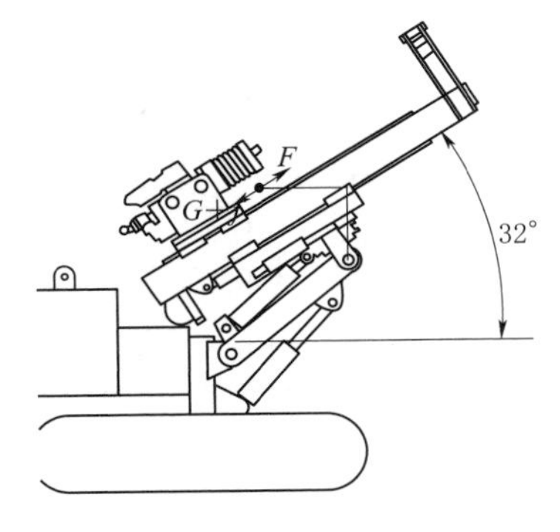

图 13　辅助给进油缸无杆腔拉力最大位置

（2）桅杆倾斜时，对有杆腔进行校核。

理论计算：已知 $G=2.4\times10^4$N(2.4t)，重力分力 $G_1=G\sin32°=1.3\times10^4$N。由于此处要考虑桅杆重力分力和桅杆与桅杆滑架的摩擦力之和，考虑到加工精度等因素，摩擦力最大 f=桅杆自身重力$=2.4\times10^4$N，因此计算出理论拉力时 $F_0=G_1+f=3.7\times10^4$N(3.7t)，选用安全系数 2，安全拉力 $F_{安}=F_0\times2=7.4\times10^4$N。根据式（3）计算缸径 $d=0.041$m，根据油缸型号选型，缸径 $D=0.040$m。根据式（3）油缸实际额定拉力 $F_{有}=7.5\times10^4$N。

油缸实际选用尺寸：公称压力 20MPa，缸径 $D=0.080$m，最大推力 1×10^5N(10t)，杆径 $d=0.040$m，最大拉力 7.5×10^4N(7.5t)。

现场实际检测：

1）当桅杆垂直时，辅助给进油缸无杆腔推力最大，检测油缸压强 8.6MPa，根据式（2）计算实际推力是 4.32×10^4N(4.32t)，即在实际使用过程中，推力在达到 4.32×10^4N(4.32t）的情况下，辅助给进油缸可以正常工作。与理论推力 4.8×10^4N(4.8t）有 4.8×10^3N(0.48t）的误差。

2）当桅杆倾斜时，辅助给进油缸有杆腔拉力最大，检测油缸压强 8.8MPa，根据式（3）计算实际拉力是 3.32×10^4N(3.32t)，即在实际使用过程中，拉力在达到 3.32×10^4N(3.32t）的情况下，辅助给进油缸可以正常工作。与理论拉力 3.7×10^4N(3.7t）有 3.8×10^3N(0.38t）的误差。

4.5　油缸分析总结

以上方法难点主要是需要准确分析模型的重量及油缸的极限受力位置，然后可以根据公式和已知的数据推算出每根液压油缸的理论推力、拉力大小，并选出合适的油缸缸径和杆径。

为了验证油缸的相关推算是否合理，我们在实际测试中记录了油缸实际推力大小与理论推力大小，通过对比、分析相关数据，整理出表 1 的数据。通过表 1 可以看到油缸的理论推力和实际推力误差最大为 0.48t，最小误差 0.1t。最大误差为 10%，最小误差为 1%。符合起初设计要求。（当然此方法还有不断完善之处，如：辅助给进油缸的摩擦力是简化计算，这是导致误差较大的原因。）

此种方法计算简单，为凿岩机液压油缸的选型设计提供了依据，也为后期油缸的不断优化提供了初步的数据支撑。

表 1　　油缸技术参数

油缸名称	缸径/mm	活塞杆径/mm	理论推力/t	实际推力/t	理论拉力/t	实际拉力/t
变幅油缸	140	80	14.4	14.6	无	无
仰角油缸	125	70	11.1	11	8.8	9.26
辅助给进油缸	80	40	4.8	4.32	3.7	3.32

5　结语

目前该设备正在红石岩项目施工现场进行钻孔作业，表现稳定，在洞内可灵活施工。针对红石岩复杂孤石地层，正常凿孔速度达到5m/min，平均每天可钻孔深度为40～50m，单个钻孔深度最深达50m，能够很好地满足施工设计要求。

该凿岩机是机械厂全新研发的第一台洞内钻孔设备。让我们备受鼓舞的是凿岩机试验效果良好，能够在复杂多变的施工环境中灵活运用。后续工作我们将继续优化目前所收集的在重心布置、控制系统、机座与履带的连接、尼龙滑块的材料和油缸的选型问题以及频繁冲击所带来的松动问题等方面的设计。只有不断去发现、总结、思考，并解决施工中所出现的问题，才能创造出更优的产品，才能使公司做优做强。

可变径全圆针梁台车在 TBM 施工隧洞衬砌中的应用技术

苗双平　徐晨星　韩京华　梅渠舟

（北京振冲工程股份有限公司）

【摘　要】 TBM 开挖隧洞，由于刀盘及刀具的限制，目前开挖完的隧洞为同一直径，为了保证后期衬砌施工中结构的强度，需要对不同的围岩类别采取不同的衬砌厚度，经研究采取可变径全圆针梁台车进行衬砌。本文基于吉林引松供水工程项目，论述可变径全圆针梁台车在 TBM 施工隧洞衬砌中的应用技术。

【关键词】 TBM 开挖　衬砌　可变径针梁台车

1　概述

1.1　针梁台车在业内的运用

对于钢模台车的结构与运行的原则来说，针梁钢模台车是针梁、台车、与外部支撑加钢模组成，钢模是引水隧道施工中为了防止混凝土变形或坍塌所需要的模板，台车结构与针梁装置是钢模进行拆卸与安装的传输工具。钢模板是修建永久性支护的模板，针梁的台车模板可以在针梁施工后移动，还能够伸缩于台车上。引水工程隧道的建设，是水利工程中的重要部分，特别是衬砌工程，作为施工最后的主要工序，直接影响隧洞的后期运行，最近几年里，由于施工技术的发展，针梁模台车技术应运而生，隧洞的施工技术有了一定的发展。

随着施工技术发展的日新月异，针梁式钢模台车在水利水电工程中得到了广泛应用。采用针梁式钢模台车对水工隧洞全断面衬砌，其成型度好，表面光洁度高，施工速度快。其中洪家渡水电站引水隧洞衬砌混凝土衬砌中采用针梁式钢模台车，混凝土泵输送混凝土入仓一次浇筑成设计断面。混凝土衬砌成型度和表面光洁度均达到设计要求。

厄瓜多尔索普拉多拉水电站输水系统引水隧洞采用全圆衬砌台车，衬砌断面直径为 6020mm，台车长度为 15m 和 12m 两种，其中 12m 可拆分为 2 个 6m 段台车，台车模板搭接 10cm，成功实施混凝土全圆衬砌施工。

北京市南水北调配套工程南干渠七标段输水隧洞二次衬砌采用全断面针梁台车施工，衬砌断面为 3400mm，台车长度 10m，台车模板搭接 20cm，成功实践该工艺及全圆针梁台车的抗浮稳定验算。

目前钻爆法、TBM 施工隧洞衬砌中主要采用的是同一直径的全圆针梁台车，本文结合吉林引松供水工程项目的施工特点，重点研究可变径全圆针梁台车在 TBM 施工隧洞中的应用。

1.2 项目概况

吉林省中部城市引松供水工程是从松花江丰满水库库区引水，解决吉林省中部地区城市供水问题的大型调水工程，是松辽流域水资源优化配置的主要工程之一。总干线输水线路全长 109.70km，隧洞段总长为 97.62km。其中丰满水库取水口至饮马河分水口段长为 71.98km，主要采用 3 台 TBM 施工，局部采用钻爆法施工。

吉林省中部城市引松供水工程输水总干线三标段位于永吉县岔路河至温德河之间，线路桩号 48+900～24+600，总长度 24300m。其中隧洞主洞部分开挖采用全断面 TBM 施工为主、钻爆法为辅的施工方法。本文主要根据吉林引松三标段 TBM 施工段为背景，TBM 掘进段衬砌为全圆型断面，根据实际开挖围岩揭露情况及设计图纸分为四种断面，TBM 掘进段衬砌施工参数见表 1。

表 1　TBM 掘进段衬砌施工参数

围岩类别	隧洞开挖直径 /m	初支厚度 /m	初支后净空 /m	衬砌净空 /m	设计衬砌厚度 /m	设计混凝土量 /(m^3/12m)
Ⅲa	7.9	0.1	7.70	7.07	0.30	83.35
Ⅲb				7.07	0.30	83.35
Ⅳ	7.9	0.16	7.58	6.51	0.50	132.14
Ⅴ	7.9	0.16	7.58	6.51	0.50	132.14

根据三标段的实际情况分析：①TBM 掘进施工洞段，总体特征为围岩变化频繁，Ⅳ、Ⅴ类围岩占比为 11.72%；②TBM 掘进段衬砌又分为两种断面，断面变化时更是增加了 6m 长渐变段；③TBM 掘进段衬砌混凝土运输距离长，且衬砌混凝土方量大，TBM 段采用有轨运输，物料运输组织难度大。以上原因导致衬砌时需不断变换模板型式，台车行走、改变模板、施工渐变段等。因此，在混凝土衬砌时应首先考虑可变径的针梁式钢模台车进行混凝土衬砌施工。

2 台车选型

2.1 TBM 段全圆衬砌断面参数及施工布置

（1）本工程 TBM 段衬砌主要结构技术参数为：衬砌后内径 7070mm 和 6510mm 两种断面型式。厚度为 300～500mm，单仓混凝土长度为 12m。

（2）受超长距离施工无法开展多工作面及针梁台车无法穿行车辆的影响，本工程 TBM 衬砌施工只能开展独头单工作面衬砌施工。且本工程施工工期紧，为满足施工进度要求，需精细化管理及合理布置施工面。

（3）衬砌施工工作面受单仓衬砌长度、全圆针梁台车自身长度、渐变台车长度及施工工序、平行作业干扰等影响，单工作面最多可实现两台针梁台车平行作业施工。

综合以上因素，本工程前期主要采用两种施工布置：①单台车连续施工；②双台车平行施工；其中，受施工双台车平行施工布置距离限制，采用“一跳一夹”方式进行布置。

2.2 全圆针梁台车选型对比

根据施工布置及设计尺寸，本工程衬砌台车选型工艺及参数较多，本论题主要以台车结构型式和行走方式进行论述。

(1) 台车结构型式。结合以往经验，本工程可采取的台车脱模结构方式主要有先中间、先顶模和先底模等多种工艺。底部脱模示意如图 1 所示；中间脱模示意如图 2 所示。

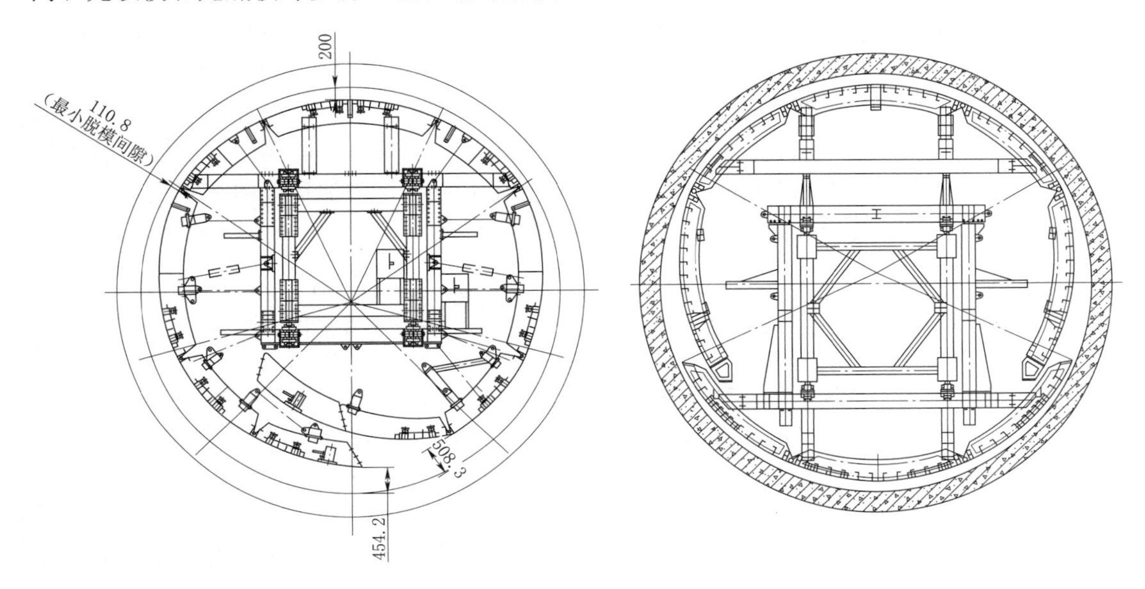

图 1　底部脱模示意图（顶脱模方式与之相反）　　图 2　中间脱模示意图

以上工艺的主要区别在于：脱模后模板的块数不同和占用洞室净空间不同。上脱模型式的主要空间集中在顶部，而下脱模方式的主要空间集中在底部；若在传统的同一断面型式中，两者结构工艺区别不大，但是先中间脱模方式将对底部及顶部的连接结构要求较高，同时对洞内空间预留较少，多拆除一侧连接，功效相对较低。若采用可变径台车施工时，考虑洞内施工空间有限，且大多时间的人员穿行、材料运输等均从底部通过较为合理，可有效避免高处作业、交叉施工的风险。

(2) 台车行走方式。一般台车自行式分为电动卷扬和电动液压两种方式。

两种方式均可达到台车行走的目的，两者各具有优点，结合本工程施工距离较长特点分析，台车使用周期较长，施工强度高，若采用普通的卷扬式移动，检修简便，维护成本低、维护功效高。而机械化程度较高的液压式则需设专业电气、液压工跟随，需长期储备液压系统配备件。因此，整体经济效益需通过施工使用时间长短、人员操作等综合因素比选。

2.3 全圆针梁台车设计参数

综合以上对比分析，比较适合本工程的台车参数均需优化改进，主要如下：

(1) 模板。变径台车模板直径为 7070mm 和 6510mm 两种可变径模板。模板主要由顶模、边模、底模组成（变径需单独减少一块底模板），连接方式为铰连接。其中通过底部模板增减一块底模板实现变径。同时为满足浇筑和后续的灌浆施工，预留相应作业窗及灌浆预留孔，台车模板长度为12m，分6块，每块2m长，同时增设搭接模板10cm。

（2）脱模方式。通过对比分析，本工程较适合底部脱模方式，因台车模板的变径需求，且洞内为有轨机车运输方式，无法出入吊车设备，考虑到人工更换模板的便利性，在底部进行变径较为合理。同时考虑TBM施工洞段均为圆形断面，运输方式采用有轨机车，为后续的回填、固结灌浆的施工材料、人员通行提供便利。

（3）行走方式。比较适用于本工程的为电动卷扬式，可有效节约行进油缸所占用的空间，同时设置三组行进立腿，不再通过模板受力实现行走。有效提升台车定位和行走。

（4）抗浮装置。根据施工工艺布置，采用立腿和抗浮装置进行抗浮设计，均满足施工需求，根据以往类似工程经验，底部混凝土浇筑速度不可过快，同时实时监测抗浮装置的稳定性；在此基础上，为确保施工期间的抗浮装置牢固可靠，增加单独的2组抗浮装置立柱，与原来的行走立柱分开受力，从而增加台车稳定性。

3 施工技术

3.1 人员配置

施工过程中，可分为单台车施工和双台车施工，根据两种施工工艺的不同，所需的人员数量不同，单台车施工最低配置需要约52人，双台车施工最低配置需要约63人。

3.2 单台车施工

3.2.1 工艺流程

施工准备—基础清理—测量放线—钢筋绑扎—台车就位—堵头模板、安装止水带—混凝土浇筑—收仓—脱模养护。

3.2.2 主要施工工序

（1）台车定位后安装预埋灌浆管，预埋管两头用尼龙袋等材料塞满。

（2）堵头模板采用5cm厚木模板，每块长1m宽为20～30cm不等，人工拼装封堵，台车模板两端外边缘焊接钢筋固定堵头模板，靠近岩壁一侧，埋设模板固定钢筋，间距1m，固定钢管和固定钢筋，可以牢牢地把封堵模板进行固定。

（3）橡胶止水带采用单根硫化热粘接，安装时，在止水带设计位置利用止水带卡子单侧焊接在环向钢筋上，待浇筑混凝土侧向另一侧穿入，内侧卡紧埋入的止水带一半，另一半止水带从堵头板中间穿出。

3.2.3 混凝土拌制和运输

（1）采用集中拌制混凝土，搅拌站设置在引水隧洞主洞内，根据混凝土的用量，在料场备足原材料。

（2）混凝土采用有轨运输的方式，并设置错车平台，混凝土浇筑期间两组机车编组运行，以保障混凝土浇筑速度。

（3）采用混凝土输送泵入仓，根据模板上设置的工作窗口，分多层多次入仓，每层混凝土铺设厚度不超过50cm。

（4）混凝土入仓顺序，底拱—边墙—拱顶。混凝土入仓后采用振捣器辅以人工摊铺，入仓过程中应加强振捣工作，以确保混凝土不漏捣，避免出现蜂窝、麻面等混凝土表面质量问题。

3.2.4 脱模养护

（1）针梁式钢模台车浇筑的混凝土在浇筑完成后，在混凝土强度达到 5MPa 后可进行拆模。

（2）混凝土采取洒水养护，保持混凝土表面湿润，养护时间不小于 28d。

3.2.5 台车变径

在围岩类别不同的部位施工则需要根据衬砌厚度进行台车直径大小的变换。台车直径 7.07m 变小至直径 6.51m 断面时，通过拆除底部模板、更换左右侧边模耳板孔、将顶部模板左右侧高肋板更换为短肋板、将针梁和框梁支撑腿的尺寸较长的连接段更换为短尺寸的连接段，最终实现全圆台车从大直径向小直径转换。台车直径从 $\phi=6.51$m 转换至直径 7.07m 时则通过相反的步骤实现。全圆可变径台车满足了同一个台车在不同围岩不同断面的衬砌施工的要求，彻底颠覆了以往不同断面的洞经采用不同衬砌台车施工的局面，节省了衬砌施工设备的投入，便捷了施工。

3.3 双台车跳仓施工

3.3.1 双套衬砌台车施工

（1）施工组织。双套全圆台车采用跳仓浇筑的方法进行施工，从而达到整体工期要求。受施工双台车平行施工布置距离限制，采用“一跳一夹”方式进行布置。“一跳一夹”布置示意如图 3 所示。

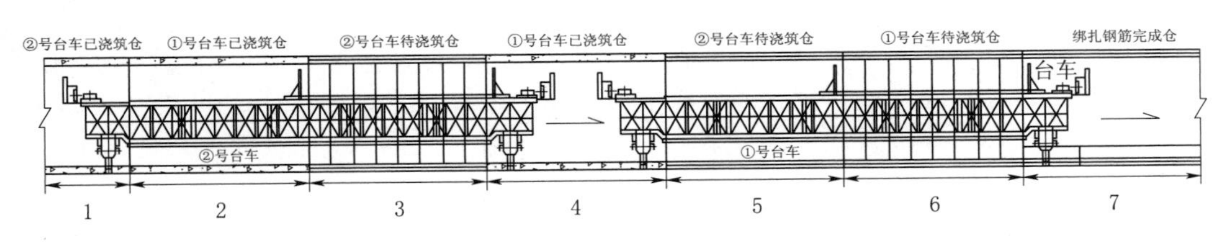

图 3 “一跳一夹”布置示意图

（2）进度分析：

1）“一跳”即第 4 段浇筑：两台车间隔段设为 1 段，先进行上游第 4 段浇筑。

2）“一夹”，第 6 段紧接第 4 段“一跳”连续浇筑，形成第 5 段夹仓即“一夹”。

混凝土浇筑顺序为①号台车 2-4-6；②号台车 1-3-5-7。依次循环，既方便快捷，又减少混凝土浪费和对仓号的污染。采用两台 12m 针梁台车，用穿行同步跳仓衬砌的施工方法，在保障混凝土运输能力的情况下，每周最高浇筑混凝土 108m，月进度最高可达 400m。

3.3.2 双套台车施工关键因素分析

双套全圆针梁台车跳仓浇筑作业在理论上较为简单，但在实际实施中存在混凝土长距离运输、水电管线布置、混凝土泵布置、清基等诸多施工干扰因素。如何合理组织解决相互间的施工干扰，是本施工工艺能否取得快速施工目标的关键。

（1）混凝土长距离运输。本项目采用有轨运输混凝土，混凝土浇筑供应速度是制约两套台车发挥优势的最主要因素之一，必须保障混凝土浇筑速度才能发挥两个台车跳仓快速施工的优势。

（2）清基。由于隧洞距离长两套台车施工单个循环混凝土浇筑时间长，清渣和混凝土浇筑相互干扰较大，这就增加了清基工作的难度。为了保证混凝土浇筑的连续性，利用收仓后，清基人员进入作业面作业减少了相互之间的干扰。平时保证清基仓面有4仓的富余量即可保证衬砌施工正常开展。

（3）施工用电。在1号台车作业平台上设置一配电柜，2号台车施工用电从该配电柜接出，两台车间配备100m长电缆，完全能保证台车跳仓需要。泵管及排水管路布置在台车模板的左侧，固定的管路两端设有2～3节软管，便于对接方便，施工快捷。

（4）混凝土泵的布置。隧洞为圆形，从运输和泵送料角度考虑，混凝土泵必须布置在仰拱。从清基角度考虑，泵车必须在浇筑完混凝土后要移开为清基工作提供工作面，所以泵车布置在轨道上；距台车的水平距离约为120m左右即可满足施工需要。

4 注意事项

（1）每个工作循环后要检查各部位螺栓、销子的松紧状态，对各种连接件进行检查紧固。

（2）台车卷扬、丝杆千斤顶要定期润滑，针梁在移动时要由专人负责钢丝绳的收紧工作。

（3）浇筑顶模时，收仓前的估料要准确，避免多余混凝土压进仓号，造成模板变形或跑模。

（4）保证针梁及模板等部位的构件必须具有足够的强度和刚度，避免出现疲劳变形。

（5）双台车浇筑施工中，要协调好两个台车的工序时间，避免相互干扰。

5 结论

（1）本项目隧洞衬砌施工已施工近1年，单台车最高月衬砌施工进度达到300m，平均月衬砌进度约为240m，从台车运行情况看，设备状况良好，施工总体质量达到设计和规范要求，前期浇筑强度因受长距离混凝土运输时间的影响而基本达到216m/月。

（2）在双台车跳仓施工洞段，经过几个月的磨合和经验总结，成功采用了两台全圆针梁可变径台车串行同步跳仓进行衬砌混凝土浇筑，每周最多浇筑108m，月均进度已达到360～400m，保证了质量和施工进度，可为类似工程的施工提供经验。对长距离隧洞进行衬砌施工时应优先考虑全圆一次性成型跳仓连续施工的方案，只要恰当选择钢模台车的形式、结构尺寸，配合恰当的施工工艺，对于加快施工进度，减少施工干扰，提高施工质量有明显优势。

（3）本项目隧洞工程采用的针梁式全圆模板具有制造成本低、结构可靠、操作方便、衬砌速度快、上浮可控性好、混凝土浇筑振捣密实和表面线条平顺光洁等优点。随着劳动力成本和建设单位对施工质量要求的提高、钢模台车设计制作技术的完善成熟，采用全圆衬砌台车一次性成型连续跳仓施工，已能满足隧洞快速高效安全衬砌的需要，在长距离隧洞衬砌施工中已代表了一种新的趋势。

（4）全断面针梁台车一次性投资远大于钢模台车，因此该模板更适合于洞线长的隧洞施工。

牵引爬升式灌浆作业平台在某水利枢纽工程中的应用

车 琨 邵 亮 车 博

（中国水电基础局科研设计院）

【摘 要】 传统的岸坡灌浆方法是在边坡上搭设满堂架形成作业平台，要使用大量的钢管和木材，同时对施工安全管理造成很大影响，此次牵引爬升式灌浆平台在工程应用中节约了材料、劳力，保证了工程进度，值得在岸坡灌浆施工中应用借鉴。

【关键词】 牵引爬升式灌浆作业平台 高陡边坡 灌浆施工 应用

1 工程概况

某水利枢纽工程为Ⅱ等大（2）型工程，主要任务是防洪、发电兼顾灌溉。水库大坝为沥青混凝土砂砾石坝，最大坝高 128.8m，总库容 1.27 亿 m^3，调节库容 0.99 亿 m^3，死库容 0.18 亿 m^3；水库正常蓄水位 2300.00m，坝顶高程 2304.80m；工程主要水工建筑物有沥青心墙坝、底孔泄洪洞、表孔溢洪洞、导流洞、引水发电系统和电站厂房。

心墙基座混凝土作为大坝基础灌浆盖重，设计标号为 C30，抗冻等级 F200，抗渗等级 W12，宽度 6～8m，厚度 1m，河床为深 V 形河谷，两岸岸坡陡峻，坡度达 50°～80°，局部接近直立，基础灌浆工程包括固结、帷幕灌浆。河床段基座混凝土高程 2177.00m，固结灌浆高程 2240.00m 以下布置 4 排灌浆孔，高程 2240.00m 以上布置为 2 排灌浆孔，帷幕灌浆工程设计 2 排，孔距 2m，排距 2m，梅花型布孔，帷幕孔兼做固结孔。

左右岸岸坡垂直高度 127.5m，左岸最大坡比 1∶0.33，岸坡坡比依次为 1∶1.01～1∶0.73～1∶0.46～1∶0.85～1∶0.33；右岸最大坡比 1∶0.47，岸坡坡比依次为 1∶0.92～1∶0.54～1∶0.65～1∶1.04～1∶0.47。

本文结合岸坡灌浆采用牵引爬升式灌浆平台在工程中的实际应用予以探讨研究。

2 技术参数及方案

大坝心墙左右岸帷幕、固结灌浆采用移动式灌浆平台进行施工，该系统由轨道、灌浆操作平台、提升系统三部分组成。

（1）轨道。两轨道间距 3.4m，采用 12 号槽钢，使用 50cm 深、30cm 间距锚杆固定在心墙两岸基座混凝土。

（2）灌浆操作平台。灌浆操作平台主体采用 10 号工字钢焊接，平台顶部四周防护采

用 $\phi48$（壁厚 3.5mm）钢管与架体进行焊接，防护栏高 1.2m，钢管与钢管间采用 $\phi10$ 圆钢进行焊接。

（3）提升系统。在左右岸各布置一台 10t 卷扬机，其中左岸布置在坝肩顶部的岩石基础上，右岸布置在 3 号交通洞进口岩石基础上。牵引钢丝绳选用 28 号钢丝绳，导向选用 8t 导向滑轮。

施工时采用卷扬机提升灌浆操作平台至灌浆位置后，及时对操作平台进行固定，固定时在平台上方使用四根 $\phi50$ 钻杆做锚固点（钻杆长 1.2m，钻入混凝土 1.0m，外露 0.2m），选用 4 根 22 号钢丝绳对其向上牵制，为防止架体在灌浆作业时因钻机来回移动而导致架体侧向倾斜及沿坡向侧翻，在平台两侧顶端选用 3t 倒链对其牵制，固定完成后方可卸除牵引钢丝绳。完成一循环作业后，重复上述步骤。

3 施工工艺流程

卷扬机安设→轨道安设→灌浆操作平台制安→灌浆平台安全验收→平台提升、固定→造孔灌浆→卷扬机拆除。

（1）卷扬机安设施工方法。

1）锚杆布置。在卷扬机基础范围内，采用 YT－28 手风钻在岩石基础面上打孔安装 6 根 4.0m 长 $\phi25$ 锚杆，锚杆入岩 3.5m，混凝土预埋 40cm，上部带 10cm 弯钩。

2）卷扬机基础浇筑。卷扬机基础为 3.0m×2.7m×0.5m（长×宽×高）C25 混凝土基础，浇筑前提前预埋地脚螺栓，混凝土浇筑时，使用钢模板立模，采用内拉法加固。混凝土由拌和站集中拌制，采用 $10m^3$ 混凝土罐车（半罐运输）运输至现场，CAT336 挖机入仓，人工使用 70 插入式振动棒振捣。

3）卷扬机安装。使用 CAT336 挖机将 10t 卷扬机吊装至已预埋了地脚螺栓的混凝土基础上，人工上紧螺栓。

4）加固。卷扬机固定选用四根 $\phi50$ 钻杆进行锚固（钻杆长 1.5m，入岩 1.2m，外露 0.3m），使用 22 号钢牵制。

（2）轨道安设。轨道采用 12 号槽钢，焊接在心墙基座混凝土的拉锚上，局部间距过大的位置，装设锚杆，与轨道焊接牢固。

（3）灌浆操作平台制安。操作平台主体采用 10 号工字钢焊接。

（4）灌浆平台安全验收。灌浆平台使用前必须对其进行安全验收，形成验收记录。灌浆平台使用过程中，项目部必须每天对牵制钢丝绳、导链、卷扬机固定装置、锚固点（地锚）等进行检查，并形成日检查记录。

（5）平台提升、固定。灌浆操作平台使用 10t 卷扬机提升，牵引绳使用 28 号钢丝绳，提升到位后，在平台上方使用四根 $\phi50$ 钻杆做锚固点（钻杆长 1.2m，钻入混凝土 1.0m，外露 0.2m），选用 4 根 22 号钢丝绳对其向上牵制，为防止架体在灌浆作业时因钻机来回移动而导致架体侧向倾斜及沿坡向侧翻在平台两侧顶端选用 3t 倒链对其牵制，固定完成后方可卸除牵引钢丝绳。

（6）灌浆平台、卷扬机拆除。灌浆完成后及时拆除卷扬机，使用 CAT336 挖机吊装 10t 载重车运输至库房。两岸坡灌浆平台按照使用完成顺序逐个进行拆除，拆除采用卷扬机将平台通过轨道缓慢降落至坝面，25t 吊车提升装车后进行分割拆除。

4 荷载计算

（1）材料及重量：

1）操作平台主体采用 10 号工字钢焊接，所需工字钢约 76.4m，共计 860kg。

2）操作平台顶部四周防护采用 ϕ48（壁厚 3.5mm）钢管与架体进行焊接，防护栏高 1.2m，钢管与钢管间采用 ϕ10 圆钢进行焊接，所需钢管 14.4m，钢筋 23.2m，共计 69.6kg。

3）钻机及其附件：钻机选用 XY-2 型，单重 980kg；钻杆单根重 21kg，操作平台上按最多放置 15 根计算，钻杆重量 315kg，钻架约 50kg，共计 1345kg。

4）操作平台木板必须满铺且与主架体绑扎牢固，木板重约 350kg。

5）操作人员两人平均 80kg/每人，共计 160kg。

操作平台总重 2.78t，$F_{max}=mg=2.78\text{t}\times 9.8\text{kN/t}=27.3\text{kN}$

（2）卷扬机参数：

额定牵引力（F）：100kN。

牵引钢丝绳直径（ϕ）：28mm。

牵引钢丝绳每米重量（q）：2.71kg/m。

牵引钢丝绳最小破断拉力（Q）：363kN。

（3）钢丝绳安全系数验算。操作平台钢丝绳安全系数按 12 考虑。

$$m=Qp/F_{max}=363\text{kN}/27.3\text{kN}=13.3>12\text{（合格）}$$

（4）卷扬机牵引力校核。卷扬机牵引力 $F=100\text{kN}>F_{max}=27.3\text{kN}$（合格）

5 现场安全技术保障措施

（1）移动提升系统：导向滑轮处选用三根 ϕ50 钻杆进行锚固（钻杆长 1.2m，钻入混凝土 1.0m，外露 0.2m）；卷扬机固定选用四根 ϕ50 钻杆进行锚固（钻杆长 1.5m，入岩 1.2m，外露 0.3m）。

（2）架体固定：选用四根 ϕ50 钻杆进行锚固（钻杆长 1.2m，钻入混凝土 1.0m，外露 0.2m）。

（3）灌浆操作平台四周采用密目网围挡，为防止钻杆及工具等其他物件坠落，平台四周采用 5cm 厚，25cm 高木板或竹架板进行防护。

（4）所有地锚钻孔应垂直与混凝土面且进行灌浆处理。

6 结论

（1）牵引移动式灌浆作业平台施工方便，轨道铺设、平台搭设一次完成即可连续牵引上升作业，避免了高陡边坡搭设满堂架、边施工边搭设、作业完成一个区域就要重新搭设施工平台，极大消除了对施工进度、安全生产的影响。

（2）节约材料。牵引移动式灌浆作业平台的应用较之脚手架施工平台，节约了大量的钢管周转量及劳动力，节约了工程费用。

新材料研究与试验

湖南宏禹工程集团有限公司
简　介

湖南宏禹工程集团有限公司（简称公司）是国内水利水电及基础处理工程行业中专业门类齐全、设备先进、技术领先的综合科技型工程企业。现有各类员工600余人，其中专业技术管理人员200余人，其中高级职称人员29人，研究员级高工6人，中级职称人员58人，技师3人，公司下辖湖南元吉工程检测技术有限公司、湖南宏禹劳务有限公司、湖南宏禹人力资源有限公司，长沙融科环境工程机械有限公司四个子公司及广西、云南、新疆三个省（自治区）外分公司。现具有水利水电工程总承包一级、地基与基础处理工程专业承包一级，地质灾害勘查、治理施工甲级，水利水电岩土工程、金属结构、混凝土质量检测甲级，河湖整治工程专业承包二级，环保工程专业承包二级，地质灾害评估乙级、设计丙级资质及特种工程施工资质。并具备质量、环境、职业健康安全三体系整合的认证体系和安全标准化体系。可承担各类水利水电工程总承包施工及基础处理工程施工，环保工程施工，各类建筑物及其地下工程防水补强工程、矿山及地下基坑防水治水工程施工，工程边坡工程、地质灾害治理工程施工，岩土工程勘察设计，地质灾害勘察、评估、设计，工程管理，建筑材料、五金、设备销售，新技术、新工艺的研发、咨询与服务，新设备、新材料的研制、生产等。其业务已遍布国内20多个省区，并且进入了苏丹、巴基斯坦、缅甸、印度尼西亚、巴布亚新几内亚等外国市场。已建设完成的工程项目，均以先进的技术和较优的质量信誉赢得了业主及有关方面的赞誉，并取得了较好的社会效益和经济效益。

公司目前拥有发明专利12项，实用新型专利16项，近年获得省部级以上科技进步奖10余项，主编或参编标准及规范10余本，出版著作多部，发表论文百余篇。

公司现为中国岩石力学与工程学会理事单位及锚固与注浆分会主要技术支持单位与副主任委员单位、岩溶勘察与基础处理专委会副主任委员单位，中国水利学会地基与基础工程专委会副主任委员单位，省岩石力学与工程学会副理事长单位，湖南省紧急救援协会副会长及防讯与地质灾害救援分会会长单位，为中南大学国家级校企合作人才培养基地，并与多个院所建立了紧密的产学研合作关系；现已成为国内防治水与基础注浆技术领域的知名企业。

海水膨润土泥浆配合比试验及应用

王保辉　王　超　刘德政

（中国水电基础局有限公司）

【摘　要】 在海上钻孔灌注桩施工中，由于淡水供应难度较大，若能采用全海水制浆或采用部分海水与淡水混合制浆，将为施工提供很多便利条件，同时也能降低施工成本。我国的海水制浆技术以往曾在多座跨海大桥的桩基施工中进行应用，但因膨润土指标、海水成分、浆液性能要求差异化等原因，浆液配制的方法互有不同，膨润土海水制浆具有技术含量高、差异性大的特点。本文通过卡西姆燃煤电站卸煤码头海上钻孔灌注桩海水膨润土泥浆配合比试验的介绍，意在为今后类似项目提供借鉴和参考。

【关键词】 海水膨润土　泥浆配合比　试验

1　工程概况

巴基斯坦卡西姆燃煤电站卸煤码头工程位于卡拉奇市东35km，濒临阿拉伯海。项目包括引桥及卸煤码头两部分，整体采用高桩基正交梁板结构型式。海上桩基采用施工平台船配合旋挖钻机施工工艺，由于地质条件复杂、桩径大、成孔护壁难且工期紧张等特点，海上桩基能否按期完工成为整个项目的关键控制节点。由于现场淡水供应能力不足，若全部使用淡水制浆，将难以满足施工需求。施工初期经多次试验反复配制研究，较好地解决了膨润土海水制浆的技术难题，很好地满足了施工需求，降低了施工成本，取得了良好的经济和社会效益。

2　海水膨润土泥浆试验

2.1　泥浆各组分材料及性能

制备泥浆的原材料一般由膨润土、分散剂、增黏剂和水构成，根据就地取材原则，当地能够购买到的制浆材料有钠基膨润土、工业纯碱 Na_2CO_3、羧甲基纤维素CMC等，在海水膨润土浆液试配前，首先对泥浆配制需要的膨润土及海水进行了性能指标检测。

（1）海水性能指标检测结果见表1。

（2）施工选用当地优质钠基膨润土，钠基膨润土的作用是加水后水能很快进入蒙脱层的晶格层，使膨润土很快湿胀，并形成一种带电荷的亲水胶体，通过颗粒的静电斥力保持稳定的悬浮状态。通过试验检测，钠基膨润土性能指标见表2。

表 1　　海水性能指标

分析项目	游离二氧化碳/(mg/L)	pH	阳离子/(mg/L)		阴离子/(mg/L)		
			Ca^{2+}	Mg^{2+}	SO_4^{2+}	HCO_3^-	Cl^-
报告编号 FHDI-SH-2015-032	26.33	7.32	541.08	1937.09	1326.67	195.02	22616.39
报告编号 FHDI-SH-2015-033	29.62	7.35	703.40	1805.76	980.00	212.23	21469.94

表 2　　钠基膨润土性能指标

项目	粒度	pH 值	SiO_2	Al_2O_3	Fe_2O_3	MgO	CaO	Na_2O	K_2O	烧失量
数量	200 目通过 96%	8.2	71.95%	8.23%	0.54%	1.05%	1.58%	2.1%	1.75%	12.8%

(3) 分散剂（Na_2CO_3）的作用是使进入水中的膨润土颗粒分散开来，形成外包水化膜的胶体颗粒，减少内部阻力。使用海水配制的泥浆中含有 Mg^{2+}、Ca^{2+}、Na^+ 等金属离子，泥皮的形成性能降低，比重增加，致使膨润土凝聚、泥水分离，有可能造成桩孔坍塌。使用分散剂可以解决这些问题，改善泥浆的性能。

纯碱 Na_2CO_3 可与海水中的 Ca^{2+}、Mg^{2+} 起化学反应，生成碳酸钙，使金属离子惰性，因此分散效果较好。由于 Na_2CO_3 在海水中能电离水解，提供钠离子和碳酸根离子，可使泥浆 pH 值增大，使黏土颗粒分散，黏土颗粒表面负电荷增加，更好地吸收外界的正离子，增加水化膜的厚度，提高了泥浆的胶体率和稳定性，降低失水率，泥浆呈碱性稳定性好，而且碱性环境对钢筋的锈蚀起到保护作用。

(4) 增黏剂 CMC。具有乳化分散剂、固体分散性、保护胶体、保护水分等的性能，在酸碱度方面表现为中性，主要理化指标有黏度、pH 值、纯度和重金属等。

2.2　试验配制

经对海水进行理化试验分析发现，Cl^-、Mg^{2+}、Ca^{2+} 含量较高，若按常规的黏土或膨润土直接造浆，根本就无法达到泥浆护壁的要求，海水盐份含量较高，淡水资源也比较缺乏，按常规制浆海水与膨润土发生化学反应，很快形成沉淀，对钻孔桩护壁起不到作用，孔内水与泥形成分离，达不到钻孔护壁和悬浮沉渣的目的。若采用抗盐膨润土，不但造价高，而且还难以买到，因此，按就地取材的原则，对现有制浆材料进行试验配制，寻求适合的泥浆配合比。

通过拟定的以海水为配制泥浆的主原料，掺入钠基膨润土、增黏剂 CMC、纯碱 Na_2CO_3 分别进行单独调试和混合调试等多组试验研究，反复优化调试和测定试配泥浆的各项性能指标，最后优选确定海水泥浆配合比（表 3）。经测定该配合比泥浆性能较为稳定，各项指标满足泥浆护壁要求。经现场配制后测试，浆液测试各项性能指标见表 4。

表 3　　海水膨润土泥浆配合比

各组分材料/kg	海水	淡水	膨润土	CMC	Na_2CO_3
配合比	70	30	12	0.001	0.5

表 4　泥浆测试各项性能指标

性能指标	pH 值	密度 /(g/mL)	含砂率 /%	失水量 /mL	黏度 /s	静切力 /(g/cm^2)	胶体率 /%	泥皮厚 /mm
数据	9.5	1.06～1.19	<2	17	22～16	3.2	98.5	1.5～2.0

3　试验结果分析

经试验发现，利用纯海水制浆技术，不管是掺入 Na_2CO_3 或 CMC 配制出的泥浆，其性能极不稳定，乃至掺 CMC 作为分散剂，钠基膨润土与 CMC 很快就泥水分离，沉淀很快，达不到泥浆护壁和悬浮孔内沉渣的目的。但使用淡水、海水混合配制泥浆，只需要掺入 Na_2CO_3 作为泥浆分散剂，配制出的泥浆性能较为稳定，使用效果好，钻孔进度大大提高，同时清孔速度快，效果好，能很好地满足施工和设计规范要求。

与淡水泥浆相比，海水泥浆比重大、胶体率低、稳定性差，这是由于海水中含有大量的盐份及各种金属离子，泥浆易受到污染，对膨润土的制浆性能影响很大。研究表明：当水中的 Ca^{2+} 浓度达到 100mg/L 以上时，膨润土就会凝聚和沉降分离，当水中的 Na^+ 浓度达到 500mg/L 以上时，膨润土的湿胀性就下降极快，达到近于海水浓度时（3400mg/L）就会产生凝聚。另外，海水中 Cl^- 离子含量较高，挤压双电层现象严重，电动电位较低，使黏土颗粒水化膜变薄产生聚结下沉，致使泥浆黏度和切力均有所降低，泥浆失水量加大，稳定性不好。

4　应用及评价

在桩孔钻进过程中，为保证泥浆的护壁效果，施工中每 1～2h 测定一次泥浆的黏稠度、密度、胶体率等参数，并根据孔内泥浆成分的变化，做出相应的调整，将泥浆比重控制在 1.06～1.19g/mL 区间内。在钻进过程中要密切关注潮水涨落情况，及时补充海水泥浆，严格控制孔内外水压差，保证孔内海水泥浆比海水高出 2m 为宜。钻孔完成后，采取气举反循环方式进行清孔，清孔完成后，经测定孔内泥浆各项指标均较好满足施工和设计规范要求。

考虑到膨润土泥浆掺入海水后，浆液可能会对桩体混凝土质量造成影响。在试桩施工完成后，对灌注桩实体进行了钻芯取样，进行了混凝土氯离子渗透性能（电通量法）试验，经检测其电通量试验结果满足设计规范要求，试验证明未对桩基实体质量造成不利影响。

根据项目实际应用的综合评价，海水膨润土浆液可完全满足施工和各项设计指标要求，具有良好的实用性。同时经项目成本测算，采用纯淡水配制浆液，平均成本为 29 元/m^3，采用淡水加海水配制的泥浆，平均成本仅为 19 元/m^3 以，根据总用浆量大致测算，使用调整后的海水膨润土浆液节省成本约 43.5 万元，在满足施工需要的同时，也实现了较好的经济效益。

5　结语

采用淡水和海水联合配制的膨润土浆液，有效解决了海上桩基施工中淡水缺乏和供应困难的施工难题，通过技术创新，推动了膨润土浆液的应用，具有较好的社会和经济价值，值得今后类似项目的参考和借鉴。

无机改性聚氨酯注浆材料的研究进展

臧　鹏[1]　钟久安[1]　张　迪[2]

（1. 四川共拓岩土科技股份有限公司　2. 北京振冲工程股份有限公司）

【摘　要】综述近年来在无机改性聚氨酯材料方面的研究进展，讨论了纳米材料及其他无机材料改性聚氨酯注浆材料的成果。改性后的聚氨酯注浆材料在水利水电行业领域具有潜在的应用价值。

【关键词】聚氨酯　改性　注浆材料　硅酸盐

1　引言

近年来，随着国内建筑市场的繁荣和国家对基础建设投入的增加，化学灌浆行业呈现较快的发展趋势。其中，聚氨酯灌浆材料是一种新型高分子快凝化学灌浆材料，已逐渐成为使用广泛的具有防渗、堵漏、补强、加固功能的一种材料。

聚氨酯注浆材料的主要特点有：

（1）浆液黏度低，低黏度浆液对地基缝隙、微孔具有很好的渗透性，能够扩大黏结效果，从而扩大防渗堵漏面积。

（2）可调节的固化时间，为施工提供了便捷操作条件。

（3）特殊地层优良的耐久性，聚氨酯注浆材料与地基水分反应后固结体不会受干湿环境、冻融交变的影响。不仅能改善其力学性能，更能提高与地层结构的黏结能力。

（4）聚氨酯材料对水质适应能力特别强，海水、矿水、酸/碱性水质对浆液性能基本没有影响。

（5）注浆工艺简洁，施工设备简单，投资少，更重要的是聚氨酯注浆材料对环境没有污染，安全可靠。

聚氨酯材料虽然具有众多的优势但是也存在耐水性差、价格昂贵的问题，因此需要对其进行改性让其更好地在水利水电行业应用。

2　聚氨酯无机改性

现阶段聚氨酯无机改性材料有纳米碳酸钙（$CaCO_3$）、纳米二氧化钛（TiO_2）、纳米碳化硅（SiC）、纳米二氧化硅（SiO_2）、粉煤灰、蒙脱土、纤维、滑石粉、高岭土、碳酸钙、硅酸盐（硅酸钙、硅酸钠）等无机物，无机物的引入不仅提高了浆液的性能也提高了固结体的性能。

2.1　纳米材料改性

王明等采用原位聚合法制备了聚氨酯/纳米 TiO_2 复合材料。研究发现，引入一定的纳米 TiO_2 对复合材料的拉伸强度、断裂伸长率及拉伸弹性模量都有影响，但复合材料取得了较好的力学性能。

雷文等直接使用纳米 SiO_2 可使硬质聚氨酯材料的某些力学性能得到提高，而偶联剂处理可进一步改善纳米 SiO_2 对聚氨酯材料的增强作用。改性后的 SiO_2 添加质量分数为2%时，纳米 SiO_2 的增强聚氨酯材料相比纯硬质聚氨酯材料，拉伸强度提高37%、压缩强度提高44%、弯曲强度提高26%、冲击强度提高8.51%，弯曲模量提高最大达到229%。

杜云峰的研究表明，纳米 SiO_2 添加量为1%的纳米 SiO_2，聚氨酯弹性体复合材料的扯断伸长率提高了12%，拉伸强度提高了30%，撕裂强度提高了15%。纳米 TiO_2 添加量为2%的纳米 TiO_2，聚氨酯弹性体复合材料的扯断伸长率提高了44%，拉伸强度提高了74%，撕裂强度提高了88%。同时添加纳米 SiO_2 及纳米 TiO_2 使聚氨酯弹性体复合材料的吸水率降低。

以上研究表明，当纳米材料用量合理时，其在聚氨酯基体中的分散比较均匀，改性性能取得良好的效果，但是当纳米材料随着用量的增加，其分散性也变差，出现大量的团聚体。当基体受到外力时，团聚体与基体界面产生应力集中效应，进而形成裂纹，使聚氨酯复合材料的力学性能下降。因此如何将纳米材料有效地对聚氨酯材料进行改性形成高效的注浆材料还需要更深入的研究。

2.2　粉煤灰改性

秦传睿进行了以粉煤灰为骨料与矿用聚氨酯复配研究，粉煤灰作为骨料添加是可行的，有效地协助聚氨酯基体在煤岩体形成网络骨架，不仅大大降低了成本，其颗粒效应及其他物理效应还能增强复合材料的抗压强度。随着粉煤灰添加量的增加，复合材料的抗压强度呈现先升高再下降的趋势。当聚氨酯中粉煤灰的用量占组合料总质量的50%时，其抗压强度最佳。

李永学研究了粉煤灰改性聚氨酯（PUFA）作为桥梁加固材料的性能，粉煤灰填充量最高可达60%，固化的PUFA材料具有轻质高强的优点。研究结果表明，PUFA1.4体系的密度为1.4t/m^3，约是混凝土的一半，但其压缩强度为62MPa，超过混凝土1倍以上；PUFA材料的抗弯拉强度均远远大于普通水泥混凝土，其中，密度为1.4t/m^3 的PUFA材料的抗弯拉强度为23MPa，达到普通水泥混凝土的10倍，表现出良好的轻质高强性能。

冯冬然等研究了粉煤灰加入量对双组分聚氨酯防水涂料涂膜性能的影响。研究表明，随着粉煤灰用量的增加，涂料弹性和硬度也逐渐增大，而粉煤灰用量以占聚氨酯树脂基料质量的60%～80%为宜。

2.3　纤维改性

陈再新等对玻璃纤维增强聚氨酯泡沫体的微观结构形态及增强效果进行研究，结果表明单丝及小丝束成为泡沫结构的共同支柱而起增强作用；在大丝束周围发生严重的树脂沉积，影响体系内的树脂分布，而不利于纤维的增强作。

NariLee等用大麻纤维作增强剂来提高聚氨酯的力学性能。结果表明材料的拉伸强度从0.4MPa增加到3.9MPa，拉伸模量从0.4MPa增加到44.9MPa。这可能是由于纤维阻止了聚氨酯材料在压力垂直方向上的变形。

耿皓研究了填充玻璃纤维后的聚氨酯泡沫形态与力学性能的变化，通过扫描电镜对泡孔结构和玻纤分散性的研究发现，玻纤增强了聚氨酯泡沫的压缩强度和模量，并在玻纤含量为5%时，聚氨酯泡沫的压缩性能达到最佳。

Timothy G. Rials 等人将木质纤维素作为补强剂加入到聚氨酯中制得聚氨酯复合材料，通过动态力学分析、溶胀行为和扫描电镜测试分析，得出纤维对聚氨酯的力学性能产生很大的影响。

2.4 硅酸盐改性

吴怀国等人用硅酸盐改性的聚氨酯注浆材料，固结体强度最高66MPa，最小也达到了54MPa，抗拉强度达到26MPa，相比常规的聚氨酯注浆材料有巨大的提升。

包银鸿等人用水泥和聚氨酯复合制备的注浆材料，在密闭条件下成型时，固结体强度最高可达25MPa，且注浆材料反应速度快，成本低，对环境较为友好。

冯志强通过硅酸盐改性聚氨酯注浆材料研究发现：硅酸盐改性聚氨酯注浆材料具有一定优越性，在一定程度上可以替代目前纯聚氨酯注浆材料；研制的硅酸盐改性聚氨酯材料具有反应温度低、固化后不可燃等特点；改性材料在有水情况下可以正常固化且不影响固化后强度，大大增强了其实用性，改性的聚氨酯浆液的固化时间以及早期强度受环境温度、介质性状、孔隙率的影响。

2.5 其他材料改性

刘希斌等以滑石粉、高岭土、碳酸钙为无机填料进行聚氨酯改性，试验显示所选的无机填料对聚氨酯弹性体都有不同程度的增强作用。在硬度方面，使聚氨酯弹性体高出1～2倍；在断裂伸长率方面，滑石粉填充的聚氨酯弹性体的断裂伸长率达到531%；在拉伸强度方面，高岭土改性的比原来高出了4MPa；在撕裂强度方面，高岭土的达到74kN/m。用高岭土填充改性的聚氨酯弹性体的硬度、拉伸强度、撕裂强度均为最好。

郑扬通过研究得出聚氨酯注浆材料的基础配方为异氰酸酯指数1.02，水用量0.1%，三乙醇胺用量0.2%，辛酸亚锡用量0.15%，二甲硅油用量1.0%。滑石粉含量为7%，玄武岩纤维含量5%，长度为5mm时，材料的力学性能均达到最佳值。其中拉伸性能为3.976MPa，压缩强度10.832MPa。玄武岩纤维的增强效果优于玻璃纤维。

3 结论及展望

通过大量学者研究发现，聚氨酯经过无机物的改性后性能得到的很好的提升，同时材料本身的价格相比纯聚氨酯来说有所降低，同时环保性上也明显优于纯聚氨酯。再者，改性材料在很多有水情况下可以正常固化，对于大量的水利水电工程来说具有明显的优势。

笔者对聚氨酯注浆材料也进行了硅酸钠改性研究，试验发现材料改性后能够在有水环境下快速固化且不分散，同时基本不产生起泡，固结体表面致密，同时也具有良好的强度，因此对于有水环境具有一定的优势。

无机改性聚氨酯材料性能得到提升，发泡的倍率降低，同时固结体的性能也高于纯聚氨酯注浆料。由此可见，无机改性注浆材料对于水利水电一些特殊工况具有很大的优势。因此，对于水利水电行业来说，聚氨酯注浆料无机改性具有很大的现实意义。

参考文献

[1] 郑新国，李书明，曾志，等．表观密度对聚氨酯固化材料力学性能的影响［J］．中国铁道学，2015，36（3）：12-16.

[2] 董全霄，李书明，郑新国．温度对聚氨酯固化材料力学性能的影响［J］．中国塑料，2018，32（9）：36-41.

[3] 马洁霞，刘存芳．聚氨酯/无机纳米复合材料的研究进展［J］．聚氨酯工业，2014，29（5）：10-12.

[4] 杜云峰．矿用新型密闭堵漏聚氨酯弹性体材料的纳米改性研究及应用［C］．太原：太原理工大学，2010.

[5] 秦传睿，陆伟，李金亮，等．以粉煤灰为骨料与矿用聚氨酯复配的研究［J］．中国煤炭，2018，44（9）：83-86.

[6] 李永学．聚氨酯粉煤灰复合材料在桥梁结构抗震加固工程中的应用研究［D］．哈尔滨：哈尔滨工业大学，2011.

[7] 冯冬然，马文香，韩雪峰．粉煤灰加入量对双组分聚氨酯防水涂料涂膜性能的影响［J］．精细与专用化学品，2009，7（9）：25-28.

[8] 王传勇．高强高模聚乙烯醇纤维改性聚氨酯注浆材料的研究［D］．合肥：安徽大学，2015.

[9] 赵君，史竹青，李伟斌，等．矿用封孔材料研究进展［J］．山西化工，2018（3）：52-54.

[10] 吴怀国，魏宏亮，韩德强．一种高强聚氨酯改性硅酸盐注浆加固材料及其制备方法和应用［P］．中国专利，2015.

[11] 包银鸿，林中华，杜志龙．一种聚氨酯水泥复合灌浆材料［P］．中国专利，2015.

[12] 冯志强．硅酸盐改性聚氨酯注浆材料在煤矿井下巷道加固中的应用．长江科学院院报，2013，30（10）：99-103.

[13] 冯志强，康红普，韩国强．煤矿用无机盐改性聚氨酯注浆材料的研究［J］．岩土工程学报，2013，35（8）：1559-1564.

[14] 刘希斌，李万捷，林殷雷．不同无机填料对聚氨酯弹性体性能的影响［J］．山西化工，2011，31（5）：5-9.

[15] 郑扬．无机粒子/玄武岩纤维复合改性聚氨酯注浆材料［D］．阜新：辽宁工程技术大学，2010.

压密桩工程钻机的应用方法

田新红　程　坤

（湖南宏禹工程集团有限公司）

【摘　要】 通过工程实例，论述压密桩工程钻机在土层中的钻孔灌浆一体的施工方法，以及事故的处理方法。

【关键词】 压密桩工程钻机　应用方法

1　引言

压密桩工程钻机是依据钻孔、压密注浆新工艺，由长沙中联智通非开挖技术有限公司和湖南宏禹工程集团有限公司联合研制出的一种兼有钻孔及连续拔管灌浆一体功能的钻机。具有电液驱动、无级调速、机动灵活、施工效率高、能实现钻进、灌浆和拔管一体。它广泛应用于水利建设、市政建设、高层建筑等地基基础钻孔灌注桩工程。

压密桩工程钻机受施工地层制约，它主要用于一般地层地基处理的钻进、灌浆和拔管，并且用户可根据需要配备牙轮钻头、顶驱动力头或潜孔钻具来实现岩石地层钻进。而采用此机器进行钻孔压密注浆桩施工，具有快速、高效、高质量的特点，能显著提高施工效率。下面就本工程实际情况，探讨压密桩工程钻机在土层中的施工。

2　工程施工

2.1　施工工艺

整个工程施工工艺流程为：确定孔位→钻孔→配制注浆材料→注浆、分段拔钻杆、注浆→反复循环至形成桩。

根据工程地质情况，主要为土层，首先采用了普通地质钻机，先进行钻孔，后进行注浆；后来综合各方面因素进行考虑，改用了压密桩工程钻机。相对于普通地质钻机，压密桩工程钻机有以下优势：

（1）成孔速度快、质量高。

（2）自动化程度高，工人劳动强度低。

（3）行走移动方便。

（4）钻孔注浆工序合为一体，减少时间，降低成本。

2.2　施工准备

进入施工现场后，首先进行三通一平，临舍搭建、设备、材料进场，技术准备。投入设备压密桩工程钻机、地质钻机、砂浆制浆机、泥浆泵、细石砂浆泵等。

2.3 施工技术

2.3.1 钻头

压密桩工程钻机使用的钻头要能实现钻孔和注浆的功能，而且由于注浆时采用的是砂浆，所以一般的钻头不能使用，需进行改进和重新设计，改进后的钻头一般是水钻钻头，在底部要有大的出浆口，在地层钻进时，需进行水钻，以防出浆口被泥土堵住。

2.3.2 钻进成孔

对压密桩工程钻机而言，钻孔和注浆两个工序非常重要，它们需要按详细的操作流程操作来避免操作失误（见图 1）。开钻前需对钻机进行定位，在孔位复合准确，钻机才能就位。开孔时，其钻孔操作流程按以下程序进行：

图 1　钻机钻进成孔图

（1）开启钻机，将功能开关旋至钻进，检查冷却器、照明灯、指示灯、回转、钻拔、前夹头、后夹头、卸扣和泥浆泵等的运行是否正常，并将动力头移动至最前端。

（2）将钻机臂架顶升竖立后伸出支腿和臂架底座，并将臂架调整到垂直状态。

（3）将钻机导杆中心线、回旋盘中心线、孔位中心保持在同一直线上，预防孔斜和孔位偏差。

（4）在钻机上装入第一根钻杆和钻头，开启钻机仅依靠推动钻杆使钻头入土一定深度。

（5）启动大流量水泵对钻杆及钻孔进行通水，观察其压力表压力是否正常，钻头是否出水。

（6）正转＋下移动力头，钻杆钻进的同时，应观察孔口回水情况，将第一根钻杆钻进完成，将钻杆提升约至适合卸钻位置，停止正转，上移拖板，使拖板与动力头下端接近接触。

（7）停止水泵，操纵钻机夹头和动力头，反转动力头，使动力头主动钻杆与钻杆完全分离后再将动力头提升至最顶端。

（8）在动力头主动钻杆与第一根钻杆分离处加装第二根钻杆并继续钻进。

（9）重复以上（5）～（8）动作，直至钻进到规定的深度。

（10）关闭清水泵及其球阀，打开注浆球阀，为下一步注浆做准备。

2.3.3 制备注浆砂浆

在钻孔压密注浆桩的施工过程中，注浆是一道关键性工序，施工质量将严重影响灌注桩的质量，所以在施工中必须注意以下几点：

（1）由于本钻机钻杆与注浆管一体，所以钻孔时不能堵塞钻杆与钻头，注浆前保持钻杆与钻头通畅。

（2）管路必须严密，保证底端距孔底 50mm 左右。

（3）砂浆搅拌均匀，坍落度不小于 70mm。

（4）砂浆注浆时，注浆管必须边注边缓慢提升，直至注浆结束。

本工程注浆的砂浆材料配合比见表1，为防止管路堵塞，一个孔其开始灌注的砂浆坍落度为110mm，泵送压力7～9MPa，钻机旋转压力10～12MPa，连续灌注3料斗后，制成坍落度为75mm的砂浆，泵送压力11MPa，钻机旋转压力11～14MPa，连续灌注10料斗，最后再灌注坍落度为110mm的砂浆，灌浆两料斗，结束灌浆，一个孔共计注浆约5300L。

表1　　注浆材料配合比

砂浆比重	水	水泥	膨润土	河砂	坍落度/mm
1	70	25	35	125	110
2	65	25	35	125	75

为保证注浆工程质量，本工程钻机注浆与拔钻杆流程要严格按以下流程进行：

（1）连接灌浆软管，并将灌浆软管合理摆放，以防折弯，并关闭钻机上管路进水阀门。

（2）启动钻机，正转动力头，将钻杆提升一定高度，使之底端距孔底距离约0.5m，停止正转。

（3）启动灌浆泵灌浆和正转动力头，灌浆时钻杆要缓慢转动，边灌边缓慢往上提，防止埋钻杆，其转动速度不能过快，防止砂浆与钻杆干磨后结固埋杆；当灌浆压力或每段灌注浆量达到设计值时，停止灌浆。

（4）钻杆提升段长1.5m/段，钻杆提升至适合卸钻位置时，停止动力头的回转和提升。

（5）灌浆泵反泵数次泄压，夹紧前、后夹头，卸钻一次，松开后夹头，卸扣油缸复位。

（6）当未卸开和未完全卸开钻杆时，可多次夹紧后夹头并反复卸钻。

（7）慢速反转动力头，钻杆间螺纹脱开后，以适当速度提升钻杆，停止动力头回转和提升。

（8）再次夹紧后夹头（见图2）。

（9）反转动力头，待动力头公螺纹与钻杆母螺纹脱开后，提升动力头至最顶端，停止反转。

（10）松开后夹头，卸下钻杆。

（11）移走卸开的钻杆步骤（9）～（11），如图3所示。

（12）下移动力头，在动力头公螺纹对准下一根钻杆母螺纹，且拖板与动力头下端分开约5cm后，停止下移动力头，慢速正转动力头至动力头公螺纹与钻杆母螺纹拧紧。

（13）松开前夹头，再次启动灌浆泵灌浆，灌浆时钻杆要缓慢转动，边灌边缓慢往上提，当灌浆压力或灌注浆量达到设计值时，停止灌浆。

（14）重复上述（3）～（12）步骤，直到拔出钻头。

（15）用灌浆泵冲洗灌浆管道，冲洗完毕后卸下灌浆软管。

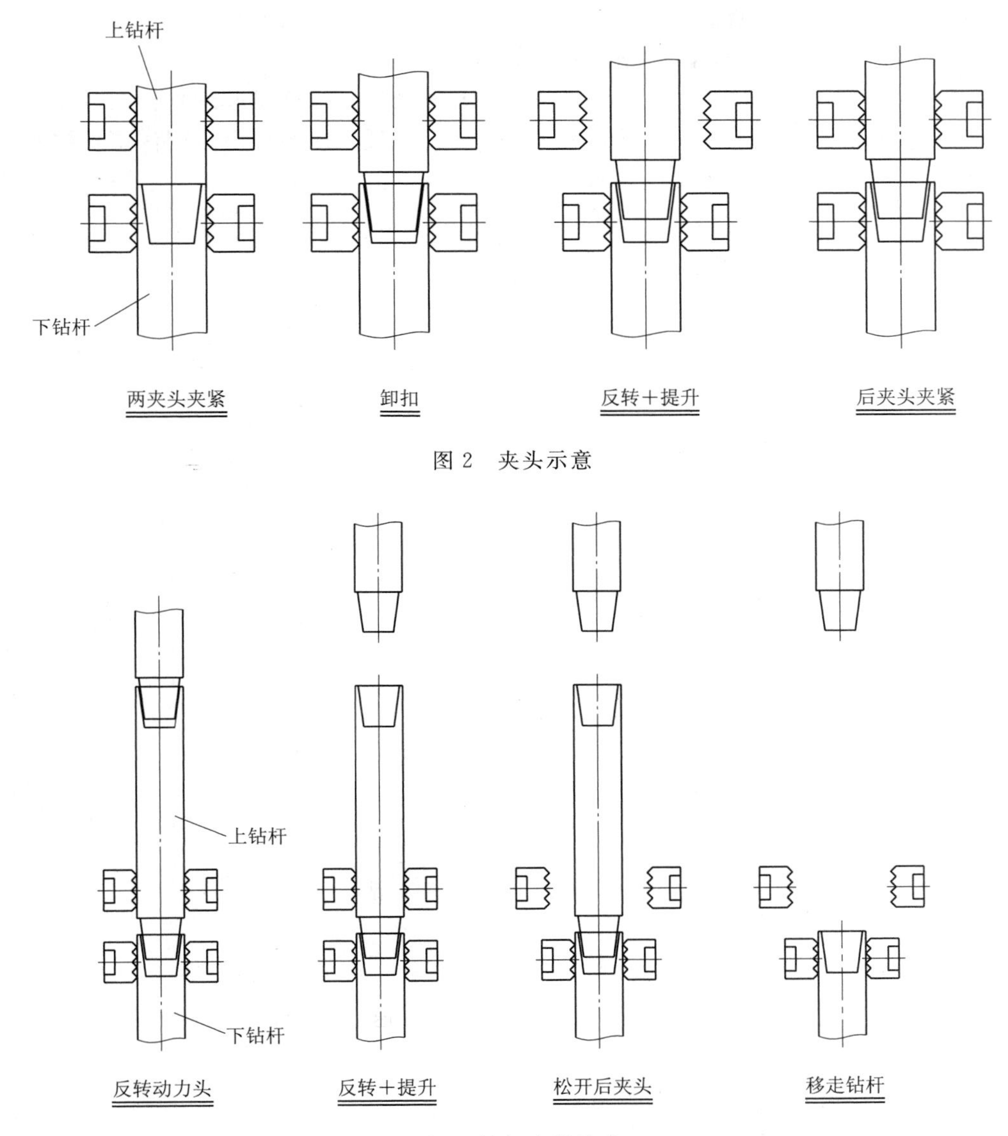

图2　夹头示意

图3　钻杆步骤示意

3　总结

钻孔压密注浆桩的施工质量是一个复杂的系统工程，是处理地基的一种比较有效的方法，其成桩的好坏、施工进度质量等直接关系到整个工程的安全。压密桩工程钻机由于能实现钻进、灌浆和拔管一体，极大地提高了施工进度和质量。从钻机在本工程的施工来看，钻机施工速度和效率比较高，施工时的劳动强度较低，机器操作和转移都较方便，取得了不错的效果。但是，钻机在施工中遇到的一些问题也需要改进：

（1）新设计的钻灌一体钻杆螺纹强度不够，容易滑丝，需提高钻杆整体强度并进行渗碳等处理。

（2）钻孔时需采用大流量的高压泵进行水钻，防止堵钻杆及钻头。

（3）钻头需进一步改进，提升整个钻进效率。

通过本次施工，发现压密桩工程钻机将对钻孔压密注浆桩施工起到积极的作用，能显著提高钻孔压密注浆桩施工效率。随着我国基础建设发展的需要以及压密注浆桩技术的大力推广应用，压密注浆桩工程钻机多样化和系列化的发展，将会取得更大经济效益和社会效果。

后加水或减水剂对混凝土抗压强度的影响

李 会

（中国水电基础局有限公司科研设计院）

【摘 要】 规范 GB 50666 要求，混凝土浇筑过程中严禁加水，但是二次加水影响如何？本文依托相关试验进行了量化研究。文中以某工地的 C30 混凝土配方为样本，进行 0.5～2.5h 等时刻通过后加水和后加外加剂恢复混凝土初始坍落度的试验，试验表明：当混凝土出机时间大于 0.5h 时，通过加水恢复坍落度将影响混凝土和易性和 28d 抗压强度；2.5h 内后加水量每增加 1kg/m^3，28d 抗压强度损失约 0.9MPa；而在 1.5h 内加减水剂恢复坍落度对混凝土和易性和 28d 抗压强度几乎没有影响。

【关键词】 混凝土 后加水 抗压强度

1 引言

在混凝土的浇筑过程中，施工现场操作人员对罐车内加水的情况时有发生，具体表现为，外加剂的保塌不够；或者运输距离过长；浇筑前，由于种种原因造成罐车的等待；造成坍落度不满足泵送要求。由于工人的质量意识薄弱，为了浇筑尽早完成，在摊铺，振捣等工序时更加省力，在无全程监督的情况下，进行加水来增加混凝土的可泵性。他们对加水量又没有一定的标准，有时候会发生用水量加多的现象，加上外加剂的作用，就会产生离析，骨料分离的状况，严重情况下还会发生堵管。更甚者，会对实体质量产生影响。虽然有规范《混凝土结构工程施工规范》（GB 50666—2011）中的强制性条文规定："混凝土运输、输送、浇筑过程中严禁加水"。但是却没有规范说明，"加水量的不同，混凝土的质量到底损失多少"。只有明确上述这些问题后，在制止对混凝土后加水现象时，才能更有说服力，更有利于保证混凝土质量及工程质量。

针对后加水量与混凝土质量损失的比例目前研究的比较少。有学者通过研究得出结论："为弥补泵送混凝土坍落度损失而采用的人为二次加水约使混凝土强度损失 10%～20%，工程上不宜采用"，但是却没有具体的说明。笔者通过下面的试验对 C30 混凝土后加水影响情况进行了量化分析。

2 试验

2.1 原材料

某工程混凝土所用的原材料性能指标如下：P·O 42.5 水泥检测结果见表 1；5～

20mm 碎石检测结果见表 2；20～40mm 中石检测结果见表 3；砂子检测结果见表 4。

表 1　　P·O 42.5 水泥检测结果

比表面积	初凝/min	终凝/min	安定性	28d 抗压/MPa	28d 抗折/MPa
350	150	289	合格	45.6	6.2

表 2　　5～20mm 碎石检测结果

含泥量/%	针片状含量/%	泥块含量/%	压碎值/%	表观密度/(kg/m³)	堆积密度/(kg/m³)
0.6	6.7	0	9.8	2670	1470

表 3　　20～40mm 中石检测结果

含泥量/%	针片状含量/%	泥块含量/%	压碎值/%	表观密度/(kg/m³)	堆积密度/(kg/m³)
0.4	5.4	0	—	2690	1480

表 4　　砂子检测结果

细度模数	含泥量/%	泥块含量/%	压碎值/%	表观密度/(kg/m³)	堆积密度/(kg/m³)
2.74	2.2	0	—	2690	1480

2.2 配合比

C30 混凝土配合比数据见表 5。

表 5　　C30 混凝土配合比　　单位：kg/m³

水泥	水	砂子	小石	中石	减水剂
381	160	728	629	419	3.81

2.3 试验方法

准备 6 组容量筒（每组 2 个，每个 45L），在混凝土拌和站同一盘料内取样，混凝土初始坍落度为 220mm，静置待做试验用。第一组混凝土停等时间为 0h，即拌和站搅拌后立即取样装入试模，编号为 C－0；第二组混凝土停等时间为 0.5h，对每个容量筒内的混凝土分别通过加水和减水剂的方法（充分搅拌），使混凝土坍落度恢复到 220mm，然后分别取样装模，编号为 C－0.5，并记录后加水量和后加入减水剂用量。以此类推，编号为 C－1.0、C－1.5、C－2.0、C－2.5，分别代表新拌混凝土的停等时间为 1.0h、1.5h、2.0h、2.5h，并对后加水与后加减水剂的试件予以区分。按照 SL 352—2006 进行试块养护和检测 28d 抗压强度。

2.4 试验数据及分析

按照上述方法，得到 C30 混凝土 0h，0.5h，1h，1.5h，2.0h，2.5h 时刻，分别通过后加水和后加减水剂使其坍落度恢复 220mm 的混凝土抗压强度，试验结果见表 6。

表 6 **后加水和减水剂量对混凝土抗压强度影响表** （试验温度 20℃）

编　号	C-0	C-0.5	C-1.0	C-1.5	C-2.0	C-2.5
后加水量/（kg/m³）	0	2.5	5.2	7.1	9.2	11.3
8d 抗压强度/MPa	38.5	36.2	34.2	32.6	30.1	28.9
后加减水剂量/（g/m³）	0	150	310	450	泌水明显	泌水明显
28d 抗压强度/MPa	38.5	38.4	38.2	38.2	—	—

根据表 6 可知，随着混凝土出机的时间增加，恢复其初始坍落度需要的用水量就越多。并且通过 C30 混凝土抗压强度和 2.5h 内后加水量的关系，其规律趋近于线性，可用 $y=ax+b$ 式表示。抗压强度与后加水量关系曲线如图 1 所示。

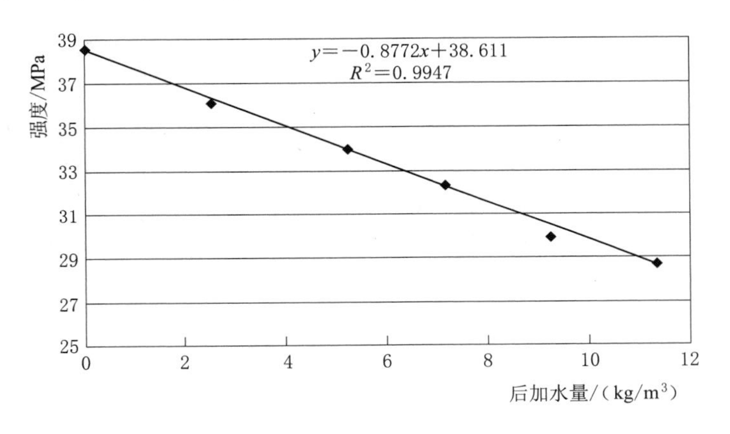

图 1　抗压强度与后加水量关系曲线图

根据图 1 可知，C30 混凝土每增加 1kg 水，混凝土强度损失约 0.9MPa。通过后加减水剂来恢复初始坍落度对混凝土强度没有明显影响，原因是没有改变混凝土水胶比。但当混凝土停等时间超过 1.5h 后，通过二次加入减水剂来恢复坍落度时，虽然也能达到坍落度 220mm，但是会造成混凝土泌水较严重的情况，减水剂加量不易掌控且易泌水堵塞泵管。

浇筑混凝土过程中，因坍落度损失进行后加水处理是比较常见的，而且很多工程加水搅拌后混凝土强度仍满足设计要求，为此人们往往认为加点水调整混凝土入仓坍落度对强度没有影响。而实际上，混凝土强度主要由水胶比决定，水胶比越大强度越低，后加水增大了混凝土水胶比，强度会有所降低。

3　工程处理办法

工程施工中，因特殊原因造成了混凝土停等，为节约材料、避免混凝土泌水堵管，又能灵活有效调整混凝土坍落度和工作性，不宜只单纯通过加入减水剂的办法，可以考虑减水剂和同等水胶比的水泥浆混合加入。根据表 6，采用 2.0h 时加入 450g 减水剂与 4.0kg 同等水胶比的水泥浆，2.5h 时加入 450g 外加剂与 6.0kg 同等水胶比的水泥浆分别进行坍落度调整，使得混凝土坍落度恢复至 220mm，并无泌水现象，检验其 28d 试块强度分别为 38.6MPa，38.3MPa，满足了设计强度。

4 结论

（1）一定时间内，混凝土出机时间越长，恢复其初始坍落度所需后加水量越多。

（2）对于该 C30 配比的混凝土，在该工况条件下，后加水量每增加 1kg/m^3，其抗压强度损失约 0.9MPa。

（3）出机后 1.5h 内通过后加减水剂恢复初始坍落度，对混凝土 28d 抗压强度几乎无影响。1.5h 以后，单纯通过加入减水剂调整坍落度容易使混凝土泌水离析，使用同等水胶比的水泥浆和减水剂来恢复混凝土初始坍落度，可有效避免泌水离析现象的出现，也有效地控制了混凝土 28d 抗压强度，使其满足设计要求。

（4）如果等待过程中，发现混凝土初凝，应作弃掉处理。

（5）后加减水剂，外加剂的总掺量不应超过厂家的最大推荐掺量值，避免泌水等现象发生，造成混凝土强度的影响。

综上所述，混凝土后加水会明显降低强度，实际施工中应严格控制混凝土拌和物的后加水现象，如特殊情况必须调整损失的坍落度至可工作状态，则可采取加入减水剂或同等水胶比的水泥浆和减水剂混合加入的办法予以调整，但需要在专业试验人员的指导下进行，避免混凝土强度无法保证和因操作不当引起的混凝土泌水离析等现象的发生。

水库大坝无盖重固结灌浆裂隙封闭材料研究与应用

陈 亮[1,2] 肖承京[1] 冯 菁[1] 张 健[1]

（1. 长江水利委员会长江科学院 2. 武汉长江科创科技发展有限公司）

【摘 要】 裸岩裂隙封闭是无盖重固结灌浆成功的关键。本项目选定CW聚合物改性快硬水泥和改性环氧胶泥材料作为乌东德水电站裸岩裂隙封闭材料，室内物理力学性能试验和封闭模拟试验结果显示，聚合物基快硬水泥凝结快，短时间内可达到一定强度，用于封堵小裂隙（<1mm）效果较好；改性环氧胶泥类材料凝结时间相对较长，黏结性能和力学性能更为优异，封堵效果好，更适用于用于基面和大裂隙（≥1mm）封闭。同时，根据乌东德水电站岩体裂隙特点，提出了针对性的裂隙封闭工艺，并在乌东德水电站左岸拱肩槽灌浆区进行了应用，以检验不同材料对不同宽度、性状裂隙的封闭效果。

【关键词】 固结灌浆 无盖重 裂隙封闭 环氧胶泥 聚合物基快硬水泥

1 引言

传统的固结灌浆一般采用在建基岩体上浇筑混凝土和利用上部岩体作为盖重进行固结灌浆施工。以上两种方法均存在占压施工仓面，存在占用坝体混凝土浇筑工期、造成仓面长间歇、钻孔打断坝内冷却水管等缺点。裸岩建基岩体无盖重固结灌浆，是在建基岩体上采用裂隙封闭材料事先预封闭表层裂隙，再在表层岩体阻塞进行固结灌浆，该方法不占用仓面，无需浇筑混凝土，固结灌浆完成后不清除表层岩体，不损伤建基岩体及其他建筑物，可显著提高施工工效、降低建造成本、提高工程建设质量。

裸岩无盖重灌浆工程实例较少，乌江构皮滩水电站现场灌浆试验中曾对比研究了快硬水泥、防水材料等材料的裂隙封闭效果，研究结论认为：裂隙不发育部位，上述材料均可取得较好的封闭效果；裂隙发育部位，上述材料进行裂隙封闭后，压水、灌浆过程中均多次出现封堵体被击穿的现象，需反复进行封堵。鉴于现有的裂隙封闭材料及工艺效果较差，本文研究通过室内实验和现场试验相结合，开发了CW系列裸岩裂隙封闭材料和施工工艺，并针对乌东德水电站窄深式横向河谷坝基裸岩的地质条件对裂隙封闭进行改性，确定了配套施工工艺，研发的裸岩裂隙封闭材料和施工工艺在乌东德水电站中得到成功应用。

2 实验与测试

2.1 材料制备

针对无盖重固结灌浆的特点和建基岩体的特性，根据处理对象岩体的缝宽和承压能力，笔者在水泥基材料和环氧基材料的基础上研发了CW系列聚合物改性快硬水泥和改性环氧胶泥材料。CW聚合物改性快硬水泥是在高标号水泥的基础上加入聚合物微球，该微球是将水泥早强材料研磨成粉体后在外部包覆聚合物，形成核-壳结构。该核-壳结构中处于核心结构的粉体可提高水泥固化后的早期强度；壳层结构为水溶性聚合物，该聚合物材料遇水后即溶解和水泥材料形成混合物，可显著提高水泥材料的黏接性和韧性。

CW改性环氧胶泥是针对建基岩体中的宽大裂隙研发的一种在潮湿或有水条件下均可固化并快速起强的改性环氧胶泥材料。该材料在普通环氧胶泥双组分材料的基础上，将B组分改性为水下固化剂，并加入快速固化添加剂，使其达到水下快速固化的目的；A组分加入不同级配的粉体材料，使其具有较高的堆积密度，在降低材料成本的基础上提高了材料的致密性。

2.2 测试方法

（1）流动性能。水泥基材料采用《混凝土外加剂匀质性试验方法》（GB/T 8077—2012）规定的水泥净浆流动度测试方法。有机材料用初始黏度代表其流动性能。

（2）凝结时间。有机材料凝结时间则根据其黏度确定，测得封闭材料黏度随时间变化的关系曲线，由此确定材料的凝结时间。

（3）固化物力学性能。采用《普通混凝土力学性能试验方法标准》（GB/T 50081—2002）规定测试封闭材料的固化物力学性能。试样尺寸分别为150mm×150mm×150mm的标准立方体试件、150mm×150mm×600mm的棱柱体，养护至龄期后测试固化物的抗压强度、抗折强度和抗拉强度。

（4）封闭材料与混凝土接触面抗剪、抗拉能力。模拟现场封闭情况，在表面存在裂隙的混凝土上涂覆一定厚度的封闭材料，养护至龄期后将其制成标准试件，按照上述方法测试封闭材料与混凝土之间的抗拉、抗剪强度。

（5）黏接性能测试。将混凝土、基岩制作成标准“∞”字模试件，利用封闭材料将试件黏结起来，养护至龄期后，测试封闭材料对混凝土的黏结强度；采用拉拔仪，涂刷裂隙封闭材料，测试其与基岩的黏结强度。

3 结果与讨论

3.1 裂隙封闭材料的综合性能

通过调研和室内试验，针对乌东德水电站坝基裸岩裂隙特点和无盖重固结灌浆参数选择研发出无机材料类，即CW聚合物改性快硬水泥和有机材料类即改性环氧材料。不同裂隙封闭材料配比及凝结时间见表1；裂隙封闭材料本体物理力学性能见表2。

表1　不同裂隙封闭材料配比及凝结时间

材料类型	配比	环境温度/℃	初凝时间/min	养护时间/h
CW改性快凝环氧胶泥	10∶5	<25	约20	3
	10∶5	25～35	约12	3
	10∶5	>35	约8	3

续表

材料类型	配比	环境温度/℃	初凝时间/min	养护时间/h
CW 改性慢凝环氧胶泥	10∶3	<35	约 45	24
	10∶3	35～40	约 30	24
	10∶3	>40	约 20	24
CW 聚合物改性快硬水泥	10∶4（灰∶水）	>5	约 8	2

表 2　　裂隙封闭材料本体物理力学性能

序号	检测项目	CW 聚合物改性快硬水泥	CW 改性快凝环氧胶泥	CW 改性慢凝环氧胶泥
1	外观	均匀、无结块	均匀	均匀
2	可操作时间/(min，25℃)	8	45	12
3	抗压强度/(MPa，14d)	35	65	59
4	黏结强度/(MPa，14d)	1.3	3.1	2.2
5	抗渗压力/(MPa，14d)	0.8	1.6	1.5

3.2　裂隙封闭材料模拟抗渗实验

建立抗渗试验模型，抗渗试验试块为自制的带有贯通裂缝的砂浆试块，裂缝宽度分别为 0.5mm，1mm，2mm，5mm，贯通性裂缝位于砂浆抗渗试块中央位置，保证贯通性裂缝的砂浆块具有一定的强度不至于在实验中破坏。分别将 CW 聚合物改性快硬水泥和 CW 改性慢凝环氧胶泥涂刷在混凝土表层裂隙进行封闭，养护 1d 后进行模拟抗渗试验，逐步升高压力，观察原裂隙周边有无渗漏、破坏情况，记录封闭层出现破坏时的压力。

CW 聚合物改性快硬水泥裂缝封闭模拟抗渗试验结果如图 1（a）所示，该材料用于较宽裂缝（≥1mm）时，能承受压力较低（<0.3MPa）；用于细裂缝（<1mm）可承受压力较大（最高可达 0.5MPa）。

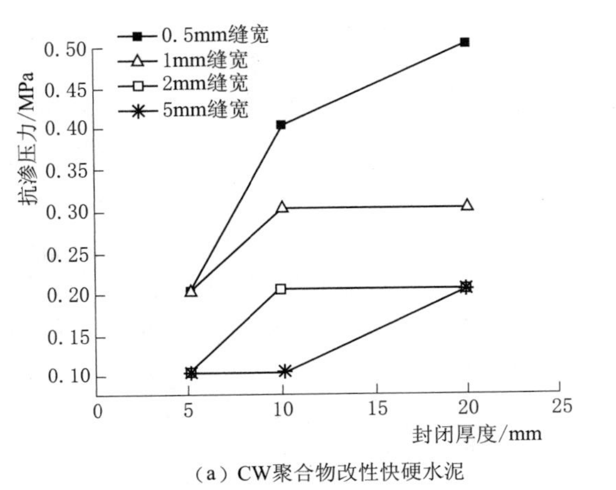

（a）CW聚合物改性快硬水泥

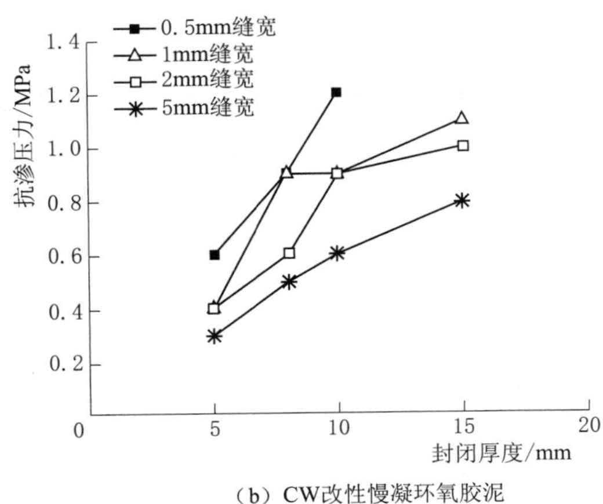

（b）CW改性慢凝环氧胶泥

图 1　裂缝封闭模拟抗渗试验结果

CW 改性慢凝环氧胶泥裂缝封闭模拟抗渗试验结果如图 1（b）所示，该材料对不同宽度裂缝的封闭效果均较好，在封闭厚度均为 10mm 情况下，该材料用于细裂缝（<1mm）可承受 1.2MPa 及以上压力，用于较宽裂缝（≥1mm）能承受 0.5MPa 以上压力；随着封闭厚度增加，其抗渗压力可进一步增加。

4 裂隙封闭材料施工工艺与应用

4.1 裂隙封闭材料施工工艺

裸岩裂隙的有效封闭是无盖重固结灌浆能否成功的关键，为使裂隙封闭材料达到较好的封闭效果和经济性，其合理的施工工艺是裂隙封闭的关键。结合乌东德水电站窄深式横向河谷坝基裸岩的裂隙特点，结合室内试验和现场生产性试验，裂隙封闭材料施工工艺如下：

（1）采用水压力不小于 5MPa 的高压水枪对建基面进行冲洗，利用高压水冲走裂隙中夹杂的泥土、岩屑等杂物。裂隙宽度较大时，可采用人工挖、凿等措施对裂隙充填物进行清除并冲洗，裂隙清理深度一般不小于其宽度的 3 倍。

（2）裂隙封闭材料应按材料配比进行现场配制，环氧胶泥使用机械搅拌均匀，搅拌时间不少于 2min；快硬水泥手动拌制均匀时间，搅拌时间控制在 1min 以内。裂隙封闭材料每次用量应根据实际情况，遵循“少量多次”的原则，材料必须在初凝前使用完毕，超过初凝时间作为废弃材料，禁止使用。

（3）待裂隙清理完成后，对裂隙涂刷环氧胶泥或快硬水泥封裂隙闭材料。

1）涂刷环氧胶泥前，应保持裂隙及基岩面干燥；涂刷快硬水泥前，应保持裂隙及基岩面湿润，必要时可采用毛刷蘸水涂刷，使裂隙及基岩面充分湿润。

2）涂刷封闭材料时，应采用灰刀沿裂隙用力批刮，裂隙较大时应自内向外分层批刮，保证裂隙内的空隙填充密实。

3）裂隙表面应批刮平整，采用环氧胶泥时，裂隙两侧批刮宽度应各不小于 3cm（批刮宽度需兼顾两侧微裂隙），厚度应不小于 10mm；采用快硬水泥时，裂隙两侧批刮宽度应各不小于 4cm，厚度应不小于 3cm。

（4）漏封闭或漏浆的裂隙封闭处理工艺。

1）预压水过程中如有外漏，暂停压水，并及时采用快硬水泥或快凝环氧胶泥对裂隙进行封闭，达到养护时间后再进行预压水，直至无外漏后，方可开始压水试验和灌浆施工。

2）灌浆过程中发现冒浆、漏浆时，采用嵌缝、表面封堵、低压、浓浆、限流、限量、间歇灌注、掺外加剂等方法处理，一般不得待凝。表面封堵采用涂刷快硬水泥进行封闭，具体工艺是：降压灌注，并采用清水将外漏处的浆液清洗干净，对外漏处及其两侧 5cm 范围涂刷快硬水泥，应采用灰刀沿外漏处用力批刮，批刮厚度应不小于 3cm。

（5）裂隙封闭材料涂刷完成后应保持干燥，并养护至表 1 规定的养护时间。

4.2 裂隙封闭材料在乌东德水电站中的应用

乌东德水电站坝基采取无盖重固结灌浆的方式，固结灌浆结束即开始浇筑混凝土。前期固结灌浆试验结果显示Ⅱ级岩体经裸岩裂隙封闭后采用无盖重固结灌浆是可行的，岩体灌后声波值及透水率一般可满足设计要求，但Ⅲ1级岩体采用裸岩无盖重固结灌浆后，浅层部位无法满足设计要求；为此，现在乌东德水电站左岸拱肩槽灌浆区域开展裂隙封闭和无盖重灌浆试验。裂隙封闭区域如图2所示，其中，A1区和A4区采用CW改性慢凝环氧胶泥进行裂隙封闭，A2区和A3区采用CW聚合物改性快硬水泥进行裂隙封闭。值得注意的是A1区范围内存在断层裂隙ZTf1，局部宽度达到1～3cm，且有泥质及碎屑填充（图3），为了更好地比较不同材料对此类宽大裂隙的封闭效果，将该区域按高程进行了划分，分别采用慢凝环氧

图2　乌东德水电站左岸拱肩槽裂隙封闭区域照片

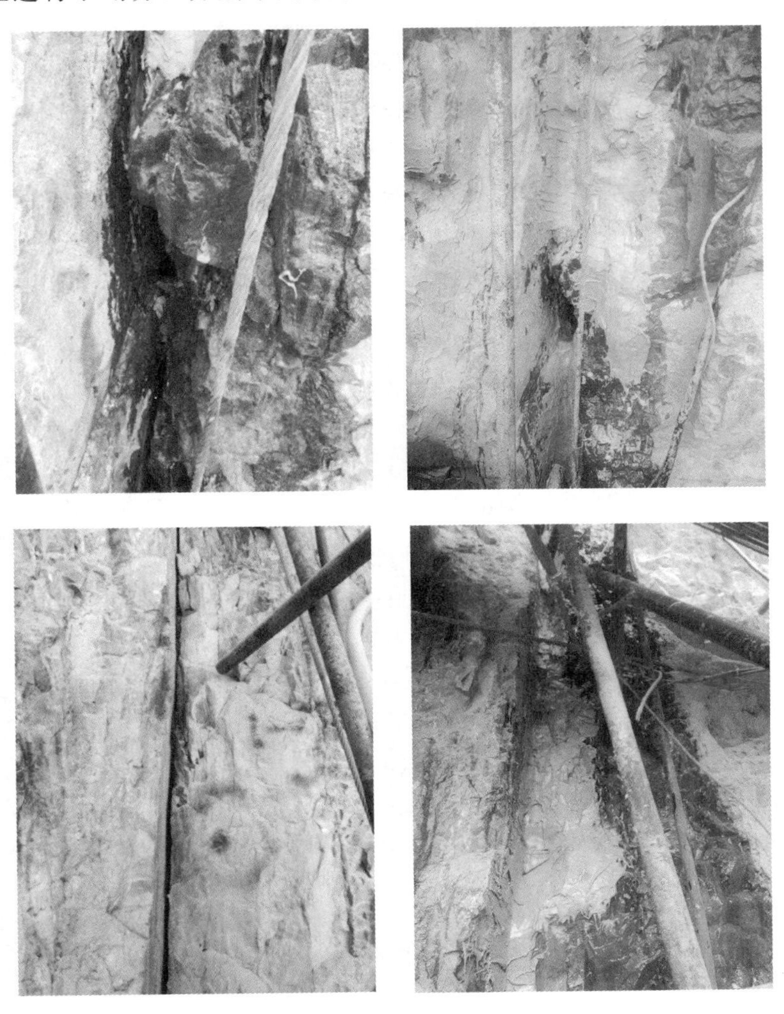

图3　乌东德水电站左岸拱肩槽裂隙封闭区域ZTf1局部裂隙封闭前后照片

胶泥和CW聚合物改性快硬水泥进行封闭。经过试验区现场试验，裂隙封闭效果很好，固结灌浆合格率达到100%。

经过现场试验成功后，裂隙封闭材料在乌东德水电站全面应用，截至2019年3月底，完成大坝和二道坝坝基固结灌浆13.6万m，灌后声波测试和压水检查合格率100%，坝体混凝土未发现裂缝，节省直线工期约2个月。

5 结语

（1）裸岩裂隙封闭是无盖重固结灌浆成功的关键。作为裂隙封闭材料，其主要性能要求包括：流动性适宜、凝结时间较短、固化物力学强度高、与混凝土和基岩黏结强度高、封闭效果佳等。本文通过产品调研及配方优化，选择CW聚合物改性快硬水泥和改性环氧胶泥材料作为裸岩裂隙封闭材料。

（2）针对上述材料开展室内性能试验和封闭模拟试验。结果显示，上述材料均具有凝结时间快、早期强度高等特点；其中，CW聚合物改性快硬水泥凝结快，短时间内可达到一定强度，用于封堵小裂隙（<1mm）效果较好，但黏结效果较差，对大裂隙（≥1mm）封堵效果一般；CW改性慢凝环氧胶泥类材料凝结时间相对较长，力学性能更为优异，封堵效果好，更适用于用于基面和大裂隙（≥1mm）封闭。

（3）针对乌东德水电站岩体裂隙性状及特点，提出了裂隙封闭工艺：采用改性环氧胶泥时，应保证基面干燥，且裂隙两侧环氧胶泥宽度应各不小于3cm，厚度应不小于10mm；采用聚合物基快硬水泥时，基面应湿润，裂隙两侧水泥宽度应各不小于4cm，厚度应不小于3cm。

（4）将CW聚合物改性快硬水泥和CW改性慢凝环氧胶泥用于乌东德水电站左岸拱肩槽灌浆区域中不同开度和深度地张开裂隙、溶蚀裂隙、软弱破碎物充填裂隙的封闭处理。经过试验区现场试验，裂隙封闭效果很好，固结灌浆合格率达到100%。

（5）经过现场试验成功后，裂隙封闭材料在乌东德水电站全面应用，截至2019年3月底，完成大坝和二道坝坝基固结灌浆13.6万m，灌后声波测试和压水检查合格率100%，坝体混凝土未发现裂缝，节省直线工期约2个月。

参考文献

[1] 樊少鹏，丁刚，黄小艳，等．乌东德水电站坝基固结灌浆方法试验研究 [J]．人民长江，2014，23：46-50.

[2] 刘文．大型地下洞室高边墙无盖重固结灌浆试验研究 [J]．隧道建设，2010（04）：376-384.

[3] 杨丽娟．混凝土裂缝自渗透修复材料研究 [D]．扬州：扬州大学，2012.

[4] 唐斌，赵先伟．浅析构皮滩水电站岸坡坝段无盖重固结灌浆试验 [J]．四川水力发电，2009（S2）：109-111+162.

[5] 贺毅．溪洛渡水电站坝基固结灌浆施工技术 [J]．水利水电施工，2014（04）：42-44+62.

[6] 汪在芹，魏涛，李珍，等．CW系环氧树脂化学灌浆材料的研究及应用 [J]．长江科学院院报，2011，28（10）：167-170.

[7] 魏涛，汪在芹，韩炜，等．环氧树脂灌浆材料的种类及其在工程中的应用 [J]．长江科学院院报，2009（07）：69-72.

桐子林水电站水下不分散混凝土施工技术的应用

陈海珍　武选正

（四川二滩建设咨询有限公司）

【摘　要】桐子林水电站明渠导墙长期遭受泄洪水流冲刷，导墙基础被严重淘刷破坏，墙身被淘刷最大高度约为12.4m，导墙在2018年汛期的稳定性遭受严重威胁。为保证导墙安全稳定，需将导墙基础被淘刷部分进行修复加固，为保证其施工进度、质量，经综合考虑采用水下不分散混凝土进行导墙基础及墙身修复。

【关键词】水下混凝土　导墙基础　修复加固

1　工程概况

桐子林水电站位于四川省攀枝花市盐边县境内的雅砻江干流上，是雅砻江干流下游最末一级梯级电站，电站装机4台，单机容量150MW，总装机容量600MW。

明渠导墙为L形结构，顶宽6.2m，内外侧直立。2017年汛后检测结果显示，左导墙淘蚀范围介于（左导）0+134.00～（左导）0+194.00，顺水流向长度为60.0m，墙身淘蚀最大高度约12.4m，其中在（左导）0+172.0～（左导）0+186.0范围内，淘蚀宽度超过导墙中心线。如不及时修复，在2018年汛期可能会造成导墙断裂、倾覆。需进行水下修复的部位如图1所示。

2　修复方案

根据现场发电、水流等实际条件，在不影响电站正常运行的前提下，设计采用水下不分散混凝土将被淘刷部分进行回填封闭修复，避免水流继续向导墙基础内部淘刷。

采用该方法，施工作业全部为水下作业，需派专业潜水员进行水下施工，施工质量控制难度大，受机组发电尾水水流影响较小，工程风险较小，能保证工期。

3　模板安装

（1）由于需修复墙身长度达60m，最大高度为12.4m，导墙两侧为直立面，为不减小河道水流断面，模板必须紧贴导墙安装，模板尺寸为2.4m宽，12m高。

（2）为避免混凝土分层、离析，采用导管法浇筑混凝土，混凝土浇筑时随浇随提升导管。因此，模板必须留有浇筑槽，根据导管直径确定浇筑槽的宽度为30cm。模板两竖向侧边采用16号工字钢作为主梁，水平次梁采用8号槽钢，按照其间距为30cm设一道，同

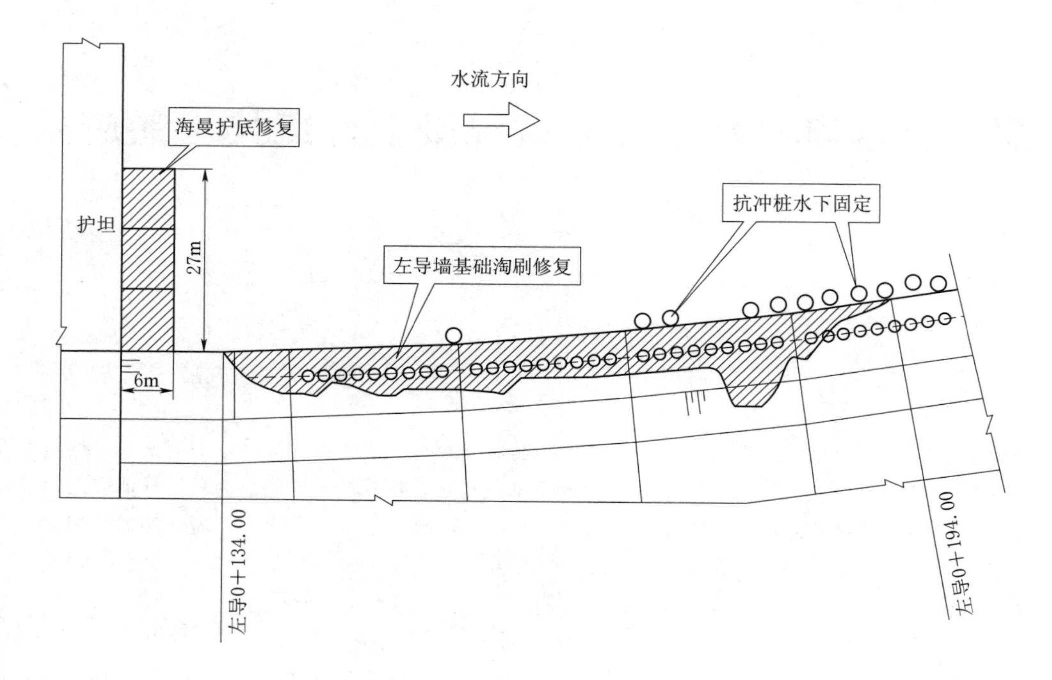

图 1　需进行水下修复的部位

时模板顶边及底边的次梁为 10 号槽钢，浇筑槽两边设两道 12 号工字钢，以增加模板刚度。

（3）在模板安装之前，浇筑水下找平层混凝土，并在模板安装位置底部预埋槽钢，钢模板与预埋槽钢焊接固定，模板顶部通过 6 根化学锚栓进行固定。锚栓直径为 28mm，锚固深度为 100cm。锚栓分两行，锚栓的倾斜角度为 60°，然后用高强螺栓固定。

（4）模板背面设置钢结构拉环，在浇筑找平层混凝土时，预埋 ϕ32mm 的钢筋拉钩，再用钢丝绳连接模板背面拉环与预埋钢筋拉钩，起内拉作用。

模板安装示意如图 2 所示。

4　混凝土浇筑

（1）在浇筑位置的导墙顶部设置悬挑钢平台，用于固定料斗和导管。为避免混凝土分层、离析，采用导管法浇筑混凝土，事先根据实际情况准备好导管和料斗，浇筑方法同灌注桩浇筑。由于模板紧贴导墙面，因此导管末端为弯管。混凝土浇筑示意如图 3 所示。

（2）由于需修复导墙段长达 60m，高达 12.4m，在进行水下混凝土浇筑时需分段分层浇筑。为提高浇筑效率，根据混凝土自流半径，事先确定浇筑位置和布置好导管及料斗，依次分段分层浇筑。

（3）水下不分散混凝土的特性之一就是在水中具有良好的流动性，水泥流失少，不污染环境，无需振捣，就可以达到密实状态。水下不分散混凝土施工配合比见表 1。

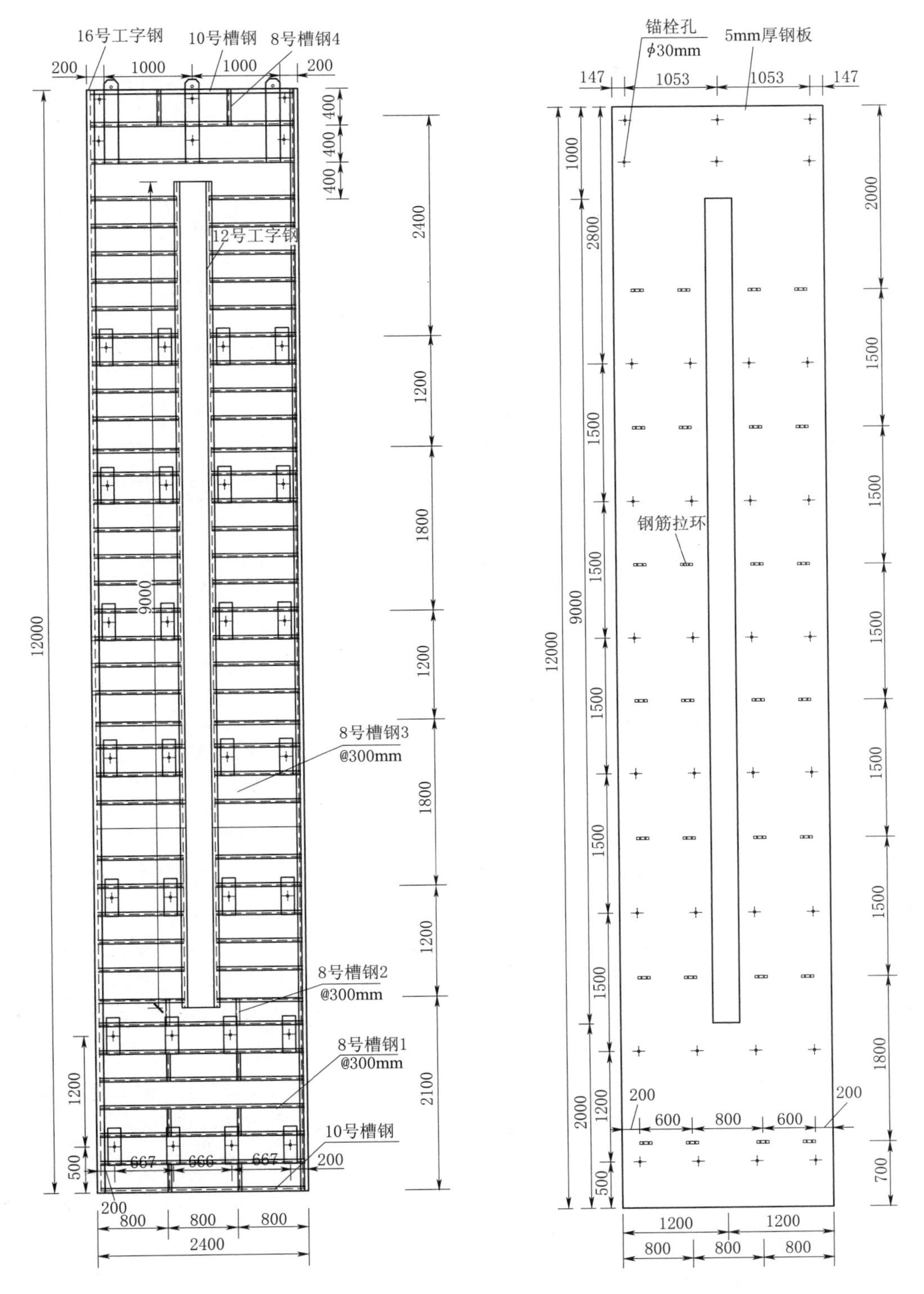

16号工字钢
10号槽钢
8号槽钢4
12号工字钢
8号槽钢3
@300mm
8号槽钢2
@300mm
8号槽钢1
@300mm
10号槽钢
锚栓孔
ϕ30mm
5mm厚钢板
钢筋拉环

图 2　模板安装示意图

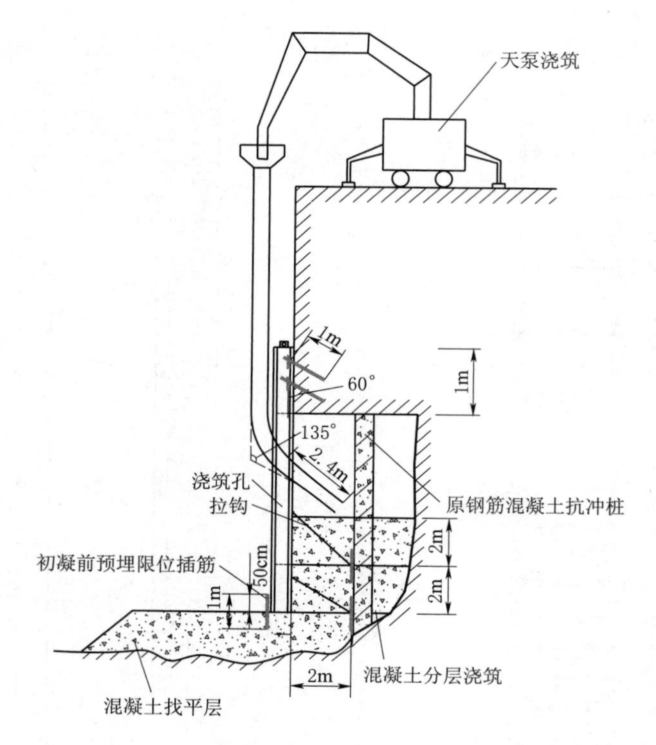

图 3　混凝土浇筑示意图

表 1　　**水下不分散混凝土施工配合比表**

混凝土设计强度等级	级配	水胶比	每 m^3 混凝土各种材料用量/(kg/m^3)						
			水	水泥	砂	小石	磷渣粉	絮凝剂	砂率/%
C30 水下不分散	一	0.5	207	400	740	943	60	10	43.9

(4) 水下混凝土骨料不宜过多，应不超过搅拌机容量的 60%，必要时应对骨料进行水洗。

(5) 水下不分散混凝土加入絮凝剂之后，混凝土黏性大大增加，搅拌完成之后，应采取最短时间运输至浇筑现场。为了避免混凝土坍落度损失，影响混凝土流动性。因此，应合理组织材料供应，避免混凝土运输至现场后等待时间过长，坍落度损失过大造成材料浪费。

(6) 浇筑混凝土过程中，根据混凝土浇筑方量初步判断导墙底部混凝土高度，当导管在混凝土内有一定埋深后，停止该部位浇筑，派潜水员下水观察模板稳定情况，然后用带插销孔的钢板进行模板浇筑槽封堵，提升导管，随后进行下一部位的混凝土浇筑。

(7) 浇筑至最顶部时，为了保证空腔内部混凝土密实，避免混凝土外溢，不再将导管取出，待混凝土凝结后，进行水下割除。

5　质量控制

模拟水下成型混凝土试块：将试块盒放置水下 1m 左右处，用小导管将混凝土浇筑至试块盒内，自流成型，然后标准养护 28d，检测其混凝土强度。

水下混凝土浇筑施工是由专业潜水员进行水下作业，需要专用水下摄像头对水下作业进行监控，同时做好相关记录。混凝土浇筑完成后，通过混凝土试块检测，从导墙顶部钻孔取芯等结果表明，导墙基础水下混凝土回填密实，强度满足设计要求。

6 结语

桐子林水电站导墙基础淘刷区水下混凝土封闭回填，2018 年 4 月 25 日开工，2018 年 5 月 31 日完工。浇筑水下不分散混凝土约 2000m^3。

水下不分散混凝土修复与修建临时施工围堰方式相比较，具有安全风险小、施工干扰小、工期短、施工设备简单、施工成本低等诸多优点。

聚氨酯-环氧复合灌浆在溪洛渡水电站灌浆平洞渗漏处理工程中的应用

张　健　魏　涛　肖承京

（长江科学院材料与结构研究所）

【摘　要】 溪洛渡水电站下闸蓄水后，随着库水位上升，右岸灌浆平洞近岸段未衬砌岩体渗水明显，且有增大趋势。为防止库水位抬高导致灌浆平洞渗水量加大，影响大坝安全，有必要对渗水部位进行防渗堵漏处理。长江科学院在相关部位组织开展了聚氨酯-环氧复合灌浆堵漏，综合应用两种化学灌浆材料优点，充分发挥各自的优势，按期完成滴水洞段岩石渗水处理，取得了非常明显的堵水效果。

【关键词】 岩石渗水　防渗　堵水　复合灌浆

1　概述

溪洛渡水电站是金沙江干流梯级开发的倒数第二个梯级，位于四川省雷波县和云南省永善县相接壤的溪洛渡峡谷，是一座以发电为主，兼有防洪、拦沙和改善下游航运条件等巨大综合效益的工程。溪洛渡水电站大坝导流洞下闸蓄水后，随着上游水位逐渐抬升，右岸 AGR1 灌浆平洞长 80m 左右的岩石有明显滴水，有的呈滴状渗水、有的呈线型渗水、有的岩石表面潮湿呈微渗水，且有变大趋势；同时 AGR2 灌浆平洞长约 60m 的岩石也有渗水现象发生，在原喷射混凝土孔洞及裂隙处有水呈股状流出，且局部有射流现象。为防止大坝蓄水后随着上游水位升高形成渗漏通道引发安全问题，需对渗水洞段洞周进行封闭处理，考虑到水泥灌浆难以进一步减渗，为确保大坝蓄水安全，决定对渗水洞段洞周进行化学灌浆应急施工。

2　处理的目的及要求

巡检发现灌浆平洞洞身渗水且有增大趋势后，溪洛渡工程建设部高度重视，组织参建各方共同讨论灌浆平洞滴水洞段渗漏封闭处理方案。由于是应急施工，且施工条件差、工程量大、工期短，对施工提出了以下几点要求：

（1）本次施工只进行洞周浅层封闭处理。

（2）重点对廊道上游侧及顶拱进行灌浆施工。

（3）滴水量大的区域优先施工。

（4）处理深度依洞周径向范围 3～5m 控制。

(5) 施工时先选取试验段做试验，优化施工方案和参数，指导后续施工。

3　灌浆材料选取

本次灌浆平洞滴水洞段化学灌浆材料主要有两种，包括 CW 环氧灌浆材料和水溶性聚氨酯灌浆材料。

3.1　CW 化学灌浆材料

CW 系化学灌浆材料是由新型的环氧树脂，活性稀释剂，表面活性剂等所组成的双组分灌浆材料，它具有配制简单，可灌性好，力学强度高，在干燥及潮湿条件和水中都能很好地固化且毒性低的特点。CW 浆材已在多个工程中得到成功应用，如三峡工程 F215 断层的加固处理；F1096 断层的处理；向家坝不良地质体处理等。工程实践证明：CW 浆材是处理基岩及混凝土裂缝和泥化夹层较好的补强灌浆材料。其主要性能见表 1。

表 1　　CW 渗透性环氧灌浆材料物理力学性能测试结果（室温 23℃）

材料型号		CW511		CW512		
		6∶1	5∶1	6∶1	5∶1	4∶1
起始黏度/(mPa·s)		14	16	14	18	20
初凝时间/h		106	84	16	8.5	4
浆液密度/(g/cm³)		1.06	1.07	1.06	1.07	1.07
抗压强度/MPa		62	68	57	58	50
抗剪强度/MPa		12	15	8.5	10	6.8
抗拉强度/MPa		16	20	16	18	15
黏结强度/MPa	干黏结	4.8	5.2	4.5	4.5	3.9
	湿黏结	4.2	4.0	3.6	4.1	3.8

从表 1 中可以看出：CW511、CW512 环氧灌浆材料的力学性能都比较高，CW511 初凝时间长，可操作时间长，适合细微裂隙和泥化夹层的浸润和渗透；CW512（浆液配比 6∶1）可操作时间适中，适合于裂隙较大的部位；CW512（浆液配比 5∶1、浆液 4∶1）初凝时间短，适合于封堵处理。

3.2　水溶性聚氨酯化学灌浆材料

水溶性聚氨酯化学灌浆材料是一种快速高效的防渗堵漏化学灌浆材料，具有良好的亲水性能，浆液遇水后先分散乳化，进而凝胶固结，具有弹性止水和以水止水的双重功能，可配制不同强度和不同水膨胀倍数的材料，对于各类工程中出现的大量涌水、漏水等有独特的止水效果，施工工艺简便，浆液无需繁杂配制。水溶性聚氨酯化学灌浆材料主要性能指标见表 2。

表 2　　水溶性聚氨酯化学灌浆材料主要性能指标

项　目	指　标
黏度/(25℃，mPa.s)	150±20
比重/(g/cm³)	1.08
凝胶时间	几分钟至几十分钟内可调

续表

项　　目	指　　标
黏结强度（潮湿表面）/MPa	>0.7
抗拉强度/MPa	>2.1
断裂伸长率/%	100～150
抗渗性能/(cm/s)	1.8×10^{-9}
包水量/%	>1000
遇水膨胀率/%	50～100

4　复合灌浆施工

4.1　孔位布置

根据渗水处理原则，结合现场实际情况，灌浆孔扇形布置，灌浆孔错开原搭接帷幕和固结孔，根据渗水情况，孔口距离可为0.5～1.5m，环间距为1.0m，环与环之间孔位按梅花形错开布孔，每环布置8～9个孔，所有灌浆孔按环进行分序，奇数环为Ⅰ序孔，偶数环为Ⅱ序孔。先施工奇数环，根据灌后滴水情况决定是否施工偶数环，同环内先施工顶拱灌浆孔，然后施工侧墙灌浆孔。灌浆孔位布置示意如图1所示。

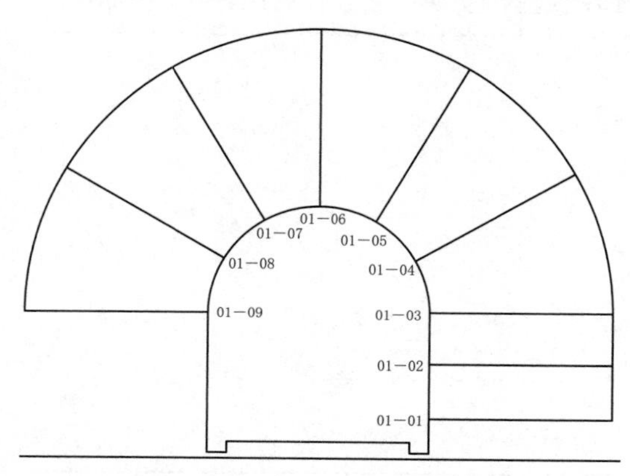

图1　灌浆孔位布置示意图

4.2　钻孔角度、孔深、段长及压力

浅层封闭处理采用扇形布孔，钻孔角度为斜向大坝方向45°，在施工时结合岩层分布和渗水裂隙走向可灵活调整钻孔角度；钻孔孔深均按沿径向深度5.0m控制，每孔分2段（由浅至深）进行灌浆（第1段为0～2.5m、第2段为2.5～5.0m），如第1段灌浆后渗水量明显减小，可不进行第2段钻进及灌浆。

灌浆压力以不超过原搭接帷幕灌浆压力和固结灌浆压力为原则，化学灌浆压力按表3执行，实际施工中根据现场实际灌浆注入量情况可适当调整灌浆压力。

表3　　化学灌浆压力表

孔　序	灌浆压力/MPa	
	第1段	第2段
Ⅰ	0.5～0.8	1.5～2.0
Ⅱ	0.8～1.0	2.0～2.5

4.3　复合灌浆施工工艺

为保证工程质量，同时便于施工，根据现场情况制定了渗水处理原则。按照“先浅后深”“先引后堵”“局部集中处理”及综合治理方式进行堵水灌浆。施工时先施工奇数序环，再施工偶数环。现场施工以堵水为目的，孔位布置及数量、钻孔角度及深度、压力控制原则上按设计进行，根据现场灌浆情况可灵活调整，主要可遵循以下原则。

（1）根据实际情况对滴水和渗水集中部位先行钻孔灌浆，无明显渗水部位可不施工，或少量布孔。

（2）根据岩层走向和渗水裂隙的具体位置进行布孔，钻孔角度以穿过岩层和渗水裂隙为宜。

（3）施工时先对奇数环灌浆，环上采取间隔钻孔施工，钻孔孔数为 4 个，若灌后堵水效果好，则环上剩余的孔可先不进行施工。

（4）奇数环灌浆后若临近偶数环处渗滴水消失，可以不进行偶数环钻孔灌浆。

（5）若第 1 段处理后，堵水效果好，渗水明显减少或消失，可不进行第 2 段施工。

（6）施工时结合现场实际情况，对渗水集中位置可加密布孔。

复合灌浆具体施工步骤如下：

布孔、钻孔→孔内清洗、安装注浆管→灌浆设备调试、灌浆管路连接→压水→材料选用及配制→灌浆→灌浆结束→质量检查（效果不好可再加补孔灌浆）→待凝、钻下一段（若质量检查满足要求不需再钻下一段）。

灌浆平洞岩石滴水部位岩石裸露，钻孔和灌浆需搭建操作施工平台，岩石滴水量较大地方铺设彩条布进行防护，在钻孔或灌浆时为防止有松散岩石掉落伤人，需搭建安全支架。

布孔原则上按照设计方案进行扇形布孔，钻孔采用手动风钻，施工时钻孔角度和深度可根据现场情况灵活调整，各环间隔钻孔施工。钻孔结束后，用水或风对注浆孔内的岩粉等杂物进行清洗。

灌浆孔可选取孔内阻塞器或用速凝材料埋设注浆管。管路和注浆泵调试连接好后开始压水，压力为 1.0MPa，压水可以检查预埋管四周有无渗水和止浆塞密封效果，若注浆管渗漏可以用速凝材料进行封堵。根据压水情况和渗水量大小，先用水溶性聚氨酯灌浆材料进行灌浆堵水。在堵水灌浆后，再采取 CW 化学灌浆材料灌浆。随着灌浆压力逐步升高，当达到设计压力值后，水溶性聚氨酯材料进浆量基本不吸浆或小于 0.01kg/min，再灌注 10min 即可结束。若采用 CW 化学灌浆材料进行灌浆时，当灌浆压力达到设计值，基本不吸浆或小于 0.01kg/min，再灌注 30min 即可结束本孔灌浆。

灌浆屏浆完成后，为防止灌浆材料从孔内外流，待压力表指针自然回零后，再将阻塞器或机械阻塞器取出，在孔口采用速凝材料进行封堵。待凝 12～24h 后可钻进一段。现场进行灌前与灌后岩石表面滴水情况对比（效果不好可再加补孔灌浆）。

5 处理效果

AGR1 灌浆平洞处理洞段长度 80m，分 4 个单元，布置 215 个灌浆孔，钻孔 718.7m，CW 环氧灌浆材料用量 4937.75kg，聚氨酯灌浆材料用量 3874.27kg；AGR2 灌浆平洞处理洞段长度 60m，有 3 个单元，101 个孔，CW 环氧灌浆材料用量 700.10kg，聚氨酯灌浆材料用量 6141.01kg。

灌浆平洞渗水处理效果主要根据灌浆前后洞身渗漏情况判断，图 2 为复合灌浆处理前后照片，从图中可以看出，灌前存在洞身存在的股状流水、线型渗水已全部封堵，岩石表面的滴水、潮湿状微渗水有大幅减少，灌后洞内可正常通行，洞壁大部分干燥，堵水效果非常明显。

灌前岩石滴水情况

灌后洞内情况

图2　复合灌浆处理前后对比

6　结语

金沙江溪洛渡水电站右岸灌浆平洞岩石滴水化学灌浆处理施工条件差、工程量大、工期短、针对性强，长江科学院在接受施工任务后，精心组织，合理施工，根据实际渗水情况制定施工方案，综合应用聚氨酯和环氧灌浆材料两种化学灌浆材料，充分发挥各自的优势，按期完成滴水洞段化学灌浆处理，取得了非常明显的堵水效果。

参考文献

[1]　汪在芹，魏涛，李珍，等.CW系环氧树脂化学灌浆材料的研究及应用［J］. 长江科学院院报，2011，28（10）：167-170.

[2]　魏涛，汪在芹.CW系化学灌浆材料的研制［J］. 长江科学院院报，2000，17（6）：29-31，34.

[3]　魏涛.深孔高压化学灌浆孔内灌浆塞的研制及应用［J］. 人民长江，2008，39（18）：82-83.

监测与检测

长江科学院
简　介

长江科学院（简称长科院）始建于1951年，是国家非营利科研机构，隶属水利部长江水利委员会。长科院为国家水利事业，长江流域治理、开发与保护提供科技支撑，同时面向国民经济建设相关行业，以水利水电科学研究为主，提供技术服务，开展科技产品研发。

长科院下设16个研究所（中心），1个分院，1个科技企业，3个综合保障单位，并设有博士后科研工作站和研究生部。2004—2014年间，依托长科院组建了国家大坝安全工程技术研究中心、水利部江湖治理与防洪重点实验室、水利部岩土力学与工程重点实验室、水利部水工程安全与病害防治工程技术研究中心、水利部山洪地质灾害防治工程技术研究中心、水利部科技推广中心长江科技推广示范基地、流域水资源与生态环境科学湖北省重点实验室、武汉市智慧流域工程技术研究中心。2018年依托长科院组建了江湖保护与水安全保障国际科技合作基地、国家引才引智示范基地。2019年，我院成为长江治理与保护科技创新联盟秘书处和成员单位。主要专业研究领域有防洪抗旱与减灾、河流泥沙与江湖治理、水资源与生态环境保护、土壤侵蚀与水土保持、工程安全与灾害防治、空间信息技术应用、流域水环境、农业水利研究、国际河流研究、野外科学观测、生态修复研究，工程水力学、土工与渗流、岩石力学与工程、水工结构与建筑材料、基础处理、爆破与抗震，工程质量检测、机电控制设备、水工仪器与自动化，以及计算机网络与信息化技术应用等。

建院60余年来，长科院承担了三峡、南水北调以及长江堤防等200多项大中型水利水电工程建设中的科研工作，以及长江流域干支流的河道治理、综合及专项规划、水资源综合利用、生态环境保护等领域的科研工作；主持完成了大量的国家科技攻关、国家自然科学基金以及数十项国家科技计划和省部级重大科研项目。同时，还为国民经济建设相关行业提供了大量的技术服务，提交科研成果10000余项；荣获国家和省部级科技成果奖励445项，其中国家级奖励32项；获得国家发明和实用新型专利375项；主编或参编国家及行业技术标准、规程规范45部；出版专著80余部。

水下工程有限空间检测技术研究

高印军　顾红鹰　刘力真　董延朋

（山东省水利科学研究院）

【摘　要】水工建筑物水下检测应用越来越广泛，但有些水下建筑物因狭小空间常规仪器无法使用，适宜的检测仪器基本空白。经过多次的水下检测研究，设计出一种管道水下机器人检测装置，解决了狭小空间人无法进入、设备进入碰壁等难题，扩大了水下检测的范围及精度。

【关键词】水利工程　水下检测　狭小空间　检测装置　研发设计

1　水下检测的由来及应用

水下探测技术最早用于海洋观测，是海洋观测技术的重要内容，也是海洋立体监测网的组成部分，主要应用于海面以下的监测。水下探测技术在我国民用领域已得以开展，主要有以下几个方面：测量河流和海洋的地形、边界、淤泥层的分布；水下潜标打捞、水母监测珊瑚礁调查、海上应急保障、石油平台溢油检查和海底工程观察以及海上求助打捞、安保等。水利行业也开展了此类工作，但由于应用范围与其他行业有很大差异性，在推广应用中受到制约。

2　传统水下检测技术在水下工程中应用的局限性

水下工程的水域与海洋水域相比，检测环境相差甚大，海洋面广，深水区域巨大，而水下工程多经过人类的改造或建设，工程多样且复杂，检测技术在形式上、方法上虽有类似之处，但存在很大差异。目前多以引进或国产仪器和设备，用于水库坝前或开敞水域观测。水利工程是复杂多样的，有些建筑物如大坝、堤防、渠道是开敞式的水域，水下检测受空间限制不大，但也有大量的水下隐蔽工程，如放水洞、涵洞、隧洞、倒虹吸等，由于受空间的限制，且运行环境恶劣，潜水人员不能进入，无法采取水下检测的手段，只能采用排空存水这种极端的工况进行检测，不仅时间长、难度大、破坏性强，而且因工作环境及工况发生骤变导致不能真实反映存水时的状况及现象，并存在评估偏差和诱发安全事故的隐患。

3　水下搭载平台

3.1　水下搭载平台分类

水下搭载平台主要可分为自主式和拖曳式。拖曳式无动力，由额外配置动力牵引前行，为被动式；自主式又称为水下机器人，采用螺旋桨驱动。观测装置为前置摄像头，在行进中对物体进行观测。为适应不同环境的要求，水下机器人的尺寸和动力也存在差异，因此又可分为小型、中型、大型及超常规水下机器人。

水下检测及充水管道检测，大都采用自主式小型水下机器人，入水和操控较为方便。

3.2 传统自主式水下搭载平台在水利工程检测中存在的问题

传统自主式水下搭载平台检测方法是在行进中对物体进行观察，因此针对于大管径等建筑物的检测主要是存在以下问题：

（1）传统自主式水下搭载平台只能依靠前置摄像头进行观测，由于空间相对封闭，在需要反复仔细观察时，水下机器人需要不断地旋转和左右上下移动。在建筑物存在淤积物的情况下，螺旋桨驱动行进搭载平台极易将沉积物搅起，从而导致摄像头不能进行观察。

（2）由于一些建筑物是相对封闭空间，地面的导航、GPS定位系统均无法运用，水中的运行距离只能依靠电缆的长度进行大致定位，在反复查找问题部位时，可能导致定位出现较大偏差且数据不易修正，从而失去了详察的意义。

4 支架设计

为解决现有水下隐蔽工程检测技术中存在的上述缺陷，经反复试验、论证，设计了“一种管理水下机器人检测”装置。该装置加载在水下搭载平台的前方或后方，通过装置的自由旋转实现对隐蔽工程的详细观察，从而解决了自主式水下搭载平台在水下工程应用中的诸多技术问题。

4.1 环形支架的构成

环形支架由圆形支架、壳体、控制传输装置、检测用设备和光源组成，其中圆形支架与控制传输装置连接，控制传输装置设置在搭载平台壳体内，在圆形支架上可根据环境情况设置不同类型的检测设备和光源灯。

圆形支架由多个支架组合而成，并具有可伸缩功能，以适应水下不同建筑物的形状。其固定在搭载平台转轮轴端部，支架上设置摄像机和照明用灯或其他检测设施。

环形支架的控制由陆地上的主机给出指令，可分别控制支架的开张、伸缩、支架顶部设备的角度运动、设备的运行。环形支架装置简图如图1所示。

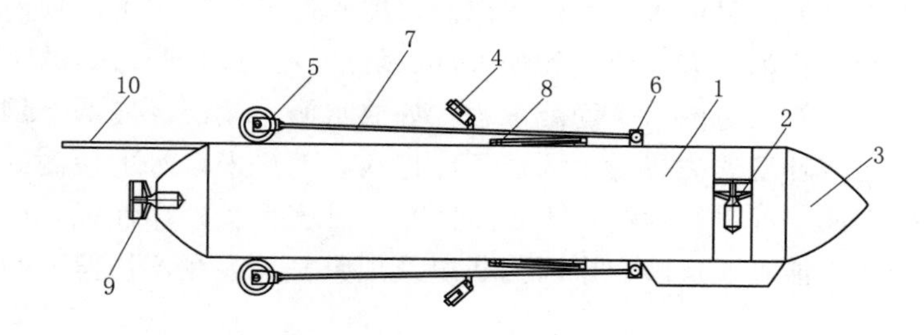

图1 环形支架装置简图

1—水下平台；2—升降移动螺旋桨；3—前置摄像头；4—支架上可移动摄像头；
5—支架顶部运行滑轮；6—固定铰接；7—支架；8 液压推杆；
9—水平移动螺旋桨；10—光纤电缆

4.2 环形支架的工作机理

4.2.1 环形支架位置

环形支架可依据现在情况安装在搭载平台的前部或后部。

以环形支架后置为例，与现有的水下机器人标准配置的前置摄像头互补，环形支架可加载摄像头或其他检测设备。前置摄像头发现疑似问题时，地面控制人员给其指令，保持原位置原姿态不变，用后置的多组摄像头来查找问题。由于安装了环形支架，通过电缆计量加上搭载平台的长度准确定位，数据准确可靠，无需修正，利用平台的时间表示来确定方位，通过环形支架装置对目标物体进行仔细的观察、录像、拍照及通过变焦排查问题。

4.2.2 检测设备的装置

环形支架装置可同时装载多个检测设备。例如加载多个摄像头，解决了原来沉积物被搅动导致水浑不能观察和目标定位问题，实现了水下及充水管道详细观测的目标，工作效率大大提高，且清晰度、准确性、可靠性有大的突破，为水下检测工作开辟了新的检测方法。

环形支架装置可依据现场情况采用不同的支架运行方式，不仅可应用于圆形建筑物中，也可应用在方形或其他异形洞建筑物中。

4.2.3 检测

以管道检测为例进行说明。设备在管道中的运行情况如图2所示，通过几个触点与管道接触控制设备在其中的保持居中运行，并通过陆地上的控制系统控制不同的观察设备，对管道进行全面的观察和检测，一次运行即可全面检测，实现科学、高效的检测方法。

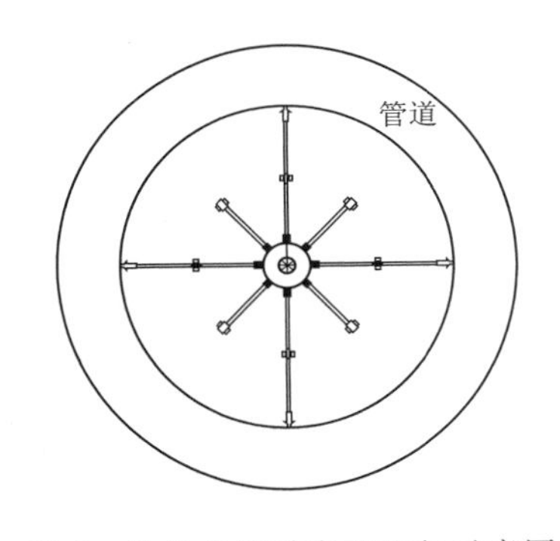

图2　设备在管道中的运行示意图

观察：利用水下高清摄像头对周围环境进行观察，同时利用声呐进行观测，即可得到直观的水下成像资料，也可通过声呐装置进行方位的确定。

检测：通过观察分析，对发现的目标进行细致的观察、检测。利用支架上的设备，对目标处进行详细的检测，可根据现场的实际情况确定并选用相应的检测方法。

资料：通过视频资料及不同设备的数据资料进行后期分析，确定水下建筑物的运行实际情况，为管理者提供科学依据。

5　结论

水利工程水下检测技术正处在发展阶段，如何在对水下进行细致的检测是检测工作的方向和重点，目前在窄狭、有限的水下空间进行观察、检测的设备不多，环形支架的设计实现了一次运行、多视角观察，为管理者提供了科学、高效的数据。环形支架将在实际应用中不断改进，成为水下工程检测的支撑技术之一。环形支架已取得了国家发明专利。

参考文献

[1] 顾红鹰，刘力真，陆经纬．水下检测技术在水工隧洞中的应用初探［J］．山东水利，2014（12）：19-20.

[2] 山东省水利科学研究院．一种管道水下机器人检测装置。中国，发明专利 ZL2015 1 0078481. 20150213.

[3] 罗辉，傅题善，陈瑛，等．南水北调东线穿黄河工程建设理论与实践［M］．北京：中国水利水电出版社，2017.

水下摄像技术在大河水库检测中的应用

张安才[1]　赵志鹏[1]　刘庆华[1]　顾红鹰[2]　董延朋[2]　刘力真[2]

（1. 泰安大河水库管理局　2. 山东省水利科学研究院）

【摘　要】 文章阐述了利用高清水下摄像头对水下建筑物（体）进行详细观察，以获取直观视频资料，依此对工程的运行现状进行分析，对工程的现状做出科学判定，提高整体管理水平，为合理、科学的调度提供保证。

【关键词】 水下工程检测　水下建筑物　高清水下摄像头　科学调度

水利工程建成后进入运行期，由建设变为运行管理，管理水平决定了工程效益的发挥程度，各水管部门均投入大量的人力物力，逐步提高管理水平。为保证工程的正常运行，逐渐开展了多项检测工作，如周期性的水库、水闸安全鉴定工作等，这些工作均在陆地复核完成，而水下工程部分的运行一直是困扰管理水平的盲区。如何将水下部分进行详细的观察、检测和分析是水利工程管理者迫切需要的。由此我们在借鉴海洋行业水下检测技术的基础上，进行了一系列的水下检测技术研究，其中利用高清水下摄像头对标的物进行检测是其中一部分。

1　水下摄像技术

20 世纪七八十年代，在大力开发海洋自然资源进程中，水下检测技术得到了快速发展，进入了检测技术的创新活跃期，相继引进了一系列先进的、高效能的金属与非金属的检测手段。随着水中兵器、水下作业工具以及各种水下科学考察、水中试验应用的不断发展，高精度水下高速摄像系统的要求日益迫切，大深度、高清晰、紧凑的水下高速摄像系统具有广阔的市场。

高清水下摄像机是采用高质量电缆作为视频传输控制线，外加控制箱，放线绞架（车）等辅助控制设备组成的水下摄像系统。高精度水下摄像机用于捕捉水下目标的高速移动（动作）相关视频信号，完成对相关水下目标动作的监控及高速视频的后处理分析。其主要功能是测量、监控、勘探等，多应用在海洋石油、深水探测、水下作业、海洋渔业等水下领域。

目前市面上的水下摄像机基本具有如下主要功能：①高速、高清晰、低照度的摄像功能；②水下 0～10MPa 环境下能正常工作；③摄像机拍摄距离为 3m，视阈不小于 4m×4m；④具有各种远距离操控功能；⑤远距离视频传输及视频回放功能；⑥大容量（≥16GB）视频存储及录制功能；⑦视频后处理及相关的高速运动分析功能。

1.1 系统组成

根据高精度水下摄像系统的技术要求，水下摄像机主要组成部分如下：

（1）水下摄像机及附件，包括高速摄像机、摄像机镜头、摄像机耐压壳体及相关附件、耐压窗玻璃、水密接头和固定结构。

（2）水下照明系统，包括水下照明灯耐压壳体及相关附件、水密接头、耐压窗玻璃、照明灯光源及驱动电路、固定支架。

（3）水下安装固定及调节支架。

（4）水下电缆传输部分，包括水下摄像机及照明灯用的水下复合电缆、水下摄像机用水下互联网电缆、水密接头。

（5）水面传输及水面控制单元。

1.2 水下摄像机及附件

因应用环境条件需对水下摄像机进行承压、水密加固、光学视场等处理，以满足系统在技术性能、使用环境等方面的要求。根据高耐压等级要求，综合性价比、耐腐蚀性等多方面因素，耐压壳体采用不锈钢材质。壳体分为前部、后部 2 个壳体部分。前部壳体主要放置光学玻璃，后部壳体主要放置高速摄像机、超广角镜头和水密接头。前部壳体和后部壳体之间通过焊接连接、密封。水下摄像机前部采用前顶环、预应力紧固件、玻璃内外密封部件实现前部壳体与光学玻璃的密封。水密接头通过螺纹、密封圈密封在壳体后端面，摄像机通过后部安装的方式安装在耐压壳体上，确保摄像机在不同水域、不同水环境中进行各种操作。

1.2.1 光学及视场处理

为实现水下摄像系统功能和全部性能指标，其关键因素在于高速摄像机、超广角镜头、承压玻璃以及水介质、视场均牵涉到光学及其光学传播路径，除了水的折射、散射、色散等干扰因素，水下相机的耐压水密窗本身的色散也将干扰成像。这些都会导致普通光学镜头面临视场角变小、像质劣化等缺陷，有必要设计专门的水下广角镜头。在技术设计过程中要考虑承压玻璃的厚度、承压玻璃的折射率、承压玻璃与镜头之间的距离、水的折射率等问题。这种类型的镜头在克服一般的初级像差外，还须克服由于孔径较大带来的高级像差，如高级球差和高级慧差，而普通的反远摄结构难以匹配这种大视场大相对孔径的情况。二组元变焦镜头的短焦端具有大视场的特性，相对孔径具有较大的提升潜力。初始结构选定以后，代入水和耐压水密窗材料的光学参数并优化。由于镜头具有大视场与大孔径的特点，在优化过程中应着力控制像散与场曲。因此，前组可使用较厚的鼓型透镜，后组可采用多片正负分离透镜，使用高折射率镧火石玻璃。

1.2.2 水下摄像机承压光学玻璃的设计

摄像机承压玻璃易采用航空有机玻璃浇注板。承压光学玻璃采用锥状设计，减小承压接触面积，同时锥状外形也不会对高速摄像机的光路产生任何遮挡。

1.3 水下照明灯组成

对于高精度水下摄像系统来说，水下照明灯的选择关乎水下照明系统的清晰度、水下环境的照度及水下环境可视距离等。随着研究的不断深入，目前多采用水下固态冷光源（LED）和水下特种灯泡型光源（卤素灯等）2 种类型的水下照明灯。LED 照明灯由于具有其他照明形式无法比拟的长寿命、高可靠性、高光效、紧凑性、抗冲击抗震性等特点成为水下照明的应用方向。特别是在高拍摄帧率条件下，LED 水下灯不会产生频闪影响摄影的清晰度。

1.3.1 水下照明灯耐压壳体的设计

根据大深度高耐压等级的要求，考虑性价比、强度、重量、耐腐蚀性、后处理复杂性等因素，水下摄像机的耐压壳体也采用不锈钢。和水下摄像机一样，水下照明灯的壳体也分为前部和后部 2 个部分壳体。

1.3.2 水下照明灯承压光学玻璃的设计

水下照明灯承压光学玻璃采用航空有机玻璃浇注板，根据水下照明灯的照明角度、照明光源的面积、光源的发光角度和出射角度、照明玻璃的承压面积和厚度及玻璃的折射率进行综合设计。

1.3.3 水下照明灯驱动电路设计

水下照明灯采用恒流源供电，驱动电路布置在光源的背板后部。水下照明灯直流电源由水面控制单元经过水面电缆和水下电缆传输给水下照明灯，并由水面控制单元进行远程调光控制。

1.4 水下电缆传输部分

水下摄像系统的水下电缆包括水下电源及控制复合电缆和水下互联网复合电缆 2 种，为水下摄像操作动力供给及信息的传输系统。根据高速摄像机的接口类型、芯数、电缆长度要求、浮力要求等规划复合电缆中电缆的参数，复合电缆各芯线的屏蔽、双绞等内容。

（1）水下复合电缆。水下复合电缆将水下摄像机的部分电缆芯线和 2 台水下照明灯的电缆复合到 1 根电缆中，并经过屏蔽、水密等处理由 3 对电源线（分别是摄像机和照明灯的电源）、4 根双绞线（控制电缆）及 2 根同轴电缆组成。

（2）水下互联网复合电缆。水下互联网络复合电缆是一种专用的水下千兆以太网络传输电缆，主要是实时传输水下的高速摄像机的图像数据，其最大的耐压等级可以达到 600bar，最大传输速率在 100m 以内可以达到 1Gbps。

1.5 水面控制单元

水面控制单元用于完成对水下摄像系统中水下摄像机和水下照明灯的远程控制和供电。控制部分用于实现摄像机的触发控制、摄像机的同步、摄像机的网络连接、照明灯调光控制等。水面控制单元的供电部分用于实现摄像机供电、照明灯供电以及水面单元内部子设备的供电。

1.6 设备的选择

（1）本次采用的水下摄影设备配置了分辨率 1080P 高清摄像机。

（2）为保证在黑暗和浑浊的水下拍摄及水下摄像的画面清晰度达到极佳效果，选用 2 个 50W 的 LED 灯照明。

（3）可以直接插在电脑 IP 接口上。

（4）可提供控制软件摄像机水平旋转 360°。

（5）垂直旋转 180°/带滑环的卷线盘或光纤收线轮/5.2 英寸。

该套设备适用于江河湖海的水下检测、养殖业和鱼类检测等。

2 大河水库工程

泰安市大河水库始建于1959年，1960年建成并运用，位于大汶河二级支流泮汶河中游，坝址处泰城西郊，距市区5km，控制流域面积84.53km²。主体工程按100年一遇洪水设计，300年一遇洪水校核，设计水位165.85m，校核水位166.21m，兴利水位164.00m，死水位154.00m，总库容2990万m^3，兴利库容1711万m^3，死库容202万m^3，属多年调节水库，是以灌溉为主，兼顾防洪、供水、养鱼等综合利用的中型水库。水库枢纽由拦河坝、溢洪道和放水洞组成。根据泰安抽水蓄能电站的建设需要，山东省水利厅及泰安市政府同意大河水库加固改建后作为泰安抽水蓄能电站的下库。

大河水库加固改建工程于2003年开工，2005年主体工程竣工。加固改建后的大河水库按100年一遇洪水设计，1000年一遇洪水校核，设计水位166.80m，校核水位167.20m，兴利水位165.00m，死水位154.00m，总库容2997万m^3，兴利库容2234万m^3，死库容204万m^3，属多年调节水库，其任务由“灌溉、防洪和工业用水”调整为“以发电为主，兼顾防洪、灌溉和工业用水”。加固改建后主要建筑物有拦河坝、溢洪道和放水洞，其按Ⅱ等工程、2级建筑物进行加固改建设计。

放水洞附近常年水位较高，放水洞长期没于水面以下，从未进行过检修。有关放水洞的可查阅设计及施工资料缺失，无法获取其准确信息。这对运行管理有很大的影响。

3 水下摄像检测试验

3.1 试验目的

长期以来，水利工程水下部分检查检测工作主要凭借潜水员的水下作业来实现。这种传统的检测方法，在工程的应用广度和深度上受到制约，且耗费人力，存在诸多安全隐患。山东省水利科学研究院自2013年以来积极开展水下检测技术研究，先后在南水北调穿黄河段隧洞、济南市卧虎山水库、小清河清淤工程等水域进行了多次试验，积累了部分检测数据和经验。

大河水库加固改建工程结束后运行已十余年，为了解水库水下部分现状的运行状态，联合开展本次试验研究工作。

3.2 检测方法及主要工作内容

利用水下高清摄像对针对放水洞闸门、拦污栅、溢洪闸闸门、护底详细摄像取证。

4 水库水下录像拍照观测

利用手持式水下录像设备通过垂放吊绳牵引，对水库北放水洞进口和溢洪闸工作门进行了观测录像。

4.1 放水洞闸门的检测

由于放水洞附近常年水位较高，放水洞（多年）长期没于水面以下，从未进行过检修。且有关放水洞的可查阅设计及施工资料缺失，无法获取其准确信息。通过水下观测录像可以清晰观察到放水洞入口现状情况、放水洞入口处闸门放置颠倒、闸门螺杆锈迹斑斑、缺少检修闸门、拦污栅格锈蚀、栅格上附着物较多等现象。

图 1 中闸门横梁、纵梁清晰可见，根据水工结构闸门的作用是用来挡水的，显然挡水面应该是光滑的闸门面板，由此推断此闸门安置颠倒。图 2 是水下部分闸门螺杆现状，从图像中可以看出螺杆螺纹锈迹斑斑。

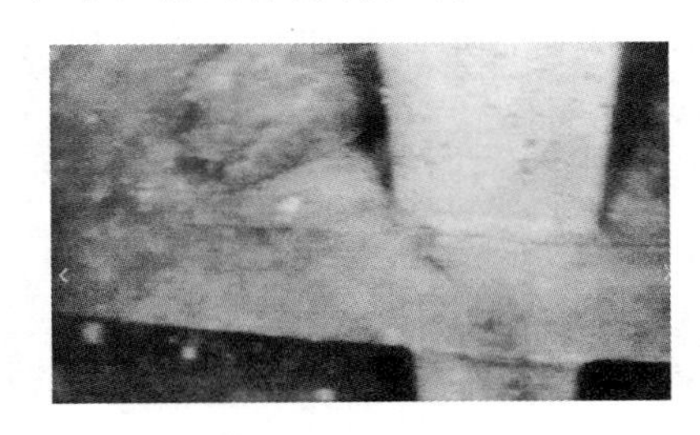

图 1　放水洞闸门（背面）

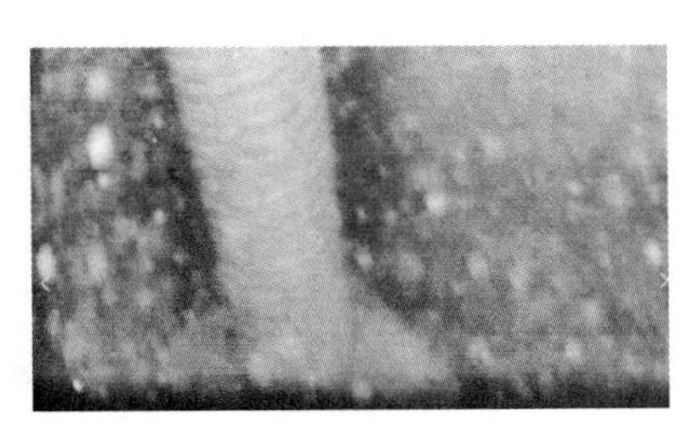

图 2　螺杆锈迹斑斑图

图 3 是拦污栅现状，图像中显示拦污栅栅条中间断开。图 4 中拦污栅横向栅格上淤积物较多。

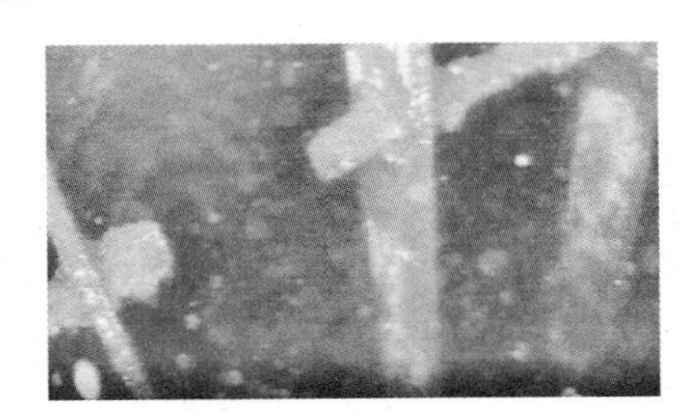

图 3　拦污栅格栅断裂图

图 4　拦污栅附近淤积物较多

4.2　溢洪闸工作闸门的检测

由于水库水位较高，又因工程的需要溢洪闸工作闸门可能长时间不能启吊检修，但是又迫切需要了解闸门工作现状以及水底情况，因此应用水下录像拍照设备来完成这一任务。

图 5 是闸门面板现状，可以清晰地看到闸门面板的蚀坑、锈斑。图 6 中显示，闸门下部钢板锈蚀较严重，表层腐蚀皮面积较大、较厚。图 7 是闸门底部现状，闸底板树叶堆积，垃圾罐清晰可见。

图 5　闸门面板现状图

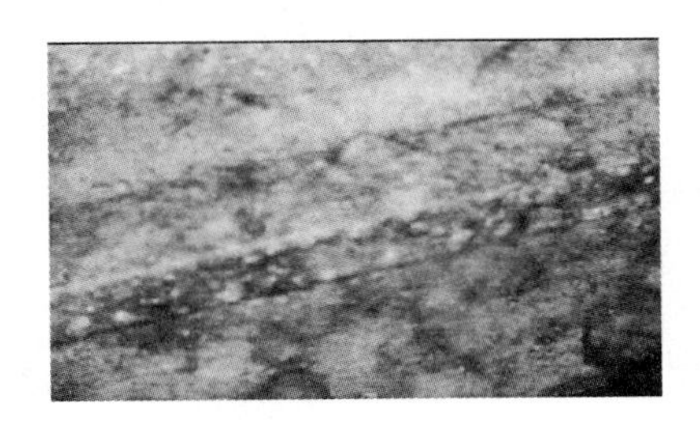

图 6　闸门下部锈蚀现状图

图 7　闸门底部现状

通过以上录像拍照可以清楚地摸清、了解水下闸门现状以及其老化锈蚀状态，为工程管理、维修维护，以及领导决策提供可视化的可靠资料。

水下录像拍照受到水体混浊度的影响。在水质较好、能见度较高的水体内，可以很好地得到应用，但在混浊水域或能见度较低的水体中却无法正常拍照录像。因此，声呐设备的引进能够取长补短，解决混浊水域内的水下检测的需要。

5　结论与建议

5.1　结论

通过高清水下摄像设备的观测，可发现以下现象：

（1）放水洞入口处闸门安装位置颠倒，面板不能挡水；闸门螺杆锈迹斑斑；缺少检修闸门；拦污栅格锈蚀，附着物较多，局部栅格条断裂。

（2）闸门面板现状，可以清晰地看到闸门面板的蚀坑、锈斑。闸门底部钢板锈蚀较严重，表层腐蚀、锈泡众多，面积较大、较厚。闸门底部树叶堆积，垃圾罐清晰可见。

通过以上录像拍照可以清楚地摸清、了解水下闸门现状以及其老化锈蚀状态，为工程管理、维修维护提供可视化的可靠资料。

5.2　建议

水下录像拍照受到水体混浊度的影响。在水质较好、能见度较高的水体内，可以很好地得到应用，建议定期进行观察，确保工程安全运行。

水下工程运行情况还可以针对不同环境和管理要求，采用声呐技术分别进行水下地形、容积变化及物体识别等作业，为水库安全、合理高效运行提供科学依据。

6　总结

水下摄像技术，日渐成熟，应用前景广泛，对于水下建筑物运行状态可提供清晰、直观的影像影视资料，管理者对工况可进行直接判断，为工程调度提供科学、便捷的支持，可在水库运行中进行推广应用。

CPTU 测试技术在港珠澳大桥香港口岸人工岛中的应用

黄宏庆　苟　钏　王　帅

（北京振冲工程股份有限公司）

【摘　要】 孔压静力触探（CPTU）是一种快速有效的原位测试方法，在香港及欧美诸国得到广泛的应用。本文以港珠澳大桥香港口岸人工岛勘察为例，介绍了CPTU测试技术发展、CPTU测试设备、测试方法以及测试成果的应用整理，为我国推广应用CPTU测试技术有参考意义。

【关键词】 原位测试　孔压静力触探　测试方法　数据分析

1　引言

静力触探（Static Cone Penetration Test，简称CPT）技术的基本原理是将一个内部装有传感器的触探头匀速压入土中，不同土层对探头的阻力由传感器通过电信号传输到记录仪表，通过测定探头阻力确定土体的物理力学参数、划分土层的一种土体勘测技术，实际上是一种准静力触探试验。

静力触探起源于1932年的荷兰，从20世纪70年代后期开始，研制出孔压静力触探（CPTU）及其他多功能探头等，静力触探技术得到了广泛应用和进一步的发展。与我国传统的单、双桥静探相比，具有理论系统、功能齐全、参数准确、精度高、稳定性好等优点。CPTU技术既可以用超孔压的灵敏性准确划分土层、进行土类判别，又可原位确定土的固结系数、渗透系数、动力参数、承载特性等土工性质指标，特别适合于软土工程的勘察，在国外土木工程中已得到大量应用。

2　项目概况

港珠澳大桥香港口岸人工岛，首先进行海堤区海上碎石桩和格型钢板桩的施工，然后进行陆域吹填，完成人工岛筑岛后再施打塑料排水板和分级堆载预压，然后通过CPTU测试，根据锥尖阻力、侧摩阻力、孔隙水压力等参数来划分土层，进行土层工程特性的评价，作为黏性土强度和变形指标的综合判定，准确掌握地基处理后淤泥土层固结的情况，为后续工程提供参考依据。

3 CPTU 原理及特点

孔隙水压力静力触探（Piezo Cone Penetration Test，简称孔压触探 CPTU），是在CPT技术的基础上，普通CPT探头上安装了可以测量孔隙水压力的传感器，即在锥肩处增加一个透水性的多孔滤石和孔压元件，通过与压力传感器的连接来量测孔隙水压力。贯入时在测量 q_c、f_s 的同时，测量贯入引起的超孔隙水压力 Δu。当停止贯入时，可测量超孔隙水压力 Δu 的消散过程及完全消散时的静止孔隙水压力 U_0 的静力触探。孔压静力触探探头如图1所示。

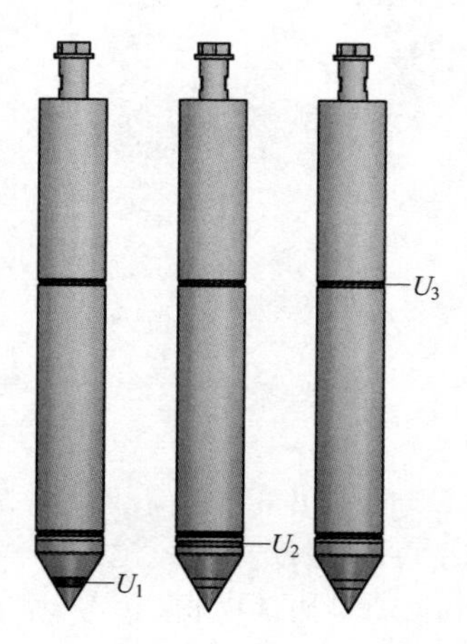

图1 孔压静力触探探头
（注：U_2 为孔隙水压力探头透水石安装图中位置）

孔压静力触探与一般的静力触探相比，具有下面一些突出优点：

（1）由于不同土体的渗透性差别很大，CPTU量测孔隙水压力的灵敏度很高，能够分辨1～2cm厚的薄土层土性的变化，因而可以详细分层。特别是在区分砂层和黏土层方面精度很高。

（2）可以量测到孔隙水压力，从而有可能进行有效应力分析。

（3）可以估算土体的渗透系数和固结系数。

（4）可以测定土层不同深度的静止水压力，获得地下水条件的资料。

（5）可以区分排水、部分排水和不排水的灌入条件。

（6）可计算土的超固结比，评价土层应力历史，计算静止侧压力系数 k_0 等。

4 CPTU 测试设备

CPTU测试设备主要由贯入设备、探测系统组成，探测系统主要由数据采集仪和探头等组成。

4.1 贯入设备

4.2 探测系统

探测系统为荷兰 Geomil 进口多功能电子式 CPTU 系统。系统实现了所有传感器测试信号在探头内部进行数/模转换，同时记录试验深度，再通过 RS232 接口将数据传送到计算机上的数据采集软件中，并同时储存。这种系统有效地改善了测试精度，降低了信噪比，并可增加采集通道，实现多功能化，具有突出的优点。

4.2.1 电子静力触探探头

探头采用荷兰 Geomil 电子式孔压探头，规格符合国际标准，锥角60°，锥底截面积15cm²，透水石位于锥肩（U_2）位置，主要源于以下因素。

（1）透水单元不易破坏。

（2）易于饱和。

（3）受孔压元件压缩的影响小。

（4）孔压消散受贯入过程影响小。

（5）量测的孔压能直接用于修正锥尖阻力。

4.2.2 GME 500 数据采集系统

GME 500 为 CPTU 数据采集系统。系统具备试验要求的所有功能：为锥尖探头和/或测量装置供电、采集数据和将各测量通道的数据进行数/模转换，同时记录试验深度，最后，通过 RS232 接口将数据传输到计算机上的数据采集软件中。

5 CPTU 测试方法及要求

5.1 CPTU 测试准备

（1）测试前的准备工作包括探头的标定，孔压元件饱和等。

CPTU 孔压测试元件的饱和时影响孔压测试精度的关键因素。孔压探头若不饱和，即孔压通道含气，由于气体易压缩，在水压传导过程中，它相当于一个缓冲层，当探头周围的超孔隙水压力急剧变化时，便会减缓这种变化；若根据孔隙水压力变化分层，分层接线不明显，且比实际深一些；若进行孔压消散试验，则其孔隙水压力峰值偏小，消散偏缓慢。探头不饱和程度越高，这种滞后效应越明显。因此，在进行孔压静力触探测试前一定要是孔压探头饱和。

一般采用真空抽吸法饱和孔压元件，饱和液推荐使用甘油，甘油具有与孔压元件表面黏着力好、黏滞度合适、排气速度快等优点。

（2）连接电缆线和探头并安装于加压贯入系统内，设备测试参数，调平设备基座，调试系统使之处于正常运转状态。

5.2 CPTU 测试流程

（1）测试前准备，探头标定，孔压元件饱和等。

（2）履带测试车定位，调平基座。

（3）连接探头电缆并安装于加压贯入系统内，设定测试参数，调试系统。

（4）开始进行贯入试验，贯入速度保持恒定 (2±0.5)cm/s，每贯入 1cm 采集一组数据，以曲线形式显示于电脑。

（5）在需要进行孔压消散试验的深度位置停止贯入，实时记录孔压随时间的消散过程，直道孔压接近静水压力为止。

（6）达到预订深度后，停止试验。

（7）提交测试成果报告。

5.3 CPTU 测试的终止

当出现下列情况时，必须立即终止试验：

（1）探头达到设计深度或者 q_c 值达到 50MPa。

（2）探头沿垂直方向倾斜角度增长太快或倾斜角度大于 15°。

（3）反力装置失效。

5.4 CPTU 测试影响因素

CPTU 测试数据主要受仪器设备、操作方法、土性条件等因素的影响。只有深入地了解这些影响因素，才能更好地校正和应用测试成果；同时，对测试设备的标准化及测试方法的科学化也会有很大的促进作用。CPTU 测试影响因素见表 1。

表 1　　CPTU 测试影响因素表

影响因素	原因分析
仪器设备因素	①不等端面积影响； ②孔压传感器位置、尺寸和饱和； ③量测精度
操作因素	①贯入速度的影响； ②钻杆垂直度影响； ③孔压元件饱和
温度	①标定温度与地下温度有差异； ②量测时应变片通电时间过长； ③贯入过程中与土摩擦产生热
其他因素	①操作人员的熟练程度； ②探杆的倾斜弯曲

6　CPTU 测试成果应用和分析

6.1　CPTU 测试成果应用

CPTU 测试结果中 q_c、f_s 和 u_2 是孔压静力触探的三个基本触探参数，连同孔压消散试验数据在内，通过 CPTask 后处理软件，可以为多项地基参数的确定提供依据，港珠澳大桥香港口岸人工岛工程中主要应用于以下几点。

（1）CPTU 为土工参数估算，对应于土分类和土层工程特性评价，黏性土的强度指标和变性指标的判定提供依据。土层工程特性评价首先需要进行土分类，划分土层时，要求以端阻为主，结合孔压、孔压参数比及摩阻比等参数予以划分，以同一分层内的触探参数基本相近为原则。

（2）孔压消散，这一应用目的在于评价土体的原位固结和渗流特性，孔压消散数据后处理依赖于现场独立实测孔压值，需要独立的模块操作和数据解译。

（3）地基承载力预测，对应于多功能 CPTU 测试技术在浅基础地基承载力预测的应用。

6.2　CPTU 测试数据分析

CPTU 测试后处理软件是一套基于 Windows 系统的 CPT 数据处理，解析和报告软件，可以完成 CPT 测试后数据整理的相关工作。主要的几个土工参数作典型分析如下。

6.2.1　修正锥尖阻力

在探头锥尖后部及摩擦套筒两端的面上作用有水压力，这些水压力会影响锥尖阻力和侧壁摩阻力，实测值不能代表土的真正贯入阻力。在不同的土类中，触探所产生的孔隙水压力有很大差异，因而对锥尖阻力的影响程度有很大的不同，在饱和软黏土中，孔隙压力很大而锥尖阻力小，其影响程度是十分显著的。当孔压量测过滤器位于探头锥肩的 u_2 位置时，锥尖阻力可用下面的公式来修正：

$$q_t = q_c + u_2(1 - a) \tag{1}$$

式中：q_t为修正后的锥尖阻力；q_c 为实测的锥尖阻力；u_2 为在锥肩位置量测的孔隙水压力；a 为有效面积比，大部分探头 $a=0.55\sim0.90$，常为 0.80，按下式计算：

$$a=\frac{A_a}{A_c} \tag{2}$$

式中：A_a 为顶柱的横截面积；A_c 为锥底的横截面积；锥尖阻力和侧壁摩阻力修正的不等端面积示意图如图 2 所示。

6.2.2　净锥尖阻力

不排水条件下最大剪应力和两个总应力的差异有关。在一个均质土层中锥尖阻力、侧壁摩阻力和孔隙水压力随着深度和总应力的增加而增加。因此采用 CPTU 进行土类划分与解译岩土参数时需要考虑上覆应力的影响。净锥尖阻力定义如下：

$$q_n=q_t-\sigma_{v0}=q_t-\gamma h \tag{3}$$

式中：σ_{v0}为竖向总应力；γ 为土的重度；h 为贯入深度。

6.2.3　孔压比

考虑上覆应力修正的归一化锥尖阻力（Q_t）、归一化摩阻比（F_t）和孔隙水压力比（B_q）如下：

$$Q_t=\frac{q_t-\sigma_{v0}}{\sigma'_{v0}} \tag{4}$$

式中：σ'_{v0} 为有效上覆应力，$\sigma'_{v0}=\sigma_{v0}-u_0$。

$$F_t=\frac{f_s}{q_t-\sigma_{v0}} \tag{5}$$

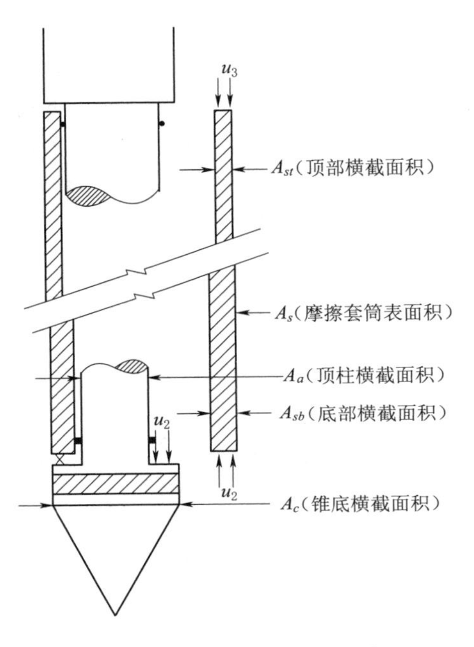

图 2　锥尖阻力和侧壁摩阻力修正的不等端面积示意图

式中：Q_t 为归一化锥尖阻力；F_t 为归一化侧壁摩阻力。

$$B_q=\frac{u_2-u_0}{q_t-\sigma_{v0}} \tag{6}$$

式中：u_2 为位于锥肩位置的孔压测试值；u_0 为静止孔压；σ_{v0} 为总上覆土压力；q_t为经过孔压修正的锥尖阻力。

6.2.4　不排水抗剪强度

土的不排水抗剪强度（S_U）取决于土的破坏模式、土体的非均匀性、应变速率和应变历史等。根据 CPTU 测试数据，采用经验公式法，可用实测锥尖阻力估算 S_U。

$$S_U=\frac{q_c-\sigma_{v0}}{N_k}$$

式中：N_k为经验圆锥系数，根据已有的研究成果，取值范围为 11～19。

6.2.5　固结度

CPTU 可以在任何需要测试的深度停止贯入进行孔压消散试验，通过测定孔压消散的速度来评价软土的性质。孔压消散的时间与土体的排水固结快慢有关，粉土、砂土中约需要几分钟至1h左右；在黏性土中，最长可达数小时之久。孔压消散试验的终止时间一般以孔压消散的程度进行确定，常采用固结度指标U，一般要求固结度至少要达到50%。

$$U=\frac{u_t-u_0}{u_i-u_0}\times 100\% \tag{7}$$

式中：u_t为t时刻的孔压；u_0为静水压力；u_i为开始消散时的初始孔压。

7 结语

CPTU测试技术作为一种原位测试技术进行地基岩土工程性质的评价，简单快捷，是获取岩土工程参数的有效方法。随着我国在CPTU机理和理论的研究的进一步深入，国际交流合作的进一步增强，CPTU的工程应用必将得到更多的推广和发展。

一种测定防渗墙渗透溶蚀性能的试验装置

张　禾　王　飞　辛宏杰

（山东省水利科学研究院）

【摘　要】本文介绍了一种新研制的测定防渗墙渗透溶蚀特性的试验装置，阐述了该试验装置的研制思路、试验原理及结构等内容，并通过对防渗墙渗透溶蚀特性的测定实例，验证了该渗透试验装置的性能是稳定可靠的。

【关键词】防渗墙　渗透系数　渗透溶蚀　试验装置

1　引言

防渗墙被广泛应用于水利工程大坝基础、堤防等防渗加固工程中，主要包括混凝土防渗墙和塑性混凝土防渗墙。它们处于地下，长期受到环境中压力水的渗流溶蚀作用。溶蚀，也称溶出性侵蚀，是指当防渗墙受到环境水的渗流作用时，混凝土中的氢氧化钙逐渐扩散到浓度较低的环境水中去，这样，硅酸盐中的固相水化矿物便自动析出石灰以补充液相中的氢氧化钙含量，借以恢复浓度平衡。若这些氢氧化钙在渗流作用下又被带走，则固相物质再继续溶解，溶液中的石灰浓度继续不断降低时，则水化硅酸钙、水化铝酸钙、水化铁铝酸钙中的钙也将相继溶解流失，最终导致防渗墙体结构发生破坏的过程。渗透和溶蚀问题直接关系到建筑物的安全运行和使用寿命，目前室内试验没有专用试验设备。研制一套专用于研究防渗墙的抗渗与抗溶蚀性能的试验装置，对于准确评价防渗墙的抗渗性和耐久性有着重要的意义。

2　防渗墙渗透溶蚀试验装置的试验原理

利用防渗墙渗透溶蚀试验装置，能够开展防渗墙筑体试样的渗透系数试验、溶蚀试验、极限渗透坡降等试验研究。该装置可以实现以下三种检测：

（1）运用物理意义明确的达西定律，准确求取渗透系数。

（2）运用穿流法模拟工程实际，测得 CaO 溶蚀量评价防渗墙体的耐久性。

（3）实现较高水头压力下，极限渗透坡降的室内检测。

2.1　试验装置的研制思路

（1）在设计上采用压力室的形式。此结构可实现对试件高度方向施加渗透压力，侧表面施加周围压力。试验中视试样的实际情况，可以灵活调整渗透压力，缩短渗透系数试验观测时间。

（2）通过对试样涂胶裹膜再施加较大周围压力的方法解决绕渗问题，保证试验结果的准确性。

（3）压力水罐设计为两个，一个为渗透压力水罐，一个为补水罐，通过静压控制柜的调压阀可使补水罐为渗透压力水罐持续补水，保障渗透溶蚀试验和极限渗透坡降试验能够不间断持续进行。

（4）在渗流出水口处安装流量计，实现极限渗透比降和渗透溶蚀试验中水量的计量。

2.2 防渗墙渗透溶蚀试验装置结构及工作原理

防渗墙渗透溶蚀试验装置由压力源、压力室、渗透压力水罐、补水罐、调压阀、压力表、量水管、进水管、排水管等组成。结构上分为三部分：

（1）压力室。压力室包括压力室固定结构、压力室外罩以及带有把手的螺旋紧固环。

（2）压力控制部分。包括三个调压阀及三个精密压力表，它们安装在控制柜的面板上，气压源通过三通阀门分别为补水罐、渗透压力水罐及压力室围压提供压力。

（3）压力水罐。包括渗透压力水罐和补水罐。补水罐与水源及渗透压力水罐相连，通过补水罐调压阀对补水罐中的水施加压力，并使该压力大于渗透压力水罐中的压力，形成补水，保证渗透溶蚀试验和极限渗透坡降试验的不间断持续运行。

防渗墙渗透溶蚀试验装置的工作原理为：模拟实际工程中防渗墙有压渗透的运行工况，通过控制柜的调压装置对压力室内的试样施加渗透压力。压力水强制穿过试件，形成稳定渗流后，测定渗透水的渗流量及其中钙离子含量，利用达西定律计算渗透系数和渗透比降，整理出溶蚀关系曲线，完成渗透系数、渗透比降、渗透溶蚀等三种渗透特性试验。防渗墙渗透溶蚀试验装置的渗透水压是通过气压施加于渗透压力水罐转换而成的，试件由下部进水、上部出水，渗流稳定后由流量计测量渗出水量，得到一定时间间隔内的稳定渗流量，按达西定律计算试样渗透系数和渗透坡降，同时检测渗出水中 Ca^{2+} 含量，整理出 Ca^{2+} 溶出量与渗透历时关系线、CaO 累积溶出量与渗透历时关系线等溶蚀关系曲线。防渗墙渗透溶蚀装置试验原理简图如图 1 所示。

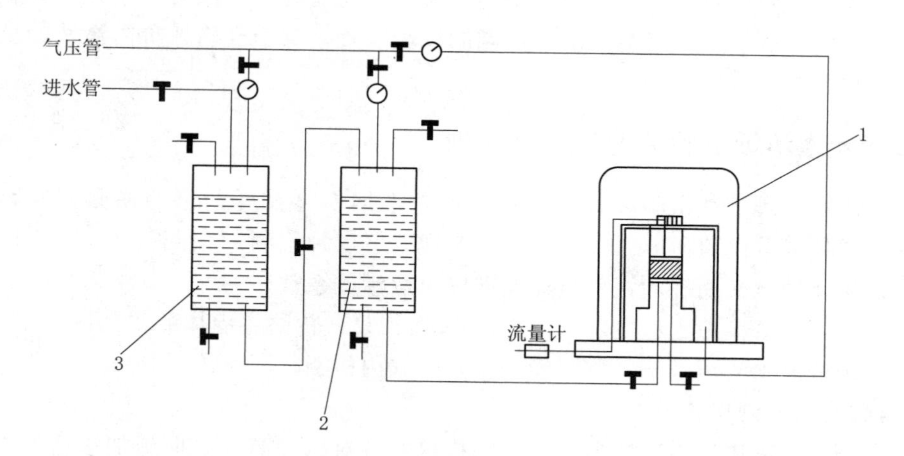

图 1　防渗墙渗透溶蚀装置试验原理简图

1—压力室；2—渗透压力水罐；3—补水罐

3 防渗墙渗透溶蚀装置试验应用效果验证

为了检验该试验装置的应用效果，结合实际工程，对不同配比的塑性混凝土、水泥土、水泥浆墙体等试样进行了试验验证，检验该装置的性能及测试结果能否满足试验要求。

3.1 渗透系数试验结果

梁山县饮水安全工程某平原水库防渗墙为多头小直径水泥土深层搅拌桩防渗墙，水泥掺入量为15%。水泥土试件的搅拌桩试样渗透系数成果见表1。

表1 某平原水库防渗墙水泥土搅拌桩试样渗透系数结果

参数 / 桩号	围压 /MPa	渗透压力 /MPa	压差 /MPa	渗透坡降	渗透系数 /(cm/s)	平均渗透系数 /(cm/s)
3+200	0.10	0.06	0.04	100	1.70×10^{-7}	1.83×10^{-7}
3+200	0.12	0.06	0.06	100	1.98×10^{-7}	
3+200	0.15	0.06	0.09	100	1.82×10^{-7}	
4+170	0.10	0.06	0.04	100	1.41×10^{-7}	1.40×10^{-7}
4+170	0.15	0.09	0.06	150	1.33×10^{-7}	
4+170	0.20	0.12	0.08	200	1.46×10^{-7}	

利用防渗墙渗透溶蚀试验装置对山东省东营市境内某水库振动射冲防渗墙两种配比试件进行了7d渗透系数测试，两种截渗墙的配比分别为：

(1) 1号配比：水泥∶膨润土∶细砂∶水=1∶0.5∶1∶2；

(2) 2号配比：水泥∶粉土∶水=1∶1.5∶1。

渗透系数试验结果见表2。

表2 某水库振动射冲防渗墙两种配比试样7d渗透系数结果

参数 / 编号	试样类别	围压 /MPa	渗透压力 /MPa	压差 /MPa	渗透坡降	渗透系数 /(cm/s)	平均渗透系数/(cm/s)
1-1	1号配比	0.20	0.06	0.14	100	5.66×10^{-6}	5.66×10^{-6}
1-2	1号配比	0.20	0.09	0.11	150	5.93×10^{-6}	
1-3	1号配比	0.20	0.12	0.08	200	5.38×10^{-6}	
2-1	2号配比	0.18	0.12	0.06	200	1.22×10^{-6}	1.15×10^{-6}
2-2	2号配比	0.15	0.09	0.06	150	1.10×10^{-6}	
2-3	2号配比	0.12	0.06	0.06	100	1.13×10^{-6}	

在渗透试验过程中，运用了围压不变渗透压力变化、围压与渗透压力差值不变、渗透压力不变围压变化及围压与渗透压力任意组合等试验方法。依据达西定律，对同一种渗透材料来说，渗透系数 k 是一个稳定数值。从上述试验的结果来看，实测渗透系数非常接近，证明了防渗墙渗透溶蚀装置在渗透系数试验上的品质是稳定可靠的。

3.2 溶蚀试验

溶蚀试验配比情况见表3。

表 3　　　　溶 蚀 试 验 配 比 表

编号	材料名称	水泥	膨润土	砂	水
厂家产地		山水	潍坊	泰安	饮用水
规格型号		P·O42.5	一类	中砂	饮用水
1 号配比	重量配比	1	1.42	11.3	2.3
	材料用量/(kg/m³)	120	170	1350	280
2 号配比	重量配比	1	2.1	18.1	3.8
	材料用量/(kg/m³)	80	170	1450	300

3.2.1　溶蚀试验方法

将塑性混凝土拌和物成型制成 ϕ100mm×60mm 的标准试件，试件在养护室中养护到规定龄期，试验采用去离子水作为渗透介质。1 号配比试件溶蚀试验条件为：渗透压力 0.24MPa、周围压力 0.35MPa、渗透坡降 400，试验历时 79d；2 号配比试件溶蚀试验条件为：渗透压力 0.30MPa、周围压力 0.40MPa、渗透坡降 500，试验历时 63d。两种配比试件在上述试验条件下进行溶蚀试验，对渗透试验的渗透水进行化学分析，得到 Ca^{2+} 离子的溶出量随渗透历时的变化曲线。Ca^{2+} 用 EDTA-2Na 滴定法测定，为了避免空气中的 CO_2 使渗透水碳酸化，试验中渗透水及时装瓶密封。在溶蚀试验的稳定渗流阶段，通过测定的日渗水量可同时计算获得该试件当日的渗透系数。

3.2.2　溶蚀试验结果

从图 2～图 7，塑性混凝土两种配比试件的溶蚀规律一致，早期溶蚀速率快，溶蚀量大，随渗透时间延长，溶蚀速率逐渐减缓，溶蚀速率曲线趋于平缓。经过一段时间，试件开始无溶出物或溶出物很小。这些规律与目前国内外研究结论吻合。与德国 H. 贝伊尔、TH. 斯拉罗伯对纽伦堡 6 座土坝防渗溶蚀试验研究成果和黄河小浪底水库塑性混凝土溶蚀试验研究及中国水利水电科学研究院关于塑性混凝土溶蚀耐久性试验研究[3]得到的结论曲线完全一致。

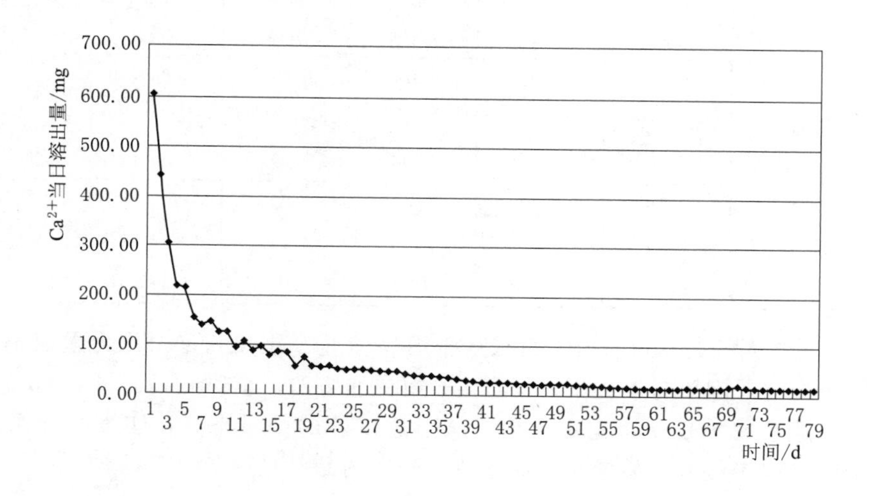

图 2　1 号配比试件 Ca^{2+} 当日溶出量与渗透历时关系线

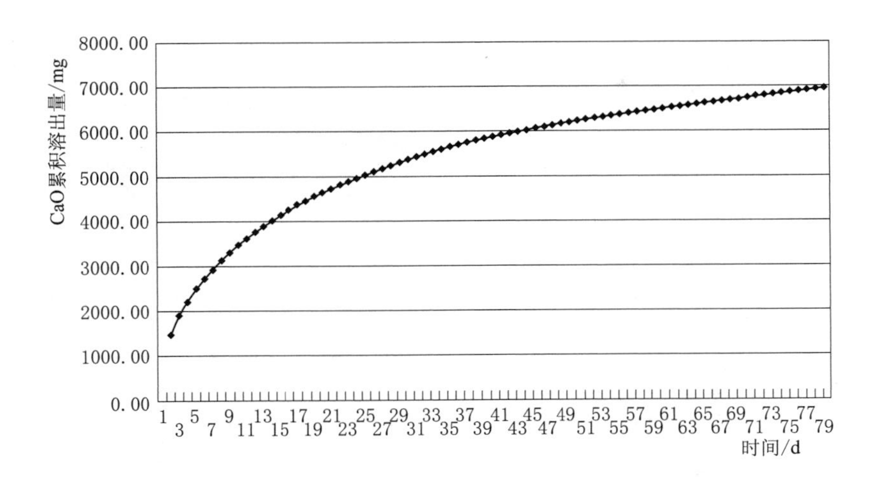

图3 1号配比试件 CaO 累积溶出量与渗透历时关系线

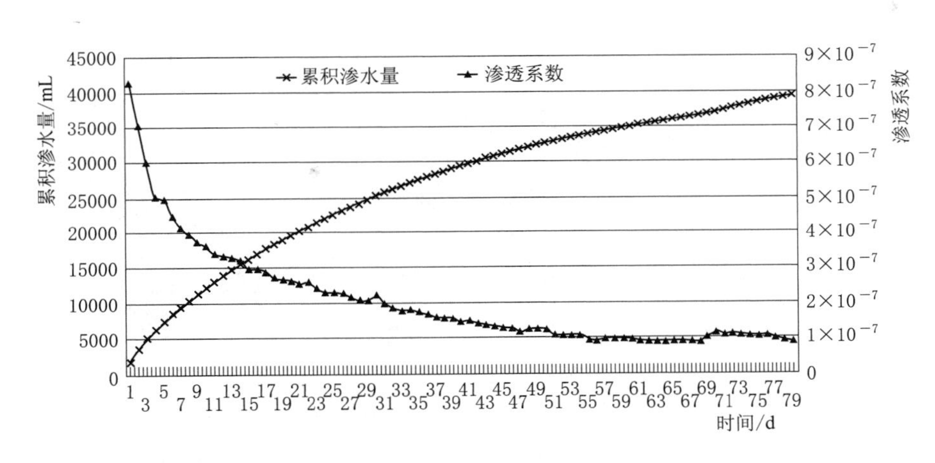

图4 1号配比试件渗透系数、累积渗水量与渗透历时关系线

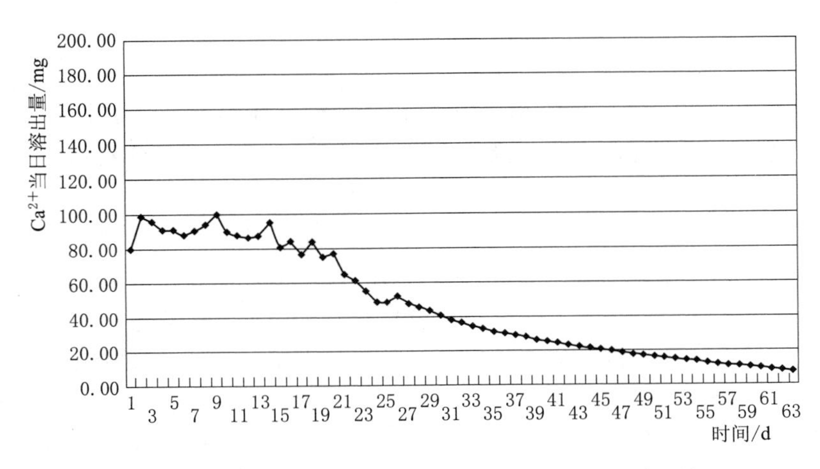

图5 2号配比试件 Ca^{2+} 当日溶出量与渗透历时关系线

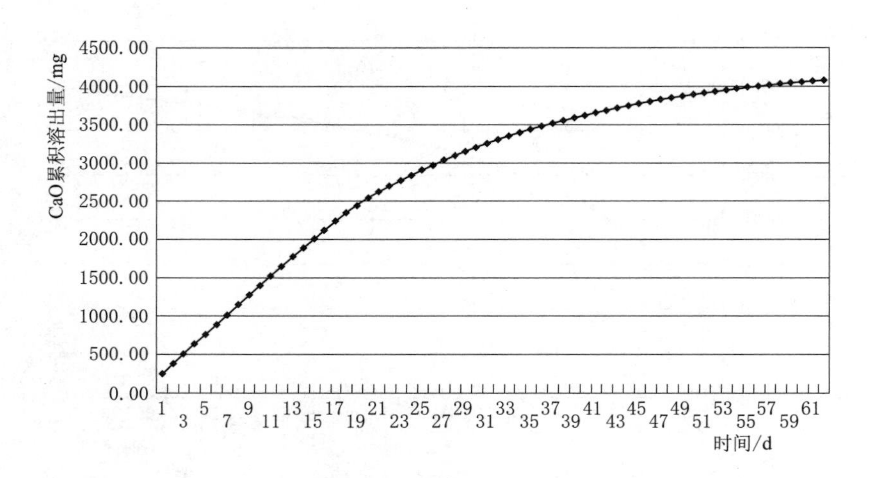

图6　2号配比试件CaO累积溶出量与渗透历时关系线

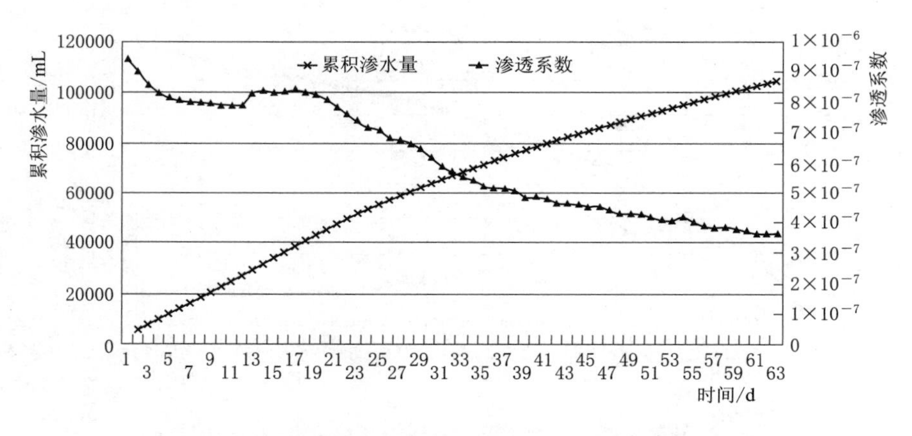

图7　2号配比试件渗透系数、累积渗水量与渗透历时关系线

4　结论

通过大量的试验和实际工程应用，验证了防渗墙渗透溶蚀试验装置具有物理意义明确、性能稳定且适用性强等优点，能满足混凝土、塑性混凝土、灰浆材料、水泥土等防渗体材料的渗透试验要求。

该试验装置采用的压力室技术方案，可以通过调节渗透水头大小，有效地缩短试验观测时间，提高了试验工作效率。压力室采用一体式螺旋紧固结构，其特点为密封性好，操作简单，试件装拆方便。所采用的对试样涂胶裹膜，并施加大于渗透压力的周围压力等一些关键技术，很好地解决了试件周边的绕渗问题，补水系统能够保证渗透试验不间断持续运行，满足开展渗透试验的必要条件。

防渗墙渗透溶蚀试验装置作为一个试验研究平台，对研究防渗墙的渗透特性、防渗墙设计施工及工程质量检测、评估防渗墙安全运行年限等方面都将发挥重要的作用。

一种非接触式灌浆抬动与边坡变形监测装置研究

黄灿新[1]　陈　离[2]

（1. 中国三峡建设管理有限公司　2. 浙江杭钻机械制造股份有限公司）

【摘　要】本文通过研发一种非接触式的在线测量装置，用于持续监控灌浆过程混凝土或基岩面的抬动以及边坡的变形，在高精度监测的同时，按照设定基准进行预警、报警，为高效安全的灌浆施工提供实时监控和连续保障，通过非接触式测量有效地避免了接触式测量中因为虚接和磨损带来的误差，在乌东德水电站工程中取得了较好的应用效果，为水电建设工程施工必不可少的抬动监测提供了一项有意义的技术实践和创新。

【关键词】水电工程　非接触　灌浆抬动　边坡变形　监测

1　引言

水泥灌浆是构筑水电站地下防渗帷幕和加固围岩岩体的常用工程措施。灌浆施工中，水泥浆液一般通过泵送方式灌入目标地层，为避免目标地层内压增大造成地层或混凝土发生抬动变形，对于抬动的监测应贯穿于灌浆施工的全过程，以之保证将灌浆压力保持在安全许可范围内，并尽可能地将浆液灌注入目标地层或建筑物的缝隙中，达到防渗和加固目的。是否将目标地层或构筑物的抬动控制在设定范围内，则是保证灌浆工作持续顺利进行且不造成岩体和建筑物损伤的重要手段。

2　常见的灌浆抬动测量

2.1　观测及安装方式

在灌浆抬动测量中，通常采用的抬动测量方式主要有：千分表式、电容式位移传感器两种，其中电容式传感器又分为笔式电容传感器和容栅式位移传感器等，其中最常见的方式是采用千分表的方式进行，其测量方式是：首先钻进观测孔，孔深应深入基岩一定深度。然后下入两种规格的观测管。将两层管间及观测管与孔壁间隙灌入粉细砂，并密实填满整个间隙。接着在外观测管上部伸出部分与地表浇筑在一起，防止地面水泥浆进入孔内。在进行压水、灌浆前，将千分表用管夹固定在内观测管上，使千分表的伸缩探针与地面观测平台接触，以便进行抬动变形观测，千分表型抬动观测装置安装布置方式见图 1。

当使用电容式位移传感器测量时，其安装方式与千分表结构的抬动观测装置的安装方式基本一致，只是将千分表替换为电容式传感器，一般笔式电容位移传感器相对于容栅式成本较为低廉，但其缺点也较为明显，其感应部件的阻抗很高，因此输出阻抗小，带负载

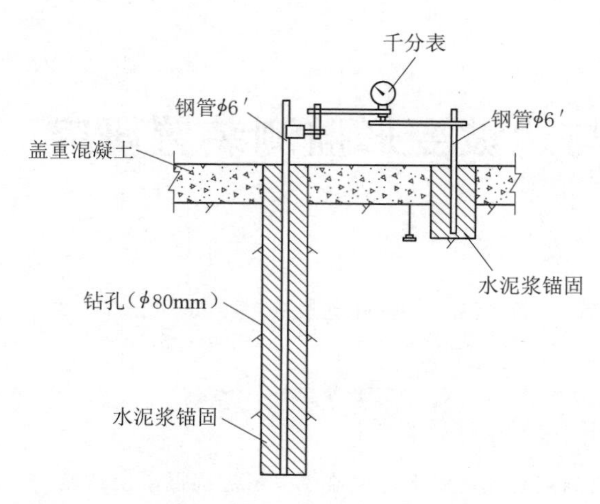

图 1　千分表型抬动观测装置安装布置方式

能力差，比较容易受到外界因素干扰，产生不稳定，使得测量结果可能出现较大的波动，而容栅式位移传感器为面接触型，是由一组排列成栅状结构的平行板电容并联起来构成，通过电子电路的控制，在同一个瞬间以不同的相位分布，又分别加载于顺序排列的极栅上，正是由于这种结构方式使得其抗干扰能力相比于笔式电容传感器有了较大的提高。

2.2　数据采集汇总方式

在常见的抬动观测中，对于千分表型的抬动观测装置的抄表和数据汇总采用人工抄表、汇总，专门的抬动观测记录员往往采用规划线路巡检的方式，按照一定的时间间隔进行人工记录和制表，其观测效率较低，费时费力，由于人工抄表的实时性较差，往往抬动超标了，灌浆操作人员还无法得到及时的预报并采取措施，可能会给后续的施工质量带来一定的风险，而电容式传感器的增加，加入了电控系统，使得抬动传感器接入了记录仪系统，进一步地降低了抬动记录人员的工作强度，也极大地增加了抬动观测的实时性。

2.3　传统抬动观测装置的缺点

传统的抬动观测装置的缺点也较为明显，千分表型的需要配置专门的观测记录人员，而且人员劳动强度大，数据的实时性较差，而电容式传感器的虽然实现了电子抄表，但是其受到现场干扰和接触头磨损造成的误差依然很大，而对于微米级的抬动观测来说，这些较大的干扰及误差会增加现场做出准确判断的难处，可能对正常的施工带来一定的影响。

3　新型非接触式抬动观测装置

3.1　主要性能指标

正是基于前面接触式传感器的测量存在探头磨损、安装接触间隙、易锈蚀等因素的影响，根据现场的实际测量需求提出了一种新型的非接触式传感器，该传感器是通过对激光光路信号的高精度成像，并进行运算、测量，性能如下（表 1）。

表 1　非接触式抬动观测传感器主要技术参数

序号	性能指标	单位	数值
1	量程	mm	±4.000
2	最小分辨精度	μm	1
3	激光器等级	Class (FDA)	Ⅱ
4	线性误差	F. S/%	±0.1
5	温度特性	F. S/℃	±0.08
6	波长	nm	655
7	发射功率	mW	≤1
8	采样周期	ms	10

3.2 测量原理及实现方式

本设备中，其测量原理采用光路的三角测量法，其测量原理为：激光器从物镜窗口投射出一束光，当光打到测量面后会形成反射，在反射的光线中会有一部分光线通过目镜在成像单元投射成像，系统可以精确地侧脸成像光斑的角度和光学路径，当测量面发生位置改变后，其反射的光线也会随之发生改变并在成像单元上在此成像，此时光线的反射角度、光学路径都发生改变，通过两侧成像的角度位置关系可以方便地计算出测量面的位置变化量，其原理如图 2 所示。

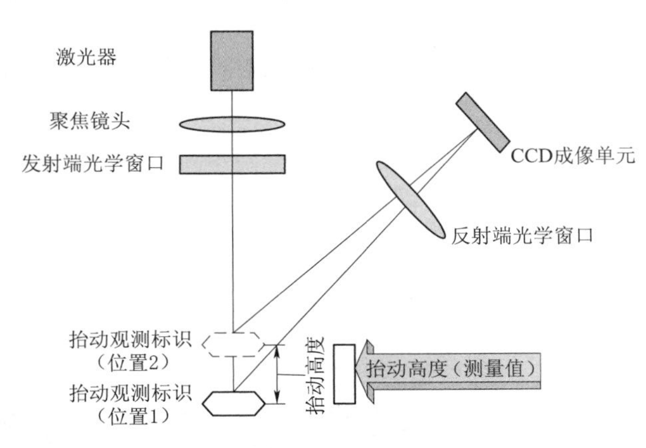

图 2　非接触式抬动测量原理

3.3 实际测量的数据分析

本系统在乌东德水电站工程左岸 780 廊道经过现场 100h 连续测量生产性试验（图 3），在试验过程中系统各项指标都能够正常记录，在预警、报警、数据采集、数据推送等各环节都显示出较好的性能。

图 3　现场生产性试验照片

系统在测试过程中，能够及时记录和显示抬动基准值、瞬时抬动值、累计抬动值、（分孔分段）累计抬动值，能够生成标准格式的《抬动观测记录表》，同时可通过 4G－LTE 网络，还能将工程信息、抬动观测数据等实时回传到后方数据中心进行记录和存储。上述 100h，共产生有效数据 360000 组（即 1 秒产生 1 组），根据统计学计算如下：

波动率标准差：　$$\delta(r)=\sqrt{\frac{1}{N}\sum_{i=1}^{N}(x_i-r)^2}\approx 0.5483$$

通过上述数据波动率标准差计算，不难看出设备在该实验条件下，系统运行及读数都较好地满足了工程的需要。

3.4 系统的扩展应用及功能

本系统所集成的传感器既可以工作在绝对值测量模式（即连续测量观测孔的绝对位移），也可以工作在相对值测量模式（即可以设定基准值，并通过观测抬动值与基准值间的偏差），同时由于其具有双向测量模式，可以方便的观测到抬动观测目标地层或构筑物相对于基岩面的位置变化情况，当系统显示测量状态为负值时，目标观测面相对于基岩的位置关系是抬升，反之目标观测面相对于基岩的位置关系是沉降。

系统设置有较好的人机界面（HMI），在界面中可以进行相应的工程信息、灌浆孔信息、抬动观测孔信息的录入或远程调取，可以方便地对传感器进行设置，同时还具有微波广播功能，能够将实时的抬动信息通过微波广播的方式在该工作面进行无线广播，通过各个灌浆记录仪进行接收该信息，做到网络式集中抬动监管，抬动观测装置人机界面如图 4 所示。

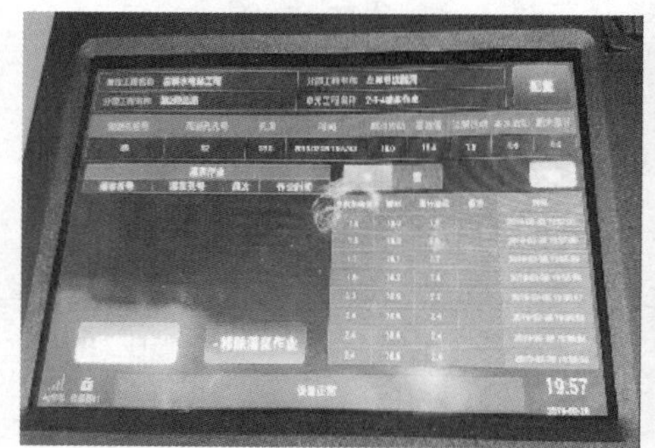

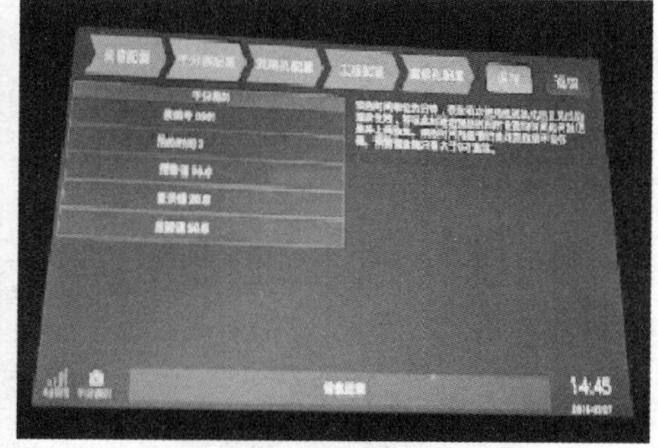

图 4　抬动观测装置人机界面

金沙江乌东德水电站工程灌浆工程量为帷幕灌浆约 65 万 m，固结灌浆 85 万 m。施工高峰期，共投入灌浆记录仪 50 台，智能灌浆单元机 42 台，对抬动装置的需求总量约为 110 套，为了方便对现场工作的监管，该抬动观测装置进行组网运行，其主要工作在联通公司 4G－LTE 工作频段，实时将设备所需的工程信息、工作面信息和观测过程中的数据通过 API 接口进行双向传递，由于该套系统的投用必将给工作施工质量管控、降本增效等作出较大的贡献。

综上所述，本系统是目前国内首创的、具有完全自主知识产权的新型灌浆抬动观测系统，其创新的传感测量方式，减少现场安装的难度，同时也避免了接触型传感器自身不可克服的缺点，进一步减少了因为安装、接触探针磨损等造成的测量误差，同时通过其强大后期扩展能力，即可实时生产所需的观测数据和成果报表，也可以进行网络化运行，将相临工作面进行并网监测，在较大范围内对灌浆超压带来的灾害进行预防和预报，提升灌浆的效率，并确保工程的施工质量。对于有在线、实时系统监测需要的边坡，此套系统亦可作为解决方案之一。

上尖坡水电站灌浆工程中简易孔内摄像装置的设计与应用

姚　瞻

（中国水利水电第八工程局有限公司）

【摘　要】本文设计了一种简易孔内摄像装置，基本满足了在贵州上尖坡水电站灌浆工程中工程地质勘探的需要。该装置具有低成本、小体积、结果直观可靠等特点，值得进一步研发及推广。

【关键词】孔内成像　地质勘探　上尖坡水电站

1　引言

在基础处理的施工过程中，常因地质情况不明，无法及时确定处理措施，增加施工进度和施工成本，影响工程质量。此时，往往需要进行孔内摄像观察，以进一步确定施工区域的地质情况。但是，现阶段该类设备在基础处理施工过程中应用还不是很广泛，主要原因是该设备资料分析专业性较强，多由设计勘测单位的专业人员进行操作分析，从发现特殊地层情况到得出结论耗时较长，对工期影响较大。同时该类设备本身价格较高，体积较大，单人携带、操作不太方便。因此，我们根据贵州上尖坡水电站工程的需要设计制作了一套简易孔内摄像装置，取得了较好效果。

2　工程概况

2.1　案例背景

上尖坡水电站位于贵州高原南缘向广西丘陵过渡的斜坡地带，地势东北部高，中部南部低。最高海拔1401.00m，位于八茂老山大坪，最低海拔242.00m，位于红水河与曹渡河的汇合处，最大高差1159m。区内地貌以构造侵蚀—溶蚀低山、中低山地貌为主。地质情况符合强风化石灰岩地区的特点，岩溶发育普遍，且岩溶类型较多。

2.2　基础处理区域地质情况

在本项目的帷幕灌浆施工过程中，通过前期先导孔钻孔、芯样资料可发现帷幕灌浆区域的地质条件较差，岩性主要为浅灰至灰黑色中厚层燧石团块灰岩及硅质条带灰岩，偶夹碳质泥岩及煤透镜体，岩溶管道较发育，严重影响了帷幕灌浆施工质量和工程整体进度。

3 帷幕灌浆施工

3.1 帷幕灌浆布置

本工程帷幕灌浆轴线长约1700m，分为两岸上层灌浆平洞洞内灌浆、两岸露天灌浆区域、左岸中层灌浆廊道及坝体朗威内灌浆四个部分。由于该区域属于灰岩地区，帷幕灌浆型式采用悬挂式，防渗标准为$q \leqslant 3$Lu。帷幕灌浆孔为单排布置，孔距均为3m，分为三序孔施工。

3.2 帷幕灌浆施工情况

由于山体中岩溶及岩溶灌浆发育较多，在左右岸上层灌浆平洞内帷幕灌浆过程中，桩号0+114～0+138、0+564～0+579、0+990～1+059均遇到不同深度、不同类型的不良地质段，主要异常情况为黄泥夹层、掉钻、溶蚀裂隙和溶洞。通过分析遇到异常情况时的钻孔资料，初步将本工程异常地质情况统计见表1。

表1　本工程异常地质情况统计表

序号	桩号	孔号	深度/m	缺陷类型	备注
1	0+990～1+026	330～342	6～25	岩溶管道	
2	1+029～1+059	343～353	25～35	岩溶管道	
3	0+138～0+114	46～48	12～18	溶洞	
4	0+564～0+567	188～189	21～27	溶洞	

根据帷幕灌浆施工方案针对不良地质段处理的相关内容和监理工程师根据现场实际情况下达的指令，前后采用了限流、限压、限量灌浆；灌浆过程孔口加砂灌浆；灌浆过程中加入速凝剂灌浆。地质缺陷区域施工情况见表2。

表2　地质缺陷区域施工情况统计表

序号	孔号	水泥量	砂	水玻璃	缺陷类型	备注
1	333，337，341	200t	100m^3	700kg	宽度为3～10cm的岩溶管道	
2	345，349，353	170t		300kg	宽度为2～3cm的裂缝	

通过上述措施后，仍达不到设计要求的灌浆要求。按业主监理要求，遇溶洞的孔段和遇岩溶通道复灌次数较多且仍无回浆的孔段，先暂停地质缺陷范围的帷幕灌浆施工，进行补充勘察。

4 简易孔内摄像装置的设计

近年来微型摄像头、高清摄像头以及防水技术虽然取得了较大进步，但工程类孔内摄像装置却一直没有大的更新换代。为了将孔内摄像技术在基础处理工程上进一步推广应用，我们设计了一种便携式孔内观察摄像设备，该设备成本较低、体积较小单人操作，观察结果更直观，现场施工技术人员即可对其成果进行分析。

4.1 系统组件

针对要达到上述目的的简易孔内摄像装置，其主要设备及功能说明如下：

（1）高清摄像头。高清摄像头作为本系统的信号产生及接收器，摄像头直径为40mm，适用孔径45～220mm，温度范围为0～70℃，最大抗压强度20MPa，可探测最大孔深150m。此外，高清摄像头具备良好的防水性能，确保在100m水深下能够正常工作。

（2）提升系统。为便于单人操作，尽力减轻系统重量，采用尺寸约为ϕ2mm的电缆线作为系统能源提供和提升的载体。电缆线采用抗拉纤维确保其能承受30kg拉力不被拉断。此外，在电缆线上添加技术标志，用以记录摄像头所在深度，并确保其精度在1mm以内。

（3）移动设备及视频处理软件。本工程移动设备为笔记本电脑，同时设计一个视频处理软件，该软件可记录、处理、分析高清摄像头所得视频资料。具有自动识别功能，计算裂隙、岩溶管道的具体位置、构造形态（走向、倾角、宽度）、绘制岩芯剖面图、标注具体方位。

该装置组成如图1所示。

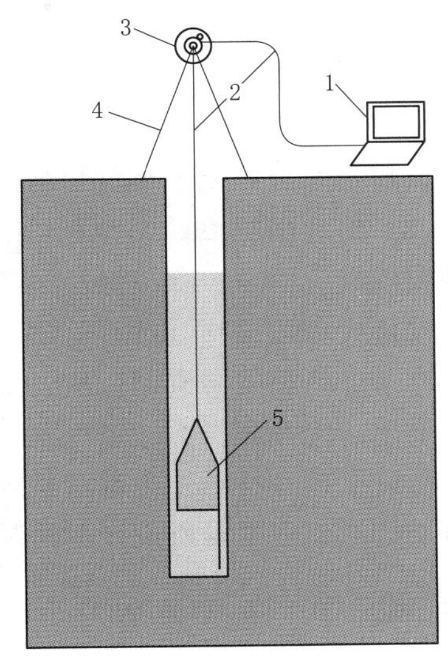

图1　装置组成图

1—移动电脑；2—电缆；3—电缆绕线器；4—绕线器支架；5—摄像头

4.2　操作步骤

简易孔内摄像装置操作步骤简单、迅速，其具体的孔内探测步骤如下：

（1）在检测现场摆放好简易孔内摄像装置。

（2）吊放高清摄像头至待测深度后，缓慢下降开始进行扫描，至检测区域底部，再以低速上升再检查一次，作为复核资料。

（3）将孔内探查取得的视频信号转成移动电脑上的孔内视频录像，并通过视频处理软件进行进一步处理，作为后续对孔内进行分析的资料。

5　简易孔内摄像装置应用情况

通过本项目所设计的简易孔内摄像装置，对现场地质缺陷区域各个帷幕灌浆孔进行逐孔检查。现场进行孔内摄像时，会同监理、业主进行确认孔内影像资料的真实性和可靠度。孔内视频的处理流程一般包含现场视频资料的确认及保存、对裂缝区域进行统计分析、对岩溶管道进行统计分析、确定具体的地质构造、岩性等。213号孔孔内摄像截图如图2所示。

图2　213号孔孔内摄像截图

（根据孔内成像资料，探明孔深14.6m处发现宽度约5cm的脱空）

根据简易孔内摄像装置所得到的详细地质数据，业主召开了关于溶洞及强溶蚀带灌浆方案的专题会议，并达成了相关处理意见：

（1）对于岩溶裂隙较小，不能灌注砂浆，但正常灌浆复灌 5 次仍然达不到灌浆结束要求的孔段，采用双液灌浆直至孔口返浆，待凝一段时间后再扫孔，若扫孔正常灌浆后仍不能达到结束标准，则仍重复采用双液灌浆，按以上方式重复施工，直至灌浆完成。

（2）对于岩溶裂隙较大，采用灌注 M10 的水泥砂浆，直至孔口返浆，若扫孔后仍不返水，通过孔内观察设备观察裂隙情况后，选择（1）或（2）的施工方式进行施工。

（3）对右岸洞口段，在孔口上下游 2m 位置各增加一个探孔，若与溶洞贯通，均采用一级配混凝土回填。保证混凝土的扩散度，混凝土填完后，重新进行钻孔灌浆，若遇到裂隙吸浆量大，按（1）、（2）处理。

对于已经探明溶洞的区域，采用回填混凝土，同时通过检查混凝土的回填情况，决定是否采用前两种施工方式进行施工。

通过上述有针对性帷幕灌浆施工措施，在确保灌浆质量效果的前提下节省了工程成本和施工工期，本项目所设计的简易孔内摄像装置取得了成功应用。

6 结论

本文以上尖坡水电站帷幕灌浆特殊地层处理为依托，自行设置简易孔内摄像装置，解决了目前常用孔内摄像系统存在的使用成本过高、数据处理时间长的问题，达到了孔内摄像的现场单人常规化操作和解析，增强了帷幕灌浆措施的针对性和及时性，保证了施工质量，降低了施工成本，节约了施工工期，可供其他工程参考。

浅谈深基坑工程变形监测方法

刘宗强　武奇维　杨普胜

（中国水电基础局有限公司）

【摘　要】本文结合马来西亚甲洞增江污水处理厂项目，介绍了针对周边场地狭小、软土地基的大型深基坑综合支护的选用标准及在深基坑施工过程中变形监测的方法及分析。

【关键词】深基坑　安全　监测

基坑明挖施工过程中，基坑变形监测是必不可少的一道工序，基坑变形监测的主要作用是用以预见危险的发生，保证开挖基坑的安全稳定性。

本文以甲洞污水处理厂项目前期施工的临时处理池（TTF）为例，简述深基坑监测技术的方法及软土地区深基坑监测的控制和实施流程，为今后类似地层情况的深基坑监测提供借鉴和应用实例。

1　概况

马来西亚甲洞增江污水处理厂项目位于吉隆坡甲洞地区，为原有旧污水处理厂改扩建项目，主要施工内容为临时处理池、主处理池、泵站、平衡池土建施工。

2　基坑监测

2.1　监测标准

基坑支护作为一个结构体系，应要满足稳定和变形的要求，即通常规范所说的两种极限状态的要求，即承载能力极限状态和正常使用极限状态。所谓承载能力极限状态，对基坑支护来说就是支护结构破坏、倾倒、滑动或周边环境的破坏，出现较大范围的失稳。一般的设计要求是不允许支护结构出现这种极限状态的。而正常使用极限状态则是指支护结构的变形或是由于开挖引起周边土体产生的变形过大，影响正常使用，但未造成结构的失稳。因此，基坑支护设计相对于承载力极限状态要有足够的安全系数，不致使支护产生失稳，而在保证不出现失稳的条件下，还要控制位移量，不致影响周边建筑物的安全使用。因而，作为设计的计算理论，不但要能计算支护结构的稳定问题，还应计算其变形，并根据周边环境条件，控制变形在一定的范围内。

一般的支护结构位移控制以水平位移为主，主要是水平位移较直观，易于监测。水平位移控制与周边环境的要求有关，这就是通常规范中所谓的基坑安全等级的划分，对于基坑周边有较重要的构筑物需要保护的，则应控制小变形，此即为通常的一级基坑的位移要求；对于周边空旷，无构筑物需保护的，则位移量可大一些，理论上只要保证稳定即可，此即为通常所说的三级基坑的位移要求；介于一级和三级之间的，则为二级基坑的位移要求。对于一级基坑的最大水平位移，一般宜不大于 30mm，对于较深的基坑，应小于 0.3%H，H 为基坑开挖深度。对于一般的基坑，其最大水平位移也宜不大于 50mm。一般最大水平位移在 30mm 内地面不致有明显的裂缝，当最大水平位移在 40～50mm 内会有可见的地面裂缝，因此，一般的基坑最大水平位移应控制不大于 50mm 为宜，否则会产生较明显的地面裂缝和沉降。

2.2 监测目的

在深基坑开挖的施工过程中，基坑内外的土体由原来的静止土压力状态向主动土压力状态转变，应力状态的改变引起的变形，即使采取支护措施，一定数量的变形总是难以避免的。这些变形包括：深基坑坑内土体的隆起，基坑支护结构以及周围土体的沉降和侧向位移。无论哪种位移的量超出了某种容许的范围，都将对基坑支护结构造成危害。因此，在深基坑施工过程中，只有对基坑支护结构、基坑周围的土体进行综合、系统的监测，才能对工程情况有全面的了解，确保工程顺利进行。

2.3 监测要求

在深基坑开挖与支护工程中，为满足支护结构及被护土体的稳定性，首先要防止破坏或极限状态发生。破坏或极限状态主要表现为静力平衡的丧失，或支护结构的构造产生破坏。在破坏前，往往会在基坑侧向的不同部位上出现较多的变形或变形速率明显增大。支护结构物和被支护土体的过大位移将引起邻近建筑物的倾斜和开裂。如果进行周密的监测控制，无疑有利于采取应急措施，在很大程度上避免或减轻破坏的后果。

2.4 监测内容

本工程布设的监测系统应能及时、有效、准确地反映施工中围护体及周边环境的动向。为了确保施工的安全顺利进行，根据现场的周边环境情况及设计的常规要求，临时处理池（TTF）监测点位如图 1 所示。

（1）基坑周围水平位移观测。基坑周围水平位移观测采用的是安装测斜管，采用测斜仪进行数据读取的方法。围绕临时处理池一共有 6 个水平位移观测点，全面观测基坑施工过程中周围土体的水平位移情况。

（2）基坑周围水位观测。基坑周围水位观测采用的是立管式测压计。围绕临时处理池一共有 6 个立管式测压计，全面观测基坑施工过程中周围土体的水位变化情况。

（3）基坑周围竖向位移观测。基坑周围水位观测采用的是沉降观测点。围绕临时处理池一共有 6 个地面沉降观测点和 3 个墙体沉降观测点，全面观测基坑施工过程中周围土体和现有建筑的沉降变化情况。

（4）监测预警指标。本项目的监测预警指标见表 1。

表 1　　监测预警指标

控制等级	水平偏移/mm	墙体沉降/mm	行动
预警	25	12.5	确认补救措施
控制	40	20	采取补救措施
警报	50	25	停止施工

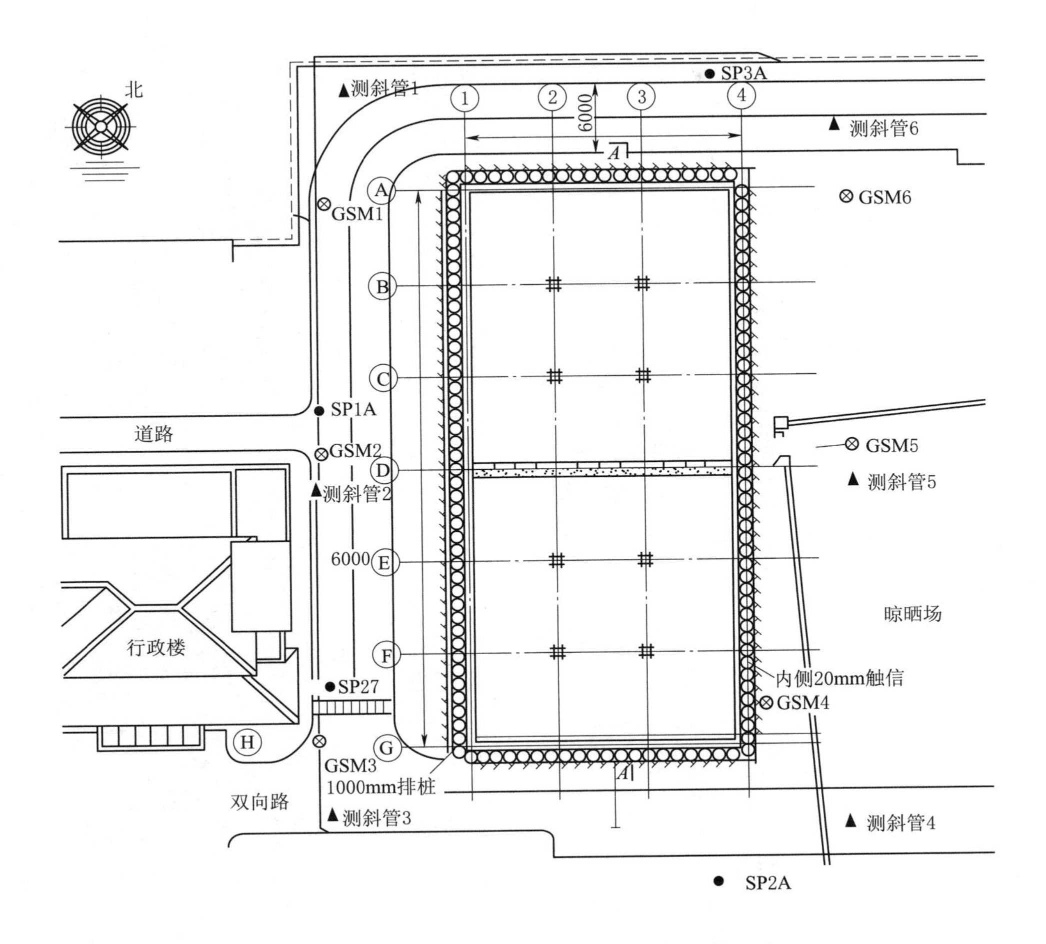

图1　临时处理池（TTF）监测点位布置

3　基坑监测数据分析

临时处理池（TTF）开挖及内支撑工作于2016年11月15日开始，至2017年2月15日结束。在开挖及内支撑工作施工期间，基坑监测工作按照既定计划进行，为基坑的安全施工提供了可靠保证。

3.1　水平位移监测

下面选取水平位移观测点INC1、INC5的监测数据，分析在基坑开挖及内支撑施工期间，临时处理池（TTF）的水平位移情况。水平位移监测数据如图2所示。

由图2可以看出，基坑采用钻孔灌注桩作为支护，其周围土体变形曲线类似于悬臂支护结构，变形呈现顶端变形大、底部变形小的特点。在基坑开挖施工过程中，测点INC1处土体的最大水平位移为32.21mm，而测点INC5处土体的最大水平位移为24.40mm，两个测点数据差异过大的原因是INC1处原始地层为回填淤泥层，开挖过程中土体沉降渗水严重，INC5处为原污水处理厂晾晒场，土体经过一定的处理。

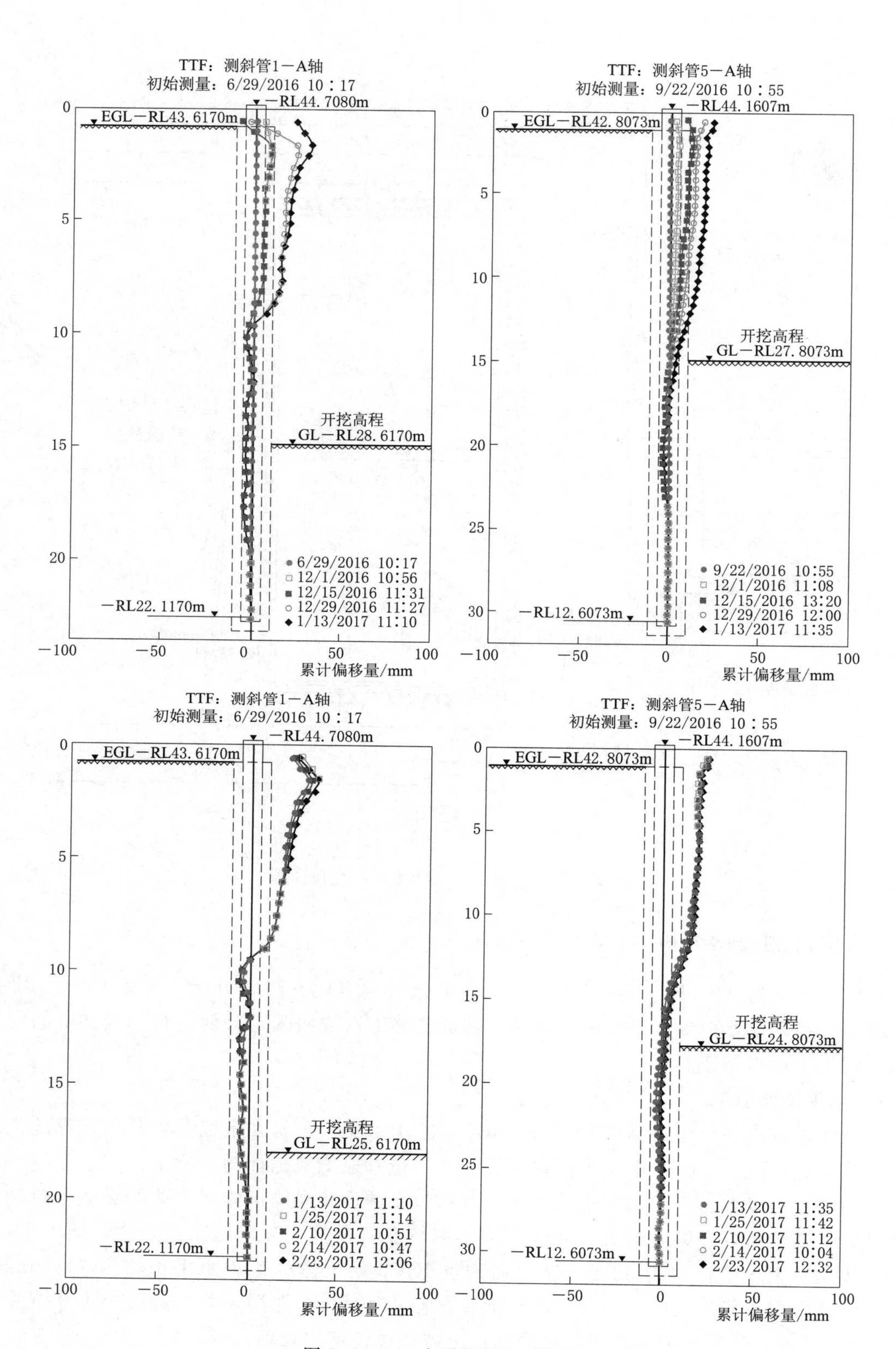

图 2（一）　水平位移监测数据

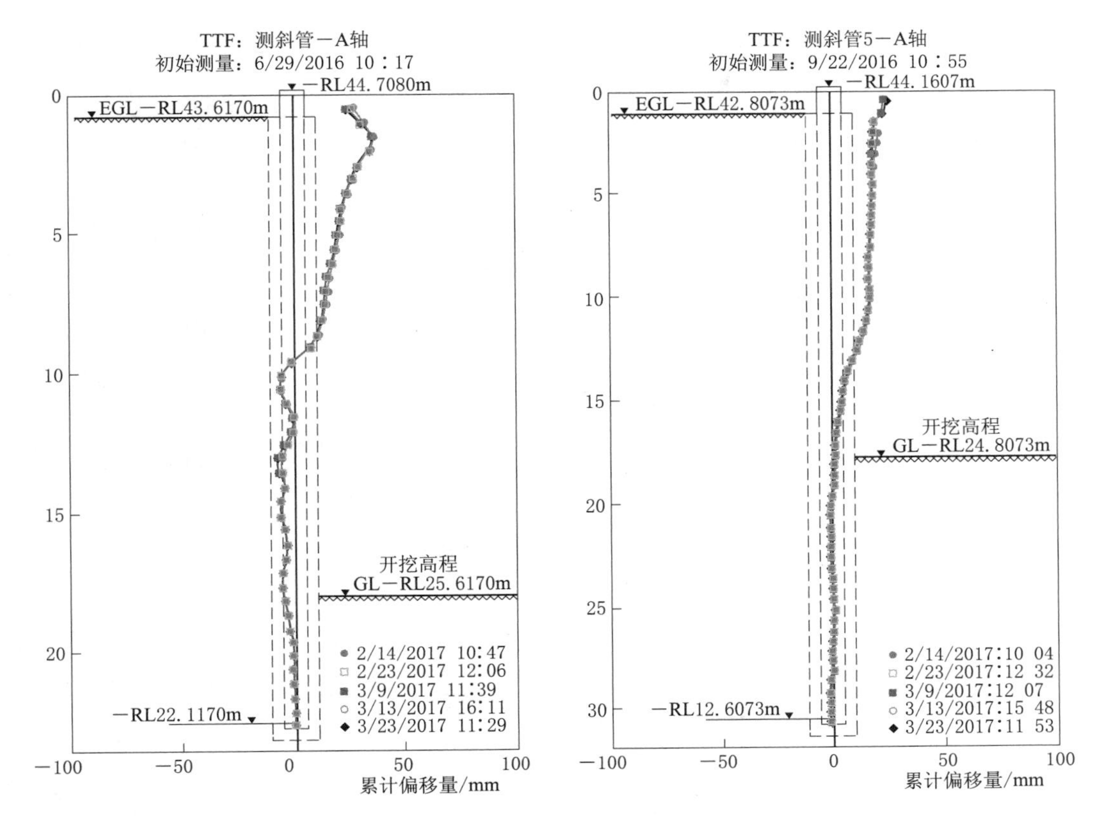

图 2（二） 水平位移监测数据

由图 2 可以得出，基坑土体水平位移变形随着开挖深度的增加而增大，在内支撑安装完成并进行预加载后，基坑达到新的平衡状态，基坑附近的土体水平位移幅度趋于减弱，并直至达到稳定状态。

3.2 水位监测

项目所在区域靠近河流，直线距离约 500m，地下水补给丰富，地下水位距离现有地面仅 2～3m，在基坑开挖过程中，开挖与降水必须同时进行。施工过程中基坑周围地下水位变化如图 3 所示。

随着开挖深度的增加，基坑周围地下水位随之下降，在降至略低于河流底面，高程为 30.88m 处趋于稳定，受降雨等因素影响会出现上下波动。

临时处理池（TTF）基坑开挖底面高程 26.25m，低于地下水位高程面，基坑内排水工作在基坑所有施工结束前必须一直进行。

3.3 竖向位移监测

为了检测基坑施工对周边环境的影响，在基坑周围地面上布置了监测竖向位移的监测点，以取得周围土体的沉降量和沉降速率。基坑竖向位移监测结果如图 4 所示。

基坑周围土体竖向位移随着基坑开挖深度的增加而增大。由图 4 可以看出，从基坑开挖到开挖完成，这个阶段周围土体沉降值较大，一方面由于基坑内土方开挖导致基坑支护结构向坑内发生侧移，基坑外土体不均匀沉降；另一方面在基坑施工开挖期间，降水工作

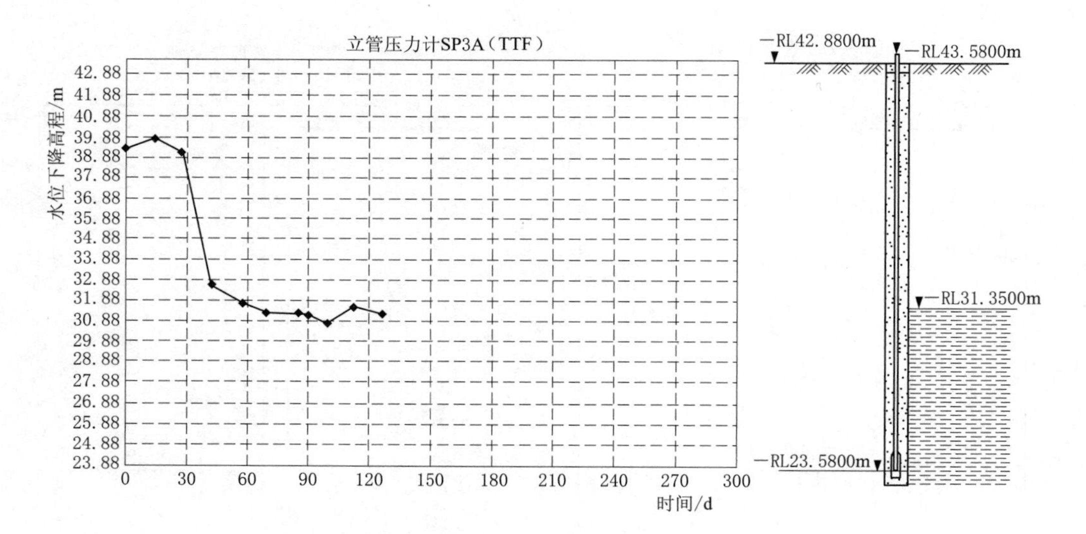

图 3　基坑周围地下水位

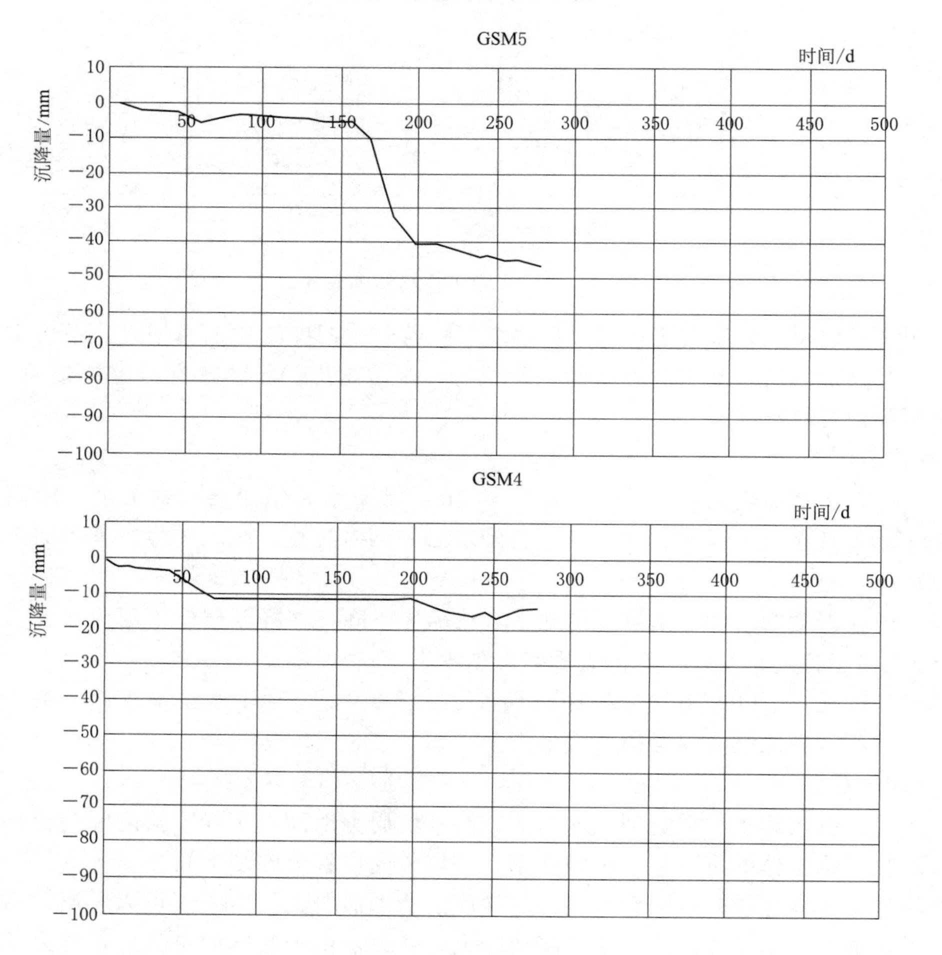

图 4　基坑竖向位移

一直在进行，土体发生固结沉降。在基坑土方开挖完成，内支撑预加载后，基坑外土体继续发生沉降，但趋于稳定。

对于两个观测点沉降差异值过大问题，是由于在观测点5地面上距离观测点5约20m处，新建一处建筑面积约1000m^{2}三层钢筋混凝土结构的建筑物，加大了观测点5的土体沉降值。

4 结语

马来西亚甲洞增江污水处理厂项目临时处理池区域深基坑施工安全监测，通过对现场所得的信息进行分析、反馈及临界报警，有利于及时调整设计、改进施工方法及制定应急措施，对保证基坑开挖及结构施工安全起到了积极的作用，为类似的深基坑施工提供了参考依据和宝贵的经验。

浅谈乌干达伊辛巴水电站标贯试验

任　磊

（中国水电基础局有限公司）

【摘　要】标准贯入试验是一种国际通用的原位测试方法，本文主要结合乌干达伊辛巴水电站基础处理工程koova岛上标准贯入试验施工的实际情况，对施工方法及工艺进行分析，结合国内外这种试验的发展过程，并对其中的一些问题进行探讨，以推广标准贯入试验方法的应用。

【关键词】乌干达　伊辛巴水电站　基础处理　标准贯入试验

1　工程概况及地质情况

1.1　工程概况

伊辛巴水电站项目位于乌干达南部，处于维多利亚湖和基奥加湖（Kyoga）之间的丘陵区。在维多利亚尼罗河左岸，项目地点坐落于卡永加地区布萨纳（Busana）次级县的Nampanyi村，在河流右岸，项目地点位于卡穆利（Kamuli）地区Kisozi次级县的Bugumira附近。

坝址的地表地形是一条宽阔的河流山谷，河流在山谷内环绕一个中心岛（即Koova岛）流过。河谷的宽度约为800m。

1.2　地质情况

地层岩性：坝址区地层从上至下依次为覆盖层、全风化岩石、强风化岩石和弱风化岩石。

坝址的地质特点是由花岗质片麻岩组成，大约呈东北至西南走向，有角闪岩岩脊穿过整个坝址。角闪岩更耐风化并且在河岸内侧和Koova岛上突出形成岩脊，河道内部较小岛屿和急滩也是由角闪岩脊组成。在角闪岩脊之间的区域，花岗片麻岩很少暴露出地表。岩石风化剖面穿透花岗片麻岩达到不同的深度。

在Koova岛地表可以遇到残积土，主要由黏土、粉土和砂组成，残积土厚度0～6.8m。残积土表面为少量有机表层土所覆盖，表层土的厚度约为0.3～0.8m。在河谷内部可以遇到冲积物，包括在Koova岛上的冲积层。

根据钻孔孔内试验结果，坝址区岩石的渗透率约为0～35Lu，孔内地下水水位约在6.1～12.2m。

2 Koova岛标准贯入试验施工

2.1 标准贯入试验（Standard penetration Test，SPT）

标准贯入试验原来被归入动力触探试验一类，实际上，它在设备规格上与重型圆锥动力触探试验也具有很多相同之处，而仅仅是圆锥形探头换成了由两个半圆筒组成的对开式管状贯入器。此外与重型圆锥动力触探试验不同之处在于，标准贯入试验就是利用一定的锤击动能，将一定规格的对开管式贯入器打入土层中，根据打入土层中的贯入阻力，评定土层的变化和土的物理力学性质。贯入阻力用贯入器贯入土层中的30cm的锤击数$N_{63.5}$表示，也称标贯击数。

标准贯入试验开始于20世纪40年代，在国外有着广泛的应用，我国也于1953年开始应用。标准贯入试验结合钻孔进行，国内统一使用直径42cm的钻杆，国外一般使用直径50cm或60cm的钻杆。标准贯入试验的优点在于：操作简单，设备简单，土层的适应性广，而且通过贯入器可以采取扰动土样，对它进行直接描述和有关的室内土工试验。如对砂土做颗粒分析试验。本试验特别对不易钻探取样的砂土和砂质粉土物理力学性质的评定具有独特的意义。

2.2 试验目的

（1）采取扰动土样，鉴别和描述土类，按照颗粉分试验结果给土层定名。

（2）判别饱和砂土、粉土的液化可能性。

（3）定量估算地基土层的物理力学参数，如判定黏性土的稠度状态、砂土相对密度及土的变形和强度的有关参数，评定天然地基土的承载力和单桩承载力。

2.3 试验设备

标贯试验设备主要由标贯器、穿心导向触探杆、穿心落锤三部分组成（图1）。标准贯入试验设备规格及适用土类见表1。

表1　　标准贯入试验设备规格及适用土类表

落锤	落锤质量/kg	63.5±0.5
	落距/mm	76±2
标贯器	长度/mm	500
	外径/mm	51±1
	内径/mm	35±1
管靴	长度/mm	76±1
	刃口角度	18～20
	刃口单刃厚度/mm	2.5
钻杆（相对弯曲<1‰）	直径/mm	50
贯入指标	贯入30cm的锤击数$N_{63.5}$	
主要适用土类	砂土、粉土、一般黏性土	

2.4 标准贯入试验的施工技术要求

（1）钻进方法。为保证贯入试验的钻孔质量，采用回转钻进，当钻进至试验标高以上

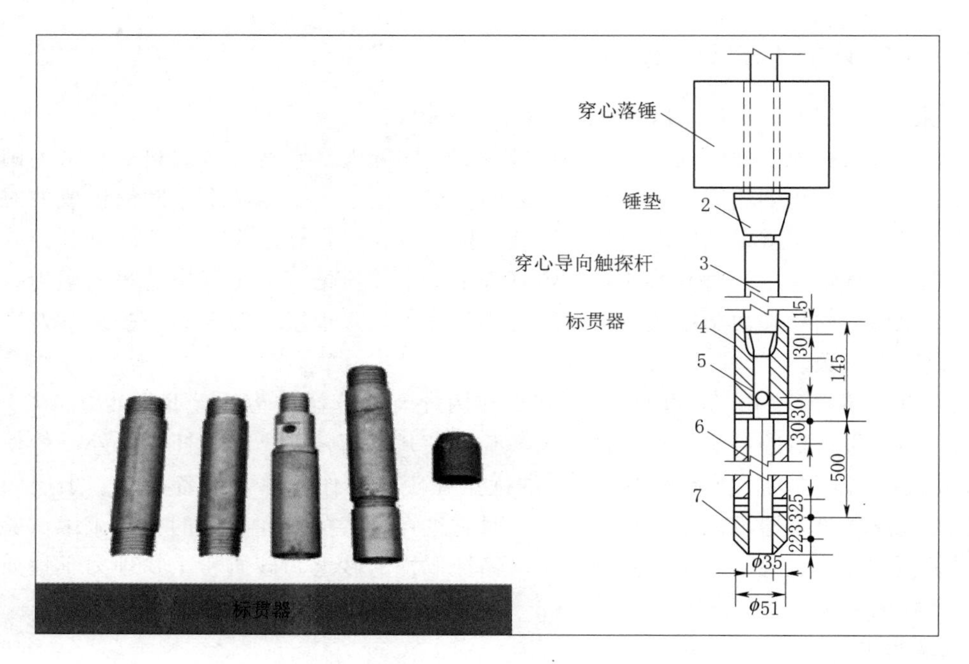

图1　标贯器组成

15cm外，应停止钻进。为保持孔壁稳定，必要时可用泥浆或套管护壁。如使用水冲钻进，应使用侧向水冲钻头，不能用向下水冲钻头，以使孔底土尽可能少扰动。扰动直径在63.5～150cm，钻进时应注意以下几点：

1）仔细清除孔底残土到试验标高。

2）在地下水位以下钻进时或遇承压含水砂层，孔内水位或泥浆面始终应高于地下水位足够的高度，以减少土的扰动。否则会产生孔底涌土，降低 N 值。

3）当下套管时，要防止套管下过头，套管内的土未清除。贯入器贯入套管内的土，使 N 值急增，不反映实际情况。

4）下钻具时要缓慢下放，避免松动孔底土。

（2）应采用自动脱钩的自由落锤装置并保证落锤平稳下落，减小导向杆与锤间的摩阻力，避免锤击偏心和侧向晃动，保持贯入器、探杆、导向杆连接后的垂直度，锤击速率应小于每分钟30击。

（3）标准贯入试验所用的钻杆应定期检查，钻杆相对弯曲小于1/1000，接头应牢固，否则锤击后钻杆会晃动。

（4）标准贯入试验时，先将整个杆件系统连同静置于钻杆顶端的锤击系统一起下到孔底，在静重下贯入器的初始贯入度需作记录。如初始贯入试验，N 值记为零。标准贯入试验分两个阶段进行：

1）预打阶段：先将贯入器打入15cm，如锤击已达100击，贯入度未达15cm，记录实际贯入度。

2）试验阶段：将贯入器再打入30cm，记录每打入10cm的锤击数，累计打入30cm的锤击数即为标贯击数 N。当累计数已达100击（国内一般为50击），而贯入度未达

30cm，应终止试验，记录实际贯入度 s 及累计锤击数 N。按下式换算成贯入 30cm 的锤击数 N：

$$N=\frac{30\times 100}{\Delta S}$$

式中：ΔS 为对应锤击数 100 的贯入度，cm。

（5）标准贯入试验可在钻孔全深度范围内等间距进行，也可仅在砂土、粉土等需要试验的土层中等间距进行，间距一般为 1.0～2.0m。本项目前三个孔用的是 1.0m 间距，经过试验后，发现砂土层坍塌深度太多，设计要求调整间距为 2.0m。

（6）由于标准贯入试验锤击数 N 值的离散性往往较大，故在利用其解决工程问题时应持慎重态度，仅仅依据单孔标贯试验资料提供设计参数是不可信的，如要提供定量的设计参数，应有当地经验，否则只能提供定性的结果，供初步评定用。

（7）贯入击数的修正问题。当用标准贯入试验锤击数按规范查表确定承载力或其他指标时，应根据规范规定按下式对锤击数进行触探杆长度校正：$N_1=\alpha N$。触探杆长度校正系数见表 2。

表 2　　触探杆长度校正系数表

触探杆长度/m	≤3	6	9	12	15	18	21
校正系数 α	1.00	0.92	0.86	0.81	0.77	0.73	0.70

2.5　标准贯入试验试验成果的应用

标准贯入试验的主要成果有：标贯击数 N 与砂土密实度的关系；黏性土的稠度状态与标贯击数 N 的关系；砂土及黏性土承载力标准值与标准贯入击数 N 的关系；饱和砂土、粉土的液化。下面简述标贯击数 N 的应用。应该指出，在应用标贯击数 N 评定土的有关工程性质时，要注意 N 值是否作过有关修正。

（1）判断砂土密实度。标贯击数与砂土密实度的关系对照见表 3。

表 3　　标贯击数与砂土密实度的关系对照表

密实程度		相对密实度	标贯击数 N			
国外	国内		国外	国内		
				粉砂	细砂	中砂
极松	松散	0～0.2	0～4	<4	<13	<10
松			4～10	>4	13～23	10～26
密实	密实	0.67～1	30～50		>23	>26
极密			>50			

（2）评定黏性土的稠度状态。黏性土的稠度状态与标贯击数的关系见表 4。

表 4　　黏性土的稠度状态与标贯击数的关系表

标贯击数 N	<2	2～4	4～7	7～18	18～25	>35
稠度状态	流动	软塑	软可塑	硬可塑	硬塑	坚硬
液性指数 I_L	>1	1～0.75	0.75～0.5	0.5～0.25	0.25～0	<0

(3) 评定地基土的承载力。砂土承载力标准值与标准贯入击数的关系见表5；黏性土承载力标准值与标准贯入击数的关系见表6。

表5　砂土承载力标准值与标准贯入击数的关系

f_k/kPa \ 标贯击数 N		10	15	30	50
土类	中、粗砂	180	250	340	500
	粉、细砂	140	180	250	340

表6　黏性土承载力标准值与标准贯入击数的关系

标贯击数 N	3	5	7	9	11	13	15	17	19	21	23
F_L/kPa	105	145	190	235	280	325	370	430	515	600	680

(4) 饱和砂土、粉土的液化。标准贯入试验是判别饱和砂土、粉土液化的重要手段。对于饱和的砂土和粉土，当初判为可能液化或需要考虑液化影响时，可采用标准贯入试验进一步确定其是否液化。当饱和砂土或粉土实测标准贯入锤击数（未经杆长修正）N 值小于或等于液化判别标准贯入锤击数临界 N_0 值时，则应判为液化土，否则为不液化土。

$$N_{cr}=N_0[0.9+0.1(d_s-d_w)]\sqrt{\frac{3}{\rho_c}}$$

式中：d_s 为饱和土标准贯入点深度，m；d_w 为地下水位；ρ_c 为饱和土黏粒含量百分率，当 ρ_c(%)<3时，取 $\rho_c=3$；N_0 为饱和土液化判别的基准贯入锤击数，可按照表7采用；N_{cr} 为饱和土液化临界标准贯入锤击数。

表7　液化判别基准标准贯入锤击数 N_0 值

烈度	Ⅶ	Ⅷ	Ⅸ
近震	6	10	16
远震	8	12	—

注　适用于地面下15m深度范围内的土层。

3　总结

在Koova岛防渗墙两侧进行的标准贯入试验，由中国公司设计，印度咨询EIPL公司现场监督，采用欧美工程施工规范与中国规范相结合进行的。国外的很多设计理念上与中国存在较大的差异。印度咨询EIPL监理人员很专业也很敬业，要求非常严谨，每天在工地上认真负责地旁站监督，各种问题均没有丝毫放松和商量的余地。在保证试验质量的前提下，更重要的是要对成果进行科学的统计和分析。此次标准贯入试验达到了咨询的要求，为后续工程设计与施工提供了重要的参考。

湿磨细水泥浆材中颗粒细度检测技术研究

陈　昊　陈　彤

（长江水利委员会长江科学院）

【摘　要】湿磨细水泥浆材颗粒细度是影响其可灌性和灌浆质量的关键因素之一。根据其制备特点，研究适于工程现场质量控制需要的浆材细度检测方法，来对制浆质量进行控制和评价。浆液中水泥细度检测方法不同于普通干粉水泥，通过对比显微镜法、沉降法、激光衍射法等不同颗粒细度检测方法，研究出了适于湿磨细水泥特性和灌浆工程需要的细度检测技术，通过三峡、锦屏和溪洛渡等工程应用取得了良好的效果，制定了相应的行业技术标准。

【关键词】湿磨细水泥　灌浆　颗粒细度　检测

1　概述

湿磨细水泥浆材中水泥颗粒的细度是影响其可灌性和决定灌浆效果的主要因素之一。湿磨细水泥浆材是将普通水泥浆材经水泥湿磨机在灌浆施工现场研磨而成的一种新型灌浆材料，其浆材中水泥颗粒的细度分布取决于水泥湿磨机的性能和研磨工艺。而制浆设备本身的损耗以及浆材受磨时间的不同会影响水泥颗粒细度。

颗粒粒径既取决于直接测量（或间接测量）的数值尺寸，也取决于测量方法。粒径分布表现为颗粒大小分布的统计值。由于各种粒径测量方法的物理基础不同，同一样品采用不同的测量方法得到的粒径的物理意义甚至粒径大小也不尽相同。如筛分法得到的是筛分径，而且筛分法只适用于粒径大于 60μm 的颗粒。显微镜、计数法、激光衍射法得到的是统计径；沉降法得到的是等效径（即等于具有相同沉降末速的球粒的直径）；透气法和吸附法得到的是比表面积径。而显微镜法和计数法则比较费时，且测定的准确性受主观因素影响很大，透气吸附法则根本得不到粒度分布。因此必须研究一种适于灌浆工程现场质量控制需要的湿磨细水泥浆材细度检测方法，来对浆材制备质量进行客观评价和控制。

2　目前主要检测方法

2.1　光学显微镜法

在 20 世纪 90 年代，受检测技术手段的限制，光学显微镜法作为现场检测湿磨细水泥浆材中颗粒最大粒径的一种的方法。此方法只能大致了解浆材中水泥颗粒的最大粒径，不能测得各粒径的百分比含量及分布，有很大的局限性，且检测以人工观测为主，检测结果主观性强，不能适应现代水电工程大规模灌浆施工的质量控制需要。

2.2 沉降法

沉降法利用重力沉降原理，通过测量介质中颗粒沉降速度来测定颗粒粒径的一种方法。依据斯托克斯（Stokes）定律可以测定粒径为与试样颗粒具有相同沉降速度的球形颗粒的直径。由于 Stokes 公式适用于粒径大于 2μm 的颗粒，所以该方法主要用于检测粒径在 2～100μm 的颗粒。当颗粒粒径小于 5μm 时，沉降法测量需要较长的时间，可采取离心机辅助加速颗粒的沉降。

2.3 激光衍射法

激光衍射法依据颗粒对激光的夫琅和费（Fraunhofer）衍射原理设计，具有测试速度快、误差小、重复性好等特点。可以直接得到被测试颗粒的粒度分布直方图、曲线图。但此类仪器结构复杂，对检测环境要求高，不适合作为工程现场通用检测仪器。

3 湿磨细水泥颗粒细度检测技术研究

3.1 光透沉降式粒度测试仪

为研究适于湿磨细水泥浆材中颗粒细度检测技术，研制了光透沉降式粒度测试仪。仪器研制融合了沉降法、光透法、离心法和分段法等几种颗粒测试方法。其基本原理如下：

（1）沉降法。通常认为颗粒在液体中沉降过程符合 Stokes 定律，由下式表示：

沉降速度
$$V_s=\frac{d^2(\rho_s-\rho_f)g}{18\mu} \tag{1}$$

$$d=\sqrt{\frac{18\eta V}{(\rho_1-\rho_2)g}} \tag{2}$$

式中：d 为粒子直径，mm；g 为重力加速度，cm/s^2；ρ_s 为粒子密度，g/cm^3；μ 为液体黏度，cm/s^2；ρ_f 为液体密度，g/cm^3。

（2）光透法。如给定沉降高度，可测量不同颗粒大小的沉降时间与透光量的关系，透光量和浓度的关系符合 LAMBERT - BEER 定律：

$$\lg I=\lg I_0-k\int n_x x^2\mathrm{d}x \tag{3}$$

式中：k 为仪器常数；n_x为在光路上存在的直径为 x 的颗粒个数；I_0 为纯液体介质时透光量；I 为加样品介质时透光量。

根据式（3）可求出某一时间的光透过率对数，这样可测量出颗粒直径与光透过率的关系曲线。便可求出粒度分布结果。如果测量颗粒较小，则要考虑消光系数的影响，为准确地测量采用校正消光系数的方法，考虑消光系数的解析公式为

$$\lg I=\lg I_0-k\int k_x n_x x^2\mathrm{d}x \tag{4}$$

式中：k_x为吸光系数。k_x值随装置的结构而发生变化，光透式粒度测定仪的 k_x，采用平均粒径和吸光系数的积来表示，故实际计算时，要乘以校正系数进行校正。

（3）离心法。由 Stockes 沉降公式可知：沉降速度和颗粒直径的平方成正比。颗粒越小，沉降速度就越慢，测定的时间就会大大地延长，不利于水泥颗粒检测。当颗粒极微小时，其布朗运动对颗粒沉降产生干扰，所以需要采用离心机进行离心沉降以解决微小颗粒的测试问题。离心时间 T 为

$$T=\frac{18\mu}{(\rho_s-\rho_f)x^2\omega^2}\ln\frac{r}{S} \tag{5}$$

式中：r 为离心机轴心至测试点的距离；x 为粒径；S 为离心机轴心到沉降槽液面的距离；ω 为离心机角速度。

（4）分段法。粒度分析仪在颗粒细度统计计算中都要对粒度分布进行离散化。假设粒径呈不连续分布，粒径上、下限分别为 D_n 和 D_1，且 $D_1<D_2<\cdots<D_n$。先用沉降高度 H，测量较大粒径段颗粒粒度分布；然后测量较小粒度段颗粒粒度分布。依据交叉段分布相等的原理，采用平滑技术，得到全程粒径分布。

综合上述检测方法研制的 NSKC 粒度仪，其主要技术特点：

1）采用湿法分散技术。首先通过机械搅拌使样品均匀散开，再由超声高频震荡使团聚的颗粒充分分散，电磁循环泵使大小颗粒在整个循环系统中均匀分布，保证宽分布样品测试的准确。

2）测试简便快捷。测试过程依据参数设定只有几分至十几分钟。测试结果以粒度分布数据表、分布曲线、比表面积、D_{10}、D_{50}、D_{90}等方式输出。

3）输出数据直观。测试软件兼容各种系统平台，操作简单直观，具有强大的数据处理与输出功能，用户可以选择和设计输出方式。

3.2 湿磨细水泥颗粒细度的测试

（1）取样及试样的制备。为保证测量精度，取样可按缩分法取样，加入分散介质及分散剂，然后放置于沉降槽中开始测定。如果颗粒较难分散，则需要将装有样品的容器放置于超声分散器中分散 2～5min。

（2）水泥浆液浓度的选择。水泥浆液浓度对颗粒测量误差影响较大。浓度高时颗粒难以分散容易引起凝聚，同时也大大干扰沉降，达不到应有的测量精度。光透沉降法测试时最佳样品浓度 0.1%～0.02%。

（3）分散介质的选择。分散介质起到阻止水泥水化反应进程的作用，保证样品不发生凝结、溶解等现象。湿磨细水泥浆液常用分散介质是水和乙醇，有时也可加入甘油来调整分散介质的黏度，以免影响粒度测试。

（4）分散剂的选择及用量。测量时通常会出现水泥颗粒不能均匀地以单颗粒分散于介质中，因此要加入分散剂。分散剂的选择对精确测量影响也很大，分散剂的种类很多，如六偏磷酸钠、磷酸三钠、氨水、柠檬酸钾、葡萄糖等。分散剂的用量也是应注意的问题，加入太少分散作用不明显，加入太多则可能反过来产生凝聚作用。通常较适合的范围是 0.001%～0.1%（重量）。

4 工程现场湿磨细水泥的细度检测

由于湿磨细水泥浆材必须在工程现场制备，水泥湿磨机本身并不具有颗粒细度检测控制的功能。而浆材中水泥颗粒的细度是直接影响灌浆效果的关键指标。特别是在工程现场制备湿磨细水泥灌浆材料时，对水泥颗粒粒径及其分布进行同步检测监控对保证灌浆工程质量非常必要。

4.1 工程现场湿磨细水泥细度检测的一般要求

湿磨细水泥浆材由普通水泥浆材经水泥湿磨机研磨而成，水泥湿磨机经过一段时间使用后，由于设备的磨损以及浆材受磨时间的不同，输出料粒径是否达到要求，需要通过现场检测水泥浆材中的颗粒粒径来判定。结合多个灌浆工程应用情况和湿磨细水泥浆材制备工艺特点，进行了取样部位、检测频率和质量控制反馈程序等多控制因素的影响研究。通过研究认识了各因素间相互作用规律，对湿磨细水泥浆材细度检测作出一般要求：①在水泥湿磨机出浆口取样，才能真实反映磨细效果。②更换磨齿、大修保养后和开灌前必须进行细度检测已验证水泥湿磨机是否合格。③由于水泥湿磨机磨齿具有一定寿命，因此在使用一段时间后时应进行颗粒细度检测。

4.2 水利工程中湿磨细水泥的细度检测

三峡工程是最早开展湿磨细水泥细度检测工作的水利工程，为保证湿磨细水泥浆材灌浆质量在湿磨细水泥灌浆全程开展了该项工作。整个检测工作可分为两个阶段：

（1）第一阶段：1996—2002年在三峡工程二期下游围堰帷幕灌浆和厂房坝段固结灌浆工程中验证了细度检测技术手段在工程应用中的可靠性、环境适应能力、与湿磨细水泥灌浆工艺的兼容性，兼顾工程使用经济性考虑，开展了细度检测试验工作，取得了良好的效果。

（2）第二阶段：2002—2006年在工程各灌浆施工部位进行了湿磨细水泥灌浆细度检测的全面应用工作，为三峡工程灌浆工程质量控制提供了有力的保障。在这一阶段中，开展了光透沉降粒度仪与激光粒度检测仪的工程现场对比检测试验工作。激光粒度仪必须在具有恒温恒湿的实验室环境条件下才能正常工作，这一工作条件在我国的绝大多数水利工程中尚不具备，此外，其使用成本高，不具备大范围使用的可行性。

近年来，在锦屏一级、向家坝、溪洛渡、瀑布沟、丰满和白鹤滩等数十个水利水电灌浆工程中全面进行了湿磨细水泥细度检测工作，为提高灌浆质量提供了有力的保障。通过制定《湿磨细水泥浆材试验及应用技术规程》（SL578—2012）对湿磨细水泥细度检测作业进行了规范。

5 结语

水泥浆材在流动过程中颗粒的沉降行为对灌浆效果影响较大，结合现场细度检测的实际需要，光透沉降粒度仪更适于在工程现场来测定湿磨细水泥的粒径分布。从多个水利水电工程中湿磨细水泥现场检测实践来看，现有主流颗粒细度检测仪检测速度快，检测范围可控，检测结果直观、唯一，完全能够满足工程监理质量控制要求。仪器具有使用操作简单，轻巧便携，自动化程度高及对环境适应性强等优点，更适合水利水电工程现场对水泥细度的质量控制测试工作。

参考文献

［1］ 陈昊，魏涛，尹作坊．岩土工程湿磨细水泥灌浆技术研究与应用［M］．北京：中国水利水电出版社，2013.

［2］ 王清华，简森夫，金春强．一种分段式宽域粒度沉降分析仪的研制［J］．水泥，2003，7：47-49.

［3］ 崔敏敏，徐钱芳，简森夫．颗粒粒度分布分辨率的研究［J］．非金属矿，2009，32（3）：55-58.

其　他

南京绿地金茂国际金融中心
基坑监测

江苏河海工程技术有限公司
简　介

江苏河海工程技术有限公司（简称江苏河海公司）为具有独立法人资格的河海大学全资企业，公司注册资本金2039万元。公司拥有水利水电工程施工总承包二级资质、地基与基础工程施工专业承包二级资质，工程测绘乙级资质。公司于2006年通过ISO 9000质量体系认证。公司是以河海大学为科研背景支持，以水利水电新技术推广应用为核心，以工程科研、工程监测、工程施工为载体的综合型科技公司。

江苏河海公司作为国内最早的软土地基处理系列新技术的研究开发及应用单位之一，在广深高速、沪宁高速等工程中应用之后，在全国软土地基处理中被广泛应用。取得了显著的经济和社会效益。此外在水利水电工程施工中，主要承担过水库和水电站大坝工程、地基与基础工程、边坡工程、隧洞引水工程、泵站建设工程等，其中秦淮河综合整治工程获得“扬子杯”金奖。

江苏河海公司承担过南京长江二桥、三桥、四桥、大胜关桥、润扬、江阴、泰州、苏通长江大桥的工程测量项目。承担过许多抽水蓄能电站安全监测（如天荒坪、宜兴、琅琊山、泰山、蒲石河、桐柏、白莲河等），此外还承担了较多的高边坡、高速公路地基基础、城市地铁隧道、铁路路基及桥梁监测。目前正在进行监测的典型工程有华东地标（绿地金茂国际金融中心）600m高楼48m深基坑。

江苏河海公司科研团队利用河海大学工程试验优越条件，近年来研制开发的有16项国家专利技术，获得省级工法和优秀专利奖多项，其中“混凝土大直径薄壁管桩技术”获2011年国家技术发明二等奖。取得了明显的社会效益和经济效益。

ArcGIS 环境下基于 DEM 自动提取流域特征在海南省“一河一策”项目中的应用与研究

程青雷　王云燕　耿君凯

（中国水电基础局有限公司科研设计院）

【摘　要】 本文以海南省大塘河为例，在 ArcGIS 环境下基于 DEM 数据，对流域特征的提取原理和步骤进行了详细介绍。旨在利用现有共享 DEM 数据获取方便、成本低的特点，探索 ArcGIS 软件在“一河一策”报告编制工作中应用的可行性。结果表明：使用 ArcGIS 提取流域特征，集水面积阈值的确定对结果影响较大——阈值越小，河网分级越详细；反之，河网分级越粗糙；ArcGIS 提取的大塘河流域特征与实际河网吻合度较高，证明该方法在效率和精度方面完全可以满足“一河一策”报告编制工作的需要。

【关键词】 ArcGIS　DEM　流域特征　一河一策　集水面积阈值

1　引言

流域，作为我国目前全面推行河长制“一河一策”报告编制工作中的基本水资源管理单元之一，其特征信息的获取至关重要。数字高程模型（Digital Elevation Model，DEM）是用一组有序数值阵列形式表示地面高程的实体地面模型，其中包含了大量的地表形态和水文信息，能够反映各种分辨率的地形特征。ArcGIS 软件下的水文分析模块（Hydrology）是根据 DEM 栅格特征提取原理来建立地表水的运动模型，在进行流域水文信息分析及可视化显示方面优势明显。在精度满足要求的情况下，将二者结合将大大提高工作效率。

为了验证现有共享 DEM 数据应用于海南省“一河一策”报告编制工作的可行性，本文使用 ArcGIS 软件以海南省大塘河流域为例，基于现有共享 DEM 数据进行了流域特征提取及相关研究。

2　原理与步骤

2.1　Arc Hydro 数据模型

Arc Hydro 数据模型是一种基于 Geodatabase 数据模型把 GIS 和水文地理相结合建立起的水文地理数据模型，存储水文要素的空间、属性及时间数据，用来描述流域的特征地貌和地形，通过水的运动路径来反映各要素类之间的关系。Arc Hydro 数据模型结构信息详见表 1。

表 1　　　　　　　　　　　　**Arc Hydro 数据模型结构信息**

结构名称	表达信息	主要要素类
汇流区域（Drainage）	水文地理几何特征	DrainagePiont；DrainageLine
水文地形（Hydrography）	地表水系及等的底图信息	HydroPiont；HydroLine；HydroArea
水文网络（Network）	河流的总体信息及地表水的连通性	Network 几何网络
河道描述（Channel）	河流的三维形态	ProfileLine；CrossSections
时间序列（TimeSeries）	存储监测站等的定期观测数据	TimeSeries 和 TSType 对象类

2.2　D8 算法

在 ArcGIS 中，以 3×3 的栅格 DEM 为基础，径流方向采用单流向 D8 算法，即通过计算中心栅格单元与邻域 8 个栅格的最大距离权落差来确定。如果高程差为正值，则为流出；为负值，则为流入。距离权落差按下式计算：

$$\theta_{ij} = \arctan\left|\frac{h_i - h_j}{D}\right|$$

式中：h_i 为中心栅格单元高程；h_j 为邻域栅格单元高程；D 为两栅格中心间距离，其中：水平或垂直相邻方向，D 为单元格大小；对角线方向，D 为 $\sqrt{2}$ 倍单元格大小。

D8 算法进行径流方向分析的原理示意如图 1 所示。

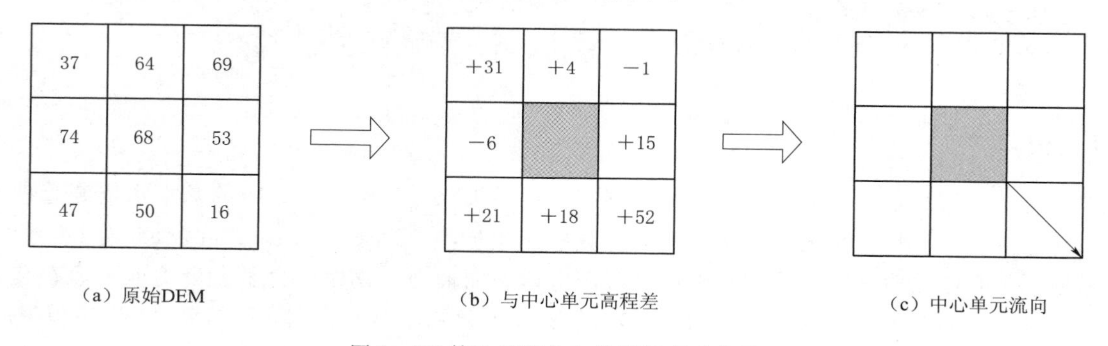

图 1　D8 算法径流方向分析原理示意图

3　实例应用

3.1　数据源

本文所用 DEM 数据是 GDEMV2 30m 分辨率数字高程数据，从中国科学院地理空间数据云下载获得，原始数据范围为东经 109°00′00″～111°00′00″与北纬 18°00′00″～20°00′00″之间的栅格区域，X 和 Y 方向上各有 7201 个栅格单元，原始 DEM 格栅如图 2 所示。

ASTER GDEM 数据产品基于“先进星载热发射和反辐射计（ASTER）”数据计算生成，是目前唯一覆盖全球陆地表面的高分辨率高程影像数据。自 2009 年 6 月 29 日 V1 版 ASTER GDEM 数据发布以来，在全球对地观测研究中取得了广泛的应用。ASTER GDEM V2 版对 V1 版 GDEM 影像进行了改进，提高了数据的空间分辨率精度和高程精度。

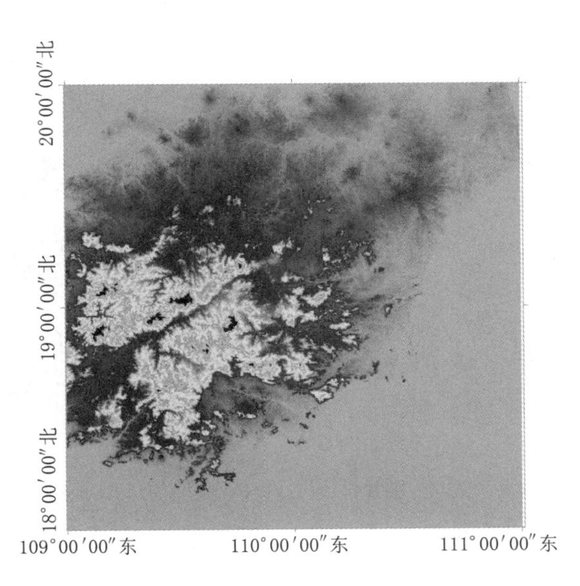

图 2　原始 DEM 格栅

3.2　流域特征提取步骤

ArcGIS 中提取流域特征使用的是其内嵌工具集 Arc Hydro Tools，ArcGIS 流域特征提取步骤如图 3 所示。

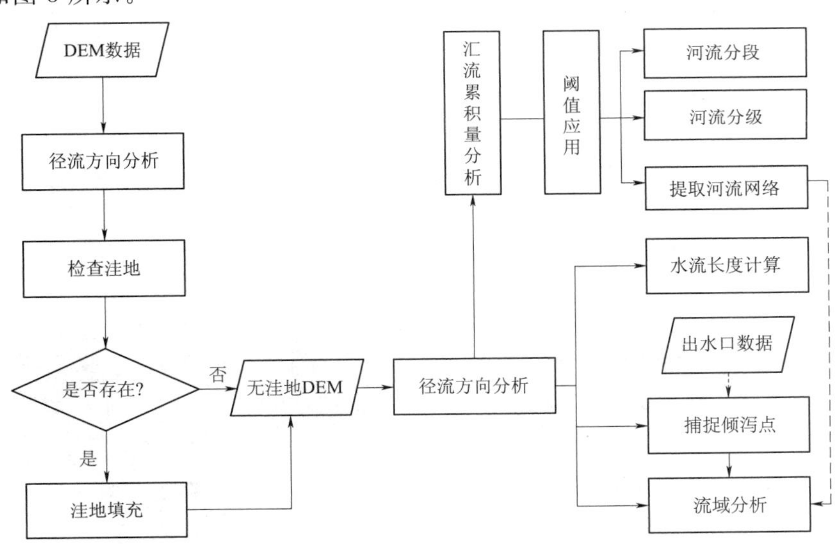

图 3　ArcGIS 流域特征提取步骤

接下来，以海南省大塘河流域为例，对流域特征提取的过程详述如下。

3.2.1　DEM 的预处理

原始的 DEM 数据由于采样误差所致，一般都会含有洼地或尖峰区域。洼地中的水流只能流入而不能流出，而尖峰中的水流则只能流出而不能流入，由于这些区域的存在，往往会得到不合理甚至错误的径流方向。因此，在进行径流方向的计算之前，需要使用填洼工具对这些区域进行检查并填充，这个过程就是 DEM 的预处理。洼地填充的基本过程包括：利用水流方向确定洼地区域、洼地深度计算、洼地填充三个步骤。DEM 预处理后结果如图 4 所示，从图 4 中可以看出最低数值由 7m 变为了 10m，原始 DEM 中 3m 洼地已被填充。

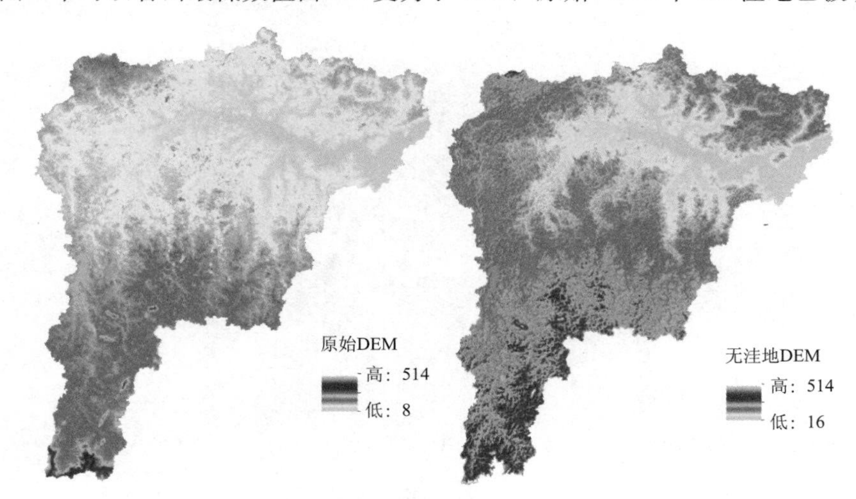

图 4　DEM 预处理结果

3.2.2　径流方向的确定

基于无洼地 DEM 进行径流方向的确定是流域分析的关键，其计算原理 D8 算法如 2.2 节所示，在 ArcToolbox 中依次选择【Spatial Analyst 工具】|【水文分析】|【流向】进行操作，径流方向分析结果如图 5 所示。

3.2.3　计算汇流累积量

汇流累积量表示区域内经过每个栅格的流水累积量。汇流累积量计算方法为：假设 DEM 每个栅格点处有一个单位的水量，根据上一步径流方向分析结果计算流过每个栅格的水量大小，从而得到该区域的汇流累积量。汇流累积量在 ArcToolbox 中依次选择【Spatial Analyst 工具】|【水文分析】|【流量】进行计算，汇流累积量计算如图 6 所示。

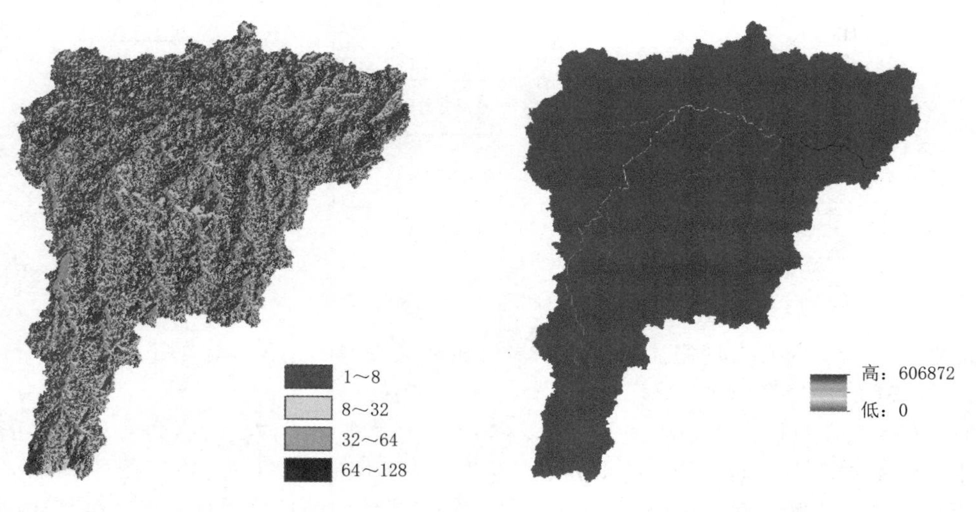

图 5　径流方向分析结果

图 6　汇流累积量计算

3.2.4 河网提取

DEM中某一栅格点若能够形成水系，则必须存在一定规模的上游给水区，在河网提取时需要设定一个适当的集水面积阈值，将汇流累积量所有大于或等于该集水面积阀值的栅格提取出来，即得到了河网。集水面积阈值的大小，需要根据研究区域的需要而确定。经过反复验证，本实例选取集水面积阈值1000～5000作为研究范围。

3.2.5 河网分级

在ArcGIS中，提供了两种常用的河网分级方法：Strahler分级和Shreve分级。两种分级方法不同之处是，Strahler分级当且仅当同级别的两条河网弧段汇流成一条河网弧段时，该弧段级别才会增加，而Shreve分级对于河网级别的定义是由其汇入河网弧段的级别之和决定。河网分级在ArcToolbox中依次选择【Spatial Analyst 工具】|【水文分析】|【河网分级】进行计算，值得注意的是为了后期可以很直观的反映出河网来，一般在河网分级前先进行【河网链接】操作。基于3种不同的集水面积阈值，采用Strahler分级法，本实例河网提取和分级结果如图7所示。

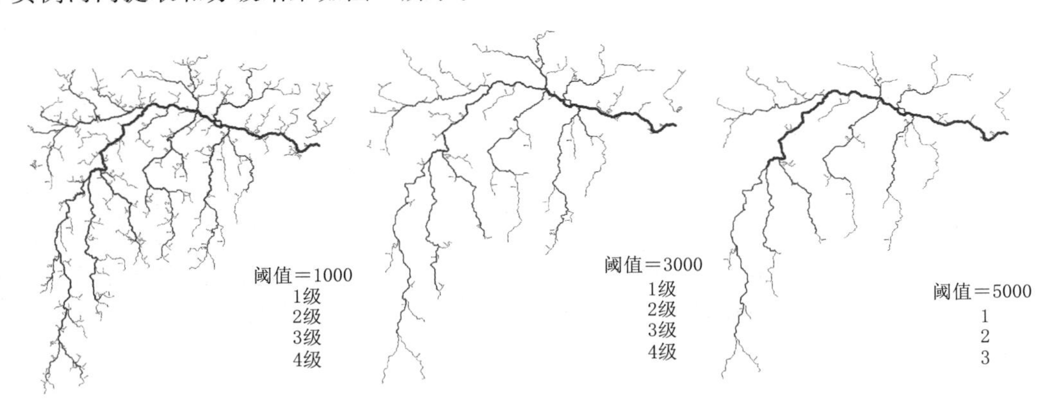

图7　河网提取和分级结果

4 结果与分析

4.1 精度分析

由河网提取和分级结果可以发现，集水面积阈值越小，提取的河网越详细，分级也越多，河道的起始点越向上游延伸；集水面积阈值越大，提取的河网就越稀疏，分级越粗糙。基于Alike DuplicateImage Finder图像相似度比对软件分别将集水面积阈值为1000、3000和5000下提取的河网与实际河网进行图像相似度比对，相似度分别为1.18、0.96和0.88，相似度越接近1，则两个图像越相似，显然集水面积阈值为3000时吻合度最高，精确度可以满足实际需要。提取河网与实际河网原位对比情况如图8所示。

4.2 子流域划分

子流域划分之前，首先要确定汇水区出水口的位置，目前出水口位置的获取途径主要有两种：①通过河流分级之后提取河流线，并利用【要素折点转点】工具来提取其终点作为出水口；②使用水文站点数据或者河口坐标方式输入。值得注意的是，这两种方法获得出水口后都要首先使用【Spatial Analyst 工具】|【水文分析】|【捕捉倾泻点】工具来进行校

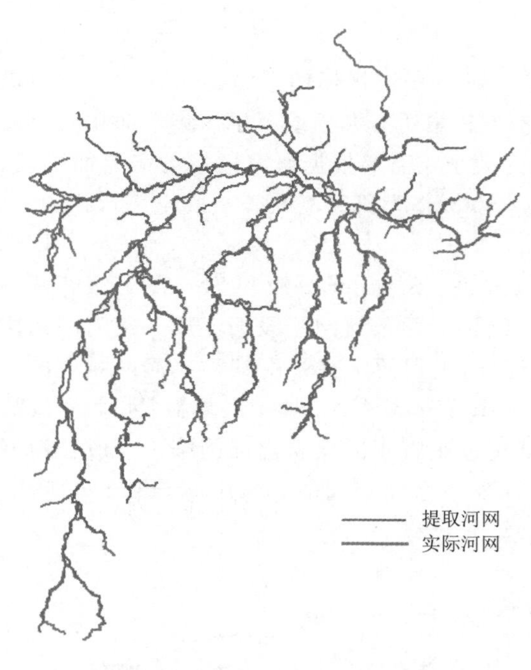

图 8　提取河网与实际河网原位对比

正，其目的是要找到河口附近的区域流量栅格中的最大值，确保这个流量值是由上游区域贡献的流量。否则，实际输出的倾泻点数据有可能与之叠加的流量栅格不是该区域的最大值，导致出现非常细小的流域面。

本文基于集水面积阈值为3000时的河网分级结果，使用第一种方法进行汇水区出水口位置的确定并进行大塘河子流域的提取，计算得出大塘河子流域109个，总流域面积$596km^2$，结果如图9所示。

4.3　水流长度计算

水流长度通常指在地面上一点沿水流方向到其流向起点（或终点）间的最大地面距离在水平面上的投影长度。水流长度与地面径流的速度息息相关，从而影响水流对地面土壤的侵蚀力，因此，水流长度的提取和分析在水土保持工作中有很重要的意义。ArcGIS中水流长度的提取方式有两种：顺流计算和溯流计算。顺流计算是计算地面上每一点沿水流方向到该点所在流域出水口的最大地面距离的水平投影；溯流计算是计算地面上每一点沿水流方向到其流向起点的最大地面距离的水平投影。大塘河流域水流长度计算结果如图10所示，结果显示大塘河干流长度约为65.84km。

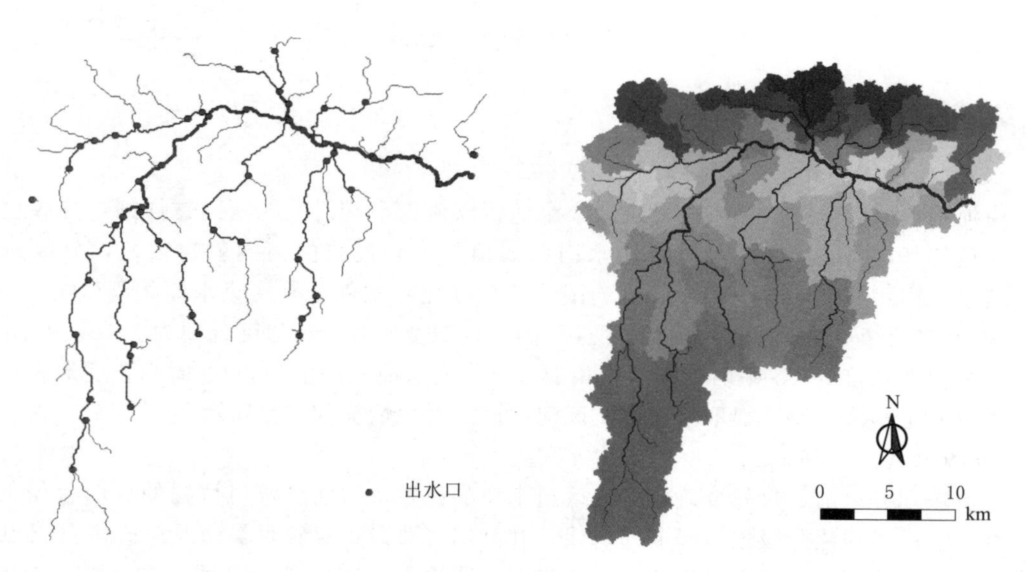

图 9　大塘河汇水区出水口提取和子流域划分结果

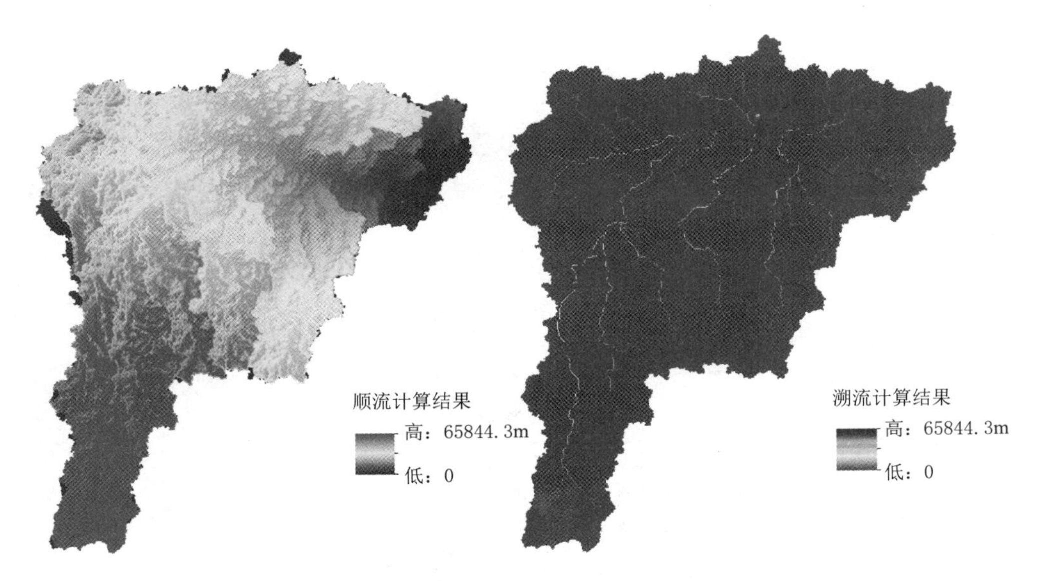

图 10　大塘河流域水流长度计算结果

5　结论

（1）使用 ArcGIS 进行流域特征提取时，集水面积阈值的选定至关重要：阈值越小，河网分级越详细；反之，河网分级越粗糙。

（2）基于 ArcGIS 和 DEM 提取所得大塘河总流域面积 596km^2，干流长度约 65.84km，与实际资料数据接近。利用现有共享 DEM 数据资源进行流域特征的自动提取，在效率和精度方面完全可以满足海南省“一河一策”报告编制工作的需要。

参考文献

[1]　周云轩，王磊．基于 DEM 的 GIS 地形分析的实现方法研究 [J]．计算机应用研究，2002，19（12）：50－53.

[2]　苏姝，李霖，刘庆华．基于 DEM 对都市流域的水文分析 [J]．武汉理工大学学报，2005，27（11）：59－62.

[3]　Maidment D R. ArcGIS hydro datamodel [M]. Califomia：Environmental Systems Research Institute，2000.

[4]　唐从国，刘丛强．基于 Arc Hydro Tools 的流域特征自动提取——以贵州省内乌江流域为例 [J]．地球与环境，2006，34（3）：30－37.

[5]　O'Callaghan F，Mark DM. The extraction of drainage networks from digital elevation data [J]. Computer Vision，Graphics and Image Processing，1984，28：323－344.

[6]　汤国安，杨昕．ArcGIS 地理信息系统空间分析实验教程（第二版）[M]．北京：科学出版社，2011.

天津地区某工程岩土工程勘察实践

苏　杭

（中国水电基础局有限公司科研设计院）

【摘　要】本文详细叙述了天津北辰大双污水处理厂改造扩建项目（二期扩建工程）岩土工程勘察的工作实践，对于扩建场地内拟建建筑物的基础进行了勘察，结合现场人工填土和天津地区第一海相层可能存在软土，优化调整勘察方案，总结了勘察体会。

【关键词】桩基　抗拔桩　天然地基　软土勘察　抗浮设计

1　引言

岩土工程勘察的目的主要是查明工程地质条件，分析存在的地质问题，对建筑地区做出工程地质评价。不同类型、不同规模的工程活动都会给地质环境带来不同程度的影响；反之不同的地质条件又会给工程建设带来不同的效应。勘察报告总结的项目场地地层分布，揭露出不良工程地质问题，为结构设计、施工组织提供参考。结合区域地质特点和项目特点，采用多种勘察手段，有侧重地进行勘察工作十分必要。

1.1　工程概况

天津北辰大双污水处理厂改造扩建项目（二期扩建工程）项目位于天津市北辰区大张庄镇大兴庄村，北临九园公路。依据国家标准《岩土工程勘察规范》（GB 50021—2001）第3.1节，本工程重要性等级为二级，场地复杂程度为二级（中等复杂场地），地基复杂程度为二级（中等复杂地基）。根据上述条件综合划分本项目岩土工程勘察等级为乙级。拟建工程建设规模见表1，勘探点平面布置如图1所示。

1.2　勘察工作的方法及完成工作量

根据拟建物性质及场地工程地质条件，结合本次勘察需解决的主要问题以及勘察经验，本次勘察点的布置按拟建物控制，遵循以多种手段综合勘察、综合评价的方法和原则，采用钻探取样、标准贯入试验、静力触探、目力鉴别等手段综合勘察。本工程孔位及孔距确定的原则为：按建筑物的角点、中心点及边界布置，并兼顾不同拟建物的特点，孔距小于35m。本次勘察完成勘探孔54个，工作量1395m。其中原状取土孔20个，标准贯入孔6个，静力触探孔22个，目力鉴别孔3个。为进行地下水的腐蚀性评价，本场地共布设取水孔3个。完成工作量见表2。

1.3　采用的高程系统及坐标系统

本次勘察各孔坐标采用1990年天津市任意直角坐标系；各孔孔口高程采用1972年大

沽高程系统，2008 年高程成果。

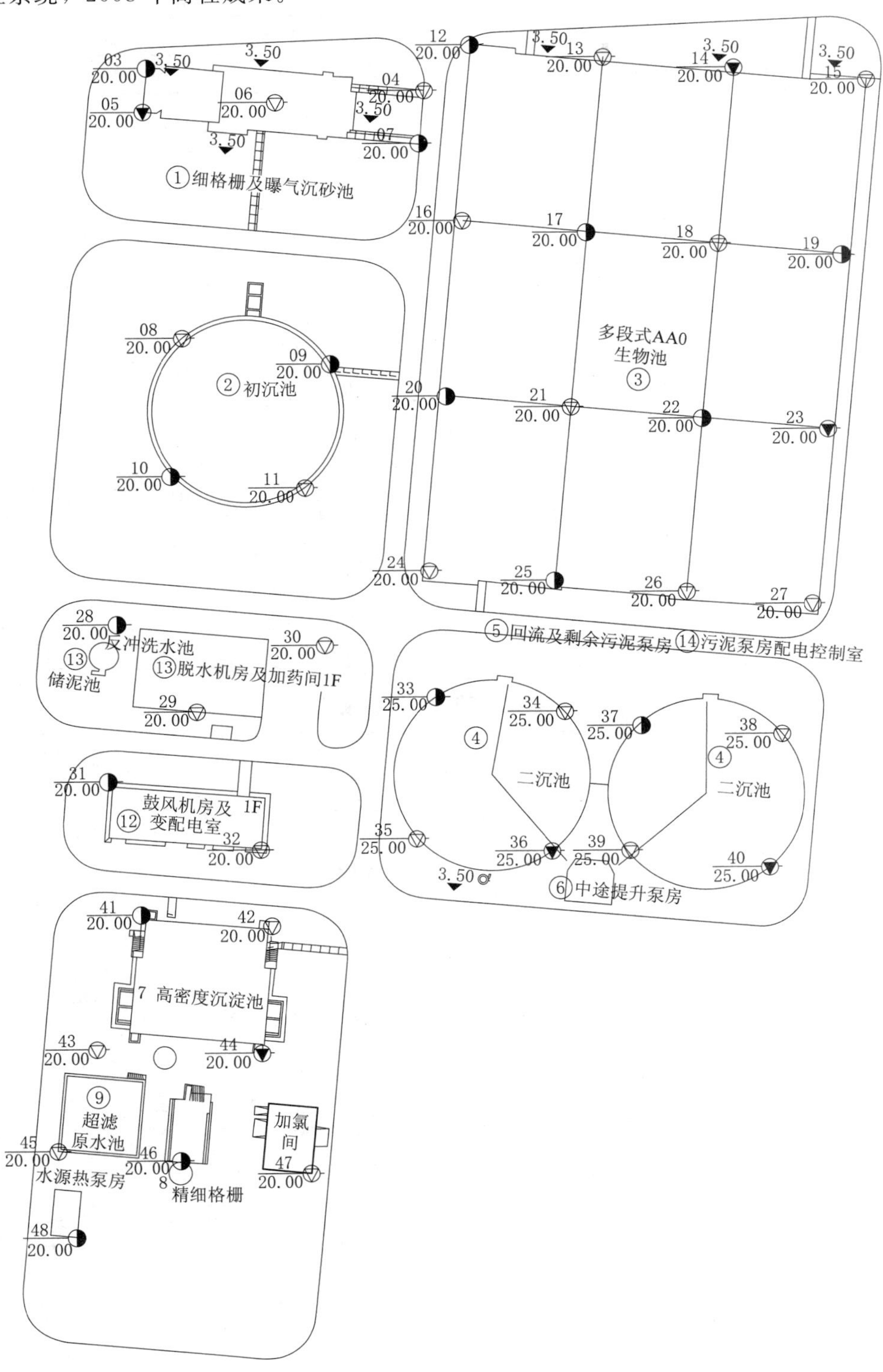

图 1 勘探点平面布置图

表 1　　拟建工程建设规模

<table>
<tr><th>建筑物名称</th><th>结构类型</th><th>高度/m</th><th>基础埋置深度/m</th></tr>
<tr><td>细格栅及曝气沉砂池</td><td rowspan="16">钢筋混凝土结构</td><td>5.5</td><td>−0.35</td></tr>
<tr><td>初沉池</td><td>3.5</td><td>−0.90</td></tr>
<tr><td>多段 AO 生物反应池</td><td>7.2</td><td>−3.95</td></tr>
<tr><td>二沉池</td><td>5.6</td><td>−3.56</td></tr>
<tr><td>中途提升泵房</td><td>11.6</td><td>−3.45</td></tr>
<tr><td>剩余污泥泵房</td><td>13.0</td><td>−5.50</td></tr>
<tr><td>污泥泵房配电控制室</td><td>4.5</td><td>−2.50</td></tr>
<tr><td>精细格栅</td><td>7.5</td><td>−0.60</td></tr>
<tr><td>高密度沉淀池</td><td>6.9</td><td>−3.00</td></tr>
<tr><td>脱水机房</td><td>6.9</td><td>−2.50</td></tr>
<tr><td>储泥池</td><td>5.0</td><td>−2.70</td></tr>
<tr><td>鼓风机房及变配电闸</td><td>7.5</td><td>−2.50</td></tr>
<tr><td>水源热泵间</td><td>4.5</td><td>−2.50</td></tr>
<tr><td>超滤原水池</td><td>5.5</td><td>−4.30</td></tr>
<tr><td>粗格栅及提升泵房配电室</td><td>4.5</td><td>−2.50</td></tr>
<tr><td>加氯间</td><td>6.9</td><td>−2.50</td></tr>
</table>

表 2　　完成工作量一览表

<table>
<tr><th>孔性</th><th>孔深/m</th><th>孔数/个</th><th>原状样数/测试次数/扰动土样</th><th>试验项目</th></tr>
<tr><td rowspan="3">原状取土孔</td><td>30</td><td>10</td><td rowspan="3">原状样 305 个
标准贯入 94 次
扰动土样 8 个</td><td rowspan="9">1. 常规物理力学性质
2. 压缩试验：常规压缩
3. 直剪固结快剪试验
4. 直剪快剪试验
5. 渗透试验
6. 易溶盐分析</td></tr>
<tr><td>25</td><td>9</td></tr>
<tr><td>15</td><td>1</td></tr>
<tr><td rowspan="3">标准贯入孔</td><td>30</td><td>4</td><td rowspan="3">—</td></tr>
<tr><td>25</td><td>1</td></tr>
<tr><td>15</td><td>1</td></tr>
<tr><td rowspan="3">静力触探孔</td><td>30</td><td>12</td><td rowspan="3">每 0.1m 一个测点</td></tr>
<tr><td>25</td><td>9</td></tr>
<tr><td>15</td><td>1</td></tr>
<tr><td rowspan="2">目力鉴别孔</td><td>30</td><td>1</td><td rowspan="2">—</td><td rowspan="2">—</td></tr>
<tr><td>25</td><td>2</td></tr>
<tr><td>取水孔</td><td>5</td><td>3</td><td>地下水 3 组</td><td>水质简分析＋侵蚀性 CO_2</td></tr>
</table>

1.4　土工试验设备、方法

含水量测定：烘干法。

重度试验：环刀法。

比重试验：比重瓶法。

界限含水量试验：液限采用圆锥仪法，为76g锥体沉入土中深度10mm时测定的液限。

塑限：采用滚搓法。

颗粒分析试验：密度计法、筛分法。

固结试验：常规压缩试验采用WG-1A型三联固结仪及QGY-2A气压固结仪。高压固结试验采用日产TS-342-69型高压固结仪。

剪切试验：直剪采用DJY-4型、ZJ-4型四联等应变式剪力仪。

渗透试验：采用改进南55型仪器，采用变水头法，所测室内渗透系数为标准温度（20℃）时试样的渗透系数值。

2 场地工程地质条件

2.1 拟建场地概况

拟建场地原为厂区内预留地，平整后场地地形略有起伏，孔口高程介于2.20～3.50m之间（大沽高程）。

2.2 场地地层分布规律及土质特征

本次勘探30.00m深度范围内，场地土按成因及年代可分为6层，按物理力学性质进一步划分为9个亚层。

2.3 不良地质作用、地质灾害及特殊土

本场地地势略有起伏，无滑坡、崩塌、泥石流等不良地质作用；无湿陷性土、红黏土、盐渍土等特殊岩土分布。

本场地表层分布有：

（1）①素填土，厚度0.50～1.00m，黄灰色，软塑，主要由黏性土组成，为特殊性土。

（2）$⑥_2$层淤泥质土，厚度1.40～7.00m，为海相沉积，土质软，含水量高，强度低，工程性质较差，为特殊性软土。

根据《天津市地质灾害防治规划》（2004—2020年）第五条，该场地属于平原地区地面沉降地质灾害高易发区。

2.4 地下水

勘探期间测得场地地下水位如下：

初见水位埋深0.50～1.20m，标高1.26～2.30m。

稳定水位埋深0.40～1.00m，标高1.54～2.50m。

浅层地下水属于孔隙潜水类型，以大气降水补给，蒸发形式排泄为主，水位随季节而变化。地下水位年变化幅度在0.50～1.00m左右。

根据本场地3组水样水质分析报告，该场地地下水化学类型属Cl^-－SO_4^{2+}－K^+＋Na^+型水，pH值为7.47～7.69，为中—弱碱性水，水质分析结果详见《水质分析报告》。根据《天津市岩土工程勘察规范》（DB/T 29—247—2017）场地环境为Ⅱ类；根据《岩土工程勘察规范》（GB 50021—2001）就地下水对混凝土结构及钢筋混凝土结构中的钢筋的腐蚀性进行评价。

在长期浸水条件下，场地地下水对混凝土结构具弱腐蚀性，腐蚀介质为SO_4^{2-}；在干湿交替条件下，场地地下水对混凝土结构具弱腐蚀性，腐蚀介质为SO_4^{2-}；长期浸水条件

下，地下水对钢筋混凝土结构中的钢筋具微腐蚀性；干湿交替条件下，地下水对钢筋混凝土结构中的钢筋具中等腐蚀性，腐蚀介质为 Cl^-；地下水对钢结构具中等腐蚀性，腐蚀介质为 $Cl^- + SO_4^{2-}$。

本次勘察在整个场地共取 3 组浅层地基土（1m 以上）土样进行土的易溶盐含量分析，分析结果详见易溶盐含量分析报告。根据《岩土工程勘察规范》(GB 50021—2001)（2009版）进行腐蚀性判定：该场地浅层土 pH 值在 8.33～8.34，呈弱碱性。浅层地基土对混凝土结构具弱腐蚀性，对钢筋混凝土结构中的钢筋具中腐蚀性。

2.5 浅层地基土的渗透性

根据本次勘察室内渗透试验结果，提供本场地埋深 25.00m 以上各层土的渗透系数及渗透性见表 3。

表 3　各层土的渗透系数及渗透性表

地层编号	岩　性	垂直渗透系数 K_V/(cm/s)	水平渗透系数 K_H/(cm/s)	渗透性等级
④	黏土	3.50×10^{-8}	1.00×10^{-6}	微透水
⑥$_1$	淤泥质黏土	4.90×10^{-8}	9.50×10^{-8}	不透水
⑥$_2$	黏土	1.00×10^{-8}	1.00×10^{-8}	不透水
⑥$_3$	粉质黏土	3.05×10^{-8}	3.87×10^{-8}	不透水
⑦	粉土	3.10×10^{-6}	1.90×10^{-5}	弱透水

2.6 标准冻结深度

根据《建筑地基基础设计规范》(GB 50007—2011) 第 5.1.7 条，确定该场地标准冻结深度为 0.60m。

3 场地和地基的地震效应

3.1 抗震设防烈度及设计地震动参数

根据《中国地震动参数区划图》(GB 18306—2015)，该场地抗震设防烈度为 8 度，设计基本地震加速度为 0.20g；根据《建筑抗震设计规范》(GB 50011—2010)，本场地设计地震分组为第二组。

3.2 场地类别划分

根据《天津市岩土工程勘察规范》(DB/T 29—247—2017) 第 7.2.2 按以下公式计算了场地的等效剪切波速值（以 22 号孔），计算结果为 $V_{SC}=151.392$m/s。

$$V_{SC}=d_0/t$$

$$t=\sum(d_i/V_{Si})$$

按《天津市岩土工程勘察规范》(DB/T 29—247—2017)，结合区域地质资料，覆盖层厚度大于 80m，判定该场地土为中软场地土，场地类别为Ⅲ类。

3.3 饱和砂土及粉土液化判定

本场地埋深20.00m以内分布⑦粉土，根据《建筑抗震设计规范》(GB 50011—2010)及本次勘察标准贯入试验、土工试验成果对黏粒含量小于13%的粉土进行液化判别计算，场地20.00m以内饱和粉土、粉砂不液化。另据宏观调查，1976年唐山地震波及天津时本场地范围内无喷砂冒水现象，故综合判定，该场地在抗震设防烈度8度影响下为不液化场地。

3.4 抗震地段划分

根据《建筑抗震设计规范》(GB 50011—2010)第4.1.1条，本场地属抗震一般地段。

4 地基基础方案评价

4.1 天然地基条件评价

场地表层为人工填土素填土工程性质差，其下为全新统上组河床—河漫滩相沉积层(alQ_4^3)④黏土层，软可塑，属中—高压缩性土，工程性质一般。可作为本次拟建物中荷载不大、对变形要求不甚严格的拟建物的天然地基持力层，将人工填土层及设计基底标高以上的土层全部清除，大致清平槽底并晾槽，若超挖可回填土石屑，并分层碾压或振密至设计标高。当回填土石屑干容重为18.1～19.5kN/m^{3}时，其承载力特征值可达100～120kPa。基础类型可采用筏板基础以加强基础整体刚度，减少不均匀沉降。设计时应考虑在荷载作用下，软土变形的影响，并验算软弱下卧层强度。

开槽时应做好排水工作，将地下水位降至槽底0.50m以下。开槽后应钎探槽底，发现异常应通知勘察和设计人员共同验槽妥善处理。

4.2 桩基础评价

4.2.1 桩端持力层的选择

根据勘察资料并结合拟建物性质综合分析，场地埋深30.0m以上可选择：

(1) 全新统下组河床—河漫滩相沉积层(alQ_4^1)⑧$_1$粉质黏土与⑧$_2$黏土组合层，该层顶界标高：－11.50～－13.73m；底界标高：－19.13～－20.07m；可作为本次拟建物的桩端持力层。可将桩端置于标高－15.00～－18.00m处。

(2) 上更新统五组河床—河漫滩相沉积层(alQ_3^e)粉砂(地层编号⑨)，该层土物理力学性质较好，顶界标高：－19.13～－20.07m；可作为本次拟建曝气生物滤池的桩端持力层，可将桩端置于埋深25.00～26.00m，标高－21.00～－23.00m段。

4.2.2 桩型选择及成(沉)桩可能性评价

根据本场地地质条件，结合拟建物性质及地区经验、场地周围环境综合分析，采用第一桩端持力层时，建议采用预应力混凝土管桩；采用第二桩端持力层时，建议采用钻孔灌注桩。

桩基设计时，注意桩端平面以下土层厚度不应小于3m，不足时，及时联系勘察单位。

4.2.3 桩基设计参数

根据《建筑桩基技术规范》(JGJ 94—2008)，按层位、标高提供桩的极限侧阻力标准值q_{sik}及极限端阻力标准值q_{pk}，桩基设计参数见表4。

表 4　　桩基设计参数

成因	地层编号	岩性	预应力管桩		钻孔灌注桩	
			极限侧阻力标准值 q_{sik}/kPa	极限端阻力标准值 q_{pk}/kPa	极限侧阻力标准值 q_{sik}/kPa	极限端阻力标准值 q_{pk}/kPa
alQ_4^3	④	黏土	32	—	35	—
Q_4^2m	⑥₁	淤泥质黏土	20	—	20	—
	⑥₂	黏土	25	—	28	—
	⑥₃	粉质黏土	30	—	32	—
Q_4^1h	⑦	粉土	46	—	44	—
alQ_4^1	⑧₁	粉质黏土	50	1800	52	550
	⑧₂	黏土	48		50	
alQ_3^e	⑨	粉砂	60	2200	58	700

注　人工填土不计侧阻力。

4.2.4　基桩抗拔极限承载力标准值估算

剩余污泥泵房可将抗拔桩桩端置于上更新统五组河床—河漫滩相沉积层（alQ_3^e）粉砂层（地层编号⑨），建议采用钻孔灌注桩。

根据《建筑桩基技术规范》（JGJ 94—2008），用物性法按表 4 参数依据下式对基桩竖向极限抗拔承载力标准值 T_{uk}进行估算：

$$T_{uk}=\sum\lambda_i q_{sik}u_i l_i \qquad \text{[JGJ 94—2008 公式（5.4.6）]}$$

式中：T_{uk} 为基桩抗拔极限承载力标准值，kN；λ_i 为抗拔系数，取 0.70。

估算时以 33 号孔条件为例，估算条件及结果详见表 5。

表 5　　T_{uk} 估算表

桩端持力层（名称）	孔号	桩顶标高/m	桩端标高/m	桩长/m	桩径/mm	T_{uk}/kN
⑨粉砂	20	−3.00	−21.00	18.00	600	978
					700	1141

设计时，应同时验算群桩基础呈整体破坏和非整体破坏时基桩的抗拔承载力，并验算基桩材料的受拉承载力。

5　基坑支护与降水方案评价

5.1　基坑支护与降水方案评价

本场地地下水池最大开挖深度约为 5.50m，基坑周边范围内现有道路，距离道路中心线约为 15.0m。开挖范围内土层主要为素填土，软可塑状粉质黏土及淤泥质黏土。基坑开挖时，应做好支护与降水工作以减小对周围环境和建筑物的影响。根据基坑深度及周边环境等因素综合考虑，建议基坑采用钻孔灌注桩加水泥搅拌桩隔水的型式，降水采用基坑内管井降水。具体支护形式应由设计单位最终确定。

基坑支护土压力计算 C、φ 值可采用《直剪快剪强度指标统计表》《直剪固结快剪强度指标统计表》中的有关参数，γ 值可采用《物理力学指标统计表》的有关参数。降水设计时渗透系数可参考《浅层地基土渗透性表》确定。

5.2 基坑支护与降水设计及施工应注意的问题

施工时，应做好降水工作，将水位降至坑底以下 0.50～1.00m，建议在基坑内外分别布置观测井，监测坑内外水位变化。雨季施工时，应避免地表水进入坑内，冬季施工严禁冻槽。

6 结论及建议

6.1 结论

（1）本次勘察工作查明拟建场地埋深 30.0m 以内地基土的分布情况。

（2）拟建场地类别为Ⅲ类，场地抗震设防烈度 8 度，设计地震分组为第二组，设计基本地震加速度为 0.20g，在抗震设防烈度 8 度影响下为不液化场地，本场地属抗震一般地段。

（3）在长期浸水条件下，场地地下水对混凝土结构具弱腐蚀性；在干湿交替条件下，场地地下水对混凝土结构具弱腐蚀性；长期浸水条件下，地下水对钢筋混凝土结构中的钢筋具微腐蚀性；干湿交替条件下，地下水对钢筋混凝土结构中的钢筋具中等腐蚀性；地下水对钢结构具中等腐蚀性。

浅层地基土对混凝土结构具弱腐蚀性，对钢筋混凝土结构中的钢筋具中腐蚀性。

（4）本场区标准冻结深度为 0.60m。

6.2 建议

（1）桩基施工时，应严格遵守有关施工操作规程。钻孔灌注桩施工时应做好泥浆护壁工作，同时应做好孔底回淤土处理工作，确保成桩质量。本场地表层杂填土局部含有较大混凝土块，为方便桩基施工，建议进行翻槽处理。

（2）本场地⑥$_1$为淤泥质土较厚，厚度为 1.40～7.00m，设计时应适当考虑厚层软土对桩基产生的负摩阻力对桩基承载力的影响，⑥$_1$淤泥质土负摩阻力系数可取 0.25。

（3）施工中应加强对支护结构的位移、周围道路的沉降进行观测、对基坑内外地下水位的变化进行监测工作，发现问题及时采取补救措施。

（4）单桩承载力特征值应结合试桩结果综合确定。

（5）应做好施工过程中的沉降观测及工程竣工后拟建物的长期沉降观测工作。

7 几点工作体会

（1）对于大面积场地工程勘察，宜预先充分估计场地的表层人工填土情况对于地基基础设计带来的不利影响。

（2）软土地区勘察宜增加静力触探孔数量以取得更直接的桩基设计参考参数。

（3）勘察遇见粉土时应注意其密实度并评价其对桩基施工可能产生的潜在影响。

（4）桩基持力层推荐时，一般应至少提供 2 种方案备选，并根据分析评价择优推荐其中较为合理方案。

含铬水泥灌浆中水溶性铬（Ⅵ）对地下水的影响

黄晓倩　宾　斌　陈冠军　王天赐

（湖南宏禹工程集团有限公司）

【摘　要】应用符合 GB 31893 水溶性铬（Ⅵ）要求的水泥进行灌浆，仍可能引起周围地下水铬（Ⅵ）浓度超标，并且超标持续时间随地下水更新速度而变化。以含铬（Ⅵ）水泥作为主要原材料进行大范围灌浆时，必须更加重视对地下水环境的影响。通过添加 HY-2 铬处理剂，可有效降低含铬水泥铬（Ⅵ）的溶解。

【关键词】灌浆　地下水　含铬水泥　铬（Ⅵ）　HY-2 铬处理剂

1　水泥水溶性铬（Ⅵ）现状

1.1　概述

水泥是由石灰石、高炉矿渣、黏土等其他添加物经高温煅烧研磨后制得的混合水硬性胶凝材料，其化学组成主要为硅酸钙和铝酸钙，但也含有 ppm 级的元素 Pb、Ni、Se 及 Cr。其中，元素 Cr 主要以 Cr(Ⅲ)、Cr(Ⅳ)、Cr(Ⅴ)、Cr(Ⅵ) 存在。在 Cr 的价态中，六价铬离子因其毒性、高溶解性、高迁移性而危害程度最强，是一种有毒重金属污染物。

水泥在生产及使用过程中，如水泥厂污水排放、径流输入、工人皮肤接触等，水溶性六价铬不可避免地通过多种途径影响人类健康及场地环境，带来潜在威胁。

若灌浆水泥中含有水溶性铬（Ⅵ），在施工过程中浆液里溶解的铬（Ⅵ）极易直接与土层或通过压滤作用直接与地下水接触并扩散。又因地下水埋藏条件复杂、更新速度慢，灌浆水泥水溶性铬（Ⅵ）的影响程度远比地上水泥制品更隐蔽。

1.2　水泥中水溶性（Ⅵ）的来源及危害

水泥中铬元素主要由原材料及生产工艺两种途径引入。其中水溶性铬（Ⅵ）主要来自于生产工艺中熟料煅烧及水泥粉磨阶段，原材料如石灰石、砂岩、黏土、铝矾土、煤灰等虽含有铬元素，但多以三价铬离子形式存在。然而当水泥企业利用当地或周边地区的工业废弃物作为掺和料，特别是当使用铬渣时，就含有较多的铬酸钠、铬酸钙等可溶性六价铬离子。在水泥煅烧及粉磨工艺下，由于存在高温、高压、炉料高碱及有氧等条件，原材料、重油等煅烧燃料、回转窑中镁铬耐火砖及镍铬质合金铸球研磨体中的三价铬将被氧化掺入水泥熟料中，成为水泥水溶性铬（Ⅵ）最主要的引入来源。大部分六价铬会固溶在 C3S/C2S 矿相里，加水后不会溶解出来，但会有少部分可溶性的六价铬溶解在水中。

水泥六价铬进入人类生活及自然环境的途径主要包括直接传播和间接的径流运输与生

物传递等方式。如今，水泥广泛应用于民用建筑、水工建筑、农田水利等国民基建中，施工人员皮肤接触、水泥搅拌泌水、水下混凝土施工、水泥厂污水排放等均是六价铬离子传输的最直接方式。六价铬离子易溶解于水、迁移率高，一旦进入土壤或地表水、地下水中，便会通过分子扩散、机械弥散、对流等机理进行迁移，并逐渐发生土壤吸附、浮游植物吸收、生物富集等一系列广泛而复杂的转移、转化，其存在形式、分布状况不断改变。已有研究表明，10ppm 的六价铬离子接触便会对皮肤有刺激性，引起过敏性皮炎、湿疹及溃烂等。若人体吸入或通过细胞膜进入并储留六价铬离子会损伤人的消化道、呼吸道、皮肤及黏膜，引起诸如鼻穿孔、支气管炎、肺炎甚至诱发癌变等，具有强致癌性。

1.3 水泥中水溶性（Ⅵ）在国外的控制

随着 20 世纪 50 年代首次报道水泥中六价铬离子对人体皮肤有损害作用后，国际上相继开展了水泥六价铬的研究与风险评估并出台了控制标准。1983 年丹麦等北欧国家规范了水泥中六价铬的测定方法与限值（2ppm）；2003 年欧盟发布了 Directive 2003/53/EC 指令“禁止市场上销售和使用铬（Ⅵ）含量超过 2ppm（2mg/kg）的水泥及其相关制品”；2005 年欧盟指令正式实施，且韩国日本等国家也制定了内控标准（8ppm）。

1.4 水泥中水溶性（Ⅵ）在国内的控制

我国于 2005 年开始对水泥中水溶性六价铬进行研究，国家水泥质量监督检验中心对全国水泥产品进行了调研和普查，并持续在全国范围内开展水泥水溶性六价铬含量的质量安全风险监测工作。2015 年 9 月，由中国建筑材料科学研究总院起草的国家强制性标准《水泥中水溶性铬（Ⅵ）的限量及测定方法》（GB 31893）正式发布，首次对我国水泥产品中铬（Ⅵ）含量进行了限定（≤10mg/kg），并于 2016 年 10 月 1 日正式实施。

自 GB 31893 发布以来，国家水泥质量监督检验中心已连续三年在全国范围内开展了监测工作，结果见表 1。三次监测的平均值逐年递减，合格率逐年递增，但数值接近。此外，根据 2017 年的结果，不合格样本水溶性铬（Ⅵ）含量最高超过国家标准 17 倍，若按欧盟法规的限量不大于 2mg/kg 统计，2017 年的样本合格率仅为 9.86%，对环境及人体发生伤害的总体可能性大于 1‰，属于严重风险。这说明国家虽然对水泥产品有了强制性要求，水泥生产企业对水溶性六价铬进行了控制，但力度还不够，其含量在短时间内不会大幅下降，工程中有很大可能使用到六价铬含量较高或不合格的水泥产品。

表 1　2015—2017 年水泥中水溶性六价铬风险监测结果比对

年份	样本量	平均值/(mg/kg)	最大值/(mg/kg)	最小值/(mg/kg)	极差/(mg/kg)	合格率/%
2015	100	7.68	68.84	0.06	68.78	80.00
2016	176	7.34	105.83	0.17	105.66	84.09
2017	416	7.10	181.98	0.23	181.75	86.78

2 灌浆工程中水泥水溶性（Ⅵ）的现状

目前国内外已有关于水泥产品中铬（Ⅵ）含量及其风险的相关报道，但在水泥产品使用过程中，尤其是灌浆工程中，对地下水环境影响的报告甚少。本文依托公司多个灌浆工程，对水泥灌浆施工影响周围地下水的情况进行了调查。

2.1 某水库帷幕灌浆工程

某水库防渗线路沿地形成折线单排孔布置，孔距2m，总长2699.339m，帷幕灌浆顶界为正常蓄水位1377.5m，帷幕灌浆底界进入强岩溶带下限以下10m，平均深度74m，最大深度约122.7m。工程区区域地层岩性复杂，褶皱、断层发育，区域范围内约60%～70%为碳酸盐岩地区，溶隙、溶管、溶洞、暗河发育，地下水极为丰富。施工采用分层分段灌浆工艺进行，浆液为由稀到浓逐级变换的纯水泥浆，水泥采用海螺牌、壮山牌P·O42.5普通硅酸盐水泥。

在帷幕轴线上选择孔kⅡ276、kⅡ302、kⅡ306，抽取灌浆后静置一定时间的孔内水样，根据《水质　六价铬的测定》(GB/T 7467)，采用T-6500多参数水质分析仪进行测试，结果见表1。可以看出，不同孔内水样均检测出铬（Ⅵ）离子，铬（Ⅵ）离子浓度随灌浆后静置时间的增加而降低，降低速率由大到小依次为kⅡ306>kⅡ302>kⅡ276。其中，kⅡ306在灌浆后4d时，铬（Ⅵ）离子浓度降低至0.01mg/L以下；kⅡ302在灌浆后10d，铬（Ⅵ）离子浓度为0.125mg/L，抽取kⅡ301～kⅡ302之间的检查孔JC22水样，铬（Ⅵ）离子降低至0.003mg/L。kⅡ276在灌浆待凝过程中孔内铬（Ⅵ）浓度达1.398mg/L，在灌浆后21d时浓度降低至0.204mg/L，而在灌浆后60d时，抽取kⅡ275～kⅡ276之间的检查孔JC21水样，其中仍能检测出0.046mg/L的六价铬离子。这说明在灌浆过程中，水泥水溶性铬（Ⅵ）先大量溶出，孔内水中铬（Ⅵ）初始浓度较高，随后经灌浆孔渗入并影响到周围土壤及地下水中，通过扩散、稀释、对流、补给等方式，浓度逐渐降低，并逐渐扩大水溶性铬（Ⅵ）分布范围。由于地层渗透系数及地下水流速不同，其传输速度也不同，从而表现出不同的铬（Ⅵ）浓度衰减速率与可持续影响时间。

表2　水样中水溶性六价铬离子浓度　　单位：mg/L

位置＼时间	灌浆中	灌浆后2d	灌浆后4d	灌浆后10d	灌浆后21d	灌浆后60d（检查孔）	
kⅡ306	—	0.078	0.008	0.003	0	—	—
kⅡ302	—	0.194	0.177	0.125	—	0.003	(JC22)
kⅡ276	1.398	0.717	—	0.278	0.204	0.046	(JC21)

注　JC21为kⅡ275～kⅡ276之间检查孔；JC22为kⅡ301～kⅡ302之间检查孔。

为了判断水泥中水溶性铬（Ⅵ）对地下水的污染程度，根据《生活饮用水卫生标准》(GB 5749)及《地下水水质标准》(GB/T 14848)中Ⅲ类水的标准值（$Cr^{6+}\leqslant 0.05mg/L$），从表2可以看出：在灌浆过程中及完成后，抽取的地下水样都有超出国家标准值的情况，超标持续时间分别为3～60d不等，最高超标倍数达27倍。这说明灌浆施工会导致水泥中水溶性铬（Ⅵ）进入地下水环境并污染水质，其污染的程度与持续时间取决于地下环境的自然更新速度。

2.2 某特大型拱桥北岸拱座地连墙内固结灌浆工程

某特大型桥梁，其南岸基础为扩大基础，持力层为中风化灰岩；北岸拱座基础为地下连续墙基础，持力层为中风化泥灰岩。北岸拱座地下连续墙施工完毕后，一方面为增加砂卵石层的密实性，另一方面为降低砂卵石层的透水性，达到减少沉降和止水的目的，采用袖阀管工艺对地连墙封闭范围内的砂卵石层进行注浆处理。注浆施工平台标高为+27.5m，注浆范围为地连墙内部，深度为卵石层顶+11m标高至岩面以下1m，注浆材料为1∶1水灰比的水泥浆。施工于2018年8月上旬至2018年10月中旬完成，施工中为降低地连墙内水位，在墙内中心设置抽水孔。

根据《水质　六价铬的测定》（GB/T 7467），采用T－6500多参数水质分析仪对抽出的水进行测试，结果见表3。可以看出，在灌浆施工前，未从地下水中检测出水溶性铬（Ⅵ）离子，随着固结灌浆的进行，地连墙内封闭的地下水中水溶性铬（Ⅵ）浓度逐渐升高，在施工结束后浓度达到0.33mg/L。根据GB 5749及GB/T 14848，说明仅仅通过水泥灌浆，可以增加地下水中水溶性铬（Ⅵ）浓度，且在施工20d后，地连墙内的地下水已超出国家Ⅲ类水的标准值（$Cr^{6+}\leqslant 0.05mg/L$）。

值得注意的是，地下水的水溶性铬（Ⅵ）浓度虽然会通过自然衰减降低至国家标准内，但凡是经过人类活动进入地下水并引起水质恶化的溶解物，无论浓度是否达到使水质明显恶化的程度，均称为地下水污染物，因此使用含有水溶性铬（Ⅵ）的水泥进行大范围灌浆施工是一种未被工程界引起重视的地下水污染活动。

表3　　水样中水溶性六价铬离子浓度　　单位：mg/L

施工前	施工2d	施工4d	施工7d	施工20d	施工40d	施工50d	施工60d
0	0	0.002	0.012	0.046	0.231	0.321	0.330

3　灌浆工程中控制水泥水溶性（Ⅵ）的必要性

3.1　政策要求

长期以来被公认为是高耗能、高污染的水泥行业，经过近十年来的工艺改进及环保技术升级，已经得到了大幅改善。但是随着国家对环境污染认识的提高，水泥这种工程使用范围最广的建筑材料的环保性也日益严格。采用水泥浆进行地基处理，由于在施工过程中可直接与土层或地下水接触，因而这种最常用也是使用范围最广的材料，其环保性要求应比地上水泥制品更高。

3.2　水泥产品的局限

虽然强制性标准GB 31893对水泥中水溶性（Ⅵ）进行了限定（≤10mg/kg），而目前国内水泥企业针对这一强制性标准，采取了许多措施进行控制及处理，但技术方法皆集中在水泥制备过程中，如选择铬含量较低的原料进行生产、采用无铬耐火砖或在水泥粉磨环节使用外加剂等，这些技术都是在水泥制备阶段使水泥产品中水溶性铬（Ⅵ）的含量符合国标要求。但是，根据上文的结果可知，即使采用符合GB 31893要求的水泥进行灌浆施工，不仅能增加地下水中溶解的铬（Ⅵ）含量，还使其浓度超出国家标准值，且影响时间超过1个月。为此，增加针对灌浆领域中水泥基灌浆材料水溶性铬（Ⅵ）含量的控制方法，以降低环境污染风险势在必行。

4 处理方法及效果

为了解决使用含铬水泥进行灌浆施工对环境造成影响的难题，宏禹公司开展了水泥基灌浆材料水溶性铬（Ⅵ）含量控制的研究，其试验结果见表4。可以看出，通过在水泥搅拌过程中添加“HY-2铬处理剂”，可有效降低水泥浆中铬（Ⅵ）浓度，当添加量为水泥量的0.04%时，溶液中铬（Ⅵ）浓度降低为0。这说明，在不改变现有生产工艺条件下，通过添加一种外加剂，即可实现对水泥基灌浆材料制备过程中水溶性六价铬含量的控制，使得灌入地层或土壤中的浆液水溶性六价铬离子含量较低，减少了其对地下水及环境造成污染的风险。

表4 “HY-2铬处理剂”室内试验结果

水泥量/kg	水灰比	试验项目	HY-2铬处理剂量/kg	Cr^{6+}浓度/(mg/L)
1	1∶1	对照组	—	2.338
		实验组1	0.01	0.825
		实验组2	0.02	0.452
		实验组3	0.03	0.370
		实验组4	0.04	0

注 水泥为海螺牌P·O42.5普通硅酸盐水泥。

5 结语

（1）根据GB 5749及GB/T 14848中Ⅲ类水的标准，以某大（2）型水库防渗工程及某特大型拱桥北岸拱座地连墙内固结灌浆工程为例，采用符合GB 31893的水泥产品进行灌浆施工，水泥中水溶性铬（Ⅵ）会进入周围地下水中，并引起周围地下水水质超标。

（2）相较于地面及地下建筑工程，由于用量大、水浸时间长、直接接触、地下水更新速度慢等，采用含铬（Ⅵ）水泥作为主要灌浆材料对地下水的污染风险更大，是一种灌浆过程中连续性的地下水铬（Ⅵ）污染源。

（3）通过添加“HY-2铬处理剂”可有效降低水泥灌浆材料中铬（Ⅵ）的溶出浓度，可最大限度防治及降低地下水污染的风险。

参考文献

[1] Mishulovich A. Oxidation States of Chromium in Clinker [R]. R&D Serial No. 2025, Portland Cement Association, Skokie, Illinois, USA, 1995, p. 6.

[2] Denton C R, Keenan R G, Birmingham D J. The Chromium Content of Cement and Its Significance in Cement Dermatitis1 [J]. Journal of Investigative Dermatology, 1954, 23 (3): 189-192.

[3] Isikli B, Demir T A, Urer Sm, et al. Effects of chromium exposure from a cement factory [J]. Environmental Research, 2003, 91 (2): 113.

[4] Katz S A, Salem H. The toxicology of chromium with respect to its chemical speciation: A review [J]. Journal of Applied Toxicology, 1993, 13 (3): 217-224.

[5] Eštoková A, Palašč áková L, Singovszká E, et al. Analysis of the Chromium Concentrations in Cement Materials [J]. Procedia Engineering, 2012, 42: 123-130.
[6] Moulin I, Rose J, Stone W, et al. Lead, zinc and chromium (Ⅲ) and (Ⅵ) speciation in hydrated cement phases [J]. Waste Management, 2000, 1 (00): 269-280.
[7] Beaumont J J, Sedman R M, Reynolds S D, et al. Cancer mortality in a Chinese population exposed to hexavalent chromium in drinking water [J]. Epidemiology, 2008, 19 (1): 12-23.
[8] 谢文强. 六价铬对人体急性与慢性危害探究 [J]. 资源节约与环保, 2016 (7): 131.
[9] 张庆华, 戴平, 崔健. 2017年度全国水泥产品中铬(Ⅵ)风险监测报告 [J]. 中国水泥, 2017 (12): 75-78.

内支撑基坑受力变形设计计算及数值分析的应用

王皓然

（中水电（天津）建筑工程设计院有限公司）

【摘　要】本文介绍了某大型内支撑基坑的设计计算与数字模拟。支护桩弯矩最大值位于深度8.1m处，约为基坑开挖深度的76.4%，且沿深度的分布呈“鼓肚型”，第二道支撑限制了弯矩的增长；内支撑的设计薄弱点位于角撑的交界处，在施工中应重点监测。本文的计算结果及其所揭示出的规律，对软土地区内类似工程的设计与施工具有参考价值。

【关键词】内支撑　设计计算　数值分析

1　引言

随着城市建设发展，深基坑开挖变形控制要求不断提高，基坑工程呈现出“多、大、近、深”的特点。针对这些特点，基坑工程的设计也从强度控制转向变形控制。在深基坑多种支护型式中，内支撑由于可有效控制软土地区土层位移，保护周边建筑及地下管线等特点，在深基坑工程中被广泛应用，但还存在其设计计算理论滞后于工程实践等问题。因此，研究内支撑结构设计计算及受力变形特性对基坑工程设计理论的完善具有重要意义。

2　工程概况

2.1　工程简介

杭州市某商住楼深基坑东、南两侧为城市道路，其中南侧道路以南有浅基民居，北侧距大农港河最近约17m，西侧现状为空地，基坑长约253m，宽约99m，开挖深度约为7.0m，地下二层区域为10.0m，工程重要性等级为二级，场地复杂程度等级为中等复杂场地。

2.2　工程地质与水文地质

该场区位于浙北平原区，为海积平原地貌单元，地貌形态单一。在勘探深度范围内，土层可分为6个工程地质层组：第①$_1$层杂填土、第②$_1$层黏质粉土、第③$_2$层淤泥质粉质黏土，第⑥$_2$层粉质黏土、第⑦$_3$层含黏性土角砾、第⑩$_{b-1}$层风化粉砂岩，各土层物理力学性质参数见表1。

该场区地下水根据含水介质、赋存条件、水理性质及水力特征等条件可划分为第四系松散岩类孔隙潜水和基岩裂隙水。其中孔隙性潜水主要赋存于填土层和粉质黏土层，补给来源主要为大气降水及地表水，地下水位随季节性变化，勘探期间测得地下水位埋深

1.4～3.2m；基岩裂隙水赋存于强风化、中风化基岩中，含水量主要受构造和节理裂隙控制，基岩裂隙不发育且水量小，据临近工程经验，对工程施工影响较小。对孔隙潜水水样进行水质分析，其对混凝土结构具微腐蚀性。

表1　　土层物理力学性质参数

土层号	土层名称	平均厚度 H/m	含水量 ω/%	重度 γ /(kN/m³)	压缩模量 $E_{s0.1-0.2}$ /MPa	内摩擦角 φ /(°)	黏聚力 c/kPa
①$_1$	杂填土	4.3	—	—	—	—	—
②$_1$	黏质粉土	3.1	29.2	19.3	5.75	12.0	18.0
③$_2$	淤泥质粉质黏土	18.9	45.0	17.7	3.01	8.0	12.0
⑥$_2$	粉质黏土	14.9	42.1	17.5	3.30	10.5	18.0
⑦$_3$	含黏性土角砾	2.3	26.0	19.5	4.70	26.0	5.0
⑩$_{b-1}$	风化粉砂岩	18.0	24.2	19.7	6.42	17.0	40.0

2.3　内支撑设计方案

根据环境条件和开挖深度，采用钻孔灌注桩排桩，双轴搅拌桩帷幕一道（1层基坑）或二道（2层基坑）钢筋混凝土支撑方案，其中支护桩采用潜水钻机正循环成孔，桩径0.7m，桩间距1.0m，二层地下室区域桩径0.8m，桩间距1.0m，内支撑结构为0.9m×0.7m、1.0m×0.7m压顶梁和不同截面尺寸的内支撑梁，立柱桩采用700mm钻孔灌注桩并进入粉质黏土层5m。

3　基坑数值模拟

3.1　模型建立

假定基坑的土层在场区内起伏变化较小，取其一半进行数值模拟。为减少基坑边界条件对计算的影响，计算模型的水平、竖向及纵向尺寸分别取10倍、5倍、20倍开挖深度。钻孔灌注桩和钢格构柱采用pile单元模拟，冠梁和支撑杆件采用beam单元模拟，各类支护构件通过共用节点实现刚结，限制6个自由度。

基坑计算模型尺寸为200m×100m×50m，图1为所建立的模型单元，共包含1000000个单元体，1035351个节点。

3.2　工况模拟

计算模型选取二层地下室的典型剖面进行工况模拟，可分为5个工况：①土体开挖至－1.5m；②土体开挖至－2.3m处并设置冠梁；③土体开挖至－6.7m；④土体开挖至－7.6m处并设置腰梁；⑤土体开挖至－10.0m，内支撑支护结构剖面如图2所示。

4　计算分析

该基坑设计总深10.5m，按一级基坑，依据《浙江省标准—建筑基坑工程技术规程》（DB33/T 1008—2000）进行设计计算，根据地勘报告输入土层参数，地面超载取30.0kPa。

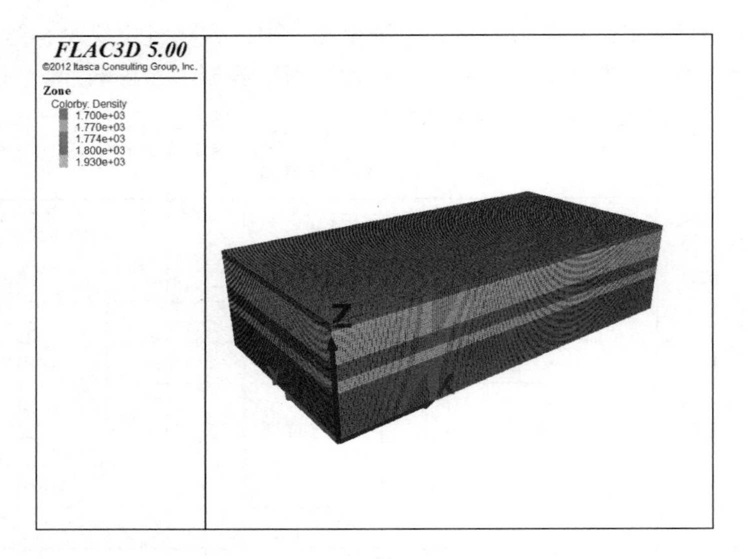

图 1　模型单元

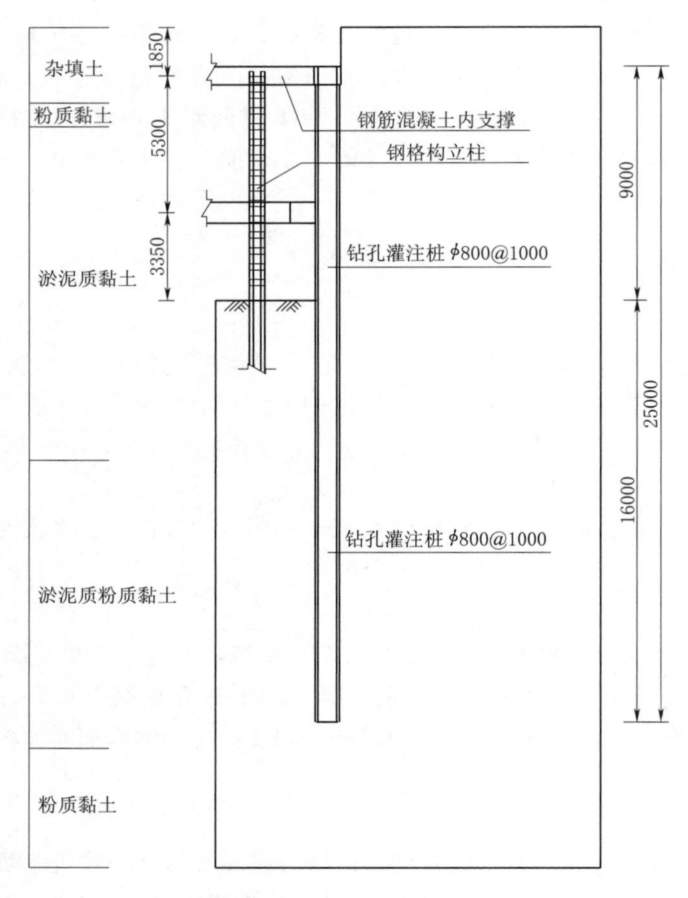

图 2　内支撑支护结构剖面

图 3 为同济启明星软件计算得到的支护桩位移、弯矩和剪力包络图；图 4 为设计计算软件和数值模拟软件计算得到的支护桩水平位移分布图；图 5、图 6 为第一道和第二道支撑轴力云图。

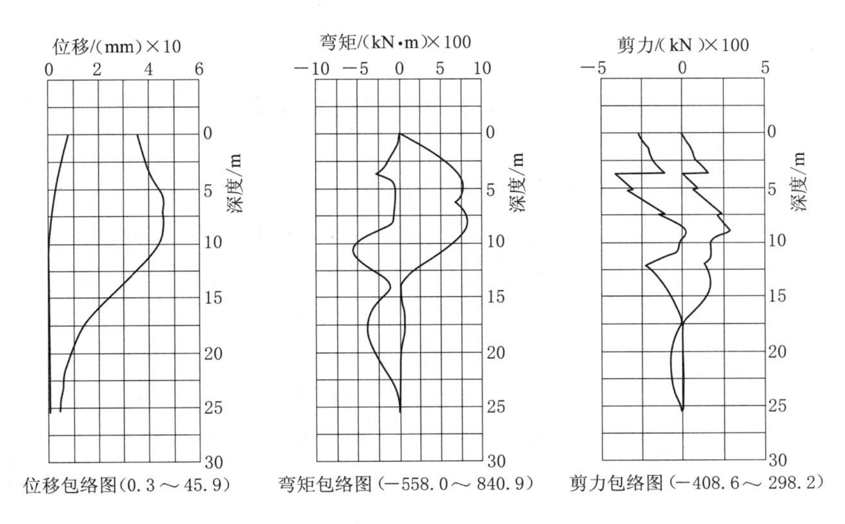

图 3　支护桩位移、弯矩和剪力包络图

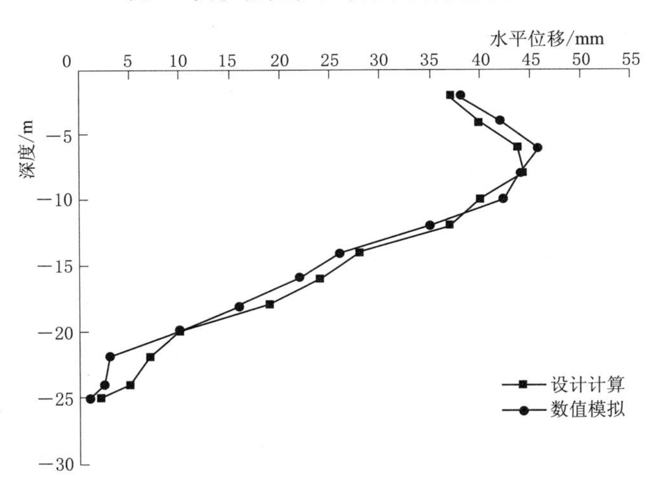

图 4　支护桩水平位移分布图

图 5　第一道支撑轴力云图

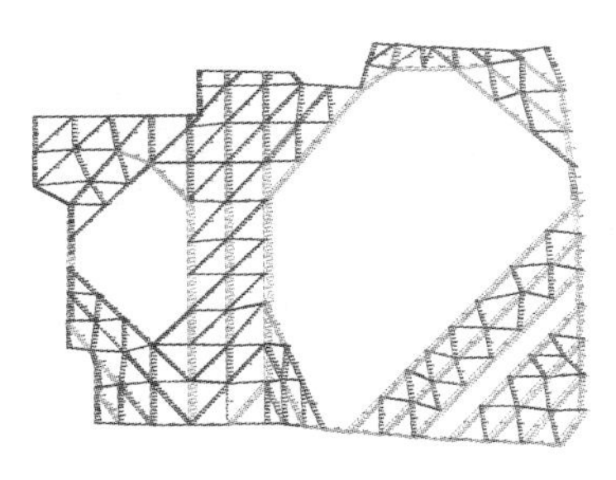

图 6　第二道支撑轴力云图

5 结果分析

5.1 支护结构水平位移分析

通过启明星软件计算，结果表明：其最大水平位移为45.9mm，位于桩顶以下5.4m深度处；数值计算最大水平位移43.8mm，位于6m深度处。对比二者计算结果，最大水平位移及出现最大水平位移位置均接近，证明所建立数值模型的合理性。

5.2 支护结构剪力和弯矩分析

由启明星软件计算结果可知，支护结构的弯矩最大值位于8.1m处，约为基坑开挖深度的76.4%，在−7.05m处，第二道支撑限制了弯矩的增长；同时，内支撑的设置使剪力沿深度的分布较为均匀。对比计算软件与数值分析软件的计算结果，支护结构的弯矩沿深度的分布呈“鼓肚型”，内支撑起到了约束弯矩和剪力的作用。

5.3 支撑轴力云图分析

第一道支撑的轴力最大值出现在基坑东侧两角撑的交接处，约为6100kN。基坑的两道对撑的轴力值次之，约为3055～4805kN。第二道支撑的轴力最大值位置同第一道，为10353kN，东南角部角撑的轴力次之，约5341～6832kN。究其原因，地下二层区域主动土压力较大，内支撑承受较大荷载，轴力较大。

6 结语

本文采用启明星设计软件和FLAC 3D对某软土地区深基坑排桩+2道内支撑支护结构进行了设计计算，通过分析其受力变形特性，得出以下结论。

(1) 本工程软土层较厚、基坑开挖深度大、周边环境要求严格，采用排桩+2道内支撑的方案可行。

(2) 支护桩弯矩最大值深度约为基坑开挖深度的76.4%，其沿深度的分布呈“鼓肚型”。

(3) 内支撑的设计薄弱点位于角撑的交界处，在施工中应重点监测，及时反馈数据。

参考文献

[1] 刘兴旺，施祖元，益德清，等．软土地区基坑开挖变形性状研究 [J]. 岩土工程学报，1999，21 (4)：456-460.

[2] 赵同新，高霈生．深基坑支护工程的设计与实践 [M]. 北京：地震出版社，2010.

[3] 由海亮．地铁车站基坑内撑式支护结构内力与变形分析 [D]. 北京：北京工业大学，2007.

[4] 陈云杰．钢筋混凝土内支撑轴力及变形对排桩加止水帷幕深基坑支护效果的影响研究 [D]. 南宁：广西大学，2017.

[5] 冯春燕，杨永康，丁学武．某深基坑内支撑围护结构内力及变形分析 [J]. 工程与建设，2017，31 (05)：657-661.

[6] 李庆来，谢康和，曾国熙．深基开挖变形预测与信息施工技术 [J]. 水利学报，2000 (01)：42-48.

[7] 陈灿寿，张尚根，余有山．深基坑支护结构变形计算 [J]. 岩石力学与工程学报，2004，23 (12)：

2065 - 2065.
[8] 彭文斌．FLAC 3D实用教程［M］．北京：机械工业出版社，2008.
[9] 徐凌，陈格际，刘帅．基于FLAC～(3D)的深基坑开挖与支护数值模拟应用［J］．沈阳工业大学学报，2016，38 (1)：91 - 96.
[10] 孙书伟，林杭，任连伟．FLAC3D在岩土工程中的应用［M］．北京：中国水利水电出版社，2011.

水平定向钻穿越京杭运河渗漏水隐患治理方案

孙雪琦　卞俊威

（山东省水利科学研究院）

【摘　要】水平定向钻穿越河道工程建设施工中经常会出现渗漏水情况，需采取针对性的技术措施处理。本文通过定向钻穿越软弱地基工程实例，重点介绍采用袖阀管灌浆、化学注浆技术防渗加固的技术参数选择、质量与工艺控制要点，为类似工程提供参考。

【关键词】定向钻穿越　河道　软弱地基　渗漏水　袖阀管灌浆　化学注浆

1　工程概况

某原油管道及配套工程定向钻穿越京杭运河，施工场地位于淮安市杨庄油库附近。京杭运河是通航河道，属国家二级航道，岸堤内水面宽约100m，水深6～8m，两岸均有人工筑堤，大堤高程约17～19m，边坡较稳定。管道穿越京杭运河采用水平定向钻方式穿越，ϕ121mm×8mm光缆套管穿越水平长度为911.2m，ϕ914mm×15.9mm主管穿越采用20″、26″、32″、38″、42″、48″、52″、54″八级预扩孔。

1.1　地形地貌

场地所属区域为冲积平原地貌，地形较平坦。两侧大堤顶部为砂石路和土路，南侧大堤车辆可进出，北侧场地可由乡级公路出入。场地地面高程为13.80～4.60m。

1.2　场地地层

根据钻探资料，拟建管道穿越京杭运河地段，第四系土层覆盖厚度大，地层岩性多为黏土及少量素填土，现将各岩土层分述如下：

①层素填土：褐—黄褐色，主要有黏性土组成，表层含植物根系，局部钻孔表层为杂填土。该层均有分布，层厚0.70～2.70m；层底高程13.00～7.10m；层底深度0.70～2.70m。

②层黏土：灰黄色，可塑，土质稍均匀，含铁锰结核及铁锈斑点，无摇振反应，切面稍有光泽，干强度中等，韧性中等；局部可见少量粉土薄层。该层均有分布，层厚3.10～9.20m；层底高程5.30～3.80m；层底深度5.20～10.0m。

③层黏土：灰黄色，可塑，土质稍均匀，含铁锰结核及青灰色条带，无摇振反应，切面稍有光泽，干强度中等，韧性中等；姜石含量约20%，粒径1～3cm。该层均有分布，最大揭露厚度25m。

穿越主管道管底在河床底部以下16.15m，穿越地层主要为第③层含姜石黏土层。

1.3 场地水

1.3.1 地表水

勘察期间，京杭运河水量大，流速受上下游水闸控制，水位变化不大，测得京杭运河水位标高为11.50m。取得京杭运河河水进行水质分析。水对钢结构的腐蚀性评价见表1。

表1 地表水的腐蚀性评价

$K^{+}+Na^{+}$	Ca^{2+}	Mg^{2+}	$NH_4{}^{+}$	Cl^{-}	$SO_4{}^{2+}$	$HCO_3{}^{-}$	$CO_3{}^{2-}$	pH	腐蚀性
38.68	44.19	25.50	0.00	70.90	47.81	192.21	0.00	7.52	弱

注 表中数值为ρ（mg/L）。

1.3.2 地下水

地下水为孔隙潜水，主要接受大气降水补给及京杭运河侧向径流和人工灌溉京杭运河水补给，大气蒸发为其主要排泄途径。勘察期间测得钻孔中地下水位深度为1.60～4.30m。

场地水对钢结构均具弱腐蚀性。

2 渗漏水隐患治理方案

水平定向钻穿越京杭运河完工三年后，北岸定向钻管线和线路管线连头位置出现渗漏，面积4～5m²，渗漏点距离入土点约15m，距离京杭运河河道中心约520m，渗漏水点的位置为农田，影响耕种。北岸入土侧及管线连头处高程：9.43～9.48m，南岸出土侧及管线连头处高程：12.45～12.5m，穿越位置河床底部高程：4.53～4.67m，穿越主管道管底在河床底部以下约16.15m。

2.1 渗漏水原因分析

经现场勘察及查询资料，本场地地下水为孔隙潜水，主要接受大气降水补给及京杭运河侧向径流和人工灌溉京杭运河水补给三种方式。初步判断渗水的可能原因是：因京杭运河水位高于北岸入土侧场地高程约2.1m，同时基于胶黏土层的土质特性，穿越管线与地层之间的环空虽已和原地层淤积结合较好，但相对于原始地层密实度相对较小，京杭运河水通过穿越管线与地层之间的结合处产生渗漏通道，经过近三年冲刷，渗流量逐渐增加，导致在北岸穿越连头回填土疏松薄弱位置，出现地面渗积水现象。

2.2 渗漏水隐患治理方案

根据以上分析，京杭运河北岸渗水治理的关键在于防止水流沿穿越电缆管线渗出，应遵循以下原则：截断水流顺着管线渗流的路径；改善原始地层密实度薄弱的缺陷，考虑采用注浆法改善土层进行处理。

根据以上原则，设计如下渗漏水处理方案：①在定向钻穿越电缆管线出口位置处进行水泥注浆和化学注浆，化学注浆长度5m，水泥注浆长度约450m，彻底截断顺着管线的水流路径；②管道原始地层薄弱处采用袖阀管注浆，目的是改善原始地层密实度，提高防渗等级。渗漏水隐患治理方案示意图如图1所示。

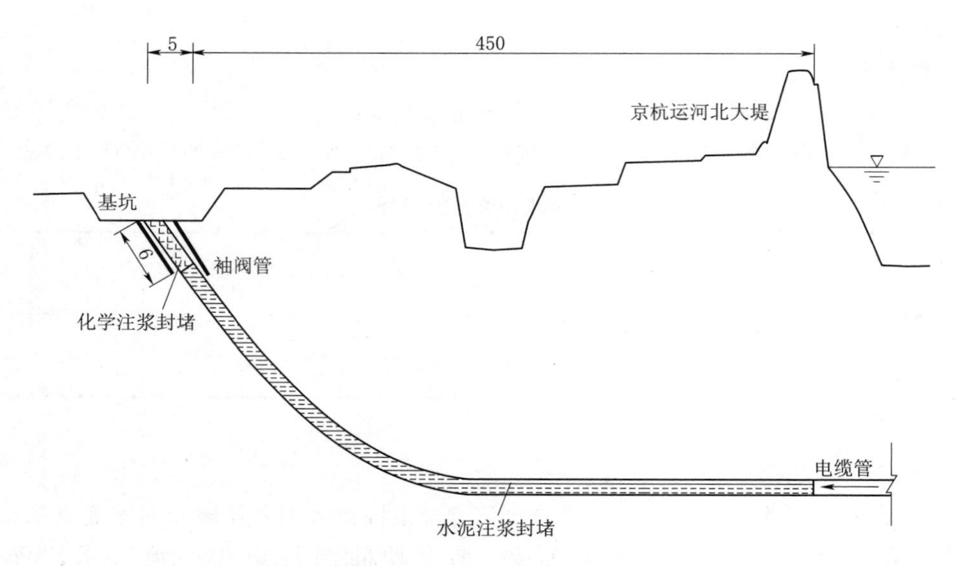

图1　渗漏水隐患治理方案示意图（单位：m）

3　渗漏水隐患治理施工工艺

3.1　穿越管线内注浆堵水施工

在定向钻穿越电缆管线出口位置处先进行水泥注浆，注浆长度约450m，然后再进行化学注浆，注浆长度5m，彻底截断顺着管线的水流路径。

3.1.1　水泥注浆堵水施工工艺

水泥注浆工艺流程：

下注浆内管→制浆→注浆→补灌→结束

将制作好的PVC注浆内管平稳地置入孔内，注浆内管插入穿越管线内60m，其连接要牢固，各截止阀一定要可靠。按设计配合比或浆液比重搅拌浆液，搅拌时间不得小于3min，制备好的浆液放置时间不得超过2h，注浆结束后，要计量水泥用量。

3.1.2　化学注浆工艺

3.1.2.1　化学注浆前准备工作

（1）搭建好安全可靠的注浆工作台。

（2）0.4～0.7MPa的动力风源和可靠的电源。

（3）直径1寸的风管，长度视现场情况而定。

（4）两根DN13的高压管，长度由泵的摆放地点到施工地点。

（5）按照施工情况准备足够的水和机油作为清洗剂。

（6）足够的棉纱和木楔用来防止浆液顺裂隙流出造成浪费。

3.1.2.2　施工步骤

（1）注浆前先检查管路和机械状况，确认正常后做注浆实验，确定合理的注浆参数，据以施工。

（2）注浆孔深度初步定为5m。

(3) 埋设注射管。

(4) 进行防漏浆预处理。

(5) 连接注浆泵、注浆管路及其附件。

(6) 开始注浆，在气动泵推力的作用下，使原料经过活塞进入输送管，输送到注射枪里，通过注射管注入裂缝中，在注浆过程要观察注浆比例是否合适，发现不合适要立即进行处理。

(7) 停止注浆，冲洗管路。

(8) 注浆完毕后，用清洗剂冲洗注浆泵和管路。

注浆系统工艺设备布置如图2所示；注浆工艺示意如图3所示。

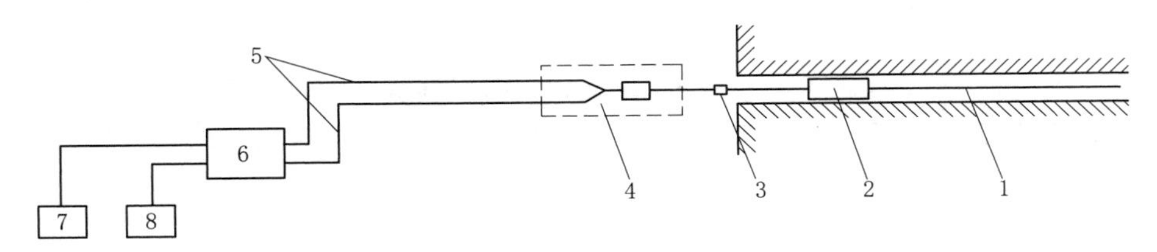

图2 注浆系统工艺设备布置图

1—注射花管；2—封孔器；3—快速接头；4—专用注射枪；5—高压胶管；6—气动注浆泵；7—树脂；8—催化剂

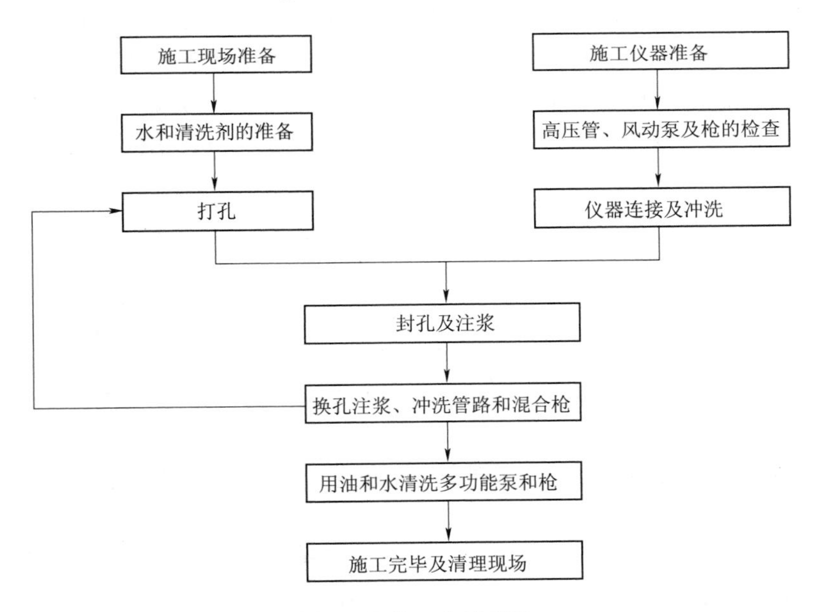

图3 注浆工艺示意图

3.1.2.3 化学注浆材料

聚氨酯灌浆材料是应用于岩土、土木建筑工程中起堵水、防渗、加固作用的一种新型灌浆材料。它遇水后立即反应，体积迅速膨胀，生成一种不溶于水、有较高强度和弹性的凝胶体。广泛应用于地下工程的防水堵漏、建筑物地基加固、复杂地层的稳固、大坝基础加固隧道防止滴水、破碎体加固、地下铁道基础加固、桥基加固和裂缝补强、矿井建设中的止水和加固等方面。

聚氨酯灌浆材料分水溶性和油溶性两种，二者都能防水、堵漏、加固地基。水溶性聚氨酯灌浆材料包水量大、渗透半径大。油溶性聚氨酯灌浆材料形成的固结体强度大、抗渗好，适用于加固地表和防水兼备的工程。适用于堵填动水层的涌水和土质表面层的防护。

该产品具有以下特点：①浆液与水反应，形成不透水的固结层，可用于封堵强烈的涌水和阻止地基中的流水；②浆液生成固体物质的同时，释放二氧化碳气体，借助气体的压力，浆液可进一步压进疏松的空隙中，使多孔性结构或地层裂缝能完全被浆液充填密实；③聚氨酯与土粒黏合力大、形成高强度弹性固结体，防止地基变形、龟裂、崩坏，从而使地基得到补强；④浆液的黏度、固化速度可以调节。注浆设备与工艺简单，投资费用少。聚氨酯灌浆材料主要技术性能见表2。

表2　聚氨酯灌浆材料主要技术性能表

外观	密度/(g/cm³)	黏度/(Pa·s，20℃)	凝固时间/(可调节范围，s)	抗压强度/MPa	抗渗强度/MPa	包水量/倍
淡黄色透明液体	1.05～1.15	0.2～0.8	20～1200	12～24	≥0.8	≥20

3.2　穿越管线外围袖阀管水泥注浆防渗帷幕施工

在保证穿越管线安全的前提下，对穿越管线与地层之间的环空进行袖阀管充填挤密防渗灌浆，与原始地层②层黏土共同构筑一道防渗帷幕，阻断渗水通道，治理工程隐患。

沿穿越管线四周环向均匀设置2个倾斜灌浆孔进行防渗灌浆，灌浆孔长度为6m（进入②层黏土2m)，将穿越管线与地层之间的环空用水泥浆充填，形成防渗帷幕，截断渗水来源。

3.2.1　工艺流程

（1）定孔位：按设计要求放线、定孔位。

（2）钻孔：按照放线孔位，把钻机安置在所钻孔位置，经验测倾斜角度后方可开钻。钻进过程中，要严格控制倾斜角度，保证管线安全，并详细记录钻孔情况，包括地层情况，孔位移动距离、方向、异常情况、处理措施，经现场技术人员验收合格后，方可移孔。孔位偏差不得大于20cm。

（3）下注浆外管：将制作好的注浆外管平稳地置入孔内，其连接要牢固，各截止阀一定要可靠。

（4）制浆：按设计配合比或浆液比重搅拌浆液，搅拌浆液时间不得小于3min，制备好的浆液放置时间不得超过2h，每孔每段注浆结束后，要计量水泥用量。为减小浆液流动性，浆液为水泥砂浆。

（5）注浆：采用带有双向密封装置的专用注浆枪注浆，注浆从下而上逐环进行。

（6）洗孔：为保证重复注浆的效果，在每次注浆完成后，要对注浆孔进行洗孔，用优质泥浆完成，确保下次注浆顺利进行。

（7）补灌：在注浆量及压力达到要求后，对注浆外管进行封口补灌，使管内填满灰浆。

3.2.2 袖阀管灌浆技术要求

3.2.2.1 材料

灌浆采用普硅水泥 R 32.5；水泥细度要通过 80μm 方孔筛，其筛余量不大于 5%；灌浆用的水泥必须符合规定的质量标准，不得使用受潮结块的水泥；水泥不应存放过久，出厂期超过三个月的水泥不应使用；灌浆用水应符合 JGJ 63—89 第 3.0.4 条的规定，拌浆水的温度不得高于 40℃。

3.2.2.2 设备

钻机和钻头应根据工程地质条件选用，宜采用回旋式钻机和冲击式钻机；灌浆泵性能应与灌浆浆液浓度相适应，容许工作压力应大于最大灌浆压力的 1.5 倍；搅拌机应保证均匀连续的拌制浆液，灌浆前应试运行；灌浆管路应畅通，并能承受 1.5 倍的最大灌浆压力。灌浆泵和灌浆孔口处均安装压力表。

3.2.2.3 浆液配制

制浆材料必须称量，称量误差小于 5%；水泥等固相材料采用重量称量法。各类浆液必须搅拌均匀并测量浆液密度；水泥砂浆浆液的搅拌时间，使用普通搅拌机时，不少于 3min；使用高速搅拌机时，不少于 30s；浆液在使用前过筛，自制备至用完的时间少于 3h；集中制浆站制备水灰比为 0.6∶1 的纯水泥浆液，输送浆液流速为 1.4～2.0m/s，各灌浆地点测定来浆密度，调制使用；浆液温度保持在 5～40℃，超过此标准违反废浆。

3.2.2.4 灌浆压力及灌浆方法

注浆压力 0.2～0.4MPa，根据上覆土层厚度及路面高程监测情况再行调整；每孔自下而上分段进行灌浆，每段 0.75m；每孔灌浆 2～3 遍。

3.2.2.5 灌浆钻孔

钻孔位置误差不超过 5cm，孔内沉渣厚度不大于 20cm；钻孔深至设计深度。

3.2.2.6 灌浆结束标准

达到设计灌浆压力，吸浆量小于 5L/min，并稳定 15min 视为结束。

4 结语

水平定向钻穿越河道工程建设施工中经常会出现渗漏水情况，需采取有针对性的技术措施处理，水平定向钻穿越京杭运河渗漏水隐患治理方案实施后，治理效果明显，施工工艺简单，操作方便，现场施工要求不高，能快速、高效地达到封堵水流目的，是一种行之有效的软弱土基渗漏水隐患处理措施，为类似工程提供参考。

浅谈淤泥质地层膜袋砂围堰填筑及稳定技术

曾庆贺　姜命强　曾金石

（中国水利水电第八工程局有限公司基础公司）

【摘　要】针对膜袋砂围堰一般坐落在较厚淤泥质地层上的特点，填筑过程中及填筑完成后的围堰易产生沉降，围堰的沉降对围堰的稳定和工程的安全有极大隐患。本文主要结合雷蛛堤段工程沙龙闸膜袋砂围堰施工情况，通过对淤泥质地层膜袋砂围堰填筑的稳定及技术进行分析，使围堰修建达到技术经济指标最优，既保证堰体稳定保证工程安全，又不至于造价过大，为类似的淤泥质地层膜袋砂围堰填筑工程围堰稳定及工程安全提供可借鉴的实际经验和技术参数。

【关键词】淤泥质地层　膜袋砂　围堰　填筑及稳定

1　工程概况

1.1　工程地质

（1）工程区位于珠江口入海处，属三角洲平原地貌，广泛分布较为深厚的海相沉积淤泥和淤泥质软土。建筑物地基大多为软土，场地土类型属软弱土，建筑场地类别为Ⅲ类，场地为对建筑抗震不利地段，淤泥及淤泥质土会产生震陷。

（2）本区河水及地下孔隙水对钢结构具有弱—中等腐蚀性；对钢筋混凝土及结构中的钢筋弱腐蚀性；咸水对钢筋混凝土结构中的钢筋在干湿交替环境下具有强腐蚀性。

（3）沙龙闸基础坐落在淤泥、淤泥质黏土等海相沉积的土层上，存在抗滑稳定及沉降变形问题。

1.2　原外围堰断面设计

根据本工程的所在地理位置及地质情况，沙龙闸围堰为全断面膜袋砂围堰，外海围堰分为三级梯形断面，第一级梯形断面顶高为±0.00，第二级梯形断面顶高内围堰为1.0m，外围堰顶高为2.60m，纵坡第一级梯形断面为1∶3，第二级梯形断面为1∶1.5。外围堰最大长度为169.17m，底宽42.80～54.95m，底高程－2.0～－3.2m；顶宽3m，高程2.6m，采用0.5m高的袋装土作防浪加高层，宽1.0m。外海侧在高程0.0m处设反压平台，平台宽10.00m，平台以下坡比为1∶3，以上坡比则为1∶1.5，挡潮水位为2.29m；基坑侧堰底高程低于－2.0m段在高程－1.5m和0.0m处各设反压平台，宽分别14.0m和5.0m，－1.5m平台以下坡比为1∶3，以上坡比则为1∶1.5，堰底高程不低于－2.0m段，在高程0.0m处设反压平台，宽10.0m。外围堰典型断面如图1所示。

围堰膜袋面铺防渗土工膜一道，迎水面放置 40cm 厚袋装砂压实作为挡浪防冲防护。

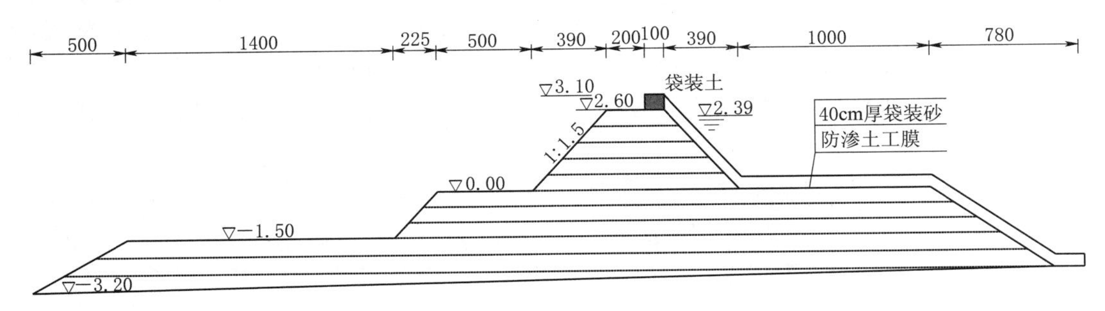

图 1　外围堰典型断面图（单位：cm）

1.3　外围堰施工过程

外围堰按原设计方案填筑至高于涨潮水位高程后第二天，即观测围堰整体沉降 3m，现场观测到堰体是中间向下沉陷，内外两侧平台向上隆起。

沉陷发生后继续进行观测，在沉陷基本稳定 10d 后，在靠堰体轴线内侧开始填土加高，期间又多次发生沉陷，并整体向内滑移。

在此情况下，有关各方决定暂时停止填筑，在填筑体上进行布点连续观测，以找出其规律性。经过 100d 的观测分析研判，围堰表层膜袋基本拉裂。此后，由于表层填筑的砂被海水冲走，导致大部分沉降观测点破坏。

数据分析：沉降最大部位发生沉降的主要原因是下部沙层被海水拖走导致掏空下沉，并非基础下沉；原导致围堰失稳下沉的左岸处已无明显突变下沉现象，基本稳定；主要下沉在围堰中部，整体下沉约 0.2～0.6cm，且仍在整体缓缓下沉，但无明显突变下沉现象，基本稳定。

2　处理方案

2.1　处理方案设计

首先对原堰体内、外侧各 60m 范围进行水下地形测量，同时采用膜袋砂封堵靠左岸段原堰体缺口。根据测量成果对原堰体外侧进行人工配合机械整平，利用原堰体平台，采用含泥细海砂吹填进行处理，吹填至高程 0.50m 左右。采用吹砂船泵往铺好的膜袋内充灌含泥粉细海砂，充填厚度为 50～70cm，吹填一宽度大于 38m 的反压平台。在内港侧吹填约 6m 宽，往上依次采用宽 5m、3m 膜袋砂进行铺填，堰顶高程 2.60m。外海侧依次采用铺设防渗土工膜布、40cm 厚碎石砂垫层和 50cm 厚大块石，以防止海浪冲刷。

考虑到沙龙闸施工将跨汛期进行施工，为保证防汛防台工作，外海围堰在施工至约高程 2.00m 时，堰体中间靠三围端预留长约 6～8m 段的“⏢”形缺口，采用小型膜袋砂单独吹填，作为汛期围堰度汛破口。

2.2　计算校核

现场对外围堰所处区域水下地形重新进行了复测，依据复测地形及现场实际情况分析，为确保围堰能够顺利安全的恢复至设计高程，本次围堰轴线进一步外移，以尽可能避开原已沉降破坏区域。本次围堰恢复断面设计根据实测地形选剖最危险断面按最不利工况进行整体抗滑稳定计算，计算软件采用HHSlope程序，施工期全稳定系数按1.05控制。淤泥指标根据原勘察试验建议值结合实际经验进行选取，（注：原设计勘察资料中沙龙闸建议值分别为$C=5.5\text{kPa}$、$\varphi=4.5°$），考虑原基础淤泥前期已被扰动过，为安全起见，本次淤泥指标采用$C=2\text{kPa}$、$\varphi=2°$，据此试算确定安全、经济、合理的围堰断面。

（1）围堰断面拟定及稳定计算。本次围堰安全稳定复核选取控制性计算工况见表1。

表1　　控制性计算工况

工况	计算组合	说　明
工况1	围堰施工期临海坡稳定	外海侧取多年平均低潮位－0.89m，基坑侧水位取0.50m
工况2	主体工程施工期围堰基坑侧坡稳定	外海水位取设计高潮位2.29m，基坑侧为无水
工况3	主体工程施工期围堰外海坡稳定	外海水位取设计低潮位－0.89m，基坑侧为无水

（2）计算方法。计算采用河海大学编制的HHSlope程序计算，自由水面线参考渗流浸润线确定。根据《堤防工程设计规范》和《广东省海堤工程设计导则》的规定，堤防抗滑稳定计算采用瑞典圆弧法，施工期（强度C_u、φ_u）采用总应力法。

1）计算采用有效应力法，稳定渗流期抗滑稳定安全系数按下式计算：

$$k=\frac{\sum\{C'b\sec\beta+[(W_1+W_2)\cos\beta-(u-z\gamma_w)b\sec\beta]\tan\varphi'\}}{\sum(W_1+W_2)\sin\beta}$$

式中：b为条块宽度，m；W为条块重力，kN，$W=W_1+W_2+\gamma_w zb$；W_1为在堤坡外水位以上的条块重力，kN；W_2为在堤坡外水位以下的条块重力，kN；z为堤坡外水位高出条块底面中点的距离，m；u为稳定渗流期堤身或堤基中的孔隙压力，kPa；β为条块的重力线与通过此条块底面中点的半径之间的夹角，(°)；γ_w为水的重度，kN/m^3；C'、φ'为对应土的抗剪强度指标，kN/m^3，(°)。

2）计算参数选取。经将本次新增钻孔资料与原设计勘察钻孔资料对比分析，土层结构基本一致，淤泥层厚度差别也不大，最大差别不超过1m。本次复核计算采用重新钻孔的成果，堰体填料及基底土层分布的相关参数详见表2。

表2　　土层物理力学指标参数

土层	层底标高/m	层厚/m	重度/(kN/m^3)	快剪φ/(°)	快剪C/kPa	备注
淤泥	－11.6	9.4	15.7	4	3	经验值
中粗砂	－20.25	8.65	19.8	38	0	经验值
砾质黏土	－27.8	7.55	18.8	16.1	15.1	地勘报告建议值
膜袋砂	0.00	2.8	16.7	38	5	经验值

3）计算结果分析。经反复试算发现，围堰施工期临海坡稳定为最危险工况，此时外海侧须设 1 级平台，且反压宽度不小于 38m，高程 0.50m，方能满足稳定要求；内侧利用现状地形能够满足安全稳定要求。

计算结果见表 3。

表 3　　围堰抗滑稳定计算成果表

工况	计算组合	整体抗滑稳定安全系数
工况 1	围堰施工期临海坡稳定	1.0832
工况 2	主体工程施工期围堰基坑侧坡稳定	1.2192
工况 3	主体工程施工期围堰外海坡稳定	1.4494

由表 3 可知，按照设计断面施工完成的围堰整体抗滑稳定安全系数均高于 1.05，满足规范要求。

计算成果图如图 2 所示。

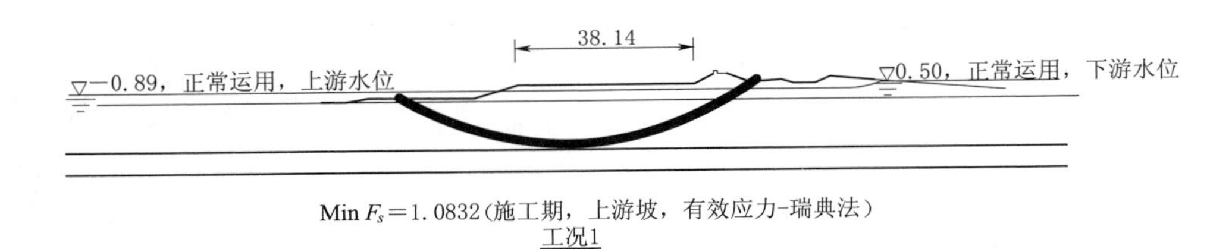

Min F_s=1.0832（施工期，上游坡，有效应力-瑞典法）

工况1

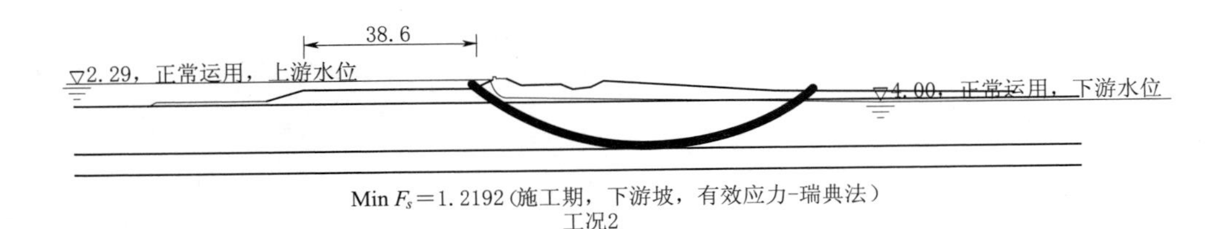

Min F_s=1.2192（施工期，下游坡，有效应力-瑞典法）

工况2

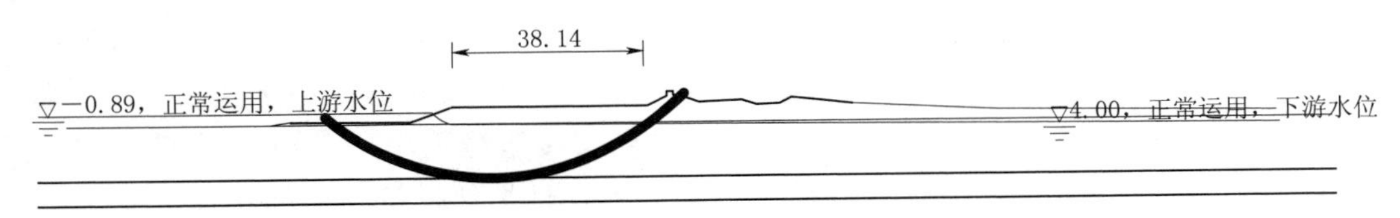

Min F_s=1.4494（施工期，上游坡，有效应力-瑞典法）

工况3

图 2　外围堰稳定计算成果图

2.3　外围堰断面设计

沙龙闸外海围堰的堰体是坐落在原围堰的基础上，采用膜袋充填砂。迎水面铺一层防渗土工膜、碎石砂垫层后抛填大块石防冲刷。重新设计外围堰断面如图 3 所示。

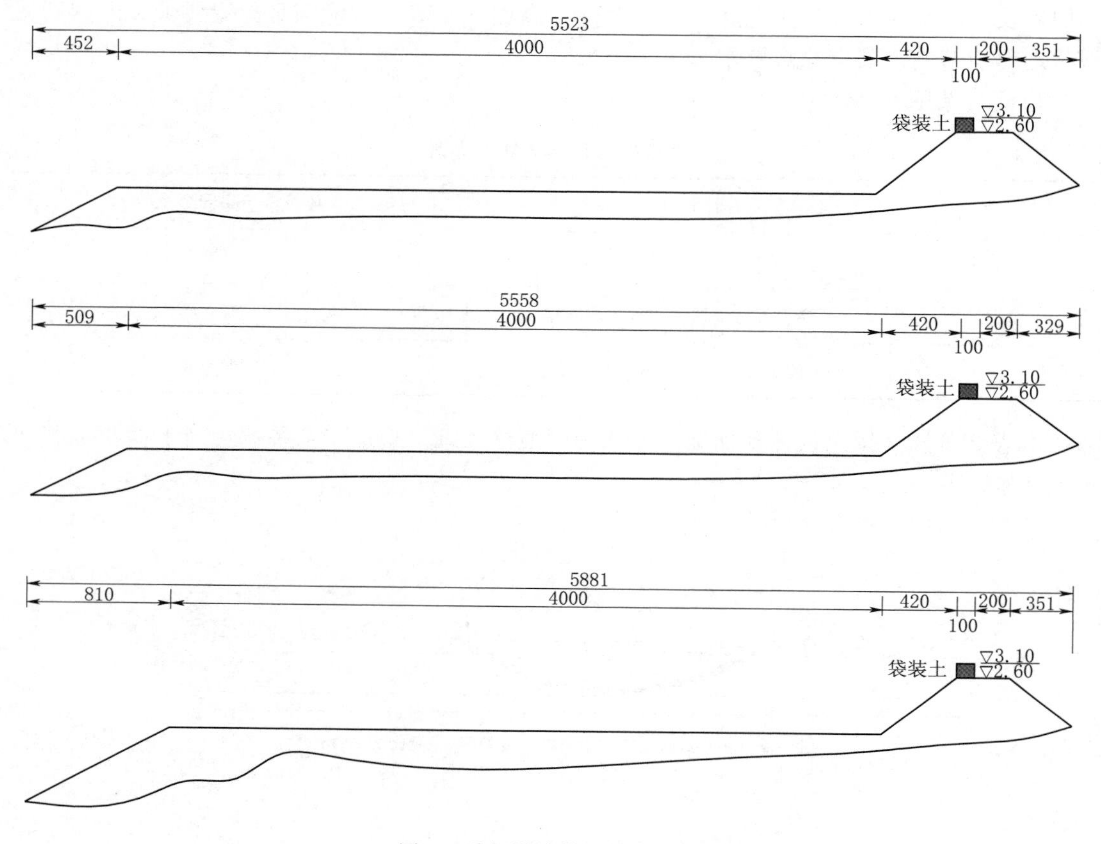

图3　重新设计外围堰断面图

3　外围堰重新施工方案

3.1　原材料选择

依据地形测量成果，围堰吹填整平前必须将原堰体缺口采用膜袋砂进行封堵。土工膜袋采用腈纶（pp）编织布，底层和第二层膜袋土工布规格不应低于280g/m^2，纵横向断裂强度不小于30kN/m，撕破强力不小于0.8kN，断裂伸长率小于30%，渗透系数不小于(1～10)×10^{-1}cm/s。上部膜袋规格为300g/m^2，纵横向断裂强力不小于30kN/m，撕破强力不小于0.8kN。充填袋在横向应为整体；纵向层接错缝不小于3.0m。充填袋加工后的尺度应符合设计要求，每个膜袋拼接缝不宜过多，且相邻拼接缝的间距应大于2.0m。充填袋的充盈度应控制在80%以上，下层充填袋在固结度达到70%后，可以进行上一层充填袋的施工。

膜袋充填砂为优质牛皮砂（粉细砂），其粒径小于0.005mm的黏粒含量小于10%，粒径大于0.075mm的颗粒含量应大于50%。充填粉细砂料充填前首先将充填管接入充填袖口内并往砂料中灌水使其形成砂水混合物，再将混合砂浆利用砂船上配备的高压泵通过充填管充入袋内。

3.2 土工膜袋填筑施工

施工流程为：吹砂整平→土工格栅、膜袋铺设→张拉定位→冲灌填料→防渗膜铺设闭气→袋缝间填土→子堰加高及抛石防冲。

（1）根据现状地形复测成果与原设计图纸地形对比，放出吹沙整平范围边线和竹排边桩，并插上样标。

（2）吹沙整平与土工格栅搭铺同步进行。海沙吹填整平达到要求的高程后，充分利用低潮位时段将土工格栅按上述要求定位固定，使土工格栅落实在沙层上。

（3）土工格栅定位固定后立即铺设膜袋。膜袋长度按顺水流方向，平行与堰轴线纵向进行加工、铺设。底层膜袋顺水流方向铺设，其余则横向分层铺至设计高程。

（4）膜袋铺设采用竹竿或钢管定位，铺设前根据测量放样定出袋子的边线并在袋体耳环相对应的位置插入竹竿或钢管，然后将袋子展开平铺在水面上，并将袋子上的耳环绑在竹竿或钢管上精确定位，以免袋体发生位移。铺设时应注意不同断面、不同层袋子型号的变化。

（5）充填粉细砂料由抽砂船抽至船舱内并运至施工现场，充填前首先将充填管接入充填袖口内并往砂料中灌水使其形成砂水混合物，再将混合砂浆利用砂船上配备的高压泵通过充填管充入袋内。

（6）充填技术要求：充填袋充砂水上施工时，为避免袋体移位，先充填袋体四角，使袋体沉降到设计位置，再充填其余袖口，每个袖口都系有浮漂，施工人员乘小船至袖口处，把充砂管插入袖口；陆上施工时，直接将充砂管插入袖口。每幅袋体制作时，均设有足够量的充砂袖口。充砂时中间插管，两侧出水。当一侧袖口冒黑砂时，立即调转充砂管向另一侧充砂，同时扎紧该袖口；待另一侧袖口也冒黑砂时，立即停机，扎牢余下的两个袖口。扎袖口采用上一道、反扎一道的两道收口的扎袋手法。充填砂采用吸砂泵将砂吸起通过管道送入袋中。充填过程中水和少量细砂从袋内析出，较粗的砂粒很快沉积在袋内。在充填过程中如一次达不到理想高度，待砂袋稍固结后，采用二次充填，但保证每只袋体在下一潮水来临前完成。待砂料充满整个袋体后（充盈度大于80%），此袋充填即告结束，此时可拔出充砂管，扎紧袖口，经过排水固结后（固结度大于70%），再进行下一层充填袋的施工。每只充填袋成型后，应对袋体轴线、边线进行测量，保证轴线、边线满足设计要求。

（7）顶层充填袋经过验收合格后开始进行防渗膜铺设。铺设前先将基面上杂物清除干净，然后以轴线为准结合图纸对土工布的铺设进行定位。土工布铺设前要根据需要长度在仓库进行缝制加工并打卷运至施工现场。铺设时自下游侧开始依次向上游侧进行，上游侧织物应搭接在下游侧织物上，铺设应平顺、松紧适度避免张拉受力、折叠、打皱等情况，铺设后必须用线缝到充填袋上加以固定，以防风浪冲打造成位移。

3.3 沉降观测

工程于2006年8月完成，2007年1月18日，沙龙闸外围堰右岸最后一个膜袋吹填成功，自1月19日开始布点观测，监测结果表明：施工完工后实测沉降5～72cm，平均沉降量为51.67cm，最大沉降速率为9.3mm/d，最小沉降速率为0mm/d，其中4月20日及5月5日监测沉降数据稍大，原因为水闸施工，外围堰加宽作为临时道路通车。监测结果表明，外围堰在重新施工完工后基本稳定。

4 结语

软土地基淤泥质地层不仅含水量高，孔隙比大、压缩性高，而且承载力低。普通砂土围堰沉降大，容易造成淤泥的扰动、滑塌，难于稳定及成型。

本工程通过使用膜袋砂作为围堰形式的设计及施工相关情况进行分析与探究，理论联系实际，证明淤泥质环境采取膜袋砂围堰施工方式是可行的。

（1）采用膜袋砂填筑围堰，断面尺寸比常规土石围堰堰体断面小，对受场地限制的建筑工程可创造更有利空间，方便施工；膜袋砂围堰本身重量轻、对地形地貌适应力强。

（2）采用膜袋砂填筑围堰，在软土地基环境不易出现不均匀沉降和变形，成功实现软土地基上快速填筑围堰。

（3）膜袋砂围堰受潮水影响较小，大大增强了围堰的整体稳定性和局部稳定，有效提高了各种破坏模式的安全系数。且地基砂中含泥量较大，在围堰自然沉降稳定后，可阻止外来水渗入，围堰具有天然的防渗功能，达到预期效果。

（4）选择牛皮砂作为筑堰材料，一方面是减小了堰体自重，以减小堰体荷载产生的沉降，同时也利用牛皮砂作为防渗材料；另一方面是利用膜袋自身的强度，增加堰体刚度及整体性，扩大了堰体基础的受力面积，从而可以减小堰体反压平台的宽度，有利于节省工程投资和现场施工布置。

（5）膜袋砂围堰施工具有施工简便、机械化程度高、施工速度快、整体性能好、造价优等特点，为项目安全顺利施工提供了根本保障；可就地取材，满足合理利用资源的原则，为项目节约了建造成本；简便快捷的施工速度，有效解决了工序繁多与工期紧张的矛盾，为项目节约了工程工期。

浅谈砂基渠道井点降水施工技术

任　杰　曾庆贺

（中国水利水电第八工程局有限公司基础公司）

【摘　要】 目前修建的大型调水项目渠道尤其是长江区域调水项目基础为黏性土及砂基，地下水丰富。地层岩性比较复杂，部分渠坡土体有透镜体状的淤泥质壤土，渠道开挖后存在软土边坡稳定问题，砂基浅埋段存在渠底涌水涌砂及渗透变形问题。施工期必须选用合理适宜的井点排水或其他有效措施来降低渠底地下水位，以避免渠道施工过程中可能产生的渠底突涌问题。

【关键词】 渠道　砂基　突涌　井点降水

1　工程概况

南水北调中线一期引江济汉工程，位于荆州市荆州区境内，地形平坦开阔，地面高差起伏不大，渠道的两侧均为农田、鱼塘，地面高程在30.00～33.00m（黄海基面，下同）之间。

本工程渠道基础大部分为砂基，地下水丰富。地层岩性比较复杂，具体为：4＋085～7＋400为长江一级阶地，工程地质分区为Ⅰ区。土层主要为第四系全新统（Q_4^{al}）冲积和冲洪积松散堆积物，土层结构比较复杂。地层岩性如下：①黏土（Q_4^{al}）：主要分布在该渠段前段地基上部。②壤土（Q_4^{al}）：埋藏在黏土层下部。③砂壤土（Q_4^{al}）：主要分布在上部壤土层之下。④淤泥质土（Q_4^{al+l}）：呈透镜体状分布于壤土层中。⑤粉细砂（Q_4^{al}）：主要分布在上覆土层之下。7＋400～9＋909为长江二级阶地，工程地质分区为Ⅱ区。土层主要为第四系上更新统冲积物（Q_3^{al}），岩性以老黏土为主，局部夹壤土、砂壤土等，土层结构比较单一，砂性土埋藏较深。4＋085～4＋200、6＋200～6＋400、7＋200～7＋400、8＋100～8＋450渠基为一般黏性土，其他均为砂基段（浅埋），局部存在软基段。

2　井点降水目的及设计思路

根据本工程渠道施工的要求，本方案设计降水的目的为：及时降低渠道下部基础承压含水层的水头高度，防止渠道工程施工时突涌的发生，确保渠道开挖施工时渠道底部的稳定性。

设计思路：

（1）本工程为线型施工，井点设计分布在干渠渠堤两侧绿化带内，钻机、钻机辅助设备及井点施工材料采用平板车或汽车运至施工地点，井点降水井超前于渠道工程施工面完成。

（2）为保障渠底施工安全，需将水位降至渠底下0.5m。

（3）降水井施工时采取干渠两侧同时打井，打井及安装井管严格按照设计图纸和规范进行。

（4）降水过程中实时观测井内水位，做到按需降水。

3 井点降水设计模型

根据本工程的含水层的特性，以及计划施工情况，在计算时主要采用如下地下水渗流三维数学模型：

$$\begin{cases} \dfrac{\partial}{\partial x}\left(k_{xx}\dfrac{\partial h}{\partial x}\right)+\dfrac{\partial}{\partial y}\left(k_{yy}\dfrac{\partial h}{\partial y}\right)+\dfrac{\partial}{\partial z}\left(k_{zz}\dfrac{\partial h}{\partial z}\right)-W=\dfrac{E}{T}\dfrac{\partial h}{\partial t}\cdots\cdots(x,y,z)\in\Omega \\ h(x,y,z,t)\big|_{t=0}=h_0(x,y,z)\cdots\cdots(x,y,z)\in\Omega \\ h(x,y,z,t)\big|_{\Gamma_1}=h_1(x,y,z,t)\cdots\cdots(x,y,z)\in\Gamma_1 \\ k_{xx}\dfrac{\partial h}{\partial n_x}+k_{yy}\dfrac{\partial h}{\partial n_y}+k_{zz}\dfrac{\partial h}{\partial n_z}\bigg|_{\Gamma_2}=q(x,y,z,t)\cdots\cdots(x,y,z)\in\Gamma_2 \end{cases}$$

$$E=\begin{cases} S & 承压含水层 \\ S_y & 潜水含水层 \end{cases};\ T=\begin{cases} M & 承压含水层 \\ B & 潜水含水层 \end{cases};\quad S_s=\frac{S}{M}$$

式中：S为储水系数；S_y为给水度；M为承压含水层厚度，m；B为潜水含水层厚度，m；k_{xx}，k_{yy}，k_{zz}分别为各向异性主方向渗透系数，m/d；h为点（x，y，z）在t时刻的水头值，m；W为源汇项，1/d；h_0为计算域初始水头值，m；h_1为第一类边界的水头值，m；S_s为储水率，1/m；t为时间，d；Ω为计算域；Γ_1为第一类边界；Γ_2为第二类边界；n_x、n_y、n_z分别为边界Γ_2的外法线沿x、y、z轴方向单位矢量；q为Γ_2上单位面积的侧向补给量，m^3/d。

4 井点降水降水井布置

通过地下水三维渗流分析，本工程井点降水井布置在干渠渠堤两侧绿化带内，井点间距20m，降水井布置参数见表1，可满足渠道工程施工要求。

表1　降水井布置参数表

桩　号	钻孔深（平均）/m	井点数/个	备　注
4+250～4+600段	23	34	
4+900～6+100段	22	114	
6+500～7+150段	21	66	
7+600～8+000段	25	40	
8+500～9+909段	26	140	
合计		394	

5 成井施工工艺

5.1 工艺流程

成井施工工艺流程如下：

场地平整—井点测量定位—挖井口—安护筒钻机就位一钻孔—回填井底砂垫层—吊放井管—回填井管与孔壁间的砾石过滤层—洗井—井管内下设水泵、安装抽水控制电路—试抽水降水井正常工作—降水完毕拔井管—封井。

5.2 成孔施工

（1）定位。根据降水管井平面布置图测放井位，井位测放完毕后应做好井位标记，方便后续施工。如果布设的井点存在地面障碍物，应当设法清除障碍物，以利于打井的进行。若地面障碍物不易清除或受其他施工条件的影响，无法在原布设井位进行打井时，应与工程师及时沟通并采取其他措施，必要的时候可对井位作适当调整。

（2）护筒埋设。根据放样的井位，埋设护筒，护筒顶端的泥浆溢出口应高出地面0.3m，埋设护筒时，护筒中心轴线应对正测量标定的桩位中心，其偏差不得大于5cm，并应该严格保持护筒的竖直位置。

（3）钻机安装。深井成孔方法可采用冲击钻孔、回转钻孔、潜水电钻钻孔或水冲法成孔，用泥浆或自成泥浆护壁。安装钻机，井位平面误差小于±20cm，钻机安装基座保持坚固、平整，机架必须校正。

（4）清孔换浆。钻孔钻进至设计标高后，在提钻前将钻杆提至离孔底0.50m，进行冲孔清除孔内杂物，同时将孔内的泥浆密度逐步调至1.10，孔底沉淤小于30cm，返出的泥浆内不含泥块为止。

（5）下管。成孔后立即清孔，并安装井管，井管采用PE硬塑料管，井管与井管用螺钉分两排链接，每排12颗，链接长度20cm，为防止上下节错位，在下管前将井管依井方向立直，井管的滤管部分应放置在含水层的适当范围内，井管下入后，吊放井管要垂直，并保持在井孔中心，为防止雨污水、泥沙或异物落入井中，井管要高出地面不小于200mm。

（6）填料。井管下入后立即填入料。填料应保持连续沿井管外四周均匀填入。填料严格按照设计要求填入，填料时，应防止井管上浮且应随填随测填料填入高度，当填入量与理论计算量不一致时，及时查找原因。不得用装载机或手推车直接填料，应用铁锹填料，以防不均匀或冲击井壁。

（7）洗井。在提出钻杆前利用井管内的钻杆接上空压机先进行空压机抽水，待井能出水后提出钻杆再用活塞洗井。活塞直径与井管内径之差约为5mm，活塞杆底部必须加活门。洗井时，活塞必须从滤水管下部向上拉，将水拉出孔口，对出水量很少的井可将活塞在过滤器部位上下窜动，冲击孔壁泥皮，此时应向井内边注水边拉活塞。当活塞拉出的水基本不含泥沙后，可换用空压机抽水洗井，吹出管底沉淤，直到水清不含砂为止。

洗井完毕后，可以下泵试抽。试抽成功，代表该井成孔完毕，可以投入使用。

5.3 造井注意事项

（1）钻进中，注意钻头所受阻力、钻进速度、井内传出的响声，及时调整每次起下钻高度、进尺，保证钻机正常工作。

（2）钻进过程中，注意防止塌井、卡钻及产生梅花孔。

（3）减压井钻孔终孔后，采用测绳测量孔深，孔深应比设计孔深深0.3～0.5m，采用浮筒式测斜仪测量孔斜，确保井斜小于1.5%。

（4）填料要均匀。

5.4 降水井质量验收标准

（1）井身偏差：井身应圆正，井的顶角及方位角不能突变，井身顶角倾斜度不能超过1°。

（2）井管安装误差：井管应安装在井的中心，上口保持水平。井管与井深的尺寸偏差不得超过全长的±2‰。

（3）井中水位降深：抽水稳定后，井中的水位处于安全水位以下。

5.5 降水试运行

试运行之前，准确测定各井口和地面标高、静止水位，然后开始试运行，以检查抽水设备、抽水与排水系统能否满足降水要求；通过试运行，确定降水井在该部位渠道施工的启用时间。

5.6 正式降水运行管理

（1）抽水需要每天24h派人现场值班，并做好抽水流量记录。

（2）降水井要配备独立的电源线。降水运行前降水工人应熟悉电路切换，以确保降水连续进行，避免因供电无法保证造成井底突水。

（3）降压工作应在地下构筑物施工至上部结构自重和下伏承压含水层的顶托力平衡后才可停止降水。

（4）降水结束提泵后应及时将井注浆封闭，补好盖板。

6 结语

渠道工程施工过程中，在高地下水位的影响下，砂基渠道施工施工风险难度增大，基坑易出现涌水、涌砂，渠坡易出现护坡、液化、塌方等破坏现象，并且难以保证混凝土衬砌的质量。因此地下水的处理往往成为工程安全、质量及工期目标的关键。

本工程通过井点降水的方法达到了及时降低渠道下部基础承压含水层水头高度的作用；消除了地下水位差引起的压力，防止了地下水涌入渠道开挖工作面，消除了渠底的管涌，防止了流沙现象。降低地下水位后，还能使土壤固结，增加地基土的承载能力，确保渠道开挖施工时渠道底部的稳定性。防止渠道边坡由于地下水的渗流而引起的塌方。确保了工程进度，也显著提高了工程质量。为类似工程提供参考借鉴。

某大坝心墙河床段基座混凝土裂隙处理

卞首蓉[1]　陈贵喜[2]

（1. 三峡电力职业学院建筑与管理学院　2. 北京振冲工程股份有限公司）

【摘　要】某水库大坝沥青混凝土心墙河床段基座混凝土在后续工序施工时发现有一道贯穿裂隙，给坝体防渗带来较大隐患。根据本基座混凝土裂隙的产生原因及特点，并参照类似工程经验，采用化学材料对裂隙进行骑缝灌浆和表面涂刷封闭，并利用沥青混凝土能有效地适应基座混凝土裂隙可能产生的应变的性能，达到裂隙加固和防渗处理的目的。本文就裂缝处理的施工技术作详细介绍。

【关键词】心墙基座混凝土　裂隙　化学灌浆　施工技术

1　裂隙成因

某水库工程地处西北地区，昼夜温差大，气候干燥。大坝沥青混凝土心墙河床段基座混凝土浇筑共分为三仓，每仓设计结构尺寸均为：12.36m（上下游方向）×9.56m（左右岸方向）×1.2m（厚），结构缝处设置铜片止水及闭孔板，基座混凝土为无筋C20F200W6。

河床段中间仓位基座混凝土浇筑完成时，以及到初期养护完成后，混凝土面层均未发现有裂痕。由于基座固结灌浆和面层积水及后期的面层结冰等原因，未能持续进行混凝土裂隙观察。之后在基座混凝土清基、凿毛时发现，基座河床段中间仓位混凝土面层（左右岸方向）有一道贯穿裂隙，长9.56m，裂隙左侧宽0.3mm、右侧宽1mm，位于基座轴线上游约45cm处，河床段基座混凝土裂隙位置平面如图1所示。

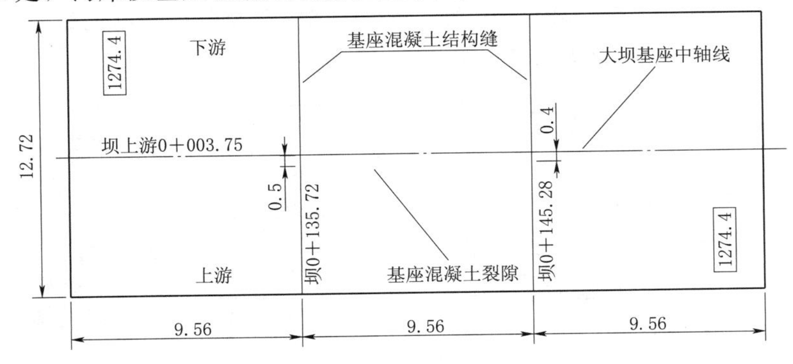

图1　河床段基座混凝土裂隙位置平面图（单位：m）

混凝土产生裂缝的原因很多。经四方现场对裂缝混凝土取芯情况分析共同判定：这是一条非施工原因造成的自然裂缝，其主要成因是混凝土板宽较大，中间无分缝，混凝土早期强度上升过程中，水泥产生的大量水化热造成局部应力集中，自然形成张拉裂缝。

2　裂隙处理方案

根据现场情况及大坝工期要求，经设计决定，裂隙处理施工分为三个阶段：第一阶段为基座混凝土开槽；第二阶段为灌浆；第三阶段为沟槽填补。

先以混凝土裂隙为中心线开凿一道U形槽（上口宽50cm、下口宽40cm、深30cm），且在混凝土U形槽底部裂隙处，再凿一道小V形槽（宽7cm、深4cm）。混凝土槽开凿完成后，对槽底深层裂隙采用补强防渗的水溶性聚氨酯进行化学灌浆，裂隙顶部用弹性聚氨酯进行封水，同时对结构分缝铜止水以上的部位也进行化学灌浆。基座混凝土裂隙处理结构如图2所示。

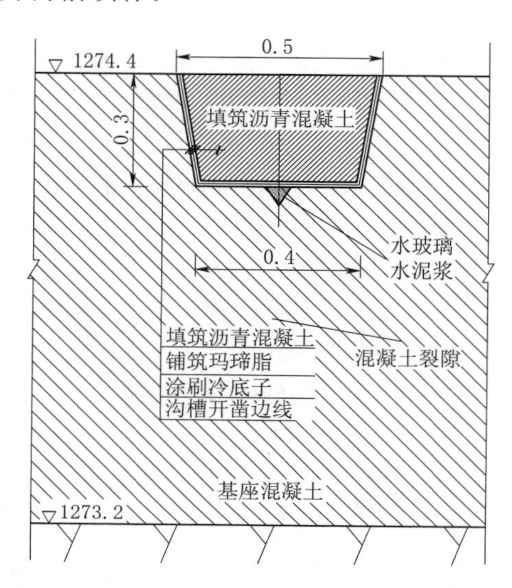

图2　基座混凝土裂隙处理结构图（单位：m）

3　裂隙处理的施工方法

3.1　沟槽开凿及清理

先以裂隙为中心线，分别在裂隙上、下游25cm处测量放点，根据测量点连线成开凿开口线。混凝土凿槽采用G10型风镐，13m^{3}空压机供风，人工用斗车把凿除的混凝土碴清运出基坑。混凝土U形槽开凿完成后，用钢钎和铁锤人工凿出大沟槽底部的小V形槽。沟槽开挖符合裂隙处理方案结构尺寸。

随后，用高压风清扫出槽内灰渣，并安排专人清理裂隙内可能涌出的渗水，直至小沟槽堵水填补完成。

3.2　裂隙灌浆

3.2.1　灌浆主要材料

裂隙灌浆采用水溶性聚氨酯灌浆材料，具有良好的可灌性，较高的抗压、抗拉、抗渗和黏结强度，聚氨酯灌浆材料主要指标见表1。

表1　聚氨酯灌浆材料主要指标表

检验项目	检验结果	检验依据
拉伸强度/MPa	≥2.5	GB/T 1040—1992
黏结强度/MPa	≥2.0	GB/T 16777—2008
抗渗性	W20无渗水	DL/T 5150—2001
黏度/(mPa·s)	≤100	GB/T 2794—1995
凝胶时间/min	≤15	GB/T 23446—2009

3.2.2 灌浆主要设备

采用主要灌浆设备见表 2。

表 2　　主要灌浆设备表

计量用具	钻孔设备	质量检查设备	灌浆设备	供风设备
天平 小量杯 温度计	进口 BHS 冲击钻，4DFE 冲击钻	取芯钻机型号 HILTI-DD-160E，取芯直径 89mm，取芯长度为 30cm	HD-1 型密封式手压注浆泵，容积 10L，压力 1.6MPa	$13m^3$ 电动空压机

3.2.3 灌浆施工

工艺流程：裂缝开展情况描述→灌浆布孔、造孔→清孔、清缝→封缝或嵌缝→通风压水检查→灌浆→灌后检查。处理过程中，每道施工工序由质检员和监理工程师检查验收合格后方可进行下道工序施工，灌浆过程中质检员进行检查督促。正常情况下灌浆作业应连续进行，确保灌注密实。灌浆顺序应由下至上，依孔序、孔号施灌。避免现场操作环境对浆材的影响，确保测试数据准确性，按要求对浆材取样送实验室进行黏度和比重的检测。

（1）裂缝描述。正确判断裂缝类型（由监理与施工单位共同确定）及裂缝偏向，以便有针对性地处理。对裂缝所处位置、走向、宽度性状进行描述，做好裂缝钻孔登记表，由监理工程师签字确认。从钻取的芯样中不能判明裂缝走向时，应重新布孔取芯。钻孔严格控制倾斜角度，现场采用角度固定的预制三角板来控制钻孔机操作倾斜角度，确保斜孔钻到缝面上。

（2）灌浆布孔、钻孔：骑缝钻孔灌浆布置如图 3 所示。孔距 20cm，孔深 40～50cm，孔径大于 18mm。

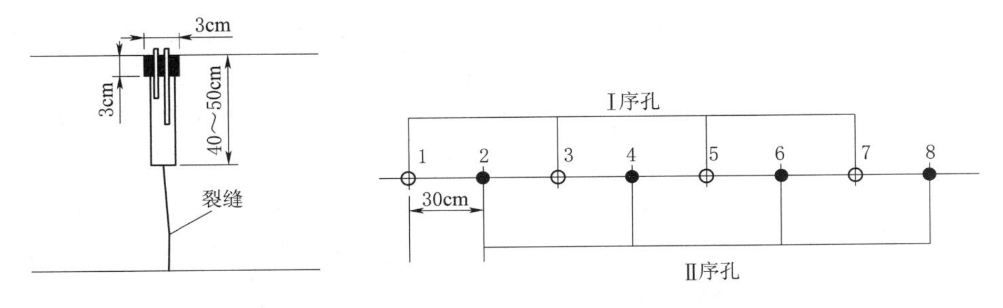

图 3　骑缝钻孔灌浆布置图

（3）清孔、清缝：通过风压将孔内清理干净，要求无尘、无泥垢、无颗粒；沿裂缝两侧 10cm 用钢丝刷刷毛，并通过风压清除裂缝表面的混凝土尘垢。

（4）灌浆：

1）浆液配制：分批配制浆液，控制浆液温度在 30℃以下，不再升温后才用于灌注。

2）灌浆方式：灌浆从低到高，邻孔排气排水，以浆赶水的方式进行。具体根据压水试验漏量确定灌注方式：漏量小于 10mL 时，采用分Ⅰ、Ⅱ序孔并联多孔灌注，灌注过程中若发现其间的Ⅱ序孔串漏浆，可在该孔排出孔中积水和稀浆后并入Ⅰ序孔同时灌注。漏量大于 10mL 时，采用单孔灌注，发生串浆情况时，待串浆孔排出孔中积水和稀浆后，扎紧管口，灌浆孔灌浆结束后，打开该管按正常程序灌浆。

3）灌浆压力：开始灌浆后，压力逐步升至0.3～0.5MPa，当进浆量不大于1mL/min时，稳压30min结束。

4）复灌：第一次灌浆后，应恒压扎管待凝。等压力回零后，再进行第二、第三次复灌，直至达到结束标准。

（5）灌浆后的质量检查。为了检查灌浆质量的好坏，灌浆完毕后，用钻机进行取芯，取芯长度为30cm。灌浆后如检查发现孔口浆液不饱满，应重复注浆至浆液饱满为止，确保灌浆充填密实。

3.3 沟槽填补

3.3.1 主要材料

裂缝表面涂刷封闭材料采用弹性聚氨酯，主要技术指标见表3。

表3　　　　主要技术指标表

技术指标		要　求	标　准
拉伸强度/MPa		≥9.0	GB/T 16777—2008
延伸率/%		≥380	GB/T 16777—2008
不透水性/(2MPa，24h)		无渗漏	DL/T 5150—2001
黏结强度/MPa	干燥（界面剂处理）	≥3.0	GB/T 16777—2008
	潮湿（界面剂处理）	≥2.0	
低温弯折性		－40℃无裂纹	GB/T 19250—2003
耐久性/a		≥30	GB/T 16777—2008
毒性		无毒	

3.3.2 填补施工

弹性聚氨酯填补前，先将混凝土小V形槽内的杂物清除干净，槽内不宜有积水。沟槽填补施工应迅速进行，拌制好的弹性聚氨酯宜在15min内用完。

小V形槽填补完成一天后，待其干燥，即可进行混凝土U形槽基面冷底子油涂刷。沥青玛琋脂铺筑待冷底子油挥发干燥后进行，玛琋脂需铺筑均匀，厚度以1～1.5cm为宜。

沥青混凝土采用专用保温装载机运输至现场，人工铲料入仓，入仓、平料应迅速进行，铺料厚度应高于基座混凝土面4～5cm，以利于沥青混凝土碾压密实。沥青混凝土碾压采用BW120AD振动碾，先静碾2遍、然后动碾10遍。初碾温度不低于145℃。

4 施工安全、环保的注意事项

带进工地的化学材料量以满足施工用量为宜。施工现场严禁一切火种进入，做好防火防爆工作。化学材料不能在无人看管的情况下置留于工地。施工采用封闭式注浆桶。化学浆材必须专人保管配制，配比必须准确，搅拌均匀，根据施工用量随配随用，控制废浆的产生。化学剂加入搅拌过程应安置在人员较少的位置。尽量减少浆液对施工场地环境的污染，如有发生应及时处理。废弃材料及包装用专门收集袋收集后清出施工现场。

5 应用效果

通过在深层混凝土裂隙中的化学灌浆和在混凝土小 V 形槽浇灌聚氨酯进行表面层封闭，有效地防止了裂隙进一步裂开和向上渗水，保证混凝土 U 形槽能在干燥状态下铺筑冷底子油、沥青玛琋脂及沥青混凝土。同时，利用沥青混凝土能有效地适应基座混凝土裂隙可能产生的应变的性能，达到裂隙有效加固和防渗处理。该技术方法具有较好的补强、防渗作用，处理后效果良好，而且施工费用较低。

浅谈全断面岩石掘进机（TBM）未掘进状态如何索赔

张文涛　张　迪

（北京振冲工程股份有限公司）

【摘　要】目前全断面隧道岩石掘进机（即TBM）施工已在国内水利水电工程和交通工程中得到广泛使用，在施工过程中对于施工成本影响最大的是TBM的掘进效率，如果TBM能够持续、稳定地高效率掘进，则项目的成本的变动很小，而当TBM出现长时间的停止掘进或掘进效率大幅度地降低的话，则成本会增加很多。TBM在施工过程中经常会因各类原因发生停机，因而TBM未掘进状态如何进行成本测算乃至索赔就显得尤为重要。

【关键词】TBM　未掘进状态　索赔

1　概述

根据一般的合同约定，TBM施工的收益来自掘进工程量，因此在TBM的停止掘进时，根本没有收入，但成本始终在发生。造成TBM停止掘进的原因，分为承包人原因和非承包人原因。如是承包人原因，由承包人自行承担是天经地义的；而非承包人原因则根据合同条件，一般由业主承担。但如何承担，在合同中一般没有明确的规定。从常规索赔的思路出发，“未掘进”即等同于“停机”状态，可按合同约定“窝工”处理原则处理，然而TBM并非等同于一般的通用设备，以“窝工”条款与TBM的运行工况不符，难以体现TBM停机时发生的成本。为区别一般的窝工情形，笔者把TBM停止掘进的这种状态称为“停机运行状态”。

本文以实际的索赔案为例，以期对在进行TBM未掘进状态索赔时有所帮助。

2　“停机运行状态”概念的提出

常规机械设备停止运行时可以切断动力、放置一旁、不再运行，待有施工项目时再行启动、工作，其停机时为彻底停机；如上述，可参照合同中TBM的窝工条款计算相关的人员及设备的窝工费用，并据此提出“索赔”意向。而在TBM施工过程中的一般正常停止掘进时，为了保证TBM良好的“状态”，TBM仍处于“运行”工况：为了不被岩石卡住，刀盘驱动每天需要短时间运行1～2次，TBM液压系统、供风除尘系统、供电照明系统、给排水系统等几大辅助生产系统仍在运行（运行强度低于正常掘进），短期、临时停止掘进时：全部操作、运行、管理、维护人员都要在机上工作，长期停止掘进时，需留守部分操作、运行、管理、维护人员还要对TBM相关系统进行间歇性的运行，同时必要的维修、保养工作，以保证具备施工条件时，TBM能有良好的“状态”进行施工。所以此时的TBM并非处于完全意义的停机，而是未掘进（没有产量）时的运行工况，这就像汽车停车时的怠速状态，虽然没有行驶，人员一直待命、燃油还要消耗，故该状态非正常意义上的“窝工”应定义为“停机运行状态”。

3　索赔意向的提出

TBM停止掘进的原因，分为承包人原因和非承包人原因。如是承包人原因，由承包人自己承担是天经地义的；而非承包人原因根据合同条件，属于不可抗力的双方各自承担；其余情形下一般都应由发包人承担。

依据《通用合同条款》“42. 发包人违约”以及“43索赔 43.1索赔的提出”，就非承包人原因（不可抗力引起的除外）引起的“停机运行状态”，承包人可向发包人提出索赔。

TBM非承包人原因“停机运行状态”对于承包商的影响主要在于两个方面，即工期与成本，直接影响就是工期，按照其产生的原因，不属承包人责任，原则上经监理工程师签字、发包人认可后可以获得工期方面的补偿；在TBM停机期间，除了人工费、折旧费要继续支出外，还将发生燃动费、维修费、其他及设备的使用费和项目的管理费，依据合同相关规定，发包人同时应给予承包人适当的费用补偿。

4　索赔费用的计算

由于目前国内TBM施工采用的都是竞争性报价，投标价基本比照正常施工的成本价格，对于施工风险（尤其是停工）一般很少能做到报价中；而合同中虽然有相关的风险条款，但对于非承包人原因造成的TBM停止掘进的运行费用的补偿计算等并没有明确的计算依据。

考虑TBM是一个复杂、大型、综合的系统施工设备，为了更加合理地计算TBM掘进单价，按照TBM掘进流程，将TBM设备划分为“TBM掘进设备系统”和“辅助掘进设备系统”两个部分，独立计算“停机运行状态”下两个系统的补偿费用。

（1）“TBM掘进设备系统”计算。“TBM掘进设备系统”是指以TBM主机为主，由其自身载有的刀盘、支撑、液压、电气、通风、除尘、皮带机等分项子系统组成的。考虑到TBM停机时，TBM上面的部分子系统如电气、通风、除尘等还在连续运转，而液压系统、皮带机等间歇运转，TBM掘进设备系统的各项费用按照以下原则计算。

1）人工费。按照TBM上各子系统配备的人员，据实确定停机期间在设备上各系统工作的岗位人员数量，可参照投标工种单价计算费用，也可按照监理人现场实际签证人数计算费用。

2）材料费。区分正常运行系统、间隔运行系统分别计算。

正常运行系统：TBM供电系统、通风除尘系统、供水系统、液压系统、监视通信系统、测量系统；

间隔运行系统：PLC控制系统、液压系统、润滑系统、刀盘驱动系统、支撑系统、护盾系统、主机皮带系统；钻机系统、喷混系统（岩爆时运行）、主洞皮带移动尾部泵站；

综合考虑上述因素材料费按正常掘进期间的一定比例计算。

3）机械使用费。

正常运行系统：TBM 供电系统、通风除尘系统、供水系统、液压系统、监视通信系统、测量系统；

间隔运行系统：PLC 控制系统、液压系统、润滑系统、刀盘驱动系统、撑靴系统、护盾系统、主机皮带系统；钻机系统、喷混系统（岩爆时运行）、主洞皮带移动尾部泵站；

电气系统没有工作时：维修费用会增加，因为洞内潮湿、故障会增加，所以必须定时运转；

液压油、润滑油按日历间隔时间更换；没有掘进也需要按时更换；

上述设备运行还需的一定的电量。

综合考虑上述因素各系统机械使用费按正常掘进期间的一定比例计算。

TBM 的折旧：可根据合同约定的折旧计算分摊方式，另行计算。

（2）“辅助掘进设备系统”计算。“辅助掘进设备系统”主要指 TBM 主机设备以外的，为 TBM 掘进提供服务的给排水系统、通风系统、供电、照明系统、维修保养系统、皮带出渣系统、轨道运输系统等子系统。

1）“辅助掘进设备系统”中的给排水系统、通风系统、供电照明系统、轨道运输系统均正常运行，其人工费、材料费、设备使用费均按掘进时单价计算。

2）“辅助掘进设备系统”中的皮带出渣系统、维修保养系统，依据该状态下的经监理工程师及发包人同意的运行强度要求，人工、材料、机械费用综合考虑强度及效率后按正常掘进期间的合理比例计算。

各类取费：包括其他直接费、间接费、利润、其他费用摊销、税金等，均应按投标文件所列比例记取。

5 结语

“停机运行状态”为考虑 TBM 的特殊性，提出的工程施工领域新的新概念，索赔前应首先征得各方的理解和认可，本着以事实为基础，以合同为依据，充分协商、合理补偿，以期减少承发包各方的损失。

砂砾石隧洞开挖施工技术研究与应用

童　耀　陈廷胜

（中国葛洲坝集团基础工程有限公司）

【摘　要】某水利枢纽工程左岸古河槽砂砾石地层布设有交通洞及灌浆平洞，在隧洞开挖过程中面临着开挖支护困难、施工安全风险高、工效低等技术难题。通过开展砂砾石隧洞开挖施工技术研究，并将研究成果应用于工程实践，取得了良好的应用效果，可供类似工程借鉴。

【关键词】砂砾石层　隧洞开挖　施工技术　研究与应用

1　工程概况

某水利枢纽工程左岸古河槽深度超过300m，正常蓄水位以下中更新统Q_2^{al}冲积砂砾石覆盖层厚近200m，该砂砾石层存在渗漏问题，设计在左岸坝顶高程沿坝轴线方向布设长575m的灌浆平洞进行防渗处理。左岸灌浆平洞内设置有灌浆机房、转浆站、集水井等附属洞室，由长199.4m的2号永久交通洞斜交70°进入，均为城门洞形。其中，灌浆平洞开挖断面尺寸为6.7m×8.0m，2号永久交通洞开挖断面尺寸为6.0m×6.9m。隧洞开挖完成后，采用厚40cm的C25钢筋混凝土进行二次衬砌。

灌浆平洞及2号永久交通洞均位于冲积砂砾石地层中，洞段埋深为10～60m，天然密度平均为2.25g/cm³，属泥质半胶结，结构较密实，具有扰动后砂砾石层易松动的特点。在隧洞开挖施工中，尤其是在附属洞室及交叉路口等开挖断面较大的洞段，围岩稳定性较差，砂砾石层易受开挖、钻孔扰动出现松动、塌落甚至坍塌情况，面临开挖支护困难、施工安全风险高、工效低等问题。为此，通过开展砂砾石隧洞开挖施工技术研究，总结出一套适合砂砾石隧洞开挖施工的技术成果，在确保施工安全、质量的同时，有效提高砂砾石隧洞开挖施工工效，为后期左岸古河槽防渗帷幕灌浆施工提供有利条件。

2　洞口段开挖

2号永久交通洞进口段地表为上更新统冲积砂卵砾石层，厚10～30m，进洞口位于进场连接道路第四级砂卵砾石边坡坡脚处（图1），覆盖层埋深仅4m，卵石粒径最大近70cm。

2.1　洞脸锁口处理

洞脸锁口处理是隧洞工程顺利进行洞身段施工的基本前提，为确保隧洞能顺利进行洞挖施工，减少钻孔施工对砂卵砾石层的扰动，结合地质情况，进口洞脸锁口处理摒弃了管棚、注浆小导管等传统锁口方式，采用在设计洞身开挖线外梅花形布设3环自进式中空注浆锚杆（$\phi25$，$L=400$cm）的方式进行锁口处理（图2）。该处理方案有效地减小了对地层的扰动，提高了进口洞脸锁口处理的效果。

图1　2号永久交通洞进洞口洞脸边坡

图2　2号永久交通洞进洞口防护施工

2.2　洞口防护

针对洞口段砂卵砾石层在开挖过程中，受到外界扰动后立即松散的特点，在洞脸前架设3榀钢拱架，榀距30cm。钢拱架伸入建基面以下50cm，并浇筑宽30cm的C25条状混凝土。每两榀钢拱架支立完成后，立即进行联系筋焊接和挂网施工，并对钢拱架内外侧采用喷射20cm厚的C25混凝土进行加固处理，以防洞口上方落石。此外，在洞口上方边坡马道上设置防护栏，防止上部坡面落石（图2）。

3　洞身段开挖

3.1　浅埋洞段开挖

砂卵砾石浅埋洞段实行分部开挖，每一循环开挖后立即支护，以限制开挖后围岩与初期支护的变形速率，防止全断面开挖时围岩和初期支护变形过大而失稳，是保护围岩稳定的重要措施。

（1）超前支护。在2号永久交通洞浅埋洞段每循环开挖前，沿洞顶120°范围布设一排超前锚杆，长度4.5m，外露0.5m与钢拱架焊接，钻孔间距0.4m。

图3　浅埋段开挖支护施工

（2）洞身开挖支护。砂卵砾石浅埋段洞身开挖遵循“短进尺、强支护、快封闭、勤测量”的原则，采用“环形开挖预留核心土法”施工，即采用大功率挖掘机先开挖上部断面弧形导坑，其次开挖下半部两侧，再开挖中部核心土的方法进行施工，边角通过施工人员配合风镐处理（图3）。洞身开挖每循环进尺控制在1～2m，开挖过程中根据砂砾石层的密实情况进行调整，采用钢拱架支撑，榀距0.4～0.5m，并钻设自进式中空注浆锚杆、挂钢筋网片及时进行锚喷支护。

3.2 全断面洞段开挖

针对隧洞开挖穿过浅埋段进入泥质半胶结地层后，地层胶结较密实、具有一定的自稳能力的特性，研究采用了“大功率挖机＋单钩掏槽＋矿山斗挖面＋激光指向＋人工修边线”的全断面开挖方式进行砂砾石隧洞开挖，即采用大功率挖机先配单钩掏槽，后配矿山斗挖面，最后采用人工修整隧洞开挖边线的方式开挖掌子面，同时，为了有效控制超欠挖，分别在隧洞左、右侧墙的起拱点及顶拱中心点上各设置一台激光指向仪进行开挖边线指示。砂砾石隧洞开挖采取一挖一支护的强支护措施，开挖每循环进尺控制在4～6m，开挖过程中根据砂砾石层的密实情况进行调整，采用钢拱架支撑，榀距1～1.5m，并钻设自进式中空注浆锚杆、挂钢筋网片及时进行锚喷支护。同时，在初期支护钢拱架上设置围岩收敛变形观测点，加强施工期洞室围岩变形观测，以确保砂砾石隧洞开挖的施工安全。

3.3 交叉路口段开挖

左岸灌浆平洞在桩号古0＋271处与2号永久交通洞斜交70°进洞，该交叉路口段开挖断面及临空面增大，开挖支护施工中砂砾石层易出现塌落情况。经研究，采用了“先中间、后两边，顶部钢拱架纵横搭接”的开挖支护方式，对砂砾石隧洞交叉路口部位进行洞挖支护施工。即在2号永久交通洞开挖支护至交叉路口时，先按4m的洞宽沿洞轴线开挖至灌浆平洞的下游侧墙（即先开挖灌浆平洞桩号古0＋269～古0＋273洞段，图4），及时架立灌浆平洞内5榀钢拱架（榀距0.8m，上游侧顶拱弧形工字钢连接固定于2号永久交通洞最后一榀双钢拱架的弧形工字钢上）并进行锚喷支护（图5）；再沿灌浆平洞洞轴线分别向大、小桩号方向进行开挖支护。

图4　交叉路口开挖

图5　交叉路口支护

3.4 附属洞室开挖

3.4.1 附属洞室初步设计方案

灌浆平洞内初步设计有6个灌浆机房、1个转浆站及6个施工用错车道等附属洞室。灌浆机房、转浆站初步设计为：断面形式为城门洞形，衬砌断面尺寸为3.0m×3.5m，洞室长10m、轴线与灌浆平洞轴线相垂直（图6）；施工用错车道初步设计为：衬砌断面尺寸8.5m×7.5m（含灌浆平洞），形式为城门洞形，洞室长10m、轴线与灌浆平洞轴线相平行（图7）。

图 6　灌浆机房的初步设计效果图

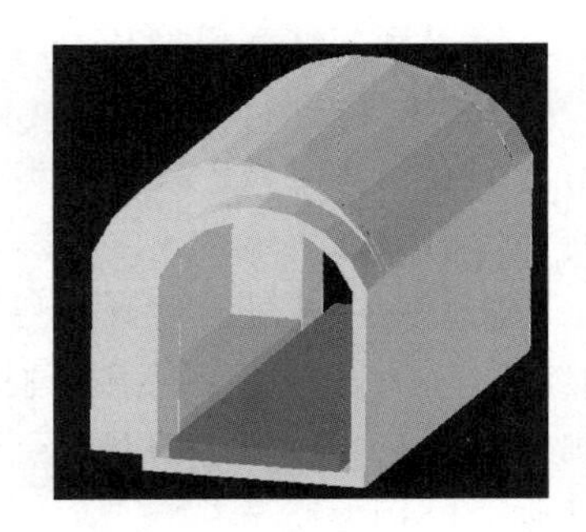

图 7　施工用错车道的初步设计效果图

3.4.2　附属洞室设计方案优化

由于砂砾石隧洞与其附属洞室交界处的开挖断面及临空面增大，在开挖过程中砂砾石层易出现松动、塌落情况，初期支护及二衬施工困难、施工安全风险高。而不稳定围岩丧失稳定是有一个过程的，如果在这个过程中提供必要的帮助式限制，则围岩仍然能够进入稳定状态。对于砂砾石层隧洞开挖来说，采取科学合理的附属洞室结构设计、施工措施，并及时进行附属洞室开挖支撑防护尤为重要，能更有利于附属洞室的稳定和安全施工，同时也能提高施工工效，降低施工成本。

为此，综合考虑灌浆平洞断面尺寸及型式、附属洞室尺寸及型式、地质条件等因素，对灌浆平洞内的灌浆机房、转浆站、施工用错车道等附属洞室结构进行设计优化组合，提出了灌浆机房、转浆站兼做错车道的设计方案，将灌浆机房、转浆站的断面型式设计为梯形，且洞轴线与灌浆平洞轴线平行（图 8），并针对此洞形结构研发了“一种砂砾石层隧洞附属洞室开挖支撑结构及其施工方法”。灌浆机房及转浆站在灌浆平洞开挖施工时兼做施工用错车道（附属洞室宽 3m、长 10.8m、高 5.3～4.3m），以便于隧洞开挖机械设备进出及停放；隧洞二衬施工后附属洞室宽 3m、长 10m、高 4.4～3.4m，用于摆放灌浆施工及转浆的机械设备、仪器。

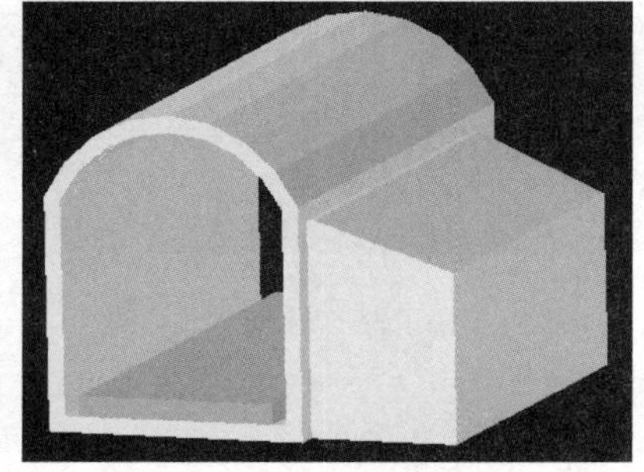

图 8　优化设计后的灌浆机房兼做错车道

3.4.3　砂砾石层隧洞附属洞室开挖支撑结构

一种砂砾石层隧洞附属洞室开挖支撑结构，包括架立于附属洞室洞门两边侧墙上的第一立柱和第二立柱，第一立柱和第二立柱上各设置有带卡槽的牛腿，横梁两端焊接固定在牛腿的卡槽里，横梁通过多根支撑墩柱与隧洞顶部的多个顶拱弧形工字钢固定连接，第一立柱和第二立柱分别与第一立柱顶拱弧形工字钢和第二立柱顶拱弧形工字钢一端固定连接，形成附属洞室矩形洞门支护结构（图 9）。

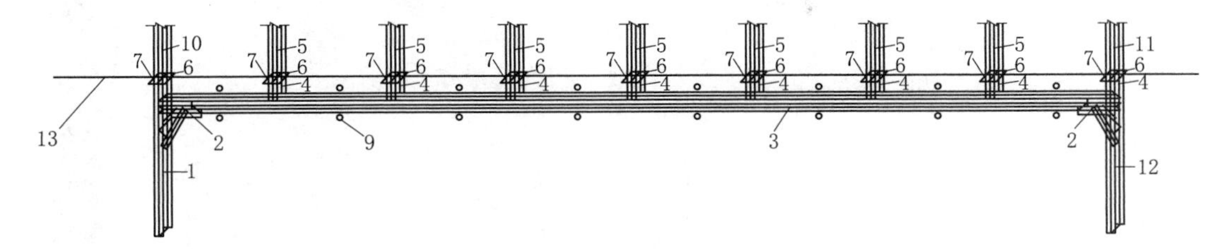

图 9　附属洞室矩形洞门支护结构示意图

其中，第一立柱与第一立柱顶拱弧形工字钢之间、第二立柱与第二立柱顶拱弧形工字钢之间、横梁上的各支撑墩柱与各顶拱弧形工字钢均通过连接板采用螺栓进行连接；横梁上、下方的洞室围岩内各设置有 1 排锚杆，锚杆与横梁焊接；锚杆为自进式中空注浆锚杆，锚杆注浆后与横梁焊接。

3.4.4　砂砾石层隧洞附属洞室开挖施工方法

一种使用支撑结构进行砂砾石层隧洞附属洞室开挖的施工方法，该方法包括以下步骤：

步骤 1：进行砂砾石层隧洞开挖，并采用钢拱架进行初期支护。

步骤 2：在开挖至距附属洞室洞门起点桩号 1m 处时，在属洞室洞一侧的侧墙上架立第一立柱，在第一立柱上端焊接带卡槽的牛腿，采用第一立柱顶拱弧形工字钢进行初期支护，第一立柱顶拱弧形工字钢与第一立柱通过连接板采用螺栓连接。

步骤 3：随着砂砾石层隧洞开挖的进行依次架立后续多根临时立柱，在各临时立柱上安装顶拱弧形工字钢（图 10、图 11），各临时立柱与各顶拱弧形工字钢之间通过连接板采用螺栓连接，并钻设锚杆、焊接连接筋及挂设钢筋网片，在附属洞室一侧的侧墙不焊接连接筋及钢筋网片。

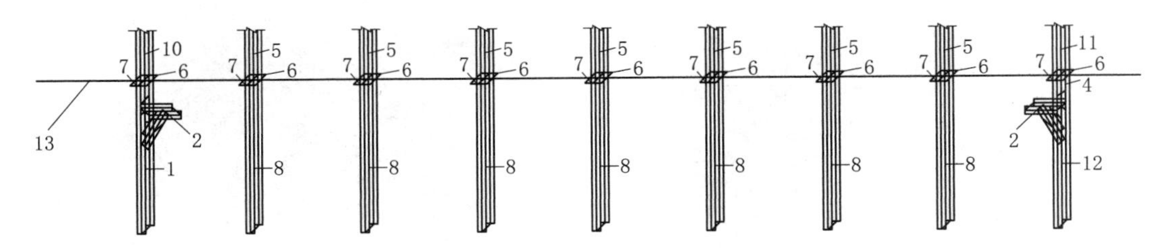

图 10　临时支护结构示意图

步骤 4：将牛腿及附属洞室范围内的各临时立柱与顶拱弧形工字钢之间的连接板包裹好后，进行喷射混凝土施工。

步骤 5：在砂砾石层隧洞开挖至附属洞室洞门终点桩号后 1m 处时，在附属洞室一侧的侧墙上架立第二立柱，在第二立柱上端焊接带卡槽的牛腿，采用第二立柱顶拱弧形工字钢进行初期支护，第二立柱顶拱弧形工字钢与第二立柱通过连接板采用螺栓连接。

步骤 6：在附属洞室洞门范围内的锚喷支护完成后，逐根拆除第一立柱和第二立柱之间所有侧墙拱架的临时立柱（图 12）。

图 11　临时支护结构

图 12　牛腿安装后拆除临时立柱

步骤 7：将横梁两端分别安放到附属洞室洞门两侧第一立柱和第二立柱上的牛腿的卡槽里，待横梁上设置的各支撑墩柱与对应的顶拱弧形工字钢连接牢固后，再将横梁两端焊接牢固于牛腿的卡槽里。

步骤 8：在横梁上、下方的洞室围岩内各设置 1 排锚杆，锚杆钻进注浆后与横梁进行焊接，并进行横梁封闭喷护，以锚固横梁，形成附属洞室矩形洞门支护结构（图 13）。

步骤 9：砂砾石层隧洞继续开挖支护施工 1～2 个循环后，对附属洞室开挖范围进行测量放线，并采用挖机沿开挖线进行洞口开挖。

步骤 10：附属洞室顶部斜面按 1∶3 的坡比进行开挖控制，向洞内开挖 3.5m 后及时进行锚喷支护（图 14）；即完成砂砾石层隧洞附属洞室开挖支护施工。

图 13　安装洞门的支撑横梁

图 14　附属洞室开挖完成

此种施工方法的优点：附属洞室开挖支护施工不占隧洞施工直线工期；附属洞室结构简洁、开挖断面较小，开挖、支护及衬砌施工工艺简单，且工程量较常规方法大幅减少；施工安全有保障。

4 应用效果

4.1 砂砾石隧洞开挖技术

针对隧洞开挖进入泥质半胶结砂砾石地层后，地层胶结较密实、在无外力扰动的情况下具有一定自稳能力的特性，通过采用“大功率挖机＋单钩掏槽＋矿山斗挖面＋激光指向＋人工修边线”的砂砾石隧洞全断面开挖方式，以及一挖一支护的强支护措施，在确保隧洞开挖施工安全的同时，提高施工工效约 25%，并较好地控制了砂砾石隧洞超欠挖情况（图 15）。

4.2 砂砾石隧洞附属洞室开挖技术

针对砂砾石隧洞与其附属洞室交界处开挖支护困难、施工安全风险高、工效低的问题，通过创新采用“一种砂砾石层隧洞附属洞室开挖支撑结构及其施工方法”（已获国家实用新型专利及发明专利授权），在确保满足附属洞室使用功能的同时，达到了安全、经济、高效施工的有益效果，具体如下：

（1）结构简洁、制作加工方便、安装灵活快捷、防护性能稳定，达到了提高施工效率和安全系数的有益效果。

（2）在砂砾石隧洞开挖初期支护的基础上，通过采用在洞门上部架设横梁替代附属洞室洞门范围内临时立柱的方式，形成了附属洞室洞门开挖的门字形支撑结构，确保了施工过程中砂砾石围岩处于稳定状态，保证了附属洞室的顺利开挖，为后续洞挖段施工提供了有利条件（附属洞室可作为临时错车道，便于隧洞内错车及出渣）。

（3）立柱、横梁、临时立柱、支撑墩柱、顶拱弧形工字钢、连接板等各个组件均可按标准件进行加工制作，安装、拆卸便捷，拆除的临时立柱可以用于后续洞挖段的初期支护中，达到了有效降低施工成本的有益效果。

（4）较传统施工方式，将附属洞室洞门由城门洞形改为矩形、附属洞室顶部由弧形顶拱改为斜面，在确保施工安全、满足附属洞室使用功能的前提下，既减少了开挖及支护衬砌工程量，又降低了开挖、支护衬砌难度，达到了安全、经济、高效施工的有益效果（图 16）。

图 15 砂砾石隧洞开挖效果图

图 16 砂砾石附属洞室开挖支护效果

5 结语

依托在建工程开展砂砾石隧洞开挖施工技术研究，总结出了一套适合砂砾石地层隧洞开挖的施工技术成果，并成功应用于工程实践，有效地提高了隧洞开挖的施工安全、质量及工效，降低了工程成本，取得了良好的应用效果，可供类似工程借鉴和参考经验。

深厚砂砾石层渗流滤排水装置研究与应用

童　耀[1]　亚森·钠斯尔[2]

（1. 中国葛洲坝集团基础工程有限公司　2. 新疆大石门水库管理处）

【摘　要】 结合某水利枢纽工程对"一种深厚砂砾石层渗流滤排水装置"的研究与应用情况，阐述了深厚砂砾石层上置式排水孔的钻孔及孔内渗流滤排水装置的构造、加工及安装过程。实践证明，该装置构造简单，加工及安装便捷，能够满足深厚砂砾石层渗流滤排水的施工及运行要求。

【关键词】 坝后排水　深厚砂砾石层　上置式排水孔　渗流滤排水装置

1　引言

随着水利水电事业的发展，水利水电工程的开发逐步向西部高原和峡谷流域展开，建坝条件越来越复杂，尤其是在西部大开发机遇下的重点建设工程，山高谷深、覆盖层深厚、地质条件复杂，砂砾石地基防渗处理深度也不断加深，如何做好深厚覆盖层条件下的坝后渗流滤排水，是确保水利水电工程安全运行的关键技术问题之一。

目前，采用在坝后排水洞顶拱向上钻设排水孔、并在其内安装包裹有滤水土工布的滤水花管是较常用的坝后渗流滤排水方式，但在深厚砂砾石层渗流滤排水施工中，面临渗流滤排水装置安装困难、安装长度有限的问题，无法满足排水系统施工的要求；在排水系统运行过程中，渗流滤排水装置易出现泥沙等沉积物於埋而导致滤排水效能降低的问题。因此，研究与探讨经济高效的深厚砂砾石层渗流滤排水装置及其施工方法，具有较大的工程意义。

2　工程概况

某水利枢纽工程左岸坝后排水系统布置于古河道深厚砂砾石层排水洞内，在排水洞顶拱设置上置式排水孔，向上钻进排水孔后安设渗流滤排水装置，由沿基岩面主排水洞（P0＋140.4～P0＋000）、1号－1永久交通洞（DY＋000～DY＋227.663段兼做排水洞）和1号永久交通洞（D1＋701.248～D1＋801.248段兼做排水洞）形成一道完整的排水体，以截断渗透水流、防止左岸砂砾石高边坡渗透破坏。排水洞均为城门洞型，其中沿基岩面主排水洞洞身围岩上部在砂砾石中，下部在基岩中，衬砌断面尺寸为3.0m×3.5m，排水系统采用明排形式，1号－1永久交通洞和1号永久交通洞洞身围岩均为砂砾石，胶结较密实，初期支护断面尺寸为8.50m×7.42m，排水系统采用暗排形式。由于排水孔位于深厚层中更新统冲积砂砾石地层中，具有钻孔扰动后砂砾石层易松动的特点，排水系统施工面临向上钻孔困难、渗流滤排水装置安装困难、滤排水效果易受影响、施工安全风险高等问题。为此，排水孔内采用安装“一种深厚砂砾石层渗流滤排水装置”进行渗流滤排水及防护，以保证深厚砂砾石层排水系统的顺利实施及渗流滤排水效果。

3 上置式排水孔钻孔

3.1 排水孔布置

在排水洞顶拱设置排水孔 1 排，孔距 2m，孔深 25～46m，孔底最大允许偏差不应大于 2%；在主排水洞左侧墙及顶拱梅花形布设排水孔 5 排，排距 0.6m，孔距 2m，孔深 2.9m，孔向垂直于排水洞侧墙或顶拱衬砌混凝土面。

3.2 钻孔方式选择

由于排水孔设计为上置式，且砂砾石层属泥质半胶结地层，在无水侵扰的情况下具有一定的自稳能力。因此，不宜采用地质回转钻机钻进方式，宜选用风动式潜孔锤钻进方式。

3.3 钻孔设备选用

考虑到大部分钻孔需在钻孔台车上进行，且钻孔设备移动频繁，须选择体积小、重量轻，操作便捷的钻孔设备。为此，选定了 YQ100E 型立柱式电动潜孔钻机。该型钻机由导轨、电机、操作台等组成，具有结构简单，使用轻便，辅助时间短、重量轻等特点，可获得较高的钻进速度，较好地满足了上置式排水孔钻孔的要求。钻孔孔径 ϕ100mm。

4 深厚砂砾石层渗流滤排水装置的研究

4.1 面临问题

原设计的渗流滤排水装置是在 PVC 花管外缠护滤水土工布制作而成，现场安装试验表明，渗流滤排水装置最长仅能安装 20m，不能满足深厚砂砾石层渗流滤排水的设计要求，且排水系统运行中易出现沉积物於埋的问题。

4.2 原因分析

为解决上述问题，结合地质条件、运行工况及现场安装试验情况，对导致问题的原因进行了综合分析。具体如下：

（1）本工程坝后排水系统位于深厚的泥质半胶结砂砾石地层，在上置式渗流滤排水装置的安装过程中，由于滤水花管管外缠护的滤水土工布与排水孔孔壁的摩擦力较大，使孔壁上的部分细颗粒脱落，并附着于滤水土工布的外侧，增大了滤水花管向上推送进入孔内的阻力，且安装深度越大，阻力越大，导致上置式滤水花管向上推送安装困难、不能安装到位。

（2）本工程排水系统后期运行过程中，在地下渗透水流的作用下，砂砾石地层中的粉细颗粒及粘粒成分极易附着于滤水花管管外缠护的滤水土工布上，并出现排水孔孔壁崩塌、泥沙等沉积物於埋滤水花管的情况，从而导致滤排水效能降低。

4.3 装置设计

针对原设计渗流滤排水装置存在的问题及形成原因，研究并设计了“一种深厚砂砾石层渗流滤排水装置”。该装置主要由内、外两层过滤体组成，外层过滤体由单根PVC滤水花管连接组成，内管由整根软式透水管组成。在软式透水管外侧管壁上分段缠护滤水土工布，以使内管处于渗流滤排水装置的居中位置，并将内管、外管之间的环向空间隔断形成若干个相对独立空间。具体设计方案如下：

“一种深厚砂砾石层渗流滤排水装置”（图1）分为外层过滤体和内层过滤体，分别采用整体式滤水外管和软式透水管对砂砾石层渗流进行分层滤排水处理。其中，第一滤水花管（1）和第二滤水花管（3）连通形成的整体式滤水外管，其内置的整根软式透水管（2）形成滤水内管，整体式滤水外管设置于排水孔（9）内，排水孔（9）从排水洞顶拱（14）处向上钻至砂砾石层渗流坡降线高程位置，第一滤水花管（1）位于第二滤水花管（3）上部且管径略小于第二滤水花管（3），第一滤水花管（1）和第二滤水花管（3）的管壁上开设有多个滤水孔眼（11）。

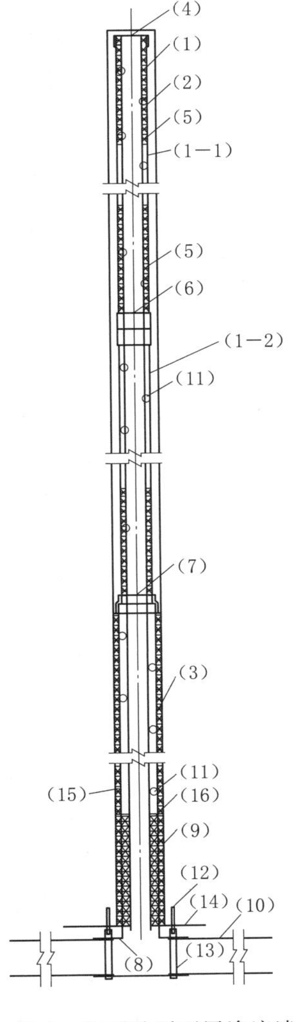

图1　深厚砂砾石层渗流滤排水装置结构示意图

整体式滤水外管底端通过三通接头（8）与埋设于排水洞顶拱（14）下方的排水管（10）连通，整体式滤水外管固定安装于排水洞顶拱（14）上；软式透水管（2）设置于整体式滤水外管内部，其顶端与第一滤水花管（1）顶端通过堵头（4）固定连接、底部与整体式滤水外管底部相配合形成滤水内管。

第一滤水花管（1）内的软式透水管（2）外壁与第一滤水花管（1）内壁之间的空隙每隔一段距离缠绕有内固定过滤土工布层（5），第二滤水花管（3）外壁缠绕有外固定过滤土工布层（15），第二滤水花管（3）内的软式透水管（2）下部与第二滤水花管（3）内壁之间的空隙缠绕有内固定过滤土工布层（16）。

软式透水管（2）以防锈弹簧圈支撑管体，形成高抗压软式结构，无纺布内衬过滤，橡胶筋使管壁被覆层与弹簧钢圈管体成为有机一体。软式透水管（2）通过各内固定过滤土工布层（5）以及内固定过滤土工布层（16）固定于排水孔（9）的居中位置。

5　渗流滤排水装置的材料加工及安装

5.1　材料加工

第一滤水花管（1）的滤水花管小节（1—1、1—2）采用管径为63mm的PVC给水管制作，沿管轴向每隔4cm钻设一环滤水孔眼（11），每环滤水孔眼（11）由4个孔眼组成。

第二滤水花管（3）采用管径为75mm的PVC给水管制作，沿管轴向每隔4cm钻设一环滤水孔眼（11），每环滤水孔眼（11）由5个孔眼组成。第二滤水花管（3）的孔眼

（11）钻设完成后，在第二滤水花管（3）管外缠绕滤水土工布形成外固定过滤土工布层（15）。

软式透水管（2）采用定型产品，管径为50mm，具有很好的全方位透水功能，使泥沙杂质不能进入管内，从而达到净渗水的功能。

5.2 渗流滤排水装置安装

渗流滤排水装置安装包括以下步骤：

步骤1：截取与排水孔（9）孔深相同长度的软式透水管（2）；

步骤2：将软式透水管（2）顶段缠绕滤水土工布形成土工布过滤层（5）后，穿入第一滤水花管（1）的第一滤水花管小节（1－1）内，再将第一滤水花管小节（1－1）顶端用堵头（4）进行封堵；

步骤3：在第一滤水花管小节（1－1）底段对应位置的软式透水管（2）上缠绕滤水土工布形成土工布过滤层（5），将第一滤水花管小节（1－1）以及对应的软式透水管（2）送入排水孔（9）内；

步骤4：从软式透水管（2）末端外先穿入接头（6），再穿入第二滤水花管小节（1－2），采用接头（6）和胶水黏结的方式将第一滤水花管小节（1－1）和第二滤水花管小节（1－2）进行连接；

步骤5：在第二滤水花管小节（1－2）底段对应位置的软式透水管（2）上缠绕滤水土工布形成土工布过滤层（5），将第二滤水花管小节（1－2）以及对应的软式透水管（2）送入排水孔（9）内；

步骤6：重复上述步骤4和5，直至完成最后一节滤水花管小节的连接以及最后一节滤水花管小节底段对应位置的软式透水管（2）滤水土工布的缠绕；

步骤7：从软式透水管（2）末端外先穿入变径接头（7），再穿过第二滤水花管（3），采用变径接头（7）和胶水黏结的方式将第一滤水花管（1）和第二滤水花管（3）进行连接形成整体式滤水外管；

步骤8：在第二滤水花管（3）底段对应位置的软式透水管（2）上缠绕滤水土工布形成内固定过滤土工布层（16），将第二滤水花管（3）以及对应的软式透水管（2）送入排水孔（9）内；

步骤9：在排水孔（9）孔口外侧的拱顶（14）上钻设2组膨胀螺栓（12），并采用抱箍（13）箍紧三通接头（8）后与膨胀螺栓（12）进行连接，将内部设置有软式透水管（2）的整体式滤水外管固定在排水洞顶拱（14）上；

步骤10：采用砂浆对排水孔孔口处滤水外管与孔壁间的环向间隙进行封闭，防止水从孔口沿混凝土面流出；

步骤11：采用胶水黏结的方式将固定于排水洞拱顶（14）两侧的排水管（10）与三通接头（8）进行连接，排水管（10）底端管口通过弯通接至排水沟。

6 应用效果

某水利枢纽工程左岸坝后排水系统共计完成砂砾石层上置式排水孔钻孔及其渗流滤排水装置安装588个（套），累计安装渗流滤排水装置10066m。其中，单个上置式渗流滤排水装置最大安装深度达 46m。通过“一种深厚砂砾石层渗流滤排水装置”在工程中的应用（图 2），取得以下有益效果：

图 2　主排水洞滤排水管安装效果图

（1）深厚砂砾石层渗流滤排水装置分为外层过滤体和内层过滤体，分别采用整体式滤水外管和软式透水管对砂砾石层渗流进行分层滤排水处理，外层的整体式滤水外管耐压、透水，可达到防止排水孔坍塌及孔壁塌落砾石进入滤水花管管内的有益效果；内层的软式透水管集吸水、透水、排水为一体，具有耐压、透水及反滤作用，可达到有效过滤并防止泥沙等沉积物进入管内的有益效果。

（2）通过对软式透水管上间隔一段距离设置土工布过滤层的方式，使软式透水管能居于排水孔的中间位置，且软式透水管与整体式滤水外管之间形成多个相对独立的空间，用于堆积渗透水流中过滤出来的泥沙等沉积物，使其不会落入排水孔孔底造成淤埋；另外，多个土工布过滤层的设置，使软式透水管能依附于整体式滤水外管内，随着整体式滤水外管的向上推送而移动、安装至排水孔中，确保了渗流滤排水装置的顺利安装及其全方位透水性，达到了安装操作简单、快捷、高效、方便，以及降低施工人员劳动强度的有益效果。

（3）渗流滤排水装置渗透性好，抗压耐拉强度高，使用寿命长，具有很好的全方位透水、吸水功能，使渗透水流能顺利渗入管内，而泥沙等杂质被阻挡在管外，从而达到透水、过滤、排水之目的。

7　结语

“一种深厚砂砾石层渗流滤排水装置”已获国家实用新型专利授权，在水利枢纽工程坝后排水系统中的成功应用，很好地解决了深厚砂砾石地层上置式渗流滤排水装置安装困难、易出现於埋而导致滤排水效能降低、工程成本高的问题，确保了深厚砂砾石层上置式渗流滤排水装置的顺利安装，可有效地提高坝后深厚砂砾石层渗流滤排水系统的施工质量、安全、工效及渗流滤排水效果，为今后类似工程提供了借鉴和参考经验。

水泥粉喷桩在某桥梁锚锭地连墙施工中的应用

常利冬　夏　爽　万海东　严　思

（中国水电基础局有限公司）

【摘　要】本文介绍了水泥粉喷桩的加固原理、设计、施工、检测及其在某特大型桥梁锚锭基础地下连续墙施工中的应用。

【关键词】水泥粉喷桩　地下连续墙　施工方法　检测及应用

1　引言

水泥粉喷桩属于深层搅拌法加固地基的一种型式，也称加固土桩。它是通过粉喷桩机，借助于压缩空气沿深度将水泥粉末喷射至被加固的深层软弱地基中，强制的搅拌压缩，并吸收周围水分产生一系列物理化学反应形成具有一定强度的水泥土桩。本工法自1971年首次在瑞典应用以来，由于具有加固效果明显，施工过程中无振动、无污染，对周围环境及建筑物无不良影响，经济廉价、施工简便等优点而很快被工程界接受，在欧、美、日等国软土地基施工中得到广泛应用。1979年由铁道部第四勘测设计院引进，并于1984年7月成功应用于广东铁路涵底软基加固。1985年4月通过铁道部级技术鉴定后，逐步在铁路、城建、市政和交通等部门得到广泛应用，收到了良好的加固效果。

2　工程概况

某特大型桥梁锚锭基础采用圆形地下连续墙结构型式。地下连续墙外径82m，设计壁厚1.5m，平均墙深42m。采用“铣接法”进行墙段连接，Ⅱ期与Ⅰ期槽段搭接长度0.25m。锚锭区域覆盖层主要是由第四系全新统海陆交互相淤泥、淤泥质土、砂土和第四系更新统粉质黏土、砂土、圆砾土组成，厚度约24.20～28.50m。为防止地下连续墙成槽施工中上部淤泥层出现坍塌情况，地下连续墙施工前，在轴线两侧采用直径50cm水泥粉喷桩加固淤泥层，桩中心间距40cm，桩深15.0m，设计水泥用量不小于48kg/m，桩身强度不小于800kPa。水泥粉喷桩加固结构如图1所示。

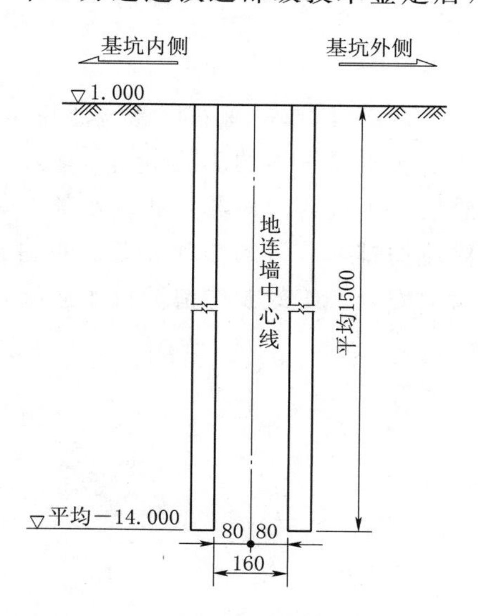

图1　水泥粉喷桩加固结构图

3 加固原理

水泥粉喷桩是利用水泥作为固化剂，通过特制的深层搅拌机械（本工程选用 PH－5A 型喷粉桩机），在地基深处就地将软土和固化剂强制搅拌。当水泥吸收软土中的水分发生水解和水化反应，生成各种水化物后，有的自身继续硬化，形成水泥骨架；有的则与其周围具有一定活性的黏土颗粒产生例子交换的团粒化作用、凝硬反应和碳酸化作用。由于固化剂与软土之间所产生的一系列复杂的物理—化学反应，使软土硬结成为具有整体稳定性、水稳定性和一定强度的水泥土柱体。其最明显的优势是没有振动、没有噪声、没有污染。采用软土就地加固技术，最大限度地利用了原土，经过固化剂适当的改性后，使地基的整体性、稳定性和强度都得到了较大幅度的提升，并可局部消除液化现象，为深层软土地基加固创造了条件。

4 水泥粉喷桩施工

4.1 施工工艺流程

水泥粉喷桩施工工艺流程：场地平整→桩位放样→钻机定位→钻进至设计深度→喷粉、搅拌、提升→复搅下沉至桩底→复搅提升至设计桩顶以上 50cm→移机。

4.2 施工准备及钻进

施工前场地应予以平整，并清除桩位处的障碍物（如石头、树根和生活垃圾等）。采用全站仪进行桩位放样，依据放样点使钻机定位，钻头正对桩位中心。用经纬仪确定层向轨与搅拌轴垂直，利用水平仪调平底盘，保证桩机主轴倾斜度不大于 1%。喷粉桩机就位应平整、稳固，确保施工过程中不发生倾斜、移动等情况而影响成桩垂直度。架立完成后检查主机各部分的连接是否正常，液压系统、电气系统、喷粉系统各部分安装试调情况及灰罐、管路的密封连接情况是否正常，做好必要的调整和紧固工作，排除异常情况后，方可进行钻进操作。

启动喷粉桩机和空气压缩机，钻头边旋转边钻进，钻机一边钻进一边供给压缩空气以减少钻进阻力矩，避免切削泥土时堵塞喷粉口。钻进速度应小于 1.5m/min，如地层压力较小时，可在下钻时就喷加固料，这样不仅可以充分利用搅拌机械，而且可增加复搅次数，保证搅拌均匀性。

4.3 喷粉、提升、复搅成桩

为确保水泥粉喷射到桩底才开始提升，根据桩长和水泥粉在高压胶管中的喷射速度计算出水泥粉喷射至桩底所需时间，采用预喷或增加提升等待时间的方法。预喷即在钻头到达桩底前就开始喷粉，预喷深度根据钻进速度和水泥粉喷射至桩底时间计算确定，但应注意预喷开始到提钻喷粉中间不能间断，这样才可以有效保证桩底喷粉量达到设计要求。也可在钻进至设计深度后，开启喷粉阀门，等待水泥粉喷射到桩底后才开始提升钻杆，水泥粉经高压空气加压后通过高压胶管、钻杆、钻头喷射至加固土层，边喷粉变提升钻杆，提升时钻头呈反向，以 0.5～0.8m/min 的速度边旋转边提升，喷粉压力控制在 0.4MPa 以下，水泥粉喷入被搅拌的土层中，使土体与水泥粉进行充分拌和成桩。提升时注意管道压力不宜过大，以不堵塞喷粉口为原则，以防钻孔周围淤泥向四周挤压形成空洞。提升喷粉过程中注意控制单位桩长喷粉量，保证喷粉量满足设计量。当钻头提升至桩顶以上 50cm 时停止向孔内喷射加固料。再次钻进下沉进行复搅，复搅深度可根据地层情况和图纸设计要求进行综合确定，一般不少于桩长的 50%。复搅是确定桩体是否均匀的重要因素，复搅不均匀桩体会成球形或千层饼形，造成桩体整体性和强度的降低。为了确保搅拌均匀，复搅时钻杆移动速度控制在 0.5m/min 以下，这样才能更好地将加固土层打散，使土体与加固料充分拌和。

4.4 质量检测

本工程粉喷桩质量检测采用的是钻孔取芯方法。成桩 28d 后，采用钻孔取芯设备按 1.0%比例取芯，该方法可以比较直观地掌握整个桩体的完整性、搅拌均匀程度、桩长、桩体强度、桩体垂直度及含灰量的多少等。但取芯时应注意保持钻机平稳，避免因钻杆倾斜而造成斜孔，导致取芯失败。经检测 13 个检查孔均满足设计要求。通过后续地下连续墙的顺利施工，说明粉喷桩加固结构充分发挥了自身作用，保证了地下连续墙的顺利成槽，避免了成槽过程中发生塌孔、淤泥段缩孔、混凝土扩孔系数增大等问题，有效地保证了地下连续墙成槽施工质量，节约了施工成本。

5 结语

通过本工程实践说明，水泥粉喷桩处理软土基础具有施工速度快、处理效果显著、处理后可很快投入使用、不影响整体工期等优点，值得在类似地层进行地下连续墙施工时选用。但同时也要注意以下几个问题：

（1）粉喷桩不适用于含大孤石或障碍物较多且不易清除的杂填土、坚硬的黏性土、密实的砂类土以及地下水渗流影响成桩质量的土层。

（2）当地基土的天然含水量小于 30%（黄土含水量小于 25%）、大于 70%时不应采用粉体搅拌发（简称干法）。同时寒冷地区冬季施工时，应考虑负温对处理效果的影响。

（3）粉喷桩施工时应严格控制桩体垂直度，以免因桩体偏斜而影响后期地下连续墙成槽垂直度。因为粉喷桩体具有一定强度，会对液压铣槽机起到导向作用，从而导致铣头倾斜而造成槽孔偏斜。

SBS改性沥青防水卷材在某供水工程中的应用

王大勇[1]　教婷婷[2]

（1. 中国水电基础局有限公司　2. 黑龙江省龙头桥水库管理处）

【摘　要】 随着SBS改性沥青防水卷材应用领域和市场使用份额的不断扩大，产品质量稳步提高，水利工程中也逐渐采用了该材料进行防渗处理。结合SBS改性沥青防水卷材在某水利工程中的应用，简述其施工工艺流程及技术措施。

【关键词】 SBS改性沥青　防水卷材　水利工程　施工工艺

1　引言

一般水利工程位于地下部分多采用防水砂浆进行防渗处理，而随着新材料新产品的发展，在房屋建筑工程中应用广泛的SBS改性沥青卷材也被应用到水利工程中，这种材料比防水砂浆更经久耐用，并且方便施工，并且能对建筑物起到很好的保护作用，提高建筑物的防渗效果。SBS改性沥青防水卷材自身具有高温不流淌、低温柔度好、韧性强、耐老化等特性，提高了沥青自身的曲挠性、韧性和内聚力，同时改善了水工建筑防渗质量和使用年限，无论从材料性能、应用效果以及经济性、适用性都建议应在水利工程中加以推广。

2　工程概况

某供水工程主体为PCCP管道安装、溢流池混凝土工程及检修井、流量计井、排水井、空气阀井等各类井室的混凝土工程施工。一般排水井处于管道的最低点，混凝土施工中存在施工缝，所以必须做好井室建筑物的防渗工作。

本工程混凝土采用抗冻抗渗混凝土，混凝土施工缝采用止水钢板和遇水膨胀胶条两种方法，最后在井室的外部均粘贴SBS改性沥青防水卷材。

3　材料的特性及进场要求

3.1　SBS改性沥青卷材特性

SBS改性沥青防水卷材是热塑性弹性体改性沥青防水卷材中的一种，它以聚酯毡或玻纤毡为胎基，苯乙烯-丁二烯-苯乙烯（SBS）热塑性弹性体为改性剂制成的沥青为涂盖料、两面覆以隔离材料制成的防水卷材（简称SBS卷材），其在低于聚苯乙烯组分的玻璃化转变温度时是强韧的高弹性材料，SBS卷材具有高弹性、高强度、高延伸率的性能特点，耐高温、耐低温性能好。

3.2 材料进场的要求

(1) 储运保管。卷材宜直立堆放，其高度不宜超过两层，并不得倾斜或横压，短途运输平放不得超过4层。存料、施工现场严禁烟火，避免阳光照射和雨淋，一定要防止高温受热，存放材料地点和施工现场必须通风良好。

(2) 进场检验。卷材材料进场后要对其按规定取样复试，工程中不得使用不合格的材料。同一品种、牌号和规格的卷材，抽验数量为：大于1000卷抽取5卷；500～1000卷抽取4卷；100～499卷抽取3卷；小于100卷抽取2卷。将抽验的卷材开卷进行规格和外观质量检验，全部指标达到标准规定时，即为合格；其中如有一项指标达不到要求，应在受检产品中加倍取样复验，全部达到标准规定为合格。复验时有一项指标不合格，则判定该产品外观质量不合格。

4 施工准备

施工前应根据设计图纸计算出各种材料的需求量，将SBS防水卷材、界面剂等材料送检合格后方可使用。施工工具包括清理工具、操作工具及消防工具。

(1) 清理用具。角磨机、吹风机、效平铲、笤帚、棉纱、拖布。

(2) 操作工具。油毛刷、铁桶、乙炔气罐及专用火焰喷枪、手持压滚、铁辊、裁纸刀、钢卷尺、塑料抹子 、木模版操作台。

(3) 还应准备相应的灭火器材，如灭火器。

5 现场施工

5.1 施工工艺流程

施工工艺流程为：检查清理基层→涂刷界面剂→基层弹线及量裁卷材→粘贴附加层→铺贴卷材→细部搭接处理→现场清理→检查验收→浇筑细石混凝土保护层（如有）。

5.2 铺贴范围

(1) 空气阀井防水卷材铺贴范围。空气阀井防水卷材铺贴范围为从包裹底板底部开始，沿四周向上折向整个井壁（独立基础柱顶至顶板顶，井顶板顶、底板底，通气孔、进人孔、检修孔外壁、检修孔盖板顶（与孔壁SBS封闭）。底板SBS防水卷材遇独立基础柱时，需沿柱向下多做0.5m，并将独立柱严密包裹。

(2) 检修阀井防水卷材铺贴范围。检修阀井防水卷材铺贴范围为从包裹底板底部开始，沿四周向上折向整个井壁（含扶壁砖墙基座等）。

(3) 排水阀井防水卷材铺贴范围。排水阀井防水卷材铺贴范围从包裹底板底部开始，沿四周向上折向整个井壁和顶板顶在内的全部外表面。排水井室泄水钢管与井壁结合部位粘贴应从井壁向钢管延伸长度至少200mm。

(4) 流量计井防水卷材铺贴范围。流量计井防水卷材铺贴范围为从包裹底板底部开始，沿四周向上折向整个井壁和顶板顶在内的全部外表面（含整个保温维护砖墙的基座）。

5.3 操作要点

5.3.1 基层要求

(1) 施工前先将建筑物阴阳角处做成圆弧或45°坡角，做圆弧时保证圆弧半径不小于 50mm。

（2）防水卷材粘贴前，必须先将基面清扫干净，保证基面坚实、平整、清洁、干燥，表面不得有空鼓、酥松、脱皮、起砂等现象。

（3）基面不得有明水，否则应进行排水处理，并用棉纱及拖布等将水抹去。

5.3.2 涂刷界面剂

防水卷材粘贴前，先采用滚刷涂刷界面剂。如遇基面比较潮湿时，应涂刷湿固化型胶粘剂或潮湿界面隔离剂，以保证粘贴质量。界面剂涂刷应均一、不露底、表面干燥后方可铺贴防水卷材。

5.3.3 弹线及裁卷材

在处理好并干燥的基层表面，按照所选卷材的宽度留出搭接缝尺寸，将铺贴卷材的基准线位置线弹好，以便按此基准线进行铺贴，一般第一块卷材的张贴位置必须准确。根据现场施工情况安排好铺贴顺序及方向，在模板操作台上量裁卷材，以便快速施工。

5.3.4 粘贴附加层

在阴阳角处及预埋管处均做加强层，单侧加强层宽度不小于 250mm。其余部位防水卷材搭接宽度不小于 100mm。

5.3.5 热熔法铺贴卷材

防水卷材铺贴时采用热熔法施工，施工时应加热均匀，火焰加热器的喷嘴与卷材保持适当的距离，加热至卷材表面有黑色光亮时方可进行粘贴，不得加热不足或者烧穿卷材，搭接缝部位应溢出热熔的改性沥青。卷材铺贴时先铺平面，后铺里面，交界处交叉搭接；铺贴立面时，先铺转角，再铺大面。铺贴时，要采用辊压法排除卷材与界面之间的空气，铺贴卷材与基面、卷材与卷材之间的粘接要紧密牢固，铺贴完成的卷材要平整顺直，搭接尺寸准确，不得产生扭曲和皱褶，不得有空鼓、气泡等。防水卷材粘贴还应满足以下相关要求：

（1）侧墙及顶板部位卷材采用满粘法施工，不得有空鼓、气泡现象。如个别部位存在空鼓、起泡现象，应根据实际情况采用“开窗法”进行修补。

（2）卷材搭接处、接头处、卷材界限边缘应粘贴牢固，接缝口应封严或采用相容的密封材料封缝。

（3）铺贴双层卷材时，上下两层和相邻两幅卷材的接缝应错开 1/3～1/2 幅宽，且两层卷材不得相互垂直铺贴。

（4）低温施工时，宜对卷材和基面适当加热后方可粘贴。

（5）铺贴卷材严禁在雨天、雪天、五级及以上大风中施工，施工环境气温不低于 5℃；施工过程中下雨或下雪时，做好已铺卷材的防护工作。

5.3.6 检查验收

检查已经铺设好的卷材是否有存在刺穿、气泡、破损等现象，如有应该及时处理，保证质量。如没有则需要及时申请验收，进行下道工序。本工程中所有井室经过这种方法进行的防渗处理，效果良好，进入井室里面检查，肉眼观察无明显的潮湿及渗漏现象。

6 安全保证措施

施工人员佩戴劳保手套及劳保鞋，并预备好烫伤膏及消毒水等。现场根据情况设置消防措施，配备必要的灭火器具等。

7 结语

SBS改性沥青防水卷材性能优良，与涂抹防水砂浆或者其他材料的卷材相比，具有经济合理、施工速度快，节省工期、工程质量可靠，合格率达到100%，在水利工程中有广阔的应用前景，其他类似工程可以参考借鉴。卷材本身具有的低温柔性和极高的弹力延伸性，更适合于寒冷地区和结构变形的建筑物防水。

多功能蓄水坝在城市引水工程中的应用

刘发奎　阎　君　张映伟　吴宝阁　段奇刚　袁朝阳

（中国水电基础局有限公司）

【摘　要】 太和县引水入城工程椿樱河河道工程在里程 K7＋450 处与城市污水河道杨沟水平交叉，两水系在同一高程，该处两岸为太和县国家级湿地公园，为解决水系交叉问题和增加公园范围内水体面积，通过对比分析倒虹吸方案及景观坝方案后，增加和设计了椿樱河 3 号蓄水坝（过流式），坝体内双孔通过杨沟污水，坝顶通过椿樱河清水；该工程水系交叉解决了常规水系交叉工程（倒虹吸方式）污泥、沉砂及杂物淤堵、开挖量大等问题，确保了两个水系的畅通，增加的河道内水体面积美化了环境，降低了运行成本，获得了良好的经济和社会效益，并可为类似工程提供有益的借鉴。

【关键词】 水系交叉　倒虹吸　景观坝　多功能蓄水坝

1　引言

太和县引水入城设计施工一体化工程位于安徽省太和县境内，工程内容主要包括河道开挖、引水工程、蓄水坝工程、初期雨水调蓄工程、排涝工程、桥涵工程、水环境工程和景观工程等，是由水利工程和市政工程组成的设计施工一体化工程。椿樱河河道工程在里程 K7＋450 处与城市污水河道杨沟水平交叉，如果不优化设计方案，椿樱河水体将受到杨沟污水的污染，进而影响整个引水入城的水系及湿地公园的生态环境。

河道是现代城市的重要资源和环境承载体，其不仅在城市存亡发展中占据重要地位，同时是影响城市形象，美化城市环境的重要因素。随着经济社会的不断发展和人民生活水平的提高，对城市河道的整治不仅限于防洪、供水等传统要求，还需考虑到净化环境、涵养水源、景观效益、休闲娱乐等多方面的需求。

所以在此处新建一座既能解决水系交叉问题，又能美化环境、增加景观效果的蓄水坝意义十分重大。

2　方案优选

（1）在常规水系交叉工程问题中，经常采用倒虹吸方案。倒虹吸是应用在水利市政道路工程中的建筑物，其主要结构一般由进口段、涵身段、出口段构成。通过现场勘查对比分析，倒虹吸方案存在的主要缺点有：

1）施工作业面狭窄，开挖量大：与椿樱河交叉的杨沟东西向长度为 70 延米，东侧与新建的椿樱大道跨杨沟桥相邻，西侧为已建的杨沟排涝站；工程开挖高程在25.50～34.00m，属于深基坑开挖，开挖量大，周边湿地公园游客、居民来往较多，存在极大的安全隐患。

2）污泥、沉砂及杂物淤堵严重：倒虹吸的结构特点是进口水位高于出口水位，且进出口对涵身存在水头差。由于倒虹吸的涵身底部较两端进出口都低，涵身内长期积水，进人倒虹吸内的污泥、沉砂及杂物很容易淤堵，时间越长堵塞越严重，甚至会使整个涵洞淤塞堵死，而且一旦发生淤塞，清淤工作处理起来将非常困难，所以平时需投入大量的人力物力和财力，定期进行检查清淤。

3）沉降渗漏风险大：倒虹吸作为过水通道，管内在有水时将产生较大压力，流水在本身压力下将对底部基础及四周产生较大的冲击力；且该处工程地质条件极差，根据地勘报告，河道主要地层①层淤泥（Q_4^1）（27.2～28.5m）为灰、灰黑色，饱和、流塑状态，含腐殖质，具腥臭味，见少量螺壳；两岸主要地层①层填筑土（Q_4m'）（27.2～34.0m）为灰褐、灰色，主要有软塑—可塑状的粉质壤土组成，见植物根茎，局部含石子、砖块等垃圾，硬杂质含量小于10%，场地普遍分布，该土层物理力学性质不均匀，压缩性高，工程性质极差，存在不均匀沉降的危险，进而导致渗水漏水现象。

（2）新型景观坝的开发与应用现已成为水利行业的重要发展方向。目前水利行业所使用的新型景观坝，主要有钢坝、液压升降坝、橡胶坝、气动盾形坝等。其工程结构有基础土建（包括基础底板，边墩，中墩，上下游翼墙、护坡，上游防渗铺盖，下游消力池、海漫等）、坝体（如钢坝的钢板门叶、液压升降坝的混凝土或钢面板、橡胶坝的橡胶坝袋、气动盾形坝的钢盾板）、控制及安全观测系统（包括钢坝的液压装置、橡胶坝的充胀或坍落坝体的充排设备、安全及检测装置等）构成；景观坝的景观效果、泄洪能力、排沙效果等方面基本能满足要求。但存在的缺点也比较明显，钢坝不适用于跨度大的河道，造价成本较高；液压升降坝的液压设备埋设位置较低，浸泡于水中，对防水防腐要求较高，否则易出现液压设备故障；橡胶坝的坝袋易老化，易被坚硬和漂浮物、人为因素等破坏，且由于塌坝时间较长，若遇突发洪水可能造成漫滩、垮坝；气动盾形坝坝体为组合式结构，容易在不等甚至相等的水压力下，开启角度不等，坝顶高程不同，发生不均匀溢流。此类景观坝寿命周期相对较短，一般20年左右需更换一次，且在本工程中无法解决水系交叉问题。

综上分析，倒虹吸或单一的景观坝方案没有可行性，那么，怎样才能解决水系交叉问题，又能增加景观效果呢?

3 主要设计理念及施工技术方案

3.1 设计理念

增加设计椿樱河3号蓄水坝+下游400m重力式混凝土挡墙。椿樱河3号蓄水坝为钢筋混凝土固定坝，双孔过流式结构，坝体内自东向西通过杨沟污水至杨沟排涝站，坝顶自北向南通过椿樱河清水，这样既能解决水系交叉问题又增加了公园范围内水体面积；下游段为400延米重力式混凝土挡墙，顶高程与相邻的湿地公园高程齐平，这样既能保证河道护岸的稳定性和保障周边游客的安全，又能增大断面过水面积，改善环境。椿樱河3号蓄水坝平面如图1所示。

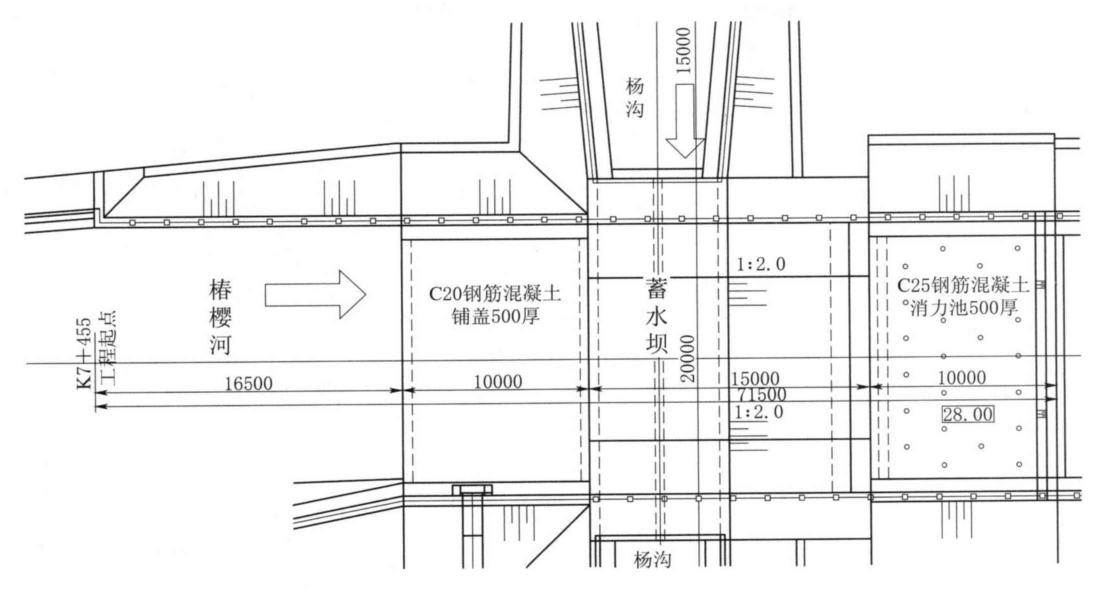

图1　椿樱河3号蓄水坝平面示意图

3.2　主要施工技术方案控制

（1）土方开挖工艺流程如下：

准备工作→测量放线→表层清理→开挖作业→施工排水和防护→边坡修整→基础开挖→基础验收。

坝体基础底高程为25.50m，且临近淮河最大的支流沙颍河，施工作业面地下水比较丰富，为保证边坡稳定和干地作业条件，需采取措施降低地下水位至基础开挖面0.50m以下。经过现场实地勘察及根据地质勘探报告计算得出渗水量，决定采用在坝体南北侧各打两眼降水井，井深为25m，每个井配备4寸水泵1台套，在水面降低到25.50m以下时，开始开挖挡墙基础。

（2）混凝土工程：椿樱河3号蓄水坝分为上游侧、坝体段及下游侧三个分部工程。混凝土施工主要集中在蓄水坝主体段（包括钢筋混凝土自溢式坝体和两侧挡墙组成）及翼墙（包括坝体上游铺盖段、坝体下游消力池段、坝体箱涵进口段铺盖、坝体箱涵出口段铺盖、干砌石段和预制块护坡段六部分组成），属于大体积混凝土浇筑。浇筑时选择整体分层由低往高处浇筑，保证结构的整体性。坝体段及翼墙混凝土浇筑如图2、图3所示。

（3）施工缝处理：椿樱河3号坝浇筑的混凝土体积方量较大，不同部位混凝土标号不同。根据施工方案，采取分仓浇筑。为有效防止施工缝的渗水、漏水等影响，采用具有良好的弹性，耐磨性、耐老化性和抗撕裂性能，适应变形能力强、防水性能好的WB4－300－10桥型橡皮止水。根据浇筑块施工缝的位置，止水有水平橡皮止水与垂直橡皮止水。止水平面布置如图4所示。

4　城市多功能蓄水坝的特点

在城市河道治理中，多功能蓄水坝以其自身的多种功能性质，在水利工程中占有重要

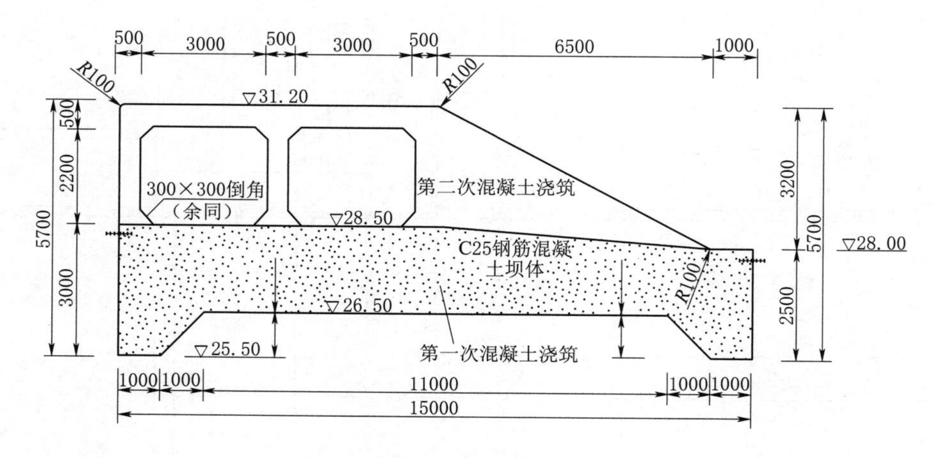

图 2 坝体段混凝土浇筑示意图

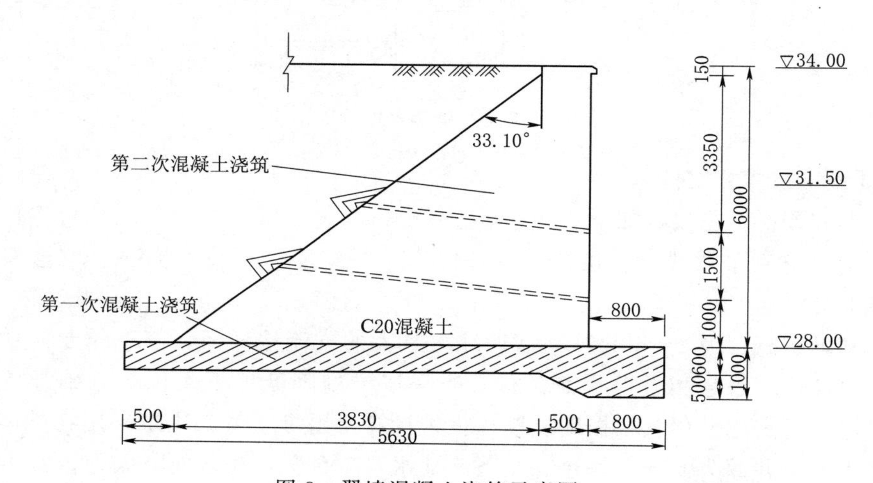

图 3 翼墙混凝土浇筑示意图

的地位，是位于人群密集区的重要水利工程措施，工程具备以下特点。

(1) 多功能蓄水坝能形成良好的水面景观，增加湿地公园范围内水体面积，改善水生态环境和人居环境。

(2) 工程区椿樱河河道平缓，所需抬水高度为 3.0m，工程等级为 4 级，造价低且易于施工。

(3) 河道及两岸为已建交通桥、排涝站及国家级湿地公园，蓄水坝建成后能保证河道的行洪安全，最大程度地减小对原有建筑物的影响。

(4) 蓄水坝布置紧凑，景观效果较好，能满足引水入城水系的供水、排涝、排沙等多种功能。

(5) 蓄水坝位于居民、游客密集区，有着广泛的社会影响，对其外观质量、运行管理有更高的要求。

根据以上特点我们不难看出，椿樱河 3 号蓄水坝，以其新颖独特的设计，合理紧凑的布置，建成后发挥出了良好的作用及景观效果，使得在引水入城工程中具有重要的意义。

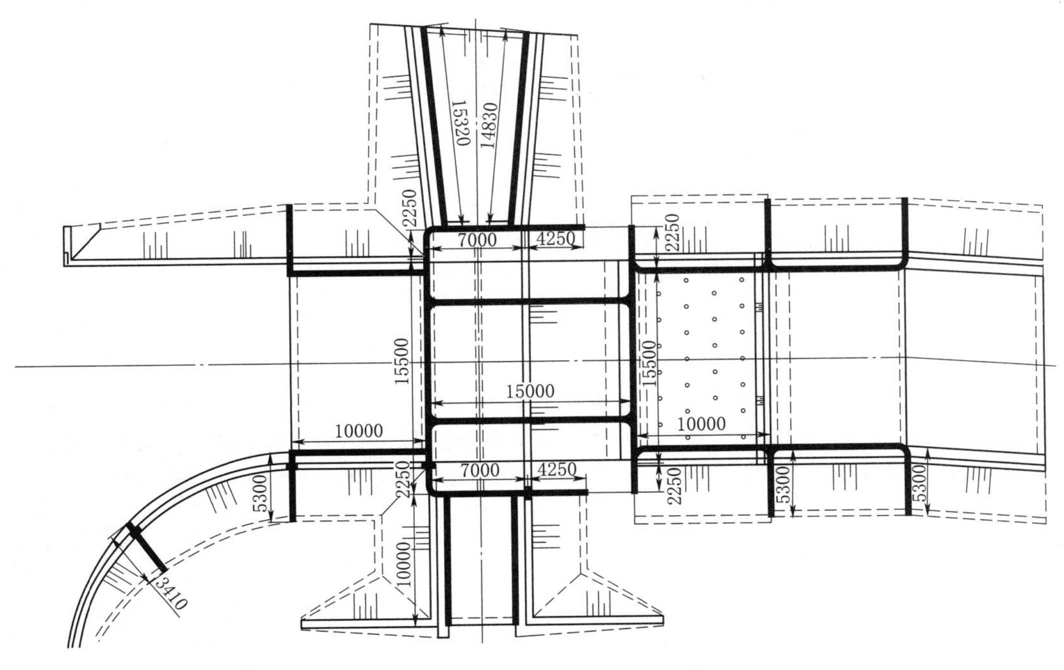

图 4　止水平面布置图

5　工程效果

椿樱河 3 号坝施工前期项目部提前策划，结合施工现场编写施工技术方案，合理安排施工顺序，施工过程中严格管理，最终该工程被评为优良工程。

该工程顺利完工并通水，成功解决了常规水系交叉工程（倒虹吸方式）污泥、沉砂及杂物淤堵、开挖量大等问题，确保了两个水系的畅通，增加了河道内水体面积，美化了环境，降低了运行成本，获得了良好的经济和社会效益。

该工程增加合同外投资三百万元，同时解决了污水污染水体问题，总体社会经济效益提高，节约资金约两百万元。

6　小结

水利工程是国民经济社会发展的重要基础设施，不仅直接关系防洪安全、供水安全、粮食安全，而且关系到经济安全、生态安全、国家安全。随着经济社会快速发展和气候变化影响加剧，在水资源时空发布不均、水旱灾害频发等老问题仍未根本解决的同时，水资源短缺、水生态损害、水环境污染等新问题更加凸显，新老水问题相互交织，已成为我国经济社会可持续发展的重要制约因素和面临的突出安全问题。椿樱河 3 号蓄水坝以人水和谐，绿色发展为理念设计，既能保证运行安全、易于维护、又能适宜现代生态水利、景观水利要求；对地下管廊工程、桥涵工程等类似工程更是提供了新思路，市场运用前景非常广阔。

钢制倒虹吸施工技术

代 福

（中国水电基础局有限公司）

【摘 要】 拉洛水利枢纽及配套灌区工程曲美灌区五分干1标段，桩号0+000起至1+216止。钢管明管采用16Mn钢，设计压力1MPa。钢管明管及埋管段内外壁均需进行防腐处理，主要采用环氧沥青厚浆型防锈底漆、无机富锌、厚浆无溶剂环氧、丙烯酸聚氨酯等材料。倒虹吸进出口段为钢筋混凝土结构。

【关键词】 钢制 倒虹吸 施工

1 工程概述

拉洛水利枢纽及配套灌区工程位于西藏自治区日喀则市西部、雅鲁藏布江以南萨迦县，是雅鲁藏布江右岸一级支流夏布曲干流上的控制性工程，工程位于海拔4300.00m地区，高寒缺氧，坝址区位于夏布曲干流距拉洛乡下游6km峡谷进口河段，该工程包括枢纽工程和配套灌区工程。拉洛水库库容2.917亿m^3，正常蓄水位4298.00m，配套灌区设计灌溉面积45.39万亩，为大（2）型水利工程。工程主要任务为灌溉，兼顾供水、发电和防洪，并促进改善区域生态环境。

配套灌区由申格孜、扯休、曲美、夏日雄四大灌区组成，设计灌溉面积45.39万亩。设计引水流量19.40m^3/s，最大引水流量23.4m^3/s，引水线路总干渠长42.734km，分干渠总长117.431km。

在总干渠桩号34+136处设分水闸向第五分干渠分水3.66m^3/s，主要灌溉曲美灌区北部土地，控制灌溉面积7.07万亩，渠道长度24.60km，下设14条支渠（含分干斗和分干农）。本标段从桩号0+000起，至桩号7+500止，其中自桩号0+000起至1+216止采用钢制倒虹吸。

2 钢制倒虹吸施工

2.1 倒虹吸钢管的制作

为保证钢管制作满足设计及规范要求，项目部特向钢管制作的专业厂家定制钢管，由厂家进行钢管的制作、除锈、防腐等工序。进场后由监理人检验合格后方可用于管道安装施工。

2.2 倒虹吸钢管的安装

2.2.1 钢管安装流程

钢管安装流程：钢管验收→钢管运输至现场→钢管清口→吊装、组对→安装焊接→焊接检测→焊接修补及缺陷处理→钢管件接口防腐→验收。

2.2.2 钢管运输和吊装

根据现场施工条件及考虑钢管重量（每节约5.4t）和起重设备的安全起吊距离，选用25t汽车吊吊装钢管，20t平板挂车运输。

（1）钢管在运输、堆放、吊装等过程中，严防碰撞、挤压及其他不适当的搬运方式，亦应防止破坏涂层。对管口部位更应注意保护，防止变形。

（2）钢管装卸车时，应采取吊卸，不得从车上滚下或溜放。钢管置放时，应按安装顺序分区放置，并留通道，以利分批取用。置放时，一般应立放且下管口应有足够支点均匀垫稳，平放则应在管下垫方木，管两侧以弧形木楔子，卡紧订牢。

（3）钢管吊装时，应使用表面无摩擦力固定带、钩子、压板及其他金属件将钢管固定。钩子不要钩住钢管内表面，而要用绳索系牢固。钢管吊起时绳索要保持一定的角度确保钢管变形力最小。

2.2.3 钢管清口

（1）清口时，用钢丝刷将管端外表面距管口25mm范围内的浮锈、底漆、泥土等杂物清理干净。对于不符合焊接要求的管口钝边、坡口进行修整。坡口角度为30°～35°；钝边为1.0～1.6mm。

（2）接口处要彻底地清刷干净，清刷掉管道内的异物和灰尘。

2.2.4 钢管吊装、组对

（1）对清口完毕的钢管进行吊装、准备组对时，应清除管内杂物。

（2）吊装等过程中，严防碰撞、挤压及其他不适当的搬运方式，亦应防止破坏涂层。对管口部位更应注意保护，防止变形。

（3）钢管吊装时，采用表面无摩擦力固定带、钩子、压板及其他金属件将钢管固定。钩子不要钩住钢管内表面，而要用绳索系牢固。钢管吊起时绳索要保持一定的角度确保钢管变形力最小。

（4）组对前，要重新检查管口附近的质量，特别是钢管下方，由于前两道工序检查不便而漏检及观察不清，可能有缺陷存在，如确认无误后再进行组对。始装节的里程偏差不应超过±5mm。弯管起点的里程偏差不应超过±10mm。始装节两端管口垂直度偏差不应超过±3mm。其他管节管口中心偏差不大于20mm。

（5）对于外观合格的钢管要检查管口周长，确保两个相对的管口周长差小于3mm，以便满足对口错边量的要求。如果出现大小头，或周长差严重超标，无法组对时，要对钢管建立台账，由现场监理签字予以证实。

（6）安装场地应防风、防雨、防尘。安装场地的温度不低于5℃，空气相对湿度不高于90%；施工现场保证有足够的照明。

（7）钢管安装后，管口圆度（指相互垂直两直径之差的最大值）偏差不应大30mm。至少测量2对直径。

2.2.5 钢管安装焊接

（1）焊接坡口可采用氧乙炔焰切割，并用砂轮清除坡口表面氧化皮。焊件在组装前应将焊口表面及附近母材内、外的油、漆、垢、锈等清理干净，直至发出金属光泽。

（2）焊接采用手工电弧焊。

（3）焊接时，其环境条件应达到：空气相对湿度小于90%；风速小于8m/s；无雨水侵袭，否则应采取有效保护措施。

（4）施焊前，焊工应复查焊件接头质量和焊区的处理情况，当不符合要求时，应经修整合格后方可施焊。

（5）焊条电弧焊的焊接电流可参照下表选用，立焊、仰焊、横焊电流可比平焊时的电流小10%左右（表1）。

表1　　焊条与电流匹配参数

焊条直径/mm	$\phi 2.5$	$\phi 3.2$	$\phi 4.0$	$\phi 5.0$
焊接电流/A	50～80	100～130	160～210	260～300

（6）坡口底层的焊接宜采用直径较小的焊条，焊工应遵守焊接工艺并注意焊接顺序，不得自由施焊及在焊道外的母材上引弧。

（7）定位焊点焊用的焊接材料应与正式施焊用的焊接材料相同，点焊高度不宜超过设计焊缝厚度的2/3，点焊长度应大于20mm，点焊间距应适宜，防止焊接时开裂，并应填满弧坑。如发现点焊上有裂纹或气孔，必须清除干净后重新焊接。

（8）T形接头角焊缝，两端必须配置引弧板和引出板，其材料和坡口型式应与被焊工件相同，引弧板和引出板的长度应大于60mm，宽度应大于50mm，焊缝引出长度应大于25mm。焊接完毕后，必须用火焰割除引弧板、引出板和其他卡具，并沿受力方向修磨平整，严禁用锤击落引弧板、引出板和其他卡具。

（9）为尽量减少变形和收缩应力，在施焊前选定定位焊焊接点和焊接顺序应从构件受周围约束较大的部位开始焊接，向约束较小的部位推进。

（10）多层焊的层间接头应错开。

（11）对非密闭的隐蔽部位，应按施工图的要求进行涂层处理后方可进行组对。

（12）焊接完毕，焊工应清理焊缝表面的熔渣及两侧的飞溅物。

（13）除施工图纸注明的焊缝高度外，角焊缝的焊脚高度最小取被焊工件的较薄件的厚度。

（14）焊缝外观焊波应均匀，成型较好，焊道与焊道、焊道与基本金属之间过渡较平滑，焊渣与飞溅物清理干净。焊缝表面不得有裂纹、夹渣、焊瘤、弧坑、表面擦伤和气孔等缺陷。其他焊缝外观质量应符合表2要求。

表2　　焊缝外观质量要求　　单位：mm

项　目	允许偏差
未焊满	$\leqslant 0.2+0.02\delta$，且$\leqslant 1$
	每100焊缝内缺陷总长$\leqslant 25$

续表

项　目	允许偏差
根部收缩	≤0.2+0.02δ，且≤1
	长度不限
咬边	≤0.05δ，且≤0.5，连续长度≤100，且焊缝两侧咬边总长≤10%焊缝全长
弧坑裂纹	允许存在个别长度≤5.0
电弧擦伤	允许存在个别电弧擦伤
接头不良	缺口深度0.05δ，且≤0.5
	每1000焊缝不应超过1处
表面夹渣	深度≤0.2δ，长度≤0.5δ，且≤20
表面气孔	每50焊缝长度内允许直径≤0.4δ，且≤3.0的气孔2个，孔距大于6倍的孔径

注　δ为较薄件的厚度。

（15）对接焊缝及完全熔透焊缝和角焊缝外形尺寸允许偏差应符合表3要求。

表3　对接焊缝及完全熔透焊缝和角焊缝外形尺寸允许偏差　单位：mm

项　目	允许偏差
对接焊缝余高C	二级
	$B<20$时，0～3；$B\geqslant 20$时，0～4
对接焊缝错边D	$D<0.15\delta$，且≤2
焊脚尺寸h_t	$h_t\leqslant 6$时，0～1.5；$h_t>6$时，0～3
角焊缝余高C	

（16）当焊缝检查的结果不合格时，应对不合格的焊缝进行返修。

2.2.6　焊接检测

（1）一、二类焊缝焊接时，应保证焊接符合标准和要求。

（2）当发现焊接操作不符合要求时，要通知监理人，当发现焊缝检测不合格时，要通知监理人。

（3）焊接完成后，焊工应进行自检，一、二类焊缝自检合格后，在焊缝附近用油漆作上标记并做好记录备查。

（4）所有焊缝均应进行外观检查，对接焊缝顶部应均匀平整，顶高不超过3mm。如果目检发现焊缝面的轮廓不适易于作无损探伤检查和喷涂防腐涂料，则应对其研磨使之平整。

（5）钢管焊缝应在焊接完成后进行无损探伤检查。

2.2.7　缺陷的处理及补焊

（1）一类焊缝探伤检查发现有不能允许的缺陷时，应在检查部位的延伸方向或其他可疑部位再作补充检查。如补检仍不合格，则应对该焊工在该条焊缝上的所有的焊接部分或整条焊缝进行检查。

（2）二类焊缝探伤检查发现有不能允许的连续缺陷时，可酌情在检查部位的延伸方向上作补充检查，必要时对该焊工在整条焊缝上所有的焊接部位进行检查。

二类焊缝中出现不能允许的缺陷累计总长超过该条焊缝探伤全长的10%时，则应在该条焊缝及其他可疑部位作补充检查，必要时对整条焊缝进行复查。

（3）焊缝内部缺陷应用碳弧气刨或砂轮将缺陷清除并用砂轮机修磨成便于焊接的凹槽。焊补前应认真检查，如缺陷为裂纹，则应用磁粉或渗透探伤，确认裂纹已经消除，方可补焊。

（4）经过补焊的焊缝，应用射线探伤复查或超声波探伤复查。同一部位的返修次数不允许超过2次，如果超过2次，应组织研讨，确定可靠的技术措施，才能补焊。

（5）管壁表面凹坑深度大于2mm的，补焊前应用碳弧气刨或砂轮将缺陷清除并用砂轮机修磨成便于焊接的凹槽，再进行补焊。

（6）不合格焊缝的补充检查长度，射线透视不少于250mm，超声波探伤不少于500mm。

3 结语

倒虹吸是水利水电工程中较为常见的过水建筑物，以钢筋混凝土结构较为常见，本文结合西藏拉洛灌区项目工程案例，简述了钢制倒虹吸的施工技术。

洪家渡水电站左坝肩高边坡倒悬岩体处理技术

段奇刚　于　丹

（中国水电基础局有限公司）

【摘　要】 本文介绍了洪家渡水电站左坝肩高边坡倒悬岩体开挖方法以及取得的技术成果。

【关键词】 高边坡　静态爆破　逆向开挖

1　概述

洪家渡水电站左坝肩老鹰嘴倒悬岩体较为破碎，卸荷裂隙比较发育（图 1）。沿倒悬体上游内侧发育一条卸荷裂隙。倒悬体紧邻大坝坝后坡，距离坝后坡干砌石垂直高度约 200m，距副厂房、中控室的垂直高度约达 260m。悬崖下部有坝体、坝后公路、厂房等建筑群，建筑群属洪家渡水电站重点设施。若采用炸药明爆施工，产生的震动及飞石，将严重影响水库的正常运行及厂房的安全；同时对工程范围内的山体稳定也会造成极大的影响，存在山体滑坡或坍塌等重大安全隐患。综合工程场地所处部位和地质条件，为保证水库大坝、发电生产区域设备设施安全以及开挖边坡稳定，选择了静态爆破逆向开挖施工方案对高边坡危岩体进行处理。

图 1　老鹰嘴倒悬岩体面貌

2　工程难点

本项目倒悬体距电站副厂房、中控室的垂直高度约达 260m，虽然在高程 1088.00m 和 1070.00m 处设置安装了被动防护网，但倘若在倒悬体开挖和支护过程中如有岩石往下掉落，落石在坠落过程中可能会碰到悬崖突出体而落在防护网以外；由于受到溶洞、节理裂隙及风化影响，崖面还有松动危岩，如果落石砸在松动危岩体，有可能引起松动危岩体掉落，给在倒悬体下方的建筑物及人员安全带来严重的安全隐患。倒悬体由于没有封闭，岩石表面破碎，易掉落，在开挖过程中有可能造成整个倒悬体失稳。崖体垂高 260 多米，倾角在 80°以上，施工作业面狭小，作业难度和安全隐患大。挖除后的岩石不允许抛往厂坝方向，施工成本高。

3　施工关键技术

3.1　总体方案

在倒悬体下部岩面建立钢栈桥作业平台，钢栈桥上架设钢管脚手架并锚固于岩体上作为施工作业面及垂直面安全防护措施；倒悬体表面利用SNS主动防护网及$\phi 25$钢丝绳进行主动防护。安全防护措施完成后采用小口径静态爆破分裂岩体，岩体开挖采用从上而下、由里向外、分层推进，循环分裂，从非临空面开始爆破开挖，使用小口径布孔与小体积岩体结合的方法进行岩体分裂。岩石分裂后利用塔吊、人工及机械相结合进行清除，并转运至指定渣场。有效减少向厂房掉石，保证厂房及相应设备设施安全。钢栈桥如图2所示；开挖区域防护如图3所示。

图2　钢栈桥

图3　开挖区域防护

3.2　施工工艺与开挖顺序

3.2.1　施工工艺流程

施工准备→布孔→钻孔→膨胀剂拌制→膨胀剂灌注→膨胀等待→二次破碎清理。

3.2.2　开挖顺序

如图4所示，先进行5序区域的开挖，将高度降低1m左右（根据岩石层厚确定），形成开挖槽后（临空面）再进行4、3、2、1序开挖，纵向开挖，从上而下、由里向外逆向开挖（常规：由临空面向内开挖，也就是由外向里开挖）、循环分裂，按照纵向施工，层层推进，开挖3～4m后，则改为SNS主动防护网兜拉剩余倒悬岩体进行防护，搭设施工挑架，再从1序往5序方向由外向里逐层逐块慢速拆除，向内转运，直至倒悬体全面处理。采用纵向从上而下、横向由里向外的方式开挖可使荷载层层递减，能有效的保持倒悬体的稳定性。

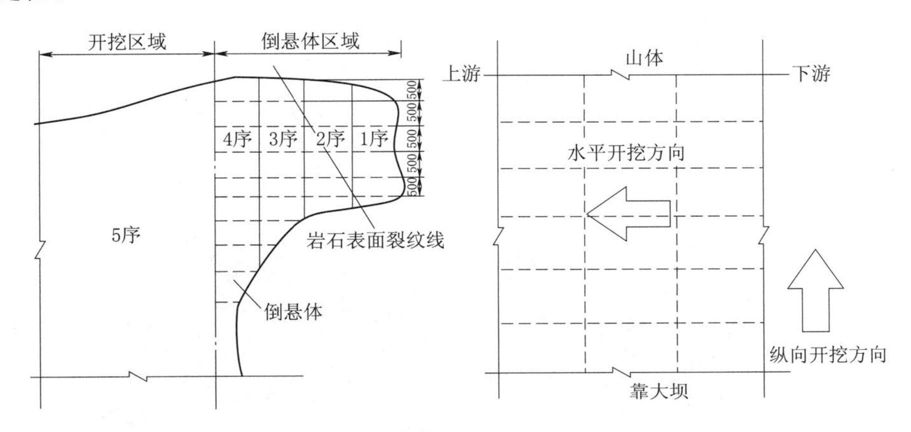

图4　倒悬体开挖施工顺序

3.3　特殊地质地段施工

倒悬体底层及临边三角特殊区域开挖主要采取以下措施：

（1）使用SNS主动防护网兜拉剩余倒悬岩体进行兜护，钢栈桥二次防护。

（2）建立悬挑式作业平台。施工挑台搭设、固定完毕后，采用钢丝绳将整个脚手架挑台地锚固定在裂缝后部完整岩石坡体上。

（3）在设置完安全防护后，进行分裂倒悬体岩石。从上至下，将倒悬体按0.7～1.5m厚度进行分层。每分层从上游面一侧开始，向下游面一侧推进。

图5为卸荷裂隙带及临边三角区域施工平台。

图5　卸荷裂隙带及临边三角区域施工平台示意图

4　施工技术成果

洪家渡水电站左坝肩边坡老鹰嘴倒悬体开挖施工通过采用YT28型号凿岩机钻孔、加膨胀剂、封孔、24h预裂、清渣等工序组成，采用自山体侧向河床逆向开挖技术，并使用SNS主动防护网兜拉剩余倒悬岩体进行兜护，钢栈桥二次防护，搭设施工挑架，向内转运石渣，限制倒悬体开挖向边坡临空面弃渣，限制产生大块体落石及飞石至坝后坡及发电生产区域厂房平台对建筑物和设备造成影响，保障了边坡的稳定和所有水工建筑物的安全。

通过静态爆破逆向开挖工艺解决了常规情况下高边坡倒悬体岩体开挖对下部产生的一系列安全隐患问题。通过主动防护与被动防护结合，搭设悬挑式作业平台减轻作业面岩体上部有效荷载的方式解决了倒悬体最底层及临边三角区域岩体易坍塌的问题。老鹰嘴倒悬体开挖前后面貌对比如图6所示。

(a)开挖前

(b)开挖后

图6　老鹰嘴倒悬体开挖前后面貌对比图

5　结语

静态爆破在不允许使用炸药爆破以及单独使用机械、人工作业施工方式费用较高、效率较低的状况下，替代进行岩体开挖施工的高效率工艺，具有操作简单、安全、工期短、成本低，弥补常规爆破受环境及具体条件限制不足等特点，其经济效益是不可估量的。

静态爆破与逆序开挖技术组合施工与常规爆破开挖技术相比更具有优越性，它既保证了施工安全要求，又缩短了施工工期，极大地降低了工程施工成本。由于它可在无振动、无飞石、无噪音、无污染的条件下破碎或切割岩石，极适合于施工周围有大量建筑物，且安全要求较高的工程施工。

碾盘山水利枢纽水下疏浚和吹填施工

白　雪

（中国水电基础局有限公司）

【摘　要】 碾盘山水利枢纽水下疏浚和吹填工程主要包括导流明渠上下游航道的水下开挖和进出口土埂的水下开挖。施工中通过比选，采用 500m^3/h 绞吸式挖泥船疏浚，施工效率高，能够将挖掘、输送、排出和处理泥浆等疏浚工序一次完成，在满足施工条件的情况下可以连续施工。为了减少对通航的影响，在通航区域设置了潜管输送。

【关键词】 水下疏浚　吹填绞吸式挖泥船　潜管

1　工程概况

碾盘山水利枢纽是水利部 172 项节水供水重大水利工程之一，枢纽位于钟祥市境内，距钟祥市区约 10km，坝址上距雅口航运枢纽 58km，下距兴隆水利枢纽 117km。

碾盘山水利枢纽工程任务以发电、航运为主，兼顾灌溉、供水，为南水北调中线引江济汉工程良性运行创造条件。工程建成后，可有效开发汉江流域水能资源，提高汉江航道通航标准，改善钟祥市城镇供水和库周农田灌溉引水条件，促进引江济汉工程良性运行。工程由左岸土石坝、泄水闸、发电厂房、连接重力坝、鱼道、船闸和右岸连接重力坝等组成，坝顶总长 1209m，最大坝高 29.22m，左岸布置有副坝、供水取水口等建筑物。水库正常蓄水位和设计洪水位为 50.72m，校核洪水位 50.84m，水库总库容 9.02 亿 m^3，调节库容 0.83 亿 m^3。电站装机 18 万 kW。通航建筑物级别为Ⅲ级。工程总工期 52 个月。

本工程水下疏浚和吹填工程主要包括导流明渠上下游航道的水下开挖和进出口土埂的水下开挖。

2　总体布置

绞吸淤泥作业时，布置两条陆上主排泥岸管进入排泥场地，水上排泥管线为潜管与浮管连接型式。

为保持有一个相对稳定的排泥距离，绞吸式挖泥船分条开挖时应遵从“远土近吹，近土远吹”的原则，依次由近到远分条开挖，条与条之间应重叠一个宽度，一般不小于 3m，以免形成欠挖土埂。

施工作业区内沿疏浚河段设立便于观测的水尺。

3　施工测量

工程开工前，根据业主提供的平面控制点及高程控制点等测量资料建立现场施工时使用的平面控制网和高程控制网，并按照有关规定进行测量定位。

挖泥船疏浚开挖前在航道开挖起、讫点，弯道段设立清晰的标志，在航道两侧设置导线桩。平直航段每隔 50～100m 设一组横向标志，弯道处适当加密。

挖泥船疏浚施工作业区内设立一组便于观测的水尺，且应满足四等水准精度要求。水尺应设置在便于观测、水流平稳、波浪影响相对较小且不易被船艇碰撞的地方，每天派专人观测水位变化情况。本工程采用 GPS 进行挖槽尺度控制，大大提高航道测量、施工的精度和可操作性，保障航道开挖的精度。放样测站点的高程精度不得低于五等水准测量的精度要求、放样点的点位误差不超过以下值：①疏浚开挖边线：水下±1.0m，岸边±0.5m。②挖槽中心线：±1.0m。

4　绞吸式挖泥船工作原理及工艺流程

绞吸式挖泥船工作原理是利用离心泵产生真空吸进水下泥浆进入泵体，然后由其产生的排压挤压泥浆在排泥管中流动，通过输泥管将浚挖泥土排至指定的吹填区。

绞吸式挖泥船施工工艺流程图如图 1 所示，工作原理如图 2 所示。

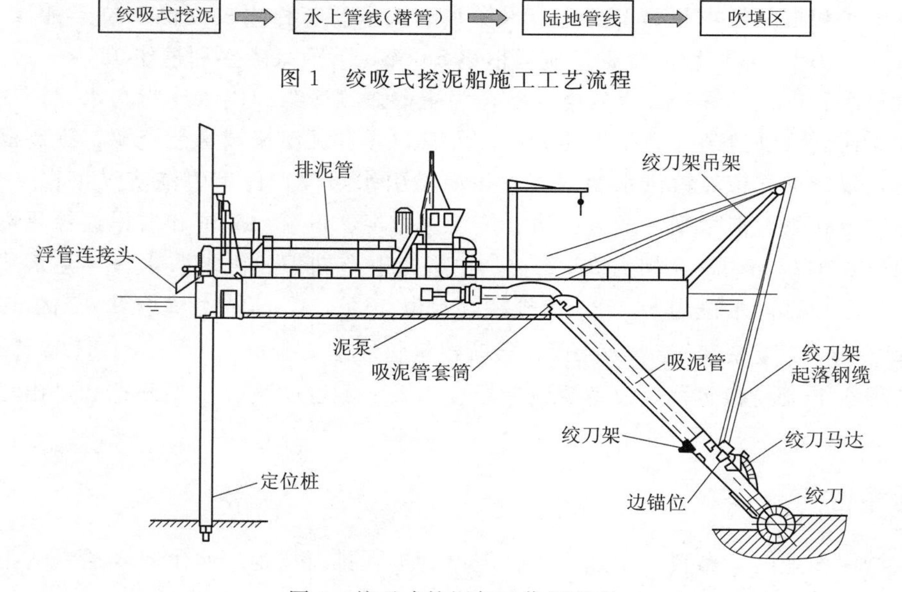

图 1　绞吸式挖泥船施工工艺流程

图 2　绞吸式挖泥船工作原理图

5　工程施工

5.1　岸管施工

岸管为两条管线，两条岸管一端与潜管相接，另一端沿岸铺设进入吹填区。

陆上管线铺设采用人工配合简易机械设备完成，人工进行胶垫的安装及法兰的连接紧固。排泥管线应平坦顺直，弯度力求平缓，避免死弯；出泥管口伸出围堰坡脚以外的长度，不宜小于5m，并高出排泥面0.5m以上。排泥管接头应紧固严密，整个管线和接头不得漏泥漏水。发现泄漏，应及时修补或更换。排泥管支架必须牢固可靠，不得倾斜和摇动；水陆排泥管连接应采用柔性接头，以适应水位的变化。排泥管线跨越沿河路时，采用路面埋管式，在埋管位置设立醒目标志，提请车辆通行时减速慢行。岸管连接方式如图3所示。

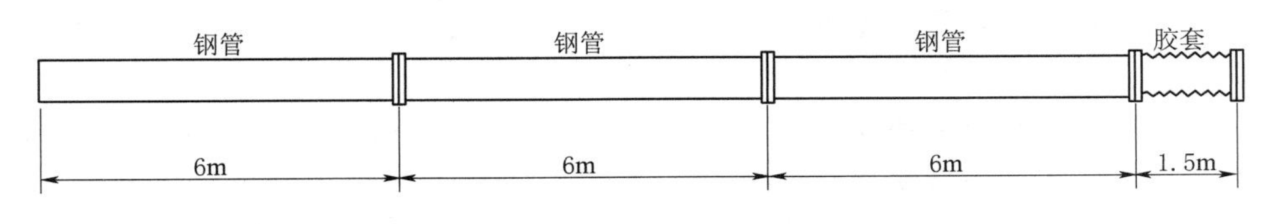

图3 岸管连接示意图

5.2 浮管施工

浮管的施工要满足取土时的需要，由于取土量大，作业面宽，计划每条船配置400～500m的浮管，为解决浮管因风，潮、水流等作用的摆动而影响航行安全，拟定每80m左右抛设一只1kg重普尔锚固定。

水上浮筒排泥管线应力求平顺，避免死弯。浮管连接方式如图4所示。

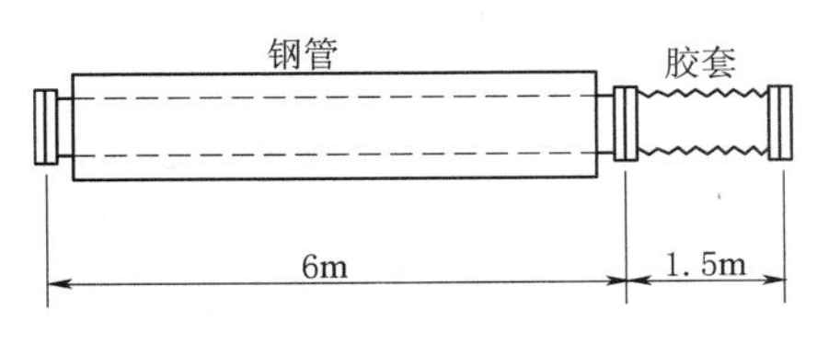

图4 浮管连接示意图

5.3 潜管施工

为保证船舶的航行，取土区域采取了潜管输泥方式，潜管用钢管与软管交叉连接的方法，确保潜管按河床实际地形紧紧地贴靠在河床上，尽可能保证水深。架设120m潜管后可保证有一定宽度和深度的航道。为避免潜管的位置移动，在潜管两端增设两个端点站，每端点站安装4只人力绞关和4个1.5t霍尔锚，保证潜管准确定位，确保航行船只的安全。潜管一端与绞吸挖泥船浮管相接，另一端与进入吹填区的岸管相接。潜管连接方式如图5所示。

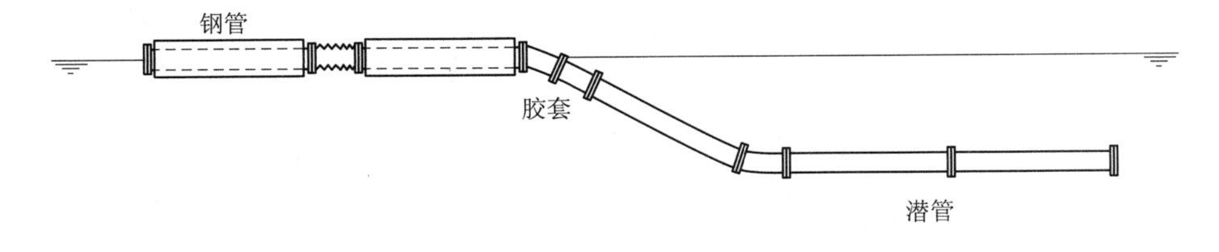

图5 潜管连接示意图

潜管由橡胶软管和钢管以及控制潜管起伏的端点站组成。潜管敷设前，必须对潜管进行加压检验，各处均达到无漏气、漏水要求时，方可用于敷设。沉放前做潜管沉浮试验，检查空压机和阀门的运转情况，发现问题及时处理，确保潜管正常施工。敷设前，对预定敷设潜管的水域进行水深、流速和地形测量，根据地形图布置潜管，确定端点站位置，其宽度要满足船舶通行的要求。

潜管节间的连接，采用柔性接头，即钢管与橡胶管沿管线方向相间设置并用法兰连接。设置端点（浮体）站，配备充排气、水设施、锚缆和管道封闭闸阀等，以操作潜管下沉或上浮。跨越航道的潜管，如因敷设潜管不能保证通航水深时，可采用挖槽设置，但必须同时满足潜管可以起浮的要求。用拖轮将端点站拖至指定位置，锚艇抛设上、下水锚进行端点的固定。潜管沉放时，开动设在端点站上的水泵向管线内注水，使管线逐段沉入水下直至河底。潜管沉放完毕，应在其两端设置明显标志，严禁过往船舶在潜管作业区抛锚或拖锚航行。当管线工作结束或中途需起浮时，开动端点上的空压机向管线内充气，迫使管线内的水从出口排出，管线逐段浮出水平。待潜管全部起浮后，拖至水流平稳的水域内妥为置放。

潜管操作运行应符合下列规定：①挖泥船开机前应先打开端点排气阀放气，以防潜管起浮。开机时必须先以低速吹清水，确认正常后，再开始吹泥；②排泥或吹填过程中，凡需停机时，必须先吹清水，冲去潜管中的泥沙，直到排泥管口出现清水时为止，以防潜管堵塞；③在潜管注水下沉或充气上浮时，均应缓慢进行。

5.4 挖泥船定位及分条开挖

首先在预定的位置施放醒目的浮漂，再用拖轮拖带挖泥船就位，当接近预定位置后放慢航行速度，在陆上用全站仪随进跟踪测量挖泥主定位桩的位置，并立即计算出其所处位置，当主桩处于预定位置时立即通知挖泥船驾驶，放下主桩，并抛左右横移锚，即完成挖泥船定位。

采用双桩前移横挖法，利用两根钢桩轮流交替插入水底，作为船体摆动中心，收放左右锚，摆动绞刀，一方面按扇形挖泥，另一方面移船前进。

挖宽控制：用挖泥船电罗经指示的左右摆宽的方位角控制。

挖深：在岸边设水尺，按水位变化情况随时调整挖深值。

挖泥区边缘设立灯标。挖泥船夜间施工时，浮桶每隔 60m 设一盏灯，潜管端点设灯标，并显示通航方向。

5.5 吹填

根据吹填区存泥场实际情况采用死角处水门布置或多向分流水门布置。吹填区存泥场布置如图 6 所示。

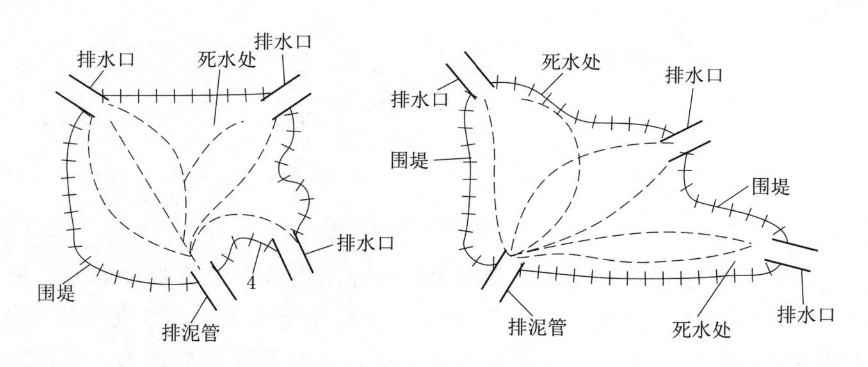

图 6 吹填区存泥场布置图

吹砂点位于 2 号弃渣场旁的排泥场，施工中合理设置吹砂点，使整个吹填场地能得到充分的利用，原则上每隔300m左右安拆一次排泥管线。排泥管线的间距根据泥泵功率、吹砂的特性、吹填砂的流程和坡度等因素定为30m。吹填区内管线的布设间距、走向、干管与支管的分布根据施工现场情况，影响施工因素的变化及时调整。根据管口的位置和方向、排水口底部高程的变化及时延伸排泥管线，在吹填区内设水尺，观测整个吹填区的填土标高的变化，指导排泥管线的调整。当吹填土中含有较多的细颗粒土时，在施工中采取有效的措施，如排管线上设置三通管、转向阀或转向板，在排泥管上设置扩散板、渗漏孔、挡板等，防止淤泥聚集。管线的布置要满足设计标高、吹填范围、吹填厚度的要求，并考虑吹填区的地形、地貌、几何形状对管线布置的影响。在整个施工过程中，应使施工船舶、排泥管、围堰、排水口协调工作。建立有效的通信联系并实行巡逻值班，随时掌握吹填区填土进度、质量、泥沙流失、围堰和排水口的安全情况。

6 结语

本工程采用500m^3/h绞吸式挖泥船疏浚，施工效率高，能够将挖掘、输送、排出和处理泥浆等疏浚工序一次完成，在满足施工条件的情况下可以连续施工。

为了减少对通航的影响，在通航区域设置了潜管输送方式。

引水隧洞加固处理的快速施工方法

李　轩　雷　晶　马辉文　冯旭桃

（中国水电基础局有限公司）

【摘　要】本文结合某电站隧洞工程实例，着重介绍了对引水隧洞掉块、开裂、变形、塌方等部位采用初期支护、回填灌浆、混凝土浇筑等复合施工工艺，成功完成了对隧洞不良地段的加固处理，为后续施工作业提供安全作业环境。

【关键词】隧洞加固处理　处理措施工艺　安全观测

1　概述

某水电站引水隧洞穿越段为泥盆系中统上段，主要为灰色千枚岩，遇水微微膨胀变软。因洞室超挖过大，原施工单位采取用片石、风带布回填超挖部分，并使用石棉瓦安装在拱架外侧以便加快施工进度、减少材料用量，导致支护与洞身没有结合，出现大面积空洞。致使洞内出现有支护掉块、开裂、变形、塌方现象。

2　引水隧洞进行加固处理的方案

在原变形、开裂段浇筑底板混凝土，底部设有工字钢横撑段浇筑钢筋混凝土，采用ϕ16螺纹钢筋，纵向布置，间距20cm。沿洞轴线方向间隔1m加设1根锚筋有钢横撑段加设3根锚杆，进行加固处理。并在原塌方段利用取芯钻孔进行回填灌浆。

3　有关加固处理的施工技术措施

（1）洞身扩挖。采取人工配合风镐进行扩挖；初喷混凝土：开挖到设计要求后，清除危石及清理干净岩面，喷厚混凝土封闭岩面。

（2）初期支护施工。钢筋网人工洞外加工，洞内人工安装。安装过程中采用钢钎将网片顶至密贴岩面，然后将网片焊接在锚杆上固定。钢筋须经试验合格，使用前要除锈，在洞外分片制作，安装时搭接长度不小于15cm。人工铺设，利用锚杆连接牢固。钢支撑采用在洞外加工，按设计尺寸均下料分节制作，同时考虑开挖预留的尺寸，保证每节的弧度与尺寸均符合设计要求，节与节之间用钢板、螺栓连接牢靠，在加工过程中必须严格按设计要求制作，做好样台、放线、复核和试拼，并作上号码标记，确保制作精度。钢支撑按设计要求安装，安装尺寸允许偏差，钢支撑的下端设在稳固的地层上，拱脚高度低于上部开挖底线以下15～20cm。拱脚开挖超深时，加设钢板或混凝土垫块。安装后利用锁脚锚杆定位。超挖较大时，拱背喷填同级混凝土，以使支护与围岩密贴，钢支撑与初喷混凝土务必紧密接触。但应留 3～4cm 间隙作混凝土保护层，控制其变形的进一步发展。钢支撑与钢支撑之间采用 ϕ25 的钢筋纵向连接，间距严格按设计要求施做，钢支撑应与设计径向锚杆的尾部焊接牢固，以便形成整体受力结构。钢支撑施工工艺流程图如图 1 所示。

(3) 锚杆施工。系统支护采用砂浆锚杆主要设置在拱、墙部位，施工时采用风钻钻孔，机械配合人工安装锚杆，水泥砂浆终凝后安设孔口垫板。施工工艺流程如图 2 所示。

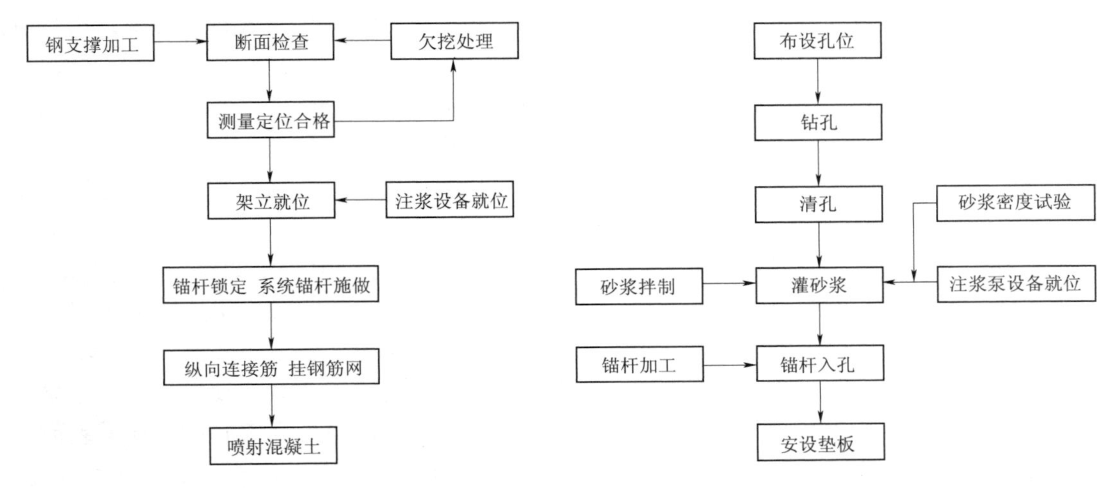

图 1　钢支撑施工工艺流程图

图 2　砂浆锚杆施工工艺流程图

喷射混凝土施工工艺采用湿喷机进行喷射混凝土施工作业，分别采用初喷（3～5cm）、复喷（5～10cm）直至满足设计厚度要求，喷射混凝土工艺流程如图 3 所示。

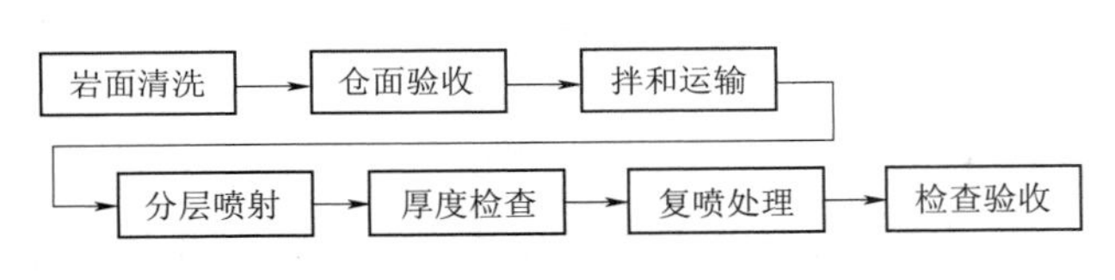

图 3　喷射混凝土施工工艺流程图

(4) 回填灌浆。在灌浆部位就近搭建临时制浆站供浆，每个站内配备 1 台 ZJ－400 型高速搅拌机制浆，1 台 J－600 型搅拌机储浆，1 台 BW200 型中压泥浆泵输浆。采用水灰比为 1∶1 的纯水泥浆液，浆液经过均匀搅拌，搅拌时间不少于 30s。灌浆压力：0.2～0.3MPa。输浆流速控制在 1.4～2.0m/s，自制备至用完的时间小于 4h。浆液温度保持在 5～40℃。施工脚手架洞内灌浆部位用 ϕ48 架管搭设简易脚手架进行施工。在规定压力下，灌浆孔停止吸浆，并继续灌注 10min 即可结束灌浆。灌浆结束后，先关闭孔口闸阀，再停泵，待孔内浆液终凝后再拆除孔口闸阀。灌浆孔灌浆作业结束后，清除孔内污物，采用浓浆将全孔封堵密实并抹平。割除露出混凝土表面的埋管。

在灌浆完成 7d 后，根据灌浆孔位及吸浆量参建各方联合确定检查孔位，按灌浆孔总数的 5%进行质量检查。采用向向孔内注入水灰比为 2∶1 的水泥浆，在规定压力下，初始 10min 的注入量不超过 10L 即为合格。

(5) 底板混凝土施工。钢筋混凝土结构用的钢筋应符合热轧钢筋主要性能的要求。每批钢筋均应附有产品质量证明书及出厂检验单，在使用前，应分批进行钢筋机械性能试验。钢筋的表面应洁净无损伤，油漆污染和铁锈等应在使用前清除干净。带有颗粒状或片状老锈的钢筋不得使用。钢筋加工的尺寸应符合施工图纸的要求，加工后钢筋的允许偏差不得超过规范要求。钢筋焊接和钢筋绑扎应按相关规定以及施工图纸的要求执行。

钢筋安装采用散装方法：采用汽车运至洞内，人工进行安装。钢筋的安装位置、间距、保护层及各部分钢筋大小、尺寸均按照施工图纸的规定进行，其允许偏差控制在《水工混凝土施工技术规范》（SDJ 207—82）要求的范围内。现场钢筋的连接采用搭接手工电弧焊焊接，钢筋接头分散布置，并符合设计及相关规范要求。现场所有焊接接头均由持有相应电焊合格证件的电焊工进行焊接，以确保质量。

锚筋的制作和安装：锚筋采用 ϕ25 螺纹钢筋制作，钻孔采用 YT－28 手风钻。锚筋孔注浆前应进行清洗，插入锚固剂后，在锚固剂初凝前应将锚筋加压插入到要求的深度，并加振或轻敲，确保砂浆密实，锚筋安装后不能与任何物体接触，直到所填锚固剂达到足够强度。

混凝土浇筑：水泥采用峨塔牌 P·O42.5R，砂石料取自业主指定的料场，配合比为：水：水泥：砂：碎石＝1：1.54：3.52：5.28。坍落度 55mm。根据目前的施工条件采用接收的滚筒式混凝土搅拌机拌和，5t 载重汽车运输，人工入仓。混凝土浇筑前，清除底板上的杂物、泥土等，夯实平整碎石垫层。混凝土振捣采用 ϕ50 插入式振动棒振捣，振捣时间以混凝土不再显著下沉、不出现气泡并开始泛浆时为准。混凝土浇筑时保证仓面表面潮湿，避免积水，对于面层混凝土另采用平板振动器振捣，辅以人工抹面。施工缝面处理，每 50m 预留 1 条水平伸缩缝，采用沥青填塞。混凝土养护，采用洒水养护，如果温度过低采取覆盖养护。养护时间不少于 14d。

4　数据观测及分析

采用隧洞中最常规的监控量测方式对隧洞不良地段进行收敛观测。通过实测数据（详见表 1）收集整理发现，整个变形到稳定可以通过下面约束原理来说明，围岩变形与初期支护对应关系如图 4 所示。

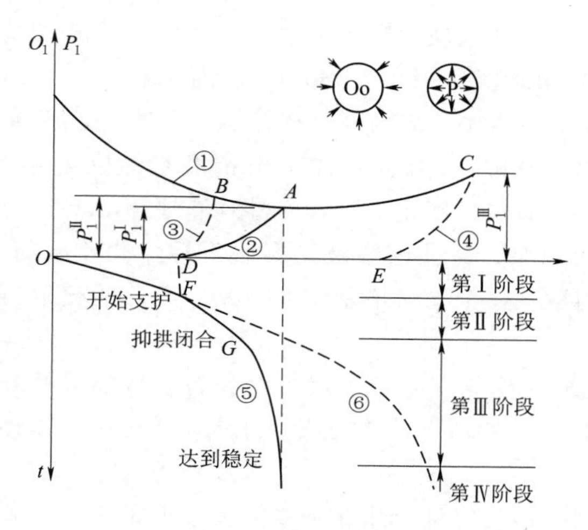

图 4　围岩变形与初期支护对应关系图

图中横坐标是隧道毛洞内壁的径向位移 u_r；图中上半部的竖直坐标是洞室内壁在围岩原始应力作用下的径向压应力 δ_r，或支护施加于洞壁的反力 P，二者大小相等，方向相反；下半部的竖直坐标为时间 t。曲线①代表洞室侧壁径向位移 u_r 与侧壁径向压力 δ_r 的关系曲线。开挖后先经过一段直线段，即弹性变形阶段。释放应力增长到一定阶段，周边出现塑性变形，径向位移增长加快，线段进入曲线。塑性区域不断扩大。塑性区范围内出现松弛压力，曲线向上翘曲。如果围岩的强度高，不产生塑性变形或不发生松弛应力，则不出现曲线和翘曲。曲线②

是支护反力 P_t 与洞壁径向位移 u_r 的关系曲线。随着洞壁径向位移的增加，支护反力也随之增加。曲线②与曲线① 的交点 A 表示支护反力与围岩作用力相平衡，洞壁位移不再发展。此时支护受到的平衡地压力为 P。曲线③ 采用的支护刚度过大，交点为 B，支护所受的平衡地压力为 P。曲线④支护时间过晚，交点为 C，此时支护将要承受较大的松弛地压力 P。图中曲线⑤是洞壁位移"随时间变化的曲线"，可以通过监控量测得到，更为直观。其中第Ⅰ阶段是围岩无约束自由变形阶段；第Ⅱ阶段初期支护开始起作用，洞壁位移减缓；第Ⅲ阶段从支护形成封闭结构开始，支护移趋于稳定，不再增长，进入第Ⅳ阶段。第一次量测之前的位移值常常得不到，应设法弥补。如果支护安设时间过晚，则"位移—时间"曲线因受不到支护阻力将快速度增长，如曲线⑥。当位移超过 A 点的位移值后，由于坑壁松动范围的增加，很有可能坍塌或因坑壁压力加大而使支护破坏。曲线⑤可供施工人员判别围岩和支护变形是否趋于稳定，是一种非常重要的信息，也是新奥法一个重要的环节，可以实际量测得到。引水隧洞收敛测量记录见表 1。

表 1　　引水隧洞收敛测量记录表

点号	第一次测量记录/mm	目前测量记录/mm	总变形量/mm	总变形量比洞室跨度/%
S1	4832.92	4825.094	7.826	0.16
S2	3249.45	3225.594	23.856	0.73
S3	3427.21	3425	2.21	0.06
S4	3729.71	3725.146	4.564	0.12
S5	3148.22	3125.548	22.672	0.72
S6	3337.68	3325.227	12.453	0.37
S7	4305.98	4300.044	5.936	0.14
S8	3724.76	3724.2	0.56	0.02
S9	4453.84	4453.59	0.25	0.01
S10	3915.71	3876.044	39.666	1.01
S11	3775.78	3775.115	0.665	0.02
S12	3664.27	3662.94	1.33	0.04
S13	4059.21	4050.138	9.072	0.22
S14	4197.38	4175.839	21.541	0.51
S15	4143.04	4125.467	17.573	0.42
S16	4194.18	4175.723	18.457	0.44

5　结语

根据加固后洞室监测数据分析，该隧洞围岩与支护变形趋于稳定，加固处理达到了理想的效果。洞室支护根据不同的地质状况采用不同的施工方法，本工程在充分考虑该隧洞存在的问题后，采用钢撑、喷混凝土、砂浆锚杆及回填灌浆结合施工的支护方法，使支护与洞身良好结合，有效地解决了洞内原支护空洞、掉块、塌方等问题，洞室整体稳定，排除了安全隐患。

轻型井点降水在粉土质砂高水位深基坑施工中的应用

马　信　于　丹

（中国水电基础局有限公司）

【摘　要】新疆叶尔羌河民生引水枢纽工程代表性地层主要以粉土质砂为主，新建泄洪闸与溃坝之间导流堤在深基坑开挖过程中揭露地下水位远高于设计阶段勘察地下水位，为确保工程顺利进展，结合现场实际地质情况，采用轻型井点降水措施对新建泄洪闸各施工部位进行施工降水，起到良好的降水效果。本文从轻型井点的降水原理与特点、降水设计、成井施工和降水过程的检测监控等几个方面介绍了轻型井点降水技术，阐述了轻型井点降水在地下工程中的应用，得出了降水成功、作业面干燥、边坡无坍塌的结论，确保了工程顺利实施。

【关键词】叶尔羌河　民生引水枢纽　新建泄洪闸　粉土质砂　深基坑　轻型井点

1　引言

新中国成立初期在东北兴建某工业基地时，于1950年采用轻型井点降水法。1952年上海研制真空泵式抽水装置，在武宁路泵站基坑工程施工应用，取得良好的降水效果。特别是沪东造船厂横向下水滑道工程，紧靠黄浦江边开挖深达－12m的大面积基坑，采用多级轻型井点降水施工，是当时井点大规模应用的成功范例。轻型井点降水在塔里木河流域枢纽工程施工过程中应用亦较广泛，达到了预期的降水效果。

本文通过轻型井点降水的应用，结合地质勘查资料选用代表性地层粉土质砂进行降水理论计算，确定相应技术参数和降水布置。民生引水枢纽工程施工中通过理论结合实践，对下一阶段轻型井点降水在粉土质砂地层高水位深基坑施工的引用总结了宝贵的经验。

2　工程概况

民生引水枢纽是叶尔羌河流域规划中的第五级引水枢纽，工程始建于1987年，1989年投入运行。民生引水枢纽是巴楚县最重要的引水枢纽，以灌溉为主，兼顾防洪。引水枢纽控灌区位于叶尔羌河中下游冲积平原上，是巴楚县的三大灌区中两大灌区（色力布亚和红海两灌区），工程设计控灌面积72.7万亩，设计引水流量$127m^3/s$，加大引水流量$150m^3/s$，还担负着红海、卫星、邦克尔、草龙水库蓄库的任务。

新建泄洪闸部位根据钻孔揭露，在20m深度范围内，岩性自上而下为第四系全新统冲洪积（$al+plQ_4$）低液限粉土、粉土质砂和含细粒土砂：埋深3.5～5.8m，揭露厚度大于16.5m，局部夹有厚0.5～2.6m低液限黏土。该层青灰色，稍湿—饱和状，松散—密实，天然密度1.46～1.94g/cm^3，含水率4.64%～32.0%，干密度1.40～1.69g/cm^3，比重2.68，孔隙比0.48～0.92，内摩擦角建议值28°～30°，黏聚力建议值8kPa。闸基与砂层摩擦系数0.30～0.35。渗透系数8.1×10^{-3}cm/s，属中等透水层。

3 降水思路

新建泄洪闸处地下水位埋深4.9～5.0m。实际施工过程中根据开挖揭露的地下水埋深仅为1.5～2.0m。根据施工要求，基坑水位在施工期间必须保持在施工作业面以下50cm，根据实际开挖揭露本工程地面标高1162m，地下水位高程1159.5左右，结构物最低高程1154，基坑最大开挖深度8m，需要降水深度6.0m。

粉土质砂由于透水系数小，若采用挖沟明排方式，由于地下水位高，土质松散，基坑开挖后易产生流土、流沙管涌等现象，施工工作面难以开挖成型，综合考虑，借鉴建设单位塔里木河流域管理局在塔河下游其他闸口施工降水经验，采用轻型井点降水的方法进行降水施工。

根据地勘资料，选用代表性地层粉土质砂进行计算，渗透系数7.0m/d，新建泄洪闸闸前铺盖、闸室、陡坡段、消力池、海漫分别使用一级轻型井点进行区域围封，对部分区域布设二级轻型井点。

4 降水施工方案

4.1 降水原理

轻型井点降水系统由集水总管、主管、井点管、过滤管、阀门等组成管路系统，抽水设备启动后，在井点系统中形成真空，在真空作用下，使水流具备极高的流速，在喷嘴附近造成负压，将地下水经滤管吸入，吸入的地下水在泵体内组合，通过水气分离器将地下水分离出来，然后再把水排水，排水设备在地面以上，排出的水可以通过排水沟排走，周而复始，循环工作，从而达到降低地下水位的目的。

降水理论计算：为保证不浪费资源又可满足降水要求，更好的节约成本，在排水设备材料投入前，需对基坑井点管的埋置深度、井点数量及井点间距进行初步验算。

4.2 井点管埋置深度计算

井点管的埋置深度：　$H \geqslant H_0 + h + iL + l$

式中：H为井点管的埋置深度；H_0为井点管埋设面至基坑底面的距离；h为安全距离，取0.5m；i为降水曲线坡度，本工程取1/15；L为井点管中心至基坑短边中距离；l为滤水管长度，该工程取1.0m。

新建泄洪闸陡坡消力池为例，经过计算消力池$H\geqslant 6.0+0.5+50\times1/15+1.0=10.13$m。计算$H=10.13\text{m}<H+$地下水位埋深$=32$m。降水模型按照潜水非完整井进行设计计算。

该部位井点管选用6m管无法满足降水需求，需采用二级井点降水。该部位一级井点

管埋置深度 h_1 取 5.5m，小于滤水管 6m 满足要求；则相应二级井点管埋置深度 $H_2=H-h_1=4.63$m（H_2 为二级井点管的埋置深度；H 为井点管埋置深度；h_1 为一级井点管埋置深度）。

4.3 井点数量及间距验算

（1）基坑总涌水量计算。降水模型按照潜水非完整井进行设计计算。参见《建筑基坑支护技术规程》（JGJ 120—2012）式（E.0.2）潜水非完整井出水量计算。

基坑降水量计算：

$$Q=\pi k\frac{H_0^2-h_m^2}{\ln\left(1+\dfrac{R}{r_0}\right)+\dfrac{h_m-l}{l}\ln\left(1+0.2\dfrac{h_m}{r_0}\right)}$$

$$h_m=\frac{H_0+h}{2}$$

式中：Q 为基坑涌水量，m^3/d；k 为渗透系数，m/d，$7m^3/d$；R 为引用影响半径 ，m，$R=2s\sqrt{kH}=100.4$m；r_0为基坑半径，m，0.29（$a+b$）=43.5m；l 为过滤器有效工作部分长度，m，1.0m；H_0为潜水含水层厚度，m，30m；h 为基坑动水位至含水层底面的深度，m ，20m；$Q=1633m^3/d$。

（2）单井出水量：

$q=65\pi dl\sqrt[3]{K}=12.49m^3/d$（<单井出水能力（$36\sim60m^3/d$），满足要求）

式中：q 为单井出水量；d 为滤水管直径，取 0.032m；l 为滤水管长度，取 1.0m。

（3）井点数量及间距。

井点数量：$n=1.1\times1633/12.49=150$ 根

井点间距：$d=2\,(B+C)/n=2.0$m

式中：d 为井点间距；B 为基坑宽度，本工程取 50m；C 为基坑长度，本工程取 100m。

采用二级降水，井点按照 $D=2d=4$m，二级井点间距设为 2m，满足要求。

4.4 确定的井点布置型式

工程位置距离塔里木河支流叶尔羌河下游，地下水源较丰富，经计算决定分部位采用“口”形的二级环形轻型井点，一级井点与二级井点平台差按照 5.5m 设计，降水井井点管间距为 2.0m，距基坑边线 1.0m 按环形布置，井点管管径为 32mm，管长 6.0m，底下 1.0m 设过滤管，总管直径为 D110mm，环形布置，井点管与总管之间采用橡胶管连接，总管一端设阀门，另一端设井点泵系统，新建泄洪闸基坑轻型井点降水剖面图如图 1、降水平面布置图如图 2 所示。

4.5 施工工艺

轻型井点降水的施工顺序为：定位—敷设集水总管—冲孔—沉放井管—填滤料—弯管与总管连接—安装抽水设备—进行试抽。

4.6 投入的主要设备及参数

根据抽水机组不同，采用真空泵真空井点，真空泵真空井点由真空泵、离心式水泵、

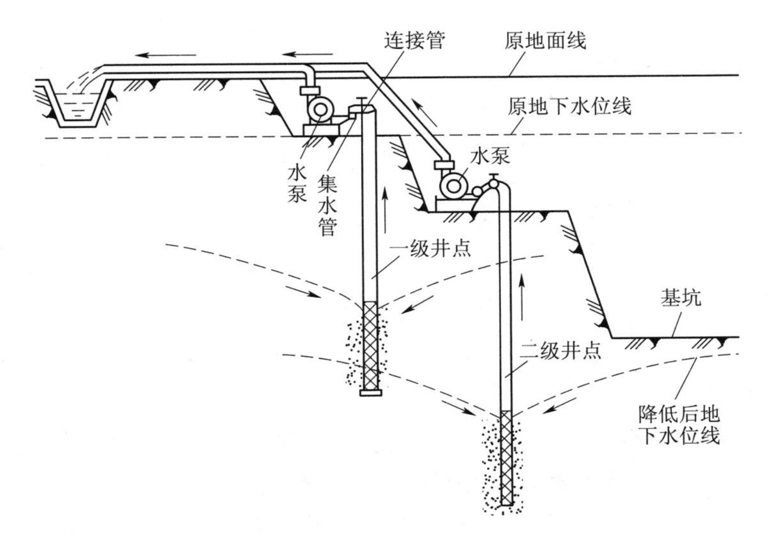

图 1　降水剖面图

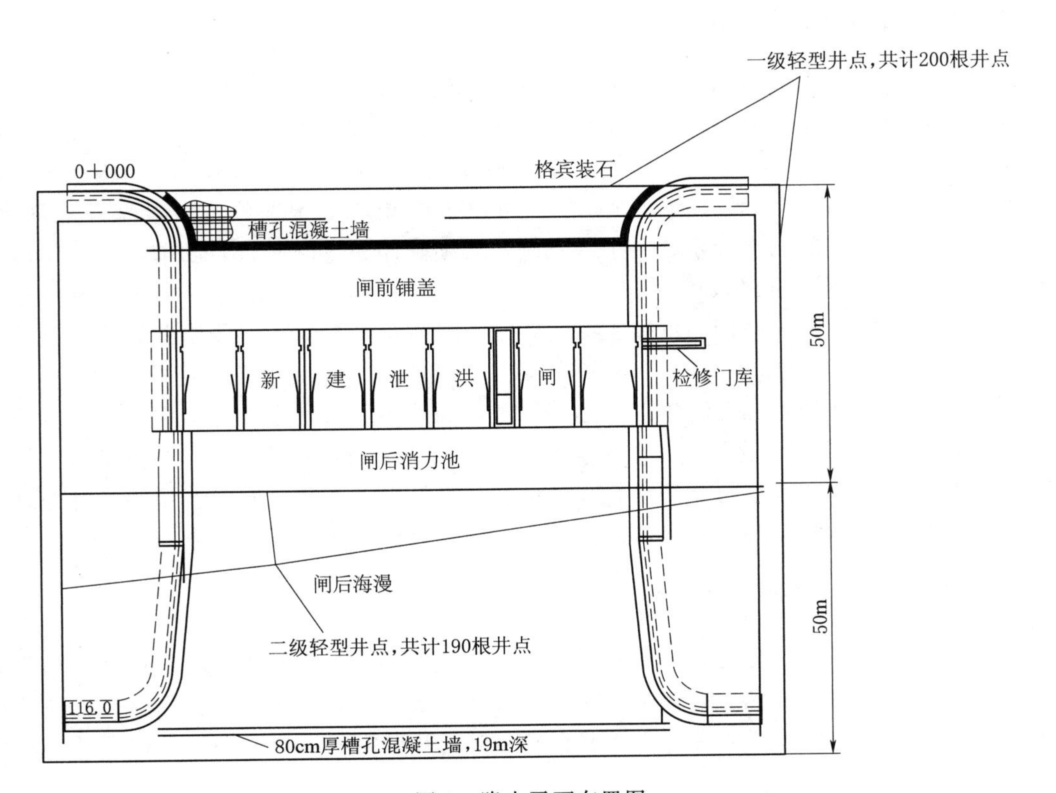

图 2　降水平面布置图

水汽分离器等组成，经计算本工程共计需投入 6 台套轻型井点设备。单套轻型井点投入设备及参数见表 1。

表 1　　单套轻型井点投入设备及参数

序号	名称	数量	每套井点设备规格技术性能	备注
1	往复式真空泵	1	V6 型；生产率 4.4m³/min，真空度 100kPa，电动机功率 5.5kW，转速 1450r/min	
2	离心式水泵	2	R 型；生产率 30m³/min，扬程 25m，抽吸真空高度 7m，吸口直径 50mm；电动机功率 2.8kW，转速 2900r/min	
3	水泵机组配件	1	井点管 50 根，集水总管直径 110mm，每节长度 6m，冲射管用冲管 1 根，机组外形尺寸 2600mm×1300mm×1600mm，机组重 1500kg	

4.7 降水费用计算

轻型井点降水费用计算包括两部分：①井点安装及拆除包括打拔井管及管道、安装和拆除总管，机具设备安装及拆除，按照根为单位进行费用计算，每 30 根为 1 套，不足 1 套根数按 1 套计；②井点使用按每 30 根为 1 套，按“套·天”按昼夜 24h 计算，使用时间按施工组织设计确定。

5 施工进度计划保证措施

一级井点全部井管同时运转 2～3d 后，预计达到一级设计降水位置，挖掘机配合自卸汽车进行基础开挖，第一级井点以上土开挖完成后，再在坑内布置埋设第二级井点，然后开挖至设计高程后进行基础砂砾石垫层及 C10 混凝土垫层施工，待到基坑内结构混凝土施工达到设计标高 1158m 以后，为节约成本，可以拆除相应结构部位二级轻型井点降水，只保留外围上层的一级井点降水，一级井点降水必须确保完成闸底板、闸前铺盖、闸后消力池底板混凝土、闸后海漫段的混凝土施工。混凝土各作业班组在各作业面轮流平行施工，可有效缩短降水施工时间，混凝土结构施工完成后，可拆除一级降水井管，施工降水工作全面结束。

轻型井点排水系统在本工程施工中达到了预期的效果，从排水效果来看，对井点埋置深度较大的工程，不需要设置太长的井点管，对井点管进行分级布置，按基础施工的标高，分阶段采用分级排水系统更经济合理，可有效降低施工成本，同时要统筹安排好基础各施工部位进度，做到与井点降水节点工期相吻合，使施工成本降到最低。

6 施工质量保证措施

(1) 井孔冲孔时，冲孔孔径不得大于 300mm，冲孔深度按降水方案比滤管低 0.5m，且垂直于水平管，冲孔冲到底标高后，再将冲水管上提 1.0m，再冲一遍后成孔。井孔冲成后，应立即拔出冲管，插入井点管，并在井点管与孔壁之间填粗砂滤层，以防孔壁坍塌堵塞。

(2) 井点降水设备进场之后，在井点管埋设之前，必须逐根检查井点管及集水总管，保证滤网完整无缺，发现损坏，应立即更换。井点管埋设之前，用布头或麻丝塞住管口，防止埋设时杂物掉入管内。在布设完每根井点管后，应及时检验渗水性能。井点管与孔壁之间填砂滤料时，管口应有泥浆水冒出，或向管内灌水时，能很快下渗方合格。在布设集水总管之前，先要对集水总管进行清洗，然后对其他部位进行检查清洗。集水总管与井点管之间用橡胶软管连接，确保其密闭性。

（3）安装井点系统后，必须及时试抽，全面检查管路接头质量、井点出水状况和抽水机械运转情况等，如发现漏气和死井，应及时处理。每套机组所能带动的集水管总长度必须严格按机组功率及试抽后确定。试抽合格后，井点孔到地面下 1.0m 深度范围内，用黏性土填塞严密，以防漏气。

（4）开始抽水后一般不应停抽，时抽时止，滤网易堵塞，也易抽出土粒，并引起附近岸坡由于土粒流失而沉降开裂。正常排水应是细水长流，出水澄清。

（5）井点运行后要求连续工作，应准备双路电源保证连续抽水。

（6）流量观测很重要，一般可以用流量表或堰箱，若发现流量过大而水位降低缓慢甚至降水不下去时，可考虑改用流量加大离心泵。若流量较小而水位降低较快可改用小型水泵以免离心泵无水发热。并可节约电力。

（7）井点降水施工队应派员 24h 值班，定时观测流量计水位降低情况做好《轻型井点降水记录》，同时施工人员在井点施工时，应做好施工记录及影像资料。

（8）地下结构施工完毕，将基坑进行回填后，拆除井点系统，采用到链拔管，所留孔洞用砂或图填塞。部分井点管与连接在一起，不予拔出，在管内注浆封闭。

7 结语

新疆叶尔羌河民生引水枢纽除险加固轻型井点施工总结以下几点：

（1）适用于黏土、粉质砂土、粉土地层。

（2）适用基坑边坡不稳定，基坑开挖后易产生流土、流沙管涌等现象，能够有效地降低基坑土方开挖量。

（3）地下水埋藏小于 6.0m，宜用单级真空轻型点井，当大于 6.0m 时，场地条件有限宜用多级轻型井点，但不宜超过二级。

（4）开始抽水后一般不应停抽，时抽时止，滤网易堵塞，也易抽出土粒，并引起附近岸坡由于土粒流失而沉降开裂。而且时抽时至会增大地层渗透系数，造成局部施工部位抽水不可控，正常排水应是细水长流，出水澄清。

（5）轻型井点达到预期降水效果只需 2～3d，相比管井井点可节约工期 12d，适用于工期紧张的赶工部位。

（6）施工效果：经过井点降水，基坑内地基处于裸露状态，方便了施工，抽出的水清澈，经检验，可以用于施工用水，节约了施工费用，整个施工过程中未发现流沙现象。本次工程采用井点降水取得了较好的效果。

本工程新建泄洪闸工期紧，任务重，采用轻型井点能够以最快的速度使基坑满足施工条件，确保新疆叶尔羌河民生引水枢纽除险加固工程新建泄洪闸 2017 年度顺利度汛，按期完成了合同节点度汛目标。

软土地基深基坑开挖支护技术

刘宗强

（中国水电基础局有限公司）

【摘　要】 针对周边场地狭小、软土地基的大型深基坑，本文以马来西亚甲洞增江污水处理厂工程临时处理池为例，简要介绍采用单排钻孔灌注连续桩结合工字钢钢梁内支撑型式作为基坑挡土结构型式。

【关键词】 深基坑　灌注连续桩　水泥砂浆桩　止水帷幕　内支撑

1　引言

马来西亚甲洞增江污水处理厂工程位于马来西亚吉隆坡甲洞地区，土建工程项目约合1.9亿元人民币，该工程主体土建项目为四个开挖深度16.5～21.5m的钢筋混凝土结构的污水处理池，基础为钻孔灌注连续桩。本文以项目首先施工的临时处理池为例，简要介绍在软土地基情况下深基坑开挖的一种工字钢梁的内支撑施工工艺。

工程周边场地有限，基坑东侧、北侧为居民楼，南侧为居民房屋（砖木结构，地上一层），均相距约百米，基坑西侧距居民房屋（砖木结构，地上一层）约30m，距挡土墙约10m；本工程场地地下水位较浅，基坑未开挖前地下水位处于开挖面以下2m，基坑土层的主要物理力学性能见表1。

表1　土层的主要物理力学性能

层号	土层名称	重度/（kN/m³）	渗透系数		黏聚力 C/kPa
			垂直	水平	
1	填土	18.0			10
2	砂土	17.9	4.2×10^{-4}	3.0×10^{-4}	8
3	黏土	18.3	1.6×10^{-6}	6.2×10^{-6}	20
4	淤泥质土	17.5	2.0×10^{-6}	1.3×10^{-6}	6

2　基坑支护方案选择

本工程开挖深度较深，土质条件差，场地较狭小，放坡及土钉墙施工方案不可行。经过分析比较，采用单排钻孔灌注连续桩结合工字钢钢梁内支撑型式作为基坑挡土结构；在钻孔灌注连续桩外侧桩间缝设置单排水泥砂浆桩，内侧桩间缝设置喷锚，搭接形成基坑防渗止水帷幕，同时又可防止淤泥的挤入。基坑支护平面布置见图 1。

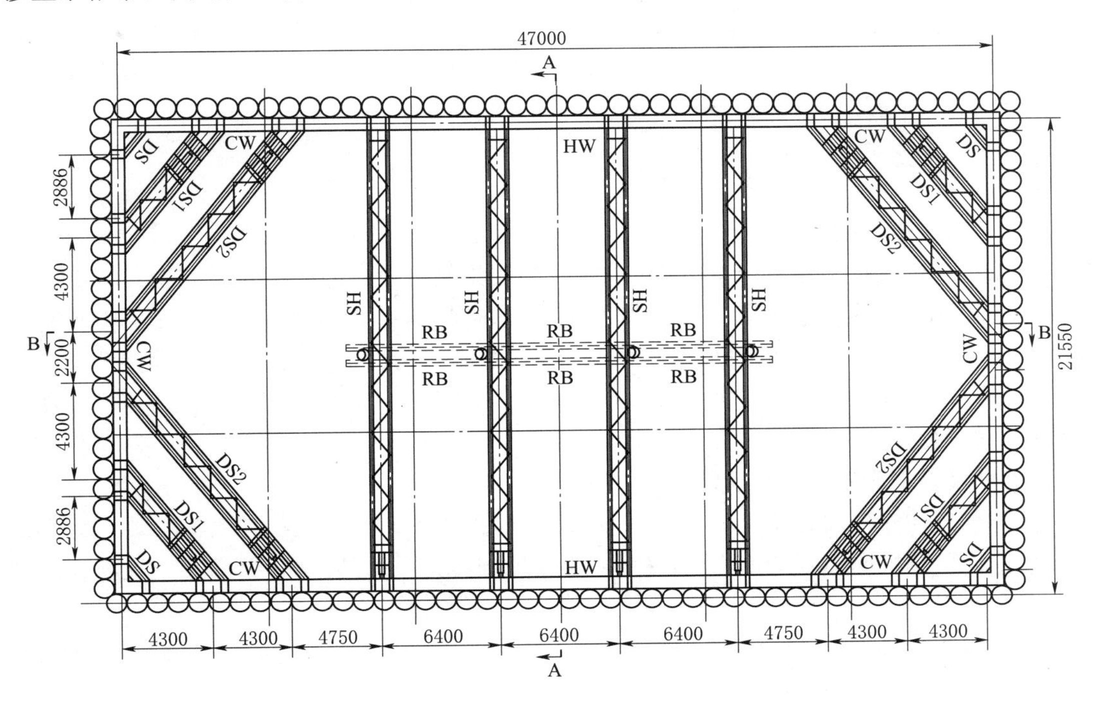

图 1　基坑支护平面布置图

HS—水平支撑；DS—边角斜撑；HW—水平围檩；CW—边角围檩；RB—过梁

基坑四周采用 132 根单排直径 ϕ1000mm 钻孔灌注连续桩形成挡土结构，间距 75mm，桩外围桩间缝采用单排 ϕ200mm 水泥砂浆桩，内侧桩间缝采用 150mm 厚喷锚形成止水帷幕（见图 2）。钻孔桩顶加设冠梁与桩形成整体。并在基坑开挖过程中，分别在 39.70m、

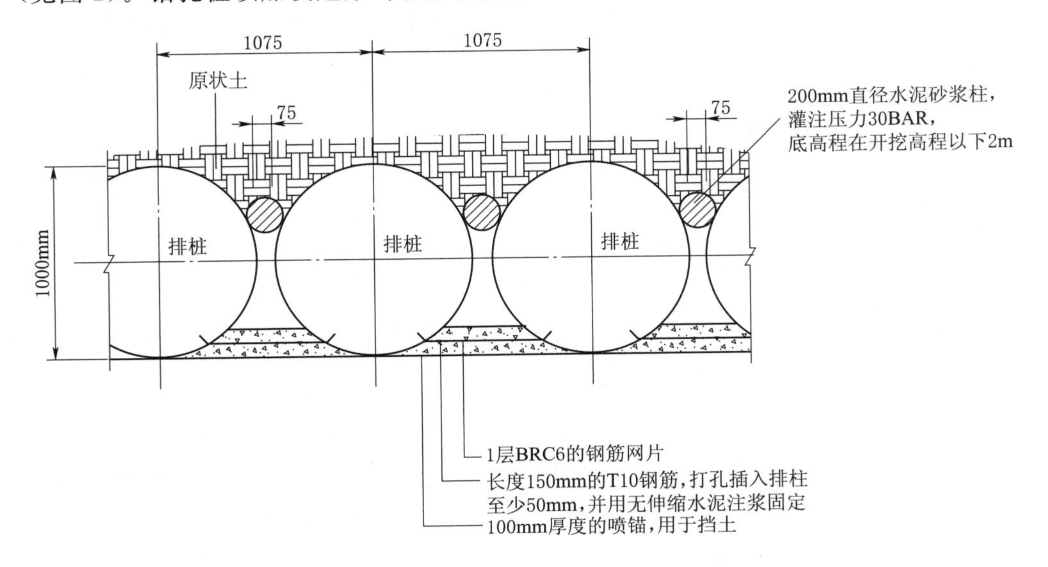

图 2　灌注桩、水泥砂浆桩、喷锚细节图

36.50m、32.00m 及 29.25m 标高处设置四道工字钢钢梁角撑以及四道工字钢钢梁横撑（见图 1、图 3）。从而有效控制围护桩的侧向变形，合理改善了排桩受力性能；同时在每道工字钢钢梁横撑的中心位置处设置一支深入灌注桩的格构柱，更有效地控制横撑的变形，确保基坑的稳定。

3 基坑设计

3.1 钻孔灌注连续桩

本工程基坑支护采用直径 ϕ1000mm 钻孔灌注连续桩，有效桩长为：情况一，在基坑底高程 26.25m 前遇岩，钻孔灌注连续桩底高程应为 25.25m；情况二，在基坑底高程 26.25m 以后，高程 10.50m 以前遇岩，入岩 1m 终孔；情况三，若钻孔钻至高程 10.5m，仍未遇岩，则在高程 10.50m 处终孔。为确保质量及安全，桩身混凝土等级为 C35，灌注连续桩顶部钢筋锚入冠梁的长度为 750mm。

3.2 止水帷幕水泥砂浆桩及喷锚

在钻孔桩外侧桩间缝施工一排直径 ϕ200mm 水泥砂浆桩止水，有效桩长约 18.45m，桩底高程低于基坑底高程 2m；水泥∶砂＝1∶2；水泥砂浆桩紧贴相邻两个钻孔灌注连续桩的侧面施工。

在钻孔灌注连续桩坑内侧桩间缝喷锚施工形成一道 100mm 厚，中间铺设有 B6 钢筋网片，与灌注连续桩外侧水泥砂浆桩同时作用，防止基坑外侧泥沙挤入，地下水流入。

3.3 桩顶冠梁、围檩

桩顶冠梁采用现浇混凝土结构，其中冠梁混凝土等级为 C35，桩顶冠梁为 1300mm×500mm，顶面标高 42.70m（见图 3）。

围檩是布置在每层内支撑绕基坑周围一圈的工字钢及混凝土的总称。围檩混凝土等级原设计为 C25，因内支撑预加载要求围檩混凝土强度达到 80%，为减少等待时间，采用等级 C50 混凝土，在强度达到 20MPa 时即可进行预加载工作；围檩提供了内支撑钢梁搭放平台且传力至基坑灌注桩，保证受力均匀（见图 3）。

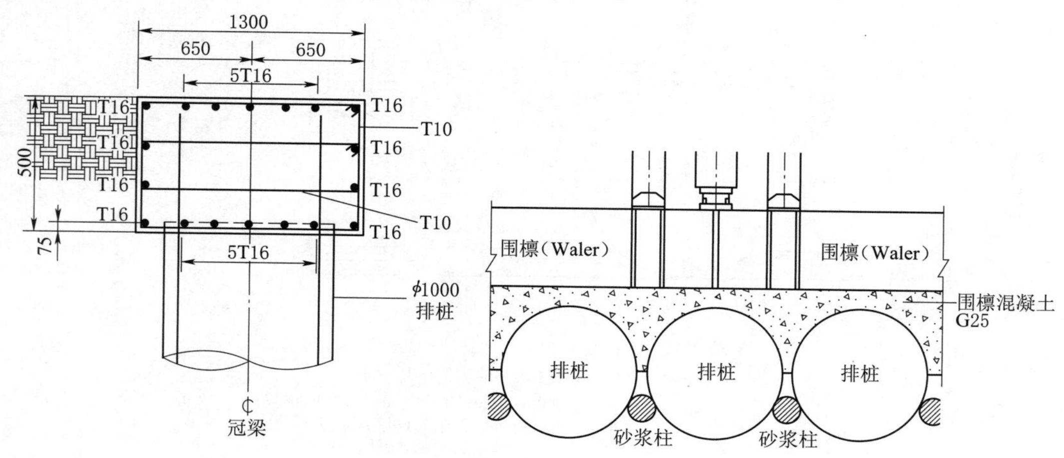

图 3 冠梁与围檩细节图（单位：mm）

3.4 格构柱、内支撑梁

格构柱沿纵向均匀排布在基坑纵向中心线上，格构柱上部为 300mm×300mm 工字钢，下部为钻孔灌注桩，工字钢格构立柱伸入桩内 2m，工字钢格构柱穿过基坑底板处，应加焊止水钢板。挖土施工时应避免机械碰撞钢构柱。

内支撑横梁及角梁都是由尺寸为 610×324mm 的工字钢组成的钢结构连接而成，根据现场情况分别有不同长度，可自由组合。内支撑梁在坑内形成上下四道工字钢结构的内支撑，上下四道支撑的梁中心标高分别位于 39.70m，36.50m，32.00m，29.25m，用于支撑灌注桩，减小坑体侧移（见图 4、图 5、图 6）。

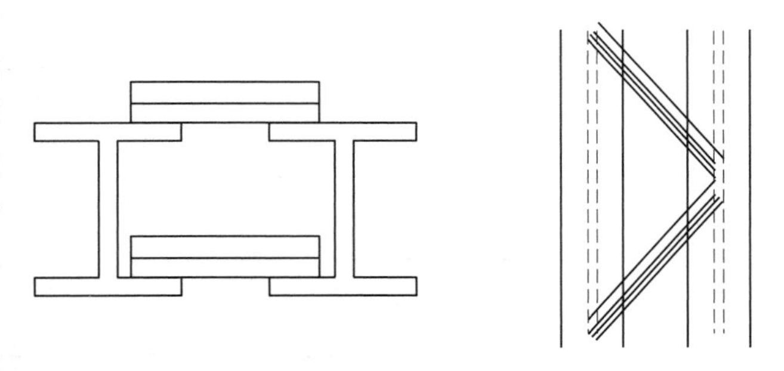

图 4　内支撑钢梁截面图

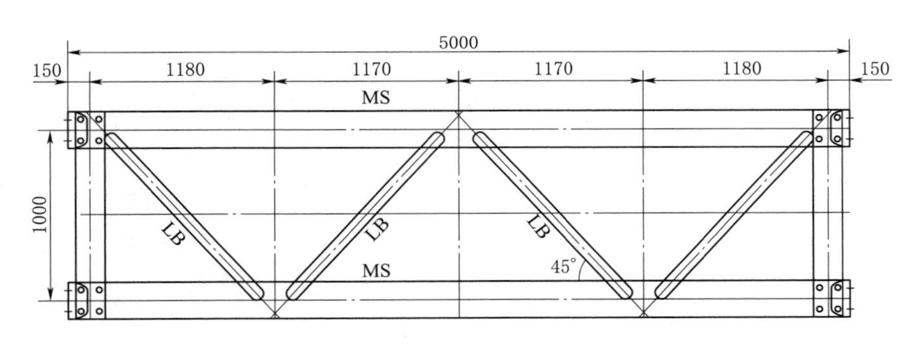

图 5　不同长度的内支撑钢梁

4　基坑工程施工

（1）进行钻孔灌注连续桩施工，埋设测斜管、水位井、沉降点等观测设备。

（2）基坑开挖必须在钻孔灌注连续桩强度达到设计强度以后，同时水泥砂浆桩强度达设计值 80%以上方可进行第一阶段的土方开挖，挖土至第一道支撑面标高，施工围檩及工字钢梁内支撑。

（3）工字钢钢梁内支撑安装焊接完成后，对内支撑预先加载压力强度达设计强度后，进行第二阶段土方开挖，挖土至第二道支撑面标高，施工围檩及工字钢梁内支撑，在内支撑钢梁上安装应力监测仪，对第二层内支撑进行预加载。完成后，同理进行下一阶段挖土，循环进行。基坑开挖应分层分段分块进行，先开挖基坑四角的土，再开挖基坑中间的土，便于土方外运，开挖及内支撑安装完毕后及时进行后续施工，尽快浇筑垫层、底板及上部结构。

（4）基坑开挖应严格控制基坑土方开挖的土坡高度及坡度，严禁超挖，严禁挖土机等大型设备直接碾压冠梁和支撑。

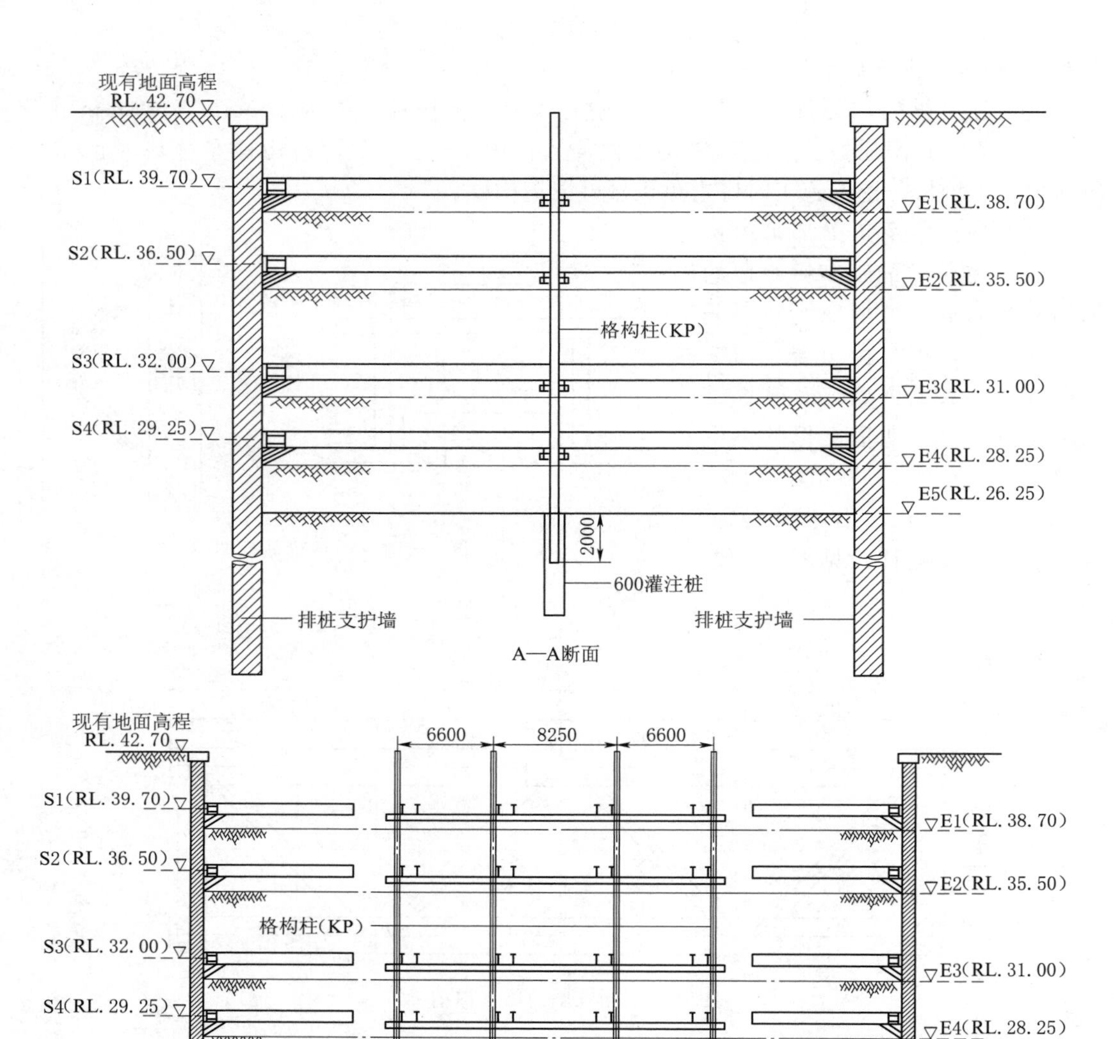

图 6　工字钢结构内支撑支护详图

（5）待基础底板和底板与最下层钢梁内支撑之间的混凝土挡土墙的强度完全达到设计要求后，拆除第四道内支撑。同理施工地下一层混凝土梁及第三四层内支撑钢梁之间混凝土挡土墙，使之与钻孔灌注连续桩之间形成传力带，待混凝土达到设计强度后，拆除第三层内支撑，然后逐步施工以上部分。

5　基坑开挖监测

基坑开挖支护是一项风险性极大的地下工程，在基坑开挖整个过程中须进行全过程监测，实行信息化管理，对指导开挖施工，确保安全是很有必要的。

5.1 监测内容

（1）围护体沿深度的侧向位移监测，特别是坑底以下的位移大小和随时间的变化情况。

（2）基坑内外的地下水位观测。

（3）周围道路，路面沉降，裂缝的产生与发展。

（4）坑内水平支撑的轴向力随基坑开挖的变化情况。

（5）竖向立柱的垂直位移与侧移。

5.2 监测要求

（1）基坑支护监测由专业队伍进行，对周围环境的监测应在工程桩及围护桩施工前进行，并将原始数据及现状记录在案，以便以后对照。

（2）一般情况下开挖期间每天观测两次，如遇险时，应增加观测次数。

（3）专人负责，及时将信息反馈各方，便于分析处理。

（4）每天的数据应制成相关曲线，根据其发展趋势分析整个基坑稳定情况。如遇有变形过大等情况，应及时通知各部门以便采取应急补救措施。

6 结语

本方法适用于类似软土地基的深基坑支护。现场监测表明，基坑结构安全可靠，最大土体侧移 37mm，对周围环境影响较小，在基坑施工过程中，附近地面沉降情况可控。

深基坑岩溶涌水应急封堵技术

王雪龙[1]　赵光辉[2]

（1. 湖南宏禹工程集团有限公司　2. 广西大藤峡水利枢纽开发有限责任公司）

【摘　要】本文以广西某水电站船闸基坑开挖为例，介绍岩溶基坑内出现较大涌水的地质环境条件，分析岩溶涌水产生的途径，总结岩溶基坑涌水应急处理技术，供类似工程借鉴参考。

【关键词】深基坑开挖　岩溶涌水　应急封堵

1　工程概况

某工程船闸基坑位于强岩溶发育地质岩体中，基坑开挖过程中，开挖坡脚出现多处涌水，总抽排量达到5000m³/h，并随时间延长水量呈现不断增大趋势，各涌水点还带出大量洞穴充填物，导致基坑周边发生多处坍塌，且开挖基坑与附近河流相隔不远，易导致发生管涌等灾难性岩溶透水风险。为避免基坑发生灾难性岩溶透水、淹没船闸基坑，保障基坑开挖正常施工，必须对基坑内各岩溶涌水点进行应急处理，同时为保证工程施工安全，还须对岩溶渗水进行综合治理。

2　工程水文地质条件

2.1　工程地质条件

船闸建基面地层为泥盆系下统郁江阶下段（D_1y^1）和中段（D_1y^2）地层，岩性主要灰岩和白云岩。岩质坚硬，岩石较完整。岩层走向N10°～20°E，倾向SE，倾角15°～20°。郁江阶下段分3层，其中D_1y^1-1层厚约15m，D_1y^1-2层厚约8m，D_1y^1-3层厚约60m。

D_1y^1-1层岩性为灰黑色泥岩与灰岩互层，厚层状，局部见溶沟发育，出露于上闸首建基面。

D_1y^1-2层岩性为灰黑色灰岩，以厚层状为主，局部见中厚层状，见溶沟、溶隙发育，出露于上闸首及闸首输水廊道。

D_1y^1-3层岩性为灰黑色白云岩，以互层状为主，局部见中厚层状，岩体晶洞发育，晶洞全充填或半充填方解石。溶沟、溶槽、溶洞发育。该层出露于闸室及泄水廊道。

D_1y^2层岩性为灰黑色白云岩，以中厚层状和厚层状为主，溶沟、溶槽发育。该层出露于下闸首。

2.2　地质构造

船闸部位开挖揭露14条断层。船闸部位主要发育两组陡倾角节理裂隙，分别为：

①走向 N60°～80°W，倾向 NE/SW，倾角 70°～80°，节理面平直光滑或起伏粗糙，无充填或充填方解石。②走向 N20°～40°E，倾向 NW，倾角 70°～85°，节理面平直光滑或起伏粗糙，多无充填。

局部节理面溶蚀较宽，充填黄色次生泥。

2.3 水文地质条件

船闸部位地下水类型为基岩裂隙水和岩溶水两种，岩溶水分布于岩溶管道和岩溶裂隙中。船闸开挖过程中，先后出现了 21 个涌水点，自 2016 年 8 月至 2017 年 6 月，船闸基坑涌水量逐渐加大，基坑总抽排量接近 $5000m^3/h$，随着降雨增加，水位上涨，基坑涌水有进一步增大的可能，需做好基坑开挖防渗和施工排水工作。

船闸的地下水化学类型为重碳酸氯化钙型水，对混凝土无腐蚀性，对钢结构具有弱腐蚀性。船闸主要为覆盖型岩溶，既有第三系前古岩溶，又有现代岩溶，岩溶水文地质条件复杂。建基面揭露的岩溶现象有溶隙、溶沟、溶槽、溶洞等。

3 基坑岩溶应急抢险涌水封堵

3.1 封堵材料

堵漏材料包括导流水管、M7.5 水泥砂浆、水泥浆、双组分聚氨酯、外加剂、反滤料等。导流水管可以根据渗漏水量大小选择管径，选择 DN100mm、DN250mm 钢管，导流管长度根据渗漏空间情况选择。M7.5 水泥砂浆坍落度控制在 180～200mm。外加剂包括水玻璃、抗分散剂、固化剂等。反滤料选择卵石及细砂等。

3.2 堵漏施工

3.2.1 涌水点清理

采用机械设备辅助人工清除各涌水点部位松散浮渣及淤泥，尽量露出岩溶涌水通道口或岩溶裂隙，清除范围根据各涌水点实际情况现场确定。清理后需能查探岩溶涌水通道口。

3.2.2 导流管制作、安装及反滤料抛填

涌水点清理完毕后，沿清挖范围边线人工配合机械设备码砌沙袋，然后采用反铲在清挖范围内依次抛填级配碎石及砂作为反滤料。底部反滤料抛填完成后，采用人工配合反铲将导流管插入涌水点通道内，导流管根据通道大小采用 DN250mm 或 DN114mm 钢管，参照涌水量及通道口大小增加埋设数量；钢管长度依据不同涌水点埋设深度而定。钢管埋入段及孔口外包双层 $400g/m^2$ 无纺土工布，并用棉纱、布料、棉被、土工布、海带等扎紧管壁与溶洞洞壁间间隙，最大限度将水导入管内引出，钢管外露出口处安装闸阀。导流管安装完成后，在涌水点发育侧壁采用反铲依次抛填级配碎石及砂作为反滤料。

3.2.3 速凝混凝土压重浇筑

压重混凝土采用 C25 二级配混凝土，考虑水下浇筑，为减少浆液流失，混凝土拌和时可加入速凝剂，具体掺入量由试验室根据现场实际情况确定。

混凝土浇筑前，沿清挖边线采用人工配合反铲码砌砂袋作为模板。浇筑时需保持导流管畅通，并将导流管固定在压重混凝土中，压重混凝土厚度不小于 1.5m。

3.2.4 灌浆封堵

在 C25 混凝土浇筑 24h 后，若有水从混凝土边、角和底部渗出，则可将无缝钢管制作成花管，强插入渗水部位，用海带和土工布、棉纱头等对管壁外侧的水逼入钢花管导引出，然后人工清除周边废渣，再浇筑 C25 的混凝土，将花管固定。混凝土初凝后，采用双液浆对钢花管进行封水固结灌浆处理，将导流管与混凝土及底部反滤料局连成整体，实施过程中控制注浆压力和注入量，防止对导水管产生影响。

在灌注水泥浆液的过程中，若有大量水泥浆液从漏水点周边的反滤体、岩体裂缝中冒出，则改灌 M7.5 水泥砂浆。若仅仅少量水泥浆渗漏，大量水泥浆能够灌入溶洞地层，灌注 20 吨水泥后改为水泥砂浆继续进行灌注，直至砂浆灌注压力达到 1.0MPa，再根据现场实际情况采用双液浆或聚氨酯进行小渗水点封闭灌浆处理。

4 处理效果

基坑坡脚岩体溶蚀裂隙 5000m^3/h 的涌水经过采取应急封堵处理技术处理后，总涌水量减少三分之一以上，涌水量明显减少，且涌水逐步变清。

应急处理的根本目的，其一是通过处理后，有效减少岩溶地下水的流速，尽量减少岩溶充填物的带出，防止岩溶渗透途径上充填物被破坏而产生灾难性涌水；其二是有效减少岩溶涌水量，使船闸基坑内涌水处于可控状态，保证工程施工安全正常进行。从应急处理的根本目的出发，基坑岩溶涌水应急封堵已达到预期效果。

5 结语

岩溶涌水应急处理技术通过在广西某水电站船闸基坑岩溶涌水封堵中的应用，起到了预期的“有效降低岩溶地下水涌水的流速、减少岩溶充填物被带出、防止岩溶渗透途径上充填物结构被破坏而产生灾难性涌水及有效减少岩溶涌水量、使涌水处在可控范围内，从而保证正常安全施工”等效果。

深基坑开挖过程中遇到的突发性涌水需对引起基坑渗漏的内外部条件做出正确评估，如地下水水量、防渗帷幕的施工状况、地质条件、外部环境等。对其开挖中遇到的渗漏范围、水量大小等情况做一个安全评判，采用多种方式综合处理，以达到安全施工的目的。在此过程中还得每天对各类基坑监测数据进行实时分析，确保工程安全施工进行。

炭质页岩顺层滑坡的动态设计与治理

陈冠军

（湖南宏禹工程集团有限公司）

【摘　要】结合夏蓉高速公路湖南段嘉禾县龙潭镇搬迁工程实例，介绍炭质页岩高边坡在产生顺层滑动后的动态设计、动态施工方法，有效地阻止了滑坡的进一步下滑，使滑坡保持长期稳定状态。

【关键词】炭质页岩　顺层滑坡　动态设计　治理

1　引言

夏蓉高速湖南段郴州市嘉禾县龙潭镇大方圆村整体搬迁工程为夏蓉高速拆迁安置工程一个重要拆迁安置点，安置用地边坡位于322省道旁，平行公路南侧。安置用地平整为三个平台，整平标高264～266m，共26.545亩，安置73户搬迁户。该边坡切方高40m，根据高度及破坏后果，边坡安全等级为一级，为永久性支护边坡。安置点安全关系到全村人民生命财产安全，且该边坡在2009年简单支护后，在坡体中部产生过牵引式浅层滑动，滑动面积较大，为保证搬迁人民生命财产安全，使该安置点居民长治久安，经过方案比较、选择和研究，对该边坡采取最优的支护方案。

2　地质特征

该边坡为土石边坡，长度约100m，高度20～40m，坡面倾向30°，边坡下部为强风化碳质页岩，倾向270°，倾角25°～28°，为顺倾向边坡。坡体中部发生过牵引式浅层滑坡。

场地地貌上属丘陵坡地，为构造侵蚀成因。原始地形坡度一般20°左右。地形南高北低，最高点309m，最低处标高254m，相对高差54m左右。整平标高264～266m，整平后将形成40余米的高边坡。

边坡锚杆加固深度范围的地层主要由粉质黏土、强风化泥岩、中风化泥岩，以及炭质页岩组成，岩层风化裂隙十分发育、顺坡层理，倾角大于60°，层理清晰。整个边坡在各种结构面的交叉切割下，岩体十分破碎，锚杆加固深度范围岩体基本成碎块状，存在顺层向滑带，从该滑体可以推测，滑体部分为塌陷区域，且下切深度较大。

3　边坡滑动分析

该边坡滑坡山体中存在岩性软弱的灰白泥岩和劣质煤层，厚度约5m，遇水后出现软化或泥化，其走向大致平行于公路轴线，倾角约60°，构成了滑坡的滑动带。滑动带上面岩层为节理发育的炭质页岩，岩体中的节理和裂缝形成雨水进入的通道，特别是近坡面一带的岩体因切方开挖出现应力松弛以及因削坡去掉表层黏土和块石土后，雨水更容易进入到软弱的滑动带内，而使滑坡前缘的滑动带土体出现软化，降低了滑动带的抗剪强度，导致边坡出现蠕滑现象。边坡蠕滑使坡脚处的劣质煤层被明显挤出，使滑动带岩土强度逐渐衰减，并使山体沿其发育的节理出现一条30～50cm宽且贯通的滑坡拉裂缝。坡的中部贯通的拉裂缝成为更大的雨水入渗通道，当地表水或雨水大量汇聚于滑动带时，滞水产生静水压力和上浮力，同时使滑坡后缘滑动带的抗剪强度进一步下降，使边坡滑动加速。据现场监测，下雨以后，滑坡变形速率明显加快，由一般的8～15mm/d变到25～35mm/d，在治理前滑坡累计滑移量超过50cm。因此，山体中存在的软弱滑动带和发育的节理是山体滑动的内因；而边坡切方开挖使山体原有的平衡状态被打破，产生自坡面向坡体内的应力松弛，以及雨水的入渗是形成山体滑坡的外因。山体裂缝和切方坡脚构成此滑坡周界。在切方路基上劣质煤层被明显挤出，可判定滑坡体沿劣质煤层滑动，滑带深度最大约30m，根据滑坡体的厚度该滑坡为深层滑坡。

4 治理方案

由于边坡中部已产生浅层牵引滑动，须先上部以及左右两侧未动坡面完成支护施工后，才能进行中间滑动部位的卸载消坡以及消坡后的支护施工。

施工时按照如下施工总体流程原则进行：

（1）施工顺序采用自上而下分级分区逐级支护施工。

（2）每级坡面施工中先施工未发生浅层牵引滑动的区段，后施工中部发生浅层牵引滑动区段。

（3）浅层牵引滑动区域施工时，以原坡面分级为界，采用分级开挖消坡，开挖一级支护一级。

（4）排水系统施工，坡面排水（软式排水管）与锚杆施工同时交叉进行，其他排水系统坡面施工完成后进行。

（5）浅层牵引滑动区域的坡脚毛石混凝土挡墙施工，待整个滑动区消坡完成后进行施工。

4.1 单级坡面的施工流程

单级坡面的施工时先施工未发生浅层牵引滑动的区段，后施工发生浅层牵引滑动的区段，其中：

（1）未发生浅层牵引滑动区段的施工工艺流程为：坡面平整清理→锚杆施工→骨架梁网格施工→三维网植草。

（2）浅层牵引滑动区段施工工艺流程为：卸荷削坡土方开挖→锚杆施工→骨架梁网格施工→三维网植草。后动态信息化施工，根据现场特点，调整为卸荷削坡土方开挖→锚杆施工→喷射C20混凝土→预紧力施工。

（3）待上层施工完毕再分段开挖坡底，开挖一段施工一段加筋挡土墙。

4.2 清坡或削坡挖方卸荷

总原则：自上而下逐级分区处理，先锚固未滑动坡面，待支护工作完毕后，再开挖已滑动区域，分级分区进行开挖和支护，开挖一级支护一级，严禁超挖，保证边坡稳定。

削坡挖方技术要求：

（1）施工过程中，应根据开挖情况随时进行地质核查，并对边坡稳定性进行监测。如实际情况与勘察、设计资料有出入，应及时反馈并进行处理。

（2）滑坡地形复杂，高差大，工程量大，施工放样和过程测量直接关系到施工质量，边坡开口线及坡脚线以现场施工放线确定为准。

（3）边坡开挖必须自上而下进行，不得乱挖超挖，严禁掏底开挖。

（4）开挖过程中，应采取措施保证边坡稳定。开挖至边坡线前，应预留一定的宽度，预留的宽度应保证刷坡过程中设计边坡线外的土层不受到干扰。

（5）应采取临时的排水措施，确保施工作业面不积水。

（6）开挖过程中如遇到地下水应采取排导措施，将水引入坡底的排水系统，不得随意堵塞泉眼。

（7）边坡开挖必须逐级开挖、逐级按设计要求进行支护。

（8）边坡应从开挖面往下分段整修，每下挖2～3m，宜对新开挖边坡刷坡，同时清除危石及松动石块。

（9）施工过程中的边坡稳定性最为重要，必须确保施工人员、机械、设备的安全。

5 施工方法和工艺

设计方案确定后，严格按照设计文件和相关的规范、规程组织施工，若施工方法不当，不仅达不到加固处治的效果，可能会增加边坡的不稳定因素，甚至导致边坡再次失稳，因此，应注意施工方法和工艺，施工时必须按照既定施工顺序和工艺，施工操作规程和安全操作规程进行，科学合理组织实施，同时加强边坡稳定性检测，保证施工的进度和质量。

炭质页岩是软质岩石，遇水易软化崩解，应加强防、排水措施，注意观测边坡变形情况，确保施工安全。具体措施如下：

（1）坡顶施工截水沟、排水沟，拦截地表水。

（2）边坡开挖，注意施工方法，尽量减少边坡扰动。

（3）泄水孔（软式透水管）施工，排出裂隙水。

（4）喷射C20混凝土在卸荷区域，防止破碎边坡崩塌，防止地表水渗入。

（5）锚杆、网格梁动态施工。

（6）每级平台设置排水沟，将边坡周围截水沟、排水沟，以及每级平台排水沟联通为水系，及时排除坡面水。

（7）坡脚挡土墙采用跳槽法施工，确保边坡的稳定。

（8）网格梁内三维网植草。

6 滑坡治理效果

通过锚杆加固，改变了坡脚岩体的受力状态；坡面裂缝被封堵且采用网格梁内植草护坡，地表水被有效的分割，不能大量入渗到滑动带；坡脚边坡采用全封闭式护坡，有效地防止雨水入渗，保护坡脚岩土；在坡脚处设置排水暗沟，使滑动带内滞水能顺利流走，滑带岩石的抗剪性能不致进一步下降。该边坡采用治理措施后至今，滑坡已完全稳定下来。

7 建议

滑坡地质灾害中，导致坡体滑动的诱因中地表地下水为主要因素之一，且本工程中岩石为强风化—中风化炭质页岩，从岩石剥落情况可以看出，许多岩体已经形成镜面，一旦坡体失稳，整个岩体的 ϕ、C 值将急剧降低，如长期有水渗透，将加剧此情况，且此炭质页岩极易风化，未揭露前，岩石整体性较强，一旦被揭露，岩体表面暴露在空气中，在极短时间内将风化，破碎，手捏即碎，从而造成地质危害。上述两个不利因素的累加作用下，该类岩体会慢慢的失效，失去抗滑作用，故建议在下步工作中应随季节变化规律等情况制订排水计划，保证坡面排水系统的畅通，采减低滑带岩土体的含水量，另外保证坡体覆盖的植被不被破坏，从而保证山体岩石不暴露在空气中，保证岩体的稳定性，从而达到滑坡长治久安的目的。

六安张家店河堤防除险加固中的堤基处理技术

金益刚　赵明华

（中国水电基础局有限公司）

【摘　要】在安徽省六安市张家店河堤防除险加固工程中，应用了多头小直径深层搅拌截渗墙、锥探灌浆和高压喷射灌浆等堤基处理技术。按相关设计和规范要求精心施工后，进行了质量检测，全部达标，满足验收要求。证实了相关处理技术与本工程的适应性，在同类工程中具有借鉴意义。

【关键词】张家店河　多头小直径深层搅拌截渗墙　锥探灌浆　高压喷射灌浆

1　技术应用背景

安徽省六安市金安区张家店河发源于金安区横塘岗乡，河床既有淤积也有冲刷，平均河床宽10～30m，局部地区弯曲多变，部分河段有滩地，防洪治理工程（一期）按照20年一遇防洪标准加固治理。主要由河道整治工程、堤防加固工程、新建堤顶防汛道路工程三部分组成。

堤防下部中砂、砾砂层渗透系数分别为5×10^{-3}cm/s和1×10^{-2}cm/s，属中等透水层。在洪水高发时可能会出现高水压下深层的渗流管涌现象。金安区丰乐河流域张家店河堤防属于土坝，土栖白蚁在大坝上极易生长和繁殖，白蚁危害严重。根据前期资料显示堤防未进行白蚁防治，背水坡已有渗水现象，白蚁危害严重，而且发现坝体有大量白蚁泥被线，周边树木和杂草也发现白蚁采食的痕迹，双河—龙嘴段以前已经溃堤三处。另外，施工过程中高压电线、民用电线及通信线路的影响，上游约360m轴线距离，下游约40m轴线距离未能施工，造成截渗墙体不连续，存在一定的隐患。

为了解决上述堤基渗流稳定、灭白蚁及局部地面附着物施工干扰等问题，需要采用多头小直径深层搅拌截渗墙、锥探灌浆和高压喷射灌浆等技术进行地基处理。

2　堤防加固工程地质

张家店河上游段堤身填土以粉质黏土为主，局部夹含砂质粉质黏土，相应干密度较小，渗透性弱，基本没发生过险情，堤身填筑质量中等，堤身状况稍好。堤基地质结构分别为中II_2类占拟加固段的70.4%，II_1类占拟加固段的29.6%。堤基工程地质条件较好，B类堤段总长2580m，占70.4%；C类堤段总长1070m，占29.6%。张家店河下游段段堤身填土以粉质黏土为主，局部夹含砂质粉质黏土，相应干密度较小，渗透性相对较弱，堤身填筑质量中等，2016年发生5处决口，堤身状况一般。Ⅱ₂类堤基占拟加固段的71.2%，Ⅱ₁类堤基占拟加固段的22%，Ⅲ₁类堤基占拟加固段的6.8%。丰乐河堤基工程地质条件较差和稍好段相当，B类堤段总长2680m，占59.9%；C类堤段总长2660m，占50.1%。

3 堤基处理技术

3.1 多头小直径深层搅拌截渗墙

本工程堤防下部中砂、砾砂层渗透系数分别为5×10^{-3}cm/s和1×10^{-2}cm/s，属中等透水层。在洪水高发时可能会出现高水压下深层的渗流管涌现象，故堤防临水侧采用多头小直径截渗墙进行基础防渗，沿堤防长度方向布置1排，在堤顶临水侧往堤内1m，钻孔至基础强风化砂岩上，设置深度为15m多头小直径截渗墙，总工程量211964m。需满足渗透系数小于$i\times10^{-6}$cm/s（i=1～10）、无侧限抗压强度不小于0.3MPa、成墙厚度不小于30cm、水泥掺入比不小于12%、采用不低于42.5普通硅酸盐水泥等要求。

本工程采用BJS型深层搅拌桩机，主要技术参数见表1，结构示意如图1所示。

表1　BJS型深层搅拌机械技术参数表

机　型		BJS-12.5B	BJS-15B	BJS-18B
搅拌装置	搅拌轴规格/mm	108×108	114×114	120×120
	搅拌轴数量/个	3	3	3
	搅拌叶片外径/mm	200～300	200～400	200～450
	搅拌轴转速/(r/min)	20、34、59、95	20、34、59、95	20、34、59、95
	最大扭矩/(kN·m)	18	21	25
	电机功率/kW	45	55	60
起吊设备	提升能力/kN	105	115	155
	提升高度/m	14	17	20
	升降速度/(m/min)	0.32～1.55	0.32～1.55	0.32～1.55
	接地压力/kPa	40	40	40
制浆系统	制浆机容量/L	300	300	300
	储浆罐容量/L	800	800	800
	BW150灰浆泵量/(L/min)	11～50	11～50	11～50
	灰浆泵工作压力/kPa	1000～2000	1000～2000	1000～2000
生产能力	加固一单元墙长/m	1.35	1.35	1.35
	最大加固深度/m	12.5	15	18.0
	效率/[m²/（台·班）]	100～150	100～150	100～150
重量/t		14.8	16.5	19.5

多头小直径截渗墙的工艺流程是：桩机就位、调平；启动主机，通过主机的传动装置，带动主机上的钻杆转动，钻头搅拌，并以一定的推动力把钻头向土层推进至设计深度；提升搅拌到孔口。在钻进和提升的同时，用水泥浆泵将水泥浆由高压输浆管输进钻

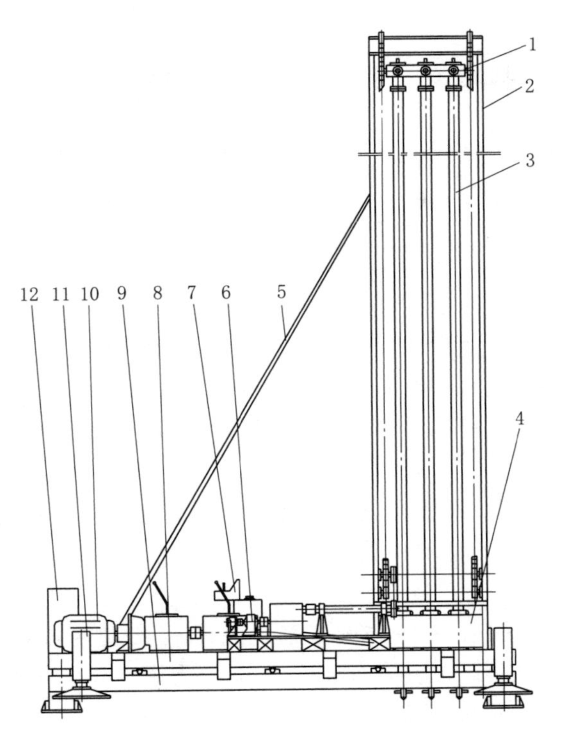

图 1　BJS 型多头小直径深层搅拌桩机示意图

1—水龙头；2—立架；3—钻杆；4—主变速箱；5—稳定杆；6—离合操纵；7—操作台；
8—上车架；9—下车架；10—电动机；11—支腿；12—电控柜

杆，经钻头喷入土体，使水泥浆和原土充分拌和完成一个流程的施工。纵向移动搅拌桩机，重复上述过程，最后形成一道水泥土截渗墙。

BJS 型深层搅拌桩机按设计要求的桩直径不同，在施工过程两次成墙。图 2 是二次成墙施工顺序示意图。其施工方法是先后完成 A、B 两序，即完成一个单元墙的施工。

BJS 型多头小直径深层搅拌截渗墙施工参数见表 2。

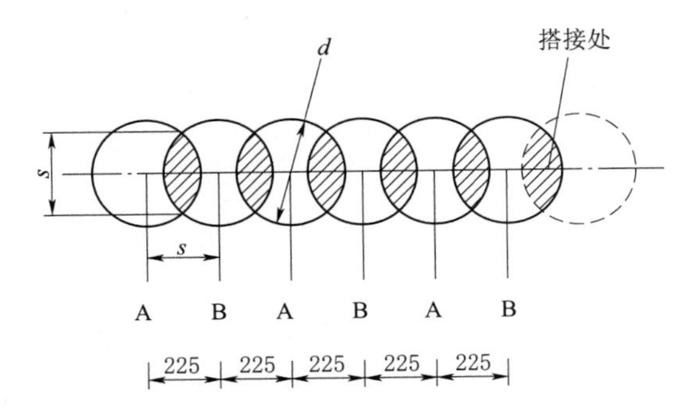

图 2　BJS 型深层搅拌二次成墙施工顺序示意图

表 2　　**多头小直径截渗墙施工参数表**

项　目	参　数	备　注
水灰比	1.0～2.0	土层天然含水量多取小值，否则取大值
供浆压力/MPa	0.3～1.0	根据供浆量及施工深度确定
供浆量/(L/min)	10～60	与提升搅拌速度及每米需要浆量协调

续表

项　目	参　数	备　　注
钻进速度/(m/min)	0.3～0.8	根据地层情况确定
提升速度/(m/min)	0.6～1.2	与搅拌速度及供浆量协调
搅拌轴转速/(r/min)	30～60	与提升速度协调
垂直度偏差/%	<0.3	施工时机架垂直度偏差
桩位对中偏差/m	<0.02	施工时桩机对中的偏差

按相关规范进行质量检查、验收，所有17个单元工程全部合格，合格率100%，其中优良单元个数为17个，优良率为100%，工程质量等级评为优良。

3.2 锥探灌浆

根据堤防白蚁分布范围及严重程度的实际情况，为确保堤防运行安全，拟定白蚁整治措施，特别严重、特别密集段需将现状堤防拆除并重建，然后全段堤防采用从堤顶锥探灌浆，浆液注药治理。

本项目的黏土锥探灌浆孔呈梅花形布置，灌浆孔共设两排，第一排设在距堤顶外边线1.0m处，灌浆孔孔距2.0m，排距2.0m，孔深4m，以此向临河侧堤防布置。灌浆施工应先灌上游孔，再灌下游孔，后灌中间孔，每排分三序进行。带药锥探钻孔灌浆50865m。

灌浆浆液使用的黏土含水量为30%，浆液设计比重为1.30～1.60t/m^3，拟按每立方米泥浆掺入0.2kg白蚁预防药剂，灌浆压力控制在0.05～0.2MPa之间，防止压力过大造成对堤防的破坏。黏土采用与堤防填筑料粉质黏土，按水土比1∶1.2搅拌制浆。

采用ZK-24型锥探灌浆机10台及人工钻孔钢钎若干，选用ZG-3型灌浆机组搅拌制浆和灌浆，该机组灌浆压力范围大，压力稳定，可配制各种比例的浆液，制浆质量稳定，自动化程度较高。

钻探灌浆施工程序流程为：施工准备、钻孔、制浆、灌浆、封孔等，锥探灌浆工艺流程如图3所示。

本次采用ZK-24型钻机造孔和人工ϕ42mm钢钎造孔两种方法，钻孔前先根据堤防存在问题的性质及严重程度，按设计图纸的要求布设灌浆堤段的范围，然后在大堤方向布孔。灌浆的排距和间距以设计图纸为准，排距为1.5m，每排孔距为2.0m，锥孔的深度为4.0m。

堤防锥探灌浆布置示意如图4所示，堤防锥探灌浆布孔平面如图5所示。

搅拌制浆时，先将计算出的除蚁药、土、水按重量称好，称水重时应考虑土的含水量。然后将水土倒入筒内，待土料浸湿初粉后，用搅棍搅拌，用笊篱清除杂质和大的土块，便可使用。机械拌浆的方法是：边加水、边加土、边搅拌。拌好后的泥浆放入储蓄池内存放。

灌浆是锥探灌浆施工中的重要环节，需要对灌浆压力、操作方法、劳力组合问题处理、复灌遍数等方面全部掌握，才能保持灌浆工程的质量。用灌浆机通过管道抽吸储浆池

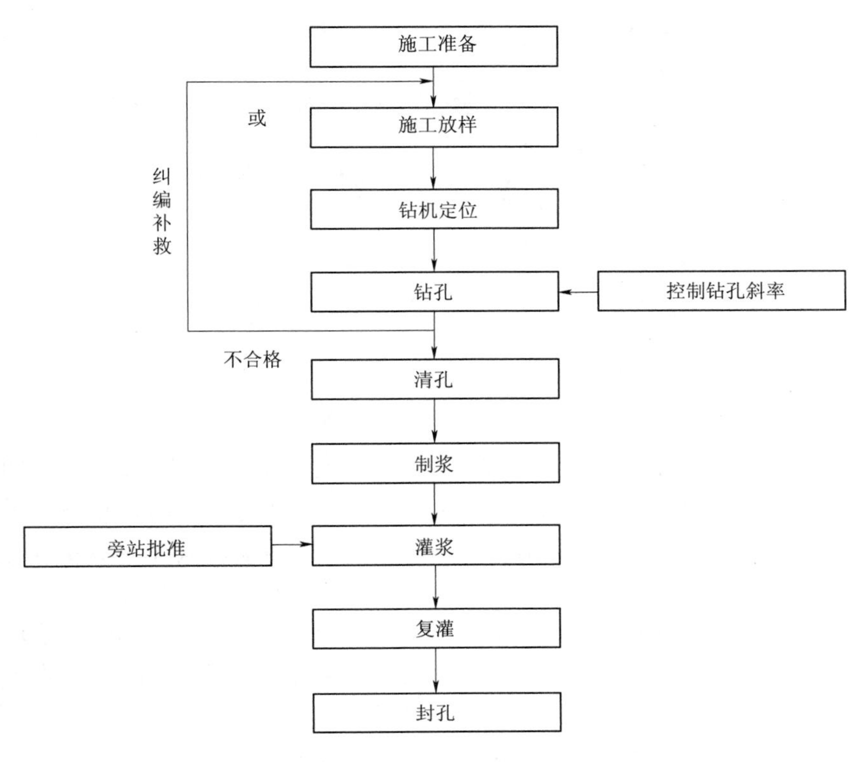

图 3　锥探灌浆工艺流程图

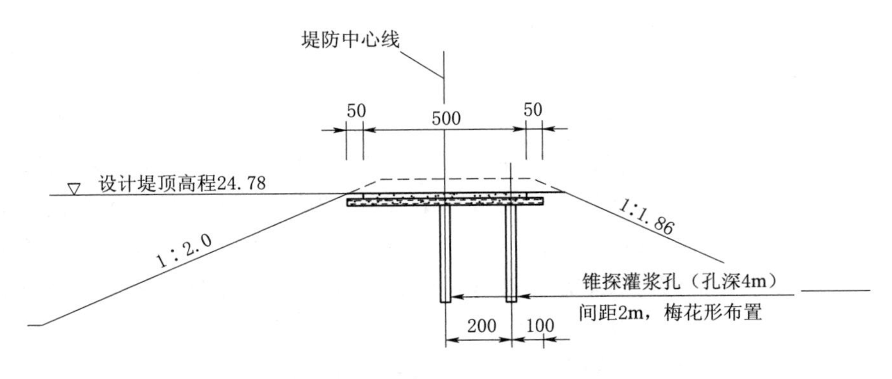

图 4　堤防锥探灌浆布置示意图

或灌浆筒内泥浆，加压后由出浆管输入锥孔。灌浆机常用的有 BW250/50 型三缸泵和 HB-15 型单缸泵以及 PN 离心泵等多种型式。灌浆压力对灌浆质量影响很大，压力小了灌不密实，压力过大使堤顶遭受破坏。堤防灌浆压力一般控制在 0.05～0.2MPa。先将插管插入灌浆孔 0.4～0.8m，用手把插管周围砸实封严，开始向孔内灌浆，待孔内空气排出后再行封严，这时，压力灌浆才算正式开始，记下灌浆时间。在灌浆过程中要不断检查各管进浆情况，检查的方法是看、摸、听。就是先看胶管是否有蠕动现象，有蠕动现象表示进

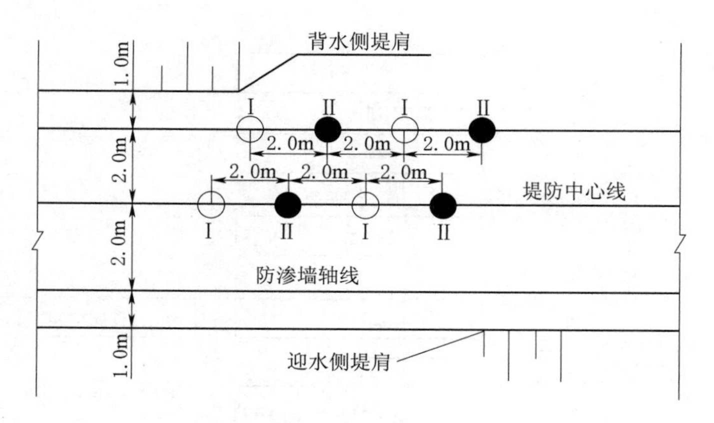

图 5　堤防锥探灌浆布孔平面布置图

浆迅速。如看不出蠕动现象，再用手拿起摸一摸，如胶管有振动感，表明吃浆仍很顺利。如果胶管没有振动感，且较轻软，这是可把胶管放到耳朵附近听一听，是否有嗤嗤声表示在进浆，如果没有这种声音，即表示在常压下不进浆，这时需将其他一根或两根灌浆管折死，以便增压，使其继续进浆。当增压 10min 后仍不进浆时，表示锥孔已灌满，应停止增压拔管换孔，同时记下时间。如进浆时间超过 30min，应计算进浆量。计算进浆量的方法是用单位时间的进浆量乘以进浆时间，单位时间进浆量是用灌浆机每分钟出浆量除以出浆管的根数求得。

在钻进过程中采用稀浓度的泥浆，保证孔口压力大于 0.05MPa，待钻孔钻到设计孔深后，用泥浆泵向孔内注满泥浆，提出钻杆移到下一个孔施工。在整个施工过程中，由专人负责各灌浆孔的复灌及封孔工作，每一个孔复灌 3 次不吃浆时即进行封孔。根据设计要求，采用分序钻孔施工，先施工Ⅰ序孔，再施工Ⅱ序孔，最后施工Ⅲ序孔。

当浆液升至孔口，不再吃浆时，就可以结束灌浆。采用拌制浓泥浆的方法用人工灌注一次封孔，封口泥浆容重约为 $16kN/m^3$。

为保证单孔灌浆的质量，每孔每次平均灌浆量控制在 $0.5\sim1.0m^3$，每孔灌浆次数应在 5 次以上。灌浆过程中，要做好在灌浆过程中观测工作，包括周围土体变化、堤防坝体变形、渗流及灌浆压力和灌浆量的观测，如出现裂缝，应首先分析出现裂缝的原因，如果是湿陷裂缝，可以继续灌浆，如果是劈裂缝，应加强观测，当裂缝发展到控制宽度时，应立即停灌，待裂缝基本闭合后再继续灌。如果堤防坝面或弯曲坝段出现裂缝，应立即停止灌浆，可先用较稠的浆体对裂缝进行封堵，带裂缝控制住之后，再采用先灌上游排的孔，再灌下游排的孔，循环加密，自上而下分段进行灌浆。如果在灌浆过程中出坝顶现冒浆现象，应立即停止灌浆，挖开冒浆出口用黏性土料回填夯实钻孔周围冒浆可采用压砂处理而后再继续灌浆。当第一序孔灌浆时发现相邻孔串浆应加强观测分析如确认对坝体安全无影响灌浆孔和串浆孔可同时灌注如不宜同时灌注可用木塞堵住串浆孔然后继续灌浆。如果发生塌坑或隆起等意外现象时，应及时停灌，分析造成意外的原因，待问题解决后再继续灌浆，保证灌浆过程中的质量控制。

按相关规范进行锥探灌浆质量检查、验收，以开挖检查为主，坝体灌浆处进行开挖，开挖长度为2～3m，深度为3～6m，主要检查土体的密实性、连续性和均匀性等。检查土体内不存在孔洞、裂缝等隐患缺陷，锥探灌浆工程共检查23处，优良单元个数为23个，优良率为100%，工程质量等级评为优良。

3.3 高压喷射灌浆

由于张家店河堤防施工过程中，部分需要施工截渗墙的堤段受高压电线、民用电线及通信线路的影响，上游约360m轴线距离，下游约40m轴线距离未能施工，造成截渗墙体不连续，存在一定的隐患，为满足堤基渗流稳定安全要求，需对堤基采用高压旋喷灌浆工艺进行截渗墙施工。具体特性见表3。

表3　　高压旋喷灌浆截渗墙特性表

编号	范　围	轴线长度/m	截渗墙底高程/m	截渗墙顶高程/m
1	JZ6+997～JZ7+282	285	9～12	根据设计要求墙顶高程为防汛道路碎石垫层
2	JZ5+100～JZ5+060	40	12～13	

高压旋喷灌浆孔沿张家店河迎水侧坝脚截渗墙墙轴线单排布置，孔距定为0.45m，截渗墙最小成墙厚为0.3m，墙顶高程位于设计防汛道路碎石垫层，墙底高程嵌入中砂层约0.5m。采用单管法旋喷施工设备，喷管直径ϕ91mm，高压水泵为GZB-100系列卧式，高喷钻孔采用GY-200型钻机成孔，PO42.5水泥浆液浓度1.52g/cm^3、水灰比1∶1，浆压0.40MPa；提升速度约15cm/min。

高压旋喷灌浆施工工艺流程如图6所示。

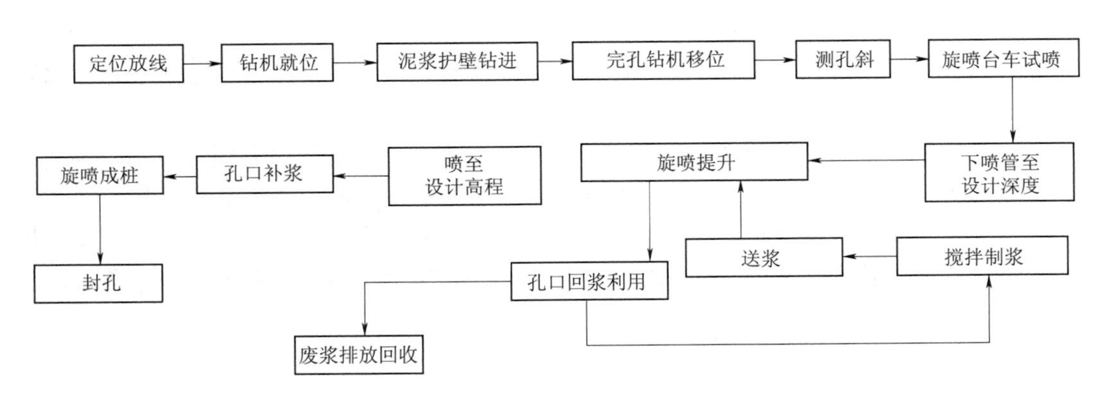

图6　高压旋喷灌浆施工工艺流程图

用GPS确定高喷轴线，用钢尺确定每个旋喷孔的孔位。选用GY-200型钻机，钻孔孔径ϕ110mm，土层使用泥浆固壁造孔。

采用高速搅拌机制浆，水泥浆使用前采用低速搅拌机在储浆桶内持续搅动，防止沉淀。

喷射灌浆采用喷管为ϕ91mm钢管，高压水泵为GZB-100型，旋喷台车为CYP-50型，高压喷射灌浆的参数执行设计要求（见表4）。

表 4　　张家店河单管法旋喷截渗墙工程施工参数表

序号	项目名称		参数	备注
1	孔距/m		1.20	0.45
2	浆液	浆压/MPa	0.4	24～40
		浆量/(L/min)	70	70～100
		密度/(g/cm³)	1.60	1.4～1.5
		回浆密度/(g/cm³)	1.20	≥1.3
		水灰比	0.7	
3	提升速度/(cm/min)		15	10～20
以上参数完全符合《水电水利工程高压喷射灌浆技术规范》(DL/T 5200—2004) 标准要求				

旋喷截渗墙最小墙厚不小于 300mm，水泥土无侧限抗压强度不小于 0.3MPa (28d)，渗透系数小于 $i\times10^{-6}$cm/s ($i=1\sim10$) (28d)。

质量检查以原材料水泥检验及检查孔取芯检测为主，检查孔取芯自上而下分段进行钻孔、取芯。本工程共检测 3 组原材料水泥、施工 2 个检查孔，芯样强度 0.68～1.13MPa，渗透系数为 $3.88\times10^{-7}\sim9.65\times10^{-7}$cm/s，原材料水泥检验及芯样检测结果均满足设计要求。

张家店河堤防高压电线、民用电线及通信线路的堤顶部位，采用单管法高压旋喷灌浆进行截渗加固，从截渗效果、施工工艺、工程投资以及工期要求等方面均取得了良好效果。

4　结语

张家店河堤防除险加固工程中，根据工程地质条件，一是应用了多头小直径深层搅拌技术建造了适用的截渗墙；二是应用锥探灌浆技术消除了堤基白蚁隐患；三是由于高压电线、民用电线及通信线路等低净空的影响，不便于应用多头小直径深层搅拌技术，改用单管高压喷射灌浆技术，解决了该堤段截渗墙施工的难题，保证了堤防截渗墙的整体连续性。按相关设计和规范要求精心施工后，进行了质量检测，全部达标，满足验收要求，证实了相关堤基处理技术与本工程的较好适应性，在同类工程中将具有重要的借鉴意义。